高分子助剂与催化剂

吴永忠　徐丙根　编著

中国石化出版社

图书在版编目（CIP）数据

高分子助剂与催化剂/吴永忠，徐丙根编著．—北京：中国石化出版社，2019.4（2024.12 重印）
ISBN 978-7-5114-5253-5

Ⅰ.①高… Ⅱ.①吴… ②徐… Ⅲ.①高分子材料-助剂 Ⅳ.①TQ314.24

中国版本图书馆 CIP 数据核字（2019）第 051590 号

未经本社书面授权，本书任何部分不得被复制、抄袭，或者以任何形式或任何方式传播。版权所有，侵权必究。

中国石化出版社出版发行
地址:北京市朝阳区吉市口路 9 号
邮编:100020 电话:(010)59964500
发行部电话:(010)59964526
http://www.sinopec-press.com
E-mail:press@sinopec.com
北京科信印刷有限公司印刷
全国各地新华书店经销
*
787×1092 毫米 16 开本 39.25 印张 829 千字
2019 年 6 月第 1 版 2024 年 12 月第 3 次印刷
定价:128.00 元

前言

助剂素有“工业味精”之称，是一类应用十分广泛的精细化工产品，尽管在各种工业中用量较少，但其可显著改善相关产品的性能或提高加工过程的顺利程度，近年来发展十分迅猛，已涵盖几乎所有专业与产品，特别是高分子材料，其品种越来越多，重要性越来越大。催化剂是提升化工产品生产水平的根本动力，据统计，新工艺中有90%以上涉及催化剂，可见催化剂对当代化工生产的重要作用。

由于助剂品种繁多、作用各异，不同专业有不同的要求，有的侧重于塑料加工，有的侧重于橡胶加工，有的侧重于纺织染整，有的侧重于润滑油和燃料油类等。本书结合精细化工技术及其相关专业原有侧重于高分子材料及其加工应用助剂的要求，顺应工业助剂生产技术的要求，兼顾近年来新出现的多种新技术如工业废料利用、环保技术、环境的恶化等新形势需要，解决相关助剂研究方面的不同需要，主要介绍了应用较为广泛的增塑剂、抗氧剂、阻燃剂、热稳定剂、光稳定剂、润滑剂、抗静电剂、交联剂、偶联剂九大类产品，着重介绍了各种助剂的概念、应用范围及应用技术、作用机理、主要品种及应用、制备方法及工艺、近年来国内外生产研究现状及其发展方向、绿色化产品及其制备方法等。

国内外催化剂类图书种类繁多，但大多是从催化剂角度出发介绍催化剂的各个方面，如催化作用原理、催化剂制备、催化剂生产、催化剂应用、催化剂失活等。本书则另辟蹊径，首次将高分子助剂与催化剂这两大类常用产品结合起来进行介绍，是一部内容新颖、创意独特、适用范围较广的图书。本书同时介绍当代应用范围较广的高分子助剂与催化剂两大类产品，其具体内容以当代常用助剂与催化剂为背景、以高分子助剂为主线，巧妙地将催化剂理论、催化剂制备、性能测试技术、应用技术等贯穿其中。在催化剂制备方面，介绍了九种制备方法：以常用的五种生产方法（混合法、浸渍法、沉淀法、热熔融法、离子交换法）为主，四种新制备方法（溶胶凝胶法、微乳液法、水热合成法、微波法）为辅，介绍了催化剂七种常用成型方法（挤条法、转动法、压片法、喷雾法、油中成型法、水柱成型法、粉碎加筛分法）。在催化剂研究方面，介绍了催化剂常用性能及其性能检测方法、催化剂应用方法及其研究方法等。内容设计以先简单后复杂、先易后难、先传统方法后绿色方法等原则安排相应的内容，并辅以具体的制备操作，使读者通过“学做交替，工学结合”的方式学习本书，从而进一步提高读者阅读、研习本书的兴趣、更好地掌握本书的内容。

本书结合作者从事助剂与催化剂研究、教学三十余年的经验，首次同时介绍助剂（侧重于高分子材料）与催化剂这两大类用途广泛的常用产品，既有理论（专门开辟一章“认识助剂与催化剂”，介绍助剂与催化剂的相关原理及其应用等知识等），又有具体的制备、分析与研究方法，内容新颖、全面、自成体系，给出了具体的实例。本书既可作为相关专业科研院所研究人员、生产单位应用人员的参考书，也可作为相关专业不同层次高校师生的教材。在学制要缩短的当代高校，本书将原来的两门课程内容合二为一，其创新性和实用性显而易见。

由于编者水平有限，时间仓促，加之本书内容涉及面广，缺点和疏漏之处在所难免，恳请读者批评指正。

目　录

第一章　认识助剂与催化剂 …… 1
　第一节　认识助剂 …… 1
　第二节　认识催化剂 …… 14
第二章　制备增塑剂 …… 73
　第一节　增塑剂简介 …… 73
　第二节　增塑剂主要品种及其应用 …… 93
　第三节　制备常用增塑剂 DBP/DOP …… 114
　第四节　混合法制备 DBP/DOP 催化剂 …… 126
　第五节　制备绿色增塑剂柠檬酸三丁酯 …… 136
第三章　制备抗氧剂 …… 141
　第一节　抗氧剂简介 …… 141
　第二节　抗氧剂主要品种及其应用 …… 167
　第三节　制备常用抗氧剂 …… 180
　第四节　浸渍法制备抗氧剂催化剂 …… 192
　第五节　制备绿色抗氧剂 …… 201
第四章　制备阻燃剂 …… 209
　第一节　阻燃剂简介 …… 209
　第二节　阻燃剂主要品种及其应用 …… 226
　第三节　制备常用阻燃剂 …… 235
　第四节　沉淀法制备阻燃剂催化剂（氢）氧化铝 …… 243
　第五节　制备绿色阻燃剂 …… 254
第五章　制备热稳定剂 …… 262
　第一节　热稳定剂简介 …… 262
　第二节　热稳定剂主要品种及其应用 …… 282
　第三节　制备常用热稳定剂 …… 298

第四节　溶胶－凝胶法制备 TGE 固体强酸催化剂 …… 301
第五节　制备绿色热稳定剂 …… 315
第六章　制备光稳定剂 …… 323
第一节　光稳定剂简介 …… 323
第二节　光稳定剂主要品种及其应用 …… 336
第三节　制备常用光稳定剂 …… 341
第四节　热熔融法制备光稳定剂骨架镍催化剂 …… 347
第五节　制备绿色光稳定剂 GW-944 …… 358
第七章　制备润滑剂 …… 365
第一节　润滑剂简介 …… 365
第二节　润滑剂主要品种及其应用 …… 376
第三节　制备常用润滑剂 EBS …… 384
第四节　离子交换法制备酯类润滑剂合成用固体酸催化剂 …… 386
第五节　制备无毒润滑剂硬脂酸单甘油酯 …… 440
第八章　制备抗静电剂 …… 442
第一节　抗静电剂简介 …… 442
第二节　抗静电剂主要品种及其应用 …… 456
第三节　制备常用抗静电剂 P …… 460
第四节　微乳液法制备抗静电剂催化剂 …… 462
第五节　制备绿色抗静电剂十六烷基二苯醚二磺酸钠 …… 468
第九章　制备交联剂 …… 473
第一节　交联剂简介 …… 473
第二节　交联剂主要品种及其应用 …… 485
第三节　制备常用交联剂有机过氧化物 …… 497
第四节　水热法制备交联催化剂 …… 499
第五节　制备绿色交联剂 …… 543
第十章　制备偶联剂 …… 550
第一节　偶联剂简介 …… 550
第二节　偶联剂主要品种及其应用 …… 561
第三节　制备常用偶联剂 …… 570
第四节　微波法制备偶联剂催化剂 …… 573
第五节　制备绿色偶联剂 …… 612
参考文献 …… 617

第一章　认识助剂与催化剂

第一节　认识助剂

一、助剂的含义及其重要性

助剂又称添加剂或配合剂。广义上讲，助剂是指某些材料或产品在生产或加工过程中，为改进生产工艺、提高产品性能而添加的各种辅助化学品。

助剂广泛应用于塑料、橡胶、合成纤维、涂料、油墨、造纸、皮革、纺织、印染、食品、化妆品、水泥、石油制品等工业产品的生产和加工过程。它能赋予制品以特殊性能，使其延长使用寿命，扩大应用范围，改善加工效率，加速反应进程，提高产品收率。由于助剂的门类庞杂、品种繁多、涉及面广，目前已经成为精细化工行业的一个重要分支。

关于助剂的重要性，具体以塑料制品为例：如聚氯乙烯，其加工温度和分解温度很接近，倘若不用热稳定剂，就无法加工，从而失去实用价值；又如聚氯乙烯，它是极性聚合物，分子敛集程度高，为一脆硬物，如果不加增塑剂，就不能制成软质聚氯乙烯；聚乙烯和聚丙烯在室外使用时非常容易老化，其中，聚丙烯在150℃下，0.5h左右就严重老化，无法加工成制品，而添加适当的稳定剂后，在同样温度下的老化寿命可以延长到2000h以上；没有阻燃剂、抗静电剂，塑料就无法用于航空航天、电子电器、建筑、交通等部门；没有染料或颜料之类的着色剂，塑料制品就会因色调单一而失去商品竞争价值。由此可见，没有助剂的配合，就没有塑料工业的发展。

其他领域也是如此。如橡胶类制品，纯的丁苯硫化胶强度只有14~21kg/cm^2，没有实用价值，加入补强剂炭黑后，则可以提高到170~245kg/cm^2，成为应用最广的一种合成橡胶。再如，许多合成纤维由于吸湿性小、导电性差、摩擦系数大，不具有可纺性，只有用适当的油剂处理后，它们才能顺利地纺纱，得到深受消费者欢迎的各种纺织品。在科学研究和生产技术上遇到的许多难题，由于助剂的使用而得到圆满解决，从而使许多精细化工产品获得更有效的应用。因此，助剂又被人们称为“工业味精”。

二、助剂的分类

随着化工行业的发展、加工技术的不断进步和产品用途的日益扩大，助剂的类别和品种也日趋增加，成为一个品种十分繁杂的化工行业。就化学结构而言，聚合物助剂几乎囊括了从无机到有机、从天然化合物到合成化合物、从单一组成的化合物到由多种组分复合而成的混合物、从低相对分子质量单体化合物到高相对分子质量聚合物等几乎所有的化学物质。因此，助剂的分类是比较复杂的，大致有以下几种分类方法。

（一）按应用对象分类

（1）高分子材料助剂：包括塑料、橡胶、纤维用助剂。塑料、纤维用助剂主要包括增塑剂、热稳定剂、光稳定剂、抗氧剂、交联剂和助交联剂、发泡剂、阻燃剂、润滑剂、抗静电剂、防雾剂、固化剂等，橡胶用助剂主要有硫化剂、硫化促进剂、防老剂、抗臭氧剂、塑解剂、防焦剂、填充剂等。

（2）纺织染整助剂：包括织物纤维的前处理助剂、印染和染料加工用助剂、织物后整理助剂。织物纤维的前处理助剂主要有净洗剂、渗透剂、化学纤维油剂、煮炼剂、漂白助剂、乳化剂等，印染和染料加工用助剂主要有消泡剂、匀染剂、黏合剂、交联剂、增稠剂、促染剂、防染剂、拔染剂、还原剂、乳化剂、助溶剂、荧光增白剂、分散剂等，织物后整理助剂主要有抗静电整理剂、阻燃整理剂、树脂整理剂、柔软整理剂、防水及涂层整理剂、固色剂、紫外线吸收剂等。

（3）石油工业用助剂：包括原油开采和处理添加剂、石油产品添加剂。原油开采和处理添加剂主要有钻浆添加剂、强化采油添加剂、原油处理添加剂，石油产品添加剂主要有润滑油、石蜡、沥青添加剂，油品中的抗氧剂、清净剂、分散剂、降凝剂、防锈添加剂、黏度添加剂等。

（4）食品工业用添加剂：包括调味剂、着色剂、抗氧剂、防腐剂、香味剂、乳化剂、酸味剂、鲜味剂、保鲜剂、增稠剂、品种改良剂等。

按应用对象分类还包括涂料助剂、医药助剂、农药助剂、饲料添加剂、水泥添加剂、燃烧助剂等。

（二）按使用范围分类

助剂按使用范围一般可分为合成用助剂和加工用助剂两大类。

（1）合成用助剂：指在合成反应中所加入的助剂。合成用助剂在反应系统中的用量虽然不多，但它们所起的作用却非常显著，既可以改变反应的速度和方向，提高选择性和转化率，又可以引发、阻碍和终止聚合反应。对高分子聚合反应而言，既能为聚合反应提供相适应的介质条件，使反应顺利地进行，又能调节高聚物相对分子质量大小和相对分子质量的分布，保证其质量，改善产品性能。合成用助剂主要包括催化剂、引发剂、溶剂、分散剂、乳化剂、阻聚剂、调节剂、终止剂等。

（2）加工用助剂：指材料在加工过程中所加入的助剂。如由生胶、树脂制造橡胶，塑料制品加工过程中以及化学纤维纺丝和纺纱过程中所需要的各种辅助化学品。加工用助剂有增塑剂、稳定剂、阻燃剂、发泡剂、固化剂、硫化剂、促进剂、油剂等。

按使用范围分类的方法，一般多用于合成材料助剂的划分。

（三）按作用功能分类

按作用功能分类是概括所有应用对象的一种综合性分类方法。在作用功能相同的类别中，往往还要根据助剂的作用机理或化学结构进一步细分。

（1）稳定化助剂：通常有抗氧剂、热稳定剂、光稳定剂、防霉剂、防腐剂、防锈剂等。

①抗氧剂：防止材料氧化老化的物质，是稳定化助剂的主体，应用最广。在橡胶工业中，抗氧剂习惯上称为"防老剂"。按作用机理分类，抗氧剂有自由基抑制剂和过氧化物分解剂两大类。自由基抑制剂又称主抗氧剂，包括胺类和酚类两大系列。过氧化物分解剂又称辅助抗氧剂，主要是硫代二羧酸酯和亚磷酸酯，通常与主抗氧剂并用。

②热稳定剂：防止材料受热老化的物质，主要用作聚氯乙烯及氯乙烯共聚物的稳定剂。包括盐基性铅盐、金属皂类和盐类、有机锡化合物等主稳定剂和环氧化合物、亚磷酸酯、多元醇等有机辅助稳定剂。主稳定剂（主要是金属皂类和盐类以及有机锡化合物）与辅助稳定剂、其他稳定化助剂组成的复合稳定剂，在热稳定剂中占据重要地位。

③光稳定剂：防止材料光氧老化的物质，又称紫外线光稳定剂。按照其主要的作用机理，光稳定剂可以分为光屏蔽剂、紫外线吸收剂、淬灭剂和自由基捕获剂四大类。光屏蔽剂包括炭黑、氧化锌和一些无机颜料，紫外线吸收剂有水杨酸酯、二苯甲酮、苯并三唑、取代丙烯腈、三嗪等结构，淬灭剂主要是镍的有机螯合物，自由基捕获剂主要是受阻胺类光稳定剂。

④防霉剂：抑制霉菌等微生物生长，防止聚合物材料被微生物侵蚀而降解的物质。绝大多数聚合物材料对霉菌都不敏感，但由于其制品在加工中添加了增塑剂、润滑剂、脂肪酸皂类热稳定剂等可以滋生霉菌类的物质而具有霉菌感受性。适用于塑料、橡胶的防霉剂化学物质很多，比较常见的品种包括有机金属化合物（如有机汞、有机锡、有机铜、有机砷等）、含氮有机化合物、含硫有机化合物、含卤有机化合物和酚类衍生物（如苯酚、氯代苯酚及衍生物等）等。

⑤防腐剂：抑制微生物活动，使食品在生产、运输、贮藏和销售过程中减少因腐烂而造成经济损失的添加剂。常用的防腐剂主要有苯甲酸及其盐类、山梨酸及其盐类、对羟基苯甲酸酯类、丙酸及其盐类等。

防霉剂和防腐剂可统称为抗菌剂。其中，用于聚合物材料的抗菌剂多称为防霉剂，用于食品的抗菌剂多称为防腐剂。

⑥防锈剂：用于防止金属腐蚀的一类物质，如防锈水、防锈油和缓蚀剂。常用防锈水有无机类的亚硝酸钠、铬酸盐及重铬酸盐、磷酸盐、硅酸盐及铝酸钠等，有机类的苯甲酸

钠、单（三）乙醇胺、巯基苯并噻唑、苯并三氮唑等；防锈油是指用硅油、乳化剂、稳定剂、缓蚀剂（如碱金属的磺酸盐、石油磺酸钡、二壬基萘磺酸钡、十二烯基丁二酸等）、防霉剂、助溶剂等配成的乳剂；缓蚀剂主要有羧酸、金属皂、磺酸、胺、脂及杂环化合物。

（2）加工性能改进剂：通常有润滑剂、脱模剂、分散剂、软化剂、塑解剂、消泡剂、匀染剂、黏合剂、交联剂、增稠剂、促染剂、防染剂、乳化剂、助溶剂等。

①润滑剂和脱模剂：在聚合物制品加工过程中，润滑剂是降低树脂粒子、聚合物熔体与加工设备之间以及树脂熔体内分子间摩擦，改善其成型时的流动性和脱模性的助剂。润滑剂多用于热塑性聚合物的加工成型过程，包括烃类（如聚乙烯蜡、氧化聚乙烯蜡、石蜡等）、脂肪酸、脂肪醇、脂肪酰胺、脂肪酸酯和脂肪酸皂等物质。脱模剂是涂敷于模具或成型机械表面，或添加于聚合物中，使模型制品易于脱模并改善其表面光洁性的助剂。前者称为涂敷型脱模剂，是脱模剂的主体；后者为内脱模剂，具有操作简便等特点。硅油类物质是工业上应用最为普遍的脱模剂类型。

②分散剂：聚合物制品实际上是由树脂或胶料与各种填料、颜料和助剂配合而成的混合体，填料、颜料和助剂在聚合物中的分散程度对聚合物制品性能的优劣起着至关重要的作用。分散剂是一类促进各种辅助材料在聚合物中均匀分散的助剂。分散剂多用于各种母料、着色制品和高填充制品，包括烃类（石蜡油、聚乙烯蜡、氧化聚乙烯蜡等）、脂肪酸皂类、脂肪酸酯类和脂肪酰胺类等。

③软化剂：软化剂主要用于橡胶加工，改善胶料的加工性能。石油系软化剂和古马隆树脂是最重要的橡胶软化剂，特别是充油合成橡胶发展后，石油系软化剂的用量逐年递增。充油橡胶不仅加工性能好，而且成本比较低。

④塑解剂：塑解剂是一类提高生胶塑性、缩短塑炼时间的橡胶加工用助剂。以化学塑解剂为主，其作用是切断生胶的分子链、增强生胶的塑炼效果。通常包括硫酚类化合物、烷基酚二硫化物、芳烃二硫化物等。

⑤消泡剂：用以破坏泡沫或防止泡沫产生的物质，主要用于发酵、蒸馏、印染、造纸、污水处理等行业。主要有低级醇类、有机极性化合物类、矿物油类和有机硅树脂类等。

（3）机械性能改进剂：通常有交联剂、硫化剂、硫化促进剂、硫化活化剂、防焦剂、偶联剂、补强剂、填充剂、抗冲击剂等。

①交联剂：使线性高分子转变成体型（三维网状结构）高分子的作用称为“交联”，能引起交联的物质叫交联剂。交联的方法主要有辐射交联和化学交联。化学交联采用交联剂，有机过氧化物是常用的交联剂，其次是酯类；环氧树脂的固化剂也是交联剂，常用的固化剂是胺类和有机酸酐；紫外线交联的光敏化剂也归属交联剂。为了提高交联度和交联速度，有机过氧化物常与一些助交联剂和交联促进剂并用。

②硫化剂：能使橡胶起交联的物质称为“硫化剂”，即橡胶的交联剂为硫化剂。最早

投入使用的硫化剂是硫黄，目前使用最广的硫化剂仍是硫黄。其他硫化剂还有有机过氧化物、有机多硫化物、烷基苯酚甲醛树脂及金属氧化物等。

与硫化剂配合使用的助剂还有硫化促进剂、硫化活化剂和防焦剂。

③硫化促进剂：指能够降低硫化温度、减少硫化剂用量、缩短硫化时间并能改善硫化胶性能的物质，亦称橡胶促进剂或促进剂。噻唑类及次磺酰胺衍生物是重要的促进剂，还有秋兰姆类、二硫代氨基甲酸盐、胍类、硫脲类、黄原酸盐类、醛胺缩合物及胺类等。

④硫化活化剂：指能够增加促进剂的活性，以达到减少促进剂用量或缩短硫化时间为目的的物质。主要有无机类的氧化锌、氧化镁、氧化铝、氧化钙和有机类的硬脂酸和醇胺类。

⑤防焦剂：指能防止胶料在操作期间产生早期硫化（即“焦烧”），同时又不影响促进剂在硫化温度下正常使用的物质。主要有亚硝基化合物、有机酸及酸酐、硫代酰亚胺等类。

⑥偶联剂：指在无机材料或填料与有机合成材料之间起偶联作用的一种物质，也是应用于黏合材料和复合材料中的一种助剂。主要有硅烷衍生物、酞酸酯类、锆酸酯类和铬络合物。

（4）表面性能改进剂：通常有抗静电剂、防粘连剂、防雾滴剂、增光剂、着色剂、润滑剂、固色剂、增白剂、净洗剂、渗透剂等。

①抗静电剂：防止材料加工和使用时产生静电危害而加入的一种物质。主要用于塑料和合成纤维的加工（作为纤维油剂的主要成分）。按作用方式的不同，抗静电剂分内部用抗静电剂和外部用抗静电剂两类。从化学属性看为具有表面活性的物质，分为阴离子型、阳离子型、非离子型和两性型表面活性剂。

②防粘连剂：防粘连剂又称“爽滑剂”，在膜制品加工中常常称为“开口剂”，是一类防止聚合物制品堆积时发生表面粘连现象的助剂，一般包括二氧化硅和脂肪酰胺类化合物等。

③防雾滴剂：作用是增大薄膜制品的表面张力，从而使蒸发到薄膜表面的水分形成极薄的水膜顺壁流下，防止形成雾滴给包装物和农用大棚植物带来危害。多系脂肪酸多元醇酯、脱水山梨醇脂肪酸酯及其环氧乙烷加合物和脂肪胺环氧乙烷加合物等复配物。

④增光剂：用来提高聚合物制品的表面光泽，最常见的品种如具有外润滑功能的脂肪双酰胺类化合物、长碳链烃类化合物、褐煤蜡酸皂等。而对于聚丙烯制品，成核剂具有表面增光作用，目前已成为高光泽聚丙烯制品最重要的增光改性助剂。

⑤着色剂：泛指能够用于塑料、橡胶等聚合物着色，赋予制品色彩的物质。着色剂有很多形态，如色粉原粉、膏状着色剂、液体着色剂、着色母料等。着色成分包括无机颜料、有机颜料和某些染料。无机颜料以钛白、铁红、铬黄、群青、炭黑等品种最为重要；有机颜料以偶氮类的黄色和红色颜料以及酞菁类的蓝色和绿色颜料最为常用。荧光增白剂可视为一种着色剂。

（5）流动和流变性能改进剂：通常有流变性能改进剂（如流变剂、增稠剂、流平剂）和流动性能改进剂（如降凝剂、黏度指数改进剂）。

①流变性能改进剂：能够改变不同剪切速度下黏度特性的添加剂。包括流变剂、增稠剂和流平剂，主要应用于涂料、乳液等体系。

流变剂是一类能够促进溶剂型涂料体系，形成凝胶网络、赋予体系在低剪切速度下的结构黏度，防止湿膜流挂和颜料沉降的物质。主要有有机膨润土、氢化蓖麻油、聚乙烯蜡、触变性树脂。

增稠剂是一类广泛应用于水基乳状体系，如乳胶漆涂料印花浆、化妆品和食品等体系中的流变助剂，能够赋予这些体系适当的触变性，主要有脂肪酸烷醇酰胺类、甲基纤维素衍生物类、不饱和酸聚合物和有机金属化合物类等。

流平剂是一类通过改变涂料与底材之间表面张力而提高润滑性，从而确保涂层表面平整、有光泽的添加剂，主要有溶剂类、醋丁纤维素类、聚丙烯酸酯类、有机硅树脂类和含氟表面活性剂类等。

②流动性能改进剂：用于原油、润滑油和燃料油中的控制流动性能变化的一类助剂。包括降凝剂、黏度指数改进剂和低温流动性能改进剂。

降凝剂主要有均聚物如聚甲基丙烯酸酯、聚 α-烯烃等，共聚物如以乙烯为基础的聚合物、以不饱和羧酸酯为基础的聚合物，N-烷基琥珀酰胺及衍生物，氢化脂肪仲胺等。

黏度指数改进剂包括均聚物如聚甲基丙烯酸酯、聚异丁烯等，共聚物如乙-丙共聚物、聚苯乙烯-不饱和羧酸酰胺共聚物等。

低温流动性能改进剂则主要有聚乙烯-醋酸乙烯酯、α-烯烃-马来酸酐共聚物等。

（6）柔软化和轻质化助剂：通常有增塑剂、发泡剂、柔软剂等。

①增塑剂：指能增加高聚物弹性，使之易于加工的物质。增塑剂是目前产耗量最大的一类聚合物助剂，主要适用于聚氯乙烯，同时在纤维素类树脂等极性聚合物中亦有较为广泛的应用。其涉及的化合物类型大致包括邻苯二甲酸酯、脂肪族二元酸酯、偏苯三酸酯、环氧酯、烷基磺酸苯酯、磷酸酯和氯化石蜡等，尤以邻苯二甲酸酯类最为重要。

②发泡剂：指不与高分子材料发生化学反应，并能通过释放无害气体获得具有微孔结构的聚合物制品的物质，主要用于泡沫塑料、海绵橡胶，分为物理发泡剂和化学发泡剂。物理发泡是通过压缩气体的膨胀或液体（如氟利昂、戊烷等）的挥发等物理过程而形成的；化学发泡则是基于化学分解释放出来的气体进行发泡。化学发泡剂又分为无机发泡剂和有机发泡剂。无机发泡剂有碳酸铵、碳酸氢钠、亚硝酸钠等。有机发泡剂主要是偶氮化合物、磺酰肼类化合物和亚硝基化合物等。

③柔软剂：指用来降低纤维间的摩擦系数，以获得柔软效果的物质。一般很少使用单一化学结构的产物，多数是由几个组分配制而成，除矿物油、石蜡、植物油、脂肪醇等成分外，还使用大量表面活性剂。柔软剂又分为表面活性剂型、反应型和非表面活性柔软剂三类。

（7）赋予剂：通常有阻燃剂、红外线阻隔剂、转光剂、降解剂、吸氧剂、紫外线过滤剂等。

①阻燃剂：聚合物材料多数具有易燃性，这给其制品的应用安全带来诸多隐患。准确地讲，阻燃剂称为“难燃剂”更为恰当，因为“难燃”包含着阻燃和抑烟两层含义，较阻燃剂的概念更为广泛。然而，长期以来人们已经习惯使用阻燃剂这一概念，所以目前文献中所指的阻燃剂实际上是阻燃作用助剂和抑烟功能助剂的总称。阻燃剂据其使用方式可以分为添加型阻燃剂和反应型阻燃剂两大类。添加型阻燃剂包括磷酸酯、氯化石蜡、有机溴和氯化物、氢氧化铝及氧化锑等；反应型阻燃剂包括卤代酸酐、卤代双酚A和含磷多元醇等。

②红外线阻隔剂：红外线阻隔剂又称保温剂，适用于农用大棚膜，旨在阻隔红外线，提高大棚膜的保温效果，最主要的成分是无机高岭土和层状水滑石。

③转光剂：转光剂俗称“光肥”，是一种农膜功能化助剂，作用是将太阳光中的紫外线等通过光物理过程转化为对大棚植物生长有益的特定波段“蓝光”或“红光”，提高棚内植物的产能和质量。

④降解剂：降解剂是一种环保功能助剂，目的在于促进聚合物的降解，尽可能避免塑料废弃物对环境造成的危害。降解剂依其作用分为生物降解剂和光降解剂，生物降解剂以淀粉及其改性物为主，光降解剂则系光敏性物质，能够诱导聚合物发生光降解。降解剂主要适用于农用地膜的可控降解和食品袋、快餐盒等包装制品废弃物的降解。

⑤吸氧剂：吸氧剂是一种新功能助剂，主要适用于食品和药物的包装材料，其作用是通过吸收包装容器内部的氧气，减少环境氧对被包装物的危害，进而延长被包装物的贮存期。据报道，这种新功能助剂是具有还原作用的无机物。

⑥紫外线过滤剂：紫外线过滤剂亦为包装材料的专用助剂，具有滤除紫外线的作用，避免太阳光线或其他光源中紫外线对被包装物的侵害，延长被包装物的贮存稳定期，其组成为对不同波段紫外线具有吸收作用的紫外线吸收剂的混合物。

助剂按作用功能分类，除上述介绍的七大类型外，还有其他类型，如提高强度、硬度的助剂（如填充剂、增强剂、补强剂、交联剂、偶联剂等）等。事实上，许多类型的助剂往往并不局限于一种功能，因此，上述分类只是助剂按作用功能进行的大致分类。

三、助剂的应用

助剂的应用非常复杂，涉及多方面的知识，有人甚至将其称为一门艺术。这是因为不仅每一类助剂都具有各自的功能，而且这些功能多数是由相应的官能团结构决定的。不同官能团结构之间、官能团与基础聚合物结构之间都可能发生或正或负的相互作用，助剂选择或使用得当，可以显著提高制品的加工性能和应用性能，达到事半功倍的效果；相反，助剂选择或使用不当，不仅其本身的性能难以发挥，甚至导致加工或应用性能上的缺陷。因此，了解和掌握助剂应用的基本知识，对制品的配方设计至关重要。以聚合物用助剂为例，助剂应用时应考虑以下几方面的问题。

（一）助剂与制品的匹配性

助剂应与聚合物匹配，这是选用助剂时首先要考虑的问题。助剂与聚合物的匹配性主要包括相容性和稳定性两个方面。

一般而言，助剂必须长期、稳定、均匀地存在于制品中才能发挥其应用的效能，所以通常要求所选择的助剂首先要与聚合物有良好的相容性。如果相容性不好，助剂就容易析出。固体助剂的析出俗称为“喷霜”，液体助剂的析出则称为“渗出”或“出汗”。助剂析出后不仅失去作用，而且影响制品的外观和手感。

助剂与聚合物的相容性主要取决于它们结构的相似性，即符合相似相容的原理。例如极性较强的助剂一般在极性聚合物树脂或胶料中具有较好的相容性，而在非极性或弱极性聚合物中的相容性则较差。

并非要求所有的助剂都必须与聚合物有良好的相容性，如无机填充剂和无机颜料，它们不溶于聚合物，无相容性，它们在聚合物中的分散是非均相的，不全析出。对这类助剂则要求它们细度小、分散性好。也不是所有的助剂与聚合物的相容性都是越大越好，如润滑剂的相容性如果过大，就会起到增塑剂的作用，造成聚合物的软化。

助剂与聚合物的匹配性还涉及另一个重要问题，即稳定性。无论哪种助剂，都希望其在聚合物配合体系中能够稳定、持久地发挥作用，即不能与基础聚合物或其他助剂体系发生有害的化学反应。值得注意的是，有些聚合物在加工或应用中不可避免地要发生分解，并可能释放出酸性或碱性组分，导致某些助剂的分解或失效，例如聚氯乙烯的分解产物是酸性的 HCl，会与碱性助剂成盐而使其失效。另一方面，有些助剂也可能会加速聚合物的降解。了解助剂与聚合物的匹配性是聚合物配方设计的重要环节。

（二）助剂的耐久性

聚合物材料在使用条件下，仍可保持原来性能的能力叫耐久性。保持耐久性就是防止助剂的损失。助剂的损失主要通过挥发、抽出和迁移三条途径。挥发性大小取决于助剂本身的结构，一般而言，相对分子质量越小，挥发性越大。抽出性与助剂在不同介质中的溶解度直接相关，要根据制品的使用环境来选择适当的助剂品种。迁移性是指聚合物中某些助剂组分可以转移到与其接触的材料上的性质。迁移性大小与助剂在不同聚合物中的溶解度有关，同时要求助剂应具有耐水、耐油、耐溶剂的能力。

（三）助剂对加工条件的适应性

聚合物制品形态各异，加工方式多样，在设计配方时必须考虑各种助剂对加工条件的适应性。助剂对加工条件的适应性主要是耐热性，即要求助剂在加工温度下不分解、不易挥发和升华，这一点在现代聚合物加工要求高速率、高剪切的形势下显得非常重要。除耐热性外，助剂对加工条件的适应性还表现在对加工设备的保护方面，助剂品种在聚合物加工中不应对加工设备或模具表面产生腐蚀，不积垢，易清洗。

（四）助剂对制品用途的适应性

制品用途往往对助剂的选择有一定的制约。不同用途的制品对所欲采用助剂的外观、气味、污染性、耐久性、电性能、热性能、耐候性、毒性等都有一定要求。如浅色制品不能用易污染助剂。

助剂的功能最终体现在制品的应用上，但应用领域对制品性能的要求往往是多方面的，因此，制品用途往往对助剂的选择有一定的制约。助剂不仅要满足自身功能的发挥，而且还必须考虑其外观、气味、污染性、耐久性、电性能、热性能、耐候性和毒性（或卫生性）等对制品的影响。例如，对苯二胺类抗氧剂的抗氧性能虽然卓越，但由于具有污染性，仅限于在黑色橡胶制品中应用，不能作为白色和艳色塑料、橡胶制品的抗氧剂使用。MBS是聚氯乙烯性能优异的抗冲改性剂，由于其耐候性差而不宜在户外制品中使用。另外，助剂的毒性问题已引起人们广泛的重视，有争议的毒性助剂限制了其在食品和药物包装材料、水管、医疗器械、玩具塑料和橡胶制品上及纺织制品上的应用，各国都制定了不同的卫生标准。

（五）助剂配合中的协同作用与对抗作用

一种聚合物往往同时使用多种助剂，这些助剂同时处在一个聚合物体系中，彼此之间有所影响，如产生加和效应、协同效应、对抗效应等。加和效应是指两种或两种以上助剂并用时，它们的总效应等于它们各自单独使用效能的加和；协同效应是指两种或两种以上助剂并用时，它们的总效应超过它们各自单独使用效能的加和；而对抗效应则相反，是指两种或两种以上助剂并用时，它们的总效应小于它们各自单独使用的效能或加和。因此选择助剂配合时，一定要考虑选择具有协同作用的不同助剂，而防止对抗效应产生。

四、助剂工业进展

纵观助剂工业发展的历史轨迹，以聚合物助剂工业的发展为代表，大致可以分为四个主要时期。

（一）萌生期

一般认为，聚合物助剂工业是从Goodyear和Hancock首先发现硫黄对天然橡胶的硫化交联作用，并使之成为有用材料而开始起步的。因此，聚合物助剂工业的萌生期可以上溯到19世纪40年代，这一时期一直延续到20世纪30年代，历经近一个世纪。其突出特征是人们以天然橡胶和为数不多的合成树脂或天然树脂的加工应用为对象，在众多的天然化合物或合成化合物中，寻找能够改善和提高聚合物的加工性、稳定性和应用性的物质。除硫黄作为天然橡胶的硫化剂外，铅白作为聚氯乙烯的热稳定剂赋予了这种树脂新的生命，樟脑、蓖麻油和简单酯类化合物作为PVC、纤维素树脂等极性聚合物的增塑剂使其加工性和柔软性得到很好的改善。同时，磷酸酯类化合物的阻燃增塑作用、苯酚类化合物的抗氧功能等也都是这一时期发现并付诸实用的成功范例。

（二）形成期

经过20世纪30~50年代约30年的演变过程，聚合物助剂工业开始由萌生期进入形成期。一方面，随着各种合成树脂、合成橡胶品种和数量的迅速增加，助剂在聚合物中的作用和地位逐渐为人们所认识，加之在萌生期发现和积累的经验与知识增多，科学家们开始寻求探讨各种助剂的改性机理和规律，增塑剂、抗氧剂、热稳定剂、阻燃剂、交联剂（包括硫化剂）、硫化促进剂等主要助剂类别的最朴素改性或稳定化理论体系开始建立；另一方面，以PVC、聚苯乙烯、聚烯烃等热塑性树脂和天然橡胶、丁苯橡胶、氯丁橡胶等弹性体材料为主要应用对象的各种类型助剂的基本品种实现了工业化生产和商品化供应，聚合物助剂工业的基本雏形逐渐显露。但从助剂的门类、市售产品的数量、市场规模和质量管理、性能评价等多角度观察，聚合物助剂作为一个行业还处于非常幼稚的时代。

（三）发展期

大约从20世纪50年代后期持续到80年代初。作为主要标志，聚合物助剂的门类趋于齐全，改性和稳定化机理研究更加深入，各种理论体系基本完善，品种开发和市场规模得到空前的发展。举例而言，这一时期建立和形成的聚合物抗氧稳定机理、PVC热老化和热稳定机理、聚合物光降解和紫外线稳定化理论、橡胶硫化体系理论、聚合物阻燃和抗静电理论极大地推动了这些体系助剂品种的开发，期间面世的受阻酚类抗氧剂1010、抗氧剂1076、亚磷酸酯类辅助抗氧剂168、对苯二胺类、酮胺类橡胶防老剂、苯并三唑类紫外线吸收剂、受阻胺光稳定剂、次磺酰胺类橡胶促进剂、有机锡热稳定剂、卤系阻燃剂、丙烯酸酯类加工和抗冲改性剂等迄今仍不失为聚合物助剂市场的主导产品。与此同时，一些通用型品种的生产技术得到进一步的改进，邻苯二甲酸酯类增塑剂的非酸催化和连续化生产成为现实。助剂的性能评价和质量保证体系也初步形成。可以说，这一时期塑料助剂和橡胶助剂（亦称橡胶化学品）已经成为一个独立的精细化工行业门类。从应用对象来看，其品种开发的对象已不仅仅局限于软质聚氯乙烯、天然橡胶等制品，而适用于聚烯烃、工程热塑件树脂、硬质PVC、特种橡胶制品的高性能、多功能助剂品种不断涌现。

（四）成熟期

自20世纪80年代开始，21世纪仍将延续相当一段时间，最突出的特征表现在如下几个方面：其一，理论研究更加深入，功能化、专用化、复合化品种层出不穷，助剂在聚合物加工和改性中的作用愈加突出；其二，全球性卫生与安全、环境与生态保护的法规日趋严格和广泛，助剂的清洁生产技术和无毒、无公害品种的开发备受重视。

迄今为止，聚合物助剂（包括塑料助剂和橡胶助剂）已发展成为精细化工的一个重要分支。高分子材料具有使用量大、应用面广的特点。使用量大是指全世界合成高分子材料的年产量按体积计已超过了钢铁材料的产量。应用面广是指应用范围广阔。据统计，欧盟2013年塑料加工业的年销售额达到了2120亿欧元，较2012年的2018亿元增长了5.05%，高于GDP的增速。根据中国国家统计局数据，中国在2010—2014年期间，我国塑料制品产量年均复合增长率为6.10%，2014年度达7387.78×10^4t。随着汽车工业、装备工业的快速发展，对我国橡胶产业产生了较大的需求，2010—2014年期间，我国合成橡胶产量年均复合增长率为14.48%，2014年中国合成橡胶产量达532.39×10^4t。随着国民生活水平改善和全面建设小康社会进程的加快推进，直接拉动化纤产品消费的增加，根据国家统计局数据，2010—2014年期间，我国化学纤维产量年均复合增长率为9.45%，2014年中国合成化纤产量达4433.00×10^4t。我国涂料行业在高速成长的房地产、汽车、船舶、运输、交通道路、家电等行业的带动下，生产总量快速发展。根据国家统计局数据，2010—2014年期间，我国涂料产量年均复合增长率达到14.27%，2014年中国合成涂料产量达1548.19×10^4t。2016年，我国仅塑料助剂市场规模突破500×10^4t，已形成产业400亿元以上的产业，其中约有70亿元的出口市场稳步增长。据预测，我国"十三五"期间塑料制品的年增长率为达4%，合成橡胶工业生胶生产耗用量年均增长6%以上，涂料产量年均增长5%，胶黏剂年均产量增长7.8%，高分子用抗老化等助剂行业仍处于成长期，市场未来大有可期。

相比之下，我国的聚合物助剂工业起步较世界发达国家至少晚了30年。20世纪50年代，国家百废待兴，伴随轮胎工业和聚氯乙烯工业的发展，与之相配套的萘胺类防老剂、邻苯二甲酸酯类增塑剂、盐基性铅盐和硬脂酸皂类热稳定剂开始试制和生产，这些都无疑标志着我国聚合物助剂工业的诞生和起步。直到1965年，国内PVC树脂的产耗量首次突破10×10^4t大关，轮胎和橡胶制品的生产亦初具规模，以PVC助剂（尤其是软质制品配套的增塑剂、热稳定剂等）为核心的塑料助剂和以硫化体系、防老体系助剂为主要内容的橡胶助剂引起了化工主管部门的关注，随后进行的全国性调研和组织起草的第一个"塑料橡胶助剂品种赶超规划（建议）"表明我国聚合物助剂行业开始步入形成期。这一时期大概经过了15年，延续到十一届三中全会前后。期间，增塑剂发展最快，数百套千吨级邻苯二甲酸二辛酯（DOP）、邻苯二甲酸二丁酯（DBP）装置雨后春笋般地出现在祖国各地。同时，橡胶促进剂、防老剂等形成了包括南京化工厂、沈阳东北助剂厂、兰化有机厂和黄岩助剂厂在内的四大基地。需要指出的是，受农业大棚、乙烯工程建设等因素的影响，抗氧剂、光稳定剂、阻燃剂、抗静电剂、发泡剂、防焦剂、塑解剂等助剂类别的基本品种得到开发和应用，塑料、橡胶助剂的信息、科研、规划、生产、标准化和质量检测体系基本建立。至此，我国聚合物助剂的行业框架已经形成。但总体来看，全国助剂工业的基础还比较薄弱，品种配套性不强，生产技术落后，长期依赖进口的局面还没有得到根本的改观。20世纪80~90年代中叶是我国聚合物工业的高速发展时期，一方面，硬质PVC建材制品、包装塑料、农用塑料、工程和改性塑料、子午线轮胎生产线的建设为塑料、橡胶助剂提供了广阔的市场机遇，产耗量以前所未有的速度迅速增长，各种助剂的消费结构也趋于合理；另一方面，市场经济的调节作用大大激发了国有企业、集体和民营企业投资聚合物助剂产业的积极性，助剂开发和研究的力度明显加大，门类继续扩大，品种进一步增多，产量也大幅度提高。增塑剂、热稳定剂的引进技术和装置得到很好的消化和吸收，实现了规模化生产，我国自行设计的年产 5×10^4t 增塑剂生产线还首次走出国门，完成了从技术输入到技术输出的过程。

目前，我国助剂工业正步入成熟期。在塑料助剂方面，增塑剂是各种塑料助剂使用量最大的品种，占塑料助剂总消费量的60%左右，2011年以来，我国占据全球增塑剂大部分的新增产能和消费量，2014年中国占全球总量的43.00%，亚洲其他地区占16.00%，西欧占14.00%，北美占12.00%，到2019年，中国占全球增塑剂市场的份额将提升到48.00%，2016年我国增塑剂产量达 319×10^4t，预计"十三五"期间，我国增塑剂消费量保持较快增长，年均增长率为6.10%。2016年，我国PVC产量为 1669×10^4t，预计到2020年将达 1890×10^4t，2016—2020年我国PVC产量年均增长率为3.20%。2016年，我国PVC需求量为 1638×10^4t，预计到2020年将达 1860×10^4t，2016—2020年我国PVC需求量年均增长率为3.20%，预计到2025年我国PVC需求量将达 2150×10^4t，2020—2025年年均增长率为2.90%，包括增塑剂、阻燃剂等助剂需求将大幅度增长。在橡胶助剂方面，2017年，仅橡胶促进剂年产量 33.3×10^4t，促进剂四强企业：山东尚舜化工、科迈化工、蔚林新材料、阳谷华泰，促进剂总产量达到 19.2×10^4t，占总量的57.7%左右。橡胶防老剂产量 36.9×10^4t，防老剂主流产品6PPD、TMQ占全部产量的83%，同比增加约3个百分点，其中，99%出自防老剂骨干企业：圣奥化学、尚舜化工、科迈化工、南京化工、斯递尔、翔宇化工6家公司。6PPD主要生产企业圣奥化学，2017年产量为 13.5×10^4t，产销量均为国内第一；TMQ万吨级生产企业主要有科迈化工、南京化学工业公司、山东斯递尔化工、山东尚舜化工，其中，科迈化工和南京化工产量均接近 3×10^4t。橡胶加工助剂产量达 22.4×10^4t，比2016年增加 2.6×10^4t，增长幅度为13.1%，2×10^4t 规模以上的3家企业是：彤程新材料集团、阳谷华泰和武汉径河化工，这三家产量占加工助剂的59.5%，其中，防焦剂2017年产量为 2.5×10^4t，以山东阳谷华泰为主。该公司产量占据国内总产量的63%，同比增加3个百分点，连续多年保持世界第一。橡胶硫化剂及过氧化物产量达 10.4×10^4t，其中，不溶性硫黄产量 7.29×10^4t，占据72.1%，不溶性硫黄2017年产量同比下降了12.2%，山东尚舜化工 3×10^4t 高热稳定性不溶性硫黄产能，释放了约75%。山东阳谷华泰高热稳定性不溶性硫黄 2×10^4t 产能，也基本释放，其他主要生产厂家为无锡华盛橡胶新材料科技股份有限公司、河南省开仑化工有限责任公司等。特种功能性助剂产量为 11×10^4t，较2016年微增1.8%，钴盐黏合剂产品中，江阴市三良橡塑新材料有限公司2017年产量达1800t，同比微跌，这家公司仍是钴盐黏合剂行业第一。由于橡胶助剂的剂型改变，主要是将普通的粉状助剂（预分散母胶粒），经过载体做成颗粒型或者片状，目前，预计产量约 2.92×10^4t，同比增长16.8%，产能较大的企业是：宁波艾克姆新材料有限公司、山东阳谷华泰、珠海科茂新材料科技有限公司等。近年来，不断有新企业加入母胶粒生产制造中，包括山东尚舜化工、山东中艺橡塑有限公司、嘉兴北化高分子橡胶助剂有限公司等。由于使用预分散母胶粒产品，有利于橡胶加工过程中更好的分散，减少粉尘污染，改善操作环境等优势，预分散母胶粒产品成为其下游橡胶制品行业

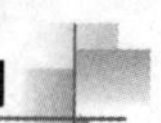

的发展方向，2017 年，该产品两位数的增长，也说明了市场的趋势。

五、助剂工业的发展趋势

（一）新功能助剂不断涌现

适应聚合物改进要求的功能性助剂成为世界助剂开发的一大趋势。就目前而言，比较活跃的研究领域包括以下几个方面：①旨在改善聚烯烃加工操作性能的含氟聚合物加工助剂；②提高聚丙烯（PP）、聚对苯二甲酸丁二酯（PBT）、聚对苯二甲酸乙二酯（PET）等不完全结晶树脂的透明性、光泽度及机械物理性能的成核剂；③减少环境公害，促进树脂降解的光降解剂和生物降解剂；④赋予农膜保温性能的红外吸收剂；⑤改善薄膜表面性能的防雾滴剂；⑥可降低洗涤温度的漂白活化剂；⑦对铝制品适用的低 pH 值的无腐蚀酸性清洗剂、洗白清洗剂、无硅清洗剂等。

（二）助剂多功能化趋势明显

利用多种官能团的功能化作用，追求一剂多能是多年来助剂研究者们的目标。20 世纪 80 年代以来，随着机理研究和应用技术的进步，多功能化助剂品种开发取得了很大的进展，抗静电增塑剂、阻燃增塑剂、多功能稳定剂都有产品问世。又如酸化缓蚀剂主攻方向之一是开发喹啉、吡啶类改性产品，如含有疏水基的 *N*-(芳香基）吡啶就兼有缓蚀剂、破乳剂、阳离子表面活性剂的功能。这类多功能高效缓蚀剂，是今后开发的重点。

（三）助剂分子结构日趋完善

完善助剂分子的官能团结构无疑是提高助剂应用性能的积极举措。例如，*N*-取代烷氧基化受阻胺和受阻哌嗪酮类 HALS 结构的光稳定剂，大大降低了传统受阻胺类光稳定剂的碱性，一定程度上解决了长期困扰受阻胺光稳定剂应用中的对抗性问题；半受阻酚结构的出现，提高了传统完全受阻酚抗氧剂的应用效果，改善了与硫醚类辅助抗氧剂的协同效应和耐氧化氮的着色性；双酚单丙烯酸酯类耐热稳定剂的应用拉开了聚烯烃热老化降解研究的序幕。

（四）相对分子质量化性能突出

迁移和抽提损失是影响助剂使用卫生性和效能持久性的致命因素。高相对分子质量化一方面提高了助剂的耐热稳定性，有效抑制其在高温加工条件下的挥发损失；另一方面，耐迁移性和低抽出性还保证了制品的表面卫生和效能持久。目前，稳定化助剂、增塑剂、阻燃剂等品种开发进展都反映了这一趋势。在稳定化助剂方面，高分子受阻胺类光稳定剂同时显示了抗热氧化效果；高相对分子质量的增塑剂具有耐抽出性；而高相对分子质量的阻燃剂，其耐热性和与树脂的相容性都得到相应的提高。当然，高相对分子质量只是相对而言，对于特定的助剂，必然存在着一个最佳相对分子质量范围，确定适宜的相对分子质量范围对助剂的分子设计大有裨益。

（五）复合化技术日趋成熟

受法规、成本、效能种种因素的制约，全新结构助剂产品的开发愈加困难，而且事实上也不可能使同一结构的化合物满足产品加工所有性能的要求。因此，根据各种助剂之间的协同作用原理，复配或集装于一体，不失为提高助剂效能的有效措施。如应用于受阻酚的抗氧剂与亚磷酸酯辅助抗氧剂应用体系的复配型产品，应用于聚氯乙烯加工领域的集装化助剂，无疑对方便塑料加工和满足自动化操作有着事半功倍的效果。

（六）反应型助剂稳步发展

反应型助剂分子内含有反应性基团，它们在制品加工中可以与基体反应并形成键合官能团。一般而言，反应型助剂具有添加量少、不迁移和持久性好等优点，但高的价格和应用技术性强又限制了它们的推广和应用。国外从20世纪70年代初就开始了这一领域的研究，但真正工业化品种的出现是80年代后期。如Sandoz公司最近报道的新型反应型光稳定剂HAIS，兼顾了添加型的迁移性和反应型的持久性之特点，迁移性使稳定性分子迅速迁移到树脂表面，光反应性将稳定化官能团定域在最易发生光氧化降解的表面聚合物主链上。可以说，该技术的开发成功将标志着反应型助剂研究方面的重大突破。

（七）成本—效能同时兼顾

成本和效能往往是一个矛盾的两个方面，寻求二者的统一是助剂开发应用中不容忽视的问题。20世纪80年代以来，世界著名的助剂公司在注重开发高效品种的同时，积极改造传统产品的工艺过程，挖掘潜力，降低成本，增强市场竞争实力，在替代品种和新功能助剂开发方面也努力实现成本与效能的平衡。

（八）顺应环保、卫生及安全性潮流势不可挡

环保、卫生和安全是社会文明进步的重要标志。进入20世纪80年代以来，世界工业生产和科学技术的发展速度明显加快，人们对与人类生存休戚相关的食品卫生与环境保护意识日益增强，所以有关助剂生产、应用的限制法规越定越严，顺应这一潮流，助剂将趋向于低毒性、耐抽出、无污染方向发展。

由于助剂类别繁多，应用范围十分广泛，不可能面面俱到地介绍所有助剂，本书着重选择用量大、影响面较广的增塑剂、抗氧剂、热稳定剂、光稳定剂、阻燃剂、润滑剂、抗静电剂、偶联剂、交联剂等高分子材料用助剂进行讨论。介绍各类助剂的基本概念、作用机理、生产工艺、应用特性及发展趋势，重点突出各类助剂典型产品的生产及应用。

第二节　认识催化剂

一、什么是催化剂

1811年，俄国的Kirchhof最先发现了催化作用：热的淀粉水溶液中添加盐酸等无机酸

时，能促进淀粉的水解，生成糖，但无机酸并未发生变化。

1817 年，英国的 Davy 发现：铂丝可以促使空气与煤气、酒精等可燃气体发生燃烧反应，在生成水和二氧化碳的同时，放出大量的热而使铂丝产生白炽化现象。

1835 年，瑞典化学家 J. J. Berzelius 认为："一些单体和化合物，可溶性物质和不溶性物质，都显示出一种性质，就是与其他物质的化学亲和力有显著差异的作用。这种物质可使物质分解成单质，还可使元素重新组合，但该物质本身不发生变化。这一至今鲜为人知的新力与有机物和无机物具有的性质有共同性。这个力与电化学能全然不同，我们把它取名为催化力（catalytic force）。参照分析 analysis 一词，把这一力的作用引起的物质变化的现象称之为催化作用（catalysis）。""对由于某些物质的存在而能改变化学反应速率的现象定义为催化作用，称这种物质叫催化剂（catalyst）。其来源于希腊文 kata，意即'完全地'，lyo 意思是'解放'，催化作用就是催化剂使反应物键解放，从而大大地改变反应速率。"这是最早的定义。

1894 年，德国化学家 F. W. Ostwald 提出催化剂的定义为：任何物质，它不参加到化学反应的最终产物中去，而只是改变这一反应的速率就称为催化剂。

1903 年，法国化学家 P. Sabatier 发现了以镍为催化剂，把氢气通入液态油脂制取硬化油的方法，用这种方法可从鱼油等原料制取人造奶油。P. Sabatier 用催化剂进行了有机化合物加氢的研究，因此荣获了诺贝尔化学奖（1912 年）。其在 1913 年写的《有机化学与催化剂》一书中，对"催化剂的定义"是这样写的："氢和氧的混合气于室温下放置时很稳定，但如果加入少许铂黑（铂粉是黑色的），则立即发生爆炸性的反应，并生成水。但反应前后铂黑没有任何变化，可反复使用。如上所述，催化剂引起化学反应或加速化学反应，但本身不发生变化。"

化工辞典对催化剂解释为"一类能够改变化学反应速率而本身不进入最终产物分子组成中的物质。催化剂不能改变热力学平衡，只能影响反应过程达到平衡的速度。加速反应速率的催化剂称正催化剂，减慢者称负催化剂"。

所谓工业催化剂则是特指具有工业生产实际意义的催化剂，它们必须能适用于大规模工业生产过程，可在工厂生产所控制的压力、温度、反应物流体速度、接触时间和原料中含有一定杂质的实际操作条件下长期运转。工业催化剂必须具有能满足工业生产所要求的活性、选择性和耐热波动、耐毒物的稳定性。此外工业催化剂还必须具有能满足反应器所要求的外形与颗粒度大小的阻力、耐磨蚀性、抗冲击和抗压碎强度。对强放热或吸热反应用催化剂还要求具有良好的导热性能与热容，以减少催化剂颗粒内的温度梯度与催化剂床层的轴向与径向温差，防止催化剂过热失活。对某些因中毒或碳沉积而部分失活或选择性下降的催化剂可用简单方法得以再生，恢复到原有活性及选择性水平，以保证催化剂具有相当长的使用寿命。

二、催化剂分类

目前工业上应用的各种催化剂已达约 2000 余种，品种牌号还在不断增加。为了研究、生产和使用上的方便，常常从不同角度对催化剂分类。

（一）按催化反应体系的物相均一性分类

（1）多相催化剂：多相催化剂是指反应过程中与反应物分子分散于不同相中的催化剂。它与反应物之间存在相界面，相应的催化反应称为多相催化反应，包括气—液相催化反应、气—固相催化反应、液—固相催化反应和气—液—固相催化反应。多相催化剂通常为多相固体催化剂。本书后面所介绍的工业催化剂的制备及应用，主要是指多相固体催化剂的制备及应用。

（2）均相催化剂：均相催化剂是指反应过程中与反应物分子分散于同一相中的催化剂，相应的催化反应称为均相催化反应，包括气相均相催化反应和液相均相催化反应。例如：$C_6H_4(COOR_1)(COOR_2)$（邻苯二甲酸酯，两个 $-C(=O)-OR_1$、$-C(=O)-OR_2$ 基团连于苯环）。

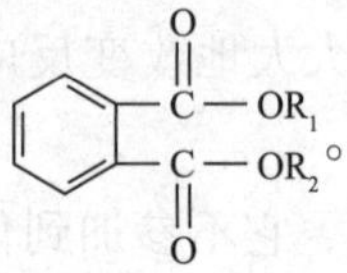

近年来，均相催化剂通常专指均相配合物催化剂，即为可溶性的有机金属化合物，通过中心金属原子周围的配位体（离子或中性分子）与反应物分子的交换，使得至少有一种反应物分子进入配位状态而被活化，从而促进反应的进行。例如，由甲醇经羰基化反应制醋酸，催化剂是以 Rh 为中心原子的配位化合物 $R_1-O-\overset{O}{\overset{\|}{C}}-(CH_2)_n-\overset{O}{\overset{\|}{C}}-OR_2$，它催化了一个插入反应。

均相催化反应和多相催化反应的划分并不是绝对的。比如反应物先被吸附在催化剂表面形成活性中间体，然后再脱附到气相或液相中继续反应，整个反应同时具有多相和均相的特征，故称为多相均相催化反应。

（3）酶催化剂：酶是近似胶体大小的蛋白质分子，其催化反应具有均相催化反应和多相催化反应的特点，或者说酶催化介于均相催化和多相催化之间。例如，淀粉酶使淀粉水解成糊精时，淀粉酶均匀分散在水溶液中（均相），但反应却是从淀粉在淀粉酶表面上积聚（多相）开始的。

酶催化具有应用广、活性高、选择性好、反应条件温和等特点。通常酶催化反应的速度比对应的非酶催化过程快 $10^9\sim10^{12}$ 倍，比如过氧化氢酶分解 H_2O_2 比任何一种无机催化剂快 10^9 倍。

（二）按催化剂的作用机理分类

主要从反应物分子被活化的起因来划分，分为三类。

（1）酸—碱型催化剂：催化作用的起因是反应物分子与催化剂之间发生了电子对转移，出现化学键的异裂，形成了高活性中间体（如碳正离子或碳负离子），从而促进反应的进行。该类催化剂常为酸或碱，包括路易斯酸或碱。如：

$$CH_3CH=CH_2+H^+(\text{酸催化剂})\longrightarrow CH_3\overset{+}{C}H-CH_3 \quad (1-1)$$

$$CH_3CHO + OH^- \text{（碱催化剂）} \longrightarrow \overset{-}{C}H_2CHO + H_2O \quad (1-2)$$

（2）氧化—还原型催化剂：催化作用的起因是反应物分子与催化剂之间发生了单个电子转移，出现化学键的均裂，形成了高活性中间体（如自由基），从而促进反应的进行。该类催化剂常为过渡金属及其化合物。如：

$$\text{—HC—CH—（环氧，O 桥接）} + HCl \longrightarrow \text{—HC(OH)—CH(Cl)—} \quad (1-3)$$

（3）络合型催化剂：催化作用的起因是由于反应物分子与催化剂之间发生了配位作用而使前者活化，从而促进反应的进行。

（三）按催化剂的元素及化合态分类

（1）金属催化剂：多为过渡元素，如用于催化加氢的 Fe、Ni、Pt、Pd 等催化剂。

（2）氧化物或硫化物催化剂：如用于催化氧化的 V-O、Mo-O、Cu-O 等催化剂，用于催化脱氢的 Cr-O 等催化剂，用于催化加氢的 Mo-S、Ni-S、W-S 等催化剂。

（3）酸、碱、盐催化剂：如 H_2SO_4、HCl、HF、H_3PO_4，KOH、NaOH，$CuSO_4$、$NiSO_4$等。

（4）金属有机化合物：多为络合催化机理反应中的催化剂，如用于烯烃聚合的 $Al(C_2H_5)_3$，用于羰基合成的 $Co_2(CO)_8$等催化剂。

（四）按催化剂的来源分类

（1）非生物催化剂：①天然矿物。如黏土经破碎、酸处理除去某些金属离子后，即可获得具有硅—氧—铝骨架的固体酸催化剂，用于催化裂化。②合成产物。如将水玻璃与铝盐混合得到凝胶，经洗涤、老化、干燥和造型，即可获得微球状的硅—铝催化剂，其催化裂化性能比天然黏土催化剂好得多。绝大多数的工业催化剂均为合成产物。

（2）生物催化剂：如生物体自身合成的酶。

（五）按催化单元反应分类

按照所催化的单元反应的类型不同，可分为氧化催化剂、加氢催化剂、脱氢催化剂、聚合催化剂等多种类型。

（六）按工业类型分类

1. 美国催化剂分类

（1）石油炼制催化剂：包括催化裂化、催化重整、加氢裂化、加氢精制、烷基化等催化剂。

（2）化学加工催化剂：包括聚合、烷基化、加氢、脱氢、氧化、合成气等催化剂。

（3）污染控制催化剂：包括汽车尾气处理、工业排放气净化等催化剂。

2. 日本催化剂分类

（1）石油炼制催化剂：包括催化裂化、催化重整、加氢裂化、加氢精制、脱硫醇等催化剂。

（2）重油脱硫催化剂：包括直接加氢脱硫、间接加氢脱硫等催化剂。

（3）石油化工催化剂：包括加氢、选择加氢、脱氢、氯化、脱卤、烷基化、脱烷基化、氧化、异构化、丙烯氨氧化、甲醇合成等催化剂。

（4）高分子聚合催化剂：包括加聚、缩聚等催化剂。

（5）气体制造催化剂：包括城市煤气制造、烃类蒸气转化、CO 变换、甲烷化等催化剂。

（6）油脂加氢催化剂：包括硬脂油加氢、高级醇加氢等催化剂。

（7）医药食品催化剂：包括含氧化合物、含氮化合物的加氢等催化剂。

（8）环境保护催化剂：包括汽车尾气净化、其他工业环保等催化剂。

（9）无机化学品及保护气制造催化剂：包括氨合成、制硫酸、制硝酸、保护气制造等催化剂。

3. 中国催化剂分类

（1）石油炼制催化剂：包括催化裂化、催化重整、加氢裂化、加氢精制、烷基化、异构化等催化剂。

（2）无机化工（化肥工业）催化剂：包括脱硫、转化、变换、甲烷化、硫酸制造、硝酸制造、硫回收、氨分解等催化剂。

（3）有机化工（石油化工）催化剂：包括加氢、脱氢、氧化、氧氯化、烯烃反应等催化剂。

（4）环境保护催化剂：包括硝酸尾气处理、内燃机排气处理等催化剂。

（5）其他催化剂：包括制氮、纯化（脱微量氧、脱微量氢）等催化剂。

三、催化剂命名

（一）一般命名法

对于单组元催化剂，通常指只含有一种金属元素的催化剂。其命名方法为：活性组分名称（剂型）+“催化剂”，如钨（丝）催化剂、铁（粉）催化剂。

对于多组元催化剂，通常指含有两种以上金属元素的催化剂。其命名方法为：多种活性组分名称 + 载体名称 + “催化剂”，如镍铬氧化铝催化剂。

该类命名法虽常被引用，但有时并不准确。如有机硫化物氢解催化剂——钼酸钴，通常为分散在载体上的氧化钼和氧化钴的混合物，而反应过程中实际的活性组分却是钼和钴的硫化物。

（二）标准命名法

1. 国内炼油催化剂的标准命名

命名方法：牌号 + 类别名称 + 固定名称。

牌号——根据各类催化剂制定标准的时间先后顺序来确定。

类别名称——根据工艺特点分为催化重整、催化裂化、加氢精制、加氢裂化和迭合五

种类别。

固定名称——“催化剂”。

例：1 号重整催化剂、2 号重整催化剂、3 号重整催化剂。

2. 国内化肥催化剂的标准命名

命名方法：类别代号 + 特性代号 + 序列代号 + 基本名称。

类别代号——国内化肥催化剂产品共分为 10 类，每一类以首字汉语拼音第一字母大写表示类别代号，具体为脱毒（T）、转化（Z）、变换（B）、甲烷化（J）、氨（A）、醇（C）、酸（S）、氮（D）、氧化（Y）和其他（Q）。

特性代号——对同一大类产品的不同特性加以区别，如脱毒类催化剂按其特性分为活性炭脱硫剂（T1）、加氢转化脱硫剂（T2）等。

序列代号——按产品命名的先后顺序确定。

基本名称——沿用习惯名称，如活性炭脱硫剂、氨合成催化剂、硫酸生产用钒催化剂。

国内化肥催化剂产品类别、代号和基本名称如表 1 – 1 所示。

表 1 – 1　国内化肥催化剂产品类别、代号和基本名称

<table>
<tr><th>类别名称</th><th>类别代号</th><th>特性代号</th><th>基本名称</th></tr>
<tr><td rowspan="7">脱毒
（脱除气体中的微量毒物）</td><td rowspan="7">T</td><td>T1</td><td>活性炭脱硫剂</td></tr>
<tr><td>T2</td><td>加氢转化脱硫催化剂</td></tr>
<tr><td>T3</td><td>氧化锌脱硫剂</td></tr>
<tr><td>T4</td><td>脱氯剂</td></tr>
<tr><td>T5</td><td>转化吸附脱硫剂</td></tr>
<tr><td>T6</td><td>脱氧剂</td></tr>
<tr><td>T7</td><td>脱砷剂</td></tr>
<tr><td rowspan="5">转化
（烃类蒸汽转化制氢）</td><td rowspan="5">Z</td><td>Z1</td><td>天然气一段转化催化剂</td></tr>
<tr><td>Z2</td><td>天然气二段转化催化剂</td></tr>
<tr><td>Z3</td><td>炼厂气转化催化剂</td></tr>
<tr><td>Z4</td><td>轻油转化催化剂</td></tr>
<tr><td>Z5</td><td>重油转化催化剂</td></tr>
<tr><td rowspan="2">变换
（CO 转化成 CO_2）</td><td rowspan="2">B</td><td>B1</td><td>中温变换催化剂</td></tr>
<tr><td>B2</td><td>低温变换催化剂</td></tr>
<tr><td rowspan="2">甲烷化
（CO、CO_2甲烷化）</td><td rowspan="2">J</td><td>J1</td><td>甲烷化催化剂</td></tr>
<tr><td>J2</td><td>煤气甲烷化催化剂</td></tr>
<tr><td rowspan="2">氨
（氨合成）</td><td rowspan="2">A</td><td>A1</td><td>氨合成催化剂</td></tr>
<tr><td>A2</td><td>低温氨合成催化剂</td></tr>
</table>

续表

类别名称	类别代号	特性代号	基本名称
醇（甲醇的合成）	C	C1	高压甲醇催化剂
		C2	联醇催化剂
		C3	低压甲醇催化剂
		C4	中压甲醇催化剂
		C5	燃料甲醇催化剂
		C6	低碳醇催化剂
		C7	高碳醇催化剂
酸（硫酸、硝酸的生产）	S	S1	硫酸生产用钒催化剂
		S2	硝酸生产用铂网催化剂
		S3	硝酸生产用钴催化剂
氮（制氮）	D	D1	一段制氮催化剂
		D2	二段制氮催化剂
		D3	硝酸尾气净化催化剂
氧化（CO 选择性氧化）	Y	Y	一氧化碳选择性氧化催化剂
其他	Q	Q	

另外，对于某些催化剂的命名要求更为具体，需要进行“复杂命名”。“复杂命名”的方法为：类别代号 +（被引进号）+ 特性代号 + 序列代号 + 形代号 + 还原 + 基本名称。

被引进号——指利用国外引进的生产线生产的产品，被引进号以被引进国家公司名称的第一个大写字母表示。

形代号——催化剂产品的外形代号，如常用的“球形”用“Q”表示，“环形”用“H”表示；而非常用的齿轮形、梅花形等，通称为“异形”，用“Y”表示。

还原——指预还原催化剂产品，用“—H”表示。

例：辽河化肥厂引进丹麦托普索公司的 PK 型甲烷化催化剂生产线，该催化剂产品命名为 J（T）103 型甲烷化催化剂。又如 B（T）203Q—H 型低温变换催化剂。

（三）国外催化剂产品的命名

国外催化剂生产企业对各自产品的型号命名具有一定的规律。大部分公司常常根据催化剂的性能，将每个单词的词首字母联合起来再加上阿拉伯数字为序列号进行命名。

例：催化剂“HC-11”，HC 为 Hydrogen Crack（加氢裂化）的缩写，11 为序列号，该种催化剂的组成为 5% Pd-Mg/HY 分子筛（80%）+ Pd/Al_2O_3（20%）片剂。催化剂“HC-18”，组成与“HC-11”相同，只是制备方法不同，但性能更好。

由于制造厂商众多，为避免混淆，有些公司常在自己产品前冠以本公司名称的缩写。如催化剂“AERO HDS-2”是 American Cyanamide Co. 的石脑油加氢脱硫催化剂。

四、催化剂发展简史

人类最早利用酶作催化剂进行酿酒和制醋距今已有数千年的历史了，但催化剂真正实现工业化生产及应用只有上百年。工业催化剂的发展历史大致可以分为以下四个阶段。

（一）萌芽阶段（20 世纪前）

1746 年，在制造硫酸时，用 NO_2作气相催化剂促使 SO_2氧化成 SO_3，实现了第一个现代工业催化过程。1832 年，用铂作 SO_2转化成 SO_3的多相催化剂，并实现了工业化。1857 年以 $CaCl_2$作催化剂使 HCl 氧化成氯，这是工业催化的一个重要里程碑。此外，科学家们还发现了一些特定的催化剂，比如使淀粉催化水解的无机酸催化剂、使乙醇脱水的黏土催化剂、使乙烯加氢的铂黑催化剂以及使烃类缩合的 $AlCl_3$催化剂。这一阶段，催化剂在化学工业生产中尚未起到重要作用。

（二）起步阶段（1900—1935 年）

进入 20 世纪后，工业催化剂才有了真正的发展。1902—1903 年，实现了用镍催化剂使脂肪加氢制硬化油的工业化生产，还发现镍催化剂可使乙醛还原为乙醇。1905 年，发现金属锇、铀及碳化铀对氨合成具有较高的活性，但锇易挥发而失活，铀则易被含氧化合物中毒。1909 年发现了铁催化剂，并于几年后在德国巴斯夫公司建厂，用于合成氨生产。1912 年，开发出与制氨相关的水煤气变换催化剂——铁铬催化剂，并一直沿用至今。1913 年，用 CoO 催化剂可使 CO 与氢合成烃类，但 10 年后才工业化。第一次世界大战期间（1914—1918 年），德国因缺乏铂而又急需硝铵炸药，于是开发出铁铋催化剂代替铂作氨氧化催化剂，曾在巴斯夫公司的工厂建造 50 座氧化炉。1916 年，开发出甲苯氧化制苯甲酸所用的 $V_2O_5 \cdot MoO_3$催化剂，而在 1920 年，发现用相同的催化剂可使苯氧化成马来酸酐。1921 年，研制出用 Ni、Ag、Cu、Fe 等催化剂可使 CO 与氢合成甲醇，1923 年，巴斯夫公司采用 $ZnO \cdot CrO_3$催化剂高压合成甲醇，并投入生产。1927 年，以 $Fe_2O_3 \cdot MoS_2$作催化剂，可使煤高压加氢生产液烃。1930 年，用 NiO/Al_2O_3作催化剂进行蒸汽转化制合成气。1931 年，开发出由乙炔制乙醛的羰基镍催化剂。1934 年，在德国鲁尔化学公司建成了用 Al_2O_3负载 CoO 或 NiO 羰基合成制油的第一家工厂。1935 年，实现了用磷酸为催化剂使苯烷基化成甲苯和二甲苯。可以说，这一阶段发现的重要工业催化剂在数量上已超过 20 世纪前所知催化剂的总和，并为下一发展阶段奠定了基础。

（三）发展阶段（1936—1980 年）

1936 年，开发出第一代活性白土裂化催化剂。1937 年，开发出低密度聚乙烯的 $CrO_3/SiO_2 \cdot Al_2O_3$催化剂。1942 年又开发出了第二代合成硅酸铝催化剂，且活性有了很大提高。1953—1954 年，研制出 $TiCl_4 \cdot Al(C_2H_5)_3$高密度聚乙烯用催化剂，并于 1958 年工业化。1955 年，美国科学设计公司开始启用苯固定床氧化制顺酐的 $V_2O_5 \cdot MoO_3$催化剂。1962 年，Mobil 石油公司推出性能更佳的 X 型与 Y 型分子筛催化剂，使汽油产率提高 7% ~

10%。1963年，研制出乙烯气相氧化制醋酸乙烯的硅胶载钯与金催化剂。1965年，成功开发出乙烯氧氯化制氯乙烯及丙烯氨氧化制丙烯腈的催化剂，前者用$CuCl_2$为催化剂，后者是SiO_2载$PMo_{12}Bi_{19}O_{52}$。1967年，开发出铂铼双金属重整催化剂。1968年，巴斯夫公司成功开发出邻二甲苯气相氧化制苯酐$V_2O_5 \cdot TiO_2$催化剂。70年代，开发出以黏结剂和天然白土代替合成硅铝胶为载体的Y型分子筛，使轻质油产率增加3%。

这一阶段是环保催化剂的创始时期，人们意识到环境污染的严重性，首先开发出排烟脱硫脱硝催化剂、硝酸尾气中NO_x选择性与非选择性还原催化剂、内燃机排气及焚烧炉排气处理催化剂，1970年开发出汽车尾气处理的贵金属催化剂。

（四）成熟阶段（1980年以后）

目前90%的化工过程都使用催化剂，催化剂也由使用厂商自行开发制造转向由专业公司承担，对催化剂性能要求更高。这一阶段，炼油和化工工艺日趋完善，催化剂工业应用并无重大新发现，但催化剂基础研究和工业催化剂性能却有很大提高，并提出催化剂设计的新概念，运用现有催化剂理论来预测合适的工业催化剂新配方。超强固体酸、择形催化剂、石墨夹层化合物、合成层状硅酸盐、碳化物、氮化物、硼化物、钙钛型和白钨矿型结构氧化物等催化新材料大量涌现，扩展了选择催化剂的范围，现代物理及化学测试手段也帮助人们进一步了解了催化剂组分、控制因素及催化反应的实质，依靠理论指导新催化剂的开发。工业催化剂已成为精细化学品中的一个新的门类。

五、催化剂作用

催化剂是影响化学反应的重要媒介物，是开发许多化工产品生产的关键。据统计，化学物质的种类正呈指数倍增加，现已达到一千万种左右，其中大部分是近30年发现和合成的。在现代化学工业和石油加工工业、食品工业及其他一些工业部门中，广泛地使用催化剂。新开发的产品中，采用催化的比例高于传统产品，有机产品生产中的比例高于无机产品。

目前世界生产催化剂的主要大型企业，大部分分布在欧美国家。无论就催化剂的产量和与其相关产出品的数量相比，或者就催化剂的产值和与其相关产出品的产值相比，催化剂本身的比例都很小，因此，工业催化剂是小产量而高附加值的特殊精细化学品。再者，许多重要的石油化工过程，不用催化剂时，其化学反应速率非常缓慢，或者根本无法进行工业生产。采用催化方法可以加速化学反应，广辟自然资源，促进技术革新，大幅度降低产品成本，提高产品质量，并且合成用其他方法不能得到的产品。因此，催化剂在工业中对提高其间接经济效益的作用更大。

随着世界工业的发展，保护人类赖以生存的大气、水源和土壤，防止环境污染是一项刻不容缓的任务。这就要求尽快改造引起环境污染的现有工艺，并研究无污染物排出的新工艺，以及大力开发有效治理废渣、废水和废气污染的过程及催化剂。在这方面，催化剂也越来越起着重要的作用，并且还将对人类社会的可持续发展做出重大贡献。

总之，可以不夸张地说，没有催化剂就没有近代化学工业，催化剂是化学工业的基石。通过下面的典型实例，可以看到催化剂对化学工业乃至整个国计民生的重要作用。

（一）合成氨及合成甲醇催化剂

合成氨工业的诞生是对世界农业生产乃至整个人类物质文明的进步都具有重大历史意义的事件。氨是世界上最大的工业合成化学品之一，主要用作氮肥，中国是第一大氮肥生产和消费国。

正是合成氨铁系催化剂的发现和使用，才实现了用工业的方法从空气中固定氮，进而廉价地制得了氨。此后各种催化剂的研究和发展与合成氨工艺过程的完善相辅相成。到今天，现代化大型氨厂中几乎所有工序都采用催化剂。

甲醇是最重要的基本有机化工产品之一，也是最简单的醇基燃料。合成甲醇是合成氨的姊妹工业，因为二者的原料和工艺流程都极为相似。合成甲醇，同样也是一个需要多种催化剂的生产过程。合成甲醇所用的降低操作温度与压力的多种节能催化剂的开发层出不穷，数十年来一直不停地进行换代升级。目前，国内外采用的甲醇催化剂，主要有 Cu-Zn-Al 催化剂（中低压法）和 Cu-Zn-Cr 催化剂（高压法）等。

（二）石油炼制及合成燃料工业催化剂

早期的石油炼制工业，是从原油中分离出较轻的液态烃（汽油、煤油、柴油）和气态烃作为工业和交通的能源，主要用蒸馏等物理方法，以非化学、非催化过程为主。

近代的石油炼制工业，为了扩大轻馏分燃料的收率并提高油品的质量，普遍发展了催化裂化、烷基化、加氢精制、加氢脱硫等新工艺。在这些新工艺的开发中，无一不依赖于新催化剂的成功开发。

二战后，随着新兴的石油化学工业的发展，许多重要化工产品的原料由煤转向石油和天然气。乙烯、丙烯、丁二烯、乙炔、苯、甲苯、二甲苯和萘等是有机合成和三大合成材料（塑料、橡胶、纤维）的基础原料，过去这些原料主要来自于煤和农副产品，产量有限，现在则大量地来自石油和天然气。当以石油和天然气生产这些基础原料时，广泛采用的方法有石油烃的催化裂化和石油炼制过程中的催化重整。特别是流化床催化裂化工艺的开发，被称为 20 世纪的一大工业革命。裂化催化剂是世界上应用最广、产量最多的催化剂。从石油烃非催化裂解可以得到乙烯、丙烯和部分丁二烯。催化重整的根本目的是从直链或支链石油馏分中制取苯、甲苯和二甲苯等芳烃。在上述生产过程中，裂解气选择加氢脱炔催化剂、催化重整催化剂的开发和不断进步，起着决定性的作用。

在经历了半个世纪左右高消耗量的开发使用后，作为石油炼制及化学工业原料支柱的石油资源，如今已日渐枯竭。据预测，按世界各地区平均计算，石油大约还有 50 年的可开采期。而天然气和煤已探明的储量和可开采期要大得多和长得多，加之当前世界煤、石油、天然气的消费结构与资源结构间比例失衡，价廉而方便的石油消费过度，因此，在未来“石油以后”的时代里，如何获取新的产品取代石油，以生产未来人类所必需的能源和化工原料，已成为一系列重大而紧迫的研究课题，于是 C_1 化学应运而生。

C_1化学主要研究含一个碳原子的化合物（如甲烷、甲醇、CO、CO_2、HCN等）参与的化学反应。目前已可按C_1化学的路线，从煤和天然气出发，生产出新型的合成燃料，以及三烯（乙烯、丙烯、丁二烯）、三苯（苯、甲苯、二甲苯）等重要的起始化工原料。这些新工艺的开发，几乎毫无例外地需要首先解决催化剂这一关键问题。有关催化剂的开发，目前已有不同的进展。

新型的合成燃料，包括甲醇等醇基燃料、甲基叔丁基醚、二甲醚等醚基燃料以及合成汽油等烃基燃料。

由异丁烯与甲醇经催化反应而制得的甲基叔丁基醚是一种醚基燃料，兼作汽油的新型抗爆添加剂，取代污染空气的四乙基铅。由两分子甲醇催化脱水，或由合成气（$CO+H_2$）一步催化合成，均可得二甲醚。二甲醚的燃烧和液化性能均与目前大量使用的液化石油气相近，不仅可以取代后者，用作石油化工的原料和燃料，而且有望取代汽油、柴油，作为污染少得多的“环境友好”燃料。美国有专家认为，二甲醚是21世纪新型合成燃料中的首选品种。二甲醚再催化脱水还可制乙烯。

由天然气催化合成汽油已在新西兰成功工业化大生产，使这个贫油而富产天然气的国家实现了汽油的部分自给。

由甲醇经催化合成制乙烯、丙烯等低级烯烃，由甲烷催化氧化偶联制乙烯，都是目前正大力开发并有初步成果的新工艺。由乙烯、丙烯在催化剂的作用下，通过齐聚等反应制取丁烯，进而制取丁二烯，以及其他更高级的烯烃。由低级烯烃等还可催化合成苯类化合物（苯、甲苯、二甲苯）。

（三）基础无机化学工业用催化剂

以“三酸二碱”为核心的基础无机化工产品，品种不多，但产量巨大。硫酸是最基本的化工原料，曾被称为化学工业之母，是一个国家化工强弱的重要标志。硝酸为“炸药工业之母”，有重大的工业和国防价值。

早期的硫酸是以二氧化氮为催化剂，在铅室塔内氧化SO_2制取的。其设备庞大、硫酸浓度低。1918年开发成功钒催化剂，其活性高，抗毒性好，价格低廉，使硫酸生产质量提高，产量增加，成本大幅度下降。

早期的硝酸主要以智利硝石为原料，用浓硫酸分解硝石制取的。其生产能力小，成本高。之后发展的高温电弧法，使氨和氧直接化合为氮氧化物进而生产硝酸，但能耗大。1913年，在铂—铑催化剂的存在下实现了氨的催化氧化，在此基础上奠定了硝酸的现代生产方法。

（四）基本有机合成工业用催化剂

基本有机化学工业，在化学上是基于低分子有机化合物的合成反应。有机物反应有反应速率慢及副产物多的普遍规律。在这类反应中，寻找高活性和高选择性的催化剂，往往成为其工业化的首要关键，故基本有机化学工业中催化反应的比例更高。在乙醇、环氧乙烷、环氧丙烷、丁醇、辛醇、1，4-丁二醇、醋酸、苯酐、苯酚、丙酮、顺丁烯二酸酐、

甲醛、乙醛、环氧氯丙烷等生产中，无一不用到催化剂。基本有机合成工业，在加工其下游高分子化工和精细化工产品中，是关键的基础原料，故在近半个世纪以来增长很快。

（五）三大合成材料工业用催化剂

在合成树脂及塑料工业中，聚乙烯、聚丙烯以及高分子单体氯乙烯、苯乙烯、醋酸乙烯酯等的生产，都要使用多种催化剂。

1953 年，Ziegler-Natta 型催化剂问世，这是化学工业中具有里程碑意义的伟大事件，由此给聚合物的生产带来一次历史性的飞跃。利用这种催化剂，首先使乙烯在接近常压下聚合成高相对分子质量聚合物。而在过去，该反应是要在 100～300MPa 的条件下才能聚合。继而又发展到丙烯的聚合，并成功地确立了“有规立构聚合体”的概念。在此基础上，关于聚丁二烯、聚异戊二烯等有规立构聚合物也相继被发现。于是，一个以聚烯烃为主体的合成材料新时代便开始了。

到 20 世纪 90 年代前后，又出现了全新一代的茂金属催化剂等新型聚烯烃催化剂，如 Kaminsky-Sinn 催化剂等。新一代聚烯烃催化剂将具有更高的活性和选择性，能制备出质量更高、品种更多的全新聚合物，如高透明度、高纯度的间规聚丙烯，高熔点、高硬度的间规聚苯乙烯，相对分子质量分布极均匀或“双峰分布”的聚烯烃，含有共聚的高支链烃单体或极性单体的聚烯烃，力学性能优异且更耐老化的聚烯烃弹性体等。总之，可以看到，在新世纪开始后的不长时期内，以茂金属为代表的全新聚合催化剂，将把人类带进一个聚烯烃以及其他塑料的新时代，聚合物生产的第二次大飞跃已经到来。

在合成橡胶工业中，几个主要的品种，如丁苯橡胶、顺丁橡胶、异戊橡胶和乙丙橡胶等的生产中都要采用催化剂。

在合成纤维工业中，四大合成纤维品种的生产，无一不包含催化过程。涤纶（聚对苯二甲酸乙二醇酯）纤维的生产需要甲苯歧化、对二甲苯氧化、对苯二甲酸酯化、乙烯氧化制环氧乙烷、对苯二甲酸与乙二醇缩聚等多个过程，几乎每一步过程都有催化剂参与；在腈纶（聚丙烯腈）纤维的生产中，在丙烯氨氧化等多个过程中都使用到不同的催化剂；在维纶（聚乙烯醇）纤维生产中，无论是由乙炔合成或由乙烯合成醋酸乙烯酯，均系催化过程；特别是在聚酰胺纤维的生产中，还有可能用到苯加氢制环己烷和苯酚加氢制环己醇等所需的各种催化剂。

（六）精细化工及专用化学品中的催化

精细及专用化学品属技术密集、产量小而附加值高的化工产品，近 20 年来发展很快。专用化学品一般指专用性较强，能满足用户对产品性能要求、采用较高技术和中小型规模生产的高附加值化学品或合成材料（如某些功能高分子产品）；而精细化学品，一般指专用性不甚强的高附加值化学品。这两类化学品有时难以严格区分。精细及专用化学品的用途，几乎遍及国民经济和国防建设各个部门，其中也包括整个石油化工部门本身。

由于多品种的特点，在精细及专用化学品生产中往往要涉及多种反应，如加氢、氧化、酯化、环化、重排等，且往往一种产品要涉及多步反应。因此，在该工业部门中，催化剂使用量虽不大，但一种产品也许要涉及多个催化剂品种，有相当的普遍性。

精细化学品的化学结构一般比较复杂，产品纯度要求高，合成工序多，流程长。在实际生产工艺中多采用新的技术，以缩短工艺流程，提高效率，确保质量并节约能耗。目前，精细化学品的新技术主要是指催化技术、合成技术、分离提纯技术、测试技术等，其中催化技术是开发精细化学品的首要关键。因此，重视精细化工发展就必须重视催化技术。

（七）催化剂在生物化学工业中的应用

与典型的化学工程不同，生物化学工程所研究的是以活体细胞为催化剂，或者是由细胞提取的酶为催化剂的生物化学反应过程，生化工程是化学工程的一个分支。生物催化剂俗称酶，它是不同于化学催化剂的另一种类型。酶的催化作用是生化反应的核心，正如化学催化剂是化学反应的关键一样。

用发酵的方法酿酒和制醋，这可以视为最古老的生物化学过程，起催化作用的是一种能使糖转化为酒精和二氧化碳的微生物——酵母。在传统产业与化工技术相结合的基础上，近年已发展了庞大的生物化工行业，同时也伴随着生物催化剂（酶）的广泛研究和应用。

在医药和农药工业中，以酶作催化剂，现已能大量生产激素、抗生素、胰岛素、干扰素、维生素以及多种高效的药物、农药和细菌肥料等。

在食品工业中，用酶催化的生物化工方法，可以生产发酵食品、调味品、醇类饮料、有机酸、氨基酸、甜味剂、鲜味剂，以及各种保健功能食品。

在能源工业中，用纤维素、淀粉或有机弃物发酵的方法，已可大量生产甲烷、甲醇、乙醇用作能源。

在传统化工和冶金行业中，生物化工及酶催化剂的应用将会越来越具有竞争力。从长远看，石油、煤和天然气等能源的枯竭已是不可避免的，因此，尽快寻求可再生资源，例如以淀粉和纤维素等作为化工原料已是当务之急。

（八）催化剂在环境化学工业中的应用

20 世纪，催化剂的应用对发展工业和农业，提高人民生活水平，甚至决定战争胜负，都起过巨大的作用。在 21 世纪，催化剂将在解决当前国际上普遍关注的地球环境问题方面，起到同等甚至更大的作用。催化剂研究的重点将逐渐由过去以获取有用物质为目的的“石油化工催化”，转向以消灭有害物质为目的的新的“环保催化”时期。

目前，治理环境污染的紧迫性已成为当代人类的共识，也由于催化方法对环境保护的有效性，所以在近年来发展很快的环境保护工程中，催化脱硫催化剂、烃类氧化催化剂、氮氧化物净化催化剂、汽车尾气净化三效催化剂以及用于净化污水的酶催化剂等，应用也日益广泛。目前这种保护环境、防止公害的催化剂，产量增长最快。

通过以上八类化工过程与催化剂关系的简明叙述，对于两者间关系的现状已有了大致了解。在数以万计的无机化工产品及数以十万计的有机化工产品的生产中，类似的实例数不胜数，由此可见催化剂对推动石油化工进展的作用。

六、常用制备方法及主要工业催化剂简介

从工业催化剂的实际应用与研究看，固体催化剂大概占催化剂总量的85% ~90%，所以本书主要介绍固体催化剂的制备方法。

（一）工业催化剂制造的特殊性

研究催化剂的制造方法具有极为重要的现实意义。一方面，与所有化工产品一样，要从制备、性质和应用这三个基本方面来对催化剂加以研究；另一方面，工业催化剂又不同于绝大多数以纯化学品为主要形态的其他化工产品。催化剂（尤其是固体催化剂）多数有较复杂的化学组成和物理结构，并因此形成千差万别的品种系列、纷繁用途以及专利特色。因此研究催化剂的制备技术，便会有更大的价值及更多的特色，而不可简单混同于通用化学品。

工业催化剂性能主要取决于其化学组成和物理结构，由于制备方法的不同，尽管成分、用量完全相同，所制出的催化剂的性能仍可能有很大的差异。在科学技术发达的今天，厂家要对其工业催化剂的化学组成保守商业秘密已是相当困难的事。只要获得少量的工业催化剂样品，用不太长的时间，用户就能比较容易地弄清其主要化学成分和基本物理结构，然而却往往并不能据此轻易仿造好该催化剂。这是因为，其制造技术的许多诀窍并不是通过其组成化验之后，就可以轻易地“一目了然”的。这正是一切催化剂发明的关键和困难所在。如果说今日化工产品的发明和创新大多数要取决于其相关催化剂的发明和创新的话，那么也就可以说，催化剂的发明和创新，首要和核心的便是催化剂制造技术的发明和创新了。

在化学工业中，可以用作催化剂的材料很多。以无机材质为主的固体非均相催化剂，包括金属、金属氧化物、硫化物、酸、碱、盐以及某些天然原料；以分子筛等复盐为代表的无机离子交换剂和离子交换树脂等有机离子交换剂，也是这类催化剂的常用材料；以金属有机化合物为代表的均相配合物催化剂，是目前新型的另一大类催化剂；以酶为代表的生物催化剂，其在化工领域的研究和应用，近年也有了长足的进展。不同形态的催化剂，需要不同的制备方法。

（二）工业催化剂制造过程

在催化剂生产和科学研究实践中，通常要用到一系列化学的、物理的和机械的专门操作方法来制备催化剂。换言之，催化剂制备的各种方法，都是某些单元操作的组合。例如，归纳起来，固体催化剂的制备大致采用如下某些单元操作：溶解、熔融、沉淀（胶凝）、浸渍、离子交换、洗涤、过滤、干燥、混合、成型、焙烧和还原等。

（三）催化剂常用制备方法简介

针对固体多相催化剂的各种不同制造方法，人们习惯上把其中关键而有特色的操作单元的名称定为各种工业催化剂制备方法的名称。到目前为止，尽管对催化剂的研究越来越受到世界各国科学家的重视，新催化、新制备方法不断被研究开发，但在目前工业生产中催化剂的制备方法主要有混合法、浸渍法、沉淀法、溶胶—凝胶法、离子交换法、热熔融法六种。

1. 混合法

多组分催化剂在压片、挤条等成型之前，一般都要经历这一步骤。此法设备简单，操作方便，产品化学组成稳定，可用于制备高含量的多组分催化剂，尤其是混合氧化物催化剂，但此法分散度较低。

混合可在任何两相间进行，可以是液—固混合（湿式混合），也可以是固—固混合（干式混合）。混合的目的：一是促进物料间的均匀分布，提高分散度；二是产生新的物理性质（塑性），便于成型，并提高机械强度。

混合法的薄弱环节是多相体系混合和增塑的程度。固—固颗粒的混合不能达到像两种流体那样的完全混合，只有整体的均匀性而无局部的均匀性。为了改善混合的均匀性，增加催化剂的表面积，提高丸粒的机械稳定性，可在固体混合物料中加入表面活性剂。由于固体粉末在同表面活性剂溶液的相互作用下增强了物质交换过程，可以获得分布均匀的高分散催化剂。

2. 浸渍法

将含有活性组分（或连同助催化剂组分）的液态（或气态）物质浸载在固态载体表面上。此法的优点为：可使用外形与尺寸合乎要求的载体，省去催化剂成型工序；可选择合适的载体，为催化剂提供所需的宏观结构特性，包括比表面、孔半径、机械强度、导热系数等；负载组分仅仅分布在载体表面上，利用率高，用量少，成本低。广泛用于负载型催化剂的制备，尤其适用于低含量贵金属催化剂。

影响浸渍效果的因素有浸渍溶液本身的性质、载体的结构、浸渍过程的操作条件等。

浸渍方法有以下几种。

（1）过量浸渍法：浸渍溶液体积超过载体微孔能容纳的体积，常在弱吸附的情况下使用。

（2）等量浸渍法：浸渍溶液与载体有效微孔容积相等，无多余废液，可省略过滤，便于控制负载量和连续操作。

（3）多次浸渍法：浸渍、干燥、煅烧反复进行多次，直至负载量足够为止，适用于浸渍组分的溶解度不大的情况，也可用来依次浸渍若干组分，以回避组分间的竞争吸附。

（4）流化喷洒浸渍法：浸渍溶液直接喷洒到反应器中处在流化状态的载体颗粒上，制备完毕可直接转入使用，无需专用的催化剂制备设备。

（5）蒸汽相浸渍法：借助浸渍化合物的挥发性，以蒸汽相的形式将它负载到载体表面上，但活性组分容易流失，必须在使用过程中随时补充。

3. 沉淀法

用沉淀剂将可溶性的催化剂组分转化为难溶或不溶化合物，经分离、洗涤、干燥、煅烧、成型或还原等工序，制得成品催化剂。广泛用于高含量的非贵金属、金属氧化物、金属盐催化剂或催化剂载体。

依据催化剂组分分布要求、性能要求等，可分为单组分沉淀法、共沉淀法、均匀沉淀法、超均匀沉淀法、浸渍沉淀法等，最常用的是共沉淀法。

该法具有流程流程长、设备投资高等缺点，但该法制得的催化剂组分分散性、均匀性较好，因而催化剂性能较好，是制备催化剂的常用的主要方法之一。

4. 溶胶—凝胶法

将无机化合物、酯类化合物或金属醇盐溶于有机溶剂中，形成均匀的溶液，然后加入其他组分，在一定温度下反应形成凝胶，最后经干燥处理制成产品。此法用离子交换剂作载体，以反离子的形式引入活性组分，制备高分散、大表面的负载型金属或金属离子催化剂，尤其适用于高含量、高分散的普通金属催化剂或高利用率的贵金属催化剂制备，也是均相催化剂多相化和沸石分子筛改性的常用方法。

其优点主要有以下几点。

（1）由于溶胶—凝胶法中所用的原料首先被分散到溶剂中而形成低黏度的溶液，因此，就可以在很短的时间内获得分子水平的均匀性，在形成凝胶时，反应物之间很可能是在分子水平上被均匀地混合。

（2）由于经过溶液反应步骤，就很容易均匀定量地掺入一些微量元素，实现分子水平上的均匀掺杂。

（3）与固相反应相比，化学反应将容易进行，而且仅需要较低的合成温度，一般认为溶胶—凝胶体系中组分的扩散在纳米范围内，而固相反应时组分扩散是在微米范围内，因此反应容易进行，温度较低。

（4）选择合适的条件可以制备各种新型材料。

其缺点主要有以下几点。

（1）所使用的原料价格比较昂贵，有些原料为有机物，对健康有害。

（2）通常整个溶胶—凝胶过程所需时间较长，常需要几天或几周。

（3）凝胶中存在大量微孔，在干燥过程中又将会逸出许多气体及有机物，并产生收缩。

5. 离子交换法

某些催化剂利用离子交换反应作为其主要制备工序的化学基础。制备这类催化剂的方法，称为离子交换法。

离子交换反应发生在交换剂表面固定而有限的交换基团上，是化学计量的、可逆的(个别交换反应不可逆)、温和的过程。离子交换法系借用离子交换剂作为载体，以阳离子的形式引入活性组分，制备高分散、大表面、均匀分布的负载型金属或金属离子催化剂。与浸渍法相比，用此法所负载的活性组分分散度高，故尤其适用于低含量、高利用率的贵金属催化剂的制备。它能将粒径小至0.3~4.0nm的微晶的贵重金属粒子附载在载体上，而且分布均匀。在活性组分含量相同时，催化剂的活性和选择性比用浸渍法制备的催化剂要高。

Na型分子筛和Na型离子交换树脂常通过离子交换反应来制得所需的催化剂。例如，氢离子与Na型离子交换树脂进行交换反应，得到的氢型离子交换树脂可用作某些酸、碱反应的催化剂。用NH_4^+、碱土金属离子、稀土金属离子或贵金属离子与分子筛发生交换反应，都可以得到相应的分子筛催化剂。

20世纪60年代初期以来，沸石分子作为无机交换物质，在催化反应中得到越来越多的应用。从20世纪30年代中期发现有机强酸性阳离子交换树脂，及其后发现强碱性阴离子交换树脂。近四五十年来，有机离子交换树脂渐渐应用于有机催化反应中。

6. 热熔融法

热熔融法是制备某些催化剂较特殊的方法。适用于少数必须经熔炼过程的催化剂，为的是要借高温条件将多组分混合物熔炼成为均匀分布的混合物，甚至氧化物固溶体或合金固溶体。配合必要的后续加工，可制得性能优异的催化剂。所谓固溶体，是指几种固体成分相互扩散所得到的极其均匀的混合体，也称固体溶液。固溶体中的各个组分，其分散度远远超过一般混合物。由于在远高于使用温度的条件下熔炼制备，这类催化剂常有高的强度、活性、热稳定性和很长的寿命。

本法的特征操作工序为熔炼，这是一个类似于平炉炼钢的较复杂和高能耗工艺。熔炼常在电阻炉、电弧炉、感应炉或其他熔炉中进行。显然，除催化剂原料的性质和助剂配方外，熔炼温度、熔炼次数、环境气氛、熔浆冷却速度等因素，对催化剂的性能都会有一定影响，操作时应予以充分注意。可以想象，提高熔炼温度，一方面可以降低熔浆的黏度，另一方面可以增加各个组分质点的能量，从而加快组分之间的扩散，弥补缺乏搅拌的不足。增加熔炼次数，采用高频感应电炉，都能促进组分的均匀分布。有些催化剂熔炼时应尽量避免接触空气，或采用低氧分压的熔炼和冷却。有时在熔炼后采用快速冷却工艺，让熔浆在短时间内淬冷，以产生一定内应力，可以得到晶粒细小、晶格缺陷较多的晶体，也可以防止不同熔点组分的分步结晶，以制得分布尽可能均匀的混合体。有理论认为，晶格缺陷与催化剂活性中心有关，缺陷多往往活性高。

(四) 主要工业催化剂简介

1. 硫酸工业用二氧化硫氧化催化剂

硫酸是工业之母，其应用相当广泛，产量也是越来越大，传统的生产工艺一般采用硫铁矿氧化焙烧得到二氧化硫，后来又开发了硫黄氧化生产二氧化硫、硫化氢氧化生产二氧化硫等新工艺技术，从20世纪世纪末开始，特别是进入21世纪以来，随着国内改革开放的不断深入，国内的大型冶炼金属装置越来越多，国内粗犷型的飞速经济发展给我国环境带来了巨大破坏，国家对环境治理要求提出了新要求，因此又开发了烟道气生产硫酸工艺，所有这些工艺都离不开二氧化硫氧化制三氧化硫工艺过程，其核心就是二氧化硫氧化催化剂的开发，大体经历了四大类催化剂：氧化氮、铁、铂、钒催化剂，从反应温度看，经历了高温、中温、低温、超低温催化剂的发展过程。

二氧化硫氧化催化剂是二氧化硫转化率高低的关键因素，从固体催化剂发展看，首先是铂催化剂，20世纪30年代前曾被普遍用过，在400～420℃即有良好的催化活性。但因其存在铂催化剂价格太贵，且极易受砷和氟毒化而失活；于是人们将目光转向价格低廉的铁，研究发现采用铁催化剂，反应温度需要640℃以上，以氧化铁的形式存在时才有较好的活性，低于此温度则以硫酸盐的形式存在，无活性，但高于640℃时其平衡转化率很低，且铁的内表面积会迅速丧失，因此尽管铁的价格低廉，但铁催化剂未被普遍使用；发现了钒催化剂之后，使硫酸工业得到迅猛发展，因其具有价格比铂催化剂低，耐砷和氟等毒物毒化能力比铂催化剂的强，使用寿命长，20世纪末其使用寿命已达10年，因此自20世纪20年代中期起，钒催化剂逐步取代了铂催化剂，成为现代硫酸工业的通用催化剂。对于钒催化剂而言，国内外主要研究生产单位主要有美国孟山都公司、丹麦托普索公司、德国巴斯夫公司、英国ICI公司、日本触媒化学公司、中国四川化工集团催化剂厂、湖南湘南化工厂、中国石化南京化工研究院有限公司、襄阳市精信催化剂有限责任公司、开封化肥厂催化厂等，其本身经历了中温、低温、超低温等过程，具体见表1－2。

主要发展过程如下。

1740年英国医生J. 沃德在伦敦附近建立了一座燃烧硫黄和硝石制硫酸的工厂；1746年英国J. 罗巴克建立了铅室反应器，生产过程中由硝石产生的氧化氮实际上是一种气态的催化剂，这是利用催化技术从事工业规模生产的开端。

标志性事件1：1806年，法国科学家C. B. Dersomers和N. Clement阐明了在氧化氮作用下，SO_2转化成SO_3的机理。

标志性事件2：1875年，德国人E. 雅各布建立了第一座生产发烟硫酸的接触法装置，并制造所需的铂催化剂，这是固体工业催化剂的先驱。

标志性事件3：1888年，德国BASF公司的化学家Rudolf Knietsch开发了一种经济高效的替代工艺，采用目前广泛使用的V_2O_5为催化剂，这种硫酸接触工艺不仅使巴斯夫一跃成为当时全球最大的硫酸生产商，也为催化加工铺平了道路。

表 1－2　二氧化硫氧化催化剂概况

型号	S101/S102	S105	S106	S107/S108	S101－2H	S107－1H/ S108－1H	S109－1/ S109－2	S101Q	S107Q	FV1/FV7	Cs201/ Cs201－1H	Cs201/ Cs201－1H	VK69
颜色	深黄/棕红	黄至深褐	白/淡黄	黄/棕红	黄/橘红	黄/橘红	橘红/灰黄	橘红	橘红	黄橙			
外观	条状/环形	条状	条或环	条状	环形	环形	条状	球	球	微球			
V_2O_5/%	≥7.5			≥6.2	≥7.5	≥6.3	≥8.2/≥7.2				≥5.0		
主要助剂											Cs	Cs	Cs
直径/mm	5/2.5	5	10/4	5	9/4	9/4	5				4.5～5.5	12.5/9.5	
长度/mm	10～15	10～15	8～16	10～15/ 5～15	10～15	10～15	5～15	5～8	5～8		5～15	4.0	
堆密度/ (kg/L)	0.5～0.65/ 0.45～0.55	0.6～0.7	0.5～0.6/ 0.6～0.7	0.55～0.65/ 0.55～0.68	0.4～0.5	0.4～0.5		0.45～0.55	0.5～0.6	0.7～0.8	0.60～0.66		
比表面/ (m^2/g)	2～10/—	—	2～10	5～15	10～20	10～20							
活性 C/%	≥81/—			≥35/≥35	≥86	≥42/≥42	≥64①/≥81②						
径向强度/ (N/cm)	70			60	40	40	62/50	点 20	点 20	点 20	55.0		
低强度分数,%	10			10	—	—	10						
魔耗率/%	≤5			≤5	≤5	≤5	≤5				≤8.0	≤8.0	
压力/MPa	常压	常压	常压	常压	常压	常压						—	
使用温度/℃	425～600	385～500 (＞410)	440～600	400～580	420～600	400～580	400～580	425～600	400～580	370～530	360～580		
起燃温度/℃	410～420/ 390～400	365～380	420	365～375/ 405～410	390～400	360～370	360/ 370～380	410～420	360～370	360～370			
进口 SO_2/%	7～9	7～9	7～9	7～9	7～9	7～9	7.5～9.4/ 6.5～9	7～9	7～9	7～9	7～9	10～15	10～12
O_2/SO_2/ (mol/mol)	1.1～1.9	1.1～1.9	1.1～1.9	1.1～1.9	1.1～1.9	1.1～1.9							
装置转化率/%												99.91	99.13
尾气 SO^2/$\times10^{-6}$												100～150	84～250

注：①—活性温度为 440℃时的活性指标值；②—活性温度为 485℃时的活性指标值；③—耐热后二氧化硫转化率；④—低于 40/cm 颗粒分数。

2. 合成氨工业用氨合成催化剂

1898 年，德国 A. 弗兰克等发现空气中的氮能被碳化钙固定而生成氰氨化钙（又称石灰氮），进一步与过热水蒸气反应即可获得氨，这是早期（哈伯合成氨工艺发明之前）合成氨工业的基础。

标志性事件 1：1909 年，德国化学家 Fritz Haber 用锇催化剂将氮气与氢气在 17.5 ~ 20MPa 和 500 ~ 600℃的条件下直接合成，反应器出口得到 6% 的氨，并于卡尔斯鲁厄大学建立了 1 个 80g/h 的合成氨实验装置。1918 年，Fritz Haber 获得诺贝尔化学奖（对从单质合成氨的研究）。

标志性事件 2：1912 年，德国 BASF 公司的 Alwin Mittasch 和 Carl Bosch 用 2500 种不同的催化剂进行了 6500 次实验，并终于研制成功含有钾、铝氧化物作助催化剂的价廉易得的铁催化剂，这也是现代合成氨工业催化剂成分的雏形。这种合成氨法被称为 Haber-Bosch 法，它标志着工业上实现高压催化反应的第一个里程碑。1931 年，Bosch 获得诺贝尔化学奖（发明与发展化学高压技术）。

标志性事件 3：2007 年，Gerhard Ertl 因他在“固体表面化学过程”研究中做出的贡献为合成氨研究再获诺贝尔化学奖。Gerhard Ertl 对人工固氮技术的原理提供了详细的解释：认为首先是氮分子在铁催化剂金属表面上进行化学吸附，使氮原子间的化学键减弱进而解离；接着是化学吸附的氢原子不断地跟表面上的解离的氮原子作用，在催化剂表面上逐步生成—NH、—NH_2和 NH_3，最后氨分子在表面上脱吸而生成气态的氨。Ertl 还确定了原有方法中化学反应中最慢的步骤——N_2在金属表面的解离，这一突破有利于更有效地计算和控制人工固氮技术。

合成氨工业被认为是 20 世纪最伟大的化学发明，也被称为多相催化中的“bellwether”反应。合成氨工业作为人工固氮的主要途径，使氮肥的大规模生产成为现实，这极大地提高了粮食产量，解决了数以亿计的人口吃饭问题。当然，早期合成氨工业的发展还与军事离不开，烈性炸药 TNT 的快速发展就是基于合成氨工业，可以说合成氨工业在第二次世界大战中扮演着非常重要的角色。不过，正如欧盟专家马克苏顿在《Science》上所说：“自从哈伯制氨法发明以来，基于硝基的炸药已经导致全球 1 亿人死亡。但如果没有工业氮肥的话，全世界一半以上的人都得饿死。”

3. 硝酸工业用氨氧化催化剂

硝酸是一种用途广泛的无机强酸，在工业上可用于制化肥、炸药、农药、染料、盐类等。早期，硝酸工业的发展主要得益于军事（炸药）和农业（化肥）。

在 Ostward 开发氨气接触氧化之前，人们也曾采用硝石和浓硫酸制备硝酸，但这种方法耗酸量大，对设备腐蚀严重。

1902 年，德国科学家 Ostward 发明了氨氧化法制备硝酸并选择 Pt 作为催化剂，1906 年，Ostward 以 Pt/Rh 合金网作为催化剂，开发了氨气的接触氧化工艺，用于生产硝酸。Pt

催化剂于1908年、1909年和1914年分别取得英国、法国和德国专利，奠定了硝酸生产的工业基础。迄今为止，该工艺仍是硝酸工业的核心。其主要流程是将氨和空气的混合气（氧：氮≈2：1）预热（200～250℃）后，通入灼热（760～840℃）的铂铑合金网，在合金网的催化下，氨被氧化成一氧化氮（NO）。生成的一氧化氮利用反应后残余的氧气继续氧化为二氧化氮，随后将二氧化氮通入水中制取硝酸。

理想的氨氧化的反应式为：

$$4NH_3 + 5O_2 \longrightarrow 4NO + 6H_2O - 907.3kJ \qquad (1-4)$$

$$2NO + O_2 \longrightarrow 2NO_2 - 112.6kJ \qquad (1-5)$$

$$3NO_2 + H_2O \longrightarrow 2HNO_3 + NO - 136kJ \qquad (1-6)$$

正常的氨氧化催化反应是放热反应，一旦气流被点火，依靠反应所释放的热量即可达到热平衡，催化剂自身可维持780～950℃的工作温度。

按照W. Ostwald氨氧化法，最初选择Pt作催化剂。随着硝酸生产规模的扩大和工作压力的增大，纯Pt的高温强度较低，明显不能满足高温使用要求，因而考虑发展铂合金。第一批选择用作催化剂的铂合金有Pt-Ir和Pt-(10～20) Pd合金，但综合经济评估证明这些合金都不适用。在20世纪40年代开发了Pt-(5～10) Rh催化合金，其代表产品是Du Pont公司开发并取得专利授权的（92.5～93）Pt-(7～7.5) Rh合金。在50年代以后，前苏相继开发了Pt-4Pd-3.5Rh和Pt-15Pd-3.5Rh-0.5Ru催化合金，并投入工业应用。前者是在Du Pont公司原型产品基础上以4% Pd代替4% Rh；后者则采用质量分数（4～15)% Pd取代Pt，并添加少量Ru作增强增韧剂。在80年代以后，鉴于国际市场上Pt和Rh价格大幅波动和持续走高，西方国家也开发了系列Pt-Pd-Rh催化合金，如Pt-5Pd-5Rh合金，甚至高Pd合金如（45～55）Pt-(30～40) Pd-(5～7) Rh合金等。

1935年，在化学家侯德榜的领导下，我国建成了第一座兼产合成氨、硝酸、硫酸和硫酸铵的联合企业——永利宁厂。在20世纪50～60年代，我国硝酸工业使用进口的Pt-4Pd-3.5Rh催化合金；在70年代实现了催化合金生产国产化并建立了催化网生产基地；在90年代，出于节约我国短缺的铂族金属资源和利用丰产的稀土资源考虑，昆明贵金属研究所研制与开发了以稀土金属（Re）改性的增强型和节铂型Pt-Pd-Rh催化合金并推向硝酸工业应用，获得了中国发明专利。现在，我国用于氨氧化催化合金的主要有Pt-Rh系、Pt-Pd-Rh系和Pt-Pd-Rh-Re系合金。

100年来，硝酸工业铂催化合金经历了从纯Pt到Pt-Rh二元合金再到Pt-Pd-Rh、Pt-Pd-Rh-Ru和Pt-Pd-Rh-Re多元Pt合金的发展历程，其目的在于不断改进铂基催化合金的氨氧化催化活性和其他性能，合理利用铂族金属资源，降低铂合金催化网成本和硝酸生产成本。

在催化剂制备方面，工业氨氧化催化剂通常做成网状形式，以尽可能增大反应表面积和促进气流流通。因此，铂与铂合金催化剂又通称铂网或催化网。传统的铂网是用织网机

织成的网，简称机织网。将连续退火的直径 0.09 ~ 0.06mm 的丝材按要求在织网机上排布经纬线，然后用有梭或无梭织网机织成网。标准网织成 1024 孔/cm^2（即英制 80 目）网，其网径大小视氨氧化装置而定。机织网有多种形式，常见的有平纹网和斜纹网（图 1－1），取决于经线与纬线的不同排布。

在 20 世纪 90 年代初期，英国 Johnson Matthey 公司率先报道了针织催化网（图 1－2）。它是在针织机上以多股聚酯纱作为载体，载着铂合金丝一齐织网。聚酯纱载体对铂合金丝和催化网具有保护作用，以避免催化网被污染，直至制成成品催化网后，才被清除。我国也于 21 世纪初实现了针织催化网的生产与工业应用。

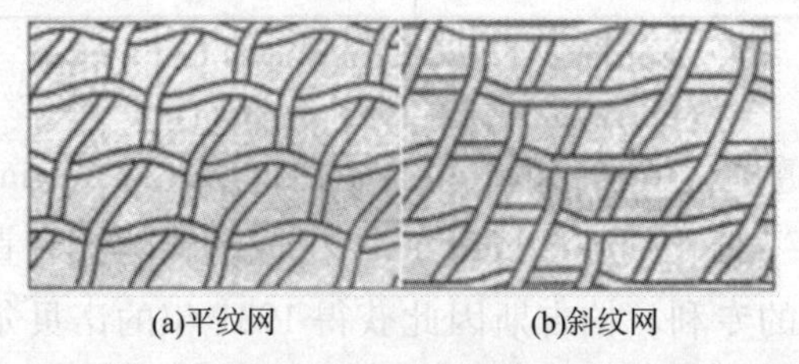

图 1－1　机织平纹和斜纹 80 目 Pt 合金网

图 1－2　针织 Pt 合金网

实验室和工业应用表明，针织网比机织网具有更多的优点，主要表现在以下几个方面。

（1）增大氨转化率或减少氨耗率：这是因为针织网具有三维尺度的特征，实际上相当于增大催化剂表面面积，以数学模型估算具有相同直径和质量的催化网的有效面积，机织网约为 83%，而针织网为 93%。

（2）减少铑氧化物形成，在常压、中压和高压氨氧化装置中，针织网表面铑氧化物（Rh_2O_3）形成量约相当于平纹机织网的 1/3 ~ 1/2，这对提高催化活性具有重要意义，因为 Rh_2O_3 覆盖在催化网表面会降低催化活性。

（3）针织网比机织网具有更高的结构强度和更大的伸长率，在高、中和常压氨氧化炉中的应用表明，针织网不易撕裂。

（4）降低铂耗率，机织网的平均铂耗率 0.042g/t_{HNO_3}，而针织网的平均铂耗率为 0.032g/t_{HNO_3}。

（5）机织网长时间占用大量铂合金并产生大量的边角废料，而针织网可以按照催化网尺寸要求以最少的金属余料织成针织网，因而节省了铂合金用料，减少了损失。

（6）机织网工序较多，织网时间较长，而针织网工序少，生产灵活方便省时。

用 Pt-Pd-Rh 合金丝织造的催化网，苏联制定了 ГОСТ13498—1968、ГОСТ3193—1974 等标准。中国硝酸工业一直采用机织平纹网作催化剂，并制定了 HG1—1530 ~ 1531—1983 和 HG2271.1—1992 标准，规定了在硝酸生产中使用的技术要求、试验方法和检验规则。按 HG2271.1—1992 标准，表 1－3、表 1－4 列出了对催化剂合金的成分和催化网的质量要求。虽然 HG2271.1—1992 标准是针对 Pt-4Pd-3.5Rh 合金及其催化网制定的，但在生产 Pt-Rh 和 Pt-Pd-Rh-RE 合金催化网时也采用。

表 1-3　Pt-4Pd-3.5Rh 催化合金的成分与杂质（基于标准 HG2271.1—1992）

主成分含量（质量分数）/%			杂质含量（质量分数）/%			
Pt	Pd	Rh	Fe	Ni + Cu + Cr	Sn + Zn	总杂质含量
92.1～92.9	3.6～4.0	3.5～3.9	≤0.015	≤0.02	≤0.01	≤0.095

注：杂质总含量系指 Al、Bi、Ca、Cr、Cu、Fe、Mg、Ni、Pb、Sn、Zn 含量之和。

表 1-4　中国 S201 型硝酸生产用铂催化网质量标准（基于标准 HG2271.1—1992）

丝烃/mm	丝抗拉强度/MPa	丝伸长率/%	网孔数/（孔/cm²）	网径公差/mm	网质量/（g/m²）
0.09	≥343	7～12	1024^{+65}_{-63}	Φ^{+10}_{-5}	804～956

4. 煤制烃工业用催化剂

煤加氢制油（煤液化）：1913 年，德国化学家弗里德里希·柏吉斯（F. Bergius）研究出煤炭在高温高压条件下加氢液化反应（催化剂主要成分 Fe）生成燃料的煤炭直接液化技术，并获得世界上第一个煤直接液化的专利。柏吉斯因此获得 1931 年的诺贝尔化学奖（发明与发展化学高压技术）。1927 年，德国燃料公司 Pier 等开发了硫化钨和硫化钼作为催化剂，大大提高了煤液化过程的加氢速度，并将加氢分成气相和液相两步，初步实现了煤液化的直接工业化。因此，煤直接液化工业也被称为 Bergius-Pier 工艺。

煤制烃是富煤少油国家（中国是典型）缓解石油供需矛盾，实现煤炭清洁利用的关键技术，具有重大的应用前景。

费托合成：F-T（Fischer-Tropsch）合成反应是将煤、天然气以及生物质等制得的合成气（主要成分为 CO 与 H_2），在催化剂作用下转化为以烷烃和烯烃为主的烃类清洁燃料以及高附加值化学品的反应过程。该过程可以实现将我国储量相对丰富的煤炭和天然气资源的清洁，高效利用。同时，长期以来世界能源供给主要依靠石油等化石燃料，随着石油资源的日益耗竭、石油价格的波动，寻找非油基碳资源使得 F-T 合成再次成为能源研究的热点。因此，研究 F-T 合成反应，走石油资源的替代路线，特别是对于缓解我国石油储藏资源匮乏，对外依存度高的资源危机现状具有重大意义。

1923 年，Franz Fischer 和 Hans Tropsch 采用碱性铁屑作为催化剂，以 CO 和 H_2 作为原料，在 400～455℃、10～15MPa 的条件下，制备了烃类化合物，标志着煤间接液化技术的诞生。随后，他们又开发了 Ni 和 Co 基催化剂。此后，人们将合成气在铁和钴作用下合成烃类或者醇类燃料的方法称为费托合成法（Fischer-Tropsch）。迄今为止，费托合成仍是多相催化中非常热门的研究领域，大连化物所包信和院士团队、厦门大学王野教授团队、上海高等研究院孙予罕教授团队以及北京大学马丁教授团队近期都曾在该领域获得新进展。

载体、助剂和活性组分是催化剂的重要组成部分，其中，活性组分是催化剂起催化作用的关键。在 F-T 合成催化剂中，Fe、Co、Ni、Ru、Rh 这 5 种金属具有比较理想的催化活性，其中 Ru 的催化活性最高，其强的链增长能力和低的反应温度使其在一定条件下可以实现对 C_5^+ 的高选择性。但 Ru 资源有限，价格昂贵，这使得其在工业应用方面受到限

制。Ni 基催化剂对甲烷的选择性高，不适宜作为长链烃合成的催化剂，而且 Ni 容易与表面 CO 结合生成羰基物种，从而使活性组分减少。Rh 基催化剂主要用于含氧化物的生成。

因此，Co 基和 Fe 基催化剂广泛应用于 F-T 合成工业，其中，Fe 催化剂储量较丰富，价格相对低廉，能高选择性地得到低碳烯烃，制备高辛烷值的汽油。但是在 F-T 合成反应中，当水汽分压较大时，Fe 基催化剂常常因被氧化而导致失活；而且 Fe 基催化剂具有较高的水煤气变换反应活性，会催化合成气生成 CO_2，在反应温度较高时，还容易积碳；同时，Fe 基催化剂催化链增长反应的能力也较差，不利于长链烃的生成；工业上 F-T 合成的铁基催化剂形式主要是沉淀铁和熔融铁催化剂，而由于熔融铁催化剂的甲烷选择性高和寿命短等缺点，目前一般选用沉淀铁催化剂，但其与产物相近的催化剂密度导致产物较难与催化剂分离，且其低的抗磨损能力容易使催化剂过细而堵塞分离器。与 Fe 基催化剂相比，Co 基催化剂对水煤气变换反应活性低，反应速率受水分压影响较小，不易积碳，对 CO_2 选择性低，具有较强的链增长能力，产物中含氧化物少。因此，Co 基催化剂被认为是合成长链烃较好的催化剂，这使得 Co 基 F-T 合成逐渐成为研究的热点。

5. 合成气制甲醇催化剂

甲醇是仅次于三烯、三苯的重要基础化工原料，在农药、医药、合成塑料等领域有重要的应用。近年来，随着科学技术的发展，甲醇被认为是最有希望代替汽油的、且将成为21 世纪有竞争力的可选清洁燃料，合成甲醇的研究越来越引起各国的重视。2017 年全球甲醇产能总计 13790×10^4t，甲醇主产区（表 1－5）在中国、中东、美洲；消费区在东北亚、中西欧、北美和东南亚。中国国内甲醇产能见图 1－3。2017 年中国产能 8200×10^4t，占到亚洲总产能的 75.65%，占全球总产能的 59.46%。预计 2018 年全球甲醇年产能将达 1600×10^4t，中国年产能将达 9667×10^4t，表观消费量将达（5500～6000）$\times10^4$t。2017 年，我国累积进口甲醇 835×10^4t，较去年减少 45×10^4t。监测显示，截至 2018 年 9 月底，中国甲醇总产能在 8759×10^4t 左右，环比增加 210×10^4t；其中西北地区在 4290×10^4t 左右，而规模在 10×10^4t/a 及以上的产能在 8402×10^4t 左右。

表 1－5 2017 年全球甲醇产能及其分布

区 域	产能/$\times10^4$t	占比/%
东南亚	740	5.37
中东	1900	13.78
美洲	1830	13.27
欧洲	850	6.16
非洲	270	1.96
中国	8200	59.46
总计	13790	100.00

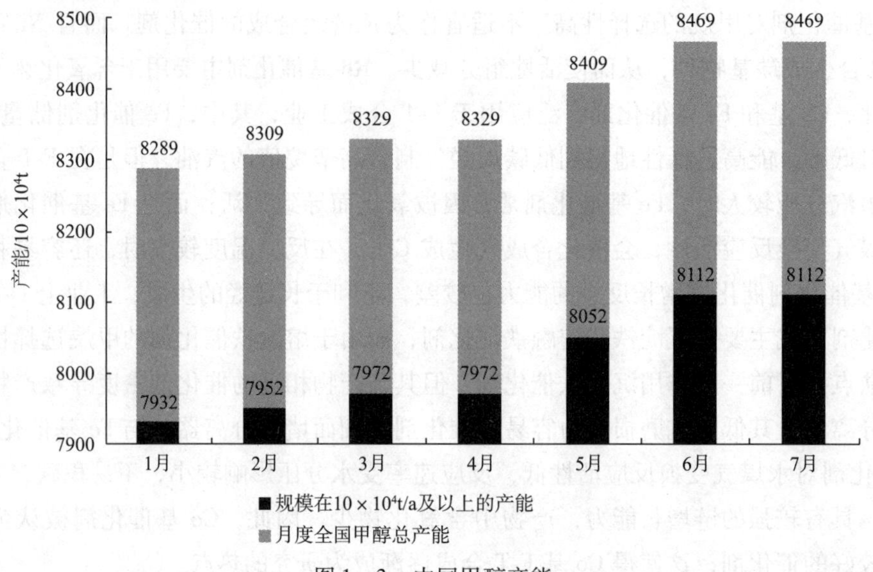

图 1-3　中国甲醇产能

自从 1661 年发现甲醇以来至 1923 年以前，甲醇一直由木材干馏获得。真正的甲醇工业开始于 1923 年。德国 BASF 公司的 Mittash 和 Schneider 首次用 CO 和 H_2 在 300~400℃和 30~50MPa 的条件下，通过锌铬催化剂合成了甲醇，建成以 CO、H_2 为原料、年产 300 吨甲醇的高压合成装置。20 世纪 60 年代中期以前，所有甲醇生产装置均采用锌铬催化剂的高压法（19.6~29.4MPa）。1966 年 ICI 公司研制成功铜基催化剂，并开发了低压工艺（4.9~9.8MPa）。随后由于低压法操作压力较低，导致设备体积相当庞大，在低压法基础上进一步发展了中压工艺（9.8~19.6MPa），国际上约 75% 的甲醇采用 ICI 低压法生产，使用铜基催化剂。从事低压甲醇合成催化剂研究生产的主要单位有英国 ICI 公司、德国南方化学公司、美国 UCI 公司、丹麦 TopsΦe 公司、日本 MGC 公司等；中国从事低压甲醇合成催化剂研究生产的主要单位有中国石化南京化工研究院有限公司、西南化工研究院、山西煤化所、齐鲁石化研究院等。20 世纪 50 年代中国的甲醇工业开始起步，70 年代引入 ICI 和 Lurgi 低压装置。在中国的甲醇生产中有两项技术取得了重大突破：一是联醇生产技术（10~12MPa）的开发与推广；二为高压下采用铜基催化剂生产甲醇，取代了锌铬催化剂。然而，中国目前很多甲醇生产厂仍存在规模小、设备陈旧等问题。由于中国低压甲醇催化剂起步比国外晚，在催化剂活性、耐热性以及使用寿命等方面与国外尚有差距。现有催化剂在制备工艺和产品性能等方面仍待进一步改进提高。

英国 ICI 公司于 1966 年开发了 51-1 型催化剂，其组分为铜-锌-铝，随后开发出一系列铜-锌-铝低压合成甲醇催化剂如 51-2 等，通过制备工艺的改进，使催化剂的分散度、比表面积、孔隙结构得到改善，从而大大提高了其活性寿命和生产强度。尤其是 51-7 型以镁作稳定剂的甲醇催化剂，活性极高，稳定性好，可以稳定使用很长时间，并成功应用于工业实践。

德国南方化学公司是世界上比较著名的甲醇催化剂研制开发公司之一。其典型的工业

催化剂是 LG-104、C79-5GL 等催化剂，C79-5GL 型催化剂适用于从富含 CO_2的合成气合成甲醇，具有很好的稳定性。采用胶态（凝胶或溶胶）形式的氧化铝或氢氧化铝作原料，通过改变氧化铝组分调整催化剂的孔结构。催化剂的中孔（直径大于 2.0～7.5nm）比例最好为 30%～40%，大孔（直径大于 7.5nm）的比例最好为 70%～60%，通过采用较稀的碱性沉淀剂（如 8% 的 Na_2CO_3溶液）和较低的沉淀温度（如 30～40℃）及在中性甚至弱酸性 pH 值下沉淀，且沉淀后不老化即进行干燥等措施，有利于提高中孔比例。该催化剂可以提高热稳定性能，同时不会降低转化率和选择性。

日本 MGC 公司是一家资深的甲醇催化剂研究开发公司，30 多年来一直致力于甲醇催化剂的研究改进，典型的商品催化剂是含 B 的 M-5 型铜基催化剂。该公司开发的一种高性能新型催化剂与现行催化剂相比，甲醇生产能力至少提高 50%，该催化剂每单位重量铜有 30% 以上表面暴露在外面，已用于甲醇合成超级转化器，一次性转化率超过 75%，碳利用率超过 98%。

我国低压甲醇催化剂起步比国外晚 10 余年，但是中国石化南京化工研究院有限公司、西南化工研究设计院、西北化工研究院、山西煤化所等主要研究单位已经成功开发出一系列新型的低压甲醇合成催化剂。

中国石化南京化工研究院有限公司是国内最早研究开发和生产甲醇催化剂的单位，相继成功开发了 C207、C301、C306、C307、C309、C310 等中低压铜系催化剂，催化剂性能越来越好，C306、C307、C309、C310 型催化剂均属于低压甲醇合成催化剂，C306、C307 型催化剂采用特制的大表面积氧化铝载体，使其低压催化性能得到了较大提升。C307 甲醇合成催化剂的性能优异，在国内得到了广泛应用，2013 年该产品在国内取得了占国内市场 59.18% 份额的好成绩，其性能指标为：在 230℃，催化剂粒度 0.425～1.180mm、催化剂装量 4.0mL，5.0MPa，$(10000 \pm 100)h^{-1}$，原料气：CO 13.0%～15.0%，CO_2 3.0%～5.0%，H_2 50.0%～63.0%，余为惰性气体的条件下，其时空产率≥1.30g/（mL·h），经 400℃耐热 4.0h 后产率≥1.0g/(mL·h)。C310 型催化剂采用了新的方法，先将铜锌的硝酸盐与碱溶液并流沉淀，得到催化剂铜锌母体，然后与氧化铝载体混合，且对氧化铝的制备在溶液浓度、沉淀温度和 pH 值等进行调整，得到热稳定性好、比表面大的氧化铝载体。C310 的催化性能指标为：在 230℃，催化剂粒度 0.425～1.180mm、催化剂装量 4.0mL，5.0MPa，$(10000 \pm 100)h^{-1}$，原料气：CO 13.0%～15.0%，CO_2 3.0%～5.0%，H_2 50.0%～63.0%，余为惰性气体条件下，其时空产率达让 1.40g/(mL·h)，经 350℃耐热 20.0h 后产率为 1.1g/(mL·h)。该工业应用在年产 15×10^4t 的合成甲醇装置上运行了 2 年，应用结果表明：该催化剂具有良好的活性和稳定性，甲醇产量高，单耗低，副产蒸汽等级高，经济效益显著。该催化剂采用合理的配方、先进的二元前驱体制备工艺，使表面活性组分含量相对较高，活性更好；采用特殊的载体制备技术，制备的胶状载体具有特定晶型、尺寸分布合理，使催化剂具有适宜的孔径分布，有利于甲醇合成反应过程的传质和传热，提高了催化剂的选择性和稳定性。西南化工研究院是国内较早研究开发和生产甲醇催化剂的单位，相继成功开发了 C302、C302-1、C302-2、CNJ206、XNC-98、C312 等中低压铜系催化剂，催化剂性能越来越高，并在低压甲醇厂得到广发应用，XNC-98、C312 型催化剂均属于低压性能优异的甲醇合成催化剂，XNC-98 型催化剂是一种高活性、高选择性的新型催化剂，可用于低温低压下由碳氧化物合成甲醇，适应各种类型的甲醇合成反应器，具有低温活性高、热稳定好的特点，常用的操作温度为 200～300℃，操作压力为 5.0～10.0MPa。其性能指标为：在 230℃，催化剂粒度 20～40 目、催化剂装量 4.0mL，(5.0±0.05)MPa，(10000±300)h^{-1}，原料气：CO 12.0%～15.0%，CO_2 3.0%～8.0%，惰性气体：(7～10)×10^{-2}，余为 H_2 的条件下，其时空产率≥1.20g/(mL·h)，250℃时产率≥1.22g/(mL·h)，正常使用条件下，催化剂使用寿命≥2 年。C312 型甲醇合成催化剂采用新工艺手段，使得其催化性能得到大幅度提升，其性能指标为：在压力 5.0MPa，温度 250℃，空速 10000h^{-1}，原料气体积组成为 CO 12.0%～17.0%、CO_2 3.0%～4.5%、N_2 1.0%～12.0%、H_2 70%～74% 的条件下，甲醇的时空收率能达到 1.91g/(mL·h)，CO 单程转化率≥75%；在 8.0MPa，250℃，空速 16000h^{-1}，$n_{H_2}/n_{CO_2}\approx 3$（原料气中无 CO）时，甲醇的时空收率高达 0.94g/(mL·h)，CO_2 单程总转化率为 22.2%。C312 型中低压合成甲醇催化剂优异的活性、选择性和耐热性，副反应少，合成的粗甲醇中含乙醇仅 0.014% 左右，使其更适用于大型中低压甲醇合成装置。山西煤化所研究了含 Zr 铜基合成甲醇催化剂，采用并流共沉淀法制备 $Cu/La_2O_3/MnO_2/ZrO_2$ 催化剂，具有低温高活性特点，在 230℃、6.0MPa、3000h^{-1} 条件下 CO 转化率为 58.0%，甲醇时空收率 STY 为 0.7639g/(g·h)，甲醇选择性为 97.7%，同时认为镧助剂也可显著提高催化剂活性。

标志性事件 1：1923 年，德国 BASF 公司的 Alwin Mittasch 开发了 ZnO/Cr_2O_3 作为催化剂，实现了合成气（CO/H_2）到甲醇的转化，该工艺中压力为 25～35MPa，温度为 320～400℃。

标志性事件 2：1966 年，英国帝国化工公司（ICI）采用 Cu 基催化剂（后发展成为经典的 $Cu/ZnO/Al_2O_3$）实现了低压合成甲醇（5～10MPa，230～280℃），随后又开发了中压法合成工艺。

6. *石油化工工业用催化裂化催化剂*

1937 年，法国科学家 Houdry 采用 Al_2O_3/SiO_2 分子筛作为固体酸催化剂，实现了重油的催化裂化（石油公司 Vacuum 以此为基础成立了 HPC 公司，后来发展成为大名鼎鼎的 Mobil 公司）。催化裂化工艺曾向移动床（TCC）和流化床（FCC）两个方向发展。1939 年，美国麻省理工大学的 W. K. Lewis 和 E. R. Gilliland 提出了利用催化剂的沉降分离，建立一种密相流化床反应器的构想，并进行了实验，现代石油化工工业的核心——流化床催化裂化工艺由此诞生。1942 年，美国标准石油公司（Standard Oil）将其正式投产。循环流化床最终在 20 世纪五六十年代发展成为具有工业实用价值的新技术。催化裂化是石油化工中最核心的工艺之一，石油裂化催化剂是目前世界上用量最大的一种催化剂。

全球各个地区炼油厂装置结构不同，加工原油类型不同，造成各地区 FCC 装置加工原料的硫含量等性质有所不同。由表 1－6 可见：美国加利福尼亚州以及日本的 FCC 装置加工原料硫含量最低，这与其炼油厂均配有 FCC 原料预处理装置不无关系。FCC 催化剂和助剂性能的不断提升，使得 FCC 装置能够加工更多的高金属、高氮、高残炭含量的劣质原料。

表 1－6　各地区 FCC 装置原料及产品中的硫含量　　单位：μg/g

地　区	原料含硫量	产品含硫量
北美	500～2000	30～50
美国加利福尼亚州	100～300	10～20
南美	500～2000	30～100
西欧	200～1000	10～20
日本/韩国	50～200	10

（1）ACTION 催化剂：对于致密油中 Ni、V 含量较低，Fe、Ca、Na 含量较高的问题，美国 Albemarle 公司开发了一种新型 FCC 催化剂——ACTION 催化剂。该催化剂结合了 Albemarle 公司的基质技术和新型高硅铝比分子筛制备技术，能够加工更宽范围的原料，在加工过程中不会发生过度裂化或烯烃过度饱和反应，还可以促进异构化反应提高汽油辛烷值。由图 1－4 可见：与 ZSM-5/Y 催化剂相比，ACTION 催化剂对汽油辛烷值的提升效果更加明显。另外，高稳定性氧化铝基质有助于提高该催化剂的抗 Fe、Ca、Na 金属中毒能力，保持催化剂的活性和裂化性能。

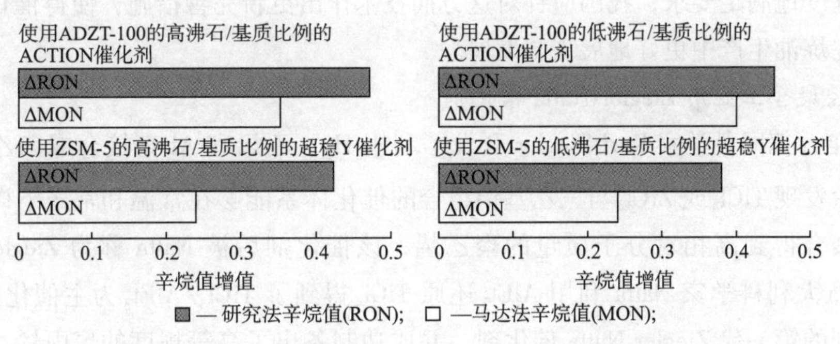

图 1－4　ACTION 催化剂与 ZSM-5/Y 催化剂对提升汽油辛烷值的影响

Albemarle 公司将 ACTION 催化剂应用于 3 套工业装置，以瓦斯油和渣油为原料，结果表明：使用 ACTION 催化剂，炼油厂可以提高馏分油收率以及总液体收率。同时，丁烯收率、液化石油气中烯烃含量以及汽油辛烷值均有所提升。ACTION 催化剂无需使用 ZSM-5 助剂就可达到以上目标，虽然 ZSM-5 的添加可以提高液化石油气产量，但会产生更多的丙烯而不是丁烯，还会降低液体收率。总之，ACTION 催化剂效果显著，能够最大化提高重油裂化能力和馏分油收率，以及提高碳四烯烃含量满足烷基化装置需求。另外，还可克服加工致密油对汽油辛烷值的影响。

（2）CAT-AID 助剂：FCC 装置长期以来一直被用以加工渣油和减压瓦斯油。渣油中

的高浓度Ni、V、Fe、N以及康氏残炭等是FCC装置加工过程中面临的挑战。英国Johnson Matthey公司生产的CAT-AID助剂作为渣油加工过程中污染物的捕获剂，已在多家炼油厂进行了工业应用。在铁金属中毒机理方面的突破使得CAT-AID助剂成为一种有效的铁捕获助剂，铁中毒恢复可以不依靠改变新鲜催化剂配方或使用外加平衡剂，是唯一经工业化证明有效的铁捕获助剂。CAT-AID助剂工业应用过程中平衡剂的分析证实了铁中毒的降低，具体表现在铁瘤消失（图1-5），在转化率保持不变的情况下，汽油收率增加1.7%（质量分数），焦炭、干气收率则相应下降，由此CAT-AID助剂可以降低焦炭产率并提高渣油加工能力。炼油厂还能够通过CAT-AID助剂来提高催化裂化产品选择性以及降低催化剂添加速度，从而可以提升炼油厂收益。

图1-5　采用CAT-AID后基础催化剂铁瘤变化情况

近年来，国内研究机构从催化裂化催化剂的研究中得到了不少启发，结合我国炼油企业的实际开展研究，对形成我国特有的催化裂化技术水平和工艺具有较大影响。为使催化裂化工艺以及催化剂的使用可以不同程度地满足要求，我国应针对这方面技术作出更新完善措施，使得催化裂化催化剂的性能在炼油生产中更好地展现与发展。

7. 烯烃聚合工业用Ziegler-Natta催化剂

1950年，德国科学家Karl Ziegler开发了利用H_2、乙烯和Al直接合成三乙基铝的工艺，并随后发现$TiCl_4$或$ZrCl_4$与三乙基铝组合的催化体系能够在常温和常压下以高的活性催化乙烯聚合得到高相对分子质量的聚乙烯，该催化剂后被Natta称为Ziegler催化剂。1954年，意大利科学家Natta利用$AlEt_3$还原$TiCl_4$得到了$TiCl_3/AlEt_3$为主催化剂，AlEtCl为助催化剂的第一代Ziegler-Natta催化剂，并成功制备出了高等规度的聚丙烯，开创了等规聚合物的先河。1963年，Ziegler和Natta两人同获诺贝尔化学奖（在高聚物的化学性质和技术领域中的研究发现）。

Ziegler-Natta催化剂是一种广泛应用于聚烯烃树脂领域，具有定向性能易调，可有效控制聚合物的形状结构、堆密度、相对分子质量等多重因素的高效催化剂，催化活性甚至高达一般催化剂的几十万倍，有力地提高了催化效率。其制备出的聚合物也具有产品结构稳定，强度较高等突出特性。Ziegler-Natta催化剂的出现亦间接推动了聚合物领域的发展。

Ziegler-Natta催化剂经过60余年的发展，已经成为当今最成熟和最广泛使用的烯烃聚合催化剂，被应用于全球90%以上聚烯烃产品制备中，对整个人类社会发展所产生的推动作用是无与伦比的。利用Ziegler-Natta催化剂所生产出来的聚烯烃产品被广泛应用到科技、军事、日常生活的多个方面。对于人类的吃、穿、用、住、行都产生了极其深远的影响。可以毫不夸张地说，离开 Ziegler-Natta 催化剂，现代社会将难以维系。

聚烯烃的产量和增长速度的提高，很大程度上得益于催化剂性能的优化，Ziegler-Natta 催化剂的出现引领了催化剂时代的发展历程。Ziegler 催化剂自 1954 年被 Natta 在其课题组原有基础上改进，产生第一代 Ziegler-Natta 催化剂后，就成了催化剂领域的研究热点，研究学者们先后在加入 Lewis 碱、内外给电子体优化、实现无脱灰等方面对其进行改进，诞生了 5 代不同优异性能的 Ziegler-Natta 催化剂。

第一代 Ziegler-Natta 催化剂：Natta 首次采用了 $AlEt_3$ 还原 $TiCl_4$ 生成 β-晶态 $TiCl_3$ 的形式，于一定温度条件下，将低活性的 β 态 $TiCl_3$ 转化为高活性的 α-晶态 $TiCl_3$，得到了 $TiCl_3/AlCl_3/AlEt_2Cl$，制备出了第一代 Ziegler-atta 催化剂。并以聚丙烯为聚合体系于低压条件下对其进行探究，Ziegler-Natta 体系相比之前的催化剂有了一定提高，聚丙烯产品的等规度达到了 90%，聚丙烯（PP）活性达到了 $1.2kg/g_{催化剂}$，有效地确认了聚烯烃立体异构化学体系。但是它的聚丙烯活性为 $0.8 \sim 1.2kg/g_{催化剂}$，立体选择性依旧满足不了工业的需求，产率也较低。聚合反应完成后，仅有少数的 Ti 原子与烷基铝聚合而成为催化剂的活性中心，而且需要对聚合物进行无规离垢、去除残渣、分离提纯等工业处理。

第二代 Ziegler-Natta 催化剂：有学者于 20 世纪 60 年代将 Lewis 碱（给电子体）加入了 Ziegler-Natta 体系，催化剂依旧以 Ti 原子为活性中心，利用四氯化钛与氯化烷基铝进行反应，加以与给电子体作用，提高催化剂活性，为 Ziegler-Natta 催化剂中给电子体的研究提供了方向。其后用 $TiCl_4$ 对聚合产品进行处理，再用烃类化合物加以洗涤，使其表面积提高到 $150g/m^3$，该催化剂的表面积和立体选择性得到了大幅度提升，等规度亦得以提高，达到了 95%，催化剂活性聚丙烯达到 $2 \sim 5kg/g_{催化剂}$。与第一代催化剂相比，有了一定突破，但仍需要用正丁醚等对聚合物产品进行脱无规处理、脱离杂质，分离提纯及对烷烃溶剂的回收问题尚未解决。

第三代 Ziegler-Natta 催化剂：20 世纪 70 年代，有关学者引入了载体催化剂概念，形成第三代 Ziegler-Natta 催化剂。随着催化剂载体化的研究，复合载体理念逐步进入了人们的视野。三井公司于 1975 年于催化剂上负载了苯甲酸乙酯（EB），成功实现了内给电子体的载体化（$TiCl_4/EB/MgCl_2/AlEt_3$）。催化剂的立体选择性明显增强，有规立构性达到了 92% ~94%，催化聚丙烯活性约为 $5kg/g_{催化剂}$。在随后的研究工作中，又于聚合体系内加入了邻苯二甲酸二异丁酯（DIBP）和二苯基二甲氧基硅烷（DPDMS）两种外给电子体，使内外给电子体协同作用，催化活性聚丙烯约为 $10kg/g_{催化剂}$，等规度超过 98%。在第三代催化剂的研究进程中，催化剂的活性达到了理想值，使得在今后的 Ziegler-Natta 催化剂研究工作中不再以提高活性为目标，开始着眼于结构形态方面的研究。同时也实现了催化剂体系内免除脱离杂质、脱无规处理，去除残渣等过程。不同种类的给电子体影响着催化剂的不同性能，后来的研究者们在给电子体方面，逐渐研发了双酯类、二醇酯类、二醚类等形式内给电子体，使得催化活性、规整度、收率等得到了进一步提高。

第四代 Ziegler-Natta 催化剂：主要集中于对催化剂结构形态进行研究。20 世纪 80 年代，Himont 公司制备了一种形态为球形的 Ziegler-Natta 催化剂，具有颗粒反应器性能，有效地控制了催化剂活性中心在载体上的分布及载体本身的物理化学性能，合成的聚合物产品性能（堆密度、加工性能、热稳定性等）也得到了进一步优化。催化剂的立体选择性明显增强，有规立构性达到了98%，催化聚丙烯活性为 $20kg/g_{催化剂}$（规整颗粒），或有规立构性达到了 98% 以上，催化聚丙烯活性为 $30kg/g_{催化剂}$以上（球形多孔）。

第五代 Ziegler-Natta 催化剂：20 世纪 90 年代，研究学者以琥珀酸盐为内给电子体，利用内外给电子体的协同作用，对催化剂结构进行设计，制备出特定性能的聚合物，提高了催化剂产率，实现了对聚合物相对分子质量、等规度、聚合物短或长链分布的控制和性能的改善。相比第四代催化剂，产率提高近 50%，催化剂的活性也得到极大的提高，立构规整性，氢调敏感性亦优良。在随后的研究中，用二醚类、二醇酯类内给电子体对第五代催化剂优化，进一步提高催化剂性能。催化剂的立体选择性明显增强，有规立构性大于 98%，催化聚丙烯活性大于 $30kg/g_{催化剂}$，日本三井油化采用溶液析出法制备的催化剂 TK 含钛约 2% ~4%，活性可达 $2000kg_{PP}/g_{Ti}$。

目前的 Ziegler-Natta 催化剂研究，虽然已达到可以与茂金属催化剂、后过渡金属催化剂共同竞争的格局，但仍面对巨大挑战。如未能像茂金属催化剂一样活性中心单一化，未能定向控制催化剂的微观结构等，这些问题尚需要合理解决。目前的研究工作已经明显提高了催化剂的活性，提高了催化剂的性能，未来的研究将合理改良 Ziegler-Natta 催化剂，使其向电子产品方向发展，生产出轻质结实的电子产品表面材料，加快聚合产品由通用材料向功能材料方向发展的步伐，或将与茂金属催化剂联合使用，开发出一种高强度特定性能的催化剂。

8. 均相催化剂

均相催化的建立：1964 年，英国化学家 G. Wilkinson 开发了一种 $RhCl(PPh_3)_3$ 催化剂，在烷烃溶液中实现了烯烃的催化氢化，开启了络合催化的新时代。Wilkinson 的贡献不仅在于建立了高效的均相催化体系，发现了络合催化剂设计的结构规律，他所创建的研究方法，所采用的有机膦配体等都直接影响了其后几十年的研究与工业开发。1973 年，G. Wilkinson 与 E. Fischer 共享了诺贝尔化学奖（对金属有机化合物化学性质的开创性研究）。

均相催化技术在 20 世纪 50 年代以前仅用于少数工业过程。此后，在各类新的催化体系尤其是烯烃聚合、羰基合成、氢甲酰化等反应的高效过渡金属络合物催化剂不断发现和工业应用的基础上，从简单的酸碱催化到极复杂的金属酶催化等均相催化技术，已成为当代催化学科中迅速发展的研究领域，对促进化学工业的发展起着日益重要的作用。据不完全统计，迄今已有 20% 左右的化工过程由均相催化反应生产。过渡金属络合物配位催化技术在羰基化、聚合、加氢、氧化和氢氰化等反应中的广泛应用，不仅改善了反应条件，提高了过程效率，且已成为实现化学工业改革的基础。醋酸生产技术的变革（由原来的乙醇氧化等变为大规模甲醇羰基化生产醋酸，使得醋酸的生产成本大幅度下降）、羰基合成醇（丁醇、辛醇、丙醇等）等技术的大规模工业实践是均相催化技术发展的典型标志。由于配位化学的进步为均相催化技术的发展开拓了广阔的途径，对促进化学工业和催化学科的进步具有深远的影响。这一大有发展前途的领域不仅将为解决化学工业的资源、能源和环保问题的新催化反应的开发提供途径，也将在揭示催化现象本质的基础上为设计和发现新的高效催化剂提供理论依据。

不对称催化：1968 年，美国孟山都公司的 W. S. Knowles 应用手性膦配体与金属铑形成的络合物为催化剂，在世界上第一个发明了不对称催化氢化反应，开创了均相不对称催化合成手性分子的先河。以这一反应为基础，20 世纪 70 年代初 Knowles 在孟山都公司利用不对称氢化方法，实现了工业合成治疗帕金森病的 *L*-多巴这一手性药物。不仅成为世界上第一例手性合成工业化的例子，而且更重要的是成为了不对称催化合成手性分子的一面旗帜，极大地促进了这个研究领域的发展。1985 年，日本科学家 Noyori 成功地合成了著名的 BINAP 双膦配体。双齿配体形成的催化剂由于强的刚性，使得反应光学选择性提高，尤其是具有 C_2对称轴可有效地减少过渡态的构象数量，使催化活性片段更加单一。1980 年，美国科学家 Sharpless 报道了用手性钛酸酯及过氧叔丁醇对烯丙基醇进行氧化，后在分子筛的存在下，利用四异丙基钛酸酯和酒石酸二乙酯（5% ~10%）形成的络合物为催化剂对烯丙基醇进行氧化，实现了烯烃的不对称环氧化反应。在此后的将近 10 年时间里，从实验和理论两方面对这一反应进行了改进和完善，使之成为不对称合成研究领域的又一个里程碑。2001 年，Knowles、Noyori 和 Sharpless 共同获得了诺贝尔化学奖（对手性催化氢化/氧化反应的研究）。

不对称合成目前在药物合成和天然产物全合成中都有十分重要的地位。当今世界常用的化学药物中手性药物占据了超过 60% 的比例。

9. 三效催化剂（three way catalyst）——汽车尾气催化剂

1974 年，第一个空气清洁法在美国实施，当时只控制 CO 和 HC，所采用的汽车尾气处理催化剂为 Pt-Pd 氧化型催化剂；后来随着光化学烟雾对空气的破坏越来越严重，NO_x 也成为了空气排放的重要指标。1989 年，福特汽车公司首次在试验中将 Pd/Rh 催化剂作为三效催化剂的组成部分，同时对 CO、HC、NO_x 等 3 种有害物起催化净化作用。三效催化剂从此成为汽车尾气处理工业的经典催化剂。

随着我国经济的迅速发展，人们生活质量的普遍提高，汽车作为一种重要的代步工具已广泛普及，预计到 2020 年，将超过 2 亿辆。由于燃油在贫燃条件下不完全燃烧或高温，会产生大量有毒气体 CO、HC、NO_x 等，这些有毒气体弥散在地表大气中，会产生雾霾、酸雨、光化学烟雾等，使大气环境质量日益恶化，严重威胁人类的生命健康安全。各国先后制定了相应的汽车排放法规，以期达到加强管理控制污染的目的。为此，必须采取机外净化技术才能满足排放标准。机外净化是通过安装汽车尾气净化器，在尾气排出气缸进入大气前将其转化为无害的气体，从根本上解决问题。三效催化剂因其高活性、高选择性、高热稳定性及良好的物理性能，能够降解绝大部分污染物而广泛应用于机外汽车尾气处理。

汽车尾气催化剂最早由美国开发并使用，经历了氧化型催化剂、双金属催化剂、三金催化剂、钯金催化剂、三效催化剂。三效催化剂虽然经历了完善到发展，但也面临着诸如铂族贵金属稀缺昂贵、排放法规越来越严格、去除效率及温度窗口的拓宽等挑战，国内外研究者以贵金属为活性组分，低贵金属、助剂改性、制备方法改进、新工艺等手段，以期克服上述缺点进行大量的相关研究。稀土金属因其容易获得并且价格相对低廉等优势，多作为分散剂、稳定剂、贵金属的活性剂及活性组分，但稀土基催化剂作为活性组分，低温硫敏感、富氧失活等限制其在汽车尾气处理领域的规模化应用。三效催化剂中添加非贵金属元素主要有铈（Ce）、锆（Zr）、镧（La）、钕（Nd）和镨（Pr）等。目前，钙钛矿催化剂对 CO、HC 的转化活性较高，但是对 NO_x 的还原活性要低于贵金属催化剂，还存在比表面积小、抗硫中毒性能差等缺点。CeO_2-ZrO_2 的掺入，能提高催化剂的比表面积、储氧性、稳定性、表现出较高的耐热性。在含有 CeO_2-ZrO_2 固溶体中掺入 BaO，能扩大催化剂的工作窗口，提高催化剂的三效性能。目前，钙钛矿复合氧化物催化剂已应用于汽车尾气，但还存在一些问题使其没有大规模推广应用。

20 世纪 70 年代中期，欧、美、日等发达国家就开始研究、使用汽车尾气催化转化器，已有 50 年的汽车尾气催化经验，技术较为成熟。目前，汽车尾气催化剂被世界上如巴斯夫的几家大公司垄断，他们的产量占整个市场的 95% 以上，在我国也有建厂，2015 年扩建上海工厂，其汽油发动机尾气催化剂的涂层机设计能力为 561 万涂层/年。庄信万丰提供了占全球 1/3 的汽车催化剂，于 2000 年在上海松江建厂，2001 年 6 月投产；优美科汽车催化剂公司是全球三大汽车催化剂生产商之一，优美科汽车催化剂（苏州）有限公司于 2003 年在苏州工业园区成立；上海德尔福与上海国众实业有限公司于 2000 年 3 月建厂，设计生产三元催化剂能力为 90 万套/年，三元催化剂芯体 120 万套/年；康宁生产的用于汽车排放控制的催化转化器陶瓷载体和颗粒过滤器，已被中国汽车企业广泛应用，并处于行业领导地位；电装株式会社（Denso Corporation）和日本 NGK 绝缘材料公司（蜂窝陶瓷载体生产商）也是世界上汽车尾气净化的主要生产商。我国汽车尾气催化技术几乎与国外同步，1973 年我国第一汽车厂开始对红旗轿车尾气进行净化。北京有色金属研究、中国科技大学、昆明贵金属所、北京工业大学、华东理工大学、清华大学、中国石化南京化工研究院有限公司等很早就加入了三效催化剂开发的行列；无锡威孚是中国汽车尾气催化净化装置规模最大的供应商（生产稀土加少量贵金属为活性组分的三元催化剂，尾气催化转化器 50 万套/年），重庆海特实业有限公司是国内目前唯一能将净化和消声全套排气系统产品进行研发、制造并向客户提供成套总成产品的专业厂家（年产 200 万套净化消声器总成、200 万升三元催化剂，产销规模位居国内前列），贵研铂业是由昆明贵金属研究所发起设立（建有 400 万升的催化剂生产线）。

10. 甲醇制烃用催化剂（分子筛催化剂）

1975 年，美国 Mobil 石油公司成功开发了一系列高硅铝比的沸石分子筛，命名为 Zeo-

lite Socony Mobil（ZSM）。其中 ZSM-5 可使甲醇全部转化为各种烃类物质，尤其对高辛烷值汽油具有优良的选择性。1979 年，新西兰政府利用天然气建成了全球首套 MTG（methanol to gasoline）装置，其能力为 75 万吨/年。此后，取得突破性进展的是 UOP 和 Norsk Hydro 两公司合作开发的以 UOP MTO-100 为催化剂的 UOP/Hydro 的 MTO 工艺。

国内，由刘中民院士等领导的甲醇制烯烃国家工程实验室在甲醇制烯烃领域取得了一系列成果，开发了 DMTO 工艺，并成功投产。DMTO 工业化技术研发成功，对于减少我国石油进口，开辟我国烯烃产业新途径具有重要意义。同时，这也标志着我国甲醇加工能力将由万吨级装置一举跨越到百万吨级大型装置。DMTO 成套技术的开发与应用，无论从经济上还是战略上对我国发展新型煤化工产业、实现“石油替代”的能源战略都具有极其重要的意义。2010 年甲醇制烯烃国家工程实验室与合作单位研发的具有自主知识产权的 DMTO 技术成功应用于世界首套煤制烯烃工业项目、国家示范工程神华包头年产 180 万吨甲醇制取年产 60 万吨烯烃装置，技术指标达到国际领先水平。目前 DMTO 技术已实现技术实施许可烯烃 1313 万吨/年，已投产烯烃 646 万吨/年。

11. 其他工业催化剂

1977 年左右，荷兰壳牌石油公司等开发了 Ni/膦螯合物，实现了 α-烯烃的生产，开创了合成油工业。

1983 年左右，意大利的 Enichem 公司开发了钛硅分子筛 TS-1，后应用于烯烃的环氧化、环己酮的氨氧化、醇类的氧化、饱和烃的氧化和芳烃（苯酚及苯）的羟基化等领域。

1984 年左右，Ruhrchemie 公司采用的水溶性铑催化剂（磺化的膦的碱金属盐作为配体）实现了低碳烯烃的氢甲酰化；20 世纪 90 年代，Davy 公司和 Dow 公司联合开发出了铑-双亚磷酸酯为催化剂的丙烯羰基化工艺，随后三菱公司也开发了类似的催化剂，该工艺是目前世界上最先进的工艺。氢甲酰化反应是用烯烃生产高碳醛和醇的经典方法，在工业上有着重要应用。

1985 年德国汉堡大学的 W. Kaminsky 利用茂金属催化剂合成等规聚丙烯（iPP），使茂金属催化剂真正具有了应用价值。1991 年，Exxon 公司首次将茂金属催化剂应用于工业生产。茂金属催化体系目前已经广泛用于聚烯烃的生产，用茂金属催化体系生产出来的聚烯烃，不仅改善了聚烯烃制品的机械性能、热性能、透明性等综合性能，也极大地拓展了聚烯烃的应用范围，这种新的催化体系对聚烯烃领域产生巨大影响。

七、催化剂工业的发展概况和发展方向

（一）催化剂工业的发展概况

1. 全球催化剂工业的发展概况

20 世纪 70 年代后期，全球催化剂销售额仅 10 亿美元，1985 年为 25 亿美元，1990 年为 60 亿美元，1995 年为 85 亿美元。到 2001 年，全球催化剂市场价值突破了 100 亿美元。表 1－7 列出了 2001—2007 年全球各类催化剂市场。

表 1-7　世界催化剂应用需求预测　　单位：亿美元

化学名称	2007 年	2010 年	2013 年	平均年增长率/%
精制	43.5	49.8	58.5	5.7
石化	30.3	36.4	43.4	7.2
聚合物	32.4	37.5	43.0	5.4
精细化学品/其他	14.7	15.9	17.0	2.5
环保	55.1	62.8	69.3	4.3
合计	176	202	231	~5

由表 1-8 可见，近年来除石油化学品所用催化剂的市场价值保持基本稳定以外，其他各领域的催化剂市场都有不同程度的上升，其中以汽车尾气净化催化剂为主的环保催化剂发展迅速，构成比例逐年上升，目前的销售额约占40%左右。

表 1-8　2001—2007 年全球催化剂市场价值　　单位：亿美元

类　别	2001 年	2004 年	2007 年	2001—2007 年均增长率/%
炼油	22.18	23.23	24.73	1.9
石油化学品	20.69	21.50	20.69	0.0
聚合物	22.68	26.46	30.42	5.7
精细化学品和中间体等	11.00	13.64	16.28	8.0
环保	25.02	28.62	37.13	8.1
合计	101.57	113.45	129.25	4.5

由于不同国家与地区在炼油工业和化学工业方面发展水平不同，其催化剂工业的发展速度和消费水平存在很大的差异。从地域分布来看，美国、西欧和日本占据了全球主要的催化剂市场。

美国是全球最大的催化剂市场。据弗里道尼亚集团公司（Freedonia Group）分析，美国对炼油化工催化剂需求的年增长率为4.5%，2007 年为35 亿美元左右；消费量年增长率为2.1%，2007 年为 367.74×10^4t 左右，如表 1-9 所示。增长的主要驱动力来自先进的新一代催化剂销售额的持续增长。

表 1-9　美国炼油化工催化剂需求情况

催化剂类别	催化剂需求/亿美元			年增长率/%	
	1997 年	2002 年	2007 年	1997—2002 年	2002—2007 年
石油炼制	8.90	10.30	12.10	3.0	3.3
化学加工	8.08	9.25	11.70	2.7	4.8
聚合物生产	6.23	8.15	10.75	5.5	5.7
催化剂总需求	23.21	27.70	34.55	3.6	4.5

炼油催化剂需求的年增长率为3.3%，2007年达12.10亿美元，主要由于生产低硫车用燃料需求增长所驱动。其中，特种裂化催化剂需求将增长，禁用MTBE启动后使烷基化和催化重整催化剂需求也在增长。

化学加工催化剂年需求增长率为4.8%，2007年达11.70亿美元。新的手性催化剂和生物催化剂技术发展将产生重要影响，新型分子筛和金属催化剂需求也将增长。

聚合物生产用催化剂的年均需求增长率为5.7%，2007年达10.75亿美元。驱动力主要来自生产塑料的茂金属和其他新一代单活性中心催化剂的需求增长，这些催化剂优于常规的齐格勒—纳塔催化剂，其占市场份额将继续增长。据预测，单活性中心催化剂增长最快，年增长率为27%，达到1.05亿美元。齐格勒—纳塔催化剂是用量很大的品种，年增长率为4.8%，达到5.50亿美元，反应引发剂将以3.5%速度增长，达到1.90亿美元，其他催化剂将以4.1%的速度增长，达到2.30亿美元。

美国催化剂生产厂家约有100多家，其中大部分公司都只专门生产一两个催化剂品种，这是由催化剂制造技术的专一性决定的。但是，Davision、Engelhard和Harshow-Filtro这3家公司的生产能力最大，提供了美国90%流化床催化裂化装置所需用的催化剂，其产值占美国催化剂总产值的1/3。

美国的催化剂工业具有以下几个方面的特点。

（1）不存在全面的垄断企业。没有一家公司能同时生产炼油、化工和环保3个领域涉及的12种主要品种的催化剂。

（2）催化剂厂商多依附于大企业。很多催化剂厂已成为大型石油或化工公司相对独立的部门或子公司。

（3）催化剂公司兼并与合作是跨国性的。

（4）催化剂开发多采取制造厂与使用厂合作开发方式。

欧洲是催化剂化学工业的发祥地。近年来，欧洲催化剂的销售额约占全球工业催化剂销售总额的28%。其中，德国、法国、英国、荷兰、比利时等西欧国家占据了欧洲催化剂主要市场。

西欧催化剂生产企业约60多家，但主要厂商为25家，比较有名的有以下几家公司。

德国的巴斯夫公司（Badische Anilin and Soda Fabrik AG）：原名为巴登苯胺与烧碱公司，创建于1865年，1890年开始生产催化剂，1899年研制成硫酸生产用钒催化剂，1913年研制成功氨合成催化剂，1914年实现铁铋氨氧化催化剂工业化。主要生产气体制造、变换、净化、合成、氧化、炼油、加氢等8大类催化剂，目前侧重于石油化工和环保催化剂的生产。

法国的联合信号公司（Allied Signal Co.）：美国联合信号公司的子公司，专门生产汽车尾气处理催化剂，年生产能力为450万个催化转化器。

英国的帝国化学工业公司（Imperical Chemical Industries Ltd.，简称ICI）：英国最大的化工企业，创建于1926年，以制氢和制氨催化剂为主。

荷兰的阿克苏化工公司（AKZO Chemie NV）：主要生产加氢裂化催化剂和加氢处理催化剂。

日本是唯一的自1967年起逐年公布催化剂产量的国家。近年来，日本催化剂工业受其他行业发展的支持，处于强劲发展势头。2002年，日本催化剂产量首次突破9×10^4t大关，2003年增长至9.22×10^4t，生产和销售分别增长了2%和3%。2005年，日本催化剂生产和销售均打破前7年来的最高记录，比上一年增长了8%，生产和销售分别增至10.67×10^4t和10.62×10^4t，首次超过10×10^4t关口；销售额首次突破26亿美元。炼油催化剂和环保用催化剂需求均以两位数的速度增长，从而带动整个催化剂市场的发展。

炼油催化剂约占日本催化剂市场的40%，并保持强势增长，生产和销售均较上年增长了10%。由于受到日本、中国以及其他亚洲国家石化产品需求增长的影响，石化行业催化剂也处于良好增长势头。此外，环保用途催化剂产量同比增长了12%，达2.07×10^4t；销售量同比增长14%，达2.23×10^4t，主要得益于汽车尾气排放标准提高，带动汽车尾气处理催化剂市场需求增长。

由于日本国内炼油用催化剂市场趋于饱和，催化剂生产商正努力增加对亚洲以及世界其他地区的出口。这将对日本国内催化剂工业产生影响。随着日本汽车市场的平稳发展，汽车以及零部件出口增加和新环保法规的实施，可能带动国内对汽车尾气处理用催化剂的需求增长。此外，日本国内炼油工程正在陆续上马，如专门处理重质原油的装置和用于生产化学产品的流化催化裂化等，包括中国和东南亚的新建装置。对于汽车尾气处理催化剂而言，继2005年实施新环保法规之后，更加严格的环保法规将会不断出现，这将对汽车排放尾气中的氮氧化物的含量提出更为严格的要求，从而增加对汽车尾气处理用催化剂的需求。

日本催化剂工业其他具有发展潜力的应用领域还包括新能源（如燃料电池）、其他如医药和电子材料等部门的新应用。

2. 国内催化剂工业的发展概况

我国催化剂制造业基础较为薄弱。1950年，仅南京永利宁厂（现南京化学工业公司前身）生产氨合成用工业催化剂。1956年，国家制订的第一个科技发展规划，开始重视催化剂研究。

20世纪60年代，兰州化学工业公司建立了第一个石油化工催化剂车间，生产酒精制乙烯、酒精制丁二烯以及乙苯脱氢制苯乙烯的催化剂；随后又建立了石油裂解产物加氢精制催化剂和丙烯胺氧化制丙烯腈的固定床催化剂车间。不久，上海高桥化工厂自己兴建了生产烯烃聚合用烷基铅等催化剂的车间。

20世纪70年代，我国开始引进多套石油化工生产装置，催化剂牌号达到90多个。为使这些催化剂尽快立足于国内生产，国家决定加强研制开发工作。到了80年代，约有36个牌号的催化剂实现了国产化，约占引进装置用催化剂总数的23%，有些催化剂已达到或超过国外同类产品的水平。

目前，石油炼制及化肥工业催化剂基本国产化，有些已达到国际先进生产水平并推向国际市场。但石油化工等大宗催化剂的生产基本未形成一个完整的体系，现有的生产规模与需求量远不适应。另外，环保催化剂刚刚起步。

（二）催化剂工业的发展方向

全球催化剂工业面临的总形势是：催化剂的销售额量继续增长，但原材料价格上涨和竞争的加剧，开始出现产品与原料的价格倒挂的情况，所以竞争非常激烈。在这样的形势下，催化剂制造业出现如下变化方向。

（1）当前催化剂业界的热点是企业间的大合作：例如，Engelhard Co. 以2亿美元兼并了 Harshow/Filtrol 公司。此举使 Engelhard Co. 在原有的贵金属催化剂系列之外又增添了碱金属催化剂系列，并进入加氢和烷基化使用的镍系催化剂领域。

1988 年 8 月，美国联碳公司的催化剂、吸收剂和工艺系统等装置与 Allied-Signal 公司所属的 UOP 公司合并为 UOP 催化剂公司，从而将联碳的分子筛技术与 UOP 的催化剂技术相结合，加强了向炼油、化工和石化企业的供应能力，预计其销售额将以两位数增长。

1989 年 2 月，迪高沙公司从 Air Products 买进了肯塔基州的 Calvert 汽车催化剂厂并加以扩建。

欧洲 Royal Dutch/Shell 公司催化剂部与美国氰胺公司合资创建了 Criterion 催化剂公司。

原南化公司催化剂厂先后被美国安格公司、德国 BASF 公司收购，现为德国南方公司收购，已稳定运行多年。

（2）催化剂生命周期短，更新换代快：据估计，约有 15% ~20% 的品种 1 年以后将被新品种取代。催化剂制造商只有不断地进行研究，不断地开发新产品，才能保持竞争力并有利可图。

（3）除不断开发新产品外，催化剂企业保持竞争力的一种有效手段就是提供各种服务。例如，现在越来越常见的一种服务项目是贵金属回收。回收的好处之一是解决废催化剂的污染问题，另外有些废催化剂的贵金属本身的价值也值得回收，甚至有些催化剂从国外很远的地方装船运到回收装置的所在地，在经济上仍然划得来。

另一种服务项目是再生。其中炼油业对催化剂再生的需求量很大。不过由于计算机技术的发展，自动化程度的不断提高，炼油设备越来越先进，如瞬间再生反应器的出现，它能在几十分之一秒的时间内完成催化剂的再生。

八、催化剂的奥秘

（一）催化剂的化学组成和物理结构

前已述及，按催化反应体系的物相均一性分类，催化剂可分为多相反应催化剂、均相反应催化剂和酶催化剂 3 大类。其中，多相反应催化剂主要为多相固体催化剂，均相反应催化剂主要为均相配合物催化剂。下面仅以多相固体催化剂为例，探讨催化剂的化学组成及其物理结构。

多相固体催化剂是目前石油化学等工业中使用比例最高的催化剂。其中包括气—固相（多数）和液—固相（少数）催化剂，前者应用更广。从化学成分上看，这类工业催化剂主要含有金属、金属氧化物或硫化物、复合氧化物、固体酸、碱、盐等，以无机物构建其基本材质。

除了早期用于加氢反应的雷尼 Ni 等极少数单组分催化剂外，大部分催化剂都是由多种单质或化合物组成的混合体——多组分催化剂。这些组分，可根据各自在催化剂中的作用，分别定义说明如下。

（1）主催化剂：主催化剂是起催化作用的根本性物质，没有它，就不存在催化作用。例如，在合成氨催化剂中，无论有无 K_2O 和 Al_2O_3，金属铁总是有催化活性的，只是活性稍低、寿命稍短而已。相反，如果催化剂中没有铁，催化剂就一点活性也没有。因此，铁在合成氨催化剂中是主催化剂。

（2）共催化剂：共催化剂是能和主催化剂同时起作用的组分。例如，脱氢催化剂 Cr_2O_3-Al_2O_3 中，单独的 Cr_2O_3 就有较好的活性，而单独的 Al_2O_3 活性则很小，因此，Cr_2O_3 是主催化剂，Al_2O_3 是共催化剂；但在 MoO_3-Al_2O_3 型脱氢催化剂中，单独的 MoO_3 和 γ-Al_2O_3 都只有很小的活性，但把两者组合起来，却可制成活性很高的催化剂，所以 MoO_3 和 γ-Al_2O_3 互为共催化剂；石油裂解用 SiO_2-Al_2O_3 固体酸催化剂具有与此相类似的性质，单独使用 SiO_2 或 γ-Al_2O_3 时，它们的活性都很小；合成氨铁系催化剂，单独使用主催化剂，已成功工业化数十年，近年的研究证明，使用 Mo-Fe 合金或许更好，如图 1－6 所示，合金中 Mo 含量在 80% 时其活性比单纯 Fe 或 Mo 都高。这里 Mo 就是主催化剂，而 Fe 反而成了共催化剂。

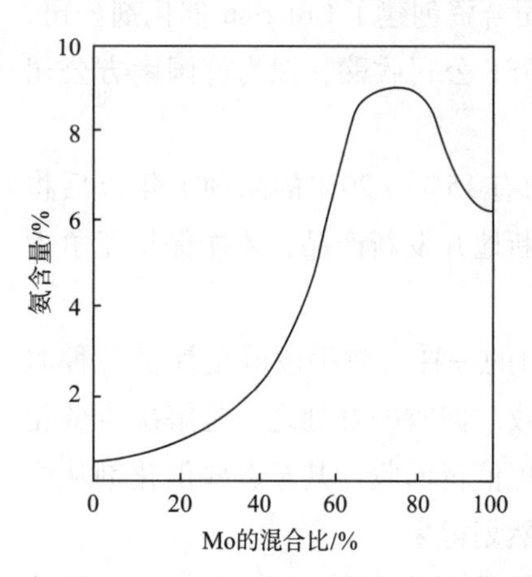

图 1－6　Mo-Fe 合金组成与活性关系

（3）助催化剂：助催化剂是催化剂中具有提高主催化剂活性、选择性，改善催化剂的耐热性、抗毒性、机械强度和寿命等性能的组分。虽然助催化剂本身并无活性，但只要在催化剂中添加少量助催化剂，即可明显达到改进催化性能的目的。

助催化剂通常又可细分为以下几种：①结构助催化剂，能使催化剂活性物质粒度变小、表面积增大，防止或延缓因烧结而降低活性等；②电子助催化剂，由于合金化使空 d 轨道发生变化，通过改变主催化剂的电子结构提高活性和选择性；③晶格缺陷助催化剂，使活性物质晶面的原子排列无序化，通过增大晶格缺陷浓度提高活性。

其中，电子助催化剂和晶格缺陷助催化剂有时也合称调变性助催化剂，因为其“助催”的本质近于化学方面，而结构性助催化剂的“助催”本质，更偏于物理方面。

若以氨合成催化剂为例，假如没有 Al_2O_3、K_2O 而只有 Fe，则催化剂寿命短、容易中毒、活性也低。但在铁中有了少量 Al_2O_3或 K_2O 后，催化剂的性能就大大提高了。应该指出在一个工业催化剂中，往往不只含有 1 种助催化剂，而可能同时含有数种。如 $Fe\text{-}Al_2O_3\text{-}K_2O$ 催化剂中，就同时含有两种助催化剂 Al_2O_3和 K_2O。另外助催化剂是多种多样的，同一种物质（如 MgO）在不同催化剂中所起的作用不一定相同，而同一种反应也可以用不同的助催化剂来促进。

某些重要工业催化剂中的助催化剂及其作用如表 1－10 所示。

表 1－10 助催化剂及其作用类型

反应过程	催化剂（制法）	助催化剂	作用类型
氨合成 $N_2+3H_2 = 2NH_3$	Fe_3O_4，Al_2O_3，K_2O （热熔融法）	Al_2O_3， K_2O	Al_2O_3为结构性助催化剂；K_2O 为电子助催化剂，降低电子逸出功，使 NH_3易解吸
CO 中温变换 $CO+H_2O \rightleftharpoons CO_2+H_2$	Fe_3O_4，Cr_2O （沉淀法）	Cr_2O	结构性助催化剂，与 Fe_3O_4形成固熔体，增大比表面，防止烧结
萘氧化 萘＋氧⟶邻苯二甲酸酐	V_2O_5，K_2SO_4 （浸渍法）	K_2SO_4	与 V_2O_5生成共熔物，增加 V_2O_5的活性和生成邻苯二甲酸酐的选择性、结构性
合成甲醇 $CO+2H_2 \rightleftharpoons CH_3OH$	CuO，ZnO，Al_2O_3 （共沉淀法）	ZnO	结构性助催化剂，把还原的细小 Cu 晶粒隔开，保持大的 Cu 表面
轻油水蒸气转化 $C_nH_m + nH_2O = nCO +$ $R_2O-\underset{\Vert\atop O}{C}-C_6H_3(-\overset{O\atop\Vert}{C}-OR_1)(-\underset{\Vert\atop O}{C}-OR_2)$ H_2	NiO，K_2O，Al_2O_3 （浸渍法）	K_2O	中和载体 Al_2O_3表面酸性，防止结炭，增加低温活性、电子性

（4）载体：载体是固体催化剂所特有的组分。载体具有增大表面积、提高耐热性和机械强度的作用，有时还能多少担当共催化剂或助催化剂的角色。多数情况下，载体本身是没有活性的惰性物质，它在催化剂中含量较高。

把主催化剂、助催化剂负载在载体上所制成的催化剂称为负载型催化剂。负载型催化剂的载体，其物理结构和物理性质往往对催化剂性能有决定性的影响。常见载体的一些物理性质如表 1－11 所示。

表 1－11 各种载体的比表面积和比孔容积

载体类型	载体名称	比表面积/(m^2/g)	比孔容积/(cm^3/g)
高比表面积	活性炭	900～1100	0.3～2.0
	硅胶	400～800	0.4～4.0
	$Al_2O_3 \cdot SiO_2$	350～600	0.5～0.9
	Al_2O_3	100～200	0.2～0.3
	黏土、膨润土	150～280	0.33～0.5
	矾土	150	约 0.25

续表

载体类型	载体名称	比表面积/(m^2/g)	比孔容积/(cm^3/g)
中等比表面积	氧化镁	30~50	0.3
	硅藻土	2~30	0.5~6.1
	石棉	1~6	—
低比表面积	钢铝石	0.1~1	0.33~0.45
	刚玉	0.07~0.34	0.08
	碳化硅	<1	0.40
	浮石	约0.04	—
	耐火砖	<1	—

载体的存在，通常对催化剂的宏观物理结构起着决定性的影响。而用不同方法制备或由不同产地获得的载体，物理结构往往有很大差异。如氧化镁是一种常被选用的催化剂载体，由碱式碳酸镁 $MgCO_3 \cdot Mg(OH)_2$ 煅烧制得的为轻质氧化镁，堆积密度为0.2~0.3g/cm^3，而用天然菱镁矿 $MgCO_3$煅烧制得的为重质氧化镁，堆积密度为1.0~1.5g/cm^3。

很多物质虽然具有满意的催化活性，但是难于制成高分散的状态，或者即使能制成细分散的微粒，但在高温的条件下也难保持这种大的比表面，所以还是不能满足对工业催化剂的基本要求。在这种情况下，将活性物质与热稳定性高的载体物质共沉淀，常常可以得到寿命足够长的催化剂；有一些作为催化剂活性组分的氧化物很难制成细分散的粒子，但是如果用适当的方法，例如用浸渍法，就能使含钼和铬等的化合物沉积在氧化铝上，就可以制得高分散度、大比表面积的催化剂，这时载体氧化铝起了分散作用；许多金属和非金属活性物质，尽管熔点比较高，在高温操作的条件下，由于"半融"和烧结现象的存在，也难以维持大的表面积。例如，纯金属铜甚至在低于200℃时也会由于熔结而迅速降低活性，因此用氢气加热还原的方法来制备纯金属铜催化剂是难成功的。可是如果用氧化铝为载体，用共沉淀方法制备催化剂时，加热到250℃也不会发生明显的熔结。还有，一些贵金属催化剂，虽然熔点很高，但在温度高于400℃的情况下长期操作，能够观察到这些金属晶粒的较快增长，因而导致活性的明显下降，但如果把这些金属载在耐火而难还原的氧化铝载体上（前者的含量比后者小得多），即使使用数年，也不见晶粒明显变大。

显然，在上述种种条件下，载体起到抑制晶粒增长和保持长期稳定的作用。

关于载体的具体品种，将在知识拓展中有补充性的介绍。

（5）其他：多相固体催化剂的组成中，除主催化剂、共催化剂、助催化剂和载体以外，通常还有其他的一些组分，如稳定剂、抑制剂等。

稳定剂的作用与载体相似，也是某些催化剂中的常见组分，但前者的含量比后者少得多。如果固体催化剂是结晶态（多数如此），从催化剂活性的要求看，活性组分应保持足够小的结晶粒度以及足够大的结晶表面积，并且使这种状况维持足够长的时间。从晶体结构的角度考虑，导致结晶表面积减少的主要因素是由于相邻的较小结晶的扩散、聚集而引起的结晶长大。像金属或金属氧化物一类简单的固体，如果它们是以细小的结晶形式（粒径小于50nm）存在，尤其是在温度超过它们熔点一半时，特别容易烧结。图1－7表示出熔点、烧结时间和最小结晶粒度之间的关系。此最小结晶粒度，是指能存在于烧结后单组分紧密聚集体中的结晶粒度。

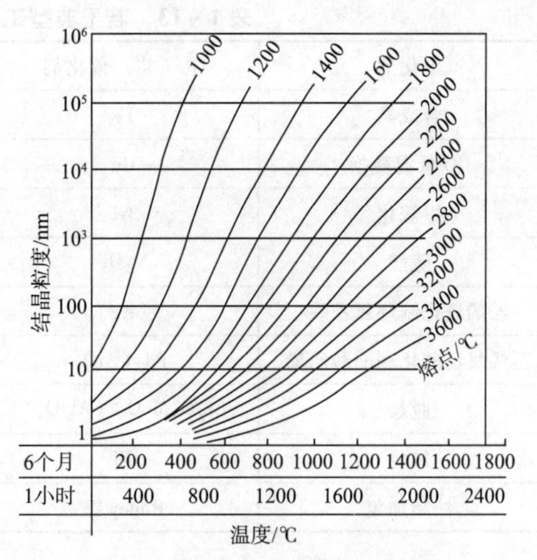

图1－7 熔点、烧结时间和最小结晶粒度的关系

由图1－7可见，如果紧密聚集体是由铜形成的（熔点1083℃），它在200℃烧结6个月（在还原气氛中），其最小结晶粒度将超过100nm；如果在300℃烧结，最小结晶粒度超过1μm。而氧化铝（熔点2032℃）在500℃保持6个月，结晶粒度只增大到不超过7nm。鉴于这种理由，当催化剂中活性组分是一种熔点较低的金属时，通常还应含有很多耐火材料的结晶，后者起着“间隔体”的作用，阻止容易烧结的金属互相接触。氧化铝、氧化镁、氧化锆等难还原的耐火氧化物，通常作为一些易烧结催化组分的细分散态的稳定剂。

抑制剂的作用正好与助催化剂相反。如果在主催化剂中添加少量的物质，便能使前者的催化活性适当调低，甚至在必要时大幅度下降，后者这种少量的物质即称为抑制剂。一些催化剂配方中添加抑制剂，是为了使工业催化剂的诸性能达到均衡匹配，整体优化。有时，过高的活性反而有害，它会影响反应器散热而导致“飞温”，或者导致副反应加剧，选择性下降，甚至引起催化剂积碳失活。几种催化剂的抑制剂举例如表1－12所示。

表1－12 几种催化剂的抑制剂

催化剂	反 应	抑制剂	作用效果
Fe	氨合成	Cu，Ni，P，S	降低活性
V_2O_5	苯氧化	氧化铁	引起深度氧化
SiO_2，Al_2O_3	柴油裂化	Na	中和酸点、降低活性
Ni/SiO_2	油脂加氢	S	抑制对人体有害的异构体生成

综上所述，固体催化剂在化学组成方面，包括主催化剂、共催化剂、助催化剂、载体以及稳定剂、抑制剂等其他的一些组分。但大多数是由主催化剂、助催化剂以及载体三大部分构成，典型实例如表1－13所示。

表 1-13　若干典型工业固体催化剂的化学组成

催化剂	主（共）催化剂	助催化剂	载体
合成氨	Fe	K_2O，Al_2O_3	—
CO 低温变换	Cu	ZnO	Al_2O_3
甲烷化	Ni	MgO、稀土等	Al_2O_3
硫酸	V_2O_5	K_2SO_4	硅藻土
乙烯氧化制环氧乙烷	Ag	—	α-Al_2O_3
乙烯氧乙酰化制醋酸乙烯	Pd（Au）	K_2COOH	硅藻土或 SiO_2
脱氢	$Cr_2O_3MoO_3$（Al_2O_3）	（Al_2O_3）	Al_2O_3（Al_2O_3）
加氢	Ni	—	γ-Al_2O_3
油脂加氢	Raney 镍	—	—

（二）催化剂宏观物理性质

固体催化剂或载体是具有发达孔系和一定内外表面的颗粒集合体。一般地，固体催化剂的结构组成情况是：一定的原子（分子）或离子按照晶体结构规则组成含微孔的纳米级晶粒，即原级粒子；因制备化学条件和化学组成不同，若干晶粒聚集为大小不一的微米级颗粒（particle），即二次粒子；通过成型工艺制备，若干颗粒又可堆积成球、条、锭片、微球粉体等到不同几何外形的颗粒集合体，即粒团（pellet），其尺寸则随需要由几十微米到几毫米，有时可达几百毫米以上。实际成形的催化剂，颗粒（二次粒子）间堆积形成的孔隙，与颗粒内部晶粒间的微孔，构成该粒团的孔系结构，如图 1-8 所示。

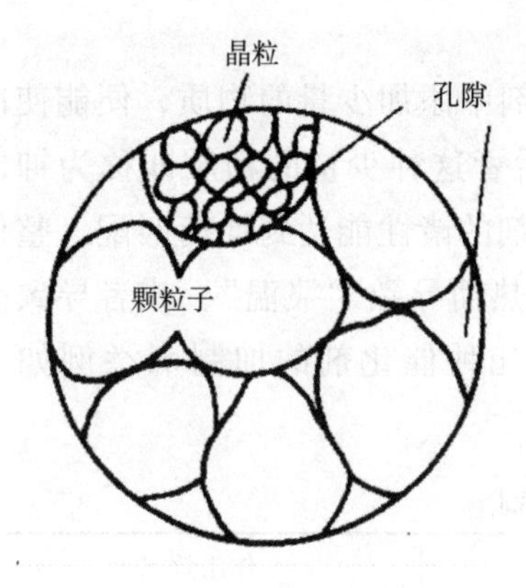

图 1-8　催化剂颗粒结合体（粒团）示意

晶粒和颗粒间连接方式、接触点键合力以及接触配位数等则决定了粒团的抗破碎和磨损性能。

工业催化剂的性质包括化学性质和物理性质。在催化剂化学组成与结构确定的情况下，催化剂的性能与寿命，决定于构成催化剂的颗粒—孔隙的“宏观物理性质”。

1. 粒度、粒径及粒径分布

颗粒尺寸（particle size）称为颗粒度，简称粒度。实际催化剂颗粒是成型的粒团，即颗粒集合体，所以狭义的催化剂粒度系指粒团尺寸（pellet size）。负载型催化剂负载的金属或其化合物粒子是晶粒或二次粒子，它们的尺寸符合粒度的正常定义。通常测定条件下不再人为分开的二次粒子（颗粒）和粒团（颗粒集合体）的尺寸，都泛称颗粒度。

单个颗粒的粒度用颗粒直径来表示，简称粒径。均匀球形颗粒的粒径就是球直径，

非球形不规则颗粒粒径往往用“当量直径”（或“等效球直径”）来表示。

催化剂原料粉体、实际的微球状催化剂及其组成的二次粒子、流化床用微粉催化剂等，都是不同粒径的多分散颗粒体系，测量单个颗粒的粒径没有意义，而用统计的方法得到的粒径和粒径分布是表征这类颗粒体系的必要数据。

粒径分布是指颗粒数目、质量或体积随粒径变化而变化的情况。

表示粒径分布的最简单方法是直方图，即测量颗粒体系最小至最大粒径范围，划分为若干逐渐增大的粒径分级（粒级），由它们与对应尺寸颗粒出现的频率作图而得，频率的内容可表示为颗粒数目、质量或体积等。如果将各粒级再细分为更小的粒级，当级数无限增多，级宽趋近于零时，直方图即变为以微分形式表示的粒径分布图，如图 1 – 9 所示。

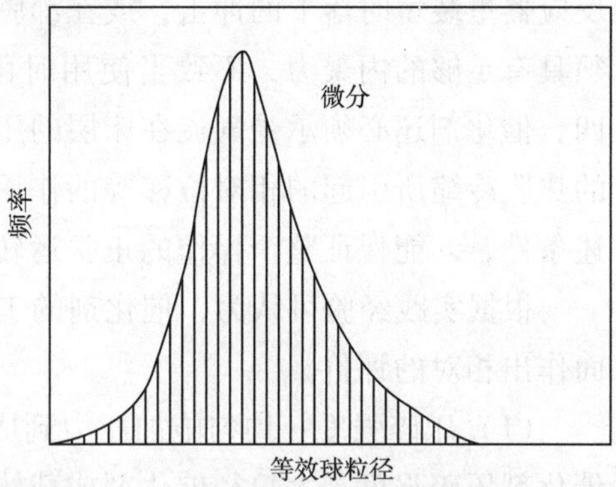

图 1 – 9　粒径分布直方图与微分图

2. 比表面积

非均相催化反应是在固体催化剂表面上进行的。但催化剂的外表面极为有限，而内表面却要大得多。催化剂的内表面积常采用比表面积来表示。单位质量催化剂的内表面积总和称为比表面积，简称比表面，其单位是 m^2/g。

不同催化剂具有不同的比表面积；同一种催化剂，制备方法不同，所得比表面积也有很大差别。比表面积是催化剂一个很重要的参数。

3. 比孔容积、孔径及孔径分布

单位质量催化剂的内部孔体积总和称为比孔容积，简称比孔容或孔容，其单位是 cm^3/g 或 mL/g。

催化剂中孔的大小可简单地用孔径来表示，但是孔的大小、开口和长度是不均匀的，所以常用平均孔半径 r 来表示。通常采取圆柱毛细孔模型，把所有的孔都看成是圆柱形的孔，其平均长度为 L，平均半径为 r，根据测得的比孔容积和比表面积，就可算出平均孔半径 r。

想要知道催化剂微孔对反应速率的影响，仅仅知道平均孔径是不够的，常常需要知道催化剂的孔径分布。通常将孔半径小于 0.01μm（10nm）的孔称为细孔，0.01 ~ 0.2μm 的孔称为过渡孔，孔半径大于 0.2μm（200nm）的孔称为大孔。1972 年，国际纯粹与应用化学协会（IUPAC）按孔宽度将孔尺寸划分为 3 类：小于 2nm 的称为微孔，2 ~ 50nm 的称为介孔（或中孔），大于 50nm 的称为大孔。孔径分布就是指孔容积按孔径大小变化而变化的情况，由此来了解催化剂颗粒中不同类型孔的数量。孔径分布可通过专用仪器进行测定。

4. 机械强度

机械强度是任何工程材料的最基础性质。由于催化剂形状各异，使用条件不同，很难以一种通用指标表征其普遍适用的机械性能。

一种成功的工业催化剂，除具有足够的活性、选择性和耐热性外，还必须具有足够的与寿命有密切关系的强度，以便抵抗在使用过程中的各种应力而不致破碎。从工业实践经验看，用催化剂成品的机械强度数据来评价强度是远远不够的，因为催化剂受到机械破坏的情况复杂多样。首先，催化剂要能经受住搬运时的磨损；第二，要能经受住向反应器里装填时落下的冲击，或在沸腾床中催化剂颗粒间的相互撞击；第三，催化剂必须具有足够的内聚力，不致当使用时由于反应介质的作用，发生化学变化而破碎；第四，催化剂还必须承受气流在床层的压力降、催化剂床层的重量，以及因床层和反应器的热胀冷缩所引起的相对位移等的作用等。由此看来，催化剂只有在强度方面也具有上述条件，才能保证整个操作的正常运转。

根据实践经验可认为，催化剂的工业应用，至少需要从抗压碎和抗磨损性能这两方面作出相对的评价。

(1) 压碎强度：均匀施加压力到成型催化剂颗粒压裂为止所承受的最大负荷，称为催化剂压碎强度。大粒径催化剂或载体，如拉西环，直径大于1cm的锭片，可以使用单粒测试方法，以平均值表示。小粒径催化剂，最好使用堆积强度仪，测定堆积一定体积的催化剂样品在顶部受压下碎裂的程度。这是因为小粒径催化剂在使用时，有时可能百分之几的破碎就会造成催化剂床层压力降猛增而被迫停车，所以若干单粒催化剂的平均抗压碎强度并不重要。有关抗压强度的测定，可参阅相关资料。

(2) 磨损性能：流动床催化剂与固定床催化剂有别，其强度主要应考虑磨损强度(表面强度)。至于沸腾床用催化剂，则应同时考虑压碎强度和磨损强度。

催化剂磨损性能的测试，要求模拟其由摩擦造成的磨损。相关的方法也已发展多种，如用旋转磨损筒、空气喷射粉体催化剂使颗粒间及与器壁间摩擦产生细粉等方法。

近年中国在化肥催化剂中，参照国外的方法，采用转筒式磨耗（磨损率）仪的较多。以后本法为其他类型的工业催化剂所借鉴。它所针对的原并不是沸腾床催化剂，而是固定床催化剂，不过这些催化剂的表面强度也很重要，例如氧化锌脱硫剂就是如此。转筒式磨耗仪是将一定量的待测催化剂放入圆筒形转动容器中，然后以筛出的粉末百分含量定为磨耗。这种磨耗仪的容器材质、尺寸、转速是规格化的，转速分几档，转数自动计量和报停。

5. 抗毒稳定性

有关催化剂应用性能的最重要的三大指标是活性、选择性和寿命。经验证明：工业催化剂寿命终结的最直接原因，除上述的机械强度外，还有其抗毒性。

催化剂中毒本质上多为催化剂表面活性中心吸附了毒物，或进一步转化为较稳定的表面化合物，活性中心被钝化或被永久占据，从而降低了活性、选择性等催化性能。

一般而言，引起催化剂中毒的毒物主要有硫化物（如 H_2S、COS、CS_2、RSH、R_1SR_2、噻吩、RSO_3H、H_2SO_4等）、含氧化合物（如 O_2、CO、CO_2、H_2O 等）、含磷化合

物、含砷化合物、含卤化合物、重金属化合物、金属有机化合物等。

催化剂对各种杂质有不同的抗毒性，同一种催化剂对同一种杂质在不同的反应条件下也有不同的抗毒性。评价和比较催化剂抗毒稳定性的方法如下。

（1）在反应气中加入一定浓度的有关毒物，使催化剂中毒，而后换用纯净原料进行试验，视其活性和选择性能否恢复。若为可逆性中毒，可观察到一定程度的恢复。

（2）在反应气中逐渐加入有关毒物至活性和选择性维持在给定的水准上，视能加入毒物的最高浓度。例如镍系烃类水蒸气转化催化剂一般可容许含硫 $0.5\times10^{-6}mg/m^3$ 的原料气。

（3）将中毒后的催化剂通过再生处理，视其活性和选择性恢复的程度。永久性（不可逆）中毒无法再生。

6. 密度

工业固体催化剂常为多孔性的。催化剂的孔结构是其化学组成、晶体组成的综合反映，实际的孔结构相当复杂。一般而言，催化剂的孔容越大，则密度越小，催化剂组分中重金属含量越高，则密度越大。载体的晶相组成不同，密度也不相同。例如 γ-Al_2O_3、η-Al_2O_3、θ-Al_2O_3、α-Al_2O_3的密度就各不相同。

单位体积内所含催化剂的质量就是催化剂的密度。但是，因为催化剂是多孔性物质，成型的催化剂粒团的体积 V_p应包含固体骨架体积 V_{sk}和粒团内孔隙体积 V_{po}，当催化剂粒团堆积时，还存在粒团间孔隙体积 V_{sp}，所以，堆积催化剂的体积 V_c应当是：

$$V_c = V_{sk} + V_{po} + V_{sp} \tag{1-7}$$

因此，在实际的密度测试中，由于所用或实测的体积不同，就会得到不同涵义的密度。催化剂的密度通常分为 3 种，即堆密度、颗粒密度和真密度。

用量筒或类似容器测量催化剂的体积时所得的密度，即密实堆积的单位体积催化剂的质量称堆密度（亦称堆积密度、比堆积密度）。显然，这时的密度所对应的体积包括 3 部分：催化剂固体骨架体积 V_{sk}、催化剂粒团内孔隙体积 V_{po}和催化剂粒团间孔隙体积 V_{sp}。若该体积所对应的催化剂质量为 m，则堆密度 ρ_c为：

$$\rho_c = m/(V_{sk} + V_{po} + V_{sp}) \tag{1-8}$$

测定堆密度 ρ_c时，通常是将催化剂放入量筒中拍打震实后测定的。

单个催化剂粒团的质量与其几何体积的比值定义为颗粒密度（亦称假密度），实际上很难准确测量单个成型催化剂粒团的体积，而是在测量堆体积时，扣除催化剂粒团与粒团之间的体积 V_{sp}求得的密度，即：

$$\rho_{sp} = m/(V_{sk} + V_{po}) \tag{1-9}$$

测定颗粒密度 ρ_{sp}时，可以先从实验中测出 V_{sp}，再从 V_c中扣去 V_{sp}得 $V_{sk}+V_{po}$。测定 V_{sp}用汞置换法，因为常压下汞只能充满催化剂粒团之间的自由空间和进入颗粒孔半径大于 500nm 的大孔中，所以该种方法测算出的颗粒密度又称假密度。

单位固体骨架体积的催化剂质量称为真密度（亦称骨架密度），也就是当所测的体积仅是催化剂骨架的体积 V_{sk} 时，即 V_c 中扣去（$V_{sp}+V_{po}$）之后求得的密度，即：

$$\rho_{sk}=m/V_{sk} \tag{1-10}$$

测定时，用氦或苯来置换，可求得（$V_{sp}+V_{po}$），因为氦（分子直径小于0.2nm）或苯可以进入并充满粒团内孔隙和粒团间孔隙。

显然，3种密度间有下列关系：

$$\rho_c<\rho_{sp}<\rho_{sk} \tag{1-11}$$

（三）催化剂基本特征

各种有关催化作用和催化剂概念的表述，可以概括出以下几条催化剂的基本特征。

（1）催化剂能够改变化学反应速率，但它本身并不进入化学反应的计量式。这里指的是一切催化剂的共性——活性，即加快反应速率的关键特性。由于催化剂在参与化学反应的中间过程后，又恢复到原来的化学状态而循环起作用，所以一定量的催化剂可以促进大量反应物起反应，生成大量产物。例如氨合成用催化剂，1吨催化剂能生产出约 2×10^4t 氨。

（2）催化剂对反应具有选择性，即催化剂对反应类型、反应方向和产物的结构具有选择性。从同一反应物出发，在热力学上可能有不同的反应方向，生成不同的产物。利用不同的催化剂，可以使反应有选择性地朝某个所需要的方向进行，生成所需要的产品。例如乙醇可以进行二三十个工业反应，生成用途不同的产物。它既可以脱水生成乙烯，又可以脱氢生成乙醛，也可以同时脱氢脱水生成丁二烯。使用不同选择性的催化剂，在不同条件下，可以让反应有选择地按某一反应进行。

（3）催化剂只能改变热力学上可能进行的化学反应的速度，而不能改变热力学上无法进行的化学反应的速度。例如，在常温常压、无其他外加功的情况下，水不能变成氢和氧，因而也不存在任何能加快这一反应的催化剂。

（4）催化剂只能改变化学反应的速度，而不能改变化学平衡的位置。在一定外界条件下某化学反应产物的最高平衡浓度，受热力学变量的限制。换言之，催化剂只能改变达到（或接近）这一极限所需要的时间，而不能改变这一极限值的大小。

上述4条中的前两条告诉我们，催化剂在本质上“可以做什么”；后两条又告诉我们，催化剂“不可以做什么”。

（5）催化剂不改变化学平衡，意味着对正方向有效的催化剂，对反方向的反应也有效。任一可逆反应，催化剂既能加速正反应，也能同样程度地加速逆反应，这样才能使其化学平衡常数保持不变，因此某催化剂如果是某可逆反应的正反应的催化剂，必然也是其逆反应的催化剂。这是一条非常有用的推论。

（四）催化剂的相关术语

（1）活性：催化剂活性是指某一特定催化剂影响反应速率的程度，是表示催化剂催化能力的重要指标。催化剂活性越高，促进原料转化的能力越大，在相同的时间内会取得更多的产品。

工业上最常用来表示催化剂活性的方法就是“转化率”，但也可用“时空收率”来表示，而用“反应速率”来衡量则从理论上讲更为确切些。

催化剂活性的几种表示方法有：转化率，意义上不够明确，但计算简单方便，又比较直观，工业上常使用；给定条件下主要产物出口浓度或反应物出口残余量；时空收率，即单位时间内单位体积催化剂上所能得到目的产物的量；反应速率，理论上讲更为确切些；平衡温距，$\Delta T = T - T_{平}$（达到任意转化率的温度）；给定温度下欲达某一指定转化率所需的空速。

①转化率：转化率是指反应所消耗掉的某一组分的量与其投入量之比。对于反应物A，若用符号 X 表示转化率，则：

$$X_A = \frac{反应物A已转化的量}{反应物A的起始量} \times 100\% \qquad (1-12)$$

用转化率来表示催化剂活性并不确切，因为反应的转化率并不和反应速率呈正比，但这种方法比较直观。

②时空收率：时空收率是指单位时间内使用单位体积催化剂所能得到的反应产物的量，即（$kg_{产物}$ 或 $kmol_{产物}$）/（$m^3_{催化剂} \cdot h$）。

③反应速率：对于 A ⟶B 的简单反应而言，反应速率是指单位催化剂表面积（或体积、质量）在单位时间内促进反应所引起的反应物A或产物B量的变化。

（2）选择性：在实际的化学反应过程中，从热力学的平衡上看可能同时存在几种可能的化学反应，而对某一特定的催化剂而言，在指定的反应条件（如温度、压力）下，往往只加速所需要的反应。例如，在不同的反应条件下，使用不同的催化剂可使乙醇反应生成不同的产物（多达38种），这说明不同的催化剂具有不同的反应选择性。

通常对工业催化剂的要求是使其只生成所希望的目的产物，并尽量接近于达到反应温度和压力下的平衡转化率，最好不生成或尽量少生成其他副产物。但实际上完全不生成其他副产物的反应在并列反应情况下是不现实的，因而用催化剂的选择性来衡量生成目的产物的百分率。

催化剂的选择性是指给定反应产物B的生成量与原料中某一组分A的反应量之比。若用符号 S 表示选择性（selectivity），则：

$$S = \frac{生成目的产物B的量/mol}{某一关键反应物A已转化的量/mol} \times 100\% \qquad (1-13)$$

（3）收率：收率是指给定反应产物B的生成量与原料中某一组分A的加入量之比。若用符号 Y 来表示收率（yield），则：

$$Y = \frac{生成目的产物B的量}{某一关键反应A的起始量} \times 100\% \qquad (1-14)$$

转化率、收率、选择性之间存在如下关系：

$$Y = X \cdot S \qquad (1-15)$$

例1：乙醇在装有氧化铝催化剂的固定床实验反应器中脱水生成乙烯，测得每投料0.460kg乙醇，能得到0.252kg乙烯，剩余0.023kg未反应掉的乙醇。求乙醇的转化率、乙烯的产率和选择性。

解：反应式：
$$C_2H_5OH \longrightarrow C_2H_2 + H_2O \quad (1-16)$$

相对分子质量：46　28　18

乙醇的转化率：
$$X = \frac{0.460 - 0.023}{0.460} \times 100\% = 95\% \quad (1-17)$$

乙烯的产率：
$$Y = \frac{0.252/28}{0.460/46} \times 100\% = 95\% \quad (1-18)$$

乙烯的选择性：
$$S = \frac{0.252/28}{(0.460 - 0.023)/46} \times 100\% = 94.7\% \quad (1-19)$$

或
$$S = \frac{Y}{X} = \frac{90\%}{95\%} = 94.7\% \quad (1-20)$$

例2：乙烯以银催化剂空气氧化制环氧乙烷，主要反应为：
$$C_2H_4 + 0.5O_2 \longrightarrow C_2H_4O \quad (1-21)$$
$$C_2H_4 + 3O_2 \longrightarrow 2CO_2 + H_2O \quad (1-22)$$

要求年产环氧乙烷15000吨，在反应温度255℃，反应压力为1000kPa，原料气空速为3000h^{-1}的条件下，原料气中含乙烯量为4.5%，乙烯转化率为26%，环氧乙烷的选择性为90.5%，假定年生产日为330天。试计算：①反应器出口气体量；②催化剂装量。

解：反应器出口气体量：

15000×1000/（330×24×44）×22.4/4.5%/0.26/0.9050＝91059.86（m^3/h）

催化剂体积为：

91059.86/3000＝30.35（m^3）

（4）寿命：不同催化剂的使用寿命各不相同，寿命长的可用10多年，寿命短的只能用几十天。而同一品种催化剂，因操作条件不同，寿命也会相差很大。

工业催化剂在使用过程中通常会有随时间变化的活性曲线，这种活性变化包括诱导期、稳定期和衰退期3个阶段。一些工业催化剂，最好的活性并不是在开始使用时达到，而是经过一定时间的诱导期之后，活性才会逐步增加并达到最佳点。经过诱导期之后，活性达到最大值，继续使用时，活性会略有下降而趋于稳定，只要能够保证适宜的工艺操作条件，这种良好而又稳定的催化活性就会保持较长的时间，即为稳定期。随着使用时间的增长，催化剂因吸附毒物或因过热而使其发生结构变化等原因，催化剂活性会衰退，直至丧失。

单程寿命：催化剂在使用条件下，维持一定活性水平的时间（或催化剂在反应运转条件下，在活性和选择性不变的情况下能连续使用的时间）。通常，稳定期的长短即为催化剂的单程寿命。

总寿命：每次活性下降后经再生而又恢复到许可活性水平的累计使用时间。

（5）中毒：中毒是指催化剂在使用过程中，由于某些杂质或反应产物（或副产物）与催化剂发生作用，使得催化剂活性受到严重破坏。中毒的机理大致有两种情况：一种是毒物强烈地化学吸附在催化剂的活性中心上，造成覆盖，减少了活性中心的浓度；另一种是毒物与构成活性中心的物质发生化学反应转变为无催化活性的物质。催化剂中毒又分为可逆中毒和不可逆中毒，可逆中毒又称暂时中毒，活性易于再生；不可逆中毒又称永久中毒，活性难以再生。

（6）失活：失活是指催化剂在使用过程中催化活性的衰退或完全丧失。引起催化剂失活的原因很多，主要有以下几种。

①中毒。

②积碳：积碳亦称碳沉积，即催化剂表面析碳，是指催化剂在使用过程中逐渐在表面上沉积了一层含碳化合物，减少了可利用的表面积，从而引起催化活性衰退。碳沉积可以看成是反应副产物的毒化作用。碳沉积的机理是由于底物分子经脱氢—聚合而形成了不挥发性的高聚物，它们可以进一步脱氢而形成含氢量很低的类焦物质，也可能由于低温下的聚合形成了树脂状物质，从而覆盖了活性中心，堵塞了催化剂的孔道，使活性表面丧失。

③烧结：高温下，固体催化剂较小的晶粒可以重结晶为较大的颗粒，这种现象叫做烧结。烧结存在两种情况：一种是比表面积减少，即催化剂微小晶粒在高温下黏附聚结成大颗粒，其孔径增大，孔容减少；另一种是晶格不完整性减少，这是因为制备的催化剂通常存在位错或缺陷等晶体不完整性，在这些晶格不完整部位附近的原子由于有较高的能量，容易形成催化剂的活性中心，而催化剂烧结时会发生晶型转变，使晶体不完整性减少或消失，结晶长大，结构稳定化，造成催化剂活性部位显著减少。这两种情况均会引起催化剂的失活。

④化合形态及化学组成发生变化：一种情况是原料混入的杂质或反应生成物与催化剂发生了反应。例如，在汽车排气处理时，使用负载在活性氧化铝上的 CuO 催化剂进行 NO_x 处理时，燃料油所含的 S 会使尾气产生 SO_2，SO_2 氧化生成 SO_3 后，再与 CuO 发生反应生成 $CuSO_4$，载体 Al_2O_3 也会变成 $Al_2(SO_4)_3$，这样催化剂的活性就显著降低。另一种情况是催化剂受热或周围气氛作用使催化剂表面组成发生变化。例如，活性部分发生升华、活性组成与载体发生固相反应等。

⑤形态结构发生变化：所谓形态结构发生变化，是指催化剂在使用过程中，由于各种因素而使催化剂外形、粒度分布、活性组分负载状态、机械强度等发生变化。其原因主要有 3 种情况：一是催化剂受急冷、急热或其他机械作用而引起催化剂的强度破坏；二是催化剂制备时所加入的黏结剂挥发、变质而引起颗粒间黏结力降低；三是杂质堵塞。

（7）再生：催化剂再生是指催化剂经长期使用后活性衰退，选择性下降，达不到工艺要求，必须进行适当的物理处理或化学处理，使其活性和选择性等催化性能得以恢复。

催化剂再生周期长、可再生次数多，将有利于生产成本的降低。

当失活是由于催化剂表面碳沉积引起时，失活的催化剂可以通过再生，从而实现催化活性完全或部分恢复。再生的方法很多，因催化剂品种的不同而异。如 Al_2O_3、ThO_3、ZnO、Cr_2O_3，硅酸铝等具有热稳定性的催化剂，可在空气或氧气中用燃烧的方法再生，以除去其含碳杂质。

(五) 催化剂催化作用基本原理

1. 多相催化反应步骤

在多相催化反应过程中，从反应物到产物反应过程见图 1-10。

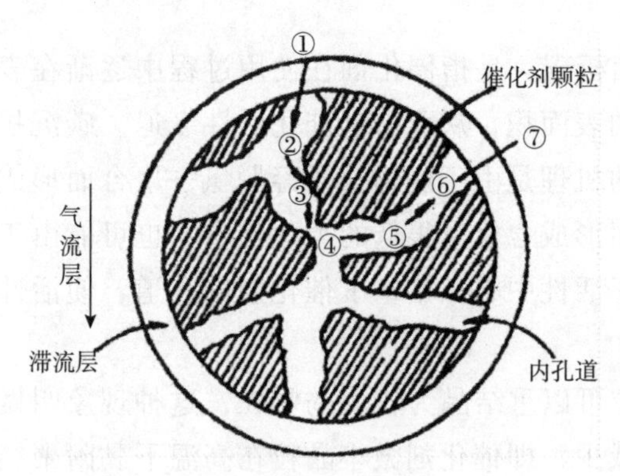

图 1-10　多相催化反应过程示意图

从反应物到产物一般经历下列步骤：①反应物分子自气流向催化剂表面扩散；②反应物分子自催化剂表面向孔内扩散；③反应物分子在内表面上吸附；④吸附的反应物分子在表面上发生反应；⑤生成物分子自催化剂内表面脱附；⑥生成物分子自催化剂孔内向催化剂的外表面扩散；⑦生成物分子自催化剂的外表面扩散至气流主体。

上述步骤中的第①、②和⑥、⑦为反应物、产物的扩散过程，从气流层经过滞流层向催化剂的表面扩散或其反方向扩散，称为外扩散。从颗粒外表面向内孔道的扩散或其反方向扩散称为内扩散。这两个步骤均属于传质过程，与催化剂的宏观结构和流体流型有关。第③步为反应物分子的化学吸附，第④步为吸附的反应物分子的表面反应或转化，第⑤步为产物分子的脱附或解吸；第③、④、⑤三步均属于表面进行的化学过程，与催化剂的表面结构、性质和反应条件有关，也叫化学动力过程。因此，多向催化过程，包括上述的物理过程和化学过程两个部分。

2. 催化机理

虽然多相固体催化剂、均相配合物催化剂和酶催化剂这 3 类催化剂，其催化机理的本质和复杂性相差甚远，然而同作为催化剂，在不参与最终产物但参与中间过程的循环而起作用这一点上都是共通的，简而言之，催化剂就是通过循环反应促使反应物转变成产物的，这可由以下数例对比中看出。

(1) SO_2在 NO_2催化作用下均相氧化制 SO_3。

机理式：

$$2SO_2 + 2NO_2 \longrightarrow 2SO_3 + 2NO \quad (1-23)$$

$$O_2 + 2NO \longrightarrow 2NO_2 \quad (1-24)$$

总反应式：

$$2SO_2 + O_2 \longrightarrow 2SO_3 \quad (1-25)$$

（2）乙烯在钯-铜系多相催化剂作用下氧化合成乙醛。

机理式：

$$C_2H_4 + PdCl_2 + H_2O \longrightarrow CH_3CHO + Pd^0 + 2HCl \quad (1-26)$$

$$Pd^0 + 2CuCl_2 \longrightarrow PdCl_2 + 2CuCl \quad (1-27)$$

$$2CuCl + 1/2O_2 + 2HCl \longrightarrow 2CuCl_2 + H_2O \quad (1-28)$$

总反应式：

$$CH_3-\underset{\displaystyle OH}{\underset{|}{CH}}-CH_3 \xrightarrow[-H_2]{ZnO\ or\ CuO} CH_3-\underset{\displaystyle O}{\underset{\|}{C}}-CH_3 \quad (1-29)$$

（3）甲醇在可溶性铑配合物催化体系作用下羰基化反应合成醋酸。

目前，工业上最佳的催化体系是将催化剂 $RhCl_3 \cdot 3H_2O$ 和助催化剂 HI 的水溶液溶于醋酸水溶液中配制而成：

$$CH_3OH + CO \longrightarrow CH_3COOH \quad (1-30)$$

本反应的总反应式相当简单，但反应机理甚为复杂，包括以下 5 步。

第一步：CH_3I 在 $[RhI_2(CO)_2]^-$ 上进行氧化加成，生成甲基铑中间物种：

$$[RhI_2(CO)_2]^- + CH_3I \longrightarrow [CH_3RhI_3(CO)_2]^- \quad (1-31)$$

第二步：CO 插入甲基-铑键之间：

$$[CH_3RhI_3(CO)_2]^- + CO \longrightarrow [CH_3CORhI_3(CO)_2]_n^{n-} \quad (n=1 或 2) \quad (1-32)$$

第三步：H_2O 使甲酰基-铑键断开，生成铑的氢化物和乙酸：

$$[CH_3CORhI_3(CO)_2]_n^{n-} + H_2O \longrightarrow [HRhI_3(CO)_2]^- + CH_3COOH \quad (1-33)$$

第四步：铑的氢化物还原消除 HI，生成 $[RhI_2(CO)_2]^-$：

$$[HRhI_3(CO)_2]^- \longrightarrow HI + [RhI_2(CO)_2]^- \quad (1-34)$$

第五步：HI 和甲醇合成碘甲烷：

$$HI + CH_3OH \longrightarrow CH_3I + H_2O \quad (1-35)$$

由第五步生成的 CH_3I，再返回第一步参与反应，循环不已。而同时第一步的另一反应物 $[RhI_2(CO)_2]^-$ 则是第四步的产物，同样循环。

（4）H_2O_2 与另一还原物 AH_2（例如焦性没食子酸）在过氧化物酶 E 的催化下分解：

机理式：

$$E + H_2O_2 \longrightarrow E-H_2O_2 \quad (1-36)$$

$$E-H_2O_2 + AH_2 \longrightarrow E + A + 2H_2O \quad (1-37)$$

总反应式：

$$H_2O_2 + AH_2 \longrightarrow A + 2H_2O \quad (1-38)$$

式中，$E-H_2O_2$ 是氧化酶与 H_2O_2 首先生成的活性中间物种。这种中间物种，在与另一底物反应时分解再生为过氧化物酶 E。$E-H_2O_2$ 的客观存在经物理表征得以证实。

3. 催化活性与活化能

与对应的非催化反应相比，催化反应的速度加快，这是上述3类催化剂的主要共性。

由反应速率方程 Arrhenius 的关系式 $k=k_0\exp(-E/RT)$ 知，当其他条件（频率因子 k_0，温度 T）一定时，反应速率是活化能 E 的函数。反应分子在反应过程中克服各种障碍，变成一种活化体，进而转化为产物分子所需的能量，称为活化能。通常，催化反应所要求的活化能 E 越小，则此催化剂的活性越高，亦即其所加速的反应速率就越快。

研究证明：催化剂之所以具有催化活性，是由于它能够降低所催化反应的活化能；而它之所以能够降低活化能，则又是由于在催化剂的存在下，改变了非催化反应的历程所致。在这一点上，多相、均相和酶催化剂都是一致的。

以重要的工业合成氨反应式为例：

$$N_2+3H_2 \rightleftharpoons 2NH_3 \tag{1-39}$$

氮和氢分子在均相要按上式化合，如无催化剂存在时，反应速率极慢，若使其原料分子内的化学键断裂而生成反应性的碎片，需要大量的能量，其对应的活化能经测定为238.5kJ/mol。对这两种碎片，经计算求得，其相结合的几率甚小，因而，在较温和的条件之下，自发地生成氨是不可能的。然而，当催化剂存在时，通过它们与催化剂表面间的反应，促使反应物分子分解等一系列反应：

$$H_2 \longrightarrow 2H_a \tag{1-40}$$

$$N_2 \longrightarrow 2N_a \tag{1-41}$$

$$N_a+H_a \longrightarrow NH_a \tag{1-42}$$

$$NH_a+H_a \longrightarrow (NH_2)_a \tag{1-43}$$

$$(NH_2)_a+H_a \longrightarrow (NH_3)_a \tag{1-44}$$

$$(NH_3)_a \longrightarrow NH_3 \tag{1-45}$$

在上述各步中，速度控制步骤是第二步 N_2 分解反应，它仅需52kJ/mol的活化能。由此带来的反应速率增加极为巨大。在500℃时，将多相催化与均相催化合成氨反应的速率相比，前者为后者的 3×10^{13} 倍，如图1-11所示。

其实，上述实例中显示出的是一种普遍的规律，其他实例如表1-14所示。

表1-14　某些反应在不同催化剂上的活化能

反应	催化剂	活化能/（kJ/mol）
H_2O_2 分解	无	75.1
	Fe^{2+}	41
	过氧化氢酶	<8.4
尿素水解	H^+	103
	脲酶	28

续表

反应	催化剂	活化能/（kJ/mol）
乙酸丁酯水解	H^+	66.9
	OH^-	42.6
	乙酯酶	18.8

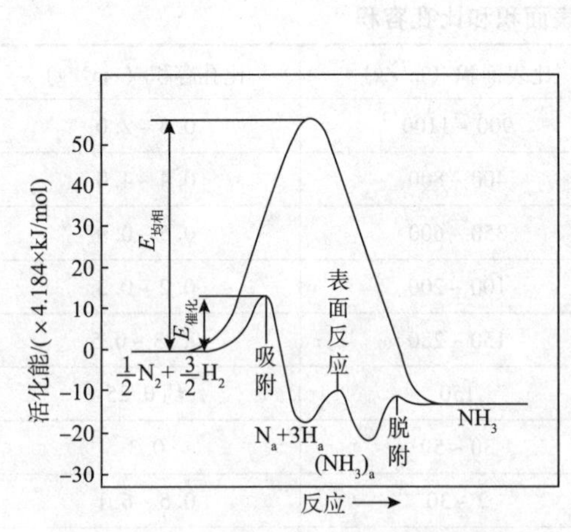

图 1－11　合成氨反应中的历程和能量变化

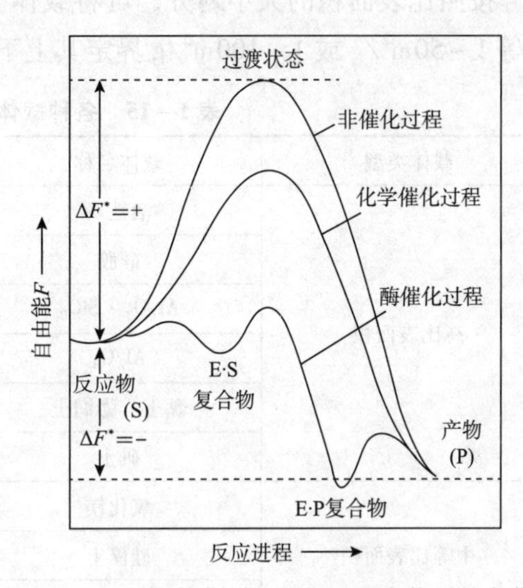

图 1－12　不同催化剂上反应过程中能量的变化

特别值得注意的是：酶作为一种高效催化剂，与一般均相或多相的化学催化剂相比较，它可以使反应活化能降低更大的幅度，如图 1－12 所示。由于反应速率与活化能为指数函数关系，所以活化能的降低对反应的增加影响很大，故酶的催化效率比一般催化剂高得多，同时还能够在温和的条件下充分地发挥其催化功能。

九、催化剂载体

载体用于催化剂的制备上，最初的目的是为了增加催化活性物质的比表面积，也为了节约贵重材料（如 Pd、Pt、Au 等）的消耗，即将贵重金属分散负载在体积松大的物体上，以替代整块金属材料使用；另一个目的是使用强度较大的载体可以提高催化剂的耐磨及抗冲击强度。所以，初始的载体是碎砖、浮石及木炭等，只从物理、机械性能及价格低等方面加以考虑。后来在应用过程中发现，不同材料的载体、来源于不同产地或由不同方法制备的载体，均会使催化剂的性能产生很大差异，才开始重视对载体的选择、制备并进行深入的研究。

（一）载体的分类

按照载体的来源划分，载体可分为天然载体和人工合成载体。天然载体包括浮石、硅藻土、白土、膨润土、铁钒土、刚玉、石英、石棉纤维等，但是天然载体产地不同，性质上会有很大差异，而且其比表面积及细孔结构有限，往往还夹带一定量的杂质，所以天然载体的使用受到一定程度的限制。人工合成载体包括活性氧化铝、分子筛、活性炭、硅胶、硅酸铝、沸石分子筛、硅铝胶、碳化硅、整体式载体等，目前工业催化剂所用的载体大部分为人工合成载体，但有时为了降低成本或某种性能的需要，在合成时也会混入一定量的天然物质。

按照比表面积的大小划分，可将载体分为低比表面、高比表面及中等比表面 3 类。中等 1 ~ 50m^2/g 或 1 ~ 100m^2/g 界定其上下限。常见载体的比表面积参见表 1 – 15。

表 1 – 15　各种载体的比表面积和比孔容积

载体类型	载体名称	比表面积/(m^2/g)	比孔容积/(cm^3/g)
高比表面积	活性炭	900 ~ 1100	0.3 ~ 2.0
	硅胶	400 ~ 800	0.4 ~ 4.0
	$Al_2O_3 \cdot SiO_2$	350 ~ 600	0.5 ~ 0.9
	Al_2O_3	100 ~ 200	0.2 ~ 0.3
	黏土、膨润土	150 ~ 280	0.33 ~ 0.5
	矾土	150	约 0.25
中等比表面积	氧化镁	30 ~ 50	0.3
	硅藻土	2 ~ 30	0.5 ~ 6.1
	石棉	1 ~ 6	—
低比表面积	钢铝石	0.1 ~ 1	0.33 ~ 0.45
	刚玉	0.07 ~ 0.34	0.08
	碳化硅	<1	0.40
	浮石	约 0.04	—
	耐火砖	<1	—

（二）载体的作用

载体在固体催化剂中所起的作用主要体现以下几个方面。

（1）增加有效表面并提供合适的孔结构：反应用有效表面及孔结构（孔容、孔径、孔径分布）是影响催化活性和选择性的重要因素。

（2）提高催化剂的抗破碎强度：使催化剂颗粒能抗摩擦，承受冲击、受压以及因温度、压力变化或相变而产生的各种应力。

（3）提高催化剂的热稳定性：活性组分负载于载体上，可使活性组分微晶分散，防止聚集而烧结。

（4）提供反应所需的酸性或碱性活性中心：载体具有一定的酸碱结构，可提供反应所需的酸性或碱性中性。

（5）与活性组分作用形成活性更高的新化合物：即活性组分（如金属或金属氧化

物等）与载体相互作用，形成新的化合物或固溶体，产生新的化合形态及结晶结构，从而引起催化活性的变化，此时载体兼具助催化剂的作用。

（6）增加催化剂的抗毒能力：载体在增加活性表面的同时，可以有效降低活性组分对毒物的敏感性，而且载体还有吸附和分解毒物的作用。

（7）节省活性组分用量，降低催化剂成本。

因此，理想的催化剂载体一般应具备的特性包括：适应特定反应的形状结构，足够的比表面积及适宜的孔结构，足够的机械强度，良好的稳定性，适宜的导热系数和堆积密度，不含有足以引起催化剂中毒的杂质，原料易得，易于制备。

（三）工业催化剂常用的载体

1. 氧化铝载体

用作催化剂载体的多孔性氧化铝（以及直接用作催化剂或用作吸附剂的多孔性氧化铝），一般又称为“活性氧化铝”。

氧化铝是人工合成载体中使用最为广泛的一种，它具有抗破碎强度高，比表面积适中，孔径和孔率大小可调节等特点。

（1）氧化铝的晶型：氧化铝（Al_2O_3）共有 8 种晶体形态，即 α-，γ-，δ-，x-，θ-，ρ-，k-，η-型，它们之间的相互转化条件见图 1－13，它们的密度、孔结构、比表面积各异。

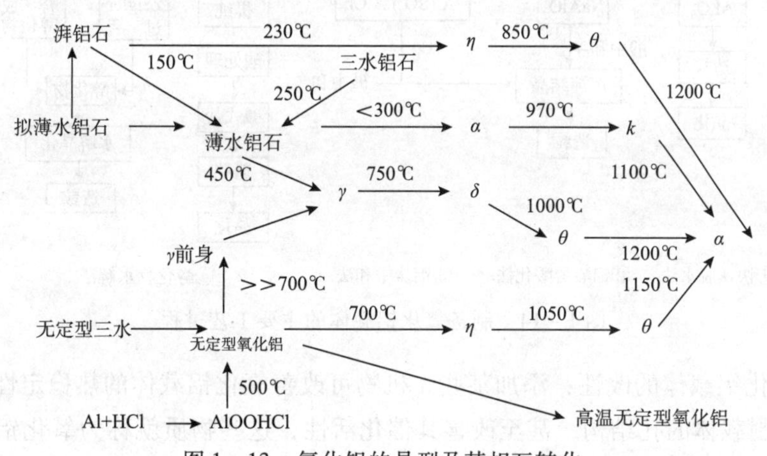

图 1－13　氧化铝的晶型及其相互转化

氧化铝一般由氢氧化铝加热脱水得到，所以氢氧化铝是氧化铝的“母体”。氢氧化铝又称水合氧化铝、含水氧化铝、氧化铝水合物等，其化学组成为：$Al_2O_3 \cdot nH_2O$。氢氧化铝包括三水氧化铝 $Al(OH)_3$［主要有 α-$Al(OH)_3$、β_1-$Al(OH)_3$、β_2-$Al(OH)_3$ 3 种变体］和一水氧化铝 AlOOH（主要有 α-AlOOH、β-AlOOH 两种变体）。

在不同温度、压力等条件下，不同变体的氢氧化铝经脱水可以得到不同晶型的 Al_2O_3，但在高温下（1200℃以上）均转化成稳定的 α-Al_2O_3。例如：

$$\alpha\text{-AlOOH} \longrightarrow \gamma\text{-Al}_2\text{O}_3\ (450℃)\ /\delta\text{-Al}_2\text{O}_3\ (900℃)\ /\theta\text{-Al}_2\text{O}_3\ (1050℃)\ /\alpha\text{-Al}_2\text{O}_3\ (1200℃) \quad (1-46)$$

$$\beta_2\text{-Al(OH)}_3 \longrightarrow \rho\text{-Al}_2\text{O}_3\ (230℃)\ /\eta\text{-Al}_2\text{O}_3\ (600℃)\ /\longrightarrow \theta\text{-Al}_2\text{O}_3\ (850℃)\ /\alpha\text{-Al}_2\text{O}_3\ (1200℃) \quad (1-47)$$

式中，过渡形态γ-Al_2O_3（比表面积90～100m^2/g）、η-Al_2O_3（比表面积300～500m^2/g）等具有酸性功能及特殊的孔结构，是使用量最大的一类催化剂载体，也常用来作催化剂或复合催化剂的成分；终态α-Al_2O_3（比表面积小于1m^2/g）基本上属于惰性物质，耐热性好，常用于高温及外扩散控制的催化反应。

（2）氧化铝载体的工业制备：绝大部分氧化铝和金属铝均是由提纯的铝土矿经拜耳法制得，由拜耳法所得的氢氧化铝可经过4种由简而繁的不同工艺制得氧化铝载体，即快速焙烧脱水法（快脱法）、铝酸盐酸化法、铝盐中和法和醇化物水解法，其工艺过程如图1-14所示。

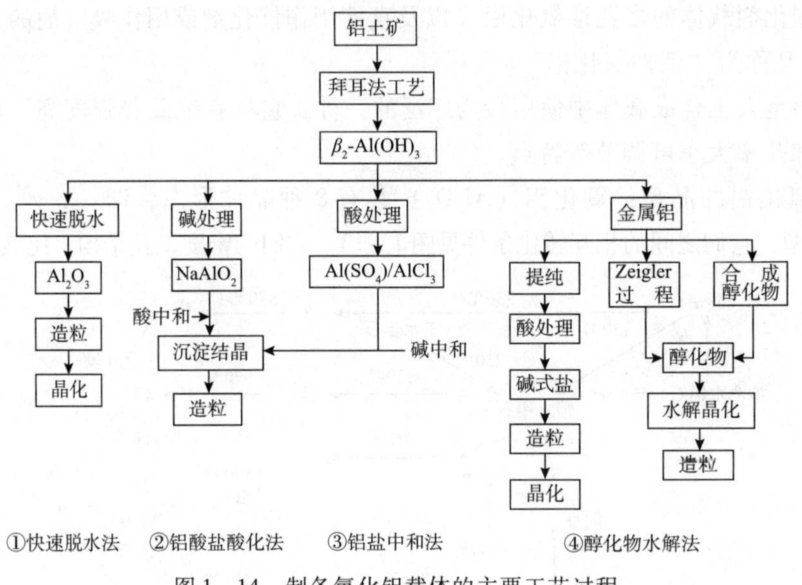

图1-14 制备氧化铝载体的主要工艺过程

（3）氧化铝载体的改性：添加某些无机物可改善氧化铝载体的热稳定性，提高抗破碎强度，控制载体的孔结构，甚至改善其催化活性，这些物质就称为氧化铝载体的改性剂。常用的改性剂有二氧化硅、稀土氧化物、氧化钡、氧化硼、二氧化钛等。

例如，原南化公司催化剂厂用混胶法生产$TiO_2 \cdot Al_2O_3$载体的基本工艺过程为：铝盐、钛盐、沉淀剂⟶中和成胶⟶过滤洗涤⟶挤条成型⟶烘干⟶焙烧⟶$TiO_2 \cdot Al_2O_3$载体。

（4）氧化铝载体的孔结构控制：氧化铝载体的孔结构控制主要有3种途径。

①控制氢氧化铝的晶粒大小：由于氧化铝载体是通过氢氧化铝高温（烘干、焙烧）脱水制得的，所以，氢氧化铝的晶粒大小直接影响氧化铝的晶粒大小，最终影响氧化铝的孔结构。例如，薄水铝石α-AlOOH晶粒分别约为5nm、10nm、15nm和20nm时，比表面积分别约为345m^2/g、234m^2/g、72m^2/g和50m^2/g，焙烧后Al_2O_3比表面积分别为

339m^2/g、287m^2/g、278m^2/g 和 223m^2/g。

②沉淀时加入水溶性的有机聚合物造孔剂：沉淀时加入水溶性的有机聚合物，成型后焙烧，聚合物燃烧变成气体，使得孔隙贯通，孔隙率增大。因此，可以通过选择有机聚合物的类型并控制其加入的量，从而控制孔径大小及其分布。

例如，相对分子质量范围为 400 ~ 20000、浓度 10.0% ~ 37.5% 的聚乙二醇或聚环氧乙烷，可使 Al_2O_3 孔容从 0.50mL/g 扩大到 1.44mL/g，比表面可达 250 ~ 300m^2/g。

③成型时加入干凝胶、碳粉、表面活性剂等造孔剂：例如，在含水铝凝胶中加入一定量干凝胶，然后挤压成型，再干燥、焙烧。与不加干凝胶相比，所得 Al_2O_3 的孔容可从 0.45mL/g 增至 1.61mL/g。

2. 分子筛载体

自然界中，某些网状结构的硅酸盐类晶体矿物加热时，会产生熔融和类似起泡沸腾的现象，这种现象称为“膨胀”，并将这类晶体矿物称为“沸石”或“泡沸石”。沸石是一种含水的碱或碱土金属的铝硅酸盐矿物，它含有结合水（沸石水），加热时结合水会连续地失去，但晶体骨架结构不变，从而形成许多大小不同的“空腔”，空腔之间又有许多直径相同的微孔相连，孔道直径与分子直径大小属于同一数量级，因而它能将比孔道直径小的物质分子吸附在空腔内部，把比孔道直径大的物质分子排斥在外，从而起到筛分分子的作用，故称这类沸石为“分子筛”。

具有分子筛作用的物质不仅仅是沸石，但沸石是应用最广的分子筛。因此，严格地讲，分子筛可分为沸石分子筛和非沸石分子筛（如微孔玻璃、炭分子筛等）两类。主要介绍沸石分子筛，以下简称分子筛。

（1）分子筛的组成与结构：分子筛的化学组成实验式为：$M_{2/n}O \cdot Al_2O_3 \cdot xSiO_2 \cdot yH_2O$，其中 M 为金属离子，人工合成时通常为 Na 型；n 为金属离子的价数；x 为 SiO_2 的分子数，即 SiO_2/Al_2O_3 的摩尔比，称为硅铝比；y 为水的分子数。

分子筛的耐酸性、热稳定性及催化性能都会随硅铝比 x 值不同而有所变化。一般而言，耐酸性和热稳定性都随 x 值的增大而增强。常见的 A 型分子筛的硅铝比 $x=2$，X 型分子筛的硅铝比 $x=2.1 \sim 3.0$，Y 型分子筛的硅铝比 $x=3.1 \sim 6.0$，丝光沸石的硅铝比 $x=9 \sim 11$。此外，金属离子 M 不同时，其微孔的大小和性质也会有所差异。

分子筛最基本的结构是由硅氧四面体和铝氧四面体所组成，四面体可通过氧桥互相连接成三维空间的多面体（笼），并进一步排列构成分子筛的骨架结构。分子筛的这种笼形孔洞骨架结构，在脱水后形成很高的内表面积，使得分子筛具有特殊的吸附性能，它可以按分子的大小和形状选择性吸附，也可以按分子的极性大小、不饱和程度和极化率进行选择性吸附。

（2）分子筛的合成：以水玻璃（Na_2SiO_3）和偏铝酸钠（$NaAlO_2$）为原料制备硅铝分子筛的基本化学过程为：

$$CH_3-\underset{\underset{CH_3}{|}}{CH}-CH_3 \xrightarrow{-H_2} CH_3-\underset{\underset{CH_3}{|}}{C}H=CH_2 \quad (1-48)$$

成胶：一定比例的 Na_2SiO_3 和 $NaAlO_2$ 在相当高的 pH 值水溶液中形成碱性硅铝凝胶。

晶化：在适当温度及相应饱和水蒸气压力下，处于过饱和状态的硅铝凝胶转化为结晶。

（3）分子筛载体的特点：分子筛均匀分布的微孔可对反应物分子产生高度的几何选择性；具有广阔的内部空间和巨大的比表面积（300～1000m^2/g）；它通过离子交换的方式负载活性组分，负载在其表面的活性金属经还原后具有极高的分散度，提高了活性组分的利用率，并增强了其抗毒性能。

3. 活性炭载体

工业上，将木材或煤干馏，以制取具有一定形状且有较高吸附性能的炭，这种炭称为活性炭。活性炭的主要成分是碳，此外还含有少量的 H、O、N、S 和灰分。

活性炭具有不规则的石墨结构。天然石墨的比表面积仅为 0.1～20m^2/g，而活性炭的比表面积要大的多，因所用原料和制备方法不同而异，如木材活性炭为 300～900m^2/g，泥煤活性炭为 350～1000m^2/g，煤活性炭为 300～1000m^2/g，果壳活性炭为 700～1500m^2/g，石油针状焦炭达 1500～3000m^2/g。

活性炭是一种优良的吸附剂，也常用作催化剂载体。例如，汽车尾气净化装置采用的就是颗粒状活性炭（喷涂）负载的 Cu/Ni 金属催化剂，它不但可以将 CO 催化转化成 CO_2，而且还可以吸附尾气中喷出的铅离子。

磷酸法生产活性炭的工艺过程为：木屑⟶筛选（4～20 目）⟶磷酸液浸渍（36～48h）⟶炭活化（450～550℃、1～2h）⟶水洗（pH 值 = 5～6）⟶烘干（200℃）⟶粉碎⟶包装。

炭活化是磷酸分解失去水分变成焦磷酸的过程，焦磷酸沾在表层和底层炭的表面使炭结块，其吸着力很强。

第二章　制备增塑剂

第一节　增塑剂简介

增塑剂是世界产量和消费量最大的塑料助剂之一。在美国工程塑料添加剂市场中，增塑剂的市场占有率最高，接近28%。我国目前的产业导向是“以塑代木，以塑代钢”，工业聚氯乙烯树脂（PVC）塑料产品已经延伸到国民经济、国家高科技产业的各个领域。塑料的主要成分是改性天然树脂和合成树脂，但树脂本身存在着各种缺陷，如有的耐热性差、易热降解，有的加工性能差等，只有通过向其中添加一系列其他物质来改善其缺陷，才能达到实用、耐久、增强等目的，因此塑料添加剂是塑料不可缺少的成分。其中为了增加高聚物塑性、柔韧性或膨胀性，改善高聚物加工性能而加入高聚物体系中的添加剂称为增塑剂。工业增塑剂是一类重要的精细化工产品，是塑料工业中重要助剂之一，大量用于PVC树脂，其品种已达几百种之多。

一、定义及应用

（一）增塑剂的定义

广义来讲，凡添加到聚合物体系中，能增加聚合物的塑性、改善加工性、赋予制品柔韧性和伸长性的物质均可称为增塑剂。

塑化剂一般也称增塑剂。增塑剂是工业上被广泛使用的高分子材料助剂，在塑料加工中添加这种物质，可以使其柔韧性增强、容易加工，可合法用于工业用途。

增塑剂的使用，使得高聚物的玻璃转变温度降到使用温度以下，从而使高聚物具有使用价值。例如，在160℃时，PVC颗粒在塑料辊间就像砂粒一样流连不息，温度必须进一步升高，树脂才开始软化并包于辊子上，形成一层韧性的薄片。但此时树脂因过热而分解释放出的氯化氢腐蚀设备，而其本身冷却后变脆失去使用价值。如在聚氯乙烯树脂中加入少量邻苯二甲酸二辛酯等化合物，在160℃时再在塑料辊上加工，树脂就软化并熔融成一均匀体系，在辊子的周围形成薄片。冷却后，该薄片变得柔软而能制成各种有用的制品。此时，邻苯二甲酸二辛酯即起到了增塑剂的作用。在PVC的合成及加工过程中，每100份PVC树脂，添加50份左右的增塑剂。

在所有有机助剂中，增塑剂的产量和消耗量都占第一位，而用于 PVC 的增塑剂又占增塑剂总产量的80% ~85%，其余则主要用于纤维素树脂、醋酸乙烯树脂、ABS 树脂以及橡胶。由于增塑剂的增塑作用，不仅赋予高聚物许多优良的性能，而且可以扩充高聚物的应用范围，又便于制品的成型加工。

（二）增塑剂的性能要求

增塑剂通常是沸点高、较难挥发的液体或低熔点的固体，这样可使制品在高温加工或升温过程中不易损失。就全面性能而言，一个理想的增塑剂应满足以下条件。

（1）增塑剂与高聚物具有良好的相容性：相容性是指聚合物能吸收增塑剂的量，经加工塑化后这些增塑剂不再渗出，这种相容性取决于增塑剂的极性（极性大，相容性好）和增塑剂与树脂之间的结构相似性。高相容性增塑剂称为主增塑剂，因相容性较低而不能添加多量的增塑剂称为辅助增塑剂或增量剂。树脂与增塑剂的相容性和增塑剂的极性、分子构型和分子大小有关。

（2）塑化效率高：增塑剂的塑化效率是使树脂达到某一柔软程度的用量，它和相容性是两个概念。举例说，如果有 A、B 两种增塑剂，虽然 A 对树脂的相容性比 B 大，但 B 用较少的量就可以达到 A 用较多的量而使树脂达到的韧度，则可以认为 B 的塑化效率比 A 高。

（3）良好的耐久性：耐久性是一项综合的性能，是指增塑剂的耐挥发、抽出和迁移等性能。在挥发性方面，尽管增塑剂一般是蒸汽压较低的高沸点液体，然而在聚合物加热成型以及增塑制品贮存时，在制品的外表、增塑剂会逐渐挥发而散失，使制品性能恶化。因此要求增塑剂的挥发性越低越好。如增塑剂向被包装的食品中迁移而使食品带有增塑剂的气味。在耐抽出方面，大多数增塑剂都难于被水抽出，因而许多 PVC 软制品可以在常与水接触的条件下长期使用，但许多增塑剂的耐油、耐溶剂性不好。在迁移性方面，增塑剂容易向相容性好的高聚物迁移。例如，用 DOP 增塑剂增塑的复合材料来铺装地板时，采用沥青黏合剂来黏接，发现沥青黏合剂向 DOP 迁移而使地板砖污染变黑。如果用 BBP（邻苯二甲酸丁基苄基酯）来代替 DOP，则不发生上述现象。

（4）具有难燃性能：大量聚合物材料已广泛用于农业生产与人民生活中，如建筑、交通、电气、纺织品等，许多场合都要求制品具有难燃性能。在增塑剂中，氯化石蜡、氯化脂肪酸酯和磷酸酯类都具有阻燃性，特别是磷酸酯的阻燃性很强。

（5）耐寒性、耐老化性好。

（6）电绝缘性好。

（7）尽可能是无色、无嗅、无味、无毒：许多场合下使用的制品都需要这一性能要求。例如，制造白色或浅色透明的制品、制造食品及与医药有关的制品等。在现代社会中，塑料和橡胶制品已经成为人们日常生活中不可缺少的物品，特别是塑料薄膜、容器、软管等已广泛用在食品和药品的贮存和包装等方面，因而要求这些制品是无毒的或低毒的。但一般的增塑剂（除少数品种外）或多或少都有一定的毒性。

(8) 耐霉菌性能强：像电线、电缆、农用薄膜、土建器材之类的塑料制品，在使用过程中会接触到自然界中的种种微生物，由于微生物的侵害而造成老化。因此上述这些用途的塑料制品应该具有耐菌性。

(9) 原料成本低、使用效率高等优点。

实际上要求一种增塑剂具备以上全部条件是不可能的，因此，在多数情况下是把两种或两种以上的增塑剂混合使用。

(三) 增塑剂的应用

增塑剂是大宗工业品，广泛应用于国民经济各领域，包括塑料、橡胶、黏合剂、纤维素、树脂、医疗器械、电缆等成千上万种产品中。比如一般常使用的保鲜膜，一种是无添加剂的 PE（聚乙烯）材料，但其黏性较差；另一种广被使用的是 PVC 保鲜膜，有大量的塑化剂，以让 PVC 材质变得柔软且增加黏度，非常适合生鲜食品的包装；另一个广泛存有塑化剂的产品是 PVC 制造的儿童玩具，欧盟已经明定塑料玩具中塑化剂的含量需 0.1% 以下；近年来欧盟等禁止将邻苯二甲酸酯类等有毒增塑剂用于婴幼儿、孕妇用产品，使得绿色增塑剂有了较为强劲的发展。

女性经常使用的香水、指甲油等化妆品，则以邻苯二甲酸酯类作为定香剂，以保持香料气味，或使指甲油薄膜更光滑。

“起云剂”是一种合法食品添加物，经常使用于果汁、果酱、饮料等食品中，是由阿拉伯胶、乳化剂、棕榈油及多种食品添加物混合制成。近年来，中国台湾厂商用一种常见的增塑剂 DEHP（后陆续检出 DINP、DNOP、DBP、DMP、DEP 等）代替棕榈油配制的起云剂也能产生和乳化剂相似的增稠效果。但是，业内人士指出，DEHP、DINP 等塑化剂并不属于食品香料原料。因此，DEHP 不仅不能被添加在食物中，甚至不允许使用在食品包装上。

某些塑化剂的分子结构类似荷尔蒙，被称为“环境荷尔蒙”，系指外在因素干扰生物体内分泌的化学物质。在环境中残留的微量此类化合物，经由食物链进入体内，形成假性荷尔蒙，传送假性化学讯号，并影响本身体内荷尔蒙含量，进而干扰内分泌之原本机制，会造成内分泌失调，若长期食用可能引起生殖系统异常，甚至造成畸胎、癌症的危险。

二、增塑剂的作用机理

(一) 增塑理论

关于增塑剂作用的机理很多，曾报导的就有润滑、凝胶、自由体积等理论，各种理论都从某个特定的角度对塑化现象进行了解释。

润滑理论认为增塑剂具有界面润滑剂的作用，聚合物能抵抗形变而具有刚性，是因聚合物大分子间具有摩擦力（作用力）。增塑剂的加入能促进聚合物大分子间或链段间的运动，甚至当大分子的某些部位缔结成凝胶网状时，增塑剂也能起润滑作用而降低分子间的

“摩擦力”，使大分子链能相互滑移。换言之，增塑剂产生“内部润滑作用”。在增塑剂应用早期，一些效能较低的增塑剂实际上是作为加工助剂使用的，它们降低了熔体的黏度，因而使加工过程容易进行，这一过程一般不会对聚合物的性质产生明显的影响。与此相比，效能高的增塑剂能够降低聚合物的玻璃转化温度，发挥的已不仅是加工助剂的作用。这个理论能解释增塑剂的加入使聚合物黏度减小、流动性增加、易于成型加工，以及聚合物的性质不会明显改变的原因。但根据润滑理论，增塑剂仅仅降低了分子间的作用力，只能引起部分增塑，因此单纯的润滑理论还不能说明增塑过程的复杂机理，而且还可能与塑料的润滑作用原理相混淆。

凝胶理论是针对无定形聚合物提出的，这一理论认为聚合物的增塑过程是使组成聚合物的大分子力图分开，而大分子之间的吸引力又尽量使其重新聚集在一起的过程，这样“时开时集”构成一种动态平衡。在一定温度和浓度下，聚合物大分子间的“时开时集”造成大分子存在若干物理“连接点”，这些“连接点”在聚合物中不是固定的，而是彼此不断接触“连接”又不断分开。增塑剂的作用是有选择地在这些“连接点”处使聚合物溶剂化，拆散或隔断物理“连接点”，并使大分子链聚拢在一起的作用力遮蔽起来，导致大分子间的分开。这一理论更适用于增塑剂用量大的极性聚合物的增塑。而对于非极性聚合物的增塑，由于大分子间的作用力较小，认为增塑剂的加入只不过是减少了聚合物大分子缠结点（连接点）的数目而已。

自由体积理论则认为增塑剂加入后会增加聚合物的自由体积。而所有聚合物在玻璃化转化温度 T_g时的自由体积是一定的，而增塑剂的加入，使大分子间距离增大，体系的自由体积增加，聚合物的黏度和 T_g下降，塑性加大。显然，增塑的效果与加入增塑剂的体积成正比，但它不能解释许多聚合物在增塑剂量低时所发生的反增塑现象等。

上述 3 种理论虽都在一定范围内解释了增塑原理，但迄今仍没有一套完整的理论来解释增塑的复杂原理，现就普遍认为的理论介绍如下。

一般认为高分子材料的增塑是由于材料中高聚物分子链间聚集作用的削弱而造成的。增塑剂分子插入到聚合物分子链之间，削弱了聚合物分子链间的引力，结果增加了聚合物分子链的移动性，降低了聚合物分子链的结晶度，从而使聚合物塑性增加。

（二）增塑剂的作用机理

一般认为没有增塑的聚合物分子链间存在着以下几种作用力。

（1）范德华力：范德华力是永远存在于聚合物分子间或分子内非键合原子间的一种较弱的、作用范围很小（0.3～0.5nm）的引力。这种力虽很小，但具有加和性，故有时很大，以致对增塑剂分子插入聚合物分子间的妨碍很大。

范德华力包括以下 3 种力：①色散力。它存在于一切分子中，是由于微小的瞬时偶极的相互作用，使靠近的偶极处于异极相邻状态而产生的一种吸引力，这种力在聚乙烯和聚苯乙烯等类的非极性分子体系中较为重要；②诱导力。它存在于极性分子与非极性分子之间的一种力，当极性分子与非极性分子相互作用时，非极性分子中被诱导产生了诱导偶

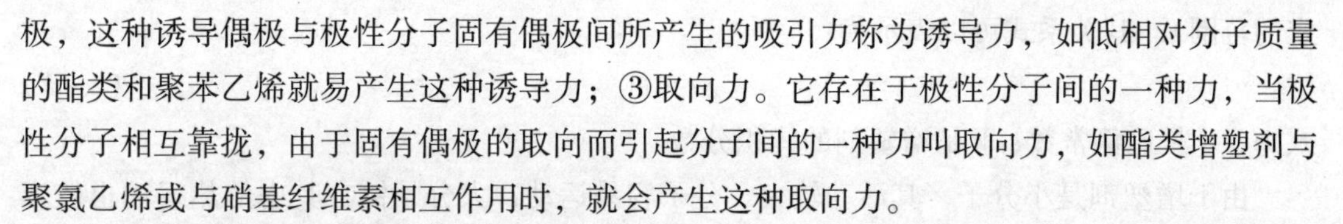

极，这种诱导偶极与极性分子固有偶极间所产生的吸引力称为诱导力，如低相对分子质量的酯类和聚苯乙烯就易产生这种诱导力；③取向力。它存在于极性分子间的一种力，当极性分子相互靠拢，由于固有偶极的取向而引起分子间的一种力叫取向力，如酯类增塑剂与聚氯乙烯或与硝基纤维素相互作用时，就会产生这种取向力。

（2）氢键：在很多化合物中，氢原子可同时和两个负电性很大而原子半径较小的原子（F、O、N 等）相结合，这种结合叫氢键。含有—OH、—NH—的聚合物，如聚酰胺、聚乙烯醇、纤维素等，能在分子间或分子内形成氢键。氢键是一种比较强的分子间作用力，它会妨碍增塑剂分子的插入，特别是氢键数目较多的聚合物分子很难增塑。

聚合物分子间作用力的大小，取决于聚合物分子链中各基团的性质。具有强极性的基团，分子间作用力大，而具有非极性基团的分子间作用力小。某些聚合物的极性按下列顺序增大：聚乙烯 < 聚丙烯 < 聚氯乙烯 < 聚醋酸乙烯酯 < 聚乙烯醇，它们分子间的作用力也按此顺序加大。

（3）结晶：有些聚合物的分子链中虽无极性基团，分子不显极性，但这些聚合物链状分子能从卷绕的、杂乱无章的状态变成紧密折叠成行的有规状态，这时结晶就会产生。分子链间的自由体积空间变得更小、距离更短、作用力更大。此时增塑剂分子要进入聚合物分子间更为困难。但一般条件下，工业生产的聚合物不可能是完全结晶的，而往往是结晶区穿插在无定形区内的，如图 2－1 所示。

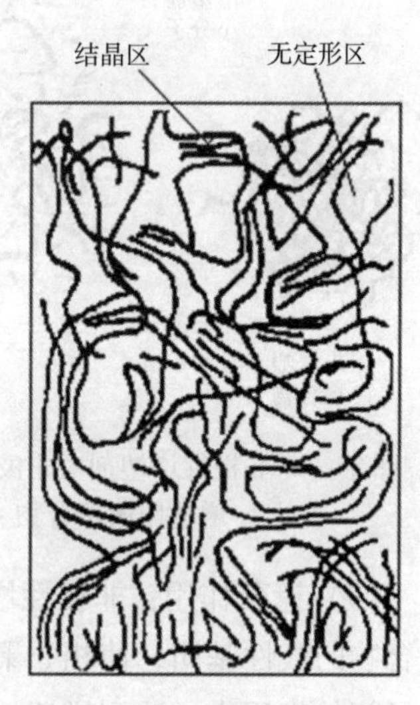

图 2－1　结晶聚合物示意图

综上所述，当聚合物中加入增塑剂进行增塑时，在聚合物—增塑剂体系中存在着如下 3 种力：①聚合物分子间的作用力；②增塑剂本身分子间的作用力；③增塑剂与聚合物分子间的作用力。一般增塑剂系小分子，故②很小可不考虑，关键在于①的大小，若是非极性聚合物，则①小，增塑剂易插入其间，并能增大聚合物分子间距离，削弱分子间引力，起到很好的增塑作用。反之，若是极性聚合物，则①大，增塑剂不易插入，需要通过选用带极性基团增塑剂让其极性基团与聚合物的极性基团作用，代替聚合物极性分子间作用，使③增大，从而削弱分子间的作用力，达到增塑的目的。

（三）增塑剂的作用形式

具体地讲，增塑剂分子插入到聚合物分子间，削弱分子间的作用力达到增塑有 3 种形式。

（1）隔离作用：非极性增塑剂加入非极性聚合物中增塑时，非极性增塑剂的主要作用是通过聚合物—增塑剂间的“溶剂化”作用来增大分子间的距离，削弱它们之间本就很小的作用力。许多实验数据指出，非极性增塑剂对降低非极性聚合物的玻璃化转化温度 ΔT_g，是直接与增塑剂的用量成正比的，用量越大，隔离作用越大，T_g 降低越多（但有一

定的范围)。其关系式可以表示为:

$$\Delta T_g = BV \tag{2-1}$$

式中,B 是比例常数;V 是增塑剂的体积分数。

由于增塑剂是小分子,其活动较大,分子容易运动,大分子链在其中的热运动也较容易,故聚合物的黏度降低,柔韧性等增加。其作用机理如图 2-2 所示。

(2)相互作用:极性增塑剂加入极性聚合物中增塑时,增塑剂分子的极性基团与聚合物分子的极性基团“相互作用”,破坏了原聚合物分子间的极性连接,减少了连接点,削弱了分子间的作用力,增大了塑性。其增塑率与增塑剂的摩尔数成正比:

$$\Delta T_g = Kn \tag{2-2}$$

式中,K 是比例常数;n 是增塑剂的摩尔数。

其作用机理如图 2-3 所示。

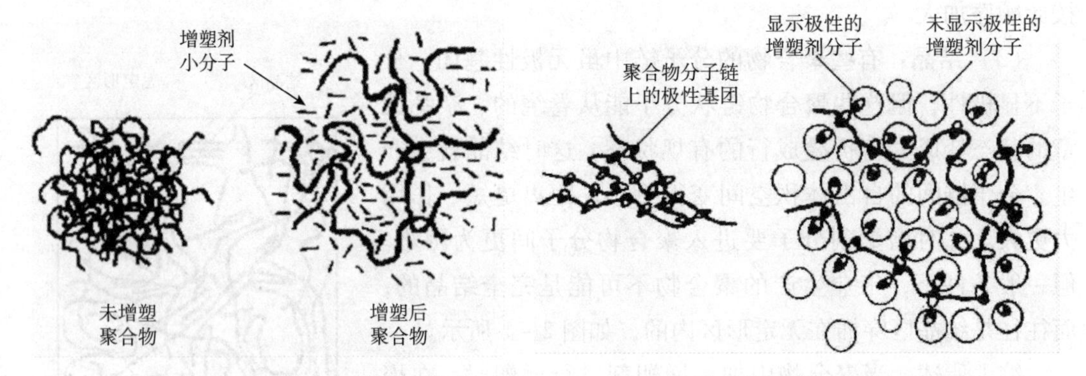

图 2-2　非极性增塑剂对非极性聚合物的增塑作用聚合物

图 2-3　极性增塑剂对极性聚合物的增塑作用示意图

(3)遮蔽作用:非极性增塑剂加到极性聚合物中增塑时,非极性的增塑剂分子遮蔽了聚合物的极性基团,使相邻聚合物分子的极性基不发生或很少发生作用,从而削弱聚合物分子间的作用力,达到增塑的目的。

上述 3 种增塑作用不可能截然区分,事实上在一种增塑过程中,可能同时存在几种作用。例如以邻苯二甲酸二辛酯(DOP)增塑聚氯乙烯(PVC)为例,DOP 的结构如图 2-4所示。聚氯乙烯的各链节由于有氯原子存在是有极性的,它们的分子链相互吸引在一起。当加热时,其分子链的热运动就变得激烈起来,削弱了分子链间的作用力,分子链间的间隔也有所增加。这时,DOP 分子插入到 PVC 分子链间,一方面 DOP 的极性酯基与 PVC 的极性基“相互作用”,彼此能很好互溶、不相排斥,从而使 PVC 大分子间作用力减小、塑性增加;另一方面 DOP 的非极性亚甲基夹在 PVC 分子链间,把 PVC 的极性基遮蔽起来,也减小了 PVC 分子链间的作用力。这样,新形成的聚氯乙烯—增

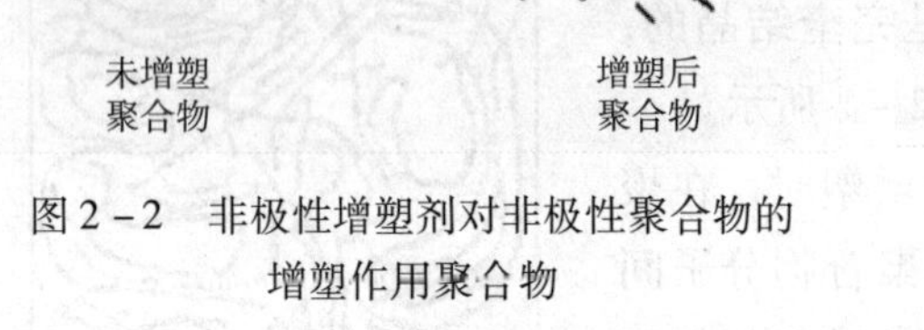

极性部分　　非极性部分

图 2-4　邻苯二甲酸二辛酯(DOP)的结构图

塑剂体系即使冷却后，增塑剂的极性分子也仍留在原来的位置上，从而妨碍了聚氯乙烯分子链之间的接近，使分子链的微小热运动变得比较容易，于是聚氯乙烯就变成柔软的塑料了。

（四）增塑过程

一般认为增塑过程分以下几步。

（1）润湿和表面吸附：增塑剂分子进入树脂孔隙并填充其孔隙，这个过程很快，几乎瞬间发生，且为不可逆过程。

（2）表面溶解：增塑剂渗入到树脂粒子中的速度很慢，特别是在低温时更是如此。一般认为增塑剂先溶解或溶胀聚合物表面的分子，当聚合物表面有悬浮聚合残留的胶体时，能延长该诱发阶段。研磨的粉状 PVC 或用溶剂洗涤的 PVC，有时不经诱发即可直接进入表面溶解。

（3）吸收作用：树脂颗粒由外部慢慢向内部溶胀，产生很强的内应力，表现为树脂与增塑剂的总体积减小。

（4）极性基的游离：增塑剂渗入到树脂内，并局部改变其内部结构，溶解了许多特殊的官能团，反映为增塑剂被吸附后，介电常数比起始混合物要高。这一过程受温度和活化能大小的影响。

（5）结构破坏：干混料的增塑剂是以分子束的形式存在于高分子束和链段之间。当体系温度较高如 160～180℃，或者将其混炼，聚合物的结构将会破坏，增塑剂便会渗入到该聚合物的分子束中。

（6）结构重建：增塑剂和聚合物的混合物加热到流动态而发生塑化后，再冷却，会形成一种有别于原聚合物的新的结构。这一结构显示出较强的韧性，但结构的形成往往需要一段时间。比如使用 50 质量份 DOP 做增塑剂时，经过 1 天才能达到最大的硬度，使用中等相对分子质量的聚酯则需要一周的时间。

（五）内增塑和反增塑作用

（1）内增塑：传统意义上的增塑剂均起外增塑作用。增塑剂分子不以主链与树脂连接，容易蒸发、迁移或萃取而损失。如果将与增塑剂分子大小相同的侧链与树脂连接时，就得到一种不易丢失增塑剂的内增塑树脂。

适合聚合物内增塑的化合物多为具有双键的酯类化合物。这类化合物的反应性好，可在聚合物反应中作为高分子的单体使用。常用的内增塑剂包括马来酸酯、富马酸酯、衣康酸酯等。目前，这种类型的产品已有开发，比如氯乙烯与硬脂酸乙烯的共聚物、纤维素的硝化产物和乙酰化产物都属于内增塑树脂，而聚氯乙烯和纤维素树脂以往都是通过外增塑的方法改性的。

内增塑作用同样是减少聚合物链间的敛集性，但其效果优于外增塑剂。在加入一般的外增塑剂后，聚合物材料的流动温度 T_f 和玻璃化温度 T_g 都会下降，T_f 降得更快，致使材料的高弹性范围缩小，影响到塑料的应用，而内增塑则不会使 T_f 降低，因此没有上述缺点。

一般而言，内增塑树脂中引入的增塑剂分子应当适量。内增塑过度的树脂，室温时强度低，低温时柔软性差。

（2）增塑作用：当增塑剂加入聚合物中增塑时，在正常情况下，由于分子间的作用力降低，因此弹性模量、抗张强度等也相应降低，但伸张率和抗冲强度等却随之增加，这种情况是正增塑。然而有时也出现相反的情况，当增塑剂含量少时，很多增塑剂却对一些聚合物起反增塑作用，即聚合物的抗张强度、硬度增加，伸张率和抗冲强度下降，这种现象叫做反增塑作用。对这种反常现象的解释一直有所争论，Horsley 等通过 X 射线衍射证明，当加入的增塑剂量少时，由于运动自由度增加，导致聚合物结晶，分子间的作用力加大，显然弹性模量、抗张强度等增高；当加入大量增塑剂后，结晶才能重新完全破坏，产生明显的增塑。然而这却不能解释极性较强的增塑剂促使聚合物结晶的能力比极性弱的增塑剂促使聚合物结晶的能力小。Ghersa 提出了一个补充假说，他认为增塑剂分子通过它们的极性基与 PVC 之类的聚合物相联系，在低浓度时，增塑剂分子通过增大的空间阻碍而仍起“搭桥”作用，使在聚合物分子链之间能够发生有效的分子间力的传递，以加强分子间的作用，出现反增塑现象。因此，聚合物的结晶度高、极性大、空间阻碍小对反增塑作用都可能有重要影响。为了克服初始易产生的反增塑作用，对增塑效果差的增塑剂，加入量不妨大些；但增塑效果良好的增塑剂，如对 DOP 而言，在 PVC 中添加少量，就可变反增塑为正增塑。目前人们正对这种认为有害的反增塑作用进行研究，目的是为有些很容易增塑的聚合物提供借鉴，并设法加以利用。如将氯化联苯、硝化联苯、聚苯基乙二醇和松香酸衍生物等富有极性基和环状结构的化合物作为聚碳酸酯的反增塑剂，用以降低其伸张率、提高抗张强度等。聚合物的增塑和反增塑如图 2－5 所示。

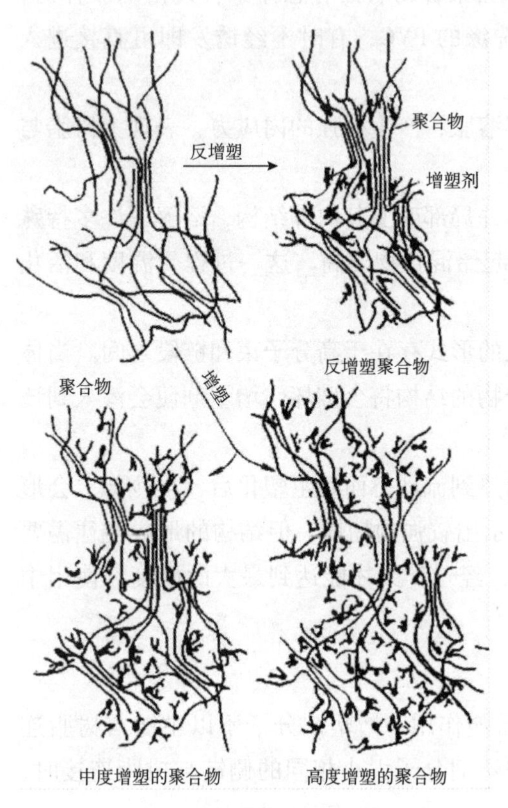

图 2－5　聚合物的增塑与反增塑示意图

必须指出，不是每种塑料都需增塑，如聚酰胺、聚苯乙烯、聚乙烯和聚丙烯等不需增塑，而硝酸纤维素、醋酸纤维素、聚氯乙烯等常需增塑。不同的聚合物使用不同的增塑剂，硝酸纤维素常以樟脑作增塑剂，醋酸纤维素常以苯二甲酸的甲酯和乙酯为增塑剂，而使用增塑剂最多的是聚氯乙烯。

三、增塑剂现状及其发展趋势

（一）增塑剂工业现状

增塑技术可追溯到原始人类的发明，如黏土加水制成陶器，水是增塑剂。后来，明胶加水制软糖或甜点心，水也是增塑剂；皮革用鲸油柔软，则是最持久的增塑剂。古代人们把油类添加到沥青中作为船的嵌缝材料，油即起到增塑剂的作用。现代增塑剂工业的最直接渊源是表面涂料的开发。1856 年，巴黎的 Marius Pellen 用火棉胶加蓖麻油制成一种不渗透氢气并可用于橡胶气球的“特殊漆”；Alexander Parkes 用低氮硝化纤维素与棉籽油或蓖麻油制成硝基漆；著名的 Paris Berard 利用硝酸纤维素与亚麻籽油及清漆混合制成有高度光泽的防水涂料，以及硝酸纤维素加焦油做屋顶涂料等，其中的蓖麻油、亚麻油和其他物质即起到增加塑性和坚韧性的作用。在工业上开始使用增塑剂是从 1868 年 Hyatt 用樟脑添加到硝酸纤维素中，制成可代替角质、象牙、骨骼等类似物质的特殊物质——赛璐珞。由于这种产品对未来的产品开发有深刻的影响，所以赛璐珞通常被认为是现代塑料和增塑剂工业的起点，也由此才开始产生了现代关于增塑剂和增塑作用的概念。从 1933 年聚氯乙烯工业化以来，增塑剂工业才得到急速的发展。

1934 年约有 56 种适用于树脂的增塑剂能工业化生产，到 1943 年文献上记载的已有 2000 种，其中 150 种能工业化生产，60 种沿用至今。据报道，1945—1953 年期间约研制了 3000 种新增塑剂，即每月有 20 ~ 30 种有希望的增塑剂被筛选出来。

随着 PVC 生产和石油化学工业的发展，目前增塑剂已经发展成为一个以石油化工为基础，以邻苯二甲酸酯类为中心、多品种、大生产的化工行业，其品种和产量在塑料助剂中都居首位。而邻苯二甲酸酯类中又以 DOP（邻苯二甲酸二辛酯）、DBP（邻苯二甲酸二丁酯）的生产量和消费量最大。

2008 年增塑剂生产已向大型化、连续化、自动化方向发展，单套生产能力达（5 ~ 10）$\times 10^4$t/a。全球增塑剂销售量约占全球塑料添加剂销售量的 60%。增塑剂的消费结构中仍以邻苯酯类为主，如美国约占 70%、日本占 82%、西欧占 91%。亚洲的增塑剂消费仍将以 DOP 为主，占增塑剂消费量的 70% 以上。2014 年全球增塑剂消费量达 600×10^4t，其中亚洲为 350×10^4t、欧洲为 100×10^4t、美国为 80×10^4t，按年增长率为 5% 计算，预计 2018 年全球增塑剂消费量将达 729.3×10^4t，2020 年全球增塑剂消费量将达 804.1×10^4t；考虑到中国近年来国内外经济飞速发展，按年增长率为 10% 计算，预计 2018 年全球增塑剂消费量将达 878.5×10^4t，2020 年全球增塑剂消费量将达 1062.9×10^4t。

1. 国内增塑剂概况

我国增塑剂工业起始于 1958 年，起步虽晚，但发展较快，20 世纪 80 年代以来，生产规模、工艺技术、产品质量、原料消耗等均有长足的进步，而且增塑剂产品及技术开始出口，增塑剂工业进入了一个新的阶段。2007 年，我国已有 130 多家增塑剂生产厂，150 多套生产装置，总生产能力约 90×10^4t，生产工艺先进，产品质量稳定，装置规模逐步大型化，产品逐渐系列化。预计“十三五”期间，我国增塑剂消费量保持较快增长，年均增长率为6.10%。2013—2017年的消费情况见图2-6，增塑剂使用情况见图2-7，2017年中国增塑剂品种产能与产量见图2-8。

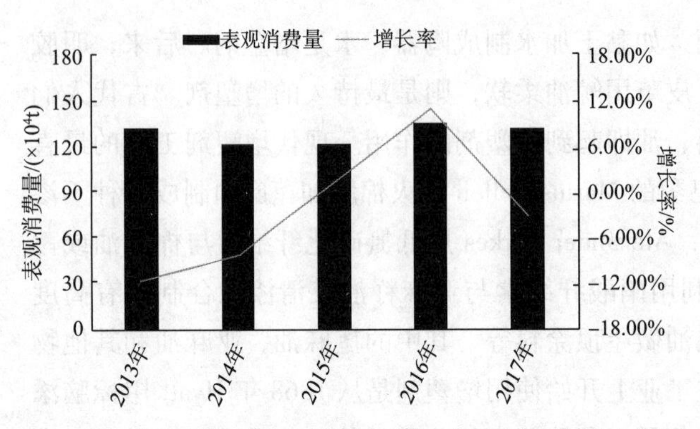

图2-6 中国增塑剂DOP 2013—2017年表观消费对比分析

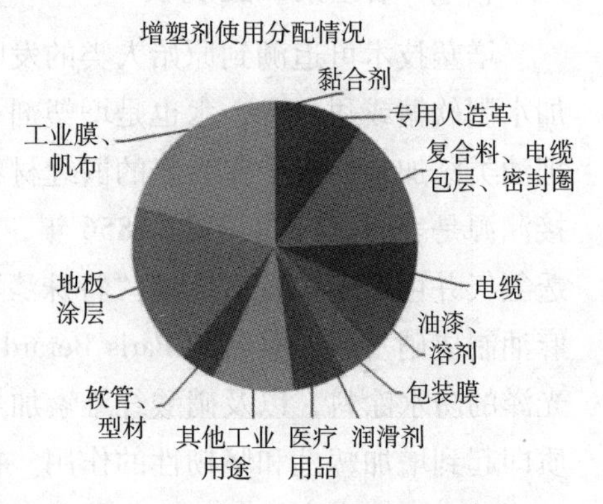

图2-7 中国增塑剂DOP消费

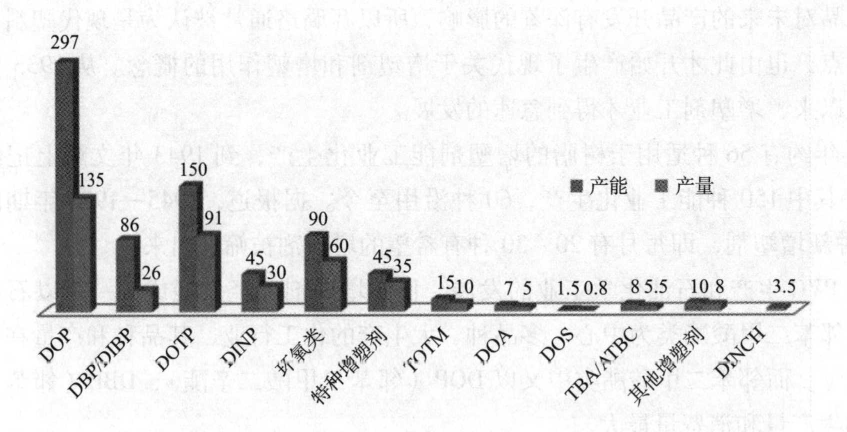

图2-8 近年来中国增塑剂品种产能与产量

2016年我国增塑剂总产量为319×10⁴t，其中邻苯类增塑剂为200×10⁴t，占比为62.70%，其余为环保型增塑剂如对苯类、柠檬酸酯类等增塑剂，占比为37.30%。我国增塑剂生产厂商有100多家，总产能约750×10⁴t/a，相当于2000年的18倍，生产能力已处于世界第一位。但由于市场人士对形势的判断过激，盲目发展，产能严重过剩，行业平均开工率约五成，其中DOP四成左右，DBP更是不到三成；现实产量仅410×10⁴t左右，由于效益低下，大部分企业多是亏损经营。

DOP为我国增塑剂市场的龙头，消费量占比最大，DOP的表观消费量2013—2017年一直在130.00×10⁴t左右，波动范围相对有限。2017年DOP表观消费量在132.08×10⁴t，最主要下游应用领域为PVC膜，占比33.00%左右，PVC膜主要应用于建材、包装及医药等行业；其次为PVC革制品，占比22.00%，革制品主要用于制作鞋、箱包、铺地材料等；电线电缆料、PVC泡沫、灯箱布占比亦较高，均在10.00%以上。预计2018年国内DOP表观消费量或在128.00×10⁴t左右，其中PVC膜消费量预计在44.80×10⁴t，革制

品、电线电缆料、泡沫灯箱布等消费量预计分别为 32.00×10^4t、23.00×10^4t、12.80×10^4t，鞋类和其他合计消费量为 15.40×10^4t。DCP（邻苯二甲酸二仲辛酯）在性能上与 DOP 接近，在下游 PVC 行业大部分产品中可以替代使用。DOP 市场规模大，DCP 价格低于 DOP，DCP 产品具有广阔的市场替代空间。

近年来，不少传统增塑剂企业受到产能过剩的冲击，多停止运营。DOP 方面，东北地区有 4×10^4t/a 装置关闭；广东地区有 6×10^4t/a 的装置关闭；华北地区有 10.5×10^4t 的装置关闭以及 4×10^4t 的装置改造成对苯二甲酸二辛酯装置；山东地区有 20×10^4t 的装置处于待工状况，华东地区有 29×10^4t/a 装置关闭，另有 10×10^4t/a 装置拆迁，以及 21×10^4t 的装置以待工为主，短期无法生产，因此，今年有 104.5×10^4t/a 的装置关闭或无法正常开车。DOP297×10^4t/a 的产能，接近 1/3 的装置无法正常运行，但是企业感觉销售压力仍存，毕竟今年的需求量也不会大于 130×10^4t，还有可能会更低，而且我国各地竞相上马增塑剂项目，很多厂家不断扩能改造，算上一定数量的进口货物，剩下的装置竞争将相当激烈。浙江弘博、南充联成、天津金源泰、盘锦联成四家 50×10^4t/a 的 DOP 装置可能在 2016 年下半年投产。

从 DBP 来看，产能扩张从 2013 年的 61×10^4t/a 发展到现在的 78×10^4t/a。其间不乏少数低产量的企业关闭，但河北地区受到石家庄附近鞋业的发展，DBP 产能有所扩建。随着当地鞋业市场走淡，DBP 产能过剩的局面尤为突出，产能过剩造成很多厂家开工不足，有的年产量不足生产能力的 1/3，加之不能产生规模效应，单位工费、能耗、物耗等均大幅上涨，产品利润收窄。

2014 年，浙江温岭大东鞋业的一场大火夺走了 16 个生命，政府自此开始的整治运动加速落后产业淘汰，倒闭企业转型升级，4000 多家小微鞋企被强制关闭。从 2014 年开始，塑料鞋产业连续受到较大冲击，一方面是环保问题，另一方面受到价格低廉的进口货物冲击，无疑也对 DBP 造成难以挽回的杀伤力。DBP、DOP 的生产成本与售价差距很小，经常倒挂，除了上述原因制约着传统增塑剂的发展，一些不法厂商以次充好，以价格低廉的产品冒充 DOP 进行销售，比如将氯化石蜡、芳烃油等混入 DOP 中。增塑剂产业的问题要从原料、需求、生产以及下游市场等方面调整产业结构，当务之急是遏制大宗增塑剂品种继续扩建，避免一哄而上，无序发展。

相比于传统增塑剂 DOP、DBP 来说，环保增塑剂的下游生产工厂有着更好的生存和消费能力。在 2016 年 3 月 1 日 ~15 日，2017 年的传统增塑剂需求量下降 47%，增塑剂的需求量在这段时间几乎下降了一半；与此同时，受到两会影响，展开环保制约，绝大多数传统增塑剂及下游塑料制品企业都停车；受国内和国外更为严格的塑料制品进口规范跟检测下，传统增塑剂下游生产企业日子是越发难过，所以越来越多生产企业开始采用环保增塑剂来促进产品达标，市场的需求也有稳定的发展，虽然现在 DOTP、ATBC 等新型环保增塑剂也存在着产能过剩的问题，但相对于传统增塑剂而言的确有着更好的抗跌能力和利润空间。

长期以来，我国增塑剂一直以 DOP、DBP 等为主，但随着欧美以及国内对增塑剂检测标准的逐年提高和检测手段的不断提升，近些年传统含苯类增塑剂的市场份额逐年缩小。随着市场对绿色环保增塑剂需求的快速增长，加大科技投入、开发无毒的绿色增塑剂成为行业可持续发展的关键。

近日，欧洲化学品管理局宣布，该局所属的两个重要专家委员会已同意对物品所含的 4 种邻苯二甲酸酯（DEHP、DBP、DIBP 和 BBP）实施限制的建议。简单地说，这两个委员会支持欧洲化学品管理局及丹麦提出的日后实施限制的建议，该项建议是禁止物品含有可通过皮肤或吸入接触的邻苯二甲酸酯。涉及的物品包括地板、涂层织物、纸品、娱乐设备、床垫、鞋类、办公用品及设备，以及其他塑料模制有塑料涂层的物品。专家委员会的结论是，以社会经济效益与其成本衡量，建议的限制是在欧盟范围内应对所认定风险的最适措施。欧洲化学品管理局的建议所针对的邻苯二甲酸酯是邻苯二甲酸二（2-乙基己基）酯（DEHP）、邻苯二甲酸丁苄酯（BBP）、邻苯二甲酸二丁酯（DBP）和邻苯二甲酸二异丁酯（DIBP）。这些物质是通常用于消费品特别是以聚氯乙烯（PVC）为本的产品所用的邻苯类增塑剂。

根据《化学品注册、评估、授权和限制法规》（REACH 法规），邻苯二甲酸酯因其生殖毒性和存在致癌、致畸、致突变的潜在毒性，已被列为高度关注物质（SVHC），并在 2008 年及 2010 年列入 REACH 候选清单。

增塑剂是世界产量和消费量最大的塑料助剂之一。我国已成为亚洲地区增塑剂生产量和消费量最多的国家。随着世界各国环保意识的提高，医药及食品包装、日用品、玩具等制品对环保增塑剂提出了更高的纯度及卫生要求。我国增塑剂行业与发达国家相比，还存在较大差距：①未能形成规模经济，绝大部分企业生产规模较小，几万吨左右，缺少市场竞争力；②产品结构不尽合理，一些专用品种产量太低。如国外发达国家磷酸酯类增塑剂占增塑剂总产量的 3% 左右，而我国仅占 0.3%；环氧酯类增塑剂占 4%，而我国仅为 0.1% ~0.2%；聚酯类在国外有相当消费量，我国尚处于开发阶段，氯化石蜡所占比例偏大；③布局分散，环境污染较为严重；④各类产品内在品质差，原材料消费高。

2. 国外增塑剂概况

2013 年，全球塑料助剂产量和消费量近 1300×10^4t，其中增塑剂占全球塑料助剂总量的近 60%，其生产力达 1000×10^4t/a，总产量达 780×10^4t/a。伴随我国炼化一体化和煤制烯烃的装置快速发展，国内合成树脂产销量将保持快速增长的态势，尽管产量不断增加，但目前每年进口量超过 1600×10^4t；根据中国石化联合会统计数据和海关数据显示，2013 年我国五大合成树脂消费量接近 5800×10^4t 左右；2009—2013 年的年均增长率在 4.8%，合成树脂产销量的增长加大了对塑料增塑剂等助剂的需求量。

2016 年，增塑剂是各种塑料助剂使用量最大的品种，占塑料助剂总消费量的 60% 左右。增塑剂可分为邻苯类、对苯类、偏苯类、环氧类、柠檬酸酯类等。2011 年以来，我国

占据全球增塑剂大部分的新增产能和消费量。2014 年中国占全球总量的 43.00%，亚洲其他地区占 16.00%，西欧占 14.00%，北美占 12.00%，到 2019 年，中国占全球增塑剂市场的份额将提升到 48.00%。

1）市场

近年来，提高产品的安全性和专用性已成为国际增塑剂领域的研发重点，主导地位的邻苯二甲酸二辛酯（DOP）增塑剂生产多采用清洁的固体酸催化替代传统的硫酸催化工艺。此外，在电气绝缘、食品包装、医药卫生等领域专用的无毒绿色增塑剂以及高性能、耐油、耐抽提和耐迁移等新型增塑剂不断被开发、生产和应用，总之，环保型增塑剂备受青睐。

据普立万公司分析，2009 年全球增塑剂产能约 910×10^4t/a，2009 年全球增塑剂市场价值 116 亿美元，产量约 710×10^4t，所有生产量的 90% 应用于 PVC 工业。其中邻苯二甲酸酯类增塑剂约占总产量的 88%，特种增塑剂约占市场 1/5。巴斯夫公司预计，亚太地区到 2015 年对增塑剂的需求年增长将为 4% ~5%。据统计 2009 年世界增塑剂产能约 910×10^4t/a，产量约 710×10^4t，其中邻苯二甲酸酯类增塑剂约占总产量的 88%。近年，提高产品的安全性和专用性已成为国际增塑剂领域的研发重点，主导地位的邻苯二甲酸二辛酯（DOP）增塑剂生产多采用清洁的固体酸催化替代传统的硫酸催化工艺。此外，在电气绝缘、食品包装、医药卫生等领域专用的无毒绿色增塑剂以及高性能、耐油、耐抽提和耐迁移等新型增塑剂不断被开发、生产和应用，环保型增塑剂备受青睐。

据 Ceresana 公司预测，受亚太和东欧等主要市场需求增长的推动，到 2020 年全球增塑剂市场规模将超过 195 亿美元。据统计，2013 年全球增塑剂消费量的近 87% 用于塑料制品的加工，其中大部分用于薄膜和电缆生产，另外还广泛用于橡胶制品、涂料油漆以及黏合剂生产。该公司还预测，未来 8 年，金砖国家仍将是增塑剂需求增长最快的地区，美国经历前几年的需求下降后也将恢复增长，西欧的需求将维持停滞状态。IHS 化学公司称，虽然目前邻苯二甲酸酯类增塑剂仍是世界上主要使用的增塑剂品种，2013 年占总需求的 78% 以上，但已较 2005 年的 88% 有显著下降，预计到 2018 年这一占比将降至 75.5% 左右。随着消费者对健康的关注，以及越来越多的国家对邻苯二甲酸酯颁布禁令，市场对不含邻苯二甲酸盐及生物基增塑剂的需求将增加，邻苯二甲酸酯类增塑剂特别是 DOP 将逐渐失去市场份额。

最近，西欧大多数新建的增塑剂产能并不包含邻苯二甲酸酯的增塑剂。亚太地区仍以邻苯二甲酸酯为主导，目前 DOP 约占亚太增塑剂市场的 60%。

2）扩能项目

赢创（Evonik）工业集团（简称“赢创”）在德国 Marl 建设的 6×10^4t/a 2-丙基庚醇（2-PH）增塑剂装置，于 2009 年下半年投产。这是该公司的第一套 2-PH 装置，产品用作制造 PVC 的增塑剂。赢创是最大的增塑剂醇类异壬醇（INA）生产商，该公司在 Marl 拥有 34×10^4t/a INA 装置，还是最大的 C_9 和 C_{10} 醇类生产商；另外赢创也在 Marl 拥有 22×10^4t/a 的装置，用于生产该公司 Vestinol PVC 增塑剂。

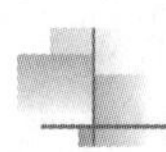

巴斯夫将其在德国路德维希港（Ludwigshafen）的高级羰基醇装置的产能扩增了8×10^4t/a，达到总量39×10^4t/a。新增产能主要用于生产增塑剂，巴斯夫也使增塑剂产能扩增了4×10^4t/a，达到30×10^4t/a。新增增塑剂产能于2008年第二季度投运，新增羰基醇产能于2009年第一季度投运。将这类增塑剂加入PVC后，可使其变软和富有弹性。巴斯夫已将其创新的增塑剂Hexamoll®DINCH（环己烷1，2-二甲酸二异壬基酯）年生产能力提高到10×10^4t/a。路德维希港的扩能，可满足公司欧洲客户对基于C_9和C_{10}的PVC增塑剂的强劲需求。

巴斯夫加大投资，扩大其在亚太地区的增塑剂业务。该公司扩增南京的C_4羰基醇装置产能5.5×10^4t/a，到2008年第四季度达到330.5×10^4t/a，以保证增塑剂前身物醇类正丁醇和2-乙基已醇的充分供应。同时，巴斯夫为发挥其在亚洲的作用，开启了其在该地区的第一座增塑剂应用实验室，该实验室的重点工作是对软PVC应用的研究，如对该公司为敏感应用场合特定设计的非邻苯二甲酸酯型增塑剂Hexamoll Dinch的研发应用工作。巴斯夫还推出了应用于汽车线缆和其他用途的增塑剂Palatinol 10-P，该产品也被列入实验室议事日程。巴斯夫大中华区总裁Johnny Kwan表示，该公司的增塑剂化学品在亚太地区尤其是在中国的应用具有良好的发展前景。

日本大八化学工业株式会社研制出生物降解型聚乳酸塑料用已二酸酯类增塑剂，该产品具有良好的增塑性和耐析出性能，添加该增塑剂的生物塑料制品与软质PVC塑料的柔韧性相当，用于食品包装安全可靠。聚乳酸是以植物为原料的可降解树脂，在聚乳酸中添加15%的已二酸酯类增塑剂后，可制成透明的与PVC柔韧性相媲美的薄膜。另外，该增塑剂耐水解，可用于胶黏剂和涂层材料，同时又可作为挤压成型改性剂使用。业内人士认为，该增塑剂安全适用，应用于食品包装袋或容器时具有良好的生物降解性能，有利于环境保护，值得普及推广。

朗盛集团于2010年7月25日宣布，将其在德国Krefeld-Uerdingen的链烷磺酸酯类增塑剂的产能扩增40%，该类增塑剂被用作非邻苯二甲酸酯增塑剂。扩增能力已于年底实现。该产品销售品牌为Mesamoll，应用于包括PVC、橡胶和聚氨酯在内的聚合物中。

据称，法规的变化和客户的需求正在以每年7%的速率推动北美和欧洲市场对非邻苯二甲酸酯增塑剂的生产。新兴市场对这些产品的需求也在增长，以出口到发达国家，发达国家的规范已要求使用非邻苯二甲酸酯增塑剂。美国依士曼化工有限公司（简称“伊士曼”）于2010年11月30日宣布，已完成其在爱沙尼亚Benzoflex品牌苯甲酸酯（安息香酸酯）增塑剂的扩能，这次扩能使Ben-zoflex产品的产能提高了1.1×10^4t/a。Benzoflex品牌增塑剂是苯甲酸的衍生物，使用于黏结剂、密封剂和堵缝剂，以及PVC等应用领域。该生产基地是对依士曼增塑剂业务生产能力的重要拓展，该项扩能的目的在于满足对传统邻苯二甲酸酯增塑剂可持续性替代的需求。依士曼于2010年年初通过收购Genovique Specialties公司而兼并了Benzoflex品牌增塑剂。Genovique Specialties公司的非邻苯二甲酸酯增塑剂基于苯甲酸，应用于水基黏结剂，现已成为依士曼新的生产线。甲醇化学品生产商沙特阿拉伯甲

醇化工有限公司（Chemanol）于2012年12月18日宣布，计划投资2000万美元在沙特阿拉伯朱拜勒生产联合装置建设新的装置，以生产超级增塑剂磺化萘甲醛（SNF）。

该设施将拥有初期生产能力6×10^4t/a，预计2013年开始建设，2015年进行商业化生产。该产品用于建筑行业。该项目将满足沙特阿拉伯对超增塑剂的需求，因为该国正在继续扩建城市基础设施。该公司是SNF最大的生产商之一，已拥有17×10^4t/a的生产能力，新项目将使其提高至23×10^4t/a。

3）绿色增塑剂迎来扩产潮

随着各国禁令的出台，曾经主导增塑剂市场的邻苯二甲酸酯类增塑剂遭到“严打”，绿色环保型的非邻苯二甲酸酯增塑剂扩产潮正在到来。近年来，国际绿色增塑剂生厂商纷纷宣布了扩产计划，以抢占市场。

2012年8月9日，巴斯夫计划在2013年前将其环保型增塑剂DINCH的产能增加一倍，以满足增塑剂替代产品需求的增长。巴斯夫在德国路德维希港运营着一套设计产能为10×10^4t/a的DINCH生产线，公司将建设第二条同等规模的生产线。

朗盛集团于2012年早些时候宣布与美国BioAmber公司结成战略伙伴，合作开发可代替邻苯二甲酸酯的生物增塑剂。双方将生产琥珀酸，并由此生产不含邻苯二甲酸酯的增塑剂。朗盛集团将在其位于加拿大安大略省萨尼亚的生产基地建设1.7×10^4t/a的生物基琥珀酸工厂。

伊士曼于2012年开启了位于得克萨斯州的一套改造后的非邻苯二甲酸酯生产设施。各公司密集扩产的举措与各国纷纷出台的法规密不可分。欧洲、北美地区出台了越来越多禁止使用邻苯二甲酸酯类增塑剂的法规。加拿大卫生部正式公布新法规，限制玩具和儿童护理物品中6种邻苯二甲酸酯的使用，要求所有儿童玩具和儿童护理品中邻苯二甲酸二(2-乙基己基）酯（DEHP)、邻苯二甲酸二丁酯（DBP)、邻苯二甲酸丁苄酯（BBP）的含量不得超过0.1%；在可以入口的儿童玩具和护理品中，邻苯二甲酸二异壬酯（DINP)、邻苯二甲酸二异癸酯（DIDP)、邻苯二甲酸二正辛酯（DNOP）含量不得超过0.1%。该法规已于2011年6月开始实施。美国的类似法规《消费品安全改进法》也于2009年2月开始实施。欧盟、日本、韩国也出台了类似的法规。虽然中国当前还没有出台限制DEHP或其他邻苯二甲酸酯类增塑剂使用的法规，但其出口到北美和西欧的玩具中已经不含DEHP。

在欧洲，塑料加工商和终端用户正面临各种压力（包括来自零售商、品牌商、非政府组织、政客和普通民众的压力)，这些压力迫使生产商采用非邻苯二甲酸酯增塑剂。市场也正日益转向非邻苯二甲酸酯增塑剂。

据统计，过去5年，全球增塑剂消费量从610×10^4t/a增加至670×10^4t/a，非邻苯二甲酸酯增塑剂的消费量占全球增塑剂消费量的比例保持相对平稳，仅从11%小幅增至12%，但欧洲非邻苯二甲酸酯增塑剂在增塑剂消费量中所占的比例已经从18%增加至22%，2011年欧洲增塑剂总需求量达到120×10^4t。北美地区非邻苯二甲酸酯增塑剂消费量占增塑剂消费量的比例已经达到约30%。预计未来10年，全球非邻苯二甲酸酯市场需求将强劲增长。

Ferro 公司于 2013 年 6 月初表示，将在其比利时安特卫普生产基地新增二苯甲酸酯生产设施，这将使该生产基地显著扩大其增塑剂产品的产能。该项目设计将生产2.8×10^4t/a 二苯甲酸酯，它是非邻苯二甲酸酯类、快速熔融的增塑剂。它将包括生产苯甲酸的装置，这将使该项目完全反向集成。该装置的生产在 2014 年下半年开始。Ferro 公司预计，通过这个项目将可显著提高其市场地位，在宽范围市场和应用方面向客户提供高性能增塑剂，实现非邻苯二甲酸酯的解决方案。Ferro 公司保持其在比利时山圣吉伯特（Mont-Saint-Guibert）的增塑剂应用实验室。该项目将利用这些实验室的功能，让来自大陆各地的客户使用 Ferro 的添加剂优化他们的产品。该二苯甲酸酯产品将补充 Ferro 公司现有邻苯二甲酸苄酯增塑剂的 Santicizer 家族，邻苯二甲酸苄酯将继续向市场提供。

赢创于 2013 年 6 月 20 日宣布，已经在该公司位于德国 Marl 的生产基地推出了不含邻苯二甲酸酯的增塑剂 1，2-环已二羧酸二异壬酯的生产线。生产装置拥有的生产能力为 4×10^4t/a。赢创表示，将不含邻苯二甲酸酯的增塑剂和生物基增塑剂加入到该公司现有的产品家族中是理想的。

4）增塑剂新品种

（1）生物基增塑剂。

生物降解型增塑剂是一类高效、无毒、可降解型增塑剂。丹麦科学家利用植物油开发出一种增塑剂可直接替代传统的邻苯二甲酸酯类增塑剂，商品名为 Grindsted Soft-N-Safe。该增塑剂由丹麦 Daniseo 司试生产，目前已获许在欧盟各国出售与使用，可用在对卫生要求较高的与食品接触的高分子材料、玩具和医疗器械中。目前，其生产规模还处于试验性阶段。天然多元醇增塑剂是国外研究的另一个方向，荷兰 Wagenjngen 的 ATO 农业研究所已放大其天然多元醇系列增塑剂的生产能力，将从实验室规模扩大到 500 L/a。由英国政府部分资助的一个项目成功开发出一种生物降解塑料用增塑剂，用于薄膜和其他软包装用聚乳酸（PLA）中，可大幅改善 PLA 的力学性能。该项目得到英国政府可持续发展技术启动计划的支持，它使常规硬 PLA 的柔性得以改进，其延伸度可从原来的 5% 提高到 320%。这类增塑剂可被生物降解，它们在产品中的用量为助剂的 10%～20%。这种改性剂基于 PLA 与聚乙烯乙二醇之间生成的嵌段共聚物。经过改性的 PLA 可在混合料中于 20～25d 内消失。目前，该类助剂已实现工业化规模生产。专注于混配聚合物生产的普立万（PolyOne）公司于 2008 年 8 月与 Battelle 公司签署协议，接受后者由美国俄亥俄州研究中心开发的系列生物基增塑剂专利的技术转让。普立万公司旨在基于这些专利开发各种不同的特种增塑剂和 PVC 混配物。普立万公司功能聚合物分部表示，世界看好以石油基原料制造的传统材料的生物基替代物的发展。Battelle 增塑剂技术由俄亥俄州大豆协会提供资金开发的。

这类增塑剂是有发展前途的可再生增塑剂。美国 Archer Daniels Midland（ADM）公司与普立万公司于 2008 年 9 月底宣布联手开发生物基增塑剂，以应用于聚合物配方中。这类增塑剂的应用主要可使塑料更为柔软和更有柔性。全球增塑剂市场已形成价值为 110 亿

美元的产业，其中绝大部分由石油基产品构成。两家公司组建联盟的目标是从谷物和油籽开发入手并商业化生产生物基增塑剂。可再生技术作为传统石油基增塑剂的替代技术已引起人们极大的兴趣。

普立万公司2010年4月表示，与美国绿色化学公司Segetis签署协议，双方合作开发能用于石油基和生物基聚合物生产的生物基增塑剂产品。两家公司利用Segetis公司的乙酰丙酸酯类缩酮专利技术，开发应用于聚合物领域的增塑剂、溶剂和改性剂产品。

美国可再生化学品公司Myriant于2014年12月5日宣布，其已与增塑剂生产商台湾联成（UPC）集团和日本Sojitz贸易公司签署三方联合开发协议，以促进生物琥珀酸基增塑剂的生产。UPC将利用Myriant的生物琥珀酸制造生物基非邻苯二甲酸增塑剂。同时，该公司还宣布，Sojitz和Myriant公司的销售和市场营销合作伙伴将与UPC密切合作，以销售UPC的品牌生物基增塑剂。生物基非邻苯二甲酸酯增塑剂将满足客户对高性能、高品质的可再生化学品的需求，用于生产环境友好的产品，包括塑料和塑料包装。越来越多的化学品制造商正在转向使用Myriant公司的生物琥珀酸作为主要原料，生产高附加值、生物基特种化学品和生物制品。泰国国家石油公司（PTT）持有Myriant公司约84%的股份。UPC公司是台湾联华神通集团（MiTAC-Synnex Group）的一部分，它是领先的散装和特种化学品生产商，产品包括增塑剂、邻苯二甲酸酐、马来酸酐、PVC树脂、不饱和聚酯树脂、聚酯多元醇、环氧树脂、脂肪酯和润滑油酯。

（2）柠檬酸酯类环保增塑剂。

国外已实现了柠檬酸酯类环保增塑剂的工业化生产，广泛用于化妆品、日用品、玩具等领域。目前报道的国外柠檬酸酯类产品有50多种，已工业化生产的主要品种有：柠檬酸三丁酯、柠檬酸三辛酯、乙酰柠檬酸三丁酯、乙酰柠檬酸三辛酯、柠檬酸三壬酯、乙酰柠檬酸三壬酯、柠檬酸三丁己酯、乙酰柠檬酸三丁己酯、柠檬酸二辛/癸酯、乙酰柠檬酸二辛/癸酯、柠檬酸二丁/辛酯、乙酰柠檬酸二丁/辛酯等。环氧化增塑剂主要品种包括：环氧大豆油、环氧乙酰亚麻油酸甲酯、环氧糠油酸丁酯、环氧蚕蛹油酸丁酯、环氧大豆油酸辛酯、9，10-环氧硬脂酸辛酯等。环氧增塑剂的消费量占增塑剂总量的7%～8%，其用途广泛，如和聚酯增塑剂并用，最适用于冷冻设备的塑料制品、机动车用塑料、食品包装等塑料制品。聚酯类增塑剂广泛应用于耐油电缆、煤气交管、防水卷材、人造革、儿童玩具、饮料软管、乳制品机械及瓶盖垫片、耐高温线材包复层、耐油软管、室内高级装饰品等各种制品。特别是当PVC需保持特有的化学性能和在油、脂及乳液作用下的耐迁移性能时，常使用不饱和高分子聚酯增塑剂。

（3）1，2-环己烷二羧酸二异丙酯。

1，2-环己烷二羧酸二异丙酯迁移性小，是一种无色透明略有气味的无水液体，能溶于许多溶剂，与许多PVC常用增塑剂单体互容性良好，几乎不溶于水；可用于胃管和输液袋等许多软医用制品，同时可为玩具厂提供达到安全要求的理想解决方案，并达到欧盟新法规要求。

（4）Eastman168 增塑剂。

伊士曼新推出的 Eastman168 增塑剂由于不含邻苯二甲酸盐有害物，一问世便受到了市场的广泛欢迎。这种新型增塑剂无毒，不含仿雌激素和抗雄激素物质，无致癌物质，不会引起过氧化物酶体增殖。对于那些旨在寻找其他增塑剂用来生产可以放在嘴里的儿童玩具厂商来说，Eastman168 增塑剂是风险最低的选择，是简单易行的增塑剂替代品。这种增塑剂符合法规要求的最高标准，其无毒特性让众多玩具制造商和消费者感到放心。该增塑料剂不需要再次配置，降低了因二次配置的错误导致昂贵的产品召回和顾客投诉产生的风险。由于具有较低的初黏性和卓越的黏度稳定性与可加工性，因此该增塑剂可以满足高的制模生产效率和循环周期要求，并且能保证表面厚度一致。

（5）不含邻苯二甲酸酯的增塑剂。

赢创于 2012 年 12 月 12 日表示，计划扩大其产品范围，推出新一代的 PVC 增塑剂。该公司表示，将扩大其产品生产线，拓宽其可持续增塑剂的范围，也将开发新品牌的产品。该公司的计划包括推出不含邻苯二甲酸酯的增塑剂和生物基增塑剂。赢创的增塑剂，主要用于塑料行业，以及汽车和建筑行业。赢创新增塑剂的生产设施已于 2011 年夏季开始建设，位于德国 Marl。这些设施将生产 4×10^4t/a 不含邻苯二甲酸酯的增塑剂 1，2-环己烷二羧酸二异壬酯，这种增塑剂的生产在 2013 年下半年开始。Oxea 公司于 2014 年 3 月 24 日宣布，到 2015 年第四季度，增加欧洲对苯二甲酸二辛酯（DOTP）产能 5×10^4t/a，以满足日益增长的需求。该公司已与第三方签署了谅解备忘录，将联合生产 DOTP。DOTP 是一种通用增塑剂，具有广泛的应用，包括在建筑、汽车和地板中的应用。在欧洲，不含邻苯二甲酸酯的增塑剂的市场正在迅速增长。被替代的增塑剂主要是邻苯二甲酸二壬酯和邻苯二甲酸二异辛酯，DOTP 尤其可从这一开发中受益，为此需要进行相应的规划以扩增产能。Oxea 公司正在集成关键的原材料以生产 DOTP。例如，Oxea 公司是欧洲最大的 2-乙基己醇生产商，2-乙基己醇是用于生产 DOTP 的主要原材料。这种反向的集成将使其能够可靠地满足需求的高水平，满足广大客户的需求。Oxea 公司属于阿曼国家石油公司，是羰基中间体和羰基衍生物，如醇类、多元醇、羧酸、特种酯和胺类的全球制造商。这些产品可用于生产涂料、润滑剂、化妆品和医药产品、调味剂和芳香剂以及印刷油墨和塑料。

巴斯夫于 2014 年 5 月 8 日宣布，已将其在德国路德维希港生产基地的非邻苯二甲酸酯增塑剂 Hexamoll DINCH 的生产能力增加了一倍，从 10×10^4t/a 增加至 20×10^4t/a。投用第二套 Hexamoll DINCH 装置后，使巴斯夫可满足世界范围内客户日益增长的需求，并增强供应的安全性，同时可继续确保始终如一的高品质。新装置业已投运成功，并已实现了扩能。Hexamoll DINCH 是专为与人体密切接触应用而开发的一种非邻苯二甲酸酯增塑剂。自从其于 2002 年投放市场以来，市场对该增塑剂的需求稳步增长，Hexamoll DINCH 已成为食品包装、医疗器械和玩具中使用的既定的增塑剂。在过去的几年中，地板和墙壁覆盖物行业对该增塑剂的需求也日益增加。凭借其出色的毒理学特性和低的迁移率，Hexamoll DINCH 树立了高品质标准，并成为广泛应用的理想选择。

波兰 Grupa Azoty 公司于 2015 年 5 月 5 日宣布，已开始生产 Oxoviflex，即波兰第一个非邻苯二甲酸酯增塑剂。该增塑剂的生产装置建设投资约为 1110 万美元，生产 Oxovifle 的能力为 5×10^4t/a。生产该新产品系为应对 PVC 加工市场不断增长的需求。Oxoviflex 可用来制造与食品和玩具相接触的货物。Oxea 公司于 2015 年 5 月 28 日宣布，引入了 Oxsoft L9（线性三壬基偏苯三酸酯），以扩大其无邻苯二甲酸酯增塑剂业务。Oxsoft L9 适合于特殊应用，在这些应用中的产品必须满足最严格的要求，如生产弹性和持久耐高温的汽车电缆。Oxsoft L9 可直接取代常规的 C_8/C_{10} 偏苯三酸酯，也适用于工业大量使用。邻苯二甲酸酯是邻苯二甲酸的酯类，主要用作增塑剂。根据美国环保署（EPA）分析，邻苯二甲酸酯通常被归类为内分泌干扰物或激素活化剂（HAAs），因为它们能干扰体内的内分泌系统。在现代汽车中，要求最严格的是放置在内部的电缆。C_8/C_{10} 偏苯三酸酯主要用于这个应用领域，但是由天然 C_8/C_{10} 醇类来衍生 C_8/C_{10} 偏苯三酸酯是非常困难的，这导致天然 C_8/C_{10} 醇类在用于相应的增塑剂时，有不断增加的价格和不可靠性。而 Oxsoft L9 是 C_8/C_{10} 偏苯三酸酯的直接替代品，可专门来生产，Oxea 公司不仅可提供线性 C_9 醇（正-壬醇），还可提供线性 C_9 偏苯三酸酯，可满足市场需求，确保供应的可靠性。Ox-soft L9 显示出极好的耐高温性、极好的低温柔性和大的迁移阻抗性，同时具有良好的塑化效率和可加工性能。Oxsoft L9 的其他应用领域包括非雾化的汽车内件、特殊的板材、剖面和垫圈以及用于润滑油的基础原料。

（二）增塑剂的发展趋势

目前，增塑剂行业已发展成为一个相对稳定的产业体系。主要表现在两个方面：一方面是生产规模、需求水平保持在一定的范围；另一方面是生产品种格局不会有大的变化。增塑剂工业今后的发展趋势主要是提高增塑剂的耐久性、卫生性、寻求廉价原料及开发功能性增塑剂，其生产工艺的发展方向则是大型化、连续化、非酸催化、酯化反应釜的改进。在产品方面，占主导地位的 DOP 已趋向于大型化生产，并且开发出电气绝缘级、食品包装级、医药卫生级等专用品种。

（1）提高增塑剂的耐久性：增塑剂的耐抽出性、迁移性、挥发性等性能与其相对分子质量密切相关，相对分子质量大，则抽出性低、迁移性小，挥发性低，但相容性差，而且合成相对困难。

近年来，人们越来越重视提高增塑剂的耐久性，使之能够在各种环境条件下长期使用。因此，在增塑剂品种进展中，高分子增塑剂引人注目。如聚酯类增塑剂是开发研究较活跃课题，如 HenkEI 公司开发的 Plastolein 9785 和日本旭电化公司开发的 HPN-3130 都是非迁移、耐候性、耐寒性好的聚酯类高分子增塑剂。Lv-828 为日本旭电化公司抗静电型聚酯增塑剂，提高增塑剂耐久性的主要方法是增大增塑剂的相对分子质量。2003 年 12 月，德国拜耳集团公司化学品分公司开发出聚合物型增塑剂新品 Ultramon VP SP 51022，该产品是一种低黏、聚合物型增塑剂，具有良好的抗迁移性，不同于 Ultramon SP 51022，可以得到各种硬度和弹性的成型制品。加入这种增塑剂生产的高柔软性橡胶制品不会发生喷霜。Ultramon VP SP 51022 也适用于 PVC 加工业，最终制品为防水布、地板革、家具/电子绝缘膜和工业注塑产品。此外，由于该产品的良好电性能和热稳定性，能用于 PVC 电缆外套和软线系列产品。2003 年 7 月，拜耳公司宣布开发成功一种新型邻苯甲酸酯类的低黏度增塑剂，主要用于天然橡胶和聚氯乙烯（PVC）制品的加工。该产品具有低迁移性的特点，通过调整增塑剂的加入量，可以得到不同硬度和弹性范围的塑料制品。它主要应用于加工 PVC 防水材料、地板、家具膜、自粘接膜、绝缘薄膜、工业用注塑制品和天然胶印刷胶辊。由于具有良好的电性能和热稳定性，该产品还可用于电缆护套和柔性电缆的制造。添加该增塑剂的 PVC 防水材料和管材制品更适合在水介质、碱性和油脂环境中使用。

（2）提高增塑剂的卫生性：自从美国国家环境卫生部科学研究所对邻苯二甲酸二辛酯（DOP）可能致癌进行了生物鉴定以来，国外对多种邻苯二甲酸酯类增塑进行试验与研究，在许多国家争论沸沸扬扬，各抒己见。邻苯二甲酸类增塑剂的安全性问题是生产与使用者最关心的问题，到目前为止，对邻苯二甲酸类增塑剂毒性研究还在进行，今后无论邻苯二甲酸类增塑剂毒性试验结论如何，都将促使人们在与人体、儿童、医疗、食品包装等直接相关的塑料制品中研究与使用代用品，或者寻找无毒增塑剂。研究邻苯二甲酸酯和 DOA 等的代用品成为增塑剂开发的一大趋势。如无毒增塑剂乙酰柠檬酸酯等的开发，用植物油为原料制备增塑剂等。德国巴斯夫公司开发的环保增塑剂可用于食品包装、医用设备和玩具，美国和日本开发的新型增塑剂不仅无毒、无嗅，并且耐油、耐萃取及耐迁移性良好。2003 年 9 月，日本理研维生素公司开发成功一种聚交酯的增塑剂，并开始向市场销售，使用食品添加剂作为组成部分。产品具有显著的塑性，它能给予聚交酯模塑的产品以挠性及良好的抗流性，以及对透明度最小的干涉性。由于这种原料可以用作食品添加剂，所以产品具有高度的安全性和良好的生物降解能力。在过去，通用的增塑剂不能满足象聚交酯那样的特性。健康影响问题，2004 年 2 月，欧盟（EU）科学界已得出结论：乙酰柠檬酸三丁酯（ATBC）作为孩童玩具的增塑剂不仅是安全的，而且现行的风险评估模型也是可靠的。欧洲委员会毒性、生态毒性和环境科学委员会（CSJEE）下属的毒物学/规则服务机构已对 ATBC 可能溶解进入人的唾液作标准检测，得出结论是“情况良好”。

（3）寻求廉价原料，降低增塑剂成本：增塑剂的价格是市场竞争的一个重要因素，世界各国均非常重视增塑剂的价格问题，投入了较大的力量，充分利用大工业的副产品和废料，制备价格低廉的增塑剂，现已取得了显著的效果。近年来，国内外利用废涤纶水解制备对苯二甲酸酯增塑剂已经取得了成功，降低了生产成本，从而为对苯二甲酸酯类增塑剂的推广应用奠定了基础。而且由于全球范围内特别是中国大规模上马 PTA 生产装置，也为对苯二甲酸酯类增塑剂的大规模生产提供充足的原料，即使采用 PTA，其生产成本也较低，因此，DOTP（苯二甲酸二异辛酯）是此类增塑剂的代表。

美国自 20 世纪 80 年代初开始利用聚酰胺中间体己二酸生产时的副产戊二酸作为脂肪二元酸酯的原料，用以代替己二酸。现已大量生产，现在的产量已超过己二酸酯，在脂肪族二元酸系列中占首位。近来又将戊二酸应用于聚酯增塑剂，已制成一些低、中相对分子

质量的戊二酸聚酯增塑剂，应用于 PVC 制品的配方中，证明其性能是良好的，以后必将代替己二酸聚酯占领部分市场。

（4）开发多功能增塑剂：多功能增塑剂包括抗静电增塑剂、耐热型增塑剂、阻燃增塑剂、耐污染增塑剂等，除具有增塑性能外，同时又兼具有某一特殊功能的助剂。

①抗静电增塑剂：PVC 是良好的电绝缘体，但容易静电积累。静电的存在往往给许多应用带来麻烦甚至灾害。消除静电的一般方法是在其配方中添加抗静电剂，就结构而言，抗静电增塑剂的分子内多含醚基官能团。抗静电增塑剂的开发以日本较为盛行，著名产品如旭电化公司的 Lv-808（己二酸类）、Lv-828（聚酯类）和 Lv-838（邻苯二甲酸类）。

②耐热型增塑剂：20 世纪 80 年代后，家用电器、办公机器迅速普及并逐步追求轻量化、安全化和高性能。其中使用电线及其他软制品材料的耐热性显得相当重要，因此，耐热型增塑剂的市场进一步扩大。除偏苯三酸酯类增塑剂、耐热聚酯增塑剂外，以均苯四甲酸酯为代表的苯多酸酯类增塑剂也已应市。这些苯多酸酯类增塑剂无论在耐热性、耐迁移性和耐候性方面都优于偏苯三酸酯。另外，环戊烷四羧酸 $C_4 \sim C_{13}$ 醇酯、联苯四羧酸 $C_8 \sim C_{18}$ 醇酯以及二苯砜四羧酸酯都具有卓越的耐热性能，解决这些原料的工业化问题将是今后努力的方向。

③阻燃增塑剂：PVC 树脂具有自熄性，而多数制品由于配合大量的可燃性增塑剂而使其阻燃性显著下降。阻燃增塑剂兼备阻燃和增塑两种功能，赋予制品良好的阻燃增塑效果。一般而言，阻燃增塑剂的分子内含有 P、Cl、Br 等阻燃性元素，如磷酸酯类增塑剂和氯化石蜡、氯比脂肪酸酯类增塑剂。近年来，国内外相继报道了溴代邻苯二甲酸酯类阻燃剂等的合成及应用研究报告，并进入到工业应用阶段。

④耐污染增塑剂：耐污染性是高填充 PVC 地板料和挤塑制品对增塑剂的基本要求。在耐污染方面，BBP 极具代表性，而苯甲酸酯类增塑剂也显示了独特的性能。随着国内外汽车及建筑装饰业的蓬勃发展，耐污增塑剂的市场前景十分广阔。

第二节 增塑剂主要品种及其应用

一、分类

由于增塑剂种类繁多，性能不同，用途各异，因此其分类方法也有很多种。按不同的分类标准有不同的分类方法，常用的分类方法有如下几种。

（1）按其与树脂相容性分类：分为主增塑剂和辅助增塑剂。

①主增塑剂：习惯上人们把与树脂相容性好、重量相容比可达 1∶1、可以单独使用的增塑剂称为主增塑剂，如邻苯二甲酸酯类、磷酸酯类、烷基磺酸苯酯类等。

②辅助增塑剂：把不宜单独使用而为获得某些特殊性能（如耐寒性、耐候性、电绝缘性等）的增塑剂称为辅助增塑剂，它与被增塑物的重量相容比可达 1∶3，如脂肪族二元

酸酯类、多元醇酯类、脂肪酸单酯类、环氧酯类等。

（2）按应用性能分类：不同增塑剂有不同的特性，有些品种不仅有增塑功能，而且还有其他的作用，这样可以分为如下7类。

①耐寒性增塑剂：能使被增塑物在低温下仍有良好的韧性，主要有癸二酸二辛酯、己二酸二辛酯等。

②耐热性增塑剂：能使被增塑物的耐热性有所提高，主要是双季戊四醇酯、偏苯三酸酯等。

③阻燃性增塑剂：能改善被增塑物的易燃性，主要为磷酸酯类及含卤化合物（如氯化石蜡）等。

④防霉（耐菌）性增塑剂：能赋予被增塑物抵抗霉菌破坏的能力，主要有磷酸酯类等。

⑤耐候性增塑剂：能使被增塑物的耐光、耐射线等作用的能力有所提高，如环氧大豆油及环氧硬脂酸丁酯（或辛酯）等。

⑥无毒性增塑剂：毒性很小或无毒的增塑剂，如磷酸二苯一辛酯及环氧大豆油等。

⑦通用型增塑剂：通常为综合性能好、应用范围广、价格较便宜的增塑剂，如邻苯二甲酸酯类。

（3）按添加方式分类：分为外增塑剂和内增塑剂两大类。

①外增塑剂：亦称之为添加型增塑剂，指在配料加工过程中加入的增塑剂。一般使用的即为外增塑剂。通常它们不与聚合物起化学反应，和聚合物的相互作用主要是在升高温度时的溶胀作用，与聚合物形成一种固体溶液。外增塑剂的性能比较全面，而且生产和使用方便，应用最广。现在人们一般说的和本章要讨论的增塑剂大多数指外增塑剂。

②内增塑剂：是在树脂合成中，作为共聚单体加进的，以化学键结合到树脂分子链上面，所以又称为共聚型增塑剂，内增塑剂实际上是聚合物分子的一部分，一般是指在聚合物聚合过程中所加入的第二单体。由于第二单体共聚在聚合物的分子结构中，这样就降低了聚合物分子链的有规度，即降低了聚合物分子链的结晶度。例如，氯乙烯-醋酸乙烯共聚物就比氯乙烯均聚物更加柔软。内增塑的另一种类型是在聚合物分子链上引入支链（可以是取代基，也可以是接枝的分枝），由于支链降低了聚合物链与链之间的作用力，从而增强了聚合物的塑性。随着支链长度的增加，增塑作用也越大；但支链超过一定的长度之后，由于发生支链结晶会使增塑作用降低。内增塑剂的作用温度比较狭窄，而且必须在聚合过程中加入，因此通常仅用在略可挠曲的塑料制品中。

（4）按增塑剂的极性大小分类：分为极性增塑剂和低极性增塑剂。

（5）按相对分子质量的大小分类：分为单体型和聚合型增塑剂，前者相对分子质量在200～500，后者平均相对分子质量为1000以上，多为线型聚合物。

（6）按化学结构分类：实际使用中经常按化学结构对增塑剂进行分类，这是最为常用的分类方法，世界各国对增塑剂的统计也采用该分类方法。一般分为以下9类：①苯二甲

酸酯，包括邻苯二甲酸酯、对苯二甲酸酯和间苯二甲酸酯；②脂肪族二元酸酯，包括己二酸酯、壬二酸酯、癸二酸酯等；③苯多酸酯，包括偏苯三酸酯和均苯四酸酯；④多元醇酯，包括乙二醇、丙二醇、一缩二乙二醇等二元醇、丙三醇、季戊四醇的低级脂肪酸酯和苯甲酸酯；⑤柠檬酸酯，包括柠檬酸的脂肪醇酯和乙酰化柠檬酸酯；⑥磷酸酯，包括磷酸脂肪醇酯、磷酸酚酯、磷酸混合酯和含氯磷酸酯；⑦聚酯，二元酸和二元醇的缩聚产物；⑧环氧化合物，包括环氧化油、环氧脂肪酸酯和环氧四氢邻苯二甲酸酯等；⑨其他化合物，比如脂肪族一元酸酯、苯甲酸单酯、松香酸酯、磷酸酯、磺酰胺、脂肪酰胺、烃类、氯代烃等。

二、主要品种及其应用

本节按照增塑剂的化学结构来介绍增塑剂的主要品种及其应用性能。

（一）邻苯二甲酸酯

邻苯二甲酸酯类增塑剂的化学结构式如下：

$$C_6H_4(COOR_1)(COOR_2) \qquad (2-3)$$

式中，R_1、R_2是$C_1 \sim C_{13}$的烷基、环烷基、苯基、苄基等（表2－1）。

表2－1　常见的邻苯二甲酸酯类增塑剂

化学名称	商品名称	相对分子质量	外观	使用塑料
邻苯二甲酸二甲酯	DMP	194	无色透明液体	CA，CAB，CAP，CP，CN
邻苯二甲酸二乙酯	DEP	222	无色透明液体	CA，CAB，CAP，CP，CN
邻苯二甲酸二丁酯	DBP	278	无色透明液体	CN，CAB，CAP，CA（有限），PVC，PVCA
邻苯二甲酸二己酯	DHXP	362	无色透明油状液体	CN，CAB，PVC，PVCA
邻苯二甲酸二辛酯	DOP	390	无色油状液体	CN，CAB，PVC，PVCA
邻苯二甲酸二正辛酯	DnOP	390	无色油状液体	CAB，PVC，PVCA
邻苯二甲酸二异辛酯	DIOP	391	无色黏稠液体	CAB，PVC，PVCA
邻苯二甲酸二异壬酯	DINP	439	透明液体	CAB，PAC，PVCA
邻苯二甲酸二异癸酯	DIDP	446	无色油状液体	CAB，PVC
邻苯二甲酸丁苄酯	BBP	312	无色油状液体	PVC，PVCA
邻苯二甲酸二环己酯	DCHP	330	白色结晶状粉末	CA，CAB，CAP，PVC，PVCA
邻苯二甲酸仲辛酯	DCP	391	无色黏稠液体	CAB，PVC
邻苯二甲酸二（十三）酯	DTDP	531	黏稠液体	PVC

这类增塑剂是目前应用最广泛的一类主增塑剂，具有色浅、低毒、多品种、电性能好、挥发性小、耐低温、气味少等特点，性能全面，其总消耗量占增塑剂总消耗量

的80% ~85%。

R_1、R_2为C_5以下的低碳醇酯常作为PVC增塑剂，邻苯二甲酸二丁酯是相对分子质量最小的增塑剂，因为它的挥发度太大，在水中溶解度太高，耐久性差，近年来已在PVC工业中逐渐淘汰，而转向于黏合剂和乳胶漆中用作增塑剂。

在高碳醇酯方面，最重要的代表是邻苯二甲酸二（2-乙基）己酯，通常也称其为二辛酯（DOP）。它是带有支链的醇酯，用量及产量也最大。在我国，DOP占增塑剂总量的45%，在美国约占25%，在日本占55%。

DOP为无色透明油状液体，有特殊气味。它是使用最广泛的增塑剂，故称之为“王牌”增塑剂。除了醋酸纤维素、聚醋酸乙烯酯外，它与大多数工业上使用的合成树脂和橡胶均有良好的相溶性。它具有良好的综合性能，混合性能好，增塑效率高，挥发性较低，低温柔软性较好，耐水抽出，电气性能高，耐热性及耐候性良好。DOP作为一种主增塑剂，广泛用于聚氯乙烯各种软制品的加工，如薄膜、薄板、人造革、电缆料和模塑品等。

DOP是所有的增塑剂中产量最大、增塑性能最好的产品，体现在成本、实用性和加工性能等各方面最理想的结合，因而目前以它为通用增塑剂的标准，任何其他增塑剂都是以它为基准来加以比较的，只有比DOP更便宜或具有独特的理化性能才能在经济上占优势。

除DOP外，DBP、DIOP、DIDP等也是常用品种。DBP由于挥发性大、耐久性差，在增塑剂中的比重逐渐下降，美国已淘汰，在日本DBP占邻苯二甲酸酯类的2.6%，而在欧洲也仅占6.6%。DIOP和DIDP由于挥发性低、耐热性好，近年来有较大幅度的增长。在美国，由于美国食品及药物管理局（FDA）对DOP的环境与致癌问题进行重点调查，导致了DOP用户用量减少，进一步导致了国际上四大公司（BASF、UC、Allied-signal和W. R. Grace）的DOP部分和全部停产，从而使DIOP和DIDP比较走俏，并且大有取代DOP之势。

直链醇的邻苯二甲酸酯与许多聚合物都有良好的相容性，且挥发性低、低温性能好，是一类性能十分优良的通用型增塑剂。随着石油化工的发展，近年来，原料直链醇或混合的准直链醇日益丰富，且准直链醇的价格也较低廉，因而直链醇的邻苯二甲酸酯发展十分迅速，广泛地用在汽车内制品、电线、电缆和食品包装等方面。

（二）脂肪族二元酸酯

这类增塑剂主要用作PVC和PVCA的增塑剂，具有突出的耐低温性能，光稳定性好。由于黏度低，对于制造PVC增塑糊很有价值，但在室温下，对PVC的塑化能力较弱。脂肪族二元酸酯可用如下通式表示：

$$R_1-O-\overset{\overset{\large O}{\|}}{C}-(CH_2)_n-\overset{\overset{\large O}{\|}}{C}-OR_2 \tag{2-4}$$

式中，n一般为2~11；R_1、R_2是C_4~C_{11}的烷基，也可以为环烷基如环己烷等，R_1、R_2可以相同，也可以不同。在这类增塑剂中常用长链二元酸与短链二元醇，或短链二元酸与长链一元醇进行酯化，使总碳原子数在18~26之间，以保证增塑剂与树脂获得较好的相容性和低温挥发性。主要有已二酸酯、壬二酸酯和癸二酸酯等。

癸二酸二（2-乙基）己酯（DOS），加入高分子材料中，可以使材料或制品的脆化温度达到 -70 ~ -30℃，其中以癸二酸酯最为突出，尤以DOS应用最广。其缺点是相容性差，因此一般作为辅助增塑剂使用。常见的脂肪族二元酸酯见表2-2。

表2-2 常见的脂肪族二元酸酯增塑剂

化学名称	商品名称	相对分子质量	外 观
己二酸二辛酯	DOA	370	无色油状液体
己二酸二异癸酯	DIDA	427	无色油状液体
癸二酸二丁酯	DOZ	422	无色液体
壬二酸二辛酯	DBS	314	无色液体
癸二酸二辛酯	DOS	427	无色油状液体
己二酸610酯	—	378	无色液体
己二酸810酯	—	400	无色液体
己二酸二（丁氧基乙氧基）乙酯	—	435	无色液体
顺丁烯二酸二辛酯	DOM	341	无色液体

DOS为无色的油状液体，4mmHg压力下的沸点为270℃，不溶于水，溶于醇，为一优良的耐寒增塑剂，无毒，挥发性比较低，因此除有优良的低温性能外，尚可在较高的温度下使用。主要用作聚氯乙烯、聚乙烯共聚物、硝酸纤维素、乙基纤维素的耐寒增塑剂。因有较好的耐热、耐光和电性能，加之增塑效率高，故适用于耐寒电线和电缆料、人造革、薄膜、板材、片材等。由于迁移性大，易被烃类抽出，耐水性也不理想，故常与DOP、DBP并用，作辅助增塑剂。

己二酸二辛酯为聚氯乙烯共聚合物、聚苯乙烯、硝酸纤维素、乙基纤维素的典型耐寒增塑剂，增塑效率高，受热不易变色，耐低温和耐光性好，在挤压和压延加工中，有良好的润滑性，使制品有一定手感，但因挥发性大，迁移性大，电性能差等缺点，使它只能作辅助增塑剂与DOP、DBP等并用。

在己二酸酯类中，DOA相对分子质量较小，挥发性大，耐水性也较差；而DIDA相对分子质量与DOS的相同，耐寒性与DOA相同，挥发性小，耐水耐油也较好，所以用量正在日益增加。在美国己二酸酯还广泛应用于食品包装。

壬二酸二辛酯为乙烯基树脂及纤维素树脂的优良耐寒增塑剂，耐寒性比DOA好。由于它黏度低，沸点高，挥发性小以及优良的耐热、耐光及电绝缘性等，加之增塑效率高，制成的增塑糊黏度稳定，所以广泛用于人造革、薄膜、薄板、电线和电缆护套等。但由于它易被烃类物质抽提，一般只作辅助增塑剂，与DOP、DBP等并用。不过，由于原料壬二酸来源比较困难，价格也比较昂贵，使其应用受到限制。

综上所述，此类增塑剂的低温性能优于DOP，是一种优良的耐寒性增塑剂。在商品化品种中，耐寒性最佳的应属DOS，DOS塑化效率大于DOP，黏度低且配制塑料糊的稳定性好；但其相容性差，耐油性差，电绝缘性能，耐霉菌性，γ-射线稳定性均不及 DOP，价格也较贵，因此目前主要用作改进低温性能的辅助增塑剂。

由于脂肪族二元酸价格较高，所以脂肪族二元酸酯的成本也较高。目前，从制取己二酸母液中所获得的尼龙酸作为增塑剂的原料受到人们注意。据称这种 C_4 以上的混合二元酸酯用作 PVC 的增塑剂，具有良好的低温性能，而且来源丰富，成本低廉。

十二烷基二羰酸与醇酯化反应，可制得十二烷二羧酸酯。这种增塑剂由于原料来源丰富，低温性能又好，是一种有前途的耐寒增塑剂。但由于相容性、价格及综合平衡各方面性能等因素，所以至今尚未大量使用，只能作为改进耐寒性能的辅助增塑剂。

（三）磷酸酯

磷酸酯的通式为：

$$R_1—,\ R_2—,\ R_3— \;\; P=O \tag{2-5}$$

式中，R_1、R_2、R_3 可以相同，也可以不同，为烷基卤代烷基或芳基。

磷酸酯是发展较早的一类增塑剂，它们的相容性好，挥发性较低，可作主增塑剂使用。磷酸酯除具有增塑作用外，尚有阻燃作用，是一种具有多功能的主增塑剂，这是引起塑料加工工业重视的主要原因。它主要被用于耐油、阻燃、透明、电气绝缘和耐寒的制品中。

磷酸酯有 4 种类型：磷酸三烷基酯、磷酸三芳基酯、磷酸烷基芳基酯和含卤磷酸酯。其主要品种见表 2－3。

表 2－3 常见的磷酸酯类增塑剂

化学名称	商品名	相对分子质量	外 观	主要用途
磷酸三丁酯	TBP	266	无色液体	CN、CAB
磷酸三辛酯	TOP	434	几乎无色液体	CN、PVCA、PVC
磷酸三苯酯	TPP	326	白色针状结晶	CN、CAB、CAP、CA（有限）
磷酸三甲苯酯	TCP	368	无色液体	CN、CAB、PVCA、PVC

芳香族磷酸酯的低温性能很差，脂肪族磷酸酯的许多性能均和芳香族磷酸酯相似，但低温性能却有很大改善，在磷酸酯中三甲苯酯的产量很大，磷酸甲苯二苯酯次之，磷酸三苯酯居第三位。它们多用在需要具有难燃性的场合。在脂肪族磷酸酯中三辛酯较为重要。

磷酸三辛酯（TOP）不溶于水，易溶于矿物油和汽油，能与聚氯乙烯、氯-醋树脂、聚苯乙烯、硝酸纤维素、乙基纤维素相溶。具有阻燃和防霉菌作用，耐低温性能好，使制品的柔韧性能在较宽的温度范围内变化不明显。通常迁移性、挥发性大，加工性能不及磷酸三苯酯，可作辅助增塑剂与邻苯二甲酸酯类并用。常用于聚氯乙烯薄膜、聚氯乙烯电缆料、涂料以及合成橡胶和纤维素塑料。

磷酸三甲苯酯（TCP）不溶于水，能溶于普通有机溶剂及植物油，可与纤维素树脂、聚氯乙烯、氯乙烯共聚物、聚苯乙烯、酚醛树脂等相溶，一般用于聚氯乙烯人造革、薄

膜、板材、地板料以及运输等。它的特点是阻燃，水解稳定性好，耐油和耐霉菌性高，电性能优良等。但有毒，耐寒性较差，可与耐寒增塑剂配用。

磷酸二苯-辛酯（DPOP），几乎能与所有的主要工业用树脂和橡胶相容，与聚氯乙烯的相容性尤其好，可作主增塑剂用。具有阻燃性、低挥发性、耐寒、耐候性、耐光、耐热稳定性等特点，无毒，可改善制品的耐磨性、耐水性和电气性能，可作为聚氯乙烯的主增塑剂，但价格贵，使用受到限制，常用于聚氯乙烯薄膜、薄板、挤出和模型制品以及塑溶胶、与 DOP 并用能提高制品的耐候性。

（四）环氧化物

环氧增塑剂是含有三元环氧基的化合物，20 世纪 40 年代末应用于聚氯乙烯树脂加工工业。它不仅对 PVC 有增塑作用，而且可使 PVC 链上的活泼氯原子得到稳定，可以迅速吸收因热和光降解出来的 HCl：

$$-\underset{\diagdown\,O\,\diagup}{HC-CH}- + HCl \longrightarrow -\underset{OH}{\underset{|}{HC}}-\underset{Cl}{\underset{|}{CH}}- \tag{2-6}$$

这就大大减少了不稳定的氯代烯丙基共轭双键的形成，从而阻滞 PVC 的连续分解，起到稳定剂的作用。所以说环氧化合物是一类对 PVC 等有增塑和稳定双重作用的增塑剂，它耐候性好，但与聚合物的相容性差，通常只作辅助增塑剂。

环氧化合物的稳定化作用，如果是将环氧化合物和金属盐稳定剂同时使用，将进一步产生协同效应而使之更为加强。因此，环氧增塑剂的这种特殊作用也是它在塑料工业中发展较快的一个重要原因。环氧化合物作为增塑剂，其消耗量的 85% ~90% 用于 PVC 制品；8% ~13% 用于其他树脂；2% 用于黏合剂和密封胶及其他少量的应用方面。在 PVC 的软制品中，只要加入 2% ~3% 的环氧增塑剂，就可明显改善制品对热、光的稳定性。在农用薄膜上，加入 5% 就可大大改善其耐候性。如与聚酯增塑剂并用，则可更适于用作冷冻设备、机动车辆等所用的垫片。此外，环氧增塑剂毒性低，可允许用作食品和医药品的包装材料。

我国环氧类增塑剂的生产从 20 世纪 70 年代起步，经过 30 年的发展，生产工艺日趋先进，生产厂家由原来的几个小厂发展到上百家，产能由几千吨发展为数十万吨，产品品种也从单一产品发展到以环氧大豆油为主，以环氧玉米油、环氧棉籽油、环氧葵花油、环氧米糠油、环氧脂肪酸甲酯、环氧脂肪酸辛酯、环氧腰果酚乙酸酯等为辅的多种类的系列产品。国家《产业结构调整指导目录》将助剂环氧大豆油产业作为国家鼓励类产业，为环氧类增塑剂的发展带来了新的机遇；而国家“十二五”规划将重点放在扩大内需上，这也进一步促进了我国对环氧类增塑剂需求的增长。环氧大豆油的生产目前普遍采用无溶剂法，基本上取代了以苯作溶剂的生产工艺，改善了工人的生产环境，解决了溶剂苯毒性对产品的污染问题，并克服了溶剂法的生产设备多、成本高、“三废”处理量大等缺点，使产品质量明显提高。但是与世界其他拥有先进环氧增塑剂技术的国家相比，我国环氧类增塑剂生产还存在一定的差距：①生产工艺相对老化、自动化程度低；由于反应过程大量放热，温度变化幅度大，造成环氧化反应稳定性较差，使得环氧基开环，副产物增加，产品环氧值降低；环氧化反应在酸性体系中进行，导致产品色泽较深，后处理工艺较为复杂；反应釜及管道被严重腐蚀，不适应工艺要求，安全性不够高，单釜生产能力小，产品质量不稳定。②生产规模小、功能单一、利用率低，从而导致生产成本高，在国际市场上竞争力低下。③环氧类增塑剂废水具有水量大、酸性强、含有残余双氧水的特点，由于一方面企业缺乏相应的污水处理技术，另一方面处理成本高昂，导致企业负担沉重；这也是困扰环氧类增塑剂生产企业的一大难题，目前大多数环氧类增塑剂生产企业都缺乏相应的有效的废水处理方法，这在一定程度上阻碍了环氧类增塑剂的发展。

香港优裕科技控股有限公司环氧甲酯项目于2012年12月正式签约，落户江苏省镇江市新区绿色化工新材料产业园。该项目总投资1亿美元，注册资本4000万美元，于2013年一季度开工建设，2014年一季度建成投产，形成江苏恒顺达生物能源有限公司生物柴油废弃油脂利用—环氧甲酯新型增塑剂—江苏省格林艾普化工股份有限公司PVC成品生产的绿色循环产业链，对提升镇江市新区绿色化工园区的循环经济层次有重要意义。环氧甲酯新型增塑剂是脂肪酸甲酯（生物柴油）深加工产品，是对废弃动植物油脂进行循环再利用的产物，也是国际上公认的绿色无毒新型增塑剂。目前，国内环氧增塑剂生产企业采用的是间隙式生产工艺，能耗大、效率低，而该项目采用中国石化开发的连续化生产工艺，工序全程自控，能耗降低明显，产品质量稳定，并且没有固废产生。

常用的环氧增塑剂分3类：环氧油、环氧脂肪酸单酯和环氧四氢邻苯二甲酸酯。

1. 环氧化油（环氧甘油三羧酸酯）

这是使用最多的一类环氧增塑剂，原料来源较为广泛，只要含有不饱和双键的天然油，均可作为原料，由于大豆油产量最多，价格较低，而且有较高的不饱和度，使制成的成品性能较好。因此，国外的环氧化大豆油消耗量约占环氧增塑剂总量的70%。我国油料资源丰富，品种较多，特别是大豆油的产量处于世界各国的前列，这对发展环氧大豆油非常有利。

大豆油为甘油的脂肪酸酯混合物，主要成分是亚油酸（9，12-十八二烯酸）51% ~ 57%及油酸（9-十八烯酸）占32% ~ 36%，棕榈酸占2.4% ~ 6.8%；硬脂酸占4.4% ~ 7.3%，平均相对分子质量为950。环氧大豆油（ESO）是由精制的大豆油在H_2SO_4和甲酸（或冰醋酸）存在下用双氧水环氧化而成。

环氧大豆油为浅黄色油状液体，0.5kPa压力下的沸点为150℃，微溶于水，溶于大多数有机溶剂和烃类，是一类广泛使用的聚氯乙烯增塑剂兼稳定剂，有良好的热和光稳定作用。本品与聚氯乙烯相容性好，挥发性小，迁移性小，没有毒性，耐光、耐热性优良，耐水、耐候性也佳；与热稳定剂配合使用，有显著的协同效应，与聚酯类增塑剂并用可使聚酯迁移性减少。常用于聚氯乙烯无毒制品的配方中。

2. 环氧脂肪酸单酯

环氧脂肪酸单酯因脂肪酸的来源（油脂）及所用原料醇的不同而不同（表2-4）。一般以脂肪酸的名称进行命名。如环氧糠油酸酯、环氧大豆油酸酯、环氧妥尔油酸酯等，我国油料资源丰富，品种较多，其代表品种如下。

表2-4 环氧脂肪酸单酯主要品种及主要用途

化学名称	商品名称	相对分子质量	主要塑料	主要特性
环氧大豆油	ESO	950	PVC 塑料	浅黄色油状液体
环氧大豆油酸辛酯	ESBO	424	PVC 塑料	浅色油状液体
环氧脂肪酸-2-乙基己酯	EPS	410	PVC 塑料	无色浅黄色油状液体
环氧四氢邻苯二甲酸二辛酯		410	PVC 塑料	浅黄色油状液体
环氧乙酰基蓖麻油酸甲酯	EBst	370	PVC 塑料	
环氧脂肪酸丁酯	Eost	354.6	PVC 塑料、人造革	

(1) 环氧脂肪酸丁酯 (EBST): 因环氧脂肪酸的成分不一, 生成的环氧脂肪酸丁酯有: 环氧妥尔硬脂酸丁酯。以环氧硬脂酸丁酯为例, 其分子式如下:

$$CH_3-(CH_2)_7CH-CH-(CH_2)_7COOC_4H_9 \quad (\text{CH}-\text{CH 间以 O 成环氧}) \tag{2-7}$$

环氧脂肪酸丁酯为油状液体, 可作为聚氯乙烯的耐寒和耐热增塑剂、耐寒性比 DOA 好, 而且挥发性低, 耐热、耐光性能良好, 耐油类和烃类抽出性好。可用于低温农膜、人造革、软管、凉鞋等制品。

(2) 环氧硬脂酸辛酯 (EOST): 为浅黄色油状液体, 多用作聚氯乙烯增塑剂, 并有稳定作用, 耐寒性、耐候性好, 与环氧化物相比, 挥发性小, 耐抽出性高, 电性能也好, 可用于人造革和薄膜等制品, 其分子式为:

$$CH_3(CH_2)-CH-CH(CH_2)_7COOCH_2-\underset{\displaystyle C_2H_5}{\underset{|}{CH}}-(CH_2)_3CH_3 \quad (\text{CH}-\text{CH 间以 O 成环氧}) \tag{2-8}$$

3. 环氧四氢邻苯二甲酸酯

这是一类不用天然油为原料的环氧增塑剂。由丁二烯和顺丁烯二酸酐进行双烯加成反应得四氢邻苯二甲酸酐, 再与醇进行酯化反应即得相应的酯。

EPS 为无色或浅黄色油状液体, 相对分子质量为 410.6, 相对密度 (20/20℃) 为 1.018, 折射率 $n_D^{20}=1.4661$, 黏度 (20℃) 为 0.097Pa·s, 闪点 217℃, 为聚氯乙烯的增塑剂兼稳定剂。其机械性能和增塑效率与 DOP 相似, 混合性能优于 DOP, 可作主增塑剂。EPS 具有优良的光热稳定性作用, 耐菌性较强, 挥发损失和抽出损失都比较小, 可用于薄膜、人造革、薄板、电缆料和各种成型品。

在新近开发的环氧增塑剂中较突出的有环氧化-1, 2-聚丁二烯, 其结构式为:

$$\left[CH_2-\underset{\displaystyle \underset{\displaystyle CH_2}{\overset{\|}{CH}}}{\underset{|}{CH}}-CH_2-\underset{\displaystyle \underset{\displaystyle CH_2}{\overset{\|}{CH}}}{\underset{|}{CH}}-CH_2-\underset{\displaystyle \underset{\displaystyle CH_2}{\overset{|}{CH}}\ (\text{O 环氧})}{\underset{|}{CH}} \right]_n \quad (n=5) \tag{2-9}$$

因为分子内含有多个环氧基和多个乙烯基, 可用离子反应或自由基反应使这些官能团进行交联 (选择性进行环氧基交联或乙基交联), 得到的制品具有优良的耐水性和耐药品性。此外, 因具有环氧基, 可使树脂混配物具有良好的黏接性, 能用于涂料、电气零件以及天花板材料等。用于 PVC 增塑剂中，不仅可使黏度贮存稳定性好，而且能帮助填充剂分散，使高填充量成为可能。

（五）多元醇酯

多元醇酯主要指由二元醇、多缩二元醇、三元醇、四元醇与饱和脂肪一元羧酸或苯甲酸生成的酯类。

各种多元醇酯的分子结构是不同的。有的是直链结构，有的是支链结构，有的是脂肪酸酯，有的是苯甲酸酯。而且相对分子质量差异很大，例如甘油三乙酸酯的相对分子质量为 218，而双季戊四醇酯的平均相对分子质量可高达 840，因此，不同的多元醇酯，其增塑性能与用途也不一样。

根据增塑性能不同，多元醇酯大致分为以下 4 类。

1. 二元醇脂肪酸酯

二元醇主要有乙二醇、丙二醇、丁二醇、缩二醇等。脂肪酸有丁酸、己酸、辛酸、2-乙基己酸及壬酸等，$C_4 \sim C_{10}$单一脂肪酸和混合脂肪酸（如 $C_5 \sim C_9$酸叫 59 酸、$C_7 \sim C_9$酸叫 79 酸）等。二元醇和缩二元醇的脂肪酸酯的增塑性与饱和脂肪族二元酸很相似，主要优点是具有优良的低温性能，但相容性差、耐油性不好，故仅做 PVC 的辅助增塑剂。

二元醇脂肪酸酯的重要品种还有一缩二乙二醇 59 酸酯（1259）与 79 酸酯（1279），已有人证明，1279 可以代替 DBS 与 DOS 用于合成橡胶。

2. 季戊四醇和双季戊四醇酯

季戊四醇酯和双季戊四醇酯是性能独特的多元醇酯。特别是双季戊四醇酯是具有优良耐热、耐老化及耐抽出性的增塑剂，其电性能也很好，可作为耐热增塑，用于高温电绝缘材料配方中。双季戊四醇酯比季戊四醇酯的使用意义更大，这是因为双季戊四醇酯的增塑性能由于季戊四醇酯，其耐热性、耐老化性、耐抽出性以及电性能均很优良，挥发性低，加工性能也好。然而由于价格较贵，所以至今主要用于高温绝缘材料，可以满足 105℃级 PVC 电缆料的要求，其抗氧化性能尤为突出，在 113℃还可以连续使用。

双季戊四醇酯包括醚型和酯型两大类。其结构式如下：

醚型：

$$RCOOCH_2-\underset{\underset{CH_2OOCR}{|}}{\overset{\overset{CH_2OOCR}{|}}{C}}-CH_2-O-\left[CH_2-\underset{\underset{CH_2OOCR}{|}}{\overset{\overset{CH_2OOCR}{|}}{C}}-CH_2-O\right]_n-OCR$$

（$n=1\sim2$，$R=C_4H_9\sim C_9H_{19}$，平均相对分子质量 842）　　（2-10）

酯型：

$$RCOOCH_2-\underset{\underset{CH_2OOCR}{|}}{\overset{\overset{CH_2OOCR}{|}}{C}}-CH_2-O-\overset{\overset{O}{\|}}{C}-(CH_2)_n-\overset{\overset{O}{\|}}{C}-O-CH_2-\underset{\underset{CH_2OOCR}{|}}{\overset{\overset{CH_2OOCR}{|}}{C}}-CH_2OOCR$$

（$n=4\sim10$，$R=C_4H_9\sim C_9H_{19}$，平均相对分子质量 622）　　（2-11）

3. 多元醇苯甲酸酯

多元醇苯甲酸酯类增塑剂主要是二元醇（多缩二元醇）的苯甲酸酯。它们是性能优良的耐污染性增塑剂，特别是一缩二（1，2-丙二醇）二甲苯甲酸酯及2，2，4-三甲基-1，3-戊二醇异丁酸苯甲酸酯的耐污染性很好，通常与PVC树脂相容性好。分子中含有苯环及支链结构的增塑剂，其迁移性小，这样就可以防止由增塑剂迁移造成的污染，可作为PVC的主增塑剂。与DOP相比，二元醇二甲苯酸酯作为PVC增塑剂，可以降低熔融温度，节约能源，缩短加工时间。多元醇苯甲酸酯的低温性能劣于DOP、DOA、DOZ及DOS。多元醇苯甲酸酯除用作PVC的增塑剂外，也是聚乙酸乙烯酯很理想的增塑剂，且可作为浇铸型聚氨酯橡胶、聚氨酯涂料的增塑剂，效果很好。

4. 甘油三乙酸酯

甘油三乙酸酯也称为丙三醇三乙酸酯，是一种无毒增塑剂，在许多国家都允许作为食品包装材料用增塑剂。当甘油与乙酸酯化时，常生成一乙酸酯、二乙酸酯及三乙酸酯，其中一乙酸酯不能作为增塑剂使用。甘油三乙酸酯具有优良的溶剂化能力，可以任何比例与乙酸纤维素、醋酸纤维素及乙基纤维素等相容。因此，甘油三乙酸酯主要用作纤维素的增塑剂，用来生产香烟过滤嘴。此外，还可作为黏结剂组分及应用于香料等工业。虽然近年也研究了一些用于增塑乙酸纤维素并制造香烟过滤嘴的其他增塑剂，例如甲基丁二酸酯、戊二酸酯及其混合酯，但是至今还是以甘油三乙酸酯为主。

通常是由甘油与乙酸酐在三氟乙酸催化剂存在下生产甘油三乙酸酯，于40～50℃反应90min，反应物几乎定量地转化为甘油三乙酸酯。也可以在硫酸存在下，甘油与乙酸酯化，$n_{甘油}:n_{乙酸}=1:3$，当酯化反应进行到甘油的转化率为50%后，再用1.5mol乙酸酐继续酯化完全。

常见的多元醇酯品种见表2－5。

表2－5 常见的多元醇酯类增塑剂

化学名称	简称	相对分子质量	外 观	沸点/（℃/Pa）	凝固点/℃	闪点/℃
59酸乙二酸酯	0259	—	浅黄色油状透明液体	190～260/666.6	—	182
79酸一缩二乙二醇酯	1279	—	浅黄色油状透明液体		—	
一缩二（1，2-丙二醇）二甲苯甲酸酯		342	有特殊气味的液体	232/11732.3	－40	212
2，2，4-三甲基-1，3-戊二醇异丁酸苯甲酸酯		320	无色液体	75/23464.7	－41	—
甘油三乙酸酯		218	无色液体	258	－78	153
双季戊四醇酯	PCB	醚型843 酯型622	浅黄色黏稠液体	261/533.29	≤－50	247
二乙二醇双苯甲酸酯		314	液体	240/666.6	28	—
二丙二醇双苯甲酸酯		342	液体	232/666.6	40	—

（六）含氯化合物

含氯化合物是一类增量剂，主要为氯化石蜡、氯烃-50、五氯硬脂酸甲酯等。它们与PVC的相容性较差，一般热稳定性也不好，但有良好的电绝缘性，耐燃性好，成本低廉；因此常用在电线电缆配方中。

（1）氯化石蜡：指C_{10}～C_{30}正构烷烃的氯代产物，在石蜡中通入氯气来制取。一般产品的含氯量40%～70%，随着含氯量的不同，有液体和固体两种形态，通式为$C_nH_{(2n+2-x)}Cl_x$。

由于原料石蜡是一个混合物，因此氯化石蜡在化学结构方面是非均质的，每一个产品实质上包含有许多种不同相对分子质量的混合物，其物理和化学性质均是这个产品所包含的各物质的组合性能。一般氯化石蜡的性质由原料的构成、氯含量和生产方法（特别是氯化时温度影响较大）3个因素决定。因此，即使应用同一原料，由于氯含量和生产方法不同，物化性质也就不同；更由于石蜡原料的组成也有变化，因此每一产品不能像其他单体增塑剂那样，具有固定的分子式和物化性质，所以同是50%氯代烷烃，各生产商的品种并不相同，只能以各自的牌号代表。

氯代烷烃一般以含氯量的多少分为40%、50%、60%和70%四种，实际上含氯量有一个范围，通常以整数表示。氯烃-50，即氯化石蜡-50，含氯量50%～54%，平均组成$C_{15}H_{26}Cl_6$，平均相对分子质量420，为PVC的辅助增塑剂，具有一般氯化石蜡的特点，如挥发性低、无毒、不燃、无嗅、电性能好、价廉等。由于含氯量较高，其相容性比氯烃-40好，又由于所用烷烃原料碳链短，故虽然含氯量较高，黏度仍比氯烃-40小，便于使用，可广泛用于电缆料、地板料、压延板材、软管、塑料鞋等制品。

氯代烷烃对热、光、氧的稳定性较差，长时间在光和热的作用下会发生分解反应。氯代烷烃分子的叔碳原子在热的作用下极易引起脱氯化氢，同时伴随着氧化，短链和交联。叔碳原子的存在对脱氯化氢和形成双键具有引发作用。脱氯化氢后如果分子链上形成烯丙基氯结构，则能引起进一步链式脱氯化氢，若形成共轭双键就会加速分解过程。要提高氯代烷烃的热、光、氧稳定性，首先应提高原料蜡的纯度，即提高正构烷烃的含量，降低支链烷烃、环烷烃、芳烃、硫、氮等有机化合物的含量；其次应适当降低氯化反应的温度，提高氯化反应速率、使氯化烷烃中的游离氯及氯化氢降至最低。另外，也可在成品中加光、热稳定剂。

（2）氯化硬脂酸酯：主要有五氯硬脂酸甲酯与三氯硬脂酸甲酯等。五氯硬脂酸甲酯为淡黄色油状液体，有特殊臭味，相对密度（20℃）1.17～1.19，折光率1.4888（20°），黏度（80℃）（30～50）$\times 10^{-3}$Pa·s，为PVC辅助增塑剂。机械性能好，电性能、耐油性和耐水性较好，不燃，耐寒性，稳定性差，有恶臭，影响其用途。可用于电线、耐油软管等制品。

此外，还有一种含氯的脂肪酸酯是氯化甲氧基化油酸甲酯，它是将油酸在甲醇溶液中通入氯气氯化而生成的。这种氯化硬脂酸的耐寒性能较好，可以作耐寒增塑剂使用，为聚

氯乙烯的辅助增塑剂，可与邻苯二甲酸酯类并用，用以提高制品的耐寒性，适用于薄膜等制品。但该增塑剂热耗比较大，有臭味。

（七）聚酯

聚酯型增塑剂为聚合型增塑剂中的一种主要类型，由二元酸与二元醇缩聚而得。其中二元酸主要有己二酸、壬二酸、癸二酸和戊二酸。多元醇多为丙二醇、丁二醇、一缩二乙二醇，相对分子质量在800～8000之间，分子结构为：

$$\mathrm{OR}\left[\mathrm{O}-\overset{\overset{\displaystyle\mathrm{O}}{\|}}{\mathrm{C}}-\mathrm{R'}-\overset{\overset{\displaystyle\mathrm{O}}{\|}}{\mathrm{C}}\right]_n\mathrm{OH} \tag{2-12}$$

式中，R和R′分别代表原料二元醇和二元醇的烃基。这种结构是端基不封闭的聚酯，但大量商品聚酯增塑剂均用一元醇或一元酸封闭端基。如以一元醇封闭时，其结构如下：

$$\mathrm{R''}-\mathrm{O}\left[\overset{\overset{\displaystyle\mathrm{O}}{\|}}{\mathrm{C}}-\mathrm{R'}-\overset{\overset{\displaystyle\mathrm{O}}{\|}}{\mathrm{C}}-\mathrm{OR}-\mathrm{O}\right]_n\overset{\overset{\displaystyle\mathrm{O}}{\|}}{\mathrm{C}}-\mathrm{R'}-\overset{\overset{\displaystyle\mathrm{O}}{\|}}{\mathrm{C}}-\mathrm{OR''} \tag{2-13}$$

式中，R″代表一元醇的烃基。若用一元酸封闭端基，则其结构式为：

$$\mathrm{R'''}-\overset{\overset{\displaystyle\mathrm{O}}{\|}}{\mathrm{C}}\left[\mathrm{ORO}-\overset{\overset{\displaystyle\mathrm{O}}{\|}}{\mathrm{C}}-\mathrm{R'}-\overset{\overset{\displaystyle\mathrm{O}}{\|}}{\mathrm{C}}\right]_n\mathrm{ORO}-\overset{\overset{\displaystyle\mathrm{O}}{\|}}{\mathrm{C}}-\mathrm{R'''} \tag{2-14}$$

式中，R‴代表一元酸的烃基。

聚酯增塑剂的品种繁多，许多生产厂家为了进一步改善产品的性能，将单纯的聚酯聚合物进行共聚改造或配成混合物，并给予一个商品牌号，而不公开其具体组成。因此聚酯增塑剂不按化学结构来分类，而是按所用的二元酸分类，大致分为己二酸类、壬二酸类、戊二酸和癸二酸类等。在实际使用上，以己二酸类品种最多，重要的代表是己二酸丙二醇类聚酯，其次是壬二酸和癸二酸类聚酯。

不同二元酸制成的聚酯，其相容性不同，由低碳数二元酸制成的聚酯易产生渗出现象。在二元酸固定时，改变二元醇也能对相容性产生影响，在塑化效率上，一般聚酯增塑剂不如DOP，但这类增塑剂挥发性较低，因相对分子质量大，一般蒸汽压低，在PVC中扩散速度小，因而也较耐抽出，迁移性小。另外，聚酯型增塑剂一般为无毒或低毒化合物，用途很广泛，主要用于汽车内制品、电线电缆、电冰箱等室内外长期使用的制品。其使用日益广泛，是发展较快的一类增塑剂。

（八）石油酯

石油酯又称烷基磺酸苯酯，结构式为：

$$\mathrm{R}-\underset{\underset{\displaystyle\mathrm{O}}{\|}}{\overset{\overset{\displaystyle\mathrm{O}}{\|}}{\mathrm{S}}}-\mathrm{O}-\mathrm{C_6H_5}\qquad(\mathrm{R}=\mathrm{C_{12}H_{25}}\sim\mathrm{C_{18}H_{37}}) \tag{2-15}$$

烷基磺酸苯酯系以平均碳原子数为15的重液体石蜡作原料，与苯酚经氯磺酸酰化而得。由于制造过程中氯磺酰化深度控制在50%左右，因此又简称“M-50”。

烷基磺酸苯酯为淡黄色透明油状液体，为PVC增塑剂，电性能和机械性能好，挥发性低、耐候性好、耐寒性较差。其相容性中等，可作主增塑剂用，部分代替邻苯二甲酸酯，但通常与邻苯二甲酸酯类增塑剂并用。主要用于 PVC 薄膜、人造革、电缆料、鞋底、塑料鞋等。

氯化石油酯为 PVC 低成本的辅助增塑剂，其性能及用途同 M-50。

（九）苯多酸酯

苯多酸酯主要包括偏苯三酸酯和均苯四酸酯。苯多酸酯挥发性低、耐抽出性好、耐迁移性好，具有类似聚酯增塑剂的优点；同时苯多酸酯的相容性、加工性、低温性能等又类似于单体型的邻苯二甲酸酯。所以它们具有单体型增塑剂和聚酯型增塑剂两者的优点。

（1）偏苯三酸酯：偏苯三酸酯中耗量最大的是 1，2，4-偏苯三酸三辛酯（TITOM），其次是 1，2，4-偏苯三酸三（2-乙基）己酯，通常称为偏苯三酸三辛酯（TOTM）、1，2，4-偏苯三酸三异癸酯（TIMID）和偏苯三酸正辛正癸酯（NODTM）。

偏苯三酸酯为 PVC 的耐热和耐久增塑剂，与 PVC 有较好的相容性，可作主增塑剂。它兼具聚酯增塑剂和单体型增塑剂的优点，其相容性、塑化性能、低温性能、耐迁移性、耐水抽出、热稳定性均优于聚酯增塑剂，唯耐油性不及聚酯增塑剂。仅适用于耐热电线电缆料、高级人造革、增塑糊和涂料等中。

偏苯三酸酯的结构通式如下：

$$R_3O-\underset{\underset{O}{\|}}{C}-C_6H_3\begin{matrix}-\overset{\overset{O}{\|}}{C}-OR_1\\ -\underset{\underset{O}{\|}}{C}-OR_2\end{matrix} \tag{2-16}$$

式中，R_1、R_2、R_3一般是 $C_8 \sim C_{10}$的烷基。

（2）均苯四甲酸酯：均苯四甲酸酯又称 1，2，4，5-苯四羧酸酯，其结构式如下：

$$\begin{matrix}RO-\overset{\overset{O}{\|}}{C}-\\ RO-\underset{\underset{O}{\|}}{C}-\end{matrix}C_6H_2\begin{matrix}-\overset{\overset{O}{\|}}{C}-OR\\ -\underset{\underset{O}{\|}}{C}-OR\end{matrix} \tag{2-17}$$

式中，R 是 $C_4 \sim C_{10}$烃基。

主要品种有均苯四甲酸四（2-甲基）戊酯（TXP），均苯四羧酸四（2-乙基）己酯（TOP），均苯四羧酸四（2，2-二甲基）戊酯（TPP）。均苯四甲酸酯是相对分子质量较高的单体型增塑剂，基本性质和偏苯三酸酯相似，但沸点更高，挥发性更小，因而耐久性更好。

均苯四羧酸酯性能虽好，但因原料价格太高，一般民用制品很少采用，大部分用于尖端科学和军工产品。

（十）柠檬酸酯

柠檬酸酯类增塑剂主要包括柠檬酸酯及酰化柠檬酸酯，为无毒增塑剂。可用于食品包装、医疗器具、儿童玩具以及个人卫生用品等方面。

柠檬酸酯类增塑剂的主要品种有柠檬酸的三乙酯、三正丁酯、三己酯及乙酰柠檬酸的三乙酯、三正丁酯及三己酯。

柠檬酸乙酯及乙酰柠檬酸乙酯对各种纤维素都有极好的相容性，对某些天然树脂也有很好的溶解能力，可作为乙酸乙烯及其他各种纤维素衍生物的溶剂型增塑剂。另外，由于对油类的溶解度很低，因此可在耐油脂的配方上使用。乙酰基柠檬酸三乙酯主要用作乙基纤维素的增塑剂。醋酸纤维素经其增塑后，很少挠曲，对光稳定。柠檬酸三丁酯可作为乙烯基树脂及纤维素的增塑剂，毒性很低，对含蛋白的溶液有消泡性能。用于树脂中能防霉菌的生长，用于醋酸纤维素能提高光稳定性。FDA（美国食品药品监督管理局 Food and Drug Administration）认为，乙酰基柠檬酸三丁酯是最安全的增塑剂之一。在无毒增塑剂中，柠檬酸酯类从价格和效果上来看，还算是一种较经济的增塑剂。由于无气味，因此可用于较敏感的乳制品包装、饮料的瓶塞、瓶装食品的密封圈等。从安全角度考虑，更宜适用于软性儿童玩具。柠檬酸酯对多数树脂具有稳定作用，所以除具有无毒性能外，也可作为一种良好的通用型增塑剂。

三、增塑剂的结构与增塑性能的关系

从以上介绍的各类增塑剂可以看出：增塑剂分子大多数具有极性和非极性两个部分。极性部分常用极性基团所构成，非极性部分为具有一定长度的烷基。作为极性基团，常用酯基、氯原子原子、环氧基等。含有不同极性基团的化合物具有不同的特点：如邻苯二甲酸酯的相容性、增塑效果好，性能比较全面，常作为主增塑剂使用；磷酸酯和氯化物具有阻燃性；环氧化物、双季戊四醇酯的耐热性能好；脂肪族二元羧酸的耐寒性优良；烷基磺酸苯酯耐候性好；柠檬酸酯及乙酰柠檬酸酯类具有抗菌性等。当然，除极性基团外，增塑剂分子中其他部分的结构对增塑性能也有很大影响。

（一）结构与相容性的关系

增塑剂与树脂的相容性跟增塑剂本身的极性及其二者的结构相似性有关。通常，极性相近且结构相似的增塑剂与被增塑树脂相容性好。对于醋酸纤维素、硝酸纤维素、聚酰胺等强极性树脂而言，DMP、DEP、DBP 等作主增塑剂使用时相容性较好；相反，在聚丙烯、聚丁二烯、聚异丁烯和丁苯胶塑化中，非极性及弱极性增塑剂常被选用。PVC 属极性聚合物，其增塑剂多是酯型结构的极性化合物。

作为主增塑剂使用的烷基碳原子数为 4 ~ 10 个的邻苯二甲酸酯，与 PVC 的相容性是良好的，但随着烷基碳原子数的进一步增加，其相容性急速下降。因而目前工业上使用的邻苯二甲酸酯类的增塑剂的烷基碳原子数都不超过 13 个。不同结构的烷基其相容性由大到小的顺序为：芳环 > 脂环族 > 脂肪族（如邻苯二甲酸二辛酯）> 四氢化邻苯二甲酸二辛酯 > 癸二酸二辛酯。

环氧化合物、脂肪族二羧酸酯、聚酯和氯化石蜡与 PVC 的相容性差，多为辅助增塑剂。

（二）结构与增塑效率的关系

从化学结构上看，低相对分子质量的增塑剂较高相对分子质量的增塑剂对 PVC 的增塑效率高。而随着增塑剂分子极性增加，烷基支链化强度提高和芳环结构增多，都会使增塑效率明显下降，在烷基碳原子数和结构相同的情况下，其增塑效率由高到低为：己二酸酯 > 邻苯二甲酸酯 > 偏苯三酸酯。

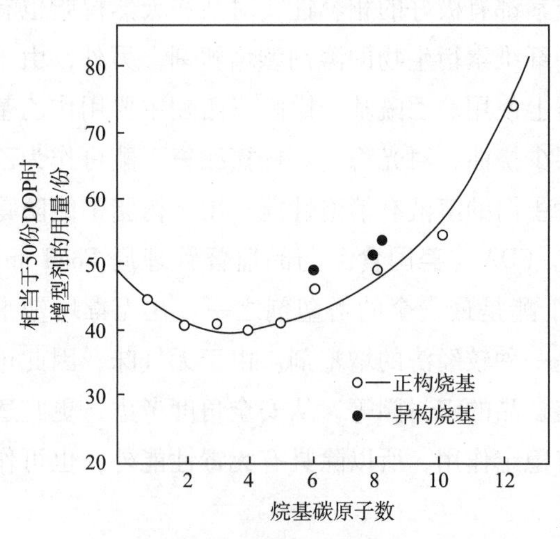

图 2－9　邻苯二甲酸酯烷基碳原子数与对 PVC 塑化效率的关系

另一方面，具有支链烷基的增塑剂的增塑效率比相应的具有直链烷基的增塑剂的增塑效率差。也就是说，增塑剂分子内极性的增加，支链烷基的增加，环状结构的增加，都可能是造成其塑化效率降低的原因。邻苯二甲酸酯类的烷基碳原子数和塑化效率之间的关系如图 2－9 所示。由图 2－9 可见，烷基碳原子数在 4 左右增塑效率最好。碳原子数小于 4 的 DMP、DEP，其塑化效率较差，这是因为由于它们分子内部极性部分比例过大。

（三）结构与耐寒性的关系

通常，相容性良好的增塑剂耐寒性都较差，特别是当增塑剂含有环状结构时耐寒性显著降低。以直链亚甲基为主体的脂肪族酯类有着良好的耐寒性。具有直链烷基的增塑剂，耐寒性是良好的。随着烷基支链的增加，耐寒性也相应变差。一般烷基链越长，耐寒性越好。当增塑剂具有环状结构或烷基具有支链结构时，其耐寒性较差的原因在于低温下环状结构或支链结构在聚合物分子链中的运动困难。不同结构的酯类增塑剂其耐寒性由小到大的顺序为：芳环 < 脂环族 < 脂肪族（如邻苯二甲酸二辛酯）< 四氢化邻苯二甲酸二辛酯 < 癸二酸二辛酯。

目前作为耐寒性增塑剂使用的主要是脂肪族二元酸酯。直链醇的邻苯二甲酸酯、二元醇的脂肪酸以及环氧脂肪酸单酯等也都具有良好的低温性能。据报道，*N*，*N*-二取代脂肪族酰胺、环烷二羧酸酯以及氯甲基脂肪酸酯等也是低温性能良好的耐寒增塑剂。

（四）结构与耐老化性的关系

塑化物的耐老化性与增塑剂有很大关系。塑化物在 200℃左右的加工温度下，一般酯类增塑剂会发生如下的热分解：

$$\mathrm{R(H)CH{-}CH_2{-}O{-}C(=O){-}R'} \longrightarrow \mathrm{R{-}CH{=}CH_2} + \mathrm{HO{-}C(=O){-}R'} \qquad (2-18)$$

单从式（2－18）看，似乎 β-碳原子上氢原子少的醇，其热稳定性好。但实际上热稳

定性由大到小的顺序为：邻苯二甲酸二正辛酯 > 邻苯二甲酸二辛酯（2-乙基己醇）。这是因为叔氢原子更容易受羰基吸引而氧化分解的缘故，换言之，烷基支链多的增塑剂，耐热性就相对差些。具有支链醇酯增塑剂的耐热性比相应的正构醇酯差。支链较多的 DNP 由于具有新戊基的结构，所以热稳定性和 DOP 相比还略好一些。

在增塑剂如 DIDP、DOP 中加入抗氧剂可显著改善热稳定性。

具有 R_1R_2RCH 的碳链结构的增塑剂，因易生成叔丁基游离基，耐热性、耐氧化性差，但具有 $R_3R_2R_1RC$ 的碳链结构的增塑剂，则对热、氧都稳定，这是因为季碳原子上没有氢的缘故。

环氧增塑剂不仅可以防止制品加工时的着色，而且还能使制品得到良好的耐候性，因此环氧增塑剂又可以作为稳定剂使用。

（五）结构与耐久性的关系

增塑剂的耐久性与增塑剂本身的相对分子质量及分子结构有密切的关系。要得到良好的耐久性，增塑剂相对分子质量在 350 以上是必要的，相对分子质量在 1000 以上的聚酯类和苯多酸酯类（如偏苯三酸酯）增塑剂都有十分良好的耐久性。它们多用在电线电缆、汽车内制品等一些所谓永久性的制品上。

耐久性包括耐挥发性、耐抽出性和耐迁移性。

1. 与耐挥发性的关系

相对分子质量小的增塑剂挥发性大，同时，一般与 PVC 树脂相容性好的增塑剂其挥发性较大。分子内具有体积较大的基团的增塑剂，由于它们在塑化物内扩散比较困难，所以挥发性较小。聚合型增塑剂（如聚酯类）由于相对分子质量较大，所以耐挥发性良好。如果仅从耐挥发性来考虑，增塑剂的相对分子质量最好在 500 以上。

在常用的邻苯二甲酸酯中 DBP 的挥发性最大，DIDP、DTDP 等挥发性较小。同时正构醇的邻苯二甲酸酯的挥发性比相应的支链醇酯的挥发性要小。在环氧类中，环氧化油类的挥发性最小，环氧四氢邻苯二甲酸酯类次之，而环氧脂肪酸单酯的挥发性较大。在常用的脂肪族二元酸酯中，DOS 的挥发性最小，DIDA、DOI 次之，而 DOA 的挥发性较大。

聚酯类、环氧化油类、DTDP、偏苯三酸酯和双季戊四醇酯类等低挥发性的耐热增塑剂，多用在电线电缆、汽车内制品等需要耐高温的地方。

2. 与耐抽出性的关系

耐抽出性包括耐油性、耐溶剂性、耐水和耐肥皂水性等。

在增塑剂分子结构中，其烷基相对比例大些的，则被汽油或油类溶剂抽出的倾向大一些；相反，苯基、酯基多的极性增塑剂和烷基支链多的增塑剂就难被油抽出。这是因为增塑剂分子在塑化物中扩散更困难的缘故。例如在单体型增塑剂中，像 BBP（邻苯二甲酸丁苄酯）、NDP［邻苯二甲酸二（3，5，5）-三甲基己酯］、TCP（磷酸三甲苯酯）等是耐油性较好的增塑剂；相反，分子中烷基比例大的，耐水性和耐肥皂水性更良好。大部分的增塑剂都难于被水抽出，所以用普通的增塑剂生产的经常与水接触的或常用水洗涤的 PVC

软制品，可以比较长期地使用。但是在常与油类接触的情况下，由于一般增塑剂易被油类抽出，所以必须使用耐油性优良的聚酯类增塑剂。

聚酯类增塑剂的性质随着所用原料（二元酸、二元醇）的不同以及端基的不同而有差异，但对其性能影响最大的仍然是相对分子质量。高相对分子质量的聚酯耐挥发性、耐抽出性和耐迁移性良好，但耐寒性和塑化效率较差。相对分子质量在1000左右的聚酯类增塑剂的耐油性较差，所以不能无视其抽出性。聚酯的端基为长链醇或脂肪酸等时，耐油性略有降低。尽管如此，一般而言，聚酯类增塑剂是耐久性优良的增塑剂，多用于需要耐油和耐热的制品中。

3. 与耐迁移性的关系

增塑剂相对分子质量大的，具有支链结构或环状结构的增塑剂是较难迁移的，如DNP、TCP及聚酯类增塑剂。

（六）结构与电绝缘性的关系

极性较弱的耐寒增塑剂（如癸二酸酯类），使塑化物的体积电阻降低甚多；相反，极性较强的增塑剂（如磷酸酯类）有较好的电性能。这是因为极性较弱的增塑剂允许聚合物链上的偶极有更大的自由度，从而导电率增加，电绝缘性降低；另一方面，分子内支链较多的，塑化效率差的增塑剂却有较好的电性能。例如，DNP和DOP相比，使用前者时塑化物的体积电阻要低得多。支链多的DNP、DTDP以及DIOP、DIDP是电绝缘性良好的增塑剂。

氯化石蜡有优良的电性能，常用于电线电缆中。

（七）结构与难燃性的关系

具有阻燃性的增塑剂有磷酸酯类、氯化石蜡和氯化脂肪酸类。磷酸酯类增塑剂的最大特点是阻燃性强，广泛用作PVC和纤维素的增塑剂。氯化石蜡的阻燃性与含氯量有关，含氯量愈大，阻燃性愈好，但耐寒性会变差。所以，作为增塑剂使用的氯化石蜡通常氯含量为40%～50%。

（八）结构与毒性的关系

一般的增塑剂（除少数品种外）或多或少都是有一定毒性的。例如，邻苯二甲酸酯类能引起所谓肺部休克现象。允许用于食品包装的邻苯二甲酸酯类品种，各国有不同的标准。

脂肪族二元酸酯是毒性很低的一类增塑剂。如DBS用于食品包装薄膜，对人基本上没有潜在的危险，据称是对皮肤无刺激的无毒增塑剂。

含氯增塑剂中氯化石蜡基本上无毒，但氯化芳香烃比氯化脂肪烃的毒性要强得多，氯化萘损害肝脏，氯化联苯类毒性更强，中毒后引起肝脏严重病变。

环氧增塑剂是毒性较低的一类增塑剂。

柠檬酸酯类增塑剂是无毒增塑剂。

磷酸酯是毒性较强的增塑剂，只有磷酸二苯、2-乙基已酯（DPO）是美国食品药物管理局（FDA）允许用于食品包装的唯一磷酸酯类增塑剂。

食品包装允许使用的增塑剂，在欧美各国都分别有自己的规定和限制，允许使用的增塑剂品种也有差异。但美国、英国、法国、德国、意大利5国都允许使用的食品包装的增塑剂是DOP、DBP、DBS、ATBC、环氧大豆油。

（九）结构与耐霉菌性的关系

增塑剂的组成和结构不同，受霉菌侵害的程度也不相同。从各种实验结果看，长链的脂肪酸酯最容易受到侵害，脂肪族二元酸酯也易受侵害；反之，邻苯二甲酸酯类和磷酸酯类有强的抗菌性，特别是以酚类为原料的磷酸酯（如TCP、TPP等）是抗菌性强的增塑剂。而环氧化大豆油特别容易成为菌类的营养源，所以也容易受到侵害。

需要说明的是，不同酯基结构的增塑剂性能差别不大，酯基通常是2～3个，一般酯基较多，混合性、透明性较好，由伯醇合成的酯与由仲醇合成的酯相比，相容性、透明性均好。由此可见，结构与性能并不是平行关系，因此要根据被增塑物的性质，增塑剂价格等全面衡量。

四、增塑剂的选用

要选择一个综合性能良好的增塑剂，就是要使塑料制品表现为弹性模量、玻璃化温度、脆化温度的下降，以及伸长率、挠曲性和柔软性应提高。此外，还要考虑气味小，光、氧稳定性良好，塑化效率高，加工性好以及成本低等因素。因此，选择应用增塑剂绝非一件易事，必须全面了解增塑剂的性能和市场情况（包括商品质量、供求情况、价格等）以及制品的性能要求进行评比选择。如在建筑和运输设备中所用的PVC软制品，就要求除有良好的相容性外，还要有阻燃作用和一定的耐久性。于是，除主增塑剂外应添加磷酸酯或氯化石蜡。如要求在低温仍有良好的柔软性，就要选用耐寒性良好的增塑剂。又如汽车内部的装饰板、缓冲垫等要求防止生雾，那么要采用挥发性极低的不产生雾的增塑剂，如邻苯二甲酸二异癸酯、偏苯三酸酯、聚酯增塑剂等。若PVC塑料要用作食品包装材料、冰箱密封垫、人造革制品等，就要选用无毒、耐久性的聚酯增塑剂、环氧化大豆油等增塑剂。另外，增塑剂的价格因素常常是选择时的关键性条件，所以要综合评价价格和性能，来确定选用的增塑剂。

（一）在PVC中选用增塑剂的原则

到目前为止，邻苯二甲酸二（2-乙基）已酯（DOP）因其综合性能好，无特殊缺点，价格适中，以及生产技术成熟、产量较充裕等特点而占据着PVC用增塑剂的主位。无特殊性能要求的增塑制品均可采用DOP作为主增塑剂。

DOP在PVC中的用量主要根据对PVC制品使用性能的要求来确定，此外还要考虑加工性能要求。DOP添加比例越大，制品越柔软，PVC软化点下降越多，流动性也越好，但过多添加会导致增塑剂渗出，表 2－6 列出了几种单独以 DOP 作为增塑剂的 PVC 制品配方。

表 2－6　单独以 DOP 作为增塑剂的 PVC 配方示例

项　目	普通农用压延膜①/%	普通压延片材②/%	无石棉地板砖③/%	普通绝缘级电缆④/%
PVC	100	100	100	100
DOP	0～50	0～60	0～40	0～45
稳定剂	0～2	0～2	0～4	0～6
润滑剂	0～2.5	0～0.7	0～2.5	0～1
碳酸钙	—	0～10	0～150	—
黏土	—	—	—	0～7

注：稳定剂①②栏最好用 Zn-Ba 复合体系（液体）；③④栏一般用三盐、二盐；润滑剂①栏用硬脂酸钡、镉复合体系；②栏用硬脂酸钡、新复合体系；③栏用硬脂酸及其钡盐；④栏用石蜡。

配方中其他组分对增塑剂恰当用量是不容忽视的。其中填料的影响最突出，无机填料大多具有显著的吸收增塑剂的性能，当配方中有这类填料时，增塑剂用量必须比无填料的配方适当增加。

有时为了生产不同颜色的 PVC 制品，分别加入具有着色作用的填料，例如炭黑（黑色制品、二氧化钛（白色制品），但由于两种填料吸收增塑剂性能的差异，当变换颜色时，为了获得同样柔软程度的制品，增塑剂量也要有所改变。例如添加锐钛矿型二氧化钛生产白色片材时，就可比添加炭黑生产黑色片材时，少加约 5%～10% 增塑剂。

为了得到某些具有特殊性能的 PVC 制品，不仅配方整体组成有所改变，而且增塑剂也常要相应变动。如选用环氧型增塑剂取代部分 DOP 以改善薄膜的热-光稳定性；选用磷酸三甲苯酯（TCP）取代部分 DOP 以提供薄膜阻燃性；选用脂肪族二元酸酯，可提高制品的耐寒性等。

在选用其他种类增塑剂时，往往以 DOP 为标准增塑剂品种，以此为基础设计新的配方。在选用某种增塑剂部分或全部取代 DOP 时，必须注意以下 4 点。

（1）新选用的增塑剂与 PVC 的相容性是决定其可能取代 DOP 的比例的一个重要因素。与 PVC 相容性好的，有可能多取代，甚至全部取代；反之则只能少量取代。

（2）切勿简单地用新选的增塑剂去同等份数地取代 DOP。这是因为各种增塑剂的增塑效率不同，因而应该根据相对效率比值进行换算。

相对效率是以 DOP 为标准效率值（为 1）计算的，常见的各种增塑剂对 PVC 的塑化效率的相对效率比值列于表 2－7。

表 2－7　各种增塑剂的相对效率

增塑剂名称	简称	相对效率比值	增塑剂名称	简称	相对效率比值
邻苯二甲酸二（2-乙基）己酯	DOP	1.00	癸二酸二异丁酯		0.85
邻苯二甲酸二丁酯	DBP	0.81	癸二酸二环己酯		0.98

续表

增塑剂名称	简称	相对效率比值	增塑剂名称	简称	相对效率比值
邻苯二甲酸二异丁酯	DIBP	0.87	己二酸二（2-乙基）己酯	DOA	0.91
邻苯二甲酸二异辛酯	DIOP	1.03	己二酸二（丁氧基乙酯）	DBEA	0.80
邻苯二甲酸二仲辛酯	DCP	1.03	磷酸三甲苯酯	TCP	1.12
邻苯二甲酸二庚酯	DHP	1.03	磷酸三（二甲苯酯）	TXP	1.08
邻苯二甲酸二壬酯	DNP	1.12	磷酸三（丁氧基乙酯）		0.92
邻苯二甲酸正辛正癸酯	DNOP	0.98	环氧硬脂酸辛酯		0.914
邻苯二甲酸异辛异癸酯	DIODP	1.02	环氧硬脂酸丁酯		0.89
邻苯二甲酸二异癸酯	DIDP	1.07	环氧乙酰蓖麻酸丁酯		1.03
癸二酸二丁酯	DBS	0.79	氯化石蜡（Cl-40）		1.80~2.20
癸二酸二（2-乙基）己酯	DOS	0.93	烷基磺酸苯酯	M-50	1.04

例如，在添加 50 份 DOP 的 PVC 制品配方中，想以 15 份 TCP 代替部分 DOP 以改善制品的阻燃性，则 DOP 可减少的份数应以 TCP 的相对效率比值 1.12 去除 15，即 15/1.12 = 13.4 份。

（3）新选用的增塑剂不仅在主要性能上要满足制品的要求，而且最好不使其他性能下降，否则应采取弥补措施。例如将多种增塑剂配合使用，使制品综合性能良好的同时，实现某些性能的优化。

（4）增塑剂的选用受多方面的制约，变动后的配方还需经过各项性能的综合测试才可以最后确定。

（二）在其他热塑性塑料中增塑剂的选用

在其他热塑性塑料中增塑剂的选用，同样要考虑相容性、增塑效率、应用性能、价格等。仅举几例如下。

（1）聚碳酸酯：聚碳酸酯与多种增塑剂都具有较好的相容性，其中包括己二酸酯类、苯甲酸酯类、邻苯二甲酸酯类、磷酸酯类、苯均四酸类、癸二酸芳族酯类等。最常用的是邻苯二甲酸酯、己二酸酯和磷酸酯。具有中等极性的增塑剂效果较好，但聚碳酸酯加入增塑剂量不能太多，因为在温度升高时，树脂分子的活动性提高可导致结晶，这样会发生增塑剂的析出。另外，聚碳酸酯对于某些增塑剂（如邻苯二甲酸丁苄酯）会产生反增塑作用，应该加以注意。

（2）聚烯烃树脂：聚烯烃树脂中最重要的是聚乙烯和聚丙烯。聚乙烯是非极性且具有较高结晶度的聚合物，熔体流动性较好，成型容易，因此通常是不用增塑的。与聚乙烯相比，聚丙烯在低于室温下是脆性材料，为了提高聚丙烯塑料的韧性，改善低温脆性，某些制品须考虑增塑。

高等规度的聚丙烯可选用沸点在200℃以上、溶解度参数为7.0～9.5的多种增塑剂，其中包括氯代烃、酯类等，在加入量达到50份时也可相容。为了降低聚丙烯的脆折温度和提高断裂伸长率，加入10～15份的壬酸酯具有明显的效果。由于壬二酸二己酯和己二酸-2-乙基己酯良好的低温性能以及符合卫生标准，可用作聚丙烯的增塑剂以生产食品包装材料。

（3）聚乙烯醇及其衍生物：聚乙烯醇及其衍生物主要包括聚乙烯醇及聚乙烯醇缩醛。聚乙烯醇主要用于做黏合剂、乳化剂、织物或纸张涂层以及塑料薄膜等。作为塑料用的聚乙烯醇一般都需经过增塑处理，工业上使用最普遍的增塑剂有磷酸、乙二醇、丙三醇和其他多元醇，也可使用少量的磷酸烷基芳基酯类。聚乙烯醇制品的物理机械性能，在很大程度上决定于增塑剂的加入量，当加入量较多时为弹性材料，加入量少的，可制得似皮革的塑料。

聚乙烯醇薄膜在室温下的断裂伸长率仅5%，而加入50%增塑剂后其断裂伸长率可达300%。聚乙烯醇缩丁醛与很多增塑剂都有良好的相容性。其中2-乙基丁二酸三甘醇酯不仅有良好的相容性，而且有很好的黏着性、耐水脱层性、好的耐老化性以及优良的低温柔曲性。此外，癸二酸二丁酯，癸二酸二辛酯，邻苯二甲酸二丁酯、二辛酯，磷酸三甲酚酯、三丁酯，甘油三乙酸酯及氯化石蜡等也可作增塑剂。

除此之外，纤维素衍生物、聚酰胺、聚酯丙烯酸类树脂，聚苯乙烯、氟塑料等热塑性塑料在加工过程中，要根据各自的特性来选用所需的增塑剂。

第三节　制备常用增塑剂 DBP/DOP

邻苯二甲酸酯类增塑剂是目前应用最广泛的一类主增塑剂，而其中邻苯二甲酸二异辛酯（DOP）是主导产品。邻苯二甲酸酯类增塑剂的工业化生产方法主要有连续法、间歇法和半连续法；从酯化反应的催化技术来看，其生产工艺主要有酸法生产和非酸催化生产工艺。

邻苯二甲酸酯的制备，一般是由邻苯二甲酸酐与一元醇直接酯化而成。采用不同的一元醇，可以制得各种不同的邻苯二甲酸酯。

$$C_6H_4(CO)_2O + ROH \underset{}{\overset{H^+}{\rightleftharpoons}} C_6H_4(COOR)_2 + H_2O \qquad (2-19)$$

邻苯二甲酸类增塑剂的生产技术趋于向以下两个方向发展。

一方面是DOP为主的连续化大生产，单线能力一般为（3～5）×10^4t/a，工艺上采用连续操作可以省进料、出料、预热等辅助操作时间，生产效率高，酯化结束后利用酯化反应后期的显热，在脱醇器内绝热闪蒸，使反应中过量醇气化，与酯分离，采用这种技术与间歇法相比，大约可节省50%的能源消耗。

另一方面由于增塑剂的品种很多，而往往一个品种的生产量又较小，因而为了适应其他增塑剂的多品种小批量生产，多采用通用设备进行间歇生产，即所谓“万能”生产装置。美国 Reichold Chemical Inc. 1 套生产装置就是这种“万能”生产装置的典型例子。该装置平时能处理 60 种以上的原料，具有单独配管的原料贮槽 13 个，成品受槽 24 个，反应器的容积 $18m^3$，生产能力为（1.3 ~ 1.6）$\times 10^4$t/a。同时具有中和器（$10m^3$）、静置器（$2\times 380m^3$）、洗涤器、过滤器和汽提塔等与反应器容积相应的辅助设备。能生产邻苯二甲酸酯、己二酸酯、壬二酸酯、癸二酸酯、马来酸酯、富马酸酯、偏苯三甲酸酯、环氧化合物、聚酯及其他一些增塑剂共约 30 ~ 40 种，相当于美国常用增塑剂品种的 95%。

本节以邻苯二甲酸二异辛酯（DOP）的生产为例重点介绍增塑剂的生产工艺。

一、反应原理

（一）产品物性

邻苯二甲酸二辛酯，又名邻苯二甲酸二（2-乙基）己酯（DOP），分子式 $C_6H_4(COOC_8H_{17})$。相对分子质量 390.56，外观为无色或淡黄色油状液体，沸点 386℃（760mmHg），冰点 -55℃，闪点 192℃，折光率 1.483 ~ 1.486，燃点 241℃，黏度 804×10^{-3}Pa·s（20℃），流动点 -41℃，溶解度在 25℃时在 100g 水中溶解 0.01g，与乙醇、乙醚等有机溶剂互溶。

DOP 在酸或碱的催化作用下，能与水发生水解反应，生成邻苯二甲酸或其钠盐及辛醇，在高温下 DOP 可分解成邻苯二甲酸酐及烯烃。DOP 具有一般酯类的其他化学性质。DOP 对人有潜在的毒理作用，但急毒性很低。

（二）主要原料来源

用于生产邻苯二甲酸二异辛酯的主要原料是邻苯二甲酸酐和 2-乙基己醇。

（1）邻苯二甲酸酐的制备：邻苯二甲酸酐可由萘及二甲苯氧化得到。1926 年采用萘的气固相催化氧化法制取邻苯二甲酸酐。所用催比剂是多孔型 $V_2O_5-K_2SO_4-SiO_2$，接触时间为 4 ~ 5s，反应温度 360 ~ 370℃，苯酐理论收率为 81.3% ~ 84.8%，质量收率为94% ~98%。

$$\text{萘} + O_2 \xrightarrow[V_2O_5\text{-}K_2SO_4\text{-}SiO_2]{360\sim370℃} \text{邻苯二甲酸酐} + CO_2 + H_2O \qquad (2-20)$$

焦油萘的资源有限，石油萘价格较贵，于是发展了邻二甲苯氧化制邻苯二甲酸酐的工艺。由此工艺生产的苯酐已占世界总量的 80%，较先进的生产装置其单线生产能力已达 4×10^4t/a。采用气固相接触催化氧化固定床氧化器，$V_2O_5-TiO_2$为主催化剂，收率可达 82.8%，质量收率可达 109%。

(2) 醇的制备：邻苯二甲酯类所用的醇多为长碳链脂肪族一元醇，其制备方法主要有羰基合成法、烷基铝法和酯高压氢化法。

利用羰基合成法，可以使丰富的石油化工产品如丙烯、异丁烯等转变为许多中级和高级一元醇。例如，以丙烯为原料，利用羰基合成法，可以制得正丁醛和异丁醛，进一步可以合成正丁醇和异丁醇：

$$CH_3CH{=}CH_2 + CO \xrightarrow[\substack{110\sim200℃ \\ 100\sim200atm}]{[Co(Co)_4]_2} \left[CH_3-CH-CH_2 \ (C{=}O)\right] \xrightarrow{H_2} \begin{cases} CH_3CH_2CH_2CHO \\ CH_3CH(CH_3)CHO \end{cases} \xrightarrow[Ni]{H_2} \begin{cases} CH_3CH_2CH_2CH_2OH & \text{正丁醇} \\ CH_3CH(CH_3)CH_2OH & \text{异丁醇} \end{cases} \quad (2-21)$$

正丁醛经羟醛缩合反应、脱水、加氢，就得到2-乙基己醇，也是工业中习惯上所称的“辛醇”：

$$2CH_3CH_2CH_2CHO \xrightarrow{\text{稀}NaOH} CH_3CH_2CH_2CH(OH)CH(CH_2CH_3)CHO \xrightarrow{-H_2O} CH_3CH_2CH_2CH{=}C(CH_2CH_3)CHO \xrightarrow{H_2/Ni} CH_3CH_2CH_2CH_2CH(CH_2CH_3)CH_2OH \quad (2-22)$$

(3) 酯化催化原理：邻苯二甲酸酐和辛醇酯化生成 DOP 的主反应如下：

$$C_6H_4(CO)_2O + CH_3CH_2CH_2CH_2CH(CH_2CH_3)CH_2OH \longrightarrow C_6H_4(COOH)-C(=O)-O-CH_2CH(CH_2CH_3)CH_2CH_2CH_2CH_3 \quad (2-23)$$

$$C_6H_4(COOH)-C(=O)-O-CH_2CH(CH_2CH_3)CH_2CH_2CH_2CH_3 + CH_3CH_2CH_2CH_2CH(CH_2CH_3)CH_2OH \overset{Cat.}{\rightleftharpoons} C_6H_4[C(=O)-O-CH_2CH(CH_2CH_3)CH_2CH_2CH_2CH_3]_2 + H_2O \quad (2-24)$$

第一步是不可逆反应，在常温下很快反应生成单酯；第二步是可逆反应，生成双酯，但需在催化剂和加热的条件下进行，且需要移出反应生成的水。因所使用的催化剂不同，该合成方法与生产工艺亦不同。

副反应如下：

以硫酸为催化剂，由于条件控制不当容易导致下述副反应发生：

$$C_8H_{17}OH + H_2SO_4 \longrightarrow C_8H_{17}HSO_4 + H_2O \quad (2-25)$$

硫酸可使醇氧化成醛，使醇脱水成烯烃或醚，导致颜色成倍加深：

$$C_8H_{17}OH \xrightarrow{[O]} C_7H_{15}CHO \quad (2-26)$$

$$C_6H_{13}CH_2CH_2OH \xrightarrow{-H_2O} C_6H_{13}CH=CH_2 \quad (2-27)$$

$$2C_7H_{15}CH_2OH \xrightarrow{-H_2O} C_7H_{15}CH_2OCH_2C_7H_{15} \quad (2-28)$$

在中和工序，用 Na_2CO_3 中和粗酯中的硫酸时，发生下述反应：

$$H_2SO_4 + Na_2CO_3 \longrightarrow Na_2SO_4 + CO_2\uparrow + H_2O \quad (2-29)$$

$$C_6H_4(COOCH_2CH(CH_2CH_3)CH_2CH_2CH_2CH_3)(COOH) + Na_2CO_3 \longrightarrow C_6H_4(COOCH_2CH(CH_2CH_3)CH_2CH_2CH_2CH_3)(COONa) + CO_2\uparrow + H_2O \quad (2-30)$$

条件控制不好，容易发生双酯皂化及乳化现象：

$$C_6H_4(COOC_8H_{17})_2 + Na_2CO_3 + H_2O \longrightarrow C_6H_4(COONa)_2 + C_8H_{17}OH + CO_2\uparrow \quad (2-31)$$

在脱醇条件控制不好时，也容易发生双酯皂化，同时还会发生双酯的水解，如下所示：

$$C_6H_4(COOC_8H_{17})_2 + H_2O \xrightarrow{H^+} C_6H_4(COOH)_2 + C_8H_{17}OH \quad (2-32)$$

二、工艺流程及其说明

（一）酸催化工艺

1. 概述

酸催化合成 DOP 使用的催化剂有硫酸、磷酸、偏磷酸、亚偏磷酸、硫酸氢锡（钾）酸式盐；对甲苯磺酸、苯磺酸、十二烷基苯磺酸、氨基磺酸、萘磺酸、固体超强酸和沸石分子筛，固载杂多酸 PW_{12}/SiO_2 等。生产工艺采用间歇法、半连续法和全连续法。

近年来，出现了采用微波与传统催化剂结合、多种催化剂的复合等方法，取得了较好的催化反应效果。采用弱酸为主催化剂，辅以其他助催化剂组成的复合催化剂合成邻苯二甲酸类化合物，既能达到浓硫酸的催化效果，又能克服常规方法的不足，且所采用的催化剂可采用常规方法分离回用，大大简化了分离流程，便于连续化生产。

酸催化法催化剂的活性由大到小顺序为：硫酸 > 对甲苯磺酸 > 苯磺酸 > 2-萘磺酸 > 氨基磺酸 > 磷酸。

酸催化工艺特点：在酸性催化剂中，硫酸有活性高和使用温度低、易投产等优点，但也有选择性低、产品质量差、对设备腐蚀并污染环境的缺点。由于硫酸的脱水、酯化和氧化作用，酯化时会产生硫酸酯、醚等副产物，造成产品精制困难。如以对甲苯磺酸、磷酸取代之，并在生产过程中加入共沸剂甲苯和添加剂水加以改善，则可以减少副产物、改善DOP的热稳定性及色泽，使生产中废水量减少。Hino等于1979年首次合成了新型固体超强酸（硫酸根/二氧化钛）取代硫酸合成DOP，酯化率大于98%。近年来，许多学者利用固体超强酸催化合成DOP，取得了较好的结果。以固体超强酸（硫酸根/二氧化锆）催化合成DOP，酯化率大于99%。以固载杂多酸催化剂PW_{12}/SiO_2，复相催化合成DOP，醇化率大于99.8%，以杂多酸盐$TiSiW_{12}/TiO_2$催化合成DOP，酯化率大于98%。采用固体超强酸作催化剂合成DOP，具有反应速率快，工艺简单（不需碱洗、水洗），副反应少，产品质量好，色泽浅，对设备腐蚀小，三废少，催化剂可重复利用等优点。近几年，许多学者对固体超强酸（硫酸根/二氧化钛）进行改性取得一定结果。微波辐射在DOP的合成中亦得到应用，且使反应时间缩短了许多，反应条件温和，催化剂易分离和重复使用。

2. 生产工艺流程

酸催化间隙法与连续法生产DOP工艺流程示意图见图2－10、图2－11，酸性催化剂生产DOP流程见图2－12。

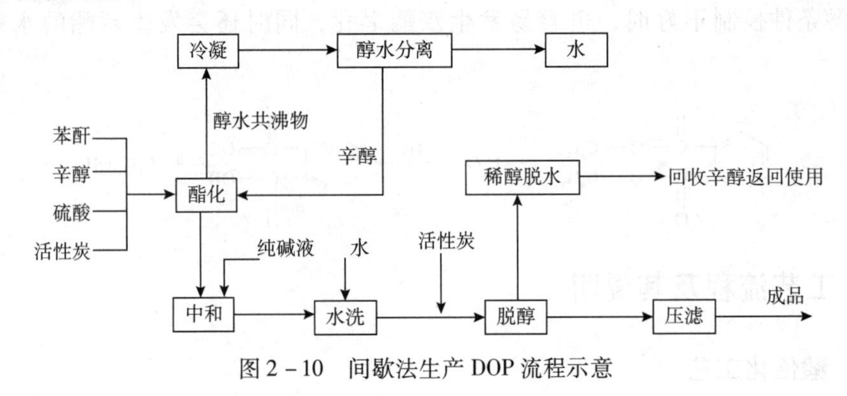

图2－10　间歇法生产DOP流程示意

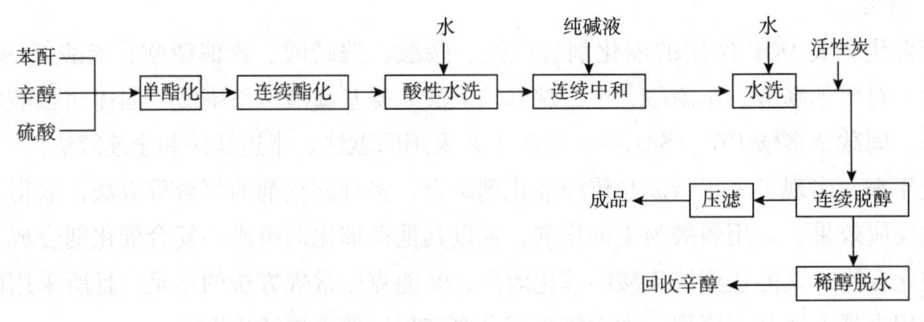

图2－11　连续法生产DOP流程示意

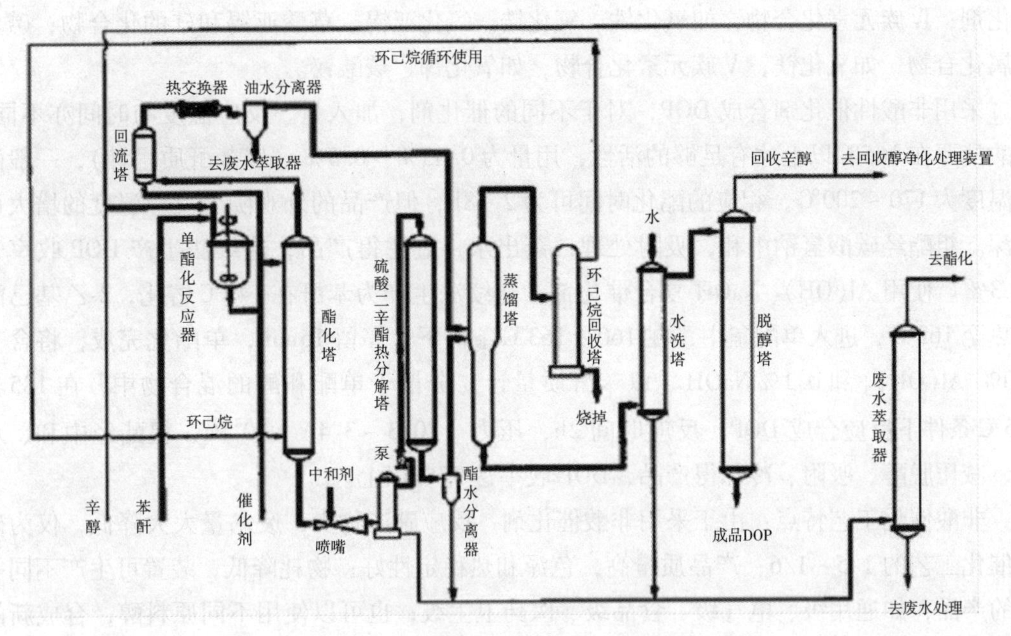

图 2－12 酸性催化剂生产 DOP 流程

苯酐、辛醇分别以一定的流量进入单酯化器，单酯化温度为 130℃。所生成的单酯和过量的醇混入硫酸催化剂后进入酯化塔，环已烷（帮助酯化脱水用）预热后以一定流量进入酯化塔。酯化塔顶温度为 115℃，塔底为 132℃。环已烷和水、辛醇以及夹带的少量硫酸从酯化塔顶部气相进入回流塔。环已烷和水从回流塔顶馏出后，环已烷去蒸馏塔，水去废水萃取器。辛醇及夹带的少量硫酸从回流塔返回酯化塔。酯化完成后的反应混合物加压后经喷嘴喷入中和器，用 10% 碳酸钠水溶液在 130℃下进行中和。经中和的硫酸盐、硫酸单辛酯钠盐和邻苯二甲酸单辛酯钠盐随中和废水排至废水萃取器。中和后的 DOP、辛醇、环已烷、硫酸二辛酯、二辛基醚等经泵加压并加热至 180℃后进入硫酸二辛酯热分解塔。在此塔中硫酸二辛酯皂化为硫酸单辛酯钠盐，随热分解废水排至废水萃取器。DOP、环已烷、辛醇和二辛基醚等进入蒸馏塔，塔顶温度为 100℃，环已烷从塔上部馏出后进入环已烷回收塔，从该塔顶部得到几乎不含水的环已烷循环至酯化塔再用。塔底排出的重组分烧掉。分离环已烷后的 DOP 和辛醇从蒸馏塔底排出后进入水洗塔，用非离子水 90℃进行水洗，水洗后的 DOP、辛醇进入脱醇塔，在减压下用 1.2MPa 的直接蒸汽连续进行两次脱醇、干燥，即得成品 DOP。从脱醇塔顶部回收的辛醇，一部分直接循环至酯化部分使用，另一部分去回收醇净化处理装置。

（二）非酸催化工艺

1. 概述

国外自 20 世纪 60 年代研究和开发了一系列非酸催化剂。有关专利、文献报道的非酸催化剂，主要有：由英国 B. F. Goodrich 公司开发的钛酸酯，包括钛酸四丁酯、钛酸四异丙酯、钛酸四苯酯；由西德 Hols 公司最早使用的氧化铝、铝酸钠、含水 Al_2O_3-NaOH 等两性催化剂；Ⅳ族元素化合物，如氧化铁、氧化锆、氧化亚锡、草酸亚锡和硅的化合物；碱土金属化合物，如氧化镁；Ⅴ族元素化合物，如氧化锑、羧酸铋。

采用非酸性催化剂合成DOP，对于不同的催化剂，加入量、反应温度与时间亦不同。钛酸酯要在165℃以上才有足够的活性，用量为0.05%～0.5%（以苯酐质量计），一般酯化温度为170～200℃，相应的酯化时间可为2～8h，但产品的外观随着反应温度的增大而加深。粗酯经碳酸氢钠中和，吸附处理，蒸出水，过滤得产品，连续法生产DOP收率达99.3%。使用$Al(OH)_3$-NaOH复合催化剂，连续法生产为苯酐在149℃熔化，2-乙基己醇预热至163℃，进入单配釜中，在160～163℃条件下，停留15min，单酯化完成，将含有1.0% $Al(OH)_3$和0.1% NaOH（以苯酐质量计）分散于单酯和醇的混合物中，在185～215℃条件下反应合成DOP，反应时间2h，压力（10.3～3.4）$\times 10^4$Pa，粗酯经中和、水洗、减压脱醇、吸附、冷却得产品，DOP收率达97%以上。

非酸催化工艺特点：由于采用非酸催化剂，反应副产物少，废水量大大降低，仅为硫酸催化工艺的1/5～1/6；产品质量高，色泽和热稳定性好；物耗降低，装置可生产不同等级的产品，如通用级、电气级、食品级、医药卫生级；也可以使用不同原料醇，合成新的增塑剂。但该工艺操作温度比较高，生产的DOP中含有催化剂，催化剂分离比较困难。

2. 生产工艺流程

非酸催化剂生产DOP工艺流程示意图见图2－13，酸性催化剂生产DOP流程见图2－14。

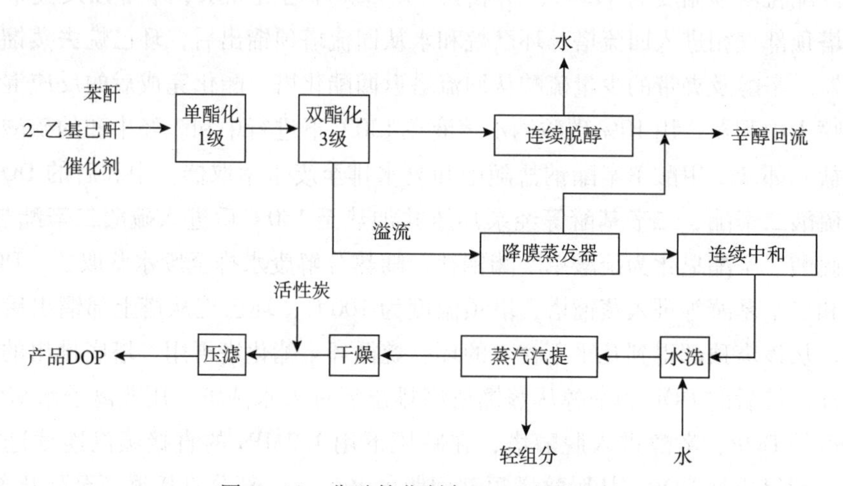

图2－13　非酸催化制备DOP流程示意

将苯酐自外管网送到酯化反应釜。辛醇经板式换热器与来自降膜蒸发器的粗酯换热，再经醇加热器被加热到稍低于沸点进入酯化反应釜，贮于催化剂槽的催化剂经计量泵进入酯化反应釜。从酯化反应釜中溢流出的物料依次进入另外三个酯化釜继续酯化。

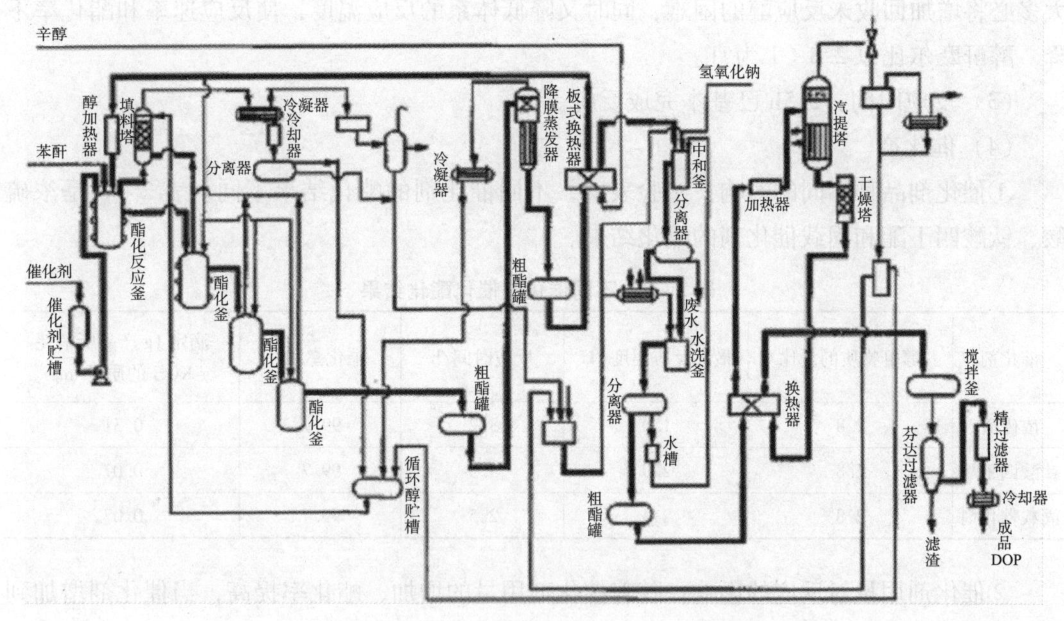

图 2-14　非酸性催化剂生产 DOP 生产流程

各酯化釜中的水与醇形成共沸物，离开反应釜后一起进入填料塔，其中一部分醇流回酯化反应釜中，另一部分出塔经冷凝器及冷却器进入分离器。在分离器中醇水分离，水从底部去中和工艺的水收集罐，醇从上部溢流至循环醇储槽，经泵打回填料塔作回流液。将粗酯罐的粗酯打入降膜蒸发器中在真空条件下连续脱醇。醇从顶部排出、经冷凝后进入醇收集槽，重复使用；粗酯依次收集在粗酯罐中，送到板式换热器与来自原料罐区的辛醇进行换热，再去中和釜，与 NaOH 水溶液中和，然后进入分离器中，分离出的废水由罐底排出送污水处理装置。分离出的有机相溢流至水洗釜，注入脱盐水进行水洗。混合液溢流至分离器中，分离出的水相进入水槽，酯相流到粗酯罐中。

将粗酯从罐用泵抽出经换热器、加热器加热后去汽提塔，进行真空汽提。从塔底流出经干燥塔在高真空下进一步提纯，经热交换后进入搅拌釜。在此与活性炭混合后，进到芬达过滤器进行粗过滤，滤液再进入精过滤器进行精过滤。滤液经冷却后送至产品罐。滤渣作为燃料烧掉。

该装置可根据原料醇的不同而切换生产 DOP、DINP 或 DIDP。也可通过改变某些工艺操作条件而生产通用级、电气级、食品级和医药级 DOP。

（三）生产 DOP 的影响因素

（1）反应温度对反应的影响：温度升高可降低反应终点酸值，提高转化率。反应温度大于 200℃时，反应的酯化率较高，但反应温度高会导致一些副反应，使产品色泽加深。因此，最高反应温度宜控制在 210℃左右。

（2）酸酐与醇摩尔比对反应的影响：酯化反应是可逆反应，醇过量可作为带水剂使反应生成的水及时从体系中移出，有利于反应平衡向产物方向移动，提高酯化率。但醇过量太多必将增加回收未反应醇的困难，同时又降低体系的反应温度，使反应速率和酯化率下降。醇酐摩尔比以2.8∶1为宜。

（3）反应时间：2.5h已基本完成反应。

（4）催化剂。

①催化剂品种不同的影响：实验表明，不同催化剂的酯化结果不同，表2-8是浓硫酸、钛酸四丁酯和固载催化剂的酯化结果。

表2-8 不同催化剂催化酯化结果

催化剂	醇酐物质的量比	最高反应温度/℃	反应时间/h	酯化率/%	滴定1g产品所消耗KOH的质量/mg
浓硫酸	2.8	150	3.2	99.6	0.31
钛酸四丁酯	2.8	220	3.3	99.7	0.07
固载催化剂	2.8	214	2.5	99.7	0.07

②催化剂用量对反应的影响：随着催化剂用量的增加，酯化率提高，当催化剂增加到一定程度后，再增加催化剂用量，对酯化率无影响。据此，催化剂用量以0.5%～0.6%为宜。

③催化剂重复使用次数对反应的影响：酯化反应结束后，过滤分离出的催化剂收率约95%，不足量用未经使用的催化剂补充，回收催化剂重复使用，催化剂的重复使用次数越多，酯化率越低。

三、DOP工艺比较

DOP生产工艺比较见表2-9。

表2-9 DOP生产工艺比较

生产工艺	酸催化		非酸催化
	浓硫酸	非硫酸	
生产流程	长	一般	短
设备投资	低	一般	高
操作方式	间隙	间隙/连续	连续
上马速度	快	快	慢
投产	易	易	难
反应活性	高	一般	低
使用温度	低	一般	比较高
设备腐蚀	严重	一般	较低

续表

生产工艺	酸催化		非酸催化
	浓硫酸	非硫酸	
副反应	多	一般	少
产品质量	差	一般	高
产品等级	低等级	产品一般/多样	多样
产物与催化剂分离	难	一般	简单
产品色泽	差	一般	好
回收醇质量	低	一般	高
三废	多	废水少	更少

四、增塑剂 DOP 存在的主要问题及解决办法

（一）增塑剂 DOP 存在的主要问题

增塑剂的广泛使用引起了人们对其安全性的高度重视，研究其对人体、动物以及环境影响的报道越来越多，有研究指出，邻苯类增塑剂可以迁移至表面进入空气、水、土壤中，现已在很多国家的水、空气、土壤、食物和动植物体内检测出邻苯类增塑剂，它们最后通过食物链富集效应影响人类身体健康和安全，其中饮食暴露是主要的危害途径，对人体多个器官产生毒害作用，对孕妇和婴幼儿的影响尤为敏感。

经大量研究证实，DOP 等邻苯二甲酸酯类增塑剂是一类致癌物质，其可以经口、呼吸道、静脉输液、皮肤吸收等多种途径进入人体。对机体多个系统均有毒性作用，被认为是一种环境内分泌干扰因子。1982 年美国国家癌症研究所通过小鼠实验验证了 DOP 可以导致齿类动物肝致癌；此外，世界卫生组织（WTO）也推测 DOP 有致癌嫌疑。国内也陆续有了这方面的报导，朱才众等探究了邻苯二甲酸二丁酯（DBP）对 PC12 细胞的影响，发现 DBP 可损伤神经细胞并诱导其死亡，说明其具有神经毒性；顾钧、余雯静探究了邻苯二甲酸二异辛酯对人体健康的影响，在饮料瓶、速冻点心袋、奶粉袋等中都有 DOP，DOP 可以从中迁移至食品中，食品在其中储存时间越长，检测出的增塑剂含量越高，所以其慢性毒性引起了人们的高度关注，慢性实验表明 DOP 可以导致白细胞增加、血尿、贫血等症状；胡晓宇等对邻苯类化合物对环境的污染进行了研究；厉曙光等用 DBP 和 DOP 进行了其对小鼠精子和微核的影响实验，实验结果发现对小鼠的影响在一定剂量下呈现阳性。

正因为邻苯类增塑剂对人体具有毒副作用，目前，很多国家和地区都已明文减少或禁止邻苯类增塑剂的应用。1999 年，欧盟就已开始禁止在儿童玩具和用品中使用邻苯类增塑剂，特别是可放入口腔的儿童玩具和用品。传统 PVC 塑料增塑剂因其结构中含苯环，近年来国外不断有 DOP 等邻苯二甲酸酯类增塑剂可能致癌的报道。美国 FDA 及欧盟已禁止将其用于食品包装塑料、化妆品与儿童玩具等。2005 年 7 月欧盟部长理事会通过一项欧盟法律草案，禁止在儿童玩具和儿童用品中使用以下6种增塑剂：邻苯二甲酸二丁酯DBP、邻苯二甲酸丁苄酯BBP、邻苯二甲酸二辛酯DOP、邻苯二甲酸二异壬酯DINP、邻苯二甲酸二异癸酯DIDP以及邻苯二甲酸二正辛酯DNOP。这项法律显示国际范围内对增塑剂的安全性的高度重视，对我国这样一个儿童玩具与用品出口大国提出了严峻的挑战。我国增塑剂的行业现状是，邻苯类增塑剂的产量占了总产量的90%以上，且国家至今未有邻苯类增塑剂限制使用的相关规定。2008年欧洲议会投票通过限制和禁止部分邻苯类增塑剂在儿童玩具和护理品中的使用。美国FDA限制了涉及注射和输液器的各种医用器材中邻苯类的用量，明确指出一些含邻苯类增塑剂的医疗器材不能与人体频繁接触。瑞士、韩国、加拿大和德国以及中国台湾等国家和地区也已通过相关提案和法律文件，禁止或减少邻苯类增塑剂的应用。近年来，我国在邻苯类增塑剂的问题也不断地暴露出来，特别是2005年的保鲜膜事件，使我国民众对PVC制品的安全性问题提出了强烈的质疑。我国也在不断地进行相关方面的研究工作，包括政策和技术研究等方面。相反国内使用增塑剂的相关行业（如儿童玩具）纷纷改进加工工艺，采用无毒或低毒增塑剂，以满足出口国的要求。目前，全球已加快了无毒增塑剂产品的研发力度，特别加快了卫生要求高的塑料制品基础应用研究。在我国，已被国外淘汰的DOP等增塑剂还大有市场，而且增塑剂生产企业对于无毒新型增塑剂的开发和推广并没有引起足够关注。国内市场上80%的增塑剂都是DOP、DBP（邻苯二甲酸二丁酯）等，价格低廉是最关键的因素。国家标准《食品容器、包装材料用助剂使用卫生标准》也把DOP列为可用于食品包装的增塑剂品种之一，可见我国的增塑剂产业与国外相比还有很大的差距。

邻苯二甲酸酯类增塑剂经历了两次波澜：一次是20世纪80年代初美国癌症研究所提出其具有致癌嫌疑；另一次是20世纪90年代日本学者报道其系类雌性激素，将其归为扰乱人体内分泌的物质。此外，进入21世纪以后，2011年的我国台湾“塑化剂”风波和2012年酒鬼酒增塑剂使用超标两起事件的发生，更加引起了人们对邻苯二甲酸酯类增塑剂卫生安全性的高度重视，多国政府和人民也逐渐意识到其对自然环境和人体健康的潜在威胁。欧盟、美国、西方其他国家和地区包括我国考虑到塑料制品所使用的添加剂对环境和人体的影响，根据系统的考察颁布了有关邻苯类增塑剂用量和使用的法律法规。例如，瑞士政府已经禁止DOP用于儿童玩具中；日本政府禁止DOP用于医疗器械中，DOP仅能用于工业塑料中；美国等停止了6种邻苯类增塑剂用于聚氯乙烯制品，必须使用环保增塑剂用于肉类的PVC包装袋中；德国政府禁止DOP使用在一切与食品相关的塑料制品中；我国对邻苯类类增塑剂的危害性也进行了研究，乔丽丽等通过测定上海市性早熟的女童身体血清中DBP和DOP含量，探讨了性早熟女童发病与DBP、DOP的关系，研究结果发现：性早熟女童血清中DBP、DOP的含量比正常儿童血清中的含量高很多，而且证明了卵巢和子宫的体积也受到其影响；靳秋梅等也发现邻苯二甲酸酯类增塑剂有生殖发育毒性；还有文献报道，病人输入于4℃下在聚氯乙烯袋中贮存21d的血浆后，会导致肺源性休克，呼吸困难，甚至死亡。

随着 PVC 塑料加工业对增塑剂无毒、生物降解和增塑剂能力高及人们对卫生安全性要求的提高，我国 80% 以上为邻苯类增塑剂，增塑剂产品结构不合理，已经无法达到此要求。所以开发无毒、可生物降解和增塑能力高的增塑剂的也越来越受到人们的关注，取代邻苯二甲酸酯类增塑剂产品的报道也层出不穷。

（二）增塑剂 DOP 问题解决办法

近年来，随着科技与经济的不断发展，人们对所使用的产品纷纷提出了更高的要求，对于使用增塑剂的产品人们也慢慢觉醒，对传统的邻苯二甲酸酯类等增塑剂提出了挑战，特别是欧美等发达国家的限制越来越严格，这也促进了国内外绿色增塑剂的开发。目前解决该问题的办法主要有两个。

1. 对邻苯二甲酸酯类中的苯环进行加氢处理

该法针对邻苯二甲酸酯类增塑剂中的苯环对人体和环境等有明显的毒性，对此进行催化加氢，生产出新的绿色增塑剂环己烷-1，2-二甲酸酯增塑剂（DEHCH）。

环己烷-1，2-二甲酸二异辛酯的分子式 $C_{24}H_{44}O_4$，相对分子质量 396.61，环己烷-1，2-二甲酸二异辛酯类增塑剂不但具有邻苯二甲酸酯类增塑剂的优越性能，并且无毒环保，可以代替邻苯二甲酸酯类增塑剂用于食品包装塑料、医疗器械和儿童玩具中，是一种新型的环保增塑剂，迁移性小，完全环保，以其制备的产品弹性、低温性、透明性能优于 DOP 等增塑剂，更重要的是基于环己烷-1，2-二甲酸二异辛酯具有优异的毒理特性同时具备突出的加工特性，可用于食品包装、医疗器械、儿童玩具及其他与人体密切的 PVC 制品中。

苯环上加氢反应相对于醛、酮、烯烃等不饱和化合物和硝基化合物要困难，这是由于苯环的大 π 键结构使其化学稳定性较好。一般而言，加氢一般分为亲电加成和亲和加成反应，苯环属于前者，所以当连接苯环的取代基为供电子取代基时，有利于加氢反应。用于苯环加氢的有贵金属铂/钯和非贵金属类催化剂如镍、锰、钴、钼等，吴永忠等对铂苯加氢催化剂进行了研究，实现了年产 6×10^4t 环己酮、10×10^4t 环己酮装置的工业应用。赵治雨等进行了 DOP 催化加氢工艺研究，解决了当前国内加氢法生产的 DEHCH 中 DOP 含量高的问题，DEHCH 产品中 DOP 含量小于 20mg/kg，达到了国际水平，具有一定的理论意义和现实意义，为我国环保增塑剂的生产起到了一定的推动作用。谷俊峰研究了采用种贵金属催化剂 Pd/C、Rh/C、Ru/C、Raney Ni 和 CoNiMo/γ-Al_2O_3，考察了其对、邻苯二甲酸二辛酯（DOP）加氢过程。结果表明：Pd/C 是一种环上加氢的高效加氢催化剂，可以在较低的氢气压力下将 DOP 转化为 DEHCH。这对于釜式反应器的液相加氢的安全性和可操作性尤为重要。反应温度对加氢速度的影响较小，而氢气压力和催化剂用量的影响显著。表观反应动力学分析表明：催化剂表面的吸附氢气浓度是加氢过程的控制步骤。通过工艺参数研究，确定了催化加氢制取 DEHCH 的适宜工艺条件为：170℃、2.0MPa，反应时间为 4.0h。在此条件下，DEHCH 是反应的唯一产物，收率高达 99.5% 以上。

采用浸渍法制备三金属无定形 CoNiMo/γ-Al_2O_3催化剂。通过液相催化加氢评价了其反应活性。考察了掺杂量和还原前焙烧温度对催化剂活性的影响，确定了最佳的 CoNi 摩尔比为1∶4；发现还原前在适当的温度下进行焙烧处理，有利于改善活性组分与载体间的相互作用，提高活性组分的表面分散度，确定的适宜焙烧温度为300℃。XRD 和 SEM 分析表明：新鲜的 CoNiMo/γ-Al_2O_3为无定形结构，且具有良好的热稳定性，在800℃下焙烧4.0h后结构几乎保持不变；活性组分在载体上分散均匀。以 CoNiMo/γ-Al_2O_3为催化剂，对 DOP、DBP、810 酯和 DOTP 进行催化加氢，在170℃、氢气压力5.0MPa、催化剂用量为2.0g 的条件下，反应4.0h 后，邻/对苯二甲酸酯中的苯环可以有效地转化为相应的环己烷，且4 种增塑剂的加氢反应规律相似。其中810 酯加氢产物为3 种，分别为环己烷二甲酸的二辛酯、二癸酯、辛癸酯。对 DBP 进行催化加氢时，有部分副产物产生，CoNiMo/γ-Al_2O 对810 酯加氢表现出了更好的催化加氢性能。

2. 大力开发应用低毒/无毒环保增塑剂

解决邻苯二甲酸酯类作为增塑剂的毒性的另一个办法就是用无毒增塑剂替代它。经过各国科学家的不懈努力，研究开发了多种无毒或低毒增塑剂，并且成功应用于邻苯二甲酸酯类增塑剂不能使用的场合，这些增塑剂主要有柠檬酸酯类［包括柠檬酸三丁酯、柠檬酸三辛（壬、丁己、二辛、二丁癸、二丁辛）酯以及乙酰化檬酸三丁酯、乙酰化柠檬酸三辛（壬、丁己、二辛、二丁癸、二丁辛）酯等］、环氧化油类增塑剂、聚酯类增塑剂（己二酸二元醇类聚酯、新生物聚合物如聚甘油酯、蓖麻油基聚酯）、生物降解型增塑剂（天然多元醇增塑剂等）、偏苯三酸与均苯四酸类增塑剂、对苯二甲酸二异辛酯增塑剂、非邻苯型增塑剂［环己烷二羧酸酯如二辛酯二壬酯、三醋酸甘油酯、2-乙酰己酸混合酯、季戊四醇脂肪酸酯、蚕蛹油、二醇酯、离子液体类、三羧酸酯、*N*，*N*-二（2-羟乙基）甲酰胺、混合醇增塑剂等］，其中以柠檬酸酯类、环氧化油类增塑剂、聚酯类增塑剂为主。

第四节　混合法制备 DBP/DOP 催化剂

邻苯二甲酸酯类增塑剂是目前应用最广泛的一类主增塑剂，而其中邻苯二甲酸二丁、异辛酯（DBP、DOP）是主导产品。邻苯二甲酸酯类增塑剂的工业化生产方法主要有连续法、间歇法和半连续法，从酯化反应的催化技术来看，其生产工艺主要有酸法生产和非酸催化生产工艺，早期主要采用浓硫酸为催化剂，该工艺存在污染严重、生产流程长、产品质量低等不足，后被非硫酸法工艺所取代，主要有采用一些弱酸、盐、钛酸酯类等代替浓硫酸作为催化剂，近年来开发了固体酸作为催化剂，生产邻苯二甲酸酯类增塑剂，其中负载型性固体酸（盐）是其中的十分重要的一类催化剂，该类催化剂一般采用混合法和浸渍法生产。

一、催化剂制备概述

（一）工业催化剂制造的特殊性

研究催化剂的制造方法，具有极为重要的现实意义。一方面，与所有化工产品一样，要从制备、性质和应用这3个基本方面来对催化剂加以研究；另一方面，工业催化剂又不同于绝大多数以纯化学品为主要形态的其他化工产品。催化剂（尤其是固体催化剂）多数有较复杂的化学组成和物理结构，并因此形成千差万别的品种系列、纷繁用途以及专利特色。因此研究催化剂的制备技术，便会有更大的价值及更多的特色，而不可简单混同于通用化学品。

工业催化剂，其性能主要取决于化学组成和物理结构。由于制备方法的不同，尽管成分、用量完全相同，所制出的催化剂的性能仍可能有很大的差异。在科学技术发达的今天，厂家要对其工业催化剂的化学组成保守商业秘密已是相当困难的事。只要获得少量的工业催化剂样品，用不太长的时间，用户就比较容易地弄清其主要化学成分和基本物理结构，然而却往往并不能据此轻易仿造好该种催化剂。因为，其制造技术的许多诀窍，并不是通过其组成化验之后，就可以轻易地“一目了然”的。这正是一切催化剂发明的关键和困难所在。如果说今日化工产品的发明和创新大多数要取决于其相关催化剂的发明和创新的话，那么也就可以说，催化剂的发明和创新，首要的核心便是催化剂制造技术的发明和创新了。

在化学工业中，可以用作催化剂的材料很多。以无机材质为主的固体非均相催化剂，包括金属、金属氧化物、硫化物、酸、碱、盐以及某些天然原料；以分子筛等复盐为代表的无机离子交换剂和离子交换树脂等有机离子交换剂，也是这类催化剂的常用材料；以金属有机化合物为代表的均相配合物催化剂，是目前新型的另一大类催化剂；以酶为代表的生物催化剂，其在化工领域的研究和应用，近年也有了长足的进展。不同形态的催化剂，需要不同的制备方法。

（二）工业催化剂制造过程

在催化剂生产和科学研究实践中，通常要用到一系列化学的、物理的和机械的专门操作方法来制备催化剂。换言之，催化剂制备的各种方法，都是某些单元操作的组合。例如，归纳起来，固体催化剂的制备大致采用如下某些单元操作：溶解、熔融、沉淀（胶凝）、浸渍、离子交换、洗涤、过滤、干燥、混合、成型、焙烧和还原等。

针对固体多相催化剂的各种不同制造方法，人们习惯上把其中关键而有特色的操作单元的名称，定为各种工业催化剂制备方法的名称。据此分类，目前工业固体催化剂的几种主要传统制造方法包括沉淀法、浸渍法、混合法、离子交换法以及热熔融法等。

二、混合法制备催化剂原理

不难想象，两种或两种以上物质机械混合，可算是制备催化剂的一种最简单、最原始的方法。多组分催化剂在压片、挤条或滚球之前，一般都要经历这一操作。有时混合前的一部分催化剂半成品，要用沉淀法制备；有时还用混合法制备各种催化剂载体，而后烧结、浸渍。

混合法设备简单，操作方便，产品化学组成稳定，可用于制备高含量的多组分催化剂，尤其是混合氧化物催化剂。此法分散性和均匀性显然较低。但在合适的条件下也可与其他经典方法相比拟，或相接近。为改善这种制法分散性差的弱点，可以加入表面活性剂、分散剂等一起混合，或改善催化剂后处理工艺。

根据被混合物料的物相不同，混合法可以分为干混与湿混两种类型。两者虽同属于多组分的机械混合，但设备有所区别。多种固体物料之间的干式混合，常用拌粉机、球磨机等设备，而液-固相的湿式混合，包括水凝胶与含水沉淀物的混合、含水沉淀物与固体粉末的混合等，多用捏合机、槽式混合器、轮碾机等，有时也用球磨机或胶体磨。还有使沉淀法浆料与载体粉料相混，称为混沉法，在槽式沉淀反应器中进行。

常见产品制备流程见图2－15、图2－16。

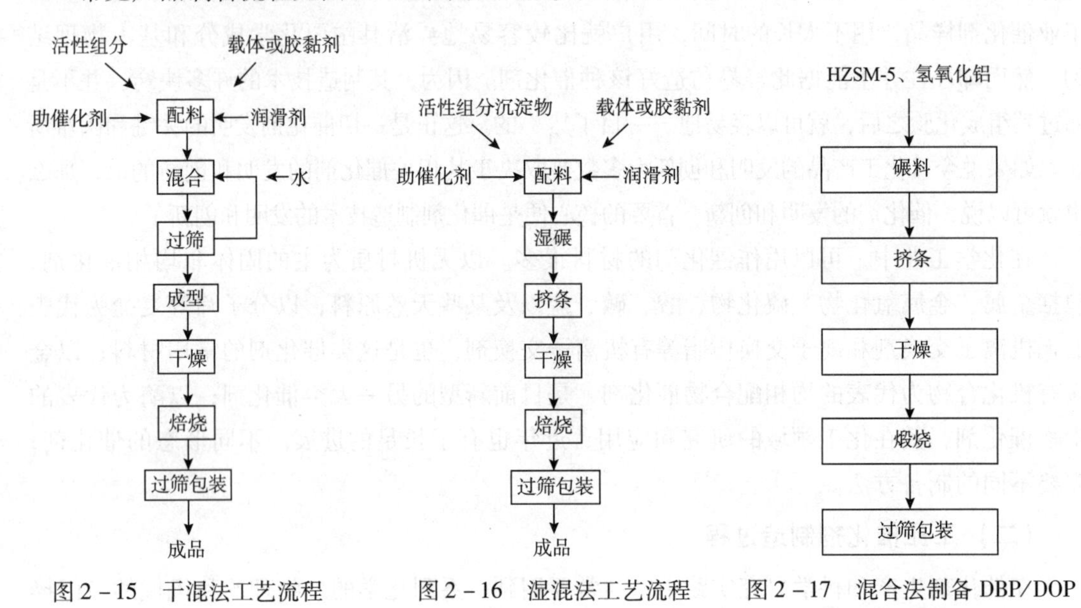

图2－15　干混法工艺流程　　图2－16　湿混法工艺流程　　图2－17　混合法制备DBP/DOP固体酸催化剂工艺流程

三、工艺参数及其选择

DBP/DOP催化剂多为酸催化剂，拟采用HZSM-5催化剂，但HZSM-5难以成型，故选择50%的HZSM-5与易于成型氢氧化铝混合挤条成型，然后经烘干、焙烧、冷却、过筛、包装即得成品，其流程图与图2－16相似，具体见图2－17。

（一）配料碾料

准确称取HZSM-5、氢氧化铝干粉各50kg置于轮碾机中，盖上上部大盖，干混10min后，边加去离子水边碾料，每10min停轮碾机彻底铲料1次。在刚开始的中温钒催化剂生产试验中发现，连续碾料50min以上，轮碾机中各点的物料混合效果才相对较好，结合对催化剂的性能测试数据的关联结果表明，能够达到该催化剂的要求。因此碾料条件为：物料干混时间10min，碾料时间50～60min，每10min停轮碾机彻底铲料1次。

将配好的各种物料加入碾子充分混合均匀，并适当加水碾压，使物料具有一定的可塑性，供挤条成型。碾压时间控制在50～70min。

（二）挤条

根据需要提交成 ϕ4.5～5.5mm，长4.5～5.5mm，考虑到干燥时条的收缩性，选择模具孔为5mm。碾料结束前，调节好物料的水分，并确保有合适的塑性。

将碾好的物料根据生产需要挤压成型，用铝盘送入烘箱内干燥后，供煅烧岗位使用。

挤条规格（根据生产商所需）：条为 ϕ4.54～5.5mm。

出料：顺畅、连续、有一定的强度（条不摊下来）。

（三）干燥

干燥是一热操作，干燥是用加热的方法脱除湿条中水分或其他溶剂，包括已洗净湿沉淀中的洗涤液等。干燥后的产物，通常还是以氢氧化物、氧化物或硝酸盐、碳酸盐、草酸盐、铵盐和醋酸盐的形式存在。一般而言，这些化合物既不是催化剂所需要的化学状态，也尚未具备较为合适的物理结构，对反应不能起催化作用，故称催化剂的钝态。把钝态催化剂经过一定方法处理后变为活泼催化剂的过程称为催化剂的活化（不包括再生），其主要目的去除水分但不能够使物料分解，此外，温度的高低直接影响物料的脱水速度，温度尽管不能使物料分解，但一般如果温度大于150℃，会使物料脱水过快而使的物料的强度快速丧失，太低又会严重影响产量、降低设备的利用率，故一般生产选择温度为100～120℃，为了便于生产管理、保证物料充分烘干，时间选择在16～20h。

为了使生产稳定运行，烘干后的钢条水分必须控制，生条水分≤9%。

（四）焙烧

焙烧是继干燥之后的又一热处理过程，但这两种热处理的温度范围和处理后的热失重是不同的，其区别如表2－10所示。干燥对催化剂性能影响较小，而焙烧的影响则往往较大。

表2－10　干燥与焙烧的区别

单元操作	温度范围/℃	烧失重（1000℃）/%
干燥	80～300	10～50
中等温度焙烧	300～600	2～8
高温焙烧	>600	<2

被焙烧的物料可以是催化剂的半成品（如洗净的沉淀或先驱物），但有时可能是催化剂成品或催化剂载体。

焙烧的目的是：①通过物料的热分解，除去化学结合水和挥发性杂质（如 CO_2、NO_2、NH_3），使之转化为所需要的化学成分，其中可能包括化学价态的变化；②借助固态反应、互溶、再结晶，获得一定的晶型、微粒粒度、孔径和比表面积等；③让微晶适度地烧结，提高产品的机械强度。

可见，焙烧过程有化学变化和物理变化发生，其中包括热分解过程、互溶与固态反应、再结晶过程、烧结过程等。这些复杂的过程对成品性能的影响也是多方面的。如许多无机化合物在低温下就能发生固态反应，而催化剂（或其半成品）的焙烧温度常常近于500℃左右，所以活性组分与载体间发生固态相互反应是可能的。再如，烧结一般使微晶长大，孔径增大，比表面积、比孔容积减小，强度提高等，对于一个给定的焙烧过程，上述的几个作用过程往往同时或先后发生，当然也必定有一个或几个过程为主，而另一些过程处于次要地位。显然，焙烧温度的下限取决于干燥后物料中氢氧化物、硝酸盐、碳酸盐、草酸盐、铵盐之类易分解化合物的分解温度。这个温度，可以通过查阅物性数据和一般的热分解失重曲线的测定来确定。焙烧温度的上限要结合焙烧时间一并考虑。当焙烧温度低于烧结温度时，时间越长，分解越完全；若焙烧温度高于烧结温度，时间越长，烧结越严重。为了使物料分解完全，并稳定产物结构，焙烧至少要在不低于分解温度和不高于焙烧后物料的烧结温度的条件下进行。温度较低时，分解过程或再结晶过程占优势；温度较高时，烧结过程可能较突出。

焙烧设备很多，有高温电阻炉、旋转窑、隧道窑、流化床等。选用什么设备要根据焙烧温度、气氛、生产能力和设备材质的要求来决定。任何给定的焙烧条件都只能满足某些主要性能的要求。例如，为了得到较大的比表面，在不低于分解温度和不高于使用温度的前提下，焙烧温度应尽量选低，并且最好抽真空焙烧。为了保证足够的机械强度，则可以在空气中焙烧，而且焙烧时间可长一些。为了制备某种晶形产品（如γ-Al_2O_3或α-Al_2O_3），必须在特定的相变温度范围内焙烧。为了减轻内扩散的影响，有时还要采取特殊的造成孔技术，例如，预先在物料中加入造孔剂，然后在不低于造成孔剂分解温度的条件下焙烧等。

为了保证制得的固体酸催化剂具有较好的理化参数（较大的表表面积等，具体参见本书中的“催化剂载体”部分）、较好的强度等，氢氧化铝最好转型为γ-Al_2O_3，一般转型温度为450～500℃，故选择焙烧操作指标为：焙烧550℃、1～2h。

（五）过筛包装

负责对成品进行过筛和贮存。主要控制指标为：成品强度（侧压）≥40N/cm，完好率≥85%，低强度≤10%。

（六）主要设备

制备用于DBP/DOP合成固体酸催化剂生产用的设备主要有轮碾机、烘箱、挤条机、转炉、过筛设备、和电动葫芦等。

四、催化剂成型工艺——挤条

（一）成型与成型工艺概述

1. 成型的含义及其重要性

固体催化剂，不管以任何方法制备，最终都是以不同形状和尺寸的颗粒在催化反应器

中使用，因而成型是催化剂制造中的一个重要工序。

早期的催化剂成型方法是将块状物质破碎，然后筛分出适当粒度的不规则形状的颗粒作用。这样制得的催化剂，因其形状不定，在使用时易产生气流分布不均匀的现象。同时大量被筛下的小颗粒甚至粉末状物质不能利用，也造成浪费。随着成型技术的发展，许多催化剂大都改用其他成型方法，但也有个别催化剂因成型困难目前仍沿用这种方法，如合成氨用熔铁催化剂、加氢用的骨架金属催化剂等，因为这类催化剂不便采用其他方法成型。

成型是指各类粉体、颗粒、溶液或熔融原料在一定外力作用下互相聚集，制成具有一定形状、大小和强度的固体颗粒的单元过程。

成型是催化剂制造中的一个重要工序，可以从 3 个方面来理解。

（1）催化剂的形状，必须服从使用性能的要求。市售的固体催化剂必须是颗粒状或微球状，以便均匀地填充到工业反应器中，工业上常用的催化剂有圆柱形、球形、条形、蜂窝形、齿轮形等，如图 2－18 所示。

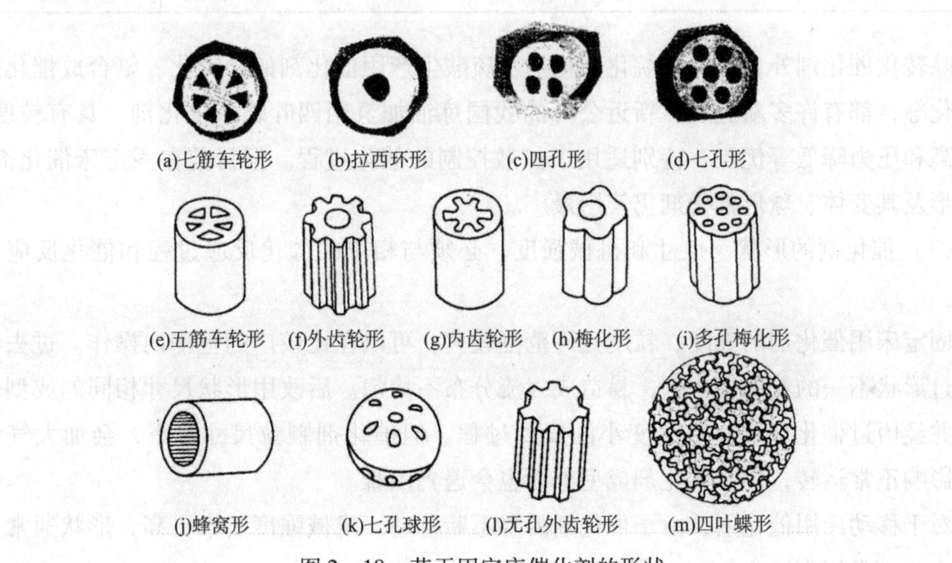

图 2－18 若干固定床催化剂的形状

例如，催化剂床层要求填充均匀，可以选用圆柱形的；催化剂床层要求填充均匀且比表面积较大，可以选用空心圆柱形的；催化剂床层要求填充均匀、填充量大且颗粒耐磨性高，可以选用球形的。

沸腾床等使用的小粒或微粒催化剂，欲调节催化剂形状而缺乏手段，故一般只能关心催化剂的粒径和粒径分布问题，而很少论及催化剂的形状。然而粒径 4～5mm 的固定床催化剂，这方面的研究、讨论和成果很多。由于各种成型工艺与设备从其他工业的移植和改造，使固定床等使用的工业催化剂的形状变得丰富多样，早期那种以无定形和球形为主的时代，已成为过去。

（2）催化剂的形状和成型工艺，又反过来影响催化剂的性能。形状、尺寸不同，甚至催化剂的表面粗糙程度不同，都会影响到催化剂的活性、选择性、强度、阻力等性能。一般而言，最核心的是对活性、床层压力降和传热这3个方面的影响。改变各种催化剂形状的关键问题，是在保证催化剂机械强度以及压降允许的前提下，尽可能地提高催化剂的表面利用率，因为许多工业催化反应是内扩散控制过程，单位体积反应器内所容纳的催化剂外表面积越大，则活性越高。最典型的例子是烃类水蒸气转化催化剂（催化反应是内扩散控制）的异形化，即由多年沿用的传统拉西环状，改为七孔形、车轮形等“异形转化催化剂”（外表面积大）。异形化的结果，催化剂的化学性质物理结构不加改动，就可以使得活性提高、压降减小，而且传热改善。这不失为一条优化催化剂性能的捷径。典型数据如表2－11所示。

表2－11　车轮状与拉西环状转化催化剂性能的比较

形　状	尺寸/mm	相对热传递	相对活性	相对压力降
传统拉西环	$\phi 16 \times 6.4 \times 16$	100	100	100
车轮状	$\phi 17 \times 17$	126	130	83

除转化催化剂外，还有甲烷化催化剂及硫酸生产用催化剂的异形化、氨合成催化剂的球形化等，都有许多新进展。新近公开的我国炼油加氢用四叶蝶形催化剂，具有粒度小、强度高和压力降低等优点，特别适用于扩散控制的催化过程。但目前在固定床催化剂中，圆柱形及其变体、球形催化剂仍使用最广。

（3）催化剂的形状、尺寸和机械强度，必须与相应的催化反应过程和催化反应器相匹配。

固定床用催化剂的强度、粒度允许范围较大，可以在比较广的范围内操作。过去曾经使用过形状不一的粒状催化剂，易造成气流分布不均匀。后改用形状尺寸相同的成型催化剂，并经历过催化剂尺寸由大变小的发展过程。但催化剂颗粒尺寸过小，会加大气流阻力，影响正常运转，同时催化剂成型方面也会遇到困难。

对于移动床用催化剂，由于催化剂需要不断移动，机械强度要求更高，形状通常为无角的小球。常用直径3～4mm或更大的球形颗粒。

对于流化床用催化剂，为了保持稳定的流化状态，催化剂必须具有良好的流动性能，所以，流化床常用直径20～150μm或更大直径的微球颗粒。

对于悬浮床用催化剂，为了在反应时使催化剂颗粒在液体中易悬浮循环流动，通常用微米级至毫米级的球形颗粒。

2. 成型方法的分类与选择

从成型的形式和机理出发，可分为自给造粒成型（滚动成球等）和强制造粒成型（如压片与压环、挤条、滴液、喷雾等）。

成型方法的选择主要从两个方面因素考虑。

（1）根据成型前物料的物理性质，选择适宜的成型方法。例如，某些强制造粒成型方法，如压片或挤条，成型时摩擦力极大，被成型物料往往瞬间有剧烈的温升，有时能使物料晶体结构或表面结构发生变化，从而影响到催化剂物料的活性和选择性。又如，当催化剂在使用条件下的机械强度是薄弱环节，而改变物料成型前的物料性质又有损于催化剂的活性或选择性时，压片成型常是较可靠的增强机械强度的方法。

（2）根据成型后催化剂的物理、化学性质，选择适宜的成型方法。例如，成型后催化剂颗粒的外形尺寸不应造成气体通过催化剂床层的压力降 ΔP 过大（ΔP 随颗粒当量直径的减少而增大）；成型后催化剂颗粒的外形尺寸应保证良好的孔径结构（孔隙率、比孔容积、比表面积）。

另外，催化剂使用条件、催化剂运输、装填、开停车等也是催化剂成型选择必须考虑的因素。

3. 成型用助剂

（1）黏结剂：黏结剂的作用主要是增加固体催化剂的机械强度，一般可以分为 3 类。常用的黏结剂如表 2－12 所示。

表 2－12 黏结剂的分类与举例

基本黏结剂	薄膜黏结剂	化学黏结剂
沥青	水	$Ca(OH)_2 + CO_2$
水泥	水玻璃	$Ca(OH)_2$ + 糖蜜
棕榈蜡	合成树脂，动物胶	$MgO + MgCl_2$
石蜡	硝酸、醋酸、柠檬酸	水玻璃 + $CaCl_2$
黏土	淀粉	水玻璃 + CO_2
干淀粉	皂土	铝溶胶
树脂	糊精	硅溶胶
聚乙烯醇	糖蜜	

基本黏结剂用于填充成型物料的空隙，包围粉粒表面不平处，增大可塑性，提高粒子间的结合强度，同时兼有稀释和润滑作用，减少内摩擦。

薄膜黏结剂用于增加成型原料粉体粒子的表面湿润度，呈薄膜状覆盖在粒子的表面，成型后经干燥而增加催化剂的强度。多为液体，用量为 0.5% ~2% 之间。

化学黏结剂用于通过黏结剂组分之间或黏结剂与成型原料之间发生化学反应，从而增加催化剂的强度。

不论选用哪种黏结剂，都必须能润滑物料颗粒表面并具备足够的湿强度；而且在干燥或焙烧过程中可以挥发或分解。

（2）润滑剂：润滑剂的作用主要是降低成型时物料内部或物料与模具间的摩擦力，使成型压力均匀，产品容易脱模。多数为可燃或可挥发性物质，能在焙烧中分解，故可以同时起造孔作用。其用量一般为 0.5% ~2% 。

常用固体、液体润滑剂举例如表 2－13 所示。

表2－13　常用成型润滑剂

液体润滑剂	固体润滑剂	液体润滑剂	固体润滑剂
水	滑石粉	可溶性油和水	硬脂酸镁等盐
润滑油	石墨	硅树脂	二硫化钼
甘油	硬脂酸	聚丙烯酰胺	石蜡

（二）挤条成型工艺

1. 成型工艺

挤条成型也是一种最常用的催化剂成型方法。其工艺和设备与塑料管材的生产相似，主要用于塑性好的泥状物料如铝胶、硅藻土、盐类和氢氧化物的成型。当成型原料为粉状时，需在原料中加入适当的黏结剂，并碾压捏合，制成塑性良好的泥料。为了获得满意的黏着性能和润湿性能，混合常在轮碾机中进行。

挤条成型是利用活塞或螺旋杆迫使泥状物料从具有一定直径的塑模（多孔板）挤出，并切割成几乎等长等径的条形圆柱体（或环柱体、蜂窝形断面柱体等），其强度决定于物料的可塑性和黏结剂的种类及加入量。本法产品与压片成型品相比，其强度一般较低。必要时，成型后可辅以烧结补强。挤条成型的优点是成型能力大，设备费用低，对于可塑性很强的物料而言，这是一种较为方便的成型方法。对于不适于压制成型的1～2mm的小颗粒，采用挤条成型更为有利。尤其在生产低压、低流速所用催化剂时较适用。

挤条成型的工艺过程，一般是在卧式圆筒形容器中进行，大致可以分成原料的输送、压缩、挤出、切条4个步骤。首先，料斗把物料送入圆筒；在压缩阶段，物料受到活塞推进或螺旋挤压的力量而受到压缩，并向塑模推进；之后，物料经多孔板挤出而成条状，再切成等长的条形粒。

2. 影响因素

原料应为粒度均匀的细粉末，经过润湿，成为均一的胶泥状物，以便于成型。有硬粒的混合均匀的物料常因粒子堵塞多孔过滤网而迫使挤条无法进行。

水的加入量与粒度结构及原料粒子孔隙度无关，粉末颗粒越细，水（黏结剂）加入越多，物料越易流动，越容易成型。但黏结剂量过大，使挤出的条形状不易保持。因此，要使浆状物固定，并具有足够的保持形状的能力，就应选择适当的黏结剂加入量。另外也要考虑到挤条成型后的干燥操作。黏结剂含量越多，干燥后收缩愈大。干燥后的水合氧化铝粉等适于加硝酸或磷酸捏合，这种酸化后形成的胶状物可以作为黏结剂。捏合后的物料也可以直接挤条，不加黏结剂，如果物料的塑性好的话。水合氧化铝粉末中粒子的大小必须有适当的比例，一般要严格控制物料的筛分规格。如果都是粗粒子，加酸胶化困难，成型后强度不好。如果都是微小的晶体粒子或胶体粒子，则原料干粉制备中的洗涤又相当困难。

3. 挤条成型设备

为了使物料挤条成型，最重要的是挤条设备能连续而均匀地向物料施加足够的压力。

比较简单的挤条装置是活塞式（注射式）挤条机。这种装置能使物料在压力的作用下，强制穿过一个或数个孔板。最常见的挤条成型装置是螺旋挤条机（单螺杆），其结构如图2－19所示，这种设备广泛用于陶瓷、电瓷厂的练泥工序与催化剂的挤条成型工序。

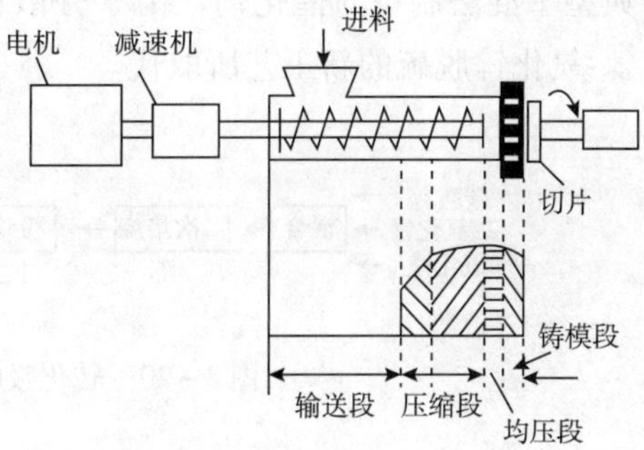

图2－19　单螺杆挤条机示意

五、催化剂制备实例

（一）固体磷酸催化剂的制备

磷酸和磷酸盐属于强酸型催化剂，它们一般是通过与反应成分间进行质子交换而促进化学反应的。这一类强酸型催化剂，往往具有促进烯烃的聚合、异构化、水合、烯烃烷基化及醇类的脱水等各种反应的功能。

将磷酸用作催化剂有3种方式：①以液态的方法使用；②涂于石英等的表面而形成薄膜后使用；③载于硅藻土等吸附性载体上形成所谓固体磷酸。

硅藻土是一种天然矿物，多以粉状出售，主要成分SiO_2，此外还含有Al_2O_3、Fe_2O_3、CaO、MgO等。硅藻土本身是一种酸性物质，与磷酸难于反应，但对磷酸有较强的吸附和载持能力，用作固体磷酸的载体较为合适。

以下是以湿混法制备固体磷酸催化剂的一个实例的要点：在100份硅藻土中，加入300～400份90%的正磷酸和30份石墨。石墨使催化剂易于成型，且由于它传热快，能有效地防止反应中因部分蓄热而引起催化剂的损坏。充分搅拌上述3种物料，使之均匀。然后放置在平瓷盘中，在100℃的烘箱中使之干燥到适于成型的潮度。用成型机将干燥后的催化剂粉末制成规定大小的片剂，再进行热处理，例如在马弗炉或回转炉中通热风进行活化。这样制得的固体磷酸催化剂，其活性由于载体的形态、磷酸含量、热处理方法、热处理温度及时间等条件不同而有显著差异。

（二）转化吸收型锌锰系脱硫剂的制备

转化吸收型锌锰系脱硫催化剂主要用于某些合成氨厂的原料气净化，目的是将气体中所含的有机硫（噻吩除外）转化并吸收，以保证一氧化碳低温变换催化剂和甲烷化催化剂的正常使用。也可以在天然气制氢等其他流程中用于脱除有机硫。

转化吸收型锌锰系脱催化剂，可以直接采用市售的活性氧化锌（或碳酸锌）、二氧化锰、氧化镁为原料制备，其制备流程见图2－20。碳酸锌也可以由锌锭、硫酸、碳酸钠通过沉淀反应制备。按规定配方将碳酸锌、二氧化锰、氧化镁依次加入混合机混合10～15min，然后恒速送入一次焙烧炉，在350℃左右进行第一次焙烧，使大部分碳酸锌分解为活性氧化锌。将初次焙烧过的混合物慢慢地加到回转造球机中，喷水滚制成小圆球。小圆球进入二次焙烧炉，在350℃左右第二次焙烧、过筛、冷却、气密包装，即得产品。这种典型干混法制备的催化剂，由于分散性差，脱硫效果不甚理想，已逐渐被先进的钴钼加氢-氧化锌脱硫的新工艺所取代。

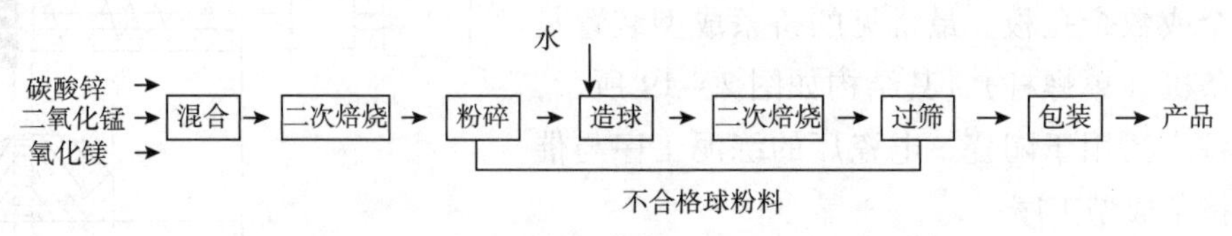

图2-20 转化吸收型锌锰系脱硫剂的制备工艺流程

第五节 制备绿色增塑剂柠檬酸三丁酯

到目前为止，属于无毒类增塑剂的品种越来越多，但从相关产品的规模化、成本化等因素考察，品种主要有柠檬酸三丁酯类、环氧化大豆油类等。考虑到大豆油来源于自然界，将大豆油环氧化而得，其来源（目前国内需大量进口）、效果不是太稳定，柠檬酸系采用生物发酵、提纯精制而得，国内产量越来越大，而且其品种较多，具有与DOP相似的增塑效果，近年来研究、应用越来越广泛，故本书重点介绍柠檬酸三丁酯增塑剂相关技术。

一、柠檬酸三丁酯概述

柠檬酸三丁酯（TBC）是一种无毒且性能优良、用途广泛的无毒增塑剂，可用于聚氯乙烯、氯乙烯共聚物、纤维素树脂的增塑，具有相溶性好、增塑效率高、无毒和挥发性小等优点，耐寒性、耐光性和耐水性优良，并且在树脂中有抗霉性，可用于食品包装和医疗卫生用品，TBC也是制备另一种无毒增塑剂乙酰柠檬酸三丁酯的重要原料。目前，TBC类增塑剂已被美国食品与药品管理局（FDA）批准用于食品包装、医疗器具、儿童玩具等塑料制品领域，用来代替具有致癌作用的邻苯二甲酸酯类增塑剂，我国也制定了相应的法律法规，限制邻苯二甲酸酯类增塑剂的使用。推广使用TBC类这种绿色产品，是塑料制品添加剂市场的发展方向，具有极好的市场发展前景。

二、合成反应原理

其生产原理也为酯化反应，所采用的催化剂及其发展历程与邻苯二甲酸酯类有相似之处，目前主要使用质子酸、固体超强酸、杂多酸、无机复合盐、混合氧化物、稀土化合物、纳米氧化物等催化剂催化合成TBC，采用这些固体催化剂合成TBC，具有催化剂用量少、时间短、产品易于分离，产品颜色浅，酯化产率高，催化剂可重复使用多次，不腐蚀设备，对环境无污染等优点，值得大力研究与应用。柠檬酸与正丁醇反应合成TBC为典型的酯化反应机理。

TBC的合成是由柠檬酸和正丁醇在催化剂的作用下通过酯化反应完成的，反应方程式如下：

$$C_6H_8O_7 + 3C_4H_9OH \longrightarrow C_{18}H_{32}O_7 + 3H_2O \quad (2-33)$$

$$HO-\underset{\underset{CH_2COOH}{|}}{\overset{\overset{CH_2COOH}{|}}{C}}-COOH + C_4H_9OH \longrightarrow HO-\underset{\underset{CH_2COOC_4H_9}{|}}{\overset{\overset{CH_2COOC_4H_9}{|}}{C}}-COOC_4H_9 + H_2O \quad (2-34)$$

可能的副反应有：

$$C_4H_2OH \longrightarrow CH_3CH_2CH=CH_2+H_2O \quad (2-35)$$

$$2C_4H_2OH \longrightarrow C_4H_2—O—C_4H_2+H_2O \quad (2-36)$$

柠檬酸和正丁醇在适当的条件下发生酯化反应，由于生成的产物是柠檬酸三丁酯和水，其中还包括过量的未参与反应的正丁醇以及生成的柠檬酸一丁酯和柠檬酸二丁酯，因此要先分离再提纯，当生成水量不再增加，而且反应物酸值不再继续降低时，则酯化反应结束，冷却到90℃左右，用相同温度的5%碳酸钠水溶液中和，碳酸钠溶液的体积为剩余酸值的三倍，倒入分液漏斗中静置分层，酯在下层，放出下水酯，加温水洗涤，静置分层，同样弃去水层，再用真空减压蒸馏脱去醇和水即得成品。

三、制备过程及其工艺参数选择

（一）柠檬酸三丁酯制备过程

主要工艺过程为柠檬酸与正丁醇在催化剂和带水剂存在下作用生成柠檬酸三丁酯，经脱醇、中和、水洗、汽提、脱色、压滤等工序得产品。常用的催化剂为无机或有机酸，带水剂为正丁醇本身。柠檬酸三丁酯生产工艺流程见图2－21。

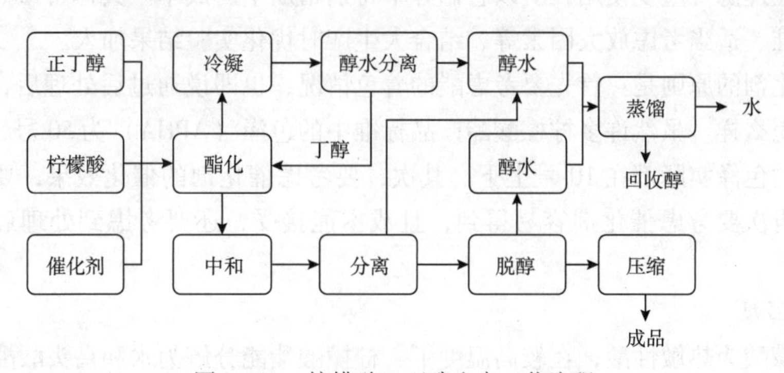

图2－21 柠檬酸三丁酯生产工艺流程

用柠檬酸和正丁醇发生酯化反应，直接生成柠檬酸三丁酯，以对传统的生产工艺进行革新，降低柠檬酸三丁酯的生产成本。该反应的影响因素很多，主要有反应原料配比、酯化温度、反应时间、催化剂的选择及用量、减压蒸馏的温度和活性碳的选择及用量等。

另外，上述反应过程中，会伴随发生一些副反应，产生一些副产物，如丁烯和柠檬酸三丁烯酯等。因此，需要对此反应的影响因素进行详细研究，以减少副产物生成，提高柠檬酸三丁酯的质量和收率。

（二）柠檬酸三丁酯制备过程的主要影响因素

张晶等研究了柠檬酸三丁酯的制备研究，结果表明：催化剂对柠檬酸三丁酯的合成影响较大，采用的催化剂品种与DOP合成的差不多，采用新复合催化剂，以柠檬酸和正丁醇为原料，合成了无毒增塑剂柠檬酸三丁酯。结果表明：柠檬酸三丁酯的最佳新催化合成工艺条件为柠檬酸为0.3mol，催化剂用量为TBC质量2.5%，$n_{柠檬酸}:n_{正丁醇}=1:4.5$，反应时间1.5h。在上述条件下，产品收率为98.48%，产品经气相色谱分析纯度大于99.0%；在最佳工艺条件下进行5.0L放大投料实验结果表明，采用自制的复合催化剂在最佳实验条件下进行催化合成TBC实验结果好于小试结果，装置运行稳定，实验结果优良，具有明显的工业前景。

1. 催化剂及其加入量

不同的催化剂对柠檬酸三丁酯反应的活性大不一样，可用于浓硫酸、硫酸氢盐、杂多酸（如磷钼酸、磷钨酸）、固体超强酸（如$S_2O_8^{2-}/TiO_2$）、离子液体、对甲苯磺酸、钛酸四丁酯、强酸性离子交换树脂、复合酸催化剂等，其中浓硫酸催化剂活性较高，其他催化剂的催化活性与浓硫酸的相比特别是固体酸包括固体超强酸的催化活性较低，因而反应温度较高，副反应较多。当用高碳醇来制备柠檬酸酯时，由于醇的沸点较高，即使不加催化剂，也能得到较好的反应效果。近年来有采用微波加一般催化剂的反应效果与浓硫酸的相当，吴永忠等采用CN104592030B中新复合催化剂，取得了与浓硫酸相同的催化剂效果。

催化剂品种的不同，对反应的影响也不同，因此使用的比例也不相同，例如用浓硫酸做催化剂，其用量一般在物料总量的0.1%~1%，一般优选0.3%~0.5%。用固体酸做催化剂时，由于催化剂和反应物不是处于均衡状态，故所加比例要高些，由于固体酸在反应完毕后，经过滤可重复使用，所以它们并不特别增加生产成本。具体可参照或以小试研究结果为基准、适当考虑放大因素等、结合大生产时优化实验结果加入。

选择催化剂的原则是：首先要考虑酯的着色情况，也即说通过后处理后，最终生成的成品的色泽怎么样。虽然许多柠檬酸酯产品标准中的色泽（APHA）为50号，但许多知名公司的产品的色泽实际都在10号上下。其次，要考虑催化剂的催化效果，要达到一定的反应速率。再次要考虑催化剂容易得到，且成本能接受，还要考虑到处理后的三废治理难易。

2. 反应温度

由于柠檬酸为热敏性酸，在较高温度下，柠檬酸酯能分解为水和乌头酸酯（丙烯三羧酸酯）。其化学反应式为：

$$HO-\overset{\displaystyle CH_2COOH}{\underset{\displaystyle CH_2COOH}{C}}-COOH + 3CH_3(CH_2)_3OH \xrightarrow[\Delta]{cat} HO-\overset{\displaystyle H_2C-\overset{O}{\overset{\|}{C}}-O-(CH_2)_3CH_3}{\underset{\displaystyle H_2C-\underset{\|}{\underset{O}{C}}-O-(CH_2)_3CH_3}{C}}-\underset{\underset{O}{\|}}{C}-O-(CH_2)_3CH_3 + 3H_2O \quad (2-37)$$

上述反应在160℃以上就明显加快，在柠檬酸乙酯和柠檬酸三丁酯中如含有乌头酸酯，将直接影响它的使用所以它们的技术标准中纯度虽然表示为99%，但实际商品纯度都控制在99.5%以上。再高沸点柠檬酸酯中，即使含有少量的乌头酸酯，在作为增塑剂使用时影响并不大。所以用低碳醇（碳原子个数小于4）来制备柠檬酸酯时，反应温度一般控制在155℃以下；用高碳醇（碳原子个数大于6）来制备柠檬酸酯时，由于醇的沸点较高，反应温度可控制150～170℃，但要采取相应措施，尽量缩短反应时间。

3. 带水剂

选择合适的带水剂有利于把水分从反应体系中移出而使反应平衡线正反应方向移动，从而促使方进行彻底。一般而言，各种醇都可以作为酯化反应的带水剂。为了既能使反应很好地进行，又能控制合适的反应温度以防止副反应的生成和成品的色泽变深，通常使用的带水剂主要有正己烷、环己烷、庚烷和甲苯等。此外带水剂的使用量也有讲究，既要满足能顺利地把水从体系中分离出来，又要有适当的比例分配在反应釜中以调节反应体系的温度。

4. 反应终点

反应终点一般以釜内剩余酸的含量来确定。终点时酸的浓度越小，反应物中三脂的浓度就越高，原料的转化率也越高，但所用的反应时间就越多，能源消耗就越高，设备的利用率就较低；釜内剩余酸值过高，除了降低原料的利用率外，还增加了废水处理的压力。一般而言，当釜内反应物酸值为0.3%～0.5%（以柠檬酸计）时，即为反应终点。

5. 原料配比

采用过量的醇有利于使柠檬酸反应比较充分，从而提高产品的收率。醇的过量分量一般为应反应掉分量的10%～50%。醇的加入方法可以是一次性加入，也可随着反应的不断进行而分批加入。在一次性加入时，醇过量的比例应控制在较低的水平，一般在10%～20%即可；在分批加入醇的工艺中，醇过量的比例可控制高些。

6. 脱色剂

为了使产品得到很低的色泽，加入脱色剂是完全必要的。在大多数情况下，活性炭是最普遍使用的脱色剂，它可以在反应开始时加入，待反应达到终点后，先脱去过量的醇，然后再用过滤的方法把活性炭滤出。活性炭的使用量一般在0.1%～0.3%之间。此外，也有报道不用活性炭做脱色剂的，而采用硅藻土或者硅酸镁做脱色剂。

（三）柠檬酸三丁酯精制

优化上述各项参数，得到了柠檬酸三丁酯粗品，粗品经中和、水洗、脱水和再过滤，就可得到高质量的柠檬酸三丁酯了。该工艺过程与DOP的后处理过程相类似。

中和所用的碱可以是氢氧化钠，也可以是碳酸钠，其浓度一般控制在3%～5%，碱液的用量一般为粗酯总量的25%～60%，中和时的温度一般掌握在50～90℃为宜，中和一般一次就可以，也有在酸值偏高的情况下进行二次中和。水洗一般用去离子水，用水量一般为粗制总量的25%～60%，水洗时的温度一般掌握在50～90℃为宜，水洗一般要两遍，有时为了提高质量，还要再增加一遍水洗。经水洗后的粗酯，进一步在较高的真空度下脱水1~2h，再一次过滤便可得到成品。

值得指出的是：柠檬酸三辛酯和它们的乙酰化物，由于其密度和水比较接近，所以它们在进行精制时，必须对水量、水温、搅拌方法等许多方面进行控制，防止乳化，以取得较好的效果。

（四）柠檬酸三丁酯合成优化工艺参数

在考察原料配比、反应温度、反应时间、催化剂的选择及用量等工艺条件基础上，确定最优工艺参数为：

①柠檬酸和正丁醇的反应摩尔配比1∶4.5；②柠檬酸和正丁醇的酯化温度120℃；③酯化时间4.5h；④催化剂：PW(40)/MCM催化剂，用量为占柠檬酸质量的2%；⑤中和水洗的条件选用3% Na_2CO_3，加入倍数3.5倍，中和温度95℃左右，中和时间约15min；⑥蒸馏的温度低于140℃；⑦活性炭的种类及用量为CO-A酯类专用粉炭，占产品质量的0.3%。

第三章　制备抗氧剂

第一节　抗氧剂简介

一、抗氧剂概述

（一）抗氧剂定义及要求

通常高分子材料在加工、贮存和使用过程中，其性能往往会发生变化而逐渐失去应用价值，这种现象称为高分子材料的“老化”。例如塑料的发黄、变脆、开裂等现象；橡胶的发黏、变硬、龟裂、绝缘性能下降等现象；纤维制品的变色、褪色、强度降低、断裂等现象。高分子材料的老化是一种不可逆的过程，所以防止或延缓老化，保持其优良的使用性能以延长其使用寿命无疑是十分重要的。

为了防止或延缓高分子材料的老化，提高其性能的稳定性，首先必须了解老化的原因。造成高分子材料老化的因素是多种多样的，可以分为内因和外因。内因主要为聚合物本身的分子结构、聚合物材料的加工方法以及添加的各种助剂，这些因素的变化都会影响高分子材料的老化。外因则如太阳光的照射，环境中氧、臭氧和水的作用，气候的变化，微生物的侵蚀，以及加工时受热，使用时的机械磨损等。在造成老化的各种因素中，一般认为外因中的氧、光和热的影响最为重要。实际上，高分子材料在氧、光和热的作用下，易于发生降解和交联反应，从而破坏了高分子材料的分子结构，影响了它的应用性能。因此如何设法使高分子材料不发生降解与交联反应是非常重要的。

研究发现，对于大多数聚合物而言，可以通过添加一种或多种化学物质来抑制或延缓老化过程的发生，以提高其稳定性，这类化学物质统称为稳定化助剂，也可以统称为“防老剂”。如果所加入的物质主要用来防止高分子材料氧化老化，叫做抗氧剂；若主要用来防止热老化，叫做热稳定剂；主要用来防止光老化的叫做光稳定剂。其中，热稳定剂与光稳定剂将在第四、五两章中讨论，本章仅讨论抗氧剂。

一般而言，高分子材料用抗氧剂应当能满足下列的性能要求：①抗氧化性好；②与材料的相容性好；③稳定性好（如不变色、与材料中的其他助剂不发生反应、挥发性小、耐热性好等）；④无毒，无刺激，无异味，无污染。

（二）抗氧剂应用

高分子材料无论是天然的还是合成的，都易发生氧化反应，为了克服氧化对材料褪色、泛黄、硬化、龟裂、丧失光泽或透明度等的破坏，消除抗冲击强度、抗挠曲强度、抗张强度和伸长率等物理性能大幅降低等影响，确保塑料制品的正常使用。目前延缓高聚物氧化作用的措施中，添加抗氧剂是高聚物稳定化处理最简单、最有效的通用方法。抗氧剂是塑料中应用最广泛的助剂，几乎涉及所有的聚合物制品。不同抗氧剂的抗氧化性能是不一样的，具体见表3－1。

表3－1　抗氧剂在聚烯烃中的抗氧效能

抗氧剂	氧化诱导期/min	
	聚烯烃，抗氧剂为0.5质量份，180℃	聚丙烯，抗氧剂为0.1质量份，180℃
STA-1	1394	545
Irganox 1010	800	489
Topanol CA	296	258
Antioxidant 736	274	266
Irganox 565		229
Nocrac 300	140	209
甲叉736	192	194
Antioxidant 1076		180
甲叉4426-S	255	166
Antioxidant 2246	214	160
4426-S	238	143

抗氧剂的应用非常广泛，除了用于橡胶、塑料、纤维等高分子材料领域以外，在石油、油脂及食品工业的应用也很普遍，可以防止燃料油、润滑油酸值和黏度的上升以及油脂、肉类和饲料的酸败。在此我们主要讨论各类高分子材料橡胶、塑料和纤维等用抗氧剂的应用。

1. 橡胶用抗氧剂

胶料在使用过程中容易发生老化，需要加入防护体系延缓老化，避免性能快速下降。物理防老剂一般为光屏蔽剂或者蜡，化学防老剂包括胺类、酚类、酯类等化合物。合成橡胶在合成过程中要加入少量抗氧剂，而在后加工过程中要加入较大量的防老剂。

1）合成橡胶用抗氧剂

合成橡胶在合成过程加入的抗氧剂要根据合成工艺以及产品颜色来选择。溶聚橡胶需要选择易溶于橡胶合成所用溶剂的抗氧剂，乳聚橡胶则要选择能与橡胶合成所用的乳化剂形成稳定乳液的抗氧剂，此外根据产品的颜色选择污染型或非污染型的抗氧剂。聚丁二烯橡胶（BR）、苯乙烯热塑性弹性体、异戊橡胶（IR）等溶聚橡胶以前多采用抗氧剂BHT（264），有时并用亚磷酸酯类抗氧剂TNP（TNPP）。抗氧剂TNP容易水解，因生成的壬基

酚影响生物的生殖健康而被禁止使用。抗氧剂 BHT 相对分子质量较小，容易挥发，国外研究认为其较多的挥发物对环境有害。

目前多采用其他酚类抗氧剂进行替代上述有环保问题的抗氧剂，较为常见的有抗氧剂 1076 和 1520，或并用辅助抗氧剂以产生协同效应。浅色乳聚橡胶多采用酚类抗氧剂如苯乙烯化苯酚，深色橡胶多采用污染型胺类抗氧剂。

合成橡胶抗氧剂正向环保、大相对分子质量、复配和多功能方向发展。可以通过 DSC 法检测生胶的氧化诱导期或者氧化诱导温度，也可以通过耐热氧老化性能来考察抗氧剂的性能。浅色橡胶制品还需要考察耐热氧老化性能和耐黄变性能。

2）防老剂

物理防老剂。合成橡胶胶料多采用石蜡作为耐臭氧和耐天候老化的物理防老剂。橡胶硫化时溶于其中的石蜡冷却后逐渐迁移到橡胶表面，形成一层致密而柔铟的蜡膜，从而隔离空气中的臭氧，起到防护作用。与普通防护蜡相比，改性防护蜡分子结构中拥有多种官能团（如羧基、羟基等）。改性防护蜡的防护能力比普通防护蜡高 1.5 ~3 倍。使用改性防护蜡可以减少抗臭氧剂用量。

化学防老剂。在合成橡胶加工过程中应用的防老剂主要是胺类和喹啉类防老剂。常见品种是防老剂 4020，4010NA 和 RD。这三种防老剂用量占目前我国防老剂用量的 80% 以上。萘胺类防老剂目前已禁用。

对苯二胺类防老剂一般根据对苯二胺所连基团分为二烷基对苯二胺类、二芳基对苯二胺类和烷基芳基对苯二胺类。二烷基对苯二胺类防老剂主要品种有防老剂 4030 和 288 等。防老剂 4030 易分散，在橡胶中溶解度较大，用量大时无喷霜问题，对混炼胶有加速硫化和缩短焦烧时间的作用；对静态臭氧老化防护效果极佳，明显优于耐臭氧老化性能优异的防老剂 4010NA 和 4020，特别适用于长期处于静态条件下的电线电缆、胶管、胶带等室外用橡胶制品胶料。烷基芳基对苯二胺类防老剂的主要品种有防老剂 4010、4010NA、4020 和 H 等。防老剂 4020 是目前轮胎胶料用量最大的防老剂品种，对臭氧老化和屈挠龟裂老化有优良的防护效果，对热氧老化和天候老化也有较好的防护作用，且对变价金属有钝化作用，适用于 NR，BR，SBR，NBR 和 CR 与石蜡（尤其是具有支链的混合蜡或微晶蜡）并用能增强静态防护效果。与防老剂 4010NA 相比，防老剂 4020 耐水抽提性能较好，可以达到长效防护的效果。但防老剂 4010NA 和 4020 胶料变红的缺陷，对铜、锰等有害金属的防护甚佳；缺点是胶料受光变成黑褐色，同时污染严重，故其仅适用于深色制品胶料。

喹啉类防老剂 RD 已经成为子午线轮胎胶料的主要防老剂之一，产品中的有效成分为 2，2，4-三甲基-1，2-二氢化喹啉的二、三、四聚体，特别是二聚体防老化性能极好，因此应尽量提高二聚体的含量。防老剂 RD 耐热氧老化性能卓越，对铜等金属离子有较强的抑制作用，但耐臭氧和耐屈挠性能较差，需与防老剂 AW 或对苯二胺类防老剂（防老剂 4020）等配合使用。防老剂 AW 可以防止橡胶制品由臭氧引起的龟裂，特别适用于动态条件下使用的橡胶制品胶料，与防老剂 H、D 和 4010 等配合使用，可增强其效能。

二芳基对苯二胺类防老剂主要品种有防老剂 3100 和 H 等。防老剂 3100 的特点是不喷出、对皮肤无刺激，对轮胎和其他橡胶制品的臭氧、氧和屈挠疲劳老化有很好的防护效果，特别适用于使用条件苛刻的载重轮胎和越野轮胎胶料，也是 CR 的特效抗臭氧剂。因 3100 分子结构两边的苯环上引进了 1 个或 2 个增溶基因，故其在橡胶中的溶解度增大，可以增大在胶料中的用量，还能彻底消除应用其他防老剂导致胶料变红的缺陷，对铜、锰等有害金属的防护甚佳；缺点是胶料受光变成黑褐色，同时污染严重，故其仅适用于深色制品胶料。

曹宏生等将新型大分子多酚抗氧剂 KY-616 用于顺丁橡胶抗热氧化时发现其具有高活性、耐迁移和低挥发的显著特点，另一方面，还可以防止焦烧和改善加工性能，硫化胶的力学性能和耐热氧老化性能随着抗氧剂用量的增加而提高。张瑶瑶等研究发现丁苯橡胶老化的初期是以降解反应为主，老化后期是以交联反应为主，同时认为使用差示扫描量热法（DSC）作为抗氧剂抗热氧老化效果评价方法是可行的。沈凯燕等研制了一种新型稳定剂中含有紫外吸收剂、终止剂、光稳定剂、抗氧剂和增白剂，对氯丁胶乳 SN242 的接枝性能、耐黄变性能和剥离强度都能明显提高。周晓慧等在进行 NBR/PVC（NBR：PVC = 80：20）共混材料时添加 5 份新型耐热抗氧剂 IRGANOX1520，材料的耐热氧老化性能得到明显提高。刘磊等在全钢载重子午线轮胎胎体加入 2 份黏合抗氧剂 BW-60 时，胶料的热氧老化性能和耐屈挠老化性能得到明显提高，同时与钢丝黏合效果得到明显改善，钢丝抽出力也提高约 10%。石敏在进行动态硫化制备 EPDM/PP 热塑性弹性体时加入 0.9 份抗氧剂 1010，使材料凝胶含量降低，耐油溶胀率增加，耐热氧老化性能显著提高。

近年来橡胶防老剂新品种开发与应用较少，而且随着环保要求越来越严格，防老剂逐渐向高性能化和环保化方向发展，橡胶防老剂品种逐渐趋于集中，未来用量最大的品种仍为防老剂 RD 和 4020。

2. 塑料用抗氧剂

随着房地产、汽车产业蓬勃发展，为了减轻二氧化碳排放和环境污染需求，其对轻量化和低 VOC 要求越来越强烈；另一方面，家用电器对塑料依赖及建材与公用事业方面要求塑料制品产量的加大，塑料的抗氧化和防老化问题越来越突出，因此，近几年对抗氧剂特别是新型环保抗氧剂的生产和研究引起广泛关注。容易引起氧化降解的塑料品种主要有聚丙烯、聚乙烯、聚酰胺、聚苯硫醚和聚氨酯等。

1）在聚乙烯中的应用

王华等通过长时间热氧老化和氧化诱导期实验，研究了受阻酚类抗氧剂 1010 和抗氧剂 1330 对 PE100 管材专用树脂中的抗氧化性能影响，发现抗氧剂 1010 抗氧化性能优于抗氧剂 1330。刘晶如等在研究高密度聚乙烯热氧老化时，加入复合 1010 与 168 抗氧剂，能够效抑制高密度聚乙烯热氧交联反应的发生。周瑜将 WM-1 复配型抗氧剂应用于 LDPE 时，在其经过多次反复塑制加工，依然表现出较好的稳定效果。李翠勤等合成了一种新型超支化桥联受阻酚抗氧剂（一端具有长链烷基，另一端带有两个受阻酚单元），并和单酚抗氧剂 1076 在两种聚乙烯中进行了比较应用，发现在两种聚乙烯中均有良好的抗氧化性能和

加工稳定性，效果优于抗氧剂1076。杨长龙等在研究过氧化物交联聚乙烯绝缘材料时发现炭黑和某些含硫酚类抗氧剂复配使用时，对其耐高温热老化性能有明显促进作用。曾光新等在制备辐照交联聚烯烃电缆料时发现抗氧剂对交联不利，但对材料的耐热氧老化性能有很大提高。翁起阳等利用三种方法对抗氧剂736在聚乙烯电缆料中抗氧性能影响对比时发现，抗氧剂736抗热氧老化性能均优于常用的抗氧剂264、抗氧剂1076、抗氧剂TCA和1010等。

2）抗氧剂在聚丙烯中的应用状况

宋程鹏等在比较新型抗氧剂FS042和传统抗氧剂1010在聚丙烯挤出产品时发现，两者产品颜色都出现较为明显变化，其中使用1010时首次挤出与末次挤出黄色指数差值为9.90，而FS042首次挤出黄色指数为5.72，末次挤出黄色指数为14.25，差值为8.53，较1010抗氧效果明显；同时还发现，多次挤出后，FS042样品的抗流动性变化能力优于1010配方样品。热依扎·别坎等分别研究抗氧剂与光稳定剂单独使用和复配使用对聚丙烯老化性能影响，结果发现：单独使用抗氧剂与聚丙烯共混，对其加工时抗氧化能力的增加先后顺序为受阻酚1076 > 受阻酚311 > 受阻酚1330 > 受阻酚1010；受阻酚1076与受阻胺944复配使用时，PP的长效抗氧化性能最好。姜兴亮认为在中国聚丙烯用抗氧剂主要品种是以多酚抗氧剂1010和1076为主，亚磷酸酯抗氧剂168为辅助，同时大规模涌现了复配抗氧剂，耐变色性能、耐热性能和高效、环保是当今世界聚丙烯用抗氧剂的开发方向，Mark AO-80、Irganox 1425、HPM-12和Irganox 245是新型抗氧剂的典型代表。雷祖碧等采用流变试验和长期热氧老化试验的方法对聚丙烯管材专用料抗氧化加工稳定性和热氧化效能进行评价，结果发现抗氧剂1790对聚丙烯加工性能和热稳定性能明显改善，其用量0.5份时，经150℃、2000h热空气老化后，使用抗氧剂1790的聚丙烯拉伸强度保持率达到125%，断裂拉伸应变保持率为80%。罗海研究发现，新型复配体系AL-BLEND S2225添加量少，具有较好抑制黄变和提高抗氧性能，并能显著降低VOC以及乙醛含量；使用0.5%抗氧剂AT-215的PP耐烘箱老化寿命达到500h，而添加0.3%抗氧剂AT-215、0.2%抗氧剂DSTP和0.5%抗氧剂S2225体系PP寿命可达到600h。Chen等用AO-SiO_2与聚丙烯共混后，发现聚丙烯的抗老化性能和耐热性能均有很大程度提高。程相峰等利用不同抗氧体系对聚丙烯进行耐热氧老化性能试验时发现了一种较好的体系。冯相赛等研究发现聚丙烯中加入某些抗氧剂后能够引起其相对分子质量和特征松弛时间增加，另一方面，即使微量抗氧剂的加入，也能使聚丙烯的熔融熵变和结晶度明显下降。

3）在聚酰胺中的应用

王飞等在进行玻璃纤维增强尼龙66复合材料时发现，添加LS-21抗氧剂和抗氧剂1098/168的复合材料后，在热空气老化后的力学性能保持率明显提高，其中LS-21抗氧剂对复合材料的初期加工稳定化和长期抗高温热氧老化作用更加明显。武海花等选用了不同抗氧剂经过热氧老化后，对尼龙6的耐黄变性能进行了评估，发现在Sunox508/Sunox626抗氧体系中并用光稳定剂，会降低整体抗氧化效果，Sunovin 5524/Sunovin 770影响最小。肖利群等在进行玻纤增强PA6时，分别添加抗氧剂1098、抗氧剂1076、抗氧剂168、抗氧剂 H3373、H161 和 H10，在 140℃热氧老化 1000h 后发现抗氧剂 H161 和抗氧剂 H3373 有较好的抗热氧老化效果，抗氧剂 H161 和 H3373 能有效防止 PA6/GF 复合材料表面微裂纹的产生。郑立等在制备性激光烧结用 PA12 粉末时，为了增强材料的热氧稳定性，添加两种不同的抗氧剂，经过热空气老化试验，发现主抗氧剂 1098 和辅助抗氧剂 2921T 并用对材料热稳定性有很大的改善作用。

4）在其他塑料品种中的应用

韩间涛等研究发现，聚氨酯中添加 1% 抗氧剂 1010 时，其拉伸强度经过 120℃、168h 热空气老化后没有明显变化。黄奕涵等在研究 ABS 耐热氧老化时选用抗氧剂 1076、抗氧剂 245 和抗氧剂 1098 为主抗氧剂，抗氧剂 168 为辅抗氧剂，结果发现，抗氧剂 245 为主抗氧剂的体系改性 ABS 效果最好。贺晓真等在研究乙烯醋酸乙烯酯（EVM）/聚乳酸（PLA）并用体系时，抗氧剂 1010 用量不同可以改变共混物的有效阻尼温域。王笑天等在聚苯硫醚（PPS）中加入 1% 抗氧剂 S-9228 后发现，材料氧化诱导温度从纯树脂的 476.7℃提高到 481.9℃，另一方面 PPS 的熔融温度、熔融热焓、结晶温度和结晶热焓有所下降。朱明源等在对 PBT 进行玻纤增强改性时，分别选用亚磷酸酯类、受阻酚类、有机硫类抗氧剂与碳自由基捕捉剂改善 PBT 热稳定性，结果发现，有机硫类、受阻酚和碳自由基捕捉剂复配三元抗氧体系在保证加工过程中热稳定性与耐黄变性能同时，也能改善增强 PBT 材料长期热氧老化过程中力学性能保持率与耐黄变性能。邬昊杰等对 PLA 回收再生利用时，通过加入抗氧剂对材料的热稳定性能有一定帮助，抗氧剂 B 和抗氧剂 C 的配比为 2∶1 时的稳定效果最好，多元醇与抗氧剂并用对 PLA 的结晶行为影响很小，但是多元醇与抗氧剂有协同效应，能够明显提高材料的热分解温度和拉伸强度。任德财等对聚甲醛热稳定性研究时，选用抗氧剂 245 作为主抗氧剂、抗氧剂 168 作为辅助抗氧剂和三乙醇胺复配后发现，抗氧剂用量为 0.3%（主辅配比 =4∶1），三乙醇胺用量为 0.1% 时聚甲醛的热稳定性得到明显提高。胡树等在浇注成型聚氨酯鞋底时，将紫外吸收剂 2013、光稳定剂 H1380 和抗氧剂 PS800 按 3∶1∶1 复配后添加 2% 时，发现能够抑制聚氨酯鞋底黄变的发生，延长鞋底的库存时间和使用寿命。王彪等在研究聚乳酸热降解时加入不同稳定剂后发现，TPP 能有效地阻止聚乳酸的热降解，UV944 与 7910 复配对 PLA 热稳定性的提高具有协同作用。

3. 在合成纤维中的应用

艾丽等利用高速纺丝工艺制得锦纶 66 纤维时加入自制的有机酸镧盐能够明显改善 PA66 的耐黄变性能。邵晓林等指出对化纤用抗氧剂在满足聚合物加工和使用要求的同时，优先考虑绿色环保和高效无毒抗氧剂的研发使用。顾鑫敏等认为人们对聚丙烯单丝光氧老化的关注和研究较多，但是其使用过程中由于会接触金属离子、酸和碱等其他因素，而对金属离子、水及压力的作用等方面则研究较少，这个领域应该引起重视。

4. 新型抗氧剂合成的研究状况

徐晓丹等介绍了多种 2，6-二苯基苯酚的制备方法和其在工程塑料与气体分离膜材中的应用。王俊等以 2，6-二叔丁基苯酚与多聚甲醛为基本原材料，用二乙胺作催化剂，在

甲醇溶液中合成3，5-二叔丁基-4-羟基苄甲醚新型抗氧剂，对DPPH具有良好的清除活性作用，其抗氧化性能优于抗氧剂1010和BHT。丁东源等采用4，4′-二(1-甲基-1-苯乙基)-二苯胺和硫黄为原料，用碘作催化剂制备了3，7-二（1-甲基-1-苯乙基）吩噻嗪型抗氧剂，使用后发现该抗氧剂具有较好的抗氧化性能和热稳定性能。沈建伟等选用氨基胍碳酸氢盐与85%的甲酸为原材料，合成得到新型抗氧剂3-氨基-1，2，4-三氮唑。柴春晓等用辣根过氧化物酶催化剂合成了新型抗氧剂4-乙基苯酚低聚物，在聚丙烯中添加0.5% 4-乙基苯酚低聚物时，在120℃、72h热空气老化后其性能几乎没有发生变化。罗意等采用负载酸性膨润土作为催化剂合成了一种液体丁辛基二苯胺型抗氧剂，发现与酚类抗氧剂复配后，润滑油的抗氧化性能提高30%。曹楠以三氯化磷、季戊四醇和双酚A作原材料制备的新型双酚A季戊四醇亚磷酸酯抗氧剂具有热稳定性高、抗氧效果好及毒性小的显著特点。吴文剑等在引发剂作用下，采用化学接枝的办法，将抗氧剂接枝到高分子材料分子链上，制备出的负载型抗氧剂，已成为抗氧剂领域的研究热点，其中SiO_2表面具有的羟基是制备负载型抗氧剂的主要无机载体材料之一。Munteanu利用反式-3，5-二叔丁基-4-羟基肉桂酸、3，5-二叔丁基-4-羟基苯基丙烯酸甲酯和3，5-二叔丁基-4-羟基苯乙烯为单体，与聚乙烯发生熔融接枝反应，制得聚乙烯负载型抗氧剂，添加在聚乙烯中能够提高PE的抗氧性和耐抽提性。陈晓伟用β-(3，5-二叔丁基-4-羟基苯基)-丙酸甲酯和苯硫基乙醇，选用酯交换工艺，制得的含硫液态酚醚型抗氧剂，具有抗氧化能力强和较好的油溶性，与常用的硫代酚型、受阻酚型相比，在聚乙烯材料中氧化诱导期提高50%以上。谢家明等以甲酚和双环戊二烯为主要原材料，合成了相对分子质量为800～1000、软化点大于100℃的聚合型非对称受阻酚抗氧剂。苏建华等以二苯胺为原料，选用α-甲基苯乙烯为烷基化试剂合成了4，4′-二（苯基异丙基）二苯胺抗氧剂，可与含硫抗氧剂协同应用于天然橡胶、丁苯橡胶、氯丁橡胶和丁基橡胶的抗氧化防护。张红骏等以多聚甲醛、正辛硫醇和邻甲酚为基本原材料，哌啶作为催化剂，二甲基甲酰胺（DMF）为溶剂合成了抗氧化剂［2，4-二（正辛基硫亚甲基)-6-甲基苯酚］。高景圣等在2015年用2，2′-亚甲基双（4，6-二叔丁基苯酚）和三氯化磷为原料，经过二次酯化反应制备了内环双酚亚磷酸酯类抗氧剂。杨腾等以2，6-二叔丁基对甲酚、三氯化磷和季戊四醇为原料，三乙胺为缚酸剂和催化剂合成了双（2，6-二叔丁基-4-甲基苯基）季戊四醇二磷酸酯（PEP-36）。李博仑等用壬烯和二苯胺为原材料，活性白土作为催化剂，通过烷基化反应制备了壬基二苯胺抗氧剂。王立敏等采用4，4′-异辛基二苯胺和2，6-叔丁基苯酚为原料，合成了4-<｛双［4-(1，1，3，3-甲基丁基）苯基］氨基｝甲基>-2，6-二叔丁基苯酚抗氧剂，与含铂化合物复配使用，有很好的协同作用，比单独使用时的氧化诱导期增加了约2倍。王俊等以十二胺、对溴苯胺和2-萘胺为原料，经过加成缩合反应制备的苯基-2-萘胺抗氧剂，在HDPE中氧化诱导期为157min，远远高于相同用量的N-苯基-2-萘胺和N，N′-二（2-萘基)-1，4-苯二胺，经110℃、氧压10.0MPa条件下老化70h后，其羰基指数仅为0.25，呈现出优异的抗热氧老化性能。高景圣等以2，2′-亚甲基双（4，6-二叔丁基苯酚）和三氯化磷为原料，经过二次酯化反应合成了性能优良的抗氧剂 TTEA。李瑞端等用2，4-二叔丁基苯酚、三氯化磷和季戊四醇作为原材料，开发了一步法合成双（24-二叔丁基苯基）季戊四醇亚磷酸酯的新工艺。刘池等采用双季戊四醇、3-(3，5-二叔丁基-4-羟基苯基）丙烯酸甲酯和辛癸混酸为原料，制备了一种酚酯型抗氧性合成酯。戴春燕等用没食子酸和正丁醇合成了没食子酸丁酯抗氧剂，并发现没食子酸丁酯的加入能明显提高聚丙烯材料的耐热氧性能。

总之，根据聚合物的自身特点和需求，添加合适的抗氧剂，以求更好地延长聚合物制品的寿命。当前抗氧剂的发展仍将以受阻酚类为主，约占到总份额的一半以上，并有不断增大的趋势。未来抗氧剂的发展势向高相对分子质量、多功能化、新型化、复合化、反应型和环保型发展，深入研究抗氧剂的结构特点，并以此为基础进一步开发出新型高效的抗氧剂，将对高分子材料的加工与应用起到深远的影响。

二、抗氧剂的作用机理

（一）聚合物的氧化降解机理

如前所述，高分子材料在加工、贮存和使用过程中难免要与空气接触，从而会发生老化现象，致使材料的外观改变，性能下降，逐渐丧失使用价值。其实，老化的原因是由于高分子聚合物与空气中的氧气发生了氧化降解反应，聚合物的结构随之发生了变化，包括分子链的断裂、交联等，见图 3－1。例如，聚丙烯和天然橡胶主要发生主链断裂，丁苯橡胶及丁腈橡胶主要发生交联，而聚醋酸乙烯则发生侧链的断裂。

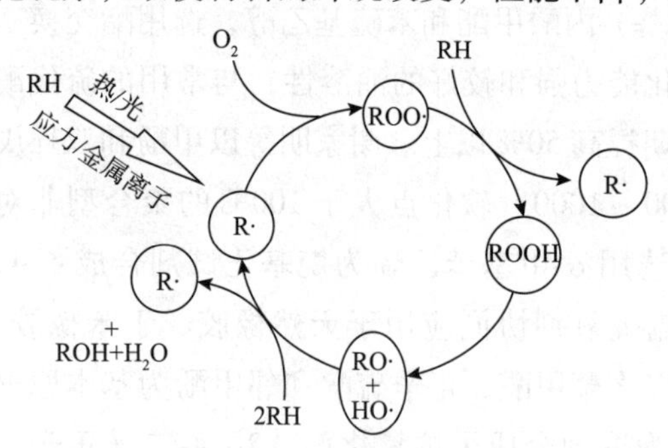

图 3－1　热氧老化的链反应过程

事实上，高分子聚合物与氧发生反应的形式是多种多样的，但对于聚合物的氧化老化而言，其所发生的反应一般都是自动氧化反应。而所谓的自动氧化反应是指在室温至 150℃ 下，物质按照链式自由基机理进行的具有自动催化特征的氧化反应。所以高分子聚合物的氧化降解也是由链的引发、链的增长和链的终止 3 个阶段所组成。

1. 链的引发

在光、热、引发剂等的作用下，聚合物分子结构薄弱环节处的 C—H 键发生断裂，产生自由基（R · 表示聚合物自由基）：

$$RH \xrightarrow{\text{光或热}} R \cdot + H \cdot \qquad (3-1)$$

一般情况下，高分子聚合物通过光照、受热所吸收的能量，尚不足以使某些弱键均裂而产生自由基，但是聚合物材料中往往含有易产生自由基的杂质，例如氢过氧化物、偶氮二异丁腈（AIBN）等物质，它们在较低的温度下就可以产生自由基，从而引发自动氧化

反应。还有，聚合材料中所含有的微量变价金属离子，如铜、铁、锰等也具有催化链式自由基反应的能力。

$$ROOH \xrightarrow{光或热} RO\cdot + \cdot OH \tag{3-2}$$

$$2ROOH \xrightarrow{光或热} RO\cdot + ROO\cdot + H_2O \tag{3-3}$$

$$H_3C-\overset{\overset{CN}{|}}{\underset{\underset{CH_3}{|}}{C}}-N=N-\overset{\overset{CN}{|}}{\underset{\underset{CH_3}{|}}{C}}-CH_3 \xrightarrow{80℃} 2H_3C-\overset{\overset{CN}{|}}{\underset{\underset{CH_3}{|}}{C}}\cdot + N_2\uparrow \tag{3-4}$$

另外，氧气是以单线态和三线态两种形式存在的，而所谓的三线态是双自由基形态。所以在一定的温度下三线态的氧本身就可与高分子聚合物反应而产生自由基或过氧化物(后者可以进一步分解产生自由基)。

$$RH + \cdot O-O\cdot \xrightarrow{\triangle} R\cdot + HOO\cdot \tag{3-5}$$

$$RH + \cdot O-O\cdot \longrightarrow ROOH \tag{3-6}$$

对于高分子聚合物而言，其氧化降解主要是由氢过氧化物分裂产生的自由基所引起的。引发是自动氧化反应最难进行的一步，但一旦发生，其反应速率将越来越快。

2. 链的增长

引发阶段所生成的高分子烷基自由基（R·）具有非常高的活性，能迅速与空气中的氧结合，产生高分子过氧自由基（ROO·），该过氧自由基能夺取聚合物分子中的氢而产生新的高分子烷基自由基（R′·）和氢过氧化物（ROOH）。氢过氧化物又进一步产生新的自由基，该新自由基又进一步与聚合物反应而造成了链的增长。

$$R\cdot + O_2 \longrightarrow ROO\cdot \tag{3-7}$$

$$ROO\cdot + R'H \longrightarrow R'\cdot + ROOH \tag{3-8}$$

$$ROOH \longrightarrow RO\cdot + \cdot OH \tag{3-9}$$

$$ROOH + RH \longrightarrow RO\cdot + R\cdot + H_2O \tag{3-10}$$

$$RO\cdot + RH \longrightarrow R\cdot + ROH \tag{3-11}$$

$$\cdot OH + RH \longrightarrow R\cdot + H_2O \tag{3-12}$$

3. 链的终止

当链增长反应进行到一定程度，体系中自由基浓度增大到一定量时，它们彼此碰撞的几率加大，自由基之间的结合生成惰性产物，会使自动氧化反应终止，即为链的终止阶段。主要的终止反应有：

$$R\cdot + R\cdot \longrightarrow R-R \tag{3-13}$$

$$R\cdot + RO\cdot \longrightarrow ROR \tag{3-14}$$

$$2RO\cdot \longrightarrow ROOR \tag{3-15}$$

$$2ROO\cdot \longrightarrow ROOR + O_2 \tag{3-16}$$

$$RO\cdot + ROO\cdot \longrightarrow ROR + O_2 \tag{3-17}$$

$$R\cdot + \cdot OH \longrightarrow ROH \tag{3-18}$$

总之，在聚合物的氧化过程中，引发是一缓慢过程，需要较高的活化能；链增长阶段的反应快得多，它决定着氧化反应的速率。在无抗氧剂存在的情况下，链增长反应能进行成百上千次循环，每产生一个 ROO·，大约要消耗 100 个以上的氧分子才能终止。

事实上，聚合物在氧化过程中所产生的烷基自由基 R·、过氧自由基 ROO·、氢过氧化物 ROOH，尤其是烷氧自由基 RO·在参与自由基链式反应的同时还能进行分解、交联、环合等各种类型的反应，其中尤以分解反应为最。这样聚合物的高分子链就通过自由基重排、分解而造成断裂，使相对分子质量大幅度下降，从而导致了高分子材料的机械性能下降。另一方面，在反应过程中由于无序的交联，往往形成无控制的网状结构，这样又使相对分子质量增大，并导致高分子材料的脆化、变硬、弹性下降等。

（二）抗氧剂的作用机理

前已述及，抗氧剂是一类能够抑制或延缓高分子聚合物氧化降解的物质。根据上述的高分子聚合物的氧化降解机理，要想提高高分子材料的抗氧化能力，即阻止自动氧化链式反应的进行，要么设法防止自由基的产生，要么阻止自由基链的增长。这就是高分子材料抗氧剂的作用机理，见图3－2。

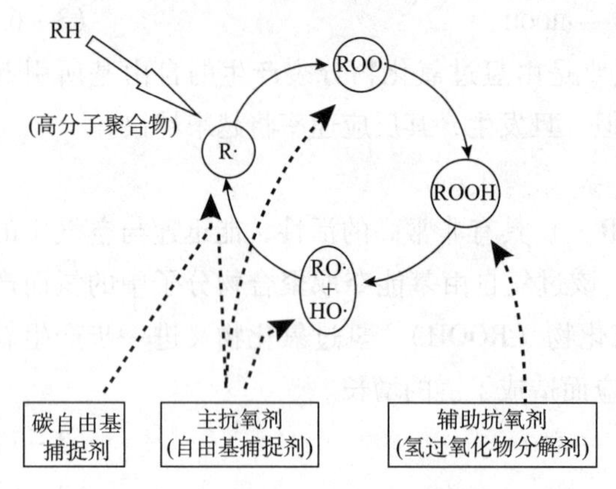

图 3－2　破坏自动氧化循环的途径

按照上述机理可将抗氧剂分为两大类：一类是能终止氧化过程中自由基链增长的抗氧剂，称为“链终止型抗氧剂”，又称为“主抗氧剂”。此类抗氧剂能与自由基 R·、ROO·等结合，形成稳定的自由基或终止化合物中断链的增长，所以此类抗氧剂也称作“自由基抑制剂”，以 AH 表示：

$$R\cdot + AH \longrightarrow RH + A\cdot \tag{3-19}$$

$$ROO\cdot + AH \longrightarrow ROOH + A\cdot \tag{3-20}$$

另一类是能够阻止或延缓高分子材料氧化降解过程中自由基产生的抗氧剂，称为“预防型抗氧剂”，又称为“辅助抗氧剂”。它包括两种情况：一种情况是由于在高分子材料中含有微量的过氧化物，而且主抗氧剂的加入在抑制氧化降解的同时也能产生高分子的氢过氧化物。如前所述，这些过氧化物是不稳定的，在光或热的作用下产生新的自由基，从而引起自由基链反应。所以在高分子材料中除了需要加入主抗氧剂外，还需配合使用辅助抗氧剂，以分解高分子材料中所存在的过氧化物，使之生成稳定的化合物，从而阻止自由基产生。因此，这类辅助抗氧剂又称为“过氧化物分解剂”。另一种情况是由于高分子材料中也可能含有微量的变价金属离子，这些变价金属离子能够催化过氧化物分解产生自由基，所以也必须加入辅助抗氧剂以抑制变价金属离子的催化作用。此类辅助抗氧剂又称为“金属离子钝化剂”。

受阻酚与胺类抗氧剂属于链终止型抗氧剂，有机亚磷酸酯、硫代二丙酸酯、二硫代氨基甲酸金属盐类属于辅助抗氧剂。其中某些胺类抗氧剂，如 N，N'-二取代对苯二胺兼具两种类型抗氧剂的作用。

1. 链终止型抗氧剂的作用机理

链终止型抗氧剂是通过与高分子材料中所产生的自由基反应而达到抗氧化的目的。但不同结构的链终止型抗氧剂与自由基的反应机理可能是不同的，归纳起来主要有如下 3 种类型。

（1）氢给予体：工业生产中所用的链终止型抗氧剂大部分为氢给予体型。如前所述，链终止型抗氧剂 AH 与高分子聚合材料中所产生的自由基反应，产生较稳定的自由基 A·而达到抗氧化的目的。AH 为氢给予体。对于此种类型的抗氧剂必须有一先决条件，就是其分子中必须具有活泼的氢原子。这是因为它们必须与聚合物分子 RH 竞争所产生的自由基 R·与 ROO·，如下所示：

$$ROO\cdot + RH \longrightarrow ROOH + R\cdot \qquad (3-21)$$

$$ROO\cdot + AH \longrightarrow ROOH + A\cdot \qquad (3-22)$$

只有 AH 中的 H 比 RH 中的 H 活泼，才能使上述第一个反应不进行而阻止氧化降解的自由基链的增长，达到抗热氧老化的目的。

受阻酚和芳胺是最常用的主抗氧剂，因为它们的分子结构中（羟基和氨基）均含有极为活泼的氢。一般而言，氢越活泼，当与自由基发生氢交换反应时所生成的新自由基就越稳定，而稳定的自由基又可作为自由基捕获剂捕获高分子材料中因氧化所产生的自由基，从而进一步提高其抗氧化的能力。受阻酚和芳胺就具有这样的功能。

例如，受阻酚抗氧剂 2，6-二叔丁基-4-甲酚，其抗氧化的作用可表示如下：

$$\text{2,6-}(H_3C)_3C\text{-}C_6H_2(OH)\text{-}4\text{-}CH_3 + \left\{\begin{matrix} R\cdot \\ ROO\cdot \end{matrix}\right. \longrightarrow \text{2,6-}(H_3C)_3C\text{-}C_6H_2(O\cdot)\text{-}4\text{-}CH_3 + \left\{\begin{matrix} RH \\ ROOH \end{matrix}\right. \qquad (3-23)$$

（2）自由基捕获剂：此类抗氧剂是指那些与自由基反应使其不能再引发链反应的物质。常见的有醌、炭黑、某些多核芳烃以及某些稳定的自由基。

醌、多核芳烃与烷基自由基 R·加成生成比较稳定的自由基；而炭黑除了含有抗氧能力的酚类外还有醌和多核芳烃结构，所以炭黑是一很有效的抗氧剂。

$$\text{对苯醌} + R\cdot \longrightarrow \text{(R 加成于环碳的醌自由基)} + \text{(R 加成于羰基碳的 O· 自由基)} \qquad (3-24)$$

某些稳定的自由基也可以作为自由基捕获剂，它只能与活泼的自由基反应，而不能与高分子材料发生夺取氢或与双键加成等反应。所以它本身不可能引发自由基链反应，但却可以捕获材料中产生的活泼自由基而终止自由基链反应。常见的有双叔丁基氮氧化物自由基与2，2，6，6-四甲基-4-哌啶酮氮氧化物自由基，它们都能与自由基 R·反应生成稳定的化合物。

$$(CH_3)_3C-N(O\cdot)-C(CH_3)_3 + R\cdot \longrightarrow (CH_3)_3C-N(OR)-C(CH_3)_3 \quad (3-25)$$

$$\text{2,2,6,6-四甲基-4-哌啶酮-1-氧自由基}(N-O\cdot) + R\cdot \longrightarrow \text{2,2,6,6-四甲基-4-哌啶酮}(N-OR) \quad (3-26)$$

（3）电子给予体：在链终止型抗氧剂中属于电子给予体的情况是比较少的。最常见的例子就是叔胺抗氧剂。作为链终止型抗氧剂，叔胺不是稳定自由基，所以不是自由基捕获剂；在氮原子上又不含氢，因此也肯定不是氢给予体型，而它的确具有抗氧化能力。究其原因就是电子转移所造成的，所以有人提出如下的机理：

$$R_3\ddot{N} + ROO\cdot \longrightarrow \underset{\text{自由基阳离子}}{R_3\dot{N}^{+}} + \underset{\text{阴离子}}{ROO:^{-}} \quad (3-27)$$

再如，二烷基二硫代氨基甲酸、二烷基二硫代磷酸和黄原酸的金属盐的链终止作用，均可按上述机理考虑。

2. 辅助抗氧剂的作用机理

如前所述，辅助抗氧剂主要包括过氧化物分解剂与金属离子钝化剂。

（1）过氧化物分解剂：这类辅助抗氧剂主要包括亚磷酸酯和有机硫化物，它们能够将氢过氧化物 ROOH 分解成不活泼产物，抑制其自动氧化作用。

亚磷酸酯已在塑料和橡胶工业中大量使用。一般认为，亚磷酸酯与氢过氧化物反应使其还原成醇，本身被氧化成磷酸酯：

$$P(OR')_3 + ROOH \longrightarrow ROH + (R'O)_3P=O \quad (3-28)$$

有机硫化物包括硫醇、一硫化物和二硫化物。其中硫醇具有较高的抗氧化能力，但硫醇与高分子材料的相容性差，而且常有难闻的气味。其作用机理如下：

$$ROOH + 2R'SH \longrightarrow ROH + R'-S-S-R' + H_2O \quad (3-29)$$

研究发现，只有具有特殊结构的一硫化物才具有抗氧化能力，而二硫化物在高分子材料中都有抗氧化能力。一硫化物和二硫化物抗氧化的作用机理可简单表示如下：

$$ROOH + R'-S-R' \longrightarrow ROH + R'-\underset{\downarrow \atop O}{S}-R' \quad (3-30)$$

$$2ROOH + R'-S-S-R' \longrightarrow 2ROH + R'-S-R' + SO_2 \quad (3-31)$$

（2）金属离子钝化剂：这类辅助抗氧剂主要包括各种向心配位体，如双亚水杨基二胺、草酰胺等，它们能够与变价金属离子络合，将其稳定在一个价态，从而消除这些金属离子对聚合物氧化的催化活性。如草酰胺的钝化作用可表示如下：

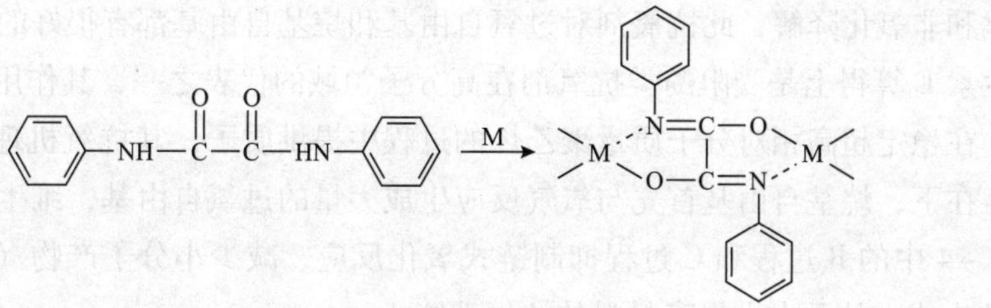

$$\text{C}_6\text{H}_5\text{—NH—}\overset{O}{\overset{\|}{C}}\text{—}\overset{O}{\overset{\|}{C}}\text{—HN—C}_6\text{H}_5 \xrightarrow{M} \text{(M 螯合物)} \tag{3-32}$$

这类辅助抗氧剂的作用方式可比喻成螃蟹用它的钳子夹持东西一样把金属离子螯合起来，故通常也形象地称为“金属螯合剂”。

（三）各类抗氧剂的作用机理

1. 链终止剂

氢给予体含有反应性的胺基或羟基基团，自身化学键较为活泼，容易形成氢自由基并与聚合物氧化过程中形成的过氧自由基结合，形成羧酸与相对稳定抗氧剂结合的自由基。羟基化学键的稳定性可以采用电子顺磁共振（EPR）技术进行研究，氧氢键较为活泼容易断裂，给出氢质子起到抗氧化作用，给出质子后的氧自由基通过分子内氢键或共轭效应形成稳定的自由基。

酚类抗氧剂通常指受阻酚类抗氧剂，其酚羟基邻位上被其他位阻较大的基团如叔丁基等取代。抗氧机理为：受阻酚失去的一个质子与一个活泼自由基结合终止其链反应，本身形成酚氧自由基；由于位阻的影响，形成的自由基相对稳定，不易引发进一步的氧化反应。同时，受阻酚类抗氧剂在给出氢原子后形成酚氧自由基，由于酚氧自由基与苯环处于共轭体系，自由基电子云密度进一步降低，使酚氧自由基活性再次弱化。

受阻酚类抗氧剂主要用于塑料薄膜、塑料瓶、塑料盒和塑料袋等，涉及的高分子材料有聚乙烯（HDPE、LDPE、LLDPE）、PP、PS、PVC、PVDF、PET 等。

受阻酚抗氧剂按照其分子中酚的个数分为单酚型、双酚型、多酚型。一侧为烷基取代基的受阻酚类抗氧剂的抗氧机理如图 3－3 所示。受阻酚邻位取代基如果存在 α-C—H，在酚氧基形成后，酚羟基邻位的 C—H 键能较弱，将失去一个质子转移到酚氧基，进而可增强抗氧效果。在塑料中应用此类抗氧剂，其抗氧机理与氧存在与否有关，可

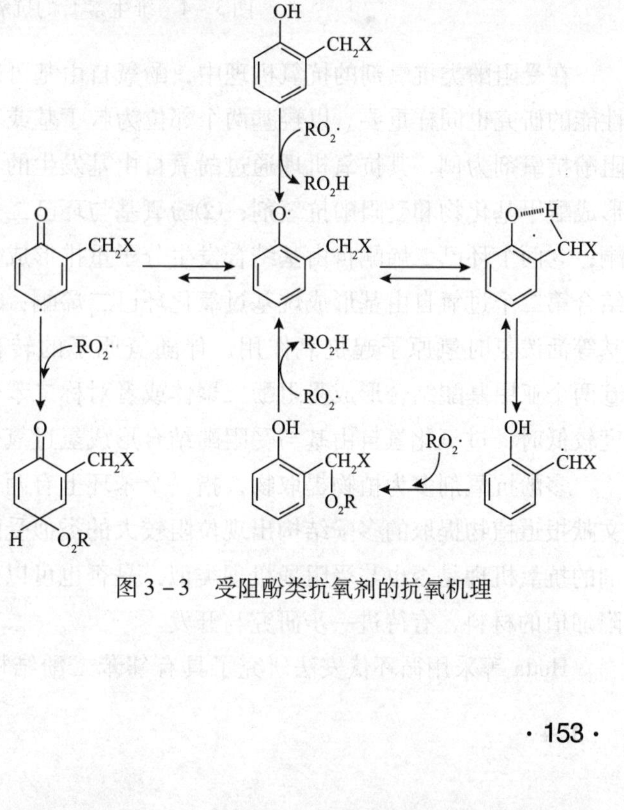

图 3－3　受阻酚类抗氧剂的抗氧机理

分为氧化和非氧化降解，此抗氧剂对过氧自由基和烷基自由基都有很好的结合能力。

维生素 E 算得上是受阻酚类抗氧剂在高分子领域的代表之一，其作用机理也是氢给予体机理，在稳定超高相对分子质量聚乙烯的过程中提供质子，其抗氧机理如图 3－4 所示。在氧气存在下，烷基自由基首先与氧气反应生成大量的过氧自由基，维生素 E 加入主要是通过图 3－4 中的 B 过程和 C 过程抑制链式氧化反应，减少小分子产物（酮、羧酸、酯和醇等）的生成，从而大大提高材料的抗氧性能。

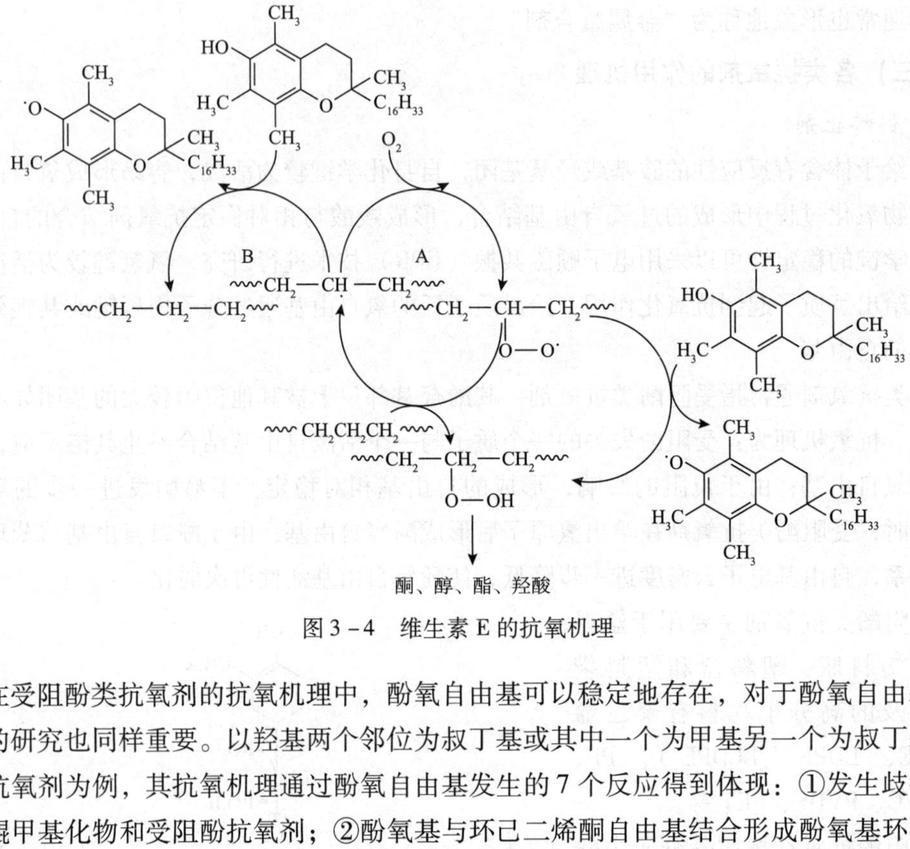

酮、醇、酯、羧酸

图 3－4　维生素 E 的抗氧机理

在受阻酚类抗氧剂的抗氧机理中，酚氧自由基可以稳定地存在，对于酚氧自由基本身性能的研究也同样重要。以羟基两个邻位为叔丁基或其中一个为甲基另一个为叔丁基的受阻酚抗氧剂为例，其抗氧机理通过酚氧自由基发生的 7 个反应得到体现：①发生歧化反应形成醌甲基化物和受阻酚抗氧剂；②酚氧基与环己二烯酮自由基结合形成酚氧基环己二烯酮；③两个环己二烯酮自由基结合发生分子重排形成受阻酚二聚体；④环己二烯酮自由基结合第二个过氧自由基形成烷基过氧化环己二烯酮；⑤苯环上邻、对位存在甲基或者亚甲基等活泼氢时氢原子起抗氧作用，伴随氢原子的转移，进而连续氧化形成二烯酮结构；⑥两个亚甲基醌结合形成受阻酚二聚体或者对称二苯代乙烯醌结构；⑦当受阻酚二聚体浓度较低时，过氧化氢自由基与受阻酚结合形成氢过氧化环己二烯酮。

多酚抗氧剂多为植物提取物，指一个苯环上有两个以上相邻的羟基化合物，至今鲜有文献报道植物提取的多酚结构出现位阻较大的类似受阻酚类抗氧剂的结构。此类多酚抗氧剂的抗氧机理是否也与受阻酚机理类似，是否也可以用于包装食品、药品等要求苛刻、高附加值的材料，有待进一步研究与开发。

Hotta 等采用循环伏安法研究了具有邻苯二酚结构的植物多酚抗氧剂，提出两个酚羟

基中氢原子都可以起到抗氧作用，实现双重抗氧效果。植物多酚不仅具有氢给予体功能，其特殊结构可赋予其螯合金属离子的能力。

与酚类抗氧剂类似，胺类抗氧剂抗氧机理的研究也受到研究者的关注。有研究人员研究了亚胺作为抗氧剂在聚乙烯和聚丙烯中的抗氧机理；在超高相对分子质量聚乙烯中添加维生素 E 与受阻胺光稳定剂后，对比了材料的膨胀率、力学性能、颜色等的变化，结果显示受阻胺抗氧剂的抗氧效果明显，具有广阔的应用前景。

自由基捕捉剂通过结合引起氧化的活性自由基，形成稳定的自由基或分子，此类自由基或分子能够长时间的稳定存在，前面提到的酚类抗氧剂、受阻胺类抗氧剂也有类似的效果。

C_{60}具有较高的电子亲和能，很容易吸收自由基，起到稳定自由基的作用。由于C_{60}具有多组碳碳双键，其与自由基的结合能力受自由基数目和种类制约，并受自由基体积限制，一个C_{60}最多可结合 15 个体积较大的自由基（如苄基）或 34 个体积较小的甲基自由基。富勒烯与碳纳米管与C_{60}一样都具有较强的亲电性，因此在高分子材料中捕捉自由基有一定的抗氧化作用。用硼改性碳纳米管后，添加到 PE、PVDC 和 PS 等高分子材料中，其抗氧化能力得到提高，这主要是硼引入到碳纳米管中增强了复合材料的亲电作用。

叔胺抗氧剂中的孤对电子通过向活泼自由基提供电子，本身形成活性更低的负离子，起到中断链式反应及抗氧化作用，其反应式为：

$$R'-\ddot{N}(R)-R + ROO^{\cdot} \longrightarrow ROO:^{-} + R'-\overset{+}{N}(R)-R \tag{3-33}$$

2. 过氧化物分解剂

过氧化物分解剂通过将氢过氧化物分解成不活泼产物起到抗氧作用，这类抗氧剂主要包括亚磷酸酯类和有机硫化物类等。

亚磷酸酯类抗氧剂的反应式为：

$$(R'O)_3P + ROOH \longrightarrow ROH + (R'O)_3P=O \tag{3-34}$$

有机硫化物抗氧剂的反应式为：

$$R'-S-S-R' + 2ROOH \longrightarrow R'-SO_2-S-R' + 2ROH \tag{3-35}$$

硫醇类抗氧剂的反应式为：

$$2R'SH + ROOH \longrightarrow ROH + R'-S-S-R' + H_2O \tag{3-36}$$

$$R'-S-R' + ROOH \longrightarrow R'-SO-R' + R'-SO_2-R' + ROH \tag{3-37}$$

在医用材料中，卟啉与锰离子配合物为常用抗氧剂，锰离子在人体内通过分解过氧化物 $O_2^{\cdot -}$ 和 H_2O_2，起到保护人类细胞，使其免于被氧化的作用，其反应式为：

$$M^n + O_2^{\cdot -} \longrightarrow M^{n-1} + O_2 \tag{3-38}$$

$$M^{n-1} + O_2^{\cdot -} + 2H^+ \longrightarrow M^n + H_2O_2 \tag{3-39}$$

3. 金属离子钝化剂

在聚丙烯/水滑石纳米复合材料的光老化实验中，过渡金属可催化其氧化过程，加快材料的老化速率。金属离子通过促进过氧化物分解来加速老化，一般以变价金属离子如铁、钴、锰等为代表，金属离子通过电子的转移实现这一加速过程，其反应式为：

$$M^{n+} + ROOH \longrightarrow M^{n+1+} + R-O\cdot + OH^{-} \tag{3-40}$$

$$M^{n+1} + ROOH \rightleftharpoons M^{n+} + R-O\cdot + OH^{+} \tag{3-41}$$

金属离子钝化剂的分子结构通常为向心型配位体，这样可以很好地络合金属离子，使金属价态稳定，弱化了其对过氧化物的促进作用，如双（亚水杨基）二胺、草酰胺等就是此类钝化剂的代表。

（四）抗氧剂的分子结构对抗氧化能力的影响

高分子材料中最常用的抗氧剂是胺类和酚类抗氧剂，它们都属于链终止型抗氧剂中第一种类型，即氢给予体（AH）。如前所述，对于氢给予体的抗氧剂，要实现终止自由基链式反应以达到抗氧化的目的，则必须满足两个先决条件：①抗氧剂必须具有比高分子碳链上所有的氢更为活泼的氢；②所生成的新抗氧剂自由基不能引发新的自由基链式反应。

而对于胺类和酚类抗氧剂，由于氮和氧上的氢毫无疑问比高分子碳链上的氢活泼得多，所以它们能首先与 R· 或 RO_2· 结合，阻止自由基链的增长。例如防老剂 A 与自由基的作用：

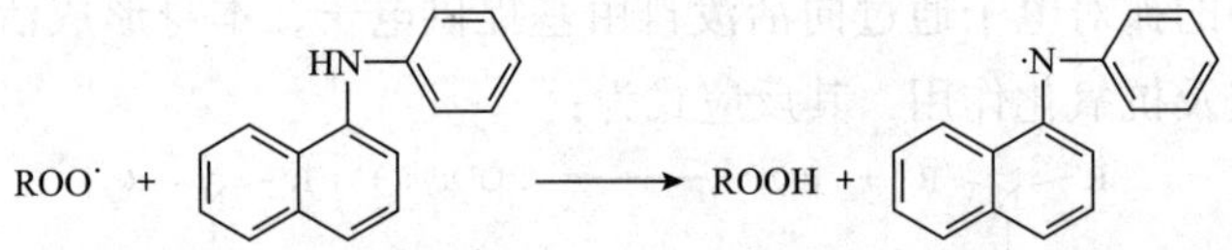

HN

ROO˙ + ⟶ ROOH +

·N

(3-42)

那么剩下的问题就是新生成的抗氧剂自由基能否再引发新的自由基链式反应，这是判断一个化合物是起促进剂作用还是起抗氧剂作用的关键。这就需要从新自由基的活泼与否来考虑。活性高的自由基，可以引起新的链式反应的进行；而活性低的自由基，则只能与另一个活性链自由基相结合，再次终止一个链的链式反应，而生成比较稳定的化合物。如：

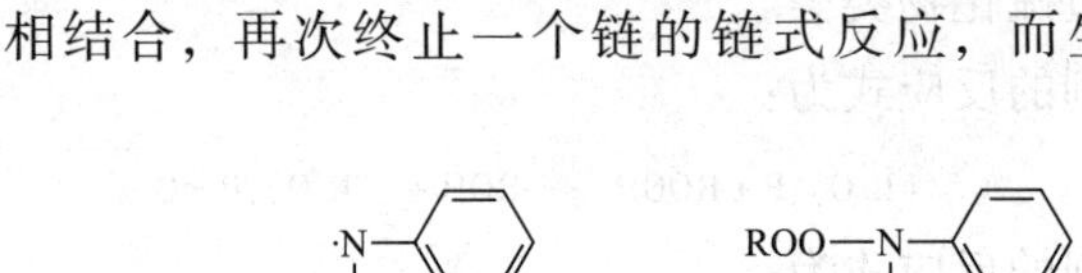

·N

ROO˙ + ⟶

ROO—N

(3-43)

可以说，新生成的抗氧剂自由基的稳定性不仅决定了能否引发新的链式反应，而且决定了抗氧剂分子结构中氢的活泼性，所以抗氧剂自由基的稳定性与抗氧剂的抗氧化能力是紧密相关的。一般而言，自由基越稳定，其抗氧化能力越高。抗氧剂分子中有利于提高该自由基稳定性的结构因素就必然能提高抗氧剂的抗氧化能力。

对于酚类抗氧剂，一般认为苯环上的供电子取代基使抗氧能力提高，而吸电子取代基使抗氧能力下降。例如烷基酚类抗氧剂，其羟基邻位如有甲基、甲氧基、叔丁基取代时抗氧能力大有增加。特别是叔丁基，由于空间位阻效应使得苯氧自由基的稳定性有很大提高，从而大大提高了其抗氧效率。所以在工业上常用的酚类抗氧剂大部分是受阻酚类抗氧剂。

对于胺类抗氧剂，一般认为其结构上的取代基对抗氧效率的影响与酚类的情况相似，即氨基对位上的取代基为供电子基，则抗氧老化效率增大；如果是吸电子基，则抗氧老化效率下降。胺类抗氧剂氮原子上的空间位阻较大时，抗氧老化效率高。

三、抗氧剂的现状及其发展趋势

（一）抗氧剂工业概况

高分子材料无论是天然的还是合成的，都易发生氧化反应，使材料褪色、泛黄、硬化、龟裂、丧失光泽或透明度等，进而导致抗冲击强度、抗挠曲强度、抗张强度和伸长率等物理性能大幅降低，影响塑料制品的正常使用。目前延缓高聚物氧化作用的措施中，较为适宜的有改进高聚物的化学结构、对活泼端基进行消活稳定处理以及添加抗氧剂等方法。其中，添加抗氧剂是高聚物稳定化处理最简单通用的方法。抗氧化剂是抑制或延缓高聚物受大气中氧或臭氧作用而降解的添加剂，是塑料工业中应用最广泛的助剂，几乎涉及所有的聚合物制品。如果加入的物质主要用来防止热老化，就叫做热稳定剂，主要用来防止光老化就叫光稳定剂等，它们统称为“防老剂”。由于一般塑料的耐温相对较高，其老化的主要原因是其与氧气（或空气中的氧气）发生氧化反应而使其氧化进程，其实质是一个热氧化过程，所以加入其中的防老化剂习惯上称作抗氧剂；橡胶老化的主要原因是其本身结构存在不稳定基团，不仅耐热性差（如天然橡胶等），而且氧、臭氧、光、热、水分等均会引起其性能变差，所以加入其中的抗氧化剂习惯上称为防老剂或抗老化剂，简言之，抗氧化剂在塑料中叫做抗氧剂，在橡胶工业中叫做防老剂。

1. 塑料工业

塑料用抗氧剂通常包括酚类抗氧剂、磷类和硫类辅助抗氧剂以及金属离子钝化剂等，酚类抗氧剂以受阻酚类为主。

早在1870年前，Spiller最早提出了生胶及其制品的老化问题，自此开始使用了简单的酚类化合物作为防老剂。第一个现代抗氧剂出现在1935年为丁基化羟基苯甲醚（BHA），此后陆陆续续地出现了许多优良的抗氧剂新品种。二次世界大战后抗氧剂的生产得到了迅猛的发展。据统计，近几十年来，世界范围内抗氧剂的产量与全球塑料产量呈同步递增趋势，1995年全世界聚烯烃和聚苯乙烯产量达7000×10^4t，21世纪初可超过1×10^8t，这两类塑料将消耗掉全球80%的抗氧剂。2015年以来，全球抗氧剂的产销量大约在$(40\sim50)\times10^4$t/a。抗氧剂的需求和生产正从欧、美、日向新兴的亚洲市场，特别是向中国和印度转移。目前，北美抗氧剂主要生产企业有10家，其中可生产酚类、有机亚磷酸酯、硫代酯类等种类齐全的公司有德国巴斯夫（BASF）和美国科聚亚（Chemtura）两家公司；西欧抗氧剂主要生产企业有6家，其中可生产酚类、有机亚磷酸酯、硫代酯类等种类齐全的公司有BASF（德国）和科聚亚（欧洲）两家公司；日本抗氧剂主要生产企业有12家，其中生产酚类、有机亚磷酸酯、硫代酯类等种类齐全的公司有旭电化和住友化学有限公司两家公司。目前我国已成为全球抗氧剂的主要生产国和消费国，抗氧剂产能超过

15×10^4t/a，年产量超过近 10×10^4t，年消费量近 10×10^4t，产量和消费量都位居全球第一。但是目前我国还没有生产酚类、有机亚磷酸酯、硫代酯类等种类齐全的规模化企业。近年来全球主要消费区域抗氧剂消费结构见表 3－2。

表 3－2 全球主要地区消费区域的抗氧剂的消费结构

抗氧剂	北美	西欧	日本	中国
（受阻）酚类①	>50	50	>50	70
有机亚磷酸酯类②	>30	40	>30	20
含硫类	5	—	—	—
其他	<15	10	<20	10

注：①高级烷基化酚类和少量 2，6-二叔丁基-4-甲基苯酚；②有机固体亚磷酸酯和有机液体亚磷酸酯、三（壬苯基）亚磷酸盐。

西欧地区抗氧剂使用情况与北美地区类似，主抗氧剂受阻酚消费量占抗氧剂总量的 60%，其中 BHT 所占份额较少，约为受阻酚用量的 18%。

亚洲地区是近年来全球塑料材料生产增长最快的地区，抗氧剂的发展也很迅猛。生产厂家主要分布在中国、日本、韩国。中国大陆的生产能力为 1×10^4t/a，中国台湾约有 1×10^4t/a 的能力，韩国和日本分别有 0.6×10^4t/a 的产能。整个亚洲总生产能力为 3.2×10^4t。近年来，北美、西欧和日本年均消费增长率约为 1%～2%，消费明显放缓；而中国抗氧剂消费年均增长率为 6%～7%，2016 年国内消费达 11×10^4t，消费增长最快的是受阻酚类抗氧剂，其次是亚磷酸酯类抗氧剂。近年来，亚洲地区的塑料产量将会超过西欧和北美，成为全球塑料产量最大的地区，届时抗氧剂也将有巨大的发展空间。

从品种构成看，瑞士的汽巴精化公司（前身是汽巴·嘉基公司，Ciba-Geigy）系受阻酚的主要生产商，占市场份额的 70%，其他 30% 主要由 A1bemafle、Cytec、PMC、Uniroyal等公司分享。GE 公司是亚磷酸酯的主要生产商，占市场份额的 50%；其次是 Dover 公司，占25%～30%；Uniroyal 及 Witco 各占 10%～15%。硫代酯类抗氧剂的最大生产商是 Cytec 公司，占市场份额的 50%。

我国抗氧剂的生产始于 1952 年，首先是防老剂甲（*N*-苯基-1-萘胺）和防老剂丁（*N*-苯基-2-萘胺）投入工业生产。改革开放以来，我国抗氧剂行业格局发生了巨大变化，无论是品种、能力还是产品质量均有了较大的进步，生产技术趋于成熟，生产装备亦成规模和系列。目前，常用品种基本齐全，共有 30 多个品种；生产能力以橡胶用胺类防老剂为主，受阻酚、亚磷酸酯、复合抗氧剂有约 1×10^4t 的生产能力。国内新开发的抗氧剂品种主要有 KY-586（山西省化工研究所）、抗氧剂 1425（镇江市化工研究院）、抗氧剂 PEP-24G（沈阳化工股份有限公司）、KY-390（山西省化工研究所）、抗氧剂 PEP-36（安徽省化工研究所）等，对应住友公司 Sumilizer GM 以及 Sandoz 公司 P-EPQ 的产品在国内已有开发。

近年来国内行业界最为引人注目的有两件大事，一是汽巴精化公司看好中国抗氧剂市场，在上海浦东建成年产 4000t 的抗氧剂生产装置，给中国抗氧剂企业出了一道难题；二

是浙江金诲化工有限公司异军突起，真正成为行业的龙头老大，这又让我们看到了民族工业的希望。

2. 橡胶工业

橡胶防老剂是橡胶助剂的主要品种，目前全球用量约为 60×10^4t，约占橡胶助剂总量的40%左右。

橡胶防老剂按结构细分可以分为：对苯二胺类、喹啉类、二苯胺类、萘胺类、酚类和亚磷酸酯类。其中对苯二胺类占56%、喹啉类占20%，其他防老剂产品如酚类、二苯胺类、亚磷酸酯类等均不足10%。

随着亚洲地区尤其是中国橡胶助剂产业的快速发展，西方发达国家和地区橡胶助剂生产逐步萎缩。

国外主要生产企业不断兼并重组，加大产业结构调整，提升企业竞争力，寻求新的发展机会和空间。

目前，国内外主要有以下防老剂主要生产企业。

1）富莱克斯

该公司隶属于美国伊斯曼化学，是原全球产品品种最全、规模最大橡胶助剂生产企业。目前，他们仅保留对苯二胺类防老剂、不溶性硫黄和极少部分其他橡胶助剂产品。

富莱克斯主导产品是不溶性硫黄，总产能达到 20×10^4t/a，处于高端市场垄断地位。

2）朗盛化学

朗盛化学是国外主要综合性橡胶助剂生产企业。在欧洲市场上，其橡胶促进剂与中国促进剂产品分庭抗礼；在欧洲和北美市场上，他们的橡胶防老剂TMQ与南化、科迈一争高下。

3）美国科聚亚

其前身为美国康普顿公司，曾先后收购尤尼罗伊尔公司橡胶助剂和美国大湖公司（原全球最大塑料助剂企业之一），2005年更名为科聚亚。随后，这家公司逐步关闭橡胶助剂尤其是防老剂生产装置，转向聚氨酯弹性体、润滑油、表面活性剂、塑料助剂生产。

目前，他们仅在中国台湾和北美保留部分小吨位装置，主要生产用于特殊市场的防老剂。另外，有部分企业为其贴牌生产一些防老剂和促进剂。

4）捷克爱格富

这是捷克第一大化工公司，经营范围包括农业、化工、食品等。橡胶助剂产能约 3×10^4t/a。该公司是东欧地区主要的橡胶助剂生产公司。

5）印度国家有机化学（NOCIL）

NOCIL坐落于离孟买40km的化工园区。NOCIL是印度最大的橡胶化学品生产商，橡胶促进剂和防老剂均有生产，很多品种产能在万吨以上。印度还有几家生产橡胶助剂的企业，但产能均在万吨级以下。这些印度企业会到中国采购对氨基二苯胺，生产6PPD。

6）锦湖石化

自2008年开始，锦湖石化防老剂6PPD产能快速提升，规模从 2×10^4t/a 不断扩大到

2011 年的 5×10^4t/a。其中间体对氨基二苯胺，主要由江苏圣奥化学有限公司提供。2012 年底，该公司扩大了 MIBK 生产装置。

目前，锦湖石化已经成为亚洲第一、世界第二的 MIBK 生产商。

国外主要橡胶防老剂生产企业及产能见表 3－3。

表 3－3　国外橡胶防老剂主要生产企业及产能

企业名称	主要品种	产能/（$\times10^4$t/a）	备　注
德国朗盛公司	6PPD、IPPD、TMQ	8.0	国外产品品种最全、产量最大的助剂企业
福莱克斯公司	IPPD、EPPD	7.0	主要装置分别位于美国、加拿大和比利时
捷克爱克富公司	6PPD	2.0	主要供应东欧市场
美国科聚亚公司	对苯二胺、酚类等	1.0	2007 年转产特殊市场需求的品种
韩国锦湖石化	6PPD	5.0	中间体 RT 培司从中国购买
日本住友化学	6PPD、TMQ	2.0	
日本大阪新兴	6PPD、TMQ	2.0	部分品种在中国贴牌生产
其他	—	3.0	集中在印度、巴西，以及中国台湾等国家和地区

注：汽巴、雅宝、伊立欧等也有部分亚磷酸酯和酚类防老剂（抗氧剂）用于橡胶制品，但一般认为是塑料抗氧剂生产企业。

国内防老剂发展迅速，仅防老剂 4020 由于具有抗臭氧老化龟裂和屈挠龟裂性能优良，对热氧、天候老化也有较好的防护作用，且对变价金属有钝化作用，适用于天然橡胶、顺丁橡胶、丁苯橡胶、丁腈橡胶和氯丁橡胶，与石蜡（尤其是具有支链的混合蜡或微晶蜡）并用，能增强静态的防护效果等优势而成为目前全球轮胎用量最大的橡胶防老剂品种，它广泛应用于动态和静态下承受应力和周期变形的橡胶制品，是轮胎胎面、胎侧、内胎及输送带等防护体系中最佳选择品种，与防老剂 4010NA 相比，耐水抽提要好，可以达到长效防护的效果。

全球范围内，橡胶产业的发展带动了防老剂的生产，据新思界发布的《2017—2022 年全球防老剂 4020 市场发展及前景预测分析报告》中显示，近几年来，全球防老剂 4020 供应量和需求量均保持增长的趋势，2016 年全球防老剂供应量达到了 117.13×10^4t，表观消费量为 117.11×10^4t。

根据防老剂 4020 主要生产企业的生产规划以及下游需求领域的发展趋势，预计到 2020 年防老剂 4020 的产量将达到 178.18×10^4t，需求量将达到 178.07×10^4t。国内主要的生产企业有山东圣奥、中国石化南化公司、山西翔宇、尚舜化工等企业。随着国内汽车工业的发展，国内市场对橡胶防老剂产品的需求量保持增长趋势，新思界产业分析师预计，到 2020 年国内防老剂 4020 的产量将达到 59.39×10^4t，需求量将达到 57.97×10^4t。

随着科技的不断发展，其他高分子材料如纤维、淀粉及其他天然高分子材料等在使用过程也有抗氧化需求，其市场将会越来越大。

（二）抗氧剂发展趋势

大多数工业有机材料无论是天然的还是合成的都易发生氧化反应，如塑料、纤维、橡胶、黏合剂、燃料油、润滑油以及食品和饲料等都具有与氧反应的性质，与氧反应后物质就会失去原有的有益属性。高分子材料如果老化，其表面会变黏、变色、脆化和龟裂，致使高分子材料失去使用价值。燃料油氧化会产生沉淀，堵塞机器阀门或油管，致使发动机工作非正常。哺乳动物氧化形成的脂蛋白及其缔合物是动脉硬化等疾病的罪魁祸首。

人们为了设法抑制、阻止上述氧化现象的发生，寻找出了一种有效、便捷、无须改变现有生产工艺的方法，即加入抗氧剂。

1. 当今主要的抗氧剂及其发展趋势

（1）受阻酚类抗氧剂：受阻酚类抗氧剂是一类在苯环上—OH 一侧或两侧有取代基的化合物。在受阻酚类抗氧剂存在的情况下，一个过氧化自由基（ROO·）将从聚合物（RH?）夺取一个质子，打断这一系列自由基反应，这是自动氧化的控制步骤。当加入受阻酚抗氧剂时，它比那些聚合物更易提供质子，即提供了一个更加有利的反应形成酚氧自由基，这使聚合物相对稳定不会进一步发生氧化。

含有邻位 α-氢原子取代基的酚类抗氧剂的开发。叔丁基取代基通常被认为是酚类抗氧剂较优秀的邻对位取代基。但是，每个酚基至多可以捕获 2 个过氧自由基，所捕获的自由基数随着自由基捕获速率的增加而降低，因此，对于酚类自由基捕获数超过 2，自由基捕获速率更大被认为是不可能的。

邻位烯丙基酚类抗氧剂的开发。有机材料的实际降解过程中，烷基和过氧自由基都起到了很重要的作用。例如，塑料薄膜在其厚度范围内氧浓度呈梯度变化。表面氧浓度较高，自动氧化过程过氧自由基起主要作用。在内部氧浓度较低、降解过程中主要是烷基参与反应。但是，一般情况下，由于烷基自由基反应过快，所以不容易捕获，当它遇到氧气时又可以继续引发一个自动氧化链反应。Yasukazu Ohkatsu 在日本 Kogakuin 大学研究发现了一种他们称之为“邻位取代基效应”的新方法来捕获烷基自由基。他们以此为基础开发出了具有邻位烯丙基酚结构的抗氧剂。

（2）磷类抗氧剂：含磷抗氧剂主要是亚磷酸酯类。亚磷酸酯作为氢过氧化物分解剂和游离基捕捉剂在塑料中发挥抗氧作用，这在以往的诸多文献中都有报道。近年又研究发现，亚磷酸酯自身结构对其作为抗氧剂的某些性能有直接影响。

改善水解稳定性仍然是亚磷酸酯抗氧剂开发的重点课题，在努力寻求新结构的同时，一些公司开始注重对现有产品的改性研究。Ciba-Geigy 公司正积极推广其新开发的亚磷酸酯稳定剂 CGA 12，该产品将醇胺结构引入亚磷酸酯分子内，显示了特有的稳定效果，其目标是替代 Irganos 168 用于聚烯烃。

目前亚磷酸酯类抗氧剂发展重点是：①提高水解稳定性；②高分子量化；③主辅复合型抗氧剂。

目前国内外亚磷酸酯类抗氧剂发展趋势和重点是开发提高水解稳定性、耐高温的品种。开发出的部分产品已经工业化生产，并显示出良好应用性能和市场前景。其品种主要有：Ethanox 398、Phosphite A、XR-633、复合型亚磷酸酯抗氧剂等。

亚磷酸酯类抗氧剂是聚烯烃加工用辅助抗氧剂的主要品种，它们与受阻酚类抗氧剂配合使用能够有效地提高聚烯烃树脂的加工稳定性、耐热稳定性等。

众多的优点使亚磷酸酯类抗氧剂成为聚烯烃良好的多功能性辅助抗氧剂：①主、辅抗氧剂复合型：将亚磷酸酯与酚类抗氧剂复合使用，可以充分发挥协同作用。目前广泛采用的含磷复合型抗氧剂主要是由 Irgafos 168 与受阻酚类 Irganox 1010、Inganox 1425 等复配而成，可用于多种聚合物中。②高分子量化：最近，抗氧剂开发的倾向之一就是使分子内具有尽可能多的功能性结构和高分子量化，含磷抗氧剂中具代表性品种主要有 Sandstab P-EPQ、Phosphite A 等。③季戊四醇双亚磷酸酯：20 世纪 80 年代以来，季戊四醇双亚磷酸酯已形成系列产品，它对防 IF 氧化、改善色泽等具有突出的作用，其本身又具有较高的热、光稳定性、耐候性及耐水解稳定性。④氟代亚磷酸酯：氟代亚磷酸酯也是磷系抗氧剂的新品种之一。美国乙基公司新开发的 Ethanox398 氟代亚磷酸酯不吸湿，在乳液聚合或溶液聚合中使用具有抗水解作用，能解决加工和储存过程中存在的许多问题。⑤高耐热的亚磷酸酯抗氧剂：亚磷酸酯抗氧剂在 300℃以上高温下生成预氧化剂（Preoxidant）的可能性低，在通用塑料与工程塑料中已有所应用。近年来，特殊工程塑料发展很快，对抗氧剂的耐热性提出了更高的要求，若能对亚磷酸酯的结构加以改善，将使其在特殊工程塑料的加工应用方面发挥更大的作用。

（3）酚酯类低污染复合型抗氧剂：复合型抗氧剂抗氧化活性高，挥发性低，特别适用于高温加工，是优良的塑料抗氧剂和水解稳定剂。近年来酚酯类低污染复合型抗氧剂的开发非常活跃，最典型的例子就是 BHT 和二月桂硫代二丙酸酯（DLTP）作为抗氧剂的联合使用，不仅降低了成本，同时也延长了高分子材料的抗氧寿命。Cytec 公司开发的抗氧剂 Cyanox XS4 是含有受阻酚和亚磷酸酯的复合体系，在聚烯烃中使用，可增强加工稳定性和长效稳定性等。

酚酯类低污染复合型抗氧剂 YHK-1 在性能上已经达到了国际先进水平，且成本较低，之后她又研制出了具有优良的抗氧化性、加工稳定性、耐候性及耐水解性、完全可以替代进口的用于 ABS 生产的酚酯类低污染复合型抗氧剂 YHK-4。

针对树脂类型，研究相应的酚酯类低污染复合型抗氧剂，是抗氧剂研究开发的一条捷径。近年来国内外开发出了一些新型有市场前景、以亚磷酸酯为组分的复合型抗氧剂。

PL-440：多烷基双酚 A 亚磷酸酯双聚体和三聚体的复合物，由北京化工研究院开发。PL-440 是具有优秀性能的亚磷酸酯类抗氧剂，作为高聚物的助抗氧剂和热稳定剂，广泛应用于 PVC、PET、ABS、聚烯烃、尼龙、PPO、PBT 合金、PS 等聚合物中。

复合"绿色"抗氧剂：近年来，为了防止 2，6-二叔丁基对甲酚（BHT）成分毒性影响使用，国外一些公司，如罗氏、Ciba 精化、BASF 等公司推出以 VE 为基础，与亚磷酸酯、甘油、聚乙烯二醇、高孔率树脂载体等组分配合而成的固体复合"绿色"抗氧剂。

随着我国塑料工业的迅速发展，中国成为世界许多助剂大公司的主要目标市场，对我国抗氧剂市场形成较大的冲击，但同时我国塑料工业的蓬勃发展给抗氧剂行业发展带来巨大空间，因此我国抗氧剂工业机遇与挑战并存。

2. *抗氧剂发展趋势*

高分子材料应用广泛，且常常在多种复杂环境中应用，如水、氧气、伽马射线、紫外、电子束、酸碱、金属离子及污染物，甚至有的材料会受到机械负载、蠕变、微生物、溶剂和表面活性剂等的作用，并发生一定程度的降解，而降解的主要因素是氧及温度。高分子材料老化后常常引起本身颜色改变及力学性能降低，进而影响其制品外观、性能和寿命。有研究者考察了聚丙烯（PP）与聚对苯二甲酸丁二醇酯（PBT）混合物的热氧化和光氧化过程，指出 PP 的氧化产物可以诱导 PBT 发生氧化。聚乙烯可作为涂料用于轮船或与海水接触的容器等。

近年来，随着石油工业、橡胶与塑料工业的发展，抗氧剂的生产量逐年增长；同时，随着人们对抗氧剂毒性与环境污染要求的日益严格，对各种制品应用性能要求的日益提高，以及其应用领域的日益扩展，人们对已有抗氧剂生产工艺的改进与完善、研制与开发越来越关注，国内外抗氧剂的发展集中体现在抗氧剂理论更趋完善，新型的适于特殊用途的抗氧剂新品也不断涌现。

随着高分子材料的快速发展，抗氧剂的高分子量化、多功能化以及现有产品的升级与复配仍是目前研究的重点。日益涌现的各种新型功能性塑料的开发与应用，带动抗氧剂朝着多功能化、可反应型、安全、环保、高分子量化的方向发展。

（1）新的抗氧理论不断出现：抗氧剂的理论是新产品应用的基础，同时，理论的不断完善也给抗氧剂的开发注入了新的活力。近年来得到普遍研究并证实的新的抗氧剂主要包括受阻酚/亚磷酸酯协同机理、Mark AO-80 与 Sumilizer TP-D 分子间氢键作用机理、Sumilizer GM，GS 的双官能稳定机理、Irganox 1520 的分子内协同机理、Irganox HP-136 自由基捕获机理等。这些机理的出现使抗氧剂的应用开发呈现出蓬勃生机。

（2）高分子量化：高分子量化对于防止助剂在制品加工和应用中的挥发、抽取、逸散损失具有重要意义。但是，相对分子质量过高，会影响助剂在聚合物中的相容性，同时妨碍其向制品表面的迁移，这对于充分发挥助剂的作用是不利的。因此，高相对分子质量抗氧剂一般相对分子质量都控制在 1000 左右。

用于聚合物中的抗氧剂应具有一定的热稳定性、低挥发性、耐抽提性等。考虑到酚类抗氧剂本身的相对分子质量对其热稳定性、耐抽提性和效率等有一定影响，认为其最佳相对分子质量范围为 1000 ~ 3000 之间。高相对分子质量抗氧剂通常采用两种方法制备：①低相对分子质量单体自聚或与其他单体共聚形成高相对分子质量化合物；②功能性单体与聚合物基材接枝形成高相对分子质量化合物。

Irganox 1010 作为高相对分子质量的典范被普遍认可后，近年来又出现了类似的结构，如 Phosphite A、Sandostab P-EPQ、Mark AO-412S 等。通过带有抗氧功能的单体均聚或共聚，或通过自由基反应将抗氧功能的单体接枝到聚合物链上，可以得到聚合型抗氧剂。另外，通过将受阻酚连接到带有官能团的聚合物上，也能够使聚合物具有抗氧功能。

高相对分子质量抗氧剂330具有无味、低毒、兼容性好、挥发性低、抗氧效果好等特点，在塑料和橡胶中应用广泛。但该产品目前仍需进口，国内尚未完成工业化生产。瑞士Sandoz公司开发了一种含磷抗氧剂，相对分子质量高达1034；英国ICI公司推出的高相对分子质量抗氧剂Topanol 205具有较高氧化稳定性、无污染、无着色、热稳定性好等特点，可用于食品包装材料；美国Albemarle公司用二苯胺类与2，6-叔丁基苯酚衍生物在酸性催化剂催化下生成的抗氧剂不含低相对分子质量副产物，其方法为：首先合成双环戊二烯和对甲酚的低聚物，再与异丁烯在催化剂催化下进行烷基化，得到聚合型受阻酚抗氧剂。此类抗氧剂无毒，主要用于橡胶、聚酰胺、聚氨酯等制备卫生要求比较高的产品。

Gao等利用氨基硅烷偶联剂将纳米二氧化硅和受阻酚抗氧剂连接在一起，制成含硅高相对分子质量抗氧剂。将该抗氧剂添加到聚丙烯中，结果显示，聚丙烯氧化诱导时间明显延长，长效抗氧效果显著提高，综合力学性能全面提升。我国台湾开发了一种尚未公布化学结构的受阻酚抗氧剂Chinox30N，是一种多官能、大相对分子质量、具有良好耐热和抗氧效果的抗氧剂。

（3）多功能化：高分子材料种类繁多，应用环境复杂，加工行业对助剂的功能要求是多种多样的，现有的产品不一定能够满足多方面的要求。近年来开发的多功能抗氧剂是在分子内引入多种作用的官能团，或直接发挥作用，或通过分子内协同作用最大限度地发挥效能。单一结构型的抗氧剂等很难完全满足产品加工应用的所有要求。将不同功能基团复合到一个抗氧剂分子中，发挥协同作用，这就需要抗氧剂的多功能化来实现其高效性、功能性和专用性，形成一类在一个抗氧剂分子中同时具有两种或两种以上主抗氧剂、辅助抗氧剂或其他助剂性能的超级抗氧剂。瑞士汽巴公司开发了一种具有双重主抗氧剂功效的复合型抗氧剂，该抗氧剂具有良好的耐辐射性、热稳定性、抗析出性，与树脂的相容性较好。日本专利也报道了一种含有受阻胺和受阻酚结构、并具有相对较高相对分子质量的聚合型抗氧剂，其性能稳定。

受阻酚和芳香胺同为主抗氧剂，通过与高分子材料氧老化过程中产生的自由基结合，从而达到抗氧化的目的。胺类抗氧剂易因变质而被污染，因此多用于对制品颜色要求不高的材料中；酚类抗氧剂不变色无污染，主要用于对制品色度要求较高或浅色的制品。李翠勤等将2，6-二叔丁基苯酚硝化后，选用锌粉作为还原剂，合成了2，6-二叔丁基对氨基苯酚并作为分子内复合主抗氧剂，其效果相当于市售抗氧剂1076。利用二苯甲烷二异氰酸酯作为桥梁将受阻酚与哌啶基团连接起来制成双组分受阻胺-受阻酚多功能型抗氧剂，实现两类主抗氧剂结合体。李靖等合成了一种含双受阻酚结构的受阻胺化合物用作光稳定剂，不仅使受阻酚类光稳定剂（HALS）的相对分子质量得以增大，其抗氧化能力、相容性和耐抽提性都有所增强。夏雷等提出了一种原料易得、方法简便、收率较高的制备受阻酚-受阻胺分子内复合型抗氧剂的合成方法。王鉴等合成了一种分子内复合型抗氧剂3-(3，5-

二叔丁基-4-羟基苯基）丙酰基磷酸双十八酯，该产品应用到聚丙烯中，结果表明，抗氧效果优于1076。亚磷酸酯和受阻胺反应得到分子内复合型抗氧剂，用于聚丙烯中显示了较好的光稳定性和热稳定效果。Bauer等将亚磷酸酯和受阻胺的官能团集中在一个分子内，使其既有光稳定效果，还可起到抗氧化作用。

紫外光吸收剂（UVA）与受阻胺光稳定剂（HALS）在阻止过氧化物光氧化分解方面具有协同效应。Zakrzewski用二氯硫化碳将2，2，6，6-四甲基哌啶衍生物和2，4-二羟基苯酚结合在一起，合成了含羟基的稳定剂。一种商品化抗氧剂JAST500（其结构如图3－5所示）是通过2-叔辛基-4-甲基苯酚与苯并三唑类紫外线吸收剂反应得到，该产品的抗氧效果与常用的抗氧剂1010相当。

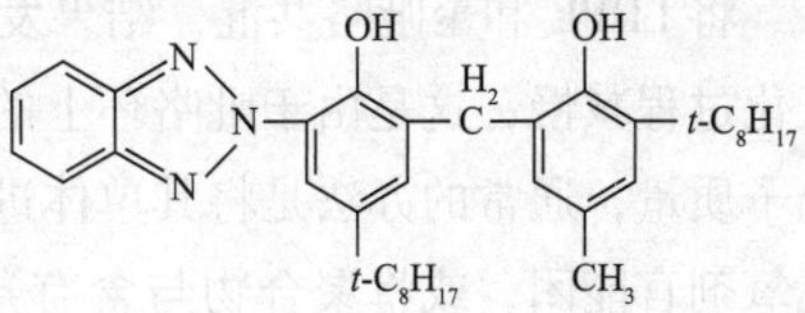

图3－5 抗氧剂JAST500的结构

（4）复合化：抗氧剂的复合不是性能的简单加合，它是利用组分之间的协同作用，使助剂性能最大化的途径之一。

复合抗氧剂多采用受阻酚与亚磷酸酯、硫代酯作为配合组分，受阻酚包括Irganox 1010、Irganox 1076、Cuanox 1790、Good-rite 3114等，亚磷酸酯包括Irgafos 168、Ultranox 626、Weston 399、Irgafos 12等，硫代酯主要使用DSTDP。近年来，汽巴精化公司已将其推出的自由基捕获剂Irganox HP-136引入到自己的复合B系列，使其性能得到了进一步提高。

抗氧剂的复合使用节省了开发费用，使其性能得到了最大限度的发挥。国内外众多助剂开发商都注入了极大的精力，复合抗氧剂的开发显示出极大的市场前景。

（5）高性能化与专用化：抗氧剂的高性能化与专用化表现在两个方面。一是在一些色泽要求苛刻的场合出现了无酚稳定化的倾向，如汽巴精化公司开发的二烷基羟胺类无酚抗氧剂Fiberstab FS-42；二是针对聚氨酯加工、ABS、MBS等乳液聚合过程以及特殊耐高温场合要求而开发出了液体专用酚类抗氧剂和低挥发抗氧剂，如汽巴精化公司的Irganox 1135，Irganox 1141，Clariant的Hostaox 03以及Cytec的Cyanox 1790等。

（6）反应型抗氧剂：抗氧剂作为添加剂的一种，面临着与基体的相容性、本身的耐热性以及在基体中的迁移率等问题。目前，商品化的反应型抗氧剂有一种含有烯丙基的酚类化合物（日本）和分子中含有反应基团亚硝基的胺类抗氧剂（英国）。另外还有在抗氧剂分子中引入硫醇、环氧或双键等反应性基团。

反应型抗氧剂是通过化学反应将抗氧剂键合在高分子链上，使得高分子本身成为抗氧剂的载体，这样使高分子材料本身具有抗氧化作用，同时抗氧剂与聚合物的相容性得到提高。不饱和异氰酸酯通过酯化，合成的异氰酸酯抗氧剂系列保留了反应型基团，对聚丙烯材料具有很好的抗氧化作用，通过与乙烯类单体共聚引入大分子链中。

El-Wakil合成了*N*-(4-氨基二苯基甲烷）丙烯酰胺（ADPMA），在紫外光辐照下，将ADPMA引入天然橡胶中，结果表明，添加ADPMA后，天然橡胶的力学性能增强，

ADPMA的迁移率降低。在聚酰胺6中添加一种功能性抗氧剂，将抗氧剂中的酚官能团引入聚酰胺6分子中，弥补了酚类抗氧剂在聚酰胺6中的不适用性，保留了ADPMA的抗氧化功能，同时使聚酰胺6的相对分子质量增大，稳定性增强，ADPMA在聚合物中的作用时间延长，提高了其使用年限和寿命。

将LDPE和聚吡咯共混，结果发现，聚吡咯具有保护LDPE氧化老化的能力，使LDPE氧化过程减慢，这是由于吡咯环上的可移动的质子所致。为了增大受阻酚类抗氧剂的相对分子质量，通常的办法是将其单体进行均聚或共聚，然后在聚合物主链或侧链接上大分子抗氧剂官能团，或将聚合物与含有羟甲基硅氧烷基的单体聚合，以赋予聚合物的抗氧化性能。

（7）抗氧剂的安全化：目前的抗氧剂分为3类：①合成抗氧剂，此类抗氧剂存在安全隐患，测试其安全性实验复杂且昂贵，在卫生安全要求较高的领域其应用受到限制；②植物合成并从中提取的天然抗氧剂，此类抗氧剂深受消费者青睐，研究人员相信由植物提取的抗氧剂有益于人类；③从食物中提取的抗氧剂成分，经结构剖析，通过人工合成纯度高、相对便宜、原料易得的工业品，此类抗氧剂通常作为食品添加剂，缺点是热稳定性较差，不能用于聚合物加工。

卫生安全性是人类文明进步的重要内容。人们早已开始关注自己使用的化学品的安全性，除了它对人体的危害，也包括它对环境的影响。在抗氧剂行业，环境无害化方面最大的进步是使用了维生素等“绿色”品种。继瑞士Hoffmann-LaRoche公司之后，汽巴精化、BASF等公司也都推出了相应品种。这充分说明，全球对环境保护的要求是一致的，符合环境要求的产品是有市场潜力的。传统使用的抗氧剂BHT由于相对分子质量低、挥发性大，近年来致癌嫌疑犹存，给它的应用带来了巨大的压力。另外，作为辅助抗氧剂的亚磷酸酯TNPP也因为具有类雌激素性，使其发展受到了很大限制。

人们在日常餐饮中如果摄入一定量的抗氧剂，可以结合身体代谢产生的自由基，减少其对人体的伤害。天然抗氧剂在食品、药品等对安全性要求较高的领域，将得到广阔的应用空间。将天然抗氧剂引入到聚合物中的案例并不多，主要由抗氧剂的热稳定性决定，抗氧剂需要承受高分子加工过程中的高温，这对天然产物的耐热性是一个挑战。通常天然抗氧剂的热稳定性较差，在高温下极易分解，因此发掘、提取耐高温、高效的天然提取物并作为抗氧剂应用到高分子材料中就显得尤为重要。中科院广州化学研究所在天然抗氧剂研究方面做了一些工作，从藤茶中提取二氢杨梅素，研究其在高分子中的抗氧化作用。结果表明：二氢杨梅素抗氧效果明显，可作为高分子抗氧剂使用。

抗氧剂种类繁多，需根据实际情况结合高分子材料特点、加工特性等条件进行选择和复配。抗氧效果持续性是今后抗氧剂发展过程中必须考虑的一个问题。抗氧剂的使用将持续很长时间，新型无毒、环保、价廉也是其发展的必由之路。随着人民生活水平的提高，对高分子制品的卫生、安全和环保提出了更新更高的要求，抗氧剂将向着多功能化、高分子量化、专用化方向发展。此外，抗氧剂的标准体系也有待进一步加强，同时规范市场，

促使相关产业结构升级。随着食品安全关注度的提高，应用到接触食品的高分子制品中的抗氧剂也被推到了风口浪尖，采用低毒或无毒抗氧剂替代较大毒性助剂的要求日益高涨，这正是天然提取物或环保型、无毒抗氧剂研发必须得到重视的主要原因。

第二节 抗氧剂主要品种及其应用

一、抗氧剂的分类

为了提高抗氧能力，高分子材料在加工和使用过程中通常添加抗氧剂。抗氧剂的品种繁多，有各种分类方法，按照不同方法可以分成多种类型。

（1）按其状态分类，分为固体抗氧剂和液体抗氧剂。

（2）按其抗氧作用或功能分类，分为主抗氧剂（链终止型抗氧剂）、辅助抗氧剂（预防型抗氧剂）、碳自由基捕捉剂（金属离子钝化剂、抗臭氧剂等）。

（3）按其相对分子质量分类，分为低相对分子质量抗氧剂与高相对分子质量抗氧剂。

（4）按其化学结构分类，分为胺类抗氧剂、酚类抗氧剂、亚磷酸酯类抗氧剂和其他类（含硫化合物、含氮化合物、有机金属盐类以及复合抗氧剂等），其中酚类按照其官能团数量又分为单酚类、多酚类、对苯二酚类、硫代双酚类和氨基酚衍生物。

（5）按照抗氧剂的作用机理分类，分为过氧化物分解剂（如二烷基二硫代磷酸锌和二烷基二硫代氨基甲酸锌等）、链终止剂（自由基清除型抗氧剂，如*N*-苯基-*α*-萘胺和烷基吩噻嗪等）和金属离子钝化剂（金属减活型抗氧剂，如苯并三氮唑衍生物和巯基苯并噻唑衍生物3类），其中链终止剂包括氢给予体、自由基捕捉剂和电子给予体。

（6）按其用途分类，分为塑料抗氧剂、橡胶抗氧剂、油品抗氧剂、食品抗氧剂、润滑剂抗氧剂、涂料抗氧剂、纤维抗氧剂等。

各类抗氧剂表现出不同的性能，应用于不同的领域。

目前，对聚合物氧化降解过程的研究较为成熟。聚合物的氧化降解链式反应步骤为链引发—链增长—链终止。而自由基链终止是抗氧剂作用机理的主要组成部分，最终产物通过分解氧化降解产生的过氧化物使其变成稳定结构，从而起到链终止作用。

二、主要品种及其应用

各类抗氧剂在高分子材料中具有不同的抗氧性能，因而在合成材料中具有不同的使用效果。下面将着重介绍各类抗氧剂的主要品种与应用性能。

（一）胺类抗氧剂

胺类抗氧剂是一类历史最悠久、应用效果非常好的抗氧剂，它们对氧、臭氧的防护作用很好，对热、光、曲挠、铜害的防护也很突出。但胺类抗氧剂具有较强的变色性和污染性，所以不适用于塑料工业，主要用于橡胶制品、电线、电缆、机械零件及润滑油等领域，尤其在橡胶加工中占有着极其重要的地位。根据橡胶工业的习惯，这类物质通常称为防老剂。

常用的胺类抗氧剂有二芳基仲胺类、对苯二胺类、醛胺类、酮胺类，以及二苯胺类、脂肪胺类等。

1. 二芳基仲胺类抗氧剂

长期以来，此类抗氧剂在橡胶工业中占据着极其重要的地位，主要包括苯基萘胺和取代二苯胺两大类。

（1）苯基萘胺类：该类防老剂具有很好的抗热、抗氧、抗屈挠老化的性能，曾经是橡胶防老剂最基本的品种，后因毒性方面的争议，使用量逐年减少。1998 年国内此类防老剂用量约占防老剂总量的 13%，现在的产量和用量越来越低，逐渐被其他产品如防老剂 4020、4010NA 等所代替。苯基萘胺类防老剂的代表品种是防老剂 A 和防老剂 D。该产品主要用于以下几方面。

①是天然橡胶、二烯类合成橡胶、氯丁橡胶及基胶乳用通用型防老剂；对热、氧、屈挠及一般老化有良好的防护作用，并稍优于防老剂甲；对有害金属有抑制作用，但较防老剂甲弱；若与防老剂 4010 或 4010NA 并用，则抗热、氧、屈挠龟裂，以及抗臭氧性均有显著提高；本品对天然胶、丁腈胶、丁苯胶的硫化速度无甚影响，对氯丁胶则稍有迟延作用；在干胶中容易分解，亦容易分散于水中；在橡胶中的溶解度约 1.5%，用量不超过 1 份不会发生喷霜；有污染性，在日光下渐变为灰黑色，故不适用于白色或浅色制品。主要用于制造轮胎、胶管、胶带、胶辊、胶鞋、电线电缆绝缘层等工业制品；防老剂丁还可用作各种合成橡胶后处理和贮存时的稳定剂，可用作聚甲醛的抗热防老剂，对皮肤有一定的刺激性。

②用作天然橡胶、合成橡胶的防老剂，对氧、热合曲挠引起的老化有防护效能，对有害金属有一定的抑制作用；参考用量 1～2 质量份；有污染性，会使胶料变色；防老剂 D 还可作为各种合成橡胶后处理和贮存时的稳定剂；因毒性较大，应限量使用。

③用作橡胶抗氧剂、润滑剂、聚合抑制剂。

防老剂 A 化学名称为 *N*-苯基-α-萘胺，国内又称为“防老剂甲”，工业上一般是由 α-萘胺或 α-萘酚与苯胺缩合而制得，其合成反应如下：

$$\text{(α-萘胺, }C_{10}H_7NH_2) + \text{(苯胺, }C_6H_5NH_2) \xrightarrow[250℃]{H_2N-C_6H_4-SO_3H} C_{10}H_7-NH-C_6H_5 + NH_3\uparrow \qquad (3-44)$$

防老剂 A 为黄褐色或紫色块状固体，熔点 62℃，是天然橡胶与丁苯、氯丁等合成胶中经常使用的防老剂。主要能防止由热、氧、曲挠等引起的老化，而且对铜害也有一定的防护作用；但有污染性，不适于浅色制品。天然胶中的用量约为 1%，在丁苯胶中为 1% ～2%，用于氯丁胶中还有抗臭氧的作用，用量约为 2%；在异戊胶中用量为 1% ～

3%。在塑料工业中，此防老剂也用作聚乙烯的热稳定剂，用量为0.1%~0.5%。它是一种不喷霜的性能优良的耐热防老剂。

防老剂D，化学名称为*N*-苯基-β-萘胺，国内又称为“防老剂丁”，它是防老剂*A*的异构体，工业上一般是由β-萘酚与苯胺在苯胺盐酸盐的催化作用下而制得，其合成反应如下：

$$\text{2-萘酚(OH)} + \text{苯胺}(NH_2) \xrightarrow[250℃]{HCl} \text{N-苯基萘胺(HN-)} + H_2O \tag{3-45}$$

防老剂D是一种通用的橡胶防老剂，其性能与防老剂A类似。它具有较高的抗热、抗氧、抗屈挠、抗龟裂性能，对有害的金属也有一定的抑制作用；它既可单独使用，又可配合使用，而且价格低廉，只是由于污染性大而不适宜于浅色制品。它曾被广泛他用于橡胶工业，如轮胎、胶管、胶带、胶辊、电线、电缆、鞋类等，其用量一般为0.5%~2%，超过2%会有喷霜现象。当按2∶1或1∶1与4010NA并用时，会使制品的抗氧、抗热与抗曲挠老化的能力有显著提高。防老剂D作为抗氧剂也用于聚乙烯及聚异丁烯，用量为0.2%~1.5%。但是由于在防老剂丁中含有微量的β-萘胺，据认为β-萘胺具有很强的致癌性，故现在美国、西欧及日本等国已禁止生产和使用防老剂D，但我国仍在使用。

在工业上使用的其他苯基萘胺类抗氧剂还有*N*-对羟基苯基-2-萘胺、*N*-对甲氧基苯基-2-萘胺等品种。考虑到该类防老剂可能的毒性问题，国外产量已呈逐年下降趋势。

（2）取代二苯胺类：该类防老剂具有较好的抗曲挠性，但易于挥发。当在其对位引入烷氧基后挥发性则有所下降，而且抗曲挠的性能得到进一步提高。由于二苯胺类防老剂的性能不够全面，因而其应用不广。其代表品种有防老剂OD、防老剂405、防老剂DFL等。

防老剂OD属于烷基化二苯胺系列的代表产品。这类产品品种很多，烷基多为庚基、辛基或壬基。美国、德国、英国、日本等国都有该类产品生产。防老剂OD对制品的热氧老化及曲挠龟裂等具有防护作用，在胶料中易于分散，用量达2%时不致喷霜。在日光作用下会变色，但污染性不大。在氯丁橡胶中使用具有显著的抗热脆性。防老剂OD的结构如下：

$$R-C_6H_4-NH-C_6H_4-R \quad \text{（R为庚基、辛基、壬基）} \tag{3-46}$$

2. 对苯二胺类抗氧剂

对苯二胺类防老剂是指以对苯二胺为母体的一类防老剂。根据对苯二胺母核上相连基团的不同，可将对苯二胺类防老剂分为二烷基对苯二胺类、二芳基对苯二胺类和烷基芳基对苯二胺类3种类型，其结构通式如下：

$$\begin{matrix} H \\ R_1 \end{matrix}{>}N-C_6H_4-N{<}\begin{matrix} R_2 \\ H \end{matrix} \quad \text{（}R_1\text{、}R_2\text{为烷基或芳基）} \tag{3-47}$$

对苯二胺衍生物的防护作用很广，对热、氧、臭氧、机械疲劳、有害金属均有很好的防护作用。正因为如此，对苯二胺类已成长为目前防老剂家族中最重要的一类。近年来逐渐发展成为世界生产和用量最大的产品，其中仅 4020 迅速成长为需求量和供应量最大的防老剂，2016 年全球防老剂供应量达到了 117.13×10^4t，表观消费量为 117.11×10^4t；预计到 2020 年国内防老剂 4020 的产量将达到 59.39×10^4t，需求量将达到 57.97×10^4t，全球防老剂 4020 的产量将达到 178.18×10^4t，需求量将达到 178.07×10^4t。

近年来的世界防老剂总产量中，对苯二胺类大于 50%%；国内防老剂总产量中，对苯二胺类占 70%。随着防老剂 A 和防老剂 D 的逐渐淘汰，国内对苯二胺类防老剂的使用量呈逐年上升之势。

（1）二芳基对苯二胺类：该类防老剂的代表品种有防老剂 H、防老剂 DNP、防老剂 PPD-A、防老剂 PPD-B 等。

防老剂 H，化学名称为 *N*，*N'*-二苯基对苯二胺，熔点在 130℃以上，为灰白色粉末。它是一种防护天然及合成橡胶制品、乳胶制品热氧老化的防老剂，具有优良的抗屈挠龟裂性，对热、氧、臭氧和光的防护作用，特别是对铜、锰等有害金属的防护作用甚佳。其缺点是受光变成黑褐色，同时污染严重，仅适用于深色制品；还有喷霜性强，所以在使用时用量要加以限制。防老剂 H 是由对苯二酚与苯胺在磷酸三乙酯的催化作用下缩合而成的：

$$2\,C_6H_5\text{—}NH_2 + HO\text{—}C_6H_4\text{—}OH \xrightarrow[280℃,\ 0.7MPa]{(C_2H_5O)_3PO_4} C_6H_5\text{—}NH\text{—}C_6H_4\text{—}HN\text{—}C_6H_5 + 2H_2O \tag{3-48}$$

防老剂 DNP，化学名称为 *N*，*N'*-二-*β*-萘基对苯二胺，熔点在 225℃以上，为紫灰白色或淡灰白色固体。它是具有突出的抗热老化、抗天然老化及抗有害金属催化老化的抗氧剂，常用于橡胶、乳胶和塑料制品。该品种是胺类抗氧剂中污染性最小的品种。但用量大于 2%时会有喷霜现象。日光照射或遇氧化剂会逐渐变为灰红色，可用于浅色制品。DNP 可单独使用，也可与其他防老剂配合使用。防老剂 DNP 由对苯二胺与 *β*-萘酚反应而制得的：

$$2\,C_{10}H_7\text{—}OH + H_2N\text{—}C_6H_4\text{—}NH_2 \xrightarrow{260\sim265℃} C_{10}H_7\text{—}HN\text{—}C_6H_4\text{—}NH\text{—}C_{10}H_7 + 2H_2O \tag{3-49}$$

混合的二芳基对苯二胺类防老剂，如由对苯二酚、苯胺及邻甲苯胺反应制得的防老剂 630TP；由对苯二酚与甲苯胺、二甲基苯胺反应制得的防老剂 660。前者为耐热、耐曲挠龟裂剂，后者作合成橡胶稳定剂。

（2）二烷基对苯二胺类：该类防老剂的代表品种有防老剂 288、防老剂 4030 等。

防老剂 288，化学名称为 *N*，*N'*-二-(1-甲基庚基）对苯二胺，棕红色的液体，沸点 420℃。防老剂 288 是对二烷基对苯二胺类防老剂最重要的品种，它对臭氧和光—臭氧龟裂以及热老化有优良的防护作用，特别在静态条件下具有优异的防护作用，适用于天然橡胶、合成橡胶以及润滑油中，用量一般为 0.5%～3%。与防老剂 4010NA、4020 并用，能改善动态条件下的防护性能。但该产品有污染性和喷霜性，并有促进硫化的作用。其制备

方法如下：

$$H_2N-C_6H_4-NH_2 + 2CH_3-(CH_2)_5-\underset{\displaystyle CH_3}{\underset{|}{CH}}-OH \xrightarrow[180℃]{骨架镍} CH_3-(CH_2)_5-\underset{\displaystyle CH_3}{\underset{|}{CH}}-HN-C_6H_4-NH-\underset{\displaystyle CH_3}{\underset{|}{CH}}-(CH_2)_5-CH_3 + 2H_2O \tag{3-50}$$

防老剂4030，化学名称为*N*，*N′*-二-(1，4-二甲基戊基）对苯二胺。它主要用作天然橡胶和通用合成橡胶的抗臭氧剂，可防静态条件下的臭氧龟裂，但在动态条件下效果较弱。总的防老效果不及4010NA、4020，4040与4010NA、4020配用有利于改善性能。防老剂4030对热老化和屈挠龟裂也有防护作用，抗化学腐蚀性极佳。最大缺陷是变色严重和污染性大，有迁移性和迁移污染。其制备方法如下：

$$H_2N-C_6H_4-NH_2 + 2(CH_3)_2CH(CH_2)_2\underset{\displaystyle CH_3}{\underset{|}{C}}=O \xrightarrow{H_2} (CH_3)_2CH(CH_2)_2\underset{\displaystyle CH_3}{\underset{|}{CH}}-HN-C_6H_4-NH-\underset{\displaystyle CH_3}{\underset{|}{CH}}(CH_2)_2CH(CH_3)_2 + 2H_2O \tag{3-51}$$

（3）烷基芳基对苯二胺类：烷基芳基对苯二胺类防老剂兼有上述两种对苯二胺类抗氧剂的优点，既有优越的抗臭氧老化的性能，又有突出的抗热它氧老化的防护作用，所以是对苯二胺类防老剂的核心。该类防老剂的代表品种有防老剂4010、防老剂4010NA、防老剂4020、防老剂4040等。

防老剂4010NA，化学名称为*N*-苯基-*N′*-异丙基对苯二胺，紫褐色片状固体，熔点为80.5℃。据不完全统计，目前发达国家4010NA、4020的用量占防老剂使用总量的70%以上。4010NA产品生产与用量国内发展呈增长趋势，2006年国内产量为1.3×10^4t，2010年升至3.50×10^4t，然后逐步下降，2012年国内产量为2.1×10^4t，逐渐被防老剂4020等代替。在该产品的生产中，作为中间体的对氨基二苯胺的合成工艺及其质量和成本是国内外相关企业研究开发的重点。对氨基二苯胺作为性能优异的对苯二胺类橡胶助剂中间体，其产品质量和成本直接影响着4010NA、4020和688等产品的生产与应用。近年来国内外对氨基二苯胺及其衍生的橡胶防老剂市场竞争激烈，对氨基二苯胺生产工艺成为竞争重点。

它是烷基芳基对苯二胺类最具代表性的产品。防老剂4010NA为对苯二胺系列中抗臭氧效能最佳的产品，同时具有优越的热、氧、光老化的防护效能。在抗臭氧剂中，4010NA的喷霜现象为最小。由于它能被水从橡胶制品中抽提出来，所以不适用于与水接触的制品。另外该产品污染性较为严重。不过，防老剂4010NA的综合性能全面优于防老剂4010（*N*-苯基-*N′*-环己基对苯二胺）。该产品主要用作合成橡胶如顺丁橡胶、丁基橡胶、异戊橡胶、丁苯橡胶或充油丁苯橡胶的稳定剂，常用于制造承受动静态应力作用下的制品，也用作聚乙烯、聚苯乙烯和聚酰胺的热稳定剂。目前工业上最常用的生产防老剂4010NA的工艺仍是还原烃化法，即由对氨基二苯胺与丙酮进行还原烷基化反应来合成此产品，反应式如下：

$$\text{C}_6\text{H}_5\text{-NH-C}_6\text{H}_4\text{-NH}_2 + \text{H}_3\text{C-}\overset{\text{O}}{\overset{\|}{\text{C}}}\text{-CH}_3 \xrightarrow[\text{温度，压力}]{\text{H}_2\text{，Cu-Cr}} \text{C}_6\text{H}_5\text{-NH-C}_6\text{H}_4\text{-NH-CH(CH}_3)_2 + \text{H}_2\text{O} \quad (3-52)$$

防老剂4020，化学名称为*N*-苯基-*N′*-(1，3-二甲基丁基）对苯二胺，灰黑色固体，熔点40～45℃。该产品具有防护热氧、天候、曲挠老化的破坏和钝化变价金属的作用，也是综合性能较好的防老剂品种，性能介于防老剂4010和防老剂4010NA之间。因为该产品水解作用、挥发性、皮肤刺激性以及焦烧性均比4010NA小，故有逐渐替代4010NA的趋势。4020的缺陷是变色严重，且有迁移性污染，会使硫化胶和与之接触的材料变色，因此只能用于深色制品。其生产工艺与防老剂4010NA类似：

$$\text{C}_6\text{H}_5\text{-NH-C}_6\text{H}_4\text{-NH}_2 + \text{CH}_3\overset{\text{O}}{\overset{\|}{\text{C}}}\text{CH}_2\overset{\text{CH}_3}{\overset{|}{\text{C}}}\text{HCH}_3 \xrightarrow[\text{温度，压力}]{\text{H}_2\text{，Cat.}} \text{C}_6\text{H}_5\text{-NH-C}_6\text{H}_4\text{-NH-}\overset{\text{CH}_3}{\overset{|}{\text{C}}}\text{HCH}_2\overset{\text{CH}_3}{\overset{|}{\text{C}}}\text{HCH}_3 + \text{H}_2\text{O} \quad (3-53)$$

防老剂4010，化学名称为*N*-苯基-*N′*-环己基对苯二胺，白色粉末，熔点115℃。该产品是烷基芳基对苯二胺类防老剂最早开发成功的品种之一。其性能及用途与防老剂4010NA、4020等类似，质量要比前两种抗氧剂差一些。该产品是由对氨基二苯胺与环己酮加氢缩合制得：

$$\text{C}_6\text{H}_5\text{-NH-C}_6\text{H}_4\text{-NH}_2 + \text{O=C}_6\text{H}_{10} \xrightarrow[\text{温度，压力}]{\text{H}_2\text{，Cat.}} \text{C}_6\text{H}_5\text{-NH-C}_6\text{H}_4\text{-NH-C}_6\text{H}_{11} + \text{H}_2\text{O} \quad (3-54)$$

综上所述，作为曲挠龟裂抑制剂，不对称的烷基芳基对苯二胺类衍生物效能最佳，性能最好的要数防老剂4010NA、4020，其次为防老剂4010。作为抗臭氧剂，以防老剂288的效能最好，其次为二烷基对苯二胺类衍生物、不对称的烷基芳基对苯二胺类衍生物，但后者因性能较全面，持久性好，所以应用最广泛。

对苯二胺类防老剂的最大缺点是污染性严重、着色范围从红色到黑褐色。所以只适用于深色的制品。此外，这类抗氧剂一般还具有促进硫化及降低抗焦烧性能的倾向。

3. 醛胺缩合物类抗氧剂

醛胺缩合物类抗氧剂是脂肪醛与芳伯胺加成缩合的反应产物，是最古老的防老剂品种，主要用作橡胶防老剂。其抗热抗氧性能良好，在胶料中分散性好，喷霜现象较小，一般用量为0.5%～5%。随着抗氧剂工业的迅速发展，该类抗氧剂因其性能不够全面、毒性以及生产成本等原因已逐渐淘汰，目前只有防老剂AP与AH还用于橡胶工业。前者是1-萘胺与3-羟基丁醛按1∶1（物质的量比）缩合的产物，后者是1-萘胺与3-羟基丁醛按1∶2（物质的量比）缩合的产物。

防老剂 AP，浅黄色粉末，熔点在 140℃以上。该产品主要用于天然橡胶、合成橡胶和乳胶，长期用于电线制品。但近些年来由于其原料中带有微量的致癌杂质而呈逐渐被淘汰的趋势，其合成路线如下式：

$$2CH_3CHO \xrightarrow{NaOH} CH_3CH(OH)CH_2CHO$$

$$CH_3CH(OH)CH_2CHO + C_{10}H_7NH_2 \longrightarrow C_{10}H_7N{=}CHCH_2CH(OH)CH_3 + H_2O \qquad (3-55)$$

4. 酮胺缩合物类抗氧剂

酮胺缩合物类抗氧剂主要是酮与苯胺，酮与对位取代苯胺或者酮与二芳基仲胺的缩合反应产物，也是一类极为重要的橡胶防老剂。一般具有抗热氧老化和抗曲挠龟裂作用，喷霜现象较少，毒性也较低，一般用量为 1% ~6%。在工业上较为重要的品种有防老剂 RD、防老剂 124、防老剂 AW、防老剂 BLE 等。

防老剂 RD 是苯胺与丙酮的低相对分子质量缩合物。它对热氧老化的防护是非常有效的，对金属的催化氧化也有较强的抑制作用；使用时无喷霜现象，污染性较少，因此可少量地用于浅色制品。但对曲挠作用的防护较差。该品种作为廉价的耐热性防老剂，现在仍大量地用于天然、丁苯、丁腈等橡胶制品，如电线、电缆、自行车轮胎，以防护热氧或天候老化，使用量一般为 0.5% ~2%。

防老剂 124 是苯胺与丙酮的高相对分子质量缩合物，为粉末状产品。其重要性不及低相对分子质量的防老剂 RD。上述两种产品的合成路线如下所示：

$$C_6H_5NH_2 + 2CH_3COCH_3 \xrightarrow[155\sim165℃]{苯磺酸} \text{2,2,4-三甲基-1,2-二氢喹啉} + 2H_2O$$

$$\xrightarrow[95\sim98℃]{HCl} [\text{2,2,4-三甲基-1,2-二氢喹啉}]_n \qquad (3-56)$$

防老剂 AW 是对乙氧基苯胺与丙酮的缩合产物，化学名称为 6-乙氧基-2,2,4-三甲基-1,2-二氢化喹啉。它是一种具有较好的抗臭氧能力的天然及合成橡胶制品的防老剂，主要用于轮胎、电缆、胶鞋等生产中，用量一般为 1% ~2%。其合成反应为：

$$p\text{-}EtOC_6H_4NH_2 + 2CH_3COCH_3 \xrightarrow{155\sim165℃} \text{6-OEt-2,2,4-三甲基-1,2-二氢喹啉} \qquad (3-57)$$

防老剂 BLE 是二苯胺与丙酮的高温缩合物，也是一个重要品种。该品种是一种性能优良的通用的橡胶防老剂，具有优良的抗热、抗氧、抗曲挠性能，也具有一定的抗天候、抗臭氧老化的能力，制品的耐热、耐磨性能好。所以防老剂 BLE 广泛地用于天然、合成橡胶制品中，用量一般为1%～3%。其合成反应为：

$$\text{Ph-NH-Ph} + CH_3\overset{O}{\overset{\|}{C}}CH_3 \xrightarrow[240\sim250℃]{\text{苯磺酸}} \text{(9,9-二甲基吖啶)} + H_2O \quad (3-58)$$

（二）酚类抗氧剂

酚类抗氧剂是抗氧剂的主体，尽管其防护能力比不上胺类防老剂，但它具有胺类所不具备的不变色、不污染的特点，因而在塑料制品中广泛使用。大多数酚类抗氧剂都带有受阻酚结构，即羟基邻位带有空间位阻较大的烷基，所以也常称为受阻酚抗氧剂。这些烷基可以是甲基、丁基等低碳烷基，也可以是壬基、十八烷基等高碳烷基或者是芳烷基（如苄基）。可以是一个烷基，也可以是两个烷基，两个烷基可以相同，也可以不同。传统的受阻酚多是酚羟基邻位具有两个叔丁基的化合物，习惯上称之为对称型受阻酚。近年来，一类酚羟基邻位具有一个叔丁基和一个甲基的受阻酚化合物，作为抗氧剂进入应用阶段。同传统的受阻酚相比，新结构的受阻酚表现出更加优异的性能，称为非对称受阻酚或半受阻酚。

酚类抗氧剂主要应用于塑料与合成纤维工业，油品及食品工业。在橡胶工业中酚类抗氧剂近来已大量用作生胶稳定剂。

根据酚类抗氧剂分子结构中受阻酚结构的数量，酚类抗氧剂又可分为单酚、双酚和多元酚。

1. 单酚抗氧剂

单酚类抗氧剂分子内部只有1个受阻酚单元，具方极佳的不变色、不污染性，但没有抗臭氧效能，同时，因相对分子质量小，挥发和抽出损失比较大，因此抗老化能力弱，仅适用于使用要求不苛刻的领域。新的单酚类抗氧剂通常在酚结构上引入烷基长链，以增长相对分子质量，降低挥发性。这个长链就像单酚的一个“臂”，能够控制产品的溶解性或改进活性。工业上使用的代表性的单酚抗氧剂有抗氧剂264、抗氧剂1076、抗氧剂SP。除此之外，还有抗氧剂246、抗氧剂BBHT、抗氧剂54、抗氧剂703、抗氧剂BHA等。

抗氧剂264，又称抗氧剂BHT，化学名称为2，6-二叔丁基-4-甲酚。它是最典型的单酚抗氧剂，对热、氧老化均有一定的防护作用，也能抑制铜害，不变色，不污染。单独使用无抗臭氧能力，但与抗臭氧剂及蜡并用可防护天候对硫化胶的损害，广泛用于天然橡胶，各种合成橡胶以及胶乳。作为合成橡胶后处理和贮存时的稳定剂，用于丁苯橡胶、顺丁橡胶、乙丙橡胶、氯丁橡胶等。在高分子材料领域，它是一种有效的抗氧剂，可用于聚乙烯、聚氯乙烯、聚乙烯基醚等树脂，用量0.01%～0.1%。在聚苯乙烯及其共聚物中有防止变色和防止机械强度损失的作用，使用量低于1%。在赛璐珞塑料中，对于热和光引起的纤维素及纤维素醚的老化有防护效能。此外，抗氧剂264还可大量地用于石油产品及食品工业中，但由于相对分子质量小，挥发性大，所以不适合用于加工或使用温度高的高分子聚合物中。为此，人们通过向分子中引入其他基团而增加其相对分子质量的途径来改善挥发性大的缺点，由此出现了许多性能优良的品种，如抗氧剂 1076、阻碍酚取代酯、双酚、多酚等。

抗氧剂 264 是由对甲酚与异丁烯在浓硫酸催化作用下进行叔丁基化而制备的，异丁烯主要来自石油裂解。其合成反应如下：

$$\text{HO-C}_6\text{H}_4\text{-CH}_3 + 2\,(\text{H}_3\text{C})_2\text{C}{=}\text{CH}_2 \xrightarrow[180℃]{\text{H}_2\text{SO}_4} (\text{H}_3\text{C})_3\text{C-}\underset{\text{CH}_3}{\text{C}_6\text{H}_2}(\text{OH})\text{-C(CH}_3)_3 \quad (3-59)$$

抗氧剂 1076 是抗氧剂 264 中的甲基被另一更大的取代基所取代的产物，其相对分子质量增加，克服了 BHT 挥发性大的缺点，是酚类抗氧剂中比较优秀的品种之一。该产品无毒、无色、无污染，有极好的热稳定性、耐水抽提性，与聚合物的相容性极佳。同其他单酚相比，挥发性低，适于高温环境下应用的聚合物材料。主要用于聚乙烯、聚丙烯、聚苯乙烯、抗冲聚苯乙烯、ABS 等，也是聚甲醛、线性聚酯、聚氯乙烯、聚酰胺优良的热稳定剂和抗氧剂。抗氧剂 1076 作为主抗氧剂，与亚磷酸酯的协同效果较好，在复合稳定剂中经常使用。抗氧剂 1076 的合成路线如下：

$$\text{C}_6\text{H}_5\text{OH} + 2\,(\text{H}_3\text{C})_2\text{C}{=}\text{CH}_2 \longrightarrow (\text{H}_3\text{C})_3\text{C-C}_6\text{H}_3(\text{OH})\text{-C(CH}_3)_3 \xrightarrow[\text{CH}_3\text{ONa}]{\text{CH}_2{=}\text{CH}{-}\text{COOCH}_3}$$

$$(\text{H}_3\text{C})_3\text{C-}\underset{\text{CH}_2-\text{CH}_2-\text{COOCH}_3}{\text{C}_6\text{H}_2}(\text{OH})\text{-C(CH}_3)_3 \xrightarrow{\text{C}_{18}\text{H}_{37}\text{OH}} (\text{H}_3\text{C})_3\text{C-}\underset{\text{CH}_2-\text{CH}_2-\text{COOC}_{18}\text{H}_{37}}{\text{C}_6\text{H}_2}(\text{OH})\text{-C(CH}_3)_3 \quad (3-60)$$

2. 双酚抗氧剂

双酚是指亚烷基或硫键直接连接着两个受阻酚单元的酚类抗氧剂。有些受阻酚化合物，也含有 2 个受阻酚单元，但 2 个受阻酚单元之间的连接基团比较复杂，应用性能及合成方法也与多元酚类似，因此归入多元酚讨论。双酚的挥发和抽出损失比较小，热稳定性高，因而防老化效能较好，许多品种相当或略高于二芳基仲胺类防老剂。代表性的双酚抗氧剂有 2246、2246-S、300、736、甲叉 736、4426-S、BBM 等。

抗氧剂 2246，化学名称为 2，2′-亚甲基双（4-甲基-6-特丁基苯酚），类似于抗氧剂 264 的二聚物。由 2246 的化学结构就可以看出，该抗氧剂的设计者就是为了既能保持抗氧剂 246 优越的应用性能，又要克服其挥发性大、易抽出的缺点。的确，抗氧剂 2246 的挥发性有很大降低，其熔点就高达 130℃以上。

抗氧剂 2246 是通用型强力酚类抗氧剂之一，对氧、热引起的老化和日光造成的表面龟裂有防护效能，对橡胶的硫化和可塑度均无影响。广泛用于天然橡胶、合成橡胶、胶乳以及其他合成材料和石油制品中。该产品无污染、不变色，因此适用于浅色或艳色橡胶制品以及乳胶的浸渍制品、纤维浸渍制品、医疗用品。在橡胶中溶解度高，通常用量下无喷霜现象。作为石油产品的抗氧添加剂，油溶性好，抗氧效果亦好，且不易挥发损失。与抗氧剂 1010 和紫外线吸收剂并用，可作为多种工程塑料的抗氧剂使用。与炭黑或紫外线吸收剂并用，可改善多种聚合物的耐候性。其合成反应如下：

$$\text{对甲酚} + (H_3C)_2C{=}CH_2 \xrightarrow{\text{聚苯乙烯磺酸树脂}} \text{2-}C(CH_3)_3\text{-4-}CH_3\text{-苯酚} \xrightarrow{HCHO,\ H^+} \text{(2246)} \tag{3-61}$$

如将抗氧剂 2246 上 4 位的甲基换成乙基，即为抗氧剂 425。与 2246 相比，425 的污染性更小，其他性能相似，所以主要用于不宜着色的场合，其制备方法与 2246 完全相同。

抗氧剂 2246-S，化学名称为 2，2′-硫代双（4-甲基-6-特丁基苯酚）。该产品适用于橡胶及合成高分子材料，对于静态和动态条件下的橡胶臭氧裂解均有防护效能。在聚乙烯、聚丙烯等塑料制品中也有很好的效果。本产品没有污染性，制品暴露于日光下也不变色，但用于丁基橡胶时，用量加大的情况下经暴晒颜色略有变深现象。在干胶中耐热老化效能较抗氧剂 2246 好；在胶乳中，性能与抗氧剂 2246 相仿。

抗氧剂 2246-S 是由 2-叔丁基-4-甲基苯酚与二氯化硫在 40～50℃的温度下进行反应制得的，其合成反应如下：

$$2\ \text{(2-}C(CH_3)_3\text{-4-}CH_3\text{-苯酚)} + SCl_2 \xrightarrow{40\sim50℃} \text{(2246-S)} \tag{3-62}$$

抗氧剂 300，化学名称为 4，4′-硫代双（6-叔丁基-3-甲基苯酚），熔点在 160℃以上。由于分子中含硫，所以高温下耐热性优良。在聚乙烯、聚丙烯、聚苯乙烯、ABS 树脂中使用，能够防止热氧老化，对光老化也有一定的防护作用。目前大量用于交联聚乙烯电缆料配方，用量为 0.2%～0.5%。它不变色，无污染，毒性低。日本、美国、德国、法国、英国等许可该品用于接触食品的塑料制品，美国 FDA 规定，本品用于聚乙烯的最大用量为 0.05%，而且制品不得与液体醇和脂肪性食品接触。其制备方法与抗氧剂 2246-S 类似，也是用阻碍酚与二氯化硫作用合成的：

$$2\ \text{(2-}C(CH_3)_3\text{-5-}CH_3\text{-苯酚)} + SCl_2 \longrightarrow \text{(300)} \tag{3-63}$$

3. *多元酚抗氧剂*

多元酚是指分子结构中含有 2 个或 2 个以上受阻酚单元的酚类抗氧剂。它是高分子抗氧剂的典型类别，主要特点是功能性基团多，抗氧化效能高；因相对分子质量高，挥发性低，抽出损失小。这类受阻酚的缺陷是与聚合物的相容性和分散性欠佳，因而使用过程中应充分考虑各种性能之间综合平衡。代表的多元酚抗氧剂有抗氧剂 1010、抗氧剂 3114、抗氧剂3125、抗氧剂330、抗氧剂CA等。

抗氧剂1010是多元酚的代表，具有4个官能团结构，也是高相对分子质量抗氧剂的典范。不污染，不着色，挥发性小，耐水抽提。可作为天然橡胶、合成橡胶（氟橡胶除外）用的抗氧剂和热稳定剂。可用于干胶，也可加入溶剂和表面活性物质用于胶乳。它对聚丙烯特别有效，也可用于聚乙烯、聚甲醛、ABS树脂和各种合成橡胶及石油产品，以保证它的热成型加工并延长试验期限。与辅助抗氧剂DLTDP并用于聚丙烯树脂中，可以显著提高其热稳定性，是目前酚类抗氧剂中性能最为优良的品种之一，一般用量为0.1%～0.5%。本产品毒性极低，可用于食品包装材料。其合成路线如下：

$$\mathrm{HO{-}C_6H_3[C(CH_3)_3]_2} + \mathrm{CH_3{-}CH_2{-}\overset{O}{\overset{\|}{C}}{-}O{-}CH_3} \longrightarrow \mathrm{HO{-}C_6H_2[C(CH_3)_3]_2{-}CH_2{-}CH_2{-}\overset{O}{\overset{\|}{C}}{-}O{-}CH_3} \tag{3-64}$$

$$4\mathrm{HO{-}C_6H_2[C(CH_3)_3]_2{-}CH_2{-}CH_2{-}\overset{O}{\overset{\|}{C}}{-}O{-}CH_3} + \mathrm{(HOCH_2)_4C} \longrightarrow \mathrm{(HO{-}C_6H_2[C(CH_3)_3]_2{-}CH_2{-}CH_2{-}\overset{O}{\overset{\|}{C}}{-}O{-}CH_2)_4C} \tag{3-65}$$

抗氧剂3114为三官能团的大分子型受阻酚抗氧剂，不污染，不着色，挥发性极低，迁移性小，耐水抽提性好，可赋予制品优良的耐热氧老化性能，与光稳定剂、辅助抗氧剂并用有协同效应。适用于聚丙烯、聚乙烯、聚苯乙烯、ABS树脂、聚酯、尼龙、聚氯乙烯、聚氨酯、纤维素塑料和合成橡胶，在聚烯烃中效果更为显著，一般用量为0.1%～0.25%。本品毒性低，在美国、德国、英国、日本允许用于食品包装。其合成反应如下：

$$\mathrm{HO{-}C_6H_3[C(CH_3)_3]_2} + 3\,\mathrm{HCHO} + \text{(异氰脲酸)} \longrightarrow \text{1,3,5-三}[\mathrm{(H_3C)_3C}]_2\mathrm{HO{-}C_6H_2{-}CH_2}\text{-异氰脲酸酯} \tag{3-66}$$

抗氧剂330是一种应用广泛的抗氧剂，可用于橡胶、高熔点润滑油、高密度聚乙烯、聚丙烯、聚苯乙烯、聚甲醛和聚酰胺。挥发性低，不污染，耐热性和耐久性好、在高温加工和制品户外使用时有良好的抗氧效能。一般用量为0.05%～0.5%。其合成反应如下：

$$(H_3C)_3C\text{-}(HO)C_6H_2\text{-}C(CH_3)_3 + HCHO \xrightarrow[i\text{-}C_4H_9OH,10\sim20℃]{i\text{-}C_4H_9OK} (H_3C)_3C\text{-}(HO)C_6H_2(CH_2OH)\text{-}C(CH_3)_3$$

$$\xrightarrow[80\%H_2SO_4,CH_2CCl_2,30\sim40℃]{H_3C,\ CH_3,\ CH_3\ (均三甲苯)} \quad (3-67)$$

抗氧剂 CA 是优良的酚类抗氧剂之一。不污染，挥发性很低，加工性能稳定，可用于聚乙烯、聚丙烯、聚氯乙烯、ABS、聚甲醛、尼龙等树脂和白色或浅色橡胶制品，用量0.5% ~3%。本品有抑制铜害的作用，所以可用于聚氯乙烯电缆电线，用量0.02% ~0.5%，与硫代二丙酸酯有协同效应。本品毒性低，可用于食品包装材料。世界各国对其用量有不同的规定。其合成反应如下：

$$H_3C\text{-}C_6H_4\text{-}OH + CH_2{=}C(CH_3)_2 \xrightarrow[310\sim320℃]{Al_2O_3或浓H_2SO_4} H_3C\text{-}C_6H_3(OH)\text{-}C(CH_3)_3$$

$$\xrightarrow[浓盐酸,\ 75\sim85℃]{CH_3CH{=}CHCHO} CH_3CH\text{-}CH_2CH \ (连接三个 OH、C(CH_3)_3、CH_3 取代苯环) \quad (3-68)$$

（三）亚磷酸酯类抗氧剂

亚磷酸酯属于辅助抗氧剂，作为氢过氧化物分解剂和游离基捕捉剂在聚合物中发挥抗氧作用，多与受阻酚并用，极少单独使用。

常用的亚磷酸酯是三价磷的酯类，其结构可表示为：

$$P(O\text{-}R^1)(O\text{-}R^2)(O\text{-}R^3) \quad (3-69)$$

式中，R^1、R^2、R^3可以是烷基、芳基、取代芳基，可以相同，也可以不同，还可以成环。在个别的产品中，有时会出现磷原子与碳原子直接相连的情况，这类产品称为亚磷酸酯，作为抗氧剂的性能与亚磷酸酯差别不大，因此，也归入亚磷酸酯讨论。

根据亚磷酸酯结构的不同，可分为亚磷酸烷基酯、亚磷酸芳基酯、亚磷酸烷基芳基酯。新的研究成果表明：亚磷酸酯自身结构的不同对抗氧剂的某些性能有着直接影响。

抗氧剂TNP，即亚磷酸三（壬基苯基酯），是天然、合成橡胶和乳胶的稳定剂和抗氧剂。对于聚合物在贮存及加工时的树脂化及热氧老化有显著的抑制作用。该品不污染，用量一般为1%～2%。若与酚类抗氧剂并用，其效能大为提高。在塑料工业中，TNP用来防护耐冲击聚苯乙烯、聚氯乙烯、聚氨酯等材料的热氧老化，它还具有抑制聚乙烯高温下树脂化的作用。该品无毒，且于日光下不变色，可用于包装材料中，其在塑料制品中的用量一般为0.1%～0.3%。其合成反应如下：

$$C_6H_5\text{—}OH + C_9H_{18} \xrightarrow{\text{酸性介质}} C_9H_{19}\text{—}C_6H_4\text{—}OH \xrightarrow[130℃]{PCl_3} (C_9H_{19}\text{—}C_6H_4\text{—}O)_3P \quad (3-70)$$

抗氧剂ODP，即亚磷酸二苯一辛酯，为亚磷酸酯类抗氧剂另一个重要品种。它是一种性能优良的烷基芳基混合型亚磷酸酯抗氧剂，抗氧能力及耐水解性均比三芳基亚磷酸酯强。主要用于聚烯烃塑料、聚氯乙烯、合成橡胶与合成纤维。它与酚类抗氧剂、金属皂类稳定剂并用，可显著地提高应用性能。其制备方法在工业上通常是采用酯交换法，即以亚磷酸三苯酯为原料，甲醇钠为催化剂与辛醇进行反应而制得的：

$$(C_6H_5\text{—}O)_3P + CH_3(CH_2)_3CH(C_2H_5)CH_2OH \xrightarrow{CH_3ONa} (C_6H_5\text{—}O)_2P\text{—}O\text{—}CH_2CH(C_2H_5)(CH_2)_3CH_3 + C_6H_5\text{—}OH \quad (3-71)$$

其中的亚磷酸三苯酯本身就是一抗氧剂，即抗氧剂TPP，它是由三氯化磷与苯酚反应而制备得：

$$3\,C_6H_5\text{—}OH + PCl_3 \longrightarrow (C_6H_5\text{—}O)_3P \quad (3-72)$$

（四）含硫化合物类抗氧剂

含硫化合物同样也属于辅助抗氧剂，在聚合物中通过分解氢过氧化物发挥作用。按其结构可分为硫代酯、硫醚、二硫化物、硫醇等。其中，硫代酯是最常用的含硫抗氧剂。

常用的硫代酯有两个品种，抗氧剂DLTDP与DSTDP。其合成工艺如下。

$$2CH_2=CH\text{—}CN + 2H_2O + Na_2S \longrightarrow S(CH_2CH_2CN)_2$$

$$\xrightarrow{\text{硫酸水解}} S(CH_2CH_2COOH)_2 \xrightarrow{ROH} S(CH_2CH_2COOR)_2 \quad (3-73)$$

（DLTAP：$R=C_{12}H_{25}$；DSTDP：$R=C_{18}H_{37}$）

上述两种硫代酯是优良的辅助抗氧剂，都可与酚类抗氧剂并用，产生协同效应。抗氧剂DLTDP，即硫代二丙酸二月桂酯，被广泛地用于聚丙烯、聚乙烯、ABS、橡胶及油脂等材料，用量一般在0.1%～1%。由于毒性低、气味小，则可用于包装薄膜。而抗氧剂DSTDP，即硫代二丙酸双十八酯，其抗氧性较DLTDP强，与抗氧剂1010、1076等主抗氧剂并用时产生协同效应。可用于聚丙烯、聚乙烯、合成橡胶与油脂等方面。

但是，由于相对分子质量较小，抗氧剂 DLTDP 的挥发性稍大；而抗氧剂 DSTDP 的相容性稍差，有使产品白浊的现象，所以有时采用性能介于两者之间的抗氧剂 DMTDP，即硫代二丙酸双十四烷基酯。

第三节　制备常用抗氧剂

一、常用抗氧剂的制备

（一）防老剂 A 的制备工艺

（1）产品性质：黄褐色至紫色片状结晶物质，易燃，密度为 1.16～1.17g/cm^3，凝固点不低于53℃，沸点335℃（34.397kPa），闪点188℃，微溶于水，可溶于汽油，易溶于丙酮、醋酸乙酯、苯、四氯化碳和乙醇。

（2）产品规格：外观为黄褐色或紫色片状物，无机械杂质；凝固点不低于53℃；游离胺（以苯胺计）≤0.20%。

（3）合成路线：以对氨基苯磺酸为催化剂，α-萘胺与苯胺在250℃下进行缩合而制得。合成反应式如下：

$$C_{10}H_7NH_2 + C_6H_5NH_2 \xrightarrow[250℃]{H_2N-C_6H_4-SO_3H} C_{10}H_7NHC_6H_5 + NH_3\uparrow \qquad (3-74)$$

（4）工艺流程及其操作过程：在缩合反应釜中，先加入 355kg 的 α-萘胺，加热熔化，于 110～180℃下脱水 2～3h，再于搅拌下加入 450kg 苯胺和 7.5kg 对氨基苯磺酸，控制温度于 36～42h 内逐渐由 200℃升至 230～240℃，进行缩合反应。反应中放出的氨用水或硫酸吸收利用。待放出的氨量很少或已无氨放出时，停止反应。加纯碱中和成中性后，进行高真空蒸馏，收集 260～280℃（6.65～7.98kPa）馏分，得 *N*-苯基-1-萘胺，收率可以达到90%。根据馏出物的凝固点判断馏分分割得温度。先蒸出未反应的少量苯胺、萘胺后，再蒸出 *N*-苯基-1-萘胺，熔融状态的 *N*-苯基-1-萘胺经冷却切片即为成品。工艺流程图见图3－6。

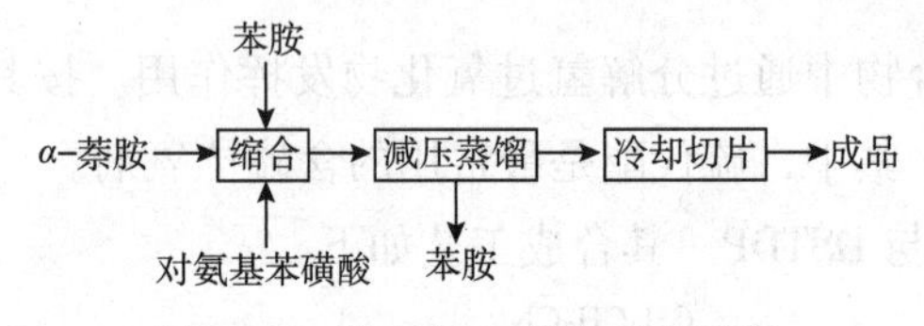

图3－6　防老剂 A 制备工艺流程

（5）主要原料及规格：α-萘胺凝固点≥45℃；苯胺含量≥99%；对氨基苯磺酸工业品。

（6）消耗定额（按生产 1t 产品计）：α-萘胺 0.71t；苯胺 0.44t；对氨基苯磺酸 0.027t。

（二）防老剂 D 的制备工艺

（1）产品性质：浅灰色粉末，暴露于空气中或日光下逐渐变为灰红色，可燃，有毒，密度为 1.24g/cm³，熔点 107℃，沸点 395℃，不溶于水，溶于丙酮、苯、四氯化碳和乙醇。

（2）产品规格：外观为灰白色至灰红色粉末，允许带黄色；水分含量≤0.20%；灰分含量≤0.20%；苯胺含量：经定性检测不呈紫色；干品熔点≥105℃；筛余物含量（通过 100 目筛）≤0.20%。

（3）合成路线：在苯胺盐酸盐存在下，β-萘酚与苯胺在 250℃下进行缩合而制得。合成反应式如下式：

$$C_{10}H_{7}OH + C_{6}H_{5}NH_{2} \xrightarrow[250℃]{HCl} C_{10}H_{7}NHC_{6}H_{5} + H_{2}O \qquad (3-75)$$

（4）工艺流程及其操作过程：工艺流程图见图 3－7。

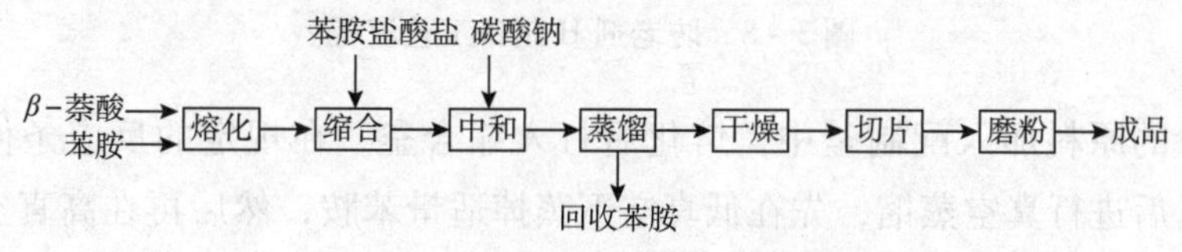

图 3－7 防老剂 D 制备工艺流程

将 215kg 苯胺与 332.5kg 的 β-萘酚加入化料槽中，将设备密封，通入蒸汽将原料全部熔化。熔化后，先将缩合釜抽真空，并将输送管道保温，然后将物料由真空吸至缩合釜。加热并开动搅拌器，待釜内液温升至 130℃以上时，停止搅拌。加入 45kg 苯胺盐酸盐，升温缩合。缩合过程中有苯胺及水蒸气逸出，经冷凝后回流至苯胺接受器中。使物料上升至 170℃左右，将冷凝的苯胺加入缩合釜，然后将液温上升至 250℃，维持此温度 3h，取样分析 β-萘酚含量在 1% 以下时，即表示缩合完成。停止搅拌，在真空下加入纯碱，以中和其中的苯胺盐酸盐，加完后搅拌 10～20min，将物料送入减压蒸馏釜中，液温维持在235～240℃，进行减压蒸馏，蒸出适量苯胺。最后分析釜中的苯胺含量，直至样品于新配制的 10% 的漂白粉饱和液中不变色时，即可停止蒸馏。所得物料在 90.65kPa 真空下干燥数小时，得成品防老剂 D，切片，打粉，包装。

（5）主要原料及规格：β-萘酚熔点≥120℃；苯胺含量≥99%；苯胺盐酸盐工业品；纯碱工业品。

（6）消耗定额（按生产一吨产品计）：β-萘酚 0.665t；苯胺 0.430t；苯胺盐酸盐 0.009t；纯碱适量。

（三）防老剂 H 的制备工艺

（1）产品性质：灰褐色粉末，纯品为银白色片状结晶，暴露于空气中或日光下易氧化变色，易燃。密度为 1.18～1.22g/cm³，熔点不低于 140℃，不溶于水，微溶于乙醇、汽油，可溶于苯、甲苯、丙酮、二硫化碳 CS_2。遇热的稀盐酸变绿，遇亚硫酸钠变红。

（2）产品规格：外观为灰褐色粉末；初熔点≥125℃；水分含量≤0.50%；灰分含量≤0.40%；细度（通过1600孔/cm^2筛的量）≥99%。

（3）合成路线：在磷酸三乙酯存在下，对苯二酚与苯胺在280℃、0.7MPa下进行缩合而制得。

$$2\,C_6H_5{-}NH_2 + HO{-}C_6H_4{-}OH \xrightarrow[280℃,\ 0.7MPa]{(C_2H_5O)_3PO_4} C_6H_5{-}NH{-}C_6H_4{-}NH{-}C_6H_5 + 2H_2O \qquad (3-76)$$

（4）工艺流程及其操作过程：工艺流程图见图3-8。

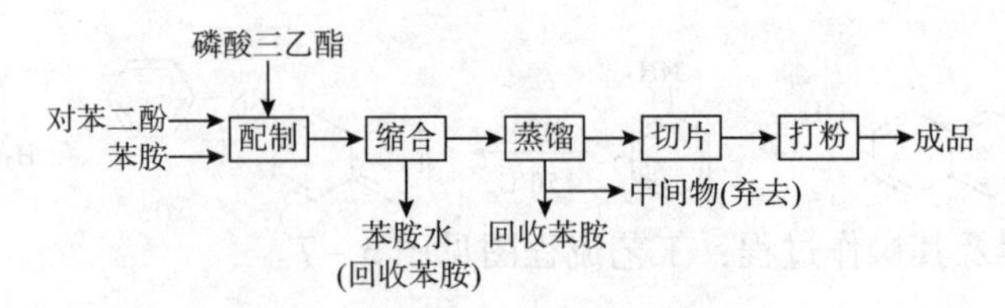

图3-8　防老剂H制备工艺流程

将一定量的原料加入配制釜中，熔化后打入缩合釜，在规定的反应条件下，缩合脱水，缩合终了后进行真空蒸馏，先在低真空下蒸掉适量苯胺，然后再在高真空下蒸去中间产物，得成品防老剂H，切片，打粉，包装。

（5）主要原料及规格：对苯二酚含量≥99%；苯胺含量≥99%；磷酸三乙酯工业品。

（6）消耗定额（按生产一吨产品计）：对苯二酚：0.53t；苯胺：1.10t；磷酸三乙酯：0.0017t。

（四）防老剂DNP的制备工艺

（1）产品性质：纯品为灰白色片状结晶，密度为1.26g/cm^3，熔点235℃，长久遇光颜色逐渐变为暗灰色。不溶于水，不易溶于一般有机溶剂，溶于热苯胺和硝基苯。

（2）产品规格：外观为浅灰色粉末；干品初熔点≥225℃；灰分含量≤0.50%；β-萘酚含量≤0.30%；加热减量≤0.50%；细度（通过1600孔/cm^2筛的量）≥99.5%。

（3）合成路线：β-萘酚与对苯二胺进行缩合而制得。

$$2\,C_{10}H_7{-}OH + H_2N{-}C_6H_4{-}NH_2 \xrightarrow{260\sim265℃} C_{10}H_7{-}NH{-}C_6H_4{-}NH{-}C_{10}H_7 + 2H_2O \qquad (3-77)$$

（4）工艺流程及其操作过程：工艺流程图见图3-9。

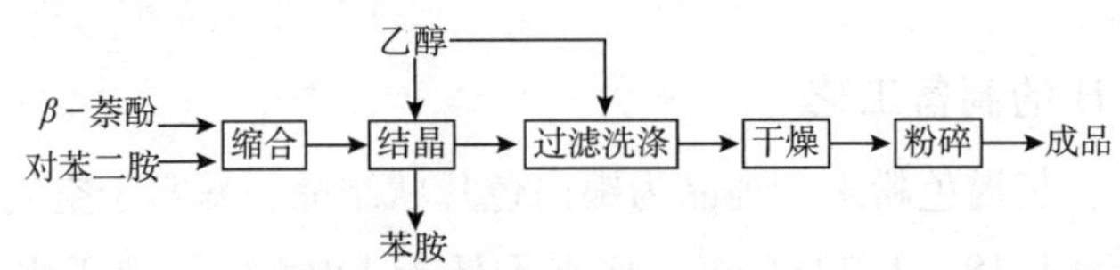

图3-9　防老剂DNP制备工艺流程

将一定量的β-萘酚与对苯二胺加入缩合釜中电加热，熔化后搅拌，控制温度260～265℃，直至脱水完毕；将物料压进装有乙醇的结晶釜中，搅拌，冷却结晶；结晶后料液放入吸滤器，吸滤，用温热乙醇洗涤数次后，潮品装盘，送烘箱干燥，打粉，包装。

滤液和洗液进行蒸馏，回收乙醇，残渣排弃处理。

（5）主要原料及规格：β-萘酚含量>98%；对苯二胺含量>97%；乙醇含量>95%。

（6）消耗定额（按生产1t产品计）：β-萘酚1.10t；对苯二胺0.33t；乙醇2.80t。

（五）防老剂BLE的制备工艺

（1）产品性质：暗褐色黏稠液体，不溶于水，微溶于汽油，易溶于丙酮、苯、三氯甲烷等有机溶剂。无毒，贮存稳定性好。

（2）产品规格：外观为深褐色黏稠液体；黏度（30℃）为5Pa·s；密度1.08～1.12g/cm³；水分含量≤0.30%；挥发分≤0.40%。

（3）合成路线：在苯磺酸的存在下，丙酮与二苯胺在240～250℃下进行缩合而制得。

$$C_6H_5-NH-C_6H_5 + CH_3\overset{O}{\overset{\|}{C}}CH_3 \xrightarrow[240\sim250℃]{苯磺酸} \text{(9,9-二甲基二氢吖啶结构, }H_3C\ CH_3\text{, NH)} + H_2O \qquad (3-78)$$

（4）工艺流程及其操作过程：工艺流程图见图3-10。

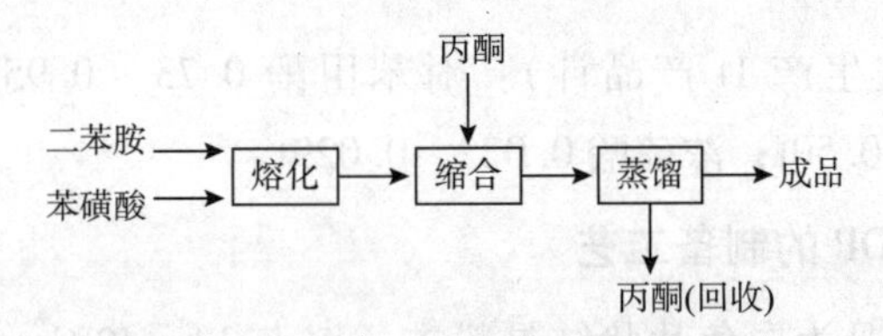

图3-10 防老剂BLE制备工艺流程

将一定量的二苯胺和苯磺酸熔于熔化釜，再送入缩合釜，在搅拌下不断滴加丙酮，控制温度240～250℃，缩合脱水，直至反应完全；将缩合物料放进蒸馏釜中进行蒸馏，先常压蒸出过量丙酮，作原料套用，后减压蒸出物料BLE；釜残集中数锅后排渣。

（5）主要原料及规格：丙酮含量≥98%；二苯胺含量≥98%；苯磺酸含量≥89%。

（6）消耗定额（按生产1t产品计）：丙酮0.35t；二苯胺0.85t；苯磺酸0.03t。

（六）抗氧剂264的制备工艺

（1）产品性质：纯品为白色结晶，遇光颜色变黄，并逐渐变深。密度1.048g/cm³，熔点70℃，沸点257～265℃，闪点126.7℃。暗褐色黏稠液体，不溶于水及稀烧碱溶液中，溶于多种有机溶剂。本品无毒。贮存于阴凉干燥处，贮运时注意防火，防晒，防潮。

（2）产品规格：一级品：白色结晶；初熔点≥69℃；游离酚≤0.02%；灰分含量≤0.01%；水分含量≤0.06%。

二级品：白色结晶；初熔点≥68.5℃；游离酚≤0.04%；灰分含量≤0.03%。

（3）合成路线：在浓硫酸的存在下，对苯甲酚与异丁烯反应而制得。

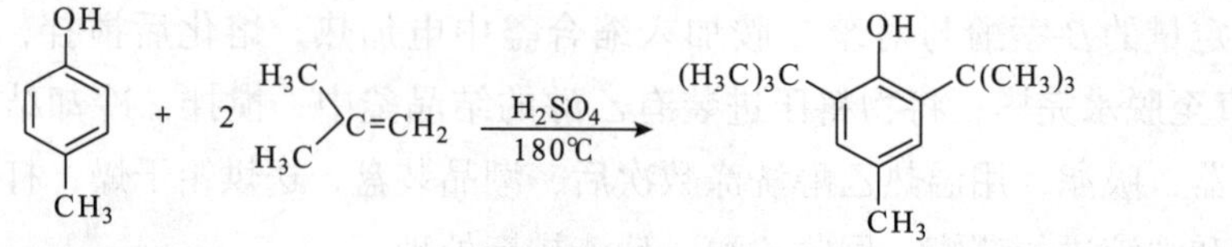

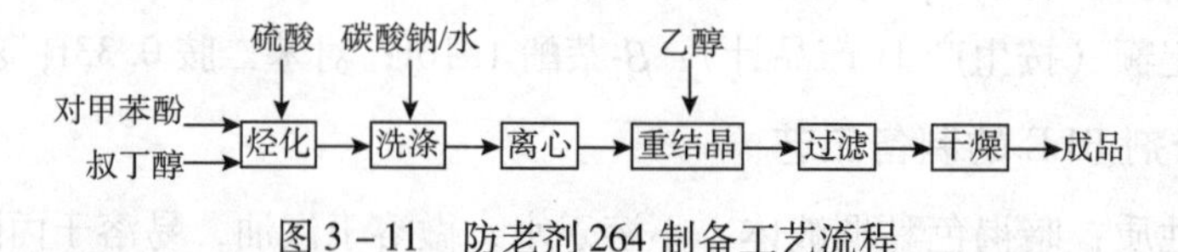

(3－79)

(4) 工艺流程及其操作过程：工艺流程图见图 3－11。

对甲苯酚、叔丁醇→烃化（硫酸）→洗涤（碳酸钠/水）→离心→重结晶（乙醇）→过滤→干燥→成品

图 3－11　防老剂 264 制备工艺流程

此产品生产方法有间歇法和连续法两种。

间歇法是以浓硫酸为催化剂，将异丁烯在烷化中和反应釜中与对甲酚反应。反应结束后，用碳酸钠中和至 pH＝7，再在烷化水洗釜中用水洗，分出水层后用乙醇粗结晶。经离心机过滤后，在熔化水洗釜内熔化、水洗，分去水层。在重结晶釜中再用乙醇重结晶。经过滤、干燥即得成品。所有废乙醇经乙醇蒸馏和精馏后，循环使用。

连续法为连续进行烷化、中和、水洗。其余后处理与间歇法相同。

(5) 主要原料及规格：对苯甲酚含量＞98%；异丁烯含量＞20%；乙醇含量为 95%；浓硫酸含量 98%。

(6) 消耗定额（按生产 1t 产品计）：对苯甲酚 0.73～0.95t；异丁烯 1.20t（折成 100%计）；乙醇 0.15～0.50t；浓硫酸 0.022～0.029t。

(七) 抗氧剂 DLTDP 的制备工艺

(1) 产品性质：本品为白色片状结晶粉末，熔点 38～40℃，密度 $0.965g/cm^3$，能溶于多种有机溶剂，在水中微溶，毒性很低。

(2) 产品规格：外观为白色片状结晶粉末；酸值（mg_{KOH}/g）≤1；熔点≥34℃。

(3) 合成路线：丙烯腈和硫化钠水溶液反应得到硫代二丙烯腈，然后用浓硫酸水解，再与月桂醇进行酯化反应而制得硫代二丙酸二月桂酯，即抗氧剂 DLTDP。

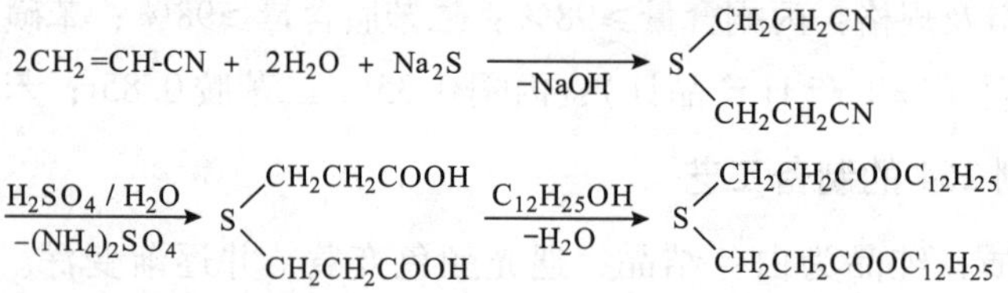

$$2CH_2{=}CH\text{-}CN + 2H_2O + Na_2S \xrightarrow{-NaOH} S(CH_2CH_2CN)_2$$

$$\xrightarrow[-(NH_4)_2SO_4]{H_2SO_4/H_2O} S(CH_2CH_2COOH)_2 \xrightarrow[-H_2O]{C_{12}H_{25}OH} S(CH_2CH_2COOC_{12}H_{25})_2 \qquad (3-80)$$

(4) 工艺流程及其操作过程：工艺流程图见图 3－12。

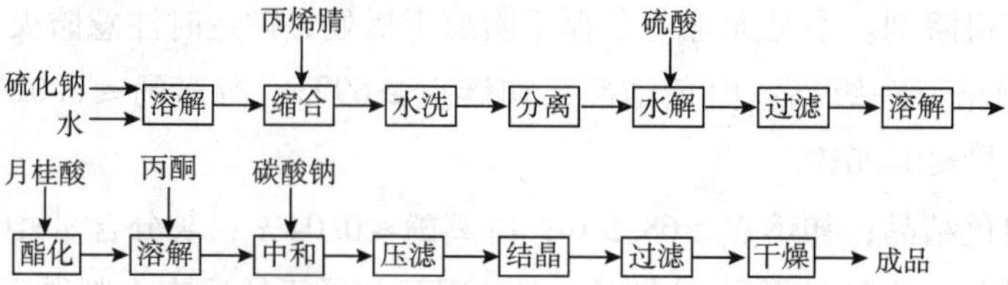

硫化钠、水→溶解→缩合（丙烯腈）→水洗→分离→水解（硫酸）→过滤→溶解→

酯化（月桂酸）→溶解（丙酮）→中和（碳酸钠）→压滤→结晶→过滤→干燥→成品

图 3－12　防老剂 264 制备工艺流程

将硫化钠在溶解锅中制成水溶液，然后与丙烯腈在缩合釜中于20℃左右进行反应，得硫代二丙烯腈；将硫代二丙烯腈送至水洗釜，洗去并分离掉碱水，然后将物料送到水解釜，用55%硫酸进行水解，得硫代二丙酸；物料经过滤，滤去硫铵，再送到酯化釜与月桂醇（减压下）酯化，酯化完毕后加入丙酮将产物溶解，再在中和釜中用碳酸钠进行中和，然后经压滤机除去硫酸钠，再将 DLTDP 粗品结晶，离心过滤，干燥，即得 DLTDP 精制品。

（5）主要原料及规格：丙烯腈含量 >99%；硫化钠含量 >57%；浓硫酸含量 >93%；月桂醇含量 >98%。

（6）消耗定额（按生产 1t 产品计）：丙烯腈 0.70t；硫化钠 0.90t；浓硫酸 0.70t；月桂醇 1.10t。

（八）防老剂 4010/4020 的制备工艺

防老剂 4010，也称防老剂 CPPD，*N*-环己基-*N′*-苯基对苯二胺，防老剂 4020，也称防老剂 DMPPD，*N*-（1，3-二甲基）丁基-*N′*-苯基对苯二胺，属于对苯二胺类橡胶防老剂。

（1）产品性质：纯品为白色粉末，暴露于空气及日光下颜色逐渐加深，密度 1.29g/cm³，熔点 115℃，暗褐色黏稠液体，不溶于水，难溶于油，易溶于丙酮和苯。

（2）产品规格：一级品：外观为青灰至淡灰色粉末；干品熔点 113℃；灰分含量 ≤0.30%；加热减量 ≤0.40%；100 目筛余物 ≤0.50%。二级品：外观为青灰至淡灰色粉末；干品熔点 108℃；灰分含量 ≤0.30%；加热减量 ≤0.40%；100 目筛余物 ≤0.50%。

（3）合成路线：环己酮与 4-氨基二苯胺在 150 ~ 180℃ 下先进行缩合，然后用甲酸还原，再经溶剂汽油结晶而制得。

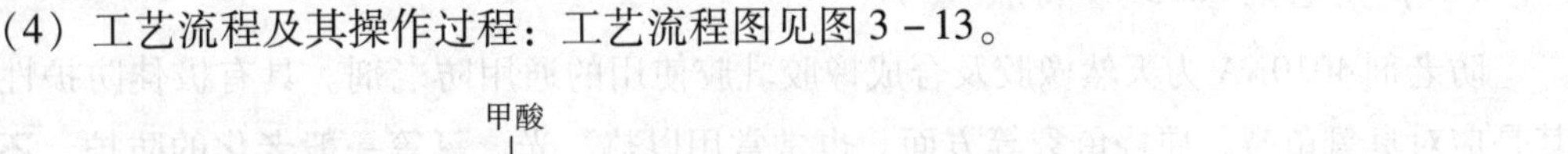

$$\text{C}_6\text{H}_5\text{–NH–C}_6\text{H}_4\text{–NH}_2 + \text{O=C}_6\text{H}_{10} \xrightarrow{150\sim180℃} \text{C}_6\text{H}_5\text{–NH–C}_6\text{H}_4\text{–N=C}_6\text{H}_{10} + \text{H}_2\text{O} \tag{3-81}$$

$$\text{C}_6\text{H}_5\text{–NH–C}_6\text{H}_4\text{–N=C}_6\text{H}_{10} + \text{HCOOH} \xrightarrow{90\sim100℃} \text{C}_6\text{H}_5\text{–NH–C}_6\text{H}_4\text{–NH–C}_6\text{H}_{11} + \text{CO}_2 \tag{3-82}$$

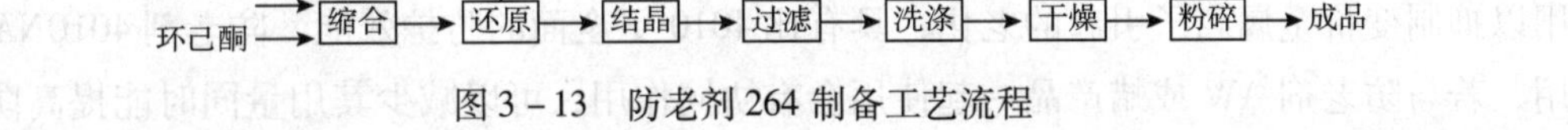

（4）工艺流程及其操作过程：工艺流程图见图 3-13。

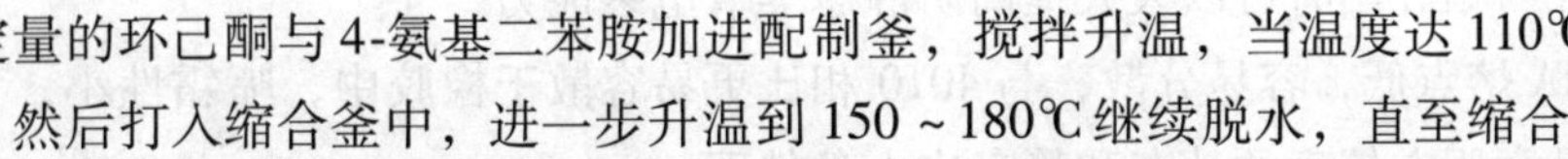

4-氨基二苯胺、环己酮 → 缩合 → 还原（← 甲酸） → 结晶 → 过滤 → 洗涤 → 干燥 → 粉碎 → 成品

图 3-13　防老剂 264 制备工艺流程

将一定量的环己酮与 4-氨基二苯胺加进配制釜，搅拌升温，当温度达 110℃ 时开始脱去部分水，然后打入缩合釜中，进一步升温到 150 ~ 180℃ 继续脱水，直至缩合反应结束；将缩合物料冷却，送还原釜；当物料冷却至 90℃ 时，滴加甲酸进行还原；还原完毕后将物料抽进装有 120 号溶剂汽油的结晶釜中，冷却结晶；结晶完毕后放料进行吸滤，洗涤，湿料干燥后，粉碎，包装。

（5）主要原料及规格：环已酮含量≥97.5%；4-氨基二苯胺凝固点68℃；甲酸含量≥85%；溶剂汽油120号。

（6）消耗定额（按生产1t产品计）：环已酮0.62t；4-氨基二苯胺0.93t；甲酸0.274t；溶剂汽油0.45t。

二、固定床法制备防老剂4010NA

防老剂4010（也称防老剂CPPD）属于对苯二胺类橡胶防老剂，与其近似的还有4010NA、4020等。本品暴露在空气中颜色逐渐变深，但不影响其质量。该类产品为一种高效且用量较大的一类防老剂，该产品为低毒，对皮肤和眼睛有一定的刺激性，小鼠灌胃 LD_{50} 为3900mg/kg。该类产品可广泛用于天然橡胶及其他橡胶中特别有效。对臭氧、风蚀和机械应力引起的曲挠疲劳有卓越的防护性能，对氧、热、高能辐射和铜害等也有显著的防护作用。对硫化无影响，分散性良好。可用于制造飞机、汽车的外胎、电缆和其他工业橡胶制品中；还可用作聚丙烯、聚酰胺的热稳定剂；亦可用于燃料油中。适用于深色的天然橡胶和合成橡胶制品；可用于轮胎胎体、胶带和其他橡胶制品，最好与防老剂RD并用、强化其防老性能；本品有污染性，不宜用于浅色及艳色制品，对皮肤和眼睛有一定刺激性。

对苯二胺类因防护效果最佳而应用广泛。多年以来，我国也一直推广对苯二胺类防老剂的应用，从而降低相对高危害的萘胺类防老剂的使用比例。对苯二胺类防老剂品种多样，有防老剂H、4010、4010NA、4020等，其中4010已基本淘汰，防老剂H性价比太低。目前国内外对苯二胺类防老剂主要为4010NA和4020两大品种为主。因其具有低毒、高效，因而需求量很大，为了进一步降低该产品的生产效率、安全等，国内外科研人员对其生产工艺进行了改进，其中最显著的改进就是由釜式反应器向固定床转变，特别是其中的加氢过程。该类产品生产工艺相似，只不过所用的原料略有差异，故本书以防老剂4010NA为例介绍该类产品的制备工艺进展及其新工艺。

（一）防老剂4010NA特点

防老剂4010NA为天然橡胶及合成橡胶乳胶使用的通用防老剂。具有极佳防护性能尤其是应对臭氧龟裂、屈挠龟裂等方面，也常常用以热、光、氧等一般老化的防护。还可以用以抑制变价金属离子引起的老化，具有比4010更全面的防护效能。防老剂4010NA可单用，若与防老剂AW或蜡产品一起使用会有协同作用，可以减少其用量同时能提高防护效果，尤其在与蜡并用时可以大大提高防静态臭氧龟裂能力。

4010NA熔点低，容易分散，与4010相比更易容散于橡胶中，喷霜性小，可以提高用量。其制品常用在较高的动态和静态应力条件下。

（二）防老剂4010NA国内外生产情况

2004年对苯胺类防老剂在我国的消费量高达 23×10^4t左右，占当时全球橡胶防老剂总消费量的70%左右，其产量与消费量在当时基本能保证平衡。长期以来汽车行业的迅猛发展，对苯胺类防老剂需求大大增加。从20世纪末开始，全球市场开始出现日益激烈的竞争，橡胶防老剂的几个主要生产厂家为较好地适应橡胶助剂行业的发展需求，不断进行兼并重组等措施来应对。国外主要的几家对苯胺类防老剂企业有美国开普敦、美荷联营的弗兰克斯、杰克的艾克福及德国朗盛等，全球80%左右的防老剂市场掌控在这4家公司。

在国内，防老剂合成技术难度大于促进剂，且主导产品的原料配套要求高，所以生产防老剂的企业远不如促进剂的生产企业多。国内主要的几家防老剂生产厂家有中国石化南京厂（后变成南化集团公司有机运行部）、山东圣奥化工、泰安飞达助剂等，产量在6000～20000t/a不等。2004年，我国橡胶防老剂中喹啉类RD占31.8%，对苯二胺类占50%左右（4010NA占22%，4020占27%）。

据IRSG（国际橡胶研究组织）统计2012年全球天然橡胶和合成橡胶消费总量已达 2592.9×10^4 t，2013年增幅2.5%，预计2014年全球橡胶消费量将增幅4.4%。近几年，我国产销规模迅速扩大，成为世界前位的汽车产销大国，但是国内橡胶防老剂生产能力远远不能满足对苯二胺类防老剂的市场需求，橡胶市场对防老剂的需求仍然很大，尤其性价比较高的有很大的需求前景。

（三）防老剂4010NA合成方法及比较

目前合成4010NA的方法比较成熟，主要方法有以下几种。

1. 还原烃化法

（1）以RT培司（对氨基苯胺）、脂肪酮为原料“两步法”：两步法降低了副产物甲基异丁基醇或丙醇等的生成，产品收率高，但是由于工艺流程长过程较为复杂，成本较高而被较少采用。反应方程式为：

$$\text{C}_6\text{H}_5\text{-NH-C}_6\text{H}_4\text{-NH}_2 + \text{RC(=O)R}' \xrightarrow[(1)]{-\text{H}_2\text{O}} \text{C}_6\text{H}_5\text{-NH-C}_6\text{H}_4\text{-N=CRR}' \tag{3-83}$$

$$\xrightarrow[(2)]{[\text{H}]} \text{C}_6\text{H}_5\text{-NH-C}_6\text{H}_4\text{-NH-CHRR}'$$

（2）“一步法”合成：此法是以RT培司和脂肪酮为原料，在催化剂催化作用下直接还原烃化即可得到4010NA等防老剂。该方法的特点是原料容易获得、流程相对较短，是国内目前外主要的工业生产方法。反应方程式为：

$$\text{C}_6\text{H}_5\text{-NH-C}_6\text{H}_4\text{-NH}_2 + \text{RC(=O)R}' \xrightarrow{\text{H}_2} \text{C}_6\text{H}_5\text{-NH-C}_6\text{H}_4\text{-NH-CHRR}' \tag{3-84}$$

（3）以对亚硝基或对硝基二苯胺与脂肪酮为原料一步合成4010NA：该法是在同一个体系中先把亚硝基或硝基还原，然后先通过缩合、脱水获得中间体，最后经过加氢还原得到产品。此法也是生产防老剂的主要方法之一。反应方程式为：

$$\text{C}_6\text{H}_5\text{-NH-C}_6\text{H}_4\text{-NO}_2 + \text{RC(=O)R}' \xrightarrow{\text{H}_2} \text{C}_6\text{H}_5\text{-NH-C}_6\text{H}_4\text{-NH-CHRR}' \tag{3-85}$$

2. 酚胺缩合法

（1）酚与芳香胺缩合：以苯胺与 *N*-烷基取代对氨基酚作为原料，在经过常压、高温脱水缩合后得到防老剂。其中，*N*-烷基取代基对氨基酚可以由对氨基苯酚与酮缩合得到希夫碱，加氢还原或者用甲酸在减压条件下还原制得，产品为混合防老剂。此法反应条件温和，原料容易获得，但是工艺还不够成熟，加氢转化率不高，并且所得产品中含有较多的有含金属粒子，关键是研究进一步提高各步的催化剂性能。方程式为：

$$C_6H_5-NH_2 + HO-C_6H_4-NHR \longrightarrow C_6H_5-NH-C_6H_4-NHR + H_2O \quad (3-86)$$

（2）酚与脂肪胺缩合：此法以相应的脂肪胺与 *N*-苯基对氨基酚作原料，经碘铵化，常压脱水缩合制得相应防老剂。*N*-苯基对氨基酚可通过对苯二酚和苯胺反应获得。本法反应条件温和，但因脂肪胺价格高不易获取受到一定限制。反应通式为：

$$RNH_2 + HO-C_6H_4-NH-C_6H_5 \longrightarrow C_6H_5-NH-C_6H_4-NHR + H_2O \quad (3-87)$$

（3）羟胺还原烃化法：此法是一对亚硝基二苯基羟胺与脂肪酮作原料，加氢还原烃化制得。而原料对亚硝基二苯基羟胺可通过部分还原硝基苯得到亚硝基苯，再催化二聚而得，收率可观。反应通式为：

$$C_6H_5-N(OH)-C_6H_4-NO + RC(=O)R' \xrightarrow{H_2} C_6H_5-NH-C_6H_4-NRR' + H_2O \quad (3-88)$$

（4）醌亚胺缩合法：此法以 *N*-苯基对苯醌亚胺与脂肪胺作原料，在甲醇中常温下用 Pd/C 催化加氢得到相应防老剂。在甲醇中存在有机胺时，*N*-苯基-对苯醌亚胺可以用 $MnCl_2 \cdot 4H_2O$ 或 $K_2Cr_2O_7$ 氧化 *N*-苯基-对氨基酚得到，收率为 70%。反应方程式为：

$$C_6H_5-N=C_6H_4=O + RNH_2 \xrightarrow[H_2]{Pd/C} RNH-C_6H_4-NH-C_6H_5 + H_2O \quad (3-89)$$

对于防老剂 4010NA 等还可以通过采用 RT 培司和苯磺酸异丙酯反应制得。其方程式如下：

$$C_6H_5-NH-C_6H_4-NH_2 + C_6H_5-SO_3CHRR' \longrightarrow C_6H_5-NH-C_6H_4-NH-CHRR' \cdot HO_3S-C_6H_5$$

$$\xrightarrow{NaCO_3} C_6H_5-NH-C_6H_4-NH-CHRR' + C_6H_5-SO_3Na + CO_2\uparrow + H_2O \quad (3-90)$$

3. 合成 4010NA 用催化剂体系

4010NA 合成的主要采用加氢还原反应。催化剂性能的优劣与产品质量及产量有直接关系，并且会影响到工艺的设计，因而往往是催化反应的核心问题。因此，催化剂的研究是提高质量和产量的前提也是优化工艺条件的关键所在。目前，防老剂 4010NA 合成用加氢催化剂总体分为过渡金属类催化剂和贵金属类催化剂两大类。

（1）过渡金属催化剂：在过去几十年里，过渡金属中研究最多的是铜和镍，其中铜的研究更广泛。国外专家研究硅胶催化剂时发现，芳胺和酮还原烃化时具较好活性与选择性，研究 Cu/Cr 催化剂在防老剂合成中的特性，所得转化率和收率都比较理想，将 Cl 添加到 Cu/Cr 催化剂体系中可以提高收率。铜铬矿的应用也有一定效果。

国内目前几家生产厂家多采用固定床连续反应器，使用的催化剂为铜系催化剂。铜系催化剂主要组成为铝-锌-铝，其活性成分为铜，在催化剂中氧化铜含量达到30%～80%的范围时具有活性。该催化剂制作工艺的关键是保证3种金属离子分散均匀，这会影响到催化剂强度。合成对苯胺类防老剂多是 B204 低温变换型和 C207 联醇型催化剂，但在使用中出现强度不稳定，酮有效转化低。F18H 型铜系催化剂对催化剂孔径分布进行了改进，使催化剂的孔径分布均匀，性能优于 C207 型铜系催化剂。铜镍系催化因其价格便宜、活性好、不易中毒、便于操作等特点，在工业生产中使用广泛，但是反应转化率低，致使原料消耗过多，铜离子夹带入产品会直接或间接对质量造成不利影响。

（2）贵金属催化剂：贵金属多指金、银和铂族金属（包括金属铂、钯、铑、钌等），因其原子最外层 d 电子轨道未填充满，表面易吸附反应物形成“活性化合物”，易与氢原子或氧原子等形成共价键，对于氧化还原反应具很高活性，致使反应在温和条件下即可表现出较高选择性，从而减少副反应获得高收率。另外，贵金属作为催化剂对化学药品具有相当大的抵抗力，不易引起化学反应，因此贵金属催化剂有着较高的活性和重复利用性，是优秀的加氢催化剂。但在催化方面选择性还是有差别的：钯主要适合氢解脱卤类的反应，而铂在加氢还原方面更为合适。

防老剂4010NA 的合成工艺中，核心反应是希夫碱碳氮双键加氢还原，同时要尽量避免丙酮的还原反应。因此，相对于适合加氢脱卤类反应的金属钯而言，金属铂更适合。虽然以贵金属铂为催化合成4010NA 的实例尚不多，但已有众多关于贵金属铂作催化剂应用于防老剂合成中的报道。美国专利 US5535541，以铂碳为催化剂合成防老剂，产品纯度高达95.9%。日本专利 JP59123148 中，利用1%的铂碳催化剂，在对原料进行预处理之后投入使用，也获得了99.4%的防老剂产率。一篇日本专利采用碳载硫化铂作催化剂，先将催化剂钝化预处理，在一定反应温度下反复套用，得到较高质量与收率的4010NA 和4020。研究还原烷化4-氨基或4-硝基二苯胺制备对苯胺类防老剂时发现，铂是最好的催化剂。

4. 负载型催化剂

高性能催化剂具有高催化活性和稳定性，需要在载体表面具有良好分散度，这就要求载体具有合适的孔结构、足够的机械强度和热稳定性，保证金属粒子尺寸合适，否则粒径过大降低催化剂活性，粒径过小易在高温条件下发生团聚。贵金属催化剂的制备影响到其在反应中的性能，主要考虑催化剂载体的选择、金属前驱体的选择与制备以及反应前催化的预处理3个方面。

（四）一步法固定床合成防老剂 4010NA

橡胶防老剂 4010NA 或防老剂 IPPD，学名为 *N*-苯基-*N'*-异丙基-对苯二胺，英文名为 *N*-isopropyl-*N'*-phenyl-phenylenediamine，其结构式为：

$$\text{C}_6\text{H}_5\text{—NH—C}_6\text{H}_4\text{—NH—CH}(\text{CH}_3)_2 \quad (3-91)$$

1. 反应原理

目前生产 4010NA 的主要制备方法有多种：芳构化法、羟氨还原烃化法、烷基磺酸酯烃化法、加氢还原烃化法等，其中应用最普遍的工艺是加氢还原烃化法，其反应方程式如下：

$$\text{C}_6\text{H}_5\text{—NH—C}_6\text{H}_4\text{—NH}_2 + \text{CH}_3\text{—CO—CH}_3 \xrightarrow[150℃,\ 5.07\sim6.08\text{MPa}]{\text{H}_2,\ \text{Cu-Cr}} \text{C}_6\text{H}_5\text{—NH—C}_6\text{H}_4\text{—NH—CH}(\text{CH}_3)_2 \quad (3-92)$$

2. 生产工艺流程及其优势

德国拜耳公司连续化生产 4010NA 主要生产工艺如图 3-14。其特点为工艺简便，收率高，产品质量好，并能减少三废的量。

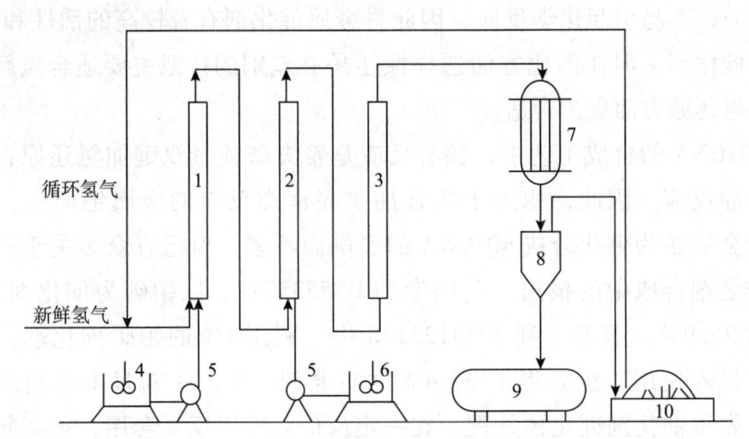

图 3-14　拜尔公司 4010NA 工艺流程

1、2、3—高压反应器；4—配制槽；5—高压泵；6—丙酮储槽；7—冷却器；8—分离器；9—后处理中间储槽；10—氢气循环泵

将制备好的铜铬复合催化剂、对氨基二苯胺、丙酮按一定比例在配制槽中配制后，由高压泵连续押往反应器 1、2、3 中，3 个反应温度控制为 200℃ 左右，压力为 15.2 ~ 20.3MPa；新鲜和循环的氢气从反应器 1 底部通入，反应物料经反应器 3 排出，冷却后于分离器 8 中分出氢气，然后送至后处理工序；过量的氢气用泵循环；丙酮的用量可为 1.5 ~ 4mol/mol RT 培司，过量的丙酮循环套用；粗产品经精馏或重结晶而得以精制。

国内生产 4010NA 主要工艺见图 3-15。

将原料对氨基二苯胺和丙酮及催化剂搅拌完成后高压泵入反应管 1，此时丙酮储槽内的丙酮高压打入反应管2，循环氢和新鲜氢按比例进入反应管1并维持高温高压，反应管2产出的含少量丙酮的异丙醇和4010NA会在冷凝器中冷却至一定温度，经分离器将过剩氢气分离并循环使用，而分离后剩余物经后处理中间槽，在经过离心分离得到固体产物，最后干燥得到4010NA。

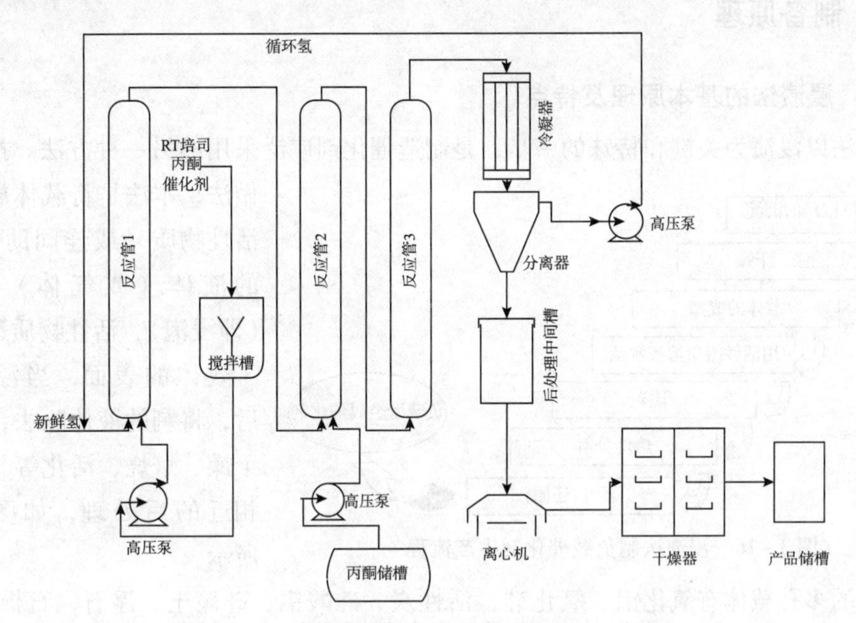

图3－15 直接还原烃化法生产4010NA工艺流程

该工艺流程特点是工艺简便，收率较高，质量优良且三废排放减少。此外，原化工部南京化工厂和抚顺石油研究所合作进行的新工艺研究，利用连续加氢发合成4010NA，使用铜锌铬复合催化剂在沸腾床与固定床装置上，能长时间运行并且降低了催化剂耗量。

3. 催化剂进展

4010NA是一种高效多能的橡胶助剂，在当今仍是主流的防老剂需求产品之一。其传统生产工艺中需要用到高温（160℃左右）高压（180个大气压左右），生产条件并不温和，有一定危险性。另外，目前4010NA的生产工艺多采用铜系催化剂，虽然价格低廉，且可以用于连续化生产，但是催化剂的选择性较差，对原料丙酮的消耗较大，同时催化剂流失进入产品中的金属粒子。对产品及后续产品的质量有一定程度的负面影响，从而相应增加了生产成本降低了产品质量。国外生产防老剂的先进工艺普遍应用的是贵金属催化剂，用于4010NA的合成的报道也罕见。近年来，有报道采用Pt/C催化剂并用于本产品，3%铂负载量的Pt/C与改性Pt/C在防老剂4010NA的合成反应中（Pt/C总套用次数在50次，补加7次，该催化剂套用次数59次，补加6次），产品结晶点相差不大，基本在70℃以上，表明具有良好的催化效果，并且该改性Pt/C的催化效果更佳。

第四节 浸渍法制备抗氧剂催化剂

一、制备原理

（一）浸渍法的基本原理及特点

浸渍法以浸渍为关键和特殊的一步，是制造催化剂广泛采用的另一种方法。按通常的做法，本法是将载体放进含有活性物质（或连同助催化剂）的液体（或气体）中浸渍（即浸泡），活性物质逐渐吸附于载体的表面，当浸渍平衡后，将剩的液体除去，再进行干燥、焙烧、活化等与沉淀法相近的后处理，如图 3－16 所示。

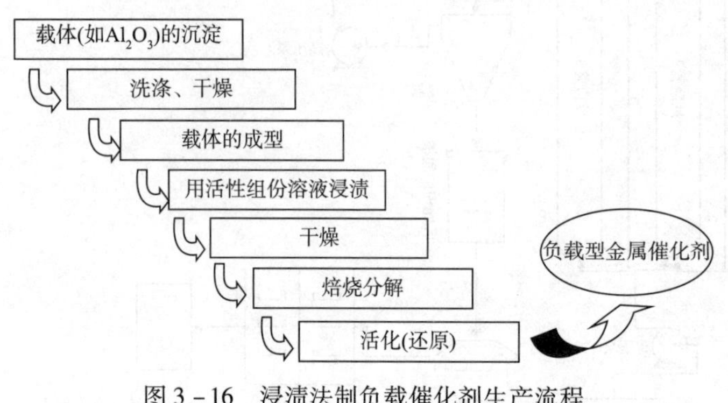

图 3－16　浸渍法制负载催化剂生产流程

常用的多孔载体有氧化铝、氧化硅、活性炭、硅酸铝、硅藻土、浮石、石棉、陶土、氧化镁、活性白土等。根据催化剂用途可以用粉状的载体，也可以用成型后的颗粒状载体。

活性物质在溶液里应具有溶解度大、结构稳定且在焙烧时可分解为稳定活性化合物的特性。一般采用硝酸盐、氯化物、醋酸盐或铵盐制备浸渍液，也可以用熔盐，例如处于加热熔融状态的硝酸盐，作浸渍液。

浸渍法的基本原理：一方面是因为固体的孔隙与液体接触时，由于表面张力的作用而产生毛细管压力，使液体渗透到毛细管内部；另一方面是活性组分在载体表面上的吸附。为了增加浸渍量或浸渍深度，有时可预先抽空载体内空气，而使用真空浸渍法；提高浸渍液温度（降低其黏度）和增加搅拌，效果相近。

浸渍法具有下列优点：①可以用已成外形与尺寸的载体，省去催化剂成型的步骤，目前国内外均有市售的各种催化剂载体供应；②可选择合适的载体，提供催化剂所需物理结构特性，如比表面、孔半径、机械强度、导热率等；③附载组分多数情况下仅仅分布在载体表面上，利用率高，用量少，成本低，这对铂、钯、铱等贵金属催化剂特别重要。正因为如此，浸渍法可以说是一种简单易行而且经济的方法，广泛用于制备附载型催化剂，尤其是低含量的贵金属附载型催化剂。其缺点是其焙烧分解工序常产生废气污染。

浸渍法虽然操作很简单，但是在制备过程中也常遇到许多复杂的问题。如在催化剂干燥时，有时浸渍时由于溶质迁移速度不同，且存在竞争吸附，导致活性组分分布不均，甚至载体未被覆盖，有时一次浸渍达不到理想效果，需要多次浸渍；干燥时，一些活性物质会向外表面移动，降低内表面活性组分浓度，导致活性物质分布不均；常发生选择性吸附现象，致使活性组分在成品中分布不均；焙烧时，常产生废气，可能会污染环境。

对载体的一般有以下几个方面的要求：①机械强度高；②载体为惰性，与浸渍液不发生化学反应；③合适的颗粒形状与尺寸，适宜的表面积、孔结构等；④足够的吸水性；⑤耐热性好；⑥不含催化剂毒物和导致副反应发生的物质；⑦原料易得，制备简单，无污染等。

常用载体：氧化铝、硅胶、分子筛、活性炭、硅藻土、浮石、活性白土、碳纤维、整体载体等。

活性物质在载体横断面的均匀或不均匀分布，也是值得深入探讨的问题。对于某些反应，有时并不需要催化剂活性物质均匀地分散在全部内表面上，而只需要表面和近表面层有较多的活性物质。活性组分在载体断面上的分布可以有如图 3－17 所示的各种类型。

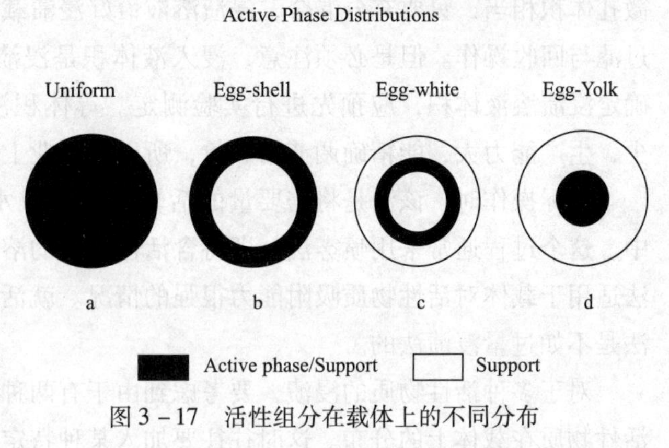

图 3－17　活性组分在载体上的不同分布

制备各种类型断面分布催化剂的方法叫做竞争吸附法。按照这种方法，在浸渍溶液中除活性组分外，还要再加以适量的第二种称为竞争吸附剂的组分。浸渍时，载体在吸附活性组分的同时，也吸附第二组分。由于两种组分在载体表面上被吸附的几率和深度不同，发生竞争吸附现象。选择不同的竞争吸附剂，再对浸渍工艺和条件进行适当调节，就可以对活性组分在载体上的分布类型及浸渍深度加以控制，如使用乳酸、盐酸或一氯乙酸为竞争吸附剂时，则可得加厚的蛋壳型分布。同时，采用不同用量和浓度的竞争吸附剂，可以控制活性组分的浸渍深度，竞争吸附剂柠檬酸对铂催化剂中的铂的分布的影响见图 3－18。

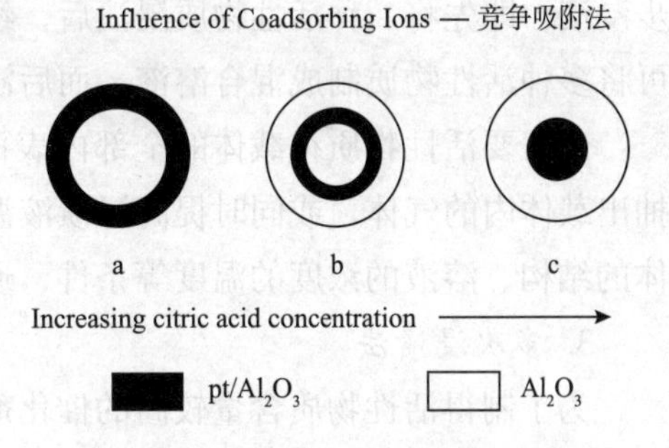

图 3－18　竞争吸附剂柠檬酸对铂催化剂中的铂的分布的影响

（二）浸渍法的分类

1. 过量浸渍法

本法系将载体浸入过量的浸渍溶液中（浸渍液体积超过载体可吸收体积），待吸附平衡后，沥去过剩溶液，干燥、活化后再得催化剂成品。

过量浸渍法的实际操作步骤比较简单。例如，先将干燥后的载体放入不锈钢或搪瓷的容器中，加入调好酸碱度的活性物质水溶液中浸渍。这时载体细孔内的空气，依靠液体的毛细管压力而被逐出，一般不必预先抽空。过量的水溶液用过滤、沥析或离心分离的方法除去。浸渍后，一般还有与沉淀法相近的干燥焙烧等工序的操作。多余的浸渍液一般不加处理或略加处理后，还可以再次使用。

2. 等体积浸渍法

本法系将载体与它正好可吸附体积的浸渍溶液相混合，由于浸渍溶液的体积与载体的微孔体积相当，只要充分混合，浸渍溶液恰好浸渍载体颗粒而无过剩，可省略废浸渍液的过滤与回收操作。但是必须注意，浸入液体积是浸渍化合物性质和浸渍溶液黏度的函数。确定浸渍溶液体积，应预先进行实验测定。等体积浸渍可以连续或间歇进行，设备投资少，生产能力大，能精确调节附载量，所以被工业上广泛采用。

实际操作时，该法是将需要量的活性物质配成水溶液，然后将一定量的载体浸渍其中。这个过程通常采用喷雾法，即将含活性物质的溶液喷到装于转动容器中的载体上。本法适用于载体对活性物质吸附能力很强的情况。就活性物质在载体上的均匀分布而言，此法是不如过量浸渍法的。

对于多种活性物质的浸渍，要考虑到由于有两种以上溶质的共存，可能改变原来某一活性物质在载体上的分布。这时往往要加入某种特定物质，以寻找催化活性的极大值。例如制备铂重整催化剂时，在溶液中加入若干竞争吸附剂醋酸，可以改变铂在载体上的分布。而醋酸含量达到一定比例时，催化活性就出现极大值。在另外的情况下，也可采用分步浸渍，即先将一种活性物质浸渍后，经干燥焙烧，然后再用另一种活性物质浸渍。有时可将多种活性物质制成混合溶液，而后浸之。

当需要活性物质在载体的全部内表面上均匀分布时，载体在浸渍前要进行真空处理，抽出载体内的气体，或同时提高浸渍液温度，以增加浸渍深度。载体的浸渍时间取决于载体的结构、溶液的浓度的温度等条件，通常为30～90min。

3. 多次浸渍法

为了制得活性物质含量较高的催化剂，可以进行重复多次的浸渍、干燥和焙烧，此即所谓多次浸渍法。

采用多次浸渍法的原因有两点：第一，浸渍化合物的溶解度小，一次浸渍的附载量少，需要重复浸渍多次；第二，为避免多组分浸渍化合物各组分的竞争吸附，应将各个组分按次序先后浸渍。每次浸渍后，必须进行干燥和焙烧，使之转化成为不可溶性的物质，这样可以防止上次浸渍在载体上的化合物在下一次浸渍时又重新溶解到溶液中，也可以提高下一次的浸渍载体的吸收量。例如加氢脱硫用 $CoO-MoO_3/Al_2O_3$ 催化剂的制备，可将氧化铝用钴盐溶液浸渍、干燥、焙烧后，再用钼盐溶液按上述步骤反复处理。必须注意每次浸渍时附载量的提高情况，随着浸渍次数的增加，每次的附载量将会递减。

多次浸渍法工艺过程复杂，劳动效率低，生产成本高，除非上述必要的特殊情况，应尽量避免采用。

4. 浸渍沉淀法

即先浸渍而后沉淀的制备方法，是某些贵金属浸渍型催化剂常用的方法。由于浸渍液多用氯化物的盐酸溶液——氯铂酸、氯钯酸、氯铱酸或氯金酸等，这些浸渍液在被载体吸收吸附达到饱和后，往往紧接着再加入 NaOH 溶液等，使氯铂酸中的盐酸得以中和，并进而使金属氯化物转化为氢氧化物，而沉淀于载体的内孔和表面。这种先浸渍而后再沉淀的方法有利于 Cl^- 离子的洗净脱除，并可使生成的贵金属化合物在较低温度下用肼、甲醛、KBH_4等含氢化合物水溶液进行预还原。在这种条件下所制得的活性组分贵金属，不仅易于还原，而且粒子较细，并且还不产生高温焙烧分解氯化物时造成的废气污染。

5. 流化喷洒浸渍法

对于流化床反应器所使用的细粉状催化剂，可应用本法，即浸渍溶液直接喷洒到反应器中处于流化状态的载体上，完成浸渍后，接着进行干燥和焙烧。

6. 蒸汽相浸渍法

借助浸渍化合物的挥发性，以蒸汽的形态将其负载到载体上去。这种方法首先应用在正丁烷异构化过程中，催化剂成分为 $AlCl_3$/铁钒土。在反应器内，先装入铁钒土载体，然后以热的正丁烷气流将活性组分 $AlCl_3$ 升华并带入反应器，当附载量足够时，便转入异构化反应。用此法制备的催化剂，在使用过程中活性组分容易流失，必须随反应气流连续外补浸渍组分。近年，用固体 $SiO_2 \cdot Al_2O_3$ 作载体，负载加入 SbF_5 蒸汽，合成 $SbF_5/SiO_2 \cdot Al_2O_3$ 固体超强酸。

二、工艺参数及其选择

（一）浸渍影响因素

1. 浸渍时间

浸渍时间对负载量和对活性组分在孔内分布的影响见表 3-4、图 3-19。

表 3-4　浸渍时间对负载量的影响［1.0mol/L 的 Ni $(NO_3)_2$, $6H_2O$］

浸渍时间/h	以 NiO 计负载量/%（质量分数）
0.25	2.34
0.5	3.53
1.0	4.12
3.0	4.38
20.0	4.36

随着浸渍时间的延长，负载量增加并且活性组分在孔内的分布趋于均匀。一般情况下，适当延长浸渍时间对制备均匀分布的催化剂是有益的。对于扩散控制的反应和以贵金属为活性组分的催化剂应适当缩短浸渍时间，尽可能是活性组分分布在催化剂的外表面。当然这主要依据具体的需催化的反应要求和竞争吸附剂等技术手段的应用等确定具体的浸渍时间。

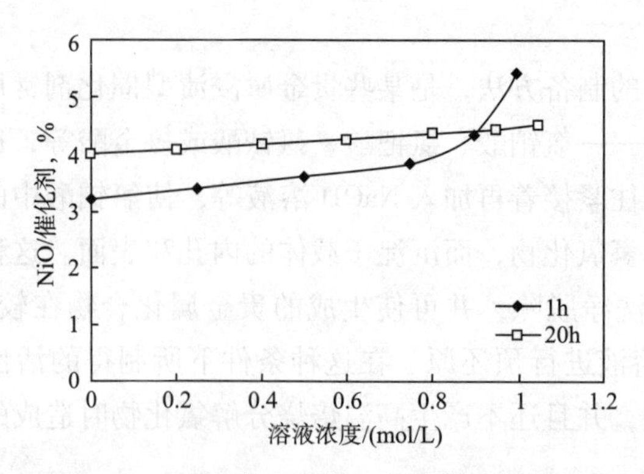

图 3-19 NiO 在孔内分布与浸渍时间的关系

2. 浸渍液浓度

从动力学角度考虑，浸渍液的浓度是影响活性组分分布的重要因素之一。总负载量也取决于浸渍液的浓度。以为 $\gamma\text{-}Al_2O_3$ 载体浸渍硝酸镍溶液为例，表 3-5 给出了有关浸渍液浓度对活性组分负载量的影响结果。

表 3-5 浸渍液的浓度对负载量的影响（浸渍时间 0.5h）

浸渍液浓度/（mol/L）	负载的 Ni 量/%（质量分数）
0.04	0.18
0.08	0.74
0.29	1.54
0.63	2.96
0.98	4.06

溶液浓度较低时，活性组分在孔内的分布比较均匀，使得溶液进入载体时的浓度梯度较小。溶液刚接触孔时的溶液浓度较大，所以浸渍或吸附在载体上的溶质多且速度快，因此造成孔壁上与溶液中的溶质浓度差大，而且孔外面的溶液浓度与里面的溶液浓度相差较大，外层溶液中的溶质快速扩散到内层而被吸附，因此较稀的浸渍溶液和较长浸渍时间有利于活性组分在孔内均匀分布。

（二）浸渍催化剂的热处理

1. 干燥过程中活性组分的迁移

干燥是用加热的方法脱除已洗净湿沉淀中的洗涤液。采用浸渍法制备催化剂时，毛细管中浸渍液所含溶质在干燥过程中会发生迁移，造成活性组分的不均匀分布或预想的分布遭到破坏。这是由于在缓慢干燥过程中，热量从颗粒外部传到颗粒内部，颗粒外部总是先达到颗粒的蒸发温度，因而孔口部分先蒸发使部分溶质先析出。由于毛细管上升现象，含有活性组分的溶液不断从毛细管内部上升到孔口，并随着溶剂的蒸发而不断析出，活性组分不断向表层集中，留在孔内的活性组分不断减少。因此，为减少干燥过程中活性组分的迁移，常用快速干燥法。为使溶质迅速析出，有时可用稀溶液多次浸渍。

2. 负载催化剂的焙烧与活化

负载型催化剂中的活性组分是以高度分散的形式存在于载体上的，这类催化剂在焙烧过程中活性组分表面会发生变化，一般是由于金属晶粒大小的变化导致活性表面积的变化，也即在较小的晶粒长成较大的晶粒的过程中，表面自由能也相应地减小。至于金属晶粒烧结机理，目前尚无定论，没有一种理论能够完全解释这类催化剂被烧结过程所观察到的现象。有些情况下，载体和活性组分都有可能烧结，但在多数情况下只有活性金属表面积减少，而载体的表面积不发生变化。

在实际应用中，为了抑制活性组分的烧结，可以加入耐高温的稳定剂起间隔作用，以防止容易烧结的微晶相互接触，从而抑制烧结。易烧结物在烧结后的平均结晶粒度与加入稳定的量及其晶粒大小有关。在金属负载型催化剂中，载体实际上起着间隔作用，分散在载体中的金属含量越低，烧结后的金属晶粒越小；载体的晶粒越小，烧结后的金属晶粒也越小。

对于负载型催化剂，除了烧结可影响金属晶粒大小外，还原条件对金属的分散度也有影响。为了得到高活性催化剂，就要使金属的分散度尽量高。按照结晶学原理，在还原过程中，增大晶核生成的速度，有利于生成高分散度的金属微晶；为提高还原速率，特别是还原初期的速率，可增大晶核的生成速率。在实际操作中，可采用以下方法提高还原速率。

（1）在不发生烧结的前提下，尽可能地提高还原温度。提高还原温度可以大大提高催化剂的还原速率，缩短还原事件，而且还原过程有水分产生，提高温度可以减少已还原催化剂暴露在水气中的时间，减少反复氧化还原的机会。

（2）使用较高的还原气速。高空速有利于还原反应平衡向右移动，提高还原速率。另外，高空速时气相水气浓度低，扩散快，催化剂孔内水气容易逸出。

（3）尽可能地降低还原气中水蒸气的分压。一般而言，还原气体中的水分和氧含量越多，还原后的金属晶粒越大。因此，可在还原前先将催化剂进行脱水，或用干燥的惰性气体通过催化剂床层。

还原后的金属晶粒的大小与负载型催化剂中的金属含量和还原气氛都有一定的关系，金属含量越低，还原气中 H_2 含量越高，水蒸气分压越低，还原得到的金属晶粒越小，即金属的分散度越高。

3. 固相互溶体与固相反应

在热处理过程中，活性组分于载体之间可能发生反应生成固体溶液或化合物，这就要根据需要选用不同的操作条件，促使其生成或避免其生成。如果负载的活性组分能与载体生成固溶体，而负载的活性组分最后能被还原，则互溶将促进金属和载体形成最密切的混合；若负载的活性金属最终不能被还原，则所得的样品就没有催化活性。固溶体的生成一般可以减缓晶体长大的速度，如纯 NiO 样品在 500℃焙烧 4h，NiO 晶粒成长到 30 ~ 40μm

大小，而 NiO 与 MgO 形成固溶体时，在同样的焙烧条件下，固溶体中 NiO 晶粒仅在 8.0μm 左右。

活性组分与载体之间发生固相反应也是可能的。当金属氧化物与作为分散剂（载体）的耐高温氧化物发生固相反应，而金属氧化物在最后的还原阶段又能被还原成金属时，由于金属与载体形成最紧密的混合，阻止了金属微晶的烧结，使催化剂具有高活性和高稳定性；然而所形成的化合物不能被还原时，这部分金属就没有催化活性。

在催化剂的热处理过程中，有意识地利用固相互溶和固相反应对催化剂进行改性，将会得到意想不到的效果。

三、催化剂成型工艺——转动成型

（一）转动成型定义

转动成型亦是常用的成型方法，适用于球形催化剂的成型。本法将干燥的粉末放在回转着的倾斜 30°～60°的转盘里，慢慢喷入黏合剂，例如水。由于毛细管吸力的作用，润湿了的局部粉末先黏结为粒度很小的颗粒称为核。随着转盘的继续运动，核逐渐滚动长大，成为圆球。

（二）转动成型特点

转动成型法所得产品粒度比较均匀，形状规则，也是一种比较经济的成型方法，适合于大规模生产。但本法产品的机械强度不高，表面比较粗糙。必要时，可增加烧结补强及球粒抛光工序。

（三）转动成型的影响因素

影响转动成型催化剂质量的因素很多，主要有原料、黏合液、转盘转数和倾斜度等。

粉末颗粒越细，成型物机械强度越高。但粉末太细，成球困难，且粉尘大。

结合液的表面张力越大，成型体的机械强度越高。在成球过程中如恰当地控制整个球体湿度均匀，必须控制结合液的喷射量。喷射量小，成球时间相对比较长，且造成球体内外湿度不均匀。喷射量大，球体湿度大，易形成“多胞”现象，破坏了成型过程，使成球困难。如硅粉成球时其粉液比（kg/L）一般为（1：1.15）～（1：1.26）。

球的粒度与转盘的转数、深度、倾斜度有关。加大转数和倾斜度，粒度下降，转盘越深，粒度越大。

为了使造球顺利进行，最好加入少量预先制备的核。在造球过程中也可以用制备好的核来调节成型操作，成品中夹杂的少量碎料及不符合要求的大、小球，经粉碎后，也可以作为核，送回转盘而回收再用。

（四）转动成型设备

用于转动成型的设备，结构基本相同。典型的设备有转盘式造粒机，其结构如图 3－20 所示。它有一个倾斜的转盘，其上放置粉状原料。成型时，转盘旋转，同时在盘的上

方通过喷嘴喷入适量水分，或者放入含适量水分的物料“核”。在转盘中的粉料由于摩擦力及离心力的作用，时而被升举到转盘上方，又借重力作用而滚落到转盘下方。这样通过不断转动，粉料之间互相黏附起来，产生一种类似滚雪球的效应，最后成为球形颗粒。较大的圆球粒子，摩擦系数小，浮在表面滚动。当球长大到一定尺寸，就从盘边溢出，变为成品。

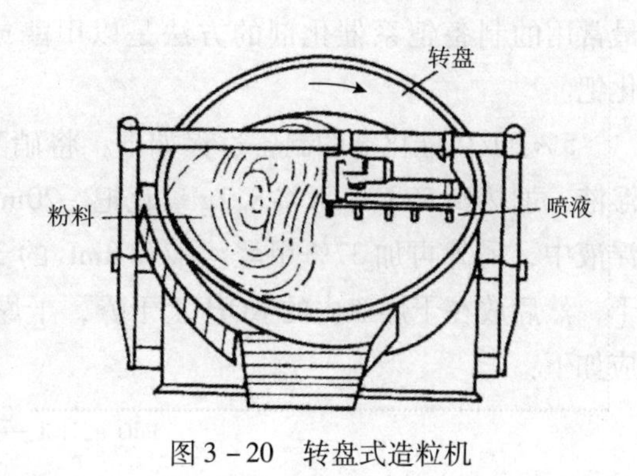

图 3－20　转盘式造粒机

四、催化剂制备实例

（一）负载型镍 10% 催化剂的制备

负载型镍催化剂广泛应用于加氢反应，包括烯烃加氢（如食用油加氢等）、苯加氢、腈加氢、硝基加氢、羰基加氢、各种原料、中间产品、产品的精制等反应。

负载型镍催化剂的制备有许多方法，如混合法、浸渍法、沉淀法等，因为浸渍制备催化剂的明显优势，而被工业生产中广为使用，如镍催化剂、低含量的铜系催化剂、各种贵金属催化剂以及介于普通金属和贵金属之间的相对较贵的催化剂等。根据不同反应的要求，可选择不同的镍含量、制备方法、助催化剂、载体等。

1kg 负载型 10% 镍/A. C. 催化剂的制备过程（采用等体积浸渍法）为：先将颗粒为 60～80 目的活性炭在 150～200℃下干燥 4h，测定其吸水率 η 为 85. 25%；称取六水硝酸镍 495. 30g，置于 1. 0L 玻璃量筒中，缓慢加水至 853. 0mL，搅匀使其溶解完全，转移至 2. 0L 烧杯中，加入上述干燥的活性炭 990. 0g，用玻璃棒缓慢搅拌吸附至溶液完全吸附完毕，时间为 1. 0h，然后放入烘箱烘干，烘干条件为：100℃，8h；然后至于马非炉中煅烧，煅烧条件为：350～400℃，4h；在使用前还要进行活化，一般在所使用的反应器中进行原位活化，活化条件为：介质 5% H_2-N_2，温度 450～550℃，时间 8h，即得 10% 镍/A. C. 催化剂 1kg。

煅烧反应的化学反应式为：

$$2Ni(NO_3)_2 \longrightarrow 2NiO + 4NO\uparrow \qquad (3-93)$$

活化反应的化学反应式为：

$$NiO + H_2 \longrightarrow Ni + H_2O + 2.56kJ \qquad (3-94)$$

（二）5% Pd/C 催化剂的制备

钯系催化剂作用比较温和，具有一定的选择性，适用于多种化合物的选择氢化，是最好的脱卤、脱苄催化剂。

钯系催化剂常用的类型包括 5% Pd/C，10% Pd/C，5% $Pd/BaSO_4$，$Pd/CaCO_3-PbAc_2$。

最常用的制备钯系催化剂的方法是以甲醛或氢气还原浸渍于载体（如活性炭）上的氯化钯。

5% Pd/C 催化剂的制备过程如下：将硝酸洗过的 93g 活性炭和 1.2L 水按比例配成悬浮液，加热到 80℃，再将 8.2g 氧化钯、20mL 浓盐酸和 50mL 水按比例配成的溶液加入悬浮液中，另外再加 37% 甲醛溶液和 8mL 的 30% NaOH 溶液，搅拌后过滤，水洗，室温晾干，然后放在干燥皿内的 KOH 上干燥，干燥后的催化剂密闭放置于瓶中。发生的化学反应如下：

$$PdO + 2HCl \xrightarrow{C} PdCl_2/C + H_2O \tag{3-95}$$

$$PdCl_2/C + HCHO + 3NaOH \longrightarrow Pd/C + HCOONa + 2NaCl + 2H_2O \tag{3-96}$$

（三）醋酸甲酯加氢制乙醇碳载铜锌催化剂

配制一定浓度的 Cu、Zn、助剂金属的硝酸盐，搅拌、加热使其完全溶解成均一的溶液，水采用离子交换树脂制备的脱盐水，然后加入一定重量的、经特殊处理的、颗粒椰壳活性炭，浸泡 1~2h，在浸泡过程中，用干净的玻璃棒轻轻搅拌，浸渍结束后过滤沥去多余的浸渍液，分析浸渍后催化剂上的金属含量，达标后在 80~100℃下干燥 8h，焙烧，浸渍助剂，活化等操作，具体温度条件由热重分析得到，活化是在 5% H_2/H_2 混合气流动状态下，程序升温至一定温度，然后将其放入真空干燥期内冷却至常温。如果一次浸渍获得的催化剂组分含量不达标，则采用多次浸渍法制备催化剂，直至催化剂组分含量达标再进行下一工序操作。

该催化剂的最佳制备条件为：铜锌负载量为 30%、铜锌原子比为 1.0，以氢氧化钾为助剂原料，助剂加入量 1.0%；该催化剂在催化剂加入量 2.5%，反应温度 200℃，反应压力 1.5MPa，反应时间 2h 条件下进行催化合成醋酸甲酯转化率、选择性等均大于 99%，5 次重复使用后，催化剂的催化性能基本不变：醋酸甲酯转化率、选择性等均大于 99%，说明重复使用性能较好。

（四）浸渍型镍系水蒸气转化催化剂制备（多次浸渍法）

浸渍型镍系催化剂在工业实践中，应用相当广泛，如合成氨、炼油工艺、有机合成等中应用的催化剂，不仅可实现催化加氢、脱氢，而且还可实现精制、除杂等。

就用于甲烷化反应而言［即由气态甲烷或液态如石脑油等的催化水蒸气转化反应，以制取合成气（$CO + H_2$）或氢气］，该催化剂多采用预烧结的氧化铝或氧化铝-水泥载体，多次浸渍硝酸镍水溶液或其熔盐制备，其制备工艺流程见图 3-21。

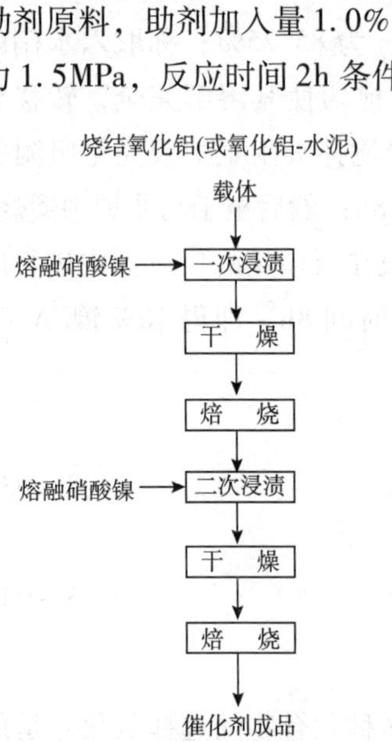

烧结氧化铝(或氧化铝-水泥)
载体
熔融硝酸镍 → 一次浸渍
干　燥
焙　烧
熔融硝酸镍 → 二次浸渍
干　燥
焙　烧
催化剂成品

图 3-21　浸渍型水蒸气转化镍系催化剂生产流程

本例为在 400~600℃的较高温度下完成镍盐的分解反应，因而有氮氧化物污染问题：

$$Ni\ (NO_3)_2 \longrightarrow NiO + 2NO_x \uparrow \tag{3-97}$$

NiO 可在反应器中用氢气还原为具有活性的金属镍。

预烧结载体的制备方法（以国产轻油水蒸气一段转化炉中的下端催化剂为例）：用铝酸钙水泥（主要成分为：$2Al_2O_3 \cdot CaO$）65 份，α-$Al_2O_3$35 份，石墨 2 份，木质素 0.5 份，经球磨混合 2h，加水 15 份，造粒，压制成 ϕ16mm × 16mm × 6mm（外径 × 内径 × 高）的拉西环状，用饱和水蒸气加热养护 12h，100℃烘干 2h，再在 1600℃温度下焙烧 2h，即制成该催化剂载体。

第五节 制备绿色抗氧剂

当前，高分子材料进入了蓬勃发展时期，其应用广度和深度均取得了前所未有的进展。抗氧剂是高分子聚合材料不可或缺的助剂，而我国塑料工业的迅速发展为抗氧剂行业提供了宝贵的机遇和广阔的成长空间。如今我国已成为国内外诸多助剂大公司的主要目标市场，市场竞争日趋激烈，因此我国抗氧剂相关科研机构和生产单位应未雨绸缪，尽早做出妥善安排，着重开展高效、低毒、耐热、复合、绿色环保的新型抗氧剂的研究工作，特别是当代普遍性的遇到都无对人体和环境的伤害尤为重要和迫切，而且可为我国抗氧剂行业及高分子塑料等行业的可持续健康发展提供技术支持。

一、绿色抗氧剂概述

在高分子材料用抗氧剂方面，目前主要追求高效、耐热、绿色环保，近年来出现了一些绿色抗氧剂，如反应性抗氧剂、瑞士 Sandoz 公司开发的抗氧剂 Standstab P-EPQ、BASF 公司的 Irganox 245、日本 Adaka-Argus 公司的 Sumilizer GA-80，Cytee 公司的 Cyanox 1790、科聚亚公司的 100% 不含壬基苯酚的 Weston" NPF 705 亚磷酸酯稳定剂、天然抗氧剂如 VC、VE、β-胡萝卜素、茶多酚、生物基材料提取的乳酸衍生物、抗坏血酸衍生物、苹果酚（apple phenone）等。

2010 年 5 月，上海高桥石化新型环保抗氧剂研制成功，取代原来的 BHT 抗氧剂，提高了 CASE 聚醚品质。CASE 聚醚是指用于涂料、胶黏剂、弹性体、密封胶等领域的聚醚总称，此前，CASE 聚醚均使用 BHT 抗氧剂。虽然 BHT 抗氧剂品质稳定，在国内市场大范围使用，但其环保型问题必将限制其在环保要求高的场合使用。美国环保署（EPA）依据《有毒物质控制法案》（TSCA）发布了苯酚类物质抗氧剂 phenol，2，4-dimethyl-6-(1-methylpentadecyl）的新使用规则。规定涉及该物质的重大新使用的意图的制造、进口或使用，应该在活动开始前提前 90d 向 EPA 进行通报（2012 年 8 月 15 日生效）。

当然，最好还是从传统的、大量生成或改进产品中产生绿色增塑剂，如受阻酚类抗氧剂。

（一）传统受阻酚类抗氧剂 BHT 存在的问题

BHT（二丁基羟基甲苯，又名 2，6-二叔丁基对甲酚）产品的工业化始于 20 世纪 30 年代，其工艺成熟，成本低，目前在国内仍是产量最大的抗氧剂，其产量的 40% ~45% 用于橡胶抗氧剂，但每年的增幅逐年降低，在国外，BHT 的产量更是逐年下降。这是因为以 BHT 为抗氧剂制备的橡胶及其制品抗老化能力较差。研究表明：BHT 的摩尔质量小，挥发性强，容易从聚合物内扩散迁移至表面，逐渐挥发，最终使聚合物中抗氧剂的含量消失殆尽；其次 BHT 进入环境，破坏生态，对人体健康有危害。所以受阻酚类抗氧剂应运而生。

（二）受阻酚类抗氧剂研究进展

受阻酚类抗氧剂的抗氧效率与其自身的分子结构、相对分子质量和电子的离域性有着必然的联系。近半个世纪以来，科研工作者从受阻酚类抗氧剂的结构、相对分子质量等方面入手，进行了卓有成效的科学研究，新型产品也不断涌现，至今其产品累计 100 多种，专利报导达万篇以上。受阻酚类抗氧剂按化学结构大体可分为三种：单酚、双酚和多酚。

1. 单酚型受阻酚抗氧剂

单酚型受阻酚抗氧剂的分子中只有 1 个受阻酚单元，具有很好的不变色、不污染性，但没有抗臭氧效能，并且相对分子质量小，挥发性和抽出损失比较大，因此抗老化性能弱，只能用于要求不苛刻的场合。新的单酚类抗氧剂通常在羟基对位上引入烷基长链，以提高相对分子质量，降低挥发性。这个长链就如同单酚的一条“臂”，它能够起到控制抗氧剂的溶解性、挥发性和提高抗老化效率的作用。另外，根据羟基邻位 R1 和 R2 的结构的异同，可以将单酚型受阻酚抗氧剂分为对称性受阻酚和半受阻酚，实践证明半受阻酚表现出很好的防老化作用。目前市场上的产品有 1222、1076、1135、54、730、BHA、SP、BHT 等，同时新单酚型受阻抗氧剂也不断涌现，如 PCRBF、2，6-二叔丁基-4（二甲氨甲基）苯酚。

据报道，当物质达到纳米尺寸时，其在聚合物中的分散性更高，表现出更加优良的化学物理性质及热稳定性。将 3-(3，5-二叔丁基-4-羟基苯基）丙烯酸（AO）固定在纳米级的二氧化硅聚合物上，制得一种高相对分子质量和高抗氧化性能的抗氧剂 AO-AEAPS-Silica，其分子结构式如图 3－22 所示。并分别通过扫描式电子显微镜（SEM）、差式扫描式量热法（DSC）、傅立叶变换红外光谱（FT-IR）对添加了 AO 及 AO-AEAPS-Silica 的聚合物进行了测试，以这些聚合物的氧化诱导时间（OIT），证明了正是由于它的加入，大大提高了聚合物的抗氧化性能。其中 AO-AEAPS-Silica 的抗氧化效能最高，分散性明显优于 AO，在温度高达 120℃时，随着热氧时间的推移，更

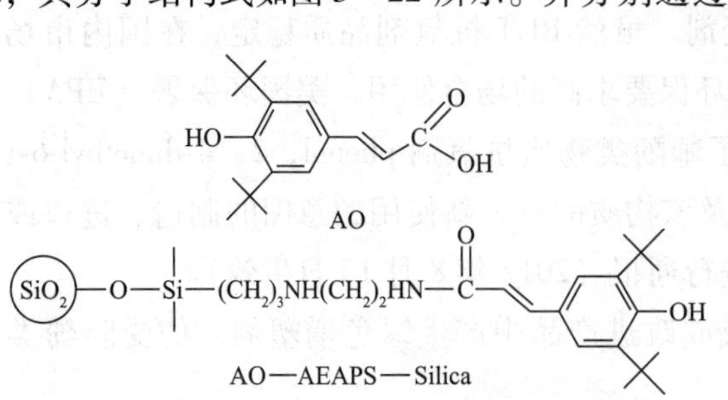

图 3－22　AO 和 AO-AEAPS-Silica 的结构式

表现出优良的热稳定性。究其原因是受阻酚与纳米级二氧化硅的有机结合，形成了高相对分子质量的优质抗氧剂。

研究表明：受阻酚抗氧剂的抗氧化效能与分子中羟基的数目也有着密不可分的关系，在提高相对分子质量的同时，增加羟基的数目，能进一步提高受阻酚类抗氧剂的抗氧效率。所以对双酚型、多酚型受阻酚类抗氧剂的开发也是现今的研究重点。

2. 双酚型受阻酚类抗氧剂

双酚型受阻酚类抗氧剂是指用亚烷基或者硫键直接连接2个受阻酚单元的酚类抗氧剂。与单酚型相比，双酚型的挥发和抽出损失比较小，热稳定性高，因而防老化效果较好，许多品种的防老化效果相当或者略高于二芳基仲胺类抗氧剂，比较典型的产品是AO-80，其结构式如图3－23所示。

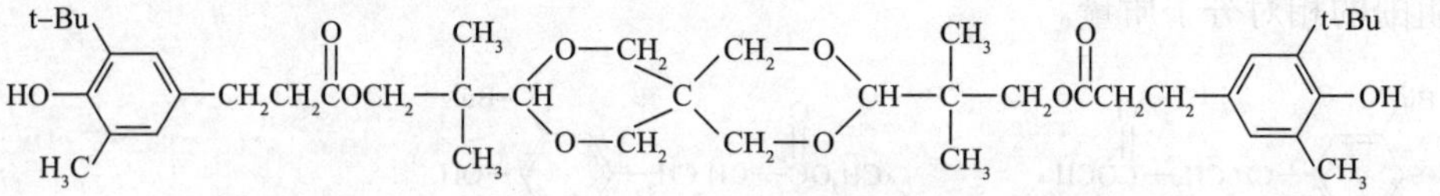

图3－23　AO-80结构式

以亚烷基相连的双酚通常由相应的酚与醛缩合制得，如抗氧剂2246、甲叉736、BBM等；而以硫键相连的双酚通常由相应的酚和SCl_2缩合制得，如2246-S、736、4426-S、300等；目前对双酚型抗氧剂的研究主要集中在两个方面：一是开发新型高相对分子质量的双酚抗氧剂；二是改进合成双酚抗氧剂的工艺。

需要特别指出的是：过氧自由基从酚的羟基上获得氢原子生成氢过氧化物（ROOH），此氢过氧化物不稳定，继续分解并加速老化进程；但硫原子能将其分解成醇而使自由基反应中止。由于两步反应在同一个分子内进行，反应时间极短。据报道：1个分子的含硫分解剂能分解20个氢过氧化物，所以硫代受阻酚兼有主抗氧剂的抑止氧化链应和辅助抗氧剂的分解氢过氧化物的双重功效。目前的硫代受阻酚类抗氧剂的相对分子质量大多在300～500，而普遍认可的通用型抗氧剂的理想相对分子质量在500～1000，高分子抗氧剂的相对分子质量在1000～3000，所以研发高相对分子质量硫代受阻酚类抗氧剂仍是发展趋势之一。

另外，以邻位链烷基取代酚为原料，经丙烯酸酯化生产出的双酚单丙烯酸酯类抗氧剂也值得关注。由于此抗氧剂中的2个特效官能团的协同作用，具有提前捕获碳自由基（R·）的特效功能，能在聚合物发生自动氧化的起始阶段就切断链增长的根源，提前增加了一道抗老化防线。充分体现出其具有高的防老化效率、并且用量少，环保，代表了链烷基取代酚发展的一种新趋势。以2-［1-(2-羟基-3，5-二特戊基苯基)-乙基］-4，6-二特戊基苯基丙烯酸酯（简称GS）作为稀土顺丁橡胶NdBR的抗氧剂，结果表明：添加GS的胶样，经热氧老化后门尼黏度ML(1＋4)100℃、凝胶质量分数的变化明显比BHT小；加速氧化实验的氧化诱导期明显比BHT延长；抗氧剂GS初始热失重温度高，有效地减少了稀土顺丁橡胶在生产、贮存、使用等过程中，抗氧剂挥发与迁移扩散所造成的损失。

3. 多酚型受阻酚类抗氧剂

多元酚是指分子结构中含有2个以上受阻酚单元的酚类抗氧剂，如图3－24所示的AO-60就是典型的多元受阻酚抗氧剂，它也是一种典型的相对高相对分子质量抗氧剂，主要特点是功能性基团多，抗氧化效率高；由于相对分子质量高，挥发性小，抽出损失少。但是，这类受阻酚的缺陷是与聚合物的相容性和分散性欠佳，因而，在使用过程中，应充分考虑各种性能之间的平衡。多元受阻酚类抗氧剂的品种较多，所以链接受阻酚的分子骨架也不尽相同。如抗氧剂1010是以季戊四醇为骨架的四元酚结构，抗氧剂3114、3125是以均三嗪为骨架的三元酚结构，而抗氧剂330则是以均三甲基为骨架的三元酚结构。可以看出：多酚类抗氧剂的发展方向有二：一是进一步优化多元受阻酚抗氧剂的合成条件，降低成本；二是受阻酚单元和链接骨架的选取，引入其他基团，增加受阻酚的功能，并且提高受阻酚的相对分子质量。

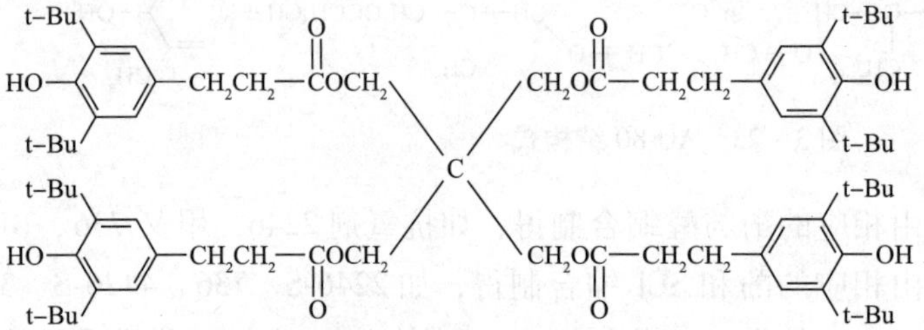

图3－24　AO－60结构式

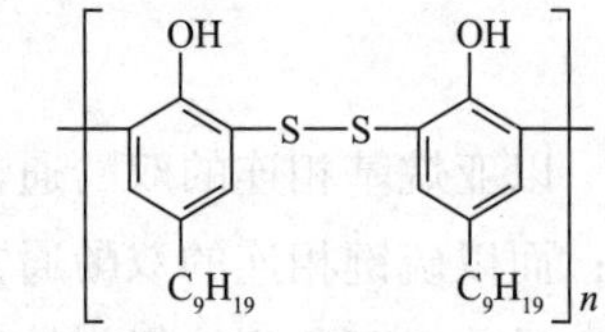

图3－25　AO-400结构式

近年来，国内对高分子质量多元受阻酚抗氧剂KY-1330［又称：抗氧剂330，化学名称1，3，5-三甲基2，4，6-三（3，5-二叔丁基-4-羟基苄基）苯］进行了大量的应用性研究。由于其具有高效、成本低、低挥发及无污染等优点，而被广泛应用。目前已有年产300t抗氧剂KY-1330工业示范装置在北京试产。

国内近年研制成功的新型抗氧剂AC-400，是一种通过苯酚烷基化、一氯化硫硫代缩合而成的双硫代多元受阻酚类抗氧剂，呈黏稠状液体，比固体抗氧剂有更好的相容性。其分子结构如图3－25所示。

国内不仅提出了一种新的树状大分子末端基转化的方法，通过分子设计将具有抗氧化功能的中间体接枝到树状大分子上，而且成功地合成了一类新型树状酚类抗氧剂。将具有受阻酚BHT结构单元的抗氧剂中间体3，5-丙酰氯接枝到整代树状大分子PAMAM骨架上；又将具有受阻酚BHT结构单元的抗氧剂中间体2，6-二叔丁基-4-氨基苯酚接枝到半代的树状大分子PAMAM骨架上。采用高密度聚乙烯为评价材料，对合成的新型树状酚类抗氧剂进行了抗氧化性能评价，通过DSC测试了抗氧化性能中的最重要指标OIT。测试结果表明，新型树状酚类抗氧剂具有明显抗氧化功能，是相同条件下抗氧剂1076的1.8倍。

4. 受阻酚类抗氧剂与亚磷酸酯类抗氧剂的复配应用

由酚类抗氧剂的作用机理可知，其分子中存在着比聚合物碳链上的氢原子（包括碳链上双键的氢）更活泼的氢原子。该氢原子首先与大分子链自由基R·或ROO·结合，生成

氢过氧化物和稳定的酚氧自由基（ArO·）；氢过氧化物对热氧化降解具有自动催化作用，而受阻酚本身不能分解氢过氧化物，所以单独使用受阻酚类抗氧剂时，难以达到理想的抗氧化效果。

研究表明：亚磷酸酯虽然不具备捕捉过氧化自由基的能力，但能够分解氢过氧化物，从而抑制了自动催化反应导致的聚合物降解；但是亚磷酸酯类抗氧剂水解稳定性较差，使其抗氧稳定性下降，同时水解生成的磷酸衍生物还会导致加工机械锈蚀。亚磷酸酯类抗氧剂的水解稳定性与结构中磷原子周围的空间位阻有关，空间位阻越大，水解稳定性越好。实践和理论研究证明：二者复合使用时，其作用互相补充，可达到理想的协同作用，即两者的复合不仅可分解氢过氧化物，还具有链终止剂的功能，习惯上将受阻酚类称为主抗氧剂，亚磷酸酯类称为辅助抗氧剂。

目前市场上复合抗氧剂中，许多是受阻酚和亚磷酸的复合物，如汽巴精化公司生产的IrganoxB、Irganox LC、Irganox LM、Irganox HP、Irganox XP 系列。除此之外，通用公司的Ultra-nox 815A、817A、875A、877A 等，美国康普顿公司的复合抗氧化剂 Naugard900 系列产品（据称该产品具有低挥发及无析出的特点），Cytec 公司开发的抗氧剂 CyanoxXS4 等，都是受阻酚和亚磷酸的复合物产品。汽巴精化公司又将碳中心自由基捕获剂引入复合抗氧剂体系，使复合抗氧剂由早期的二元体系发展成为三元、四元体系，性价比也更趋合理。

此外，硫代酯类抗氧剂和酚类抗氧剂也具有互补的抗氧稳定功能，但硫代酯类抗氧剂的主要缺点是挥发性较大，耐抽出性也不好，这些缺点可通过适当高相对分子质量而得以克服。但目前研究最多的仍然是亚磷酸酯与酚类抗氧剂复合应用。

（三）受阻酚类抗氧剂的发展趋势

1. 高分子量化

受阻酚类抗氧剂可以通过改变酚中羟基邻对位取代基的种类、空间效应，电子效应等，达到增效与提高相对分子质量的目的。正是本着增效与提高相对分子质量的原则，才开发出双酚型、多酚型、复合型以及聚合型等形式各样的受阻酚类抗氧剂。

持久性和有效性是衡量抗氧剂稳定化效能的两个方面。高分子量化一方面可以减少抗氧剂在制品加工和应用中的挥发、抽出和逸散损失；但另一方面又会阻碍抗氧剂分子的内部迁移，同时也会带来配合困难的问题，两者对立统一的结果就是优化一个最佳相对分子质量范围。

2. 优秀结构、高效基团的充分利用

许多优秀的结构、高效基团能大大提高受阻酚类抗氧剂的抗氧效能。这方面的研究工作有以下几个方面。

（1）半受阻酚抗氧剂的研究：半受阻酚抗氧剂由于羟基一个邻位取代基空间位阻较小（多为甲基），抗氧效率较高，与传统抗氧剂相比，其显示出更加优异的抗热稳定性和耐变色性；尤其与硫代酯等辅助抗氧剂之间存在氢键缔合，协同效果更为显著，代表了当今世界受阻酚类抗氧剂领域的大趋势。

（2）邻位含有 α-氢原子取代基的酚类抗氧剂的开发：研究表明，当受阻酚给出质子形成酚氧自由基，当受阻酚的一个邻位取代基具有 α-氢原子时，该氢原子可以转移到酚氧自由基以实现酚的再生，从而大大提高受阻酚抗氧剂的效率。这一研究也越来越受到抗氧剂领域的重视。

（3）其他：加强邻位烯丙基受阻酚类抗氧剂的开发，它是一种既能捕获过氧自由基又能捕获烷基自由基的酚类抗氧剂，从而能在聚合物的表面和内部同时起到抗氧化的作用。还有碳自由基捕获剂的开发等，总之越来越多新的高效率结构和基团在不久的将来也会被发现。

3. 反应型受阻酚类抗氧剂的开发

反应型受阻酚类抗氧剂是利用反应性基团将受阻酚抗氧剂分子键合到聚合物主链上，因此与聚合物相容性好、具有耐抽出、不易迁移、不易挥发和不污染环境的优点，可以保持持久的抗氧效果，用不饱和异氰酸酯直接加成或可控异氰酸酯化法可以合成出适当相对分子质量的反应型抗氧剂。目前，反应型受阻酚类抗氧剂已逐渐成为高分子聚合物领域中的一个研究热点。

4. 天然环保型受阻酚类抗氧剂

为了满足环保和人们身体健康的需要，近年来提倡使用天然抗氧剂。其中维生素 E 是合成天然抗氧剂应用于聚合物加工工业中最成功的例子。维生素 E 的主要成分是 α-生育酚，它的特点是具有受阻酚结构，并且与聚合物相容性好，相对分子质量大、无毒。科研工作者通过在对 α-生育酚结构以及其抗氧化机理的分析过程中，得到启示，进而应用到其他抗氧剂的研究当中，生产出了新型的高效商用酚类抗氧剂。

总之，抗氧剂的发展仍将以受阻酚类为主，约占到总份额的50%，并有不断增大的趋势；受阻酚类抗氧剂的发展趋势是提高抗氧剂的相对分子质量和抗氧化效率。此外，复合型、反应型和聚合型受阻酚类抗氧剂品种开发也非常活跃；抗氧剂理论已发展到用量子化学方法来探讨其作用机理，通过分子轨道来计算，所以这些理论的发展也将促进受阻酚类乃至整个抗氧剂领域迈上一个历史新台阶。

二、1076 合成反应原理

抗氧剂 1076，化学名为 β-(3，5-二叔丁基-4-羟基苯基)-丙酸十八碳醇酯，是一种无污染、无毒的烷基单酚类抗氧剂，是单酚类抗氧剂中最具有代表意义的品种之一，因其具备熔点较低、无异味、相容 4 性好、不易着色、挥发性小等优点在高分子材料加工过程中使用的比较普遍。

抗氧剂 1076 是一种性能优良的酚类脂化物，是单酚类抗氧剂中具有代表性的产品之一，因为其具有熔点较低（50 ~ 55℃）、无味、与聚合物树脂有较好的相容性、高抗萃取性、高抗氧性、难着色、较小的挥发性、无污染和抗洗涤等优点，在聚苯乙烯、聚缩醛、ABS 树脂、聚酰胺聚合物和一些食品包装材料中得到比较普遍是使用。结构式如下：

$$HO-C_6H_2[C(CH_3)_3]_2-CH_2-CH_2-\overset{O}{\overset{\|}{C}}-O-C_{18}H_{37} \qquad (3-98)$$

抗氧剂 1076 合成方法如下：

（1）β-（3，5-二叔丁基-4-羟基苯基）丙酸甲酯（3，5-甲酯）的合成：通过2，6-二叔丁基苯酚和丙烯酸甲酯进行迈克尔加成反应制得。

（2）抗氧剂 1076 的合成：主要通过3，5-甲酯和十八碳醇在催化剂的作用下通过酯交换反应制得。反应式如下：

$$HO-C_6H_3[C(CH_3)_3]_2 + H_2C=\underset{H}{C}-O-\overset{O}{\overset{\|}{C}}-CH_3 \longrightarrow HO-C_6H_2[C(CH_3)_3]_2-CH_2-CH_2-\overset{O}{\overset{\|}{C}}-O-CH_3 \qquad (3-99)$$

$$HO-C_6H_2[C(CH_3)_3]_2-CH_2-CH_2-\overset{O}{\overset{\|}{C}}-O-CH_3 + HO-C_{18}H_{37} \longrightarrow \qquad (3-100)$$

$$HO-C_6H_2[C(CH_3)_3]_2-CH_2-CH_2-\overset{O}{\overset{\|}{C}}-O-C_{18}H_{37} + HO-CH_3$$

三、1076 制备及其工艺参数选择

（一）生产工艺流程

抗氧剂 1076 生产工艺流程见图 3－26、母液回收见图 3－27。

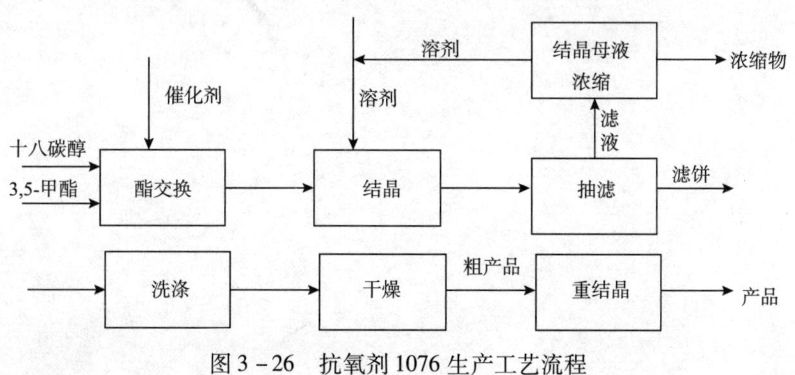

图 3－26 抗氧剂 1076 生产工艺流程

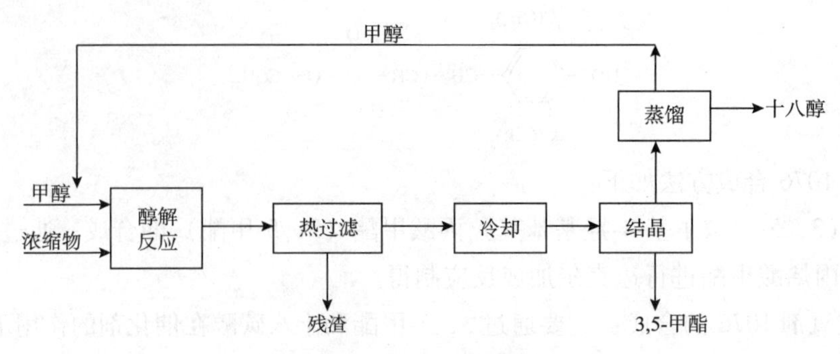

图 3－27　抗氧剂 1076 母液回收工艺流程

（二）生产工艺

1. 抗氧剂 1076 的合成及其工艺参数

向三口瓶中加入一定量的 3，5-甲酯和十八碳醇，通氮气除尽空气后，采用水泵进行减压蒸馏，当温度达到一定温度后停减压，在氮气保护下加入催化剂，停氮气，减压，升温至所需温度反应一定时间；反应结束后降温至 45℃，加入结晶溶剂，水浴恒温 45℃下溶解后，缓慢搅拌降温，最后放入冰水浴中搅拌，结晶析出，抽滤并干燥后得粗产品；重结晶与产品结晶过程类似。

2. 抗氧剂 1076 母液回收及其工艺参数

首先浓缩 1076 母液，在 85℃下常压蒸馏蒸出乙醇，升温至 130℃减压蒸馏除去母液里面的乙醇水溶液；往 75mL 高压釜里加入 1076 母液浓缩物和甲醇，在规定温度下，反应一定时间，反应压力 1.5～2.0MPa；反应结束后趁热过滤，冷却至室温，3，5-甲酯析出，抽滤、干燥得 3，5-甲酯；滤液常压蒸馏出甲醇，然后在 100℃下减压蒸馏，除尽浓缩醇解液中的甲醇即可得十八碳醇和催化剂，回收物质可以直接用于抗氧 1076 的合成过程中，从而达到重复使用的目的。

第四章　制备阻燃剂

第一节　阻燃剂简介

一、定义及应用

（一）定义及要求

塑料、橡胶、纤维都是有机化合物，均具有可燃性，极易在一定条件下燃烧；其燃烧过程是一个复杂的剧烈的氧化过程。常伴有火焰、浓烟、毒气等产生，燃烧时聚合物剧烈分解，产生挥发性的可燃物质，该物质达到一定温度和浓度时，又会着火燃烧，不断释放热量，使更多的聚合物或难于分解的物质分解，产生更多的可燃物。这种恶性循环的结果会使燃烧继续扩展，造成火灾，危及人们的生命和财产。燃烧给塑料、橡胶在建筑、航空航天、交通等工业上的使用带来了不利的影响。近年来，世界各地发生多起重大火灾，都直接或间接与材料的燃烧有关。因而材料燃烧成了它能否迅速发展的关键问题之一。据报道，美国每年约有200000人（主要是小孩和老人）由于衣服着火而受伤，其中约5000人死亡；英国每年有约20000人烧伤，其中约有600人死亡。

能够增加材料耐燃性的物质叫阻燃剂，阻燃剂是提高可燃性材料难燃性的一类助剂。它们大多是元素周期表中第Ⅴ、Ⅶ和Ⅲ族元素的化合物，如第Ⅴ族氮、磷、锑、铋的化合物，第Ⅶ族氯、溴的化合物，第Ⅲ族硼、铝的化合物，此外硅和钼的化合物也作为阻燃剂使用。其中最常用和最重要的是磷、溴、氯、锑和铝的化合物，很多有效的阻燃剂配方都含有这些元素。

不同材料，不同用途，对阻燃剂的性能要求各不相同。一个比较理想的阻燃剂应该具备下列基本条件。

（1）阻燃剂不损害高分子材料的物理机械性能。即经阻燃加工后，不降低热变形温度、机械强度和电气特性。用于合成纤维时还必须有防止熔滴的作用，对整理织物的外观影响极小。

（2）有耐候性及持久性。进行阻燃加工的塑料制品都是准备长期使用的物品，所以阻燃效果不能在制品使用中消失，对于合成纤维中阻燃剂产生的防燃效果应能耐洗涤及干洗。

（3）无毒或低毒。阻燃剂在使用过程中产生的气体可燃性低，毒性小，对纺织品用的阻燃剂要求不刺激皮肤，当织物在火焰中裂解时不产生有毒气体。

（4）价格低廉。随着阻燃剂在制品中的添加量有增多的倾向，因而廉价就显得十分重要了。当然在特殊场合即使价昂也不得不采用。

二、阻燃剂在工业中的应用

（一）阻燃剂在塑料工业中的应用

（1）在聚氯乙烯（PVC）中的应用：PVC 本身是阻燃的，但在软 PVC 制品，如墙壁纸、人造革、地板、窗纱等中，由于加入大量增塑剂而变得可燃，采用与卤素元素起协同效果的 Sb_2O_3 或 Sb_2O_5 和磷酸酯类，能够提高氧指数，但到一定比例后，效果下降。也可加入能够吸收热量并放出水分的 $Al(OH)_3$ 或 $Mg(OH)_2$ 来提高 OI，但大量 $Al(OH)_3$ 的加入会影响 PVC 的成型加工。因此采用单一阻燃剂很难将 OI 提得很高，而须采用多阻燃剂协同作用。能够用于 PVC 的阻燃剂还有氯化石蜡、TBC、硼酸锌、氧化锌、其他含磷化合物等。

（2）在聚乙烯（PE）、聚丙烯（PP）中的应用：PP、PE 自身不含阻燃元素，通过加入一定量的含卤化合物和 Sb_2O_3 及磷化物，有满意的阻燃效果；常用于 PP、PE 阻燃剂的还有 $Mg(OH)_2$、$Al(OH)_3$、四溴双酚 A、四溴乙烷、TCEP、六溴苯、TBPA、红磷、反丁烯二酸（2，3-二溴丙）酯，全氯戊环癸烷等。

（3）在玻纤增强塑料中的应用：玻纤增强塑料由增强材料-玻璃纤维和黏合剂-热固性树脂组成，常用的热固性树脂有不饱和聚酯、环氧、酚醛、呋喃四大类。其中酚醛和呋喃树脂本身是自熄的，一般不需再加阻燃剂。而普通不饱和聚酯和环氧树脂是可燃的，需加入适量阻燃剂。实验表明：加入适量的含卤化合物和 Sb_2O_3 并与 $Al(OH)_3$ 或 $Mg(OH)_2$ 配合，能得到较高的氧指数。如果再加入适量的磷酸酯如 TCEP 能进一步提高 OI。

环氧树脂在常温下黏度较高（或为固体），为便于成型应尽量不加或少加无机阻燃剂。能用于聚酯或环氧树脂的阻燃剂还有六溴苯、十溴联苯醚、FR-B、四溴双酚 A、TBPA、硼酸及盐、其他含磷化合物等。

（4）在其他塑料中的应用：丙烯腈-丁二烯-苯乙烯共聚物（ABS）由于水平燃烧速度较快，加工温度高达 210 ~260℃，一般选用热稳定性阻燃剂如芳香族溴化物、氧化锑等。

聚苯乙烯（PS）多采用含卤化合物与 Sb_2O_3 协同阻燃，加入一定量的磷化物能进一步提高阻燃性。

聚氨酯（PU）的阻燃方法与 PP 类似。采用卤素 + Sb + P 阻燃系列，能得到满意的阻燃效果。

（二）阻燃剂在橡胶工业中的应用

近年来，对工业用橡胶的阻燃性提出严格的要求，特别是采矿工业用的橡胶运带，电

力输送和控制系统中的电线电缆、输入图形、识别文字的自动记录仪压块-压敏导电橡胶等方面。各类橡胶其燃烧情况是不一样的，烃类橡胶氧指数较低，属易燃性类，而含有卤素等元素的橡胶氧指数都较高，较难于燃烧。

橡胶阻燃的主要手段是通过添加阻燃剂来实现，如常用无机阻燃剂 $Al(OH)_3$、$CaCO_3$、硼酸锌或 Sb_2O_3；$Al(OH)_3$ 赋予橡胶地毯以阻燃性同时又具有抑烟性；$CaCO_3$ 具有吸附烟雾成分的作用，在有卤素阻燃剂时具有吸收卤气的作用；硼酸锌则使橡胶地毯燃烧生成烟时使其表面铅化，从而抑制内部的燃烧，同时又有抑烟作用。

随着橡胶制品的低烟性，非卤化的要求，阻燃剂的选择与开发至关重要。目前，阻燃剂的微粒化、微胶囊化技术在发达国家中应用得相当广泛，它不仅可以很好地把阻燃剂分散到橡胶中，而且其阻燃性能也大为提高，因而开发和研究阻燃剂的微粒化，微胶囊化技术在橡胶中的应用已十分迫切。

（三）阻燃剂在纺织工业中的应用

市场对无卤素阻燃剂的需求日增，使其与传统含溴阻燃剂并驾齐驱，成为阻燃剂主流产品。英国 Avocet 染化公司新研制 CETAFLAM NH 系列阻燃剂适用于棉和涤纶。目前纺织品阻燃剂中用量最大的仍是背涂化合物，Avocet 公司的 CETAFLAM NH 即属于此类化合物，该公司同时提供 DBDO 或 HBCD 氧化锑协同阻燃剂。但后者会产生渗漏问题，在该阻燃剂中采用十溴/氧化锑粉，用于稀薄织物背面涂层，会使织物正面脱色。新研制的阻燃剂解决了上述问题，可使布面洁净无脱色。

该公司另推出 CETAFLAM CFR 系列洁净型阻燃剂，不仅可用于涂层，也适用于浸轧。但该阻燃剂不适用于无甲醛整理产品，要求无甲醛的织物可选用 CETAFLAM CFR/ZEN，该产品不含甲醛，手感柔软。此外，CETAFLAM CFR 或 CFR/ZEN 可与碳氟树脂一起使用，采用一次轧/烘/焙方法完成阻燃、防水拒油整理，整理剂本身无色透明。阻燃整理还要解决耐水洗问题和处理过程中废水污染问题。该公司新研制 CETAFLAM DBP 和 SFP 阻燃剂用于涤纶织物，有耐久阻燃功能，在常温常压或高温高压染色过程中均可应用，涤纶在染浴中就可获得阻燃功能。该公司推出 CETAFLAM WNP 是一种无卤素阻燃剂，对色泽无影响，专用于羊毛及其混纺织物。羊毛本身有阻燃性，但用于特殊场合如飞机等，仍需用阻燃剂提高其阻燃性。该整理剂有耐干洗和耐柔和水洗性，它也可用于100%尼龙和羊毛/尼龙混纺织物。

（四）阻燃剂在造纸工业中的应用

最早作为纸制品阻燃剂的是磷酸氢二铵、硫酸铵、硅酸盐和其他不溶性金属盐，现在又发展了用磷酸酯及硼化物等作为纸制品的阻燃剂。在多数情况下，人们所说的阻燃纸一般是指非耐久性阻燃的，因此用得最多的阻燃剂仍是硫酸铵和磷酸铵，它们既可单独使用，又可和硼化物协同作用。耐久性阻燃纸一般是指在水中反复浸泡或长时间处于高湿度的环境中仍具有良好阻燃性的纸制品，它们所需的阻燃剂一般价格较高，故只有在特殊情况下才使用。

造纸工业中阻燃剂的使用方法有3种：①浆内添加阻燃剂；②将半干燥状态的纸页按表面施胶的方式进行处理，然后进行干燥；③机外加工。

目前，适用于造纸工业的阻燃剂的品种还非常有限。因此，研制出高效、无毒、低廉和不影响纸制品原性能的阻燃剂将对拓宽纸制品的应用范围起到积极的促进作用。

三、阻燃剂的作用机理

（一）燃烧机理

维持燃烧的三要素是可燃物，氧，热，具备这三要素的燃烧过程，大致分为5个不同阶段。

（1）加热阶段：由外部热源产生的热量给予聚合物，使聚合物的温度逐渐升高，升温的速度取决于外界供给热量的多少，接触聚合物的体积大小，火焰温度的高低等；同时也取决于聚合物的比热容和导热系数的大小。

（2）降解阶段：聚合物被加热到一定温度，变化到一定程度后，聚合物分子中最弱的键断裂，即发生热降解，这取决于该键的键能大小（表4-1）。

表4-1 不同共价键的键能

键	键能/（kJ/mol）	键	键能/（kJ/mol）
O—O	146.7	C—H	414.8
C—N	305.9	O—H	465.1
C—Cl	339.4	C—F	431.6~515.4
C—C	347.8	C═C	611.7
C—O	360.3	O═O	750.0
N—H	389.7	C≡N	892.5

由表4-1可见：O—O键是最弱的键，极易断裂；C—F键是最强的键，不易断裂。另外，如果此阶段所发生的反应是吸热反应，则可减缓温度上升，对燃烧起一定的抑制作用；如果是放热反应，则加速燃烧。

（3）分解阶段：当温度上升达到一定程度时，除弱键断裂外，主键也断裂，即发生裂解，产生低分子物：①可燃性气体H_2、CH_4、C_2H_6、CH_2O、CH_3COCH_3、CO等；②不燃性气体CO_2，HCl，HBr等；③液态产物，聚合物部分解聚为液态产物；④固态产物，聚合物可部分焦化为焦炭，也可不完全燃烧产生烟尘粒子（可形成烟雾，危害很大）等。

聚合物不同，其分解产物的组成也不同，但大多数为可燃烃类，而且所产生的气体较多是有毒或有腐蚀性的。

（4）点燃阶段：当分解阶段所产生的可燃性气体达到一定浓度，且温度也达到其燃点或闪点，并有足够的氧或氧化剂存在时，开始出现火焰，这就是“点燃”，燃烧从此开始。

（5）燃烧阶段：燃烧释出的能和活性游离基引起的连锁反应，不断提供可燃物质，使

燃烧自动传播和扩展，火焰越来越大。

当聚合物受热分解产生的可燃性气体达到一定浓度，且温度也达到其燃点或闪点，并有足够的氧或氧化剂存在时，开始出现火焰，这就是“点燃”，燃烧从此开始。燃烧放出的能量和活性游离基引起的连锁反应，不断提供可燃物质，使燃烧自动传播和扩展，火焰越来越大。聚合物（RH）燃烧反应如下：

$$RH \xrightarrow{\triangle} R\cdot + H\cdot \tag{4-1}$$

$$H\cdot + O_2 \longrightarrow HO\cdot + O\cdot \tag{4-2}$$

$$R\cdot + O_2 \longrightarrow R_1CHO + HO\cdot \tag{4-3}$$

$$HO\cdot + RH \longrightarrow R\cdot + H_2O \tag{4-4}$$

聚合物燃烧过程可示意如下：

$$\begin{array}{ccc} & \uparrow & & & \\ CO_2 + H_2O + 热量 & \xleftarrow{O_2} & 热裂解产物 & \longleftarrow & O_2 \\ & \downarrow & & & \\ 聚合物 + 热量 & \xrightarrow{O_2} & 挥发性可燃产物 & & \end{array} \tag{4-5}$$

（二）聚合物燃烧性标准

在实际使用中，聚合物的燃烧性可用燃烧速度和氧指数来表示。燃烧速度是指试样单位时间内燃烧的长度。燃烧速度是用水平燃烧法和垂直燃烧法等来测得。氧指数是指试样像蜡烛状持续燃烧时，在氮-氧混合气流中所必需的最低氧含量。氧指数（OI）可按下式求出：

$$OI = \frac{O_2}{O_2 + N_2} 或 OI = \frac{O_2}{O_2 + N_2} \times 100\% \tag{4-6}$$

式中，O_2 为氧气流量；N_2 为氮气流量。

氧指数越高，表示燃烧越难。氧指数能很好地反映聚合物的燃烧性能，可用专门的仪器测定，也可用经验公式计算。几种塑料的燃烧速度和氧指数见表 4－2。

表 4－2　几种塑料的燃烧速度和氧指数

塑料名称	燃烧速度/（mm/min）	氧指数/%
聚乙烯	7.6～30.5	17.5
聚丙烯	17.8～40.6	17.5
聚苯乙烯	12.7～63.5	18.1
ABS	25.4～50.8	18.8
聚甲基丙烯酸甲酯	15.2～40.6	17.3
尼龙 66	缓燃	24.3
PC	自熄	26.0
聚氯乙烯	自熄	46.0
聚四氟乙烯	不燃	95.0

氧指数是评价各种材料相对燃烧性的一种表示方法。这种方法作为判断材料在空气中与火焰接触时燃烧的难易程度非常有效，并且可以用来给材料的燃烧性难易分级。这一方法的重现性较好，因此受到世界各地的重视。目前氧指数法不仅仅限于塑料（包括薄膜和泡沫塑料），在纤维、橡胶等方面都已得到广泛应用，也用于阻燃机理的研究。一般 OI≥27 的物质为阻燃物质。

（三）阻燃机理

阻燃剂的作用机理是比较复杂的，包含有各种因素，但阻燃剂的作用不外乎通过物理途径和化学途径来达到切断燃烧循环的目的。关于阻燃剂的作用机理现在还有很多地方是不清楚的，但就目前发表的论文来看，可以归纳为以下几个方面。

1. 阻燃剂分解产物的脱水作用使有机物碳化

塑料的燃烧是分解燃烧，而通常单质碳不进行产生火焰的蒸发燃烧和分解燃烧。因此，如能使塑料的热分解迅速进行，不停留在可燃性物质阶段而一直分解到碳为止，就能防止燃烧。例如，用磷酸盐或重金属盐的水溶液浸渍过的纤维素，干燥后在加热时只碳化变焦，难以引起产生火焰的燃烧。这是由于磷酸盐引起了纤维素的脱水反应，从而促进了单质碳的生成：

$$(C_6H_{10}O_5)_n \longrightarrow 6nC + 5nH_2O \quad (4-7)$$

当有机磷化合物暴露于火焰中时，会发生如下的分解反应：

$$\text{有机磷化合物} \longrightarrow \text{磷酸} \longrightarrow \text{偏磷酸} \longrightarrow \text{聚偏磷酸} \quad (4-8)$$

最终生成的聚偏磷酸是非常强的脱水剂，能促进有机化合物碳化，所产生的炭黑膜起了阻燃的作用。

2. 阻燃剂分解形成不挥发性的保护膜

阻燃剂在树脂燃烧的温度下分解，其分解产物形成不挥发性的保护膜覆盖在树脂的表面上，从而把空气隔绝达到阻燃的目的。在使用硼砂-硼酸混合物和卤化磷作为阻燃剂时就是这种情况。

具体分为以下两种情况。

（1）玻璃状薄膜：阻燃剂在燃烧温度下的分解成为不挥发、不氧化的玻璃状薄膜，材料的表面上，可隔离空气（或氧），且能使热量反射出去或具有低的导热系数，从而达到阻燃的目的。如使用卤代磷作阻燃剂就是这种情况：

$$R_4PX \xrightarrow[\triangle]{\text{受热分解}} \underset{\text{膦}}{R_3P} + \underset{\text{烷基卤化物}}{RX} \quad (4-9)$$

$$2R_3P + O_2 \longrightarrow \underset{\text{膦氧化物}}{2R_3PO} \longrightarrow \underset{\text{玻璃体}}{\text{聚磷酸盐}} \quad (4-10)$$

硼酸和水合硼酸盐都是低熔点的化合物，加热时形成玻璃状涂层，覆盖于聚合物之上。例如硼酸可用下式表示：

$$2H_3BO_3 \xrightarrow[-2H_2O]{130 \sim 200℃} 2HBO_2 \xrightarrow[-H_3O]{260 \sim 270℃} B_2O_3 \quad (4-11)$$

当温度高于325℃时，B_2O_3软化形成玻璃状物质，加热至300℃时，呈多孔性物质。

硼砂在空气中加热时，首先溶解在结晶水中，受热后膨胀成泡沫状物质，接着脱水，最后形成玻璃状溶体，黏附在聚合物之上，但不如H_3BO_3那样均匀。

FB 阻燃剂即硼酸锌$2ZnO \cdot 3B_2O_3 \cdot 3.5H_2O$，这是目前使用最广泛的硼阻燃剂。它在300℃以下稳定，受热至300℃以上，释出结晶水，吸收大量热能；释出水分，最终生成B_2O_3玻璃状薄膜，覆盖于聚合物上，起到隔热排氧的功能。

（2）隔热焦炭层：阻燃剂在燃烧温度下可使材料表面脱水炭化，形成一层多孔性隔热焦炭层，从而阻止热的传导而起阻燃作用。如经磷化物处理过的纤维素，当受热时，纤维素首先分解出磷酸，它是一种有很好脱水作用的催化剂，与纤维素作用的结果，脱去水分留下焦炭。当受强热时，磷酸聚合成聚磷酸。后者是一种更强有力的脱水催化剂。

$$(C_6H_{10}O_5)_n \longrightarrow 6nC + 5nH_2O \tag{4-12}$$

此过程可用正碳离子来说明：

$$\underset{\text{纤维素}}{\text{Cell—OH}} \xrightarrow{H^+} \underset{\text{鎓阳离子}}{\text{Cell—}O^+\!\!<^{H}_{H}} \xrightarrow{\text{重排}} \underset{\text{正碳离子}}{\text{Cell}^+} + H_2O \tag{4-13}$$

正碳离子失去H^+，恢复成常态，继续作用，最后使纤维素只留下焦炭。

有人认为，生成磷酸或聚磷酸使纤维素发生磷酰化，特别是在含氮化合物存在下更易进行，纤维素磷酰化（主要是纤维素中—CH_2OH 上发生酯化反应）后，使吡喃环易破裂，进行脱水反应。

实验中发现：生成的焦炭量在一定范围内与磷的含量呈很好的线性关系，生成的焦炭呈石墨状。焦炭层起着隔绝内部聚合物与氧的接触，使燃烧窒熄的作用。同时焦炭层导热性差，使聚合物与外界热源隔绝，减缓热分解反应。

氮阻燃元素主要以铵盐形式使用，如$(NH_4)_2HPO_4$、$NH_4H_2PO_4$、$(NH_4)_2SO_4$、NH_4Br等，受热时释放出NH_3，并形成H_2SO_4，起脱水炭化催化剂的作用。

$$(NH_4)_2SO_4 \xrightarrow{380℃} NH_4HSO_4 + NH_3\uparrow \tag{4-14}$$

$$NH_4HSO_4 \xrightarrow{513℃} H_2SO_4 + NH_3\uparrow \tag{4-15}$$

$$R—H \xrightarrow[-H_2O]{H_2SO_4} C + H_2O \tag{4-16}$$

锡元素阻燃机理主要是通过改变纤维热分解行为而达到的。糖类中羟基是金属原子的供电子体，易形成配位化合物，生成的 Sn—O—C 键有利于纤维素的脱水碳化，提高了它的阻燃作用。

卤化磷（R_4PX）受热分解生成膦（R_3P）和烷基卤化物（RX）。膦很容易被氧化生成膦氧化合物（R_3PO），再进一步分解生成聚磷酸盐玻璃体。此连续的玻璃体形成一层保护膜，覆盖在聚合物表面把氧隔绝，而发挥其阻燃效果。

3. 阻燃剂分解产物将 HO · 自由基链反应切断

塑料燃烧时分解为烃，烃在高温下进一步氧化分解产生 HO · 自由基，HO · 自由基的链反应使烃的火焰燃烧持续进行下去。在聚合物的燃烧过程中，烃的火焰燃烧是最重要的，因此如能将HO·自由基的链反应切断就能有效地防止火焰燃烧。

烃的燃烧过程是很复杂的，根据有关研究现将其反应历程简化如下：

$$RH \longrightarrow R\cdot + H\cdot \tag{4-17}$$

$$H\cdot + O_2 \longrightarrow HO\cdot + O\cdot \tag{4-18}$$

$$O\cdot + H_2 \longrightarrow HO\cdot + H\cdot \tag{4-19}$$

$$RH + HO\cdot \longrightarrow R\cdot + H_2O \tag{4-20}$$

$$R\cdot + O\cdot \longrightarrow R\cdot + HO\cdot \tag{4-21}$$

$$R\cdot + O_2 \longrightarrow R_1CHO + HO\cdot \tag{4-22}$$

$$R_1CHO + HO\cdot \longrightarrow CO + H_2O + R_1\cdot \tag{4-23}$$

$$CO + HO\cdot \longrightarrow CO_2 + H\cdot \tag{4-24}$$

HO·自由基具有很高的能量，反应速率非常快，所以燃烧的程度由HO·自由基的增长程度而定。

当有含卤阻燃剂存在时，含卤阻燃剂在高温下会分解产生卤化氢，而卤化氢能把燃烧过程中生成的高能量的HO·自由基捕获转变成低能量的X·自由基和水。同时X·自由基与烃反应再生成为HX，生成不燃性气体。如此循环下去，于是将HO·自由基的链反应切断：

$$HO\cdot + HX \longrightarrow X\cdot + H_2O \tag{4-25}$$

$$X\cdot + RH \longrightarrow HX + R\cdot \tag{4-26}$$

像这样，聚合物热分解产生的氢通过上述途径变成了水，仅留下炭黑变成了黑烟，结果使烃的火焰燃烧熄灭。

阻燃剂能在中等温度下立即分解出不燃性气体，稀释可燃性气体和冲淡燃烧区氧的浓度，阻止燃烧发生。作为这类催化剂的代表为含卤阻燃剂，有机卤素化合物受热后释出HX用下式表示：

$$\underset{\text{卤化物}}{RX} \xrightarrow[\triangle]{} R\cdot + \underset{\text{卤原子}}{X\cdot} \tag{4-27}$$

$$X\cdot + \underset{\text{聚合物}}{AH} \longrightarrow HX + A\cdot \tag{4-28}$$

HX是难燃性气体，不仅稀释空气中的氧，而且其相对密度比空气大，可替代空气形成护层，使材料的燃烧速度减缓或熄灭，HBr·与HCl的质量比为1：2.2，因而含溴阻燃剂的效能约为含溴阻燃剂效能的2.2倍。

硼系阻燃剂，如硼酸、水合硼酸盐、FB阻燃剂等，加热时脱去水分，稀释空气中的氧，抑制燃烧反应。

氮阻燃元素，主要以受热形成的H_2SO_4，起脱水炭化催化剂作用；同时释放出的氨气为难燃性气体，氨稀释空气中氧的浓度，起到阻燃作用。

4. 自由基引发、氧化锑与含卤阻燃剂的协同作用

把脂肪族含溴阻燃剂与过氧化二异丙苯等自由基引发剂并用，可以产生非常强的阻燃效果，这是由于在热的作用下过氧化物等自由基引发剂促进了 Br·自由基的产生，从而使燃烧过程中产生的 HO·自由基迅速消失的缘故。

聚苯乙烯单用含卤阻燃剂时，需要 10%～15% 的 Cl 或 4%～5% 的 Br 才能达到难燃的目的；如果和自由基引发剂并用，则仅需 4%～8% 的 Cl 或 0.5%～3% 的 Br 就可以了。

氧化锑（Sb_2O_3）作为阻燃剂单独使用时效果很差，但与卤化物并用时却有优良的效果，其主要原因是在高温下生成了卤化锑：

$$Sb_2O_3 + 6RCl \longrightarrow 2SbCl_3 + 3R_2O \tag{4-29}$$

$SbCl_3$（沸点 223℃）和 $SbBr_3$（沸点 288℃）都是沸点较高的难挥发性物质，因而能较长时间地留在燃烧区域中。卤化锑在液、固相中能促进聚合物—阻燃剂体系脱卤化氢和聚合物表面碳化，同时在气相中又能捕获 HO·自由基。所以，氧化锑与含卤阻燃剂并用是最广泛使用的阻燃配方。

5. 燃烧热的分散和可燃性物质的稀释

氢氧化铝就是具备这种功能的阻燃剂之一。它的阻燃性不强，因此添加量高达40～60份，兼作填充剂。在塑料燃烧时，氢氧化铝会发生分解，同时吸收大量的热，同时生成的水气化，亦需吸收大量的热量，从而降低聚合物体系温度，减缓和阻止燃烧：

$$2Al(OH)_3 \longrightarrow Al_2O_3 + 3H_2O - 0.3kJ \tag{4-30}$$

由于燃烧热被大量吸收，降低了聚合物的温度，从而减缓了分解蒸发和燃烧。氢氧化铝是不燃的，当以 40～60 份的量填充到聚合物中时，相当于将可燃性聚合物“稀释”，从而提高了难燃性。

另一方面在聚合物热分解产生可燃性气体的同时，如果聚合物-阻燃剂体系能分解产生 H_2O、HCl、HBr、CO_2、NH_3、N_2 等不燃性气体，就能在一定程度上将可燃性气体稀释，达到阻燃效果。阻燃剂的作用实际上是上述各种因素综合在一起的一个很复杂的过程。

6. 协同作用体系

阻燃剂的复配是利用阻燃剂之间的相互作用，从而提高阻燃效能，称为协同作用体系。常用的协同作用体系有锑—卤体系、磷—卤体系、磷—氮体系。

（1）锑—卤体系：锑常用的是 Sb_2O_3，卤化物常用的是有机卤化物。Sb_2O_3 与有机卤化物一起使用，能发挥阻燃作用，其机理认为：它与卤化物放出的卤化氢作用而生成：

$$R \cdot HCl \xrightarrow{250℃} R + HCl \tag{4-31}$$

$$Sb_2O_3 + HCl \xrightarrow{250℃} SbOCl + H_2O \tag{4-32}$$

SbOCl 热分解产生 PCl_3：

$$5SbOCl\ (s) \xrightarrow{245\sim280℃} Sb_4O_5Cl\ (s) + SbCl_3\ (g) \tag{4-33}$$

$$4Sb_4O_5Cl_2\ (g) \xrightarrow{410\sim475℃} 5Sb_2O_4Cl\ (s) + SbCl_3\ (g) \tag{4-34}$$

$$3Sb_3O_4Cl\ (s) \xrightarrow{475\sim565℃} 4Sb_2O_3\ (s) + SbCl_3\ (g) \tag{4-35}$$

$SbCl_3$是沸点不太高的挥发性气体，这种气体相对密度大，能长时间停留在燃烧区内稀释可燃性气体，隔绝空气，起到阻燃作用；其次，它能捕获燃烧性的游离基 H·、HO·、CH_3·等，起到抑制火焰作用。另外，$SbCl_3$在火焰的上空凝结成液滴式固体微粒，其壁效应散射大量热量，使燃烧速度减缓或停止，有报道$SbCl_3$可进一步还原成金属锑。它与聚合物脱 HCl 后形成的不饱和化合物反应，形成交联聚合物，提高了材料的热稳定性。

根据机理可知，氯与金属原子比以 3∶1 为宜。

（2）磷—卤体系：磷与卤素共存于阻燃体系中并存在着相互作用。例如，将磷化物和溴代多元醇用作聚氨酯泡沫的阻燃剂，研究其阻燃效能（OI 值）及焦炭生成量与磷、溴含量之间的关系发现，阻燃剂中磷几乎全部转入到焦炭中，而且溴也转入到焦炭中，两者都促使焦炭生成量的提高；还发现 300℃以下生成的焦炭中，磷原子和溴原子比例为1∶1，在 500℃下生成焦炭中，它们的比例为 1∶（2.5～3.0）。这表明磷和卤素间有着特殊的相互作用。当采用芳香族溴化物时，这种作用消失。

对磷—卤协同作用机理的研究还很不完善，磷—卤体系的相互作用不仅取决于聚合物，也取决于磷化物和卤化物的结构。例如，在聚烯烃、聚丙烯酸酯和环氧树脂中，其作用为协同作用；在聚丙烯腈中呈正向作用；在聚氨基甲酸酯中呈对抗作用。

（3）磷—氮体系：磷阻燃剂中加入含氮化合物后，常可减少磷阻燃剂用量，说明二者结合使用效果更好。例如，用磷酸和尿素将棉织物进行磷酰化，这是一种较早的棉织物阻燃处理方法，它们的结合降低了磷酸用量。

用 N-羟甲基二烷基膦丙酰胺处理儿童睡衣，用磷酸铵处理木材、纸、棉纤维，都是众所共知的过程。

关于磷—氮相互作用机理的研究还不够完善，文献中仅对纤维素物质中磷—氮相互作用提出一些观点，简介如下。

氮化物（如尿素、氰胺、胍、双氰胺、羟甲基三聚氰胺等）能促进磷酸与纤维素的磷酰化反应，其过程如下：

磷酸与含氮化合物反应形成磷酰胺。形成的磷酰胺更易与纤维素发生成酯反应，这种酯的热稳定性较磷酸酯的热稳定性好：

$$-\overset{\overset{\displaystyle O}{\|}}{\underset{|}{P}}-OH + H_2N \longrightarrow -\overset{\overset{\displaystyle O}{\|}}{\underset{|}{P}}-NH- + H_2O \tag{4-36}$$

磷—氮阻燃体系能促使酯类在较低温度下分解，形成焦炭和水，并增加焦炭残留物生成量，从而提高阻燃效能。

磷化物和氮化物在高温下形成膨胀性焦炭层，它起着隔热阻氧保护层的作用，含氮化合物起着发泡剂和焦炭增强剂的作用。

氮化物通过对磷的亲核袭击作用，使聚合物形成许多 P—N 键，P—N 键具有较大的极

性，结果使磷原子的亲电性增加（即磷原子上缺乏电子程度增加），Lewis 酸性增加，有利于进行脱水碳化的反应。

含氮基团对磷化物中 R—O—P 键发生亲核进攻后，使磷以非挥发性胺盐形式保留下来，使之具有阻止暗火的作用。

基于元素分析得知，残留物中含氮、磷、氧 3 种元素，它们在火焰温度下形成热稳定性无定形物，犹如玻璃体，作为纤维素的绝热保护层。

事实上，一种阻燃剂在进行具体阻燃作用时，往往存在多种机理的共同作用，如氢氧化铝作阻燃剂时，燃烧热的分散和可燃性物质的稀释与冷却机理等同时作用，从而使其具有有效的阻燃作用。

四、阻燃剂现状及其发展趋势

（一）阻燃剂的发展

早在公元前 83 年，Claudius 年鉴记载，在希腊港市 Pracus 的围攻中所使用的木质碉堡用矾溶液（铁和铝的硫酸复盐）处理，目的是防燃，这是阻燃技术在实践中的首次使用。1735 年，Wyld 发表了一篇英国专利，用明矾、硼砂、硫酸亚铁混合物使纤维纺织品和纸浆等阻燃，这是关于阻燃剂的第一篇专利。1820 年，盖·吕萨克受法国国王路易十八的委托，为保护巴黎剧院幕布而研制阻燃剂，他发现磷酸铵、氯化铵、硼砂等无机化合物对纤维的阻燃非常有效；他还发现上述某些化合物的混合体系可提高阻燃性，他是最早对织物阻燃进行系统研究的科学家。1913 年，染料化学家 W. H. Perkin 不仅验证了前人的工作，还提出了较耐久的织物阻燃处理技术，即将绒布先用锡酸钠浸渍，再用硫酸铵溶液处理，然后水洗、干燥，使处理过程中生成的氧化锡阻燃剂进入纤维中。20 世纪 30 年代，随着合成材料的出现与发展，火灾威胁增加，因而阻燃费剂和阻燃处理技术研究也随之发展。发现氧化锑，有机卤化物（如氯化石蜡）和树脂黏合剂混用，可使织物具有良好的耐久阻燃效果；在二次大战期间，利用此项技术制成的“四阶”帆布，用于户外。

阻燃剂是 20 世纪 50 年代后期才广泛应用的，70 年代则有了较大发展，阻燃机理研究的逐步发展，阻燃剂品种和数量的迅速增加，使阻燃剂的研究和应用大大发展，消耗量不断增加。美国是阻燃剂消费大国，占世界市场的 60%，其中 80% 用于塑料工业。1990 年美国消耗阻燃剂超过 45.36×10^4t，占塑料助剂（增强剂 L 填充剂除外）的第二位。阻燃剂中多以无机类为主；水合铝占 32.7%，磷酸盐占 19.5%，锑化物占 5%，卤化物占 14.9%。生产厂商有 70 多家。西欧阻燃剂消耗也很大，1989 年消耗 17.9×10^4t，1991 年达 22.6×10^4t，1993 年约达 25.9×10^4t，后期发展迅速，2015 年全球塑料阻燃剂产销量超过 250×10^4t。其阻燃剂产品中，水合氧化铝用最大，占阻燃剂总量的 50%。日本阻燃剂用量占世界第三位，年消费量约 $(11\sim12)\times10^4$t，主要产品有四大类：无机类约占 60%，溴系阻燃剂占 19%，磷系约占 9.5%，氯系约占 4.7%。由于对阻燃要求越来越强烈，所以对新产品的开发越来越活跃，已由单一型阻燃剂向复合形态发展，由单功能向多功能

（即阻燃又可增塑、防老化作用等）发展，一些低廉、无毒、高效的新型阻燃剂不断问世。

国内阻燃剂的研制、生产和应用始于20世纪60年代，由于起步迟、发展慢、品种少而产量低。品种有3大类，即无机阻燃剂、卤素阻燃剂、磷系阻燃剂，约45种。近年来我国阻燃剂工业发展较快。1993年阻燃剂产量约为10×10^4t，1995年约为11×10^4t，进入到21世纪以后，由于国内房地产建设等加速，其生产和消费激增，2010年总需求量将约为30×10^4t，2013年中国阻燃剂消费量达44×10^4t。主要品种有氯系的氯化石蜡70、50及45；磷系的三苯基磷酸酯、三甲苯基磷酸酯、三（β-氯乙基）磷酸酯；溴系的四溴双酚A、十溴二苯醚、四溴双酚A（二溴丙基）醚、双（二溴丙基）反丁烯二酸酯、六溴环十二烷、三（二溴丙基）异氰酸酯、五溴甲苯等；此外还有三氯化锑、氧化锑、氢氧化铝、氢氧化镁、硼酸锌、红磷等。随着国内人们环保意识的不断提高，阻燃剂产品结构也不断向环保产品方向转移。

（二）阻燃剂现状

近年来，全球阻燃剂市场一直呈增长趋势。

2013年全球生产和消费塑料阻燃剂超过200×10^4t。北美和西欧阻燃剂消费量各占全球阻燃剂消费总量的20%以上，我国占全球消费总量的近15%，其他亚洲国家占全球消费总量的近25%，其他国家和地区占全球消费总量的近20%。

我国与欧美国家阻燃剂的消费结构相差很大。北美三水合氧化铝（ATH）占阻燃剂总消费量的55%，溴化物占总消费量的15%，非卤化有机磷化合物占总消费量的近10%，卤化有机磷化合物占总消费量的近6%，其他阻燃剂占总消费量的14%。西欧ATH占阻燃剂总消费量的50%以上，溴化物和氯化物阻燃剂各占总消费量的8%，非卤化有机磷化合物占总消费量的10%以下，卤化有机磷化合物占总消费量超过10%，其他阻燃剂占总消费量的15%。我国溴化物阻燃剂占阻燃剂消费总量的37%，氯化物阻燃剂占总消费量的20%，有机磷化合物占总消费量的6%，三氧化锑占总消费量的近20%，ATH占阻燃剂总消费量的5%以下，其他阻燃剂占总消费量的20%。

卤系（溴系、氯系）阻燃剂含大量卤素，燃烧时产生有腐蚀性和毒性的卤化氢，但溴系阻燃剂与其他阻燃剂相比其阻燃性、加工性、物性等综合性能优良，其价格也适中，现在仍是我国大量使用的阻燃剂。欧美国家卤系（溴系、氯系）阻燃剂的消费比例明显低于我国。

ATH的最大的用户是聚丙烯酸酯，其次是不饱和聚酯，特别是玻纤增强聚酯，另外聚烯烃和PVC制品也使用大量的三水合氧化铝。由于环保要求，应降低阻燃剂毒性，使用无卤阻燃剂，未来几年我国消费量增长最快的将是三水合氧化铝，将以年均9%～11%的速度增长。

磷系阻燃剂的特点是具有阻燃和增塑双重功能，它可使阻燃剂实现无卤化，增塑功能可使塑料成型时增强流动性便于加工，可抑制燃烧后的残余物，产生的毒性气体和腐蚀性气体比卤系阻燃剂少；此外它与树脂的相容性好可保持树脂的透明性。磷系阻燃剂已向高

功能化和高附加值发展，未来几年我国磷系阻燃剂消费量将会以年均8.2%～9.5%的速度增长。

北美生产阻燃剂的主要企业有20家，其中产品种类较多的有雅宝公司、科聚亚公司和ICL公司；西欧生产阻燃剂的主要企业有12家，其中产品种类齐全的是ICL公司；我国生产阻燃剂的主要企业有29家，其中产品种类齐全的是合肥中科阻燃新材料有限公司和济南博盈阻燃材料有限公司。

2002年全球阻燃剂的总需求量约为120×10^4t，消费市场主要集中在美国、欧洲、日本及其他亚太地区，其中美国需求量约为55×10^4t，欧洲为35×10^4t，日本及其他亚太地区各15×10^4t。未来几年全球市场阻燃剂需求将以年均4.8%的速度增长。溴化合物、磷化合物、锑化物以及锰化合物等高价值特种阻燃剂将继续占据更大的市场份额，而铝化合物需求增速会放缓，氯阻燃剂增速最小。2009年发展中国家需求量约为81×10^4t，从而超过北美成为全球最大阻燃剂消费市场。2017年全球阻燃剂的需求大约为285×10^4t，其中北美、西欧地区大约148×10^4t，中国地区大约44×10^4t，除中国之外的其他亚洲地区大约76×10^4t，剩余地区大约在17×10^4t。2017年磷系阻燃剂全球的需求大约占阻燃剂总量的19%（约54×10^4t），其中北美地区大约10×10^4t，西欧地区大约17×10^4t，其他地区大约合计27×10^4t。根据预测，阻燃剂市场发展稳定，每年将以5%的增速增长，并且世界阻燃剂的消费重心正逐步向亚洲地区转移。

各国政府为了消防安全，鼓励在建筑、电气和电子产品中使用阻燃材料，这将促使阻燃剂市场迎来不错的前景。市场研究机构Grand View Research发布的最新报告称，到2021年无卤阻燃剂需求将超过50亿美元，到2025年全球阻燃剂需求将超过400×10^4t/a。

与国际市场相比较，国内阻燃剂市场规模偏小。以塑料制品为例，据中国阻燃学会统计，美国阻燃塑料制品占塑料总量约40%，而2008年在中国仍不到2%。但随着我国经济发展和合成材料的广泛应用，对阻燃剂的需求呈现快速增长的态势。根据统计，近几年来我国阻燃剂用量年均增长率达15%左右，2009年间我国阻燃剂年用量约为$(18\sim22)\times10^4$t。2012年我国塑料制品产量为5781.80×10^4t，综合考虑阻燃塑料占塑料制品的比例以及塑料中阻燃剂的平均添加比例等因素估计，2012年国内阻燃剂行业潜在市场规模在29×10^4t左右。

我国阻燃剂市场活跃，前景乐观，主要表现在以下几个方面。

（1）产销同步增长：近几年，我国阻燃剂的生产和消费形势持续健康发展，1999—2005年年均消费增长率可达15%左右，远高于全球平均水平。如果不考虑主要作为阻燃增塑剂的氯化石蜡及除阻燃之外，还有其他多种用途的金属氢氧化物，也不考虑主要销往国际市场的锑及锑化合物，我国阻燃剂2004年消费18.4×10^4，2005年达到20.4×10^4t。虽然我国阻燃剂总产量增长较快，但仍不能满足国内需求。在大量进口的同时，我国阻燃剂还有少量出口（不包括锑系），进口主要是从美国、以色列等购买有机溴系及卤一磷系阻燃剂。2017年达到44.0×10^4t。

（2）市场容量不断扩大：近年来，我国塑料制品产量年均增长率为10%，而且发展势头不减。考虑到新世纪我国塑料工业会有重大的结构调整，未来新技术产业用塑料将会增加，而且将对塑料提出更严格的阻燃要求，所以阻燃塑料在塑料中所占的比例将有所增长，我国阻燃剂市场蕴藏着巨大的潜力。预计未来5年内，我国阻燃剂消费量年均增长率可达到12%，2010年总需求量将约为30×10^4t。2013年中国阻燃剂消费量44×10^4t，消费结构为塑料约占80%，橡胶约占10%，纺织品约占5%，涂料约占3%，纸张、木材及其他约占2%。

目前，我国阻燃剂工业已经初具规模。国外的一些知名阻燃剂企业（如美国的雅宝公司和大湖公司，以色列的死海溴化物公司，日本的大八公司等）都有意向在我国寻求合作伙伴，并与我国的一些阻燃剂厂家有过接触，我国的阻燃剂行业将面临更多的机遇和挑战。

（3）产品主要为溴、磷系列：目前我国生产的有机溴系阻燃剂主要有十溴二苯醚（DBDPO）、十溴二苯基乙烷（DBDPE）、四溴双酚A（TBBPA）、六溴环十二烷（HBCD）、四溴双酚A双（2，3-二溴丙基）醚（八溴醚）等；有机卤-磷系阻燃剂主要有三（2-氯乙基）磷酸酯（TCEP）、三（一氯丙基）磷酸酯（TCPP）、三（二氯丙基）磷酸酯（TDCPP）、2，2-二（氯甲基）-1，3-亚丙基四（2-氯乙基）双磷酸酯（V_6）、反应型复配阻燃剂780等；主要有机磷系阻燃剂有三芳基磷酸酯、三烷基磷酸酯、三芳基-烷基磷酸酯及磷酸-膦酸酯等；主要氮系阻燃剂有三聚氰胺三聚氰酸盐（MCA）及三聚氰胺磷酸盐等；主要磷系及磷-氮系阻燃剂有聚磷酸铵、红磷母粒、多种三聚氰胺衍生物及膨胀型阻燃剂等。

（4）研究与应用活跃：近年来，为适应环保要求，我国无机阻燃剂的生产蓬勃发展，特别是经表面处理和超细化的氢氧化铝及氢氧化镁新品种不断涌现，纳米级氢氧化铝和氢氧化镁也已经研制成功。

近年我国阻燃剂的研发工作十分活跃，且卓有成效。据悉，一些国外刚刚投入生产的新型阻燃剂已在我国实验室诞生，但研究成果的产业化工作有待加强。

我国目前使用的阻燃剂绝大多数应用于塑料产业，对于热塑性塑料大多数采用溴/锑阻燃体系，其中使用量最大的是十溴二苯醚（近年国内开始推广应用十溴二苯基乙烷）；其次是四溴双酚A、六溴环十二烷及八溴醚。工程塑料中使用部分溴代环氧齐聚物，还有磷系、磷-氮系及氮系产品（如聚磷酸铵、红磷母粒、三聚氰胺三聚氰酸盐、三聚氰胺磷酸盐等），但有些配方尚待改进，加工工艺需要提高。热固性塑料中的聚氨酯泡沫塑料是国内阻燃剂的最大用户之一，此类塑料大多以各种含卤素磷酸酯（有些配方加有三聚氰胺）阻燃。初步估计，我国全部无机阻燃剂（包括抑烟剂）在阻燃剂市场中所占比例仅为20%左右。

（三）各类阻燃剂发展趋势

1. 溴系阻燃剂

溴系阻燃剂仍然是最重要的有机阻燃剂，销售额居各类阻燃剂之首；销售量仅次于氢氧化铝；性价比远优于其他阻燃剂。1998 年美国、欧洲及日本的溴系阻燃剂消耗量分别为 7.0×10^4t、5.2×10^4t 及 4.8×10^4t，在本国阻燃剂总耗量中的比例分别为 13%、16% 及 33%。

自 1986 年出现 Dioxin 问题以来，溴系阻燃剂即面临巨大的环保压力，有关卤系阻燃剂的争论一直未曾停止。尽管目前人们对某些溴系阻燃剂（特别是多溴二苯醚）的应用前景及危害程度尚未完全取得共识，并正在等待 5 种溴系阻燃剂（十溴二苯醚、八溴二苯醚、五溴二苯醚、六溴环十二烷及四溴双酚 A）的全面危险性评估结果。但据业内人士估计，在全球很多地区，大多数溴系阻燃剂在今后一段时间内仍会广泛应用，且近期用量可能还会有所增长。

出于对人类健康和环境保护的考虑，根据现在已经取得的一些实验结果，人们对溴系阻燃剂将持更加审慎的态度。欧洲禁用多溴二苯醚的呼声时有所闻，且有上涨之势。如欧盟于 2001 年 5 月 29 日出版的官方刊物称，欧洲委员会已于 2001 年提出了禁用五溴二苯醚的建议。总的看来，欧洲议会似乎支持更广泛地禁用多溴二苯醚类阻燃剂，考虑将禁用范围由五溴二苯醚扩大至八溴二苯醚甚至十溴二苯醚。

由于溴系阻燃剂在阻燃领域内的显著地位和历史背景，再加上寻找溴系阻燃剂代用品的困难，迄今为止尚无任何国家已正式施行禁用溴系阻燃剂的法令或法规，不过已有一些国家拒绝进口含 DBDPO 的阻燃塑料制品，拒发某些溴阻燃剂的生产许可证。

顺应环保发展的要求是所有塑料助剂开发和应用商必须永远遵循的原则，所以国外一直在调整溴系阻燃剂的产品结构，并主要在下述两个方面投入力量。

（1）开发十溴二苯醚的代用品：DBDPO 长期被人们视为阻燃剂的骄子，但前途未卜，开发性价比可与 DBDPO 媲美，但无 Dioxin 问题之虞的溴系阻燃剂一直是阻燃领域的热点。国外已生产的这类代用品主要有十溴二苯基乙烷（DBPE）及溴代三甲基苯基氢化茚（BT-MPI）。这两种阻燃剂虽然都属于芳香族溴系，但其分子结构不同于 DBDPO，所以燃烧及热裂解时不产生多溴二苯并二噁烷及多溴二苯并呋喃，对环境较友好。DBPE 的溴含量及阻燃性可与 DBDPO 匹敌，且耐热性、低渗出性及耐光性更胜一筹，其价格也仅比 DBDPO 高 30% ~40%。目前 DBPE 已在多种塑料中应用，效果良好。BTMPI 溴含量（73%）略低于 DBDPO，其热稳定性甚佳（质量损失 5% 时的温度为 325℃），已用于阻燃多种塑料（如 PBT、PA、HIPS、ABS 等），且可改善材料的抗冲强度和熔流性能。BTMPI 与较低熔点的工程塑料可共混熔。

（2）开发具有独特性能的改性卤系阻燃剂：在高新技术领域，人们不仅要求阻燃材料具有满意的阻燃性能、物理机械性能和电气性能，而且要具有良好的流动性（以利于制造薄壁元器件）、低渗出性、光稳定性、与玻纤及其他填料的高相容性，阻燃材料的易回收性、尺寸稳定性及低雾性等，目前能满足上述要求的仍是高效的溴系阻燃剂。因此，开发具有独特性能、对环境尚可兼容的溴系阻燃剂仍是人们热衷的研究方向。

美国Nova化学公司开发了一种牌号为Zyntan7050的改性卤系阻燃剂，用其阻燃HIPS时，可赋予阻燃材料以极高的流动性（其熔流指数为以前“高流动性”阻燃HIPS的两倍），用于模塑大型部件及薄壁元器件受到用户欢迎。美国大湖公司最新上市了一种牌号为Bloomguard VO的溴系阻燃剂，将它用于丙烯均聚物及共聚物时基本不渗出，且热稳定性极佳，大大优于现有的常规溴系阻燃剂。此外，Ciba公司还开发了对溴阻燃剂具有协效作用的阻燃光稳定剂。上述各改性卤系阻燃剂因为能满足阻燃材料对某一特殊性能的要求，在市场上占有一席之地，即使在阻燃无卤化呼声日高的今天，仍不失为开发的对象。

2. 无卤阻燃剂

无卤、低烟、低毒的环保型阻燃剂一直是人们追求的目标，近年来全球一些阻燃剂及阻燃材料生产和供应商对阻燃无卤化表现出较高热情，对无卤阻燃剂及阻燃材料的开发也投入了很大的力量，取得了明显成果。例如，在阻燃PP中，2001年无卤阻燃的比重已达到24%。据最新报道，美国通用电气（GE）塑料公司新近在国际市场上供应3种高性能的、符合生态要求的无卤阻燃塑料，即无卤阻燃PC、无卤阻燃PC/ABS及无卤阻燃改性PPO。这些阻燃塑料及塑料共混体都是GE以前生产的，但这次销售的是该公司新开发的这3个系列的新产品。据称，采用这类新阻燃塑料制成的元器件或部件不仅能达到日益严格的阻燃标准，而且也符合当今全球的生态要求。例如，新的无卤阻燃PC/ABS共混体与GE公司原有的同类阻燃产品相比，在材料高流动性及高抗冲性能间达到了极佳的平衡，在不增加材料成本的前提下，实现了环境对材料的生态要求。由于新阻燃PC/ABS的流动性和韧性得以提高，用其制成的薄壁元器件可减少材料用量，且无损于产品的强度、耐用性及其他使用性能。采用这种PC/ABS的优点还包括：改善最终产品连续使用的性能、缩短制造产品的循环周期及减少制造产品所需模具数量等。总之，这种新型无卤阻燃PC/ABS有助于制造商的产品在国际市场上具有更强的竞争力。

美国RTP公司近年启动了一条无卤阻燃PA66（UL94V-0级，1.6mm）的新生产线，这种阻燃PA具有低烟、低腐蚀的特点，可保护敏感的电子元器件和线路。在很多情况下，这类阻燃PA的密度都低于相应的溴系或氯系阻燃PA，因而单位体积的价格较低，并能减轻部件的质量。美国Latis公司也在销售一种无卤阻燃PA66，商品名为Latimid G/50-VOKB 1，它含50%的玻纤，阻燃性为UL94V-0级，CTI（漏电径迹指数）值550V，屈服抗拉强度210MPa，抗弯模量14GPa，断裂伸长率1.5%。

对用于电子-电气工业的PC，硅阻燃剂很为人青睐。由于硅聚合物可通过类似于互穿聚合物网络（1PN）部分交联机理而结合入基材聚合物结构中，所以用其阻燃的塑料抗冲强度高、渗透性低、阻燃性良好，且不增加对环境的危害。日本NEC公司与Sumitomo Dow公司联合开发的聚硅氧烷阻燃PC是最新的无卤阻燃树脂之一。这类硅系阻燃PC的性能可与传统溴系阻燃产品媲美，而价格并不高，且其加工性能也较好。特别值得指出的

是，硅阻燃PC的抗冲强度几乎为溴阻燃PC的4倍，与未阻燃PC相近。由于有机硅阻燃剂能在PC树脂中完全均匀分散，所以百分之几的用量即可赋予PC UL94V-0级阻燃效果。当阻燃PC被引燃时，硅阻燃剂迁移至PC表面，形成保护层，使下层PC不致继续燃烧。另外，硅阻燃PC经数次回收后其阻燃性不变，抗冲强度只下降16%，悬臂梁式带缺口抗冲强度仍达372J/m。

据分析，国外无卤塑料采用的阻燃剂主要是磷氮系的膨胀型成炭阻燃剂和无机水合物，前者有Clariant公司的Exolit AP和Exolit RP系列、DSM公司的Melapur系列、大湖公司的Reogard 1000等，后者多为经表面处理的氧氧化铝或氢氧化镁。

（四）我国阻燃剂工业的发展趋势

我国的阻燃剂工业仍处于比较低级的阶段，目前只大体相当于美国20世纪70年代的水平，生产和检测技术落后，生产规模过小，品种配套性差，质量也与国外产品存在差距，即使一些常用的阻燃剂还部分依赖进口。在21世纪，我国塑料工业将会有重大的结构调整，将对一些高新技术产业使用的塑料提出更严格的阻燃要求，阻燃剂市场蕴藏着巨大的潜力，但竞争局面加剧，要想在入世后保持一定的竞争能力与市场份额，的确任重而道远。

（1）提高现行阻燃剂的产品质量：不少阻燃剂（包括芳香族及脂环族溴系、卤代磷酸酯、无机水合物等）在我国已生产和使用多年，或已研制多年，但其产品质量仍然与国外同类产品存在差距，如质量指标较低或不稳定，阻燃效果波动等。但无论生产商或用户，对其中的原因一直知之甚少，以致对有些重要阻燃材料，用户宁可以较高的价格使用进口产品，也不敢使用国产产品。这一问题必须引起我国阻燃界的高度重视，并下决心和花力量找出原因。这不仅是改善某一产品质量的问题，而是关系到提高我国整个阻燃剂的生产技术水平，增强竞争力，扩大国内外市场份额的重大举措。

（2）开发新产品，调整产品结构：尽管我国现在生产的一些溴系阻燃剂（包括十溴二苯醚）估计还会在我国及其他国家继续使用相当长一段时间，且即使2006年完成的评估结果确证了溴系阻燃剂对环境和人类健康的危害，也只会根据具体的危害程度，逐步限制和禁用某些溴系阻燃剂。但值得我们特别注意的是，当初被进行危险性评估的5种溴系阻燃剂中就有3种是我国目前生产和使用的主要阻燃剂，而环保可是任何一个生产厂家必须认真对待的问题，所以适时开发新产品，未雨绸缪和有所准备是必需的。

具体对策包括：首先是开发具有自主知识产权且在性能、价格及环保方面都可为用户承受的十溴二苯醚的代用品（包括低毒溴系及无卤系）及其他具有独特性能的改性聚合型卤系阻燃剂（如低渗出、与玻纤相容等），其次是开发可用于聚烯烃及一些含氧工程塑料（如PC、PA、PBT及它们的合金等，特别是用于电子-电气工业的这类塑料）的无卤膨胀型成炭阻燃剂。在开发无卤阻燃剂时，重点不宜放在合成新的单组分阻燃剂，而宜利用现有组分进行复配改性，复配改性是一个较易取得成效和实际可行的广阔领域，在现阶段的我国，开发无卤阻燃剂尤为重要。

（3）重视表面处理技术的研究：合理的表面处理对改善某些阻燃剂［特别是无机水合物中的氢氧化铝（ATH）及氢氧化镁（MH）］的使用性能极为重要，甚至不可缺少。我国阻燃界对这一技术研究已有多年，但还欠成熟，以致多年来生产的一些无机水合物不能达到用户的要求，用它们阻燃的电线、电缆料或其他材料，产品的性能指标不及用国外同类水合物阻燃材料，以致有些用户长期采用进口的经表面处理的 ATH 及 MH。实际上，无机水合物是无毒、低烟且价廉的阻燃剂，全球 ATH 的用量达阻燃剂总用量的 40% ~ 45%，而 MH 的耐热性、抑烟性及阻燃性均优于 ATH，且能满足工程塑料加工工艺的要求，国外近年发展很快，以美国为例，10 年前还很少采用 MH 做阻燃剂，但 1998 年的用量达到了 3000t，2003 年达 4000t，即年平均增长率达 6%，高于阻燃剂总用量的年平均增长率（4%），2015 年，欧美 ATH 的用量达阻燃剂总用量的 50% 以上，且年均增长率为 9% ~11%。表面处理技术的进展不仅有助于我国无机水合物阻燃剂使用性能的改善和市场的扩大，而且也有助于解决目前聚烯烃无卤阻燃剂水溶性偏高的问题。

（4）加强行业协作，发挥规模效应：在开发和试产新阻燃剂时，宜加强行业协作，不要一拥而起，造成低水平重复建设和小规模生产。在国际化工企业通过并购、合作和跨国化以增强竞争力的今天，缺乏规模效益是很难与国外同行争雄的。尽管这一点在我国阻燃剂生产行业较难实现，但应作为努力的目标。例如可以首先组建行业协会，加强行业管理，建立良好的市场秩序，以利各企业协调顺利发展。

（5）开展应用研究，为用户全方位服务：阻燃剂发展到今天，生产厂家不能满足于单纯为用户提供产品，而是应指导用户正确而有效地使用产品，为用户设计产品，加强售后技术服务，这样才能牢固掌握已有的市场份额，不断开拓新的用户。我国阻燃剂生产厂家的应用研究几乎为零，与国外同行根本不可同日而语，应加速改变这种局面。

（6）推进阻燃法规和标准的建设：阻燃是要付出代价的，如果没有国家明令的强制性法规，人们会在应当阻燃的场所不阻燃。阻燃剂市场在很大程度上是由法规提供的，法规是阻燃剂市场的巨大推动力，没有法规，就不会有阻燃剂和阻燃材料工业的持久繁荣和旺盛的生命力。

第二节　阻燃剂主要品种及其应用

一、分类

（一）按化合物的种类

分类分为无机化合物、有机化合物两大类。阻燃剂主要是含磷、卤素、硼、锑、铅、钼等元素的有机物和无机物。

无机化合物主要包括有：氧化梯、水和氧化培，氢氧化镁，硼化合物，有机化合物主要包括有机卤化物（约占 31%），有机磷化物（约 22%）。

（二）按使用方法分类

根据其使用方法，阻燃剂一般可分为添加型和反应型两类。

添加型阻燃剂是在聚合物加工过程中，加入具有阻燃作用的液体或固体的阻燃剂。多用于热固性树脂。有些反应型阻燃剂，也可在塑料加工过程中添加。常用于热塑性塑料，在合成纤维纺丝时添加到纺丝液中，其优点是使用方便，适应面广，但对塑料、橡胶及合成纤维性能影响较大。添加型阻燃剂主要包括有机卤化物卤代烃等，磷化物磷酸酯等，和无机化合物氧化锑等。

反应型阻燃剂是在聚合物制备过程中作为单体之一，通过化学反应使它们成为聚合物分子链的一部分，并键合到聚合物的分子链上。它对聚合物使用性能影响小，阻燃性持久。反应型阻燃剂主要包括卤代酰酐和含磷多元醇，乙烯基衍生物，含环氧基化合物等。

反应型阻燃剂与树脂起一定的化学反应，即阻燃剂与树脂之间有键的结合，因此反应型阻燃剂在树脂中比较稳定，它对火焰的抑制作用通常比添加型的持久，对材料的性能影响较小，但操作和加工工艺较为复杂。而添加型阻燃剂只是与树脂物理混合，没有化学反应，使用量较大，操作也比较方便，因此成为一种广泛采用的阻燃剂体系。

添加型阻燃剂与聚合物仅仅是单纯的物理混合，所以添加阻燃剂后，虽然改善了聚合物的燃烧性，但也往往影响到聚合物的物理机械性能，因此使用时需要细致地进行配方工作。添加型阻燃剂主要包括磷酸酯及其他磷化物、有机卤化物和无机化合物。

反应型阻燃剂的优点在于：它对塑料的物理机械性能和电绝缘性能等影响较小，且阻燃性持久。但一般其价格较高。和添加型阻燃剂相比，反应型阻燃剂的种类较少，应用面也较窄，多用于热固性塑料，所适用的塑料仅限于聚氨基甲酸酯、环氧树脂、聚酯和聚碳酸酯等几类。反应型阻燃剂主要包括卤代酸酐、含磷多元醇以及其他阻燃单体等。

（三）按化学结构的种类

按照化学结构，阻燃剂又可分为无机阻燃剂和有机阻燃剂两类。无机阻燃剂包括铝、锑、锌、钼等金属氧化物、磷酸盐、硼酸盐、硫酸盐等；有机阻燃剂中包括含卤脂肪烃和芳香烃、有机磷化合物、卤化有机磷化合物等。

阻燃剂按照起阻燃作用的主要元素还可分为卤素系阻燃剂、磷系阻燃剂以及铝、锑、硼、钼等金属氧化物阻燃剂；也可按大的类别分为溴系、磷系、氯系和铝基、硼基、锑基阻燃剂等。具体分类见图 4－1。

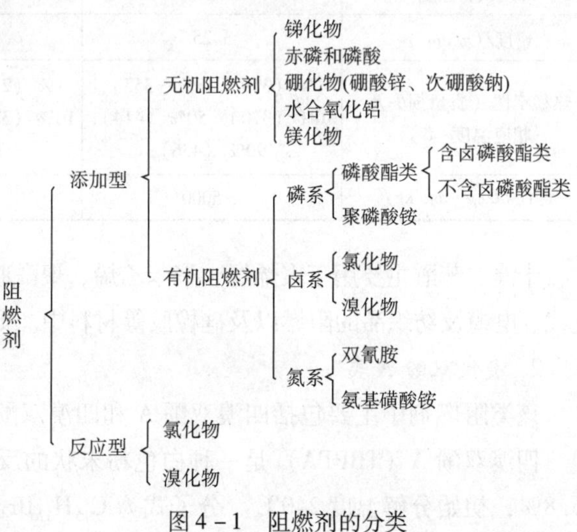

图 4－1　阻燃剂的分类

二、主要品种与应用

（一）溴系阻燃剂

溴系阻燃剂是卤素阻燃剂中最重要和最有效的一种，是目前世界上产量最大的有机阻燃剂之一。在阻燃剂中，溴系阻燃剂的增长率达10%，占全球阻燃剂市场的45%。长期以来，由于溴系阻燃剂具有阻燃效果好、添加量少、相容性好、热稳定性能优异、对阻燃制品性能影响小、具有价格优势等优点，一直很受市场欢迎，并已逐渐发展成为具有独特性能和应用领域的系列产品。

1. 多溴二苯醚类

工业上生产的三种多溴二苯醚，即十溴二苯醚（DBOPO）、八溴二苯醚（ODPO）及五溴二苯醚（PBDPO），它们均为添加型阻燃剂。只有十溴二苯醚是单一化合物，其他两者都是混合物。三者的分子式分别为$C_{12}OBr_{10}$、$C_{12}H_2OBr_8$及$C_{12}H_5OBr_5$。结构式为：

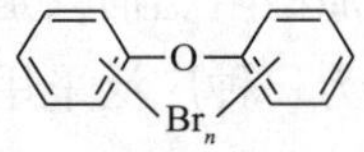

O Br$_n$ （n=10，8，5）　　(4-37)

十溴二苯醚又称FR-10，是一种添加型阻燃剂，其相对分子质量为959，白色或浅黄色粉末，几乎不溶于所有溶剂，热稳定性好，本产品为无毒，无污染，是目前使用最广泛、产量最大的溴系阻燃剂之一。八溴二苯醚也具有良好的热稳定性，可熔融加工。五溴二苯醚是一种黏稠液体，可与多种热固性及热塑性树脂混溶。多溴代二苯醚的性能见表4-3。

表4-3　溴代二苯醚的主要性能

性　能	十溴二苯醚	八溴二苯醚	五溴二苯醚
外观	白色粉末	灰白色粉末	黏稠液体
熔点/℃	304	79~87，130~155	黏度（50℃）2.0Pa·s
理论溴含量,%	83.31	79.77	70.75
密度/(g/cm^3)	3.25	2.63	2.27
热稳定性（质量损失及相应温度/℃）	1%（319），5%（353），10%（370），50%（414），90%（436）	1%（270），5%（310），10%（330），50%（382），90%（407）	5%（235），10%（285），50%（350）
毒性 LD_{50}/(mg/kg)	>5000	>5000	5000

十溴二苯醚主要用于聚烯烃、聚苯乙烯、聚酰胺、热固性聚酯和热塑性聚酯，也可用于电线、电缆及纺织品的阻燃以及硅橡胶等材料中。如与三氧化二锑并用，其阻燃效果更好。

2. 溴代双酚A类

该类阻燃剂中主要包括四溴双酚A和四溴双酚A醚。

四溴双酚A（TBBPA）是一种白色粉末状的反应型阻燃剂，熔点181~182℃，溴含量55.8%，初始分解温度240℃。分子式为$C_{15}H_{12}Br_4O_2$，结构式为：

$$\text{TBBPA structure: HO-C}_6\text{H}_2\text{Br}_2\text{-C(CH}_3)_2\text{-C}_6\text{H}_2\text{Br}_2\text{-OH} \tag{4-38}$$

TBBPA 主要用作环氧树脂、酚醛树脂和聚碳酸酯的反应型阻燃剂，也可作为 ABS、抗冲击聚苯乙烯和酚醛树脂等的添加型阻燃剂。

四溴双酚 A 醚类阻燃剂中主要包括四溴双酚 A 双（烯丙基）醚（四溴醚）、四溴双酚 A 双（羟乙基）醚（EOTBBA）、四溴双酚 A 双（2，3-二溴丙基）醚（八溴醚）、四溴双酚 A（丙烯酰氧乙基）醚。它们的结构式分别为：

$$\text{RO-C}_6\text{H}_2\text{Br}_2\text{-C(CH}_3)_2\text{-C}_6\text{H}_2\text{Br}_2\text{-OR} \tag{4-39}$$

R为 $-CH_2CH=CH_2$　　四溴醚

R为 $-CH_2CH_2OH$　　四溴双酚A双（羟乙基）醚

R为 $-CH_2CHBrCH_2Br$　　八溴醚

R为 $-CH_2CH_2OCCH=CH_2$　　四溴双酚A双（丙烯酰氧乙基）醚

四者的分子式分别为 $C_{21}H_{20}O_2Br_4$、$C_{19}H_{20}O_4Br_4$、$C_{21}H_{20}O_2Br_8$、$C_{25}H_{24}O_6Br_4$。这 4 种溴醚的性能、特点及应用范围见表 4－4。

表 4－4　四溴双酚 A 醚的性能、特点及应用范围

性能	四溴双酚 A 双（烯丙基）醚	四溴双酚 A 双（羟乙基）醚	四溴双酚 A 双（2，3-二溴丙基）醚	四溴双酚 A 双（丙烯酰氧乙基）醚
类别	反应型	反应型	添加型	反应型
外观	白色粉末	白色粉末	灰白色粉末	白色粉末
熔点/℃	115～120	113～119	90～100	115～120
理论溴含量/%	51.22	50.57	67.74	43.19
溶解度（25℃）/（g/100g）	47（二氯甲烷），42（甲苯），33（苯乙烯），12（甲乙酮），0.1（水及甲醇）	48（二氯甲烷），22（三乙二醇），80（甲乙酮），62（甲醇），17（乙酸乙酯），0.1（水）	50（二氯甲烷），24（甲苯），10（丙酮），7（甲乙酮），0.1（水及甲醇）	0.2（甲苯），<0.1（水、甲醇、二氯甲烷、甲乙酮）
热稳定性（质量损失温度/℃）	5%（230℃）	5%（322℃）	5%（302℃）	5%（329℃）
毒性	相当低	很低	低	—
特点	极佳的抗紫外线性能	热稳定性极优，不起霜	热稳定性极佳，加热时可熔化	热稳定性极优，抗紫外线性能及电气性能良好
应用范围	用于 EPS 和 PS（泡沫塑料），用作六溴环十二烷协效剂	用于 PBT、PET，用作 PU 的反应型阻燃剂	用于 PE、PP、聚丁烯和很多聚烯烃共聚物	用于化学、辐射及紫外线固化的高聚物，与十溴二苯醚并用，以提高阻燃剂交联性能

3. 溴代邻苯二甲酸酐类

该类产品为反应型阻燃剂，主要产品有四溴邻苯二甲酸酐和1，2-双（四溴邻苯二甲酰亚胺）乙烷等。

四溴邻苯二甲酸酐（TBPA）的分子式为 $C_8O_3Br_4$，结构式为：

(4-40)

TBPA 为白色粉末，溴含量68.93%，熔点为279~282℃，密度2.91g/cm^3，不溶于水和脂肪族碳水化合物溶剂，可溶于硝基苯、甲基甲酰胺，微溶于丙酮、二甲苯和氯代溶液。

该品可作为饱和聚酯、不饱和聚酯及环氧树脂的反应型阻燃剂，也可以作为聚乙烯，聚丙烯、聚苯乙烯和 ABS 树脂的添加型阻燃剂。

1，2-双（四溴邻苯二甲酰亚胺）乙烷为添加型阻燃剂，分子式为 $C_{18}H_4O_4N_2Br_8$，结构式为：

(4-41)

该品的热稳定性优异，抗紫外线性能极佳且不起霜，电气性能极好，因而适用于电线、电缆、计算机部件及自动化仪表元件中，可用于 PBT、HIPS、ABS、PE、PP、EP 及各类弹性体的阻燃。

4. 溴代醇类

该类阻燃剂主要有二溴新戊二醇（DBNPG）、三溴新戊醇（TBNPA）及四溴二季戊四醇（TBDPE），它们的分子式分别为 $C_5H_{10}O_2Br_2$、$C_5H_9OBr_3$ 及 $C_{10}H_{18}O_3Br_4$，结构式分别为：

$$\underset{\text{DBNPG}}{HOH_2C-\overset{\overset{\displaystyle CH_2Br}{|}}{\underset{\underset{\displaystyle CH_2Br}{|}}{C}}-CH_2OH} \qquad \underset{\text{TBNPA}}{BrH_2C-\overset{\overset{\displaystyle CH_2Br}{|}}{\underset{\underset{\displaystyle CH_2Br}{|}}{C}}-CH_2OH} \tag{4-42}$$

$$\underset{\text{TBDPE}}{HOH_2C-\overset{\overset{\displaystyle CH_2Br}{|}}{\underset{\underset{\displaystyle CH_2Br}{|}}{C}}-CH_2-O-CH-\overset{\overset{\displaystyle CH_2Br}{|}}{\underset{\underset{\displaystyle CH_2Br}{|}}{C}}-CH_2OH} \tag{4-43}$$

上述含溴醇均为反应型阻燃剂。DBNPG 具有较高的均一性，99%以上为二元醇。将其用于热固性聚酯，其化学稳定性、阻燃性及耐光性极佳，且加热时不易褪色。TBNPA 是一元醇，尤其适用于那些对热稳定性、水解稳定性及光稳定性要求较高的聚合物。它在

聚醚多元醇中的溶解度很高，因而可用于制造聚氨酯，多种弹性体、涂料和泡沫体，还可用作中间体，合成高相对分子质量阻燃剂，特别是溴/磷阻燃剂。TBDPE 具有优异的抗紫外线性能。将其与 Sb_2O_3配合，尤其适用于阻燃纤维，所得阻燃纤维的机械性能良好。这 3 种溴醇的性能见表 4－5。

表 4－5　3 种溴醇的性能

性　能	DBNPG	TBNPA	TBDPE
外观	灰白色粉末	白色至灰色片状结晶	灰白流散性粉末
纯度/%（m/m）	99.5	96	—
熔点/℃	109.5	62～67	75～82
理论溴含量/%（m/m）	61.01	73.79	63.18
密度/（g/cm^3）	2.23	2.28	—
羟基含量/%（m/m）	13	173$mg_{KOH}/g_{羟基}$	—
水含量/%（m/m）	0.07	0.1	—
熔体色度	2.0	—	—
热稳定性（质量损失温度/℃）	2%（200），5%（225），10%（245），20%（265），50%（282）	1%（110），2%（160），5%（180），10%（198），20%（215），50%（240）	1%（240），5%（265），15%（295），30%（315）
毒性 LD_{50}/（mg/kg）	＞5000	2800	＞5000

（二）氯系阻燃剂

就阻燃效率而言，氯系远远逊色于溴系。近 20 年来，氯系阻燃剂已部分为溴系阻燃剂所取代，因而氯系在整个阻燃剂的消耗量中有所降低。

（1）氯化石蜡：氯含量为 70% 的氯化石蜡是一种白色粉末，相对密度 1.60～1.70，软化点 95～120℃，化学稳定性好，在常温下不溶于水和低级醇，可溶于矿物油、芳烃、乙醚、氯代烃、酮、酯、蓖麻油等。氯蜡-70 具有较好的持久阻燃性，挥发性低，且具有防潮及抗静电作用，并能提高树脂成型时的流动性，改善制品光泽。氯蜡-70 作为阻燃剂，适用于乙烯类均聚物和高聚物、聚苯乙烯、聚甲基丙烯酸酯、多种合成橡胶、天然橡胶及纺织品，也可用于制造防火涂料。

（2）四氯双酚 A：四氯双酚 A 为反应型阻燃剂，分子式 $C_{15}H_{12}O_2Cl_4$，结构式为：

$$\text{HO}-\text{C}_6\text{H}_2\text{Cl}_2-\text{C}(\text{CH}_3)_2-\text{C}_6\text{H}_2\text{Cl}_2-\text{OH} \quad (4-44)$$

四氯双酚 A 为白色粉末，熔点为 133～134℃，溶于甲醇、苯、丙酮、乙酸乙酯、二甲苯、不溶于水。

此阻燃剂主要用于制造阻燃环氧树脂，也可用于阻燃聚酯碳酸酯，性能不及四溴双酚

A，但成本较低。

（三）磷系阻燃剂

磷系阻燃剂是阻燃剂中最重要的品种之一。磷系阻燃剂并不是一种新型阻燃剂，但它作为无卤体系，在阻燃领域内十分令人瞩目。

（1）卤代烷基磷酸酯：磷酸三（α-氯乙基）酯（TCEP）为添加型阻燃剂，分子式为 $C_6H_{12}O_4C_{13}P$，结构式为：$O=P(OCH_2CH_2Cl)_3$。

TCEP 为无色透明液体，不溶于脂肪烃，微溶于水（20℃时为 0.72%），溶于醇、酮、酯、醚、苯、甲苯、二甲苯等，能与氯仿及四氯化碳混溶，与乙酸纤维素、硝酸纤维素、乙基纤维素、聚氯乙烯、聚苯乙烯、酚醛树脂、聚丙烯酸酯等聚合物相容性良好。

TCEP 具有优异的阻燃性、优良的抗低温性和抗紫外线性。其蒸汽只有在 225℃用直接火焰才能点燃，且移走火焰后即自熄。以 TCEP 为阻燃剂，不仅能够提高被阻燃材料的阻燃级别，而且还可改善被阻燃材料的耐水性、耐酸性、耐寒性及抗静电性。TCEP 在阻燃不饱和聚酯中为 10% ~20%，在聚氨酯硬泡（以阻燃聚醚为原料）中为 10% 左右，在软质聚氯乙烯中作为辅助增塑阻燃剂使用时 5% ~10%。

（2）磷酸三（1，3-二氯-2-丙基）酯：磷酸三（1，3-二氯-2-丙基）酯（TDCPP）为添加型阻燃剂，分子式为 $C_9H_{15}O_4C_{16}P$，结构式为：$O=P(OCHCH_2ClCH_2Cl)_3$。

TDCPP 适用于软质及硬质聚氨酯泡沫塑料、聚氯乙烯、环氧树脂、不饱和聚酯、酚醛树脂、聚苯乙烯、合成橡胶等的阻燃，一般用量为 10% ~20%。在软聚氯乙烯中加入 10% 的 TDCPP，可使自熄时间由 8.6s 缩短为 0.3s。在不饱和聚酯中加 15% 该品，可使自熄时间大于 120s 的缩短为 6s。在聚氨酯泡沫塑料中加入 5% 该品，可使产品获得自熄性，若加入 10%，则离火自熄或不燃。

（3）亚磷酸酯：亚磷酸三苯酯（TPP）的分子式为 $C_{18}H_{15}O_3P$，结构式为：

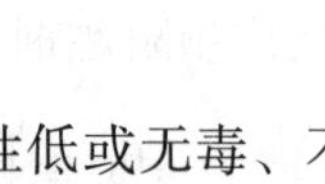

$$\left(\text{C}_6\text{H}_5\text{—O}\right)_3\text{P} \tag{4-45}$$

TPP 与卤系阻燃剂并用，可发挥阻燃及抗氧化作用，并兼具光稳定功能，适用于 PVC、PP、PS、ABS、聚酯及环氧树脂等。TPP 广泛用作 PVC 的螯合剂，当采用以金属皂为主体的稳定剂时，配合使用 TPP，可减少金属氯化物的危害，并能保持制品的透明度及抑制其色度变化。

（四）无机阻燃剂

无机阻燃剂具有热稳定性好、毒性低或无毒、不产生腐蚀性气体、不挥发、不析出、阻燃效果持久、原料来源丰富、价格低廉等优点。在对阻燃产品的环境安全性和使用安全性的要求日趋严格的情况下，无机阻燃剂更显得越来越重要。随着表面改性、微细化研究的不断深入和协同体系的不断开发，无机阻燃剂的性能得到提高，应用更加广泛。

1. 氢氧化铝

氢氧化铝是国际市场上消耗量最大、用途非常广泛的阻燃剂。氢氧化铝又名三水合氧

化铝（简称ATH），分子式为$Al(OH)_3$或$Al_2O_3 \cdot 3H_2O$。用于阻燃的氢氧化铝一般是α晶型，因此也表示为α-$Al(OH)_3$。氢氧化铝开始分解的温度为205℃。在205～230℃时，α-$Al_2O_3 \cdot 3H_2O$部分转化为α-$Al_2O_3 \cdot 2H_2O$和H_2O；在530℃左右，进一步分解转化为γ-Al_2O_3，整个过程吸热量为1967.2kJ/kg。

单独使用氢氧化铝，添加量需在60质量份以上，这必然要影响到树脂的加工性能和物理机械性能。为了克服上述缺点，各生产厂家针对氢氧化铝进行超细化处理并用偶联剂进行表面改性推出了很多新品种。

氢氧化铝用于聚氯乙烯软制品和半硬质制品中，通常与氧化锑、硼酸锌并用，不但可以提高其阻燃性而且还可以抑制烟雾的产生。氢氧化铝用于PE、PP时，一般与卤锑化合物并用，或者与红磷、季戊四醇、聚磷酸铵等组成阻燃体系。氢氧化铝还可用于不饱和聚酯。在玻璃纤维增强的不饱和聚酯浇注塑料制品中，各种高压或低压电器开关中，添加氢氧化铝可使制品具有阻燃性、消烟性以及抗电弧性。近年来国内外用聚酯树脂加氢氧化铝制成新型装饰材料——人造玛瑙，$Al(OH)_3$的添加量高达76%，氢氧化铝在100份环氧树脂中的添加量达到120质量份时，氧指数从20%提高到27.5%，同时能增强环氧树脂的抗电弧性和抗弧迹性。

2. 氢氧化镁

氢氧化镁与氢氧化铝有许多相似之处，同样具有无烟、无毒、无腐蚀、安全价廉等优点。氢氧化镁为白色粉末，分子式为$Mg(OH)_2$，相对分子质量为58.33，通常为六角形或无定形结晶，体积电阻10^8～$10^{10}\Omega$，吸热量1600kJ/kg。分解温度为340℃，更适合于一些需要加工温度较高的聚合物。

由于氢氧化镁与氢氧化铝有许多共同点，因此从产品的技术到应用特点都极为相似。由于氢氧化镁具有更高的加工温度，应用也更加广泛。氢氧化镁与氢氧化铝具有一定的协同作用，国内也有两者的复合产品出售。

氢氧化镁已用于阻燃聚丙烯、聚乙烯、聚氯乙烯、EVA、尼龙、不饱和聚酯等多种聚合材料。加入量通常在40%～60%。氢氧化镁与卤素阻燃剂相比，虽然可降低材料的发烟性，但同时使材料的机械性能明显恶化，因此单独使用氢氧化镁（或氢氧化铝）的情况并不很多，通常需要与其他阻燃剂如卤-锑、红磷、硼酸锌等效率较高的阻燃剂并用以提高材料的综合性能。

3. 红磷

红磷由于其优异的阻燃、低毒性能和与多种阻燃剂的协同作用，成为非卤阻燃剂中的重要品种。

红磷由于仅含有磷元素，因此比其他磷系阻燃剂的阻燃效率高、添加量低，较少降低材料的力学性能。红磷作为阻燃剂的缺点也是很明显的。

（1）红磷在空气中很容易吸收水分，生成H_3PO_4、H_3PO_3、H_3PO_2等物质，因此红磷在聚合物中经过较长时间后，制品表面的红磷吸潮氧化，使制品表面被腐蚀而失去光泽和原有的性能，并慢慢向内层深化，尤其对电子元件的绝缘性能影响更甚。

（2）红磷与树脂的相容性差，不仅难以分散，而且会出现离析沉降，使树脂的黏度上升，给树脂的浇注、浸渍、操作等带来困难，导致材料的性能下降。

（3）红磷长期与空气接触的过程中，除生成各种酸外，会释放出剧毒的 PH_3 气体，污染环境。

（4）红磷易为冲击所引燃，干燥的红磷粉尘具有燃烧及爆炸危险。

（5）红磷的紫红色使被阻燃制品着色。

为克服上述缺点，通常采用微胶囊化技术进行包覆，可在很大程度上克服这些缺点，因此红磷的稳定化处理在阻燃领域备受重视。

红磷为红色至紫红色粉末，不溶于水、稀酸和有机溶剂，略溶于无水乙醇，溶于三溴化磷和氢氧化钠的水溶液。红磷的活性低于黄磷，在空气中不自燃，加热至200℃时着火，生成 P_2O_5。红磷与 $KClO_3$、$KMnO_4$、过氧化物及其他氧化剂混合时在适当条件下可能发生爆炸。

红磷的阻燃效果与被阻燃聚合物有关，其在聚合物中的用量有一极限值，通常在8%～10%之间，用量再高可能引起阻燃性能的下降。

红磷虽然具有较高的阻燃效率，但单独添加红磷很难满足阻燃要求。实际使用过程中，通常需要与其他阻燃剂配合使用。聚酰胺是红磷阻燃的主要应用对象之一，它不仅以高阻燃效果适用于聚酰胺树脂的各种加工领域，而且在一定的添加量范围内还可共混于PA单体的聚合反应中，既不影响聚合反应的进行，也不使PA树脂的热性能和力学性能下降。

4. 氧化锑

锑系阻燃剂是最重要的无机阻燃剂之一，单独使用时阻燃作用很小，但与卤系阻燃剂并用时，可大大提高卤素阻燃剂的效能。锑系阻燃剂的主要品种是三氧化二锑，胶体五氧化二锑及锑酸钠。其中最重要和用量最大的是三氧化二锑，是卤素阻燃剂不可缺少的协效剂。

三氧化二锑的分子式为 Sb_2O_3，相对分子质量为291.60，理论锑含量83.54%。三氧化二锑为白色晶体，受热时显黄色。工业 Sb_2O_3 主要是立方晶体，也含有一定量的斜方晶体，两者在密度及折射率上略有差异。Sb_2O_3 的熔点为656℃，不溶于水和乙醇，溶于浓盐酸、浓硫酸、浓碱、草酸、酒石酸和发烟硝酸，是一种两性化合物。LD_{50} 为2.0g/kg（白兔，皮肤吸入）。

各种牌号的工业品由于粒度和含量的不同，性能有一定的差异，其中粒度对色调和着色力有明显的影响。目前用于阻燃各类塑料的普通 Sb_2O_3 的平均粒径一般为1～2μm，可用于阻燃纤维的超细 Sb_2O_3 在0.3μm左右，而超微 Sb_2O_3 的平均粒径则在0.03μm左右。

卤-锑复合体系是目前应用最广且最成熟的阻燃体系。当 Sb_2O_3 与卤系阻燃剂并用时，卤素/锑的摩尔比一般应为（2∶1）～（3∶1）。卤/锑阻燃剂体系的阻燃效能不仅与卤/锑

比有关，而且与卤系阻燃剂和被阻燃高聚物的类型以及高聚物的分解模式有关。

软质 PVC 材料如电缆，在 100 质量份树脂中加入 2 ~ 10 质量份 Sb_2O_3 即可达到相应的阻燃要求；PP 中，氧化锑与卤化物并用是有效的阻燃剂，用氟硼酸铵和氯化环状脂肪烃阻燃时，分别加入 5% ~10% 的 Sb_2O_3，效果更好；PE 中，可用 10% 氟硼酸铵和 10% 的三氧化锑作为阻燃剂，或者加入 20% 的卤锑混合物（比例可分别为 4/6 或 7/3）即可起到阻燃作用。

5. 硼酸锌

硼酸锌（简称 ZB）是一种多功能添加剂，具有阻燃、成碳、抑烟、抑制烟燃和防止熔融滴落等多种功效。主要品种有 3.5 水和 7 水两种（表 4 -6），其分子式通常为 $2ZnO \cdot 3B_2O_3 \cdot 3.5H_2O$ 或 $2ZnO \cdot 3B_2O_3 \cdot 7H_2O$。如不特别说明，通常说的硼酸锌是指含 3.5 个结晶水的硼酸锌。

硼酸锌为无规则或菱形白色粉末，熔点 980℃，密度 2.8g/mL，折射率 1.58，300℃以上开始失去结晶水，不溶于水、乙醇、正丁醇、苯、丙酮等溶剂，易溶于盐酸、硫酸、二甲亚砜，与氨水生成络盐。$LD_{50} \geq 10g/kg$（大鼠，口服）。

表 4 -6 硼酸锌主要技术指标

指 标	3.5 水	7 水	指 标	3.5 水	7 水
B_2O_3 质量分数/%	45 ~48	40 ~43	细度（325 目筛干物）/%	≤1.0	≤1.0
ZnO 质量分数/%	37 ~40	32 ~35	失水温度/℃	250 ~300	≥160
灼烧失重（结晶水）/%	13.5 ~15.5	23 ~25	使用温度/℃	≥300	≥230
游离水/%	≤1.0	≤1.0			

硼酸锌是一种有效的阻燃剂，在不饱和聚酯、硬质 PVC、环氧化合物、聚苯醚等体系中，单独使用硼酸锌即可起到阻燃效果。在另外的一些体系中如 PVC 软制品中，硼酸锌的阻燃效果较差，为了获得更好的效果，最好与氧化锑并用。研究表明：硼酸锌具有很强的成炭性，可降低材料的发烟量，也是一种有效的抑烟剂。硼酸锌与氢氧化铝具有极强的协同作用，两者在硬质 PVC 中并用代替氧化锑，烟密度显著下降。实际使用过程中，硼酸锌往往与其他阻燃剂并用，以发挥阻燃协效作用和抑烟功能。

第三节 制备常用阻燃剂

一、常用阻燃剂的制备

（一）十溴二苯醚的生产工艺

（1）反应原理：十溴二苯醚是二苯醚在卤代催化剂存在下（如铁粉等）和溴进行反应而制得的，反应式如下：

$$C_6H_5-O-C_6H_5 + 10Br_2 \xrightarrow{催化剂} C_6Br_5-O-C_6Br_5 + 10HBr \qquad (4-46)$$

(2) 生产工艺路线。

溶剂法：将二苯醚溶于溶剂中加入催化剂，然后向溶剂中加入溴进行反应，反应结束后过滤、洗涤干燥，即可得到十溴二苯醚。常用的溶剂有二溴乙烷、二氯乙烷、二溴甲烷、四氯化碳、四氯乙烷等。

过量溴化法：即用过量的溴作溶剂的溴化方法。将催化剂溶解在溴中，向溴中滴加二苯醚进行反应。反应结束后，将过量的溴蒸出，中和、过滤、干燥，即可得十溴二苯醚。其工艺过程如图 4－2 所示。

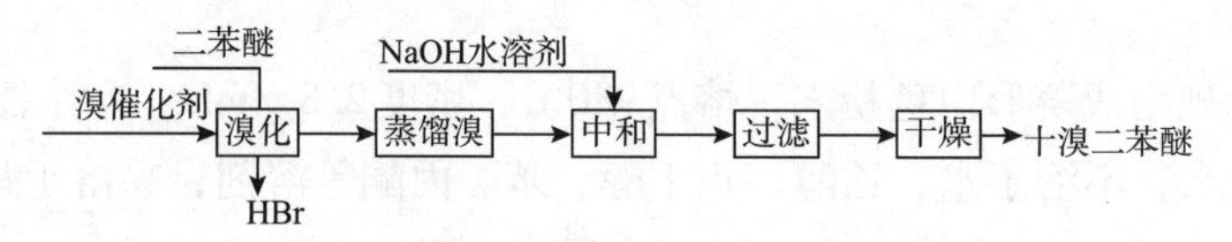

图 4－2　生产十溴二苯醚的过量溴化法工艺过程

(3) 主要原料规格及用量见表 4－7。

表 4－7　生产十溴二苯醚的主要原料规格及用量

原料名称	规　格	用量/($t/t_{产品}$)
二苯醚	凝固点：26～27℃	0.18
溴（工业品）	99.5%	1.40

（二）氢氧化铝的生产工艺

氢氧化铝的制备方法很多，这里只介绍常用的七种制备方法。

(1) 拜尔法的工艺流程如图 4－3 所示。

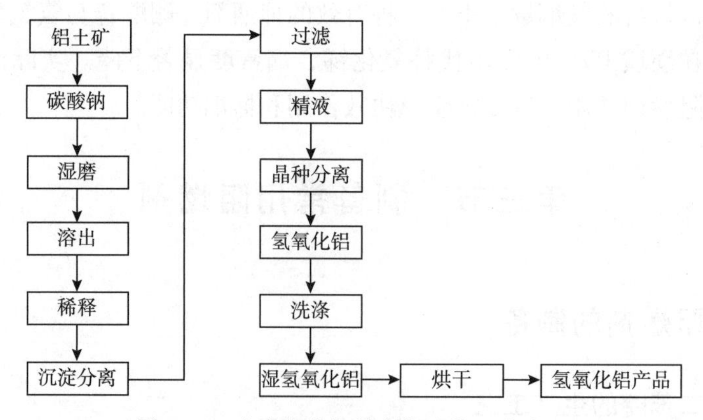

图 4－3　生产氧化铝的拜尔法的工艺流程

该法成本虽低，但矿石中的有机杂质带入产品中而影响产品的白度，一般白度小于

90%。因此，该法制得的氢氧化铝，不能直接用作需要高白度的阻燃用的氢氧化铝，需将其二次处理，溶于碱中，制得较纯的铝酸钠溶液，再分解制得高白度的、可用作阻燃剂的氢氧化铝。

（2）烧结法的工艺流程如图4-4所示。

烧结法生产的氢氧化铝因经过高温烧结工序，矿石中含有的有机物已全部分解，故该法制得的氢氧化铝产品的白度高（>95%），产品中杂质含量（如 Fe_2O_3、Ni、Cu）都可以达到痕量。可直接用于阻燃高聚物而不影响制品色泽。另外，该法采用了碳酸化分解法的净化工序，所以容易控制产品的粒度及粒径分布。

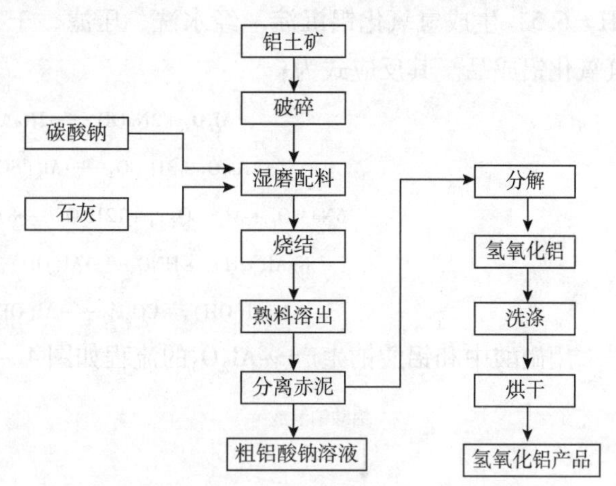

图4-4 生产氧化铝的烧结法的工艺流程

（3）拜耳烧结联合：可充分发挥两法优点，取长补短，利用铝硅比较低的铝土矿，求得更好的经济效果。联合法有多种形式，均以拜耳法为主，而辅以烧结法。按联合法的目的和流程连接方式不同，又可分为串联法、并联法和混联法3种工艺流程。

串联法是用烧结法回收拜耳法赤泥中的 Na_2O 和 Al_2O_3，用于处理拜耳法不能经济利用的三水铝石型铝土矿。扩大了原料资源，减少碱耗，用较廉价的纯碱代替烧碱，而且 Al_2O_3的回收率也较高。

并联法是拜耳法与烧结法平行作业，分别处理铝土矿，但烧结法只占总生产能力的10%~15%，用烧结法流程转化产生的 NaOH 补充拜耳法流程中 NaOH 的消耗。

混联法是前两种联合法的综合，此法中的烧结法除了处理拜耳法赤泥外，还处理一部分低品位矿石。

根据铝矿资源特点，我国发展出多种氧化铝生产方法。20世纪50年代初就已用碱石灰烧结法处理铝硅比只有3.5的纯一水硬铝石型铝土矿，开创了具有特色的氧化铝生产体系。用这种烧结法，可使 Al_2O_3 的总回收率达到90%；每吨氧化铝的碱耗（Na_2CO_3）约90kg；氧化铝的 SiO_2 含量下降到0.02%~0.04%；而且在50年代已经从流程中综合回收金属镓和利用赤泥生产水泥。60年代初建成了拜耳烧结混联法氧化铝厂，使 Al_2O_3 总回收率达到91%，每吨氧化铝的碱耗下降到60kg，为高效处理较高品位的一水硬铝石型铝土矿开辟了一条新路。中国在用单纯拜耳法处理高品位一水硬铝石型铝土矿方面也积累了不少经验。根据物理特性的不同，电解用氧化铝可分为砂状、粉状和中间状3类。

铝工业在研制和采用砂状氧化铝，因为这种氧化铝具有较高的活性，容易在冰晶石溶液中溶解，并且能够较好地吸收电解槽烟气中的氟化氢，有利于烟气净化。

（4）酸中和法：酸中和法是以铝酸钠为原料，在搅拌情况下加入一定浓度的酸或者通入二氧化碳，得到氢氧化铝凝胶。

将烧碱与铝灰以 2∶1 配比在 100℃以上进行反应，制得铝酸钠溶液。硫酸与铝灰以 1.25∶1 配比在 110℃下反应，制得硫酸铝溶液。然后将铝酸钠溶液与硫酸铝溶液中和至 pH =6.5，生成氢氧化铝沉淀，经水洗、压滤，于 70～80℃下干燥 12h，再经粉碎，制得氢氧化铝成品。其反应式为：

$$Al_2O_3 + 2NaOH \longrightarrow 2NaAlO_2 + H_2O \tag{4-47}$$

$$Al_2O_3 + 3H_2SO_4 \longrightarrow Al_2(SO_4)_3 + 3H_2O \tag{4-48}$$

$$6NaAlO_2 + Al_2(SO_4)_3 + 12H_2O \longrightarrow 8Al(OH)_3\downarrow + 3Na_2SO_4 \tag{4-49}$$

$$NaAl(OH)_4 + HNO_3 \longrightarrow Al(OH)_3\downarrow + NaNO_3 + H_2O \tag{4-50}$$

$$NaAl(OH)_4 + CO_2\uparrow \longrightarrow Al(OH)_3\downarrow + NaHCO_3 \tag{4-51}$$

用硝酸中和铝酸钠生产 γ-Al_2O_3 的流程如图 4－5 所示。

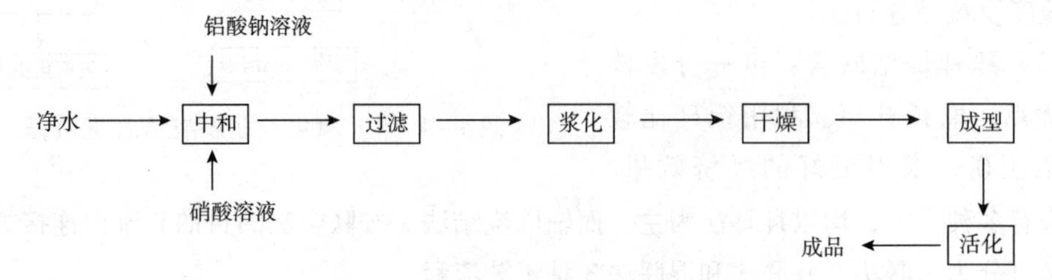

图 4－5　$\gamma-Al_2O_3$ 的生产流程示意

生产中是将配制好的铝酸钠溶液、硝酸溶液和纯水，经计量加入带有搅拌的中和器内进行中和反应。反应物在中和器内停留 10～20min 后进入收集器贮存，即可进行过滤、浆化洗涤。洗净的滤饼经干燥、粉碎、机械成型，最后在煅烧炉中经 500℃煅烧活化得到成品活性氧化铝。酸中和法生产活性氧化铝设备比较简单，原料来源方便，而且产品质量也较为稳定。

酸中和法生产中，中和沉淀是重要的操作环节。要保证搅拌均匀、接触充分。中和的 pH 值和温度要严格控制在允许的范围内，在中和器和收集器中停留时间也不宜过长。控制这些操作是生产合格 γ-Al_2O_3 的重要条件。

（5）碱中和法：碱中和法是将铝盐溶液用氨水或其他碱液中和，得到氢氧化铝凝胶。其反应式为：

$$AlCl_3 + 3NH_3 + 3H_2O \longrightarrow Al(OH)_3\downarrow + 3NH_4Cl \tag{4-52}$$

$$Al_2(SO_4)_3 + 6NH_4HCO_3 \longrightarrow 2Al(OH)_3 + 3(NH_4)_2SO_4 + 6CO_2\downarrow \tag{4-53}$$

用氨水中和氯化铝溶液生产 η-Al_2O_3 的流程如图 4－6 所示。

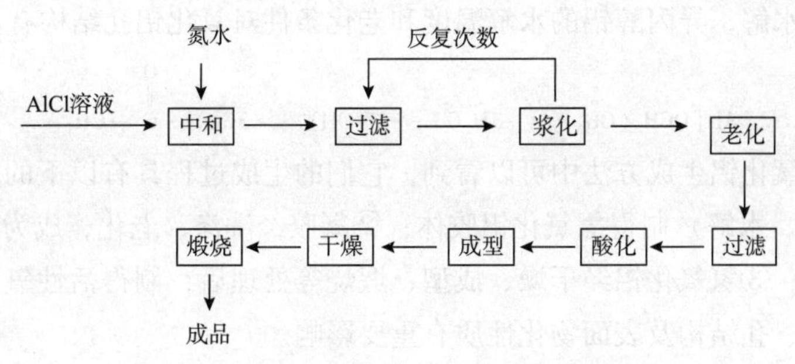

图 4-6 η-Al_2O_3的生产流程示意

生产中用氨水中和三氯化铝溶液是将配制好的三氯化铝溶液先加入中和器，在搅拌情况下加入氨水，反应完毕后即可进行过滤和浆化洗涤。水洗后的滤饼在40℃、pH＝9.3～9.5下老化14h。老化后滤饼经酸化滴球成型，得到的小球再干燥煅烧，得到η-Al_2O_3成品。

在η-Al_2O_3生产中老化操作是非常重要的环节，经过老化操作才能得到铝石。同时应注意控制老化条件，如温度、pH值等，这样才能得到较纯的η-Al_2O_3。

（6）铝溶胶法：铝溶胶法制氧化铝是将金属铝煮解在盐酸或氯化铝溶液中，得到透明无色的铝溶胶。而后将铝溶胶与环六亚甲基四胺溶液混合，滴入在热油柱中胶凝成球，再经老化、洗涤、干燥、煅烧制得氧化铝。

铝溶胶法生产氧化铝流程如图4－7所示。

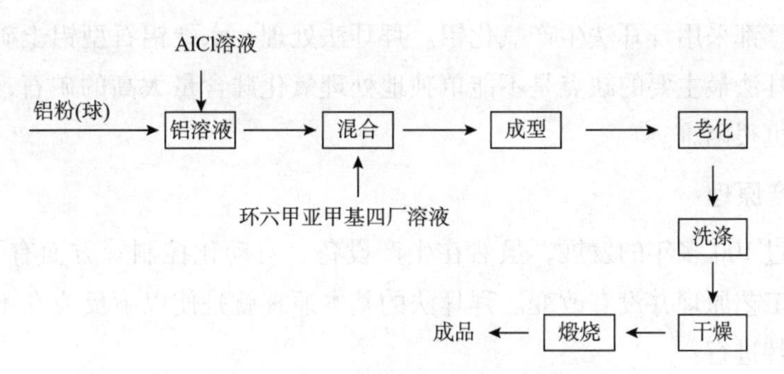

图4－7 铝溶胶法生产流程示意

金属铝粉或细粉分批加在100～105℃下的三氯化铝溶液中，煮解制得透明黏稠铝溶胶。铝溶胶与环六亚甲基四胺溶液在5～7℃下均匀混合后在80～95℃热油柱中成球，然后在130～140℃加压老化，经洗涤、干燥、煅烧后制得产品。

铝溶胶法制得的γ-Al_2O_3小球，其特点是低密度、大孔容，而且强度较好，生产中小球洗涤方便，且省掉了过滤工序，易于实现连续化。

（7）醇铝水解法：有机醇铝性质活泼，易溶于水并生成氢氧化铝。

$$(RO)_3Al + 3H_2O \longrightarrow Al(OH)_3\downarrow + 3R{-}OH \qquad (4-54)$$

醇铝水解制得的氢氧化铝纯度高、比表面大、不含电解质、催化活性高。通常用异丙醇铝为原料进行水解，异丙醇铝的水解温度和老化条件对氧化铝孔结构有显著的影响。

$$Al[OCH(CH_3)_2]_3+3H_2O \longrightarrow Al(OH)_3\downarrow+3CH_3-\overset{\displaystyle O \atop \displaystyle \|}{C}-CH_3 \quad (4-55)$$

从上述几种氧化铝生成方法中可以看到，它们的生成过程具有以下的共同点：①通过反应（中和反应、水解）制得氢氧化铝胶体；②凝胶经洗涤、老化，成为具有一定晶型和结构的氢氧化铝；③氢氧化铝经干燥、成型、煅烧等处理后，制得活性氧化铝。这3点对于氧化铝的晶型、孔结构及表面物化性质有重要影响。

二、拜尔法生产阻燃剂及催化剂（氢）氧化铝

拜耳法是一种工业上广泛使用的用铝土矿生产氧化铝的化工过程，1887年由奥地利工程师卡尔·约瑟夫·拜耳发明。基本原理是用浓氢氧化钠溶液将氢氧化铝转化为铝酸钠，通过稀释和添加氢氧化铝晶种使氢氧化铝重新析出，剩余的氢氧化钠溶液重新用于处理下一批铝土矿，实现了连续化生产。目前，世界上95%的铝业公司都在使用拜耳法生产氧化铝。

拜耳法用于氧化铝生产已有100多年的历史，几十年来已经有了很大的发展和改进，但仍然习惯地沿用这个名称。目前，该法仍是世界上生产氧化铝的主要方法。拜耳法用在处理低硅铝土矿（一般要求 $A/S>8$），特别是用在处理三水铝石型铝土矿时有流程简单、作业方便、能量消耗低、产品质量好等优点。现在除了受原料条件限制的某些地区以外，大多数氧化铝厂都采用拜耳法生产氧化铝。拜耳法处理一水硬铝石型铝土矿时工艺条件要苛刻一些。拜耳法最主要的缺点是不能单独地处理氧化硅含量太高的矿石，此外，拜耳法对赤泥的处理也很困难。

（一）生产原理

拜耳法经过100多年的发展，虽然在生产设备、自动化控制等方面有了巨大的进步，但是它的基本工艺原理并没有改变。拜耳法的基本原理就是使以下反应在不同的条件下朝不同的方向交替进行：

$$Al_2O_3xH_2O+NaOH+aq \underset{<100℃}{\overset{>100℃}{\rightleftharpoons}} NaAl(OH)_4+aq \quad (4-56)$$

式中，当溶出一水铝石和三水铝石时，x 分别为1和3；当分解铝酸钠溶液时，x 为3。

首先，在高温高压条件下以NaOH溶液溶出铝土矿，使其中的氧化铝水合物按上式向右进行反应得到铝酸钠溶液，铁、硅等杂质进入赤泥；而向彻底经过分离赤泥后的铝酸钠溶液添加品种，在不断搅拌和逐渐降温的条件下进行分解，使式（4-56）向左进行反应析出氢氧化铝，并得到含大量氢氧化钠的母液；母液经过蒸发浓缩后再返回用于溶出新的一批铝土矿；氢氧化铝经焙烧脱水后得到产品氧化铝。

1892年提出的第二专利系统地阐述了铝土矿所含氧化铝可以在氢氧化钠溶液中溶解成铝酸钠的原理，也就是今天所采用的溶出工艺方法。直到现在，工业生产上实际使用的拜

耳法工艺流程还是以上述两个基本原理为依据的。因此，拜耳法生产氧化铝的原理可归纳如下：用苛性碱溶液溶出铝土矿中氧化铝而制得铝酸钠溶液，采用对溶液降温、加晶种、搅拌的条件下，从溶液中分解出氢氧化铝，将分解后母液（主要成分 NaOH）经蒸发用来重新溶出新的一批铝土矿，溶出过程是在加压下进行的。

（二）生产流程

生产流程见图 4-8。

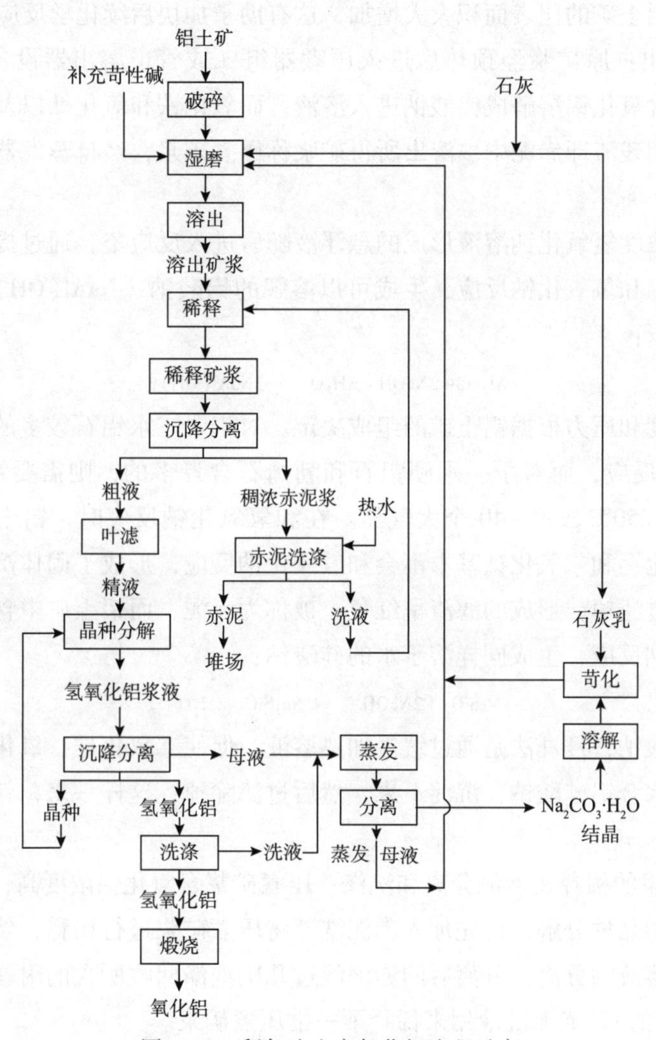

图 4-8 拜尔法生产氧化铝流程示意

（三）生产过程

由于各地铝土矿的矿物成分和结构的不同以及采用的技术条件各有特点，各个工厂的具体工艺流程也常有差别。拜耳法生产氧化铝有原矿浆制备、高压溶出、压煮矿浆稀释及赤泥分离和洗涤、晶种分解、氢氧化铝分级和洗涤、氢氧化铝焙烧、母液蒸发及苏打苛化等主要生产工序。

（1）原矿浆制备：首先将铝土矿破碎到符合要求的粒度（如果处理一水硬铝土型铝土矿需加少量的石灰），与含有游离的 NaOH 的循环母液按一定的比例配合一道送入湿磨内进行细磨，制成合格的原矿浆，并在矿浆槽内贮存和保温。

拜耳法的第一个过程是用粉碎机将铝土矿的矿石粉碎成直径为 30mm 左右的颗粒，然后用水冲洗掉颗粒表面的黏土等杂质。冲洗过的这些颗粒与重复利用的，氢氧化钠浓度为 30% ~40% 的拜耳法余液相混合，借助球磨形成固体粒径在 300μm 以下的悬浊液。随着粒径逐渐变小，铝土矿的比表面积大大增加，这有助于加快后续化学反应的速度。

（2）高压溶出：原矿浆经预热后进入压煮器组（或管道溶出器设备），在高压下溶出。铝土矿内所含氧化铝溶解成铝酸钠进入溶液，而氧化铁和氧化钛以及大部分的二氧化硅等杂质进入固相残渣即赤泥中。溶出所得矿浆称压煮矿浆，经自蒸发器减压降温后送入缓冲槽。

铝土矿和高浓度氢氧化钠溶液形成的悬浮液随后进入反应釜，通过提高温度和压力使铝土矿中的氧化铝和氢氧化钠反应，生成可以溶解的铝酸钠［$NaAl(OH)_4$］，这被称为溶出，其方程式如下：

$$Al_2O_3 + 2NaOH + 3H_2O \longrightarrow 2NaAl(OH)_4 \qquad (4-57)$$

反应釜的温度和压力根据铝土矿的组成决定。对于含三水铝石较多的铝土矿，可在常压下，150℃进行反应，而对于一水硬铝石和勃姆石含量多的，则需要在加压进行反应，常用条件为 200 ~250℃，30 ~40 个大气压。在和氢氧化钠反应时，铝土矿中所含的铁的各种氧化物、氧化钙和二氧化钛基本不会和氢氧化钠反应，形成了固体沉淀，留在反应釜底部，它们会被过滤掉，形成的滤渣呈红色，被称为赤泥，而铝土矿中含有的二氧化硅杂质则会和氢氧化钠反应，生成同样溶于水的硅酸钠：

$$SiO_2 + 2NaOH \longrightarrow 2Na_2SiO_3 + H_2O \qquad (4-58)$$

为了除去硅酸钠，拜耳法是通过缓慢加热溶液，促使二氧化硅、氧化铝和氢氧化钠生成方钠石结构的水合铝硅酸钠，沉淀下来，然后过滤除掉，这样一来，就只有铝酸钠留在上清液中。

（3）压煮矿浆的稀释及赤泥分离和洗涤：压煮矿浆含氧化铝浓度高，为了便于赤泥沉降分离和下一步的晶种分解，首先加入赤泥洗液将压煮矿浆进行稀释，然后利用沉降槽进行赤泥与铝酸钠溶液的分离。分离后的赤泥经过几次洗涤回收所含的附碱后排至赤泥堆场（国外有排入深海的），赤泥洗液用来稀释下一批压煮矿浆。

（4）晶种分解：分离赤泥后的铝酸钠溶液（生产上称粗液）经过进一步过滤净化后制得精液，经过热交换器冷却到一定的温度，在添加晶种的条件下分解，结晶析出氢氧化铝。

热的溶液进入冷却装置中，加水稀释同时逐渐冷却，铝酸钠会发生水解，生成氢氧化铝，此时加入纯的氧化铝粉末，会析出白色的氢氧化铝固体。

$$NaAl(OH)_4 \longrightarrow Al(OH)_3 + NaOH \qquad (4-59)$$

有的厂家对这一步进行了改进，通入过量二氧化碳帮助产生氢氧化铝。

$$NaAl(OH)_4 + CO_2 \longrightarrow Al(OH)_3 + NaHCO_3 \qquad (4-60)$$

过滤掉生成的氢氧化铝后，剩余的浓度仍然较高的氢氧化钠溶液会循环利用，用于处理另一批铝土矿，溶出氢氧化铝。

（5）氢氧化铝的分级与洗涤：分解后所得氢氧化铝浆液送去沉降分离，并按氧化铝颗粒大小进行分级，细粒作晶种，粗粒经洗涤后送焙烧制得氧化铝。分离氢氧化铝后的种分母液和氢氧化铝洗液（统称母液）经热交换器预热后送去蒸发。

（6）氢氧化铝焙烧：氢氧化铝含有部分附着水和结晶水，在回转窑内或流化床经过高温焙烧脱水并进行一系列的晶型转变制得含有一定 γ-和 α-的产品氧化铝。

（7）母液蒸发和苏打苛性化：预热后的母液经蒸发器浓缩后得到合乎浓度要求的循环母液，补加 NaOH 后又返回湿磨，准备溶出下一批矿石。

在母液蒸发过程中会有一部分 $Na_2CO_3 \cdot H_2O$ 结晶析出，为了回收这部分碱，将 $Na_2CO_3 \cdot H_2O$ 与水溶解后的石灰进行苛化反应，使之变成 NaOH 用来溶出下批铝土矿：

$$Na_2CO_3 \cdot H_2O + 2Ca(OH)_2 \longrightarrow 2NaOH + CaCO_3 + H_2O \qquad (4-61)$$

（8）煅烧：已经生产出的氢氧化铝则在1000°C 以上煅烧，可以分解成氧化铝：

$$2Al(OH)_3 \longrightarrow Al_2O_3 + 3H_2O \qquad (4-62)$$

具体煅烧温度依据所需氧化铝的晶型和粒径来决定。生产的氧化铝随后可通过霍尔·埃罗过程电解制取金属铝。

第四节 沉淀法制备阻燃剂催化剂（氢）氧化铝

一、制备原理

沉淀法是以沉淀操作作为其关键和特殊步骤的制造方法，是制备（氢）氧化铝等最常用的方法之一，广泛用于制备高含量的非贵金属、金属氧化物、金属盐及其催化剂或催化剂载体。

沉淀法的一般操作是在搅拌的情况下把碱类物质（沉淀剂）加入金属盐类的水溶液中，再将生成的沉淀物洗涤、过滤、干燥和焙烧，制造出所需要的催化剂前驱物。在大规模的生产中，金属盐制成水溶液，是出于经济上的考虑，在某些特殊情况下，也可以用非水溶液，例如酸、碱或有机溶剂的溶液。沉淀法的关键设备一般是沉淀槽，其结构如一般的带搅拌的釜式反应器。

采用单组分沉淀法，以碱为沉淀剂的酸法制备，从酸化铝盐溶液中沉淀水合氧化铝。分析比较各方案的优缺点，采用铝盐中和法，且原料直接用硫酸铝为原料，用碳酸铵为碱性沉淀剂，其反应式为：

$$Al^{3+} + OH^- \longrightarrow Al_2O_3 \cdot nH_2O \downarrow \qquad (4-63)$$

其制备流程见图4-9。

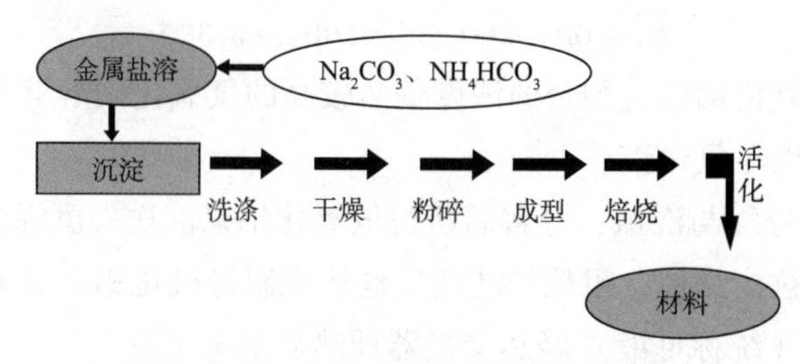

图4-9　沉淀法制备氧化铝材料流程

一般而言，沉淀法的生产流程较长，操作步骤较多（包括溶解、沉淀、洗涤、干燥、焙烧等步骤），影响因素复杂，常使沉淀法的制备重复性欠佳。

二、工艺参数及其选择

与沉淀操作各步骤有关的操作原理和技术要点，扼要讨论如下。其中若干原理，也原则上适用于除沉淀法以外的其他方法中的相同操作。

（一）金属盐类和沉淀剂的选择

一般首选硝酸盐来提供无机催化剂材料所需要的阳离子，因为绝大多数硝酸盐都可溶于水，并可方便地由硝酸与对应的金属或其氧化物、氢氧化物、碳酸盐等到反应制得。两性金属铝，除可由硝酸溶解而外，还可由氢氧化钠等强碱溶解其氧化物而阳离子化。

金、铂、钯、铱等贵金属不可溶于硝酸，但可溶于王水。溶于王水的这些贵金属，在加热驱赶硝酸后，得相应氯化物。这些氯化物的浓盐酸溶液，即为对应的氯金酸、氯铂酸、氯钯酸和氯铱酸等，并以这种特殊的形态，提供对应的阳离子。氯钯酸等稀贵金属溶液，常用于浸渍沉淀法制备负载催化剂。这些溶液先浸入载体，而后加碱沉淀。在浸渍-沉淀反应完成后，这些贵金属阳离子转化为氢氧化物而被沉淀；而氯离子则可被水洗去。金属铼的阳离子溶液来自高铼酸。

最常用的沉淀剂是 NH_3、NH_4OH 以及 $(NH_4)_2CO_3$ 等铵盐，因为它们在沉淀后的洗涤和热处理时易于除去而不残留；而若用 KOH 或 NaOH 时，要考虑到某些催化剂不希望有 K^+ 或 Na^+ 存留其中，且 KOH 价格较贵。但若允许，使用 NaOH 或 Na_2CO_3 来提供 OH^-、CO_3^{2-}，一般也是较好的选择。特别是后者，不但价廉易得，而且常常形成晶体沉淀，易于洗净。

此外，下列若干原则亦可供选择沉淀时参考。

（1）尽可能使用易分解挥发的沉淀剂：前述常用的沉淀剂如氨气、氨水和铵盐（如碳酸铵、醋酸铵、草酸铵）、二氧化碳和碳酸盐（如碳酸钠、碳酸氢铵）、碱类（如氢氧化钠、氢氧化钾）以及尿素等，在沉淀反应完成之后，经洗涤、干燥和焙烧，有的可以被洗涤除去（如钠离子、硫酸根离子），有的能转化为挥发性的气体而逸出（如 CO_2、NH_3、H_2O），一般不会遗留在催化剂中，这为制备纯度高的催化剂创造了有利条件。

（2）形成的沉淀物必须便于过滤和洗涤：沉淀可以分为晶形沉淀和非晶形沉淀，晶形

沉淀中又细分为粗晶和细晶。晶形沉淀带入的杂质少，也便于过滤和洗涤，特别是粗晶粒。可见，应尽量选用能形成晶形沉淀的沉淀剂。上述那些盐类沉淀剂原则上可以形成晶形沉淀。而碱类沉淀剂，一般都会生成非晶形沉淀，非晶形沉淀难于洗涤过滤，但可以得到较细的沉淀粒子。

（3）沉淀剂的溶解度要大：溶解度大的沉淀剂，可能被沉淀物吸附的量较少，洗涤脱除残余沉淀剂等也较快。这种沉淀剂可以制成较浓溶液，沉淀设备利用率高。

（4）沉淀物的溶解度应很小：这是制备沉淀物最基本的要求。沉淀物溶解度越小，沉淀反应越完全，原料消耗量越少，这对于钼、镍、银等贵重或比较贵重的金属特别重要。

（5）沉淀剂必须无毒，不应造成环境污染。

（二）沉淀形成的影响因素

（1）浓度：在溶液中生成沉淀的过程是固体（即沉淀物）溶解的逆过程，当溶解和生成沉淀的速度达到动态平衡时，溶液达到饱和状态。溶液中开始生成沉淀的首要条件之一，是其浓度超过饱和浓度。溶液浓度超过饱和浓度的程度称为溶液的过饱和度。形成沉淀时所需要达到的过饱和度，目前只能根据大量实验来估计。

对于晶形沉淀，应当在适当稀溶液中进行沉淀反应。这样，沉淀开始时，溶液的过饱和度不至于太大，可以使晶核生成的速度降低，因而有利于晶体长大。

对于非晶形沉淀，宜在含有适当电解质的较浓的热溶液中进行沉淀。由于电解质的存在，能使胶体颗粒胶凝而沉淀，又由于溶液较浓，离子的水合程度较小，这样就可以获得比较紧密的沉淀，而不至于成为胶体溶液。胶体溶液的过滤和洗涤都相当困难。

（2）温度：溶液的过饱和度与晶核的生成和长大有直接的关系，而溶液的过饱和度又与温度有关。一般而言，晶核生长速度随温度的升高而出现极大值。

晶核生长速度最快时的温度，比晶核长大时达到最大速度所需温度低得多。即在低温时有利于晶核的形成，而不利于晶核的长大。所以在低温时一般得到细小的颗粒。

对于晶形沉淀，沉淀应在较热的溶液中进行，这样可使沉淀的溶解度略有增大，过饱和度相对降低，有利于晶体成长增大。同时，温度越高，吸附的杂质越少。但这时为了减少已沉淀晶体溶解度增大而造成的损失，沉淀完毕，应待熟化、冷却后过滤和洗涤。

对于非晶形沉淀，在较热的溶液中沉淀也可以使离子的水合程度较小，获得比较紧密凝聚的沉淀，防止胶体溶液的形成。

此外，较高温度操作对缩短沉淀时间提高生产效率有利，对降低料液黏度亦有利。但显然温度受介质水沸点的限制，因此多数沉淀操作均在70～80℃之间进行温度选择。

（3）pH值：既然沉淀法常用碱性物质作沉淀剂，因此沉淀物的生成在相当程度上必然受溶液pH的影响，特别是制备活性高的混合物催化剂更是如此。

由盐溶液用共沉淀法制备氢氧化物时，各种氢氧化物一般并不是同时沉淀下来，而是在不同的pH值下（表4－8）先后沉淀下来的。即使发生共沉淀，也仅限于形成沉淀所需pH值相近的氢氧化物。

表4-8　形成氢氧化物沉淀所需的 pH 值

氢氧化物	形成沉淀物所需的 pH 值	氢氧化物	形成沉淀物所需的 pH 值
$Mg(OH)_2$	10.5	$Be(OH)_2$	5.7
AgOH	9.5	$Fe(OH)_2$	5.5
$Mn(OH)_2$	8.5~8.8	$Cu(OH)_2$	5.3
$La(OH)_3$	8.4	$Cr(OH)_2$	5.3
$Ce(OH)_3$	7.4	$Zn(OH)_2$	5.2
$Hg(OH)_2$	7.3	$U(OH)_4$	4.2
$Pr(OH)_3$	7.1	$Al(OH)_3$	4.1
$Nd(OH)_3$	7.0	$Th(OH)_4$	3.5
$Co(OH)_2$	6.8	$Sn(OH)_2$	2.0
$U(OH)_3$	6.8	$Zr(OH)_4$	2.0
$Ni(OH)_2$	6.7	$Fe(OH)_3$	2.0
$Pd(OH)_2$	6.0		

由于各组分的溶度积是不同的，如果不考虑形成氢氧化物沉淀所需 pH 值相近这一点的话，那么很可能制得的是不均匀的产物。例如，当把氨水溶液加到含两种金属硝酸盐的溶液中时，氨将首先沉淀一种氢氧化物，然后再沉淀另一种氢氧化物。在这种情况下，欲使所得的共沉淀物更均匀些，可以采用如下两种方法：第一是把两种硝酸盐溶液同时加到氨水溶液中去，这时两种氢氧化物就会同时沉淀；第二是把一种原料溶解在酸性溶液中，而把另一种原料溶解在碱性溶液中。例如氧化硅-氧化铝的共沉淀可以由硫酸铝与硅酸钠（水玻璃）的稀溶液混合制得。

氢氧化物共沉淀时有混合晶体形成，这是由于量较少的一种氢氧化物进入另一种氢氧化物的晶格中，或者生成的沉淀以其表面吸附另一种沉淀所致。

（4）加料方式和搅拌强度：沉淀剂和待沉淀组分两组溶液进行沉淀反应时，有一个加料顺序问题。以硝酸盐加碱沉淀为例，是先预热盐至沉淀温度后逐渐加入碱中，或是将碱预热后逐渐加入盐中，抑或是两者分别先预热后，同时并流加入沉淀反应器中，其中至少可以有 3 种可能的加料方式，即正加、反加和并流加料。有时甚至可以是这 3 种方式的分阶段复杂组合。经验证明：在溶液浓度、温度、加料速度等其他条件完全相同的条件下，由于加料方式的不同，所得沉淀的性质也可能有很大的差异，并进而使最终的催化剂或载体的性质出现差异。

搅拌强度对沉淀的影响也是不可忽视的。不管形成何种形态的沉淀，搅拌都是必要的。但对于晶形沉淀，开始沉淀时，沉淀剂应在不断搅拌下均匀而缓慢地加入，以免发生局部过浓现象，同时也能维持一定的过饱和度。而对非晶形沉淀，宜在不断搅拌下，迅速加入沉淀剂，使之尽快分散到全部溶液中，以便迅速析出沉淀。

综上所述，影响沉淀形成的因素是复杂的。在实际工作中，应根据催化剂性能对结构

的不同要求，选择适当的沉淀条件，注意控制沉淀的类型和晶粒大小，以便得到预定结构和组成的沉淀物。

对于可能形成晶体的沉淀，应尽量创造条件，使之形成颗粒大小适当、粗细均匀、具有一定比表面和孔径、杂质含量较少、容易过滤和洗涤的晶形沉淀。即使不易获得晶形沉淀，也要注意控制条件，使之形成比较紧密、杂质较少、容易过滤和洗涤的沉淀，尽量避免胶体溶液形成。一些胶体沉淀，在实验室中常见到几昼夜无法洗净的困难情况。

（三）沉淀法制备氢氧化铝的其他单元操作过程以及每个过程的作用

（1）沉淀的陈化和洗涤：在催化剂制备中，在沉淀形成以后往往有所谓陈化（或熟化）的工序。对于晶形沉淀尤其如此。

沉淀在其形成之后发生的一切不可逆变化称为沉淀的陈化。最简单的陈化操作是沉淀形成后并不立即过滤，而是将沉淀物与其母液一起放置一段时间。这样，陈化的时间、温度及母液的 pH 值等便会成为陈化所应考虑的几项影响因素。

在晶形材料制备过程中，沉淀的陈化对材料性能的影响往往是显著的。因为陈化过程中，沉淀物与母液一起放置一段时间（必要时保持一定温度）时，由于细小的晶体比粗大晶体溶解度大，溶液对于大晶体而言已达到饱和状态，而对于细晶体尚未饱和，于是细晶体逐渐溶解，并沉积于粗晶体上。如此反复溶解、沉积的结果，基本上消除了细晶体，获得了颗粒大小较为均匀的粗晶体。此外，孔隙结构和表面积也发生了相应的变化。而且，由于粗晶体总面积较小，吸附杂质较小，在细晶体之中的杂质也随溶解过程转入溶液。此外，初生的沉淀不一定具有稳定的结构，例如草酸钙在室温下沉淀时得到的是 $CaC_2O_4 \cdot 2H_2O$ 和 $CaC_2O_4 \cdot 3H_2O$ 的混合沉淀物，它们与母液在高温下一起放置，将会变成稳定的 $CaC_2O_4 \cdot H_2O$。某些新鲜的无定形或胶体沉淀，在陈化过程中逐步转化而结晶也是可能的，例如分子筛、水合氧化铝等的陈化，即是这种转化最典型的实例。

多数非晶形沉淀，在沉淀形成后不采取陈化操作，宜待沉淀析出后，加入较大量热水稀释之，以减少杂质在溶液中的浓度，同时使一部分被吸附的杂质转入溶液。加入热水后，一般不宜放置，而应立即过滤，以防沉淀进一步凝聚，并避免表面吸附的杂质包裹在沉淀内部不易洗净。某些场合下，也可以加热水放置熟化，以制备特殊结构的沉淀。例如，在活性氧化铝的生产过程中，常常采用这种办法，即先制出无定形的沉淀，再根据需要采用不同的陈化条件，生成不同类型的水合氧化铝（α-$Al_2O_3 \cdot H_2O$ 或 α-$Al_2O_3 \cdot 3H_2O$ 等），经煅烧转化为 γ-Al_2O_3 或 η-Al_2O_3。

沉淀过程固然是沉淀法的关键步骤，然而沉淀的各项后续操作，例如过滤、洗涤、干燥、焙烧、成型等，同样会影响催化剂的质量。其中洗涤一步，是沉淀法制备催化剂的特有操作，值得在此首先加以讨论。

洗涤操作的主要目的是除去沉淀中的杂质。用沉淀法制备催化剂时，沉淀终点在控制和防止杂质的混入上是很重要的。一方面要检验沉淀是否完全，另一方面要防止沉淀剂的过量，以免在沉淀中带入外来离子和其他杂质。杂质混入催化剂主要发生在沉淀物生成过程中，沉淀带入杂质的原因是表面吸附、形成混晶（固溶体）、机械包藏等。其中，表面吸附是具有大表面非晶形沉淀玷污的主要原因。通常，沉淀物的表面积相当大，大小0.1mm左右的0.1g结晶物质（相对密度1）共有10×10^4个晶粒，总表面积为$60cm^2$左右；如果颗粒尺寸减至0.01mm（微晶沉淀）颗粒的数目就增加到1×10^8个，表面积达到$600cm^2$；考虑到结晶表面的不整齐等因素，它的表面积显然还要大得多。有这样大的表面积，对杂质的吸附就不可避免。

所谓形成混晶，指的是溶液中存在的杂质如果与沉淀物的电子层结构类型相似，离子半径相近，或电荷/半径比值相同，在沉淀晶体长大过程中，首先被吸附，然后参加到晶格排列中形成混晶（同形混晶或异形混晶），例如，$MgNH_4PO_4\cdot6H_2O$与$MgNH_4AsO_4\cdot6H_2O$可组成同形混晶，NaCl（立方体晶格）和Ag_2CrO_4（四面体晶格）能形成异形混晶。混晶的生成与溶液中杂质的性质、浓度和沉淀剂加入速度有关。沉淀剂加入太快，结晶成长迅速，容易形成混晶。异形混晶晶格通常完整，当沉淀与溶液一起放置陈化后，可以除去。

机械包藏，指被吸附的杂质机械地嵌入沉淀之中。这种现象的发生也是由于沉淀剂加入太快的缘故。在陈化后，这种包藏的杂质也可能除去。

此外，在沉淀形成后的陈化时间过长，母液中其他的可溶或微溶物可能沉积在原沉淀物上，这种现象称为后沉淀。显然，在陈化过程中发生后沉淀而带入杂质是我们所不希望的。

根据以上分析，为了尽可能减少或避免杂质的引入，应当采取以下几点措施：一是针对不同类型的沉淀，选用适当的沉淀和陈化条件；二是在沉淀分离后，用适当的洗涤液洗涤；三是必要时进行再沉淀，即将沉淀过滤、洗涤、溶解后，再进行一次沉淀。再沉淀时由于杂质浓度大为降低，吸附现象可以减轻或避免。这与一般晶体物质的重结晶有相近的纯化效果。

在材料制备中，以洗涤液除去固态物料中杂质的操作称为洗涤。最常用的洗涤液是纯水，包括去离子水和蒸馏水，其纯度可用电导仪方便地检验。纯度越高，电导越小。有时在纯水中加入适当洗涤剂配成洗涤液。当然洗涤剂应是可分解和易挥发的，例如用$(NH_4)_2C_2O_4$稀溶液洗涤CaC_2O_4沉淀。溶解度较小的非晶形沉淀，应该选择易挥发的电解质稀溶液洗涤，以减弱形成胶体的倾向，例如水合氧化铝沉淀宜用硝酸铵溶液洗涤。

一般而言，选择洗涤液温度时，温热的洗涤液容易将沉淀洗净。因为杂质的吸附量随温度的提高而减少，通过过滤层也较快，还能防止胶体溶液的形成。但是，在热溶液中，沉淀的损失也较大。所以，溶解度很小的非晶形沉淀，宜用热的溶液洗涤，而溶解度大的晶形沉淀，以冷的洗涤液洗涤为好。

实际操作中，洗涤常用倾析法和过滤法。洗涤的开始阶段，多用倾析洗涤，即操作时先将洗涤槽中的母液放尽，加入适当洗涤液，充分搅拌并静置澄清后，将上层澄清液尽量倾出弃去，再加入洗涤液洗涤。重复洗涤数次，将沉淀物移入过滤器过滤，必要时可以在过滤器中继续洗涤（冲洗）。为了提高洗涤效率、节省洗涤液并减少沉淀的溶解损失，宜

用尽量少的洗涤液，分多次洗涤，并尽量将前次的洗涤液沥干。洗涤必须连续进行，不得中途停顿，更不能干涸放置太久，尤其是一些非晶形沉淀，放置凝聚后，就更难洗净。沉淀洗净与否，应进行检查，一般是定性检查最后洗出液中是否还显示某种离子效应。通常以洗涤水不呈 OH^-（用酚酞）或 NO_3^-（用二苯胺浓硫酸溶液）的反应时为止。对某些类型的催化剂，洗涤不净在催化剂中留下残余的碱性物，将影响催化剂的性能。

（2）干燥、焙烧和活化：干燥是用加热的方法脱除已洗净湿沉淀中的洗涤液。干燥后的产物，通常还是以氢氧化物、氧化物或硝酸盐、碳酸盐、草酸盐、铵盐和醋酸盐的形式存在。一般而言，这些化合物既不是材料所需要的化学状态，也尚未具备较为合适的物理结构，起不到相应的作用。如对于催化剂而言，对反应不能起催化作用，故称催化剂的钝态。把钝态催化剂经过一定方法处理后变为活泼催化剂的过程，叫做催化剂的活化（不包括再生）。活化过程，大多在使用厂的反应器中进行，有时在催化剂制造厂进行，后者称预活化或预还原等。

焙烧是继干燥之后的又一热处理过程，但这两种热处理的温度范围和处理后的热失重是不同的，其区别如表 4-9 所示。干燥对催化剂性能影响较小，而焙烧的影响则往往较大。

表 4-9　干燥与焙烧的区别

单元操作	温度范围/℃	烧失重（1000℃）/%
干燥	80～300	10～50
中等温度焙烧	300～600	2～8
高温焙烧	>600	<2

被焙烧的物料可以是催化剂的半成品（如洗净的沉淀或先驱物），但有时可能是催化剂成品或催化剂载体。

焙烧的目的是：①通过物料的热分解，除去化学结合水和挥发性杂质（如 CO_2、NO_2、NH_3），使之转化为所需要的化学成分，其中可能包括化学价态的变化；②借助固态反应、互溶、再结晶，获得一定的晶型、微粒粒度、孔径和比表面积等，③让微晶适度地烧结，提高产品的机械强度。

可见，焙烧过程有化学变化和物理变化发生，其中包括热分解过程、互溶与固态反应、再结晶过程、烧结过程等。这些复杂的过程对成品性能的影响也是多方面的。如许多无机化合物在低温下就能发生固态反应，而催化剂（或其半成品）的焙烧温度常常近于500℃左右。所以活性组分与载体间发生固态相互反应是可能的。再如，烧结一般使微晶长大，孔径增大，比表面积、比孔容积减小，强度提高等，对于一个给定的焙烧过程，上述的几个作用过程往往同时或先后发生。当然也必定有一个或几个过程为主，而另一些过程处于次要地位。显然，焙烧温度的下限取决于干燥后物料中氢氧化物、硝酸盐、碳酸盐、草酸盐、铵盐之类易分解化合物的分解温度。这个温度，可以通过查阅物性数据和一般的热分解失重曲线的测定来确定。焙烧温度的上限要结合焙烧时间一并考虑。当焙烧温度低于烧结温度时，时间越长，分解越完全；若焙烧温度高于烧结温度，时间越长，烧结越严重。为了使物料分解完全，并稳定产物结构，焙烧至少要在不低于分解温度和不高于最终催化剂成品使用温度的条件下进行。温度较低时，分解过程或再结晶过程占优势；温度较高时，烧结过程可能较突出。

焙烧设备很多，有高温电阻炉、旋转窑、隧道窑、流化床等。选用什么设备要根据焙烧温度、气氛、生产能力和设备材质的要求来决定，任何给定的焙烧条件都只能满足某些主要性能的要求。例如，为了得到较大的比表面，在不低于分解温度和不高于使用温度的前提下，焙烧温度应尽量选低，并且最好抽真空焙烧。为了保证足够的机械强度，则可以在空气中焙烧，而且焙烧时间可长一些。为了制备某种晶形产品（如 γ-Al_2O_3 或 α-Al_2O_3），必须在特定的相变温度范围内焙烧。为了减轻内扩散的影响，有时还要采取特殊的造成孔技术，例如，预先在物料中加入造孔剂，然后在不低于造成孔剂分解温度的条件下焙烧等。

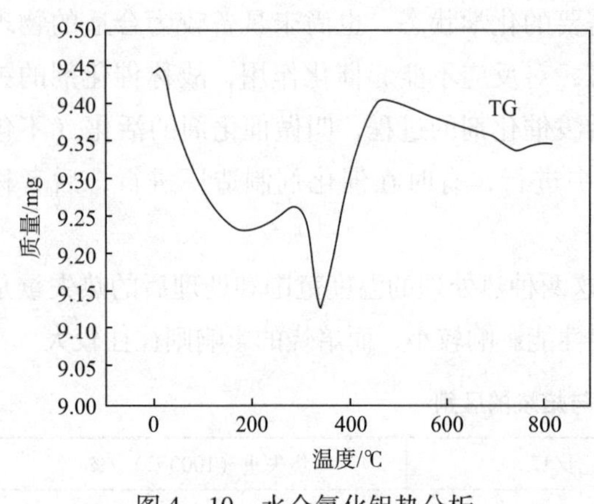

图 4－10　水合氧化铝热分析

用热分析仪确定焙烧温度：用热分析仪对水合氧化铝粉体进行热分析实验，其结果见图 4－10。

用热分析仪进行热分析实验，在温度为 380～400℃时出现失重阶梯，确定铝溶胶沉淀的分解最低温度为 380℃，再根据 Al_2O_3 的相图确定得到晶形 γ-Al_2O_3 的焙烧温度。

进行焙烧可得到 γ-Al_2O_3：在不同温度、压力等条件下，不同变体的氢氧化铝经脱水可以得到不同晶型的 Al_2O_3，但在高温下（1200℃以上）均转化成稳定的 α-Al_2O_3。例如：

$$\alpha\text{-AlOOH} \longrightarrow \gamma\text{-}Al_2O_3\ (450℃)\ /\delta\text{-}Al_2O_3\ (900℃)\ /\theta\text{-}Al_2O_3\ (1050℃)\ /\alpha\text{-}Al_2O_3\ (1200℃) \tag{4-64}$$

$$\beta_2\text{-Al(OH)}_3 \longrightarrow \rho\text{-}Al_2O_3\ (230℃)\ /\eta\text{-}Al_2O_3\ (600℃)\ /\longrightarrow\theta\text{-}Al_2O_3\ (850℃)\ /\alpha\text{-}Al_2O_3\ (1200℃) \tag{4-65}$$

氧化铝孔结构控制主要有以下 3 种途径。

①控制氢氧化铝的晶粒大小，由于氧化铝是通过氢氧化铝高温（烘干、焙烧）脱水制得的，所以，氢氧化铝的晶粒大小直接影响氧化铝的晶粒大小，最终影响氧化铝的孔结构。例如，薄水铝石 α-AlOOH 晶粒分别约为 5nm、10nm、15nm 和 20nm 时，比表面积分别约为 $345m^2/g$、$234m^2/g$、$72m^2/g$ 和 $50m^2/g$，焙烧后 Al_2O_3 比表面积分别为 $339m^2/g$、$287m^2/g$、$278m^2/g$ 和 $223m^2/g$。

②沉淀时加入水溶性的有机聚合物造孔剂，沉淀时加入水溶性的有机聚合物，成型后焙烧，聚合物燃烧变成气体，使得孔隙贯通，孔隙率增大。因此，可以通过选择有机聚合

物的类型并控制其加入的量，从而控制孔径大小及其分布。例如，相对分子质量范围为400~20000、浓度为10.0%~37.5%的聚乙二醇或聚环氧乙烷，可使Al_2O_3孔容从0.50扩大到1.44mL/g，比表面可达250~300m^2/g。

③成型时加入干凝胶、碳粉、表面活性剂等造孔剂，例如，在含水铝凝胶中加入一定量干凝胶，然后挤压成型，再干燥、焙烧。与不加干凝胶相比，所得Al_2O_3的孔容可从0.45mL/g增至1.61mL/g。

对于铜催化剂来说，要使其催化性能能够在工业装置上得到很好的体现，催化剂装填和还原条件的选择也是至关重要的因素。安霞等考察了还原条件对Cu-Zn-Al_2O_3催化剂催化环己醇脱氢性能的影响，采用XRD、H_2-TPR、CO_2-TPD、NH_3-TPD及BET等手段对催化剂进行了表征。结果表明，还原温度和还原时间对Cu-Zn-Al_2O_3催化剂催化环己醇脱氢性能的影响较大，具体结果见图4-11、4-12。

由图4-11、4-12可见，Cu-Zn-Al_2O_3催化剂最佳还原条件为：还原260℃，还原时间为2h。在此条件下还原的催化剂在反应温度250℃，环己醇进样量为0.5mL/min，环己醇转化率为67.59%，环己酮的选择性接近100%；从催化剂反应前后的孔径分布图，以及环己醇转化率的变化来看，Cu-Zn-Al_2O_3催化剂具有较好的稳定性。

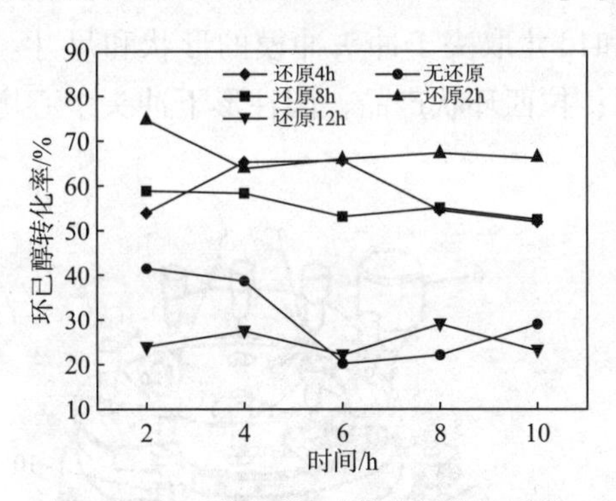

图4-11 还原时间对催化活性的影响

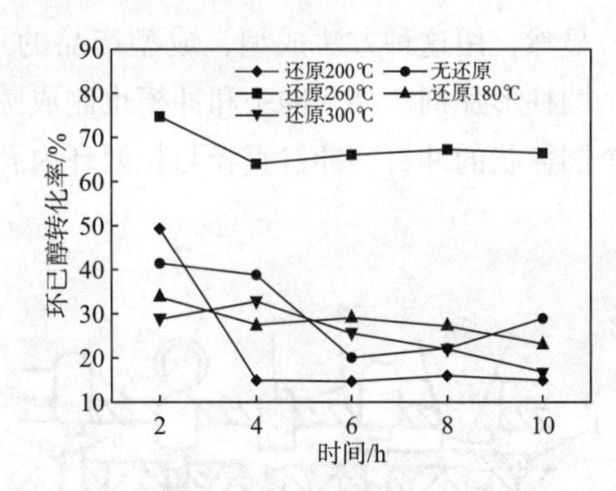

图4-12 还原温度对催化活性的影响

对于其他的铜系催化剂、镍系催化剂等也有类似的结果。

三、催化剂成型工艺——压片成型

（一）成型特点

压片成型法制得的产品，具有颗粒形状一致、大小均匀、表面光滑、机械强度高等特点。其产品适用于高压高流速的固定床反应器。其主要缺点是生产能力较低，设备较复杂，直径3mm以下的片剂（特别是拉西环）不易制造，成品率低，冲头、冲模磨损大，因而成型费用较高等。

（二）成型原理、影响因素、设备及应用

（1）压片工艺与旋转压片机：压片成型是广泛采用的成型方法，和西药片剂的成型工

艺相接近。它应用于由沉淀法得到的粉末中间体的成型、粉末催化剂或粉末催化剂与水泥等黏结剂的混合物的成型。也适于浸渍法用载体的预成型。

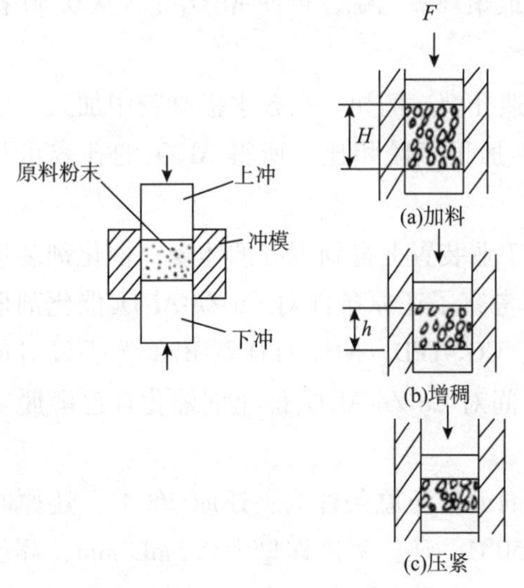

图 4－13　压缩成型示意

本法一般压制圆柱状、拉西环状的常规形状催化剂片剂，也有用于齿轮状等异形片剂成型的。其常用成型设备是压片（打片）机或压环机。压片机的主要部件是若干对上下冲头、冲模，以及供料装置、液压传输系统等。待压粉料由供料装置预先送入冲模，经冲压成型后，被上升的下冲头排出。先进的压环机，在旋转的转盘上，装有数十套模具，能连续地进料出环，物料的进出量、进出速度及片剂的成型压力（压缩比），可在很大的范围内调节。压片机的成型原理及旋转压片机的动作如图 4－13 和图 4－14 所示，压片机结构如图 4－15 所示。

显然，用这种方法成型，成型产品的形状和尺寸取决于冲头冲模的形状和尺寸。例如，圆柱形片剂产品，冲头和冲模也制成圆柱形；拉西环状产品，圆柱形下冲头中心增加一个圆棒状的冲钉，冲钉直径与拉西环内孔相等。

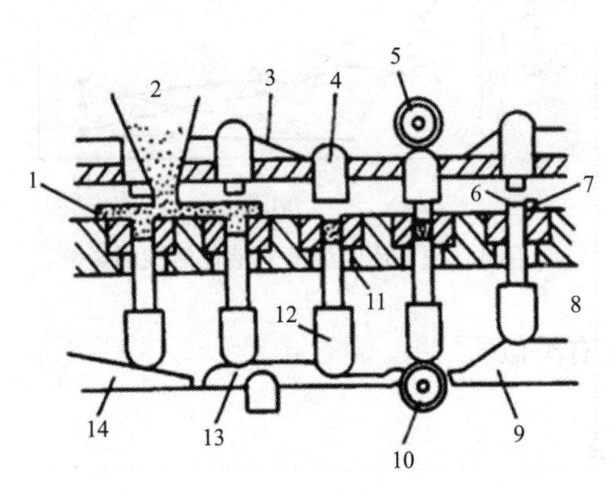

图 4－14　旋转压片机动作展开图

1—加料器；2—料斗；3—上冲导轨；4—上冲头；5—上压缩轮；6—压片；7—刮板；8—工作台；9—推出轨道；10—下压缩轮；11—冲模；12—下冲头；13—重量调节轨道；14—强制下降轨道

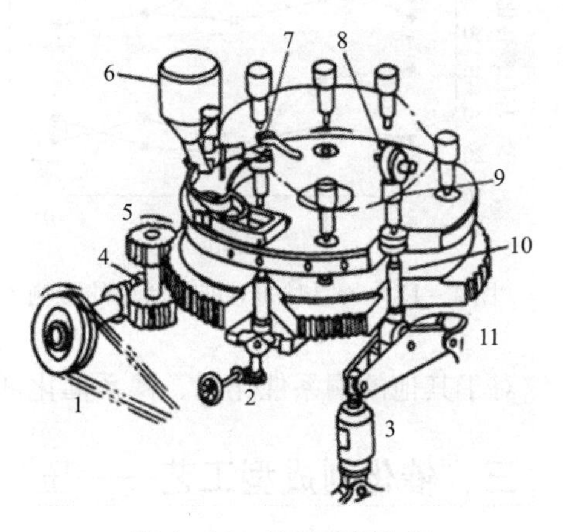

图 4－15　旋转式压片机

1—传动皮带；2—重量调节轨道；3—缓衡装置；4—蜗轮蜗杆；5—小齿轮；6—料斗；7—刮刀；8—上压轮；9—上冲头；10—下冲头；11—下压轮

通过进料系统，控制进入冲模中物料的装填量和冲头的冲程，可以调整颗粒的长径比，调整成形压力可以控制产品的相对密度和强度。加入模腔中的物料量取决于固体粉末的密度和流动性，也取决于片剂的几何尺寸。用压片机成型的原料粉末，须事先在球磨机或拌粉机中混合均匀，有的物料还需要进行预压和造粒（粉料中含一定微粒状物料），以调整物料的堆积密度和流动性。原料粉末可以是完全干燥的，也可以保持一定湿度。压片机的成型压力一般为100～1000MPa，催化剂的颗粒大小有一个较宽的范围，一般对圆柱形而言外径为3～10mm，通常高和直径大体相等。

压片成型在催化剂制备中是较为关键和复杂的步骤，有许多因素会影响成品的质量和生产效率，如模具的材质和加工精度、粉料的组成和性质、成型压力与压缩比、预压条件等。在实际生产中往往要经过许多必要的条件试验和多年的操作经验积累之后，对某种具体的催化剂才能使压片工艺达到比较完善的程度。

成型压力对催化剂性能的影响，是各种因素中影响最大的。成型压力提高，在一定范围内，催化剂的抗压强度随之提高。这是容易理解的一般规律，因为压力使催化剂更加密实。但超过此范围，强度增势渐趋平缓。因此，使用过高成型压力，非但不能继续提高强度，在经济上反而是个浪费。

一般催化剂压片成型时，会发生孔结构和比表面积的变化。通常是比表面积（单位质量催化剂的内外表面积合计，m^2/g）随成型压力的提高而逐渐变小，并在出现极小值之后回升。回升的原因，在于高压使密实后的粒子重新破碎为更小的微粒。成型压力提高，一般催化剂的平均孔径和总孔体积会有所降低，而不同孔径的分布也会变得更为平均化。孔径分布均化的原因，在于过高的压力可能“弥合”若干最细的内孔道，并同时破坏最大的粗孔。

成型压力对某些催化剂的活性和稳定性有影响，这除了由于上述种种物理结构变化可能会影响到催化剂活性等化学性质的这一层因素而外，有时还应考虑到，在成型的高压和骤然的摩擦温升下，催化剂组分间的化学结构有变化的可能。

（2）滚动压制机：压片成型法除使用压片机、压环机外，还有一种成型机称为滚动式压制机，如图4－16所示。它是利用两个相对旋转的滚筒，滚筒表面有许多相对的、不同形状（如半球状）的凹模，将粉料和黏结剂通过供料装置送入两滚筒中间，滚筒径向之间通过油压机或弹簧施加压力，将物料压缩成相应的球型或卵形颗粒。成型颗粒的强度，与凹模形状、供料速度、黏结剂种类等因素有关。这种生产方法，其生产能力比压片机高，这种设备有时也可用于压片前的预压，通过一次或多次的预压，可以大大提高粉料的表观密度，进而提高成品环状催化剂的强度。

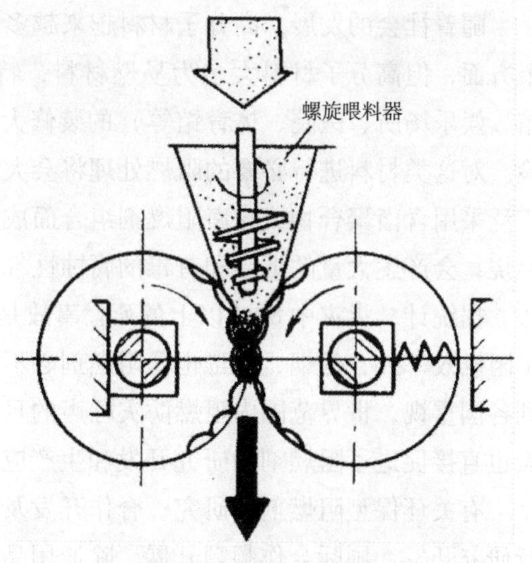

图4－16 滚动式压缩机

四、氧化铝催化剂制备实例

（一）球形氧化铝制备

将1000g浓度为200g Al_2O_3/L的偏铝酸钠溶液与1000g浓度2%（质量分数）的羧甲基纤维素钠溶液混合均匀，然后通过1.0mm的针孔滴入铝离子浓度为0.15mol/L硫酸铝溶液中，形成凝胶小球，并进一步浸泡老化2h；取出凝胶球充分洗涤至洗水电导率小于500μS/cm，再将凝胶球用1重%的尿素溶液浸泡10min；最后在80℃下干燥至水含量40%~65%（质量分数），150℃下干燥至水含量小于10%（质量分数），550℃下焙烧4h，得到产品的粒径约为1.9mm的球形氧化铝产品。

（二）柱状催化剂制备

柱状氧化铝催化剂制备过程如下。

（1）取300g的$Al_2O_3 \cdot H_2O$，在200~300℃下热处理2h冷却备用。

（2）在经热处理后的水合氧化铝中加入5g的CMC、9g石墨、150g去离子水，捏合均匀。

（3）将捏合均匀的物料造粒成粒径约1.2mm的粒子，在100~120℃下干燥4h。

（4）将烘干的粒子通过压片机压成Φ3mm×3mm的圆柱形颗粒。

（5）将片剂经800℃煅烧4h得到所需柱状氧化铝载体。

第五节　制备绿色阻燃剂

随着社会的发展，高分子材料越来越多地应用于国民经济的各个部门和人民生活的各个方面，但高分子材料大多为易燃材料，特别是近年来一些公共场所（如大型商场、宾馆、娱乐场所、医院、体育馆等）的装修大量采用聚合物材料，大大增加了潜在的火灾危险。对这类材料进行必要的阻燃处理将会大大减小火灾的危险性，且由于传统的阻燃材料广泛采用含卤聚合物或含卤阻燃剂组合而成的阻燃混合物，一旦发生火灾，由于热分解和燃烧，会产生大量的烟雾和有毒的腐蚀性气体，从而妨碍救火和人员疏散、腐蚀仪器和设备。据统计，火灾中80%以上的死亡事故是由材料产生的浓烟和有毒气体造成的，因而除了阻燃效率外，低烟、低毒也是阻燃剂必不可少的指标。安全可靠的环保型阻燃剂日益受到各国重视，世界范围内阻燃防灾呼声的日益高涨以及环境保护领域立法的建立和日趋发展也直接促进了阻燃剂的研究开发和生产应用。

有关环保型阻燃剂的研究、合作开发及生产活动十分活跃，发达国家纷纷投入巨资进行研究开发，国际合作频频开展，除通用品种外，各种专用、复配型新产品层出不穷，应用领域不断开拓。我国应加强对环保型阻燃剂的应用研究，促进我国阻燃剂的生产与发展，满足我国飞速发展的塑料工业的需求，同时加快我国阻燃剂工业产品结构调整，因而发展无卤阻燃技术成为阻燃研究领域的热点之一。阻燃剂的发展方向就是注重发展低烟

雾、低毒或无毒、高效的环保型新品种，提高无机阻燃剂的生产和消费比例，开发高效复合型阻燃剂新品种。

对此，发达国家研究和开发了许多新型（环保型）阻燃剂，并对各类阻燃剂制定了严格的防火安全标准。目前，国际上比较通用的有美国 UL—94 标准和英国 ICI 标准，这些标准中对阻燃剂用于塑料制品后，产品在遇火时的表面燃烧速度、火焰传播、发烟、材料和部件燃烧行为、氧指数等都做了明确规定，并对阻燃剂的使用做了一定限制。现在有些发达国家已开始禁止使用各种卤素阻燃剂，例如德国规定从 1995 年起在电子设备的外壳中禁用各种溴化物阻燃剂；瑞典也规定，在电子设备中 25g 以上的塑料零件中均禁用有机氯化物和有机溴化物添加剂。可以看出，随着各国环保标准的提高，减少使用或不使用含卤素阻燃剂，代之以使用环保型阻燃剂必将成为许多行业的选择。

一、绿色阻燃剂概述

（一）绿色阻燃剂产生的原因

随着全球安全环保意识的日益加强，人们对防火安全及制品阻燃的要求越来越高。欧美等经济发达国家已限制使用含卤阻燃剂，无卤、低烟、低毒的环保型阻燃剂已成为人们追求的目标。因此高聚合度的结晶Ⅱ型聚磷酸铵（APP）的发展前景将会越来越广阔。目前我国在这方面也已引起高度重视，相信在不久的将来，根据我国的实际情况将逐步制订阻燃产品和测试方法的标准，健全和完善有关法规，使我国的整个阻燃剂行业向无卤化、环保化方向发展。

环保型阻燃剂主要是指不含有卤素、甲醛等的阻燃剂，该类阻燃剂可以最大限度地减少对人类健康和生态环境有害的原料和生产工艺的使用，不以人类的健康安全和环境污染为代价来提高材料的阻燃效果，可以真正地实现低毒、低烟、无环境污染。

环保型阻燃剂的应用可追溯到 19 世纪初。自 20 世纪 50 年代以来，高分子材料的广泛应用使有机磷阻燃剂得到很大发展。70 年代初，有机磷阻燃剂在美国阻燃剂市场上占到总销量的一半以上，主要用于 PVC 树脂的阻燃增塑。随着聚氨酯、聚烯烃以及各种工程塑料阻燃要求的提出，有机磷阻燃剂新品种的研究也日趋活跃，其发展的趋势是提高热稳定性和阻燃效率，出现了一系列性能良好的无卤有机磷阻燃剂。20 世纪 80 年代初，早期用于涂料等阻燃的膨胀阻燃体系被引入到高分子材料的阻燃，并建立和完善了以磷、氮为主体的膨胀型阻燃体系和阻燃机理学说。自 80 年代以来，环状和笼状磷酸酯及其衍生物的研究引起了广泛注意，从而使人们认识到揭示阻燃剂对高分子材料的阻燃机理是阻燃科学的一项重要内容，以磷酸酯为酸源、季戊四醇等为碳源、三聚氰胺等为气源的膨胀阻燃体系的阻燃机理有了一定的共识，但由于不同阻燃体系在高分子材料中的热氧化化学反应不一样，因此新的阻燃体系的阻燃机理还有待进一步的研究。

（二）绿色阻燃剂主要品种

1. 无机阻燃剂

无机阻燃剂主要为铝、镁、硼、锑和钼等的氢氧化物和氧化物的水合物，其作用机理是这些化合物受热分解，吸收大量的热，可降低聚合物表面温度；某些化合物还分解出水蒸气，起到了蓄热和稀释聚合物表面可燃性气体浓度的作用，从而达到阻燃的目的。与有机阻燃剂相比，无机阻燃剂具有稳定性好、不挥发、不析出、烟气毒性低和成本低等优点，同时存在着填充量大、与聚合物结合力小、相容性差和对聚合物的加工以及机械性能影响大缺点；但是无机阻燃剂可利用的资源丰富，因此受到普遍重视，就消耗量而言，无机阻燃剂占各类阻燃剂一半以上，居各类阻燃剂之首。

（1）氢氧化铝：目前全球氢氧化铝（ATH）占无机阻燃剂消费量的80%以上，是现有无机阻燃剂中的最主要一种，具有阻燃、消烟、填充三大功能，不产生二次污染，能与多种物质产生协同作用、热稳定性好、不挥发、无毒和腐蚀性、价格低廉、易于储存、来源丰富、阻燃效果持久。氢氧化铝作为重要的无机阻燃剂一直高居阻燃剂消费量的榜首，我国有多家企业进行生产，广泛应用于各种塑料、涂料、聚氨酯、弹性体和橡胶制品中。

（2）氢氧化镁：氢氧化镁阻燃剂是近些年国内一直在开发的一种阻燃产品，由于氢氧化镁分解温度比氢氧化铝高出110～140℃，更适合高温热塑性塑料加工，可广泛应用于聚丙烯、聚乙烯、聚氯乙烯、高抗冲苯乙烯和ABS等塑料行业。由于氢氧化镁是一种绿色阻燃剂，且与氢氧化铝相比，具有消烟能力更强、热分解温度更高、粒径较小等特点，适合更多对阻燃剂要求严格的地方使用。到20世纪末期，用于电器材料、光缆通讯材料等特殊用途的纳米级氢氧化镁的开发成功，更是使新型无机阻燃剂独占鳌头。

但是氢氧化镁与高聚物的相容性较差，氢氧化镁的含量和形貌对聚合物材料机械性能的影响非常重大，因此必须对氢氧化镁制备工艺和产品性能进行完善和提高，改善其阻燃效率，降低其对基材的影响。改进集中在对表面的改性处理，主要采用偶联剂（多为有机硅烷和钛酸酯类）大分子键合的方式处理。对氢氧化镁的粒径粒度分布进行调整，趋于超细级，使其在基材中的分布更均匀，使填充量很大时不会太影响材料的抗拉强度、抗冲击强度等物性。

（3）氧化锑：氧化锑是最重要的无机阻燃剂之一，主要有三氧化二锑、胶体五氧化二锑、锑酸钠等。单独使用时它们的阻燃作用很小，它们主要与卤素构成的锑卤阻燃协效体系，有着很好的阻燃效果，因此它是几乎所有卤系阻燃剂中不可缺少的协效剂。其中五氧化二锑是近几年研究成功，并广泛用于各种纤维生产中的新型无机阻燃剂，具有十分优良的阻燃性能。由于渗透性强，黏附力大，使被阻燃的纤维和织物耐洗耐用，阻燃性能持久。

（4）无机磷化合物：磷系阻燃剂作为一种老牌阻燃剂，其无卤、低毒、稳定、效果持久等优势，使其在无机阻燃剂中占有很重的地位。无机磷系阻燃剂主要包括红磷、磷酸盐和聚磷酸铵（APP）、磷酸二氢铵等，它们受热时分解出磷酸、偏磷酸和H_2O等，并促进成炭覆于基材的表面，从而起到阻燃的效果。可应用于PVC、尼龙环氧树脂、聚酯和聚酰

胺等，尤其是对后两类更为普遍。

(5) 硼酸盐：无机硼酸和硼酸盐是两种早期主要的阻燃剂，其中硼酸盐系列产品主要包括偏硼酸铵、五硼酸铵、偏硼酸钠、氟硼酸铵、偏硼酸钡、硼酸锌。目前主要使用是硼酸锌产品，主要应用于高层建筑的橡胶制品配件、电梯、电缆、电线、塑料护套、临时建筑、军用制品、塑料、电视机外壳和零部件、船舶涂料及合成纤维制品等。硼酸锌最早由美国硼砂和化学品公司开发成功，商品名为 Frie Brake ZB，因此简称 FB 阻燃剂，硼酸锌能够明显提高制品的耐火性，也有着很好的抑烟作用。美国 Borax 生产的脱水硼酸锌 XPI-187，热稳定性高，可用于在 290℃加工的工程塑料、充气电线、电缆及飞机内用的层压板。FB 硼酸盐阻燃剂具有性能良好、安全无毒、价格低廉、原料易得等优点，而且在一些领域具有无法替代性，因此发展前景被广泛看好。我国硼资源丰富，但对 FB 硼酸盐阻燃剂的研究与应用还处于开发阶段，有条件的地区应该加快这方面的研究，研究方向主要集中在超细化无水和脱水硼酸锌方面。

(6) 钼化合物：发生火灾时，烟是最先产生且最易致命的因素，当代阻燃剂技术中“阻燃”和“抑烟”相提并论，对某些高聚物而言“抑烟”比“阻燃”更为重要，因此开发抑烟阻燃剂是非常重要的。迄今为止，人们发现最好的抑烟剂就是钼类化合物，因此钼类化合物的开发与应用已成为阻燃剂领域的一个研究热点。在电线电缆阻燃包裹层的应用上，专家认为钼-锌系统将使 PVC 能与含氟聚合物竞争，特别是在要求低烟领域；另外钼化合物还可以与其他阻燃剂复配使用。美国开发出了一系列不含铵的钼酸盐抑烟剂，能耐 200℃以上的温度。目前钼类化合物作为阻燃剂研究在我国尚处于起步阶段。

(7) 其他无机阻燃剂：除上述几种无机阻燃剂被广泛应用外，象锡系、无机硅等阻燃剂在不同程度上的应用也不容忽视。锡系中的 Flamtard H 有着很好的抑烟作用，常常是氧化锑协效剂的替代品，用于纤维和工程塑料的阻燃。无机硅系阻燃剂与其他添加剂的复配使用可以达到理想的阻燃效果，如水合硅化物/APP、硅酸盐/APP 等。

2. 有机硅系阻燃剂

有机硅系阻燃剂是一种新型无卤阻燃剂，也是一种成炭型抑烟剂，它在赋予高聚物优异阻燃抑烟型的同时，还能改善材料的加工性能及提高材料的机械强度，特别是低温冲击强度。目前已提供市场的有机硅系阻燃剂是美国通用电器公司生产的 SFR2100，它是一种透明、黏稠的硅酮聚合物，可与多种协同剂（硬脂酸盐、多磷酸胺与季戊四醇混合物、氢氧化铝等）并用，已用于阻燃聚烯烃，低用量即可满足一般阻燃要求，高用量可赋予基材优异的阻燃性和抑烟性。含 10% SFR2100 的聚烯烃可在阻燃性、流动性及机械性能间实现最佳平衡。硅作为阻燃体系的加工助剂，降低了挤出加工时的扭矩，同时也是一种良好的分散剂，提高阻燃剂在高分子材料中的分散性，使材料的力学性能降低较少；另外，有机硅又是阻燃的协效剂，能提高阻燃体系的氧指数。有机硅具有优异的热稳定性，这是由构成其分子主链的 Si—O 键的性质决定的，有机硅的闪点几乎都在 300℃以上，具有难燃性。特别是加工成型的有机硅只要添加一般的金属氧化物，便可配成 UL-94 等级的硅橡胶。由于有机硅系阻燃剂的独特性能，它们将在不能使用含卤阻燃剂的场所获得更广泛的应用，以硅系化合物阻燃的高聚物将开阔新的阻燃材料市场。

3. 有机磷系阻燃剂

有机磷系阻燃剂的阻燃机理与无机磷系相同，与无机磷系阻燃剂不同的是它具有对材料的物理性能和其他性能影响相对较小，且易制得低聚和齐聚物阻燃剂。有机磷系阻燃剂迎合了阻燃剂发展无卤化这一趋势，因而极具发展前途，主要有磷酸酯和膦酸酯两大类。

（1）磷酸酯阻燃剂：磷酸酯阻燃剂是磷系阻燃剂的主要系列，它们大都为添加型阻燃剂。磷酸酯典型品种有磷酸三芳基酯和磷酸烷基二芳基酯两类，前者主要用于软质 PVC 薄膜、电缆电线包皮和 PPE 等工程塑料的阻燃。此外，计算机外壳用工程塑料的发展也增长了磷酸三芳基酯的需求。磷酸烷基二芳基酯阻燃性稍差，但发烟量小，增塑性更好，适用于树脂塑性要求较高的场合。

磷系阻燃剂虽然在我国生产较早，产量较大，但大部分是小分子磷酸酯类，耐热性及抗水解性都不很理想，阻燃性也不足，因而开发大分子化合物和齐聚物品种以及高含磷化合物的无卤化具有重要意义。

（2）膦酸酯系阻燃剂：与磷酸酯系阻燃剂相比较，膦酸酯系阻燃剂由于 P—C 键的存在，其化学稳定性增强，具有耐水溶性。它们中大部分属于反应型阻燃剂，因而使材料阻燃性持久。如环状膦酸酯就具有较高的热稳定性和优良的耐水解性。这类化合物可通过 Arbuzov 重排反应和 Michaelis 反应制得。目前，膦酸酯系列阻燃剂主要是小分子品种，如甲基膦酸二甲酯，相对分子质量仅为 124，磷含量为 25%，阻燃性能较好，主要用于聚氨酯泡沫材料、不饱和聚酯树脂以及环氧树脂等材料。

4. 氮系阻燃剂

相对其他阻燃剂而言，氮系阻燃剂发展较晚。氮系阻燃剂在发生火灾时，易受热放出 CO_2、NH_3、N_2、NO_2 和 H_2O 等不燃性气体。这些气体稀释了空气中的氧和高聚物受热分解时产生的可燃性气体的浓度，而且不燃性气体形成时，产生的热对流带走了一部分热量，同时氮气能捕捉自由基，抑制高聚物的连锁反应，起到清除自由基的作用，从而达到了阻燃目的。

氮系阻燃剂涉及三聚氰胺、三聚氰胺氰脲酸酯、三聚氰胺甲醇缩合物、聚酰胺、聚酰亚胺、胍盐、胍缩合物等，并以三聚氰胺和三聚氰胺氰脲酸酯为主体。氮系阻燃剂在聚氨酯、聚酰胺中有较好的阻燃性能。目前，总体而言，氮系阻燃剂的阻燃性能不是很好，多与其他阻燃剂复合使用。开发高氮含量、高温分解型和与聚合物相匹配的氮系阻燃剂是其研究主题。

5. 纳米级阻燃剂

无机阻燃剂一般都是高熔点的化合物，在合成材料的加工温度下，都是以颗粒状态存在于体系中，为了提高阻燃剂的分散，增加阻燃剂的阻燃效果，一般要求阻燃剂的颗粒越细越好，由超细、表面改性多组分复合工业支撑的无卤阻燃剂，填加量低，阻燃效率高。

现在所用的无机阻燃剂颗粒一般在微米级，阻燃填充量大，阻燃效率不高，如果阻燃剂的颗粒为纳米级，阻燃剂的填充量将会大大减少，阻燃效率将会加倍提高。纳米材料具有小尺寸效应、表面与界面效应（随纳米尺寸的减小，比表面积急剧增大，表面原子数及比例迅速增大）、量子尺寸效应和宏观量子隧道效应等特性。纳米阻燃聚合物将有机聚合物的柔韧性好、密度低、易于加工等优点与无机填料的强度和硬度较高、耐热性较好、不易变形高度结合，显示了强大的生命力。

采用无机层状硅酸盐来改善高聚物的性能是当今一个研究热点。以季铵盐改性的蒙脱土与熔融高聚物共混制得的纳米复合材料的机械性能大大优于未改性的同类高聚物。就阻燃性能而言，当这种材料含2% ~5%的纳米无机物时，其释热放速率可大大降低（下降50% ~70%）。高聚物/无机物纳米复合材料的阻燃模式是基于季铵盐改性的蒙脱土可稳定纳米复合物的结构，这种改性纳米层状物可自由迁移至高聚物表面，这种迁移是由自由能差、温度和黏度梯度及材料分解生成的气泡所促进的。由超细、表面改性多组分复合工艺制成的无卤阻燃剂，填加量低，阻燃效率高，对人和环境造成的危害也大大降低，因而在未来的阻燃剂领域发展中将具有愈加重要的地位。

6. 膨胀型阻燃剂

膨胀型阻燃剂系以磷、氮为主要组成的阻燃剂，它不含卤素。含有这类阻燃剂的高聚物受热时，表面能生成一层均匀的炭质泡沫，此层隔热、隔氧、抑烟，并能防止产生熔滴，具有良好的阻燃性能。这种炭层的结晶部分由包覆于无定型相基质中的大分子聚芳烃骨架组成，而无定形相则系通过 P—O—C 键与磷酸盐及含烷基的物系相连，后两者是由于被阻燃高聚物和阻燃系统中的成炭剂热裂解生成的。在膨胀型阻燃系统中加入一定量的某些金属化合物催化剂，也具有与加入分子筛相似的效果。膨胀型阻燃剂符合当今要求阻燃剂少烟、低毒的发展趋势，给膨胀型阻燃剂的发展提供了良好的机遇，同时也被认为是实现阻燃剂无卤化很有希望的途径之一。

美国 Great Lake 公司开发的一种含氮—磷的添加型膨胀型阻燃剂 CN-329 适用于 PP（聚丙烯），在 PP 加工温度下稳定性好，不迁移，所得阻燃 PP 密度低，且有良好的电气性能。磷佩聚合物作为膨胀型阻燃剂的研究使人们引起极大的兴趣，它稳定性好，燃烧时发烟量少，极限氧指数高，因而作为阻燃剂在航空、航天、船舶制造、石油开采和石油化工等方面都有重要作用。

（三）环保型阻燃剂的发展趋势

随着高分子材料在各领域的广泛应用，人们对阻燃剂的性能要求越来越严格、越来越全面。不仅要求阻燃剂低烟、低毒、高效，而且不能影响材料的原有机械性能，并且要具有某些特定的使用功能，如抗静电功能、屏蔽功能、导电性及耐热、耐辐射等。

随着合成材料工业的发展和法律法规的健全以及人们环保意识的增强，提高阻燃效率、减少用量、降低对人类健康和环境的危害已越来越引起人们的重视，已成为环保型阻燃剂最主要的发展趋势。

二、绿色阻燃剂聚磷酸铵合成工艺

（一）绿色阻燃剂聚磷酸铵简介

聚磷酸铵是1965年美国孟山都公司开发的一种新型绿色阻燃剂，日本、联邦德国、苏联等国于20世纪70年代初开始大批量生产，由于其性能优良，目前应用较为普遍。德国赫斯特塞拉尼斯生产的APP422、APP462在欧洲已成为聚氨酯硬泡塑料及聚酯多元醇常用的阻燃剂。日本住友及日产化学两大株式会社大量生产聚磷酸铵，主要用于涂料及壁纸等。

聚磷酸铵通常简称为APP，其通式为 $(NH_4)_{n+2}P_nO_{n+1}$，当 n 足够大时，可写为 $(NH_4PO_3)_n$，其结构式为：

$$NH_4O-\overset{\overset{O}{\|}}{\underset{\underset{ONH_4}{|}}{P}}-O-\left[\overset{\overset{O}{\|}}{\underset{\underset{ONH_4}{|}}{P}}-O\right]_{n-2}-\overset{\overset{O}{\|}}{\underset{\underset{ONH_4}{|}}{P}}-ONH_4 \tag{4-66}$$

当 $n=10\sim20$ 时，为短链APP，相对分子质量为1000～2000；$n>20$ 时，为长链APP，相对分子质量为2000以上。

（二）绿色阻燃剂聚磷酸铵生产方法及工艺

聚磷酸铵生产方法较多，常用的方法主要有3种。

（1）磷酸尿素缩合法：以磷酸、尿素为原料，在一定温度下进行聚合而得，其反应式为：

$$nH_3PO_4+(n-1)\ CO(NH_2)_2 \longrightarrow (NH_4)_{n+2}PO_{3n+1}+(n-4)\ NH_3+(n-1)\ CO_2 \tag{4-67}$$

该法以80%～85%浓度的磷酸做原料，聚合温度约为250～300℃，反应过程中应保持一定的氨分压，以防APP的水解。通常采用不锈钢制的带式、环盘式或沸腾式聚合反应器。反应过程中如果有水的存在会影响APP的聚合度。具体工艺条件为：

在一个具有高效冷却装置和搅拌器的反应器中，连续按尿素与磷酸摩尔比为（0.75～0.8）：1加料，在80～100℃下物料熔化后，转移到可连续移动的温度为250℃的反应带上，维持氨分压为40kPa进行反应，最后到溶解度为1.0的APP产品，本方法为生产APP的主要方法。为提高APP的聚合度，有人改进了上述工艺，先使磷酸与尿素反应生成磷酸脲，再与尿素反应生成高聚合度的水不溶性晶体。

（2）磷酸二氢铵、尿素法：本法以磷酸二氢铵和尿素为原料，反应方程式为：

$$CO(NH_2)_2+2NH_4H_2PO_4 \longrightarrow (NH_4)_4P_2O_7+CO_2 \tag{4-68}$$

$$(NH_4)_4P_2O_7+CO(NH_2)_2 \longrightarrow 2/n\ (NH_4PO_3)_n+4NH_3+CO_2 \tag{4-69}$$

在液体石蜡介质中、230℃下搅拌，0.5h内分批加入摩尔比为1：（1.8～2.0）的两种原料，保持0.5h，反应完成制得白色固体，用苯或蒸馏除去石蜡，用冷水洗涤除去短链产品，烘干得到白色晶体。产品收率为80%，聚合度为30。该法操作复杂，工业化难度大。

（3）磷酸二氢铵、五氧化二磷、氨气法：采用五氧化二磷为缩合剂，磷酸二氢铵为主

要原料，在过量氨存在下进行如下反应：

$$(NH_4)_2HP_4 + 0.5P_4O_{10} \longrightarrow 3/n\ (NH_4PO_3)_n \tag{4-70}$$

在高温下反应进行的速度很快。磷酸二氢铵和五氧化二磷按一定摩尔比加入反应器中，混合研磨、升温、通入氨气并保持一定的氨分压，在240～340℃之间反应1.5～3h，得白色粉状物，冷却后过筛得产品。60目过筛率通常在70%以上。将筛余物与原料混合后返回反应器进行二次反应，所得产品质量稳定、产品总收率为99.8%。

第五章　制备热稳定剂

第一节　热稳定剂简介

一、定义及应用

热稳定剂是塑料及其他高分子材料加工时所必不可少的一类助剂。它能防止塑料及其他高分子材料在加工过程中由于热相机械剪切所引起的降解。还能使制品在长期的使用过程中防止热、光和氧的破坏作用。热稳定剂必须根据加工工艺的需要和最终产品的性能要求来选用。热稳定剂是随着塑料的发展而发展的。它主要用在 PVC 中，其产量和消费量都与 PVC 的产量和消费量有很大关系。

在 PVC 的加工过程中，人们发现 PVC 塑料只有在 160℃以上才能加工成型，可它在 120～130℃时就开始热分解，释放出氯化氢气体。这就是说，PVC 的加工温度高于其热分解温度。这一问题曾是困扰聚氯乙烯塑料的开发与应用的主要难题。为此人们进行了大量的研究工作，发现如果聚氯乙烯塑料中含有少量的诸如铅盐、金属皂、酚、芳胺等杂质时，既不影响其加工与应用，又能在一定程度上起到延缓其热分解的作用。上述难题得以解决，促使了热稳定剂研究领域的建立与不断发展。

受聚氯乙烯塑料热分解现象的启发，人们不断发现其他的合成材料在特定的条件下也能受热分解，比较典型的有氯丁橡胶、以氯乙烯为单体的共聚物、聚醋酸酯、聚氯乙烯等；迄今，甚至像聚乙烯、聚苯乙烯这样热稳定性较好的塑料也有加入热稳定剂的必要；有关 ABS 树脂、涂料以及黏合剂，润滑剂等的热稳定性与热稳定剂的研究也逐渐活跃起来。

广义上讲，凡以改善聚合物的热稳定性为目的而添加的物质，都称为热稳定剂。近年来，随着聚合物稳定化技术的发展，人们对聚烯烃的热稳定也很重视，提出了许多新的理论，并开发出了一些用于聚烯烃的热稳定剂。但是，它与传统意义上的热稳定剂有着很大的区别。主要差别在于：传统意义上的热稳定剂是专指用于聚氯乙烯的热稳定剂，旨在防止高温加工过程中，因为烯丙基氯的存在而发生的降解，它往往与烯丙基氯的稳定性和氯化氢的吸收有关；而用于聚烯烃的热稳定剂，主要是防止高温下的热氧降解，实质上起抗氧剂的作用，而与烯丙基氯和氯化氢无关。

本章所叙述的是传统意义上的热稳定剂，它是聚氯乙烯及氯乙烯共聚物加工必不可少的稳定化助剂，能够防止 PVC 在加工过程中由于热和机械剪切作用所引起的降解，同时使制品在加工过程中具有良好的持久耐候性。

二、热稳定剂的作用机理

（一）合成材料的热降解

高分子材料受热时，每个高分子链的平均动能在逐渐增加，当其超过了链与链之间的作用力时，该高分子材料就会由逐渐变软，直至完全熔化为一高度黏稠的液体。需要注意的是，在此过程中没有涉及键的断裂与生成，也即没有发生任何的化学变化。这是其中的一种可能。另外，如果分子所吸收的热能足以克服高分子链中的某些键能时，某些键的断裂则是不可避免的，即发生了化学变化，从而使得聚合物的分子遭到了一定程度的破坏，即发生了聚合物的热降解。

聚合物的热降解有 3 种基本的表现形式：①在受热过程中从高分子链上脱落下来各种小分子，例如 HCl、NH_3、H_2O、HOAc 等，很明显这一过程根本不涉及高分子链的断裂，但改变了高分子链的结构，从而改变了合成材料的性能，这种热降解称为非链断裂降解；②键的断裂发生在高分子链上，从而产生了各种无规律的低级分子，毫无疑问，合成材料遭到了严重的破坏，这一过程称为随机链断裂降解；③键的断裂仍然发生在高分子链上，但高分子链的断裂是有规律的，只是分解生成聚合前的单体，此种热降解反应被称为解聚反应。在上述 3 种热降解反应中，最常见就是非链断裂降解。

综上所述，合成材料在受热时的物理变化仅仅是限制了该合成材料的加工贮运与使用时的温度，聚合材料的性能没有发生本质上的改变；但合成材料的热降解则根本改变了合成材料的结构与性能，所以必须通过加入热稳定剂来抑制和延缓合成材料的热降解。

在许多合成材料的加工与使用过程中，非链断裂热降解是经常遇到的情况。最重要的例子就是 PVC，在高于 100℃的情况下，即伴随有脱氯化氢的非链断裂热降解反应。随着氯化氢的生成或温度的升高，此热降解反应的速度都有所增加。

$$\left(CH_2-\underset{\substack{|\\ Cl}}{CH}\right)_n \xrightarrow{\Delta} \left(CH=CH\right)_n + nHCl \tag{5-1}$$

再如，聚醋酸乙烯在受热情况下脱去醋酸的反应：

$$\left(CH_2-\underset{\substack{|\\ O-\underset{\substack{\|\\ O}}{C}-CH_3}}{CH}\right)_n \xrightarrow{\Delta} \left(CH=CH\right)_n + nHO-\overset{\substack{O\\ \|}}{C}-CH_3 \tag{5-2}$$

聚丙烯酸酯的脱烯反应等，都属于非链断裂热降解，其中前两个反应产生不饱和的聚合物。随着反应的进行，所生成的聚烯结构中共轭双键的数目逐渐增加，一方面能促进热降解反应的进行；另一方面聚合材料会逐渐发黄，甚至随时间的延长，颜色越来越深。可以说，合成材料颜色的深浅主要取决于热降解反应进行的程度。另外，在受热的情况下，聚烯结构易被氧化，生成能够吸收紫外线的羰基化合物。这样就会导致进一步的氧化降解，结果就是颜色变深，物理机械性能下降。

$$\left(CH_2-\underset{\underset{O=C-O-CH_2CH_2R}{|}}{CH}\right)_n \xrightarrow{\Delta} \left(CH_2-\underset{\underset{O=C-OH}{|}}{CH}\right)_n + CH_2=CHR \qquad (5-3)$$

对于随机链断裂降解反应则主要是由于高分子链中弱键的均裂造成的。这种降解反应，由于所产生的游离基的分子间与分子内的进一步反应和重排，产生毫无规律的各种产物分子。聚乙烯与聚丙烯腈的热降解就属于此种类别。此种热降解反应的难易主要取决于聚合物的化学结构。一般而言，在高分子链中的 C—C 键的热稳定性按下列顺序而下降。

$$-C-C-C- > C-\underset{\underset{|}{C}}{\underset{|}{C}}-C > -C-\overset{C}{\underset{C}{C}}-C- \qquad (5-4)$$

例如 PE、PP 和 PIB 的情况就是如此。当然如果高分子链上的 C—C 单键与一不饱和键相连的话，那么此 C—C 键的热稳定性就比较低。这是由于其均裂所生成的游离基能与其相连的不饱和键共轭而稳定所致。

$$-\underset{|}{C}-\overset{HC=X}{\underset{|}{C}}-\underset{|}{C}- \longrightarrow -\underset{|}{C}-\overset{HC=X}{C}\cdot + \cdot\underset{|}{\overset{|}{C}} \qquad (5-5)$$

解聚反应只发生在那些具有高的键能而不具有活泼基团的聚合物中。实际上是这些聚合物的热裂解反应，例如 PMMA、聚一甲基苯乙烯、PP、PTFE 与聚三氟苯乙烯的热烈解均属此例。

$$\left(CH_2-\overset{CH_3}{\underset{Ph}{C}}\right)_n \xrightarrow{\Delta} \cdot CH_2-\overset{CH_3}{\underset{Ph}{C}} \longrightarrow CH_2=\overset{CH_3}{\underset{Ph}{C}} \qquad (5-6)$$

对随机链断裂与解聚反应而言，都是由于在高分子链中存在着弱键，受热时易发生均裂而产生游离基链反应，从而使得合成材料的性能遭到破坏。尽管人们无法使高分子链中弱键的热稳定性提高，但是可以通过向合成材料中加入一定量的游离基捕获剂来终止的此两类反应的游离基链的传递，从而达到延缓热降解反应，延长合成材料使用寿命的目的。从广义上来讲，此游离基捕获剂就是热稳定剂。

在合成材料工业中，尤其是含卤素的合成材料。所谓热稳定剂是指用于那些易于发生非链断裂热降解的合成材料的热稳定剂。

（二）非链断裂热降解反应机理

当 PVC 受热高于 100℃时，伴随有脱氯化氢反应，温度升高，反应速率加快。除了脱氯化氢以外，PVC 还发生变色和大分子的交联。在研究这些现象的开始，人们就试图对其反应机理进行研究。由于实验条件不同，结果不同，结论自然也不同。迄今为止，尽管有关的研究报道很多，但尚没有一个普遍接受的见解，PVC 热降解脱氯化氢反应主要有自由

基机理、离子机理和单分子机理等解释，其中自由基机理最为流行，已成为稳定剂形成和发展的理论基础。现仅就有关 PVC 的热降解机理和各种影响因素简述如下。

1. 自由基机理

Barton 和 Howlentt 对某些氯代烃如 1，2-二氯乙烷的分解进行了研究，认为其分解反应是按自由基机理进行的。首先是自由基攻击 1，2-二氯乙烷，使之形成 1，2-二氯乙基的自由基，这个新自由基的β-位置上有一个非常不稳定的氯，只有失掉这个氯原子才能使之稳定。

$$\cdot Cl + H{-}CHCl{-}CHCl{-}H \longrightarrow HCl + H{-}\dot{C}Cl{-}CHCl{-}H \qquad (5-7)$$

$$H{-}\dot{C}Cl{-}CHCl{-}H \longrightarrow H{-}CCl{=}CH{-}H + Cl\cdot \qquad (5-8)$$

Fuchs 和 Louis 对氯化的 PVC 进行了红外光谱分析，发现亚甲基消失了，他们的实验表明：自由基主要是攻击亚甲基上的氢原子，在β-位置上形成的不稳定氯原子被释放后，分子得到稳定。这个游离的氯原子夺取了另一个亚甲基上的氢原子形成氯化氢和另一个不稳定氯原子，这样，一个链式反应就开始了，并且形成具有一定数目的共轭双键结构，使聚合物变色。上述反应可用下式表示：

$$R\cdot + {-}CHCl{-}CH_2{-}CHCl{-}CH_2{-}CHCl{-}CH_2{-}CHCl{-}CH_2{-} \longrightarrow RH + {-}CHCl{-}\dot{C}H{-}CHCl{-}CH_2{-}CHCl{-}CH_2{-}CHCl{-}CH_2{-} \qquad (5-9)$$

$${-}CHCl{-}\dot{C}H{-}CHCl{-}CH_2{-}CHCl{-}CH_2{-}CHCl{-}CH_2{-} \longrightarrow Cl\cdot + {-}CHCl{-}CH{=}CH{-}CH_2{-}CHCl{-}CH_2{-}CHCl{-}CH_2{-} \qquad (5-10)$$

$$Cl\cdot + {-}CHCl{-}CH{=}CH{-}CH_2{-}CHCl{-}CH_2{-}CHCl{-}CH_2{-} \longrightarrow HCl + {-}CHCl{-}CH{=}CH{-}\dot{C}H{-}CHCl{-}CH_2{-}CHCl{-}CH_2{-} \qquad (5-11)$$

$${-}CHCl{-}CH{=}CH{-}\dot{C}H{-}CHCl{-}CH_2{-}CHCl{-}CH_2{-} \longrightarrow Cl\cdot + {-}CHCl{-}CH{=}CH{-}CH{=}CH{-}CH_2{-}CHCl{-}CH_2{-} \qquad (5-12)$$

Winkler 把上述两部分工作结合起来，用以解释 PVC 脱氯化氢的自由基机理，他认为自由基的产生是来自聚合过程中残留的微量催化剂或者是由于氧化的结果。他解释说，在自由基链式反应过程中，放出 HCl 的同时，也发生了氧化反应，其结果使聚合物分子的自由基结合在一起形成交联。

许多作者述及了在 PVC 降解时的一种现象，即 PVC 在氧气流中比在氮气流中脱氯化氢的速度更快。Winkler 认为，这种现象是对自由基机理很有力的证明。Banford 等通过在氚标记的甲苯中研究 PVC 的热降解过程，提出了一种自由基机理，他们认为自由基的形成是由于 PVC 中 C—Cl 键的不稳定性所致。

在工业 PVC 中，存在着许多结构上的缺陷，如双键、支化点、引发剂残基等，这些薄弱点经热或光的活化很容易形成自由基：

$$\sim CH_2-\underset{\substack{|\\Cl}}{\overset{\wr}{C}}-CH_2-\underset{\substack{|\\Cl}}{CH}\sim \xrightarrow{热或光} \sim CH_2-\overset{\wr}{\dot{C}}-CH_2-\underset{\substack{|\\Cl}}{CH}\sim + Cl\cdot \quad (5-13)$$

支链结构

$$\sim CH_2-CH{=}CH-\underset{\substack{|\\Cl}}{CH}\sim \xrightarrow{热或光} \sim CH_2-CH{=}CH-\dot{C}H\sim + Cl\cdot \quad (5-14)$$

烯丙基氯

$$\sim CH_2-\overset{\substack{O\\\|}}{C}-CH_2\sim \xrightarrow{热或光} \sim \dot{C}H_2-\overset{\substack{O\\\|}}{C}-CH_2\sim \quad (5-15)$$

在形成的自由基引发下，PVC 按链式机理发生脱 HCl 降解：

$$\sim \underset{\substack{|\\Cl}}{CH}-CH_2-\underset{\substack{|\\Cl}}{CH}\sim + Cl\cdot \longrightarrow \sim \underset{\substack{|\\Cl}}{CH}-\dot{C}H-\underset{\substack{|\\Cl}}{CH}\sim + HCl \quad (5-16)$$

$$\sim \underset{\substack{|\\Cl}}{CH}-\dot{C}H-\underset{\substack{|\\Cl}}{CH}\sim \longrightarrow \sim \underset{\substack{|\\Cl}}{CH}-CH{=}CH\sim + Cl\cdot \quad (5-17)$$

继续脱氯化氢

连续脱 HCl 反应，使 PVC 分子主链上产生共轭双键的多烯序列，这是一种生色结构，当共轭双键的数目达到 5 ~ 7 个时，PVC 即开始着色，超过 10 个时变为黄色。随着 HCl 的不断脱出，共轭序列不断加长，PVC 的颜色逐渐加深，最后成为棕色以致黑色。

Мяков 等认为，三乙基硅烷能降低 PVC 脱氯化氢的速度，其稳定作用是由于其在 PVC 的热降解中能参入自由基反应所致。Neill 等则认为，PVC 的热降解能引发其他聚合物的热降解自由基反应。Gedds 认为 PVC 在低于 200℃ 时除了脱出氯化氢外，还有其他挥发物，如苯和烃类等。这些实验都有力地证明了自由基机理的论点。

$$\begin{array}{l} Et_3SiH + Cl\cdot \longrightarrow Et_3Si\cdot + HCl \\ \qquad\qquad\qquad\qquad \downarrow PVC \\ \qquad\qquad\qquad\qquad Et_3SiCl + PVC\cdot \end{array} \quad (5-18)$$

2. 离子机理

井本等认为，PVC 在氮气中的热分解反应是按离子反应机理进行的，可用下列各式说明：

$$\underset{(\mathrm{I})}{\sim CH_2-\underset{\substack{|\\Cl}}{CH}-CH_2-\underset{\substack{|\\Cl}}{CH}\sim} \longrightarrow \underset{(\mathrm{II})}{\sim \underset{\substack{|\\+H}}{\overset{-}{C}H}-\underset{\substack{|\\Cl}}{\overset{+}{C}H}-CH_2-\underset{\substack{|\\Cl}}{CH}\sim} \longrightarrow \underset{(\mathrm{III})}{\sim \underset{\substack{|\\+H\cdots\cdots Cl}}{\overset{-}{C}H-\overset{+}{C}H}-CH_2-\underset{\substack{|\\Cl}}{CH}\sim}$$

$$\longrightarrow \underset{(\mathrm{IV})}{\sim CH-CH-CH_2-\underset{\substack{|\\Cl}}{CH}\sim \quad +\cdot H-Cl\cdot} \longrightarrow \underset{(\mathrm{V})}{\sim CH{=}CH-CH_2-\underset{\substack{|\\Cl}}{CH}\sim \quad H-Cl} \quad (5-19)$$

他认为：PVC 分解脱 HCl 反应的引发，起始于 C—Cl 极性键。氯是电负性很强的原子，由于诱导效应，使得相邻原子发生极化，一方面使叔碳原子带有正电荷（Ⅱ），同时也使相邻的亚甲基上的氢原子带有诱导电荷，与 Cl 相互吸引，这就是形成 4 个离子络合的有利条件，随后由于活化络合物的环状电子转移，经过（Ⅲ），可形成（Ⅳ）那样的离子 4 点过渡状态，然后脱出 HCl，在 PVC 分子链上产生了双键，如（Ⅴ）所示。双键的形成，使邻近氯原子上的电子云密度增大，更有利于进一步脱出氯化氢，进而形成双键与单键间隔的体系——共轭双键体系。

井本等根据热脱氯化氢分解活化能的测定值与 $C^{+}—Cl^{-}$ 离子对生成能的理论计算值十分一致的事实，进一步支持了离子分解的机理。

Baum 和其后的 Reiche 等通过研究发现，有机碱能促进 PVC 脱去氯化氢的反应，并认为是有机碱加强了 C—Cl 键的极化作用所致，即在有机碱存在下，脱氯化氢的反应按离子机理进行。

另外，Mayer 及其合作者在液相和惰性气体条件下进行了 PVC 模型化合物热脱氯化氢的反应动力学的研究。他们发现游离的氯化氢能促进上述反应。这个实验结果也是 PVC 热降解反应按离子机理进行的有力证据。

$$2HCl \xrightarrow{PVC} H^{\oplus} + [ClHCl]^{\ominus} \tag{5-20}$$

$$-\!\!\left(CH_2-\underset{\displaystyle Cl}{\underset{|}{CH}}\right)_{\!n}\!- + HCl \rightleftharpoons -\!\!\left(CH_2-\underset{\displaystyle Cl}{\underset{|}{CH}}\right)_{\!n-1}\!-CH_2-\underset{\displaystyle \underset{\displaystyle HCl}{\vdots}}{\underset{\displaystyle Cl}{\underset{|}{CH}}}-CH-$$

$$\xrightarrow{-HCl_2^{-}} -\!\!\left(CH_2-\underset{\displaystyle Cl}{\underset{|}{CH}}\right)_{\!n-1}\!-CH_2-\underset{\oplus}{CH}- \tag{5-21}$$

$$\xrightarrow{-H^{+}} -\!\!\left(CH_2-\underset{\displaystyle Cl}{\underset{|}{CH}}\right)\!-CH=CH-$$

3. 单分子机理

тройлкий 等通过对所建立的热脱氯化氢的数学模型的研究，认为在真空下连续脱除硫化氢的热降解历程是遵循分子机理进行的。下面分别按引发、增长和终止 3 个阶段来描述。

引发：

$$-CH=CH-\underset{\displaystyle Cl}{\underset{|}{CH}}-\underset{\displaystyle H}{\underset{|}{CH}}- \xrightarrow{\Delta} -CH=CH-\underset{\displaystyle Cl\cdots}{\underset{\dagger}{CH}}\cdots\underset{\displaystyle H}{\underset{\dagger}{CH}} \xrightarrow{k_1} -CH=CH-CH=CH- + HCl$$

$$(k_1=10^{-3.86}s^{-1},\ 180℃) \tag{5-22}$$

$$-CHCl-CH_2-\underset{\displaystyle Cl}{\underset{|}{CH}}-CH_2- \xrightarrow{\Delta} -CHCl-CH_2-\underset{\displaystyle Cl\cdots}{\underset{\dagger}{CH}}\cdots\underset{\displaystyle H}{\underset{\dagger}{CH}} \xrightarrow{k_2} -CHCl-CH_2-CH=CH- + HCl$$

$$(k_2=10^{-7.18}s^{-1},\ 180℃) \tag{5-23}$$

增长：

$$-\!\left(CH=CH\right)_{n}\!-\underset{\displaystyle Cl}{\underset{|}{CH'}}-\underset{\displaystyle H}{\underset{|}{CH}}- \xrightarrow{\Delta} -\!\left(CH=CH\right)_{n}\!-\underset{\displaystyle Cl\cdots}{\underset{\dagger}{CH}}\cdots\underset{\displaystyle H}{\underset{\dagger}{CH}}- \xrightarrow{k_1'} -\!\left(CH=CH\right)_{n+1}\!- + HCl \tag{5-24}$$

终止：

$$-\!\!\left(CH{=}CH\right)_m\!-\underset{Cl}{\underset{|}{CH}}-\underset{H}{\underset{|}{CH}}- \xrightarrow{\Delta,\ k_t} -\!\!\left(CH{=}CH\right)_{m-1}\!-\text{(环己二烯环)}\ \ -H_2C-\underset{Cl}{\underset{|}{CH}}- \qquad (5-25)$$

$$-CH{=}CH-CHCl-CH_2- \ + \ \begin{matrix}-CH & & CH- \\ \ \ \| & & \| \ \ \\ & CH-CH & \end{matrix} \xrightarrow{k_t'} \text{(取代环己烯环，带 } CHCl-CH_2- \text{)} \qquad (5-26)$$

实验结果表明：在引发阶段高分子链中存在的烯丙基氯的分布是不规则的，而且存在量是很少的。当受热后，正规结构的 PVC 以适当速度降解，而其中烯丙基氯的脱氯化氢的速度常数约为正规结构的 PVC 降解速度常数的1000 倍。正规结构的 PVC 和带有初始烯丙基氯结构的 PVC 在降解时生成烯丙基氯的分解反应是增长阶段，而共轭多烯的分子内与分子间的环化反应是脱氯化氢反应的终止阶段。

（三）影响聚氯乙烯热降解的因素

1. 结构的影响

聚合物的热稳定性应主要取决于聚合物的结构。长期以来，人们对像 PVC 这样的在受热情况易于脱去小分子的聚合物的结构特点进行了大量的研究，试图从内因上解释此类聚合物热降解的原因所在。例如对支链的多少、不饱和度、聚合度、相对分子质量的分布以及立体规则性等结构特点对其热稳定性的影响都进行过研究。

氯乙烯单体的聚合反应与其他乙烯基单体一样，按自由基机理进行，一般包括引发、增长和终止三个阶段。

但是在工业生产的 PVC 中，却不是这样的理想状态。合成过程中就留有许多结构缺陷、包括双键、支化点、引发剂残基、头—头结构、氧化结构等，这是 PVC 不稳定的症结所在。

（1）支链（叔氯）的影响：长期以来，支链结构一直被认为是 PVC 热稳定性低的原因之一，但影响程度到底有多大，始终存在着很大的争议。

①支链的影响：考虑到伯、仲、叔卤烷的热稳定性顺序，不难理解，在聚合物的分子中，如果有支链存在，就有可能有叔卤原子存在，而叔卤原子的热稳定性差。因此，人们一直认为 PVC 的支链结构是它的热稳定性低的一个主要原因。但是 Caraculacu 通过对 PVC 共聚物、氯乙烯与氯丙烯，以及氯乙烯与 2，4-二氯-1-戊烯共聚物进行的研究发现，上述聚合物中不含有叔卤原子，同样由于空间障碍的原因，PVC 不应含有叔卤原子的支化点。其他人的研究结果也都基本上支持了这一论点。即支链结构的多少对降解速度的影响并不重要。

②不饱和度的影响：聚合物分子中难免含有不饱和的双键。有实验证明，每 1000 个氯乙烯链节中，双键含量为2.2～5.0。另外，大量的研究已表明，对于 PVC，双键的存在的确能降低 PVC 的热稳定性。一般而言不饱和键对聚合物热稳定性的影响主要以三个方

面来考虑：双键的多少、双键的位置与双键的共轭程度。

双键的存在之所以能够降低聚合材料的热稳定性，主要是因为一方面它能促进与之相连的β-碳上形成自由基或阴阳离子；另一方面它能与聚合材料中所含杂质或三线态的氧双自由基相互作用而促进热降解反应的进行。在聚合物中高分子链上不饱和键所占的程度越大则其热稳定性一般也就越低。

不饱和键的位置对聚合高分子热稳定性的影响包括端基不饱和与非端基不饱和热稳定性的差异，以及与已有官能团的相对位置对其热稳定性的影响。

Maccoll 曾对 4-氯-2-戊烯与 3-氯-1-戊烯进行了比较研究，发现前者的热稳定性比后者差得多，这说明不饱和链的端基对聚合物的热稳定性并无太大影响。Bengough 等进行的不饱和端基对热降解影响的研究结果也支持上述的结论。

（2）烯丙基氯的影响：如果双键与 CHCl 相连，那就形成了典型的烯丙基氯结构。烯丙基氯对 PVC 降解产生重要的影响。这是许多研究所证实的。Asahina 等对低分子模型化合物进行热分解的研究，结果表明，不同的化合物稳定性有较大差别。

Maccoll 和朝化奈（Asahina）等对低相对分子质量烯丙基氯化合物的热稳定性进行了较为系统的研究，发现烯丙基氯结构的确不稳定。这是由于双键能够稳定脱去氯后生成的活泼中间体，而其上的氯原子确很活泼这一结构特点所决定的。因此有理由认为，对于像聚氯乙烯这样的合成材料，如果存在少量的烯丙基氯结构，那么在受热条件下，则易与邻位亚甲基上的氢脱去氯化氢而形成共轭双键，这就使得与共轭双键相连的碳原子上的氯更活泼，更容易脱去氯化氢。

事实上，Bratm 等从氯乙烯-溴乙烯共聚物的降解反应研究中也已发现，正规的氯乙烯单体在 200℃以下没有发生引发脱氯化氢的现象；而含有烯丙基氯结构的聚合物在此条件下则发生了脱氯化氢的现象。他们通过对 PVC 的热稳定性与烯丙基氯之间关系的研究得到了直接的实验证明。

有事实证明，PVC 中所含的少量烯丙基氯结构中间体，不是因受热分解产生的，而是由于在聚合过程中因链转移或其他副反应产生的。也即，在 PVC 合成材料中本来就含有少量的烯丙基氯结构中间体，所以 PVC 类的聚合物的热降解反应的引发源，很有可能就是聚合物链上无规则分布的烯丙基氯基团。人们还发现 PVC 热降解时的变色与聚合物链中所生成的共轭双键的链段有关，共轭双键的链段越多、越长，则使得颜色越深。根据光谱分析的结果，可以肯定的是在 PVC 降解时确实生成了不同长度的多烯链段，但随着反应深度的增加，多烯的浓度反而在下降。这表明，在热降解过程中多烯链段能进一步反应，发生交联，形成苯、甲苯等芳烃衍生物。从聚合物的红外光谱中也可以看到芳香结构的存在。从 PVC 脱氯化氢的机理来看，降解是在若干个引发源上同时开始的，多烯链段的数量越多或越长，都将促进降解反应的进行。反过来，反应转化率提高，又使得共轭多烯的链段增加和增长；但达到一定程度后，就会因其他的副反应而使其不再增加，当形成的共轭双键增长到 20～25 个时，PVC 脱氯化氢的连锁反应就会停止。

（3）双键的影响：氯乙烯在进行自由基聚合时，由于单体链转移及歧化作用而断链，使PVC分子链末端产生不饱和双键。此外，聚合物链转移生成的叔碳上带有氯原子的支链大分子，这些大分子脱氯化氢也形成双键。正常情况下，有时可能是由单体中杂质的共聚产生的。比如丁二烯或炔属杂质共聚均可形成双键。目前聚合级氯乙烯中这些杂质的含量要求是很低的，丁二烯小于10×10^{-6}，炔属杂质小于1×10^{-6}，这样可以最大限度地减少双键的数目。

研究认为，工业PVC中每1000个氯乙烯链节中双键数目在2.2~5.0之间，PVC分子中存在的双键会使聚合物的稳定性相对下降。

（4）头—头结构的影响：PVC分子中氯原子有两种可能的定位，即1，3-聚合物和1，2-聚合物，分别称为“头—尾”结构和“头—头”结构。正常情况下，PVC分子是以头—尾结合构成的，但也有少量头—头结构存在。研究认为，头—头结构的存在会降低PVC的热稳定性。

（5）共轭双键链段的影响：据文献介绍，PVC的降解产物具有如下聚烯烃共轭双键结构。PVC降解产物的着色主要由共轭双键引起。随着氯化氢脱出量的增加，颜色越来越深，但颜色与脱出氯化氢之间的真正定量关系很难确定。

$$\left[CHCl-CH_2 \right]_n \longrightarrow -CHClCH_2\left[CH=CH-CH=CH \right]_m CHClCH_2- \qquad (5-27)$$

（6）聚合度的影响：Talamini等采用不同级分的PVC样品，在220℃真空环境下研究了样品的稳定性，得出了相同的结论，即随着相对分子质量的增加，PVC的降解减缓。

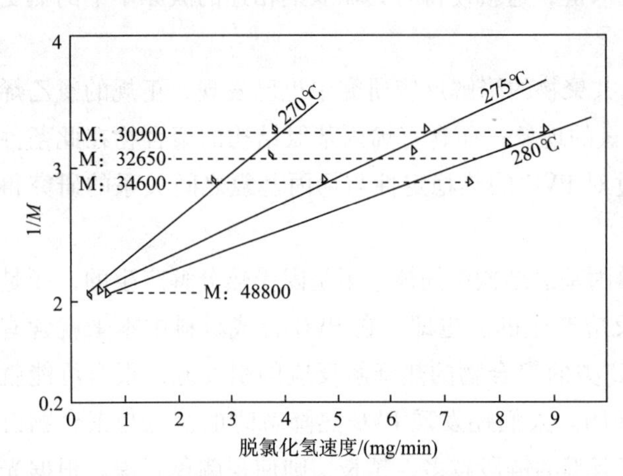

图5-1　脱氯化氢的速度

井本、大津通过分离精制得到各种不同聚合度的聚氯乙烯试样，他们在气流中180℃下进行了热脱氯化氢的实验，结果表明：低聚合度的试样容易脱去氯化氢。Ta-lamini等的研究结果也证实了上述结论。PVC的脱氯化氢的速度与其相对分子质量成反比（图5-1）。

（7）立体规整性的影响：改变PVC的聚合温度，可以合成出各种不同比例的立体规整性的PVC。许多研究证明PVC的稳定性与其立体规整性有关。岩见等进行了不同立体结构的反应性能实验，发现聚合物的立体规整性越小，脱氯化氢速度越快。Millan等用热分析法对具有不同立体现整性的PVC进行了研究，确定了PVC立体规整性的影响，认为立体规整性最高的PVC，具有最高的热分解活化能。

2. 氧的影响

许多关于PVC降解理论的研究是在氮气环境下进行的，在此条件下，放出HCl是加

热时间和加热温度的函数，但在有氧环境下与氮气环境下的情况有所不同。氧对PVC热降解的影响表现在三个方面，即加速脱氯化氢反应、使降解的聚合物褪色、降低相对分子质量。

氧的存在能加速PVC脱去氯化氢的速度，另外能使得降解的聚合物褪色和降低相对分子质量。许多学者针对氧对PVC类聚合材料的热降解的影响进行了大量研究。Gedds证明了过氧化物结构对于PVC降解的重要性，臭氧化所得到的过氧化基团导致加速PVC的降解。由于氧可与高分子链中存在的或新生成的双键反应，使得链段长度分布变短，从而使降解的PVC褪色。

在氧存在下的PVC的热降解，在初始阶段由于交联占主导地位，所以相对分子质量增加；随后由于断链趋势的上升，而导致相对分子质量下降。

3. 氯化氢的影响

长期以来，关于氯化氢对PVC热降解反应的影响一直是个有争议的问题。直到20世纪60年代人们才发现氯化氧对热降解确有催化作用。首先是Talamini发现氯化氢可引起固态PVC的降解；随后Braun又发现，在苯甲酸乙酯中游离的氯化氢能加快PVC的脱氯化氢速度，变色也较严重；Mascia也认为，氯化氢对PVC的脱氯化氢具有催化作用。所以可以认为聚氯乙烯的热降解反应是一自动催化反应。在175℃，自动催化反应的速度常数为非催化反应的1000倍。

Druesedow首先提出，在空气环境下，氯化氢对脱氯化氢有自动催化作用，这方面已进行了长期、广泛的研究，并一直存在着争议。但在有氧存在时，氯化氢对PVC脱HCl有自动催化作用，已为众多研究所证实。

实验证明，PVC树脂在滞流状态的空气中比在流通状态下的空气中脱除HCl的速度要大2倍左右，这主要是因为空气中HCl的浓度不同所致。滞流状态下的空气中，HCl浓度相对较高，同流通状态下相比，表现出更强的催化加速作用。

对于氯化氢催化PVC等热降解的反应机理尚不十分清楚。有人认为是由于氯化氢可离解成Cl^-或HC_2^-离子，为亲核试剂而加速脱氯化氢的速度，也有人认为其催化作用与酸可催化脱水的道理相一致，更有人认为是通过氯化氢首先进攻不饱和双键所致等。

4. 金属氯化物的影响

某些存在于聚合物体系中的金属离子，对PVC脱氯化氢具有强烈的催化作用。

5. 溶剂的影响

对PVC降解理论的研究，大多数是在某种溶剂中进行的。溶剂的特性不同，脱氯化氢的速度也不相同。

PVC在溶剂中的溶解状态，也对脱氯化氢反应有一定的影响。在溶剂中混入非溶剂（包括水）会使溶剂的极性发生变化。例如在二甲基甲酰胺中混入的极性质子溶剂水、甲醇等，与二甲基甲酰胺分子形成氢键，使二甲基甲酰胺的碱性减弱，从而抑制了脱氯化氢的速度。

如果在溶剂中含有碱性物质，如氢氧化钾，则 PVC 在溶剂中脱氯化氢的活化能降低，其反应机理类似烷基卤化物在碱性溶剂是脱氯化氢时的离子脱除反应。

6. 增塑剂的影响

增塑 PVC 的热稳定性与增塑剂的种类利用量有关，但热脱氯化氢速度与增塑剂种类和用量之间并没有线性关系。研究发现，对于每一种增塑剂，随着用量的增加，降解速度均经过一个最小值。

7. 临界尺寸的影响

PVC 树脂的颗粒形态，比如颗粒大小、压片时的压力等，对 PVC 脱氯化氢速度有一定的影响。从前述内容已经得知，脱出的 HCl 对以后相继发生的脱 HCl 反应有自动催化作用，所以从理论上可以推想，PVC 薄膜的厚度或颗粒的大小对脱除氯化氢的扩散排出有直接影响。薄膜越厚，颗粒越大，分解产生的氯化氢越不易排出，对进一步脱除氯化氢的催化作用越强，PVC 越容易降解。

从这一理论出发，可以认为，如果薄膜薄到一个临界厚度或颗粒小到一个临界尺寸时，氯化氢的自动催化作用可以完全消失。

8. 相对分子质量分布的影响

Feldman 等从 PVC 的平均相对分子质量和相对分子质量分布的角度对 PVC 热稳定性的影响进行了研究。他们将 PVC 各种试样进行了精制和分级，并进行了热降解活化能的计算。他们认为，分级前的试样不是支配活化能的主要因素。至于分级后相邻级之间热降解活化能的差，恐怕也是由于聚合物结构上（分支、结晶化、预处理等的差别）的原因所致。

虽然各种试样的相对分子质量分布和峰的位置差别很大，但这实际上是重均相对分子质量分布的差。这说明它们对聚合物热降解活化能没有任何重要影响。因此他们认为：相对分子质量的分布与聚合物的热稳定性没有太大关系。不过，精制的 PVC 聚合物与原试样比较，活化能有显著下降，可能是由于在聚合过程中残留催化剂的影响。

9. 不可预见的因素

由 Hjerberg 方程可知，当 PVC 中烯丙基氯、叔氯的含量为零时，得不到为零的脱氯化氢速度，这说明影响 PVC 降解的因素不只这两个。未考虑的因素还包括双键、金属杂质等，其实，远非只有我们注意到的。有人对 PVC 进行特殊处理，将缺陷结构转化为稳定的结构之后，发现其仍然是不稳定的。据介绍，进行缺陷结构转化的 PVC，不稳定性可降低至原始值的 10% ~30%。用丁基锂作引发剂制备的 PVC，在聚合体系不可能产生叔氯和内部烯丙基氯，但不稳定性依然存在。

看来，必须把不可预见的因素考虑在内。这些因素有人称之为聚合物单体的“随机脱氯化氢”，许多研究也一再证明了随机脱氯化氧现象的存在。

（四）热稳定剂的作用机理

对于像聚氯乙烯这样的合成材料，其热老化的主要原因就是受热分解脱去小分子。由

于其高分子链上存在不规则分布的引发源——烯丙基氯结构，而且由于此氯原子的活泼性，所以在受热情况下则易于脱去氯化氢，形成共轭多烯结构。由上述对 PVC 热降解机理和影响因素的讨论可知，在初始阶段所形成的氯化氢和共轭多烯都能促进此类聚合材料的降解反应。

聚氯乙烯热分解脱氯化氢的反应一旦开始，就会使得进一步脱氯化氢的反应变得更为容易而使脱氯化氢的反应进行到底。

由于烯丙基氯结构中氯的高度活泼性，在热或光的作用下也容易发生 C—Cl 键的均裂而生成自由基。由于自由基的高度反应活泼性，就使得所产生的游离基能够进行分子间或分子内的进一步反应以获得稳定，尤其在有氧存在的情况下，很容易发生自由基的氧化反应，从而进一步促进了聚氯乙烯的降解和交联，即聚氯乙烯的老化。

$$\text{—CH}_2\text{—CH=CH—}\underset{\text{Cl}}{\underset{|}{\text{CH}}}\text{—CH}_2\text{—}\underset{\text{Cl}}{\underset{|}{\text{CH}}}\text{—}\xrightarrow{h\nu\text{或}\triangle}\text{—CH}_2\text{—CH=CH—}\dot{\text{C}}\text{H}+\dot{\text{C}}\text{l}_2+\underset{\text{Cl}}{\underset{|}{\text{CH}}}\text{—}\longrightarrow\text{进一步反应}\qquad(5-28)$$

基于上述的讨论，如要防止或延缓像 PVC 类的聚合材料的热老化，要么消除高分子材料中热降解的引发源，如 PVC 中烯丙基氯结构的存在和某些情况下分子中所存在的不饱和键；要么消除所有对非链断裂热降解反应具有催化作用的物质，如由 PVC 上解脱下来的氯化氢等，才能阻止或延缓此类聚合材料的热降解。

这就要求人们所选择和使用的热稳定剂具有以下的功能：①能置换高分子链中存在的活泼原子（如 PVC 烯丙基结构中的氯原子），以得到更为稳定的化学键和减小引发脱氯化氢反应的可能性；②能够迅速结合脱落下来的氯化氢，抑制其自动催化作用；③通过与高分子材料中所存在的不饱和键进行加成反应而生成饱和的高分子链，以提高该合成材料热稳定性；④能抑制聚烯结构的氧化与交联；⑤对聚合材料具有亲和力，而且是无毒或低毒的；⑥不与聚合材料中已存在的添加剂，如增塑剂、填充剂和颜料等发生作用。

当然，目前所使用的热稳定剂并不能完全满足上述的要求，所以在使用过程中必须结合不同聚合材料的特点来选用不同性能的热稳定剂。有时还必须与抗氧剂，光稳定剂等添加剂配合使用，以减小氧化老化的可能。

针对目前广泛使用的铅盐类、脂肪酸皂类、有机锡类等热稳定剂，其作用机理是不难理解的。例如，盐基性铅盐是通过捕获脱落下来的氯化氢而抑制了它的自动催化作用；而脂肪酸皂类一方面可以捕获脱落下来的氯化氢，另一方面是能置换 PVC 中存在的烯丙基氯中的氯原子，生成比较稳定的酯，从而消除了聚合材料中脱氯化氢的引发源，从这种意义上来讲这一点是更为重要的。

$$2\text{—CH}_2\text{—CH=CH—}\underset{\text{Cl}}{\underset{|}{\text{CH}}}\text{—CH}_2\text{—}\underset{\text{Cl}}{\underset{|}{\text{CH}}}\text{—CH}_2\text{—}+\text{M(O}\overset{\text{O}}{\overset{\|}{\text{C}}}\text{—R)}_2\longrightarrow 2\text{—CH}_2\text{—CH=CH—}\underset{\text{OCOR}}{\underset{|}{\text{CH}}}\text{—CH}_2\text{—}\underset{\text{Cl}}{\underset{|}{\text{CH}}}\text{—CH}_2\text{—}+\text{MCl}_2\qquad(5-29)$$

对于有机锡类热稳定剂的作用机理，曾有人用示踪原子进行过研究。认为有机锡化合物首先与 PVC 分子链上的氯原子配位，在配位体电场中存在于高分子链上的活泼氯原子与 Y 基团进行交换，从而抑制了 PVC 脱氯化氢的热降解反应。其过程可表示如下：

$$\begin{array}{c}\text{—CH}_2\text{—CH—}\\ |\\ \text{Cl}\\ +\\ (C_4H_9)_2Sn\begin{smallmatrix}Y\\Y\end{smallmatrix}\\ +\\ \text{Cl}\\ |\\ \text{—CH}_2\text{—CH—}\end{array} \longrightarrow \begin{array}{c}\text{—CH}_2\text{—CH—}\\ \vdots\\ \text{Cl}\\ \vdots\\ C_4H_9\text{—}Sn\text{—}Y\\ C_4H_9\text{—}Sn\text{—}Y\\ \vdots\\ \text{Cl}\\ \vdots\\ \text{—CH}_2\text{—CH—}\end{array} \longrightarrow \begin{array}{c}\text{—CH}_2\text{—CH—}\\ \vdots\\ \text{Y}\\ \vdots\\ C_4H_9\text{—}Sn\text{—}Cl\\ C_4H_9\text{—}Sn\text{—}Y\\ \vdots\\ \text{Cl}\\ \vdots\\ \text{—CH}_2\text{—CH—}\end{array} \xrightarrow[-HY]{+HCl} \begin{array}{c}\text{—CH}_2\text{—CH—}\\ |\\ \text{Y}\\ +\\ (C_4H_9)_2Sn\begin{smallmatrix}Cl\\Cl\end{smallmatrix}\\ +\\ \text{Cl}\\ |\\ \text{—CH}_2\text{—CH—}\end{array} \quad (5-30)$$

（Y=酸的基团）

（五）热降解的抑制

从前面的讨论中，已经看出，要想有效地防止 PVC 的降解，必须控制在某一期间作用在聚合物体系上的降解力和降解历程。稳定化的目的就是通过降解力和降解历程的控制，实现对 PVC 颜色、流变性能、机械性能、电性能、耐化学性、耐霉菌性、热性能、光学性能等性能的综合控制。

在实际生产中，PVC 稳定性的实现主要依据两个途径，一是生产过程中严格控制，使所得产品本身具有尽可能高的稳定性，这种方法一般称为预防性稳定技术。另一种方法是在树脂生产完毕，在加工之前或者加工之中配合一种或多种化学物质，对已经开始的降解进行抑制，这种方法一般称为终止降解性的稳定技术，这种方法的思路也正是热稳定剂的作用所在。

（六）热稳定剂的协同机理

（1）金属皂的协同作用：根据金属皂在阻止 PVC 降解中的活性，可将金属皂分为两类：一类仅能吸收氯化氢，防止其对脱氯化氢反应的催化作用，最具代表性的例子是钡皂和钙皂。这类金属皂热稳定性一般，初期稳定性不好，但长期受热，PVC 稳定性变化不大。其稳定化过程中生成的氯化物对脱氯化氢基本无催化作用。另一类不仅能吸收氯化氢，还能够与烯丙基氯反应从而使 PVC 稳定，最具代表性的例子是镉皂和锌皂。这类金属皂初期着色性很好，但长期受热，制品急剧变色。尤其是锌皂，极易出现急剧黑化，产生所谓“锌烧”现象。这是由于锌皂和镉皂在稳定化过程中生成的氯化物 $ZnCl_2$、$CdCl_2$，它们是极强的 Lewis 酸，系脱氯化氢反应的催化剂。

基于上述特点，单独使用任何一类金属皂，都很难达到满意的稳定效果。若将活性高的镉、锌皂与活性差的钡、钙并用，则可以使初期着色性和长期稳定性都得以改善。理论研究为这种设想提供了可靠的依据。研究认为，钡皂与镉皂并用时，镉皂首先与 PVC 分子中的烯丙基氯发生酯化反应，生成的 $CdCl_2$ 与钡皂发生复分解反应，使镉得以再生，并使 $CdCl_2$ 无害化。两组分之间的协同效应如下：

$$\sim\sim CH{=}CH{-}\underset{\underset{Cl}{|}}{CH}\sim\sim + \frac{1}{2}Cd(OCOR)_2 \longrightarrow \sim\sim CH{=}CH{-}\underset{\underset{OCOR}{|}}{CH}\sim\sim + \frac{1}{2}CdCl_2 \quad (5-31)$$

$$CdCl_2 + Ba(OCOR)_2 \longrightarrow Cd(OCOR)_2 + BaCl_2 \quad (5-32)$$

钙、锌之间的协同效应与钡/镉体系类似。

(2) 亚磷酸酯与金属皂的协同作用：亚磷酸酯与金属皂并用时，可以与金属氯化物反应而抑制其对脱氯化氢的催化作用，从而提高体系的热稳定效能。

$$(RO)_3P \xrightarrow{R'Cl} (RO)_2\overset{\overset{O}{\|}}{P}{-}R' + RCl \quad (5-33)$$

$$2(RO)_2\overset{\overset{O}{\|}}{P}{-}R' + MCl_2 \longrightarrow \begin{matrix}R' \\ RO\end{matrix}\!\!>\overset{\overset{O}{\|}}{P}{-}O{-}M{-}O{-}\overset{\overset{O}{\|}}{P}\!\!<\!\begin{matrix}R' \\ OR\end{matrix} + 2RCl \quad (5-34)$$

(3) 多元醇与金属皂的协同效应：多元醇与金属皂并用可以明显延长脱 HCl 的诱导期，并能抑制树脂的变色。一般认为，多元醇是通过与重金属氯化物的络合，抑制其对脱 HCl 的催化作用而发挥协同效应的。

(4) β-二酮化合物与金属皂的协同效应：β-二酮化合物能够通过碳烷基化作用与 PVC 发生反应，从而使其稳定，但反应速率缓慢。若与钙/锌等体系并用，则可以大大提高稳定化反应的速度。

(5) 稀土稳定剂与锌皂的协同效应：稀土稳定剂是近年发展极快的一类稳定剂，本身具有置换烯丙基氯的效果，但单独使用时，PVC 制品呈现黄色着色。配合使用锌皂后，锌皂稳定化过程产生的氯化锌与稀土离子的交换反应，生成危害较小的 $ReCl_3$。另外稀土皂优先与氯化氢反应生成稀土氯化物和羧酸，降低了氯化锌对脱氯化氢的催化使用。两组分配合使用，得到了较好的初期着色，也使长期稳定性大大提高。

(七) 热稳定剂稳定机理

热稳定剂的稳定机理一般有以下几种：①吸附 PVC 分解得到的 HCl，使 PVC 的分解延缓；②抑制 HCl 的产生，即通过取代或置换 PVC 分子链中存在的氯原子生成稳定的结构，避免形成共轭双键结构；③利用加成反应，即通过和 PVC 结构中的不饱和双键反应，破坏 PVC 的不稳定结构，以此增强稳定性。

三、热稳定剂发展及其趋势

(一) 热稳定剂发展

聚氯乙烯出现于 1872 年，是一种白色的粉状物，加热后便能形成有用的形态，但却伴随着发生部分的分解。加热使得聚合物的颜色加深直至变黑，物理性能随之遭到破坏。释放出的氯化氢气体严重腐蚀成型设备，热熔的聚合物黏附在设备上，使加工过程难以进行。经过漫长的研究与探索，一些科学家发现，某些简单的化学物质能够最大程度地减少聚氯乙烯的热分解，这使他们看到了聚氯乙烯工业的希望。

随着时间的流逝，聚氯乙烯工业随着稳定剂的发展而发展。因此，人们不得不承认热稳定剂在聚氯乙烯加工中的重要性。时至今日，聚氯乙烯的加工一出现问题，稳定剂生产厂家总会成为第一个被怪罪的对象，树脂生产厂为其二，最后才是其他添加剂生产厂家。这一切好像注定聚氯乙烯工业与热稳定剂工业相互并存，缺一不可。

20 世纪 20 年代中期，由于缺乏合适的 PVC 加工机械，解决不了树脂受热后的不稳定性问题，使德国的一家公司被迫宣布其聚乙烯单体（VCM）和 PVC 专利作废。

20 世纪 30 年代，使用某些磷酸酯和邻苯二甲酸酯类化合物来生产软质 PVC 制品、可成型并可黏接的 PVC 制品技术在美国获得专利，并进行了工业化生产。当时使用的热稳定剂是铅白和硅酸钠。也许，这类稳定剂的使用沿于橡胶工业添加剂技术，因为，氧化铅是橡胶工业中最早使用和最成功的产品。随后，1934 年金属皂类稳定剂获得了专利。很显然，这类产品是从碱金属氧化物和氢氧化物的使用中派生出来的。

20 世纪 40 年代发现了钙/锌皂类和钡/镉皂类的协同稳定效应，还发现了高效有机锡盐类热稳定剂，其中包括不饱和羧酸酯衍生物。

20 世纪 50 年代成功地商品化一种生命力极强的有机锡巯基酯稳定剂以及其他的含硫有机锡产品。巯基酯锑稳定剂和作为复合金属皂稳定剂的多元醇以及含烷基/芳基亚磷酸酯的使用也随之获得了专利。

20 世纪 60 年代至 70 年代，各类新型稳定剂不断出现，同时出现不少关于 PVC 分解及稳定机理研究的报告及评述。这个时期最卓越的成果是研究出了食品级辛基锡稳定剂，高锡/高效、性能优异的丁基锡稳定剂、甲基锡稳定剂、“一包装”式锡稳定剂、酯基锡稳定剂、无尘铅稳定剂等。因为卫生方面的原因，醇、烟草、轻武器局禁止 PVC 容器用于醇类饮料，与此同时，毒性物质禁用在许多国家得到响应。

20 世纪 80 年代技术方面的进步相对缓慢，但是在环境保护方面却相当活跃。这个时间最引人注目的新产品是用于 γ 射线辐射 PVC 医疗制品的稳定剂——液体钙/锌在 FDA 批准的领域中取得了进展；稀土稳定剂作为一种新型稳定剂得到研究和开发。此外，对汽车制造业用无镉和低雾产品也产生了浓厚的兴趣。

卫生方面未解决好的课题转到了 20 世纪 90 年代。早在 1981 年 4 月 22 日，美国塑料工程师协会（SPE）就曾在纽约的聚合物技术研究院召开了为期 1 天的座谈会，会议的论题是“PVC 用镉和铅添加剂该向何处去?”，但是，时间跨入 90 年代，这个问题还是没有完全解决。可喜的是，这个时期无铅化进程又向前推进了一大步。铅盐稳定剂使用最广泛的电线电缆和硬质型材两个领域，都出现了性能可与铅盐相比的产品，这类产品大多是复合钙/锌皂类。与此同时，20 世纪 80 年代开始广泛研究的有机辅助稳定剂，开始走向成熟，为新型稳定体系性能的提高提供了可能。稀土稳定剂异军突起，大有与有机锡、有机铅类争夺高下的势头。相比之下，铅皂类产品因为成本和性能方面的优势，真正走出稳定剂市场尚待时日。

近年来我国铅盐类发展重点在于消除粉尘污染，开发复合型铅盐技术，代表性成果是在国内南京、温州、重庆建立了无尘铅盐生产基地。另外不少科研机构和企业也相继开发

出一些新品种，如南京塑料研究所和江都化工厂研制的 CS 型无尘复合铅盐稳定剂，氧化铅含量大于 50%，与传统稳定剂相比。可降低用量 10% ~30%；天津红星化工厂（现更名为“河北天星塑料助剂有限公司”）研制成功一种独特的有机/无机复合热稳定剂 S 系列微晶三盐基硫酸铅，该产品在反应结晶的过程中，由原来的长针状变成微晶状。从而大大提高稳定剂在 PVC 树脂中的分散性和热稳定性。成都科技大学研制的低铅复合稳定剂 KD 系列，具有突出的热稳定性，其价格仅为有机锡的 1/4，其中 KD-268 具有优良的流动性和塑化效果，可赋予制品的高光泽度，是目前国内较为理想的注射级稳定剂。KD-368 铅含量较低，是目前 PVC 水管用的非常经济的热稳定剂。

（二）热稳定剂市场

1. 国外生产消费情况及发展趋势

（1）生产消费情况：全球热稳定剂生产商分布中，北美地区主要企业有 12 家，其中产品种类较多的有克罗斯化工公司、美国 Baerlocher（百尔罗赫）和开米森公司；西欧生产热稳定剂的主要企业有 10 家，其中产品种类齐全的是 ASUA 公司、Baerlocher（德国）和开米森公司；我国生产热稳定剂的主要企业有 20 家，其中可生产两类热稳定的有 9 家，其余只生产一类热稳定剂。

近年来全球塑料热稳定剂产消总量约为 $100 \times 10^4 \sim 110 \times 10^4$t 左右。其中北美热稳定剂消费量占全球热稳定剂总消费量不足 10%，西欧占 15%，我国占 40% 以上，其他国家和地区占 15% 以下，其他亚洲国家约占 20%。同其他助剂一样，全球各区域塑料热稳定剂的消费结构相差很大，详见表 5 - 1。

表 5 - 1　全球主要区域塑料阻燃剂消费结构　　单位：%

<table>
<tr><th colspan="2">热稳定剂</th><th>北 美</th><th>西 欧</th><th>中 国</th></tr>
<tr><td colspan="2">有机锡</td><td>55</td><td>10</td><td>9</td></tr>
<tr><td rowspan="4">混合金属盐类</td><td>钡/锌 + 钡/钙/锌</td><td>20</td><td>0</td><td rowspan="4">32</td></tr>
<tr><td>钡/锌类</td><td>—</td><td>10</td></tr>
<tr><td>钙/锌类</td><td>20</td><td>55</td></tr>
<tr><td>钡/镉/锌类</td><td><5</td><td>—</td></tr>
<tr><td colspan="2">含铅类</td><td>—</td><td>18</td><td>32</td></tr>
<tr><td colspan="2">有机基类</td><td><1</td><td>7</td><td>—</td></tr>
<tr><td colspan="2">单一金属类</td><td>—</td><td>—</td><td>18</td></tr>
<tr><td colspan="2">稀土类</td><td>—</td><td>—</td><td>7</td></tr>
<tr><td colspan="2">其他</td><td>4</td><td>0</td><td>2</td></tr>
</table>

统计表明，北美地区含铅热稳定剂趋于被淘汰，美国通过发展有机锡热稳定剂成功地从技术上替代了含铅热稳定剂；欧盟力争 2015 年实现完全取缔含铅热稳定剂。

虽然我国最近也出台了一些规定限制有毒热稳定剂的使用，但由于含铅的热稳定剂具有应用性能优势，再加上含铅热稳定剂价格便宜，目前仍在 PVC 等塑料加工中大量使用。

我国的《塑料加工业“十二五”发展规划指导意见》中指出，“绿色高效助剂”的重点是含铅热稳定剂的替代，从而实现全面禁铅。预计今后几年，含铅稳定剂将以年均2.5%～3.5%的速度下降。从欧美国家热稳定剂发展的过程看，锌基和有机锡热稳定剂是主要的发展方向，相比之下锌基热稳定剂具有更现实的推广应用价值和市场空间。预计未来几年我国消费量增长最快的将是有机锡类热稳定剂，或将以年均12%～14%的速度增长，混合金属盐类热稳定剂也将以年均11%～13%的速度增长。

此外，为充分利用我国丰富的锑及稀土资源优势，应重点研究开发有机锑类及稀土热稳定剂，实现塑料热稳定剂的升级换代，以满足PVC等塑料行业的发展需求。

2016年全世界热稳定剂的年消费量约为120×10^4t以上，主要品种有铅盐类、金属皂类、有机锡和复合稳定剂等，但各国因情况不同，热稳定剂的消费结构亦不尽相同。如美国热稳定剂消费结构中，复合型稳定剂占总消费量的40%～45%，有机锡类占40%左右，铅盐类占15%左右；日本热稳定剂消费结构中，以铅盐为主，占热稳定剂总消费量的50%以上，复合型稳定剂占30%左右，有机锡类占12%；西欧热稳定剂消费结构与日本相似，以铅盐为主，占50%左右，复合型稳定剂占30%左右，有机锡类约占10%。1999年，北美共消费热稳定剂8.16×10^4t，其中复合金属盐类占39.8%，有机锡类占42.3%，铅盐仅占17.2%，有机锡占的比例最高，故其热稳定剂总体消费量不大。西欧仍以铅盐为主，约占60%，复合型占31%、有机锡占8.4%，反映出西欧热稳定剂总体消费量较高。日本与西欧情况大体类同，铅盐所占比例较大，约51%，复合型占29%，有机锡占12.2%。

有机构统计，2017年全球阻燃剂的需求大约为285×10^4t，其中北美、西欧地区大约148×10^4t，中国地区大约44×10^4t，除中国之外的其他亚洲地区大约76×10^4t，剩余地区大约在17×10^4t，具体见图5－2、图5－3。2017年磷系阻燃剂全球的需求大约占阻燃剂总量的19%（约54万吨），其中北美地区大约10×10^4t，西欧地区大约17×10^4t，其他地区大约合计27×10^4t。

就我国而言，2013年中国阻燃剂消费量30×10^4t，消费结构为塑料约占80%，橡胶约占10%，纺织品约占5%，涂料约占3%，纸张、木材及其他约占2%。

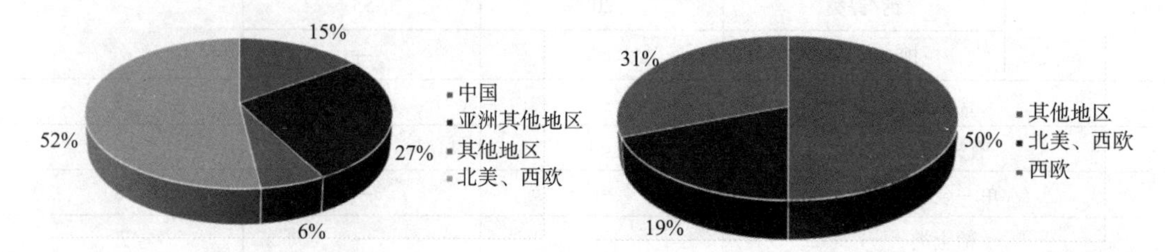

图5－2　2017年世界阻燃剂消费地区分布　　图5－3　2017年世界有机阻燃剂消费地区分布

根据预测，阻燃剂市场发展稳定，每年将以5%的增速增长，并且世界阻燃剂的消费重心正逐步向亚洲地区转移。

（2）国外热稳定剂发展趋势：低毒、无毒、高效、复配多功能一直是PVC热稳定剂的开发、生产的发展方向，特别是进入20世纪90年代以来，全球性的环境保护要求日益

严格化，限制重金属热稳定剂法规的压力日益加剧，使得热稳定剂的开发进一步向无毒、高效、多功能化方向发展，无镉、低铅无粉尘化已成为世界热稳定剂品种开发的重点。目前无镉化比无铅化进展更加迅速，无尘化已成为热稳定剂发展的主流。当今世界各主要生产稳定剂厂商纷纷开发出各种镉、铅盐的替代品，其代表性的产品钙/锌、钡/锌复合皂盐类，尤其是β-二酮、2-苯基吲哚等新型高效辅助热稳定剂应用，解决了锌系热稳定剂初期着色性差、易锌烧的缺点，大大促进了锌系热稳定剂的发展。有机锡取代铅盐的步伐也在加快，但总体而言，有机锡热稳定剂的增长势头远低于锌系热稳定剂。此外，一些新型热稳定剂，如稀土系列、有机锑系列等也有积极发展趋势。特别是稀土类热稳定剂，由于其基本无毒、高效、稳定性和透明性优良、效能与价格比适中，又符合环保要求，产品已被一些世界大型 PVC 加工厂承认，大有后起之秀趋势。

2. 国内生产状况及发展趋势

（1）国内生产状况：近年来，聚氯乙烯作为塑料建材的主体得到了迅速发展，与之相适应，中国聚氯乙烯的产品结构发生了显著变化，硬制品的消费比例明显提高，热稳定剂的消费量呈现较快的增长势头。根据我国 PVC 树脂的发展及 PVC 制品发展，特别是 PVC 硬制品比例的提高，对热稳定剂的需求将不断增加。2017 年国内产能力大于 $50 \times 10^4 t/a$，消费量约为 $44 \times 10^4 t$。热稳定剂的需求量与 PVC 软硬制品的比例以及热稳定剂产品结构有密切关系，当 PVC 硬制品比例高则热稳定剂需求量大；当热稳定剂产品结构中高效、复合型高时，则其需求量少。所以热稳定剂的发展应增加高效无毒、复合型、有机锡、稀土类的比重，减少用量，并相应降低成本，提高制品的使用寿命。

就消费结构而言，铅盐类产品在热稳定剂中仍然居于主导地位，接近总消费量的50%左右。有机锡、稀土稳定剂等高效、无毒或低毒稳定剂的消费比例增幅较大。2002 年我国热稳定剂的生产能力达到 $20 \times 10^4 t/a$ 以上，生产企业约 80 家，产品品种在 100 种以上，常用的有 50～60 种，主要品种包括铅盐类（含三碱基性硫酸铅、二碱基性亚磷酸铅等）、硬脂酸盐类（含 Ba、Cd、Zn、Ca、Pb、Mg 等）、复合金属皂类热稳定剂、有机锡类、稀土类及有机辅助稳定剂等。2002 年我国热稳定剂产品结构为铅盐类占 39%，硬脂酸盐类占 21%，复合型占 24%（部分含铅），有机锡类占 6%，稀土类及其他占 10%。目前，我国产能在 $0.5 \times 10^4 t/a$ 以上的企业为 13 家，其中有大连实德集团 $2 \times 10^4 t/a$ 复合稳定剂装置，广州广洋高科技实业有限公司 $2 \times 10^4 t/a$ 稀土热稳定剂装置等。2002 年，湖北南星化工总厂自行设计建设的 $0.2 \times 10^4 t/a$ 稳定剂生产装置建成投产并通过了国家级鉴定。由于国家有关部门加大了对上下水管材铅含量的限制以及门窗型材行业对铅盐稳定剂无尘化、无害化要求的提高，热稳定剂行业无铅化、复合化趋势的发展更加明显。作为标志，稀土稳定剂、复合钙锌等无毒品种的消费比例从上一年度的 35% 提升到 40% 以上，无尘复合铅类稳定剂在铅盐类稳定剂中的市场份额由 30% 增加到 45%。近年来，随着国内对塑料等的需求急剧增加，国内热稳定剂产能增加迅速，2014 年、2015 年产能达到 $30 \times 10^4 t$ 以上，消费 $30 \times 10^4 t$。

我国 PVC 热稳定剂的生产始于20世纪50年代，在60～70年代绝大部分产品是铅盐和金属皂类。80年代初，引进有机锡等热稳定剂。近年来，有机锡、钙锌及稀土类增长较快。我国热稳定剂的需求量已达44×10^4t，全球消费已达近300×10^4t，可见，对热稳定剂的研究和生产将是一个热门的方向。

(2) 国内热稳定剂发展趋势：目前我国热稳定剂行业产品结构中仍以铅盐为主，与欧洲、日本相似，约占50%左右，预计今后此种状态仍将保持一阶段。但我国热稳定剂产品结构中高效、低毒、复合型及有机锡类与美国、日本、欧洲相比相差较大，详见表5－2。

表5－2　国内外热稳定剂产品结构情况　单位:%

品　种	美　国	西　欧	日　本	中　国
铅盐类	15	50	50	45
复合型	45	35	30	10
金属皂类	—	—	—	27
有机锡	40	10	12	5
稀土类	—	—	—	7

虽然各国热稳定剂消费结构各不相同，如美国以复合型、有机锡为主，约占85%左右；欧洲与日本复合型及有机锡也占消费总量的40%～45%。而我国复合型及有机锡仅占15%左右，显然偏低，尽管各国情况不同，但当今热稳定剂向低毒、无毒、无粉尘化、高效、复合多功能化方向发展是总的趋势。因此，我国今后热稳定剂的发展应以改造铅盐、解决粉尘污染、生产无尘复合铅盐为重点，限制镉盐、保护环境，并积极开发替代铅、镉盐产品的代用品；努力发展高效低毒的复合型及有机锡类稳定剂，提高其在消费中的比例。目前，已在南京、温州、重庆建立丁三大无尘复合铅盐生产基地。这些产品大多是通过配合酯类润滑刑制造，产品有粉状、片状，可较好地解决粉尘污染和计量困难的问题，是符合我国国情的改造铅盐的办法。

另外我国热稳定剂中独树一帜的是稀土类稳定剂，近几年开发研制活跃，品种增加，既有液状又有固状；规模扩大，应用领域扩展，并已出口国外，目前总生产能力已达0.8×10^4t/a，产量达0.3×10^4t/a以上，其中广东广洋科技实业有限公司已达0.6×10^4t/a规模。我国稀土资源储量丰富，发展稀土热稳定剂是国外不具备而我国独具优势的领域。

有机锡在国内稳定剂市场的消费比例一直偏低。北京化工三厂与法国 Elf Atochem 公司合资建成的0.3×10^4/a有机锡装置一直未能生产。山西、浙江、广东、广西等地的一些生产装置规模较小，时开时停。另外，作为有机锡的部分代用品，价格较低的有机锑稳定剂在国内也有生产，中南工业大学拥有多项生产技术专利。

国内复合金属皂的开发应用始于20世纪70年代，由山西省化工研究所开发、山西长治化工厂生产的 CZ-310 和 CZ-51 是最早推出的产品，在此之后，随着有机辅助稳定剂的广泛应用，复合金属皂产品不断出现，从产品形态上分，有液体、固体和膏状；从组成上

分，主要有钙/锌、钡/锌稳定体系。山东招远化工厂引进美国 Ferro 公司技术建成的 3000t/a 复合金属皂的装置，可生产 260 个牌号的包括钙、锌、钡、镉在内的复合金属皂产品，是我国目前生产金属皂规模最大、品种最多的装置。

有机辅助稳定剂的开发应用也是我国复合热稳定剂发展的一个特征。早期的复合稳定剂产品多采用多元醇、亚磷酸酯、环氧大豆油等辅助稳定剂，近来β-二酮类化合物、2-苯基吲哚等高效有机辅助稳定剂也已投放市场。

（三）热稳定剂发展趋势

热稳定剂是塑料助剂的重要组成部分，也是聚氯乙烯（PVC）加工中不可缺少的助剂类别。PVC 是主要的通用塑料之一，有许多优点，但其热稳定性差，因此在 PVC 加工中添加热稳定剂便成为解决该问题的主要方法。随着我国 PVC 工业的快速发展，带动了我国塑料热稳定剂行业研究、生产与应用的快速发展。

随着全球的环保和健康意识逐渐加强，塑料热稳定剂朝着低毒、无污染、复合和高效等方向发展。其中主要的发展趋势如下。

（1）铅和镉稳定剂的替代产品相继推出：由于铅镉作为重金属对人体健康有着严重危害，尽管目前全球尚没有一个完全禁止使用铅和镉稳定剂的法规，但 20 世纪 90 年代以来，一些工业发达国家和地区相继制定了限制铅和镉甚至钡的有关法规，世界热稳定剂领域研究开发的热点是铅、镉的替代产品并不断推进其工业化生产。

（2）多元复合“一包装”式产品成为市场上发展趋势：在不同的热稳定剂之间，稳定剂、增塑剂、润滑剂、抗氧剂等其他助剂之间，有时存在协同效应。为了达到理想的热稳定和其他方面效果，将他按适当的比例和方式复合混配，制成复合“一包装”式稳定剂体系，不仅可以提高稳定效果，革除了配方时稳定剂、润滑剂等塑料助剂添加和烦琐的计算过程，方便用户的使用和贮存，还能减少资源浪费和环境污染，可以制成粉状、粒状、可融片状和丸状等。目前国外市场的代表性产品有英国 Akcros 的 Interlite 系列产品等。

（3）大力开发有机锡新产品：有机锡热稳定剂是目前 PVC 最佳和最有发展前景的热稳定剂，有机锡热稳定剂具有出色热稳定性、耐光耐候性和色泽稳定性，适用于高透明制品，因此开发研制十分活跃。一是提高和改进原有类型的稳定剂的性能，如环状有机锡稳定剂的含锡量高，稳定效果好，当其与其他稳定剂复配使用时效果更好，是新发展起来的一类塑料热稳定剂；二是开发新型有机锡稳定剂，如在稳定剂分子中引入苯环；三是提高有机锡稳定剂的相对分子质量，形成聚合型的有机锡稳定剂，可以避免小分子热稳定剂的挥发，增加稳定性能，如用双（β-烷氧羰基烷基）二氯化锡与二酸、二醇和二硫醚进行界面缩聚反应，合成一系列有机锡聚酯、聚醚和聚硫醚稳定剂；再有将不饱和的有机锡化合物与适当的单体共聚，如将二丁基锡顺丁烯二酸酯与苯乙烯、甲基丙烯酸甲酯分别共聚，也是提高有机锡稳定性能的方法之一；再如可将不饱和有机锡化合物直接同氯乙烯共聚，改变树脂的热稳定性，这样使有机锡同树脂合二为一，很大程度上避免了因为相容性不好而发生的“渗出”现象；最近研究出的用双官能团化合物（如二元醇或二元酸等）与有机锡中间体反应形成分子中含有多个锡原子的开链或环状低聚体有机锡稳定剂也可以提高相对分子质量。

(4) 开发无异味的锡产品：由于部分有机锡产品有不适的气味，影响了其应用范围，所以必须进一步研究，开发性能优异、无异味的锡产品。

(四) 问题和建议

尽管我国热稳定剂生产与开发取得相当的成绩，但与世界先进水平相比仍存在许多不足和较大差距。一是品种少，结构不合理。PVC 热稳定剂在国外研究应用较多，就品种而言近万种，仅有机锡就 1000 多类，目前国内规模化生产的只有 40 ~ 50 种，数百类；而且结构不合理，高毒、高污染、低档的铅盐类稳定剂占据绝对主导地位，而有机锡类所占比例远远低于国外发达国家的水平。二是生产规模小，产品质量差，我国热稳定剂生产质量参差不齐，有许多小作坊式生产企业规模小、环境污染严重，许多企业产品杂质多且含水量高，低价竞争，冲击和影响国内优质热稳定剂的生产与市场。三是我国热稳定剂开发力度不够，随着世界 PVC 工业的发展，国外新型热稳定剂开发层出不穷，但我国由于经费和科研与生产的脱节等原因，新型热稳定剂生产与应用远远不能满足国内 PVC 工业的发展，一些比较高档的 PVC 制品所需的热稳定剂还主要依赖进口。我国 PVC 工业的快速发展为热稳定剂行业的发展提供良好市场保障和广阔的发展空间，同时也对热稳定剂行业提出了更高的要求。目前我国对热稳定剂的需求量已达到 44×10^4t 左右。因此今后我国热稳定剂工业应着重调整产品结构，顺应环保潮流，扩大生产规模，提高产品质量。增加钙/锌复合品种和有机锡生产，尤其是对使用于日用品中的无毒热稳定剂；生产推广 β-二酮类、吲哚类等有机辅助稳定剂及无尘复合铅类热稳定剂；利用我国丰富的锑和稀土资源，开发生产与推广有机锑类和稀土类热稳定剂。

未来将朝着无毒、无污染、复合、高效的方向发展，可概括为：①镉、铅、钡稳定剂的淘汰是历史的必然；②高效钙锌复合热稳定剂具有广阔的发展空间；③稀土复合热稳定剂具有我国特色，独创性的无毒、无害化品种，推广应用具有重大的战略意义；④大力研发有机锡稳步发展。

第二节　热稳定剂主要品种及其应用

一、分类

理想的热稳定剂应具备如下基本使用条件。

(1) 能置换高分子链中存在的活泼原子（如 PVC 中烯丙位的氯原子），以得到更为稳定的化学键和减小引发脱氯化氢反应的可能性。

(2) 能够迅速结合脱落下来的氯化氢，抑制其自动催化作用。

(3) 通过与高分子材料中所存在的不饱和键进行加成反应而生成饱和的高分子链，以

提高该合成材料热稳定性。

（4）能抑制聚烯结构的氧化与交联。

（5）对聚合材料具有亲和力，而且是无毒或低毒的。

（6）不与聚合材料中已存在的添加剂，如增塑剂、填充剂和颜料等发生作用。

当然，目前所使用的热稳定剂并不能完全满足上述的要求，所以在使用过程中必须结合不同聚合材料的特点来选用不同性能的热稳定剂。有时还必须与抗氧剂、光稳定剂等添加剂配合使用，以减小氧化老化的可能。

各类稳定剂有其自身的特点。简单来讲，铅盐类热稳定性较好，价格便宜，绝缘性好，但有毒性，透明性不好，主要用于电线电缆、厚壁管材等；有机锡类性能极佳，透明性好，但价格昂贵，主要用于无毒透明制品；有机锑类性能不及有机锡，但价格稍低，在某些应用中可替代有机锡；稀土类价格便宜，稳定性优良，但润滑性较差；金属皂单独使用很难达到理想的稳定效果，复配的通过组分之间的协同效应可起到良好的稳定作用，应用范围广；有机辅助稳定剂主要配合金属皂使用，以改善初期着色性和长期稳定性能。表5－3是聚氯乙烯热稳定剂的简单分类。

表5－3　聚氯乙烯热稳定剂的分类

类　型	代表产品	性能特点及应用
铅盐类	三盐基硫酸铅 二盐基亚磷酸铅	热稳定性、电绝缘性好，用于不透明制品，特别适用于电线电缆，其中二盐基亚磷酸铅耐候性佳，适于户外制品
金属皂类	钡/镉类 钡/锌类 钙/锌类	钡/镉类稳定性极佳，有毒，用于对毒性无要求的领域；钡/锌类为取代镉的产品，低毒；钙/锌类无毒，与辅助稳定性并用于食品包装
有机锡类	双（硫代甘醇酸异辛酯）二正辛基锡	具有优良的热稳定性和加工适应性，初期着色小，制品透明性高，适于软硬制品如板材、管材、薄膜及各种包装容器
有机锑类	三（巯基乙酸异辛酯）锑	无毒，价格低，具有优良的初期着色性，与其他助剂相容性好，与钙皂、环氧化合物具有优良的协同效应
稀土类	硬脂酸镧、亚磷酸镧、硬脂酸铈	无毒，价格便宜，稳定性稍低于有机锡，与环氧化合物、亚磷酸酯有协同效果，加工性稍差
有机辅助稳定剂	抗氧剂、环氧化物、多元醇，含S、N化合物，β-二酮化合物等	与钙/锌、钡/锌等复合金属皂配合，显示良好初期着色和长期稳定性能，单独使用几乎无效

由表5－3可见：各类稳定剂有其自身的特点而用于特定领域，在实际配合中，除了要求稳定剂满足热稳定性需要以外，往往还要求其具有优良的加工性、耐候性、初期着色性、光稳定性，对其气味、黏性也有严格要求；同时，聚氯乙烯制品也是千变万化的，包括管材、片材、吹塑件、注塑件、泡沫制品、糊树脂等，因此，聚氯乙烯加工时热稳定剂的选择是非常重要的，加工配方大多需要加工厂家自行开发。

二、主要品种及其应用

在工业上，用于PVC的高效热稳定剂有许多种，但均可归属于金属热稳定剂与有机热稳定剂两大类。第一类包括无机的、有机的、酸与金属（如Pb、Cd、Sr、Ba、Zn、Mg、Li、Ca、Na等）的碱性盐以及它们的混合物；第二类主要包括环氧化合物、螯合试剂、抗氧剂、α-苯基吲哚与尿素衍生物等有机化食物。下面对用于PVC的主要的热稳定剂品种进行分别讨论。

（一）铅稳定剂

1. 概述

铅稳定剂是最早发现并用于PVC的，至今仍是热稳定剂的主要品种之一。由于铅稳定剂的价格低廉，热稳定性好等优点，所以在日本铅稳定剂（包括铅的皂类）约占整个稳定剂用量的50%；而在我国则主要以铅类稳定剂为主。尽管它的毒性大，其应用愈来愈受到一定的限制。其主要的品种见表5－4（不包括铅的皂类）。

表5－4　常用的铅稳定剂

名　称	结　构	铅质量分数/%	性能特点
三盐基硫酸铅	$3PbO \cdot PbSO_4 \cdot H_2O$	78.8	国内稳定剂中用量最大的一种，使用性能良好，价格便宜，电气工业常用的稳定剂，还用于不透明硬质或半透明软质制品、人造革等
二盐基磷酸盐	$2PbO \cdot PbHPO_3 \cdot \frac{1}{2}H_2O$	83.7	具有抗氧剂功能，极好的耐户外自然老化稳定剂，与润滑剂配合用于不透明挤出制品、电缆料、人造革、鞋料等
二盐基邻苯二甲酸铅	2PbO·（邻苯二甲酸根，两个C(=O)—O与Pb成环）	76.0	在含有易皂化的增塑剂体系内优于三盐基硫酸铅，加工性能良好。多用于耐高温制品中，如90℃和105℃电缆料和硬质板材
三盐基马来酸铅	HC—C(=O)—OPbOPb / ‖ O / HC—C(=O)—OPbOPb	82.1	具有亲双烯能力，从而具备良好的保持色泽性能
碱式碳酸铅	$3PbCO_3 \cdot Pb\ (OH)_3$	86.8	吸收HCl能力强，价廉，主要用于加工温度较低的软质压延制品、电缆护套等廉价制品

续表

名 称	结 构	铅质量分数/%	性能特点
水杨酸铅	(邻羟基苯甲酸根)COO—Pb—OOC(邻羟基苯甲酸根)，两苯环上分别带—OH、HO—	43.0	在含石棉填料的材料中是有效的光稳定剂
硅胶共沉淀硅酸铅	$n\mathrm{SiO_2} \cdot \mathrm{PbSiO_3}$	43~64	不含盐基，可把其中的 SiO_2 视为盐基，属铅盐中透明性最好的品种
2-乙基己酸铅	$[\mathrm{CH_3(CH_2)_3CH(C_2H_5)COO}]_2\mathrm{Pb}$	59.2	可溶于溶剂的增塑剂；在泡沫材料中广泛用作偶氮二甲酰胺发泡剂的活化剂
二盐基硬酯酸铅	$2\mathrm{PbO} \cdot (\mathrm{C_{17}H_{35}COO})_2\mathrm{Pb}$	51~52	有效的复合稳定剂、润滑剂，广泛用于唱片，有良好的光稳定性
硬脂酸铅	$(\mathrm{C_{17}H_{35}COO})_2\mathrm{Pb}$	42.3	有效的复合稳定剂、润滑剂，由于熔点低可保障良好的分散性

铅类稳定剂主要是盐基性铅盐，即带有未成盐的一氧化铅（俗称为盐基）的无机酸铅和有机酸铅。它们都具有很强的结合氯化氢的能力，而对于PVC脱氯化氢的反应本身，既无促进作用也无抑制作用，所以是作为氯化氢的捕获剂使用的。事实上，一氧化铅也具有很强的结合氯化氢的能力，也可作为PVC类聚合材料的热稳定剂，但由于它带有黄色而使制品着色，所以很少单独使用。

铅类稳定剂的主要优点：热稳定性、尤其是长期热稳定性好；电气绝缘性好；具有白色颜料的性能。覆盖力大，因此耐候性好；可作为发泡剂的活性剂；具有润滑性；价格低廉。

铅类稳定剂的缺点：所得制品透明性差；毒件大；分散性差；易受硫化氢污染。由于其分散性差，相对密度大，所以用量大，常达5份以上。

盐基性铅盐是目前应用最广泛的稳定剂。如三盐基硫酸铅，盐基性亚硫酸铅以及二盐基亚磷酸铅等，尚在大量使用。由于其透明性差，所以主要用于管材，板材等硬质不透明的制品及电线包覆材料等。

2. 作用机理

铅稳定剂主要是通过捕获分解出的HCl，而抑制氯化氢对进一步分解反应所起的催化作用，生成的氯化铅对脱氯化氢无促进作用：

$$3\mathrm{PbO} \cdot \mathrm{PbSO_4} \cdot \mathrm{H_2O} + 6\mathrm{HCl} \longrightarrow 3\mathrm{PbCl_2} + \mathrm{PbSO_4} + 4\mathrm{H_2O} \tag{5-35}$$

此外，羧酸铅能与烯丙基氯起交换作用，起到热稳定的作用。

$$-\mathrm{CH_2}-\underset{\underset{\mathrm{Cl}}{|}}{\mathrm{CH}}-\mathrm{CH}=\mathrm{CH_2} + \frac{1}{2}\mathrm{Pb(OCOR)_2} \longrightarrow -\mathrm{CH_2}-\underset{\underset{\mathrm{OCOR}}{|}}{\mathrm{CH}}-\mathrm{CH}=\mathrm{CH_2} + \frac{1}{2}\mathrm{PbCl_2} \tag{5-36}$$

3. 制法

铅类稳定剂一般是用氧化铅与无机酸或有机羧酸盐在醋酸或酸酐的存在下反应制备而得。例如：

$$4PbO + H_2SO_4 \xrightarrow{HAc} \underset{\text{三盐基硫酸铅}}{3PbO \cdot PbSO_4 \cdot H_2O} \qquad (5-37)$$

$$2PbO + 2HAc \longrightarrow Pb\ (Ac)^2 + H_2O \qquad (5-38)$$

$$Pb(Ac)_2 + C_6H_4(CO)_2O \cdot 2PbO \cdot H_2O \longrightarrow C_6H_4(COO)_2Pb \cdot 2PbO + 2HAc \qquad (5-39)$$

在生产过程中，表面处理工艺是很重要的，经过表面处理过的产品，分散性和加工性都会得到改善。为了使三盐基硫酸铅在PVC、氯磺化聚乙烯、聚丙烯中有良好的分散性，可进行专门的涂蜡处理。三盐基硫酸铅分子中的结晶水加热到200℃以上时可脱掉，无水的三盐基硫酸铅用在硬质PVC中，可得到无空隙、无气泡的制品。

三盐基硫酸铅制备的工艺流程如图5-4所示。金属铅加入巴尔吨锅、在500℃空气作用下生成次氧化铅，再经预热电炉（400℃）到高温电炉（620℃），进一步氧化成黄丹（含量≥99.5%的氧化铅），装入盛有纯水的黄丹桶中。将湿黄丹加入预先放好1/2体积纯水的送浆缸中，用搅拌机将浆料搅拌均匀后，再开送浆泵，输送到反应锅。补加纯水，使锅中的固液比例约为1：2，加热到40℃时再加入醋酸（按投料黄丹的0.5%计）作为催化剂，升温至50℃时停止加热。再加入浓度为93%的硫酸（量为黄丹的11%左右），反应0.5h至浆料完全变白为终点。再经干燥、粉碎、过筛、包装，得成品三盐基硫酸铅。

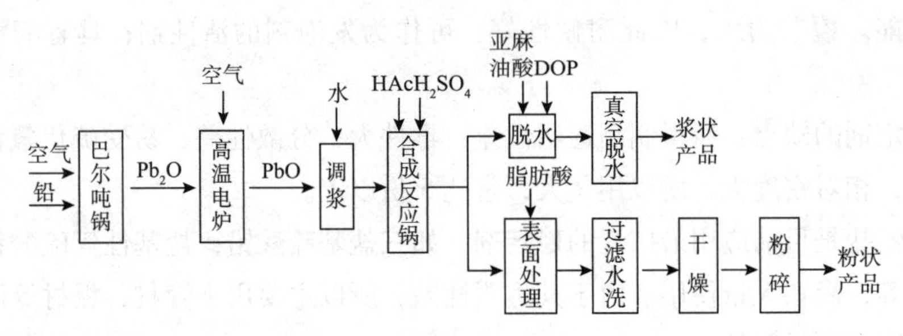

图5-4 三盐基硫酸铅工艺流程

4. 性能与用途

在铅类稳定剂发展的初期、由于其毒性对操作人员的身体健康有恶劣的影响，所以铅类稳定剂的推广应用曾一度受到了限制。后来通过改变其商品形态，将其制成湿润性粉末、膏状物或粒状物，从而在较大的程度上消除了加工时对操作人员的不良影响，因此在近数十年里铅类稳定剂一直是热稳定剂中使用最多的一种。但无论如何，毒性始终是它的致命弱点。例如，用作自来水管材的PVC管中，加入的铅稳定剂必须耐抽提，上水管中的铅含量必须控制在10^{-9}以下。目前，美国与西欧已禁止铅类稳剂用于水管配料，而只允

许使用锡类及锑类稳定剂。

在铅类热稳定剂中，三盐基硫酸铅是使用最普遍的一种。它具有优良的耐热性和电绝缘性，耐候性尚好，特别适用于高温加工，广泛地用于各种不透明硬、软制品及电缆料中。

二盐基亚磷酸铅的耐候性在铅稳定剂中是最好的，且有良好的耐初期着色性，可制得白色制品，但在高温加工时有气泡产生。

盐基性亚硫酸铅的耐热性、耐候性、加工性能比二盐基硫酸铅优良，适用于高温等苛刻条件下的加工，主要用于硬制品和电缆料。

盐基邻苯二甲酸铅耐热性与耐候性兼优，作为软质 PVC 泡沫塑料的稳定剂特别有效。适用于耐热电线、泡沫塑料和树脂糊。

硅酸铅/硅胶共沉淀物的折光率小，在铅稳定剂中是唯一有透明性的产品，但有吸湿性。其性能随着产品中 SiO_2 含量的不同而变化，如 SiO_2 含量增加时，可使透明性、手感和着色稳定性增加，但热稳定性和吸湿性下降。

水杨酸铅具有良好的光热稳定性。由于成分中含有的水杨酸基团的影响，故而具有防止氧化和吸收紫外线的作用。但其耐候性不如二盐基亚磷酸铅，耐热性属中等程度，因而较少使用。

5. 配方举例（质量份）

1）普通硬聚氯乙烯管

PVC 树脂：100	二盐基硬脂酸铅：0.8
硬脂酸钡：0.8	炭黑：适量
三盐基硫酸铅：4	硬脂酸铅：1.2
石蜡：1	碳酸钙：5

2）工业用软质 PVC 吹塑薄膜

PVC 树脂：100	硬脂酸钡：1.5
三盐基硫酸铅：1.5	DOS：3
DOP：22	石蜡：0.5
二盐基亚磷酸铅：1	M－50：4
DBP：10	碳酸钙：1

（二）金属皂稳定剂

1. 概述

所谓金属皂是指高级脂肪酸的金属盐，所以品种极多。作为 PVC 类聚合材料热稳定剂的金属皂则主要是硬脂酸，月桂酸，棕榈酸等的钡、镉、铅、钙、锌、镁、锶等金属盐。它们可以用 M（—O—COR）$_n$的通式来表示。除了高级脂肪酸的金属盐以外，还有芳香族酸，脂肪族酸以及酚或醇类的金属盐类，如苯甲酸、水杨酸、环烷酸、烷英酚等的金属盐类等。虽然它们不是“皂”，但人们在习惯上仍把它们和金属皂类相提并论，多是液体复合稳定剂的主要成分。

事实上，工业上的硬脂酸皂是以硬脂酸皂与棕榈酸皂为主的混合物，主要品种及其物理性能见表5－5。

表5－5 几种主要的金属皂稳定剂

名 称	结 构	外观	金属质量分数，%	熔点/℃	主要应用领域
硬脂酸镉	$(C_{17}H_{35}COO)_2Cd$	白色粉末	16.0～16.5	103～110	软透明制品，常与钡皂并用
硬脂酸钡	$(C_{17}H_{35}COO)_2Ba$	白色粉末	19.5～20.0	>225	用于软硬透明制品，与镉并用
硬脂酸钙	$(C_{17}H_{35}COO)_2Ca$	白色粉末	6.5～7.0	148～155	无毒软膜、器具、兼具润滑性，常与锌皂并用
硬脂酸锌	$(C_{17}H_{35}COO)_2Zn$	白色粉末	13.5～14.5	117～125	软制品，常与钙皂并用
月桂酸钙	$(C_{11}H_{23}COO)_2Ca$	白色粉末	8.5～9.5	150～158	与硬脂酸钙类似，印刷性、热合性、润滑性优
月桂酸锌	$(C_{11}H_{23}COO)_2Zn$	白色粉末	13.5～14.5	110～120	与硬脂酸锌类似，常与环氧化合物并用
月桂酸钡	$(C_{11}H_{23}COO)_2Ba$	白色粉末	25.0～26.0	>230分解	与硬脂酸钡类似，印刷性、热合性、润滑性优
月桂酸镉	$(C_{11}H_{23}COO)_2Cd$	白色粉末	21.0～22.0	94～102	与硬脂酸镉类似，但用量可节省20%
硬脂酸锂	$C_{17}H_{35}COOLi$	白色粉末	2.0～2.5	210～220	无毒透明制品
硬脂酸镁	$(C_{17}H_{35}COO)_2Mg$	白色粉末	4.0～4.5	108～115	与钙皂类似，常与锌皂并用

2. 作用原理

金属皂类或金属盐类热稳定剂在PVC配合物的热加工中，主要通过捕获氯化氢或羧酸基与PVC中的活泼氯原子发生置换反应而起到提高配合物热稳定性的目的。一般而言，其反应速率随着金属的不同而异，其由快到慢顺序大体如下：Zn > Cd > Pb > Ca > Ba。

Fuchsmnn在1972年指出，对于PVC类聚合物羧酸金属盐具有下述4个方面的作用。

（1）与氯化氢的反应：一般认为反应按下式进行：

$$M(RCO_2)_n + 2HCl \longrightarrow MCl_2 + 2RCOOH \qquad (5-40)$$

但事实上，反应并不是如此单纯的。它往往随金属原子配位数的改变而改变。例如锌盐，锌为2价金属，但它却是四配位的：

$$R—C\langle^{O}_{O}\rangle Zn \langle^{O}_{O}\rangle C—R \qquad (5-41)$$

当它与氯化氢反应时，反应产物的4个配位位置空出一个而呈不稳定。基于锌有高共价的倾向，并含有未占据空轨道，所以它能与聚合物中的烯丙基氯结合在一起：

$$R—C\langle^{O}_{O}\rangle Zn \langle^{O}_{O}\rangle C—R + HCl \longrightarrow R—C\langle^{O}_{O}\rangle Zn\langle^{Cl}_{\cdots} + RCOOH \qquad (5-42)$$

$$R-C\begin{smallmatrix}O\\O\end{smallmatrix}Zn-Cl + -CH=CH-\underset{\underset{Cl}{|}}{CH}-CH_2- \longrightarrow -CH=CH-CH=CH- + R-C\begin{smallmatrix}O\\O\end{smallmatrix}Zn\begin{smallmatrix}Cl\\Cl\end{smallmatrix} \quad (5-43)$$

许多其他的金属羧酸，如羧酸镉盐，尽管其配位数不同，也是按类似反应进行的。只有碱土金属的羧酸盐基本上不发生此反应。

（2）酯基的形成：许多人对此都进行过探讨，金属皂类稳定剂通过与高分子链上不规则分布的烯丙基氯起酯化反应，而消除了合成材料热降解的引发源，达到提高热稳定性的目的，Fuchsman 认为反应按下式进行：

$$R-C\begin{smallmatrix}O\\O\end{smallmatrix}Zn-Cl + -\overset{H}{C}=\overset{H}{C}-\overset{H}{C}=\overset{H}{C}-\overset{H}{\underset{Cl}{C}}-\overset{H}{\underset{H}{C}}- \longrightarrow -\overset{H}{C}=\overset{H}{C}-\overset{H}{\underset{\underset{R-C=O}{O}}{C}}-\overset{H}{C}-\overset{H}{\underset{Cl}{C}}-\overset{H}{\underset{H}{C}}- + ZnCl_2 \quad (5-44)$$

（3）交联反应：Fuchsman 推测，如果两个降解的链相互接近，就可能发生交联反应。而破坏其共轭体系，达到提高热稳定性的目的。

（4）氯化锌和氯化镉的其他反应：Fuchsmanl 认为，PVC 脱落下来的氯化氢与锌或镉化合物反应所生成的氯化物是 PVC 类聚合材料降解的真正催化剂。钡和钙的羧酸盐类的作用就在于一旦形成了上述的锌-聚合络合物，它们能够中和氯化氢并起到抑制锌-聚合络合物转化成为氯化锌的作用，从而使得聚合物获得稳定。

3. 制备方法

金属皂类热稳定剂的工业生产方法大体分为直接法与复分解法两种，其中尤以复分解法的应用更为广泛。

复分解法又称湿法，是用金属的可溶性盐（如硝酸盐、硫酸盐或氯化物）与脂肪酸钠进行复分解反应而制得，制备流程见图 5－5。脂肪酸钠一般是预先用脂肪酸与氢氧化钠进行皂化反应而制得。例如：

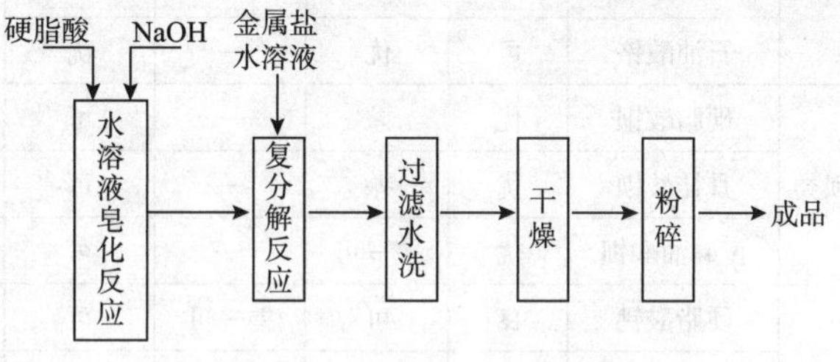

图 5－5 金属皂的生产工艺流程

$$2C_{17}H_{35}COONa + BaCl_2 \longrightarrow (C_{17}H_{35}COO)_2Ba\downarrow + 2NaCl \quad (5-45)$$

$$2C_{17}H_{35}COONa + CdSO_4 \longrightarrow (C_{17}H_{35}COO)_2Cd\downarrow + Na_2SO_4 \quad (5-46)$$

以硬脂酸镉为例，将水及已融化的一级硬脂酸投入反应釜内，加热到 78℃，在搅拌下缓缓加入稀碱液，皂化完全，经分析合格后，继续搅拌 15min，使成均匀皂浆备用。

将硫酸镉溶于水后，徐徐加入皂浆内，温度 75～78℃，在搅拌下使所有皂浆均成为硬脂酸镉沉淀，此时白色粉浆已呈与水分离的状态，再搅拌 15min，经过滤，水洗，滤干，在 90～95℃烘干，粉碎，分离杂质后得成品。

所谓直接法亦称干法，是用脂肪酸与相应的金属氧化物熔融反应，制得脂肪酸皂。例如：

$$2RCOOH + PbO \xrightarrow{130 \sim 140℃} (RCOO)_2Pb + H_2O \tag{5-47}$$

4. 性能及用途

由不同金属离子与酸根所组成的皂类，其性能也不相同。当酸根结构不同时，皂类稳定剂的润滑性及相容性大小顺序为：润滑性：硬脂酸 > 月桂酸 > 蓖麻油酸；相容性：蓖麻油酸 > 月桂酸 > 硬脂酸。铬类稳定剂光稳定性优于热稳定性，不单独使用，常与硬脂酸钡并用，且有润滑作用，单独使用时会很快焦化。钡类稳定剂热稳定性优于光稳定性。钙类稳定剂热稳定性优于光稳定性，兼具润滑作用。锌类稳定剂稳定性较差，不单独使用，用量一般不超过 0.3 份。

值得注意的是，Cd 皂及 Zn 皂虽然通过置换烯丙基氯抑制多烯链的生长，使聚氯乙烯稳定化，但由于同时还生成金属氯化物，该氯化物是路易斯酸，对聚氯乙烯脱氯化氢有催化作用，能促进劣化，特别是氯化锌的催化作用尤为显著，因此使用时应综合考虑。主要金属皂类稳定剂的性能见表 5－6。

表 5－6　主要金属皂类稳定剂的性能

类别	名称	热稳定性	防止初期变色	光稳定性	耐候性	润滑性	离辊性	防起霜性	耐硫化性	透明性	毒性
铬类	硬脂酸铬	可	优	优	优	良—优	优	差	可	良	有
	月桂酸铬	可	优	—	优	良	优	优	差	良	有
	蓖麻油酸铬	可	优	—	优	良	优	良	差	良	有
	苯甲酸铬	可	优	—	优	可	优	优	差	优	有
	石油酸铬	可	优	—	优	可	优	良	差	良	有
钡类	硬脂酸钡	优	差	—	可	良—优	差	可	优	良	有
	月桂酸钡	优	差	—	可	良	可	良	优	良	有
	蓖麻油酸钡	优	差—可	—	可	良	良	良	优	良	有
钙类	硬脂酸钙	良	可	差—可	可	良—优	可	良	优	良	无
	月桂酸钙	良	可	—	可	良—优	可	良	优	良	无
	蓖麻油酸钙	良	可	—	可	良—优	可	良	优	良	无
	苯甲酸钙	良	可	—	可	可	良	可	优	可	无
锌类	硬脂酸锌	差	优	—	可—良	良—优	良	良	优	良	无
	月桂酸锌	差	优	—	可—良	可	良	良	优	良	无

在以锌皂为基础的配方中，要达到既能保持很小的初期着色，又能抑制锌烧的目的，可以从下面两方面考虑：①为改善初期着色，配合足够量的 Zn 皂，使用添加剂将 $ZnCl_2$ 无害化（Zn 配合）；②减少 Zn 皂的配合量来抑制锌烧，用添加剂改善初期着色（低 Zn 配合）。

作为高 Zn 配合中的添加剂，以往使用的是亚磷酸酯、环氧化合物、多元醇等，它们对抑制 Zn 烧有很大效果，但有析出、喷霜和增加初期着色等不足。大量的研究表明，综合性能比较好的 $ZnCl_2$ 螯合剂是硫代二丙乙醇胺等。因此，在耐热性领域以使用低 Zn 配合为主。高 Zn 配合主要用于加有碳酸钙类填充剂或防雾剂的配方中，原因在于碳酸钙本身略具有钙系稳定剂的功能，可使耐热性相当于低 Zn 配合，而防雾剂也具有与多元醇类似的稳定化能力。

Ba/Zn 与 Ca/Zn 相比，Ca/Zn 皂相互间的缔合性弱、稳定化能力差。Ba 皂具有毒性，而且对环氧类并用助剂的聚合有促进作用，因此在要求克服这些弊端的应用方面要使用 Ca/Zn 系稳定剂。几种主要金属复合稳定剂的最佳配比、特性及用途见表 5－7、表 5－8。

表 5－7 几种热稳定剂的功能最佳配比

名 称	热稳定性	热分解性
三盐基性硫酸铅/二盐基亚磷酸铅	60：40	（80～90）：（20～10）
硬脂酸镉/硬脂酸钡	1：3	1：5
硬脂酸钡/硬脂酸铅	2：1	5：1
硬脂酸铅/硬脂酸钙	1：1	2.5：1

表 5－8 几种主要金属复合稳定剂的用途

名 称	特 点	用 途
钡/铬稳定剂	能改善铅盐稳定剂的早期变色和光稳定性	与铅盐复合使用
钡/锌稳定剂	在 PVC 稳定系统中不占重要地位	—
钙/锌稳定剂	毒性低，没有污染，无感官刺激，适用于食品	管材，矿泉水瓶，吹塑软管，医用软质 PVC 产品，门窗型材、片材等

一般而言，多种稳定剂的复合使用是今后的发展趋势。例如，在 PVC 硬制品中使用稳定剂时，有以下几点建议可供选择稳定体系时参考：①随着各种盐基性盐类和金属皂类、有机锡类稳定剂用量的增加，聚氯乙烯的热分解温度相应提高，热稳定效果有所加强。但也应考虑其力学性能、润滑效果以及二次加工等问题，适量使用为宜；②两种或两种以上稳定剂并用，可以弥补单独使用时的不足，且效果成倍提高，稳定剂的总用量相应减少，从经济上看也是有利的；③一般的稳定剂中，以三盐基性硫酸铅的热稳定效果最佳，因此在硬制品的管材中应作为主要的稳定剂，以树脂为 100 份计，硬管中一般加入 5～6 份；④二盐基性亚磷酸铅的热稳定性略低于三盐基性硫酸铅，但它具有光稳定效应，因此两者并用具有协同效应；⑤硬管中稳定剂除以三盐基性硫酸铅为主外，还可选择具有稳定兼润滑作用的硬脂酸铅/硬脂酸钙，其最佳并用比例可选 2：0.5。

5. 配方举例（质量份）

1）硬质不透明瓦楞板

PVC 树脂：100	硬脂酸镉：0.7
亚磷酸三苯脂：0.7	紫外线吸收剂：适量
硬脂酸钡：2.1	硬脂酸锌：0.2
双酚 A：0.2	着色剂：适量

2）室外白色型材

PVC 树脂：100	抗氧剂：0.1～0.2
12-羟基硬脂酸：0.4～0.6	亚磷酸酯：0.5～0.7
冲击改性剂：6.0～12.0	二氧化钛：2.0～4.0
酯蜡：0.4～0.6	环氧大豆油：1.0～1.5
固体钡/镉稳定剂：2.5～3.0	白垩：0～10.0

3）压延地板砖

PVC 树脂：100	硬脂酸：0.1～0.4
固体钡/镉稳定剂：1.5～2.5	环氧大豆油：2.0～5.0
增塑剂：30.0～70.0	白垩：50.0～100.0

（三）有机锡稳定剂

1. 概述

自从 Ingve 等发表了有机锡化合物用于聚合材料热稳定剂的第一篇专利后，大量的有机锡化合物被开发。但由于共合成工艺较复杂，价格较昂贵而限制了它的广泛应用。自 20 世纪 50 年代末期以来，随着 PVC 硬质透明制品需求量的增加和有机锡类化合物生产工艺的改进、成本的降低，尤其是作为热稳定剂其低毒与高效而使其产量与需求量迅速上升。

有机锡化合物可用下述通式表示：

$$Y-\underset{R}{\overset{R}{|}}{Sn}-\left(X-\underset{R}{\overset{R}{|}}{Sn}\right)_n-Y \qquad (5-48)$$

R—甲基、丁基、辛基等烷基
Y—脂肪酸根
X—氧、硫、马来酸等

根据 Y 的不同，有机锡稳定剂主要有下列脂肪酸盐型、马来酸盐型、硫醇盐型 3 种类型。作为商品的锡稳定剂，一般很少使用纯品，大都是添加了稳定化助剂的复合物。有机锡类稳定剂的主要特点是、具有高度的透明性，突出的耐热件，低毒并耐硫化污染，所以在近些年的文献专利报道中，有关新型的有机锡类稳定剂所占比重是很大的，是极有发展前途的一类重要的稳定剂。

2. 作用机理

有机锡类热稳定剂对于 PVC 类聚合材料有 4 方面的作用：置换 PVC 高分子链中存在的活泼氯原子（烯丙基氯），引入稳定的酯基，消除合成材料中热降解的引发源，以及使聚合物稳定。

Frye 等利用同位素标记技术研究了有机锡的作用原理。他们认为聚合物分子中的活泼氯原子与锡原子首先形成配位键，形成以锡原子为配位中心的八面分子配合物。在配合物中有机锡的 Y 基团与不稳定的氯原子进行置换，即在 PVC 分子链上引入了酯基，从而抑制其降解反应，其作用机理为：

$$
-CH_2-CH(Cl)- + (C_4H_9)_2SnY_2 + -CH_2-CH(Cl)- \longrightarrow [\text{配合物}] \longrightarrow [\text{配合物}] \longrightarrow -CH_2-CH(Y)- + (C_4H_9)_2SnCl_2 + -CH_2-CH(Y)- \quad (5-49)
$$

（Y—酸的基团）

烯丙基位置上置换基的稳定性（脱离难易）顺序一般为 RS— > RCO_2— > Cl，这也是硫醇锡盐具有优良的稳定效能的原因之一。

所有的有机锡稳定剂都具有捕捉氯化氢的能力，从而抑制了氯化氢的自动催化作用，达到延缓聚合材料热降解的目的。

$$
2HCl + Bu_2SnY_2 \longrightarrow Bu_2SnCl + 2HY \quad (5-50)
$$

许多的有机锡稳定剂在捕获了氯化氢后所生成的产物能进一步与共轭双键进行加成反应，一方面有利于抑制聚合材料的热降解，另一方面可抑制制品的着色。例如硫醇锡盐捕捉氯化氢后产生硫醇，则可与双键加成。再如，Frye 等研究了双马来酸单甲酯二丁基锡的稳定化作用，发现氯化氢首先与马来酸单甲酯的酯键作用，生成马来酸酐-马来酸单甲酯二丁基锡氯化物的配合物，或马来酸酐，然后再与共轭双烯加成，其反应式如下：

$$
M{-}Bu_2Sn{-}O{-}C(=O){-}CH{=}CH{-}C(=O){-}O{-}CH_3 + HCl \longrightarrow [\;]Cl^- \longrightarrow [\;] \longrightarrow CH_3OH + M{-}Bu_2SnCl + \text{马来酸酐} \quad (5-51)
$$

$$
\text{马来酸酐} + \sim HC{=}CH{-}CH{=}CH\sim \longrightarrow [\text{加成产物}] \quad (5-52)
$$

$$
[M{-}Bu_2Sn^-Cl \text{配合物}] + \sim HC{=}CH{-}CH{=}CH\sim \longrightarrow [\text{加成产物}] \quad (5-53)
$$

Mascia 等的研究结果表明：当 Sn-PVC 与氯化氢相互作用时，三苯基锡中的苯基与氯原子逐次进行置换，一直到生成二氯化物的基团，最后锡完全从聚合物中分离出来成为 $SnCl_4$：

$$-CH_2-\underset{\underset{SnPh_3}{|}}{CH}- \xrightarrow[-C_6H_6]{HCl} -CH_2-\underset{\underset{SnPh_2Cl}{|}}{CH}- \xrightarrow[-C_6H_6]{HCl} -CH_2-\underset{\underset{SnPhCl_2}{|}}{CH}- \xrightarrow[-C_6H_6]{HCl}$$
$$-CH_2-\underset{\underset{SnCl_3}{|}}{CH}- \xrightarrow{HCl} -CH_2-CH_2- + SnCl_3 \quad (5-54)$$

这一反应历程与有机锡化合物中锡原子的不同取代基的反应性能的已知数据是一致的。含有三丁基锡基团的 PVC 脱氯化氢的过程则与此不同，脱出三丁基锡基团是一步进行的，Sn—PVC 被切断，三丁基锡氯化物游离出来。

此外，硫醇锡盐还具有分解过氧化物和捕捉游离基的作用，例如：

$$R_2Sn\begin{matrix}\diagup SCH_2CH_2R' \\ \diagdown SCH_2CH_2R'\end{matrix} + R''O_2H \longrightarrow R_2SnO + \begin{matrix}S-CH_2CH_2R' \\ | \\ S-CH_2CH_2R'\end{matrix} + R''OH \quad (5-55)$$

3. 合成方法

有机锡稳定剂的合成方法首先是制备卤代烷基锡，卤代烷基锡与 NaOH 作用生成氧化烷基锡，再与羧酸或马来酸酐、硫醇等反应，即可得到上述 3 种类型的有机锡稳定剂。在合成方法中重要的是合成卤代烷基锡与烷基锡化合物。目前，在工业生产中有如下几种烷基锡化合物的生产方法。

格氏法 $RMgCl \longrightarrow SnR_4$；$SnR_4 \xrightarrow{歧化} R_3SnCl$ (5-56)

武兹法 $RCl + Na \xrightarrow[或 R_2Cl_2Sn]{SnCl_4} SnR_4$；$SnR_4 \xrightarrow{SnCl_4} R_2SnCl_2$ (5-57)

烷基铝法 $R_3Al \xrightarrow{SnCl_4} SnR_4$；$SnR_4 \xrightarrow{SnCl_3} RSnCl_4$ (5-58)

直接法 $2RX + Sn \xrightarrow{催化剂} R_2SnX_2$ (5-59)

$RX + SnX_2 \longrightarrow RSnX_3$ (5-60)

(1) 格氏法：以丁基氯化锡的制备为例：

$$C_4H_9Br + Mg \xrightarrow{无水乙醇} C_4H_9MgBr \quad (5-61)$$

$$4C_4H_9MgBr + SnCl_4 \longrightarrow (C_4H_9)_4Sn + 2MgBr_2 + 2MgCl_2 \quad (5-62)$$

副反应 $6BuMgBr + 2SnCl_4 \longrightarrow 2Bu_3SnCl + 3MgBr_2 + 3MgCl_2$ (5-63)

副产物 Bu_3SnCl 可以通过溶剂萃取而除尽：

副反应 $Bu_4Sn + SnCl_4 \longrightarrow 2Bu_2SnCl_2$ (5-64)

$3Bu_4Sn + SnCl_4 \longrightarrow 4Bu_3SnCl$ (5-65)

其副产物可通过减压蒸馏而除去。然后将所得到的二丁基氯化锡与月桂酸钠反应，就可得到月桂酸二丁基锡：

$$C_{11}H_{23}COOH + NaOH \longrightarrow C_{11}H_{23}COONa + H_2O \quad (5-66)$$

$$2C_{11}H_{23}COONa + Bu_2SnCl_2 \longrightarrow (C_{11}H_{23}COO)_2Sn(C_4H_9)_2 \quad (5-67)$$

二月桂酸二丁基锡的生产工艺流程如图 5-6。

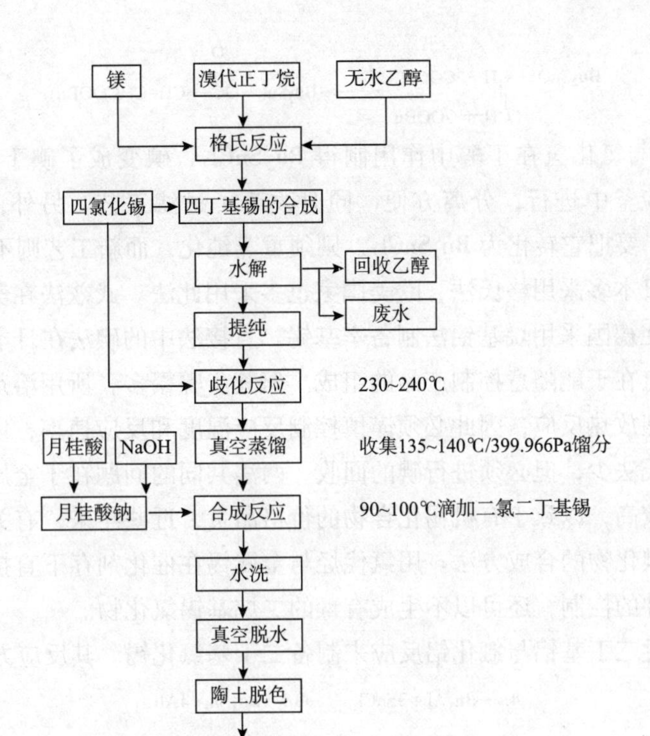

图 5－6　格氏法工艺过程示意

（2）直接法中的碘法：二月桂酸二丁基锡的合成反应为例：

$$3I_2 + 6C_4H_9OH + 2P \longrightarrow 6C_4H_9I + 2P(OH)_3 \quad (5-68)$$

$$2C_4H_9I + Sn \xrightarrow[C_4H_9OH]{Mg} (C_4H_9)_2SnI_2 \quad (5-69)$$

副产物为 Bu_3SnI 及 $BuSnI_3$：

$$Bu_2SnI_2 + 2NaOH \longrightarrow Bu_2SnO + 2NaI \quad (5-70)$$

$$Bu_2SnO + 2C_{11}H_{23}COOH \longrightarrow Bu_2Sn(OCOC_{11}H_{23})_2 + H_2O \quad (5-71)$$

碘的回收：

$$NaI + NaClO_3 + 2H_2SO_4 \longrightarrow HIO_3 + HCl + 2NaHSO_4 \quad (5-72)$$

$$5NaI + HIO_3 + 1/2H_2SO_4 \longrightarrow 3I_2\downarrow + 5/2Na_2SO_4 + 3H_2O \quad (5-73)$$

在该法中，Bu_2SnI_2直接水解时，副产品多，不易过滤，而且碘的回收工艺复杂，碘损失较多。为此，对该工艺做如下改进：

$$2Bu_2I + Sn \longrightarrow Bu_2SnI_2 \xrightarrow[\text{丁醇}]{HCl} Bu_2SnCl_2 + BuI + H_2O \quad (5-74)$$

$$Bu_2SnCl_2 \xrightarrow{NaOH} Bu_2SnO \quad (5-75)$$

$$Bu_2SnO + \begin{matrix} CH-COOH \\ \| \\ CH-COOBu \end{matrix} \longrightarrow Bu_2Sn(-O\overset{O}{\overset{\|}{C}}-CH{=}CHCOOBu)_2 \tag{5-76}$$

将 Bu_2SnI_2 先与氯化氢在丁醇中作用制得 Bu_2SnCl_2，碘变成了碘丁烷，可定量回收。两步可在同一反应釜中进行，分离方便，同时改革了过滤工艺。另外，在老工艺中 Bu_2SnO 含有碘杂质，要把它转化为 Bu_2SnCl_2，则须重蒸纯化，而新工艺则不存在这一问题。

总体而言，日本多采用格氏法，欧美国家也多采用此法。武兹法在美国和德国也已实现工业化生产。在德国采用烷基铝法制备辛基锡。直接法中的碘法在日本也被广泛采用。

格氏法的优点在于能随意控制产品的组成。但其步骤繁多，所用溶剂乙醚沸点低，且格氏反应又是强烈放热反应，因此必须谨慎控制反应温度和反应速率，以免发生爆炸。碘法虽然步骤较格氏法少，但必须进行碘的回收。两法共同的问题在于金属镁、碘以及原料金属锡的价格都较高，以致于有机锡化合物的价格昂贵，近些年来，有关直接法的报道极多，尤其是不用碘化物的合成方法。用氯代烃与金属锡在催化剂存下直接合成烷基锡氯化物，通过反应条件的控制，还可以不生成有毒的二烷基锡氯化物。

烷基铝法通过三丁基铝与氯化铝反应来制备二丁基氯化锡。其反应方程式如下：

$$4n\text{—}Bu_3Al + 3SnCl_4 \longrightarrow 3n\text{—}Bu_4Sn + 4AlCl_3 \tag{5-77}$$

$$n\text{—}Bu_4Sn + SnCl_4 \longrightarrow 2n\text{—}Bu_2SnCl_2 \tag{5-78}$$

同样，所得二卤二丁基锡再经上述反应即可得到二月桂酸二丁基锡，二卤二丁基锡水解得氧化二烷基锡，它与马来酸酐或硫醇及其衍生物反应，则可分别得到马来酸盐型与硫醇盐型稳定剂。

（3）酯基锡的合成方法：荷兰阿克苏公司开发的含硫酯基锡稳定剂，性能优良且生产方法简单。其结构通常表示如下：

$$(ROCOCH_2CH_2)_2Sn\ (SCH_2COOC_8H_{17})_2 \tag{3-79}$$

$$(ROCOCH_2CH_2)_2Sn\ (SCH_2COOC_8H_{17})_3 \tag{3-80}$$

它们是通过一新工艺首先得到一新型取代的烷基锡氯化物中间体，然后再进一步反应得到上述产品。此合成工艺与上述四种合成烷基锡的工艺路线迥然不同，它的特点是工艺简单，反应条件温和，在常温常压下能获得高收率。下面介绍一种重要中间体——丙酸甲酯锡三氯化物的合成方法：

$$SnCl_2 + HCl \xrightarrow[20℃]{乙醚} [HSnCl_3] \xrightarrow{CH_3O\overset{O}{\overset{\|}{C}}CH{=}CH_2} CH_3O\overset{O}{\overset{\|}{C}}CH_2CH_2\text{—}SnCl_3 \tag{5-81}$$

将无水 $SnCl_2$（80g）、乙二醇二甲醚（150mL）和丙烯酸甲酯（36.3g）放在500mL三口瓶中，瓶中装有搅拌器、温度计、回流冷凝器和气体导管。向搅拌着的悬浮液中通入干燥的氯化氢气体（36g，2h），用冰盐浴冷却，维持反应温度在20℃左右，用薄膜蒸发器除去溶剂，再用100mL甲苯萃取残留物，然后在100℃/4mmHg蒸掉挥发馏分，冷却结晶得117g产物，熔点70℃，沸点174℃/533.3Pa。经IR、NMR与元素分析数据可确定其结构为 $CH_3OCOCH_2CH_2SnCl_3$。

4. 性能及用途

有机锡类稳定剂主要是双烷基有机锡 R_2SnX_2，其中 R 为甲基、丁基、辛基；X 为月桂酸系、马来酸系、硫醇系或马来酸酯系。

由于 R 及 X 基不同，它们的热稳定作用也不同。热稳定性比较如下：R 相同时，马来酸锡 > 硫醇锡 > 马来酸酯锡 > 月桂酸锡；X 相同时，甲基锡 > 丁基锡 > 辛基锡。

润滑性比较如下：R 相同时，月桂酸锡 > 硫醇锡 > 马来酸酯锡 > 马来酸锡；X 相同时，辛基锡 > 丁基锡 > 甲基锡。

硫醇锡具有抑制初期着色和长期受热时的稳定作用，应用越来越广泛，但它存在具有臭味、与加工设备及铅盐稳定剂相互污染的缺点。辛基锡硫醇盐主要用于无毒配合，三（巯基乙酸异锌酯）单辛基锡与二（巯基乙酸异锌酯）二辛基锡并用，可得到比单独使用时更优良的耐热性和抑制着色性。表 5－9 给出了一些有机锡稳定剂的性能，表 5－10 介绍了一些主要国产锡类稳定剂产品。

表 5－9 有机锡稳定剂的性能

项 目	硫醇锡盐	马来酸锡盐	羧酸锡盐
透明性	⊙	○	○
初期着色性	⊙	○	×
耐热性	⊙	○	○
润滑性	△	×	○
压析结垢性	△	—	×
耐候性	×	⊙	△
臭味	×	△	○

注：⊙最好；○较好；△差；×最差。

表 5－10 主要国产锡稳定特产品

名 称	化学组成	应 用
京锡 C-101	月桂酸丁基锡	软质透明 PVC 膜、合成革、透明管
京锡 C-102	月桂酸丁基锡与环氧化合物的复合物	软质透明 PVC 膜、合成革、透明管
防热灵 108	硫醇丁基锡化合物	非食品包装瓶、片材、板材、透明 PVC 制品、硬质 PVC 制品
防热灵 133	含硫丁基锡化合物	硬质 PVC 注塑管件
防热灵 137	硫醇丁基锡	挤出型材、注塑管件、外墙壁板
京锡 175	硫醇丁基锡	挤出管材
京锡 4432	硫醇丁基锡与环氧化合物的复合物	硬质 PVC 透明片材、板材、非食品包装瓶
京锡 M-828	马来酸辛基锡化合物	无毒有机锡稳定剂、粮果包装、收缩膜
防热灵 890	硫醇辛基锡化合物	食品级瓶子、压延膜、片材
防热灵 892	硫醇辛基锡化合物	食品级瓶子、压延片材
京锡 8831	硫醇辛基锡化合物	食品级瓶子、压延片材
京锡 M-103	马来酸丁基锡化合物	PVC 透明板、彩色板、波纹板、工业级硬膜

美国很早就开始大量用甲基锡类稳定剂作为管材用稳定剂，当西欧认可锡稳定剂中的巯基乙酸异辛锡为无毒稳定之后，美国也开始使用。

最近，国内外将有机锡类稳定剂与金属皂并用的方法增多，目的是为了降低锡稳定剂的成本和提高金属皂的耐热性。在改良低锌配合的初期着色方面，单烷基锡硫醇盐具有优良的效果。

5. 配方举例（质量份）

1）真空成型透明板材

PVC（P800，含醋酸乙烯5%）：100

马来酸盐有机锡：2~3　　硬脂酸镉：0.3~0.5

月桂酸盐类有机锡：1~2　　透明润滑剂：0.2~0.3

2）注射硬质透明制品

PVC（特性黏度0.74）：100　　硬脂酸钙：0.9

MBS抗冲击改性剂：5　　石蜡（熔点165℉）：1.3

丙烯酸酯加工助剂（K120N）：1.5　　二氧化钛：2

锡稳定剂：2　　部分氧化聚乙烯蜡：0.15

3）硬质透明型材

PVC（P800）：100　　硬脂酸：1

马来酸类有机锡：2　　液体石蜡：0.3

月桂酸盐类有机锡：0.5　　着色剂：适量

硬脂酸丁酯：1

第三节　制备常用热稳定剂

一、三碱式硫酸铅

1）主要原料及规格

氧化铅：≥99.5%　　硫酸：92.5%　　冰醋酸：>98%

2）消耗定额（按生产每吨三碱式硫酸铅计）

氧化铅：900kg　　硫酸：101kg　　冰醋酸：5kg

3）制法

$$2Pb + O_2 \longrightarrow 2PbO \quad (5-82)$$

$$2PbO + 2HAc \longrightarrow Pb(OH)_2 \cdot Pb(Ac)_2 \quad (5-83)$$

$$Pb(OH)_2 \cdot Pb(Ac)_2 + 2H_2SO_4 \longrightarrow 2PbSO_4 + 2HAc + 2H_2O \quad (5-84)$$

$$2PbSO_4 + 6PbO + 2H_2O \longrightarrow 2[3PbO \cdot PbSO_4 \cdot H_2O] \quad (5-85)$$

4）工艺流程

三碱式硫酸铅生产流程见图 5－7。

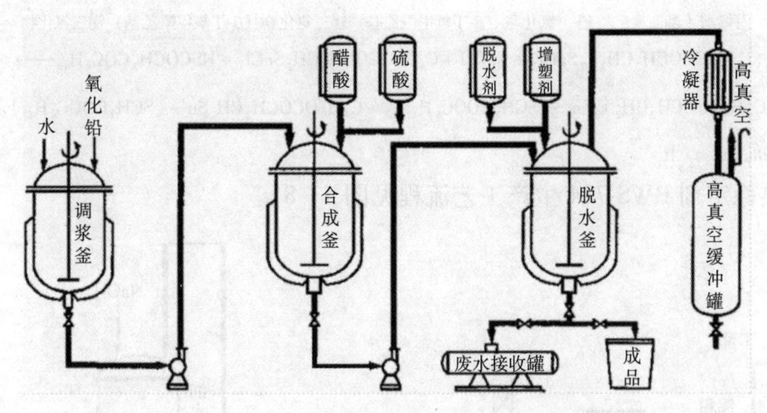

图 5－7　三碱式硫酸铅的生产工艺流程

氧化铅与水按重量比 1∶3 调成浆状物，按氧化铅重量 70% 的醋酸（做催化剂）加入合成釜，于 50℃左右加入硫酸反应。硫酸用量为氧化铅的 11%，产物过滤、干燥、粉碎后即得粉状成品。也可将含水的中间产物以适当的表面活性剂作脱水剂，再加入增塑剂或矿物油制得浆状成品或酥状成品。此法工艺简单、产品质量好，劳动条件也好。

5）产品规格

氧化铅含量：88%～90.1%　　细度（200 目筛余物）：≤0.5%

三氧化硫：7.5%～8.5%　　外观：白色粉末

水分：≤0.4%

6）用途

本品是聚氯乙烯使用最普遍的一种稳定剂，有优良的耐热性和电绝缘性、耐光性尚好。广泛用于电绝缘料和聚氯乙烯硬质管、板，也可用于人造革等软质品。本品还可作为涂料的颜料，对光稳定，不变色。

二、酯基锡热稳定剂 RWS-784

1）主要原料及规格

锡粉：含量 99.5% 以上　　巯基乙酸异辛酯：含量 99%

丙烯酸丁酯：工业级　　氢氧化钠：工业级

2）消耗定额（按生产 1t 的 RWS-784 计）

锡粉：0.1823t　　巯基乙酸异辛酯：0.5564t

丙烯酸丁酯：0.3938t　　氢氧化钠：0.1169t

3）制法

将丙烯酸丁酯、锡粉和氯化氢反应，合成中间体（β-丁氧甲酰乙基）锡二氯化物及少量的三氯化物，然后与巯基乙酸异辛酯和氢氧化钠反应，得到产品。反应方程式如下：

$$C_4H_2O\overset{\overset{O}{\|}}{C}CH=CH_2+2Sn+5HCl\longrightarrow(C_4H_9O\overset{\overset{O}{\|}}{C}CH_2CH_2)_2SnCl_2+C_4H_2O\overset{\overset{O}{\|}}{C}CH_2CH_2SnCl_3$$

丙烯酸丁酯　　　锡　氯化氢（β-丁氧甲酰乙基）锡二氯化物（β-丁氧甲酰乙基）锡三氯化物　　(5－86)

$$(C_4H_9OCOCH_2CH_2)_2SnCl_2+NaOH+C_4H_9OCOCH_2CH_2SnCl_3+HSCOCH_2COC_8H_{17}\longrightarrow$$

$$(C_4H_9OCOCH_2CH_2)_2Sn—(SCH_2COOC_8H_{17})_2+C_4H_9OCOCH_2CH_2Sn—(SCH_2COOC_8H_{17})_3 \quad (5-87)$$

4）工艺流程

酯基锡热稳定剂 RWS-784 生产工艺流程见图 5－8。

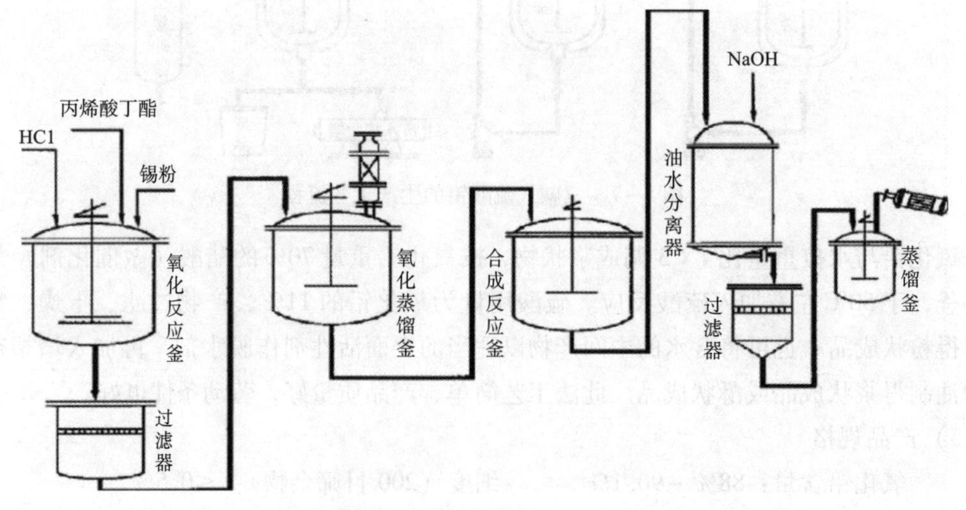

图 5－8　酯基锡热稳定剂 RWS-784 生产工艺流程

向反应釜中加入丙烯酸丁酯，搅拌并加入锡粉，然后向反应釜夹套通入冷冻盐水冷却物料，平衡后，向反应釜通入氯化氢气体，直至物料变清为止。将反应完的物料通入过滤器，除去未反应的微量锡粉，将滤液通入蒸馏釜中，真空条件下蒸出过量的丙烯酸丁酯，残留物即中间体，借真空吸入贮槽。

将巯基乙酸异辛酯、中间体和溶剂加入反应釜中，搅拌，然后均匀加入氢氧化钠水溶液，升温反应。反应完毕，静置分层，分出水层，油层入过滤器，滤液入蒸馏釜中，减压下脱除溶剂，即得到产品。

5）产品规格

外观：无色至微黄透明液体	折射率：1.493～1.503
色度（铂－钴比色）：≤150	锡含量：≥12%
相对密度：1.11～1.16	

6）用途

聚氯乙烯用热稳定剂，热稳定性优良，可用于无毒、透明 PVC 制品的生产，赋予制品优良的透明性，可用于 PVC 板材、片材、食品和医药包装材料中。

第四节 溶胶-凝胶法制备TGE固体强酸催化剂

巯基乙酸异辛酯（TGE）是PVC塑料的一种热稳定剂，同时也是合成有机锡无毒热稳定剂8831等的重要工业原料，锡、锑的萃取剂，也可作为有色金属矿山浮选铅、锌矿物的捕获剂；还可以作为PVC树脂聚合时的阻支链剂及双酚A合成的催化剂；石油精炼过程的防腐蚀剂，硫醇的掩味剂，透皮促进剂，增加橡胶的延展性，润滑油的添加剂等。巯基乙酸异辛酯的制备通常是以商品巯基乙酸水溶液与异辛醇在酸催化作用下直接酯化或用氯乙酸。合成TGE主要有两种工艺路线：一是直接酯化法，即以巯基乙酸和异辛醇为原料，在催化剂（如浓硫酸等，其发展方向为固体强酸或固体超强酸）的作用下直接脱水酯化生成巯基乙酸异辛酯，另外一种路线是以氯乙酸和异辛醇为原料先生成氯乙酸异辛酯，再对其进行巯基化反应合成巯基乙酸异辛酯。

溶胶-凝胶法（Sol-Gel法，简称S-G法）是指无机物或金属醇盐经过溶液、溶胶、凝胶而固化，再经热处理而成的氧化物或其他化合物固体的方法。其初始研究可追溯到1846年，Ebelmen等用$SiCl_4$与乙醇混合后，发现在湿空气中发生水解并形成了凝胶，这一发现当时未引起化学界和材料界的注意。直到20世纪30年代，Geffcken等证实用这种方法，可以制备氧化物薄膜。1971年德国Dislich报道了通过金属醇盐水解得到溶胶，经胶凝化，再在923~973K的温度和100N的压力下进行处理，制备了SiO_2-B_2O_3-Al_2O_3-Na_2O-K_2O多组分玻璃，引起了材料科学界的极大兴趣和重视。80年代以来，溶胶-凝胶技术在玻璃、氧化物涂层、功能陶瓷粉料，尤其是传统方法难以制备的复合氧化物材料、高临界温度（T_c）氧化物超导材料的合成中均得到成功的应用。目前，溶胶-凝胶法仍然是新材料合成的主要方法。通常情况下由溶胶制备凝胶的方法有：溶剂挥发法、加入非溶剂法、冷冻法、加入电解质法和利用化学反应产生不溶物质法等。

常规的溶胶-凝胶法按原料和机理的不同，主要可以分为传统的胶体溶胶-溶胶法、金属有机化合物聚合凝胶法、有机聚合玻璃凝胶法三大基本类型。

一、制备原理

（一）制备原理

不论所用的前驱物（起始原料）为无机盐或金属醇盐，其主要反应步骤都是前驱物溶于溶剂（水或有机溶剂）中形成均匀的溶液，溶质与溶剂产生水解或醇解反应，反应生成物聚集成1nm左右的粒子并组成溶胶，溶胶经蒸发干燥转变为凝胶。因此更全面地看，此法应称为SSG法，即溶液-溶胶-凝胶法，其最基本的反应如下：

（1）溶剂化：能电离的前驱物——金属盐的金属阳离子M^{z+}吸引水分子形成溶剂单元$M(H_2O)_n^{z+}$（n为金属M的原子价，z为M离子的价数），为保持它的配位数而具有强烈的释放H^+的趋势：

$$M\ (H_2O)_n^{z+} \rightleftharpoons M\ (H_2O)_{n-1}\ (OH)^{(z-1)+} + H^+ \quad (5-88)$$

（2）水解反应：非电离式分子前驱物，如金属醇盐 M（OR）$_n$（n 为金属 M 的原子价，R 代表烷基）与水反应：

$$M\ (OR)_n + xH_2O \longrightarrow M\ (HO)_x\ (OR)_{n-x} + xROH \quad (5-89)$$

反应可延续进行，直至生成 M（OH）$_n$。

（3）缩聚反应：可分为失水缩聚和失醇缩聚。

失水缩聚：

$$—M—OH + HO—M \longrightarrow M—O—M— + H_2O \quad (5-90)$$

失醇缩聚：

$$—M—OR + HO—M \longrightarrow M—O—M— + ROH \quad (5-91)$$

（二）特点

溶胶－凝胶法之所以被重视，主要是因为有以下特点。

（1）可低温合成氧化物：这使得制造不允许在高温下加热的材料制品成为可能，例如，高能放射性废物的低温玻璃固体烧制，及集成电路用陶瓷基板配线之后的烧制。

（2）提高材料的均匀性：多成分系溶液是分子级、原子级的混合，因此，由它制得的玻璃和多成分系的多结晶陶瓷、各种复合材料如催化剂等具有均匀的成分。

（3）可提高生产效率：与功能材料合成用的气相蒸镀和溅射法相比，提高生产效率是可能的。溶胶－凝胶法提供了新的催化剂合成方法，用此方法使无定形或介态的氧化物相达到分子级混合，活性组分有效地嵌入网状结构，不易受外界影响而聚合、长大，对提高催化剂的稳定性和分散性有利。在改善催化剂的孔性能、反应选择性和收率方面有较好的表现。

①改善催化剂的孔性能和晶体结构：纳米氧化镁在催化领域有着广泛的用途，是一新型的高功能精细无机材料，也是一种应用广泛的碱性催化剂。梁皓等以 $MgCl_2$ 水合物为前驱体，在流动 N_2 气氛中干燥 MgO 醇溶胶，从而制备粒径较小的纳米级氧化镁，制得的催化剂比表面积为 218.6m^2/g，电子显微镜观察分布均匀，呈球状。与传统方法制备的纳米氧化镁相比，该方法操作简便、设备简单、成本低廉，而且不会引入其他杂质。

Lamb Ertc K 等用 TEOS 和 3 价乙酸铑为主要原料，丙酮和乙醇为溶剂，合成了 Rh/SiO_2 催化剂，其比表面积达 500～700m^2/g，这是其他传统制备方法难以达到的。在控制大气污染过程中，NO_2 的催化还原是非常重要的反应。Diaz G 等利用溶胶－凝胶法合成了比表面积为 312m^2/g 的 CuO－SiO_2 催化剂，由于溶胶－凝胶法使得活性中心高度分散，活性中心的含量增加，NO_2 的转化率达到 77%。

李亚玲等利用溶胶－凝胶技术包容 Co（pic）$_4H_2O$ 络合物，对所得催化剂进行 XRD 表征，只出现 1 个较宽的峰，表明具有良好的非晶态，电子显微镜照片可见分布 0.2～0.7μm 的孔，可见溶胶－凝胶法制得的催化剂对于负载成分的晶体结构和催化剂孔性能的改善有重要影响。耿云峰等分别用溶胶－凝胶法和浸渍法制备了 MoO_3/SiO_2 催化剂，用

XRD、TPR、IR 和 TPD 进行表征。结果表明：分子表面金属高度分散，无晶体堆积现象。并通过异丁烷选择氧化进行评价，发现用溶胶－凝胶法制得的催化剂组分更分散，改善晶格氧活性，对异丁烷转化率和氧化产物的选择性都有所改善。

②提高反应的选择性和收率：CO_2加氢制甲醇是合理利用工业废气中 CO_2的途径之一，传统的浸渍法和沉淀法由于 CO_2的惰性，活化比较困难，降低 CO_2的转化率。林西平等用硝酸氧锆、硝酸铜和硝酸锌制备了大比表面积和高分散的 $CuO\text{-}ZnO/SiO_2\text{-}ZrO_2$催化剂，大大提高 CO_2的转化率。刘庆生等分别用浸渍法及溶胶－凝胶法制备了 ZnO/SiO_2及 $ZnO-SiO_2$催化剂，并用 FTIR 和 XPS 对其进行了表征，发现催化剂的表面结构完全不同。浸渍法制得的 ZnO/SiO_2催化剂表面存在大量的自由态 ZnO，而溶胶－凝胶法制得的 ZnO_2SiO_2表面自由态的 ZnO 极少，说明后者制得的催化剂达到高分散，在2-丁醇的脱水反应中后者转化率超过 90%。

徐士伟等分别用溶胶－凝胶法和浸渍法制备了甲醇裂解铜系催化剂，以甲醇裂解氢为模型反应考察了反应性能。结果表明：用溶胶－凝胶法制备的催化剂最高产率为 55.4%，比浸渍法所得催化剂的反应产率高 13%，可见催化剂活性中心的增加导致最终反应产率的提高。

（三）技术进展

1. 材料制备

溶胶－凝胶法应用早期采用传统胶体型成功地制备出核燃料，其过程在制备粉末方面现出一定特长，目前此型倍受重视。在 20 世纪 80 年代前后，科学家对溶胶－凝胶法的科学和技术研究主要集中在无机聚合物型，由于此型溶胶－凝胶过程易控制，多组分体系凝胶及后续产品从理论上说相当均匀，并且易从溶胶或凝胶出发制备成各种形状的材料。此型在以 SiO_2为基材料的应用方面已相当成功，但其过程一般需要可溶于醇的醇化物作为前驱体，而许多低价（<4 价）金属醇化物都不溶或微溶于醇，使此型溶胶－凝胶过程在制备以其他组成为主要材料的应用方面受到限制。为此在 80 年代末期，人们将金属离子形成络合物，使之成为可溶性产物，然后经过络合物型溶胶－凝胶过程形成凝胶。此法可以把各种金属离子均匀地分布在凝胶中，从而显示出溶胶－凝胶法最基本的优越性。这些溶胶－凝胶过程的特征和主要用途见表 5－11，相应的凝胶形成过程如图 5－9 所示。

表 5－11 不同溶胶－凝胶过程的特征

	化学特征	凝 胶	前驱物	应 用
胶体型溶胶－凝胶过程	调整 pH 值或加入电解质使粒子表面的电荷中和，蒸发溶剂使粒子形成凝胶网络	1. 密集的粒子形成凝胶网络 2. 凝胶中固相含量较高 3. 凝胶透明，强度较弱	前驱物溶液（溶胶）是由金属无机化合物与添加剂之间的反应形成的密集的粒子	粉末、薄膜

续表

化学特征		凝　胶	前驱物	应　用
无机聚合物型溶胶－凝胶过程	前驱物的水解和缩聚	1. 由前驱物得到的无机聚合物构成凝胶网络 2. 刚形成的凝胶体积与前驱物溶液体积完全一样 3. 证明凝胶形成的参数——胶凝时间随着过程中其他参数的变化而变化 4. 凝胶透明	主要是金属烃氧化物类	薄膜、块体、纤维、粉末
络合物型溶胶－凝胶过程	络合反应导致较大混合配合体的络合物的形成	1. 由氢键连接的络合物构成凝胶网络 2. 凝胶在湿气中可能会溶解 3. 凝胶透明	金属醇盐、硝酸盐或醋酸盐	薄膜、粉末、纤维

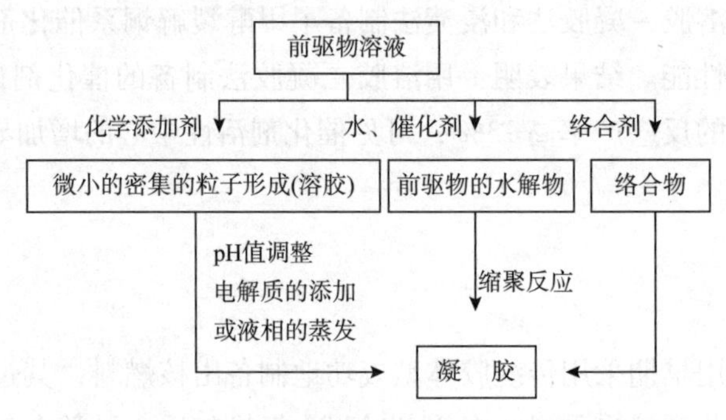

图 5－9　不同溶胶－凝胶过程中凝胶的形成

2. 催化剂制备

在溶胶－凝胶法过程中，先在碱性条件下将金属离子沉淀下来，然后通过酸溶液解胶和陈化等工艺过程得到中孔分布集中的各种催化剂，这是一种新的采用溶胶－凝胶技术制备催化剂的方法。近年来，中孔催化剂材料越来越受到重视，溶胶－凝胶法作为一种低温液相合成方法能够较容易控制参数。但传统的溶胶－凝胶法由于不同类型醇盐水解速率的不同，制备过程复杂且不容易控制。姚楠等在原来的溶胶－凝胶基础上进行了改进，先用氨水调节 pH＝8～10，使金属离子沉淀，然后水洗，再通过 HNO_3 调节 pH＝2～4 解胶，最后通过干燥和焙烧制备 Al_2O_3，$SiO_2-Al_2O_3$ 和 TiO_2 等催化剂材料。采用液氮温度（77K）下氮吸附法测定其孔径高度集中在 3.8nm。近年来，溶胶－凝胶法与生物技术相结合，尤其酶催化法以高效、专一以及反应条件温和的优点备受关注。姜忠义等探索了温室气体 CO_2 的固定和利用的新途径，以正硅酸乙酯为前驱体，用改进的溶胶－凝胶法对甲酸脱氢酶和乙醇脱氢酶包埋固定化，并以这些酶为催化剂，在低温下将 CO_2 转化为甲醇。实验结果表明，在 37℃ 和 pH＝7.0 条件下，甲醇收率可达 92.4％。

3. 主要研究方向

溶胶－凝胶法应用的关键是溶胶的制备，溶胶的质量直接影响到最终所得材料的性

能，因此如何制备满足要求的溶胶成为人们研究的重点，近年来主要有以下几个方面研究：

（1）加水量：加水量少易形成低度交联的产物，使溶胶黏度增大；加水量多则易形成高度交联的产物，使黏度下降。因此加水量对醇盐水解缩聚产物的结构和溶胶的黏度及胶凝时间有重要影响。

（2）催化剂：由于催化机理不同，对醇盐的水解缩聚、酸催化和碱催化往往产生结构和形态不同的水解产物。因而选择适宜的催化剂十分重要。

（3）水解温度：水解温度高对醇盐的水解速率有利，但是温度过高，又会产生沉淀。因此水解温度与凝胶的形成关系密切。

4. *在材料制备方面的应用*

溶胶－凝胶法可制得的材料主要分为6类：块状材料、纤维材料、涂层和薄膜材料、超细粉末材料、复合材料及催化材料。

（1）块状材料：溶胶－凝胶法制备的块状材料是指每一维尺度大于1mm的各种形状并无裂纹的产物。通过此方法制备的块状材料具有在较低温度下形成各种复杂形状并致密化的特点。现主要用于制备光学透镜、梯度折射率玻璃和透明泡沫玻璃等。如用溶胶－凝胶法制造的直径为7mm的$PbO-K_2O-B_2O_3-SiO_2$玻璃棒的折射率梯度为$1\times10^{-2}mm^{-1}$，直径为2mm的TiO_2-SiO_2玻璃棒折射率梯度为$2\times10^{-2}mm^{-1}$。这些折射率梯度是由成分梯度造成的。而在凝胶中通过离子交换或离子浸析方法很容易形成成分梯度。因此溶胶－凝胶法制备梯度折射率玻璃是一种非常有前途的制备方法。

另外，对于一些用传统制备方法难以制备的块状材料，人们也在尝试使用溶胶－凝胶法，并获得了成功。如成分为$Ba(Mg_{1/3}Ta_{2/3})O_3$（BMT）的复合钙钛矿型材料，被认为是迄今为止在微波频率下品质因素（Q）值最高的一种材料。此材料的烧结性能很差，要在1600℃以上的高温中才能烧结，为此一些学者用添加烧结助剂的方法来改善其烧结性能。但杂相或烧结助剂的引入，总会不同程度地降低Q值。因此单相、成分均匀的BMT粉料是制备高Q值微波介质材料的关键。采用溶胶－凝胶法制备BMT粉料，将粉料烧结成块，其烧结温度比传统固相反应法低600℃左右。

（2）纤维材料：溶胶－凝胶法可用于制备纤维材料。当分子前驱体经化学反应形成类线性无机聚合物或络合物间呈类线性缔合时，使体系黏度不断提高，当黏度值达10～100Pa·s时，通过挑丝或漏丝法可从凝胶中拉制成凝胶纤维，经热处理后可转变成相应玻璃或陶瓷纤维。例如采用醇化物作为前驱体能制备出可纺的Al_2O_3、$Al_2O_3-SiO_2$（w_{SiO_2}为0～15%）陶瓷纤维，其杨氏模量达150GPa以上。$Al_2O_3-SiO_2$耐热纤维历来是利用离心法使溶液从旋转的容器孔中喷出制备的，因此是短纤维。但采用溶胶－凝胶法使制造长纤维成为可能。另外还可制备出用于陶瓷或高分子材料补强剂的TiO_2、ZrO_2、$ZrO_2-Al_2O_3$陶瓷纤维和高T_c的$Yba_2Cu_3O_{7-x}$超导陶瓷纤维。

（3）涂层和薄膜材料：制备涂层和薄膜材料是溶胶－凝胶法最有前途的应用方向。其制备过程为：将溶液或溶胶通过浸渍法或转盘法在基板上形成液膜，经凝胶化后通过热处理可转变成无定形态（或多晶态）膜或涂层。膜层与基体的适当结合可获得基体材料原来没有的电学、光学、化学和力学等方面的特殊性能。目前采用溶胶－凝胶法通过对膜厚控制已制备出由 Ta_2O_5、SiO_2-TiO_2 和 $SiO_2-B_2O_3-Al_2O_3-BaO$ 等组成的减反射膜，其反射率仅为1%，使太阳能电池效率提高48%。由 SiO_2-BaO、$SiO_2-B_2O_3-Al_2O_3$形成膜经过化学处理后，不仅能控制膜的孔结构，而且还能在控制膜厚度方向上组成梯度。这些梯度折射率膜在高能激光上得到很有价值的应用，如当激光波长为1.06μm时，其反射率为0.15%～0.70%，同时这些膜激光损坏阈值比一般减反射膜大4倍。目前此法的主要应用是制备减反射膜、波导膜、着色膜、电光效应膜、分离膜、保护膜、导电膜、敏感膜、热致变色膜、电致变色膜等。

（4）超细粉末：运用溶胶－凝胶法，将所需成分的前驱物配制成混合溶液，经凝胶化、热处理后，一般都能获得性能指标较好的粉末。这是由于凝胶中含有大量液相或气孔，使得在热处理过程中不易使粉末颗粒产生严重团聚，同时此法易在制备过程中控制粉末颗粒度。目前采用此法已制备出种类众多的氧化物粉末和非氧化物粉末。如在900℃时，将凝胶处理后可获得颗粒度为0.1～0.5μm的 $NaZr_2P_3O_{12}$晶相粉末；在1200℃时将凝胶处理后可制备出平均粒径为0.4μm的 $\alpha\text{-}Al_2O_3$粉末；在1350℃时将凝胶处理后可形成粒径为0.08～0.15μm的 Al_2TiO_5晶相粉末；在400℃时将凝胶处理后也可形成粒径较小的Na-B-Si-O粉料，此粉料可熔融形成玻璃，其熔融温度比常规方法低250℃。在一定的气流速度和压力下可制得最小颗粒尺寸为8.9nm的纳米级 $SiC\text{-}Si_3N_4$复合超细粉末。

（5）复合材料：溶胶－凝胶法制备复合材料，可以把各种添加剂、功能有机物或分子、晶种均匀地分散在凝胶基质中，经热处理致密化后，此均匀分布状态仍能保存下来，使得材料更好地显示出复合材料特性。由于掺入物可多种多样，因而运用溶胶－凝胶法可生成种类繁多的复合材料，主要有：补强复合材料、纳米复合材料和有机—无机复合材料等。如有机掺杂 SiO_2复合材料，这类材料可作为发光太阳能收集器、固态可调激光器和非线性光学材料等。起初是将有机着色剂分子直接添加到溶液里通过溶解而引入到 SiO_2中，凝胶化后着色分子分布于Si—O网络中。这种材料的一个明显缺点是常存在连通的残余气孔，原因是有机物在高温下将产生分解，故凝胶化后不能将其加热到足够高的温度使 SiO_2致密化，而用溶胶－凝胶法，则克服了这一缺陷。

纳米掺杂微晶半导体玻璃是应用最为广泛的三阶非线性光学材料，1983年，Jain曾报道包含CdS和CdSe微晶的硅酸盐滤色玻璃具有较高的三阶非线性效应和快速开关效应，该材料曾计划用于光开关装置，但由于熔融法不能精确控制化学组成和纯度，且微晶的分布和粒径很难控制，因此该材料长时间使用后易产生光致变黑现象。为解决上述问题，20世纪80年代后期以来，许多研究者开始以溶胶－凝胶法替代熔融法，大大提高了材料的性能。

（6）催化材料：溶胶－凝胶法制备的催化剂具有比表面积高、活性组分分散性好、活

性金属粒径小、金属与载体相互作用强等特点，因而能够提高催化剂的活性和稳定性，因而广泛应用于载体及催化剂的制备，如氧化物载体、复合氧化物载体以及金属催化剂制备等，应用于大量的反应，如甲醇合成、甲烷化、有机合成、重整反应等。

20 世纪 90 年代，原南化公司催化剂厂应用溶胶－凝胶法制备氧化铝胶载体，成功应用于多种催化剂的制备和生产；国内很多研究单位应用溶胶－凝胶法提高铜系、镍系等催化剂性能。用溶胶－凝胶法制备了 $CuO-ZnO-Al_2O_3-Cr_2O_3$ 甲醇合成催化剂，以 HZSM-5 为脱水催化剂，二者经机械混合制成二氧化碳加氢一步法合成二甲醚的复合催化剂，在固定床微分反应器上对其进行了活性评价。研究结果表明：$CuO-ZnO-Al_2O_3-Cr_2O_3$/HZSM-5 催化剂的活性稳定，在 3MPa，533K，CuO/ZnO（质量比）＝2/1，Cr_2O_3 含量（质量百分比）为 2% 时，CO_2 的转化率达到 28.94%，DME 的选择性和收率分别达到 31.76% 和 8.76%，MeOH＋DME 的总收率则达到了 13.98%。用盐酸改性坡缕石后，负载 CuO-ZnO-$Al_2O_3-Cr_2O_3$后制备了 $CuO-ZnO-Al_2O_3-Cr_2O_3$/改性坡缕石催化剂，在固定床微分反应器上对其进行了活性评价。结果表明：用 0.2mol/L_{HCl} 酸化，573K 焙烧的坡缕石负载 CuO-ZnO-$Al_2O_3-Cr_2O_3$在 553K，3MPa 下，二甲醚的收率和选择性较高。

Hwang 等采用溶胶－凝胶法制备的镍铝干凝胶催化剂比表面积大、孔径分布窄、Ni 物种分散性好，当催化剂中 w_{Ni} 为 40% 时，CO 转化率达到 96.5%。随后又研究了金属助剂对 Ni-M-Al 干凝胶催化剂结构及其 CO_2 甲烷化反应性能的影响，发现添加金属助剂对催化剂的孔结构影响不大，而添加 Fe 助剂的催化剂具有最优的 CO 解离能和最弱的金属与载体相互作用，较添加其他金属助剂的催化剂表现出更好的 CO_2 甲烷化催化活性。单译等优化了溶胶－凝胶法制备镍基催化剂的制备条件和 CO 选择性甲烷化的反应条件，优化后的催化剂在反应温度为 280℃，空速为 $1800h^{-1}$时，CO 的转化率达到 100%，可以满足质子交换膜燃料电池对氢源的要求。

Rahmani 等考察了溶胶－凝胶法制备的 Al_2O_3 载体负载 Ni 基催化剂的 CO_2 甲烷化催化性能，研究发现，随着 Ni 含量的提高，催化剂的比表面积和孔容减小，Ni 与载体作用力减弱，而 Ni 晶粒尺寸增大，CO_2 甲烷化催化活性先增大后降低并在 w_{Ni} 为 20% 时达到最大，而添加质量分数 2% 的 CeO_2 助剂能够促进金属 Ni 的分散，并通过与 Ni 产生相互作用而增大 Ni 电子密度，对 Ni/Al_2O_3 催化剂的 CO_2 甲烷化催化活性和稳定性有更好的促进效果。溶胶－凝胶法制备的镍基催化剂在催化有机化合物加氢反应中也有广泛应用。Savva 等研究了 Ni/Al_2O_3 催化剂用于汽油中的苯加氢反应，溶胶－凝胶法制备的 Ni/Al_2O_3 催化剂形成表面尖晶石结构，能够更好地平衡催化剂分散性和金属与载体相互作用之间的关系，因而较浸渍法和共沉淀法制备的催化剂具有更快的苯加氢反应速率。Chen 等研究了溶胶－凝胶法制备的 Ni/TiO_2 催化剂催化邻硝基氯苯液相加氢制邻氯苯胺的反应，结果表明：在优化后的 Ni/TiO_2 催化剂上，邻硝基氯苯的转化率和邻氯苯胺的选择性均超过 99%，且催化剂催化稳定性良好，经 9 次循环而未失活。秦青等以溶胶－凝胶法制得了超细镍基催化剂，在优化后的甲苯加氢反应制备甲基环已烷工艺反应条件下，采用溶胶－凝胶法制备的超细镍基催化剂表现出优良的甲苯加氢反应催化性能，甲苯的转化率和甲基环己烷的选择性均达到100%。盖媛媛等采用溶胶－凝胶法制备的TiO_2载体具有金红石和锐钛矿混合晶相且比表面积大，相同反应条件下，以其为载体的Ni/TiO_2催化剂顺酐转化率达100%，γ-丁内酯选择性分别是以水热法TiO_2和沉淀法TiO_2为载体的Ni/TiO_2催化剂的3.3倍和6.2倍。

利用烃和含氧烃的催化重整反应制氢是重要的制取氢气的途径之一。目前，镍基催化剂已被广泛应用于催化重整反应。

为了解决重整反应中镍基催化剂因烧结和积炭造成的失活，大量研究聚焦于提高镍基催化剂的稳定性。采用溶胶－凝胶法制备Ni基催化剂是提高其重整反应稳定性的一种有效手段。

Suh等研究发现，溶胶－凝胶法制备的镍基催化剂具有优良的孔道结构和高分散的活性组分，较浸渍于商业Al_2O_3载体上的镍基催化剂具有更好的甲烷CO_2重整反应活性和稳定性。Tang等研究表明：浸渍于溶胶－凝胶法制备的γ-Al_2O_3载体上的Ni基催化剂Ni颗粒尺寸小且分散性好，因而具有良好的催化活性和抗积炭性能，催化甲烷CO_2重整反应80h后未见失活，而浸渍于商业γ-Al_2O_3上的Ni基催化剂则出现严重的积炭，催化剂破碎并堵塞反应器，反应仅能够维持3.5h。Zhang等发现，溶胶－凝胶法制备的Ni-Al_2O_3催化剂金属Ni高度分散在载体表面，且Ni与载体之间形成的化学键减少了高温反应过程中Ni的烧结并抑制了碳纤维的形成，因而比浸渍法制备的催化剂具有更好丙烷水蒸气重整反应稳定性和更高的H_2选择性。Seo等采用溶胶－凝胶法制备了镍铝气凝胶催化剂，用于LNG水蒸气重整反应，制备过程如图5－10所示，研究表明镍铝气凝胶催化剂有良好的介孔结构，金属Ni比表面积高，Ni晶粒小且分散度高，不仅有利于提供更多的活性位，且能够抑制积炭的形成和Ni的烧结，因而较浸渍于Al_2O_3气凝胶载体和商业Al_2O_3载体的Ni催化剂表现出更优的活性和稳定性。

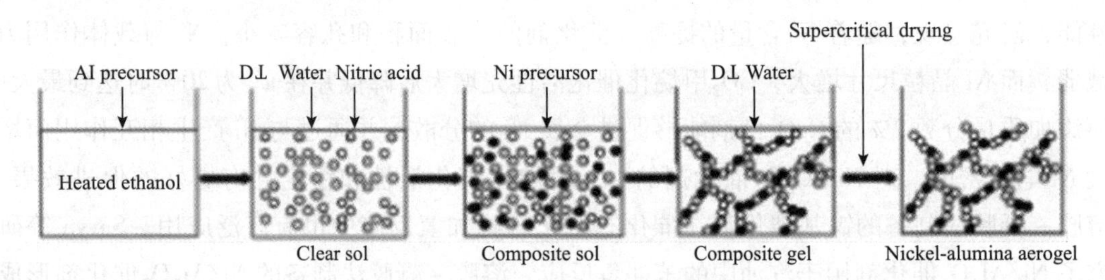

图5－10　溶胶－凝胶法一步合成镍铝气凝胶催化剂制备流程示意

Melchor-Hernandez等采用溶胶－凝胶法制备了La改性的Al_2O_3-La_2O_3载体负载Ni催化剂用于乙醇水蒸气重整反应，研究表明：La改性能够提高催化剂的还原性和NiO的分散度，La与Ni的相互作用能够提高催化剂的稳定性，抑制积炭。Min等研究发现：碱性氧化物MgO有利于减少催化剂的积炭，若在MgO载体中引入适量Al_2O_3则可提高催化剂的比表面积，提高金属Ni的分散度，进而可提高甲烷CO_2重整反应活性，溶胶－凝胶法制备

的 Ni-MgO-Al_2O_3 催化剂较共沉淀法制备的催化剂能够更好地抑制反应中 Ni 晶粒的烧结和积炭。

总之，溶胶－凝胶技术经过 20 世纪 80 年代的理论探讨与 90 年代的应用研究，已从聚合物科学、物理化学、胶体化学、配位化学、金属有机化学等有关学科角度探索而建立了相应基础理论，应用技术逐步成熟，应用范围不断扩大，形成了一门独立的溶胶－凝胶科学与技术的边缘学科。随着人们对溶液反应机理、凝胶结构和超微结构、凝胶向玻璃或晶态转变过程等基础研究工作的不断深入，溶胶－凝胶法的应用将更加广泛。为适应现代技术发展的需要，在应用方面将会着重开发微结构可调材料、无机－有机杂交复合材料、非线性和电光等光学功能材料、定向生长膜、超细粉末和生物材料。相信经过科学工作者的不断努力，在 21 世纪溶胶－凝胶技术的发展必将会有一个新的飞跃。

二、工艺参数及其选择

采用溶胶－凝胶法制备催化剂的过程中，金属前驱体的选择、水解过程中 pH、水和金属前驱体的比例、烷氧基金属前驱体的性能、试剂的挥发性、水解后聚合物的黏度的控制、干燥方式、焙烧温度和方法等因素均会影响催化剂物化性能。在制备催化剂过程中，合理调节和控制这些因素，才能够制备高分散性、高纯度和高活性的催化剂。

（一）金属前驱体

金属前驱体是影响溶胶－凝胶法制备过程的重要因素，不同前驱体的结构和性能对催化剂的制备影响很大。在溶胶－凝胶法制备催化剂的过程中，不同种类的离子电荷起着不同的作用，金属与载体间的作用影响催化剂的性能。Zou W 等研究了不同结构的 Pt 前驱体，如 $Pt(NH_3)_4(NO_3)_2$、$H_2PtCl_6 \cdot xH_2O$ 和 $Pt(NH_3)_4(NO_3)_2$ 对于制备 Pt/SiO_2 催化剂的影响，使用 $Pt(NH_3)_4(NO_3)_2$ 制备的催化剂粒径小，分散性达 70%；而使用 $H_2PtCl_6 \cdot xH_2O$ 和 $Pt(NH_3)Cl_2$ 制备的催化剂粒径大，分散性也差。这是由于 $Pt(NH_3)_4(NO_3)_2$ 在溶液中呈 $[Pt(NH_3)_4]^{2+}$ 电正性，与呈电负性的载体表面有着非常强的金属—载体间的相互吸附作用。而 $H_2PtCl_6 \cdot xH_2O$ 在水溶液中呈电负性，$Pt(NH_3)_4(NO_3)_2$ 在水溶液中呈电中性，因而减弱金属—载体间的相互作用，甚至出现金属和载体的排斥作用。研究还发现，金属前驱体在溶液中的溶解性也影响催化剂的分散性。用不同的 Pt 前驱体，其中 $Pt(acac)_2$ 在丙酮中的溶解性最大，实验结果表明，比其他前驱体物质具有更好的分散性。金属前驱体中金属原子的大小和烷氧基的大小均会影响催化剂的性能。随着金属原子半径的增加，金属—氧—金属集合物的聚合度亦增加，如钛的半径为 0.132nm，聚合度为 2.4，铊的半径为 0.155nm，聚合度为 6.0。烷氧基金属化合物的挥发性会影响其在催化剂中的负载量，随着烷氧基的增大，烷氧基金属化合物的挥发性会降低。

（二）络合剂及其用量

柠檬酸分子的三个羧基对许多金属离子有较强的螯合配位作用，可以同时与 Nb^{5+}、

Mg^{2+}、Pb^{2+}和Ti^{4+}等离子络合，形成异金属离子络合物，溶液中剩余的自由金属离子很少，这是形成均一前驱溶液的必要因素。

采用柠檬酸作为络合剂时，通过酯化反应和羧酸脱水反应，形成聚合物。由于柠檬酸是羟基酸，分子结构中既有羟基，又含有羧基。在酸性条件下，有可能发生酯化和脱水反应形成酸酐，反应生成具有复杂网状结构的高分子聚合物，构成溶胶－凝胶骨架。反应形成的体型网状结构作为路易斯碱提供电子对，而金属离子作为路易斯酸提供空轨道，金属离子与羧基形成的聚合物之间发生络合反应，均匀地分散在凝胶中，而不发生成分的偏析。

EDTA 是一种很有效的整合剂，以氨水控制 pH 值能得到均匀稳定的溶胶。但溶胶黏度不大，会快速凝胶化而形成凝胶团块。

原料中所需柠檬酸的量是有一定限制的。若加入柠檬酸的量小于目标产物的化学计量比，则可能因为燃烧不够完全而造成产物中的成分分布不均匀，产物粉体中还可能出现团聚现象。反之，若加入柠檬酸的量较大，则可能会因为燃烧反应峰值温度过高和燃烧持续时间过长造成所获产物的晶粒粗大，反而不能得到均匀细致的纳米粉体。

实际上，在以柠檬酸为主要原料之一的溶胶－凝胶合成工艺中，柠檬酸起到的是螯合剂和燃料的双重作用。在向溶液中加入氨水后，柠檬酸就将金属离子螯合住，所以适量柠檬酸的加入有利于形成稳定的溶胶－凝胶体系。假如柠檬酸的加入量不足，金属离子就不能被充分螯合，随后的燃烧过程就缓慢而不稳定。但如果柠檬酸过量，燃烧的温度就会快速升高，晶粒将长大，也很容易发生晶粒的聚集。

产生放热性燃烧反应的本质是柠檬酸根与硝酸根两类可燃性负离子之间在一定化学计量比（α）的条件下发生氧化还原反应放出的热量，其中柠檬酸为燃料剂，硝酸盐为氧化剂。NO^{3-}具有氧化性，处于凝胶结构中的NO^{3-}与—COO^{2-}在一定温度下发生“原位”氧化－还原反应，从而发生低温自燃烧过程，伴随着放出的热量使金属离子形成纳米粉体。只有当氧化剂与还原剂比例适当，才能使燃烧完全进行。柠檬酸用量控制不当则会在燃烧后产生残余碳或者直接生成金属离子碳酸盐，产生许多杂质相。当柠檬酸和金属硝酸盐比例为 1∶1 时，晶粒呈现出较好的峰形，峰形结晶更完全，这说明此比例燃烧反应更完全。当柠檬酸和金属硝酸盐比例增大时，衍射峰的强度减弱，峰形变宽，颗粒变小，且燃烧反应不完全，有浓烟产生。

岳振星等研究了柠檬酸（CA）与硝酸盐（MN）物质的量对凝胶燃烧剧烈程度的影响。实验表明：随着柠檬酸量的增加，干凝胶自燃烧的剧烈程度逐渐降低。当m_{CA}∶m_{MN} =1∶1，自燃烧能够迅速而平稳的进行，最终得到燃烧完全的蓬松粉末。随着m_{CA}∶m_{MN}的增加，自燃烧速率降低，燃烧变的不完全。

（三）加水量的影响

加水量的多少一般用摩尔比 R =［H_2O］/［M(OR)］来表示。去离子水的量影响溶液中成胶粒子的浓度，而且影响缩聚反应的方向。由于水是缩聚反应的生成物，水量的增

加使得反应向水解方向进行，不利成胶。水越多凝胶时间越长。但适当的水可以使金属离子得到更好的分散。

（四）水解

Lamb Ertc K 等研究了溶胶－凝胶法制备负载型金属催化剂金属醇盐的含量对反应的影响。结果表明：水和金属醇盐的比例不同会影响凝胶过程进而影响催化剂的性能。水的比例增加，会导致凝胶形成所需时间增加，孔径和粒子分散程度不同。因此，在水解过程中确定水和金属醇盐的合理比例，对制备良好的催化剂有利。水解反应通常在酸或碱性催化条件下进行，所用的酸有甲酸、乙酸、硫酸、硝酸和盐酸等，所用的碱有金属氢氧化物、吡啶和氨水等。在制备 SiO_2 作为载体的金属负载催化剂时，pH 不能超过 11，否则会导致 SiO_2 的溶解。在酸性条件下，烷氧基金属化合物金属原子的电子云密度降低，水分子进攻金属原子发生双分子亲核取代反应产生 M—OH，使水解和凝胶产生速率加快。产生的凝胶往往是多孔性，微粒大小均匀。在碱性条件下，OH^- 直接与烷氧基金属化合物发生双分子亲核取代反应产生 M—OH，比酸性条件下的水解速率低，同时导致聚合反应的发生。因此，所得凝胶常常是中孔或大孔。

（五）溶胶体系 pH 值的影响

溶胶体系的 pH 值对溶胶体系的稳定性和催化剂粒径都很重要。柠檬酸为弱酸，其离解反应为一个三级离解平衡过程：$K_{\alpha1}=7.4\times10^{-1}$、$K_{\alpha2}=1.7\times10^{-5}$、$K_{\alpha3}=4.0\times10^{-7}$。pH 值太低，柠檬酸的多级电离受到抑制，使得只有部分金属离子与柠檬酸根离子络合，反应不完全，一部分以金属硝酸盐的形成重新析出，最终导致所形成的溶胶中组分分布不均匀，而且在蒸发过程中，HNO_3 易将柠檬酸氧化，使配体离子浓度很快降低，但也不是 pH 值越高越好；pH 值太高，OH^- 浓度大，金属离子水解速度加快，某些金属离子形成沉淀或者微溶化合物而无法形成稳定的均匀凝胶，如 Fe^{3+}、Cu^{2+} 等。所以，在制备溶胶过程中，必须控制适当的 pH 值。

（六）干燥方法

干燥是指溶胶－凝胶过程中由溶胶制备干溶胶的过程，通常是将溶胶放入干燥箱蒸发溶剂，还有通过常压流动氮气辅助干燥的方法，以及使用超临界干燥法。超临界干燥法可以有效防止传统干燥中因为毛细力存在而带来的毛细孔塌陷，因此，常用来制备具有大孔和高比表面积的超细粉末。周亚松将溶胶－凝胶法和超临界 CO_2 干燥技术相结合，在超临界的条件下利用 CO_2 将凝胶连续通过干燥器，得到 TiO_2 超细粉体，经过催化剂表征，TiO_2 颗粒比表面积高达 $556m^2/g$。

（七）焙烧温度

干燥得到干凝胶后的重要一步是催化剂的焙烧，焙烧温度对催化剂也会产生影响，不同的焙烧温度会产生不同的孔径、孔容和表面分散度等。提高焙烧升温速率有助于燃烧反应的进行。但是温度的增加引起半峰宽的减小，使得平均粒径增大，因而应选择适当的温度，既能满足晶形的要求，又能得到小尺寸的要求。杨勇杰等认为在柠檬酸自燃烧法制备过程中，制得的初级粉体结晶度、团聚状况和杂质残余量是由燃烧温度决定，而燃烧温度由前驱物中氧化剂和还原剂的当量比决定的。陈改荣等在溶胶－凝胶法制备 MgO 纳米微粒时考察了在不同温度下 MgO 微粒的物相和粒径，400℃以上 MgO 为立方晶系，400℃时无定形体较多，600℃晶体结构完整；而粒径随煅烧温度升高而逐渐增大。DIAZ G 等在溶胶－凝胶法制备 CuO-SiO_2 过程中，分别在 673K 和 1073K 两种不同焙烧温度下进行焙烧，经 BET、FTIR 和 TPR 等分析表明，焙烧温度的升高使比表面积下降，高温出现 CuO 晶体。

对前驱体做 TGA 和 DTA 分析，并结合不同温度焙烧下的 XRD 分析，可以确定合适的焙烧温度。

溶胶－凝胶技术在催化剂制备中得到越来越多的应用，发挥着越来越重要的作用，采用溶胶－凝胶法并合理调节制备过程中的各种影响因素有助于制备具有稳定的、良好结构和催化性能的高效催化剂。同时，溶胶－凝胶法在制备催化剂方面还有许多需要研究和改进的地方，需要不断探索。

三、催化剂成型工艺——油柱成型

（一）制备原理

油柱成型常用于生产高纯度氧化铝、微球硅胶和硅酸铝球等。例如，先将一定 pH 值及浓度的硅溶胶或铝溶胶，喷滴入加热了的矿物油柱中，由于表面张力的作用，溶胶滴迅速收缩成珠，形成球状的凝胶。常用的油类是相对密度小于溶胶的液体烃类矿物油，如煤油、轻油、轴润滑油等。得到的球形凝胶经油冷硬化，再水洗干燥，并在一定的温度下加热处理，以消除干燥引起的应力，最后制得球状硅胶或铝胶。微球的粒度为 50 ~ 500μm，小球的粒度为 2 ~5mm，表面光滑，有良好的机械强度。油柱成型的原理如图 5－11 所示。

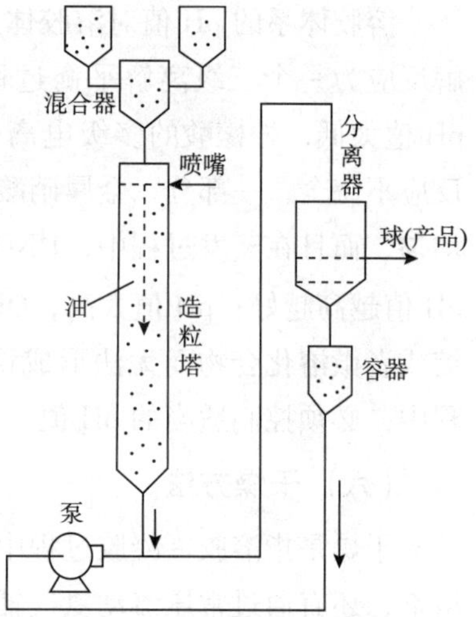

混合器
喷嘴
分离器
球(产品)
油
造粒塔
容器
泵

图 5－11　油柱成型的原理

（二）特点及应用

热油柱成型法是将铝溶胶与胶凝剂（六次甲基四胺）混合，而后分散进入热的油柱中，六次甲基四胺会分解释放氨，使铝溶胶胶凝，形成球状，再经过老化、洗涤、干燥、焙烧，得到氧化铝。热油柱成型法的优点是氨气污染小，产品强度较高；缺陷是热量消耗大。

采用油柱成型方法制备超顺磁性氧化铝催化剂载体，考察了溶剂热处理对制备的磁性球形氢氧化铝的晶型、比表面积、孔体积、孔分布和磁性能等性质的影响。结果显示：溶剂热处理过程有利于油中成型的无定形氢氧化铝微球转化成拟薄水铝石，能够增大载体的

比表面积和孔体积。改变溶剂热处理的温度和时间能够调控载体的孔分布。这种方法制备的磁性氧化铝载体的物理化学性能能够满足硝基苯和正己烯催化加氢反应所需的要求。

Liu Pengcheng 等采用磁力分离法降低铝胶中杂质的含量，并选择热油柱成型法制备高纯球形 γ-Al_2O_3。该球形 γ-Al_2O_3 表观密度为 0.50g/cm^3，压碎强度约为 90N，比表面积为 200m^3/g，孔容为 0.75cm^3/g；其铁质量分数低于 0.0020%，铜质量分数低于 0.0001%。张云众等将无机酸或氯化铝溶液加入铝粉中，在 120℃ 下水解，制备铝溶胶，而后加入胶凝剂，通过滴球装置滴入热油柱中成型，再经过陈化洗涤、烘干、焙烧，得到活性氧化铝。该产品孔容大，活性高，性能稳定，使用寿命长，耐酸碱，水热稳定性佳，杂质少，批次差异小，成品收率较高。李凯荣等采用热油柱成型法制备了一种低表观密度的大孔球形氧化铝。该球形氧化铝采用并流法，以硫酸铝和偏铝酸钠为原料制备拟薄水铝石；用稀硝酸将拟薄水铝石胶溶，制得铝溶胶；该铝溶胶经热油柱成型、老化、干燥、焙烧、过筛，得到成品。研究发现，稀硝酸作为胶溶剂可以提高氧化铝载体强度，而且延长老化时间、适当提高焙烧温度、采用真空干燥均可在不降低载体强度的基础上扩大孔容。

四、催化剂制备实例

（一）二氧化碳加氢铜系甲醇合成催化剂制备

用柠檬酸溶胶－凝胶法制备 Cu-Zn-ZrO_2 催化剂，称取 $Cu(NO_3)_2\cdot3H_2O$ 8.89g，$Zn(NO_3)_2\cdot6H_2O$ 10.90g，$Zr(NO_3)_4\cdot5H_2O$ 31.61g，溶于 294.5mL 去离子水，配制成 0.5mol/L 的硝酸盐溶液；称取柠檬酸 46.43g，加入硝酸盐溶液中，用 pH 计测得溶液 pH 值 0.5，并将其放入水浴锅中，于 95℃ 水浴锅中，恒温搅拌，致使溶液变为溶胶状；得到的溶胶继续搅拌，控制胶凝温度为 60℃，至其形成黏稠的凝胶状物质；将得到的凝胶状物质放入鼓风箱中于 110℃ 下烘干得到褐色蓬松状物质；放入马弗炉中于 400℃ 下焙烧 4h；然后经造粒、压片、粉碎、筛分得到粒度为 20～40 目的 Cu/Zn/Zr＝0.25/0.25/0.5（mol）的催化剂。制备的催化剂具有较高的分散度及较高的比表面积，在催化 CO_2 加氨合成甲醇反应过程中具有较高的 CO_2 转化率 25.11% 及较大的甲醇 39.19%。

（二）甲烷化催化剂制备

1. 载体制备

称取异丙醇铝 200g 倒入 120g 异丙醇中搅拌溶解；称取 127.2g PVP、0.84g 硝酸钾和 1.38g 硝酸镧倒入 3600g 去离子水中搅拌溶解，去离子水溶液温度维持在 85℃；在剧烈搅拌下将异丙醇溶液缓慢滴加到去离子水溶液中继续搅拌 2h。然后加入 3.9mol 硝酸搅拌溶解至水解完毕。最后蒸发掉多余溶剂，使得溶剂中固含量为 30%，然后进行喷雾成型。收集成型粉末并于 120℃ 下干燥 3h，干燥后的样品放入马弗炉中 1000℃ 焙烧 3h，得到微球粉末载体。等温氮气吸附法测得其比表面积为 117m^2/g，平均孔径为 15.3nm。

2. 催化剂制备

称取 9.91g 的 $Ni(NO_3)_2\cdot6H_2O$，0.53g 的 $La(NO_3)_2\cdot6H_2O$ 和 3.42g 的表面活性剂

P123溶于11.7mL去离子水中搅拌溶解，将此浸渍液浸渍于上述催化剂载体（微球粉末载体）13g中，静置处理2h后置于旋转蒸发仪上真空干燥，然后置于烘箱中120℃干燥5h。干燥后的样品再放入马弗炉中250℃焙烧2h。重复上述步骤再浸渍1次，第二次焙烧温度为450℃，焙烧时间为3h，所得催化剂记为Ni-La/K-La-Al_2O_3。制得的催化剂中NiO的晶粒尺寸也非常小（11nm），经常压纯氢500℃还原活化3h，在500℃，原料气（$H_2/CO=3/1$）进行反应，反应空速为100000mL/(g·h)，反应压力为2MPa，稳定反应200h后，由气相色谱在线取样分析尾气组成，计算得到：$X_{CO}\geqslant 99\%$，$S_{CH_4}\geqslant 99\%$，表明该催化剂的反应性能稳定。

（三）制氢催化剂制备

采用EDTA作络合剂，将EDTA溶于$NH_3\cdot H_2O$，配置成2mol/L的溶液，EDTA的物质的量与总的金属离子的物质的量相同。无论是复合络合剂还是单独使用柠檬酸作络合剂，柠檬酸的物质的量与总的硝酸根离子的物质的量相同。

将化学计量比的$Ca(NO_3)_2$或$Ba(NO_3)_2$和$Cr(NO_3)_3$溶于适量水，配置成1mol/L的溶液；向$Cr(NO_3)_3$和$Ca(NO_3)_2$或$Cr(NO_3)_3$和$Ba(NO_3)_2$混合溶液中，加入柠檬酸。搅拌使得柠檬酸溶解。若使用复合络合剂再加入EDTA的氨水溶液；然后用$NH_3\cdot H_2O$将体系的pH值调节为6；将调节好pH值的溶胶放到80℃水浴中，搅拌溶胶体系；在搅拌的过程中，溶胶黏度不断增大，直至体系成为凝胶，此时可以体系拉丝，停止水浴加热；放置空气中冷却，冷却过程中黏度不断增加，最后变成坚硬固体；将凝胶在120℃干燥10h，得到干凝胶；将干凝胶在350℃焙烧10h，然后再在一定温度焙烧12h，即得到绿色粉体的$CaCr_2O_4$或$BaCr_2O_4$催化剂。

掺杂Cr只能拓宽TiO_2对可见光的吸收；而适量掺杂Fe不仅能拓宽TiO_2对可见光的吸收，还能有效降低电荷的复合速率。Cr和Fe的最佳掺杂量为0.055% Cr和0.055% Fe（均为质量分数）。Cr和Fe共掺杂的TiO_2不负载贵金属Pt分解甲醇溶液生成氢气的速率达到21.9μmol/(g·h)，具有较高的光催化活性。

Cu_2O在可见光下能分解纯水制氢，产生氢气的速率为0.0035μmol/(g·h)；经过掺杂氮的Cu_2O活性较之Cu_2O增加将近5倍，达到0.019μmol/(g·h)。随着处理时间的增加，活性只是略有增加。相同条件下，用NH_3处理的Cu_2O分解纯水制氢的活性与用氮气处理的Cu_2O活性相当；$Ca_2Fe_2O_5$负载1.5wt% NiO后在可见光下分解纯水，光催化活性较高，产生氢气的速率为0.030μmol/(g·h)，是Cu_2O分解纯水制氢速率的1.60倍；而且，铁钙复合金属氧化物制备过程简单，原料廉价易得，性质稳定，光催化活性高，且无需添加牺牲剂。

第五节　制备绿色热稳定剂

一、绿色热稳定剂概述

常见的 PVC 为无定型结构的粉末，玻璃化温度约为 77～90℃，在光照和高温的条件下稳定性差，100℃以上即会降解产生 HCl，因此实际应用中需加入稳定剂以提高其热稳定性。传统的热稳定剂常为添加重金属的铅盐类热稳定剂，其对人体和环境产生重大影响。如今随着科技的发展和人们观念的变化，传统的有毒稳定剂逐步退出市场，新型环保无毒热稳定剂的开发吸引着越来越多的科研工作者的目光，绿色环保 PVC 逐渐成为市场的潮流。

（一）绿色热稳定剂主要品种

（1）金属皂类稳定剂：金属是效果较好的一类稳定剂且价格低廉，其中目前广泛使用的钙锌复合热稳定剂是公认的无毒稳定剂，拥有非常广阔的应用前景。钙锌类热稳定剂是通过电负性比较大的金属如 Zn 等捕捉加热过程中 PVC 降解产生的 HCl。因为电负性大的金属离子吸电子能力很强，它和 PVC 结构中的氯离子形成配位吸附 HCl，由此减缓 PVC 的降解。但在加工过程中，$ZnCl_2$的产生会使 PVC 脱氢反应严重，这将不利于 PVC 的制备和生产，因此人们现研究发现加入钙皂可以先和 Cl 原子反应产生 $CaCl_2$，这对 PVC 的后期制备并无上述影响。近期研究人员通过改变热稳定剂的配比研究金属皂类热稳定剂对聚氯乙烯热稳定性的影响，结果表明添加 3g 左右的金属皂类热稳定剂能够使 PVC 在 185℃条件下的静态热稳定时间达到 3.2h。这有效地延长了 PVC 的稳定时间，使 PVC 的分解变缓。

（2）复合水滑石类热稳定剂：层状结构的水滑石类化合物是由 2 种以上不同价型的金属氧化物组成的弱碱性阴离子化合物的一种。此种稳定剂的原理主要为对 HCl 较强的吸附作用，层状结构的水滑石层间有很多可交换的离子。在加热吸收过程中阴离子 CO_3^{2-} 能够与 Cl^-进行离子交换，从而减少 HCl 的生成，抑制 PVC 的分解，以此使 PVC 更加稳定。近年来，国内许多学者主要研究了此类稳定剂的使用效果，他们先分别用镁铝水滑石和锌铝水滑石作为稳定剂加到 PVC 中，结果表明对 PVC 的稳定效果并不理想，后来，其将这两种试剂混合使用，研究不同配比下对 PVC 的影响发现聚氯乙烯的稳定效果有很大提升，给出了这两种试剂的最佳比例。

（3）金属醇盐类热稳定剂：金属醇盐可以用 M—O—R 或 M—（O—R）$_n$ 来表示。因为其中的氧原子有很强的电负性，金属醇盐具有很强的化学活性，其可以和许多如酸、酚、卤化物及不饱和物质等，尤其是含羟基的试剂发生反应，作为化合物的配体。由此可以判断，其可以吸收 HCl，取代不稳定的氯原子从而可以作为 PVC 的热稳定剂。近年来，研究表明，硬脂酸钙和用甘油和氧化锌为原料合成甘油锌混合的金属醇盐热稳定剂使聚氯乙烯的热稳定时间大大延长，研究人员用动态热稳定法和静态老化法研究这两种物质组成

的复配物对聚氯乙烯热稳定性能的影响。结果表明：稳定性能比相同配比下的硬脂酸锌/钙体系多7倍。

（二）绿色热稳定剂镁铝复合氧化物

1. 水滑石的结构和组成及应用

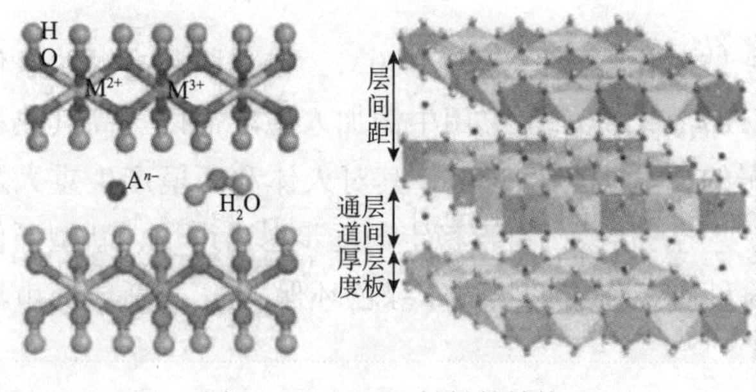

图5－12　LDHs材料的结构

层状双氢氧化物（LDHs）是一类带正电荷的类似于水镁石的离子层状化合物，层间包含可交换离子和可溶解的分子。金属阳离子占据共边正八面体的中心，其顶点含有可连接成无限大的2D点阵结构的氢氧化物离子，LDHs材料的结构见图5－12。

研究最为广泛的是含有二价和三价阳离子LDHs，此类水滑石的通式为 $[M^{2+}_{1-x}M^{3+}_x(OH)_2][A^{n-}]_x/n \cdot zH_2O$，二价金属阳离子$M^{2+}$可以为$Mg^{2+}$、$Zn^{2+}$、$Co^{2+}$、$Fe^{2+}$、$Ni^{2+}$、$Cu^{2+}$等，$M^{3+}$是一种三价金属阳离子，可为$Al^{3+}$、$Cr^{3+}$、$Fe^{3+}$等，将这些二价和三价金巧离子合理有效组合，可形成二元、三元及四元的LDHs。LDHs也可包含M^+和M^{4+}，但这只限定于特殊离子，如Li^+和Ti^{4+}。A^{n-}为层板间可交换阴离子，可为无机阴离子、有机阴离子，还可为杂多酸或有机酸及层状化合物等。通常阴离子的数量、大小、方向及阴离子与水镁石状层板中羟基键结合的强度决定夹层间的厚度。式中X的范围一般在0.1~0.5之间，但研究发现，只有当X的取值为0.2~0.33，才可能获得纯净高结晶度的水滑石，如果X的取值过低，会导致层板中M^{2+}含量多，M^{3+}含量少，不能形成八面体，二价氢氧化物M（$OH)_2$会沉淀析出；如果X值太高，八面体位上的M^{3+}就会增加，导致M（$OH)_3$形成。一般情况下，X数值增加，结晶水的数量就会减少，且随着层间客体阴离子的增大，层间区域水的增多，层板数量也会逐渐增多。

水滑石材料在化学行业里常被用作重要的添加剂，它在催化、分离过程及药物输送领域等拥有巨大的潜在应用，从而引起了人们的广泛关注。与大多数阳离子黏土材料不同，LDHs的主要特征是可通过合成在一定范围内调节层电荷密度和元素组成，进而控制主板层的性能。此外，根据一些特定性能的要求，研究人员通过合理的选择和设计，可利用数百种功能型阴离子与LDHs进行组装，构建出不同种类的新型的有机—无机杂化材料。

在功能高分子材料中的应用主要体现在：LDHs能够作为添加剂应用在功用高分子材料中。聚合物和水滑石之间的协同作用，可有效地提高聚合物的热稳定性和阻燃性。

研究表明：水滑石作为添加剂在PVC中的使用中主要涉及以下几方面：①与其他热稳定助剂共用，协同反应，提高PVC热稳定性；②与其他功能助剂共同作用，进一步更能提高PVC的耐候性、光稳定性；③水滑石可升高PVC耐燃特性，抑止PVC焚烧时的烟雾；④增进PVC塑料对红外波的选择性吸取（波的长度4.2μm），升高塑料的恒久持温

性；⑤可改善农膜的防雾滴性能；⑥因为水滑石自有的润润泽滑腻特性，水滑石添加剂可预防 PVC 塑料与塑料模具之间的粘连。

2. 水滑石的性质

（1）酸碱性：LDHs 金属氢氧化物层板上含有充足的呈碱性的羟基，所以具备碱催化本领。但层间通道的高度有一定的限制，其所能够测量到的比表面积很小（$5\sim20m^2/g$），于是表观碱性很小。LDHs 的碱度强弱由层板中二价金属氢氧化物的碱度决定。当层板间客体为弱酸性的阴离子时，其水解反应使 LDHs 显现碱性。LDHs 的酸性特征由三方面决定：层板中 $M(OH)_2$ 的强性强弱、$M(OH)_3$ 的酸性强弱及层间客体阴离子的酸性强弱。

（2）层间阴离子可交换性：LDHs 的一个首要属性是层板间客体阴离子的可置换性。层板间客体阴离子可与无机、有机负离子、同多或杂多酸性负离子及金属络合物负离子进行置换，控制层板间间距，得到柱撑水滑石，同时加强其择形催化性能；也可用体积大的客体阴离子取代体积小的客体阴离子，获得更多的活性中心，制备相应插层结构的水滑石。

LDHs 材料分子设计就是利用此性质，将功能性客体离子引入层间客体阴离子所带电荷与半径大小决定着水滑石和类水滑石层间阴离子的可交换性。一般而言，层间阴离子电荷越高，半径越小，离子的交换能力就越强。常见的客体阴离子易于被交换的顺序是：$CO_3^{2-} > OH^- > SO_4^{2-} > F^- > Cl^- > Br^- > NO_3^-$。人们经过多次试验考证，已经证实了许多客体负离子的置换能力大小，从而得出结论：高价负离子易交换进入层板间，低价负离子易被换取出来。

（3）记忆效应：“记忆效应”就是指在一定条件下煅烧分解 LDHs，其产物 LDO（层板状双金属氧化物）在含有某种特定客体负离子的溶液中，可部分恢复形成 LDHs 的层状结构，即所谓的“记忆效应”。这类特质最要紧的是取决于煅烧温度的高低，当热解温度高于450℃时，此“记忆效应”就会失效。使用“记忆效应”可捕获负离子型水体性质的污染物，合成特定功能的阴离子插层水滑石等。

（4）组成和结构的可调控性：LDHs 化合物主体层板的二价和三价金属离子种类及组成比例繁多，可插入的层间客体阴离子数量众多，所以可以形成多种多样的插层结构材料。水滑石组成和结构的可调变性及其功能的多样性，使 LDHs 成为化学行业里极具开发和应用潜力的新型材料。

（5）热稳定性：层板结构的水滑石在加热到一定温度时会发生分解，其热稳定性因组成而异。随着加热温度的升高，LDHs 的结构将逐步发生分化。热分化过程包括层板间脱水、层间客体阴离子脱落、层板羟基失水和生成新相等步骤。在热分解过程中，LDHs 的层板结构被损坏，表观面积增加，孔体积增大。当分解温度超过600℃时，层状双金属氧化物 LDO 开始分解，形成金属氧化物，表面积降低，孔体积减小。

（6）粒径的可调控性：LDHs 合成物的粒子大小、粒子直径分布能够经过改变制备方法及条件参数而进行控制。根据胶体化学和晶体学理论可知，改变成核条件和晶化条件，可在一定范围内对晶粒尺寸和粒径分布进行调节。利用成核晶化隔离法，依据固液平衡和晶体生长动力学理论，通过改变晶化过程的过饱和度，制备出结构完整、粒径小、较大长厚比的水巧石。

3. 镁铝水滑石热稳定剂对 PVC 热稳定性能的影响

LDHs 和 LDO 都能够捕获 HCl，因而能够作热稳定剂。热稳定机理主要有屏障/纳米限域理论、自由基捕获理论和减少挥发物热量理论。

（1）屏障/纳米限域理论：在用锥形量热仪测量热释放速率峰值的降速（PHRR）时被广泛接受。它表明前线修复系统形成了一个玻璃屏障，防止挥发性产物的挥发。这一障碍抑制传热传质，同时也防止氧气进入聚合物的里面，并隔离巧温的表面。

（2）自由基捕获理论：是指水滑石可以作为自由基抑制剂，当达到热解温度释放 HCl 时中断自由基的连锁传播机制，抑制 PVC 的热分解，并且水滑石层间客体阴离子可促进自由基的捕获。

（3）减少挥发物热量理论：是指水滑石作为添加剂应用在 PVC 里面可以降低其中可燃性挥发物的热含量，从而提高 PVC 的热解温度，进而提高其热稳定性。

4. 镁铝水滑石热稳定剂制备方法

层状双氢氧化物是高度不溶性材料，至少在高 pH 值环境下不会发生溶解。研究结果发现：合成温度的增加会增加层状化合物的层间间距，温度升高可激活更多的阴离子和层间水分子进入到层间，因此层间间距与温度逐渐增加呈正比关系。但在室温下，样品的结晶度最好，层状双氢氧化物（LDHs）是种类广泛的一类材料，尽管很容易在实验室合成，但产物纯度不高。合成 LDHs 的方法多种多样，不同的合成方法关注点都一样，主要关注材料的物理、化学性质（如相纯度、结晶度和比表面积等）。大量的材料和各种各样的 M（Ⅱ）/M（Ⅲ）阳离子以及 M（Ⅰ）/M（Ⅱ）阳离子组合（例如 Li/Al）与不同层间阴离子结合可以获得不同的 LDHs。通常，M（Ⅱ）/M（Ⅲ）的离子半径与 Mg^{2+} 的离子半径相近时，阳离子就可以被容纳在水滑石状层板中，形成致密的氢氧根离子的八面体，从而形成 LDHs 化合物。阴离子可以通过多种方法引入层间区域，如一步法或离子交换法。阴离子可以是简单的阴离子如碳酸盐，硝酸盐或氯化物，也可以为大的有机阴离子，如羧酸盐或磺酸盐等。

大量的合成技术已成功地制备出水滑石。最常用的是简单的共沉淀方法；第二方法是离子交换法，基于经典的离子交换过程：第三是重建复原法，是基于所谓的“记忆效应”。

（1）共沉淀法：制备水滑石最常用的方法是共沉淀法。该方法包括成核和生长两个阶段，首先通过混合含有 M^{+2} 和 M^{+3} 两金属离子的盐溶液和含有所需阴离子基团的碱溶液，使之发生共沉淀反应，沉积物在一定条件下结晶，得到 LDHs。共沉淀的机理依赖于六水合化合物的凝结，从而构建成水滑石状层板. 使金属阳离子和层间阴离子均匀地分布其中。一般，不同的共沉淀法可以分为：低过度饱和法和高过度饱和法。采用硝酸铝 Al$(NO_3)_3 \cdot 9H_2O$、硝酸镁 Mg$(NO_3)_2 \cdot 6H_2O$、氢氧化钠 NaOH、碳酸钠 Na_2CO_3 作为原料，采用共沉淀法制备镁铝水滑石，探讨镁铝水滑石的合成条件。

①低过度饱和法：一般而言，低过度饱和法是通过在含有所需的层间阴离子的水溶液中，缓慢的混合二价和三价金属盐溶液，使之形成一定比例的反应堆。与此同时，加入碱溶液维持反应堆的 pH 平衡，从而使两金属盐溶液发生沉淀。混合的速度通过监测 pH 值而手动控制，使用自动滴定装置可以维持 pH 的平衡。需要被引入到 LDHs 层板的负离子要比层板间已存在的负离子具有商亲和力，否则就会与已有的抗衡阴离子形成竞争关系，其插入到层板间就会比较困难。因此，金属巧酸盐和巧化物盐是常用金属盐，因为 LDHs 对这些阴离子的选择性比较低。此外，水滑石对碳酸盐离子具有高亲和力，因此，反应通常是在氮气环境下进行，以避免吸收大气中的二氧化碳，产生碳酸根离子。除非它作为目标离子进行反应。

这种方法的优点是，它可以通过精确地控制溶液的 pH 值来控制 LDHs 氧氧化物层的电荷密度［M（Ⅱ）/M（Ⅲ）的比率］；第二个优点是低过饱和度条件下，通常产生析出物比那些高饱和度的条件下获得物具有较高的结晶度，因为在前一种情况下晶体生长速率大于成核速率。

②高过度饱和法：此方法是将 M（Ⅱ）/M（Ⅲ）的金属盐溶液混合到含有所需层间阴离子的碱溶液中。在高过度饱和条件下，溶液的 pH 值是连续变化的，这会导致 $M(OH)_2$ 和 $M(OH)_3$ 杂质的产生，通常生成 LDHs 化的 M（Ⅱ）/M（Ⅲ）的比例就会不同，并且生成的晶核数量少，产生的晶体量也比较少。

（2）成核－晶化隔离法：晶体的形成包括两个阶段：成核和老化。晶体成核和老化发生在母液中，过程非常复杂，包括晶体生长和晶体破损。在传统的情况下共同沉淀在高或低过度饱和状态时，盐和碱溶液混合过程需要的时间长，晶核在混合之初形成，这与混合结束后形成晶核相比，有更长的时间进行老化。由于成核和老化在混合过程中同时发生，结果导致微晶尺寸和分布不均匀，因此，传统的共沉淀法很难控制粒子的大小和分布。

该方法的主要特点是快速搅拌成核，之后进行单独老化过程。查阅文献可知，在胶体磨中快速混合前驱体溶汲制备水滑石，可以引发单独成核，之后是单独的老化步骤。用此方法合成的 LDHs 产物的结构、形态和热性能与用恒定 pH 值法制备的产物相比，成核速度快，结晶度高，粒径小，粒度分布窄。

（3）尿素水解法：尿素有很多属性，可在均匀的溶液中用作沉淀剂。它长期来一直用于重量分析，在一个存在合适的阴离子的溶液中，沉淀一些金属离子氢氧化物或不溶性盐。尿素呈弱碱性（$p_{Kb}=13.8$），高度溶于水，其水解率可通过控制混合物的温度来控制。尿素的水解分为两个步骤，氰酸铵（NH_4CNO）的形成是反应速率的决定步骤，随后氰酸铵快速水解为碳酸铵，反应式为：

$$CO(NH_2)_2 \longrightarrow NH_4CNO \tag{5-92}$$

$$NH_4CNO + 2H_2O \longrightarrow 2NH_4^+ + CO_3^{2-} \tag{5-93}$$

$$(NH_4)_2CO_3 \longrightarrow NH_4HCO_3 + NH_3\uparrow \tag{5-94}$$

根据温度的变化，使碳酸铵分解为碳酸氢铵和氨，从而导致 pH = 9，在此 pH 值下可以使大量的金属氢氧化物沉淀，从而成功地采用尿素水解法制备出结晶度高的 CO_3^{2-} 型 Mg-Al-LDH。

随着老化时间的延长和总金属浓度的降低，晶体结晶度逐渐增强。因为尿素在水溶液中的分解率随着温度的变化而变化，所以可以通过改变反应温度控制粒度分布。在低温度下成核速率低，容易形成大颗粒。由于尿素水解过程非常缓慢，沉淀时形成低过饱和度，因此采用尿素水解法制备的 LDHs 的晶体颗粒较大。尽管采用尿素水解法可制备出大小均匀、形状良好的水滑石晶体，但采用尿素水解过程含有碳酸根离子，其对水滑石具有较巧的亲和力，易巧入到水滑石层板间，因此此法制备的水滑石纯度不高。

（4）离子交换法：当所涉及的二价或三价金属阳离子或阴离子在碱性溶液中不稳定，或金属离子和客体阴离子之间直接反应更有利的时候，共沉淀等方法不再适用，可采用离子交换法。离子交换法对制备非碳酸盐水滑石特别有用。通过离子交换过程，可将大量的有机和无机阴离子插入 LDHs 层间。

在这种方法中，客体阴离子与层间已存在的阴离子进行交换，制备特定的阴离子柱撑水滑石。在热力学方面，LDHs 的离子交换主要取决于带正电的层板和所需阴离子之间的静电相互作用。在任何情况下都能决定离子交换程度的因素主要有以下几个。

①传入的阴离子的亲和力：一般而言，传入的阴离子的亲和力随着电荷的增加和离子半径的减小而增大。简单的无机阴离子的亲和力顺序为：$CO_3^{2-} > HPO_4^{2-} > SO_4^{2-} > OH^- > F^- > Cl^- > Br^- > NO_3^- > I^-$。协同插层的第二阴离子对离子交换能力的顺序没有影响。

②交换媒介：在一个合适的溶剂介质中，LDH 的夹层空间可在一定程度上扩展，这有利于离子的交换过程。例如，在水介质中有利于无机阴离子交换，而有机溶剂则有利于有机阴离子交换。

③酸碱度：一些阴离子，如对苯二甲酸、乙二醇酯或苯甲酸等，是弱酸的共轭碱，当反应溶液的 pH 值越低，层与层间阴离子的相互作用就越弱。因此较低的 pH 值有利于原始层间阴离子的脱离，所需客体阴离子的插入。但 pH 值不应低于 4.0，否则 LDH 就开始溶解。

④层板的化学成分：水滑石层板的元素组成影响面电荷分布密度和水分子层的分布状态，从而影响客体离子交换过程。还有许多因素，如温度等，都会影响客体离子交换过程。人们通常认为，升高温度有利于客体离子交换，然而温度过高容易破坏 LDHs 的结构完整性。

（5）水热法：有些需要引入层间的客体有机物阴离子对 LDH 的亲和力较低，这种情况下离子交换法和共沉淀法均不适用，此时水热合成最为有效。因为不溶性氢氧化物，如镁和铝氢氧化物可以被用作无机源，确保所需的阴离子在没有其他阴离子竞争的情况下占领夹层空间。当利用可溶性镁和铝盐在碱溶液中制备 MgAl-CO_3-LDHs 时，可以利用水热合

成来控制粒子大小及其分布，利用粉状的原始原料制备类水滑石时，水热合成最为有用。

二、共沉淀－水热法合成镁铝复合氧化物反应原理

采用硝酸镁和硝酸铝、氯化镁和偏铝酸钠作为不同的镁源、铝源，采用两步法制备 CO_3^{2-} 型 Mg－Al－LDHs。

第一步，水浴加热共沉淀制备水滑石前驱体化学反应方程式为：

$$2Mg^{2+} + Al^{3+} + 3OH^- \longrightarrow Al(OH)_3\ (s) + 2Mg^{2+} \tag{5-95}$$

$$2Mg^{2+} + Al(OH)_3\ (s) + 3OH^- \longrightarrow [Mg_2Al(OH)_6]^+ \tag{5-96}$$

或：

$$2Mg^{2+} + Al(OH)_3\ (s) + 3OH^- \longrightarrow [Al(OH)_4]^- +$$

$$2OH^- + 2Mg^{2+} \longrightarrow [Mg_2Al(OH)_6]^+ \tag{5-97}$$

或：

$$(1-x)\ Mg^{2+} + xAl^{3+} + 2OH^- + x/nCO_3^{2-} + zH_2O =$$

$$[Mg_{1-x}^{2+}Al_x^{3+}(OH)_2][CO_3^{2-}]\ x/n \cdot zH_2O \tag{5-98}$$

第二步，高温下水热反应进一步晶化合成水滑石材料，从而制得晶型完整的 CO_3^{2-} 型 Mg-Al-LDHs。

三、制备工艺

（一）工艺流程图及说明

共沉淀－水热法合成镁铝复合氧化物工艺流程示意见图 5－13。

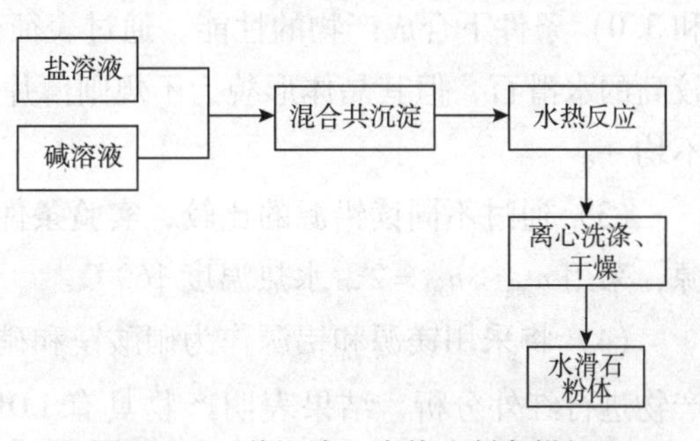

图 5－13　共沉淀－水热法制备镁铝水滑石工艺流程

（二）操作步骤

首先按实验条件不同进行分组，其合成条件见表 5－12。

表 5－12　实验条件

镁源和铝源	$n_{Mg}:n_{Al}$	水热温度/℃
$Mg(NO_3)_2 \cdot 6H_2O$ $Al(NO_3)_2 \cdot 9H_2O$	1.5	140，160，180，200
	2.0	140，160，180，200
	2.5	140，160，180，200
	3.0	140，160，180，200
$MgCl_2 \cdot 6H_2O$ $NaAlO_2$	1.5	140，160，180，200
	2.0	140，160，180，200
	2.5	140，160，180，200
	3.0	140，160，180，200

实验过程采用 Na_2CO_3、NaOH 作为沉淀剂，步骤如下。

（1）按一定钱错比准确称取镁化合物和铝化合物，放入玻璃烧杯中，加入定量的蒸馏水溶解，再按照实验配比准确称取一定量的沉淀剂 Na_2CO_3、NaOH；置于烧杯中，加入等体积的蒸馏水溶解。

（2）取一大三口烧瓶加入一定量去离子水作为反应底液，将搅拌器没入其中，调节转速为2000r/min，用蠕动泵同时将两种混合溶液缓慢滴加至此烧瓶中进行共沉淀反应。

（3）反应完成后将反应浆液置于70℃水浴锅中加热4h，之后将浆液转入含聚四氟乙烯内衬的水热反应釜中，水热反应1h。

（4）水热结束，待水热反应釜冷却，将产物进行离心洗涤，至pH值约为7，然后将样品在70℃下进行干燥。

（5）取出烘干后的产物，研磨装袋并标号。

（三）实验结果及最有反应条件

（1）$n_{Mg}:n_{Al}=2$ 时，产物为纯相的水滑石，其中当水热温度为160℃和200℃时，产物没有杂质相，形貌为规则的六方片状。

（2）4个水热温度（140℃、160℃、180℃和200℃）、4个 $n_{Mg}:n_{Al}$（1.5、2.0、2.5和3.0）条件下合成产物的性能，通过表征分析，说明了4个镁铝比条件下均合成了纯度较高的水滑石，但其晶体形貌为不规则薄片，分散不均匀，团聚现象严重，而且晶片大小不均一。

（3）通过不同读铝源的比较，实验条件的较优选择分别为硝酸镁和硝酸镁作镁源、铝源，采用 $n_{Mg}:n_{Al}=2$，水热温度160℃。

（4）将采用镁源和铝源作为硝酸镁和硝酸铝，$n_{Mg}:n_{Al}=2$，水热温度160℃时合成的产物进行红外分析，结果表明产物具有LDHs层板结构，插入到层间的阴离子为 CO_3^{2-}。热重分析表明合成的水滑石具有较好的热稳定性。

第六章　制备光稳定剂

第一节　光稳定剂简介

一、定义及应用

（一）光稳定剂的定义

塑料和其他高分子材料，暴露在日光或强的荧光下，由于吸收紫外光能量，引发了自动氧化反应，导致聚合物的降解，使得制品外观和物理机械性能变坏，这一过程称之为光氧化或光老化。

光稳定剂是抑制或减缓由光氧化引起的高分子材料发生降解作用，进而提高其耐光稳定性的助剂。随着高分子合成材料的快速发展，尤其是合成材料在户外应用的日益增加，光稳定剂已成为塑料助剂的重要类别，主要应用于塑料、涂料、橡胶、化学纤维、胶黏剂等高分子材料及其他特种高分子材料。

太阳光对塑料等高分子材料的老化作用主要起因于其所含的紫外光。发自太阳的电磁波谱是非常宽的，波长范围从 200nm 一直延续到 10000nm。但在通过空间和高空大气层（特别是臭氧层）时，290nm 以下的紫外光和 3000nm 以上的红外光几乎全部被滤除，实际到达地面的太阳波谱为 290～3000nm，其中大部分为可见光（约 40%，波长为 400～800nm）和红外光（约 55%，波长范围为 800～3000nm），290～400nm 的紫外光仅占 5% 左右。从光能量考虑，虽然紫外光辐射只有较小的比例，但光辐射的能量和波长成反比，波长越短其能量越大。因此，紫外线对高分子的破坏较大。

光稳定剂将能够抑制或延缓聚合物材料的光降解作用，进而提高其耐光稳定性。它能够通过屏蔽或吸收紫外线、淬灭激发态能量和捕获自由基等方式来抑制聚合物的光氧化降解反应，从而赋予制品良好的光稳定效果，延长它们的使用寿命。

光稳定剂的用量极少，其用量取决于制品的特殊用途以及配方中所使用的其他添加剂。通常仅需高分子材料质量分数的 0.01%～0.5%。目前，在农用塑料薄膜、军用器械、建筑材料、耐光涂料、医用塑料、合成纤维等许多长期在户外使用的高分子材料制品中，光稳定剂都是必不可少的添加组分。而且随着合成材料应用领域的日益扩大，必将进一步显示出光稳定剂的重要作用。

理想的光稳定剂具备以下作用。

（1）与聚合物相容，能在其中均匀分布，不迁移，不渗出。

（2）能高效抑制聚合物光老化。

（3）不因加工或使用过程中的热、光作用而降解。

（4）在加工或使用过程不发挥，不被水或其他液体介质抽出，不向固体介质转移。

（5）不与聚合物、其他添加剂和环境化学物质反应。

（6）不影响聚合物的加工和使用性能。

（7）不吸收可见光，不使聚合物着色。

（8）无毒，不污染环境。

（9）价格便宜。

（二）光稳定剂的生产与应用概况

1. 光稳定剂发展

光稳定剂是抑制或减缓由光氧化作用引起的高分子材料发生降解的助剂。随着高分子合成材料户外应用的日益增加，光稳定剂已成为塑料助剂的重要类别。光稳定剂按其作用机理可分为4类：①自由基捕获剂，主要是受阻胺类光稳定剂（HALS）；②紫外线吸收剂（UVA），主要有二苯甲酮类、苯并三唑类、三嗪类和水杨酸酯类；③猝灭剂，主要是二价镍螯合物和取代酚或硫代二酚等；④光屏蔽剂，主要有炭黑、氧化锌、氧化钛等。三嗪类是近年才发展起来的高端产品，热稳定性和光稳定性最好，由于价格较高，主要用于工程塑料领域；苯并三唑类紫外线吸收剂安全性好，目前在塑料领域的消费量最大；二苯甲酮类紫外线吸收剂耐光性差，主要用于低端塑料制品。

自从水杨酸苯酯作为塑料用紫外线吸收剂以来，光稳定剂出现已有70多年的历史。20世纪50年代初期，间苯二酚单苯酯、二苯甲酮类光稳定剂相继出现。50年代，二苯甲酮系列光稳定剂得到了广泛的应用，其代表商品如，UV-531。60年代初，出现了苯并三唑类，其后又出现了淬灭型光稳定剂。2-(2′-羟基-5′-甲基苯基）苯并三唑类（商品牌号为Tinuvin-P）是最早出现的苯并三唑光稳定剂。硫代双（对－特辛基苯酚）镍（商品牌号为AM-101）是最早使用的镍络合物类光稳定剂。60年代，苯并三唑类光稳定剂投放市场，代表商品有UV-323、UV-328等。70年代是光稳定剂开发最活跃的时期，70年代初又出现了一种崭新的光稳定剂类型，即受阻胺类光稳定剂（HALS），首先工业化的两个品种是苯甲酸2，2，6，6-四甲基-哌啶酯（商品牌号为Sanol LS-744）和癸二酸双2，2，6，6-四甲基－酯哌啶酯（商品牌号Sanol LS-770），HALS的出现使聚烯烃的光稳定化达到了一个新的水平，并引起世界的广泛关注。目前，HALS的品种已经发展到100多个，成为聚合物光稳定剂领域的主导产品。

到1978年为止，有关光稳定剂的理论研究、产品开发及应用研究工作空前活跃，有关专利居助剂的首位。除了有机镍外，性能优良的新型光稳定剂HALS开始工业化，并以

较高的速度发展。过去40年，HALS始终是聚合物光稳定化研究领域的核心课题。

2. 光稳定剂生产

随着聚烯烃的大量发展和户外使用塑料制品的日益增多，光稳定剂在品种和数量上都有较大的增长。美国、西欧和日本光稳定剂消耗量均在0.2×10^4t/a以上。近年来，北美光稳定剂主要生产企业有3家，为BASF、氰特工业公司和菲柔公司；西欧光稳定剂主要生产企业有8家，其中有3家企业隶属于BASF公司；日本光稳定剂主要生产企业有6家；中国光稳定剂主要生产企业有12家。近年来，美国、西欧、中国、日本仍是光稳定剂的主要消费国，其中美国光稳定剂消费量占全球总消费量的20%，西欧占25%，中国占15%，日本占8%，其他国家占32%。近年世界各区域光稳定剂消费结构见表6-1。

表6-1 世界各区域光稳定剂消费结构 单位:%

光稳定剂	北 美	西 欧	中 国
受阻胺类（HALS）	>50	70	55
苯并三唑类	>20	<20	17
二苯甲酮类	<20	<10	23
其他	—	—	5

未来几年，北美、西欧和日本光稳定剂消费年均增长率为0.5%~3.0%，我国光稳定剂消费年均增长率为8.5%~9.5%，预计2016年消费量将达到1.1×10^4t。

国内光稳定剂的生产起始于20世纪50年代末，后在第一代光稳定剂GW540［亚磷酸三（1，2，2，6，6-五甲基哌啶基）酯］的基础上，推出第二代光稳定剂770［癸二酸二（2，2，2，2-四甲基哌啶基）酯］和光稳定剂662［聚1-(2-羟乙基2，2，6，6-四甲基-4-羟基哌啶）丁二酸酯］。目前已研究出第三代光稳定剂944（叔辛胺三嗪与乙二胺哌啶的聚合物)，并开发出光稳定剂783。光稳定剂770、622、944、783在国内已经工业化生产。

目前国内生产和应用的二苯甲酮类光稳定剂主要有UV-531和UV-9，苯并三唑类光稳定剂主要有UV-326和UV-327。

总体而言，在光稳定剂方面和国外相比，我国起步较晚，品种较少，产量较低，但在主要类型和常规品种方面，国内均已试制成功并有小批量生产。60年代开发出水杨酸酯类、二苯甲酮类、苯并三唑类，70年代末开发了有机镍铬合物和受阻胺类光稳定剂。我国现有光稳定剂生产厂40多个，生产能力为500t/a，产品10多种，以二苯甲酮为主占70%，苯并三唑类和受阻胺占10%，主要用于聚烯烃，其中聚丙烯占37%，聚乙烯占36%，苯乙烯聚合物占6%。

国内光稳定剂发展是缓慢的，截至2000年，我国自行研制的光稳定剂品种超过30种，且已形成生产规模，具有一定市场份额的品种却不足15种。由于缺乏高效品种，尤其是代表世界发展潮流的聚合型HALS关键单体的生产技术尚未突破，近1/3的消费市场仍为国外产品占领。从消费结构来看，受阻胺光稳定剂占总消费量的64%；紫外线吸收剂居次占32%。

相对于国外塑料制品，国产塑料制品的功能和附加值仍然较低。光稳定剂是提高塑料制品使用性能，增加或提高塑料制品使用功能、使用价值和附加值的助剂，有着较好市场发展空间和技术应用前景，可有效延长塑料制品使用期限，减少资源开采和产品生产过程的能耗和污染。因此，随着国内可持续发展意识的增强，石化树脂和塑料制品中光稳定剂的使用率会稳定提高。“十二五”以来，国内光稳定剂开发呈现以下两个特征。

1）新产品开发提速

与发达国家相比，国内工程塑料、改性塑料占塑料生产和消费总量的比例不高，质量水平和消费量有较大的上升空间，为光稳定剂的新产品开发和应用技术发展提供了良好的市场机遇。

“十二五”期间，光稳定剂的生产能力、产量、消费量有所增加，详见表6-2。生产工艺技术逐步提高，产品质量趋于稳定。国际和国内市场需求的增幅减小，市场竞争加剧，产品价格处于中低位徘徊。

表6-2 “十二五”期间光稳定剂产能、产量增长情况

项目	2010年	2015年	增长/%
光稳定剂产能/（$\times 10^4$t/a）	2.1	2.95	40.5
光稳定剂产量/（$\times 10^4$t/a）	1.5	2.55	56.7

目前，国内企业在通用光稳定剂如531、326、770、622、944等产品的生产、一般性复合等应用技术方面取得了一定成绩，应用技术已能满足国内石化企业和塑料加工企业的一般需求。随着化学品法规的升级以及高功能需求的增加，新产品的开发也在不断提速。

截至2016年6月20日，欧洲化学品管理局（ECHA）正式公布了15批SVHC（Substances of Very High Concern，满足REACH第57条规定的物质）候选清单，UV-320、UV-328、UV-327、UV-350这四种苯并三唑紫外线吸收剂产品位列其中。从上述四种吸收剂的分子结构看，羟基邻位和对位都含有带碳支链的烷基。UV-326和UV-329在羟基邻位或对位含仅有一个带碳支链的烷基，现阶段还可在世界范围内放心使用。虽然一些跨国公司很多年前就开始了苯并三唑类紫外线吸收剂新分子结构的研发，但由于之前对此类产品没有约束和限制，现有产品一直在正常使用，新型紫外线吸收剂的开发工作进展缓慢。随着这四种紫外线吸收剂被列入SVHC清单，开发新型的、使用安全的苯并三唑类紫外线吸收剂，成为光稳定剂行业研发工作的重点。

防热氧老化功能是塑料材料防老化或耐候的基础功能，防紫外或防光老化功能则是建立在基础功能之上的提高功能。光稳定体系中，组合适合的抗氧化剂体系和适当的添加量，可以适度地提高制品的光稳定作用或效果。实验表明，光稳定配方中，加入亚磷酸酯抗氧剂168后，体系的光稳定效果优于原有体系的光稳定效果。

受阻胺类光稳定剂（HALS）目前应用已扩展到聚合反应调节剂、成核剂、塑料阻燃

剂等新的应用领域。例如，受阻呱啶氮—烷氧基（N—OR）类 HALS 对高分子材料具有阻燃性，而没有 N—OR 官能团的其他 HALS，则基本不具备阻燃性。添加受阻哌啶氮—烷氧基（N—OR）类 HALS 可以增强传统阻燃剂的阻燃性，大幅度减少或完全取代传统阻燃剂在高分子材料中的使用，并使材料在具有阻燃性的同时，还具有优异的光稳定性。

2）"十三五"期间危与机并存

"十三五"期间行业发展的总体思路是以技术为主导，提高转化率、产品收率，加强三废治理，减少排放；提高并稳定产品质量和应用效果，大幅度提高国内石化行业和塑料行业的防老化技术水平，积极参与国际市场竞争。"十三五"期间，由于国家经济发展速度的调整，塑料加工行业的增速将较"十二五"期间有所下滑，光稳定剂的产能、产量和表观消费量的增速也将下降。受国内不同省、市环保政策影响和压力，大幅度扩产和提高生产量的行为也受到制约。企业将重点提高已有设备的使用率和生产率，产量增长率将高于产能增长率。随着政府对可持续发展、环保和节能减排的要求，以及国民意识的提高，石化树脂和塑料制品中光稳定剂的使用率会提高，光稳定剂表观消费量的增长率会高于产量增长率。

未来几年，预计国际经济形势将持续平稳，光稳定剂的国际消费市场不会有明显的增量需求，国内企业将面临国外光稳定剂企业和产品加速进入国内市场的挑战。"十二五"期间，国外塑料加工行业和光稳定剂经销商，以低价采购中国产品，采购数量令国外光稳定剂同行羡慕，国外同行均有扩产计划。"十三五"期间光稳定剂产能、产量、表观消费量增长预测的数据见表 6－3。

表 6－3 "十三五"光稳定剂产能、产量、表观消费量增长预测

项目	2015 年	2016 年	2017 年	2018 年	2019 年	2020 年	增长/%
产能/（$\times 10^4$ t/a）	2.95	3.15	3.35	3.5	3.65	3.84	30
产量/（$\times 10^4$ t/a）	2.35	2.55	2.75	2.95	3.05	3.17	35
表观消费量/（$\times 10^4$ t/a）	1.0	1.1	1.2	1.3	1.35	1.40	40

因此，开发、生产有核心自主知识产权的光稳定剂产品和应用技术，制定通用型光稳定剂的行业标准、国家标准，多与国际同行交流或合作，取长补短是未来光稳定剂企业需要关注的方向。

3. 20 世纪 90 年代世界 HALS 品种开发特征

20 世纪 90 年代世界 HALS 品种开发呈现出如下特征。

（1）高分子量化：持久性和有效性是衡量 HASL 产品应用性能的重要方面，高分子量化对于防止助剂在制品加工和应用中的挥发、萃取、逸散损失，对提高制品尤其是长径比较大的薄膜、纤维制品的持久光稳定效果具有积极的意义，但高相对分子质量有碍光稳定剂在聚合物中的迁移，降低了制品表面的有效浓度，影响了光稳定活性的充分发挥。故 HALS 的相对分子质量一般控制在 2000～3000 为宜。由于聚合过程相对分子质量调节困难，近年来，单体型高相对分子质量 HALS 的开发颇受重视，Ciba-Geigy 公司的 Chimassorb 119 就是一种高相分子质量单体型 HALS，具有良好的光热稳定性。

（2）低碱性化：传统哌啶基 HALS 一般具有较高的碱性，而碱性的作用往往使它与聚合物配方中某些酸性组分之间的协同稳定性能下降，从而限制了受阻胺的应用领域。为此，低碱性化 HALS 结构就成为发展趋势。一般而言，*N*-烷基化、*N*-烷氧基化、*N*-酰基化以及具有哌嗪酮结构的 HALS 可有效降低碱性，其中以 *N*-烷基化 HALS 的碱性最低（p_{Ka}为 4.2，一般 HALS 的 p_{Ka}约为 9.0），适用于阻燃改性 PP 纤维、酸性涂料等苛刻的光稳定体系。如 Ciba-Geigy 公司推出的 Tinuvin 123 即是一种带有烷氧基官能团的 HALS。

（3）复合化、多功能化：从应用角度来看，单一组成的 HALS 品种往往存在某些应用性能的不足，基于不同结构的 HALS 组分之间可能具协同效应，而且彼此间性能的互补有助于达到应用上的最佳平衡，因此复合 HALS 品种的研究开发已形成一个新的特征。在 HALS 中键合其他功能性基团，如在 HALS 分子内键合紫外线吸收剂、抗氧剂、过氧化分解及其他作用的功能性基团，由于分子内自协同效应，使 HALS 的光稳定效果得到进一步提高。与此同时，这些功能性基团的引入还赋予 HALS 其他方面的稳定性功能。例如 Luchem 公司的 HA-B-AO 是 Ha-R100 和 AO-R300 键合的产物，它既具有光稳定性，又具有抗氧性。

（4）反应型 HALS 开始使用：在受阻胺分子结构内引入反应性基团，使之在聚合物制备、加工中键合成或接枝到聚合物主链，形成带有受阻胺官能团的永久性光稳定聚合物，这样就克服了以往添加型 HALS 由于物理迁移或挥发而造成的稳定剂损失，改善并提高了 HALS 在聚合物中的分散性能和光稳定效果，也与其他助剂具有较好的相容性，如 Clariant 公司最新上市的 HALS-13。由于 HALS 具有高效、多功能、无毒等优点，已成为 21 世纪光稳定剂的发展方向，淘汰低相对分子质量受阻胺，而转向发展高相对分子质量、多官能团化、非碱性与反应型品种，这已成为趋势。

尽管如此，UVA 的开发和应用仍不容忽视，它们在一些特殊应用领域的地位似乎难以替代，例如 HALS 不能对聚碳酸酯起光稳定作用，UVA 仍然是最重要的紫外光稳定剂，故二苯甲酮类、苯并三唑类紫外线吸收剂需求仍将保持一定的增长速率。此外 2-羟基苯基三嗪类 UVA 的开发是 UVA 领域的新动向。据称，这类新型结构 UVA 具有很高的光稳定性，尤其对光谱中短波紫外线吸收率极高。相比之下，由于镍淬灭剂中的重金属对环境有害，新品种的开发已停滞多年。

近年来，聚合物光稳定性的主要进展，似乎已从发现新产品逐渐转移到建立更有效的光稳定剂配方、改良光稳定剂的结构以及光稳定剂高分子量化方面。

4. 我国光稳定剂发展及趋势

我国光稳定剂开发研究工作开始于 20 世纪 60 年代，70 年代由于聚合物农膜和聚丙烯纤维生产应用技术的推广而得到迅速发展。到 1996 年，我国自行研制的光稳定剂品种超过 30 种，形成一定生产规模，约 20 家企业从事光稳定剂的生产。目前国内主要的研制生

产单位有：北京化工三厂、天津合成材料研究所、天津力生化工厂、江苏镇江化工研究所、镇江前进化工厂及山东龙口精细化工厂等。塑料用的主要品种有二苯甲酮类、苯并三唑类、受阻胺类，光稳定剂年生产能力达到1000t，产量约800t，但缺乏高效品种。长寿农膜生产是光稳定剂的主要消费市场，约占光稳定剂消费总量的70%左右。我国塑料用光稳定剂产品中约有80%为HALS，主要品种有GW-540、GW-480、GW-544、GW-508等，其中GW-544和GW-508是近两年开发出的很有发展前途的HALS品种。近年来我国HALS的中间体哌啶醇、哌啶酮也发展较快，已形成1000t以上的年生产规模。UVA中的苯甲酮类及苯并三唑类光稳定剂的光稳定效率尽管比HALS低得多，但仍是传统的光稳定剂产品，在市场上有一定份额，约20%，其总生产能力约1000t/a，实际产量为50～60t，常用的品种有UV-531、UV-326、UV-327等。

我国的塑料工业经过近几年飞速发展，其生产能力和产量已进入世界前4位，预计2000年国内聚烯烃产量将达到7181kt，2010年将达13380kt，估计2000年各类光稳定剂的最少需求量将达3200t，2010年将达到4000t。为此，有关科研、生产部门应加快开发光稳定剂，加速产品的更新换代。

我国光稳定剂发展总趋势是：①提高产品的光、热稳定耐久性、耐水解及耐油性，降低挥发性和毒性，改善与聚合物的相容性；②增加新品种，特别是高性能、多功能、长效、无（低）毒品种应是生产、开发的主要任务，复配、提高相对分子质量仍是开发新品种的重要途径；③降低现有产品的生产成本，投产新型HALS等。

（三）光稳定剂在聚合物中应用

选用光稳定剂，取决于多种因素，其中主要是树脂的特性，即树脂对紫外线的敏感波长应与光稳定剂的吸收最强的紫外区一致。另外，还有几种因素在实际选用时也是很重要的，例如添加剂的物理形态（液态、固态、熔点）、粒度大小、热稳定性、毒性（尤其用于食品包装）、挥发性、其他添加剂对光稳定剂效能的影响及与塑料的相容性等。

（1）在聚氯乙烯中的应用：第二次世界大战后，聚氯乙烯的生产迅速发展，软质和硬质聚氯乙烯制品在各个领域得到广泛应用。聚氯乙烯在未被紫外光稳定之前，热稳定剂对其光稳定性影响很大。户外使用的聚氯乙烯制品包括管材、板材以及薄膜，都要添加光稳定剂以达到光稳定化目的。二苯甲酮、苯并三唑类光稳定剂广泛应用于聚氯乙烯制品中。选用聚氯乙烯的光稳定剂应考虑它们与热稳定剂之间的相互影响，光稳定剂的应用须以不影响热稳定剂效果为前提。苯并三唑光稳定剂对于提高聚氯乙烯光稳定性，特别是对硬质聚氯乙烯非常有效。然而在硬质聚氯乙烯中某些苯并三唑光稳定剂与有基锡热稳定剂并用时会形成粉红色的络合物。

（2）在聚乙烯中的应用：从聚合物的光氧降解机理中知道，波长300nm的紫外线能够引发聚乙烯的光氧降解，导致形成碳基、乙烯基等极性基团的积累，使介电常数和表面电阻率发生变化，丧失其宝贵的电绝缘性能，户外使用的聚乙烯制品，广泛地采用添加光稳定剂的方法来提高其稳定性。二苯甲酮、苯并三唑、有机锡络合物类是最常用的光稳定剂。当与受阻胺以及硫代二丙酸酯类并用时，效果更佳。

（3）在聚丙烯中的应用：聚丙烯与聚乙烯一样具有优异的综合性能，因此成为广泛应用的高分子材料。由于聚丙烯分子结构中存在着叔碳原子，比聚乙烯更易老化，聚丙烯经户外曝晒后产生羰基和其他降解产物，其物理机械性能随之发生变化。如熔融黏度下降，延伸率、冲击强度降低，而屈服厚度则随结晶度的增大而上升。

为了抑制聚丙烯制品在使用过程中发生光氧老化，延长制品的使用寿命，常常加入的光稳定剂有二苯甲酮类（如UV-531）、苯并三唑类（如UV-326、UV-327）等紫外线吸收剂，以及有机镍络合物及受阻胺类光稳定剂。有机镍络合物能有效地淬灭激发态的碳基，使其回到稳定的基态，因此在聚丙烯制品中，特别是在纤维和薄膜等表面积与体积之比极大的制品中，有机镍络合物显示出十分优良的光稳定效果；而受阻胺光稳定剂与吸收型光稳定剂并用，显示出突出的稳定作用。

二、光稳定剂的作用机理

聚合物的光老化是各种因素综合作用的复杂过程。为了抑制这一过程的进行，延长高分子材料的使用寿命，添加光稳定剂是简便有效的办法。但是不同类型的光稳定剂有着不同的稳定化作用机理。现将光稳定剂的不同作用机理分述如下。

（一）光屏蔽剂

光屏蔽剂又称遮光剂，是一种能够吸收或反射紫外光的物质，它们的存在犹如在聚合物和光辐射之间设立了一道屏障，使光不能直接射入聚合物的内部，从而达到抑制光老化的目的。它们构成了光稳定化中的第一道防线。这类材料来源广泛，价格低廉，通常多为一些无机颜料和填料，如二氧化钛、氧化锌及炭黑等。由于光屏蔽剂具有着色性，从而大大限制了其应用范围，不适用于透明制品。

（二）紫外线吸收剂

二苯甲酮类、苯并三唑类是工业上大量应用的紫外线吸收剂。这类稳定剂是目前光稳定剂领域的主体，能够强烈地吸收高能紫外光，并进行能量交换，以热或荧光、磷光等低辐射形式将能量消耗或释放掉。紫外线吸收剂构成了光稳定化中的第二道防线。紫外线吸收剂除了本身具有很强的紫外线吸收能力外，还应具有很高的光稳定性质，否则将会很快在反应中消耗掉。

二苯甲酮类化合物紫外线吸收剂基本上是由下式衍生而来的：

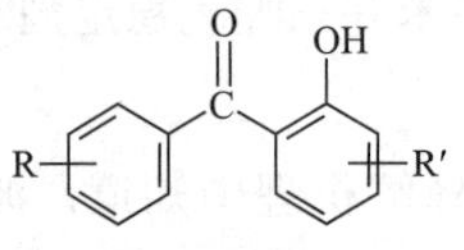

(6－1)

（R、R′为烷基、烷氧基、羟基）

这类稳定剂的吸收波长范围宽广，在整个紫外光区域内几乎都有较强的吸收作用。它的光稳定实质为其结构中所存在的分子内氢键。由苯环上的羟基氢和羰基氧之间形成了氢键，构成了一个螯合环，当稳定剂吸收紫外光能量后，分子发生热振动，氢键断裂，将有

害的紫外光能变成无害的热能放出。同时伴随着发生下述的互变异构，这种结构能够接受光能而不导致键的断裂，能使光能转变为热，从而消耗掉吸收的能量：

(6-2)

二苯甲酮类紫外线吸收剂中邻羟基数目的多寡，对其光谱性能有影响。含有一个邻位羟基的品种，可吸收290~380nm的紫外光，几乎不吸收可见光，不着色，运用于浅色或透明制品。然而，诸如2，2′-二羟基-4，4′-二甲氧基二苯甲酮之类化合物，其吸收尾峰超过400nm。除吸收290~400nm的紫外光外，还可吸收部分可见光。呈现明显的黄色，有使制品着色之弊。而且这类化合物与聚合物的相容性也明显不及前者。

苯并三唑类紫外线吸收剂在现有商品吸收剂中，具有非常重要的地位。该类吸收剂的基本结构如下：

(6-3)

邻羟基苯并三唑类化合物对紫外光的吸收区域宽，可有效地吸收300~400nm的紫外光，而对400nm以上的可见光几乎不吸收，因此制品无着色性。苯并三唑类紫外线吸收剂的作用机理与二苯甲酮相似，其结构中也存在着羟基氧与三唑基上的氮所形成的氢键，当吸收了紫外光后，氢键破裂或形成光互变异构体，把有害的紫外光能量转化为无害的热能。

（三）淬灭剂

淬灭剂又称做减活剂，它不同于紫外线吸收剂，并不能强烈吸收紫外线。可直观地理解为是光稳定化作用的第三道防线，即未被遮蔽或吸收的紫外线，当被聚合物吸收时，使聚合物处于不稳定的“激发状态”，淬灭剂能够将激发态聚合物的激发能消除，有效地淬灭激发态的分子，使其回到基态，免受紫外线破坏，从而保护高分子聚合物。

淬灭剂转移能量有以下两种方式：①淬灭剂接受激发聚合物分子能量后，本身成为非反应性的激发态，然后再将能量以无害的形式消散。②淬灭剂与受激发聚合物分子形成一种激发态络合物，再通过光物理过程（如发射磷光、能量的内部转换等）消散能量。

（四）自由基捕获剂

聚合物光稳定化作用除了吸收有害的紫外辐射、淬灭激发态能量及光屏蔽外，另一种聚合物稳定化处理方式为捕获和清除自由基中间产物。前三种可看成是物理方式，捕获自由基可看成是一种化学稳定过程，相当于聚合物光稳定化的第四道防线。

20世纪60年代，苏联科学家首先发现受阻哌啶（如2，2，6，6-四甲基哌啶）的氮氧自由基具合高度的稳定性，能够有效地捕获聚合物自由基，进而显示出优异的抗氧活性。随后，日本学者将受阻哌啶衍生物引入聚合物光稳定体系，并由日本洪化学公司推出世界第一个受阻胺光稳定剂（HALS）品种 Sanol LS-744（苯甲酸2，2，6，6-四甲基哌啶酯），拉开了受阻胺光稳定剂开发和研究的序幕。大量研究结果证实，HALS 主要是以捕获聚合物自由基的方式实现光稳定化目的的。

迄今，绝大多数 HALS 都是以受阻哌啶为官能团的衍生物。首先，受阻胺在紫外线照射下易被氢过氧化物氧化（还原氢过氧化物）生成受阻哌啶类氮氧自由基，这种自由基本身比较稳定，甚至可以在官能团反应中及在加热蒸馏过程中保持其自由基结构的特征，而具有和其他自由基反应的能力。HALS 的氮氧自由基不仅能够捕获聚合物在光氧化中生成的活性自由基（R·），而且能够捕获残留于体系中的其他自由基（引发剂残基、碳基化合物光解生成的自由基等），从而抑制高聚物的光氧化。

显然，受阻胺氮氧自由基在 HALS 光稳定过程中具有举足轻重的作用，其再生性正是受阻胺光稳定剂高效的实质所在，使受阻胺光稳定剂表现出较长久的稳定效能（例如含受阻胺光稳定剂的聚合物，经2年老化后仍能在体系中保留50%～80%）。另外，HALS 同时可以分解氢过氧化物，这是它对聚合物稳定化的又一重要贡献。HALS 在分解氢过氧化物的同时，自身被转化成高效的自由基捕获剂，达到一举两得的稳定化目的。另外，HALS 在氢过氧化物周围具有浓集效应，意味着受阻胺有效分解氢过氧化物的能力更强。

当然，HALS 的光稳定作用远不仅限于此，大量的研究表明，HALS 在淬灭单线态氧、钝化金属离子等方面也具有功效。

三、光稳定剂现状及其发展趋势

（一）光稳定剂现状

1. 国际现状

2014年，全球塑料助剂产量和消费量近 1300×10^4t，其中增塑剂占全球塑料助剂总量的近60%；阻燃剂占全球塑料助剂总量的15%以上；热稳定剂占8%，其他依次为冲击改性剂与加工改良剂、润滑剂、抗氧化剂、发泡剂、抗静电剂和光稳定剂。

2014年，全球光稳定剂的总消费类和总产量在 5.5×10^4t，占全球塑料助剂总量不到0.5%，但光稳定剂消费额约占塑料助剂市场的8%。目前，苯并三唑类紫外线吸收剂全球消费量预计在 $(2.5\sim3)\times10^4$t。美国、欧洲、中国、日本为主要消费国，其中美国消费量占全球总消费量20%，欧洲占25%，中国占15%，日本占8%，其他国家光稳定剂消费量占全球32%。美国、欧洲、日本光稳定剂消费年均增长率在0.5%～3%左右，我国光稳定剂消费年均增长超过8%。

根据 Marketsand Markets，2014—2019年期间，全球塑料助剂市场复合年增长率预计将达5%，至2019年达455亿美元。在2013年，亚太主导塑料助剂市场，所占市场份额超过40%. 就国家而言，至2019年中国对塑料助剂的消费量在全球将居首，全球光稳定剂市场消费量将达36亿美元。美国目前是全球最大的塑料助剂消费国，但在不久的将来预计将被中国超越。

2. 国内光稳定剂产业情况

（1）国内产业发展：我国20世纪60年代开始苯并三氮唑系列紫外线吸收剂的研发，天津合成材料研究所是国内从事该行业研究的研发单位，根据其研发成果，曾在天津力生化工厂建立UV-327中试装置，并开始中试生产。而后天津合成材料研究所对系列产品进行了较为系统的研究开发，90年代以后，紫外线吸收剂行业在我国获得了快速的发展，形成了一批具有较强竞争力的生产企业。

目前，我国虽然形成较为齐全的产品系列，但普遍存在装备水平低下，三废处理技术欠缺的问题。特别是三废处理问题，是长期困扰我国该行业发展的关键问题，这也是我国该行业均分布在沿海及宁夏的原因。但随着环保意识的加强以及全国环保一盘棋的推进，整个行业将面临严峻的挑战。

国外主要光稳定剂企业是德国巴斯夫、美国氰特、韩国松原集团、日本旭电化、城北化学等，苯并三唑类光稳定剂国外主要是巴斯夫生产，工厂分布在德国兰佩海泽姆和日本东京。国内年产能千吨级企业主要有十余家，具体见表6-4。

表6-4　国内主要紫外线吸收剂企业状况

序号	企业名称	主要产品及规模	备　注
1	杭州帝盛进出口	UV-531、UV-770等	行业龙头，成立于1985年，下设3家生产工厂：杭州欣阳三友、启东金美化学、盐城帝盛化工，总产能达8000t/a，年销售额达6亿元人民币，是国内光稳定剂主要制造商
		UV-P，1500t	
		UV-328，1000t	
		UV-326，1000t	
		UV-329，1000t	
2	天津利安隆	抗氧剂，8000t	准备IPO，光稳定剂实际产能1600t
		UV-328，1000t	
		UV-326，1000t	
3	威海金威	UV-329，3000t	成立于1994年，是以生产石化助剂、精细化工产品为主要的化工企业，苯丙三氮唑紫外线吸收剂是该公司的主导产品。
4	九江之江	UV-P，800t	
		染料、硝基苯胺等	
5	烟台新秀	UV-770，3000t	
		抗氧剂	
6	天罡助剂	复配	前身为成立于1991年的“北京朝阳区花山助剂厂”，现有员工400多人，拥有两个生产基地，设计光稳定剂，产能10000t
7	科润化学	UV-P，1000t	
8	飞翔化工	UV-531等	二苯甲酮系列，规模较大

续表

序号	企业名称	主要产品及规模	备 注
9	烟台玉胜	770 及关键原料	
10	宿迁联盛	受阻胺类，2000t	成立于2007年，公司一期投资1.2亿元，已建成投产，二期工程投资3亿元，已开始投入建设
11	金康泰	UV-329、UV-360 等	
12	双健（泰兴）化工	UV-329，500t	上市公司
		UV-328，500t	
		UV-234，500t	
13	台湾永光	UV-328，1000t	
		UV-329，2000t	
		染料	
14	天岗助剂公司		技术来源于科莱恩公司，在建项目，预计2019年上半年投产，产品方向为于纺织品相关的稳定剂和汽车行业解决方案

近几年光稳定剂行业供给和需求市场没有大的变化（具体见表6-5），价格相对稳定，但随着国内对化工企业三废排放要求的提高，一些不达标企业只能停止生产，或者减少产量，导致价格略有上升，对废水的处理也增加了企业成本，当然也随着石油化工下游原料成本的下降，转移了部分增加的成本。目前该行业总体毛利在30%左右，净利润率10%左右。

表6-5　紫外吸收剂价格及需求情况

序　号	产品名称	价格/(元/kg)	预计消费量/t
1	紫外线吸收剂 UV-P	75	4000
2	紫外线吸收剂 UV-329	85	6000
3	紫外线吸收剂 UV-328	85	5000
4	紫外线吸收剂 UV-326	85	5000
5	紫外线吸收剂 UV-234	120	3000
6	紫外线吸收剂 UV-928	190	1000

国内产品出口比例在70%~80%，因这类产品没有专门的税则号，具体出口数据统计难度大。

（2）近几年国内产业政策变化情况：该类产品在“十一五”“十二五”产业发展指导目录中均列入鼓励类，在十三五新材料产业发展指导目录中也明确鼓励发展。该行业发展主要受环境政策影响，由于国内企业普遍规模不大，装备水平落后，三废水治理等问题，发展受到了限制，造成开工率不高。

（二）光稳定剂的发展趋势

随着聚合物制品户外应用领域的扩大，光稳定剂在整个聚合物助剂中的地位愈加突出。寻求高效、卫生、廉价和满足苛刻加工与应用环境的光稳定剂新品种、新结构，始终是聚合物助剂开发和研究所追求的目标。纵观国内外开发和研究现状，光稳定剂品种开发呈现出一些新的趋势和特征。

1. 高分子量化趋势

如前所述，聚合物制品的加工和应用条件复杂多样，稳定化助剂在制品的加工和应用环境中的挥发、迁移和抽出损失将直接影响稳定剂性能的发挥和最终制品的卫生性能和表观性能。提高稳定化助剂的相对分子质量无疑是降低助剂挥发、迁移和抽出损失的基本措施。为此，20 世纪 80 年代以来，高分子量化已经成为全球聚合物光稳定剂品种开发的重要趋势。概括地讲，实现光稳定剂品种的高分子量化主要包括两种途径：①通过将具有光稳定官能团的结构二聚或连接其他的辅助基团，开发单体型高相对分子质量光稳定剂结构；②将具有反应性基团的单体型光稳定剂分子进行均聚或缩聚，开发具有聚合特征的高相对分子质量化合物。

聚合型光稳定剂的耐挥发、耐抽出、耐迁移性好，但往往存在与聚合物混配困难之弊端。因此无论是单体型还是聚合型高相对分子质量光稳定剂，并非相对分子质量越高越好。因为相对分子质量过大势必降低光稳定剂分子在聚合物基体中的扩散，减小光稳定剂分子发挥光稳定作用的概率，耐逸散损失和扩散性实际在光稳定剂进行光稳定化作用中是相互矛盾的，二者对立统一的结果必然存在一个适当的相对分子质量范围。大量研究结果证实，高相对分子质量光稳定剂的最佳相对分子质量范围一般在 2000 ~ 3000 之间。

2. 复合化趋势

光稳定剂作用机理表明，每一类光稳定剂主要通过一种方式完成光稳定化作用。这些作用一般由相应的官能团结构实现。然而，在同一个分子内结合具有多种官能团的结构既不经济也不现实，而根据作用机理，在充分测试的基础上将不同类型、不同结构的光稳定剂品种按照一定的比例复配将不失为一种积极的措施。复合化已经成为光稳定剂品种开发的一大特征。归纳起来，迄今应市的复合型光稳定刑品种主要包括以下几种类型。

（1）紫外线吸收剂与受阻胺的复配物：紫外线吸收剂与受阻胺的复配相当于在聚合物配合体系中设立了两道光稳定防线，二者协同作用的结果能够更加有效地提高制品的光稳定性能。但从应用品种看，尤以苯并三唑类紫外线吸收剂与 HALS 的复合品种居多。紫外线吸收剂与 HALS 的复配物如果结合亚磷酸酯组分，不仅可以作为聚合物再生稳定剂应用，而且作为受阻酚类抗氧剂的替代品（即无酚抗氧剂），适用于对色泽要求更高的纤维、薄膜稳定体系。

（2）低相对分子质量受阻胺与高相对分子质量受阻胺的复配物：低相对分子质量受阻胺光稳定剂迁移性好，一般适用于厚制品；而高相对分子质量受阻胺迁移性差，通常更适合在比表面积较大的薄制品使用。如果将二者按照一定比例复配，在聚合物制品中由里到外形成一个光稳定剂的浓度梯度，则有利于光稳定效能的最优化。

(3) 反应型光稳定剂品种开发方兴未艾：反应型光稳定剂是分子内含有反应性基团的光稳定剂结构，其目的是将光稳定剂官能团接枝或共聚在聚合物主链上，使之以化学键合的方式“永久”地固定在聚合物制品中，从而防止共迁移、挥发和抽出损失。

应该说反应型光稳定剂品种的开发很早就引起了助剂业界的关注，但长期以来受接枝反应条件的局限很少有工业化品种问世。20 世纪 90 年代以后，有关反应型光稳定剂品种的开发再次受到重视，对应的产品不断见诸报端。代表性的品种包括日本太原化学公司的 RUVA-93、RUVA-100 反应型苯并三唑紫外线吸收剂。

第二节　光稳定剂主要品种及其应用

一、分类与要求

(一) 分类

光稳定剂品种繁多，可以从不同角度予以分类，目前常用的方法是按照化学结构分类和作用机理分类。

按照化学结构分类，根据光稳定剂的化学结构可将共分为水杨酸酯类、苯甲酸酯类、二苯甲酮类、苯并三唑类、三嗪类、取代丙烯腈类、草酰胺类、有机镍络合物和受阻胺类。

按作用机理可将其分为 4 类：①自由基捕获剂（Free Radical Scavenger），主要是受阻胺类光稳定剂；②紫外线吸收剂（Ultra-violent Absorbent），按化学结构分主要有二苯甲酮类、苯并三唑类、三嗪类和水杨酸酯类；③淬灭剂（Quencher）；④光屏蔽剂（Light Screening Agent）。其中紫外线吸收剂作为光稳定剂的重要品种，其作用机理在于能强烈地吸收照射于材料表面的紫外线，并将能量转变为无害的热能释放。其优点在于能有效地吸收紫外线，并且具有良好的热稳定性和光稳定性。紫外线吸收剂已成为光稳定剂主要发展方向之一。

光屏蔽剂（Light Screening Agent，包括炭黑、氧化锌和一些无机颜料）、紫外线吸收剂（Ultra-violent Absorber）、淬灭剂（Quencher）和自由基捕获剂（Free Radical Scavenger）。形象地说，这四种稳定作用方式就好像构成了光稳定化中层次逐渐深入的四道防线，每一道防线都可抑制紫外线的破坏作用。但在设计防护配方时，具体选用哪种稳定剂为宜，亦或设置一道还是多道防线，应视制品的要求和使用环境而定。目前世界上用量最大的两类光稳定剂是紫外线吸收剂和受阻胺光稳定剂。

以上按照作用机理的分类只是一个大致的区分。事实上，光稳定机理非常复杂，许多问题仍未弄清。而且同一种化合物往往可以多种方式发挥光稳定作用。

除上述两种分类方法外，按照光稳定剂能否与聚合物键合，还将其分为反应型光稳定

剂和非反应型光稳定剂。反应型光稳定剂又称为“永久性”光稳定剂，它们一般都含有反应性基团。可作为单体与树脂单体共聚或与聚合物接枝，成为聚合物结构的一部分，这样就可以克服一般非反应型光稳定剂易迁移、挥发和抽出的缺点，显示永久的光稳定效果。

（二）性能要求

理想的光稳定剂应具备如下几个条件。

（1）能够强烈地吸收 290～400nm 波长范围的紫外光或能有效地淬灭激发态分子的能量，或有足够的捕获自由基的能力。

（2）与聚合物及其他助剂的相容性好，在加工和使用过程中不喷霜、不渗出。

（3）热稳定性良好，即在加工和使用过程中不因受热而变化，热挥发损失小。

（4）具有良好的光稳定性，长期曝晒下不被光能所破坏。

（5）化学稳定性好，不与材料其他组分发生不利反应而影响聚合物的其他性能。

（6）对可见光的吸收低，不着色、不变色。

（7）无毒或低毒。

（8）耐抽出或耐水解性良好。

（9）价格便宜。

二、主要品种及其应用

（一）二苯甲酮类光稳定剂

二苯甲酮类光稳定剂是邻羟基二苯甲酮的衍生物，有单羟基、双羟基、三羟基、四羟基衍生物。本类化合物吸收 290～400nm 的紫外光，它与大多数合成材料有良好的相容性：

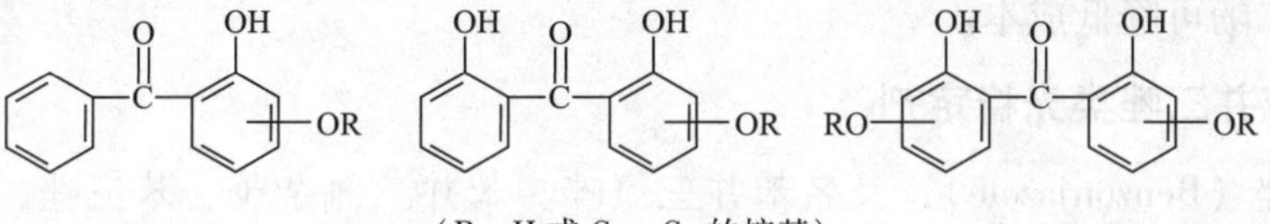

（R = H 或 C_1 ～ C_{12} 的烷基）　　（6－4）

含有 2 个邻位羟基二苯甲酮，吸收紫外线的能力最强，同时也吸收部分可见光使塑料制品略带黄色。二苯甲酮类品种虽多，但大都是 2，4-二羟基二苯甲酮（又称紫外线吸收剂 UV-0）的衍生物。由本品衍生的 2-羟基-4-甲氧基二苯甲酮（UV-9）、2-羟基-4-正辛氧基二苯甲酮（UV-531）等二苯甲酮类衍生物是应用广的吸收紫外线吸收剂。

2，4-二羟基二苯甲酮的合成有以下 4 种方法：

（1）以间苯二酚与苯甲酰氯为原料的合成路线：

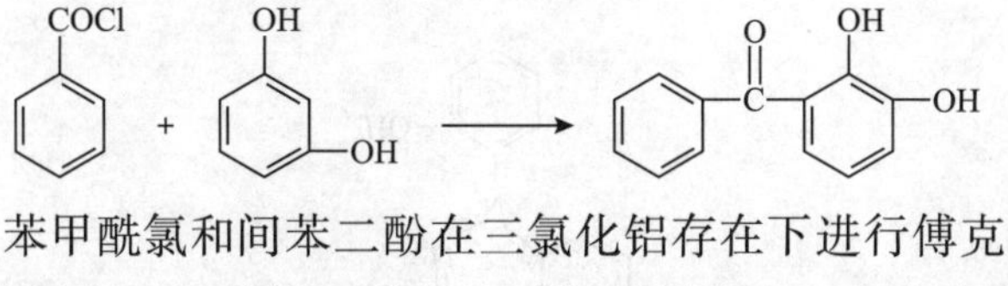

（6－5）

用氯苯作溶剂，苯甲酰氯和间苯二酚在三氯化铝存在下进行傅克反应，脱除氯化氢，生成 2，4-二羟基二苯甲酮，经蒸馏、脱色、干燥而得成品。此法的产品色泽好，几乎是白色结晶，但原料成本高，只有50% ~60%的收率，并且产生大量的废催化剂，使处理变得困难。

（2）以间苯二酚与三氯甲苯为原料的合成路线：

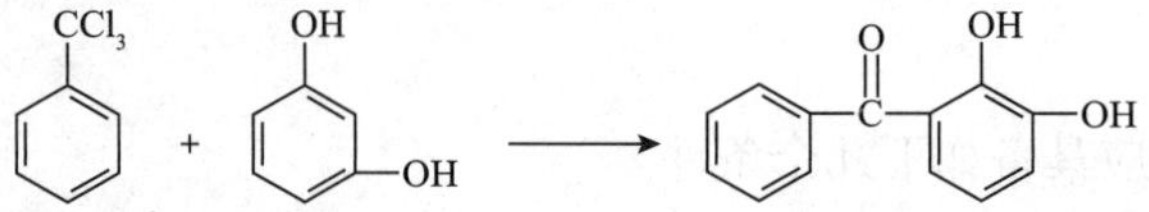

$$C_6H_5CCl_3 + C_6H_4(OH)_2 \longrightarrow C_6H_5C(=O)C_6H_3(OH)_2 \quad (6-6)$$

此法的原料价廉易得，合成成本低，收率可达95%，但产品色泽较深，不易脱色提纯。

（3）以苯甲酸与间苯二酚为原料的合成路线：

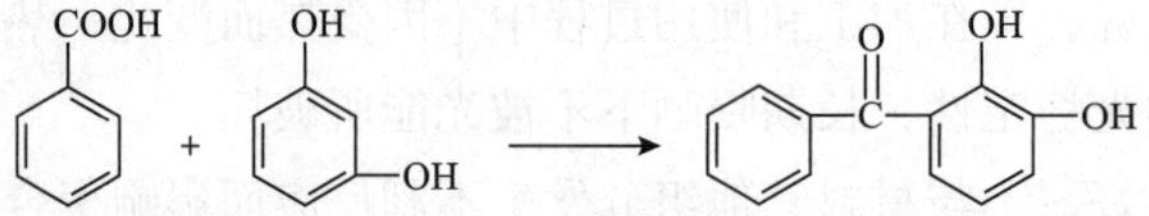

$$C_6H_5COOH + C_6H_4(OH)_2 \longrightarrow C_6H_5C(=O)C_6H_3(OH)_2 \quad (6-7)$$

此法在反应中加入三氯化磷或磷酸来提高脱水反应的速度，收率可达90%以上，产品质量好。但原料苯甲酸易升华，黏附于反应器壁，反应时间较长，熔融物排放操作较困难。

（4）以苯酐与间苯二酚为原料的合成路线：

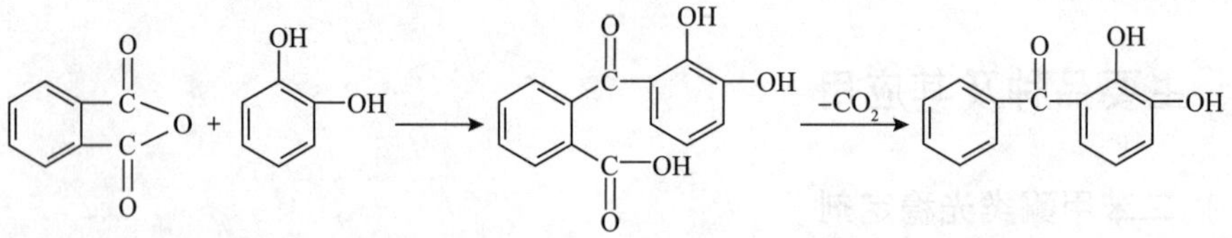

$$C_6H_4(CO)_2O + C_6H_4(OH)_2 \longrightarrow HOOC{-}C_6H_4{-}C(=O)C_6H_3(OH)_2 \xrightarrow{-CO_2} C_6H_5C(=O)C_6H_3(OH)_2 \quad (6-8)$$

此法在缩合过程中还产生副产物荧光素。如工艺条件适宜，无须分离即可使荧光素水解。然后以喹啉作溶剂，在铜粉催化下脱羧。用乙醚提取产品。此法收率较低，但回收未反应的间苯二酚可降低成本。

（二）苯并三唑类光稳定剂

苯并三唑（Benzotriazole），又名苯并三氮唑、苯并三氮杂茂、苯三唑、连三氮杂茚，简称BTA，本品为白色到浅粉色针状结晶。熔点98.5℃，沸点240℃。溶于醇、苯、甲苯、氯仿及二甲基甲酰胺，微溶于水。在空气中逐渐氧化变红。结构式为：

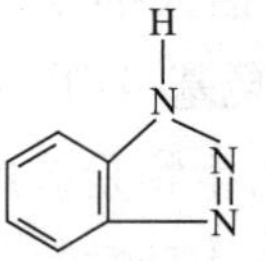

(6-9)

苯并三唑类光稳定剂大多是苯并三唑的衍生物，如2-(2′-羟基苯基）苯并三唑，结构式为：

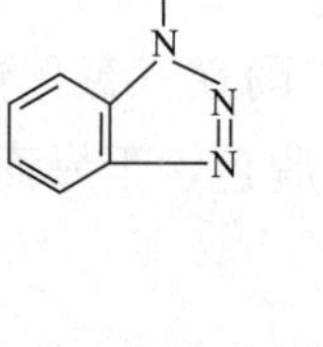

(6-10)

苯并三唑类化合物的生产是采取不同取代基的邻硝基苯胺进行重氮化，然后与有取代基的苯酚进行偶合反应，生成硝基偶氮化合物，再进行还原、闭环而成，即得到各种各样的苯并三唑类光稳定剂。其偶氮化、偶合反应的合成路线为：

(6-11)

其还原、闭环的方法有几种，一般是在碱金属氢氧化物水溶液中，用锌粉进行还原。此法周期长，收率较低，且产生大量的氧化锌，这对产品的分离和提纯造成了困难，所以产品需要大量的乙酸乙酯处理，使物料损耗较大，如用保险粉作还原剂，可大大缩短反应周期，简化后处理工序，提高产品质量，减少三废污染。或在碱性介质与极性溶剂中进行催化加氢，以 Pt 及其他贵金属作催化剂。当使用附着在活性炭上的钯（5%）作加氢催化剂时，加氢温度 15～100℃，压力为 0.1～0.7MPa。加氢在较为苛刻的条件（高温、高压、反应时间长）下进行形成苯并三唑。

(6-12)

（三）受阻胺类光稳定剂（HALS）

受阻胺是一类性能优良的光稳定剂，具有 2，2，6，6-四甲基哌啶基的基本结构。2，2，6，6-四甲基哌啶酮-4（通常称为三丙酮胺，简称 TAA）是该类光稳定剂重要的中间体。三丙酮胺有多种合成方法。

1. 三丙酮胺的合成

（1）氨与丙酮缩合：此法是由丙酮在催化剂（如氯化钙）存在下通入氨气进行反应而得，此法反应时间较长，收率很低，仅为 20%～26%。其反应式为：

$$3CH_3-\overset{O}{\overset{\|}{C}}-CH_3 + NH_3 \xrightarrow{-2H_2O} \text{2,2,6,6-四甲基哌啶酮-4} \qquad (6-13)$$

（2）经丙酮宁合成三丙酮胺：将丙酮与过量的氨先进行缩合制得丙酮宁（2，2，4，6，6-五甲基 2，3，4，4-四氢嘧啶），收率可达 90%。丙酮宁在催化剂和丙酮存在下与水进行反应，反应温度 50℃，获得丙酮胺，总收率可达 50%～60%。其反应式为：

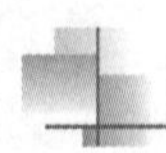

$$3CH_3-\overset{O}{\overset{\|}{C}}-CH_3 + 2NH_3 \xrightarrow{-3H_2O} \text{(2,2,4,4,6-五甲基-四氢嘧啶)} \xrightarrow{+H_2O} \text{(2,2,6,6-四甲基-4-哌啶酮)} \quad (6-14)$$

2. 三丙酮胺制成的重要中间体及其衍生物

由三丙酮胺可进一步制成4-羟基哌啶和4-氨基哌啶两个重要的中间体。由此二中间体可以衍生为数众多的受阻胺类光稳定剂。

(1) 4-羟基哌啶及其衍生物：

$$\text{(2,2,6,6-四甲基-4-哌啶酮)} \xrightarrow{H_2} \text{(2,2,6,6-四甲基-4-羟基哌啶)} \quad (6-15)$$

加氢催化剂中广泛应用镍铝合金，以及用浸渍法自镍铝合金制得的骨架镍催化剂。用骨架镍催化剂还原三丙酮胺，能以90%以上的收率制得4-羟基哌啶。还原反应中，加入氢氧化钠或氢氧化钾等碱性物质，能提高加氢反应速率。

4-羟基哌啶与羟酸进行酯化反应，或与多元醇进行缩合反应，可制得多种受阻胺类光稳定剂，如：光稳定剂744，商品名为Sanol LS-744，化学名为苯甲酸（2，2，6，6-四甲基哌啶）酯，化学结构式为：

$$\text{(苯甲酸2,2,6,6-四甲基-4-哌啶酯)} \quad (6-16)$$

又如：光稳定剂770，商品名为Sanol LS-770，化学名为癸二酸双（2，2，6，6四甲基哌啶）酯，化学结构式为：

$$\text{(癸二酸双(2,2,6,6-四甲基-4-哌啶)酯，} -O-\overset{O}{\overset{\|}{C}}-(CH_2)_8-\overset{O}{\overset{\|}{C}}-O-\text{)} \quad (6-17)$$

(2) 4-氨基哌啶及其衍生物：4-氨基哌啶也是制备受阻胺类光稳定剂的重要中间体。由三丙酮胺与羟氨进行肟化反应。再用金属钠还原制得4-氨基哌啶，其反应式为：

$$\text{(2,2,6,6-四甲基-4-哌啶酮)} \xrightarrow{NH_2OH} \text{(4-NOH肟)} \xrightarrow{Na} \text{(4-}NH_2\text{-2,2,6,6-四甲基哌啶)} \quad (6-18)$$

由4-氨基哌啶也可以制得多种受阻胺类光稳定剂。例如受阻胺光稳定剂Chimassorb

944 就是它的衍生物。其结构式为：

$$\left[-N(\text{TMP-4-yl})-(CH_2)_6-N(\text{TMP-4-yl})-\text{triazine}(NHC(CH_3)_2CH_2C(CH_3)_3)- \right]_n \quad (6-19)$$

其中 TMP-4-yl 为 2,2,6,6-四甲基哌啶-4-基（环上两侧各为 CH_3、CH_3，N 上为 H）。

第三节 制备常用光稳定剂

一、新工艺合成二苯甲酮类化合物 UV-9

（一）二苯甲酮类化合物 UV-9 概述

（1）UV-9 简介：2-羟基-4-甲氧基二苯甲酮能被紫外线激活而成醌型结构并随之放出荧光而复原，净结果为吸收紫外线。由于分子结构的这种特征，所以用作为紫外线吸收剂，并有商品名称 UV-9。它作为一种重要的紫外线吸收剂已用于聚氯乙烯、聚丙烯酸酯、聚烯烃等材料上以及添加在以聚丙烯酸酯、环氧树脂、聚氨酯等为基质的涂料中，以改善其防老化性能。也用于配制防晒系列化妆品，此外还使用在宇航、医药等领域。

（2）UV-9 生产传统工艺及其不足：由苯甲酰氯与间苯二甲醚，或与间苯二酚用付－克反应缩合而成 2，4-二经基二苯甲酮（Ⅰ），再将于 4 位羟基甲醚化而成标的物。这种看似简捷，并且是经典反应过程的工艺，却有明显的难度。

具体有下列 5 个方面的不足：①原料苯甲酰氯极易吸潮分解，放出有害气体氯化氢而失去活性；②缩合催化剂大多为无水金属卤化物，常用的如三氯化铝也极易吸潮放出卤化氢而失效；③生产过程中，对设备的隔潮要求、对安全生产的防护要求等都很严，所用催化剂在后处理过程中皆成三废排放，使得三废处理任务重、投资大；④UV-9 分子中只有一个醚键，若用间苯二甲醚为原料，在经济上也很不合算；⑤甲醚化工艺本身是一个三污染很重的工艺，则更不合理。

（3）UV-9 生产新工艺及其优势：采用苯甲酰氯的前体——三氯甲基苯（本身是甲苯氯化制苄醇的副产物，价格便宜，化合物稳定，处理也较方便和安全，故可减少设备投资与劳防措施），与间苯二酚可在水相中直接缩合成中间体（Ⅰ）。由于不用固体催化剂，三废处理任务也大大减轻。但在水相中，缩合不以均相进行，尽管三氯甲基苯伴生有各级水解副产物，这不但增加了单耗也使产物纯化难度增加，但找到了水相醚化的关键条件，加入临界量的醇类醇解三氯甲苯以促进缩合：采用甲苯为有机相，甲醇为醇解剂，用石油醚代替环己烷，取得了收率 80% 以上的结果（有机醚化的收率仅为 50%），大大降低其生产成本。

（二）新工艺合成二苯甲酮类化合物 UV-9 原理

中间体（Ⅰ）合成反应方程式为：

CCl_3 + OH / OH —有机溶剂→ O OH / OH （6-20）

醚化反应式为：

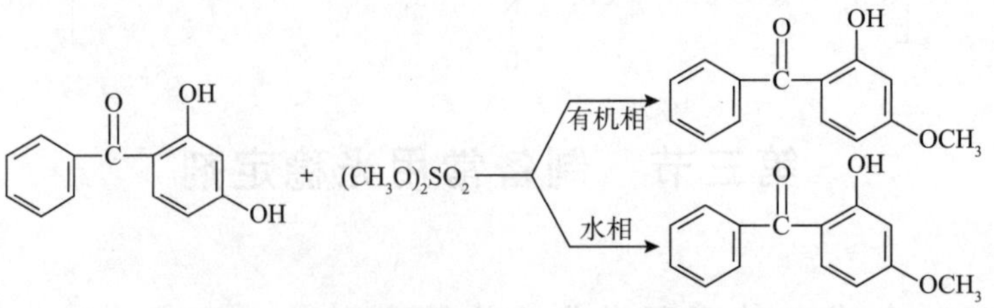

O OH / OH + $(CH_3O)_2SO_2$ —有机相→ O OH / OCH_3 ；—水相→ O OH / OCH_3 （6-21）

（三）新工艺合成二苯甲酮类化合物 UV-9 工艺过程

（1）中间体化合物（Ⅰ）合成：向配有搅拌器、温度计、回流冷凝器（顶端接氯化氢导出管，其出口端插入碱液吸收塔液面下），冷凝器500mL的三口瓶，加入研成细粉的间苯二酚（22.0g，0.200mol），三氯甲苯（50g，0.256mol）及甲苯180mL，加热搅拌；待间苯二酚溶解后加入甲醇20mL，当温度升至60℃开始有氯化氢放出，保持此温度3h后，氯化氢放出速度变慢，再逐渐升温至100℃，反应7h。待反应进行完全后撤去热源，放冷待产品晶析，静置24h后抽滤得第一批结晶。滤液浓缩至50mL滤得第二批结晶，两批合并即可算得产率。

（2）水相法醚化制备UV-9：在250mL配有搅拌器、滴液漏斗及温度计的烧杯中加入碱液（2.0mol/L，50mL），冷却到2～20℃，加入2，4-二羟基二苯甲酮（21.4g，0.10mol），搅拌溶解后滴加硫酸二甲酯10.5mL，约50min滴毕。继续保持2～20℃搅拌5h后抽滤。滤饼用去离子水5mL/次洗2次，得浅黄至黄色结晶。滤液放置过夜再滤得一批结晶。两批合并晾干后，用两倍重量的无水乙醇重结晶两次得白色结晶，熔点26～36℃（文献26～36℃）。

二、UV-327合成

（一）UV-327简介

UV-327的化学名称为2-(2′-羟基-3′，5′-二叔丁基苯基)-5-氯代苯并三唑，英文名称为2-(2′-hydroxy-3′，5′-di-tert-butylphenyl)-5-chloro-benzotriazole，分子式为 $C_{20}H_{24}ClN_3O$，结构式为：

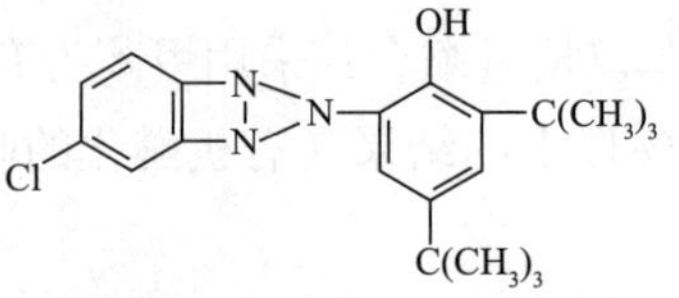

Cl N N N OH $C(CH_3)_3$ $C(CH_3)_3$ （6-22）

UV-327用作紫外线吸收剂，强烈吸收波长300～400nm的紫外线，最大吸收峰为353nm。化学稳定性好，挥发性极小。在塑料中使用时相容性比UV-P好，可以耐高温加

工，耐抽提，特别适用于聚乙烯和聚丙烯，也适用于聚氯乙烯、聚甲基丙烯酸甲酯、聚甲醛、不饱和聚酯、环氧树脂、ABS、聚氨酯等塑料。

（二）UV-327 合成方法及其原理

合成苯并三唑类紫外线吸收剂可以采用两条合成路线。

（1）部分氢化法：芳胺经重氮化反应，然后与烷基酚偶合，生成中间体偶氮染料，再经过部分还原得产品，反应通式为：

(6－23)

（2）氧化法：2，4-二烷基-6-氨基苯酚经重氮化反应，然后与间苯二胺偶合，生成偶氮染料，经过氧化生成2-(2′-羟基-3′，5′-烷基苯基)-5-氨基-1，2，3-苯并三唑，氨基再转换为氯或者氢得产品，反应通式为：

(6－24)

（3）方法比较：上述两条合成路线各有利弊。部分还原法合成路线的原料易得，操作步骤少，但收率较低；氧化法合成路线的原料不易得，操作步骤多，但收率高。所以总体而言，部分还原法合成路线具有一定的优势。

（三）部分还原法合成 UV-327 工艺（一步法）

1. 合成原理

苯并三唑类光稳定剂一般是经过二步反应合成的，即：邻硝基苯胺（或其取代物）经重氮化反应制成重氮盐溶液，然后使之与烷基酚偶合制成中间体染料，最后将它还原闭环成最终产品。偶氮染料中间体的合成技术基本成熟，可以高收率地制备目的产物。而还原技术一直是工业界研究的热点，其难点在于偶氮染料中间体还原时易发生偶氮键断裂生成副产物胺类化合物，还原反应的关键是如何创造条件，尽量避免副反应的发生，从而提高产品的收率和质量。

将邻硝基偶氮苯还原为苯并三唑类化合物，一般可分为一步法和两步法，其反应方程式如下。

两步法：

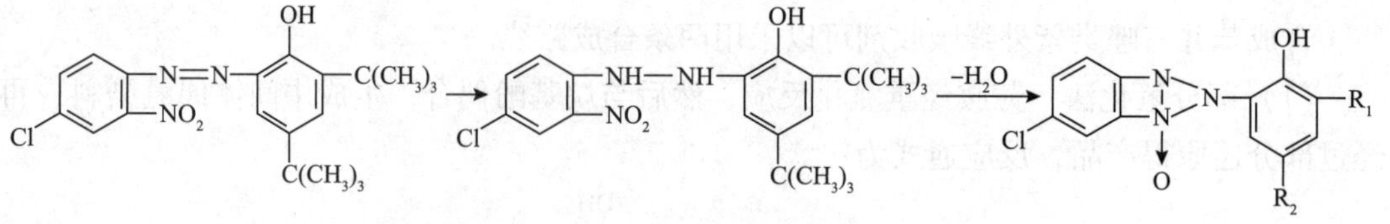

(6－25)

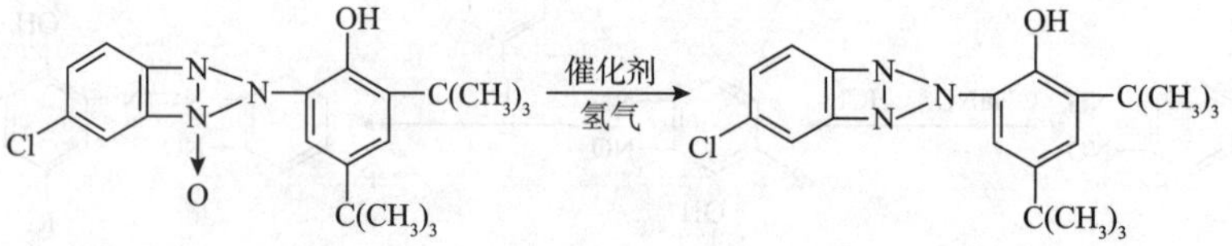

(6－26)

一步法：

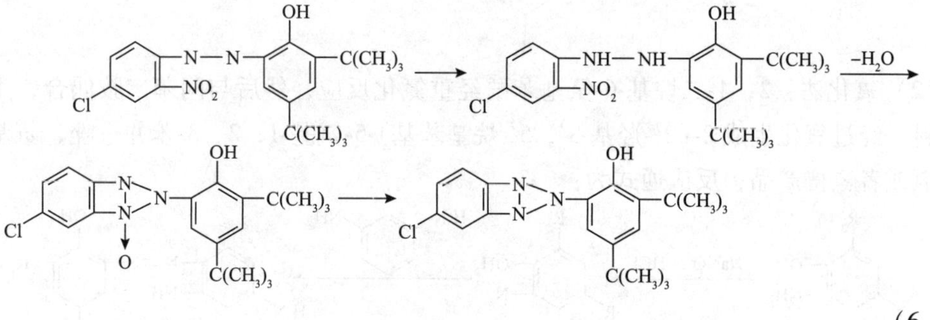

(6－27)

一步法是指采用一种还原剂把中间体原料（Ⅰ）通过适宜的催化作用、环境和条件一步转换为（原有的两步反应几乎同时进行：生成（Ⅱ）和（Ⅱ）还原为产品（Ⅲ）为产品（Ⅲ）。研究试验表明，在 Raney Ni 催化剂作用下，一步法优势明显：收率（93.21%）明显高于两步法（84.01%）其产品纯度相当（一步法：95.60；两步法：95.48）。随着人们对环保要求越来越高，相对于传统的化学试剂还原法如亚硫酸钠、硼氢化钠、水合肼、硼氢化钾等，催化加氢优势越来越明显：无污染或污染少、分离简单或不需分离、原料成本低等优势。

2. 合成工艺

在 1L 高压釜中分别加入 0.1mol 的 2-硝基-4-氯-2′-羟基-3′，5′-二叔丁基偶氮苯（Ⅰ）、100mL 甲苯、60mL 仲丁醇、120mL 水、4g 的 RaneyNi、0.1mL 硫化物、20mL 有机碱，加完料后，把高压釜与盖的密封面擦拭干净，盖上釜盖，拧紧螺母，开启通风。通入氮气，试漏，反复调整，直至不再漏气，然后再充氮气，再排空，进行 3 次，排净釜内的空气，然后开始通氢气、排空，也进行 3 次，排净釜内的氮气，最后充氢气到初始压力 2.0MPa。在初始压力下，于 45℃下反应 4h，然后升温至 55℃，反应 18h。反应结束后，过滤回收 Raney Ni。滤液静置分层除去下层水相，蒸馏有机相除去大部分有机溶剂。在剩余溶液中

加入异丙醇重结晶，稍冷加入活性炭脱色，热过滤除去活性炭，在室温下冷却结晶，过滤出结晶物，干燥得到黄色产物。产品产率大于93.21%、纯度大于95.40%，最高达97.60%（产率为93.41%）。通过熔点测定，质谱和元素分析确定化合物是目标产物（Ⅲ），数据如下：熔点为152～154℃（文献值152～154℃）。质谱分析见图6-1，$m/z=356.42$ 为该化合物的分子离子峰，$m/z=358.30$ 峰为氯的同位素峰，峰高为 $m/z=356.42$ 峰的1/3。元素分析，$C_{20}H_{24}ClN_3O$ 实测值（理论值）$\omega_C=67.59\%$（67.11%），$\omega_H=6.70\%$（6.76%），$\omega_N=11.68\%$（11.73%），$\omega_{Cl}=9.90\%$（9.92%）。

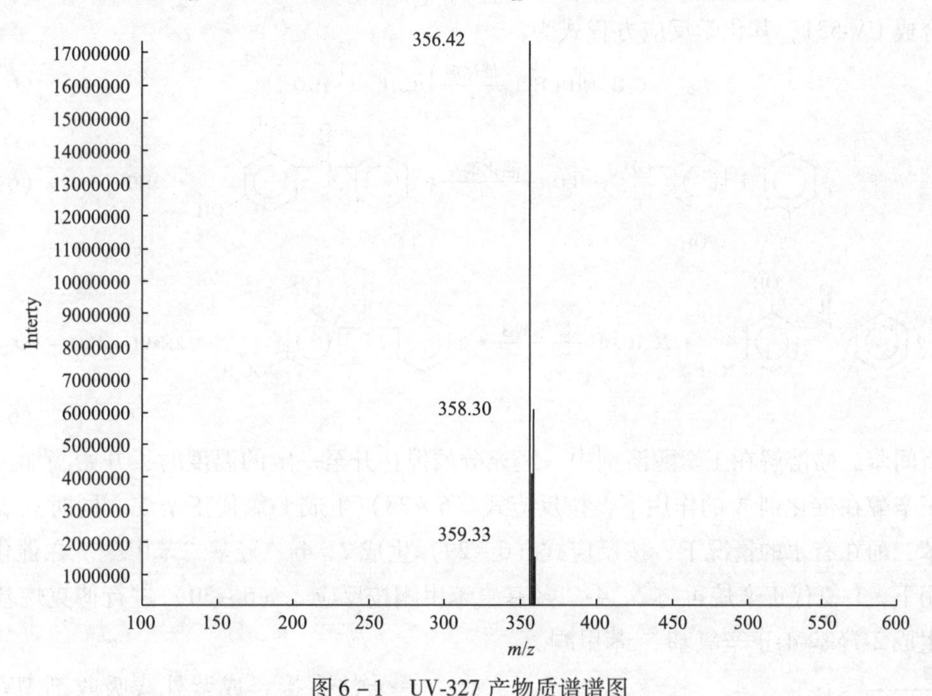

图6-1 UV-327产物质谱谱图

三、一步法合成紫外线吸收剂UV-531

（一）紫外线吸收剂UV-531简介

1. 紫外线吸收剂UV-531及其特点与应用

紫外线吸收剂UV-531属二苯甲酮类的光稳定剂，化学名称是2-羟基-4-正辛氧基二苯甲酮，分子式 $C_{21}H_{27}O_3$，浅黄色针状结晶粉末，$m_p=47\sim49$℃；与大多数聚合物相溶性好，挥发性低，贮运时较稳定。本品为紫外线吸收剂，能强烈地吸收阳光中300～375μm波长的紫外线，主要用作聚烯烃的光稳定剂，也用于乙烯基树脂、聚苯乙烯、纤维素、聚酯、聚酰胺等塑料、纤维及涂料。在聚烯烃塑料中用量为0.25%～1.0%。据报导UV-531的性能均优于二苯甲酮类的其他产品。

2. 紫外线吸收剂UV-531生产方法及其原理

（1）传统方法——三步法：在国外已大量生产应用，而国内生产较少，主要原因是工艺落后，仍沿袭三步法生产 UV-531。

第一步：制备 1-氯代正辛烷（或溴代正辛烷）。

第二步：制备 2，4-二羟基二苯甲酮。

第三步：在催化剂的作用下，由 2，4-二羟基二苯甲酮与 1-氯代正辛烷（或溴代正辛烷）合成 2-羟基-4-正辛氧基二苯甲酮。

这种合成方法不仅工艺流程长，产品质量不稳定，而且收率较低、成本偏高。

（2）新方法——一步法：采用间苯二酚、三氯甲苯、正辛醇以及自制催化剂 A、B 一步法合成 UV-531，其化学反应方程式为：

$$C_8H_{17}OH + HCl \xrightarrow{\text{催化剂 A}} C_8H_{17}Cl + H_2O \qquad (6-28)$$

$$C_6H_5CCl_3 + C_6H_4(OH)_2 + H_2O \xrightarrow{\text{催化剂A}} C_6H_5COC_6H_3(OH)_2 + 3HCl \qquad (6-29)$$

$$2\,C_6H_5COC_6H_3(OH)_2 + 2C_8H_{17}Cl \xrightarrow{\text{催化剂B}} 2\,C_6H_5COC_6H_3(OH)(OC_8H_{17}) + 2NaCl + H_2O + CO_2 \qquad (6-30)$$

将间苯二酚溶解在正辛醇溶剂中，经充分的搅拌升至一定的温度时，开始滴加三氯甲苯，正辛醇在催化剂 A 的作用下，按反应式（6－28）生成 1-氯代正辛烷，同时三氯甲苯与间苯二酚在有水的情况下，按反应式（6－29）生成 2，4-二羟基二苯甲酮。在催化剂 B 的作用下，1-氯代正辛烷再与 2，4-二羟基二苯甲酮按反应式（6－30）进行傅克烷基化反应，生成 2-羟基-4-正辛氧基-二苯甲酮。

一步法直接合成紫外线吸收剂 UV-531，是一项新工艺，此工艺的最特出特点是充分利用了反应中所产生的氯化氢，并以此替代了价格昂贵的、危化品——氯化氢或溴化氢，减少了消耗，降低了成本。另外还取了使用溶剂丙酮或环已酮，用正辛醇直接作溶剂同时参与反应，使整个工艺流程缩短了 2/3，并提高了产品的质量与收率，具有较高的经济和社会价值。

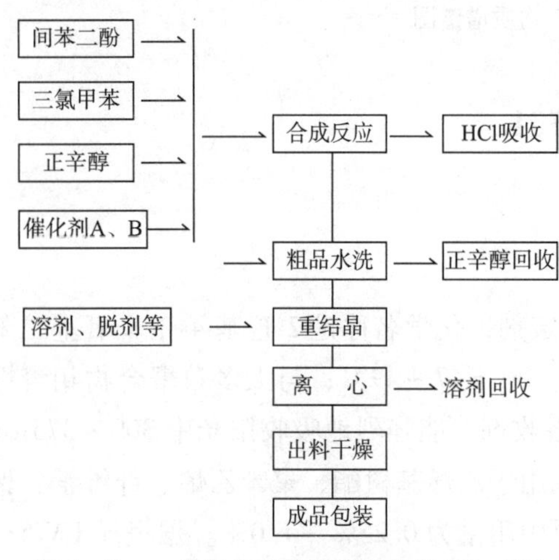

图 6－2　一步法合成紫外线吸收剂 UV－531 生产工艺流程示意图

（二）紫外线吸收剂 UV-531 生产工艺

1. 工艺流程

一步法合成紫外线吸收剂 UV-531 生产工艺流程示意图为图 6－2。

2. 操作步骤

在500mL的四口烧瓶中投入正辛醇110g、间苯二酚50g（含量90%），催化剂A2.25g，升温至120～125℃，开始缓慢地滴加三氯甲苯103.5g，严格地控制回流量。滴加完毕保温1h。保温结束后抽真空，抽尽剩余的HCl。向四口烧瓶里慢慢加入Na_2CO_3，中和至pH值达7～8。补加正辛醇51.5g，再加2.25g催化剂B，23g的Na_2CO_3，升温至145～150℃，反应15h后停止反应（反应过程中不断地产生水，应加分水器及时排出水分，使反应正常进行）。此时四口烧瓶里便得包括母液在内的粗品UV-531。倒出物料用温水洗去无机盐等杂质。冷却至0℃，抽滤去母液，得粗产品。其中母液200g左右，湿粗产品120g。（母液留之回收套用）。粗产品脱色后，用溶剂进行重结晶。经过滤、干燥得精品82g，按100%间苯二酚计，收率为63%。

3. 产品质量对比

UV-531产品质量对比见表6－6。

表6－6　UV-531产品质量对比

项目		产品质量技术指标			自制产品UV-531	
		纤维级	通用特级	通用级	01批	02批
外观		微黄色粉末	浅黄色粉末	淡黄色粉末	浅黄色粉末	淡黄色粉末
熔点/℃		47.0～49.0	46.5～49.0	46.0～49.0	47.0～49.0	47.0～49.0
甲苯指数D/%		≤0.10	≤0.20	≤0.80		≤0.15
透光率/%	450μm	>90.0	>88.0		>92	>90
	550μm	>95.0	>93.0	>88.0	>96	>95
色度号		≤4	≤6		≤3	≤5
冰点/℃		47.0			47.0	47.0
灰分/%		0.01	0.15		0.005	0.01
挥发分/%		0.10	0.20		0.10	0.10

第四节　热熔融法制备光稳定剂骨架镍催化剂

一、制备原理

（一）热熔融法定义及应用

热熔融法是制备某些催化剂较特殊的方法。适用于少数必须经熔炼过程的催化剂，为的是要借高温条件将多组分混合物熔炼成为均匀分布的混合物，甚至氧化物固溶体或合金固溶体。配合必要的后续加工，可制得性能优异的催化剂。特别是所谓固溶体，是指几种固体成分相互扩散所得到的极其均匀的混合体，也称固体溶液。固溶体中的各个组分，其分散度远远超过一般混合物。由于在远高于使用温度的条件下熔炼制备，这类催化剂常有高的强度、活性、热稳定性和很长的寿命，所以被广泛用于许多工业，特别食品工业等的催化加氢、水合、精制等反应，年使用量较大。

本法的特征操作工序为熔炼，这是一个类似于平炉炼钢的较复杂和高能耗工艺。熔炼常在电阻炉、电弧炉、感应炉或其他熔炉中进行。显然，除催化剂原料的性质和助剂配方外，熔炼温度、熔炼次数、环境气氛、熔浆冷却速度等因素，对催化剂的性能都会有一定影响，操作时应予以充分注意。可以想象，提高熔炼温度，一方面可以降低熔浆的黏度，另一方面可以增加各个组分质点的能量，从而加快组分之间的扩散，弥补缺乏搅拌的不足。增加熔炼次数，采用高频感应电炉，都能促进组分的均匀分布。有些催化剂熔炼时应尽量避免接触空气，或采用低氧分压的熔炼和冷却。有时在熔炼后采用快速冷却工艺，让熔浆在短时间内淬冷，以产生一定内应力，可以得到晶粒细小、晶格缺陷较多的晶体，也可以防止不同熔点组分的分步结晶，以制得分布尽可能均匀的混合体。有理论认为，晶格缺陷与催化剂活性中心有关，缺陷多，往往活性高。

用于氨合成（或氨分解）的熔铁催化剂、烃类加氢及费－托合成烃催化剂或雷尼型骨架镍催化剂等的制备是本法的典型例子，以其为例说明热熔融法的原理和采用的技术。

（二）骨架镍催化剂发展及特点与应用

1. 骨架镍催化剂发展

1925 年雷尼提出的骨架镍催化剂制备方法，通过熔炼 Ni-Si 合金，并以 NaOH 溶液沥滤出（溶出）Si 组分，首次制得了分散状态独具一格的骨架镍加氢催化剂。

1927 年，改用 Ni-Al 合金又使骨架镍催化剂的活性更加提高。这种金属镍骨架催化剂，具有多孔骨架结构，类似海绵，呈现出很高的加氢脱氢活性。

后来，这类催化剂都以发明者命名，称雷尼镍。相似的催化剂还有铁、铜、钴、银、铬、锰等的单组分或双组分骨架催化剂。

2. 特点与应用

雷尼镍催化剂活性好，具有发达的蜂窝结构，比表面积大 $100m^2/g$，而且机械强度高，可重复使用多次，主要应用、于有机、合成工业、加氢、脱氢反应中。在山梨醇、甲乙酮、脂肪胺、双氧水、香料、己内酰胺、己二胺等产品生产中以及制药中间体、众多精细化工产品生产中有着广泛的应用。

目前工业上雷尼镍应用最广，主要用于食品（油脂硬化）和医药等精细化学品中间体的加氢、水合、精制等反应，是精细合成中加氢、精制等催化剂的首选对象。由于其形成多孔海绵状纯金属镍，故活性高、稳定、且不污染其加工制品，特别重要的是不污染食品。

（三）骨架镍催化剂的制备

1. 传统骨架镍催化剂的制备

加氢等用骨架镍催化剂的工业制备流程如图 6－3 所示。其流程包括了 Ni-Al 合金的炼制和 Ni-Al 合金的沥滤两个部分，少数用于固定床连续反应的催化剂还要经过成型工序。

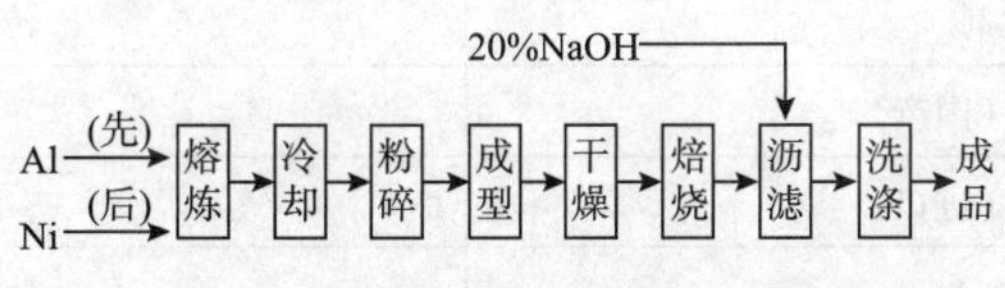

图 6－3　骨架镍催化剂生产流程

按照给定的 Ni-Al 合金配比（一般 Ni 含量为 42%～50%，Al 含量为 50%～58%），首先将金属 Al（熔点 658℃）加进电熔炉，升温加热到 1000℃ 左右，然后投入小片金属 Ni（熔点 1452℃）混熔，充分搅拌。由于反应放出较多的热量（Ni 的熔解热），炉温容易上升到 1500℃。熔炼后将熔浆倾入浅盘冷却固化，并粉碎为 200 网目的粉末。如要成型，可用 SiO_2 或 Al_2O_3 水凝胶为黏结剂，混合合金粉，成型，干燥，并在 700～1000℃ 下焙烧，得粉粒状合金。使用前需对粉状合金进行活化：称取合金重量 1.3～1.5 倍的苛性钠，配制 20% 的 NaOH 溶液，温度维持在 50～60℃ 充分搅拌 30～100min，使 Al 溶出完全，最后洗至酚酞无色（pH≈7），包装备用。

活化过程的化学反应式为：

$$2Al + 2NaOH + 2H_2O \longrightarrow 2NaAlO_2 + 3H_2\uparrow \tag{6-31}$$

注意：活化过程中会产生易爆炸的气体——氢气，活化前需做好相关的安全防护工作，以免发生人生、设备等损伤，酿成大祸。

长期贮存，适于浸入无水乙醇等惰性溶剂中加以保护。

为了适于固定床操作，还可制备夹层型与薄板型的雷尼镍催化剂。

2. 非晶态骨架镍催化剂制备

由上可知，骨架镍催化剂的传统制备方法是采用冶炼—冷却铸锭—破碎—球磨—筛分工艺（其流程如图 6－3 所示），使合金在很慢的冷却速度下凝固成锭，存在如下很多缺陷：①合金催化剂成分偏析严重，合金中起不同作用的助剂分布不均匀，从而造成催化剂性能的差异和不稳定；②合金催化剂的组分受到热力学平衡的限制，无法在更广泛的成分范围内去选择最佳效能的合金组成；③合金晶粒粗大，表面能低，影响催化剂活性的提高；④合金催化剂的相组成仅限于 Ni50Al50（平衡态或接近平衡态）的脆性合金的狭窄范围内转来转去（韧性合金很难破碎和球磨），局限性很大，难以选择最佳催化效能的合金相匹配；⑤破碎和球磨工序耗时费工，限制了易燃、易氧化以及“火星元素”助剂的使用，难以控制合金催化剂的粒度范围，经过风选或过筛后，很细的粉末无法回收，造成浪费和污染。

鉴于此，后来人们进行了许多改进，得到了性能更优的非晶态合金催化剂，使催化剂的催化新得到大幅度提升。

表 6－7 为不同催化剂对环己酮催化加氢的转化率的影响（SRNA-4 为北京石油科学院开发的非晶态合金催化剂，下同）。

表6-7　不同催化剂对环己酮催化加氢的转化率的影响

催化剂	转化率/%
Raney Ni（国产）	60.2
Raney Ni（进口）	72.2
SRNA-4	98

1997年，鹰山石油化工厂用国产的Raney Ni催化剂代替进口Raney Ni催化剂，虽能满足当时的生产需要，但产品PM值（PM值用于表征产物中不饱和杂质的含量，PM值高，杂质含量低，PM值低，杂质含量高）无法与国外先进水平相比。后来采用北京石油科学院开发的非晶态合金催化剂SRNA-4，效果明显提高，具体见表6-8、表6-9。

表6-8　SRNA-4催化剂用于己内酰胺加氢精制过程的小试评价结果

催化剂	试验编号	PM值/s	PM平均值/s
SRNA-4	1	1210	1065
	2	920	
Raney Ni（进口）	3	531	618
	4	704	
Raney Ni（国产）	5	319	314
	6	309	

注：原料PM值为120s。

表6-9　SRNA-4催化剂用于己内酰胺加氢精制过程的工业试验结果

项　目	SRNA-4（第一次）	SRNA-4（第二次）	Raney Ni（国产）
原料PM值/s	397	203	144
加氢后PM值/s	9974	8894	1478
产品PM值/s	30000	30000	20000
催化剂单耗/（kg/t）	0.18	0.21	0.22

（1）熔融-淬冷工艺：在传统骨架镍催化剂制备方法的基础上，采用淬冷进一步加快铝镍合金的冷却速度，得到了非晶态合金催化剂。

工艺一为：将合金加热到熔融态，用液态急冷单辊法（冷却速度≥10^5K/s）制备出易碎的合金条带，在酒精保护下球磨研细、筛选合金催化剂，在碱性溶液中进行活化处理，即可得到所需的骨架镍催化剂。

工艺二为：将一定质量比的镍和铝混合后加入石英管中，在氩气保护下，在高频炉中将样品加热至1300℃，使样品形成合金；用氩气把熔融的合金从石英管中压到高速旋转的水冷铜辊上甩出，使合金以10^6K/s以上的速度进行冷却，得到一定尺寸的合金条带；将合金粉碎后活化，即可得到骨架镍催化剂。在Ni和Al的前驱体中，Ni的质量分数为10%～60%；制成催化剂后，Ni的质量分数为70%～95%，镍以单质形式存在，铝以单质和氧化态形式存在。

工艺三为：用中频炉使石墨坩埚中的铝熔化并升温至1000℃左右，加入Ni及Fe使之熔解，并升温至1400～1500℃，保温搅拌，使之成为均匀熔体，浇铸成片状，破碎后活化。

（2）熔融－多级雾化工艺：熔融－多级雾化工艺制备骨架镍催化剂的工艺流程见图6－4。

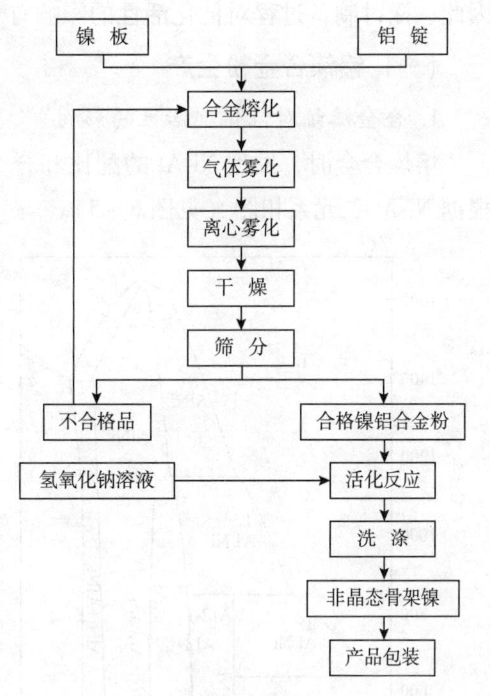

图6－4 熔融－多级雾化工艺制备骨架镍催化剂工艺流程

工艺一为：利用该法制得的骨架镍与传统的晶态骨架镍在2θ分别等于45°、52°和76°时出现尖锐的XRD峰的不同，非晶态骨架镍仅在2θ等于45°时有一漫射峰。其工艺为：按m_{Ni}：m_{Al}＝1：1准确称取镍、铝加入中频感应炉中，在1400～1600℃下熔化；将熔化的合金倒入已升温至1200～1400℃的保温漏包中，经保温漏包漏嘴漏下的熔融合金，先后经过压力为0.6MPa的漏嘴（材质为氧化锆陶瓷，喷射角度为36°～42°）高压气体雾化和转速为4000r/min的旋盘离心机二次雾化，制得含水的合金粉，雾化时的冷却凝固速率为10^5～10^6K/s；再经干燥、筛分，筛下物用碱溶液浸取，再洗涤去残碱，得到非晶态骨架镍。而筛上物再返回中频炉熔化。采用此工艺，得到的骨架镍中的有效成分Ni_2Al_3的含量为70%～76%，远高于传统工艺的50%～65%。

（3）熔融－超声雾化：采用熔融－超声雾化工艺制备准球型合金。合金中Ni的质量分数为30%～55%，其余为Al，其特征是采用超声气体雾化手段制备Ni-Al合金催化剂，工艺参数如下：以喷射温度为1400～1500℃、压力为2.0～8.0MPa的空气作为气源，此外合金中还可加入Cr、Fe、Ti、Co、Nb、Cu、Si、Pd、Pt及稀土元素作助剂，加入量为0.01%～1.5%。超声雾化手段制备的合金粉的形状为准球型，是比较理想的催化剂形状，较之快速淬冷条带再粉碎的相同成分催化剂的性能有所提高。

二、工艺参数及其选择

在热熔融法制备催化剂过程中，对催化剂性能的影响因素较多：主要有催化剂原料的性质和助剂配方、熔炼温度、熔炼次数、环境气氛、熔浆冷却速度、粉碎颗粒大小以及催化剂活化存储等因素，这些因素都会对催化剂的性能有一定影响，操作时应予以充分注意。

骨架镍催化剂的制备主要包括Ni-Al合金制备、合金的活化和催化剂贮存等3个阶段，

制备催化剂的过程中，只要制备条件有微小的变化，都将会导致催化剂活性较大的改变。因此，探讨制备过程对催化活性的影响有着很大的现实意义。

（一）铝镍合金粉生产

1. 合金熔炼对催化剂活性的影响

熔炼合金时，发现 Ni-Al 的配比和合金熔体的冷却速度对催化剂活性有明显的影响，根据 Ni-Al 二元系相图（见图6－5）。

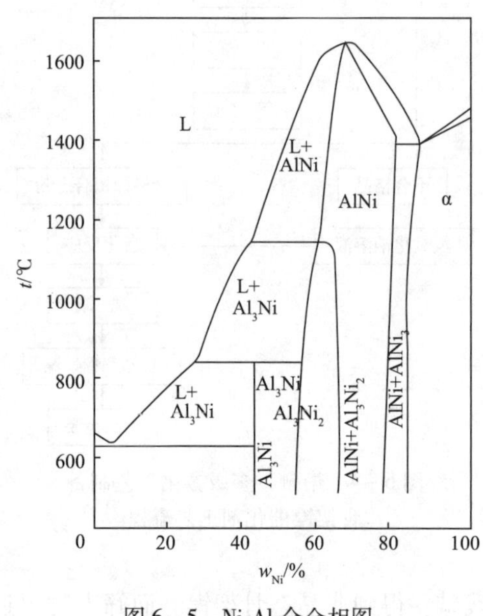

图6－5 Ni-Al 合金相图

配比和冷却速度不同，熔炼所得的 Ni-Al 合金相组成也不同。一般认为，用富含 NiAl（化合物）和低共熔物的合金制备的催化剂，其活性低。此外，合金中的某些添加剂有时对提高催化剂的活性会起到重要作用，这方面的研究领域非常广阔，有待进一步探索。

2. 冷却速度对催化剂活性的影响

对于相同合金组成，在其他条件相似的条件下，冷却速度对制得的催化剂活性影响加大。一般而言，冷却速度越快，所得催化剂的活性越高，所以，近几十年来，研究报导的资料表明，与前面工业生产方法（空气冷却和水冷）相比，高速冷却的非晶态合金的催化剂的性能更优。

骨架镍催化剂由雷尼（Raney）发明，它是将合金粉碎成粉，然后用碱溶去铝，即得到对加氢，脱氢反应活性很高的多孔性骨架结构的镍催化剂。非晶态骨架镍是一种新型的高活性催化材料，在催化加氢、脱除氧、硫、催化裂化等领域有特殊的用途。与传统的骨架镍材料相比，在催化性能上有诸多优点：①活性基团多；②反应时间短；③催化效率高；④重复利用次数多等。用作催化剂的镍基非晶态合金主要有以下几种，即骤冷法、溅射气相沉积、化学还法、固相反应法、粉末固结、直接凝固法。

非晶态金属的出现首先应归功于制备非晶态金属的工艺技术的突破，其制备原理可归结为：使液态金属以大于临界冷却速度急速冷却，使结晶过程受阻而形成非晶态；将这种热力学上的亚稳态保存下来冷却到玻璃态转变温度以下而不向晶态转变。一些主要制备方法简要介绍如下。

（1）骤冷法：熔融合金通过急冷快速凝固而形成粉末、丝、条带等。目前骤冷法是最主要的制备方法，并已经开始进入工业生产阶段。其基本原理是先将金属或合金加热熔融成液态，然后通过各种不同的途径使它们以 10^5～10^8K/s 的高速冷却，致使液态金属的无序结构得以保存下来而形成非晶态，样品依制备过程不同呈几微米至几十微米厚的薄片、薄带或细丝。在用骤冷法制备非晶态合金条带的工艺中，熔融母合金的冷却速率决定了所

得合金样品的非晶化程度。随着冷却速率的增加，合金逐渐由晶态向非晶态过渡，当达到一定冷却速率时，得到完全的非晶态合金，他们通过调节铜辊转速，制得不同晶化的 $Ni_{80}P_{20}$合金。采用此法制备的非晶态合金通常具有高强度、高硬度、高耐蚀性和其他优异的电磁性能。

（2）化学还原法：还原金属的盐溶液，得到非晶态合金。由该法制备的非晶态合金组成不受低共熔点的限制。化学还原法的基本原理是：用还原剂 KBH_4（或 $NaBH_4$）和 NaH_2PO_4分别还原金属的盐溶液，得到非晶态合金。

（3）溅射、气相沉积法：溅射是用离子把原子打出来，而气相沉积法是利用热能让原子逸出来，两者都是在基板上把逸出来的原子沉积固定在基板表面上。以 10^8 K/s 冷却速度冷却，可以得到薄膜，很容易获得非晶态。

由于沉积固化机构是一个原子接一个原子排列堆积起来的，所以，长大速度很慢，在实用上存在困难，然而，大规模集成电路中用的非晶态薄膜已得到应用。

气相沉积法只能制备薄膜样品，并且需要精密的高真空设备和监控装置。

各种沉积膜技术是制备非晶膜的重要途径，其实早在 Duwez 之前。就有报道可以用原子沉积技术得到非晶膜，但没有引起重视。现在各种沉积膜技术已得到广泛研究。可以制备出结构、性质和用途各异的薄膜，成为制备非晶膜的主要途径。

（4）固相反应法：近年来，大量的研究表明，机械合金化法（MA）是制备传统非晶态合金的有效方法。该方法具有设备简单、易工业化，合金成分范围相对较宽等优点，而且粉末易于成型。机械合金化可使固态粉末直接转化为非晶相，对于有些采用单辊急冷法（MS）无法达到非晶化的合金（如 $Al_{80}Fe_{20}$），在球磨 108h 后也实现了非晶化。这样就扩大了合金非晶化的成分范围。其缺点是合金化所需时间较长，因而生产效率较低。

此外固相反应法还包括离子注入法、扩散退火法和吸氢法等。

（5）大块非晶合金的制备：通常非晶合金以粉、丝、膜和带的形式存在，即至少在一个方向上尺寸小于 100μm，这就限制了非晶合金许多优异特性的实际应用。因此，三维块体非晶合金的制备具有重要的实用价值。目前块体非晶合金的制备方法可分为粉末固结成形法和直接凝固法。

粉末固结成形法：该工艺是利用块体非晶合金特有的在过冷温度区间的超塑成形能力，将非晶粉末固结成形。粉末固结成形法只需制备低维形状的非晶粉末，因此可以在一定程度上突破块体非晶合金尺寸上的限制，是一种极有前途的块体非晶合金的制备方法。但是，由于非晶合金硬度高，粉末压制的致密度受到限制。压制后的烧结温度又不可能超过其晶化温度（一般低于 600℃），因而烧结后的整体强度无法与非晶颗粒本身的强度相比。

直接凝固法：Inoue 等归纳出直接凝固法形成大块非晶态合金的 3 条经验原则：①多于 3 种组元的多组元体系；②基体组元有大于 12% 的原子尺寸差，且符合大、中、小的关系；③大的负混合热。

符合上述 3 条规则的合金具有大的玻璃形成能力和宽的过冷液相区 Δ，并且具有下述新型的非晶态结构，其特点为：①新型的原子构造具有高的随机堆垛密度；②产生新的局域原子结构；③存在强烈相互作用的长程均匀性。

Inoue 准则被普遍接受，并依据它发现了许多能形成大块非晶的合金系，如 Mg 基、Al 基、Fe 基、Zr 基、La 基、Ti 基、Cu 基等。

直接凝固法包括水淬法、铜模铸造法、吸入铸造法、高压铸造、磁悬浮熔炼和单向熔化法等。

3. 合金粒度

在探讨合金活化的各项条件时，应当首先考虑合金的粒度。在一定粒度范围内，合金的粒度越细，合金活化所需的时间越短，制得的催化剂分散度越高，催化剂的比表面积和表面能越大，由此增大了其反应面积和反应速率，并促进了催化剂的吸附作用，即所制得的催化剂活性较高。试验表明，合金粒度大于 0. 124mm 时，合金活化的时间和温度都应有所延长或增高。此外，选择合金粒度的大小，还应考虑对催化剂其他性能的要求如寿命和强度等。

（二）铝镍合金粉的活化的条件对催化活性的影响

在制备骨架镍催化剂的三个阶段中，对催化剂活性影响最大的是合金的活化阶段。合金的活化就是将 Ni-Al 合金与碱液作用以溶去大部分的铝而形成骨架镍的过程。这一阶段是决定催化剂是否具有活性以及其活性有无实用意义的重要环节。

1. 合金活化的温度

合金的活化通常可分为以下两个阶段。

第一阶段：将合金加入碱液。此时应防止反应温度过高，多数资料报道应严格控制在 50℃以下，但试验证明，第一阶段的温度控制可适当放宽（这对工业生产有现实意义）。

第二阶段：完成加料至反应基本结束前的阶段。其碱液温度应适当高些，因为第一阶段碱液反应发生在合金表层，其中的铝完全反应后形成空洞，并伴随产生大量氢。随着反应的进行，碱液浓度逐渐降低，外层的镍吸附部分氢后，将使反应减缓；同时，反应热减少，大量的氢气逸出又带走热量，使温度下降。这将造成合金内部的铝反应不完全而产生 $Al(OH)_3$沉淀。若适当提高反应温度，就可增加反应物分子间的运动，增大氢气的逸出，从而加快铝溶出反应的速度，缩短反应时间，减少晶粒氧化，最终可使催化剂的活性得到有效的提高。

反应温度对催化活性及反应产物形态组成的影响列于表 6 – 10。

表 6 – 10　反应温度对催化活性及反应产物形态组成的影响

试　号	合金粒度/mm	温度/℃	活性/% *	产物的形态
1	0. 84 ~0. 177	60 ±2	70. 4	大量白色沉淀
2	0. 71 ~0. 21	60 ±2	39. 6	大量白色沉淀
3	0. 71 ~0. 21	70 ~75	63. 7	白色沉淀

续表

试 号	合金粒度/mm	温度/℃	活性,% *	产物的形态
4	0.71～0.21	75～80	114.8	少量白色沉淀
5	0.71～0.21	80	93.6	无白色沉淀
6	0.58～0.177	100	128.1	无白色沉淀
7	0.58～0.177	150	20.2	无白色沉淀

注：＊为反应产物活性的评价，按常规方法测定。

表6－10表明：当反应温度低于80℃时，产物的活性差，有杂质$Al(OH)_3$沉淀生成；当反应温度高于80℃时，溶出反应进行得比较完全，且反应速率明显加快，此时基本无$Al(OH)_3$生成，产物的活性较好。但反应温度又不能过高，试验表明，当反应温度高于100℃时，产物的活性急剧下降。这是由于产物部分晶粒烧结，比表面积急剧减小，使产物的活性大幅度降低（表6－10中的试号7）。此外，反应温度还对催化剂中残留的氢量有影响，温度过高可能使作为辅助催化剂的氢部分逸出，导致产物的活性降低。由此可见，合金活化的温度是影响催化剂活性及组成的重要因素之一。

2. 反应时间

合金活化的反应时间是影响骨架镍催化剂活性的另一重要因素。一般反应越迅速，达到终点的时间越短，对催化活性的提高越有利。试验结果表明，反应时间对催化活性的影响，随合金粒度的不同而异。图6－6为不同粒度的合金，在不同反应时间内的催化活性曲线。

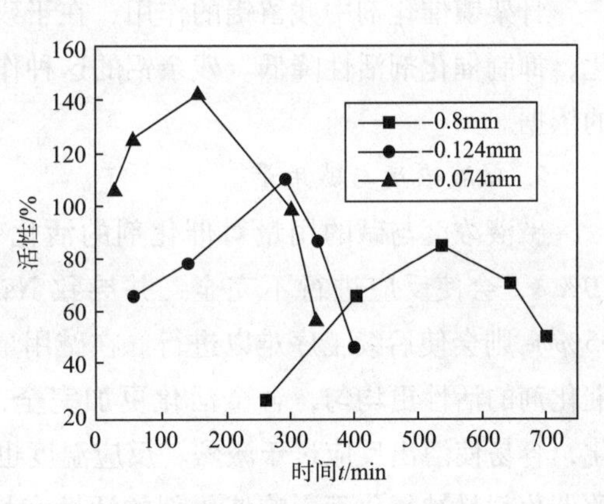

图6－6 不同粒度合金在的反应时间对催化活性的影响

图6－6表明：粒度小的合金，在较短时间内活化便可达到较高的活性；而粒度大的合金因溶出反应较慢，在一定时间内，其催化剂活性随时间的延长而提高。但达到峰值后，其活性随时间的延长而降低。这可能是由于反应进行到一定程度（峰值范围）时，催化剂晶粒中的活性点数量达到最多，此时催化剂中溶解及吸附的氢也最多，而骨架镍催化剂的活性随氢吸附量的增大而递增。但在此之后，继续延长反时间，催化剂中溶解和吸附的氢量减少，导致催化剂晶粒逐渐受到氧化，而且残留的铝量也将随反应的继续而降低。这些都将促使催化活性降低，甚至消失。因此，要控制合适的合金活化时间。

3. 反应压力

当温度达到一定值后，压力对活化过程的影响也较明显。反应时保持一定的压力，可以缩短反应时间，并使反应处于一定的还原气氛中，对催化剂的活性起到较好的保护作用。但是压力又不宜过大（不超过2MPa），否则合金溶出反应过于迅速，将使过程难以控

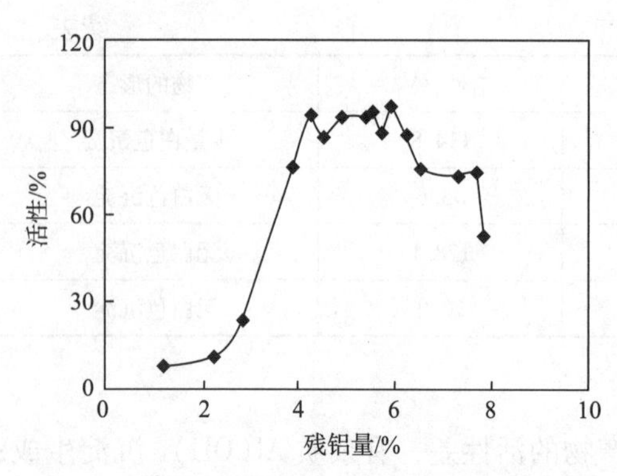

图6-7 残留铝对催化剂活性的影响

制；并且反应进行得过于彻底，对催化剂的活性还会产生有害影响，甚至可能失去活性。为此，在合金活化的过程中保持一定的压力是必要的，若对催化剂的活性无特殊要求，合金活化也可在常压下进行。

4. 催化剂中的残留铝量

催化剂中的残留铝量对骨架镍催化剂的活性有举足轻重的影响。它在一定条件下和一定范围内，往往决定着催化剂活性的高低，这可从图6-7所示的试验结果看出。

图6-7表明：当残留铝的质量分数小于3%时，催化剂的活性很低；当残留铝的质量分数达到3.5%时，催化剂开始呈现出一定的活性；而残留铝的质量分数达到4%～6%时，催化剂的活性达到较高值。这一研究结果证实了多年前石川等得出的有关镍铝合金中的Al被NaOH完全溶出，则所得催化剂在低温加氢时的活性便显著下降的结论。

骨架镍催化剂中残留铝的作用，在于残留铝与碱液反应生成了氢气，氢可防止镍的氧化，抑制催化剂活性降低。残余铝的这种作用，也为催化剂活性的检测，提供了可供参考的依据。

5. 碱液浓度与碱用量

碱液浓度与碱的用量对催化剂的活化效果有不可忽视的影响。碱液浓度太低（$\omega<10\%$），会使反应进行不完全，并导致$NaAlO_2$水解，产生$Al(OH)_3$沉淀；太高（$\omega>35\%$）则会使后续工序难以进行。在碱用量一定的条件下采用多次溶出的工艺能使所制备催化剂的活性更均匀，合金活化更加完全，也可缩短反应时间而采用一次溶出的方法活化，容易使溶出反应过于激烈，反应温度也不易控制；同时，合金反应的时间过长，会导致催化剂易被氧化而影响催化剂的活性和均匀性。因此，碱液浓度与碱用量需合理调配，才能获得较佳效果。应当指出的是，用于合金活化的碱量还应与活化温度相互协调和配合，若调配不当，仍将影响催化剂的活性与其他性能。

（三）骨架镍的存储对催化剂活性的影响

经过活化的骨架金属具有高的比表面积和很高的活性，若暴露在空气中，极易与氧发生反应，甚至燃烧。所以Raney镍催化剂通常保存在乙醇或其他惰性溶剂中，以保持其活性。但无论采取何种贮存方式，随着贮存时间的延长，催化剂的活性都将逐渐降低。因此，采取有效的技术措施减缓催化剂的氧化速度，尽量保持其活性，是Raney镍催化剂贮存的关键所在。

总之，具体考虑方法如下。

（1）合金活化时根据不同粒度分阶段控制反应温度和反应时间，须防止过高的反应温度和过长的反应时间；反应中保持一定的压力以及采用多段碱液溶出的工艺并持催化剂中

质量分数4%～6%的残留铝，对制备高活性的骨架镍催化剂有利。

（2）合金活化过程中影响催化活性因素往往彼此关联和相互影响，必须加以综合考虑。

三、催化剂成型工艺——喷雾成型

喷雾成型是应用喷雾干燥的原理。利用类似奶粉生产的干燥设备，将悬浮液或膏糊状物料制成微球形催化剂。通常采用雾化器将溶液分散为雾状液滴，在热风中干燥而获得粉状成品。目前，很多流化床用催化剂大多利用这种方法制备。喷雾法的主要优点是：①物料进行干燥的时间短，一般只需要几秒到几十秒。由于雾成几十微米大小的雾滴，单位质量的表面积很大，因此水分蒸发极快；②改变操作条件，选用适当的雾化器，容易调节或控制产品的质量指标，如颗粒直径、粒度分布等；③根据要求可以将产品制成粉末状产品，干燥后不需要进行粉碎，从而缩短了工艺流程，容易实现自动化和改善操作条件。喷雾装置如图6－8所示。

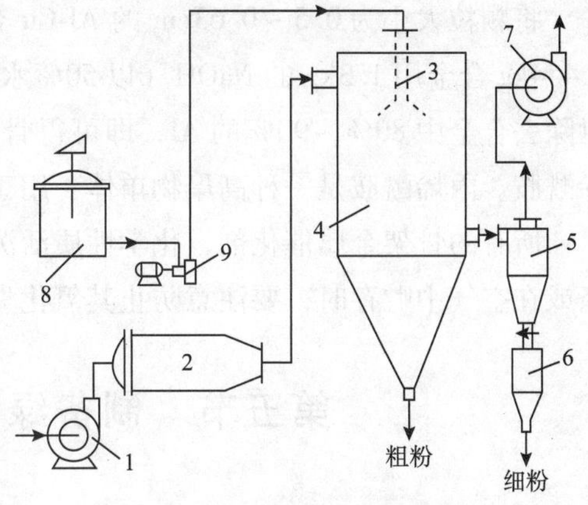

图6－8 喷雾成型工艺过程

1—送风机；2—热风炉；3—雾化器；4—喷雾成型塔；5—旋风分离器；6—集料斗；7—抽风机；8—浆液罐；9—送料泵

四、催化剂制备实例

（一）合成氨熔铁催化剂的制备

合成氨是众所周知的重要化学反应。该反应的催化剂，以四氧化三铁为活性组分，成品催化剂组成可为Fe_2O_3（66%）、FeO（31%）、K_2O（1%）、Al_2O_3（1.8%）。

向粉碎过的电解铁中加入作为促进剂的氧化铝、石灰、氧化镁等氧化物的粉末，充分混合，然后装入细长的耐火舟皿中，在900～950℃温度下置于氢或氮的气流中烧结。再向这种烧结试样中，按需要量均匀注入浓度20%的硝酸钾溶液，吹氧燃烧熔融。这种制法在实验室比较容易进行。熔融时，上述原料必须逐步少量加入，操作反复进行。

（二）粉体骨架钴催化剂的制备

与骨架镍催化剂的制法相近，还可以制备骨架铜、骨架钴等以及多种金属的合金。这些催化剂可为块状、片状，亦可为粉末状。

粉体骨架钴催化剂制法要点如下：将Co-Al合金（47∶53）制成粉末，逐次少量地加入用冰冷却的、过量的30% NaOH水溶液中，可见到Al溶于NaOH生成偏铝酸钠时逸出的氢气。全部加完后，在60℃以下温热12h，直到氢气的发生停止。除去上部澄清液，重新生加入30% NaOH溶液并加热。该操作重复2次，待观测不出再有氢气发生后，用倾泻法水洗，直到呈中性为止。再用乙醇洗涤后，密封保存于无水乙醇中。这种催化剂可在175～200℃时进行苯环的加氢，作脱氢催化剂时活性也相当高。

（三）骨架铜催化剂的制备

将颗粒大小为0.5～0.63cm的Al-Cu合金悬浮在50%的NaOH中，反应380min，每0.454kg合金用1.3kg的NaOH（以50%水溶液计）在约40℃处理，然后继续加入NaOH，以除去合金中80%～90%的Al，即可得骨架铜催化剂。该催化剂可用于丙烯腈水解制丙烯酰胺。丙烯酰胺是一种高聚物单体，用于制絮凝剂、黏合剂、增稠剂等。

所有的骨架金属催化剂，化学性质活泼，易与氧或水等反应而氧化，因此在制备、洗涤或在空气中贮存时，要注意防止其氧化失活。一旦失活，在使用前应重新还原。

第五节　制备绿色光稳定剂GW-944

一、绿色光稳定剂概述

（一）绿色光稳定剂简介

随着光稳定剂的用量越来越大，不断给我们带来美好生活，但面对越来越严重的环境问题，人们开始重视环境的保护，也更加注重对自身的防护，所以抗紫外线纤维等高分子材料及其织物等的加工技术受到了广泛的关注。纳米技术在制备紫外线屏蔽剂中的应用，新一代高性能紫外线吸收剂的研制，抗紫外线纤维制造技术和后整理加工技术的改进和发展，以及抗紫外线效果评价的标准测试方法的建立，使抗紫外线纤维等高分子材料及其织物的开发必将达到一个崭新的水平，尤其是在纤维等织物、雨伞等产品中的应用。

抗紫外线织物的品种日益广泛。夏季具有抗紫外线功能的轻薄的女装面料市场前景看好，其他诸如具备抗紫外线功能的遮阳帽、长筒袜等也会是较好的卖点；男士防护功能的纺织品同样有着潜在的市场需求，经过抗紫外线加工的T恤、衬衣、长短裤等男用服装的市场前景不可估量；运动服和休闲服是户外经常穿着的服装，如果生产加工出抗紫外线的运动服以及休闲服（包括泳装、网球衫、高尔夫服、滑雪衫、T恤等）将会是市场的另一热点，在户外进行作业所需要的工装如野外作业服、渔业作业服、农业作业服等同样需要具有抗紫外线的功能。抗紫外线产品不仅仅局限于服装，其他诸如窗帘布、广告布、篷布等也都对抗紫外线有着较高的要求。所以，具有抗紫外线功能的纺织产品的市场前景十分广阔。因为这些产品或多或少会与人体接触，因此迫切需要开发生产无毒光稳定剂产品。

就目前而言，无毒光稳定剂的品种较少，如前所述，低毒、无毒化仅是光稳定剂发展的目标之一。当然目前也出现了少量的无毒光稳定剂，如聚合性光稳定剂是其重要的品种之一。利用3-烯丙基-2，4-二羟基二苯甲酮、4-烯丙氧-2-羟基二苯甲酮或者4-(3-烯丙氧-2-羟基）丙氧基-2-羟基二苯甲酮等二苯甲酮的α-衍生物与端基或侧链型含氢聚硅氧烷在铂催化剂作用下进行硅氢化加成，获得的系列二苯甲酮衍生物侧基硅氧烷聚合物（Ⅶ）、（Ⅷ）、（Ⅸ），不仅无毒，保留有二苯甲酮类紫外吸收剂的性能特点，而且与基质的相容性更好，用于织物整理，吸附量大，成膜性好，与纤维的结合牢度佳，又不影响天然织物的卫生透气性能和舒适手感，所以在化妆品、医药、丝织品、高档羊毛衫整理等方面表现出良好的应用前景；由瑞士汽巴精化有限公司开发生产的、聚合受阻胺类紫外线吸收剂GW-944、GW-944z等。

（二）GW-944光稳定剂简介

1. GW-944光稳定剂及物性

GW-944为淡黄色粉末或颗粒，属自由基捕获剂。其相对分子质量为2000～3000，软化温度100～135℃，有效氮含量4.6%，溶解度参数为8，热失重1%的温度为300℃，热失重10%的温度为357℃。

GW-944的化学名称为聚-｛〔6-［（1，1′，3，3′-四甲基丁基）-亚氨基］-1，3，5-三嗪-2，4-氨基］〔2-（2，2′，6，6′-四甲基哌啶基）-氨基〕-亚己基-［4-（2，2′，6，6′-四甲基哌啶基）-亚氨基］｝。结构式如下：

(6-32)

GW-944不溶于水，在甲醇中的溶解度为39g，在己烷中为40g，在丙酮、苯、醋酸乙酯、氯甲烷、氯仿中的溶解度均大于50g。GW-944可用于生产接触食品的制品，其大白鼠经口LD_{50} >2000mg/kg，在贮存中应避免与酸性化学品同库存放。

2. GW-944光稳定剂特点及应用前景

目前，聚丙烯纤维已得到广泛使用，但由于聚丙烯极易老化降解，所以在生产过程中必须添加高效耐抽提的光稳定剂。在各类光稳定剂中，由于GW-944具有高效、无毒、无污染，对人体无刺激、耐抽提性好等特点，故在国内外得到普遍应用。我国纤维级聚丙烯的年产量近20×10^4t，年耗光稳定剂500～600t，目前使用较多的是由汽巴精化进口的GW-944产品。中国是世界上使用农膜的大国，据统计，1996年全国棚膜覆盖面积达1048.7×10^4亩（1亩=666.67m^2），棚膜产量约50×10^4t，居世界第一，其中防老化棚膜占25%，约21×10^4t，耗用光稳定剂360t。目前国内防老化PE棚膜所用的光稳定剂主要是受阻胺类光稳定剂GW-504和镍螯合物类光稳定剂2002。由于这些光稳定剂在生产、造粒和吹膜过程中对人体有一定影响，同时对耕地存在重金属污染的问题，因此急需寻找替代产品，其中GW-944就是一个很好的选择。由于GW-944多年来一直未能实现国产化，加之进口价格较高，所以国内一直未能在PE棚膜中推广使用。近年来，由于进口产品价格大幅度下降，促进了其在PE棚膜中的应用。

北京助剂研究所于1998年初投产100t/a的GW-944是目前国内唯一的生产装置，产品为白色或淡黄色粉末，软化温度100～135℃（环球法），挥发份≤0.5%（105℃，2h），灰分≤0.5%。包装为每桶20kg。

GW-944光稳定剂在聚乙烯防老化棚膜中的加入量为0.2%～0.25%，一般和抗氧PKB215复配使用，以发挥它们之间的协同效应。抗氧剂PKB215的加入量一般为0.1%～0.15%。

聚合型受阻胺光稳定剂GW-944与聚乙烯树脂相容性好，不易随水流失，对人体无过敏反应，光稳定性能高，在我国防老化棚膜生产中将迅速得到推广应用。此外，预计到2000年在防老化PE棚膜中的需求量将达250t。此外，GW-944还可用于聚丙烯纤维制的编织袋、人造草坪、渔网丝中。

2000年前后，进口GW-944产品的价格为18万元（人民币）/t，国产为61万元/t。

（1）农用塑料棚膜：聚烯烃因紫外光引发的降解是塑料老化的重要原因，加入光稳定剂可有效地延长制品的使用寿命，赋予制品良好的使用功能。一般加入量为0.2%～0.4%（质量）。

我国是使用农膜的大国，据统计，1999年全国棚膜覆盖面积已达1084×10^4亩，棚膜产量约50×10^4t，居世界第一。其中防老化棚膜占25%，约2×10^4t，耗用光稳定剂360t。防老化聚乙烯棚膜所用的光稳定剂主要是受阻胺类944、CW-504、GW-622、镍螯合物2020。其中GW-504在生产、造粒、吹膜过程中对人体产生明显的刺激作用；2002含重金属镍，易造成土壤和作物的重金属污染，国际上已停止使用；GW-622用量较大，效果一般，尤其是长期效果较差；而944z用量低，效果好。

（2）聚丙烯纤维：聚丙烯纤维在编织行业得到了广泛应用，但它极易发生光、热氧化降解，因此在纺丝和使用过程中必须添加高效、耐抽提的光稳定剂。我国聚丙烯纤维制品及渔、网丝、人造草坪和家电、汽车保险杠、明线电缆、医疗用品等专用料的年产量合计近20×10^4t，应该使用光稳定剂约500t左右。但由于国内市场对上述制品的质量要求不高，或加人光稳定剂后高质量制品的价格又不易被普遍接受，所以大部分制品没有加入光稳定剂，造成树脂原料的极大浪费。目前我国聚丙烯制品光稳定剂实际加入量为应加入量的1/10，仅为50t左右。

（3）其他农塑制品：随着我国农业科技的发展，农用遮阳网、防虫网、饲草用膜、无纺布、节水灌溉器材（喷、滴灌）、塑料育苗容器等露天使用的农用塑料制品将有很大发展，这些农塑制品必须添加光稳定剂，其潜力十分巨大。预计2002年国内市场944用量约为300t。

国外于20世纪90年代初推出的光稳定剂944除具有一般受阻胺优秀的光稳定剂作用外，还因其分子结构具有紫外线吸收官能团和抗氧化官能团，而没有易被水解的酯基，分子量适当（2500以上），因而具有高效、添加量少、成本效能比优越、热稳定性好、能在

较高温度下防止挥发和分解、耐水解抗抽提性好、对人体无刺激无毒害等优点，是经美国FDA批准可用于食品包装材料的助剂。汽巴精化公司的944产品自工业化以来，在国外得到广泛应用，欧、美、日等市场用量为每年千余吨。

二、合成反应原理

生产光稳定剂GW-944的原料有哌啶胺、三嗪和叔辛胺。合成反应分以下两步进行。

第一步：以三聚氯氰和叔辛胺为原料，在甲苯中生成中间体（Ⅰ）合成*N*-三嗪基叔辛胺；

第二步：以哌啶胺和*N*-三嗪基叔辛胺为原料合成GW-944。

中间体（Ⅰ）与*N*，*N′*-二（2，2，6，6-四甲基-4-哌啶基）-1，6-己二胺（以下简称己二胺哌啶）反应得到GW-944（Ⅱ）。

合成反应方程式为：

$$H_3C-C(CH_3)_2-CH_2-C(CH_3)_2-NH_2 + C_3N_3Cl_3 \xrightarrow[\text{甲苯}]{NaOH} H_3C-C(CH_3)_2-CH_2-C(CH_3)_2-NH-C_3N_3Cl_2 \quad (6-33)$$

（Ⅰ）

$$\text{I} + \text{(2,2,6,6-四甲基-4-哌啶基)}-NH-(CH_2)_6-NH-\text{(2,2,6,6-四甲基-4-哌啶基)} \xrightarrow{NaOH} \left[C_3N_3(NH-C(CH_3)_2-CH_2-C(CH_3)_2-NH_2)-N(\text{哌啶基})-(CH_2)_6-N(\text{哌啶基}) \right]_n \quad (6-34)$$

（Ⅱ）

三、GW-944z制备过程及其工艺参数选择

（一）GW-944工艺过程

（1）中间体（Ⅰ）的合成：向500mL四口瓶中加入120mL甲苯，冰浴降温至10℃以下，加入40.00g三聚氯氰（0.2172mol），搅拌，缓慢滴加27.52g叔辛胺（0.2130mol）的甲苯溶液50mL，滴加完后，反应2h，滴加$w_{NaOH}=20\%$的水溶液；滴加完后，继续反应2h。然后将反应液移至分液漏斗中，静置，分出水相后，用$w_{NaCl}=10\%$的水溶液洗涤，分出水相后，有机相直接用于下一步反应。

（2）GW-944（Ⅱ）的合成：向500mL高压釜中按比例投入有机相Ⅰ、己二胺哌啶以及$w_{NaOH}=20\%$的水溶液，密封，用N_2置换釜内空气3次，然后充N_2至2MPa，加热搅拌，于60℃反应4h，然后升温至180℃反应6h；降温、放气、开釜、反应液过滤，有机相用$w_{NaCl}=10\%$的水溶液洗涤，然后减压蒸出溶剂，得白色或微黄色固体产品，平均相对分子

质量 2000～3000，透光率 $T_{425nm}>96\%$，$T_{450nm}>96\%$。

（二）GW-944 制备工艺参数选择

GW-944 的平均相对分子质量和透光率显著影响其应用性能。如果平均相对分子质量过高，将影响其在高分子材料中迁移扩散，不利于由制品内部向表面进行有效补充，影响其光稳定活性的充分发挥。如果平均相对分子质量过低，则易挥发，且耐溶剂抽提性能差，在制品的加工应用中常因逸散损失而导致持久稳定性下降。若使 GW-944 发挥最佳的稳定效能，其平均相对分子质量一般控制在 2000～3000。如果产物的透光率低，将严重限制其应用范围，产品在 425nm 和 450nm 的透光率通常要求在 95% 以上。

1. 中间体（Ⅰ）反应条件的影响

在本法中，中间体（Ⅰ）未经进一步精制直接用来进行下一步反应，所以控制中间体（Ⅰ）的质量就非常重要。

（1）加碱顺序对中间体（Ⅰ）质量的影响：三聚氯氰是非常活泼的化学品，其第一个氯原子很容易与水反应。据文献报道，当有水介质存在时，三聚氯氰与胺类的反应通常要控制在 0℃左右进行。其水解速率会随反应温度的升高而迅速增快。为了防止三聚氯氰的水解，采用了后加碱的方式。反应机理为：

$$H_3C-C(CH_3)_2-CH_2-C(CH_3)_2-NH_2+\text{(2,4,6-三氯-1,3,5-三嗪)}\xrightarrow[\text{甲苯}]{NaOH}H_3C-C(CH_3)_2-CH_2-C(CH_3)_2-NH-\text{(4,6-二氯-1,3,5-三嗪-2-基)}+HCl \quad (6-35)$$

（Ⅰ）

$$H_3C-C(CH_3)_2-CH_2-C(CH_3)_2-NH_2+HCl\longrightarrow H_3C-C(CH_3)_2-CH_2-C(CH_3)_2-N^{+}H_2-H\cdot Cl^{-}$$
$$H_3C-C(CH_3)_2-CH_2-C(CH_3)_2-N^{+}H_2-H\cdot Cl^{-}\xrightarrow{NaOH}H_3C-C(CH_3)_2-CH_2-C(CH_3)_2-NH_2+NaCl+H_2O \quad (6-36)$$

叔辛胺与三聚氯氰反应生成中间体（Ⅰ），同时生成 HCl，HCl 与部分叔辛胺结合形成铵盐，当碱液加入后，铵盐与 NaOH 反应，重新生成叔辛胺，继续与未反应的三聚氯氰反应，生成中间体（Ⅰ）。这样就缩短了三聚氯氰与水接触的时间，从而减少了水解副产物的产生，而且，传统的方法要控制 pH 在中性进行反应，这就要求随时监控反应体系，需要较严格的操作；采用后加碱的方式，简化了操作过程，并得到了很好的产率。当反应温度 <10℃，$n_{三聚氯氰}:n_{叔辛胺}=10:98$ 时，采用与叔辛胺同时滴加碱液的方法，中间体（Ⅰ）的收率为 88.6%；而相同的反应条件下，采用后加碱液的方法，中间体（Ⅰ）的收率为 94.1%（收率由甲苯重结晶得到的纯品计算而得）。

（2）叔辛胺的用量对 GW-944 产品质量的影响：当叔辛胺的用量少时，三聚氯氰反应不完全，影响产品的质量和产率。当叔辛胺的用量多时，过剩的叔辛胺会在下一步反应中继续与（Ⅰ）反应，影响聚合反应，相当于起到了封端剂的作用，使最终产品 GW-944 的

平均相对分子质量降低。三聚氯氰的第一个氯原子非常容易水解，在贮存时，三聚氯氰会有少量变质，所以，三聚，氯氰要稍过量。所以最佳配比为 $n_{三聚氯氰}:n_{叔辛胺}=10:98$。

2. 聚合反应条件对产品质量的影响

聚合反应是本实验的关键步骤，根据三聚氯氰的第 2 个和第 3 个氯原子反应活性的不同，本实验采用了分段升温的方法，目的是低温反应后得到较纯的中间产物，然后再高温反应，这样更容易控制最终产品的平均相对分子质量。考察了反应物配比、反应温度、反应时间对最终产品平均相对分子质量的影响。

（1）中间体（Ⅰ）与己二胺哌啶的摩尔比对产品平均相对分子质量的影响：GW-944 的平均相对分子质量应控制在 2000～3000，即聚合物（Ⅱ）的聚合度为 4～5。这是典型的低聚物。制备低聚物通常采用两种方式：一是采用添加只含有单反应官能团的物质来终止聚合反应，降低产物平均相对分子质量；二是使其中一个反应物过量，来阻断聚合反应，降低产物平均相对分子质量。在本合成中，如果采用第一种方法，则在最终产品中会引入其他物质（即添加的单反应官能团物质），这会影响产品的性能，所以，采用己二胺哌啶过量的方法来控制最终产品的平均相对分子质量。结果见表 6－11。

表 6－11 中间体（Ⅰ）与己二胺哌啶的摩尔比对产品平均相对分子质量的影响

项 目	$n_{Ⅰ}:n_{己二胺哌啶}$				
	11：0.3	11：0.5	11：1.0	11：1.5	11：2
平均相对分子质量	6530	3650	2735	2326	1795

注：其他反应条件为反应初压 2MPa，在 60℃反应 4h，然后升温至 180℃反应 6h。

由表 6－11 可见：随着己二胺哌啶量的增加，产物平均相对分子质量逐渐下降。根据产品的要求，中间体（Ⅰ）与己二胺哌啶的摩尔比控制在 11∶1 为宜。

（2）反应温度对产品平均相对分子质量的影响：根据三聚氯氰的第 2 个和第 3 个氯反应活性的不同，采用分段升温的方法使其逐步反应。在 60℃主要取代了三聚氯氰的第 2 个氯，而高温反应阶段则主要取代其第 3 个氯原子，考察了高温阶段温度变化对产物平均相对分子质量的影响，结果见表 6－12。

表 6－12 反应温度对产品平均相对分子质量的影响

反应温度/℃	130	150	160	165	170	180	195	210
平均相对分子质量	1220	1267	1930	2297	2410	2775	3216	3906

注：其他反应条件为 $n_{Ⅰ}:n_{己二胺哌啶}=11:1$，在 60℃反应 4h，在高温下反应 6h。

由表 6－12 可见：随着反应温度的升高，产物的聚合度增大，平均分子量增加。所以反应温度 180℃为宜。

（3）反应时间对产品平均相对分子质量的影响：反应时间对聚合产物的聚合度有较大影响。要控制产物有合适的平均相对分子质量，就必须严格控制反应时间，反应时间对产品平均相对分子质量的影响见表6－13。

表6－13　反应时间对产品平均相对分子质量的影响

反应时间/h	3	4	5	6	7	8
平均相对分子质量	1250	1785	2315	2745	3125	3561

注：其他反应条件：n_{I}：$n_{\text{己二胺哌啶}}$＝1：1.1，先在60℃反应一段时间，然后升温到180℃。

考察低温反应区反应温度和反应时间变化对产品平均相对分子质量的影响时，发现反应温度在50～80℃，反应时间控制在4～6h时，产品的平均相对分子质量没有太多变化，因为当反应温度不超过80℃时，三聚氯氰只有第2个氯原子可被取代，此时，只能有以下两个产物，其过程见图6－9。

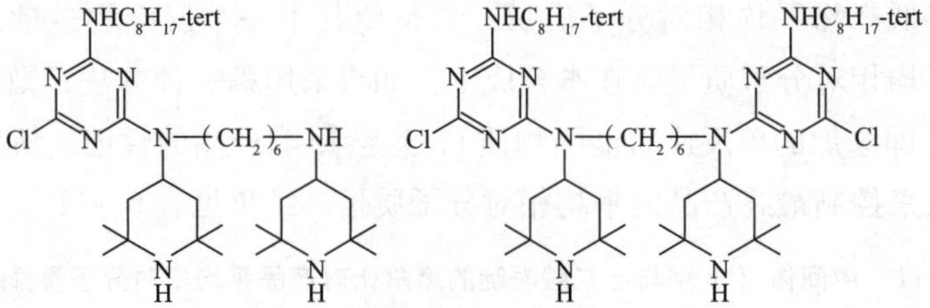

图6－9　低温反应对产物进程的影响

同时，可反应的胺基大大过量，使低温区产物的组成变化不大，所以，对最终产物的平均相对分子质量没有太大影响。

3. *常压反应对产品质量的影响*

文献报道的聚合反应多在常压进行，考察了在常压下，采用二甲苯、三甲苯做溶剂，回流状态下进行聚合反应对产品质量的影响，结果见表6－14。

表6－14　常压下反应的产品质量

溶　剂	平均相对分子质量	$T_{425\text{nm}}$/%	$T_{450\text{nm}}$/%
二甲苯	1450	85.5	88.2
三甲苯	1830	84.1	86.5

注：其他反应条件为在60℃反应4h，然后回流反应10h。

4. *最佳反应条件*

采用两步法，以三聚氯氰与叔辛胺反应得到第一步反应中间体2-叔辛胺基-4，6-二氯-1，3，5均三嗪的甲苯溶液，不需精制，直接与己二胺哌啶进行高压聚合反应合成了GW-944。

最佳的反应条件为：第一步反应中反应物摩尔比$n_{\text{三聚氯氰}}$：$n_{\text{叔辛胺}}$＝10：98，反应温度不高于10℃；第二步反应中n_{I}：$n_{\text{己二胺哌啶}}$＝11：1，反应初压2MPa，在60℃反应4h，180℃反应6h。得到产品的平均相对分子质量为2000～3000，在425nm和450nm下透光率均大于96%。

第七章　制备润滑剂

第一节　润滑剂简介

一、定义及应用

广义上讲，润滑剂是一类用来改善塑料、橡胶等聚合物的加工性能和表观性能的助剂。除一般意义上的减少摩擦、提高树脂或胶料加工过程中的流动性和脱模性作用外，润滑剂的功能还可延伸到增加制品的表面光洁性、防止制品之间相互粘连等界面性能方面。因此，脱模剂、防粘连剂、爽滑剂等亦属润滑剂的范畴。

就加工改性作用而言，润滑剂在聚合物加工过程中主要降低树脂或胶料与加工设备之间和聚合物内部分子间的相互摩擦，进而达到降低扭矩、节约能耗、促进流动和提高产量之目的。尽管润滑剂在聚合物加工中用途广泛，应用范围涉及硬质聚氯乙烯、聚烯烃、聚苯乙烯、丙烯腈-丁二烯-苯乙烯共聚物（ABS）、聚合物合金、酚醛树脂、不饱和树脂等热塑性树脂和热固性塑料，但聚氯乙烯硬制品加工在润滑剂市场的主导地位仍不可动摇。可以说润滑剂工业的发展就是随硬质聚氯乙烯制品加工技术的进步而发展的。以至于迄今对润滑剂应用性能的评价仍离不开以聚氯乙烯硬制品为核心。在橡胶制品的加工中，软化剂在一定程度上亦具有润滑作用。

作为理想的润滑剂，一般应当具备如下性能要求。

（1）易分散性：和其他助剂一样，润滑剂在聚合物中必须具有良好的分散性。因为如果润滑剂在树脂中分散性差，其结果导致熔体局部过润滑或欠润滑现象发生，熔体的流动性不均，制品的形状或外观不良，甚至加工过程难以控制。

（2）与基础聚合物适当的相容性：润滑剂与基础聚合物的相容性对其性能的发挥至关重要。因为相容性过大，润滑剂在聚合物中起到增塑剂的作用，结果制品的软化点降低；如果相容性极小或者根本没省相容性，往往在制品成型后容易产生喷霜现象。

（3）良好的热稳定性和高温润滑性：润滑剂的结构稳定，在加工温度下不分解，不变色，挥发性较小，而且希望在较高温度范围内与树脂的相容性随温度变化的梯度较小，以满足高速、高温加工条件下稳定操作的要求。

（4）不影响制品的最终应用性能：润滑剂属于加工改良剂的范畴，在改善制品加工性能的同时，力求不损害其力学和外观性能，如强度、热变形温度、透明性等。

（5）不引起颜色的漂移，甚至改善颜料或填料在聚合物中的分散性。

（6）无毒，卫生。

（7）配合成本较低。

润滑剂在许多聚合物加工中的地位举足轻重，尤其在当今世界塑料制品成型工艺高速化、高剪切化发展的形势下，剪切和摩擦的问题日益突出，对润滑剂的综合性能要求也更加迫切和严格，润滑剂的作用和意义也就更加突出。一个明显的动向是，适用于工程塑料、聚合物合金等高性能领料加工领域的润滑剂品种消费量增长速度加快。

二、润滑剂的作用机理

（一）润滑剂的功能

摩擦与润滑是存在于自然界的永恒话题。就聚合物加工而言，摩擦主要包括聚合物树脂或胶料与加工机械表面和聚合物内部分子之间相互摩擦两方面的内容，即外部摩擦和内部摩擦。与之相对应，外部润滑作用用来减少外摩擦，内部润滑作用旨在降低内摩擦。具有外部润滑作用的润滑剂称为外润滑剂；显示内部润滑作用的润滑剂称为内润滑剂。通过内外两种润滑作用，聚合物加工过程不仅可以防止树脂熔体或胶料黏附在加工机械的表面，提高流动速率，降低剪切扭矩，节能降耗和增加产能，而且由于摩擦生热的降低能够有效地抑制树脂或胶料的降解，提高稳定化助剂的效率。实际上，对于一个完整的聚合物加工过程而言，内润滑作用和外润滑作用是不可分割的，理想的润滑体系应当同时兼备良好的内润滑性和外润滑性。

润滑剂在塑料加工中的作用可以硬质 PVC 管材、型材和板材等挤出成型工艺为例说明。挤出机中的润滑效果部位如图 7－1 所示，聚氯乙烯树脂与其他配合组分构成的配合体系首先在混炼机中进行充分混合，之后将其投入到挤出机的喂料斗中。在挤出机筒中由于螺杆旋转的推动作用，配合物由供料段向压缩段，计量段行进，伴随物料的行进过程，树脂开始熔融、混炼直至最后挤出成型。在整个成型工艺中，润滑剂一方面担负着减小塑化物与挤出机筒和螺杆表面之间的摩擦作用；另一方面又要承担减小塑化物内部分子间相互摩擦的功能。如果润滑剂配合得当，则物料自供料段进入到压缩段时即开始凝胶化，且在计量段前端实现完全凝胶化。相反，如果润滑剂配合不当，就会出现凝胶化不足或凝胶化过头的问题。凝胶化不

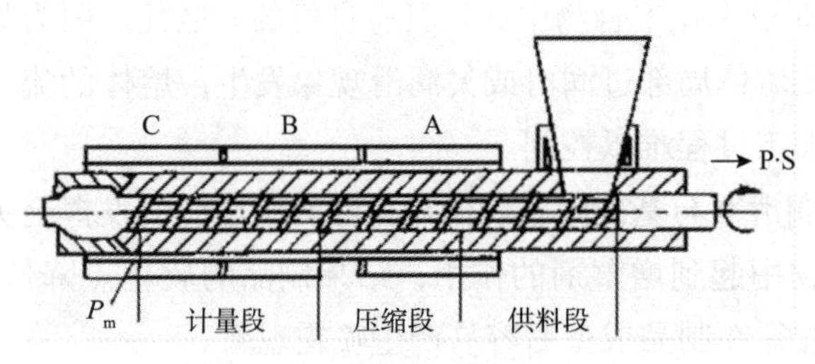

图 7－1　在挤出机中的润滑性效果部位

A—初期润滑性效果部分；B—中期滑性效果部分；C—后期滑性效果部分

足实际是树脂塑化不完全，其根本是由于润滑剂过剩，即“打滑”现象造成的。根据挤出加工的特点，人们习惯上还将润滑剂的润滑作用按阶段分为初期润滑效果、中期润滑效果和后期润滑效果等3个部分。所谓初期润滑性是指从供料段到压缩段初期润滑剂所发挥的润滑作用；中期润滑性是指从压缩段到计量段区间润滑剂发挥的润滑作用，而后期润滑性是指从计量段到塑模成型为止润滑剂所发挥的润滑作用。

当然，对于不同区段的润滑作用，要求内润滑性和外润滑性的程度也不尽一致。在具体的应用中，润滑剂的作用往往还不仅仅停留在降低熔体黏度、减小内生热、脱模作用等方面，还有诸如其对颜料或填料的分散作用等。图7－2比较形象地解释了润滑剂的作用模式。

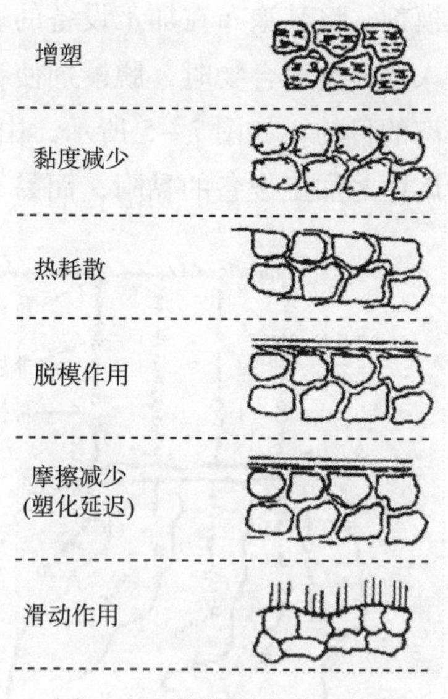

图7－2　润滑剂的作用模式

（二）润滑剂的作用机理

由于塑料加工过程中的影响因素很多，关于润滑剂的作用机理尚存在着各种不同的解释，比较为人们接受的是塑化机理、界面润滑和涂布隔离机理。

（1）内润滑－塑化机理：为了降低聚合物分子之间的摩擦，即减小内摩擦，需加入一种或数种与聚合物有一定相容性的润滑剂，称之为内润滑剂。其结构及其在聚合物中的状态类似于增塑剂，所不同的是润滑剂分子中，一般碳链较长、极性较低。以聚氯乙烯为例，润滑剂和材料的相容性较增塑剂低很多，因而仅有少量的润滑剂分子能像增塑剂一样，穿插于聚氯乙烯分子链之间，略微削弱分子间的相互吸引力，如图7－3所示，于是在聚合物变形时，分子链间能够相互滑移和旋转，从而分子间的内摩擦减小，熔体黏度降低，流动性增加，易于塑化。但润滑剂不会过分降低聚合物的玻璃化温度T_g和强度等，这是与增塑剂作用的不同之处。

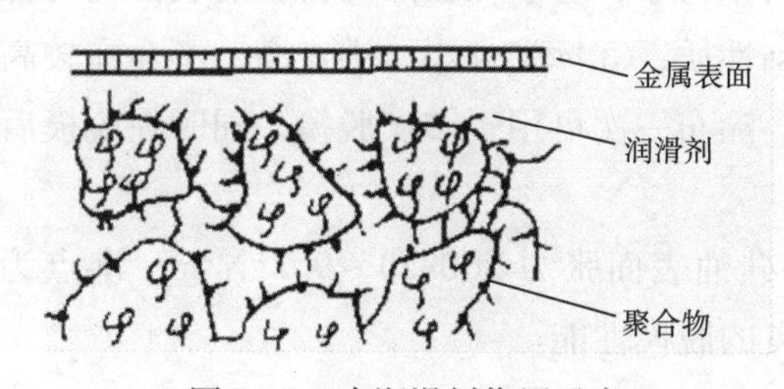

图7－3　内润滑剂作用示意

（2）外润滑－界面润滑机理：与内润滑剂相比，外润滑剂与聚合物相容性更小。故在加工过程中，润滑剂分子很容易从聚合物的内部迁移至表面，并在界面处定向排列。极性基团与金属通过物理吸附或化学键合而结合，附着在熔融聚合物表面的润滑剂则是疏水端与聚合物结合。这种在熔融聚合物和加工设备、棋具间形成的润滑剂分子层（图7－4）所形成的润滑界面，对聚合物熔体和加工设备起到隔离作用，故减少了两者之间的摩擦，使材料不黏附在设备上。润滑界面膜的黏度大小，会影响它在金属加工设备和聚合物上的附着力。适当大的黏度，可产生较大的附着力，形成的界面膜好，隔离效果和润滑效率高。润滑界面膜的黏度和润滑效率，取决于润滑剂的熔点和加工温度。一般，润滑剂的分

子链越长、越能使两个摩擦面远离，润滑效果越大，润滑效率越高。

（3）外润滑－涂布隔离机理：对加工模具和被加工材料完全保持化学惰性的物质称为脱模剂。将其涂布在加工设备的表面上，在一定条件下使其均匀分散在模具表面，当其中加入待成型聚合物时，脱模剂使在模具与聚合物的表面间形成连续的薄膜，从而达到完全隔离的目的，如图7－5所示，由此减少了聚合物熔体与加工设备之间的摩擦，避免聚合物熔体对加工设备的黏附，而易于脱模、离辊，从而可提高加工效率和保证质量。

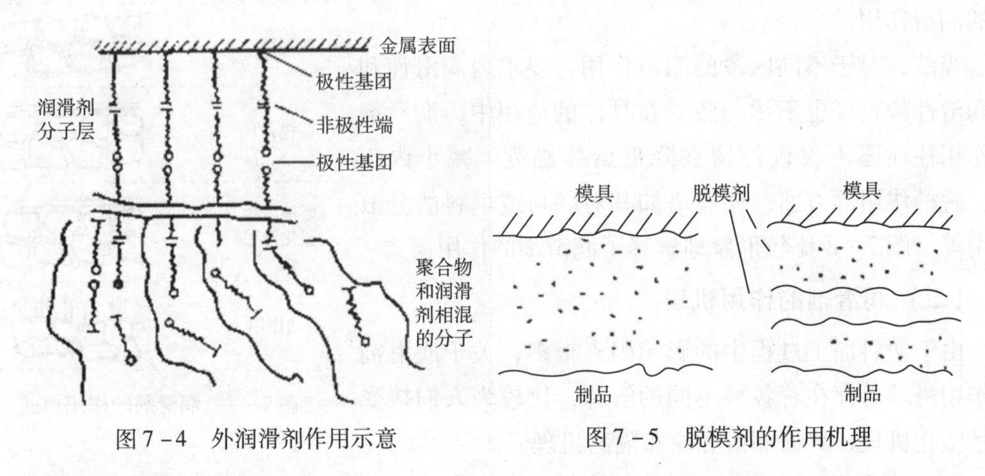

图7－4　外润滑剂作用示意　　　图7－5　脱模剂的作用机理

一种好的脱模剂应该满足如下要求：①表面张力小，易于在被隔离材料的表面均匀铺展；②热稳定性好，不会因温度升高而失去防粘性质；③挥发件小，沸点高，不会在较高温度下因挥发而失去作用；④黏度要尽可能高，涂布一次可用于多次脱模，同时在脱模后较多黏附在模具上而不是在制品上。

例如，有机硅的表面张力小，一般二甲基硅油表面张力为0.20～0.21N/m，沸点为150～250℃，故经常作为脱模剂使用，具有优良的脱模性能。

三、润滑剂现状及其发展趋势

（一）润滑剂的发展

1. 国外润滑剂发展

润滑剂就是用以改进熔体的流动性能，并使其不易粘附在机壁上的添加剂。在20世纪60年代前的经典塑料手册上没提起润滑剂，只是发现PVC加工有困难后才首先在润滑剂制造商的技术手册上提出了用于塑料加工的润滑剂，然后扩展到专业杂志上。聚苯乙烯及聚乙烯随着加工产率的增大，也提出使用润滑剂。润滑剂的作用不仅改进流动性能，提高产量，也使制品外观美观。润滑剂用量不大，大致为0.5%～1.0%，取决于树脂、机械及制品。1980年西欧用于热塑性塑料的总量达7×10^4t，65%用于聚氯乙烯，平均价格以2美元/kg计，1980年西欧的营业额为1.4亿美元，质量不同的润滑剂价格相差近10倍，考虑到生产效率，能耗及机械磨损，宁愿选用高价优质的润滑剂。

润滑剂可分成内润滑剂及外润滑剂，前者用以降低熔体高分子链之间的阻力，后者用以降低熔体与机壁间的摩擦，欠润滑或过润滑部对加工有不良影响，必须正确调节内/外润滑作用比例，由于取决许多因素，调节甚为复杂，有迹象表明：为解决塑料加工厂的困难，助剂厂有对特殊用途提供特定的润滑体系的趋势。

把润滑剂分成内用或外用只是简单而不严格的划分，需视应用情况而定，某些润滑剂在低浓度为内润滑，而高浓度时呈外润滑。润滑剂分子常是含有极性基团和不同长度烃链，调节两者的比例从而调节润滑作用。

1995 年前后，聚氯乙烯加工用润滑剂消耗量很大，国外年耗量大于 20×10^4t，可分为外润滑剂和内润滑剂及两用润滑剂 3 种。外润滑剂主要有微晶石蜡、聚乙烯蜡等脂肪类和酰胺类；内润滑剂主要有硬脂酸钙、脂肪酰胺、脂肪酸醋和硬脂酸金属盐类．两用润滑剂主要有脂肪酸酰胺类，EBS（乙撑双硬脂酸酰胺）用量很大。

大多数润滑剂的原料来自自然界（而最重要的来自动物脂肪），其中特别有意义的是 $C_{12}\sim C_{20}$混酸（包括棕榈酸、硬脂酸及油酸），以硬脂酸最为重要，而长链的 C_{20}及 C_{22}酸质量好，但数量不能满足。Morton 国际公司开发的 Adyvaksls-100 专用于 PVC 板材和可挤出的 PVC 型材的“复合”产品。Easltnan 公司用聚合法生产的聚乙烯蜡，成本/效能比优于传统工艺。为减少粉尘污染，厂家致力于生产新型的球状和粒状产品。Wico 公司将粉状和片状硬脂酸锌改为球状产品，还供应可直接通过泵加料的液态产品。ICI 公司生产 30% 硬脂酸钡溶于增塑剂的分散体。汉高 Henkel 公司开发的新一代稳定润滑剂，有 5 种产品，在多种硬质 PVC 配料中使用，可增强稳定性，改善流动性、脱模性和尺寸稳定性。

乙撑双硬脂酰胺（EBS）是一种脂肪酸双酰胺类化合物，具有独特的化学结构和优异的加工性能，其作为润滑剂被广泛应用于塑料加工行业。国内外非常重视对该系列产品的开发、研制工作，不断有新产品面市。在国外该系列产品约占全部润滑剂总量的 25% 以上，而我国直到 20 世纪 70 年代末期才着手对 EBS 进行研发，进度慢，品种少，产品产量占据的比例远低于国外。国内外同类产品面临的共同问题是针对性不强，且均未能很好地兼顾内外润滑性能。乙撑双硬脂酰胺因其性能优异，其用量在不断上升，2014—2015 年其用量占总润滑剂消费量的 25% 以上。北美金属硬脂酸盐占润滑剂总消费量的 35%，烃蜡占总消费量的 40%（石蜡占 31% 以上，聚乙烯蜡占 7%，托石蜡占 2%），脂肪酸酯占总消费量的 10% 以下，特种酰胺占总消费量的 10% 以下，乙撑双硬脂酰胺占总消费量的 10% 以下。西欧油酸酰胺占润滑剂总消费量的 20% 以上，金属硬脂酸盐占总消费量的 20% 以上，脂肪酸占总消费量的近 20%，烃蜡占总消费量的近 20%，酯蜡占总消费量的近 20%。我国消费的润滑剂主要有烃蜡（低分子聚乙烯蜡、石蜡）、脂肪酰胺（主要是乙撑双硬脂酰胺）和硬脂酸皂。

西德的汉高（Henkel）公司生产的 PVC 润滑剂 Loxriol 系列（表 7－1），大多是来自自然界的脂肪酸醋类，不少都是复合润滑剂，可作为内、外润滑剂。用于各种类型的硬及增塑的 PVC。

表 7－1　西德的汉高（Henkel）公司润滑剂产品

名　称	说　明	用　途
LOXlOL GH_3	复合润滑剂由多价醇长链脂肪酸组成	硬质 PVC 加工，尤其用于中空制品，作内外润滑剂，增加表面光泽
LOXlOL GH_4	由长链脂肪酸制造的复合润滑剂	硬质 PVC 加工，尤其用于中空制品，作内润滑剂，增加表面光泽
LOXlOL GE_1	复合润滑剂，含有内外润滑剂及硬脂酸钙	硬质 PVC 加工，复合润滑剂，脱模效果好
LOXlOL G_{78}	含有金属皂和高分子部分的固态复合润滑剂	硬质 PVC 加工，制 Ca/Z_n 稳定剂稳定瓶子，外润滑剂
LOXlOL G_{74}	固体、中性、高分子量、多功能团的脂肪酸脂（复合脂）	硬质 PVC 加工，用于压延耐高温片材的特种产品
LOXlOL G_{72}	固体、中性、高分子、多功能团的脂肪酸脂（复合脂）	硬质 PVC 加工，内外润滑剂，有良好的脱模效果
LOXlOL G_{60}	固体、中性的饱和脂肪族醇二羧酸酯	硬质 PVC 加工，内润滑剂，具有高相容性
LOXlOL G_{32}	固体、中性酯蜡	硬质 PVC 加工，内外润滑剂
LOXlOL G_{30}	固体、中性酯蜡	硬质 PVC 加工，内外润滑剂
LOXlOL G_{22}	很高熔点的固体石蜡	加工硬 PVC 时外润滑剂，可增加 PVC 糊料滑爽效果
LOXlOL G_{21}	十二羟基硬脂酸	硬及增塑的 PVC 加工时外润滑剂，相容性很好
LOXOLI G_{16}	液体、甘油偏脂肪酸酯	硬及增塑的 PVC 加工时内润滑剂，相容性很好
LOXOLI G_{13}	液体、多元醇的偏脂肪酸酯	硬及增塑的 PVC 加工时内润滑剂，相容性很好
LOXOLI G_{10}	液体、中性、甘油偏脂肪酸酯	硬及增塑的 PVC 加工时内润滑剂，相容性很好

塑料润滑剂呈现 3 种发展趋势：专用产品多、符合环保要求产品多、多功能性产多。

国外塑料润滑剂发展趋势是：粒度细化、产品无尘化、使用简便化、功能多样化。

国外致力于开发多功能复合型兼阻燃、稳定、抗静电的润滑剂。Henkel 公司的 Loxiol 系列脂肪酸酯类产品不仅有润滑性，还可改善配料的热稳定性，扩大加工范围。该系列的 VGS1890 与硫醇锡稳定剂有共稳定作用，可使稳定剂用量减少 30%。国外对高温、高速加工专用润滑剂的开发持续活跃。2013 年全球生产和消费润滑剂近 800kt。全球的年增长率按 5% 计，预计到 2020 年，国内的生产和需求将达到 113×10^4t。北美润滑剂消费量占全球润滑剂总消费量的 30% 以上，西欧润滑剂消费量占全球总消费量的 10% 以上，我国润滑剂消费量占全球总消费量的 20%，其他亚洲国家占全球总消费量的近 20%，其他国家和地区占全球总消费量的近 20%。2015 年北美生产润滑剂的主要企业有 5 家（表 7－2），其中产品品种最全的是百尔罗赫（美国）公司和 PMC 集团公司；西欧生产润滑剂的主要企业有 11 家；我国生产润滑剂的主要企业有 13 家。

表 7-2 2015 年橡胶用主要润滑剂生产企业

	生产企业	产品牌号	组　成
国外	美国 Dwight 公司	Nix Stix L-609 AR	未公开
	美国 Chem-Trend 公司	Mono-Coat E177	未公开
国内	青岛德惠精细化工有限公司	DH-N038	未公开
	青岛昂记橡塑科技有限公司	模得丽 935P	脂肪酸金属盐
	北京大兴区采育乡大黑堡化工厂	PA-7	*N*-脂 1，3-丙二胺二油酸酯

2. 国内润滑剂发展

PVC 硬制品必须加润滑剂、添加量至少为 0.5% ~1%，我国目前硬质 PVC 制品年加工能力达到 50×10^4t 树脂，需各种润滑剂 5000t。新型硬质透明塑料制品对润滑剂的要求很高，我国引进的几十条加工线还要用进口润滑剂。1985 年仅化工部供销公司就进口 360t。上海延安油脂化工厂生产硬脂酸、油酸、多元醇酯等多品种润滑剂，如 Y16 内润滑剂，Y74 外用润滑剂；江苏溧阳阳综合化工厂生产 EBS，密度 0.97g/cm^3，熔点 135 ~145℃，是白色粉状的两用润滑剂；山西化工所和北京市化工院在“七五”期间致力于酯类润滑剂的开发，类似原西德 Henkel 公司 Loxiol 系列的 RH-60、WH-100、RW-100、EB-16、EB-74、H-74、H-16 等品种已投放市场，促使润滑剂价格回落。

江苏省武进市漕桥橡塑助剂厂 1991 年生产 JS-16、JS-74 型 PVC 加工用润滑剂，达到汉高公司的 G-16 和 G-74 的水平。JS-16 为淡黄透明液，JS-74 为微黄流动碎粒。

我国应着重开发多功能、协效、复配型的润滑剂，如热稳定/润滑体系、抗静电/润滑体系等，满足加工行业日益严格的要求。对国外新产品，如高档锂基脂、复合皂基酯、聚脲酯等要引起重视，努力赶上先进水平。目前应发展 EBS 多功能（脱模、抗粘连、抗静电、无毒）润滑剂和多元醇类润滑剂、酯类润滑剂。进口 PVC 透明材生产线用的酯类润滑剂，北京院、山西所、山东所已开发，达 Henkel 水平。上海、江苏、黑龙江、济南等地的润滑剂生产可在原基础上扩大产量。

考虑到我国的房地产业现状，我国润滑剂将以每年 10% 的速度增长，其中高级脂肪酸酯和脂肪酰胺消费速度加快，预计到 2020 年，国内的生产和需求将达到 300kt。

对于高分子助剂润滑剂而言，应用广泛，可广泛应用塑料、橡胶、纤维三大高分子材料，一般以塑料为主统计其生产产能和需求，但近年来，随着科技的不断发展，橡胶、纤维等高分子材料发展迅猛，其各种助剂需求量越来越大。

（二）润滑剂的发展趋势

1. 塑料润滑剂

塑料润滑剂是一类消耗量较大的助剂，近年主要使用的品种仍然是脂肪酰胺、脂肪酸酯、金属皂、微晶蜡、聚乙烯蜡等，虽然在品种上无多大突破，但在形态、复配和专用品上开展了很多工作，针对不同的聚合物和用途，推出适用的高效润滑剂。

(1) 聚氯乙烯：由于某些金属皂类既有稳定作用又有润滑作用，在制造高透明的薄膜及瓶子中起到重要作用。如法国饮料工业将无毒、无味的 Ca/Zn 稳定体系作为润滑剂用予吹塑、挤出，具有良好的效果。Hoeches 公司开发的褐煤酸酯系列润滑剂，既能降低聚氯乙烯熔体的内摩擦，又具有保护熔体黏度的作用；德国 Henkel 公司推出的 Loxiol G 系列产品，为齐聚脂肪酸酯类，脱模效果好；荷兰 Axel 公司研制的聚合型润滑剂，系将 α-烯烃和二元酸聚合形成大分子酸，然后酯化，得到具有广泛润滑性的物质，现已商品化。此外，Henkel 公司发现若硬脂酸单甘油酯和 12-羟基硬脂酸单甘油酯中，单甘油酯含量高于 90%，甘油含量低于 1%，可作为聚氯乙烯的高效内润滑剂，在加工时表现出良好的热稳定性；英国 Eastman 化学公司推出的 Myvaplex boop 系列的甘油单硬脂酸酯，单独使用或与褐煤酸酯混用时，在高透明的硬质聚氯乙烯中润滑效果良好。

(2) ABS 塑料：为了获得特殊的流变性和脱模效果，在加工 ABS 时加入氧化聚乙烯与褐煤酸酯的混合物；若用外部润滑剂，发现并不影响模铸制品的结合强度，这样既能增加熔体流动性，又会降低塑料的软化点。

(3) 聚烯烃：在聚丙烯中由于使用增强材料导致流动性变差，制品出现缺陷，若使用适宜的润滑剂可使之得以补偿，如添加褐煤酸酯、含皂的酯蜡、亚乙基双硬脂酰胺及脂肪酸酯，可提高材料熔体的流动性和爽滑性。从而改善制品的光泽。

线性低密度聚乙烯在高速挤出膜时，出现很低的假塑性，表观黏度只有稍许降低，因而构成高的挤出压，产生表面缺陷，Du Pont 公司开发的含氟聚合物，可增加熔体在机头中的润滑性，添加量仅为 $(200\sim500)\times10^{-6}$，因添加量小，很难分散均匀，为此要用浓母料。

近年开发的异硬脂酰胺用于聚烯烃中，虽然熔点低，但比油酸酰胺和芥酸酰胺更稳定，低温分散性好，挥发性低于油酸酰胺，故在树脂高温加工时有较高的保留能力，耐氧化。

(4) 工程塑料：工程塑料多为极性聚合物，有黏附于金属表面的倾向，且加工温度高，若使用普通塑料用的润滑剂，会出现加工时发烟、渗出、挥发物留在金属膜内，或使制品褪色等一系列问题，为解决这些问题，各厂家先后推出了具有很长碳链的脂肪酸酯或脂肪酸皂，它们在加工时易转移到金属表面起到润滑作用。

目前世界各国都在积极开发高耐久性和特殊聚合物的内用和外用润滑剂，把提高加工质量，适应高温加工需要的润滑剂作为主要研究课题。但在机理研究，如析出、结垢原因等方面尚需开展大量的工作。

2. 润滑剂新品种及其应用

随着聚合反应工程和反应性挤出技术的不断进步和发展，一些新型润滑剂不断问世并在生产中得到应用，其独特的分子结构和性能解决了困惑塑料加工企业多年的生产难题，为聚合物的成型加工和改性注入了新的活力。

(1) 超高相对分子质量有机硅润滑剂：Tagomer® P121、E525 是两端极性的硅氧烷分散润滑剂，其物理性能见表 7-3。

表 7-3 Tagomer®分散润滑剂的物理性能

项　目	P121	E525
软化点（DGF MⅢ3）/℃	115	96
透明指数（DGF M-Ⅲ9b）/mm	5	5
熔融黏度（150℃）/mPa·s	<1000	<1000
外观	白色或微黄粉末	白色粉末

该润滑剂的优点是接枝的极性基团在外力剪切力作用下能润湿或打开团聚的颜料，并防止颜料二次团聚，同时具备硅氧烷优异的润滑性能，在分散要求比较高的化纤、薄膜色母、高浓缩色母和工程塑料中应用前景良好。Tagomer® P121 主要适用于以 PP、PA、PBT/PET、PC 等塑料，Tagomer® E525 主要适用于以 PE、EVA 等聚烯烃类塑料。

Tagomer 系列产品替代色母中蜡和 EBS 可获得如下优势：①降低颜料团聚，提高着色强度，减少昂贵颜料用量，降低成本；②降低机械阻力（主机电流、螺杆扭矩），提高生产速率，降低喷嘴前的过滤部分的堵塞，减少换网次数，提高生产效率；③提高最终产品的表面光泽度和爽滑性手感；④降低纤维的断头率，降低薄膜的断裂率，减少色斑，获得更好的力学性能；⑤与树脂相容性好，无迁移，无析出，不影响后续加工（如喷涂和印刷等）；⑥耐温性远高于一般合成蜡，热性能稳定；⑦与蜡配合使用，降低色母中蜡的含量，提高最终产品的力学性能和后期加工性能。

（2）含氟润滑剂：含氟润滑剂是一类由含氟高分子聚合物的添加剂，如 3M 公司的泰乐玛聚合物加工助剂（PPA）系列产品，其主要特点如下：①添加量极少，$(50\sim1000)\times10^{-6}$；②提高产量和降低能耗；③减少表面缺陷，如常见的熔体破裂现象；④减少或清除口模积料现象；⑤对于热敏感型的树脂可在相对较低的温度下加工；⑥减少挤出过程的凝胶现象；⑦延长连续加工时间。

其原理是 PPA 在挤出塑化过程中，含氟聚合物在势位差的作用下向熔体外层迁移并在金属表面上附着，在金属壁和聚合物熔体直接形成一层润滑层，在连续挤出过程中，这一涂覆层处于动态平衡，但动态平衡稳定后，挤出过程和产品质量才能稳定。

该加工助剂可应用于各种工艺，包括吹塑薄膜、淋膜和流延挤出、管材和片材挤出、拉丝、线缆包覆挤出、吹瓶等。典型牌号如 FX-5911 推荐应用于 HDPE/PP 管材、HDPE 吹瓶、PP 拉丝和 BOPP/CPP 薄膜等，能有效减少口模积料，延长生产时间；FX-5912 和 FX-9614 推荐应用于 PE 电缆绝缘材料，实现高速挤出，对绝缘性能没有影响；FX-5914X 可用于 PA66、PET 薄膜和纤维产品。

（3）木塑复合材料用润滑剂：随着木塑复合材料的发展和应用，润滑剂在改善木塑复合材料的表面性能和提高生产效率方面效果显著。一般而言，木塑复合材料的润滑剂用量是普通塑料的 2 倍。对于木纤维含量在 50%～60% 的木塑复合材料，润滑剂在 HDPE 基材料中用量为 4%～5%，PP 基材料中用量为 1%～2%，PVC 基材料中用量为 5%～10%。

木塑复合材料通常使用的润滑剂有乙撑双硬脂酸酰胺（EBS）、硬脂酸锌、石蜡和氧化聚乙烯等，由于硬脂酸盐的存在将削弱马来酸酐的交联作用，交联剂和润滑剂的效率都会下降，所以更多新型的润滑剂被开发出来。

龙沙公司的 GLYCOCLUBE WP2000 是一种不含硬质酸盐的氨基酸润滑剂，添加量低、润滑效率高当其用量从 4.5% 下降到 3% 时，挤出效率比硬脂酸锌/EBS 体系提高了 2 倍，还可以提高产品的外观和尺寸的稳定性，可满足 HDPE、PP 以及 PVC 基木塑复合材料的加工要求。

Struktol 开发的 TEP113 是一种应用在聚烯烃基木塑复合材料上的新型非硬脂酸盐润滑剂，PVC 基木塑复合材料可选择 TPW-012 和 TR251。

科莱思公司的 Cesa-process 9102 专门用在聚烯烃基木塑复合材料，是一种含氟弹性体润滑剂，Cesa-process 8477 具有更高的润滑性，适用于聚烯烃基木塑复合材料的挤出和注射。

Ferro 聚合物添加剂公司开发出了两种新的 SXT2000 和 SXT3000 润滑剂。SXT2000 是一种硬脂酸盐润滑剂和非硬脂酸盐润滑剂的混合物，SXT3000 润滑剂则完全不含硬脂酸盐，价格相对较高，但润滑效率也极高，具有较高的性价比。

Reedy 国际公司也推出了专门用于发泡 PVC 基木塑复合材料的润滑剂 Safoam WSD，即使复合材料的木酚含量在达到 70% 熔体仍然顺利地挤出。Safoam WLB 是一种以 HDPE 蜡为主要原料的外部润滑剂，适用于 PVC、PP、HDPE 基木塑复合材料，用量非常低，润滑性能好。

（4）环丁烯对苯二甲酸的（CBT）润滑剂：CBT 树脂是一种相对分子质量很低的 PBT 聚合物，牌号有 CBT100、CBT200，表 7－4 列出了 CBT 分类及应用。在常温下，呈现固态，升温就可熔化，其黏度与水接近，很容易进入到纤维增强材料中或吸纳大量的填充物；继续加热，就会进一步发生聚合，并最终成为高相对分子质量 PBT 聚酯。

表 7－4　CBT 分类及应用

牌　号	特　性	主要用途
CBT100	非聚合型	共混改性，大幅度提高其流动性 高填充、易分散的母料
CBT200	非聚合型	
CBT160	聚合型	高于 190℃ 聚合成高相对分子质量 PBT
CBT100 + 催化剂	混配型	快速聚合成线性 PBT 滚塑可以添加各种功能填料而不影响成型 涂层，无溶剂，无 VOC

CBT100 与聚酯（PBT、PET、PC、PCT、Hytrel）、PA、POM、PPO、PVC、PMMA、TPU、ABS、SAN、PEI、PSU 及合金（PC/ABS、PC/PEI、PC/PBT、PC/PET）等的相容性很好，极少的添加量就可以大幅度提高树脂的流动性，而几乎不影响其力学性能，共混能耗降低，产能提高。CBT100 湿润能力强，填充能力强，加工黏度低，在高填充共混体系中具有明显的优势。

3. 橡胶润滑剂技术发展动向

图 7－6 所示的是新开发的由 2-三烷氧基甲硅烷基-1，3-丁二烯聚合物 1 组成的橡胶用加工助剂，这类含硅的加工助剂可以控制胶料黏度的上升，而且对物理性能没有影响。

另外，图 7－7 所示的是新开发的橡胶用加工助剂 2，它是由癸烷基三烷氧基硅烷 2 和环已烷基二烷氧基硅烷 3 组成的，这类含硅的加工助剂在改善胶料加工性的同时，还具有改善模具脱模性的功效。

$$R^1{-}O{-}\underset{|}{\overset{|}{Si}}(O{-}R^2){-}O{-}R^3 \quad -\!\!\left(CH_2{-}\underset{|}{C}{=}CH{-}CH_2\right)_n\!\!-$$

图 7－6 新开发的橡胶用加工助剂 1

$$C_{10}H_{21}{-}Si(O{-}R^1)_3 \quad (2) \qquad C_6H_{11}{-}Si(O{-}R^2)(R^2)(O{-}R^2) \quad (3)$$

图 7－7 新开发的橡胶用加工助剂 2

近年来，有学者指出了过去橡胶制品成型后存在的脱模剂问题，提出了用半永久性脱模剂可以提高生产效率。过去，脱模剂采用的是油脂和蜡，它们虽然价格便宜，但要在模具上均匀涂布却非常困难，而且，使用溶剂还存在着 VOC（有机化合物挥发）问题。硅乳液不但会污染模具，而且还存在着流痕等加工上的缺陷。半永久性脱模剂采用的是低 VOC 的溶剂型和不含 VOC 的水溶性物质，这类脱模剂不会在模具上积垢。最新的 PERMALESE90 脱模剂在 130℃以上和 30 s 的条件下固化，一般工业生产上可以使用 50 次，有时甚至可以保持 80～100 次的脱模次数，提高了生产效率。

Jurkowska 研究了含氟润滑剂 K29 对 NR/BR 共混胶的性能的影响。K29 润滑剂在混炼胶中加入 0.5 份，即可降低胶料黏度，改善模具内的胶料的流动性，而且不会降低硫化橡胶的功能性，耐磨耗性和疲劳强度还有所提高，像 K29 这类润滑剂可以作为 NR/BR 橡胶的多功能添加剂。

2009 年 12 月底之前，多环芳香族烃类高浓度填充油已经被明令禁止使用。2007 年已有学者提出了油品对橡胶工业的影响的研究报告。其中，罗列了 10 种来源于天然物质的油品和六种从石油中提炼出来的油品的化学及物理性质和特性。同时，他还研究了天然橡胶轮胎胎冠胶料中这类操作油的影响。由于几种来源于天然物质的油品具有良好的加工性能，聚合物和填充剂之间显示出了良好的相互作用和分散性。

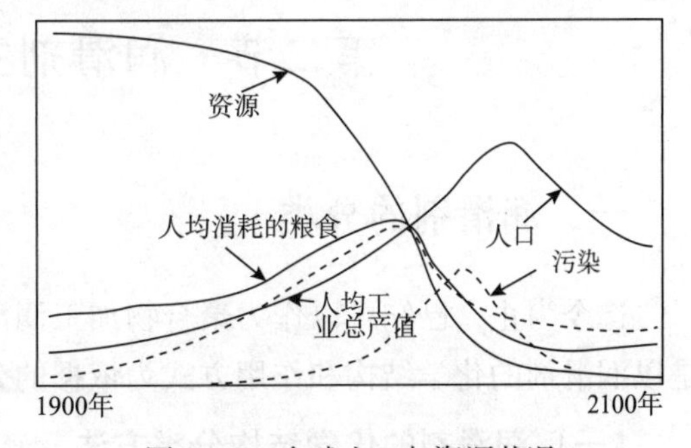

图 7－8 全球人口与资源状况

另外，也有报告阐述了如何改进氢化丁腈橡胶混炼胶的配合方法。

目前，以热塑性弹性体为首合成了许多新的弹性体品种，也不断涌现许多易于加工的助剂。它们成本较低，可缩短加工时间。橡胶加工助剂今后的研发方向首先是降低成本，其次，正如图 7－8 所示的那样，由于资源短缺的问题，用天然物质制成的加工助剂重新受到人们的关注。不会对环境产生有害影响的加工助剂已经上市。

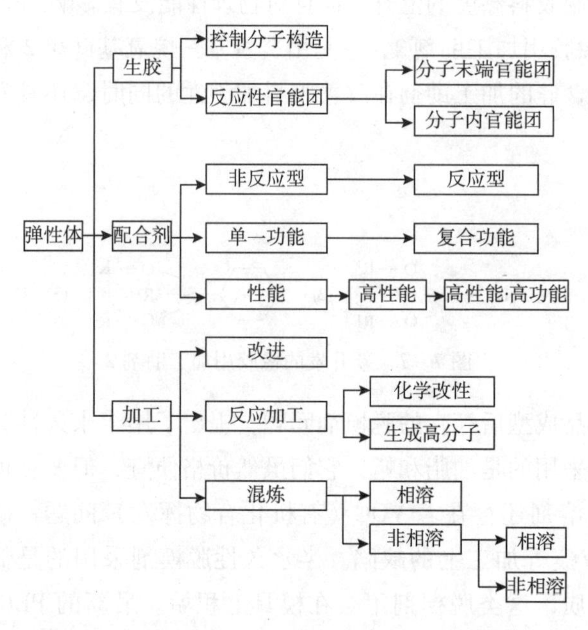

图7－9　橡胶加工方法的变化和关于未来发展方向

展望多功能、高性能的加工助剂，今后不管是胶料内部加工助剂还是外部加工助剂，与橡胶的配合都要以简便、少量为宜。无论在哪种情况下，资源问题、环境问题和循环利用问题都是在设计使用方法时，需要重点考虑的因素。

图7－9为橡胶加工方法的变化和关于未来发展的推断，重点是技术实用化和配合技术的改进，配合剂中的加工助剂应朝着反应型、多功能以及高性能、高功能的方向发展。

4. 润滑剂发展方向

润滑剂是改性塑料、橡胶、纤维等高分子产品的重要组成部分，其发展方向如下。

（1）润滑剂的复配技术是目前快速、有效解决生产实际问题最有效手段。

（2）开发新润滑剂品种是实现产品性能大幅度提高的根本途径。

（3）多功能润滑剂是其重要的发展方向，如增塑润滑剂、阻燃润滑剂等。

（4）开发润滑剂新品种应重点考虑高效率、低添加量、低挥发性、耐迁移等综合性能。

（5）绿色、环保、无毒、可降解、与生态环境相容、化学上为惰性的润滑剂是开发新润滑剂的最高目标。

第二节　润滑剂主要品种及其应用

一、润滑剂的分类

迄今为止，已知可以作为聚合物加工润滑剂的物质很多，分类方法各异。但习惯上还是以润滑剂的化学结构和作用方式为依据的分类方法比较常见。

（一）润滑剂的化学结构分类方法

就现状而言，工业上用作聚合物加工润滑剂（包括脱模剂、爽滑剂和LLDPE用氟聚合物加工助剂）的化学物质大致涉及如下几种类型。

（1）烃类化合物：诸如液体石蜡、天然石蜡、微晶石蜡、聚乙烯蜡（低相对分子质量聚乙烯）、氧化聚乙烯蜡和卤代烃等。

（2）脂肪酸类化合物：一般包括高级脂肪酸、羟基脂肪酸等。

（3）脂肪酸皂类化合物：如硬脂酸钙、硬脂酸铅、硬脂酸锌、褐煤蜡酸钙等。

（4）脂肪酰胺类化合物：涉及高级脂肪酰胺和亚烷基高级脂肪双酰胺两种类型，除作为 PVC 硬制品的润滑剂外，尤其在聚烯烃薄膜等制品的加工中常常作为爽滑剂使用。

（5）脂肪酸酯类化合物：根据酯类结构特征，一般包括高级脂肪酸的高碳醇酯和低碳醇酯，高级脂肪酸的多元醇酯，由二元酸、多元醇和高级脂肪酸酯化而得的低聚合度复合酯等。

（6）高级脂肪醇类化合物：如硬脂醇等。

（7）聚硅氧烷类化合物：主要作为外脱模剂使用。

（8）氟聚合物类化合物：几乎专门用作 LLDPE 加工助剂，防止树脂熔体破裂。

（9）复合润滑剂：由不同类型化合物复配而成的润滑剂品种。

（二）润滑剂的作用方式分类方法

润滑剂依其作用功能可以分为内润滑剂、外润滑剂、脱模剂和爽滑剂等。内润滑剂和外润滑剂是对聚合物加工过程而言，与传统意义上概念无异，脱模剂、爽滑剂实际上是外润滑剂功能的延伸。LLDPE 用氟聚合物加工助剂是近年来出现的新功能加工改性剂，由于其主要作用是在加工设备表面形成了与 LLDPE 不相容的氟聚合物涂层，增加了壁滑动速率，因此也归入润滑剂的讨论范畴。

应当指出，作为聚合物加上润滑剂，内润滑剂、外润滑剂只是功能上的定性分类，两者之间并无严格的界限可言，一方面一种润滑剂在一种结构的聚合物中可能显示内润滑性，而在另一种结构的聚合物中又可能显示外润滑性；另一方面，即便是同一种润滑剂应用于同一种结构的聚合物中，也往往同时兼备内润滑性和外润滑性。

二、润滑剂主要品种及其应用

（一）烃类润滑剂

烃类润滑剂包括液体石蜡、天然石蜡、微晶石蜡、聚乙烯蜡、氧化聚乙烯蜡和卤代烃等。它们的润滑效率较高，具有内外两种润滑性，但一般与 PVC 树脂的相容性差，多数表现为外润滑性。在挤出工艺中，它们的初期润滑性和后期润滑性较差，但中期润滑性显著。烃类润滑剂性质稳定，价格低廉，也是聚氯乙烯等塑料加工中应用广泛的润滑剂类型。下面分别介绍各种烃类润滑剂的性质和用途。

（1）液体石蜡：液体石蜡是石油裂解产物，根据馏分的不同可以分为多种牌号，在聚合物加工中所表现出来的润滑效果也各有差异。俗称“白油”或“矿物油”，凝固点为 -35 ~ -15℃的液体石蜡在 PVC 挤出和注射成型中广泛用作内润滑剂，由于其与树脂的相容性较差，因此添加量受到限制，用量一般以0.3~0.55phr（phr是用量单位“每百克份数”）为宜。因为用量过大，容易导致压析和发黏现象发生，反而使加工性能变差。在挤出工艺中，液体石蜡的初期润滑性较好，且不影响热稳定性。

（2）天然石蜡：天然石蜡室温下为固体，熔点较低，一般在57~63℃，在PVC硬制品加工中呈外润滑性，特别适用于改进挤出物的表面平滑性，其降低熔融前树脂微粒之间摩擦，延缓树脂熔融的作用随相对分子质量的增加而提高。

（3）微晶石蜡：微晶石蜡同样是石油炼制的产物，但通常相对分子质量较大，碳原子数为32~72，且支链化程度和异构体较多，熔点约65~90℃。其对PVC的润滑效果突出，热稳定性好，尤其在具有高硬脂酸钙含量的稳定体系中，支链化的微晶蜡较直链烃蜡的效果为优，其原因归根于支链化增加了它们与树脂的相容性，在不析出的前提下能够以较高的用量添加到树脂中，为了弥补微晶石蜡在PVC挤出工艺中初期润滑性和后期润滑性的不足，最好在配方设计时与硬脂酸丁酯、酯蜡和高级脂肪酸并用。

（4）聚乙烯蜡：聚乙烯蜡是指相对分子质量在1000~2500之间的低相对分子质量聚乙烯。一般由高相对分子质量的聚乙烯树脂热解或由乙烯聚合工艺合成而得。其物理性质介于石蜡和高相对分子质量聚乙烯树脂之间。作为润滑剂，聚乙烯蜡的化学性质稳定，电性能优良，与PVC等极性树脂的相容性差，呈外润滑特征。在硬质PVC加工中，聚乙烯蜡以减小熔融前树脂微粒间的摩擦、调节塑化时间和提高制品表面光洁性为主要功能。由于聚乙烯蜡和PVC树脂的相容性极小，因此添加量大有影响制品透明性的倾向。只有较高相对分子质量和较高结晶度的聚乙烯蜡能够赋予制品良好的透明性、可以用于透明制品的加工。

聚乙烯蜡与聚乙烯、聚丙烯、聚醋酸乙烯、乙丙橡胶、丁基橡胶等非极性树脂或胶料相容，而与聚甲基丙烯酸甲酯、聚碳酸酯、聚苯乙烯、ABS、PVC等极性树脂的相容性较差。

除作为润滑剂使用外，聚乙烯蜡还广泛用作各种功能性母料和色母科载体和分散剂。

必须指出，具有润滑性和分散性的非极性聚烯烃蜡并不完全局限于聚乙烯蜡上，近年来出现的聚丙烯蜡也显示出良好的应用性能。与聚乙烯蜡相比，这种低相对分子质量的聚丙烯具有较高的等规度和硬度，而且热稳定突出。

（5）氧化聚乙烯蜡：与相应的聚乙烯蜡相比，氧化聚乙烯蜡的极性增加，因而和聚氯乙烯等极性聚合物树脂的相容性得以改善。氧化聚乙烯蜡在聚氯乙烯加工中呈现外润滑特征，由于其极性基团对金属表面具有良好的亲和性，因此脱模效果非常突出，而且基本不影响制品的透明度。目前，氧化聚乙烯蜡主要用于挤塑加工，尤其是在吹塑和以有机锡稳定的PVC管材、型材和片材生产工艺。

（6）氯化石蜡：氯化石蜡属于卤代烃类润滑剂，与PVC树脂的相容性较好，呈中等润滑性，初期和后期润滑性不足，必须与其他润滑剂并用。为了不损害制品的透明性，其用量通常控制在0.33phr以下。

(二) 脂肪酸类润滑剂

脂肪酸类润滑剂包括饱和脂肪酸、不饱和脂肪酸和羟基脂肪酸类化合物等，工业上尤以饱和脂肪酸的应用最为广泛。

(1) 饱和脂肪酸：一般认为，碳原子数达到 12 以上的饱和脂肪酸都具有润滑性。饱和脂肪酸类润滑剂主要包括硬脂酸、软脂酸、肉豆蔻酸、花生酸和山梨酸等。一般由相应的油脂氢化水解而得。作为 PVC 硬制品加工用润滑剂，随碳链长度的增加，润滑性能由内向外转变，如硬脂酸呈内外润滑性，并倾向于内润滑，而山梨酸和褐煤蜡酸则系典型的外润滑剂。还必须说明，饱和脂肪酸类润滑剂一般以碘值和皂化值低者为优，这对提高制品的耐热性和耐候性大有初裨益。饱和脂肪酸不仅自身可以作为有效的润滑剂使用，而且也是脂肪酸皂类、脂肪酸酯类和脂肪酰胺类润滑剂的重要碳链源。硬脂酸是工业上最重要的润滑剂。

(2) 不饱和脂肪酸类化合物：不饱和脂肪酸类润滑剂的重要品种是油酸，其次还包括芥酸、亚麻油酸等。由于其结构中含有不饱和双键，易氧化变色，且有导致制品维卡温度降低的倾向，工业上直接应用很少。

(3) 羟基脂肪酸类化合物：羟基脂肪酸类润滑剂包括蓖麻油酸和 12-羟基硬脂酸，蓖麻油酸由蓖麻油水解而成，12-羟基硬脂酸则系蓖麻油酸的氢化产物，它们的挥发性较硬脂酸为低，由于结构中羟基的存在，使其极性增强，因此与 PVC 等极性树脂的相容性好，显示内润滑作用，但热稳定性较差。

(三) 脂肪酸皂类润滑剂

高级脂肪酸的金属盐类化合物俗称金属皂，它们对 PVC 的热稳定作用在“热稳定剂”一章中已有介绍，除此之外，在 PVC 硬制品加工中对润滑行为的贡献亦不容忽视。

脂肪酸皂类润滑剂的润滑作用随金属种类和脂肪酸根的种类不同而异。就同一种金属而言，脂肪酸根的碳链越长（即金属含量越低），润滑效果越好。在脂肪酸皂类润滑剂中，硬脂酸皂和褐煤蜡酸皂最为重要。硬脂酸金属皂以硬脂酸铅和硬脂酸钙应用居多。硬脂酸钙在 PVC 加工中系典型的内润滑剂，硬脂酸铅则为良好的外润滑剂品种。

(四) 脂肪酸酯类润滑剂

脂肪酸酯类润滑剂依其结构可以分为高级脂肪酸的低碳醇酯、高级脂肪酸的高碳醇酯、高级脂肪酸的多元醇酯和由二元酸、二元醇、高级脂肪酸缩合酯化而成的具有低聚合度的复合酯等。以下分别介绍它们的性质、用途和制备方法。

(1) 高级脂肪酸的低碳醇酯：高级脂肪酸的低碳醇酯润滑剂中，硬脂酸、软脂酸以及其他的饱和脂肪酸的 $C_{1\sim4}$脂肪醇酯化合物应用比较广泛，其中硬脂酸正丁酯最具代表性。高级脂肪酸的低碳酸酯类润滑剂在 PVC 加工中呈内润滑性，酯基作为极性基团与 PVC 树脂具有较强的亲合性，因此相容性好，一般不影响制品的透明性。

硬脂酸正丁酯与 PVC 相容性好，具有良好的内润滑性和初期润滑性，适用于聚氯乙烯、聚苯乙烯等热塑性树脂，不影响制品的透明性，但中期和后期润滑性较差，与硬脂酸配合能够进一步提高润滑效能。除作为润滑剂外，硬脂酸正丁酯还对硝酸纤维素树脂、醋酸纤维素树脂等涂料具有增塑作用，可改善该膜的表面光泽性、耐水性和耐刻痕性。

硬脂酸正丁酯的制备通常是在正丁醇过量的情况下以硫酸或路易斯酸为催化剂反应、脱醇、水洗、压滤等过程制得成品。其反应方程为：

$$C_{17}H_{35}COOH + n-C_4H_9OH \xrightarrow{\text{催化剂}} C_{17}H_{35}COOC_4H_9 + H_2O \qquad (7-1)$$

（2）高级脂肪酸的高碳醇酸类润滑剂：高级脂肪酸的高碳醇酯类润滑剂以硬脂酸的十八醇酯为代表，德国 Henkel 公司商品牌号为 Loxiol，兼具内、外润滑性，与纯外润滑剂相比，对用量的敏感性较低，主要适用于各种硬质 PVC 制品的加工，通常用量为 0.5%～1.5%。

硬脂酸十八醇酯是以硬脂酸和十八醇为原料，路易斯酸为催化剂，原料配比约 1：1，经直接酯化而得的。为保证酯化反应的顺利进行和防止产品色相较深，可以通氮保护或加入次磷酸及其盐类改良。反应方程式如下：

$$C_{17}H_{35}COOH + C_{18}H_{37}OH \xrightarrow{\text{催化剂}} C_{17}H_{35}COOC_{18}H_{37} + H_2O \qquad (7-2)$$

（3）二元羧酸的饱和高碳醇酯润滑剂：二元羧酸和饱和高碳醇酯类润滑剂的典型结构是邻苯二甲酸双（十八醇酯），以德国 Henkel 公司的 Loxiol G60 最为著名，其结构如下所示：

$$C_6H_4(COOC_{18}H_{37})_2 \qquad (7-3)$$

邻苯二甲酸双（十八醇酯）润滑剂是以苯酐和十八烷醇为原料，以路易斯酸为催化剂，在约 1：2 摩尔比的情况下直接酯化而成，酯化温度为 160～230℃。为保证酯化反应顺利进行，可以采取真空脱水或通氮保护措施，同时加入适量的次亚磷酸及其盐类可以改善其产品色泽。反应方程式如下：

$$C_6H_4(CO)_2O + 2C_{18}H_{37}OH \xrightarrow{\text{催化剂}} C_6H_4(COOC_{18}H_{37})_2 + H_2O \qquad (7-4)$$

（4）酯蜡类润滑剂：酯蜡类润滑剂通常是指含有 C_{24} 以上的高级脂肪酸和 $C_{26\sim32}$ 高级脂肪醇的化合物，由于它们是褐煤蜡、巴西棕榈蜡和虫蜡的主要成分，而且外观呈蜡状，故称酯蜡。酯蜡的润滑性与总碳数有关，而与酸或醇组分之间如何分配无关。褐煤蜡及其衍生物在 PVC 及其他热塑性塑料加工中具有重要地位。

褐煤蜡及其衍生物类润滑剂包括褐煤蜡酸、褐煤蜡酸皂、褐煤蜡酸高碳醇酯、褐煤蜡酸多元醇酯、褐煤蜡酸酯部分皂化物和褐煤蜡酸的复合酯。

（5）脂肪酸多元醇酯类润滑剂：脂肪酸多元醇酯类润滑剂包括多元醇单脂肪酸酯和多

元醇完全脂肪酸酯。对于同一结构的多元醇而言，随着酯化程度的加深，其分子中极性降低，与 PVC 等极性树脂的相容性变差。

硬脂酸单甘油酯是一种多功能的聚合物助剂，其本身具有表面活性，可作为非离子型抗静电剂和流滴剂使用，亦可作为 PVC 内润滑剂使用。硬脂酸单甘油酯通常是由甘油和硬脂酸是在非酸催化剂存在下按 1∶1 的摩尔比直接酯化而成的，工业上也有利用油脂和甘油进行酯交换反应制备的。但是，直接酯化或酯交换反应获得产品单酯含量仅能达到 40% ~50%，要获高纯度的硬脂酸单甘油酯必须进行分子蒸馏。其合成反应方程为：

$$C_{17}H_{35}COOH + \begin{array}{l} CH_2OH \\ | \\ CHOH \\ | \\ CH_2OH \end{array} \xrightarrow{\text{催化剂}} \begin{array}{l} CH_2OCC_{17}H_{35} \ (C{=}O) \\ | \\ CHOH \\ | \\ CH_2OH \end{array} + H_2O \quad (7-5)$$

（6）复合酯类润滑剂：复合酯类润滑剂实际上是由二元羧酸、多元醇和高级脂肪酸经酯化缩合而成的低聚合度酯类化合物。其中，二元羧酸以己二酸、丁二酸居多，多元醇包括甘油、季戊四醇、三羟甲基丙烷等，高级脂肪酸则多是价廉易得的硬脂酸和油酸。复合酯类润滑剂的分子结构中既含有长碳链的脂肪烷基，又存在未酯化的游离羟基和大量的酯基，因而极性较强，与 PVC 等极性树脂具有一定的相容性，外润滑性突出，脱模性优异，同时又不至于影响制品的透明性。早在 20 世纪 80 年代初期，德国 Henkel 公司就已率先开展复合酯类润滑剂的研究和开发工作，并一度领导世界酯类润滑剂的潮流，其应市的 Loxiol G70、Loxiol G70S、Loxiol G71、Loxiol G7lS、Loxiol G74 等复合酯类润滑剂品种迄今仍不失为全球复合酯类润滑剂的代表性品种。随后，经过“七五”攻关，国内类似于 Loxiol G70、Loxiol G74 结构的复合酯类润滑剂相继问世，标志着我国 PVC 用复合酯类润滑剂技术得到突破。

（五）高级脂肪醇类润滑剂

高级脂肪醇类润滑剂以含 16 个以上碳原子的饱和直链脂肪醇化合物为主，包括软脂醇（鲸蜡醇、C_{16}醇）、硬脂醇（C_{18}醇）、花生醇（C_{20}醇）、巴西棕榈醇（C_{24}醇）等。

高级脂肪醇类润滑剂与 PVC 的相容性良好，显示内润滑性。在挤出工艺中，其初期和中期润滑效果显著，而且和许多类型的润滑剂，热稳定剂混配性好，对这些助剂的分散性有改善作用，也是许多复合润滑剂和复合热稳定剂的重要组分之一。然而，由于脂肪醇类化合物的挥发性较大，将其与二元羧酸酯化可以得到具有低挥发性，与 PVC 树脂高相容性的优秀内润滑剂品种。高级脂肪醇类润滑剂亦可作为聚苯乙烯的润滑剂使用。

（六）脂肪酰胺类润滑剂

脂肪酰胺是聚合物加工润滑剂的重要类型，其应用除改善树脂的流变性能外，对聚烯烃等制品尚有爽滑和防粘连作用。作为润滑剂，脂肪酰胺类化合物主要包括脂肪单酰胺和亚烷基脂肪双酰胺两大类型。

（1）脂肪单酰胺类润滑剂：脂肪单酰胺类润滑剂是指由脂肪酸与氨气直接酰胺化的产

物，其结构中仅含一个酰胺极性基团和一个长碳链的脂肪烷基非极性基团，尤以芥酸酰胺和硬脂酰胺的应用最为广泛。

芥酸酰胺：外观为白色蜡状固体，熔点75～85℃，不溶于水，可溶于乙醇、乙醚等有机溶剂。芥酸酰胺主要适用于聚烯烃，尤其是聚丙烯薄膜制品，具有良好的爽滑和防粘连效果，而且挥发性小，热稳定性高，是目前聚烯烃生产装置配套的重要品种之一。同时，本品在硬质聚氯乙烯制品加工中亦可作为加工润滑剂使用。芥酸酞胺的制备是在高温下（约200℃）于芥酸中通氨反应，所生成的水随未反应的氨脱除，氨再回收使用。其反应方程如下：

$$CH_3(CH_2)_7CH=CH(CH_2)_{11}COOH \xrightarrow[-H_2O]{NH_3} CH_3(CH_2)_7CH=CH(CH_2)_{11}CONH_2 \tag{7-6}$$

硬脂酰胺：它是脂肪单酰胺类润滑剂的代表性品种，广泛应用于PVC、聚苯乙烯、脲醛树脂等热塑性和热固性塑料加工，对PVC具有良好的外润滑性和脱模性，持效性和耐热性较差，有初期着色行为，常与少量的脂肪醇配合使用，以克服着色性和热稳定性不足之弊端。由于其与PVC树脂的相容性有限，配合量过大时有析出倾向，影响制品的印刷性和透明性。本品亦为聚烯烃的爽滑剂和防粘连剂。硬脂酰胺的制备方法类似于芥酸酰胺，即：

$$C_{17}H_{35}COOH + NH_3 \longrightarrow C_{17}H_{35}\overset{O}{\overset{\|}{C}}-NH_2 + H_2O \tag{7-7}$$

作为润滑剂使用的脂肪单酰胺类化合物还包括油酸酰胺、软脂酰胺等。

（2）脂肪双酰胺类润滑剂：脂肪双酰胺是由亚烷基二伯胺与脂肪酸进行酰胺化反应而获得的产物，其分子结构中包含两个酰胺基极性中心和两个脂肪烷基，与相应的脂肪单酰胺相比，总碳数较多，熔点较高，润滑性能更优。作为脂肪双酰胺类润滑剂，主要系 C_{16}以上脂肪基的亚甲基和亚乙基双酰胺，重要的品种包括*N*，*N′*-亚甲基双硬脂酰胺（MBS）、*N*、*N′*-亚乙基双硬脂酰胺（ERS）和*N*，*N′*-亚乙基双油酸酰胺（EBO）。

N，*N′*-亚甲基双硬脂酰胺：外观为白色蜡状固体，熔点148～150℃，相对密度0.93，不溶于水，室温下在酮、醇、酯类有机溶剂中的溶解度极小，随温度升高溶解度增大。本品是脂肪双酰胺类润滑剂的代表性品种，广泛应用于硬质聚氯乙烯、聚苯乙烯、ABS、AS等制品的加工，在PVC中呈外润滑性，能有效降低树脂熔体和金属表面之间的摩擦，改善制品的加工性。少量配合时不会影响制品的透明性，配合量过大有喷霜析出倾向。

此外，MBS在聚烯烃制品中尚有爽滑和防粘连作用。应该指出的是，*N*，*N′*-亚甲基双硬脂酰胺的热稳定性欠佳，高温使用时易分解，释放出醛类产物，这也是亚甲基类脂肪双酰胺类化合物普遍存在的问题。

N，*N′*-亚甲基双酰胺类化合物通常是由甲醛和相应的单酰胺在酸性介质中反应制备的，催化体系可以是无机酸、有机酸或 PCl_3、$SiCl_4$、$AlCl_3$等。反应通式如下：

$$2R-\overset{\displaystyle O}{\overset{\|}{C}}-NH_2 + HCHO \xrightarrow{H^+} R-\overset{\displaystyle O}{\overset{\|}{C}}-NH-CH_2-NH-\overset{\displaystyle O}{\overset{\|}{C}}-R + H_2O \tag{7-8}$$

（七）硅烷类脱模剂

有机硅类脱模剂在聚合物工业中具有广泛的用途，通常以外涂方式使用。其主要包括甲基硅油、乙基硅油、甲基苯基硅油等。

甲基硅油：其化学名称为聚二甲基硅氧烷，一般由二甲基环状硅氧烷以六甲苯二硅醚为终止剂在酸或碱的催化下调聚而得，根据聚合度的不同分为多种牌号，外观为无色透明的黏稠液体，平均相对分子质量为5000～100000，黏度$6.5\times10^{-7}\sim6\times10^{-1}$Pa·s，长期使用温度为－15～180℃，溶于乙醚、苯、甲苯、二甲苯等有机溶剂，广泛用于各种塑料制品和橡胶制品，具有优良的耐高温性和耐低温性、透光性、电性能、憎水性、防潮性和化学稳定性，可以溶液、乳剂和硅膏等形式使用。其分子结构式为：

$$H_3C-\underset{\displaystyle CH_3}{\overset{\displaystyle CH_3}{Si}}-\left[O-\underset{\displaystyle CH_3}{\overset{\displaystyle CH_3}{Si}}\right]_n-O-\underset{\displaystyle CH_3}{\overset{\displaystyle CH_3}{Si}}-CH_3 \tag{7-9}$$

（八）高温润滑剂

基于通用塑料工程化、工程塑料高性能化和塑料成型技术高温化、高剪切化趋势的发展，对润滑剂提出了具有更高的热稳定性和更低的挥发性的要求。综观文献报道，目前聚合物用高温润滑剂主要包括乙内酰脲二醇的脂肪酸酯和聚甘油醚的脂肪酸酯两种类型。

（九）复合润滑剂

复合润滑剂是指由两种或两种以上具有不同润滑功能、结构和组成各异的润滑剂组分配合而成的润滑剂品种。我们知道，对于PVC制品的加工而言，任何一种结构的润滑剂都不可能同时满足内润滑性与外润滑性和初期润滑性、中期润滑性与后期润滑性的完全平衡，而将具有不同润滑功能和行为的润滑剂组分配合在一起，使之形成能够满足加工工艺要求的完整润滑体系是润滑剂品种开发行之有效的途径。正因如此，复合化已成为润滑剂工业发展的重要方向。与单一结构的润滑剂品种相比，复合润滑剂具有使用方便，加工时润滑体系配方简单，采购和仓储费用低廉，内外润滑性平衡，而且在挤出过程中初期润滑效果、中期润滑效果和后期润滑效果兼顾等特点。尤其是近年来出现的润滑剂－热稳定剂“一包装”复合产品，更加有效地改善和提高了热稳定性能，达到了PVC加工润滑性和热稳定性的高度统一。

综观国内外现状，复合润滑剂品种主要包括如下几种类型：①石蜡烃类复合润滑剂；②金属皂类与烃类润滑剂的复合物；③脂肪酰胺与其他润滑剂组成的润滑剂；④脂肪酸酯类复合润滑剂；⑤褐煤蜡类复合润滑剂；⑥润滑剂与稳定剂构成的复合体系。

第三节 制备常用润滑剂 EBS

一、润滑剂 EBS 概述

（一）产品及其用途

EBS（亚乙基双硬脂酸酰胺）是一种化学品，分子式是 $C_{38}H_{76}N_2O_2$，相对分子质量是593.04。亚乙基双硬脂酸酰胺有酰胺蜡之称，又称 *N*, *N'*-亚乙基双硬脂酰胺，简称 EBS、EBA，结构式为 $C_{17}H_{35}CONHCH_2CH_2NHCOC_{17}H_{35}$，毒性 LD_{50} 为 8000～15300mg/kg（小鼠经口）、5900～13400mg/kg（大鼠经口），属于 2 级，低毒级，实际无毒；白色细小粉状物，相对密度 0.98。熔点 140～145℃。闪点（开杯）285℃。室温下不溶于大多数有机溶剂，溶于热的芳香烃和氯代烃溶剂，不溶于水。80℃以上显湿润性，对酸碱和水介质稳定；无毒，对人体无任何毒副作用。

乙撑双硬脂酰胺是塑料加工行业使用的重要助剂，在许多热塑性和热固性塑料中作润滑剂，具有良好的内外润滑效果且可作为脱模剂、抗黏结剂和抗静电剂应用，主要用于 PVC、PP、ABS 树脂，也可用于酚醛和氨基塑料及橡胶工业中。常用量 0.5～2.0 份。在橡胶工业中，可以作为胶料的抗粘剂、润滑剂和脱模剂，以及硬橡胶的表面处理剂。此外，还可作为石油产品的熔点上升剂，金属拉丝时的润滑剂和防蚀剂，纸张涂层的成分，电气元件的灌封材料等。国外早在 20 世纪印年代就开始了 EBS 的工业化生产，目前以其为主要组成的商品牌号已有几十种，国内 EBS 的开发始于 1987 年，但后来其应用发展加快。具体应用如下。

（1）塑料：在许多热塑性和热固性塑料中作为内部和外部滑剂，最具代表者如 ABS、PS、AS、PVC，亦可应用于 PE、PP、PVAC、醋酸纤维素（cellulose acctate），尼龙（nylon），酚醛树脂（pheonolic-resin）、氨基塑料等，具有良好的光洁度、脱模性。

在热塑性的 PUR 注塑加工中，该助剂也担当了内部脱模剂，添加量为 0.1%～1%。

作为聚甲醛润滑剂，添加量为 0.5%，提高了熔体流动速率，改善了脱膜性，且聚甲醛的白度、热稳定性及各项物理指标均达到优级品指标。

（2）橡胶：合成树脂及橡胶如 yinyl、polychloroprene、GRS（SBR），在它们的乳化液中加入 1%～3% EBS，有良好的抗粘及抗结块效果，EBS 应用于汽车用地板垫，排水管等橡胶制品起到增加表面光泽的效果。

（3）化纤：EBS 可以提高聚酯，聚酰胺纤维的耐热耐候性、流动性，并赋予一定的抗静电效果。

（4）离型剂：铸砂用酚醛树脂添加 EBS 可作为离型剂。

（5）颜料、填料分散剂：EBS 作为塑料．化纤色母粒的颜料分散剂，如 ABS、PS、丙纶、涤纶母粒。EBS 还可作为塑料配色用扩散粉。根据颜料填料的加入量不同，加入量为

0.5% ~5%.

（6）粉末涂料：EBS 可用作粉末涂料用流动助剂。

（7）涂料、油墨：涂料及油漆制造时，添加0.5% ~2% EBS 能提升盐雾及防潮效果；在涂料添加本品可改善脱漆剂性能，可提高烘烤瓷漆表面的流平性。

在家具抛光剂和印刷油墨中可用为消光剂。

本品经微粉化处理后（粒径：d_{50}约6μm，d_{90}约12μm），具有优良的抗磨性和爽滑性，用于漆系改善打磨性，在多孔的表面改善脱气性，用高剪切的分散设备或球磨机调入，加入量为0.5% ~1%，为保证颗粒充分湿润搅拌时间应足够长。

（8）其他用途：石油产品的熔点上升剂；金属拉丝时的润滑剂和防蚀剂；电气元件的灌封材料；造纸工业的消泡剂和纸张涂层成分；在纺织染整中可作为染色工程用消泡剂及永久性拔水剂；在沥青中添加本品，可降低沥青的黏度，提高沥青的软化点、抗水性和耐候性。

（二）贮存方法

纸袋包装。贮存于阴凉、干燥处。本品有毒，操作时应注意防护。

（三）产品规格

亚乙基双硬脂酸酰胺润滑剂产品规格为：熔点140 ~145℃，酸值10mg_{KOH}/g，色泽5，闪点280 ~290℃。

二、反应原理

润滑剂1，2-亚乙基双硬脂酰胺（EBS）是一种用途广泛的润滑剂，系采用乙二胺和硬脂酸反应而得，其反应方程式为：

$$2C_{17}H_{35}COOH + NH_2CH_2CH_2NH_2 \longrightarrow C_{17}H_{35}OCNHCH_2CH_2NHCOC_{17}H_{35} + 2H_2O \qquad (7-10)$$

三、工艺流程及其说明

（一）工艺流程及过程

润滑剂1，2-亚乙基双硬脂酰胺（EBS）制备流程见图7 -10。

首先通氮气清洗反应釜，然后加入硬脂酸，加热熔化。再缓缓加入乙二胺，并缓慢升温，使反应进行。待乙二胺加完后，继续升温，保持反应温度180℃左右。反应完后放料，粉碎，即得成品。

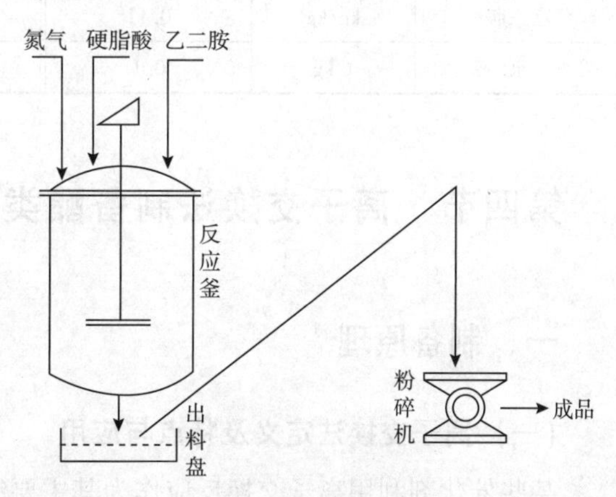

图7 -10　1，2-亚乙基双硬脂酰胺生产工艺流程

（二）主要原料及其规格

（1）硬脂酸

密度：0.9408g/cm^3

熔点：70～71℃

沸点：383℃

（2）乙二胺

含量：≥98%

其他胺类：<3%

氯化物：<0.01%

（三）消耗定额（按生产/t EBS计）

硬脂酸：0.97t

乙二胺：0.169t

四、各种工艺及其比较

EBS生产一般可分为4种工艺路线：硬脂酸与乙二胺反应、硬脂酸酯与胺类化合物反应、硬脂酰氯与胺类化合物反应和腈化物水解。

其中最常用的是第一种方法，该法工艺简单，反应条件温和，无三废，但产品纯度低。工艺流程：将硬脂酸和催化剂及一定量抗氧化剂加入反应釜，升温至硬脂酸熔化，开启搅拌升温至160℃，滴加乙二胺，至210℃保温数小时，取样分析，测定酸值和胺值合格后，停止反应，将物料放入结晶釜，过滤、烘干、粉碎、包装。硬脂酸与乙二胺反应物料、动力消耗见表7－5。

表7－5　EBS生产原料及动力消耗

原料、动力	单　位	消耗定额	原料、动力	单　位	消耗定额
硬脂酸	kg/kg	1.07	电	kW·h/kg	0.06
乙二胺	kg/kg	0.11	汽	kg/kg	1.2
水	t/kg	0.1			

第四节　离子交换法制备酯类润滑剂合成用固体酸催化剂

一、制备原理

（一）离子交换法定义及特点与应用

某些催化剂利用离子交换反应作为其主要制备工序的化学基础。制备这些催化剂的方

法，称为离子交换法。

这种情况下发生的离子交换反应，发生在交换剂表面固定而有限的交换基团上，是化学计量的、可逆的（个别交换反应不可逆）、温和的过程。离子交换法，系借用离子交换剂作为载体，以阳离子的形式引入活性组分，制备高分散、大比表面积、均匀分布的附载型金属或金属离子催化剂。与浸渍法相比，此法所负载的活性组分分散度高，故尤其适用于低含量、高利用率的贵金属催化剂的制备。它能将直径小至0.3~4.0nm的微晶的贵金属粒子附载在载体上，而且分布均匀。在活性组分含量相同时，催化剂的活性和选择性一般比用浸渍法制备的催化剂要高。

制备这类催化剂的方法，称为离子交换法，在工业上最重要的应用就在于分子筛改性及其工业应用。20世纪60年代初期以来，沸石分子筛作为无机交换物质，在催化反应中得到越来越多的应用。从20世纪30年代中期发现有机强酸性阳离子交换树脂及其后发现强碱性阴离子交换树脂后，近三四十年来，有机离子交换树脂就渐渐应用于有机催化反应中。

（二）离子交换法制备催化剂原理

1. 由无机离子交换剂制备催化剂

1）概念和分类

目前所指的无机离子交换剂，其原料单体主要是各种人工合成的沸石，而天然沸石已应用较少。

沸石是由SiO_2、Al_2O_3和碱金属或碱土金属组成的硅酸盐矿物，特别是指SiO_2、Na_2O、Al_2O_3三者组成的复合结晶氧化物（也称复盐）。

这些合成沸石结晶的孔道，通常被吸附水和结晶水所占据。加热失水后，可以用作吸附剂。在沸石晶体内部，有许多大小相同的微细孔穴，孔穴之间又有许多直径相同的孔（或称穿口）相通。由于它具有强的吸附能力，可以将比其孔径小的物质排斥在外，从而把分子大小不同的混合物分开，好像筛子一样。因此，人们习惯上把这种沸石材料称为分子筛。

分子筛若用作催化反应的载体或催化剂后，这种物理的分离功能和化学的选择性结合起来，衍生出许多种无机催化材料。特别是20世纪70年代以后，形状选择催化剂ZSM-5的合成，具有重大的科学和工业价值。

主要由于分子筛中Na_2O、Al_2O_3、SiO_2三者的数量比例不同，而形成了不同类型的分子筛。根据晶型和组成中硅铝比的不同，把分子筛分为A、X、Y、L、ZSM等各种类刑。而又根据孔径大小的不同，再可分为3A（0.3nm左右）、4A（比0.4nm略大）、5A（比0.5nm略大）等型号。几种常见分子筛的化学组成经验式及孔径大小如表7-6所示。

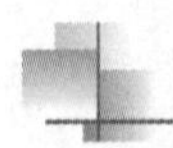

表 7－6　分子筛的化学组成经验式及孔径

名　称	经验化学式	孔径/nm
天然方沸石	$Na_2O \cdot Al_2O_3 \cdot 4SiO_2 \cdot 2H_2O$	0.28
3A 分子筛	$K_2O \cdot Al_2O_3 \cdot 2SiO_2 \cdot 4.5H_2O$	0.30
4A 分子筛	$Na_2O \cdot Al_2O_3.2SiO_2.4.5H_2O$	0.40
5A 分子筛	$0.66CaO \cdot 0.33Na_2O \cdot Al_2O_3 \cdot 2SiO_2 \cdot 6H_2O$	0.50
X 型分子筛	$Na_2O \cdot Al_2O_3 \cdot 2.8SiO_2 \cdot 6H_2O$	0.80
Y 型分子筛	$Na_2O \cdot Al2O3 \cdot 5SiO_2 \cdot 7H_2O$	0.80
丝光沸石	$Na_2O \cdot Al_2O_3.10SiO_2$（失水物）	—
ZSM-5	$Na_2O \cdot Al_2O_3 \cdot$（5～50）$SiO_2$（失水物）	—

注：ZSM-5 的硅铝比甚至可大于 3000。

为了适应分子筛的各种不同用途，特别是用作催化剂，需要把表 7－7 中常见的 Na 型分子筛中钠离子用离子交换法交换 H^+、Ca^{2+}、Zn^{2+} 等成其他阳离子，于是制得 Ca-X、HZSM-5 等不同的衍生物，则相应地称为 Cr-X 分子筛、HZSM-5 分子筛等。

当分子筛中的硅铝比（SiO_2/Al_2O_3摩尔比）不同时，分子筛的耐酸性、热稳定性等各不相同。一般硅铝比越大，耐酸性和热稳定性越强。高硅沸石，如丝光佛石和 ZSM-5 分子筛、若欲将 Na^+型转化为 H^+型分子筛，可直接用盐酸交换处理，而低硅的 X、Y、A 型分子筛则不能。13X 分子筛在 500℃ 热汽中处理 24h，其晶体结构可能遭到破坏，而 Y 型和丝光沸石，则不受影响。

各种分子筛的区别，更明显的是表现在晶体结构上的不同上面。由于晶体结构的不同（图 7－11），各种分子筛表现出自身独有的吸附和催化性质。加上用离子交换方法转化而成的各种金属离子的分子筛衍生物，于是便构成了日益增多的分子筛催化剂新品种，其系列至今仍在不断扩大中。

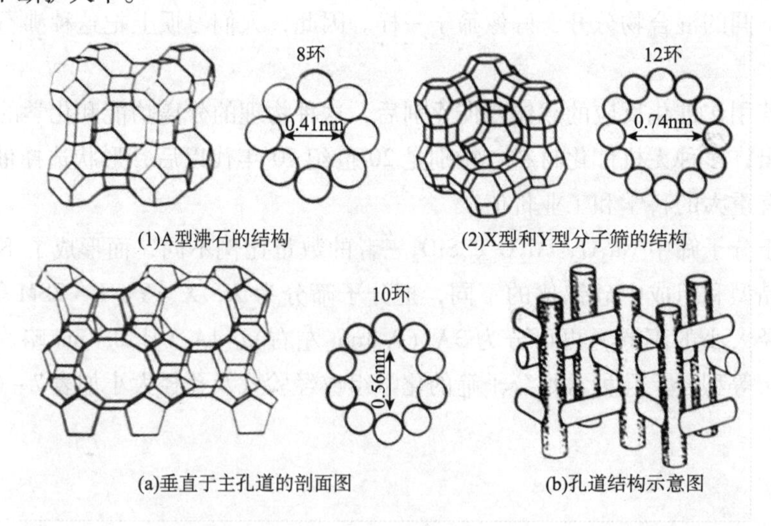

图 7－11　某些分子筛的结构

2）钠型分子筛的一般制法

天然矿物的挑石分子筛种类较少，而且结构成分不纯，因此用途受限。

早期的合成沸石，是采用模拟天然沸石矿物的组成和生成条件，用碱处理的办法来制备的。以后发展成用水热合成方法系统地合成多种沸石分子筛。

沸石的合成方法按原料不同大致可以分为水热合成法及碱处理法两大类。

水热合成法是在适当的温度下进行的，反应温度在 20～150℃之间，称为低温水热合成；反应温度在 150℃以上，称为高温水热合成反应，所用原料主要是含硅化合物、碱和水。常用的碱性物质有 Na_2O、K_2O、Li_2O、CaO、SrO 等，也可以用这些碱性物质的混合物。

两种方法的主要操作工序都基本相同，主要差别仅在原料及其配比和晶化条件的不同。现主要以 Y 型及 ZSM-5 分子筛为例简述其一般方法。

（1）Y 型分子筛：通常生产 Y 型分子筛所用的硅酸钠是模数（即 SiO_2/Na_2O 物质的量）3.0～3.3 的浓度较高的工业水玻璃，用时稀释。

偏铝酸钠溶液由固体氢氧化铝在加热搅拌下与 NaOH 碱液反应制得。为防止偏铝酸钠水解，溶液应使用新配制的，且 Na_2O/Al_2O_3之比应控制在 1.5 以上。

碱度指晶化阶段反应物中碱的浓度，习惯上是以 Na_2O 的摩尔分数及过量碱的尔分数（或质量分数）来表示。在制备 Y 型分子筛时，要求碱度控制在 Na_2O 为 0.75～1.5，过量碱为 800%～1400%，Na_2O/SiO_2质量比为 0.33～0.34。

成胶后的产物要进行晶化。偏铝酸钠、NaOH 与水玻璃反应生成硅铝酸钠，称为成胶。温度、配料的硅铝化、钠硅比及原料碱度，是影响成胶及晶化的重要因素。

成胶后的硅铝酸钠凝胶经一定温度和时间晶化成晶体，这相当于前述沉淀法中的陈化序。晶化温度和晶化时间应严格加以控制，且不宜搅拌过于剧烈。通常采用反应液沸点左右为晶化温度。Y 型分子筛一般控制温度 97～100℃。结晶时可加入导晶剂，以提高结晶度。这就是前述的导晶沉淀法。

洗涤的目的是冲洗分子筛上附着的大量氢氧化物。洗涤终点控制在 pH＝9 左右。

（2）ZSM-5 分子筛：由美国 Mobil 公司首创的 ZSM-5 分子筛，文献报道的制备方法，已不可胜数，其结构用途各异。

主要原料除 Na_2SO_4、NaCl、$Al_2(SO_4)_3$以及硅酸钠等通用原料外，还要加入有机铵盐等，作为控制晶体结构的“模板剂”。有些配方，除使用水和硫酸等无机溶液外，还使用有机溶液。

这些原料，按一定配比和加料方式，加入热压釜中。反应保持一定的时间和温度。凝胶、结晶、洗涤、焙烧后，得钠型的 NaZSM-5 分子筛。

NaZSM-5 分子筛，可以交换为氢型和其他金属离子取代的分子筛。其中氢型分子筛 HZSM-5 最为常用，是一种工业固体酸催化剂。

以下是一种用作甲苯歧化的氢型 HZSM-5 分子筛制备方法的要点：①将碱性的硅酸钠

溶液和含有四丙基铵溴盐的酸性溶液缓慢搅拌（20min）混合，可以得到无定形的 ZSM-5 胶状物。而后，再将此无定形物结晶化。在温度 100℃下保持 8d，等待 ZSM-5 结晶。干燥后得到白色粉状催化剂，晶体含量可达 80%；②将硅酸钠水溶液和酸性硫酸铝（含氯化钠）的水溶液混合，再加入三正丙基胺、正丙基溴和甲乙酮（还有氯化钠悬浮）的有机溶液反应。所得胶状物料加热至 165℃，保温 5h，再在 100℃保持 60h。得到每 6.45cm^2大于 5 目（即 5 目/in^2）筛网粒度的无定形固体，约占 40%，其余为细粉。细粉经筛分后，得通过 100 目的微晶体 ZSM-5。以上两种方法制备的催化剂物理性质相似，晶状 ZSM-5 含量为 80% ~85%。

ZSM-5 分子筛再经酸处理，用离子交换法制成氢型分子筛 HZSM-5。可用 1.0mol/L 的 NH_4NO_3交换 3 ~5 次，使分子筛中的 Na^+交换为 $NH_4{}^+$。干燥后，在 540℃焙烧，脱除 NH_3，而余下骨架上的 H^+，经 6h 转化成 HZSM-5。也可在 85℃将 ZSM-5 与 10% NH_4Cl 溶液搅拌接触 3 次，每次 1h，随后在 538℃焙烧 3h 将其转化成 HZSM-5。催化剂经压制成为 Φ0.64cm ×0.4cm 的圆柱体。这种催化剂可用于评价试验。若催化剂结焦，用空气在 540℃下烧炭 6h，可再生得白色催化剂，具有和新鲜催化剂相同的活性。本评价实验证明，ZSM-5 晶体有较其他分子筛更好的热稳定性，这是其最可宝贵的性质。

3）分子筛上的离子交换

通常用下列通式来表示包括上述各种常见分子筛在内的一切分子筛的化学组成：

$$Mn^{n+} \cdot [(Al_2O_3)_p \cdot (SiO_2)_q] \cdot wH_2O \qquad (7-11)$$

式中，M 是 n 价的阳离子，最常见的是碱金属、碱土金属，特别是钠离子；p，q，w 也分别代表 Al_2O_3、SiO_2、H_2O 的分子数。由于 n、p、q、w 数量的改变和分子筛晶胞内四面体排列组合的不同（链状、层状、多面体等），衍生出各种类型的分子筛。

大量实验证明：式（7－11）中由 Al_2O_3和 SiO_2构成的“硅铝核”，在通常的温度和酸度下相对稳定。而硅铝核以外，水较易析出，不太稳定；阳离子 M^{n+}，也不如硅铝核稳定，特别是在水溶液中，它们即成为可以发生离子交换反应的阳离子。

利用分子筛上可交换阳离子的上述特性，可用离子交换的方法，即用其他的阳离子，来交换替代钠离子。

例如，焙烧过程的硅酸铝（SA）表面带有羟基，有很强的酸性。然而这些离子（H^+）不能直接与过渡金属离子或金属络合离子进行交换，若将表面的质子先以 $NH_4{}^+$离子代替，离子交换就能进行（图 7－12）。离子交换反应为：

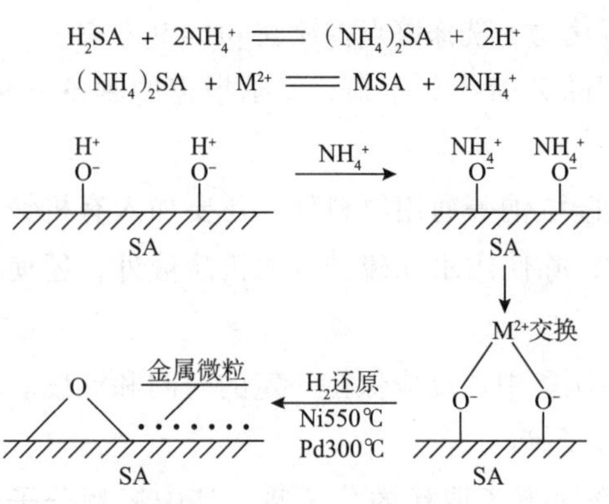

$$H_2SA + 2NH_4^+ = (NH_4)_2SA + 2H^+$$

$$(NH_4)_2SA + M^{2+} = MSA + 2NH_4^+$$

图 7－12　离子交换过程

得到的催化剂经还原后所得的金属微粒极细，催化剂活性和选择性极高。例如，Pd/SA 催化剂，当钯的含量小于 0.03mg/g 硅酸

铝时，Pd 几乎以原子状态分布。离子交换法制备的 Pd/SA 催化剂只加速苯环加氢反应，不会断裂环己烷的 C ═ C 双键。

Na 型分子筛和 Na 型离子交换树脂常通过离子交换反应来制得所需的催化剂。例如，氢离子与 Na 型离子交换树脂进行交换反应，得到的氢型离子交换树脂可用作些酸、碱反应的催化剂。用 NH_4^+、碱土金属离子、稀土金属离子或贵金属离子与分子筛发生交换反应，都可以得到相应的分子筛催化剂。

一般使用相应阳离子的水溶液，一次或数次地常温浸渍，或者动态地淋洗，必要时搅拌或加温，以强化传质。用离子交换法制备催化剂的工艺，在化学上类似于两种无机盐间的或者种金属（如铁）和另一种金属盐（如硫酸铜）间进行的离子交换反应，而在催化剂制备工艺上，与浸渍法较为接近。不过，本法涉及的溶液浓度，一般比浸渍法低得多。不同分子筛上进行的离子交换反应，有各种由实验测得的离子交换顺序表，可供参考（表 7－7）。

表 7－7　分子筛的离子交换顺序（置换能力由大到小）

4A	Ag^+，Cu^{2+}，Tn^{4+}，Al^{3+}，Zn^{2+}，Sr^{2+}，Ba^{2+}，Ca^{2+} Co^{2+}，Au^{3+}，K^+，[Na^+]①，Ni^{2+}，NH_4^+，Cd^{2+}，Hg^{2+}，Li^+，Mg^{2+}
13X	Ag^+，Cu^{2+}，H^+，Ba^{2+}，Al^{3+}，Tn^{4+}，Sr^{2+}，Hg^{2+}，Cd^{2+}，Zn^{2+}，Ni^{2+}，Ca^{2+}，Co^{2+}，NH_4^+，K^+，Au^{3+}，[Na^+]①，Mg^{2+}，Li^+

注：①表示常见的 Na 型分子筛形态。

利用离子交换顺序表，并考虑到各种分子筛对酸和热的结构稳定性，即可用常见的钠型分子筛原粉商品为骨架载体，用离子交换法引进 H^+ 和其他各种活性阳离子，以制备对应的催化剂。这时的操作也称分子筛催化剂的活化预处理。

最常用的离子交换法，是常压水溶液交换法。特殊情况下也可用热压水溶液或气相交换。

交换液的酸性应以不破坏分子筛的晶体结构为前提。例如，通过离子交换，可将质子 H^+ 引人沸石结构，得氢型分子筛。低硅沸石（如 X 型或 Y 型分子筛）一般用铵盐溶液交换，形成铵型沸石，再分解脱除 NH_3 后间接氢化。而高硅沸石（如丝光沸石和 ZSM-5 分子筛）由于耐酸，可直接用酸处理，得氢型沸石。

用水溶液交换，通常的交换条件是：温度为室温至 100℃；时间 10min 至数小时；溶液浓度 0.1～1mol/L。

有实验证明，在 NaY 分子筛上，用酸交换，室温下的最高交换量不超过 68%，用 7mol/L 的 $LaCl_3$ 溶液，100℃下 47d 交换量达 92%。对某些离子，宜进行多次交换，并在各次交换操作之间增加焙烧，这有助于提高交换量。水溶液中的离子交换反应有可逆性，故提高其浓度也有利于交换的平衡和速度。

以下是丙烷芳构化的 Zn/ZSM-5 催化剂的制备实例。以市售的 Na 型 ZSM-5 小晶粒（有机胺法合成）为起始原料，先将样品于 550℃下焙烧 4h，以脱除残存的有机胺。然后用浓度为1mol/L的盐酸于90℃下反复交换3次。每次每克样品加入盐酸10mL，交换1h。离心分离后，用蒸馏水洗涤至无氯离子。将样品置于烘箱中，在90℃下烘干，再转移至马弗炉中，于550℃焙烧4h，即得HZSM-5。再用适当浓度的Zn（NO_3）$_2$水溶液室温浸渍交换数次，即可制成Zn/ZSM-5催化剂。

2. 由离子交换树脂制备催化剂

有机离子交换剂，即离子交换树脂。它与上述无机离子交换剂一样，亦可在阳离子水溶液中进行离子交换。

离子交换树脂作为净水剂用于制“去离子水”，或用于稀贵金属提纯的“湿法冶金”，已为人们熟知。离子交换树脂本身还可以用作催化剂，或者经过进一步加工后而成为催化剂，前提是树脂可耐受该有机反应温度。

离子交换树脂可视为是不溶于水和有机溶剂的固体酸或固体碱。因此凡是原本用酸或碱作催化剂的有机化学反应，原则上都有可能改用离子交换树脂作催化剂。

例如，用两步法由异丁烯和甲醛制异戊二烯的反应过程，其第一步是异丁烯和甲醛的缩合反应。

该反应以往一般用硫酸作催化剂。1962年，法国有人提出改用强酸型阳离子交换树脂作催化剂，立即引起各国关注。采用这种新的催化工艺有3个主要优点：①避免了原来采用硫酸作催化剂时，稀酸浓缩、回收及处理废酸的问题。因为硫酸作为催化剂并不消耗，于是废酸处理便成为一大难题；②简化了DMD的分离过程；③避免了硫酸腐蚀等问题。

从上例中可见离子交换树脂催化剂的优越性。但与无机离子交换剂分子筛相比，有机离子交换树脂有机械强度低、耐磨性差、耐热性往往不高、再生时较分子筛催化剂困难等不足。

离子交换树脂在催化剂方面的最初应用始于第一次世界大战期间。在德国，有人把离子交换树脂用于酯化反应中。之后，又相继用于缩醛醇解、醚化、烷基化等许多反应。近年国内用离子交换树脂作催化剂生产甲基叔丁基醚取得工业化成功。随着离子交换树脂本身制造方法和性能的改进，这方面的研究也从酯化、水解等简单反应而发展到环化、转化重排等复杂反应。

离子交换树脂大致可以分为阳离子交换树脂和阴离子交换树脂两大类。

典型的阳离子交换树脂，是在树脂的骨架中含有作为阳离子交换基团的磺酸基（$—SO_3H$）或羧基（—COOH）等，前者称为强酸性阳离子交换树脂，后者称为弱酸性阳离子交换树脂。

典型的阴离子交换树脂，是在树脂的骨架中含有作为阴离子交换的季胺基的强碱性阴离子交换树脂，和以伯胺至叔胺基作为交换基团的弱碱性阴离子交换树脂。

阴、阳离子交换树脂均以苯乙烯、丙烯酸等的共聚高聚物作为其骨架。我国已可以生产各种牌号的阴阳离子交换树脂出售，一般少有在催化实验室自行制备的，除非是一些新型号的特殊品种。

离子交换树脂的商品形态通常为 10～50 目的小球状颗粒。由于市售的酸性阳离子交换树脂为 $R\text{-}SO_3Na$ 等型号，碱性阴离子交换树脂为 $R—N^+(CH_3)_3Cl$ 等型号，而它们都是离子交换树脂的钝化形态，便于稳定地贮存。所以这些阴、阳离子交换树脂在使用前必须用酸或破分别进行处理转化废 $R—SO_3H$ 型或 $R—N^+(CH_3)_3OH$—取等活化形态，以便使用。

在必要时，活化后的酸性或破性离子交换树脂还可以用无机盐水溶液进行交换，处理成对应的盐类形式，如 $-SO_3Hg$ 等，再进行使用。对市售树脂的上述处理过程称为活化。使用后的树脂失活后，还要再次以至多次进行活化。

树脂的活化方法举例如下。将树脂装入离子交换柱中，对阳离子交换树脂，可注入比树脂交换容量大为过量的 5% 盐酸；对阴离子交换树脂，则注入大为过量的 5% 苛性钠。酸碱处理后，再用蒸馏水进行水洗。根据情况，最后可再用乙醇洗净。这样所得的树脂催化剂，既可直接用于反应，也可风干或在室温下减压干燥后再用于反应。制取盐类形式的树脂催化剂时，可在上述的［H^+］型或［OH^-］型树脂中注入适当的盐类水溶液即可制得，原理与分子筛上的阳离子交换处理相近。活化时，不管用盐酸、苛性钠或其他盐处理，均可使用静态的或者动态的（小流量置换）浸渍方法。

二、工艺过程及参数

（一）工艺流程

由硅酸钠、氢氧化钠、硫酸铝为原料制备催化剂 Na-ZSM-5，然后转换成 H-ZSM-5 催化剂工艺流程见图 7－13、图 7－14；由 Na-ZSM-5 制备 Zn-ZSM-5 催化剂制备工艺流程见图 7－15。

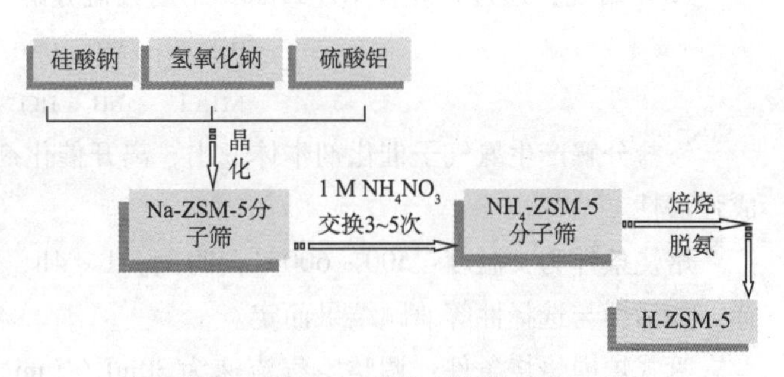

图 7－13　H-ZSM-5 催化剂制备工艺流程

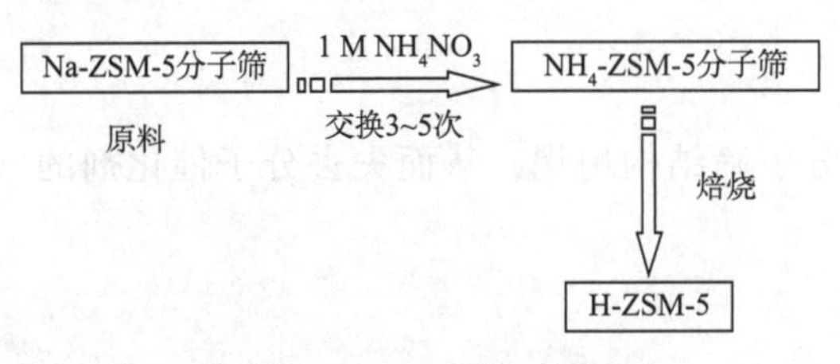

图 7－14　Na-ZSM-5 转换成 H-ZSM-5 催化剂工艺流程

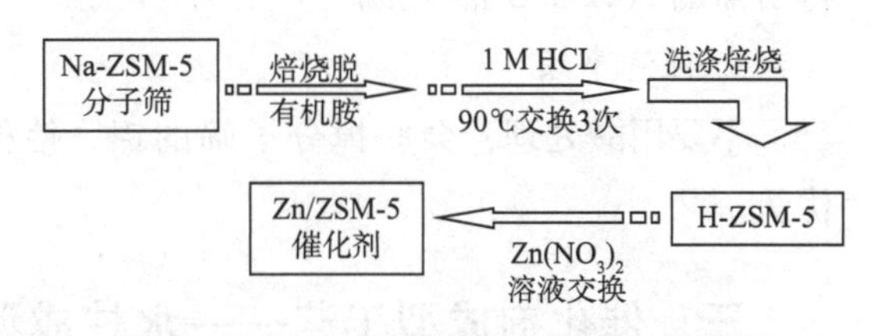

图 7－15　Zn-ZSM-5 催化剂制备工艺流程

（二）Na-ZSM-5 制备 H-ZSM-5 催化剂工艺过程及参数

1. Na-ZSM-5 制备

将0.0415g 的 $NaAlO_2$ 和0.2426g 的 TPABr（四丙基溴化铵）溶解在1.9956mol/L 的1.08mL 的 NaOH 溶液中。用此溶液对0.54g 二氧化硅搅拌润湿后，将样品放在内衬聚四氟乙烯的不锈钢反应釜内，160℃晶化48h 后取出。用蒸馏水将样品浸泡2～3h，抽滤，洗涤，干燥后，在550℃下空气流中加热4h 除碳，得到 $n_{Si}/n_{Al}=25$ 的产品。用此方法可得到不同硅铝比的样品。

2. H-ZSM-5 催化剂制备——离子交换

（1）离子交换：称取一定量的、除去模板剂的钠型 ZSM-5 用过量的、1mol/L 的 NH_4Cl 或者 NH_4NO_3 的水溶液进行交换，交换反应温度最好在60～90℃的温度下进行，进行多次离子交换反应，一般可为3～5次，每次交换的时间为2h；也可以进行长时间的搅拌，比如24h；随后经过抽滤，并用大量的去离子水洗涤3次，得到湿的 NH_4-ZSM-5 或者用0.5mol/L 的硝酸铵溶液浸渍 ZSM-5，并在80℃的水浴温度下搅拌加热4h，然后在500℃温度下加热、焙烧，得到 H-ZSM-5。

（2）干燥：在烘箱内烘干，条件为100～150℃，时间为8～12h，得到干的 NH_4-ZSM-5。

（3）焙烧：通过焙烧，NH_4-ZSM-5 中的铵盐分解，得到 H-ZSM-5，具体反应为：

$$NH_4NO_3 \longrightarrow NH_3 + HNO_3 \quad (7-12)$$

$$NH_4Cl \longrightarrow NH_3 + HCl \quad (7-13)$$

铵盐分解产生氨气子催化剂本体逸出，离开催化剂，生成的酸与催化剂本体结合，形成强酸性。

焙烧条件为：温度：500～600℃，时间：1～4h，具体以催化反应的具体要求进行选择，如活性与选择性等兼顾结果而定。

管式炉内焙烧条件：调整空气流速为30mL/（min·$g_{catalyst}$），以3℃/mim 的升温速度加热到120℃，保温2h，再以1℃/mim 的升温速度加热到550℃，保温4h，冷却至室温即得所需的 H-ZSM-5 催化剂。

3. 注意事项

不要用酸处理，会脱掉分子筛的铝，使得分子筛结构坍塌，从而失去分子催化剂的优势。

三、催化剂成型工艺——水柱成型

（一）油氨柱成型

油氨柱成型是生产催化剂载体特别是氧化铝载体的常用方法之一，其原理见图7－16。

将预先制备的水合氧化铝假溶胶从平底加料器的细孔流入成型柱中，成型柱的上层是煤油 A，下层是氨水层 B，所以称这种方法为油—氨柱成型。假溶胶液滴在煤油层中，由于表面张力而收缩成球状，穿过油—氨水界面，进入氨水层发生固化（胶凝）后，靠位差随氨水一起流入分离器，靠筛网使湿球与氨水分离，氨水用泵打入高位槽后又回送到成型柱中，筛网上的湿球定期取出后经洗涤、干燥、灼烧而得到活性氧化铝球。利用这种方法可以获得孔容较大、强度比转动成型产品高的产品；以前只能制得小于 30nm 的微孔产品，目前已能制得大于几百纳米的大孔产品，所得产品孔容大、强度高；生产时能耗较低。但该法存在该成型方法的优势是存在氨气的污染。水柱成型法可以消除氨气的污染，是一种绿色成型工艺。

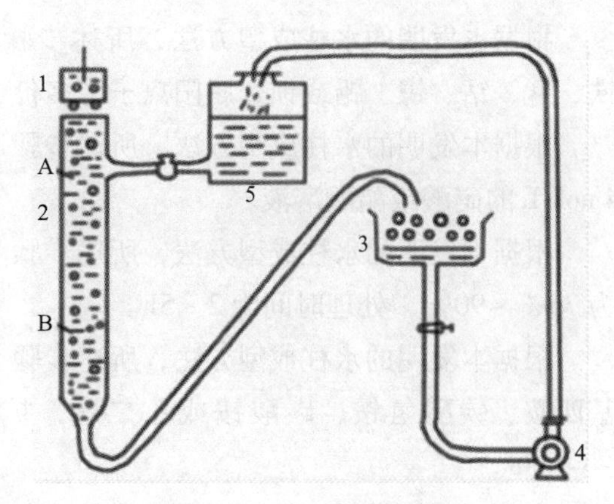

图 7－16　油氨柱成型原理
1—假溶胶加料器；2—成型柱；
3—分离器；4—泵；5—高位槽

（二）水柱成型原理

采用特定浓度的多价金属阳离子盐溶液代替油氨柱中的油氨，将将混悬浆料（粉体原料、助剂、水形成的均一混合液）滴入一定浓度的多价金属阳离子盐溶液中，形成凝胶小球，而后经洗涤、酸处理、扩孔处理、干燥、焙烧等步骤，得到所需粉体或特定规格的小球。

由该方法制得的粉体或小球如球形氧化铝，不但机械强度好、磨耗低、比表面积大，而且具有孔容大、杂质含量低、强度高且分布集中等优点；而且可通过对辅助剂进行选择避免给产品引入钠元素、通过对后处理的优化有机结合，提高了的原料的适应性。

CN103864123B 提供了一种球形氧化铝的水柱成型方法，其步骤如下。

（1）配料：将拟薄水铝石加入质量分数为 0.1% ~5% 可溶性海藻酸盐的水溶液中，充分混合制成混悬浆料；其中拟薄水铝石在混悬浆料中的质量分数不大于 30%（以 Al_2O_3 计）。

（2）成型：将混悬浆料滴入离子摩尔浓度大于 0.05mol/L 的多价金属阳离子盐溶液中，形成凝胶小球，然后取出凝胶小球，去离子水洗涤 3 ~4 遍。

（3）酸处理：采用氢离子摩尔浓度为 0.0001 ~5mol/L 的酸性溶液对凝胶小球进行浸泡处理，处理时间不超过 8h。

（4）湿热处理：酸处理后的凝胶小球在温度为 40 ~99℃，相对湿度为 50% ~100% 的保温保湿设备中处理 0.5 ~10h。

（5）化学扩孔：湿热处理后的凝胶小球在弱碱性扩孔剂水溶液中浸泡不超过 8h。

（6）干燥、焙烧：在 60 ~150℃下干燥，400 ~800℃焙烧制得球形氧化铝。

根据本发明的水柱成型方法，所述步骤（1）中可溶性海藻酸盐水溶液为质量分数为 0.5% ~3% 的海藻酸铵水溶液。

根据本发明的水柱成型方法，所述步骤（2）中多价金属阳离子为钙、铝、锌、铜、铁、锰、钴、镍、铅或钡金属阳离子，多价金属阳离子的摩尔浓度为0.2～1mol/L。

根据本发明的水柱成型方法，所述步骤（3）中酸性溶液为氢离子摩尔浓度为0.01～4mol/L的硝酸或醋酸溶液。

根据本发明的水柱成型方法，所述步骤（4）中湿热处理温度为65～85℃，相对湿度为75%～90%，处理时间为2～5h。

根据本发明的水柱成型方法，所述步骤（5）中化学扩孔所用扩孔剂为尿素、六亚甲基四胺、碳酸氢铵、碳酸铵或乙二胺，扩孔剂水溶液pH值为7～9，浸泡时间为5～60min。

本发明还提供了一种根据本发明上述方法制备的球形氧化铝，其特征在于，球形氧化铝的孔容为0.3～1.8cm^3/g，优选0.5～1.5cm^3/g；比表面积为150～350m^2/g，优选190～300m^2/g；机械强度为15～220N/颗，优选40～100N/颗；孔径可调，优选7～20nm。

四、催化剂常用理化参数测定方法

催化剂的理化参数较多，具体见本书前面相关章节，这里只介绍在催化剂工业生产和催化剂研发中应用最多的催化剂强度和孔结构包括比表面积、孔容、平均孔半径、孔径分布等分析，其他内容可参见相关专著。

（一）催化剂比表面积的测定

比表面积是催化剂的基本性质之一，表面积的测定工作十分重要，较早人们就利用测比表面积预示催化剂的中毒。如果一个催化剂在连续使用后，活性的降低比表面积的降低严重得多，这时可以推测催化剂可能中毒。如果活性伴随表面积的降低而降低，这是可能由于催化剂的热烧结而失去活性。在确定应该用怎样一种化学组成的物质作催化剂时，往往需要催化剂的比活性（单位表面积上的活性，$a=k/s$）数据，也必定测定催化剂的表面积。

测定催化剂的表面积的方法很多，也各有优缺点，常用的方法是吸附法，它又可分为化学吸附法及物理吸附法。化学吸附法是通过吸附质对多组分固体催化剂进行选择吸附而测定各组分的表面积。物理法是通过吸附质对多孔物质进行非选择性吸附而测定比表面积，它又分为BET法和气相色谱法两类。下面介绍物理吸附法的测定原理。

1. BET公式应用于比表面积的测定原理

（1）5种类型的吸附等温线：催化剂的表面积测定是建立在吸附概念的基础之上的，物理吸附观测到的等温线可以有多种形式，可以分为五类，五种类型的吸附等温线如图7－17所示。这些等温线形状的不同反映了吸附剂与吸附质分子间相互作用的不同。

第Ⅰ型符合Langmuir吸附等温线，也称Langmuir型。在低压范围内吸附量随平衡压力直线上升，当压力增到一定数值后吸附量的增加减缓，最后曲线几乎与横坐标平行，这时固体表面的吸附已达到饱和状态。在非孔性物质上很少见到这种类型的吸附等温线，对只含有非常细的孔的物质（孔径2～3nm），例如活性炭、硅胶、沸石等，这种类型的吸附等温线确实相当常见的。Ⅰ型等温线是微孔吸附剂的特征。它的孔径和吸附质分子的大小属同一数量级，故对形成的吸附层的数目给予严格的限制。一般认为，在这种场合，但相对压力远小于1时，渐近线的值并不是表示单层吸附而是表示微孔被完全充满，因而吸附量不再随相对压力p/p_0的增加而增加。而根据Langmuir方程的推论，渐近线的值是表示单层吸附的。在活性炭上，在N_2的沸点（－195℃）进行的N_2的吸附，或在氧的沸点(－183℃)进行的O_2的吸附，它们的吸附等温线即属第Ⅰ型。可逆的化学吸附也应是这种类型的等温线。

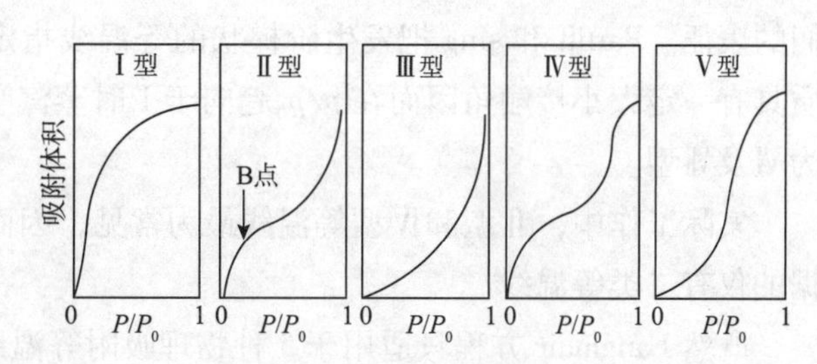

图7－17　按照BET法分类得到的五种类型吸附等温线

第Ⅱ型等温线，常被称为S型吸附等温线，曲线的前半段上升缓慢，呈上凸的形状，后半段发生了急剧的上升，并一直到接近饱和蒸汽压也未呈现出吸附饱和的现象。在非孔固体或大孔固体（孔宽度＞500nm）上（内表面不太发达）一般会见到这种类型的等温线。例如，非孔性硅胶或TiO_2上，在－195℃氮的吸附，它的吸附等温线就属于第Ⅱ型。这类吸附剂孔径大，而且没有上限，因而由毛细凝结引起的吸附量的急剧增加也就没有尽头。吸附等温线向上翘而不呈现饱和状态。拐点B表示其时已完成单分子层的遮盖。粗略地对应一个单分子层的饱和吸附量。

第Ⅲ型，在整个范围内吸附等温线都是向下凹的，并没有拐点。发生这种类型的吸附的吸附剂，其表面和孔分布情况与第Ⅱ型的相同，只是吸附质与吸附剂的相互作用与第Ⅱ型的不同，它们之间的作用力较弱，比吸附质分子之间的作用力还小，比如，吸附质不被吸附质润湿。因此在吸附质等温线的起始部分，随相对压力的增加吸附量变化甚微；后半部分则可与解释第Ⅱ型曲线同样的理由解释。这种类型的吸附等温线较少见，在硅胶上79℃时溴的吸附，水蒸气在石墨上的吸附属第Ⅲ型。

第Ⅳ型吸附等温线可与第Ⅱ型对照，相对压力低时，与Ⅱ型相似，相对压力稍高时，发生毛细凝结，吸附量急剧增加，但由于吸附剂的孔的孔径有一上限（例如50nm），因此在相对压力稍高时出现饱和吸附现象，吸附等温线又平稳起来，Ⅳ型吸附等温线是在中间孔吸附剂（孔宽度为2～50nm）上观察到的。例如，在氧化铁凝胶上50℃时苯的吸附属于Ⅳ型。工业上用催化剂经常会有这种类型的吸附等温线。

第Ⅴ型吸附等温线可与第Ⅲ型对照，相对压力低时，与Ⅲ型相似，相对压力稍高时，发生孔中凝结，相对压力再高时出现饱和现象。由于它的形状，可将其称为S形吸附等温线。它也在中间孔吸附剂上观察到的。例如，在900℃加热过的硅胶上水蒸气的吸附等温线属于Ⅴ型。Ⅴ型和Ⅲ型一样，也是很少见的。

少数其他种类的吸附等温线不能纳入上述的分类，但还没有一般为大家所接受的对它们的表征。Partitt 和 sing 把发生阶梯状的等温线指定为第Ⅳ类，Adamson 把体相液体吸附质具有一定大小接触角因而在 p/p_0 趋向于 1 时蒸汽吸附量并不趋向于无限的两种场合指定为Ⅵ及Ⅶ型。

实际工作中，Ⅱ型和Ⅳ型等温线最为常见，因而它们是能够获得合理可信的表面及数据的仅有二类等温线。

既然 Langmuir 方程只适用于 5 种物理吸附等温线中的一种，显然就有必要对 Langmuir 的模型做出修正，使之能够解释更多的吸附等温线。1938 年 Brunauer、Emmett、Teller3 人提出多分子层吸附的模型，并导出了与之相应的吸附等温线方程，称为 BET 公式，定性地并且在一定范围内定量地解释了五种类型吸附等温线。但 BET 公式目前主要用于测定固体比表面积，即 1g 吸附剂的表面积。

（2）BET 公式的推导：BET 公式是在 Langmuir 单分子吸附理论基础上建立的，它接受了 Langmuir 的一些假定，即认为固体表面是均匀的，分子在吸附和脱附时不受周围分子的影响，改进之处是：认为在固体表面上可以形成多分子层物理吸附，甚至不等第一层吸满就发生第二层、第三层以至无限多层的吸附，如图 7－18所示。

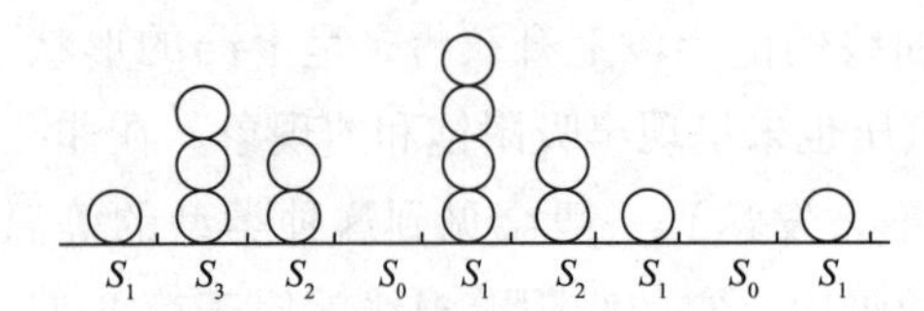

图 7－18　多分子层吸附示意

第一吸附层的范德华力与以后各层相同，它是固体表面分子与气体分子间的相互作用，而以后的各层则是同类气体分子间的相互作用，它类似于蒸汽或气体的凝聚。因此，第一吸附层的吸附热 q_1 与以后各层的吸附热 q_i 不同，后者可以认为都等于吸附质的凝聚热 q_L，即 $q_2=q_3=q_4=\cdots=q_L$。

设 S_0、S_1、S_2，…，S_i 分别表示空白表面及覆盖有 1，2，3，…，i 层分子的表面积，根据模型，气体分子的吸附速率正比于表面积 S 和气体的平衡压力 p，属于第 i 层的分子脱附速率正比于该层的表面分子数，即正比于它所占的面积 S_i，由于脱附是一个活化过程，所以还需考虑 Boltzmann 因子 $e^{-q_i/RT}$。当吸附达到平衡时，各层之间也达平衡，即在第零层（空白表面）上吸附形成第一层的速率等于第一层脱附形成第零层的速率：

$$a_1pS_0=b_1S_1e^{-q_1/RT} \tag{7-14}$$

式中，p 为平衡压力；a_1、b_1 为常数。

同理，第一层和第二层间的吸附平衡条件为：

$$a_1pS_0+b_2S_2e^{-q_2/RT}=a_2pS_1+b_1S_1e^{-q_1/RT} \tag{7-15}$$

$$a_ipS_{i-1}=b_iS_ie^{-q_i/RT} \tag{7-16}$$

代入式（7－14）得：

由此可推广为，在第（$i-1$）层和第 i 层间的吸附平衡条件是：

$$S\sum_{i=0}^{\infty}S_i \tag{7-17}$$

吸附气体的总体积等于各层气体吸附体积之和：

$$V = V_0 \sum_{i=0}^{\infty} iS_i = V_0 S_1 + V_0 2S_2 + V_0 3S_3 + \cdots \quad (7-18)$$

式中，V_0为单位面积上形成单分子层所需的气体体积。

于是得到包含 i+1 个未知数（S_0、S_1、S_2，…，S_i）的 i 个方程。吸附剂的总面积：

$$V = V_0 \sum_{i=0}^{\infty} iS_i = V_0 S_1 + V_0 2S_2 + V_0 3S_3 + \cdots \quad (7-19)$$

式中，V_0为单位面积上形成单分子层所需的气体体积。

因此，我们有 $i+2$ 个方程，$i+3$ 个未知数，从中设法消去 S_i，就可获得 S、V 和 p 间的关系式。

将上述两式相除，可得：

$$\frac{V}{SV_n} = \frac{V}{V_m} = \frac{\sum_{i=1}^{\infty} iS_i}{\sum_{i=0}^{\infty} S_i} \quad (7-20)$$

式中，V_m为单分子层饱和吸附量，$V_m = SV_0$。

则第零层与第一层间平衡时可简写成：

$$S_1 = \left(\frac{a_1}{b_1}\right) p e^{q_1/RT} S_0 = yS_0 \quad (7-21)$$

其中，$y =（a_1/b_1）pe^{q_1/RT}$。由于从第二层开始，假定气体的吸附和脱附就像蒸汽与其液体之间的凝聚和气化一样，故有：

$$q_2 = q_3 = q_1 = \cdots = q_i \quad (7-22)$$

$$a_2 = a_3 = a_4 = \cdots = a_i = a \quad (7-23)$$

$$b_2 = b_3 = b_4 = \cdots = b_i = b \quad (7-24)$$

或：

$$\frac{b_2}{a_2} = \frac{b_3}{a_3} = \cdots = \frac{b_i}{a_i} = g \quad (7-25)$$

于是前述第二层与第一层平衡式可写为：

$$S_2 = \left(\frac{a_1}{b_1}\right) p e^{q_2/RT} S_1 = \frac{p}{g} e^{q_1/RT} S_1 = xS_1 \quad (7-26)$$

将第零层与第一层间平衡简写式代入式（7-26）得：

$$S_2 = xyS_0 \quad (7-27)$$

同理得：

$$S_3 = (a_3/b_3)\ pe^{q_3/RT} S_2 = xS_2 = x^2 yS_0 \quad (7-28)$$

$$S_i = xS_{i-1} = x^{i-1} yS_0 = Cx^i S_0 \quad [C = y/x = (a_1/b_1)\ ge^{(q_1 - q_L)/RT}] \quad (7-29)$$

将上式代入两式相除所得式得：

$$\frac{V}{V_m} = \frac{CS_0 \sum_{i=1}^{\infty} ix'}{S_0 + \sum_{i=1}^{\infty} S_1} = \frac{CS_0 \sum_{i=1}^{\infty} ix'}{S_0 [1 + C \sum_{i=1}^{\infty} x']} = \frac{C \sum_{i=1}^{\infty} ix'}{1 + C \sum_{i=1}^{\infty} x'} \quad (7-30)$$

当 $|x|<1$ 时；

$$\sum_{i=1}^{\infty} x' = \frac{x}{1-x} \tag{7-31}$$

$$\sum_{i=1}^{\infty} ix' = x\sum_{i=1}^{\infty} ix^{i-1} = x\frac{\mathrm{d}(\sum_{i=1}^{\infty} x')}{\mathrm{d}x} = x\frac{\mathrm{d}\left(\frac{x}{1-x}\right)}{\mathrm{d}x} = \frac{x}{(1-x)^2} \tag{7-32}$$

代入式（7－30）得：

$$\frac{V}{V_m} = \frac{Cx/(1-x)^2}{1+\frac{Cx}{1-x}} = \frac{Cx}{(1-x)(1-x+Cx)} \tag{7-33}$$

由于开始时假定吸附层可以无限增加，因此，当蒸汽压 p 接近于饱和蒸汽压 p_0 时，吸附量将无限增大，即 $V\to\infty$。为了使 $V\to\infty$，上式中的 $x=1$，根据：$x=(p/g)\mathrm{e}^{q_L/RT}$，应有：$1=(p_0/g)\mathrm{e}^{q_L/RT}$，两式相除得：$x=p/p_0$，代入式（7－33）得：

$$V = \frac{V_m C_p}{(p_0-p)[1+(C-1)(p/p_0)]} \tag{7-34}$$

整理后得到线性方程——常用 BET 方程：

$$\frac{p}{V(p_0-p)} = \frac{1}{V_m\cdot C} + \frac{C-1}{V_m\cdot C}\cdot\frac{p}{p_0} \tag{7-35}$$

式中，p_0 为吸附质在吸附温度下的饱和蒸汽压；p/p_0 为相对压力；V 为在 p/p_0 时气体吸附量；C 为常数。

因上述得到的线性方程包含了 V_m 和 C 两个常数，也称 *BET* 二常数方程。实际应用中，测比表面时，用二常数就够了。常数 C 为：

$$C = \frac{y}{x} = \frac{a_1}{b_1}g\mathrm{e}^{(q_1-q_L)/RT} = \frac{a_1 b_2}{b_1 a_2}\mathrm{e}^{(q_1-q_L)/RT} \tag{7-36}$$

令比值：$(a_1/b_1)/(a_2/b_2)\approx 1$，则有：

$$C = \mathrm{e}^{(q_1-q_L)/RT} \tag{7-37}$$

利用上式，根据 q_L 值和由实验求得的 C 值可算得第一层吸附热 q_1。如果处于第一层的求取吸附质分子的内部自由度与其液态相同，上述比值接近 1，因而用此求得的吸附热 q_1 值令人满意。但有些体系 $(a_1/b_1)/(a_2/b_2)$ 值与 1 偏离较大，所得结果值相差较大。

一般情况下，多孔物质吸附不是无限吸附，其吸附层受到限制，这时的吸附等温式是：

$$\frac{V}{V_m} = \frac{CS_0\sum_{n=1}^{n} nx^n}{S_0[1+C\sum_{n=1}^{n} x^n]} \tag{7-38}$$

因为：

$$\sum_{n=1}^{n} x^n = \frac{x(1-x^n)}{1-x} \tag{7-39}$$

$$\sum_{n=1}^{n} nx^n = x\sum_{n=1}^{n} nx^{n-1} - x\frac{\mathrm{d}}{\mathrm{d}x}\left(\sum_{n=1}^{n} x^n\right) \tag{7-40}$$

$$= x\frac{1-(n+1)x^n+nx^{n-1}}{(1-x)^2}$$

所以可得有限吸附的 BET 三常数公式：

$$\frac{V}{V_m}=\frac{Cx\left[1-(n+1)\ x^n+nx^{n+1}\right]/(1-x)^2}{1+C\dfrac{x\ (1-x^n)}{1-x}} \tag{7-41}$$

$$=\frac{Cx}{1-x}\cdot\frac{1-(n+1)\ x^n+nx^{n+1}}{1+(C-1)\ x-Cx^{n+1}}$$

式中，$x=p/p_0$。这种有限吸附时的 BET 三常数公式。当 $n=1$，即只进行单分子层为止时，则式（7-41）变为：

$$\frac{V}{V_m}=\frac{Cx}{1+Cx}=\frac{\dfrac{C}{p_0}\cdot p}{1+\dfrac{C}{p_0}\cdot p}=\frac{bp}{1+bp} \tag{7-42}$$

此即为 Langmuir 等温式，属第一类型的吸附。

当 $n=2，3，4，\cdots，\infty$ 时，因为 $x<1$，所以 $\lim\limits_{n\to\infty}x^n=0$，此时三常数公式还原为二常数公式：

$$\frac{V}{V_m}=\frac{Cx}{1-x}\cdot\frac{1-(n+1)\ x^n+nx^{n+1}}{1+(C-1)\ x-Cx^{n+1}}=\frac{Cx}{(1-x)\ (1-x+Cx)} \tag{7-43}$$

二常数公式表达了第Ⅱ、Ⅲ类吸附等温线，换言之，第Ⅱ、Ⅲ类吸附等温线相当于无限吸附的情况。两者的区别在于：当 $q_1>q_L$（即 $C>1$）时得第Ⅱ类，即第一层吸附相当于其他各层的吸附要占优势；当 $q_1<q_L$（即 $C<1$）时得第Ⅲ类，即第一层吸附的同时，就进行第二层、第三层……的多层吸附。

当多孔物质进行吸附时，除发生多层吸附外，还产生毛细管凝聚现象，如果对 BET 公式做些补充嘉定，所得四常数公式也能解释第Ⅳ、Ⅴ类等温线。

（3）比表面测定原理：由 BET 二常数公式可知，通过实验测出不同压力 p/p_0 下所对应的一组平衡吸附体积，然后以 $p/[V\ (p_0-p)]$ 对 p/p_0 作图，可以得到如图 7-19 所示的直线。

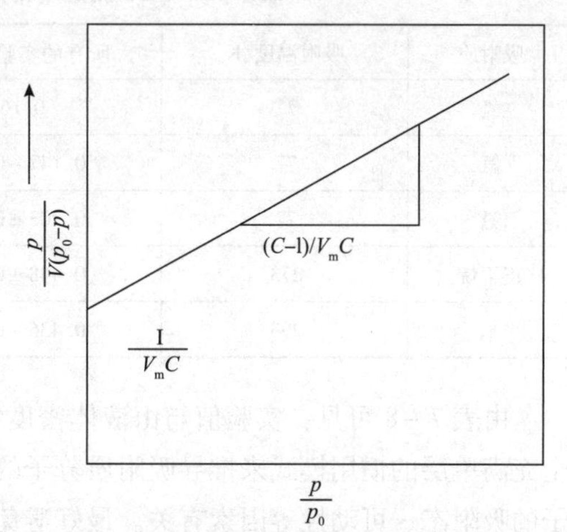

图 7-19 $p/[V(p_0-p)]$ 与 p/p_0 的关系

图7－19中，直线在纵轴上的截距是1/（V_m·C），直线的斜率为（$C-1$）/（V_m·C），这样可求得：

$$V_m = 1\ （截距+斜率） \tag{7-44}$$

从V_m和截距又可求常数C，用S_g表示每克催化剂的总面积，即比表面积，如果知道每个吸附分子的横截面积σ就可用下式求取吸附剂（载体或催化剂）的比表面积：

$$S_g = (V_m \cdot N_L) / 22400 \times \sigma / W \tag{7-45}$$

式中，N_L为Avogadro常数，6.023×10^{23}；W为吸附样剂品质量；σ值可以吸附物质在液态时的密堆积（每1个分子有12个紧邻分子）计算得到。计算时假定在表面上被吸附的分子以六方密堆积的方式排列，对吸附层整个空间而言，其重复单位为正六方体，据此算出常用的吸附质N_2的$=0.162nm^2$。但N_2分子在二维的单分子层中的堆积情况是否和在三维的大体积的液态中的堆积一样呢？为准确起见，就要对这个计算方法进行标定，即用表面积能够直接测定的吸附剂来标定。例如用非孔性的、磨碎的、均匀的晶体或球状体，进行几何测量或电子显微镜拍照计算。标定的结果，对N_2得到与上述一致的值$0.162nm^2$。

现在在液氮温度下测定氮的吸附量的方法是最普遍的方法，国际公认的值就是$0.162nm^2$。其他吸附质由液态或固态密堆积计算得到的σ与由其他方法得到的结果相差胶大，与N_2吸附法测得的结果相差也较大，所以在实际应用中，需要用N_2吸附法测得的结果来校正它们的σ值。这样一来，σ的意义就成为由单分子层吸附量计算比表面积的一个参数，而不是真正的分子截面积，故称为表观分子截面积。表7－8列出了一些吸附质的表观分子截面积。

表7－8　BET测定中常用的吸附质的表观分子截面积

吸附质	吸附温度/K	所有的实验值/nm^2	由液体密度计算值/nm^2	推荐值/nm^2
氮	77	0.162	0.162	0.162
氩	77	0.147+0.041	0.138	0.138
氪	77	0.203±0.033	0.152	0.202
正丁烷	273	0.448±0.098	0.323	0.444
苯	293	0.436+0.098	0.320	0.430

由表7－8可见：实验值与由液体密度计算所得的值不尽相同，表明用类液态堆积完全充满单层的惯用模式来推导吸附质分子的σ值的方法过于简单。σ的实测值与吸附质分子的吸附态、可动性等因素有关。最好避免采用明显非球形的吸附质分子（如二氧化碳、正丁烷等），并尝试地调节温度，以便使吸附的分子具有较高程度的可动性。

氮是较好的吸附质，因为它比较便宜且高度纯净、易于获得，若待测样品中有金属相，因它会被某些金属化学吸附，而不宜采用，一般用氩气或氪气最合适，但价格较高。

①BET 公式适用的压力范围：许多吸附质数据在相对压力数值介于大约 0.05 和 0.3 之间时与 BET 公式吻合很好，如图 7－20，因此这个区间通常用于测定表面积。

这是由于推导 BET 公式的基本假定决定的。推导 BET 公式的基本假定是多层物理吸附，相对压力太小（<0.05）建立不起多层物理吸附平衡，甚至连单分子层物理吸附也远未形成，表面的不均匀性就显得突出，许多场合下吸附量如此之低以至于数据不太准确。相对压力大于 0.30 时，伴随着多分子层吸附的出现以及或许出现的孔内凝聚的复杂性，因而破坏了多层物理吸附平衡，引起不断增加的偏离直线。图 7－21 是上述相对压力范围内求算 S_g 的一个实例。

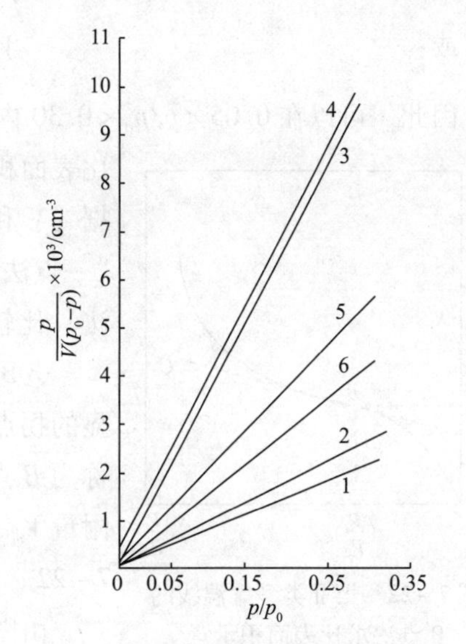

图 7－20 氮吸附的各种吸附剂的等温线（90K）

1—无助剂的 937# 铁催化剂，489.0g；
2—有 Al_2O_3 助剂的 424# 铁催化剂，49.8g；
3—有 $Al_2O_3-K_2O$ 助剂的 957# 铁催化剂，34.5g；
4—烧结的 Cu 催化剂，350g；
5—氧化铬凝胶，1.09g；6—硅胶，0.605g

由图 7－21 测得：斜率 $=13.85\times10^{-3}\ \text{cm}^{-3}$，截距 $=10.15\times10^{-3}\ \text{cm}^{-3}$。

因此有：

$$V_m=1/（斜率+截距）=71\text{cm}^3\ （\text{STP}）\tag{7-46}$$

图 7－21 吸附数据的 BET 图

取硅胶样品 $W=0.83$g，有：

$$S_g=(V_m\cdot N_L)/22400\times\sigma/W$$
$$=71\times6.02\times10^{23}/22400\times16.2\times10-20=373\text{m}^2/\text{g}\tag{7-47}$$

对于Ⅲ型或Ⅴ型吸附等温线，由于 p/p_0 在 0.05～0.30 范围内吸附量很小，测量相对误差很大，因此算出的 S_g 值的准确性也很差，此时最好改用另外的吸附质，使等温线呈Ⅱ型或Ⅳ型，才有可能给出可信的 V_m 值。

②一点法求比表面。在 BET 公式中有常数：

$$C=\left(\frac{a_1}{b_1}\right)g\mathrm{e}^{(q_1-q_L)/RT}=A\mathrm{e}^{(q_1-q_L)\cdot RT}\tag{7-48}$$

在液氮温度下，大多数固体表面对 N_2 的吸附热 q_1 总比 q_L 大好几倍，因此总有 $C\gg1$，由于 C 很大，故 BET 方程式可简化为：

$$\frac{p}{V(p_0-p)}=\frac{1}{V_m}\cdot\frac{p}{p_0}\tag{7-49}$$

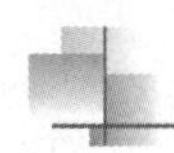

或：

$$V_m = V\left(1 - \frac{p}{p_0}\right) \tag{7-50}$$

因此，可以在 $0.05 < p/p_0 < 0.30$ 内做一实验点，利用上式算得 V_m，然后代入 S_g 即得比表面积，这就是所谓的一点法求比表面积。即由一对数据（V 和 p/p_0）可直接求得 V_m，这就是许多自动仪器中的"一点法"的基础。该法与上述常规的 BET 法（或称多点法）比较，误差在10%以内，一般能满足常规测试需要。

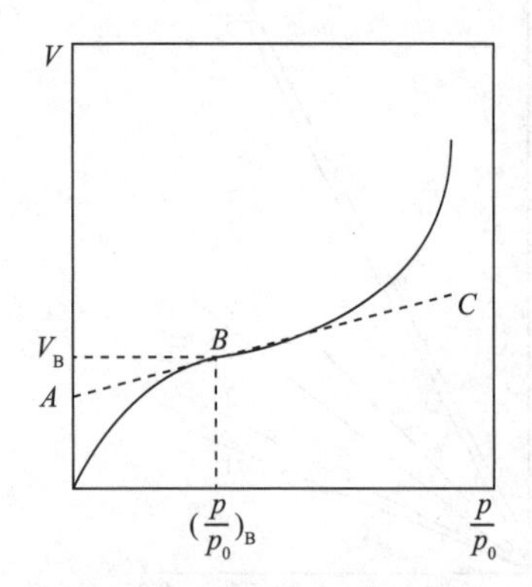

图 7－22 第Ⅱ类型等温线的 B 点法求比表面积示意

③B 点法求比表面。图 7－22 的Ⅱ型吸附等温线有一明显的拐点，Emmett 和 Brunauer 将此Ⅱ型吸附等温线的拐点称为 B 点，而将 B 点所对应的体积 B_V 视作单分子层饱和吸附量 V_m，并据此计算比表面，这就是所谓的 B 点法，如图 7－22。

由图 7－22 可见：要从等温线上定出拐点很困难，但当 C 值较大时，BET 公式中的（$C-1$）$/C \approx 1$，因此有：

$$\frac{p}{V(p_0-p)} = \frac{1}{V_m C} + \frac{1}{V_m} \cdot \frac{p}{p_0} \tag{7-51}$$

此式的斜率为 $1/V_m$，这时不用作图而用两个实验点数据就可直接算出 V_m：

$$V_m = \frac{\left(\frac{p_1}{p_0} - \frac{p_2}{p_0}\right)}{\frac{p_1}{V_1(p_0-p_1)} - \frac{p_2}{V_2(p_0-p_2)}} \tag{7-52}$$

将所得值代入 S_g 计算式计算的比表面积值。

研究表明，对大多数Ⅱ型吸附等温线，其 V_B 和 V_m 很接近，上式对大多数吸附剂的低温氮吸附来讲所得结果与多点法比较，误差一般在10%以内。

测表面积公认以 BET 方法为标准是基于以下 3 方面的考虑：①许多吸附体系的实验数据与 BET 公式有良好的符合；②BET 理论能正确地预言吸附对温度的依赖性；③能正确地求算比表面积。

实验表明：排除在多孔固体情况下，大的分子不能进入小的孔所引起的问题。用不同的吸附质对同一样品所测得的比表面积很接近。对球形质点的测点，BET 方法得到的表面积与用电镜方法得到的表面积在数值上的符合，也支持了 BET 理论的合理性。

BET 模型的理论基础曾受到批评，因为它假定在（$n-1$）层吸附满之前能产生第 n 层吸附。这意味着分子能够彼此在顶上堆垛成不规则的立柱体系，而表面能量的考虑指出在（$n-1$）层大部分充满之前可能很少吸附到第 n 层的。由于这点及其他理由，常数 C 应该当作经验参数，而并不是能独立地计算的一个数量。尽管也曾做过修正，然而并没有使表面积的计算值有什么明显的改变，BET 公式仍是捷今为止一个有效的测算比表面积的方法。

当然，也能使用许多其他方程，但它们看来没有多少超过BET法的显著优越性。像某些活性炭及沸石那样，如果大部分表面积是处于直径1~1.5nm的孔内，则在相当低的p/p_0值就会发生孔内凝聚，而报告的BET表面积就会引入高偏差。对于多孔物质可信的最高表面积大约是1000~1200m^2/g，如报告的数值远远超过这个范围，就应严格地加以考察。表7－9是一些典型的工业催化剂的比表面积值。

表7－9　一些典型的工业催化剂的比表面积值

催化剂	用　途	比表面积/（m^2/g）	催化剂	用　途	比表面积/（m^2/g）
REHY沸石	裂化	1000	Ni/Al_2O_3	加氢	250
活性炭	载体	500~1000	$Fe\text{-}Al_2O_3-K_2O$	氨合成	10
$SiO_2\text{-}Al_2O_3$	裂化	200~500	V_2O_5	部分氧化	1
$CoMo/Al_2O_3$	加氢处理	200~300	P_1	氨氧化	0.01

（4）比表面积计算方法进展——$V\text{-}t$作图法和$V\text{-}\alpha_s$作图法：虽然测定比表面积通常使用BET二常数公式已经足够，但如果用De Boer等建立起来的$V\text{-}t$作图法，或者用K. S. W. Sing提出的$V\text{-}\alpha_s$作图法，就可以把样品中的微孔吸附、中孔吸附以及毛细凝聚现象区别开来，从而可以对样品的吸附现象及其表面结构有进一步深入了解。

现在先从BET二常数公式出发讨论$V\text{-}t$作图法。对于固体表面上无阻碍地形成多分子层的物理吸附，BET理论给出吸附层数n：

$$\bar{n}=\frac{V}{V_m}=\frac{C\cdot p/p_0}{(1-p/p_0)\ [1+\ (C-1)\ p/p_0]} \tag{7-53}$$

式（7－53）的右端在C是常数时可用f_c（p/p_0）表示。又令单层的厚度为t_m（nm），则吸附层厚度t_m（nm）由下式给出：

$$t=n\cdot t_m=t_m\cdot f_c\ (p/p_0)\ =F_c\ (p/p_0) \tag{7-54}$$

$F_c(p/p_0)$表达了吸附层厚度随（p/p_0）而改变的函数关系。对于77.4K固体表面上的氮吸附而言，C值虽然不可能在各种样品上都相等，但F_c（p/p_0）受C值变动的影响并不大，已由De Boer等从实验上求得，称为氮吸附的公共曲线。

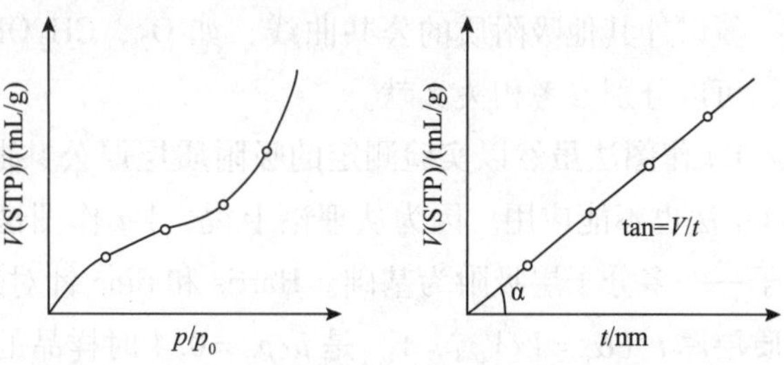

图7－23　将吸附数据转换成$V\text{-}t$图

利用氮吸附的公共曲线，就可以把某样品的氮吸附实验数据（$V\text{-}p/p_0$）转换成（$V\text{-}t$）的关系，如图7－23所示。

图7－23右图是一条通过原点的直线，这是因为多层吸附在无空间阻碍时，表面的吸附液膜体积V_L（mL/g）应该等于吸附厚度t（nm）和表面积S_t（m^2/g）的乘积，其中10^3是单位换算因子。

$$V_L = V \times 0.001547 = S_t \times t/10^4 \quad (7-55)$$

$$S_t = 1.547 \times V/t = (V_L/t)/10^3 \quad (7-56)$$

式中，S_t是用 V-t 作图法算得的比表面积，式中的常数0.001547是标准状态下1mL氮气凝聚后的液态氮毫升数。

自 V-t 作图法提出后，文献中发表了不少有关N_2吸附的公共曲线方面的工作。Lecloux和Pirard考虑到吸附剂表面性质的差异，进一步按 C 常数的大小把氮吸附公共曲线分成五条。

这样一来就消除了应用 V-t 作图法作图时出现的许多困难（如 V-t 图有负截距等），这5条曲线可以按实测样品的BET的 C 常数分别选择使用。

通常BET两常数方程计算的比表面积S_{BET}和用 V-t 作图法计算的S_t是很接近的，如表7-10所示。

表7-10　各种氧化铝的S_{BET}和S_t比较

样　品	S_{BET}/(m²/g)	S_t/ (m²/g)	样　品	S_{BET}/(m²/g)	S_t/(m²/g)
薄水铝胶-120	609	586	结晶薄水铝石-750	19.1	19.1
薄水铝胶-200	580	568	三羟铝石-200	26.5	26.6
薄水铝胶-450	414	409	三羟铝石-200	489	483
薄水铝胶-750	280	275	三羟铝石-270	452	440
微晶薄水铝石-120	64.0	65.6	三羟铝石-450	414	386
微晶薄水铝石-450	92.1	93.5	三羟铝石-580	245	243
结晶薄水铝石-580	65.7	65.0	三羟铝石-750	134	127

由表7-11可见：除个别样品的S_{BET}和S_t的相对偏差在5%左右外，大部分均在1%～3%，考虑到 V-t 作图法和BET理论在原理上的一致性，这是和自然的。

氮以外其他吸附质的公共曲线，如O_2、CH_3OH、H_2O、C_4H_9和Ar、环己烷、异丙醇等，可以分别参考相关文献。

V-t 作图法虽然以实验测定的吸附质层厚公共曲线为准，但对于Ⅲ型和Ⅴ型吸附等温线 V-t 法也不能应用。因为从理论上说，V-t 作图法和BET理论一样都以吸附质分子的单分子——多分子层吸附为基础。Harris和Sing针对这些缺点，提出用相对吸附量α_s代替吸附质层厚 t（$\alpha_s = V/V_{0.4}$，$V_{0.4}$是$p/p_0=0.4$时样品的吸附量），称为 V-α_s法，是一种把待测样品的吸附等温线和另一参考物的吸附等温线（参考物与样品的化学性质相同）互相进行比较的方法。

V-α_s法既不涉及吸附质的统计吸附层数V/V_m，也不必知道单分子层厚度t_m。根据两个相似曲线的比例系数和参考物的表面积，就可以算得样品的表面积。

具体的方法是，由已知表面积的参考物测定出一套α_s-p/p_0标准数据，把实测样品的V-p/p_0数据按 V-α_s作图。如果样品与参考物的吸附等温线形状相同，则 V-α_s图是一条通过原点的直线，直线的斜率正比于待测样品与参考物比表面的比值。Sing 给出公式如下：

$$N_2: S_{\alpha S}^{N_2} = 2.89 \times \frac{V}{\alpha_S} \tag{7-57}$$

$$CCl_4: S_{\alpha S}^{CCl_4} = 1.92 \times 10^3 \frac{x_{CCl_4}}{\alpha_S} \tag{7-58}$$

式中，V 为 77.4K 时样品的 N_2 吸附量（STP），mL/g；x_{CCl_4} 为 20℃ 时每克样品吸附 CCl_4 的质量，g。相应的 N_2 和 CCl_4 参考物的标准数据见文献。77K 氩在无孔硅胶上标准数据见文献。

硅胶的吸附数据用 BET 两常数公式和 V-α_S 作图法计算比表面积的结果如表 7－11 所示。

表 7－11 SiO_2 上由 N_2、CCl_4 及季戊烷吸附数据计算的比表面积

样品	孔隙性	$S_{BET}^{N_2}$/(m²/g)	$S_{\alpha S}^{N_2}$/(m²/g)	$S_{BET}^{CCl_4}$/(m²/g)	$S_{\alpha S}^{CCl_4}$/(m²/g)	$STP_{\alpha S}$/(m²/g)
Fransil	无孔粉末	38.7	—	18	—	—
TK 70	无孔粉末	36.3	35.6	27	35.8	—
TK 800	无孔粉末	154	153	69	153	154
Aerosil 200	无孔粉末	194	193	116	190	187
硅胶 A	中孔	300	299	150	280	—

表 7－11 中 CCl_4 及季戊烷的吸附等温线都是Ⅲ型的，其 BET 的 C 常数约为 3。由表 7－11可见，对于 N_2 吸附和 CCl_4 及季戊烷吸附数据计算的比表面积数据，彼此完全不同，但是 CCl_4 吸附数据用 V-α_s 作图法时和 N_2 吸附的相差很小。

样品中含有微孔时，其 V_{L-t} 如图 7－24，V_l 是用吸附的液态氮的表示的吸附量（mL/g）。

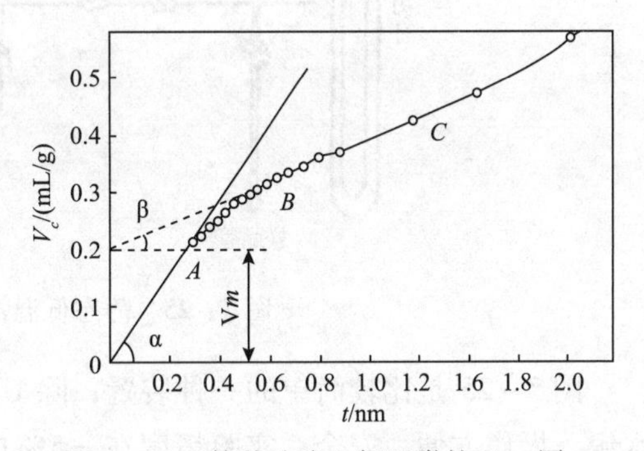

图 7－24 某种硅胶上氮吸附的 V_{L-t} 图

由图 7－22 可见，曲线在 B 点以后基本上成一直线，这是因为吸附层厚度随 p/p_0 的增加而加大，但到某一厚度时，就在微孔中互相接触，使微孔填满。充满后的微孔，其吸附量不再随蒸汽压的升高而加大。而只是在样品中除微孔外的表面上随 t 成正比地增加，因此图 7－19 中 B 点开始的直线斜率与样品中除微孔外的表面积 S_W 有关。

$$S_t = 10^3 \tan\beta \tag{7-59}$$

按照 Brunauer 等的意见，对于含微孔的样品，V-t 作图法仍然可以应用，其 B 点前曲线 AB 段向原点外延直线的斜率应该与总面积 S_t 有关：

$$S_t = 10^3 \tan\alpha \tag{7-60}$$

而直线 BC 外延与纵轴相交的截距 V_m 则代表样品中的微孔体积（mL/g）。

2. 比表面积的实验测定

比表面积因固体样品不同而有很大变化，例如，硅胶、活性炭、氧化铝和硅酸铝裂化催化剂通常是每克几十到几百平方米，而制环氧乙烷用的银催化剂（Al_2O_3-Ag）只有零点几平方米，用蒸发法制得的金属膜则更小。因此，需要用不同方法测定。

通常，比表面积大于 $1m^2/g$ 的样品用低温氮吸附容量法或质量法，还可用色谱法测定；比表面积小于 $1m^2/g$ 时就最好采用低温氪吸附法。

（1）静态低温氮吸附容量法：由于 N_2 在大多数固体上吸附等温线都是Ⅱ型或Ⅳ型，用 BET 二常数公式处理时的 C 常数一般都在 50 ~ 300 之间，N_2 的 σ 值 $0.162nm^2$ 也经过许多研究工作者多次从各个彼此独立的方法加以确认，而且在静置时，可以根据样品的不同，放置足够的时间来确保达到平衡。所以静态氮吸附容量法是一直公认的、测定比表面积大于 $1m^2/g$ 样品的标准方法。静态低温氮吸附容量法测定材料的比表面积装置见图7-25。

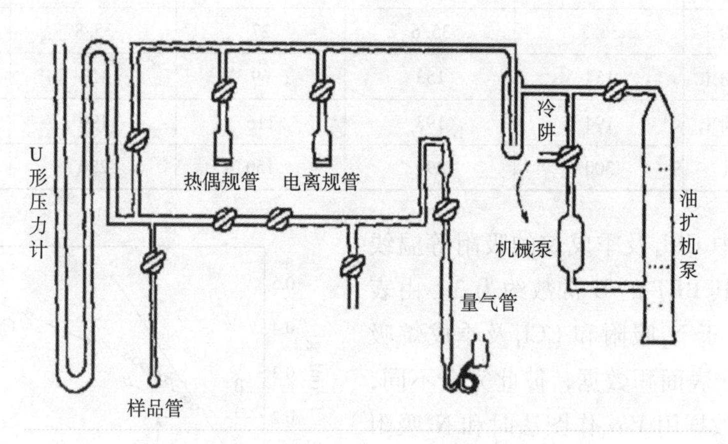

图 7-25　静态低温氮吸附容量法装置示意图

图 7-25 是比较简单的一种装置，除 U 形压力计内用水银外，量气管和扩散泵均不用水银，操作方便、安全。实验精度在 ±5% 内，具有良好的实验重现性。样品管除了本身以外的空间称为死空间，是每次实验待测的。实验时，需将催化剂加热脱气处理，冷却后放入样品管，体系抽空。测定比表面积时吸附是在低温下进行的，将样品浸在低温液体液氮中，因为在低温下不易产生化学吸附。通过测定已进入系统的气体体积和平衡时残留死体积的气体之差可确定吸附量大小：

$$V_{总}=V_{吸附}+V_{死空间} \tag{7-61}$$

$$V_{吸附}=V_{总}-V_{死空间}=\frac{n_{总}-n_{截留}}{p}-RT \tag{7-62}$$

因 He 气在低温下几乎不吸附，故常用它冲入死空间，定出死空间的体积：

$$V_{死空间}=\frac{n_{He}}{p_{He}}RT \tag{7-63}$$

在恒定温度下，测定不同压力下一系列的吸附量（换算到标准状态），利用作图法求出 V_m 值，然后用前面的 S_g 计算式算出 S_g。

下面为利用上述装置测定活性炭比表面积的实例。测得死体积的数据如表 7－12 所示。

表 7－12　死体积的测定数据（$p_{大气压}$ =76.5cmHg）

压力计读数/cmHg	$p_压 = p_{大气压}$ －压力计读数/cmHg	量气管读数/mL	压力计读数/cmHg	$p_压 = p_{大气压}$ －压力计读数/cmHg	量气管读数/mL
68.5	8.0	4.7	49.8	26.7	16.8
60.3	16.2	9.7	44.1	32.4	20.9

注：1mmHg = 133.322Pa，下同。

以 V 为纵坐标，以 p 为横坐标，绘图得到图 7－26。

在 －195.8℃下用测定活性炭比表面积，获得如表 7－13 所示数据（p =760.5mmHg）。

表 7－13　活性炭比表面积数据

V（吸附体积）/mL	V(死体积）/mL	p/cmHg	$V_校$/mL	$\frac{p}{p_0}$	$\frac{p}{V_校(p_0-p)}$
156.9	5.7	9.75	151.2	0.128	9.73×10^{-4}
167.3	8.6	14.05	158.7	0.185	14.29×10^{-4}
176.7	11.7	18.65	164.0	0.245	19.82×10^{-4}
182.7	14.3	22.65	168.4	0.298	25.20×10^{-4}

根据多分子吸附层的 BET 公式，以 $p/[V_校(p_0-p)]$ 对 (p/p_0) 作图，得图 7－27。

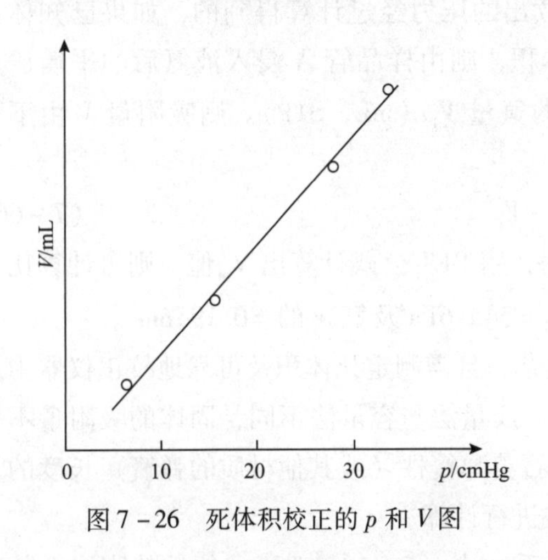

图 7－26　死体积校正的 p 和 V 图

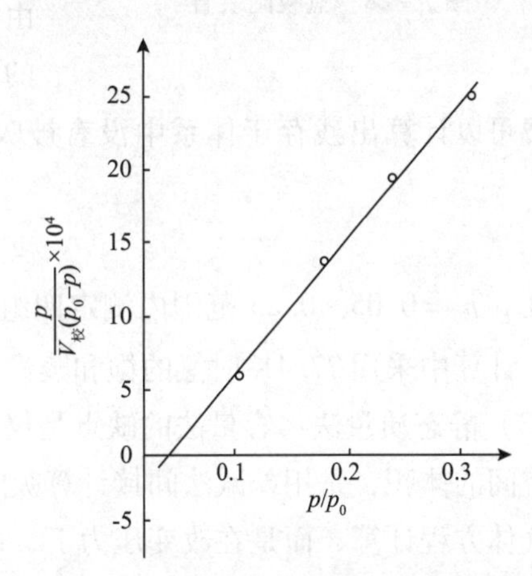

图 7－27　$p/[V_校(p_0-p)]$ 对 (p/p_0) 图

由图 7－25 求得：截距 $=1/(CV_m)=1.1\times10^{-1}$。

则：　$V_m=1/(截距+斜率)=1/(1.1\times10^{-1}+8.4\times10^{-3})=118\ (mL)$　　(7－64)

N_2分子的横截面积$\sigma=0.162nm^2$，则活性炭比表面积

$$
\begin{aligned}
S_g &= (V_m \cdot N_0/22400)\times(\sigma/W) \\
&= (118\cdot 6.02\times10^{23}/22400)\times(16.2\times10^{-20}/1.5389) \qquad (7-65)\\
&= 334\ (m^2/g)
\end{aligned}
$$

随着研究的不断深入，静态氮吸附容量法测比表面积的仪器设备也有较大发展。De Boer 等设计的微量氮吸附仪具有实验可以间歇进行等优点；意大利 Carlo-Erba 公司生产的 1800 系列自动吸附仪，以及美国 Micromeritics 公司生产的更先进的 2500 型自动吸附仪，除样品管外，全部由金属制成，采用金属无油脂真空活塞及用压力传感器测定压力。我国 1982 年低由化工部化肥研究所研制的 zxf 系列自动吸附仪也是类似的装置。使用自动吸附仪可大大减轻劳动强度。

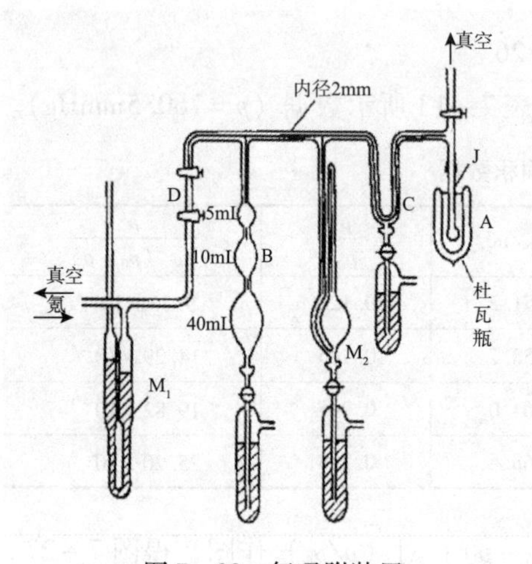

图 7－28　氪吸附装置

（2）低温氪吸附法：氪在液氮温度下的饱和蒸汽压只有 267～400Pa，所以吸附平衡后剩余在管道里的氪很少。由校正这部分数量引入误差也就很小，这是它可以用于测定小于 $1m^2/g$ 的样品的表面积。然而因为吸附平衡压力低，所以测定压力时，需用低压麦氏真空计，最好使用量程为 1.33～0.1Pa。

典型的氪吸附装置如图 7－28 所示。

测定时先把装有样品的样品管 A 在真空下加热脱气，然后用定量进气管 D 向系统中引入标准状态下的一定量的氪 V_0（mL），V_0是 D 的体积和由 M_1读出的压力经过计算得到的，如果已知体系的总体积，则由样品管 A 浸入液氮后的平衡压力和室温可以计算出残存于体系中没有被吸附的氪量 V_1（mL，STP）。则吸附量 V 由下式给出：

$$
V=V_0-V_1 \qquad (7-66)
$$

在 $p/p_0=0.05\sim0.25$ 范围内测定四组数据，用 BET 公式计算出 V_m值，则可计算比表面积。计算中采用 77.4K 时氪的饱和蒸汽压 $p_0=345.6Pa$ 及氪 σ 的 $=0.195nm^2$。

（3）静态质量法：容量法的缺点是仪器复杂，且需测定死体积及可靠地校正仪器中大部分空间的体积，是用差减法间接计算吸附量。质量法与容量法不同，固体的吸附量不是通过气体方程计算，而是在改变压力下、通过石英弹簧秤（或其他材质的弹簧）长度的变化直接表示出来，然后按上述方法用 BET 公式进行计算。

采用石英弹簧秤是因为石英的线性热膨胀系数小（5×10^{-7}/℃），线性热膨胀系数对温度的依赖性小，并且它显示了低的滞后现象。此外，石英有较高的变形点（1075℃）和化学惰性，所以在高温或腐蚀性气氛中势必要选用它。这些因素，加上石英弹簧秤成本较

低，无疑是它深受欢迎的原因。

近年来，钨丝弹簧秤也享有一定的盛名。无疑是由于其与石英相比，它更为结实和有较高的阻尼能力。钨丝螺旋的独特的灵敏度是0.5mm/mg，比石英螺旋的高，钨丝的线性热膨胀系数远比石英的高（3.6×10^{-6}/℃，石英的是5×10^{-7}/℃），这一限制使得在需要有最高灵敏度的测定时不能选择它。

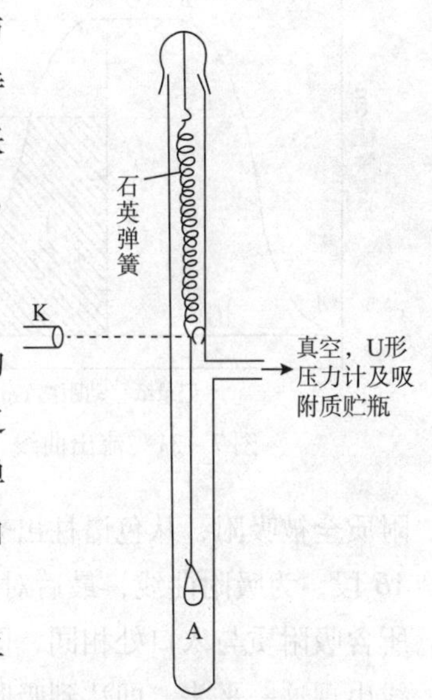

图7-29 静态质量法装置

典型的静态质量法装置见图7-29。

样品放在吊篮A中，悬挂于石英弹簧上。先按容量法中的条件把样品加热并抽真空脱气，再通入吸附质蒸气静置，使之达到吸附平衡，由压力计测出平衡压力。用测高仪观察石英弹簧上某一固定标志的位移（图中的K是测高仪观察镜筒），由盛样品弹簧的伸长量与吸附后的伸长量即可计算出吸附量。

室温下是液体的吸附质，无法用容量法测定其在固体上的吸附量，一般用静态质量法。质量法可在室温下进行实验，也方便不少；质量法没有死体积校正问题，此法简便、易行，而且可以同时在几根弹簧上进行若干样品的测量，因此很适用于工厂常规检测、控制分析。其缺点是弹簧的最大载量和感量有限，所以灵敏度较低。近年来，用非常灵敏和精密的微天平使质量法的准确度超过了容量法。

（4）色谱法：容量法和质量法虽较为准确，但由于安装设备和操作技术较麻烦，使用受到限制。近些年来，随着色谱研究工作的发展，是色谱在测定固体比表面积方面也得到了广泛的应用。在吸附或脱附过程中，利用色谱技术可测定气相中吸附质的减少或增加的量，所以可用来测定固体的比表面积。色谱法的特点是不需要高真空设备，与容量法和质量法相比具有设备、操作方法简便、迅速的优点，并可避免水银的毒害。因此更适合于工厂、实验室测定固体比表面积。通常采用迎头色谱法和热脱附法，但最好能定期和容量法或质量法进行比较。

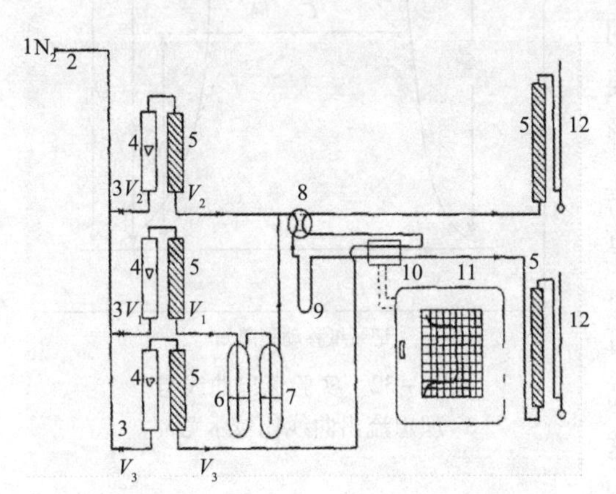

图7-30 迎头色谱法测比表面积流程

1—N_2气源；2—减压阀；3—流量调节阀；4—流量计；5—干燥管；6—苯预饱和器；7—饱和器；8—斯通旋塞；9—吸附柱；10—热导鉴定器；11—电子电位差计；12—皂膜流量计

①迎头色谱法：迎头色谱法是较简便而通用的测定比表面积的方法，也是按BET公式计算比表面积的。测定比表面积时，固定相就是被测固体本身（及吸附剂就是被测催化剂），载气可选N_2、H_2等，吸附质可选易挥发并与被测固体间无化学反应的的物质，如C_6H_6、CCl_4、CH_3OH等。其实验流程见图7-30。

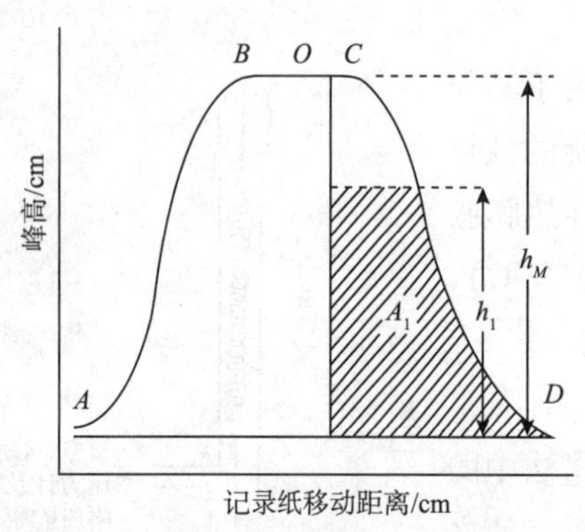

图 7－31 流出曲线

实验时，首先称取一定质量处理过的待测样品，装入色谱柱中，然后调节载气以一定流速 V_1（预先用皂膜流量计校正过，下述 V_2、V_3 也同样校正过）通过苯饱和器，再使带有足够量苯蒸气（吸附质）的混合气体以流速为 V_2 的载气稀释，经过四通旋塞（图中实现通路）进入吸附柱和热导池鉴定器，在电子电位差计上画出流出曲线。

典型的色谱流出曲线见图 7－31。

当含吸附质的载气通过色谱柱时，发生吸附过程，在色谱柱出口处应该有浓度变化。开始时，吸附质全被吸附，从色谱柱出来的全是载气，随后出口处渐渐有吸附质出现，即在图中的 AB 段，为吸附曲线，最后对应于某一相对压力，吸附达到平衡，在色谱柱出口处气流中所含吸附质与入口处相同，图中与基线平行的 BOC 段表示这个吸附平衡过程，当流出曲线出现这一平头，即达到吸附平衡，这时旋塞四通活塞（图中四通活塞虚线通路），用纯载气以与 V_1+V_2 相等的流速 V_3 冲洗色谱柱，这时发生脱附过程，即图中的 CD 段。

相应于一定浓度的吸附质，应有一定的相对压力 p/p_0，并且相应地有一个平衡吸附量 α，所以在实验中，通过改变稀释用的载气流速，以改变流动相中吸附质浓度，可得一组相应于各浓度的流出曲线，如图 7－32 中虚线。但用色谱法测比表面积必须满足两个要求：一是要瞬时建立吸附平衡，二是要消除扩散因素，并且浓度与峰高要有线性关系。如果满足了这些要求，则这组流出曲线的各浓度变化部分应重合，即理想情况，如图 7－32 中实线。这样，实验测得的流出曲线如图 7－32 上每一点都可以看做是某一浓度的吸附平衡点，即一定峰高与一定的平衡浓度相对应，色谱理论中给出这个线性关性为：

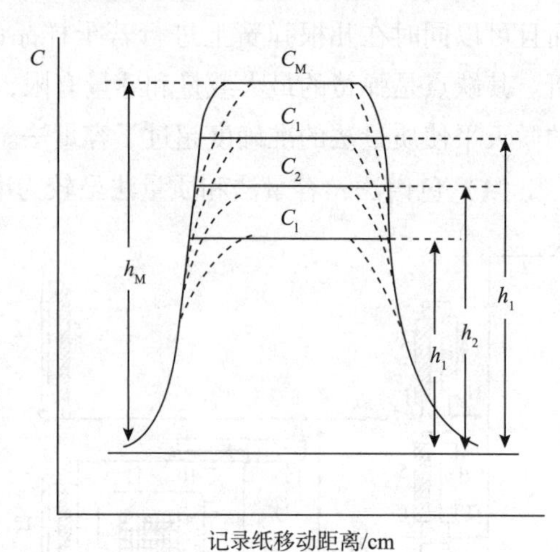

图 7－32 实验流出曲线与理想流出曲线比较示意

$$C_1 = Kh_1 \tag{7-67}$$

式中，C_1 为吸附平衡时的浓度；h_1 为峰高；K 是色谱鉴定器常数。K 可以通过实验测得，但通常也可以用其他参数把它表示出来。

对于图 7－32，当 $C_1=C_s$ 时，$h_1=h_M$，C_M 为载气 V_1、V_2 所载的苯饱和蒸气浓度，h_M 是与 C_M 对应的峰高。

$$C_M = \frac{\frac{V_M}{22.4}}{V_1 + V_2} \tag{7-68}$$

V_M是苯饱和蒸气分体积，根据理想气体分压定律，

$$V_M = \frac{p_0}{p_{atm} - p_0} V_1 \tag{7-69}$$

p_0 为测量温度下的苯饱和蒸气压，p_{atm}为大气压，则：

$$C_M = \frac{p_0 V_1}{22.4\ (V_1 + V_2)\ (p_{atm} - p_0)} \tag{7-70}$$

则：

$$K = \frac{C_M}{h_M} = \frac{p_0 V_1}{22.4\ (V_1 + V_2)\ (p_{atm} - p)\ h_M} \tag{7-71}$$

下面以式（7-67）为基础，从流出曲线上分别求取相对压力 p_1/p_0和平衡吸附量 α_1的表示式。

相对压力 p_1/p_0 的表示式如下。根据气体分压定律，脱附曲线上某一点所对应的吸附质分压 p_1为：

$$p_1 = p_{atm} \frac{V_1}{V_1 + V_2 + V_1} = p_{atm} \frac{\frac{V_1}{V_1 + V_2}}{1 + \frac{V_1}{V_1 + V_2}} \tag{7-72}$$

而：

$$C_1 = \frac{V_1}{22.4\ (V_1 + V_2)} \tag{7-73}$$

或：

$$C_1 = Kh_1 = \frac{p_0 V h_1}{22.4\ (V_1 + V_2)\ (p_{atm} - p_0)\ h_M} \tag{7-74}$$

由式（7-73）、式（7-74）得：

$$\frac{V_1}{V_1 + V_2} = \frac{p_0 V h_1}{(V_1 + V_2)\ (p_{atm} - p_0)\ h_M} \tag{7-75}$$

将式（7-75）代入式（7-72），并除以 p_0，得相对压力：

$$\frac{p_1}{p_0} = \frac{V_1 h_1}{(V_1 + V_2)\ \left(1 - \frac{p_0}{p_{atm}}\right) h_M + \frac{p_0}{p_{atm}} V_1 h_1} \tag{7-76}$$

式（7-76）是计算相对压力的一般公式。通常当 p_0/p_{atm}、V_1值较小，而且：

$$\left[V_1 + V_2\left(1 - \frac{p_0}{p_{atm}}\right)\right] h_M \gg \frac{p_0}{p_{atm}} V_1\ (h_M - h_1) \tag{7-77}$$

则（7-78）可近似写为：

$$\frac{p_1}{p_0}=\frac{V_1 \cdot h_1/h_M}{V_1+V_2\left(1-\frac{p_0}{p_{\text{atm}}}\right)} \tag{7-78}$$

式（7－78）是常用的计算相对压力的公式。

②平衡吸附量 α_1 表示式：从吸附剂脱附出来的吸附质的浓度是变化的，可以看做是载气体积 V 的函数，经过热导池，吸附质的总量 W/M 应等于吸附质浓度 C_1 在全部载气体积中的积分：

$$\frac{W}{M}=\int_0^{\infty} C_1 \mathrm{d}V \tag{7-79}$$

式中，W 为吸附质的质量；M 为吸附质的摩尔质量。若载气总流速为 V_1+V_2，在时间 t 记录纸移动距离为 x，记录纸移动速度为 u，则流过载气总体积为：

$$V=(V_1+V_2)\ t=(V_1+V_2)\ \frac{x}{u} \tag{7-80}$$

$$\mathrm{d}V=\frac{V_1+V_2}{u}\mathrm{d}x \tag{7-81}$$

将式（7－67）、式（7－80）代入式（7－79）：

$$\begin{aligned}\frac{W}{M}&=\int_0^{\infty} Kh_1\ \frac{V_1+V_2}{u}\mathrm{d}x=K\frac{V_1+V_2}{u}\int_0^{\infty} h\mathrm{d}x\\&=\frac{K(V_1+V_2)}{u}A_1\end{aligned} \tag{7-82}$$

式中，A_1 为脱附曲线下的面积。若称得样品重为 g，则每克样品吸附量 α_1 为：

$$\alpha_1=\frac{W}{gM}=\frac{K\ (V_1+V_2)}{gu}A_1 \tag{7-83}$$

将 K 值代入式（7－83）：

$$\alpha_1=\frac{p_0V_1}{22.4\ (p_{\text{atm}}-p_0)\ h_M gu}A_1 \tag{7-84}$$

将式（7－84）中苯饱和蒸气分体积 $V_M=\frac{p_0V_1}{(p_{\text{atm}}-p_0)}$ 换算成标准状态，这样，式（7－84）应乘一个因子 $\frac{p_{\text{atm}}\times 273}{T\times 760}$，$T$ 为室温，则：

$$\begin{aligned}\alpha_1&=\frac{273\times p_{\text{atm}}p_0V_1}{22.4\times 760\times T\ (p_{\text{atm}}-p_0)\ h_M gu}A_1\\&=\frac{1.604\times 10^{-2}p_{\text{atm}}p_0V_1}{T\ (p_{\text{atm}}-p_0)\ h_M gu}A_1\end{aligned} \tag{7-85}$$

这样，在整个计算中就不必再将 V_1，V_2，V_3 换算成标准体积。从流出曲线上测出与 i 点相应的面积，则可求得 i 点的平衡吸附量 α_i。

式（7－78）、式（7－85）是计算比表面积的基本关系式，只要知道 V_1，V_2，p_0，p_{atm}

及流出曲线，就可以在脱附曲线上取几个点，并测量出相应的 h_1、A_1，再用上述两个公式计算出相应于所取各点的 p/p_0 及 α_1 代入 BET 公式中，即可算出比表面积。

（5）热脱附色谱法：常压混合气流下的热脱附法的流程如图 7－33 所示。

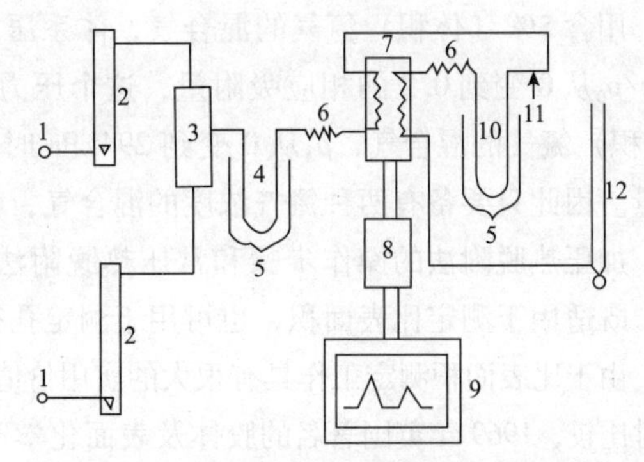

图 7－33　混合气流下热脱附色谱法流程

1—针形阀；2—流速计；3—混合器；4—净化管；5—杜瓦瓶；6—热交换管；7—热导池；8—直流电桥；9—记录仪；10—吸附管；11—进样器；12—皂膜流量计

测定时所用流动的气体是一种吸附质和一种惰性气体的混合物，最适合的是以 N_2 作吸附质，惰性气体 He 作载气，按一定比例混合，混合物连续流过样品，其流出部分用热导池及记录仪检知。室温下氮气在催化剂上不发生物理吸附，检测器给出基线信号；将吸附管浸入液氮时，催化剂温度便降至液氮温度，这时氮气物理吸附在催化剂上。因混合气中氮气的量减少，记录器便给出吸附峰信号。吸附达到饱和以后，混合气的组成复原，记录信号回到基线位置。如果接着把液氮取走，催化剂温度升至室温，被吸附的氮又脱附出来，混合气中氮气的量增加，记录器便给出脱附峰信号。脱附完毕，信号又回到基线位置。为了定量计算与脱附峰相应的吸附量，在室温下将已知体积的氮气打入体系中，得到一个标定峰，如图 7－34 所示。

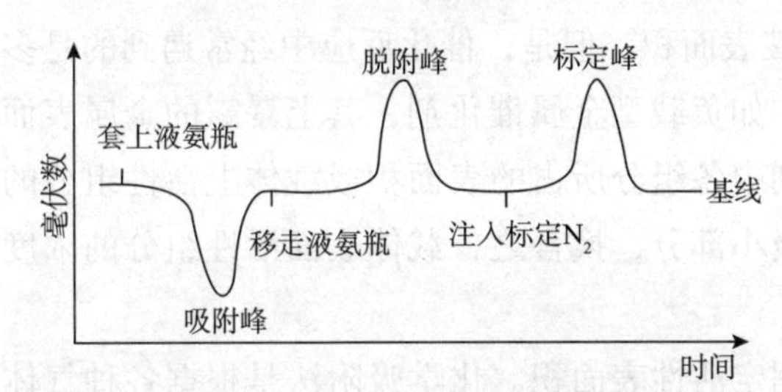

图 7－34　样品吸附氮气出峰情况示意

实验过程中保持载气流速不变，改变 N_2 气流速，从面改变 N_2，He 的比例，即改变 p/p_0 值。可测出几个不同 N_2 分压下的吸附量，代入 BET 公式后。即可计算出样品的比表面积。

吸附量可按下式计算：

$$V = \frac{S}{S_s} V_s \cdot \frac{273 \times p_A}{760 \times T} \tag{7-86}$$

式中，S 为样品脱附峰面积；S_s 为标定峰面积；V_s 为标定的氮气量；p_A 为体系压力；T 为操作温度。

从总流速（F_t）、N_2 气流速（F_N）和体系压力（p_A）可算得氮气分压 p：

$$p = \frac{F_N}{F_t} \cdot p_A \tag{7-87}$$

然后以 $V\dfrac{p}{(p_0-p)}$ 对 p/p_0 作图，求出 V，计算比表面积。可测定催化剂比表面积范围在 $1.0 \sim 1000 m^2/g$。

从式（7－87）可知，可以通过两个途径控制 p/p_0。前面提到，通过改变载气和吸附气的比例的方法控制 p/p_0。如果混合气比例固定，改变体系压力 p_A 也能控制 p/p_0，这就是加压热脱附法的基础。

用含5%（体积）氮气的混合气，体系压力（按表压）从0变到294kPa时，可以测定 p/p_0 从0变到0.2的相应吸附量，这个压力范围正好适用于测定比表面积。用含25%（体积）氮气的混合气，p_A 从0变到294kPa时，可以测定 p/p_0 从0.25变到1.0的相应吸附量。因此只要备有两种氮气浓度的混合气，就可以做全吸附等温线的测定。

加压热脱附法的操作步骤和常压热脱附法基本相同，但它没有常压热脱附法的局限性，既适用于测定比表面积，也可用于测定孔径分布。

由于比表面积测定工作具有很大的实用价值，为了便于各吸附实验室及研究工作者相互核对比较，1969年英国著名的胶体及表面化学家E. K. Rideal爵士在国际比表面积测定会议上倡议建立标准比表面积样品系列，并由IUPAC委托英国的D. H. Everett等进行，已经选定了 Al_2O_3 等4种，并已开始采用。我国于1983年“第一次全国颗粒度与孔径测试会议”后，由中国颗粒学会建议，已定出 Al_2O_3-SiO_2 微球等五个标准样品，供各有关方面使用。

（6）活性组分的表面积测定：以上介绍的BET方法测定的是催化剂的总表面积。通常是其中的一部分才有活性，这部分叫活性表面。对于无载体的催化剂，例如金属粉末或金属氧化物，用BET法测得的表面积就是活性表面积。但是，催化反应中经常遇到的是多组分催化剂或者是附于惰性载体上的催化剂，如负载型金属催化剂，其上暴露的金属表面是催化活性的。因此，必须测定多组分催化剂中各组分所占的表面积或载体上活性组分的表面积。而活性表面积只是总面积中的一个极小部分，换言之，载体表面活性组分的浓度很低，所以不能用BET法。

可以利用化学吸附的选择性这-特点来测定活性表面积。化学吸附法是根据各种气体(主要是 H_2、CO、O_2 对体系中各组分发生特定的吸附作用。在一定条件下，测定催化剂表面某组分化学吸附时气体的体积，就可算出活性表面积。例如合成氨用的Fe催化剂。先用低温 N_2 吸附法（BET法）测出 $Fe-K_2O-Al_2O_3$ 的总面积，自由铁的表面积可用CO在-195℃进行化学吸附测定，这时CO只吸附在Fe上。K_2O 的表面积用 CO_2 在-78℃的化学吸附值来确定。于是 Al_2O_3 的表面积可以从总表面积中碱去Fe和 K_2O 的面积而得出。所得结果列示表7-14。

表7-14　$Fe-K_2O-Al_2O_3$ 合成氨催化剂总表面积和活性表面

助催化剂/%（质量）	总表面积/（m^2/g）	表面覆盖率/%		
		Fe	Al_2O	K_2O（+CaO）
杂质0.15Al_2O_3	—	100		
1.07K_2O	0.6	30		70
10.2Al_2O_3	13.2	45	55	
1.3Al_2O_3，1.6K_2O	3.7	40		60
5.3Al_2O_3，0.5CaO，0.6K_2O	15.7	22	19	59
4.4Al_2O_3，1.0CaO，5.4K_2O	14.4	11	22	87

由表中数据可见：有很大一部分表面是被含量很少的助催化剂所覆盖。测定金属表面积常用 H_2、CO、N_2O、O_2 等作吸附质，因所测金属种类而异。如 Pt 和 Ni 用 H_2，Pd、Fe 用 CO 或 O_2。Pd 不能用 H_2作吸附质是因为它溶解 H_2。测 Ag 表面积用 O_2滴定。而 Cu 表面要用 N_2作吸附质，测 Cu 表面积如果用 O_2吸附应当选择 -136℃下进行，否则物理吸附不可忽略。测定酸性表面应当选用 NH_3等碱性气体，碱性表面用 CO_2等酸性物质作吸附质，且在化学吸附时应当选择合适的温度和压力。

常用的选择性化学吸附质及其优缺点如表 7-15 所示。

表 7-15 常用选择性化学吸附质及其优缺点

吸附质的优点	吸附质的缺点	可测定的金属组分
CO 溶解于金属组分中的可能性小	低温时发生物理吸附 吸附机理复杂 有可能生成羰基化合物 对杂质敏感	Pd，Pt（25℃） Ni，Fe，Co（-195℃，-78℃）
H_2 化学吸附机理较简单 物理吸附少 在氧化物上吸附很少	有溶解及生成氢化物的危险（特别是 Pd） 对杂质敏感 离解吸附产生的氢原子有时会迁移到载体上去（溢流效应）	Pt（约 200℃） Ni（-78℃，-195℃）
O_2 在氧化物上吸附很少	低温易发生物理吸附（在 -78℃较微弱，在 -195℃较强） 高温时发生副反应生成氧化物，特别是 Fe 和 Cr，Ni、Cu、Co、Pt、Ag 也会在不同程度上发生	Pt，Ni（25℃，-195℃） Ag（200℃）
硫化物如 CS_2 及噻吩	易发生物理吸附 吸附机理复杂 分子几何尺寸大，因而有些微孔可能进不去	Ni（约 40℃）

金属表面积 S_M可由化学吸附实验数据，用吸附等温式求出气体单层化学吸附量 V_m，按下式计算：

$$S_M = \frac{V_m}{22400} \times 6.02 \times 10^{23} NS_0 \qquad (7-88)$$

式中，N 为一个吸附质分子（原子）与表面 M 原子相结合的数目，即化学计量数；S_0为一个 M 原子的表面积，对于多晶表面，通常取其各低密勒指数面的平均值，它与单位表面积上的金属原子数 n_s的关系为 $S_0 = \frac{1}{n_s}$。n_s 值列于表 7-16。

表 7-16 单位多晶表面的表面原子数

金属	表面原子浓度/($\times 10^{19}$ m^{-2})	金属	表面原子浓度/($\times 10^{19}$ m^{-2})	金属	表面原子浓度/($\times 10^{19}$ m^{-2})
铬	1.63	铝	1.37	钌	1.63
钴	1.51	镍	1.54	银	1.16
铜	1.47	铌	1.24	钽	1.25

续表

金属	表面原子浓度/($\times10^{19}m^{-2}$)	金属	表面原子浓度/($\times10^{19}m^{-2}$)	金属	表面原子浓度/($\times10^{19}m^{-2}$)
金	1.15	锇	1.59	钍	0.74
铪	1.16	钯	1.27	钛	1.35
铱	1.30	铂	1.26	钨	1.35
铁	1.63	铼	1.54	钒	1.47
锰	1.40	铑	1.33	锆	1.14

化学计量数N的确定，对于氢的吸附而言，化学计量数一般是2，因为氢分子在吸附时发生解离，而且每个氢原子占据1个金属原子。如 H_2 在金属Pt上解离成氢原子，每个氢原子占据表面上1个金属铂原子，则 $N=2$。应当注意，当Pt负载在 Al_2O_3 上时，吸附在Pt上的氢会从Pt表面转移至 Al_2O_3 表面上（称为氢溢流），这将造成显著的误差。吸附质在吸附时，由于催化剂表面的不均匀性会同时存在几种吸附态，如Rh上CO可呈各种吸附态，此时 N 的值将在一个范围内变化：

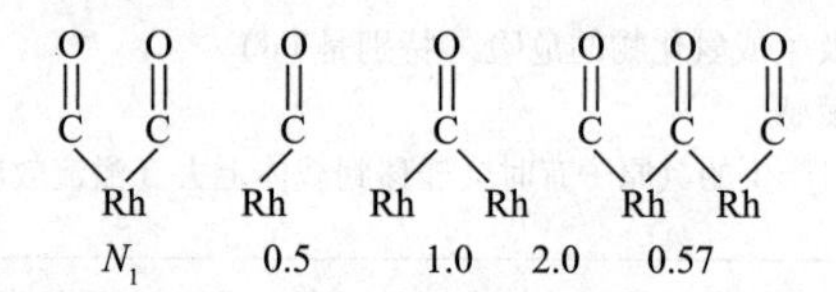

当载体或助剂存在时都会对吸附态发生影响，N值发生变化也会造成结果的误差。气体在各种金属上化学吸附时的化学计量数如表7－17所示。

表7－17　气体在各种金属上化学吸附时的化学计量数

金属	气体	操作条件		化学计量数	金属	气体	操作条件		化学计量数
		温度/℃	压力/kPa				温度/℃	压力/kPa	
Cu	CO	20	1.33	1～2	Rh	CO	20	1.33	2
Ag	O_2	200	1.33	2	Pd	CO	20	1.33	1～2
Co	H_2	20	1.33	2	Pt	H_2	250	1.33	2
Ni	H_2	20	1.33	2	Pt	O_2	25	1.33	
Ni	C_2H_4	0	1.33	2					

表面氢氧滴定也是一种选择吸附测定活性表面积的方法。先让催化剂吸附氧，然后再吸附氢。吸附的氢与氧反应生成水。由消耗的氢按比例推出吸附的氧的量。从氧的量算出吸附中心数，由此数乘上吸附中心的截面积，即得活性表面积。当然做这种计算的先决条件是先吸附的氧只与活性中心发生吸附作用。

化学吸附的气体量，例如氢或一氧化碳，通常是在一个体积固定的仪器中用容量法测得的。图7－35示出了实验室中所使用的一种仪器装置。这是以使用测压力的小型Pirani计（热传导）以及无油活塞为基础的；Pirani计预先用单独的压力计校正。气体量管的体积为30~40mL，同时用窄孔的管道使其他体积碱到最小；“死空间”的校正用氦气进行。整个仪器是闭合并在33℃恒温的。约1g或更少的催化剂样品在通经钯扩散净化的H_2气流中就地还原，然后排气。为了测定金属表面积，量管，比方说用一氧化碳充满，同时在适当考虑平衡所需时间的情况下所允许进入催化剂部分的剂量。常常还需有一个载体“空白”试验。

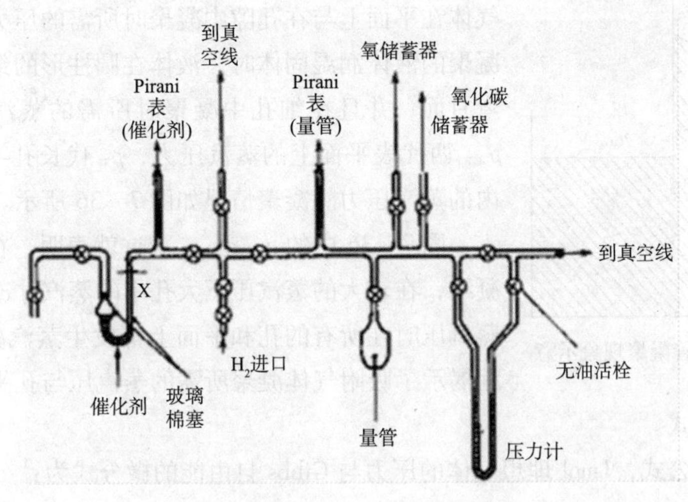

图7－35　以容量法用一氧化碳（或氢）选择化学吸附测定金属面积

在样品数量相当大的情况下，流动技术也是金属面积测定较有吸引力的方法之一。已经使用了迎头和脉冲两种色谱方法。在早期对负载型铂、镍和铑催化剂的应用中，用非吸附的氦气稀释的放射性^{14}CO在室温下通过预先还原好的催化剂。并以计数法测定出口气中^{14}CO的浓度。在铂－氧化铝催化剂的早期的研究中，使用了在200~250℃时的苯吸附。

（二）催化剂孔结构的测定

催化剂常常是多孔的，由微小晶粒凝集而成，内部含有许许多多大小不等的微孔，微孔的孔壁构成巨大的表面积，为催化反应提供了广阔的场地，孔结构不仅对反应速率有密切关系。还直接影响反应的选择性。测定孔结构对改进催化剂、提高产率和选择性具有极其重要的意义。

一般认为，若干原子、分子或离子可组成晶粒。若十晶粒可组成颗粒，若干颗粒可组成球状、条状催化剂。颗粒与颗粒之间形成的孔称为粗孔，其孔半径大于100nm，晶粒与晶粒间形成的孔称为细孔，其孔半径小于10nm，粗孔与细孔之间为过渡孔，孔半径在10~100nm之间。

为方便起见，可把多孔催化剂的内孔大小粗路地分为两类：半径小于10nm的称细孔，半径大于10nm的称粗孔。

测定催化剂的细孔半径和编孔分布、一般采用气体吸附法，而测定催化剂的粗孔半径及其分布一般采用压汞法。

1. 气体吸附法测定细孔半径及其分布

气体吸附法测定细孔半径及分布是以毛细管凝聚理论为基础，通过 Kelvin 方程计算孔半径的。

（1）毛细管凝聚和 Kelvin 方程：当孔的半径很小时，可以把孔看成毛细管，气体在孔中的吸附，可以看成气体在毛细管内的凝聚。实验表明，气体在平面上与在孔隙中凝聚时所需的压力是不同的。当凝聚的液体润湿固体时，液体在圆柱形的细孔中形成凹形弯月面，并且在细孔中凝聚时所需的蒸汽压力较低。令$p_{平面}$西代表平面上的蒸汽压力，$p_{孔}$代长孔半径为 r 的细孔内的蒸汽压力。凝聚情况如图 7-36 所示。

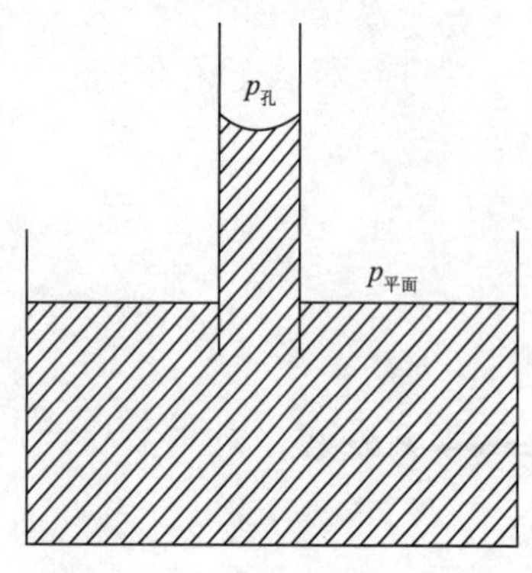

图 7-36　毛细管凝聚现象示意

图 7-36 中的 $p_{孔} < p_{平面}$。这就表明，在小孔中气体先凝结，在较大的蒸汽压下大孔中的蒸汽才凝结，直到饱和蒸汽压时在所有的孔和平面上都发生蒸汽凝结。Kelvin 方程揭示了吸附气体凝聚所需的蒸汽压与孔平径的关系。现推导其数学表示式。

根据热力学公式，1mol 理想气体的压力与 Gibbs 自由能的微分式为：

$$dG = RT\mathrm{d}\ln p \tag{7-89}$$

倘若有$\frac{\mathrm{d}m}{M}$摩尔的气体从平面转移到细孔内，这时 Gibbs 自由能的变化为：

$$\Delta G = \frac{\mathrm{d}m}{M}RT\ln\frac{p}{p_0} \tag{7-90}$$

式中，p_0为饱和蒸汽压。

由于 dmg 液体转移到凹形表面而引起面积减少 da，这时 Gibbs 自由能的变化为 $-\sigma \mathrm{d}a$ 即

$$\Delta G = -\sigma \mathrm{d}a \tag{7-91}$$

式中，σ 是表面张力。$\sigma \mathrm{d}a$ 又称表面能。若 a 是球滴面积（弯月面假定为球形），则 $a = 4\pi r^2$，$\mathrm{d}a = 8\pi r\mathrm{d}r$，d$r$ 是表示由于南积变化（du）所引起的半径变化。若 m 是液滴的质量，则 $m = \frac{4}{3}\pi r^2\rho$（$\rho$ 代表液体的密度），$\mathrm{d}m = 4\pi r^2\rho \mathrm{d}r$。因此有：

$$\mathrm{d}a = 8\pi r\mathrm{d}r = 2\mathrm{d}m/r\rho \tag{7-92}$$

所以：

$$\Delta G = -\sigma \mathrm{d}a = -\frac{2\sigma \mathrm{d}m}{r\rho} \tag{7-93}$$

与式（7-90）比较，得：

$$\frac{\mathrm{d}m}{M}RT\ln\frac{p}{p_0} = \frac{2\sigma \mathrm{d}m}{r\rho} \tag{7-94}$$

或：

$$\ln\frac{p}{p_0} = \frac{2\sigma}{r\rho}\cdot\frac{M}{RT} = \frac{2\sigma V_1}{rRT} \tag{7-95}$$

式中，V_1为吸附质的液体的摩尔体积；r 为掖体弯月面的平均曲率半径；p 为孔隙中刚发

生毛细管凝聚时的压力。

利用式（7-95）可以算出在一定压力 p 时被充满的细孔的半径，称式（7-95）为 Kelvin 方程。

在吸附时，细孔（即毛细管）内壁上先形成多分子层吸附膜，此膜厚度随 p/p_0 变化，当吸附质压力增加到一定值时，在由吸附膜围成的空腔内将发生凝聚。即吸附质压力值与发生凝聚的空脱的大小一一对应。为方便计，我们把由吸附膜围成的空腔比做一个空的“芯子”。

芯子半径与孔半径的关系为，r_p 为孔半径，r_c 为芯子半径，t 为膜的厚度（图 7-37）：

$$r_p \approx r_c + t \tag{7-96}$$

r 与 r_p 的关系取决于采用的孔模型及有关凝聚液与吸附膜之间的接触角。

在采用圆柱孔模型、弯月面为半球形条件下，因为 $r_c = r \cdot \cos\theta$（图 7-38）。

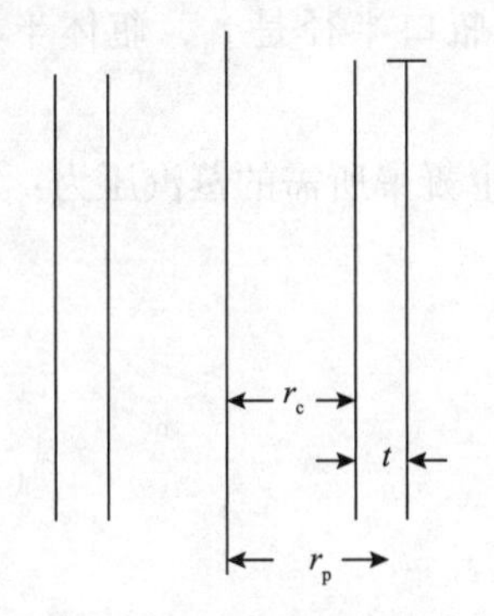

图 7-37 半径为 r_p 的圆柱孔截面（吸附膜厚为 t，内芯半径 r_c）

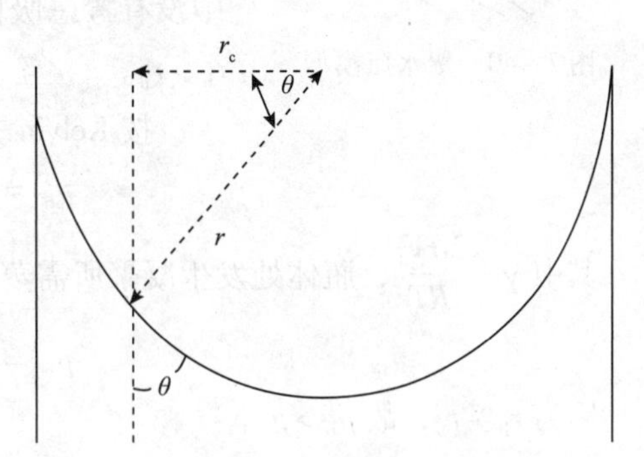

图7-38 Kelvin 方程的 r 与芯子半径 r_c 关系（圆柱形孔，半球形弯月面）

而有：

$$r_p = r \cdot \cos\theta + t \tag{7-97}$$

几乎全世界都采用氮吸附，许多研究者测定过作为 p/p_0 函数的 t 值，对于氮，取其多层吸附的平均层厚度为 0.354nm，t 与 p/p_0 的关系可由下列经验式决定：

$$t = 0.354\left[\frac{-5}{\ln(p/p_0)}\right]^{\frac{1}{3}} \tag{7-98}$$

（2）滞后现象：我们知道，在恒定温度下，在某一催化剂上的吸附可以达到平衡，压力—吸附量的关系曲线即吸附等温线。不论在吸附过程或是脱附过程，只能得同一个等温线。但多孔催化剂上吸附等温线常常存在所谓滞后环。比如，苯在氧化铁胶上的吸附等温线，从吸附过程所得到的，与在脱附过程中所得到的不同，在中间一段压力范围内不重合，该现象称为滞后现象。如图 7-39 所示，ABC 线为吸附支，ADC 线为脱附支，$ABCD$ 为滞后环。

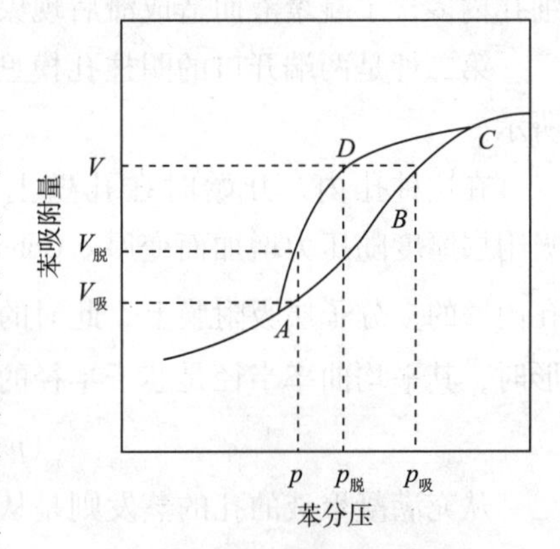

图 7-39 苯在氧化铁胶上吸附的滞后现象

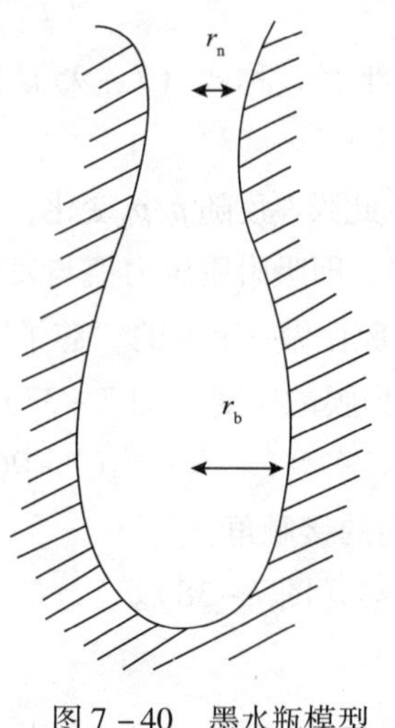

图 7-40　墨水瓶模型

从图 7-39 中的滞后现象可见：滞后现象存在时，在吸附过程中和脱附过程中与同一气体压力相应的吸附量不同；在图 7-39 中，与同一压力 p 对应的吸附量，$V_{脱}$ 总大于 $V_{吸}$；滞后现象存在时，与同一吸附量对应的气体压力，在吸附过程中与脱附过程中不一样。

另外，由图 7-39 还可见，与同一吸附量 V 对应的气体压力，$V_{吸}$ 总大于 $V_{脱}$。

等温线上滞后环的出现，与催化剂中细孔内的凝聚有关。对此有几种模型解释，以下介绍两种。

第一种是墨水瓶模型解释，如图 7-40 所示，这一模型中没有考虑吸附膜的问题，瓶口半径是 r_n，瓶体半径是 r_b，$r_b > r_n$。

按 Kelvin 方程，瓶口发生凝聚所需的蒸汽压为：

$$p_n = p_0 e^{-2\gamma/r_n} \tag{7-99}$$

其中 $\gamma = \dfrac{2\sigma V_1}{RT}$，瓶体处发生凝聚所需蒸汽压为：

$$p_b = p_0 e^{-2\gamma/r_b} \tag{7-100}$$

因为 $r_b > r_n$，故 $p_b > p_n$。

吸附过程中，蒸气压先达到 p_n。这时瓶口发生凝聚，而瓶体是空的，只有热气压到 p_b 时瓶体才发生凝聚。脱附时，蒸气压降低先接近 p_b 照理此时瓶体的凝聚液应该蒸发，但由于瓶口处有液体封锁而不能蒸发，一直要等到蒸气压降到 p_n 瓶口处凝聚液蒸发完后才能蒸发，这样，与吸附过程相比，在脱附过程中催化剂细孔内多含了凝聚液而造成滞后现象。

第二种是两端开口的圈柱孔模型解释，如图 7-41 所示。

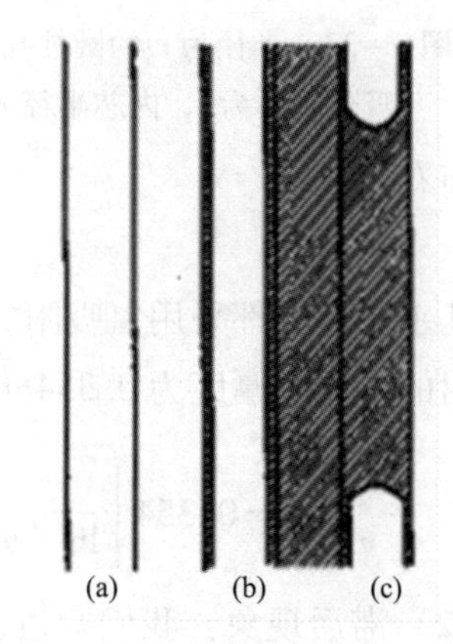

图 7-41　圆柱孔内的毛细凝聚

在这种孔内，开始时在孔壁上发生一般的吸附，吸附层厚度随压力增加而变厚。Cohan 认为液体凝聚在孔内壁的多分子层吸附膜上，此时的弯月面为圆柱形。从几何学上可证得，弯月而为圆柱形时，其平均曲率半径是芯子半径的 2 倍，$r = 2r_e$，因而凝聚所需的相对压力为：

$$(p/p_0)_{ad} = e^{-2\gamma/r} = e^{-\gamma/r_c} \tag{7-101}$$

从充满凝聚液的孔的蒸发则是从孔两端的弯月面开始，这时的弯月面为半球形，其平均曲率半径等于芯子半径，$r = r_e$，因而平衡相对压力为：

$$(p/p_0)_{des} = e^{-2\gamma/r} = e^{-2\gamma/r} \tag{7-102}$$

对同一个孔，凝聚与蒸发发生在不同的相对压力下，这就是出现滞后的原因。

滞后环有多种类型，大体可分为五种，如图7-42中的A、B、C、D及E。

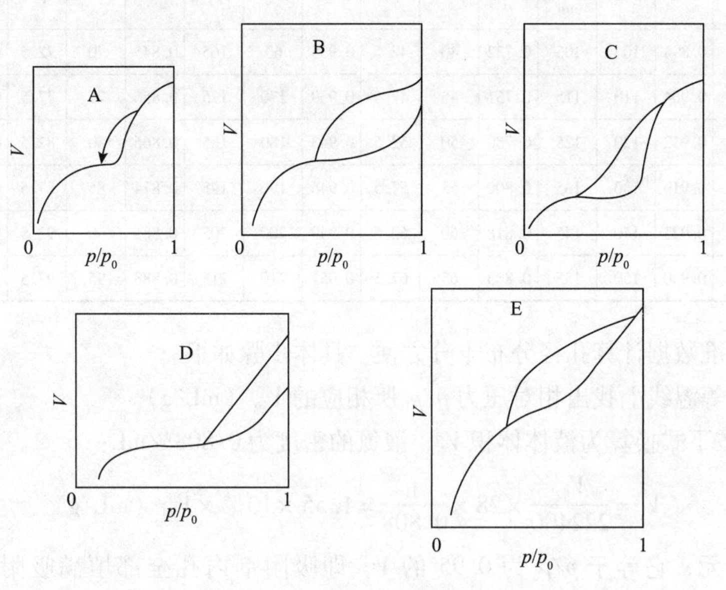

图7-42　各种类型的滞后环

滞后环的形状与吸附剂的孔结构有关，如像多孔玻璃一类物质，由于它们具有的孔的孔径很小，且孔径的分布又十分集中，在p/p_0小于1很多时，等温线就进入一个平台，这时所有的孔都被凝聚液充满。参见图7-43。再增加p/p_0时，外表面引起的吸附量并不明显增加。其他类型的滞后环则对应另外的孔结构。可见，滞后环的形状反映了一定的孔结构情况。

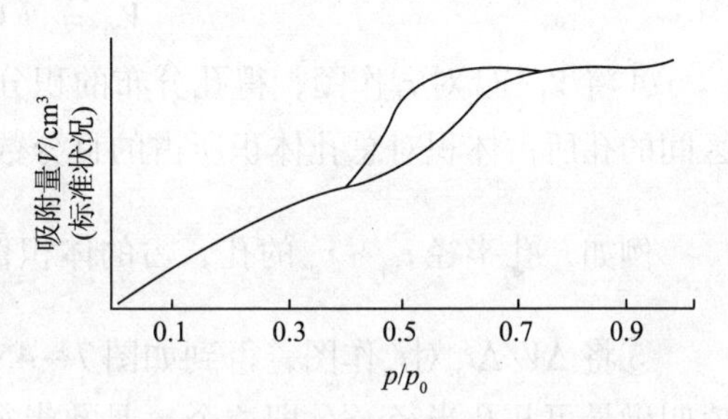

图7-43　丁烷在多孔玻璃上的吸附等温线

用气体吸附法计算孔分布，是利用滞后环的吸附支或脱附支数据，将取决于假定的孔内凝聚模型。

（3）孔径分布曲线：根据孔是两端开口的圆柱模型，吸附时在孔壁上形成一个圆筒形的吸附膜，膜的厚度t随压力增加而变厚，孔中一直不形成弯月面，但压力增加到与圆筒的有效半径$r_c = r_p - t$对应时，则在孔中发生凝聚，孔被凝聚液体充满，并在孔口形成弯月面，在脱附时，气液之间有一个弯月面，液体是从孔端弯月面上蒸发，所以用脱附的压力值通过Kelvin公式算出的孔半径与实测值一致。

因此，为了得到孔径分布曲线，应当采用脱附曲线，而不用吸附曲线。各种p/p_0值的r_p值已经计算出来，结果列于表7-18。

表 7-18　计算孔径分布的标准数据

p/p_0	r_p/nm	Δr_p/nm	p/p_0	r_p/nm	Δr_p/nm	p/p_0	r_p/nm	Δr_p/nm	p/p_0	r_p/nm	Δr_p/nm	p/p_0	r_p/nm	Δr_p/nm	p/p_0	r_p/nm	Δr_p/nm
0.122	10	12.5	0.894	100	105	0.722	40	42.5	0.935	60	165	0.845	70	72.5	0.945	220	225
0.136	15	17.5	0.904	110	115	0.751	45	47.5	0.939	170	175	0.856	75	77.5	0.956	230	235
0.453	20	22.5	0.912	120	125	0.780	50	52.5	0.943	180	185	0.866	80	82.5	0.958	240	245
0.553	25	27.5	0.919	130	135	0.800	55	57.5	0.946	190	195	0.874	85	87.5	0.959	250	255
0.628	30	32.5	0.925	140	145	0.818	60	62.5	0.949	200	205	0.881	90	92.5	0.961	260	265
0.682	35	37.5	0.930	150	155	0.833	65	67.5	0.951	210	215	0.888	95	97.5			

用这个标准数据计算孔径分布十分方便。具体步骤如下。

①从脱附等温线上找出相对压力 p/p_0 所相应的 $V_{脱}$（mL/g）。

②将 $V_{脱}$ 按下式换算为液体体积 V_1，液氮的密度为 0.808g/mL：

$$V_1=\frac{V_{脱}}{222400}\times 28\times\frac{1}{0.808}=1.55\times 10^{-8}\times V_{脱}\ (\text{mL/g}) \tag{7-103}$$

③计算 V 元，它等于 p/p_s 为 0.95 的 V，即吸附剂内孔全部填满吸附液体的总吸附量。即：

$$V_{孔}=(V_1)_{p/p_0}=0.95 \tag{7-104}$$

④将 $V_1/V_{孔}$ 对 r_p 作图，得孔分布的积分图，如图 7-44 所示。从这个图可算出在某 r_p 区间的孔所占体积对总孔体积所占的百分数。

例如，孔半径 $r_{p_1}\sim r_{p_2}$ 的孔，占的体积百分数为：$\left[\left(\frac{V_1}{V_{孔}}\right)_2-\left(\frac{V_1}{V_{孔}}\right)_1\right]\times 100\%$。

⑤将 $\Delta V/\Delta r_p$ 对 $\overline{r}_p$ 作图，得到如图 7-45 所示的孔分布微分曲线。对应于峰最高处的 $\overline{r}_p$ 值叫做最可几孔半径 r_m，即这个 r_m 是孔半径分布最多的。对孔径分布曲线积分还可以算出总孔体积。

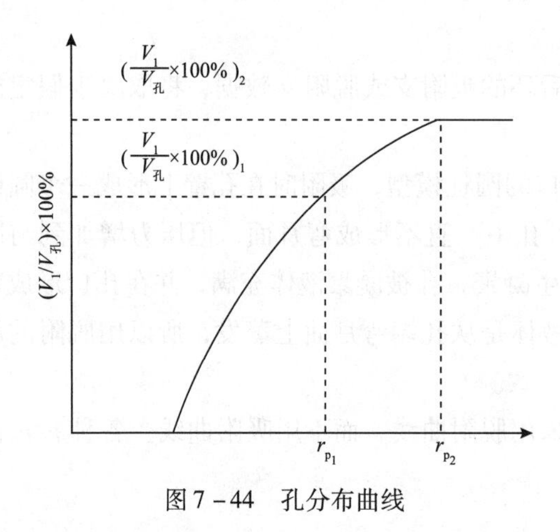

图 7-44　孔分布曲线

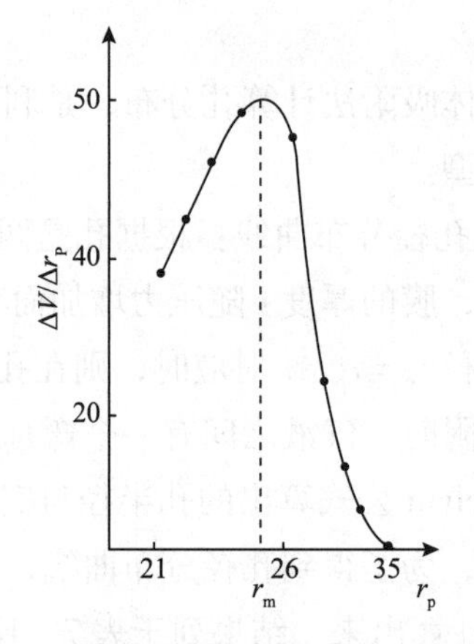

图 7-45　硅酸铝催化剂的孔分布微分曲线

例如，在一个比表面积为242m^2/g，比孔体积为0.65mL/g的Al_2O_3上的孔径分布结果如表7－19所示。

表7－19 Al_2O_3的孔径分布

孔半径/nm	0～2	2～3	3～4	4～5	5～6	6～7	7～8
所占百分数/%	13.75	4.64	8.05	8.20	46.90	11.60	3.25

以上是计算孔径分布的一种近似方法，但对于表示催化剂的孔分布数值已经足够。文献报道还有CI法、DH法等，这些方法在使用时精度大致相同。

气体吸附法测量孔径范围为1.5～30nm，不能测定较大的孔隙，而压汞法可以测得7.5～7500nm的孔分布，因而可以弥补吸附法的不足。

2. 压汞法测定粗孔半径及其分布

压求法又称汞孔度计法。求对多数固体是非润混的，汞与固体的接触角大于90°，表面张力会阻止液体进入小孔，利用外加压力，可以克服此阴力，因此为使液体进入并充满某一给定孔所需的压力是衡量孔径大小的一种尺度。

对于圆柱形孔，阻止汞进入孔的表面张力作用在孔口周围，其值为$2\pi rp\cos\theta$。汞的表面张力系数$\sigma=4.8\times10^{-3}$N/cm，θ为接触角。汞与一般固体（如金属氧化物、木炭等）的θ在135°～142°，常取作140°。强制汞进入细孔的外加压力作用在孔的横截面上，其值为$\pi r_p{}^2p$，p为外加压力。平衡时，以上两力相等，由此得到在p下求可进入的孔的半径：

$$r_p=\frac{-2\sigma\cdot\cos\theta}{p} \tag{7-105}$$

若σ取0.48N/m，θ取140°，压力取为kg/cm^2，则

$$r_p=\frac{7500}{p} \tag{7-106}$$

式中，r_p以nm为单位。

由式（7－106）可知：当$p=1$kg/cm时，孔的半径$r=7500$nm；当压力加至1000kg/cm时，$r=7.5$nm。因此，当压力从1kg/cm^2增至1000kg/cm时，就可求得7.5～7500nm的孔分布。

测定时，将样品放在特制的求孔度计中，如图7－46所示。用汞把样品浸没，然后加压，把汞压入孔中。被压到孔内的汞的体积可由露出汞面的铂丝的电阻变化求出。利用式（7－106）可算出在不同压力p下的孔半径r。从而可得到压人求体积与孔半径的关系曲线，即汞压入曲线。图7－47是硅藻土的汞压入曲线。V_0是所有孔的总体积，V是半径小于r，的孔的总体积，即在压力为p时承尚未进入的那些孔的总体积。

压汞法常以孔分布函数与孔半径的关系表示孔分布。以下介绍孔分布函数的导出。

当孔半径从r_p变化到r_p+dr_p，时，孔体积变化dV为：

$$dV=V(r_p)\ dr_p \tag{7-107}$$

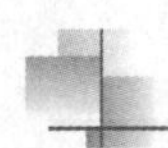

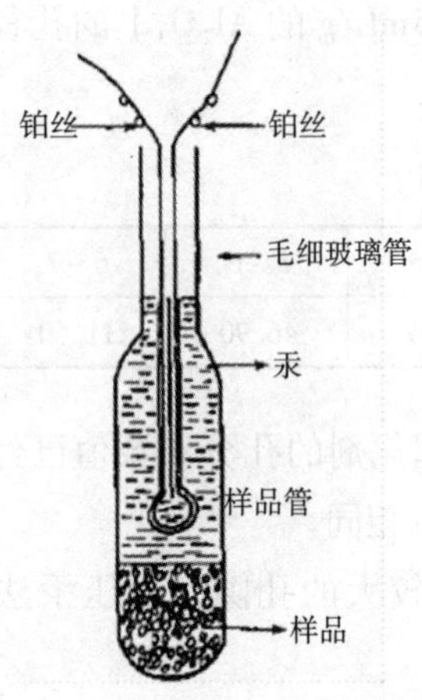

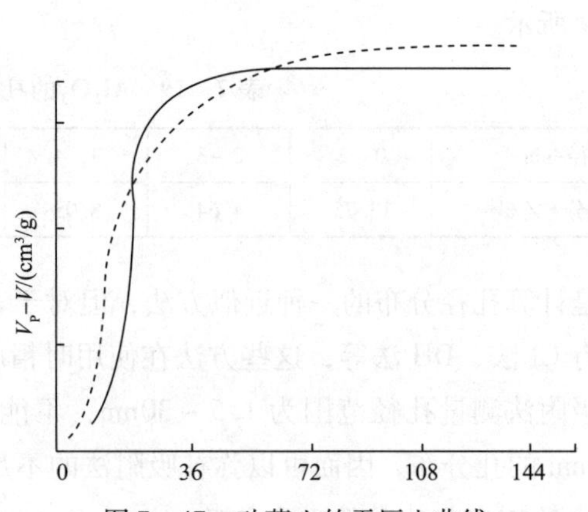

图 7－46　汞孔度计（示意）　　图 7－47　硅藻土的汞压入曲线

其中 $V(r_p)$ 表示孔分布函数，式（7－107）又可写成：

$$V(r_p)=\frac{dV}{dr_p} \tag{7-108}$$

微分式（7－106）有：

$$pdr_p+r_pdp=0$$

$$\frac{dp}{dr_p}=-\frac{p}{r_p} \tag{7-109}$$

将式（7－108）变形：

$$V(r)_p=\frac{dV}{dr_p}\cdot\frac{dp}{d_p}=\frac{dV}{dp}\cdot\frac{dp}{dr_p} \tag{7-110}$$

将其代入得：

$$V(r_p)=\frac{pdV}{r_pdp} \tag{7-111}$$

因 $pr_p=7500$，所以式（7－83）又可写成：

$$V(r_p)=-\frac{p^2}{7500}\frac{dV}{dp} \tag{7-112}$$

此式表明，从实验上一旦获得了$\frac{dV}{dp}$数据，孔分布函数也就得到了。

而$\frac{dV}{dp}$数据可由汞压入曲线用图解微分法求出。以 $V(r_p)$ 对 r 作图即得孔径分布曲线。图 7－48 示出硅藻土和烧结玻璃的孔径分布。由图可见：这两种材料的孔基本上都是大孔，在 400nm 附近有峰值。压汞法的孔半径与压力成反比，所以用这个方法所能检出的最小孔尺寸与在装置中水银所能承受的压力有关。在压汞法和气体吸附法测定孔径交叉范围内，孔分布的测定。用两个方法中的任何一个都可以。因为实验表明，对许多催化剂与载体，这两种方法给出的孔分布结果吻合得很好。图 7－49 即为一典型的实例。

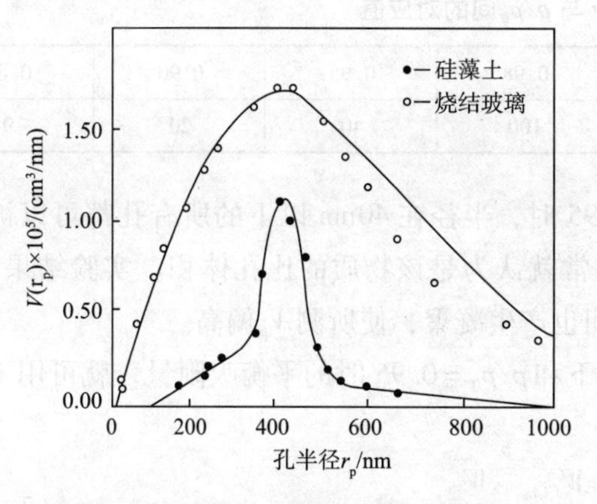

图7－48　硅藻土和烧结玻璃的孔径分布

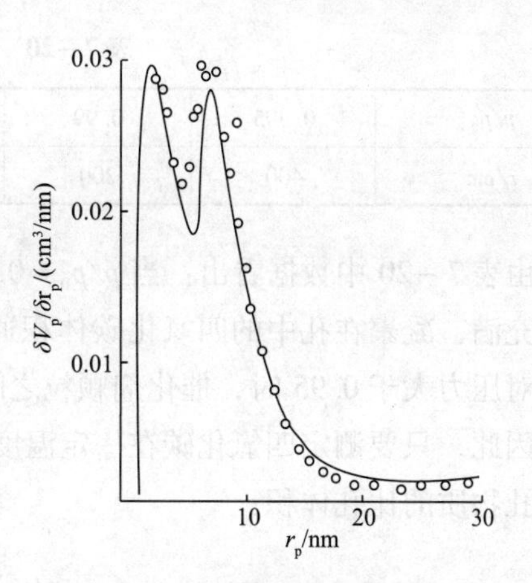

图7－49　骨炭样品的孔分布

实线—气体吸附法，○—压汞法

大多数载体和催化剂都具有或多或少轮廓清晰的双峰孔径分布、其中大孔是催化剂制备时颗粒间存在或形成的残留空间，而小孔是颗粒内由于灼烧或还原操作产生的。大孔的尺寸随压片成型压力的增加而减小，但小孔基本不受影响。用于水煤气转化反应的$Fe_2O_3-Cr_2O_3$，催化剂是双峰孔分布催化剂的一个典型。

在具有双峰孔径分布的催化剂中，通常小孔半径是在1～10nm，构成绝大部分表面积，大孔孔径为$10^2\sim10^3$nm，这部分孔有利于反应物从催化剂外部向内部间隙处扩散。

用通常的方法研究宽度小于约1nm的微孔是困难的。在实验能达到的压力下，汞不能进入这样大小的孔，而氮的物理吸附常给出一条等温线，其中的滞后环对测定的精度而言是退化的，或是一点都不能觉察的。无论用氮吸附或是压汞法，孔的几何形状可能对孔结构的测定有重要影响。实际上，从这两种技术对数据进行分析的方法中都假定：①所有的孔都直接与样品的外表面相通，独立起作用；②孔间不相通，事实上，这两个假定可能都是错误的，结果是使这些测定孔结构的实验方法的精确度不应该地偏高。

3. 催化剂比孔体积的测定

催化剂比孔体积（V_g），或称比孔容，是指每克催化剂颗粒内所有孔的体积总和，亦称孔体积（孔容）。为了更好地研究反应物在催化过程中的扩散行为、催化剂内表面的有效利用率等，常常需要测定孔体积。测定孔体积的方法有多种。由吸附等温线求出的孔径分布曲线积分就可求出总的孔体积。后来发展了四氯化碳吸附法，此法可测出孔半径在40nm以下的所有孔的体积，一次可同时测几个样品，设备简单，很快得到推广。随着流化床微球硅＝铝催化剂的使用。出现了简易的适合于微球催化剂的水滴定法。

（1）四氯化碳吸附法：由Kelvin方程，在一定温度下，吸附质在不同孔半径的毛细管中凝聚时，吸附质的相对压力p/p_0越大，可被凝聚的孔越大。以四氯化碳作吸附质而言，在25℃，$\sigma=26.1\times10^{-9}$N/cm，摩尔体积为97.1cm³/mol，则r和p/p_0间的对应值列于表7－20中。

表 7-20　r 与 p/p_0 间的对应值

p/p_0	0.995	0.99	0.98	0.95	0.90	0.80
r/nm	400	200	100	40	20	9

由表 7-20 中数据看出：当 $p/p_0=0.95$ 时，半径在 40nm 以下的所有孔都可以被四氯化碳充满，凝聚在孔中的四氯化碳体积通常就认为是该物质的比孔体积。实验结果表明，当相对压力大于 0.95 时，催化剂颗粒之间也产生凝聚，使所测 V_g偏高。

因此，只要测定四氯化碳在一定温度下和 $p/p_0=0.95$ 时的平衡吸附量，就可用下式计算多孔物质的比孔体积：

$$V_g=\frac{W_{CCl_4}-W_{空}}{W_{样}\rho} \tag{7-113}$$

式中，W_{CCl_4}为样品吸附四氯化碳的量，g；$W_{空}$为空瓶吸附四氯化碳的量，g；$W_{样}$为样品的质量，g；ρ 为在吸附平衡温度时四氯化碳的密度，g/mL。

由于 CCl_4是重液卤代烷，不能用 BET 法的调压方法实现相对压力连续变换，因此无法进行孔分布测定。为了达到使 CCl_4的 $p/p_0=0.95$ 的目的，推荐采用向 CCl_4加入不同量十六烷，由监测 CCl_4 + 十六烷二元体系的折射率控制 CCl_4的 $p/p_0=0.95$。实验中相当于 CCl_4的相对压力为0.95 的混合液由86.9 份体积的 CCl_4加入 13.1 份体积的正十六烷混合而成，其折射率 $n_D^{20}=1.457\sim1.458$。

实验装置如图 7-50 所示。用一真空干燥器作吸附器，将配制好的混合液 100mL 放入 CCl_4 储瓶中，并加入 2~3 粒浮石；然后再加入 0.5mL 左右的纯 CCl_4（补加量应与实验时被真空泵抽出而又在冷阱中冷凝的 CCl_4质量相同，以保持 $p/p_0=0.95$）。以小称量瓶称取 1~2g，经 480℃焙烧 2h 后的样品，放入干燥器内冷至室温，同时装人一已知质量的空称量瓶，以校正吸附在瓶上的 CCl_4质量，盖好真空干燥器，将冷阱装好冰盐，抽真空，等 CCl_4溶液沸腾后，关闭活塞3，继续抽气，2h 后，关闭活塞2，打开活塞1，断开真空泵电源，停止抽气。然后打开活塞 3，在室温下放置 16h，让 CCl_4在样品中吸附达到平衡，然后将干燥器打开，迅速盖上称量瓶称重。

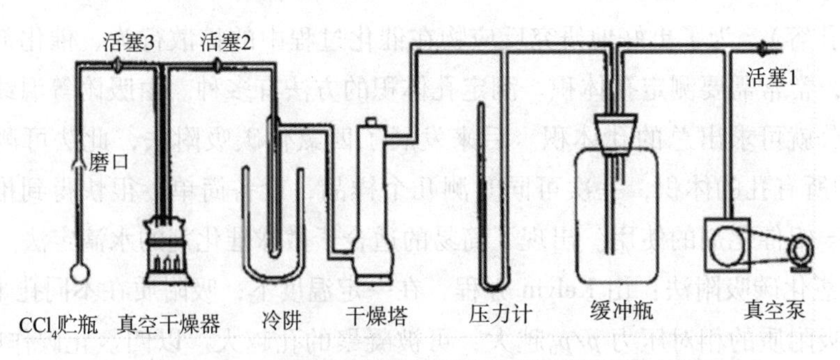

图 7-50　四氯化碳吸附法测孔体积实验装置示意

CCl_4吸附法对于微球及小球硅酸铝催化剂、氧化铝载体及多种重整及加氢催化剂的孔体积的测定是合适的，其绝对误差为0.005mL/g，对于粉状分子筛或分子筛催化剂，由于CCl_4分子较大，分子筛孔窗较小，吸附速率慢，测定重现性不理想，因此一般采用水滴定法。

（2）水滴定法测定孔容：这种方法仅局限于流化床用微球状催化剂，尤其是含大量分子筛的微球催化剂。由于其流动性好、易吸水，所以当加水到催化剂颗粒内孔吸水达饱和时，多加入的小量水就会使其表面覆盖一层水膜，因为水的表面张力之故，使微球颗粒流动性变差面出现结块。利用这一现象，由滴定一定质量的催化剂的消耗水量，即可算出催化剂全部孔径范围内的总孔体积：

$$V_g = \frac{V_{水}}{W} \qquad (7-114)$$

式中，$V_{水}$为消耗的蒸馏水的体积，mL；W为样品质量，g。

水滴定法仪器设备十分简单，仅需酸式玻璃滴定管一支，100mL磨口锥形瓶4个，精密天平1台。操作步骤如下。

①在滴定管中装好蒸馏水，读出液面刻度。

②称取经480℃处理1h后的样品25g，放入100mL磨口锥形瓶中。

③用蒸馏水滴定催化剂，首先加入约总水量的85%，然后每滴数滴水后盖上瓶盖摇动几次，观察随水的滴定量增加催化剂流动性逐渐变差的情况；当滴定达终点时，由于催化剂表面覆有水膜面易于粘壁，横着锥形瓶转动时，贴壁催化剂表面形成不规则裂纹块，此即指示终点。

④读取消耗蒸馏水体积，按公式计算孔容。

此法分析速度快，但终点不易看准。准确测定需有一定的经验积累；不过开始滴定时，先用CCl_4吸附法对照数次，有助于判断终点。本法测出的孔容值应大于CCl_4法测定值。

平行测定结果的差值不得超过0.01mL/g；滴定应在近室温条件下进行，为此须用水冷却滴定时释出的热量。

（3）汞－氦法：该法是比较准确的方法，在已知体积V的容器中装满已知质量W的催化剂样品，抽真空后，加入氦。在室温时，氦的吸附是微不足道的，而氦的有效原子半径仅为0.2nm，容易渗入非常细小的孔内。根据气体定律和实验时的温度、压力可以算得充入氦的体积，即可以计算出容器内除催化剂固体骨架本身所占的体积外所有空间的体积，以V_{He}表示。然后将He抽出，并在常压下加入汞、由于求不润湿样品，故不会进行大多数催化剂的细孔中，所以由加入汞的体积可以计算出容器中未被催化剂颗粒所占的体积，即扣除催化剂骨架和颗粒中的空隙以后容器中剩余的体积。以V_{Hg}表示，由V_{He}减去V_{Hg}即得样品的孔体积$V_{孔}$：

$$V_{孔} = V_{Hg} - V_{Hg} \qquad (7-115)$$

因此，每克催化剂的孔体积为：

$$V_g = \frac{V_{孔}}{W} = \frac{V_{He} - V_{Hg}}{W} \quad (7-116)$$

此法测得的孔体积是包括孔径小于7500nm的所有孔的体积。所得结果除较精确外，还可算出催化剂的真密度和颗粒密度。

(4) 催化剂密度的测定：催化剂密度的大小反映出催化剂的孔结构与化学组成、晶相组成之间的关系。一般地说，催化剂的孔体积越大，其密度越小；催化剂组分中重金属含量越高，则密度越大；载体的晶相组成不同，密度也不同，如载体γ-Al_2O_3)、η-Al_2O_3、θ-Al_2O_3和α-Al_2O_3的密度就各不相同。另一方面，催化剂密度还会影响反应器操作条件。例如流化床用的催化裂化微球催化剂，如果密度太小，则易跑损，反应气体的流速受到限制，从而影响到整个反应的工艺条件。因此有的在催化裂化催化剂中加入重剂（如α-Al_2O_3)，以增加催化剂的密度。

催化剂的密度是指单位体积内含有的催化剂的质量（$\rho = \frac{m}{V}$）。由于催化剂是孔性物质，体积是由三部分构成：颗粒与颗粒之间的空隙体积V_{sp}，催化剂的内孔体积V_{po}以及催化剂的骨架体积V_{sk}，所以堆积催化剂的体积V应当是：

$$V_c = V_{sk} + V_{po} + V_{sp} \quad (7-117)$$

在实际密度测试中，由于所用或实测的体积不同，就会得到不同含义的密度。

①真密度的测定：真密度（ρ_t）又称骨架密度，是单位体积催化剂骨架或固体部分的质量（在真空中的质量）：

$$\rho_t = \frac{m}{V_{sk}} \quad (7-118)$$

式中，m为固体的质量；V_{sk}为催化剂的骨架体积。

ρ_t的测定，常用氦置换法、在真空容量吸附装置中进行。氦可进入催化剂的所有孔隙而本身却极少被吸附，又不发生化学变化，是理想的置换介质。如果不易得到氦，要求又不十分严格时，也可采用苯、异丙醇等有机液体或水代替。这些代用物质的分子只能进入截面允许它们一个分子进入的孔隙，而不能进入催化剂的全部孔隙，所以测得的密度是一近似的骨架密度，称为视密度ρ_a。异丙醇置换法作为流化催化剂的ρ_a测定方法。该方法曾被推荐采用带毛细管塞的Weld密度瓶及一种如图7-51所示的加料装置。测样前先用水及异丙醇在测定温度下对密度瓶进行温度校正。将样品加入密度瓶后，称出样品重，然后将毛细管塞拔出把密度瓶磨口套在加料装置下面的磨口管上，抽空，同时在加料装置试管部分加入异丙醇。

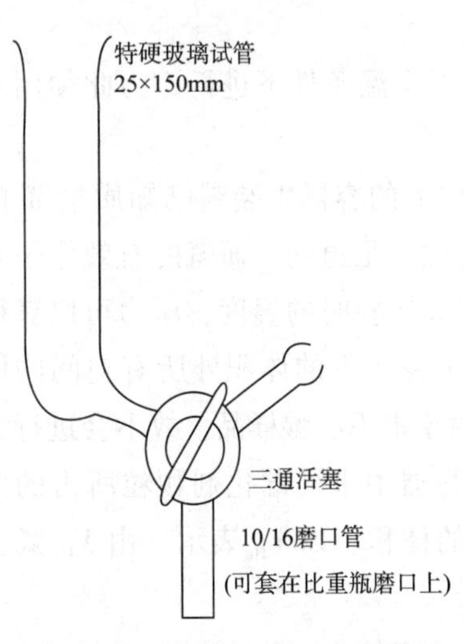

图7-51 异丙醇置换法加料装置

当催化剂样品上压力小于133.322Pa时，旋转活塞令异丙醇徐徐加入样品中，然后将密度瓶重新套上毛细管塞，在测定温度下平衡后称重。从这些质量以及在测定温度下水的密度，可用下面两式算出样品的视密度。

先求未校正过的视密度 $\rho_a{}'$：

$$\rho_a = \frac{D-A}{C-A-E+D} \cdot \frac{(C-A)\ \rho_W}{B-A} \tag{7-119}$$

式中，A 为密度瓶空瓶质量，g；B 为试验温度下充满水的密度瓶质量，g；C 为试验温度下充满异丙醇的瓶质量，g；D 为比重瓶加样品质量，g；E 为密度瓶加样品再盛满异丙醇在试验温度下的质量，g；ρ_W 为试验温度时水的密度，g/mL。

若令 b_a 为空气浮力校正，则校正后的视密度 ρ_a 为：

$$\rho_a = \rho'_a + b_a \tag{7-120}$$

②颗粒密度的测定：颗粒密度（ρ_p），是单位颗粒体积的催化剂所具有的质量。实际上很难做到准确测量单粒催化剂的几何体积，而是取一定堆积体积 V_c 的催化剂精确测量颗粒间空隙 V_{sp} 后换算求得，并按下式计算 ρ_p：

$$\rho_p = \frac{m}{V_c - V_{sp}} = \frac{m}{V_{sk} + V_{po}} \tag{7-121}$$

式中，V_{po} 为催化剂内孔体积；V_{sk} 为催化剂骨架体积。

测定颗粒密度常用汞置换法。装置示意于图 7-52。

测定时在颗粒密度计中充以适量汞，测量前先行检查玻璃活塞是否漏气。

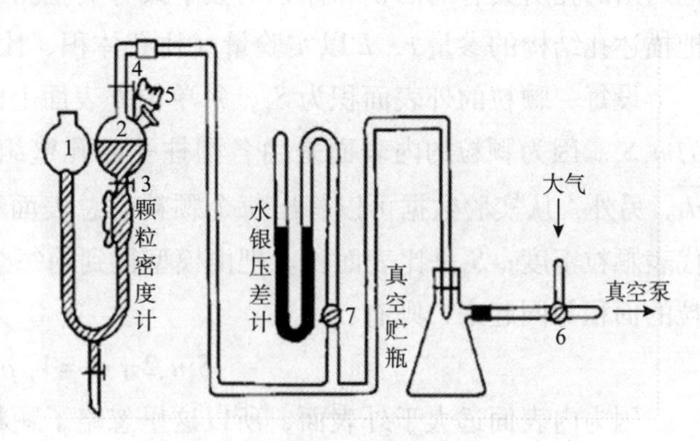

图 7-52 颗粒密度测定装置示意

1—汞；2—密度计空间；3，4，6，7—活塞；5—磨口盖

先将活塞 6 接通真空泵，打开活塞 4 抽空一段时间后，用活塞 7 连接的水银压差计检查真空度。当确认形成真空后，关闭活塞 4 与 7，由活塞 6 缓缓放入大气后停泵。慢慢打开活塞 3 使汞充满空间 2，当汞面上升到活塞 4 位置时关闭活塞 3，读取此时左边刻度管汞面的刻度、设为 V_1（mL），然后经活塞 4 放入大气，打开活塞 3，使汞面下降。打开磨口盖 5，放入称重过的催化剂粒片后，如前重新操作，读取体积 V_2（mL），使汞面降至适当位置时，关闭活塞 3，打开磨口盖 5，用小勺取出催化剂。

设催化剂样品质量为 W（g），可用下式计算 ρ_p：

$$\rho_p = \frac{W}{V_1 - V_2} \tag{7-122}$$

试验时，每次测定均须控制一定的真空度 133.322 ~ 399.966Pa。样品装量大于 1g 时，方法的最大误差不超过 ±1.0%。

③堆密度的测定：堆密度（ρ_c）又称堆积密度，是指单位堆积体积的催化剂所具有的质量。

$$\rho_c = \frac{m}{V_c} = \frac{m}{V_{sk} + V_{po} + V_{sp}} \tag{7-123}$$

堆密度是固定床反应器操作中必须知道的参数。测定 ρ 的堆积体积 V_0 可以用量筒量出，但必须充分保证催化剂密实堆积的条件，否则会产生很大的误差。通常是将一定质量 W 的催化剂放在量筒中，使量筒振动至体积不变后，测出体积，然后用上式算得 ρ。当催化剂的颗粒较大时，量筒的直径不能过小，以免被测体积受到影响。密实堆积可采用机械振动或机械敲击的方法，要求不严时，也可采用在硬橡胶板上手动敦实的方法，

5. 孔的简化模型求算平均孔半径

实际催化剂颗粒中孔的结构是复杂的和无序的，为了计算方便将实际孔简化，以求平均孔半径（$\bar{r}$）。$\bar{r}$ 是表征孔结构情况的一个很有用的平均指标。当我们研究同一个催化剂，比较孔结构对反应活性、选择性影响时，常以平均孔半径作为孔结构变化的比较指标。

假设有 N 个大小一样的圆柱形孔，其内壁光滑，由颗粒表面深入颗粒中心，用 N 个这样的孔代替实际上的那些孔，它们看做是实际上的各种长度、各种半径的孔平均化的结果，以 $\bar{L}$ 表示圆柱孔的平均长度，以代表圆柱孔的平均半径。由这样的简化模型出发，把列出的孔所具有的面积和体积的数学式与实验测出孔的面积和体积数值等同之后，就能把描述孔结构的参量 $\bar{r}$，$\bar{L}$ 以实验量（比孔体积、比表面积及颗粒直径）表示出来。

设每一颗粒的外表面积为 S_x，每单位外表面上的孔口数为 n_p，则每一颗粒的总孔口数为 n_pS_x。因为颗粒的内表面是由各圆柱孔的孔壁组成，所以颗粒的内表面应当是 $S_xn_p2\pi\overline{rL}$。另外，从实验数据可以算出每个颗粒的总表面积为 $V_p\rho_pS_g$，V_p 是每个颗粒的体积，ρ_p 代表颗粒密度；S_g 是比表面积。把由模型得到的每个颗粒的面积与从实验值算出的每个颗粒的面积等同起来，则有：

$$S_xn_p2\pi\,\overline{rL} = V_p\,\rho_pS_g \tag{7-124}$$

因为内表面远大于外表面，所以这里忽略了颗粒的外表面积。同样，从体积方面，把由模型得到的每个颗粒的孔体积与实验值算出的值等同起来，则有：

$$S_xn_p\pi\,\overline{r^2L} = V_p\rho_pS_g \tag{7-125}$$

式中，V 是比孔体积。以式（7－124）除式（7－125），可得到：

$$\bar{r} = \frac{2V_g}{S_g} \tag{7-126}$$

可见，借助于实验测得的比孔体积，比表面可以得到描述孔结构的一个参量——平均孔半径 $\bar{r}$。

对不同的催化剂或载体由 V_g 和 S_g，算得 $\bar{r}$ 值列于表7－21。

表 7－21 一些催化剂的载体的 $\bar{r}$、S_g及 V_g值

催化剂	$S_g/(m^2 \cdot g^{-1})$	$V_g/(m^2 \cdot g^{-1})$	$\bar{r}$/nm	催化剂	$S_g/(m^2 \cdot g^{-1})$	$V_g/(m^2 \cdot g^{-1})$	$\bar{r}$/nm
活性炭	500～1500	0.6～0.8	1～2	Fe_2O_3	17.3	0.335	15.7
硅胶	200～600	0.13～0.4	1.5～10	Fe_3O_4	3.8	0.211	111
$SiO_2-Al_2O_3$ 裂解催化剂	200～500	0.2～0.7	3.3～15	Fe_2O_3－（8.9%Cr_2O_4）	26.8	0.225	16.8
活性黏土	150～225	0.4～0.52	10	Fe_3O_4－（8.9%Cr_2O_4）	21.2	0.228	21.5
活性铝	175	0.388	4.5				

为了计算平均孔长 $\bar{L}$，假定颗粒中的孔结构处处是均匀的，假设有一个催化剂颗粒单元，截面为 $1cm^2$，长度为 1cm，颗粒的体积为 $1cm^3$，根据催化剂孔隙率的定义，θ 为一颗粒中孔空间所占的分数，所以颗粒的孔体积为 θcm^3，假如把颗粒切成许许多多的薄片，每片厚为 Δx，由于颗粒孔结构的均匀性。所以每片应有相同的孔口面积 A_p，每个薄片的孔体积是 $A_p\Delta x$，颗粒单元总的孔体积是每个薄片孔体积的加和。因为每个薄片 A_p 相同，Δx 总和为 1cm，所以颗粒单元总孔体积为 $A_p cm^3$。这样，$A_p=\theta$，即一颗粒中任一表面，无论是外表面还是假定颗粒中的一个截面，都是由 θ 部分孔口面积和（$1-\theta$）部分固体实体面积构成，所以单位外表面积应有 θ 部分的孔口面积，如果每个孔口面积为 πr_2，则单位外表面积上的孔口数 n_p 可以表示为：

$$n_p=\frac{\theta}{\pi r_2} \tag{7-127}$$

上面的讨论都是假定孔与外表面是垂直的。事实上，孔是以各种角度与外表面相接，不同的角度会使孔口有不同的孔口 45°面积。如果取 45°为这些角度的平均值。这时孔口面积为元。这相当于一个圆柱被一个 45°方向的平面切得的截面与另一个 90°方向的平面切得截面之间的关系，见图 7－53。

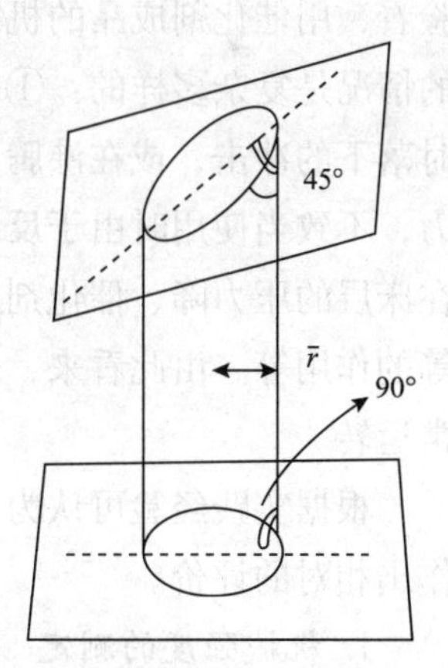

图 7－53 以 45°与外表面相接的孔口体积

于是 n_p 应改成：

$$n_p=\frac{\theta}{\sqrt{2}\pi r_2} \tag{7-128}$$

将式（7－128）代入式（7－125），并将其中的 θ 还原成 $\rho_p V_g$，则得到描写孔结构的第二个参量 $\bar{L}$：

$$\bar{L}=\sqrt{2}\frac{V_p}{S_x} \tag{7-129}$$

V_p/S_x 值对于球、圆柱、正方体都等于 $d_p/6$，d_p 是颗粒直径，则式（7－129）就变成：

$$\bar{L}=\frac{\sqrt{2}}{6}d_p \tag{7-130}$$

$\bar{r}$ 和 $\bar{L}$ 两个时，常用于讨论不同孔结构对反应速率的影响。计算举例：异丙苯裂解反

应常作为测定裂化催化剂相对活性的标准反应，该反应在 300～600℃ 的硅铝催化剂上进行，副反应忽略不计；其化学反应方程式为：

$$C_6H_5CH(CH_3)_2 \longrightarrow C_6H_6 + CH_3CH{=}CH_2 \tag{7-131}$$

测得表征催化剂（硅铝）性质的数据如下：

颗粒密度 $1.14g/cm^3$，比表面积 $342m^2/g$，孔隙率 0.51。

孔体积：

$$V_g = \frac{\theta}{\rho_p} = \frac{0.51}{1.14} = 0.447\ (cm^3 \cdot g^{-1}) \tag{7-132}$$

则 $\bar{r}$ 应为：

$$\bar{r} = \frac{2V_g}{S_g} = \frac{2 \times 0.447}{342 \times 10^4} = 2.61 \times 10^{-7}\ (cm) = 2.61\ (nm) \tag{7-133}$$

（三）催化剂机械强度的测定

机械强度是任何工程材料的最基础性质。由于催化剂形状各异，使用条件不同，难于以一种通用指标表征其普遍适用的机械性能。

一种成功的工业催化剂，除具有足够的活性、选择性和耐热性外，还必须具有足够的与寿命有密切关系的强度，以便抵抗在使用过程中的各种应力而不致破碎。从工业实践经验看，用催化剂成品的机械强度数据来评价强度是远远不够的。因为催化剂受到机械破坏的情况是复杂多样的：①催化剂要能经受住搬运时的磨损；②要能经受住向反应器里装填时落下的冲击，或在沸腾床中催化剂颗粒间的相互撞击；③催化剂必须具有足够的内聚力，不致当使用时由于反应介质的作用，发生化学变化而破碎；④催化剂还必须承受气流在床层的压力降、催化剂床层的重量，以及因床层和反应器的热胀冷缩所引起的相对位移等的作用等。由此看来，催化剂只有在强度方面也具有上述条件，才能保证整个操作的正常运转。

根据实践经验可认为，催化剂的工业应用，至少需要从抗压碎和抗磨损性能这两方面作出相对的评价。

1. 机械强度的测定

催化剂虽有较高的活性和较好的选择性，但如其机械强度不够，仍无法用于生产。影响催化剂机械强度的因素很多。催化剂的化学组成决定了凝聚体或晶体内的凝聚力，抗拉强度，它是催化剂的固有强度；此外，由于催化剂的制备方法不同，或工艺流程与制备条件不同，而产生不同的孔隙结构、缺陷以及粉末颗粒间的接触点数等，这自然也会影响催化剂的机械强度；另外，催化剂在使用前和使用中会经受不同程度的几种机械应力，对催化剂的机械强度也会产生影响。几种机械应力大致包括：①催化剂在运输过程中的磨损，

由催化剂颗粒与容器接触摩擦所致；②催化剂装入反应器时的碰撞冲击。工业上大的反应器每次可装入多达50t的催化剂，反应器顶部和底部的高度可达10m，向下倾倒催化剂可能使其破碎，工业上也采用一些方法来免碰撞冲击而导致的破损，如采用吊篮和软管装填催化剂等；③由于在活化和再生过程中发生相变化而导致的催化剂内应力；④由于流体流动、压力降、催化剂床质量及温度的循环变化而导致的外应力；⑤移动床或流化床中，颗粒和颗粒之间，颗粒和反应器壁或内构件间的碰撞和摩擦；此外催化剂的使用时间等也影响其机械强度。

催化剂机械强度的表示法主要分两大类：一般情况下对于固定床用催化常用抗压碎强度来衡量，对于流化床用催化剂常用磨损强度来衡量。

2. 抗压碎强度

压碎强度，又称抗压碎强度，其定义为：均匀施加压力到成型催化剂颗粒压裂为止所承受的最大负荷，称为催化剂压碎强度；或者，对被催化剂均匀施加压力直至颗粒粒片被压碎为止前所能承受的最大压力或负荷称为抗压（碎）强度，或称压碎强度。大粒径催化剂或载体，如拉西环，直径大于1cm的锭片，可以使用单粒测试方法，以平均值表示。小粒径催化剂，最好使用堆积强度仪，测定堆积一定体积的催化剂样品在顶部受压下碎裂的程度。这是因为小粒径催化剂在使用时，有时可能百分之几的破碎就会造成催化剂床层压力降猛增而被迫停车，所以若干单粒催化剂的平均抗压碎强度并不重要。有关抗压强度的测定，可参阅相关资料。

测试对象可以是锭片、条状或球形催化剂。

Knudsen就压碎强度σ下降与孔隙率θ的增加和粒子间接触面减少的关系，给出了通用函数式：

$$\sigma = kd^a \mathrm{e}^{-b\theta} \tag{7-134}$$

式中，k、a、b是取决于物质种类、破坏机制和测定条件的常数。河野等就化剂压碎强度与构成催化剂的孔隙率、颗粒大小、颗粒间接触点数与接触点键强的关系，提出了更为具体的实验式：

$$\sigma = \frac{nF\ (1-\theta)}{\pi d^2} \tag{7-135}$$

式中，σ为压碎强度；θ为催化剂孔隙率；N为与相邻颗粒的接触点数；F为接触点键强；d为构成催化剂的颗粒直径。

测定催化剂的抗压碎强度，一般多采用单颗粒压碎试验法，有时也使用堆积压碎法。单颗粒压碎试验要求测试大小均匀的足够数量的颗粒，以它们的平均值作为测定结果。常用测试方法有正、侧试验法和刀刃试验法。

正、侧试验法较为常用。将代表性的单颗粒催化剂以正向（轴向）或侧向（径向），或任意方向（球形颗粒）放置在两平直表面间使经受压缩负荷，测量粒片被压碎时所加的外力作为强度值，球形颗粒直接以N/粒表示，柱状或锭片表示为：正向（轴向）——

N/cm，侧向（径向）——N/cm。

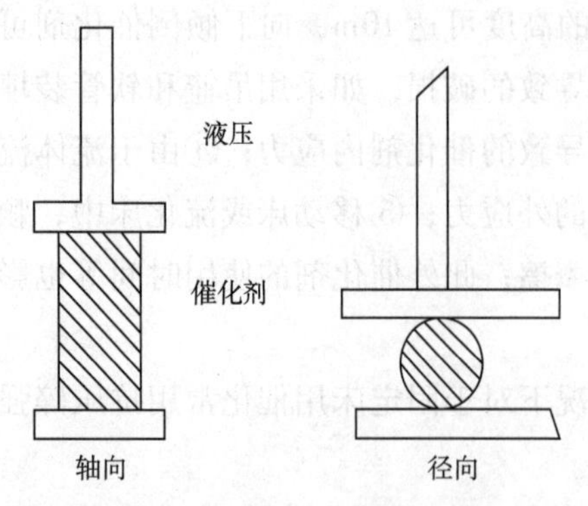

图 7－54　催化剂单颗粒压碎实验

取大小均匀一致的 50～200 粒催化剂测定，然后以平均值作为结果报出。图 7－54 为单颗粒压碎试验示意图。

抗压碎强度可按下面的关系式计算。

单颗粒轴向（正向）抗压碎强度：

$$\sigma_{轴}=\frac{F}{\pi\left(\frac{d}{2}\right)^2}=\frac{F}{0.785d^2} \tag{7-136}$$

单颗粒径向（侧向）抗压碎强度：

$$\sigma_{径}=\frac{F}{l} \tag{7-137}$$

球形催化剂点压抗压碎强度：

$$\sigma_{点}=F \tag{7-138}$$

式中，F 为单粒破碎时的牛顿值；L 为单颗粒催化剂长度（样品承受负荷长度），cm；d 为单粒催化剂直径，cm。

测试时应注意：①取样必须在形状和粒度两方面具有大样代表性；②样品须在 400℃预处理 3h 以上，对分子筛和氧化铝等样品，应经 450～500℃处理。处理后在干燥器中冷却然后立即测定，并且控制各次平行试验尽量一致，否则，在外界空气中暴露时间过长，因吸湿造成测定结果出现较大的波动；③要求加压速率恒定，并且大小适宜。

刀刃压碎强度试验又称刀口硬度法，是用一个 0.3cm 的刀刃取代正、侧压压碎强度仪的垂直移动平面板。测试强度时，将 25 粒待测的片状或圆柱状催化剂分别放到刀刃下施加压力，先加 10N 重力，观察催化剂断裂的粒数，将它乘 4 得到 10N 压力下实有断裂数的百分率（25×4＝100），再按 10N 增重量逐次加压，直到全部 25 粒催化剂断裂为止，记下每一加重压力下的断裂粒数×4 的值，便可得到最低刀刃压碎强度与最高刀刃压碎强度之间的压力范围平均值。圆柱状催化剂的刀刃压碎强度以样品横截面的 N/cm^2 表示。

实际反应过程中，催化剂破损百分之几常会导致床层压降上升而影响操作，对此不能从单颗粒压碎强度试验中得到反映，因此采用堆积压碎强度试验。将催化剂堆放于堆积压碎仪的油压活塞下，在不同的固定压力下测量催化剂的破碎率、并以此表示堆积压碎强度的测试结果。对不规则形状的催化剂只能用这种方法测定其压碎强度。图 7－55 所示的是基本设备。

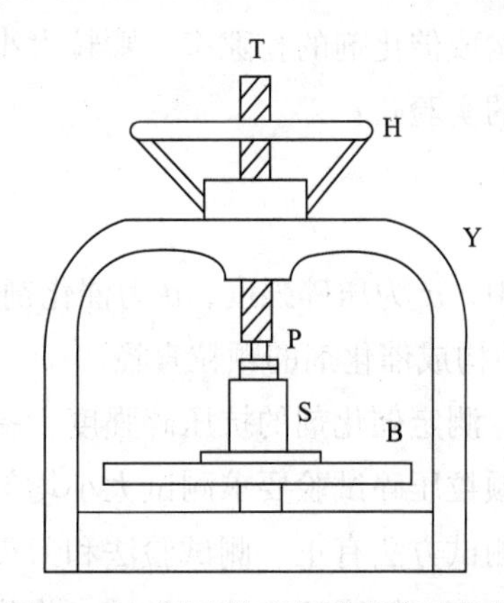

图 7－55　测定堆积压碎强度的仪器

S—样品池；B—天平盘；H—手轮；T—螺纹杆；P—柱塞；Y—支架

样品池安装在有指针的天平盘上，用螺杆传动的柱塞始试样施加负荷。样品池为圆筒状的金属杯、其横截面积为 600mm^2（内直径为 27.6mm），高度为 50mm，天平的量程为 100kg，精密度为 0.1kg。柱塞的直径为 27.0mm。为防止加负荷时柱塞 P 转动，螺纹杆 T 应有销槽。

将堆积体积为 20cm^{3}并且已知质量的催化剂样品装进池中。振动 20s（3kHz）或拍打约 10 次以使池中样品装填密实。然后用约 5cm^3、3 ~ 6mm 直径的小钢球覆盖在样品上面。将样品池放在天平上，推进柱塞施加负荷，3min 内使负荷增加到 10kg。然后去掉负荷，将样品池内的物料移入 425μm 的筛子，检出钢球然后将样品过筛，收集通过 425μm 筛网的细粉并称重。除去细粉的样品再放入样品池，分别在 20、40、60、80、85 负荷下重复前面的操作，再次操作时都测量细粉的累计质量。产生 0.5%（质量）细粉所需施加的压力（MPa）就定义为堆积压碎强度。

试验用的催化剂样品颗粒大小不应大于 3 ~ 6mm，如果原比较大，则将其破碎并过筛，取 3 ~ 6mm 的颗粒。试样事先应以 425μm 筛孔进行过筛，使其开始不含能通过 425μm 筛孔的细粉。堆积压碎强度对于催化剂中吸附的杂质很敏感。水蒸气的影响最大，有机物的影响稍小一些。为除去水分，应先将催化剂在 573K 干燥 1h；如果干燥后的样品暴露在空气中，则应在 3min 内进行实验。实验室的相对湿度最好低于 50%。若催化剂含有机物质，可用索格利特（Soxhlet）抽提器，以甲苯抽提 24h，再以甲苯抽提 2h，然后于 373K 下干燥。

3. *磨损强度*

流动床催化剂与固定床催化剂有别，其强度主要应考虑磨损强度（表面强度）。至于沸腾床用催化剂，则应同时考虑压碎强度和磨损强度。催化剂磨损性能的测试，要求模拟其由摩擦造成的磨损。相关的方法也已发展多种，如用旋转磨损筒、空气喷射粉体催化剂使颗粒间及与器壁间摩擦产生细粉等方法。

近年中国在化肥催化剂中，参照国外的方法采用转筒式磨耗（磨损率）仪的较多。以后本法为其他类型的工业催化剂所借鉴。它所针对的原并不是沸腾床催化剂，而是固定床催化剂，不过这些催化剂的表面强度也很重要，例如氧化锌脱硫剂就是如此。转筒式磨耗仪是将一定量的待测催化剂放入圆筒形转动容器中，然后以筛出的粉末百分含量定为磨耗。这种磨耗仪的容器材质、尺寸、转速是规格化的，转速分几档，转数自动计量和报停。

当固体之间发生摩擦、撞击时，相互接触的表面在一定程度上发生剥蚀。催化剂在磨损时，微粒从摩擦表面不断脱落和分离，常用磨损强度 $M(t)$ 表示催化剂的抗磨损能力。

磨损强度定义为一定时间内磨损前后样品质量的比值：

$$\text{磨损强度} = \frac{W_t}{W_0} \times 100\% \qquad (7-139)$$

式中，W_t为时间 t 内未被磨损脱落的试样质量；W_0为原始试样质量。

显然，磨损强度越大，催化剂的抗摩擦能力也就越大。

催化剂磨损强度的测试都是依据通常熟知的破碎—研磨方法。因此，实验室实验装置是基于工业用的球密机、振动磨、喷射磨、离心磨的设计而建立的。需要指出的是，无论哪类方法，都必须保证催化剂的颗粒破损主要由磨损造成，而不是起因于破碎；前者造成细球形粒子，后者则形成不规则的颗粒。

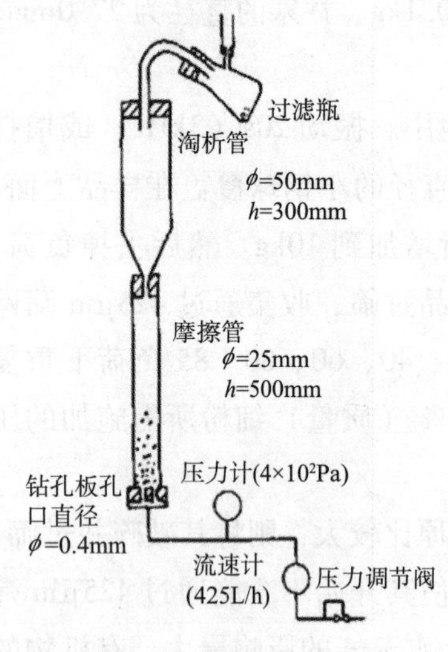

图7－56　流化床催化剂磨耗指数实验

另一类是气升法。测定方法随样品不同而不同。例如测定硅铝催化剂的磨损强度，可在538℃或593℃下将样品煅烧1h，然后于同温度下将空气吹入，使催化剂在管内沸腾，同时称量磨损脱落的微粒质量，作为磨损指标，以计算磨损强度。

流化床用的微球催化剂的耐磨损性能普遍采用高速喷射试验法，使样品在空气流的喷射作用下呈流化态，测量微球相互摩擦生成的细粉量，由此计算磨耗指数。图7－56是进行这种测试的设备示意图。

在控制的压力下，使流速足够大的空气流过钻孔板，使在摩擦管中的微球催化剂处于流化状态。在淘析管中将摩擦生成的细粉与微球分离，细粉进入过滤瓶，微球仍返回摩擦管，运转一定时间后，称量所收集的细粉质量，按下式的定义计算磨耗指数。

$$磨耗指数 = \frac{A}{B} \times 100\% \qquad (7-140)$$

式中，A为颗粒小于规定值（20μm）的细粉质量；B为大于规定值（20μm）的细粉质量。

在实验过程中，部分细粉会由于静电现象粘附在摩擦管上，必须定时敲打使其震落；另外，在实验前增加样品的湿度也可减少静电效应，例如用10%的水预先润湿样品。

五、催化剂制备实例

（一）超稳高性能催化裂化催化剂

超稳高性能催化裂化催化剂制备步骤为：

（1）HCl溶液交换降钠：五交两焙。

酸交换：取150g的NaY分子筛（干基）与5倍去离子水混合打浆，用5%溶液HCl溶液调节体系的pH值，当pH＝3.3时停止滴加，当pH值＞3.5时继续滴加，直至pH值由3.3上升至3.5的时间超过20min后，将所得固体反复洗涤直至接近中性，抽滤。

酸交换、稀土交换：将抽滤所得滤饼、35g混合氯化稀土（$RECl_3 \cdot 6H_2O$）和5倍去离子水混合打浆，用5% HCl溶液调节溶液pH＝3.5～3.8，升温至90℃恒温搅拌交换1h，1h后将固体反复洗涤直至接近中性，然后进行抽滤。

一次焙烧：将滤饼放入马弗炉内于580℃下焙烧3h，得到一次焙烧样品。

酸交换：将一焙样加5倍去离子水混合打浆，重复第一步酸交换步骤。

酸交换、稀土交换：将上面酸交换所得滤饼加入混合氯化稀土（$RECl_3 \cdot 6H_2O$）和5倍去离子水混合打浆，重复第二步的酸交换、稀土交换过程。

二次焙烧：将上述抽滤所得滤饼放入马弗炉内于630℃焙烧3h，得到二次焙烧样品。

酸交换：将二焙产物加入5倍去离子水混合打浆，重复做一次酸交换过程，洗涤、过滤、烘干，得到最终酸交换NaY分子筛产品。每一步都取样测其Na_2O含量、结晶度、硅铝比以及稀土含量。

（2）铵盐溶液交换降钠：采用传统的铵盐溶液离子交换法，铵盐为氯化按，交换温度定为80℃，液固比为5∶1。交换过程为四交两焙。

（3）超稳化过程：用HCl溶液直接与NaY分子筛进行离子交换反应，得到的分子筛样品水热稳定性不好。而超稳分子筛因其很好的水热稳定性而著称，为了提高本实验中分子筛的水热稳定性，我们在中间焙烧过程中进行一次水热超稳化处理。本试验中超稳过程分两种：一是通入100%水蒸气焙烧，二是通入氨气和水蒸气焙烧。超稳时分子筛装填量为60g，水蒸气流量为24mL/h，超稳化温度为650℃，超稳时间为4h。

所得催化剂不能仅具有高稳定性，而且，活性高，微反活性达55%~65%。

（二）锡基蒙脱土固体酸催化剂

本实验采用离子交换法制备锡交换蒙脱土催化剂。简易实验流程图如图7-57所示。

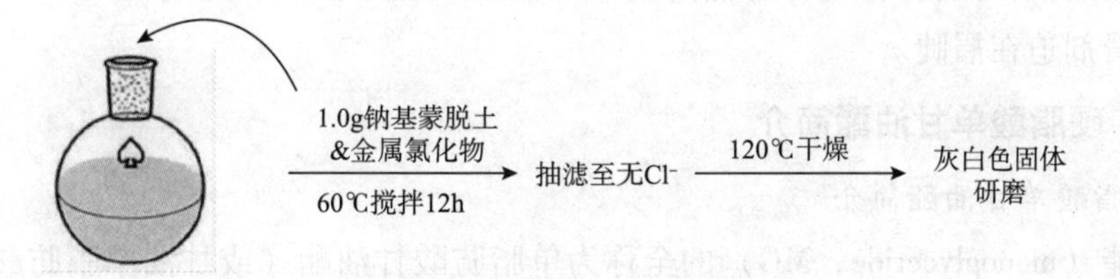

图7-57 锡基蒙脱土固体酸催化剂制备流程

锡基蒙脱土固体酸催化剂制备步骤如下：

（1）Sn/M母料制备：将1.0g钠基蒙脱土与150mL浓度为12.9mmol/L的四氯化锡溶液进行交换，将混合溶液在60℃条件下攒拌12h，室温下静置一晚，用二次水充分洗涂至洗涂液无氯离子，然后放置于120℃鼓风干燥箱中干燥12h，取出后研磨成粉末，制得催化剂标记为Sn/M。

（2）焙烧：将制备的Sn/M催化剂置于瓷舟中，在马弗炉中以5℃/min升温速率分别升温至300℃，400℃和500℃焙烧并保持3h，自然降温至室温后研磨，制备得到的催化剂分别标记为Sn/M-300、Sn/M-400、Sn/M-500。

（3）催化剂性能：该催化剂应用于葡萄糖醇解制备己酮丙酸甲醋的反应中，发现其反应活性较好，并具有较好的循环使用性。在葡萄糖0.3g、催化剂用量0.15g、甲醇用量24g、反应温度220℃，反应压力2MPa、反应6h时，乙酰丙酸甲酯产率可达59.7%；循环实验表明，Sn/M催化剂具有较好的循环使用性能。

第五节　制备无毒润滑剂硬脂酸单甘油酯

一、无毒润滑剂概述

（一）无毒润滑剂简介

目前用于高分子加工的助剂大都有一定的毒性，大部分为低毒，具体见本书前文的介绍。随着人们生活水平的不断提高，对所用的毒性提出了更高的要求，特别是直接接触或装载食物、药物等物品，例如食品、医药等的里层包装材料等婴幼儿、孕妇用物品等。国外有一些润滑剂是无毒润滑剂，国内标称有，但相对而言较少，而且大部分都没有明确标出具体组成，自己选成无毒的较多。亚乙基双硬脂酸酰胺（EBS）是综合性能优异的一种润滑剂，但其仍为低毒级，实际无毒，硬脂酸单甘油酯润滑剂尽管可用与食品、药品包装、管材等，但其仍为低毒级，使用过多，特别是婴幼儿、孕妇用相关产品肯定会存在安全隐患。几年来，国内有关食品、药品问题不断出现，有产品本身的问题，更多是产品的包装、婴幼儿、孕妇用物品等违规添加有毒等添加剂，致使相关产品不合格或退货赔偿等，不仅造成了很大的经济损失，而且造成信用问题，是该产品的后续销售带来了严重的问题等，经查找相关资料发现，硬脂酸单甘油酯是为数不多的无毒润滑剂。因此开发、生产无毒润滑剂迫在眉睫。

（二）硬脂酸单甘油酯简介

1. 硬脂酸单甘油酯简介

单甘酯（monoglyceride，MG）的全称为单脂肪酸甘油酯（或甘油单脂肪酸酯），其有两种构型即 1-MG 和 2-MG。按照主要组成脂肪酸的名称可将单甘酯分为单硬脂酸甘油酯、单月桂酸甘油酯、单油酸甘油酯等，其中产量最大应用最多的是单硬脂酸甘油酯。单甘酯一般为油状、脂状或蜡状，色泽为淡黄或象牙色，油脂味或无味，这与脂肪基团的大小及饱和程度有关，具有优良的感官特性。单甘酯不溶于水和甘油，但能在水中形成稳定的水合分散体。此外，单甘酯是一种多元醇型非离子型表面活性剂，由于它的结构具有一个亲油的长链烷基和两个亲水的羟基，因而具有良好的表面活性，能够起乳化、起泡、分散、消泡、抗淀粉老化等作用，是食品和化妆品中应用最为广泛的一种乳化剂。

硬脂酸单甘油酯是一种多功能的聚合物助剂，其本身具有表面活性，可作为非离子型抗静电剂和流滴剂使用，亦可作为 PVC 内润滑剂使用。

2. 硬脂酸单甘油酯生产方法

目前，工业上合成单甘酯主要采用化学法，包括直接酯化法、甘油醇解法和油脂水解法，其中以牛油或其他天然油脂的甘油醇解反应的工艺应用最为广泛。其中以牛油或其他天然油脂的甘油解反应的工艺应用最为广泛。

甘油解反应工艺是在高温（大于220℃）下以碱为催化剂、N_2保护下，催化油脂与甘油之间的反应，产物主要为单甘酯和二甘酯的混合物（各约占45%）。这样合成单甘酯主要有如下缺点。

（1）需要使用过量的甘油。

（2）需在高温条件下反应，能源消耗大。

（3）高温会导致油脂中不饱和脂肪酸发生降解，降解产物有较深色泽（深褐色）和焦糊味。

（4）为浓缩单甘酯并除去副产物，需要通过分子蒸馏，设备投资大，成本高。

（5）脂肪酶催化合成单甘酯的方法包括天然油脂或合成甘油三酯（TG）的水解、醇解及甘油解，脂肪酸（或其酯）与甘油的酯化转酯化，天然油脂或合成甘三油酯的保护基团反应。酶法合成单甘酯与化学法的不同在于，由于脂肪酶的使用，降低了反应温度，使得能耗降低，同时产品的质量也得到保证；另一方面，酶的稳定性及使用寿命，也需要一定的反应体系条件来保证。

二、合成反应原理

硬脂酸单甘油酯通常是由甘油和硬脂酸是在非酸催化剂存在下按1∶1的摩尔比直接酯化而成的，工业上也有利用油脂和甘油进行酯交换反应制备的。但是，直接酯化或酯交换反应获得产品单酯含量仅能达到40%～50%，要获高纯度的硬脂酸单甘油酯必须进行分子蒸馏。其合成反应方程为：

$$C_{17}H_{35}COOH + \begin{array}{l} CH_2OH \\ | \\ CHOH \\ | \\ CH_2OH \end{array} \xrightarrow{\text{催化剂}} \begin{array}{l} CH_2OCC_{17}H_{35} \ (C{=}O) \\ | \\ CHOH \\ | \\ CH_2OH \end{array} + H_2O \qquad (7-141)$$

三、制备过程及最佳生产工艺条件

（一）制备过程

一般需要纯度99%以上精甘油为原料，本生产工艺利用生物柴油副产物75%的粗甘油为原料，将一定比例的粗甘油和硼酸置于250mL三口烧瓶中，高温油浴恒温搅拌，得到微黄透明玻璃状配合物。将配合物与硬脂酸按一定摩尔比混合，在一定温度、一定时间下搅拌得到粗产物。将酯化产物在熔融状态下，加入乙醇溶剂，多次萃取合并萃取液，进行重结晶，过滤干燥，得高纯度单硬脂酸甘油酯。

（二）最佳生产工艺条件

新工艺最佳生产工艺条件是：物料比为2.8，反应时间1.8h，反应温度240℃。得到含量为97.97%的高纯度单硬脂酸甘油酯，达到食品添加剂要求。

第八章　制备抗静电剂

第一节　抗静电剂简介

一、定义及应用

（一）抗静电剂定义及其作用

1. 抗静电剂定义

世界上的所有物质都带有均衡等量的正负电荷，正常情况下这两种不同性质的电荷相互抵消而呈电中性。当两种材料相互摩擦或受外界电场诱导时，物体表面的电性能就会发生根本的变化。在摩擦的情况下，电子由一种材料转移到另一种材料上，其中失去电子的一方带正电荷，得到电子的一方带负电荷，在界面形成了相互吸引的正、负双电荷层，一旦两种材料机械分离，就会出现带电现象。在外界电场的诱导下，材料内部的电荷分布处于不均衡状态，其中部分区域带正电荷，部分区域带负电荷。这种打破材料内部电荷的均衡状态，使其整体或部分区域带有正电荷或负电荷的现象称之为带电现象。

应该说带电现象是电性能的不稳定状态，而物质总是在寻求由高电位向低电位的释放。电荷的释放有两种形式：一种为通过导电通道完成，称为导电；另一种则是通过环境介质放电，称为放电。导电方式一般要比放电方式容易得多，但导电必须具备导电通道。静电现象实质上是由静电积累造成的，静电积累与材料本身的性质密切相关。一般而言，金属等导电材料具有良好的导电性，能够在瞬间将摩擦或诱导产生的静电荷通过导电通道释放，因而不会形成静电积累。对于具有绝缘性质的高分子材料而言，由于固有的高电阻值，难以形成导电通道，容易出现静电积累现象，在某些情况下，高分子材料的静电积累甚至可以产生高达30000～40000V的静电压。高分子材料通常作为绝缘材料使用，在许多应用中，由于高分子材料的电阻率普遍较高，当高分子与其他材料或物体摩擦时极易产生静电，这种静电积累到一定程度后，会发生电弧、电击或火花放电现象，进而出现各种各样的静电现象，有导致火灾、爆炸等重大事故的危险。静电积累给工业生产和人们的日常生活带来了麻烦，某些程度上限制了高分子材料的使用。添加抗静电剂作为解决这一问题的主要手段之一（该法具有简单有效、成本低、实用性强、应用广泛等特点），因此近年

来得到了快速的发展。

即便是高分子材料，由于其结构的不同，带电的难易程度也有差别。通常用其本身固有的体积电阻率来区分，常用聚合物材料的体积电阻率见表8－1。烯烃类等非极性聚合物树脂固有较高的体积电阻率，而缩聚型等极性树脂的体积电阻率较低，这是因为缩聚型树脂中或多或少含有一些亲水性基团或缩聚时的低分子脱除物。还可以看出，如果高分子链上带有—OH、—COOH、—NH_2 等极性基团时体积电阻率较低；如果分子链上含—CH_3、—Ph 等疏水性基团较多时，体积电阻率就较大。

表8－1　常用聚合物材料的体积电阻率

分类	塑料及其他高聚物	体积电阻率/(Ω·cm)	分类	塑料及其他高聚物	体积电阻率/(Ω·cm)
Ⅰ	聚乙烯	$10^{16}\sim10^{20}$	Ⅳ	三聚氰胺树脂	$10^{12}\sim10^{14}$
	聚丙烯	$10^{16}\sim10^{20}$		脲醛树脂	$10^{12}\sim10^{13}$
	聚苯乙烯	$10^{17}\sim10^{19}$		氯丁橡胶	$10^{11}\sim10^{14}$
	聚四氟乙烯	$10^{15}\sim10^{19}$		环氧树脂	$10^{8}\sim10^{14}$
	天然橡胶	$10^{15}\sim10^{16}$		乙酸纤维素	$10^{10}\sim10^{12}$
Ⅱ	聚偏二氟乙烯	$10^{14}\sim10^{16}$		硝酸纤维素	$10^{10}\sim10^{11}$
	聚氟乙烯	（软质）$10^{14}\sim10^{16}$（硬质）		酚醛树脂	$10^{4}\sim10^{12}$
	甲基丙烯酸树脂	$10^{14}\sim10^{15}$	Ⅴ	Poval（一种聚乙烯醇）	$10^{7}\sim10^{9}$
	聚氨酯	$10^{15}\sim10^{15}$		纤维素	$10^{5}\sim10^{9}$
Ⅲ	聚硅酮	$10^{13}\sim10^{14}$		酯朊	$10^{7}\sim10^{9}$
	聚酰胺	$10^{13}\sim10^{14}$		炭	$10^{-2}\sim10^{-3}$
	乙基纤维素	$10^{13}\sim10^{14}$			
	聚酯	$10^{2}\sim10^{12}$			

为了防止聚合物及其制品的静电积累，一方面应尽可能减轻或抑制摩擦或诱导产生静电，另一方面则尽可能快地将已经产生的静电荷以无害形式释放。其中前一种途径受加工和应用条件的制约，多数场合难以避免。后一种途径比较可靠和实际。迄今为止，几乎所有的抗静电技术都是以此为基础实现的。

抗静电剂是指添加或涂敷在聚合物制品表面，旨在降低表面电阻，防止静电积累及由此引起的静电危害的化学助剂。

抗静电剂是一类具有减少或抑制高分子材料静电荷产生作用的化学添加剂。它是通过增加制品润滑性或加速静电荷泄漏，来达到抗静电的目的。抗静电剂作为塑料、橡胶的常用改性剂，其研究技术日益成熟，目前研究主要趋向于高性能、持久性方面。高分子型抗静电剂由于具有永久抗静电性，是近年来研究开发的热点。

高分子型抗静电剂又叫永久抗静电剂，是指抗静电剂本身也是聚合物，一类亲水或导电单元的聚合物。主要类别有：季铵盐型（季铵盐与甲基丙烯酸酯缩聚物的共聚物、季铵盐与马来酰亚胺缩聚物的共聚物），聚醚型（聚环氧乙烷、聚醚酰胺、聚醚酰胺亚胺、聚环氧乙烷－环氧氯丙烷共聚物），内铵盐型（羧基内铵盐接枝共聚体），磺酸型（聚苯乙烯磺酸钠），其他类型（高分子电荷移动结合体）。高分子型抗静电剂具有优异的抗静电性、耐热性和抗冲击性，不受擦拭和洗涤等条件影响，对环境湿度依赖性小，且不影响制品力学和耐热性能，但添加量较大（一般为5%～20%），价格偏高，而且只能通过混炼的方法加入树脂中。可作为塑料、合成纤维外部用永久性抗静电剂。

2. 理想的外加型抗静电剂基本条件

（1）理想的外加型抗静电剂，应当满足如下几个基本条件：①在低毒、低污染、廉价溶剂中易溶或易分散；②与树脂或胶料的亲和性强，结合牢固，不逸散、耐摩擦；③具有良好的抗静电效果，受环境湿度和温度的影响小；④不使制品着色，亦不引起着色制品色泽的变化；⑤无毒或低毒，不刺激皮肤，无过敏性。

（2）理想的低相对分子质量混炼型抗静电剂，一般应该满足如下几个方面的要求：①良好的耐热性，在聚合物制品的加工温度（100～300℃）下不分解；②与树脂的相容性好，不喷霜，不影响制品的印刷性和黏合性；③易混配，不影响制品的加工性能；④与其他配合助剂配伍性好，和相关组分无对抗效应；⑤不损害制品的稳定性能和物理机械性能；⑥无毒或低毒，不刺激皮肤，不污染环境；⑦价廉。

20世纪90年代以来，合成材料制品在电子、通讯、航天等高新技术领域的应用不断拓宽，聚合物抗静电技术的发展越来越为人们所重视，抗静电剂的消费量也呈不断增长之势。可以预计，未来几年抗静电剂品种开发和消费市场将呈现出勃勃的生机。

（二）抗静电剂应用

在日常生活中，静电现象的产生屡见不鲜。不论在产品的生产，或是运输与使用过程中，静电危害都是不可忽视的。这种危害涉及纤维、弹性体、工程结构材料、表面涂布材料等聚合物材料。也涉及使用这些材料的煤炭、计算机、集成电路等诸多工业和民用领域。各应用领域所产生的静电荷积累现象，给高分子材料的应用带来很大的危害。轻则附尘沾污，降低制品的表面性能和使用价值；重则由于静电、放电、严重干扰仪器、仪表正常运行的精确性和灵敏度，甚至会引起这些可燃物体的燃烧和爆炸，后果不堪设想。

抗静电剂的应用是一门艺术。这是因为聚合物制品不仅结构类型繁杂，成型方式多样，而且应用环境和要求不同。抗静电剂品种选择和使用方法得当，可能达到事半功倍的效果，相反，不仅制品的抗静电性难以保证，甚至可能影响其他的加工和应用性能。因此，了解和掌握抗静电剂的应用技术对于聚合物助剂开发和配方设计具有非常重要的意义。

1. 涂敷型抗静电剂的应用

涂敷型抗静电剂多用于硬质和不宜配合的塑料制品，其应用一般包括抗静电剂品种的选择、抗静电剂溶液的配制、制品表面净化、涂敷处理和干燥等五道工序。

（1）抗静电剂品种的选择：高抗静电性和强附着性是选择涂敷型抗静电剂的两个基本原则。除高抗静电性这一基本要求外，强附着性旨在增加抗静电剂分子与聚合物表面的亲和能力，改善相对持久的抗静电性。阳离子型和两性离子型抗静电剂品种多被首先考虑，

这不仅因为它们的抗静电性和附着性优于阴离子型和非离子型抗静电剂，还考虑到这些品种热稳定性不足，尤其对PVC的热降解有促进倾向，不便作为添加型品种使用。

（2）抗静电剂溶液的调配：涂敷型抗静电剂使用前一般先用挥发型溶剂或水调配成0.1%～2%浓度的溶液。调配抗静电剂溶液需要把握两个主要因素，其一是抗静电剂溶液的浓度，其二是溶剂的选择。溶液浓度在保证制品抗静电性的前提下宜稀为好，否则浓度过高就会出现发黏现象，不仅难以涂布均匀，而且容易吸附灰尘，影响制品的外观性能。溶剂对抗静电剂的持久效果具有一定的影响，涂敷型抗静电剂溶液所用溶剂多为低碳醇或其与水的混合物，应该说这些溶剂在使用时对聚合物的浸溶性还是可以肯定的，但对抗静电剂在聚合物表面的附着性没有太多的改善，往往在溶剂干燥挥发后使抗静电剂层容易因擦拭而脱落，抗静电持久性不佳。对此，通过在这些溶剂或溶液中适量添加对抗静电剂在聚合物中具有浸溶和增加吸附作用的组分可以有效改善持久抗静电性。需要说明的是，这些组分的挥发性往往较低碳醇类溶剂更易挥发。

（3）制品表面净化：为了得到均一密实的抗静电剂涂膜，有必要在涂敷抗静电剂溶液前对聚合物制品表面进行净化处理，因为制品表面的浮尘、污垢等将直接影响抗静电剂的附着性和抗静电剂涂膜的均一性。制品表面的净化一般采用水、醇或1%左右浓度的洗涤剂溶液清洗，然后置于室内，于室温至50℃下干燥。为避免干燥后表面尚存少许的水迹污物，在要求苛刻的场合还须用醇类溶剂进行擦拭处理。

（4）涂敷工序：涂敷型抗静电剂具有多种涂敷方法，每一种方法都具有各自的应用特点。无论采用何种涂敷形式，总的原则是保证抗静电剂涂层均一和致密。归纳起来，抗静电剂的涂敷方法大致包括涂布、喷涂和浸渍3种。

涂布法是将抗静电剂溶液用棉、法兰绒、毛刷、滚筒等直接刷涂或滚涂在聚合物制品的表面，这种方法简便易行，受外界条件制约小，但涂层厚度不够均匀，多用于平面较大，要求不够苛刻的场合。

喷涂工艺是将抗静电剂溶液用压缩气体雾化，然后通过喷雾的方法使之均匀附着在聚合物制品的表面，待溶剂挥发后得到均一的抗静电喷涂层。喷涂工艺常常借助于压缩空气，为保证制品表面抗静电剂层的均一，需要对压缩空气进行除尘处理。喷涂法较涂布法设备要求复杂，但涂层均匀致密，可适用于形状比较复杂的制品。

浸渍法是将聚合物制品置于抗静电剂溶液中，经过一定时间的浸泡，抗静电剂浸润在制品表面，达到抗静电目的。浸渍法适用于处理形状复杂的制品和数量较大的小型制品，能使涂布法和喷涂法无法处理到的角落部分获得抗静电性。其技术关键是使抗静电溶液在制品表面均匀分布。

2. 添加型抗静电剂的应用

聚合物材料的静电危害并不仅限于最终制品的应用中。事实上，在塑料、纤维等制品的加工过程中本身就存在着许多静电的危害和干扰问题。因此，从应用的角度出发，要求聚合物材料从加工过程到制品应用都具有良好的抗静电性，解决聚合物制品加工过程的抗静电问题是涂敷型抗静电剂所不能及的，使用添加型抗静电剂不仅能够解决聚合物加工过程的静电问题，而且较涂敷型抗静电剂耐洗涤、耐摩擦、耐热、抗静电效果持久、使用方法安全方便，因此被广泛应用。目前市售抗静电剂品种绝大多数为添加型抗静电剂，其中聚乙烯、聚丙烯等聚烯烃树脂消耗量最大，聚苯乙烯、ABS 等苯乙烯类树脂和 PVC 居次。

二、抗静电剂的作用机理

（一）抗静电剂的作用机理

表面活性剂型抗静电剂依其使用方式分为外加型抗静电剂和低相对分子质量混炼型抗静电剂，本书将分别介绍它们的作用机理。

（1）外加型抗静电剂的作用机理：外加型抗静电剂一般以水、醇或其他有机溶剂作为溶剂或分散剂，经过配制得到一定浓度的溶液或分散液付诸使用。当将抗静电剂加入水中时，抗静电剂分子中的亲油基就会伸向空气—水界面的空气一面，而亲水基则插入水中，随着浓度的提高亲油基相互平行并最终达到均一、稠密的排列，用这种溶液浸渍合成纤维或织物，抗静电剂分子中的亲油基就会吸附于纤维的表面，浸渍完成后干燥，脱除水分的纤维表面形成如图 8-1 中的结构。

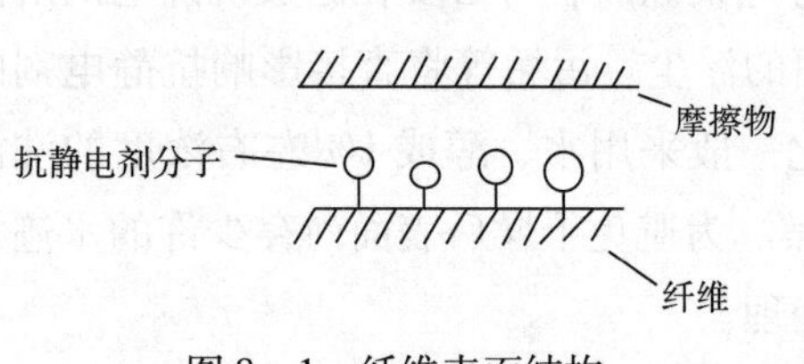

图 8－1　纤维表面结构

经处理后的纤维表面亲水基向外侧均匀取向，很容易吸收环境水分，形成一个单分子的导电层，当抗静电剂为离子型表面活性剂时，所形成的微薄电解质层就能起到离子导电的作用。非离子型抗静电剂虽不能直接参与传导电荷的作用，与导电性无直接关联，但吸湿的结果除一方面利用了水的导电性外，另一方面还为纤维中的微量电解质提供了离子化的条件，间接地降低了纤维的表面电阻，加速了电荷的泄放。这种表面活性剂的单分子层和吸附的水分不仅能以离子化的方式泄漏静电，而且作为摩擦间隙的介质能够显著削弱摩擦间隙中的电场强度，抑制静电的产生。

（2）混炼型抗静电剂的作用机理：混炼型抗静电剂包括两种基本类型：低相对分子质量表面活性剂型抗静电剂、导电填料类抗静电剂。它们的差别不仅仅在于化合物组成结构上，更主要的是抗静电作用机理迥异。表面活性剂类抗静电剂尽管在制品加工中与树脂或胶料均匀混配，但由于其具有迁移性在使用或贮存中并非均匀分布在聚合物制品内，一般表面浓度高于制品内部。也就是说这种类型的抗静电剂并不降低制品的体积电阻，而如涂敷型抗静电剂那样在树脂或胶料表面形成抗静电剂单分子层，从而降低制品的表面电阻。

当聚合物配合体系处于熔融状态时，表面活性剂型抗静电剂浓度足够大，在聚合物熔体与空气、聚合物熔体与金属（即加工机械或模具）的界面向就会形成抗静电剂分子的取向排列，其中亲水基团伸向熔体外部，亲水基团固定在熔体上。待熔体固化后在制品表面形成一个抗静电剂的单分子层，抗静电剂的活性越强，分子迁移性越大，也就越易于在制

品表面快速形成这种单分子层，抗静电性越速效。如果在制品加工和应用中抗静电剂单分子层由于拉伸、连接、洗涤等外部作用而损坏，抗静电性也将随之降低。但不同于涂敷型抗静电剂，经过一段时间后树脂或胶料内部的抗静电剂分子又会源源不断地补充上来，使制品表面的抗静电剂单分子层得以恢复，重新显示抗静电效果。这种单分子抗静电层恢复时间的长短取决于抗静电剂在聚合物中的迁移性和浓度，而抗静电剂的迁移性又与其和基础聚合物的相容性、基础聚合物的玻璃转化温度和结晶度以及抗静电剂本身的相对分子质量等因素密切相关。

高分子型抗静电剂抗静电作用原理是：①首先将永久抗静电剂与聚合物基体搅拌均匀，在加工过程中两种聚合物将充分分散、混匀；②抗静电剂将在聚合物基体中形成三维的离子驱散网络结构，大幅度降低基料的电阻系数，使表面静电可以被导走和耗散；与传统化学型抗静电剂不同，永久型高分子抗静电剂不是依赖在材料表面形成亲水层而达到抗静电效果，它的作用是即时的、永久的，而且在极低湿度环境中依然保持抗静电作用。

高分子型抗静电剂主要在母体中形成“芯壳结构”，并以此为通路泄漏电荷。高分子型抗静电剂作为一类内添加型抗静电剂，改善高分子材料的表面抗静电性能的方式是采用与高分子基体共混；比起外抗静电剂，高分子抗静电剂与树脂具有更好的相容性，在制品表层呈微细的层状或筋状分布，在中心部分呈球状分布，即“芯壳结构”，有助于释放静电荷，提高制品抗静电性能。因此其技术关键是提高高分子型抗静电剂在树脂中的分散程度和状态。

反应型水溶性聚氨酯高分子永久型抗静电剂 DM-3723，通过浸轧法对聚对苯二甲酸乙二醇酯纤维和聚酰胺纤维织物进行抗静电改性。研究发现，DM-3723 可赋予涤纶和锦纶织物优异的抗静电性，并且手感富有弹性，丰满度好，洗涤后仍能牢固吸附在织物表面。已有报道，在聚对苯二甲酸乙二醇酯纤维中添加3% ~5%的高分子永久型抗静电剂，其表面电阻率就能降到 1010Ω 以下，且半衰期小于 10s。

（二）影响高分子型抗静电性能的因素

成型加工条件和与树脂的相容性是决定高分子型抗静电剂形态结构的主要因素，而抗静电剂与树脂基体的熔融黏度差最直接的影响因素。高分子抗静电剂受环境湿度影响小，影响其抗静电作用效率的主要因素为微观形态、成型工艺、与高分子材料的相容性等。

1. 微观形态

具有较高的极性高分子型抗静电剂与极性较低的材料复合，相容性不佳且抗静电效果差。如 ABS 树脂（丙烯腈-丁二烯－苯乙烯共聚物）中加入抗静电剂 PEEA，应使平均 1 个羧基基团能够与 PEEA 的酰胺基团结合或生成酯，从而提高他们的相容性，进而提高 ABS 树脂的抗冲强度和改善层状剥离问题。

抗静电剂的抗静电效果与其与高分子材料的相容性有很大关系，影响主要源于抗静电剂的迁移作用。高分子型抗静电剂作为一种添加型抗静电剂，与材料应有适宜的相容性，若两者相容性过好，基体树脂对抗静电剂的吸引作用增强，抗静电剂在树脂内部向表面迁移的能力降低，最终影响抗静电效果；而与材料的相容性太差，抗静电剂会在材料表面析出，不仅制品外观受影响，且难以达到长久抗静电效果，甚至造成加工性能下降，成型困难。如将抗静电剂 PEEA 加入聚烯烃塑料中时，应同时加入相容剂与 PEEA 中的酰胺基团发生接枝反应。其次，还有高聚物分子结构、其他添加剂等的影响。

2. 成型工艺

其他条件一定时，合理的成型加工条件对材料的抗静电性能也有显著影响。在共混过程中抗静电剂的浓度应该低于塑料基体的浓度；在熔融加工成型时，抗静电剂的黏度应该大于材料的黏度，这有助于其更好地分散于基体中；由于受到高剪切力，在挤出加工成型时，应该综合考虑黏度和剪切力两个因素。当然，适宜的混料方式、加工温度、螺杆转速及冷却速率均有助于提高材料的抗静电性能。

三、抗静电剂现状及其发展趋势

（一）抗静电剂发展

1. 概述

高分子型抗静电剂是目前国际上研究的重点，但还没有得到广泛应用。在国外，已经商品化的高分子型抗静电剂并不少见。如汽巴精化的 Iragastat P 系列的产品，其中 Iragastat P 18 适用于加工温度低于 220℃ 的制品，而 Iragastat P 22 适用于 PP、HDPE、PS、PET、PBT 等塑料。日本旭化成工业公司成功开发的牌号为 Adion-A 的 ABS 系永久型抗静电塑料，是以聚乙二醇系聚酰胺作为永久抗静电剂。Atofina 公司的高分子永久型抗静电剂 Pebox4011，适用于 PVC、ABS、PS 等树脂。日本油墨公司采用聚二环氧甘油醚乙二醇酯，并添加碱金属或碱土金属作为永久抗静电剂，能使尼龙 6 的电阻率降至 $10^8\Omega \cdot cm$。

国内能够商品化的抗静电剂比较少，高分子型抗静电剂则更少。其中研究开发抗静电剂比较有名的单位有杭州市化工研究所、上海助剂厂、重庆主机厂、山西省化工研究所、济南市化工研究所。将封端型水系聚氨酯抗静电剂与相关助剂复配成了耐久型抗静电整理液，抗静电效果显著且具有很好的持久稳定性。总的而言，国内抗静电剂特别是高分子型抗静电剂的研究还处于发展阶段，与发达国家尚有一定差距，因此应在现有抗静电剂研究基础上加快新品种、新技术的研究进程，开发抗静电性能优异、高效稳定、用途广泛的抗静电剂，才能满足我国各行各业不断发展的需要。

2. 市场

塑料如聚乙烯（PE）、聚丙烯（PP）、聚氯乙烯（PVC）通常具有电绝缘性，所以一旦因摩擦带电后，不易消除，从而产生静电。由于静电吸引，塑料制品会吸附空气中的灰尘和其他杂物，从而影响制品美观；由于静电的影响，在塑料薄膜的制造过程中会发生黏附现象；另外，静电还会导致精密仪器失真、电子元件报废，甚至会引起火灾、爆炸、电击等事故。为了避免此类事故，在某些使用场合塑料制品必须使用抗静电剂作抗静电处理。

（1）塑料方面的产销状况：1995 年前后，世界各发达国家对抗静电剂的研究、生产和使用都很重视，特别是在某些特定领域，如电子计算机机房地板、特种包装和周转箱、工业包装膜、矿山用管材等都大量使用抗静电剂。美国是抗静电剂主要消费国，在电子元件、电器及食品包装制品方面，全年消费 6000t 以上，其中塑料用抗静电剂超过 4000t 以上，有 40 多个生产企业，牌号有 150 多个，主要产品有羟乙基化烷基胺、季铵化合物、脂肪酸酯；西欧也是抗静电剂的主要生产和消费地区，年耗 5000t 以上，其中 50% 为羟乙基化脂肪胺，25% 为脂肪磺酸盐，其余 25% 为多元醇脂肪酸酯和季铵盐，主要生产厂家有 16 家，主要消费在聚苯乙烯、ABS、聚乙烯、聚丙烯和聚氯乙烯方面；日本抗静电剂年消费约 3000t，主要用于聚丙烯、聚氯乙烯及其他塑料方面，其品种主要是非离子型和阳离子型抗静电剂；中国抗静电剂工业起步较晚，但近年来发展较快，"七五"期间抗静电剂的年需求量约为 2000t，"八五"期间达到年耗 5000t 以上。

2013 年全球生产和消费抗静电剂 6.8×10^4t。北美抗静电剂消费量占全球抗静电剂总消费量的 20% 以下，西欧抗静电剂消费量占全球总消费量的 15% 以上，中国抗静电剂消费量占全球总消费量的 25% 以上（年消费量为 1.7×10^4t 以上），日本抗静电剂消费量占全球总消费量的 15% 以下，其他国家抗静电剂消费量占全球总消费量的 35%。

北美脂肪酸酯抗静电剂占抗静电剂总消费量的近 60%，乙醇胺占总消费量的近 30%。西欧乙醇胺占总消费量的 30%，季铵盐占总消费量的 20%。我国主要消费的是季铵盐和乙醇胺。

北美生产抗静电剂的主要生产企业有 11 家，西欧生产抗静电剂的主要生产企业有 11 家，我国生产抗静电剂的主要生产企业有 13 家。

考虑到中国近十年以来房地产等高速发展，塑料等制品需求大幅度增长，年增长率以 10% 计，预计到 2020 年，中国的消费量将达到 3.64×10^4t。

随着国内塑料加工业的发展，在特种包装（如电子电器元件、军用品）以及高档家用电器方面，人们对制品外观的美感及使用时的舒适感要求较高。因此，开发高效、绿色、多功能的抗静电剂具有广阔的市场前景。

（2）纺织等纤维：2017 年，世界纤维产量已达 9237×10^4t，其中合成纤维产量为 6694×10^4t，天然纤维产量为万吨，若以抗静电剂加入量 0.2% ~ 0.5% 的低端加入量 0.2%、按纤维总量的 10% 计算，抗静电剂的年消耗量可达 1.85×10^4t，考虑到其他纤维，年消耗量约为 2×10^4t。

综上所述，仅塑料、纤维两方面，抗静电剂年消耗量即达到 5.6×10^4t，所以，目前国内抗静电剂年消耗量为 6×10^4t 以上。

（二）发展前景

随着人们环保意识的不断增强，绿色化工已成为今后发展的主要方向。各类高效、低毒、无毒、耐久性的抗静电剂将越来越受到食品包装业、电子产业的青睐，这类抗静电剂的研究已日益受到关注。

（1）非离子型抗静电剂：由于非离子型抗静电剂热稳定性能好，价格较便宜，使用方便，对皮肤无刺激．是抗静电基材中不可缺少的抗静电剂，具有良好的应用前景。

（2）复合型抗静电剂：复合型抗静电剂是利用各组分的协调效应原理开发出来的，各组分互补性强，抗静电效果远优于单一组分。但要注意各种抗静电剂之间的对抗作用。如阳离子型和阴离子型的抗静电剂不能同时使用。

（3）多功能浓缩抗静电母粒：由于抗静电剂多为黏稠液体，而且其中一部分为极性聚合物，在塑料中分散困难，带来使用上的不便。多功能浓缩母粒分散性均匀，操作方便，具有发展前途。

（4）高分子永久性抗静电剂：由于高分子永久性抗静电剂的耐久性好，所以一般用于对抗静电效果要求严格的塑料制品，如家用电器外壳、汽车外壳、电子仪表零部件、精密机械零部件等。

（5）纳米导电填料：纳米材料的特点就是粒子尺寸小，有效表面积大，这些特点使纳米材料具有特殊的表面效应、量子尺寸效应和宏观量子隧道效应。纳米材料可改变材料原有的性能。例如，电阻材料 SiO_2 制备成纳米材料后成为导电材料。在 PVC 塑料中添加纳米 SiO_2 制备复合材料的关键技术及 PVC 树脂添加纳米 SiO_2 后提高塑料抗静电性能的机理，结果表明，纳米 SiO_2 不仅提高了 PVC 材料的延展性，而且使 PVC 的表面电阻降低了 7 ~ 8 个数量级，使其相对介电常数明显增加，为进一步制备用于静电屏蔽的 PVC 基纳米复合材料奠定了试验基础。

（6）高分子型永久导电和永久抗静电母料（非炭黑型）：被广泛用于多种高端导电及抗静电制品上，国内添加量 2% ~4% 即可达到表面电阻值 10 的 7 ~ 8 次方，添加量达 5% ~9% 即可达到表面电阻值 10 的 3 ~4 次方，导电或抗静电值永久有效，并且边角料可回收使用，不影响导电和抗静电效果；国外的产品性能更高。为更高要求标准的导电和抗静电制品提供了更为理想的母料和原粉，从而提升了导电和抗静电的更优标准，防静电喷剂使用效果很好。

（三）发展方向

抗静电剂是相当重要的纺织助剂，近年来由于各种纤维材料的增多和加工速度的提高，使抗静电剂的作用更加显著。抗静电剂的发展有以下趋势。

（1）开发耐久性抗静电剂：后整理用抗静电剂使用是通过抗静电剂溶液在纤维表面浸泡或涂敷。抗静电作用主要取决于抗静电剂在表面的电导率和吸湿性，这种抗静电处理的方法在纤维表面的结合牢度不够，难以保持永久的抗静电效果。解决外用抗静电剂的耐久性是它得以发展的主要手段。目前人们也对抗静电织物和内用抗静电剂做了大量的研究工作，但外用抗静电剂由于其灵活的使用方式、优良的使用效果仍然有很大的发展空间。

（2）运用新技术开发新型助剂：利用纳米科技的最新成果，将纳米颗粒保持在更小尺度上，通过一定方式使其像染料一样进入纤维无定形区，从而提高耐久性。一种新型的纳米抗静电织物整理剂纳米锑掺杂二氧化锡应用于涤纶织物，取得了良好的效果，经纳米抗

静电整理剂处理的涤纶织物表面电阻从未处理前的 >$10^{12}\Omega$ 降低到 $10^{10}\Omega$ 级。

（3）环保型和多功能化抗静电剂：随着 ISO14000 的颁布与实施以及国内外市场对生态纺织品和环境保护要求的提高，环保型抗静电剂的开发已经越来越重要。要大力开发低毒、无毒环保型抗静电剂品种，以满足纺织行业的需求。

（四）国内外高分子型抗静电剂的研究进展

1. 总体进展

（1）国外：国外高分子永久型抗静电剂发展比较迅速，目前已有多家公司开发出了高分子型抗静电剂，并已形成了商业化规模，获得了可观的经济效益。

德国拜尔（Bayer）公司研制开发出的聚噻吩的衍生物聚二氧乙基噻吩也即 PEDOT 是新一代导电高分子的代表产品。1988 年德国拜尔公司的研究人员通过在噻吩的 3 位和 4 位上取代 2 个甲氧基，并使其连接形成二氧六环和噻吩相连，降低了副产物的生成，再经过聚合得到 PEDOT，该产品性能稳定，体积电导率 >10^2 s/cm。通过聚苯乙烯磺酸根阴离子（PSS）的掺杂，得到 PEDOT/PSS 导电涂布液，该产品用于塑料材料后，可获得高效持久的抗静电性能，且涂层不受外界条件的影响，耐水洗和有机溶剂。拜尔公司推出了 BaytronP 的聚噻吩型抗静电液，与此同时也申请了几十个专利实现了聚噻吩产品的系列化。

法国阿科玛公司生产的 Pebax MH2030 和 Pebax MV2080 是两种用途广泛的高分子型抗静电剂，可使制品的电阻降低至 $10^7\Omega$。它们均是由一种具有特殊结构的聚醚链段基于聚酰胺基础上合成的永久性抗静电剂，在制品里不会迁移、低湿度环境仍保持抗静电效果、立即生效、热稳定性好、耐化学性好，可用于 PA、ABS、PVC、PE、PP、聚碳酸酯（PC）、高抗冲击性聚苯乙烯（HIPS）、聚对苯二甲酸丁二醇酯（PBT）、聚甲醛（POM）和聚对苯二甲酸（PET）等制品中。

德国巴斯夫（收购瑞士汽巴）公司生产的 Irgastat P 18 和 P 22 是以聚酰胺和聚醚受阻胺为基础合成的可熔性永久抗静电剂，能在聚合物内部形成纤维状导电网络，可将聚合物表面积累的静电荷导出，永久地消除各种聚合物表面的电荷，适用于加工温度低于 220℃ 的塑料制品。这两种产品均可用于食品包装，并且都获得了美国食品药品管理局（FDA）认证，可应用于 PP、PVC、PS、PE、ABS、PS/ABS 和热塑性聚氨酯弹性体橡胶（TPU）等多种树脂品，添加量（以质量分数计）5%～15%。

日本 COLCOAT 株式会社的 COLCOAT N-103X 系列产品为硅氧烷系列防带电剂，该抗静电剂表面抗伤性、耐磨耗性、耐气候性、黏合性都较好，水洗仍能保持抗静电效果，涂布亚克力树脂、聚苯乙烯树脂、多元碳酸脂树脂等制品表面时可增加 2%～3% 的光线透过率，环保，不含任何有害物质。该公司的 SJ400-5 和 SJ400-7 系列为有机聚合型抗静电剂，具有防水功能，无色透明，表面涂布量少，不影响主材原本特质，透光性好，对材料无腐蚀侵袭，广泛适用于各类塑料及其他材料相关应用领域。

Toyota Tsusho 公司生产的 Pelestat 230 和 300 这 2 种永久性抗静电剂，有良好的静电耗散性和热塑性，适用于聚丙烯和聚乙烯薄膜，能够使产品的透明度好，表面平滑，在欧洲已经得到广泛的应用，尤其在制药包装上面表现出卓越的抗静电性能，可以在较低的湿度下发挥功效。

芬兰 Panipol 公司生产研制的聚苯胺高分子导电液可用于 PET、PVC 等塑料基材表面的涂覆，表面电阻可低至 $10^6 \sim 10^9\Omega$，该高分子导电液也可用于导电油墨、漆料及黏结剂等。目前该公司已攻克聚苯胺导电液生产的一系列技术难题，并已引入工业化生产，其生产装置处于世界领先地位。但聚苯胺抗静电液有一个致命缺点，即聚苯胺降解时会产生联二苯胺，该物质具有致癌作用，所以聚苯胺作为抗静电剂应用受到了很大的限制。

（2）国内：国内高分子永久型抗静电剂的研究还处于发展阶段，与国外相比相对滞后。国抗静电剂开发始于 20 世纪 70 年代初，目前主要品种有季铵化合物、羟乙基烷基胺、烷基醇胺硫酸盐、多元醇脂肪酸酯及其衍生物等。无论在品种、生产能力、产量、质量上均与国外差距较大，需求矛盾突出，特别是热塑性工程塑料方面用的内加型抗静电剂多年来需要进口。随着我国化学工业的飞速发展，国内主要研究单位有北京化工研究院、上海助剂厂、杭州化工研究所、天津助剂厂等，并相继研究开发出了多种类型的抗静电剂。

目前国内的高分子抗静电产品比较少，虽然近年来国内科学工作者一直致力于此方面的研究，并取得了一些成果，但真正转化为产品并有一定产能的却不多。聚（3，4-乙烯二氧噻吩)-苯乙烯磺酸（PEDOT：PSS）由于具有良好的导电性能、环境稳定性和较低的热导率等优点引起了研究者对其热电性能的兴趣。

采用聚苯乙烯磺酸和 3，4-乙烯二氧噻吩聚合制备出聚（3，4-乙烯二氧噻吩)-聚苯乙烯磺酸（PEDOT：PSS），并对其工艺条件进行了优化处理。在最佳工艺条件下制备出的 PEDOT：PSS 经红外光谱和 X 射线衍射图谱分析，表明 PEDOT：PSS 为半晶态结构，并测试其电导率，高达 73s/cm。向 PEDOT：PSS 溶液中加入乙二醇（EG）或者二甲亚砜或者二者混合，研究发现这两种物质的加入可有效提高薄膜的电导率。这是因为 EG 的加入导致 PEDOT 的平均晶体尺寸增大，同时使 PEDOT 纳米粒子在薄膜中的排列更加有序，增加了载流子的迁移率和密度，最终使电导率增加；加入二甲亚砜提高其导电性是因为导电运输方式的改变，由原来的跳跃运输变为载体分散运输。

通过分别改变 EDOT 单体与掺杂剂的摩尔比、EDOT 单体与氧化剂的摩尔比、反应时间、掺杂剂种类、氧化剂的添加方式等考察了所制备的 PEDOT 的电导率，从而确定出最佳的工艺条件，在此条件下制备出的 PEDOT 的电导率高达 10.4s/cm。

采用季铵盐和丙烯酸酯类高分子进行无规则共聚，研制开发出了一种新型涂覆型高分子抗静电剂，该抗静电剂的抗静电性能优异，在添加量（以质量分数计）大于 15% 时，表面电阻值低至 $10^7\Omega$。

采用溶液接枝法分别在聚乙烯蜡（PEW）和聚丙烯蜡（PPW）上接枝丙烯酸钠（AAS）得到 PEW-g-AAS 和 PPW-g-AAS 高分子永久型抗静电剂。得到的 PEW-g-AAS 和 PPW-g-AAS 接枝共聚物本身的电荷释放性能优异，其表面电阻低至 10^6 以下。

以聚丙烯为原料，采用双螺杆挤出机熔融接枝方法制备了（PP/POE）-g-MAH-g-PAM，经测定该抗静电剂属于高分子型抗静电剂，在 PP 中添加该抗静电剂，可在很大程度上降低塑料的表面电阻率，并且受外界环境影响较小。

虽然相比于国外高分子抗静电产品，国内还有一定的差距，但经过科研人员的不断努力，也取得了一系列的成果。

在国外性能较好的产品基础上，国内科研人员能研制出更好的高分子型抗静电剂产品；另一方面需要做的不只是学术研究，还应该把研究出的成果转化为产品，投入到市场以取得一定的经济效益，同时逐步缩小此领域与国外产品的差异。

2. 各品种研究进展及发展方向

目前国内外研究较多的高分子永久型抗静电剂主要类型如下。

（1）聚醚酯酰胺型：采用熔融缩聚法，以己内酰胺、6-氨基乙酸、葵二酸、乙二醇和聚乙二醇（PEG）为原料，以钛酸四丁酯为催化剂，高温聚合后抽真空，经冷却、提纯和干燥后制得高相对分子质量嵌段共聚物聚醚酯酰胺（PEEA）。产物的抗静电性能会随着原料中 PEG 和己内酰胺摩尔比的不同而产生差异。将制得的 PEEA 与丙烯腈—丁二烯-苯乙烯共聚物（ABS）共混改性后发现，当 PEEA 的质量分数超过 7% 后，体系的表面电阻率出现了明显的下降；当 PEEA 的质量分数到达 11% 时，体系的表面电阻率从 $10^{16}\Omega/cm^2$ 迅速降低到 $10^{11}\ \Omega/cm^2$；PEEA 的质量分数到达 20% 时，体系的表面电阻率降低到了 $10^9\Omega/cm^2$。低环境湿度和多次水洗都没有对体系的表面电阻率产生明显的影响。同时发现 PEEA 中 PEG 含量略高者（40% 质量分数，下同）比 PEG 含量略低者（30%）能更好地提高 ABS 树脂的抗静电性能。

采用了分步骤的方法制备 PEEA。首先在高温通氮气的条件下以水做引发剂使己内酰胺自聚数小时，得到一定相对分子质量的聚己内酰胺；然后在反应体系中加入一定量的 PEG、二苯甲烷 4，4′-二异氰酸酯（MDI）、催化剂和抗氧剂，继续高温反应数小时，抽真空、洗涤后得 MDI 扩链型聚醚酯酰胺（M-PEEA）。将 M-PEEA 和 PA-6 共混制成纤维，其比电阻值和静电半衰期随着 M-PEEA 含量的增加而降低。M-PEEA 改性的 PA-6 具有耐水洗的优点，实验显示在洗涤 20 次后，纤维制品的比电阻和静电半衰期均未受到明显影响。

将抗静电剂聚醚－聚酰胺嵌段共聚物（MH2030）、阻燃剂和相容剂一并加入 ABS 基体制得阻燃抗静电 ABS。当 MH2030 的质量分数从 10% 左右增加到 20%，材料的表面电阻率下降了两个数量级到 $10^8\ \Omega/cm^2$。值得一提的是，在抗静电剂质量分数达到 14% 之前，制品的缺口冲击强度随抗静电剂的增加而提高。

利用聚醚酰胺嵌段共聚物（PE-PA）与聚甲醛共混制备了永久型抗静电聚甲醛。PEBA 的加入同时降低了聚甲醛的表面电阻率和体积电阻率，当 PEBA 质量分数为 7% 时上述前后两者分别下降 3 个和 2 个数量级，并且不随时间而出现大范围波动，达到了永久抗静电的效果。

在聚醚酯酰胺抗静电剂中，分子结构也对抗静电效果有一定影响。对掺硫氰化钠（NaSCN）的PEBA基抗静电剂体系研究结果表明，体系中PEBA包含两个牌号：PEBA2533和PEBA7533，两种牌号原料的内部结构有所差异。通过对两种牌号不同配比的试验，确定了当PEBA2533PEBA7533的质量比为60∶40时，抗静电剂的表面电阻率最低。然后用此最佳配比组成的抗静电剂和高抗冲聚苯乙烯（HIPS）组成共混体系，以降低HIPS的表面电阻率。结果表明，随着抗静电剂添加比重从5%上升到20%，表面电阻率从$10^{16}\Omega/cm^2$快速下降到了$10^9\Omega/cm^2$；但是随着抗静电剂的量继续添加至40%，其表面电阻率也只下降到了$10^8\Omega/cm^2$。由此，抗静电剂的添加阈值确定在质量分数20%左右。

R·林曼等提出用二羧酸磺酸酯类作为聚醚酯酰胺中聚酰胺链段的封端剂，最典型的例子是十二碳烷内酰胺在磺基间苯二甲酸钠盐（SIPNa）存在下缩合得到数均相对分子质量750的聚酰胺链段，继而在催化剂的作用下合成聚醚酯酰胺，取得了不错的抗静电效果。

探究抗静电剂与第三组分之间的相互关系也成为了近年来的研究热点。Ueda等向以聚酯酰胺为抗静电剂的热塑性树脂体系里加入了相容剂以得到更好的力学性能，包括带有功能基（如马来酸酐、磺基）的乙烯基聚合物和聚烯经/芳香族乙烯嵌段聚合物两类。此外，还向体系中加入占聚醚酯酰胺质量1%的碱金属卤化物或碱土金属卤化物（如氯化钠）来增强抗静电效果。

Irgastat P系列是BASF公司研发的一种聚醚/聚酰胺嵌段共聚物永久型抗静电剂，这类抗静电剂通过混炼与塑料树脂结合，在塑料内部形成具有导电能力的渗滤网络，也就是泄露电荷的通路。此类抗静电剂添加量一般是5%～15%。这种抗静电剂对制品颜色没有影响且加工性能优良。其主要的两个品种是Irgastat P 18和Irgastat P 22，它们皆具有良好的抗静电效果，前者适用于加工温度低于220℃的基体，后者适用于聚烯烃、聚苯乙烯等树脂。W. S. Chow等将Irgastat P18加入9份到聚丙烯/有机蒙脱土（PP/OM-MT）体系中，其表面电阻率下降到$10^{11}\Omega/cm^2$而力学性能和微观形态并没有受到太多影响，这种抗静电效果可以在室温环境下长期保持。

（2）离子聚合物型：离子聚合物是一种离子化的共聚物，往往含有带侧酸基的离子性共聚单体，其中的离子作为电的载流子。

Maki等就乙烯基离子聚合物进行了深入的研究，将乙烯－甲基丙烯酸异丁酯无规共聚物中80%的羧基用钾阳离子中和，制备得到乙烯基离子聚合物，该材料具有良好的静电耗散和抗静电性能，将其和低密度聚乙烯加工制成薄膜，表面电阻可以下降到$10^9\Omega$。Toshikazu Kobayashi等将对苯二甲酸丁二醇酯（PET）、PEEA粒料与用不同种类阳离子中和的甲基丙烯酸嵌段共聚物（E/MMA）离子聚合物共混后使用双螺杆挤出。测试结果显示，分别掺杂Li^+、Na^+、Zn^{2+}等类型离子的E/MMA基聚合物皆能加速材料的静电耗散过程，且当PEEA含量越多，离子聚合物的添加对静电耗散时间的减少作用越明显。最显著的例子是在PET/10% PEEA体系中加入2% E/MMA-Li，可以使材料的静电半衰期从82s

急速下降到12s，原因可能是PEEA和锂离子间存在特殊的相互作用。使用环氧氯丙烷、不同烷基链长度的胺类和四甲基己二胺反应制得了一种梳状离子聚合物，并把它与低密度聚乙烯（LDPE）共混，发现当加入5%离子聚合物时，共混体系的表面电阻率较纯LDPE下降了5个数量级，且放置30d后该性能无明显变化，他们的实验也显示出该种梳状聚合物中疏水的侧链能赋予它在LDPE基体中良好的相容性。

另一类常见的离子聚合物型高分子抗静电剂是聚乙烯醇（PEO）和碱金属盐复配后的组合物。它的导电机理是聚乙烯醇中的氧原子因为含有多余电子对，能与金属盐中亲电的阳离子（通常是Li^+或Na^+）产生络合作用，聚合物主链上几个氧原子配位一个金属离子，当有外加电压时，金属离子与氧原子得到能量而解络，合然后发生定向移动，直到“遇见”下一簇可以络合的氧原子。这种解络合—定向移动—络合的方式使得金属离子成为了电的载流子。这样的体系也常被用于锂离子电池的制备。普遍认为，离子聚合物的导电行为主要发生在该成分的非晶部分，也就是无定型区，结晶部分聚合物由于微观尺度上的运动受到限制而很难传递电荷，这样，防止离子聚合物的结晶成为了提高此类抗静电剂效能的重要因素。将甲基丙烯酸甲酯－甲基丙烯酸（P-MMA-MAA）加入PEO/$LiClO_4$体系中，P-MMA-MAA共聚物中的羧基与PEO中的醚氧原子可以形成氢键，成功地阻碍了PEO的结晶，从而提升了该体系的电导率。

（3）季铵盐型：将PEO加入增塑聚氯乙烯（PPVC）和季铵盐（QAS）共混体系中，发现在一定的环境湿度和PPVC/QAS配比下，加入10份PEO后，体系的表面电阻率降低了4倍多。并且随着PEO含量的增加，体系的拉伸强度和断裂伸长率也都有了显著的提高。通过对合成的一种新型季铵盐（QA-SI）抗静电效果进行测试结果表明，将聚乙二醇单甲醚（MPEG）酯化得到MPEGA，再将MPEGA和一定量的甲基丙烯酸甲酯（MMA）、丙烯酸丁酯（BA）和引发剂采用传统的溶液聚合法制得QA-SI。QASI和聚氯乙烯（PVC）共混得到的复合材料具有良好的抗静电性能。在QASI加到40份的时候，表面电阻率下降3～4个数量级。温度和环境湿度对材料的表面电阻率的影响不大，猜想是因为MOEG分子链的氧原子sp^3轨道的未共用电子对与QASI中氮原子上的空置轨道间有强烈的相互作用，这样能获得很多QASI阳离子，与QASI/水系统中产生的阳离子相同，一定程度上抵消了湿度降低对体系抗静电性能的影响。

（4）接枝聚合物型：以乙烯蜡（PEW）、丙烯蜡（PPW）和丙烯酸钠（AAS）为原料，采用溶液接枝法分别制备了PEW接枝AAS（PEW-g-AAS）和PPW接枝AAS（PPW-g-AAS）两种抗静电剂。利用转矩流变仪将抗静电剂与PP制成共混样品。其中PEW-AAS在10份时能使PP的表面电阻率和体积电阻率分别下降4个数量级。一个重要的发现是，对样品进行不同的处理会影响样品的抗静电性能。置于80T水中1h的样品，表面电阻率降低了两个数量级；置于80℃空气中1h的样品，表面电阻率却升高了三个数量级。究其原因，PE的表面能较PP更低。按照最低能量原理，在空气中的极性基团（—COONa）倾向于向内迁移，亲油基团（PEW）倾向于向外迁移；然而当环境是水时，亲水基团（—

COONa）就会向外迁移与水结合。这种迁移方向的相反导致了经过两种处理的样品表面电阻变化方向的相反。

以聚丙烯（PP）为基体，以丙烯酸为掺杂剂，采用溶液接枝法制备了聚丙烯接枝苯乙烯磺酸-聚苯胺（PPW-g-SPS-PANI）高分子复合物，通过研究引发剂用量，丙烯酸用量等因素对其抗静电性能的影响发现，抗静电性能随着丙烯酸、引发剂用量增加先升高后降低，丙烯酸掺杂使复合到PP分子链的聚苯胺分子链上的电荷离域形成共轭结构而具有导电性能；PP-g-SPS-PANI具有较好的抗静电性能，其与PP共混物的体积电阻率下降到$9.5\times10^{12}\Omega\cdot cm$以下，对PP共混物界面的扫描电镜测试结果表明，共混物具有良好的相容性。

总之，高分子永久型抗静电剂种类繁多，性能优越而持久，具有广阔的应用前景。高分子永久型抗静电剂应用的核心在于其能在高分子基体中形成“芯壳结构”，在聚合物表面形成网络状或层状分布从而形成导电网络，这就要求高分子抗静电剂分散相不倾向于形成传统的液滴状而形成纤维状、层状或者网络状。其中，离子聚合物是一种很有发展前途的高分子永久抗静电剂，具有无色，透明，不产生电火花，不迁移，无需接地，无粉尘及微粒污染，易形成导电网络，效果迅速，不影响材料性能等优点，而且由于离子容易在体系中聚集而形成化学交联点，能极大地改善抗静电剂和基体材料的相容性，所以其应用的范围十分广泛。

随着使用需求的变化，新的抗静电剂品种正在不断地被研究发展。国内关于高分子抗静电剂的研发由于起步较晚，较之于国外还有较大的差距。降低成本、降低环境（如温度、湿度等）对抗静电性能的影响、高性能化、系列化等将是今后抗静电剂发展所面临的主要挑战和发展方向，以满足运输包装、电子工业等的需要。

第二节　抗静电剂主要品种及其应用

一、分类

按照使用方法，抗静电剂可以分为内添加型抗静电剂（涂敷型抗静电剂）和添加型抗静电剂（外涂型抗静电剂、混炼型抗静电剂）。其中外涂型抗静电剂即对高分子材料制品表面采用电镀、涂覆、黏结等方法，使其表面形成导电层；内添加型抗静电剂是在高分子基体里加入抗静电剂或导电性填料（如导电炭黑、石墨、金属粉等）。

外加型抗静电剂的化学组成主要是表面活性剂，使用前先用适当的溶剂配制成0.5%~2%浓度的溶液，然后通过涂布、喷雾、浸渍等方法使之附着在聚合物制品的表面。应当指出，外加型抗静电剂在制品表面只是简单的物理吸附，擦拭、水洗后极易失去，一旦失去就不再显示抗静电效果，因而从应用性能的持久性来看属于“暂时性抗静电剂”。为改善外加型抗静电剂的耐久效果，一些与聚合物树脂具有良好黏结性、不易洗涤、

磨耗和散逸的高相对分子质量外加型抗静电剂（如丙烯酸酯等）开始付诸应用。区别于常规低相对分子质量外加型抗静电剂，这种抗静电剂黏结耐久性外加型抗静电剂。作为混炼型抗静电剂是在聚合物制品的加工过程中添加到树脂或胶料内，成型后显示良好的抗静电性，通常亦有“内加型抗静电剂”之称。一般地，混炼型抗静电剂与基础聚合物构成均一体系，较外加型抗静电剂效能持久。传统意义上的混炼型抗静电剂系低相对分子质量表面活性剂，通过从制品内部的迁移到达表面，进而实现抗静电的目的。一般速效性差，多次水洗或摩擦后同样存在失效可能。最近几年，随着功能性高分子和合金化技术的发展，一类具有导电功能的亲水聚合物材料被引入聚合物抗静电剂的范畴。它不同于传统意义上的添加型抗静电剂，无须迁移到聚合物制品的表面，而是基于内部的导电网络形成电荷传递通道，抗静电效果更加持久和稳定，受环境湿度和温度的影响小，并因此成为聚合物抗静电技术的重要方向。

尽管如此，在聚合物用混炼型抗静电剂领域，以低相对分子质量表面活性剂为基础的添加型抗静电剂仍具有举足轻重的地位。作为外加型和混炼型抗静电剂品种并无严格的界限，许多表面活性剂组分往往既可以涂敷的方式使用又可以混配形式使用。

按照化学组成结构，抗静电剂可以分为表面活性剂型（阳离子型、阴离子型、非离子型、两性型）和高分子永久型。其中高分子永久型抗静电剂因其具有抗静电效果持久，无诱导期，耐擦拭，耐洗涤等优点，成为了近年来抗静电剂研究的热点。

高分子型抗静电剂也即永久型抗静电剂，指抗静电剂本身也是聚合物，主要类别有：季铵盐型（季铵盐与甲基丙烯酸酯缩聚物的共聚物、季铵盐与马来酰亚胺缩聚物的共聚物），适用于聚苯乙烯（PS）塑料、丙烯腈-丁二烯-苯乙烯（ABS）塑料、聚氯乙烯（PVC）塑料、丙烯腈-苯乙烯共聚物（AS）等；聚醚型（聚环氧乙烷、聚醚酰胺、聚醚酰胺亚胺、聚环氧乙烷-环氧氯丙烷共聚物），适用于 PS、ABS、AS、聚丙烯（PP）塑料、甲基丙烯酸-丁二烯-苯乙烯三元共聚物（MBS）等；内铵盐型（羧基内铵盐接枝共聚体），适用于 PP、聚乙烯（PE）塑料；磺酸型（聚苯乙烯磺酸钠），适用于 ABS；其他类型（高分子电荷移动结合体），适用于 PP、PE、PVC 等。

根据作用机理不同，高分子型抗静电剂可分为两大类，亲水性高分子抗静电剂和本征型导电高分子抗静电剂。高分子型抗静电剂抗静电效果持久，无诱导期，对环境的湿度依赖小，但添加量较大，价格偏高。

本征型导电高分子是指具有共轭 π 键长键结构的高分子经过化学或电化学还原或氧化后形成的材料。导电高分子是 20 世纪 70 年代的 Heeger、MacDiamod 和 Shirakawa 3 位研究者发现的，并因此共享了 2000 年的诺贝尔化学奖。目前应用较多的导电高分子有聚乙炔、聚噻吩、聚苯胺及它们的衍生物等。

亲水性高分子抗静电剂主要有以下几类：甲氧基聚乙醇甲基丙烯酸酯共聚物、超高相对分子质量聚乙二醇、环氧氯丙烷、含季铵盐的甲基丙烯酸酯聚合物、聚乙二醇共聚类聚酰胺以及聚乙二醇共聚物类聚酯等。

二、主要品种及其应用

表面活性剂类抗静电剂是迄今为止用途最广、品种最多、产量最大的一类抗静电剂使用方式包括涂敷和混炼两种。根据结构中亲水基能否电离和电离后离子电性能的不同分为阳离子型抗静电剂、阴离子型抗静电剂、两性型抗静电剂和非离子抗静电剂。

(一）阴离子型抗静电剂

阴离子型抗静电剂涉及化合物类型很多，包括各种硫酸衍生物、各种磷酸衍生物和高级脂肪酸盐等，主要用作纺织品和化纤油剂、整理剂使用，作为聚合物抗静电剂应用最多的当属烷基磺酸盐类化合物。

1. 硫酸衍生物

在抗静电剂中使用的硫酸衍生物包括硫酸酯盐（$—OSO_3M$）和磺酸盐（$—SO_3M$）。尽管二者在化学结构上仅差一个氧原子，但性质却有较大差异。硫酸酯盐较磺酸盐的水溶性大，宜作乳化剂和纤维处理剂，耐热、耐氧稳定性差。相反，磺酸盐类抗静电剂耐热、耐匀稳定性高，因而可适用于塑料、橡胶等聚合物制品的共混体系。

（1）烷基磺酸盐类抗静电剂：烷基磺酸盐类抗静电剂结构通式为 RSO_3M。其中 R 为 C_{12}以上的烷基，M 为 Na 等碱金属或铵盐。代表性结构如烷基磺酸钠。

烷基磺酸盐类抗静电剂一般是由石蜡烃与发烟硫酸或三氧化硫黄化，再用碱中和而得：

$$RH + SO_3 \longrightarrow RSO_3H \longrightarrow RSO_3Na \qquad (8-1)$$

此类抗静电剂的突出特征是耐热稳定性优异，因而可适用于要求高温加工的硬质 PVC、PS 工程塑料等配合体系，亦可作为外加型抗静电剂以 1% 的水溶液涂效制品表面。

（2）高碳醇硫酸酯盐类抗静电剂：其结构通式为 $ROSO_3M$。其中 R 为 C_{12}以上的烷基，M 为 Na 等碱金属或铵盐。代表性结构如十二烷醇硫酸钠和十二烷醇硫酸三乙醇胺盐。它们的最大特征是水溶性大，对热、氧较敏感，一般作为纺织工业中的乳化剂、抗静电整理剂使用。某些塑料中作为涂敷型抗静电剂使用，为保证其浸润和涂敷层厚度，可在其水溶液中适当添加聚乙烯醇以增加黏度。

高碳醇硫酸酯盐类抗静电剂通常是由 $C_{12\sim18}$的高碳醇与浓硫酸或发烟硫酸进行酯化反应，随后用有机碱或无机碱中和制备。

（3）硫酸化脂肪酸及其酯类抗静电剂：这是一类由油酸、油酸丁酯等不饱和脂肪酸及其酯与硫酸反应而得的一类阴离子表面活性剂，具结构通式可表示为：

$$C_nH_{2n+1}CH_2\underset{\displaystyle |\atop \displaystyle OSO_3M}{CH}C_mH_{2m}COOR \qquad (8-2)$$

其中，R 为 H、烷基、甘油基等；M 为碱金属离子等。代表性结构如油酸硫酸钠、油酸丁酯硫酸钠等。其水溶性大，不耐热、氧；常作为纺织油剂、渗透剂、抗静电整理剂使用，在聚合物工业亦可作为涂敷型抗静电剂使用。其制备原理如下：

$$CH_3(CH_2)_7CH=CH(CH_2)_7COOH+H_2SO_4 \longrightarrow CH_3(CH_2)_7CH_2-\underset{\displaystyle OSO_3H}{\underset{|}{CH}}(CH_2)_7COOH$$

$$\xrightarrow{NaOH} CH_3(CH_2)_7CH_2-\underset{\displaystyle OSO_3Na}{\underset{|}{CH}}(CH_2)_7COOH \quad (8-3)$$

(4) 高相对分子质量阴离子型抗静电剂：主要包括聚丙烯酸钠盐、马来酸酐与其他不饱和单体的共聚物盐和聚苯乙烯磺酸等。此类抗静电剂相对分子质量高，与聚合物制品表面的黏合性好，耐挥发和耐水性高，常作为纺织工业品中的耐久性抗静电剂使用，在塑料、橡胶等合成材料工业中也可以涂敷方式使用。能克服吸湿性强的表面活性剂抗静电持久性差的缺陷。

其中，二异丁烯-马来酸二钠盐共聚物是典型的阴离子型耐久抗静电剂，其合成原理是以马来酸酐和二异丁烯为基本原料，首先在偶氮二异丁腈引发下共聚得到具有马来酸酐链段的共聚物，最后用 NaOH 中和得到相应的钠盐产品。

2. 磷酸衍生物

磷酸系三元酸，其酯类衍生物包括 3 种基本结构：

$$RO-\overset{\displaystyle O}{\overset{\|}{P}}\begin{matrix}OH\\OH\end{matrix} \qquad RO-\overset{\displaystyle O}{\overset{\|}{P}}\begin{matrix}OR\\OH\end{matrix} \qquad RO-\overset{\displaystyle O}{\overset{\|}{P}}\begin{matrix}OR\\OR\end{matrix} \quad (8-4)$$

作为抗静电剂，应用最多的当是阴离子型的单烷基磷酸酯盐和二烷基磷酸酯盐类化合物。它们是由高碳醇、高碳醇的环氧乙烷加合物及烷基酚环氧乙烷加合物与三氯氧磷或五氧化二磷反应，最后用碱中和制备：

$$3ROH+R_2O_5 \longrightarrow RO-\overset{\displaystyle O}{\overset{\|}{P}}\begin{matrix}OH\\OH\end{matrix} + RO-\overset{\displaystyle O}{\overset{\|}{P}}\begin{matrix}OH\\OR\end{matrix} \xrightarrow{NaOH} RO-\overset{\displaystyle O}{\overset{\|}{P}}\begin{matrix}ONa\\ONa\end{matrix} + RO-\overset{\displaystyle O}{\overset{\|}{P}}\begin{matrix}ONa\\OR\end{matrix} \quad (8-5)$$

不同结构的磷酸酯盐类抗静电剂性能上差异较大，如单烷基磷酸酯盐极性较强，水溶性大，而二烷基磷酸酯盐润滑性好，难溶于水。它们在纺织工业中具有不可或缺的地位，主要用作纤维油剂和织物整理剂的抗静电组分。在塑料及其他聚合物中，既可以涂敷形式使用，亦可共混到基础聚合物中，并显示出较硫酸酯盐类抗静电剂更优异的效果。其代表性结构包括二月桂基磷酸钠盐、二月桂基磷酸三乙醇胺盐、月桂醇环氧乙烷加合物（4 分子）的磷酸酯钠盐、高碳醇或烷基酚环氧乙烷加合物的磷酸酯及其盐等。

（二）阳离子型抗静电剂

阳离子型抗静电剂的活性基团一般为含有长碳链的阳离子，极性高，抗静电效果优异，对各种聚合物材料具有较强的附着力，但突出的缺陷是热稳定性差，尤其对硬质 PVC 制品的热稳定体系可能产生不利的影响，因而多数场合以涂敷形式使用。另外，阳离子型抗静电剂不同程度存在着毒性或刺激性，目前得到美国 FDA 许可用于接触食品材料的品种极少。阳离子型抗静电剂的化合物类型大致包括胺盐类、季铵盐类和烷基咪唑啉类等，尤以季铵盐类衍生物的应用最广。

(1) 季铵盐类抗静电剂：季铵盐类抗静电剂一般具有如下结构通式：

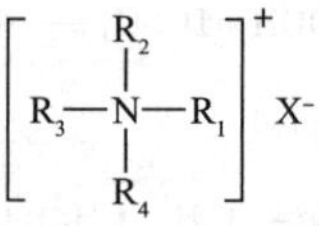

$$\left[\begin{array}{c} R_2 \\ | \\ R_3\text{—}N\text{—}R_1 \\ | \\ R_4 \end{array}\right]^+ X^- \tag{8-6}$$

式中，R_1、R_2、R_3、R_4为烷基、烷烯基、烷苯基、羟烷基、烷醚基等。作为聚合物用抗静电剂，通常带有长碳链基团。季铵盐类抗静电剂通常由叔胺和烷基化剂反应而得。

（2）烷基咪唑啉类抗静电剂：烷基咪唑啉类抗静电剂的代表性结构是1-β-羟乙基-2-烷基-2-咪唑啉及其盐类化合物，通式为：

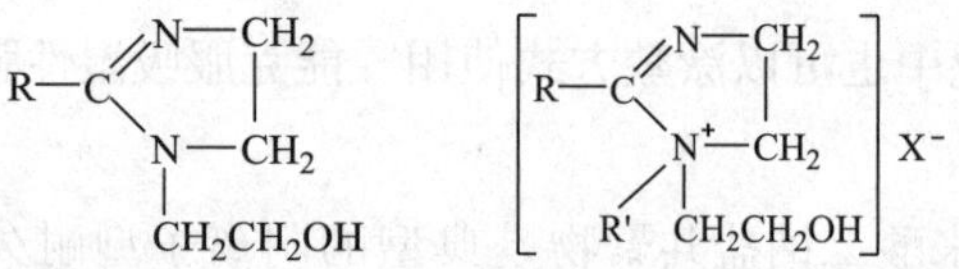

$$R\text{—}C\begin{array}{l} \nearrow N\text{—}CH_2 \\ \searrow N\text{—}CH_2 \\ \quad | \\ \quad CH_2CH_2OH \end{array} \qquad \left[R\text{—}C\begin{array}{l} \nearrow N\text{—}CH_2 \\ \searrow N^+\text{—}CH_2 \\ R' \quad CH_2CH_2OH \end{array}\right] X^- \tag{8-7}$$

此类抗静电剂品种并不多见，作为外加型抗静电剂，在纤维、硬质PVC唱片等制品中使用时具有良好的效果，同时亦可以添加方式用于聚乙烯、聚丙烯、软质PVC等制品。

（三）两性离子型抗静电剂

两性离子型抗静电剂的化学组成为两性型表面活性剂，包括季铵内盐、烷基咪唑啉盐和烷基氨基酸等。其结构的最大特征是分子内既包含阳离子基团又具有阴离子基团，在一定的条件下可以同时显示阳离子和阴离子型抗静电剂的作用，与阳离子型、阴离子型和非离子型抗静电剂具有良好的配伍性。它们对高分子材料的附着力较强，抗静电效果显著。在某些应用场合，其抗静电性甚至优于阳离子型抗静电剂。

（四）非离子型抗静电剂

非离子型抗静电剂系非离子型表面活性剂，其本身不能离解为离子，因而抗静电性能一般不及离子抗静电剂，即达到同样抗静电效果通常要求非离子型抗静电剂的量为离子型抗静电剂的两倍甚至更多。然而，非离子型抗静电剂具有良好的热稳定性，亦不会引起树脂的老化，这一点正是作为添加型抗静电剂难能可贵的优点，并因此成为目前聚合物用抗静电剂中产耗最大的类别。就现状来看，非离子型抗静电剂主要包括多元醇、多元醇酯、脂肪醇或烷基酚的环氧乙烷加合物、脂肪胺或脂肪酰胺的环氧乙烷加合物等。其中脂肪胺环氧乙烷加合物和脂肪酰胺环氧乙烷加合物、脂肪酸多元醇酯的消耗量最大，约占整个聚合物用抗静电剂的65%左右。

第三节　制备常用抗静电剂P

到目前为止，用途最广、品种最多、产量最大的抗静电剂是表面活性类抗静电剂，表面活性剂类抗静电剂品种繁多，仅以抗静电剂P为例，介绍抗静电剂生产工艺。

抗静电剂P的化学名称为烷基磷酸酯二乙醇胺盐（$C_{18}H_{45}N_2O_8P$），本品为棕黄色黏稠膏状物，易溶于水及有机溶剂，在纺织工业中，用作涤纶、丙纶等合称纺丝油剂的组分之一，起到抗静电和润滑作用，用量一般为油剂总量的5%～10%。本品也可用在塑料工业中用作抗静电剂。

一、反应原理

采用脂肪醇、五氧化二磷、乙醇胺反应生产本产品，其化学反应方程式为：

$$2ROH + P_2O_5 \longrightarrow R-O-\underset{OH}{\underset{|}{\overset{O}{\overset{\|}{P}}}}-O-\underset{OH}{\underset{|}{\overset{O}{\overset{\|}{P}}}}-O-R \qquad (8-8)$$

$$R-O-\underset{OH}{\underset{|}{\overset{O}{\overset{\|}{P}}}}-O-\underset{OH}{\underset{|}{\overset{O}{\overset{\|}{P}}}}-O-R + 4NH(CH_2CH_2OH)_2 \longrightarrow 2R-O-\overset{O}{\overset{\|}{P}}\begin{matrix}OH \cdot NH(CH_2CH_2OH)_2 \\ OH \cdot NH(CH_2CH_2OH)_2\end{matrix} \qquad (8-9)$$

二、生产工艺流程

抗静电剂 P 的生产工艺流程见图 8－2。

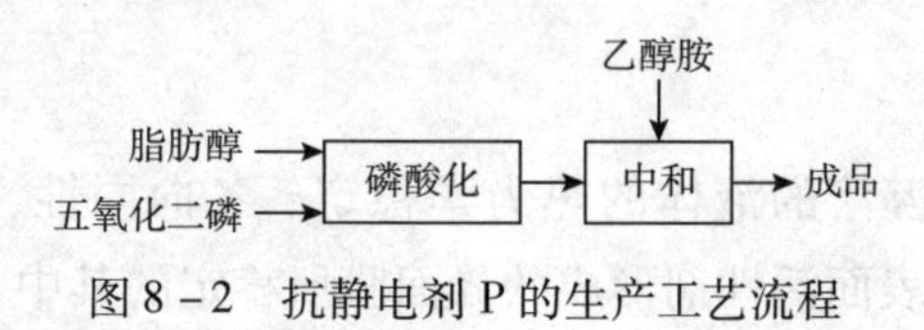

图 8－2　抗静电剂 P 的生产工艺流程

三、生产过程及工艺参数

（1）主要原料规格及用量：主要原料规格及用量见表 8－2。

表 8－2　主要原料规格及用量

原料名称	规　格	吨产品用量/kg
脂肪醇	羟值 370～390	355
五氧化二磷	含量大于 95%	185
乙醇胺	工业级	7～9

（2）生产过程及工艺参数：在搪瓷反应釜中加入脂肪醇，再搅拌下用水夹套冷却，温度控制在 45℃以下，逐渐加入五氧化二磷，然后在 50～55℃下保温反应 4h，在 75 以下用乙醇胺中和至 pH 值为 7～8，趁热包装。

（3）产品质量标准：

外观：棕黄色黏稠膏状物；

有机磷：6.5%～80.5%；

pH 值：8～9。

第四节　微乳液法制备抗静电剂催化剂

固体催化剂在多相催化领域中占有极其重要的地位，具有催化剂可重复使用、易与产物分离等优点，其催化性能主要取决于化学组成和物理结构。经验表明，在化学组成相同的情况下，固体催化剂中活性粒子的大小、分布等因素决定了其催化活性或反应的选择性。因此，如何实现粒子大小、分布的可控性是提高固体催化剂性能的关键。1982 年，Boutonnet 等首次报道了采用微乳液法合成粒径为 3 ~ 6nm 的铂、铑、钯、铱等贵金属的纳米颗粒，所制备的粒子具有粒径可控、粒度分布均匀、粒子不易团聚等优点，在催化剂制备等方面应用越来越广泛：催化加氢异构、催化燃烧（低温、高温）、NO-CO 反应、CO/CO_2加氢、甲醇乙醇等制氢、光催化、电化学催化等，引起了人们的广泛关注。

一、制备原理

（一）微乳液简介

微乳液是两种相对不互溶的液体的热力学稳定、各向同性、透明或半透明的分散体系，就微观而言，它是由表面活性剂形成的界面膜所稳定的其中 1 种或 2 种液体的液滴所构成，其特点是使不相混溶的油、水两相在表面活性剂和助表面活性剂存在下，可以形成均匀稳定的混合物。因此，一般情况下，微乳液的组成包括表面活性剂、助表面活性剂（通常为醇类）、油（通常为碳氢化合物）和水（或电解质水溶液），其中表面活性剂的亲水基团与极性溶剂结合，亲油基团插入有机相中，起到连接与增溶作用。除了具有双链结构的表面活性剂如［二（二乙基己基）磺基琥珀酸钠］（AOT）、双十二烷基二甲基溴化铵（DDAB）和非离子表面活性剂外，以其他的各种表面活性剂形成稳定的微乳液时，必须向体系中加入助表面活性剂。助表面活性剂多是中长链的醇（C_4 ~ C_6），它可打乱界面膜的有序排列，降低油水界面的张力，同时造成相邻水结构的瓦解，从而使混合膜的柔性大大提高。

根据油和水的比例及其微观结构，微乳液有 3 种基本结构类型。

（1）正相（O/W）微乳液：细小的油相颗粒分散于水相中，表面覆盖一层表面活性剂和助表面活性剂分子构成的单分子膜，分子的非极性端朝着油相，极性端朝着水相，O/W型微乳相可以和多余的水相共存；

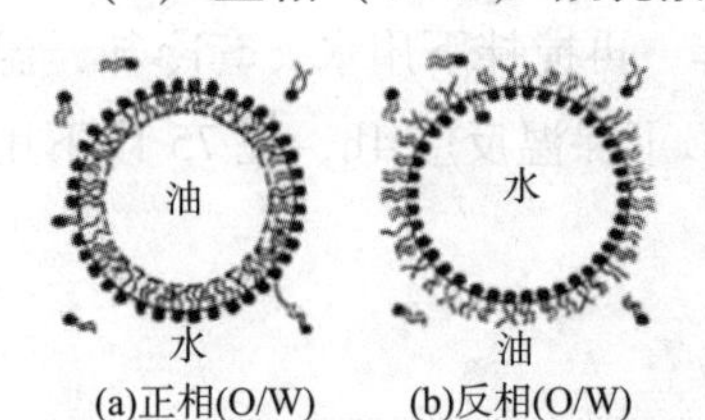

(a)正相(O/W)　(b)反相(O/W)　(c)双连续相

图 8 – 3　微乳液结构示意

（2）反相（W/O）微乳液：其结构与 O/W 型微乳相相反，可以和多余的油相共存；

（3）双连续相微乳液：即任一部分的油相在形成液滴被水相包围的同时，亦可与其他油滴一起组成油连续相，包围了油相中的水滴，油水间界面不断波动，使双连续型微乳也具有各向同性（图 8 – 3）。

(二) 微乳液作为纳米反应器的原理

以微乳液法制备纳米粒子时，通常采用反相（W/O）微乳体系，微小的“水滴”被表面活性剂和助表面活性剂组成的单分子层界面所包围而形成彼此分离的微乳颗粒，其大小可控制在1~100nm之间。该“水滴”尺度小且彼此分离，因而构不成水相，通常称之为“准相”。这种微小的“水滴”可以看作是一“纳米反应器”或“微反应器”，并通过增溶不同的反应物而使反应在“水滴”内进行，因而产物的粒径和形状都可调控。此外，当“水滴”内的粒子长到大小接近“水滴”的大小时，表面活性剂分子所形成的膜附着于粒子的表面［图8-4（a）］，阻碍了粒子的聚结，从而提高了粒子稳定性，并阻止其进一步长大。

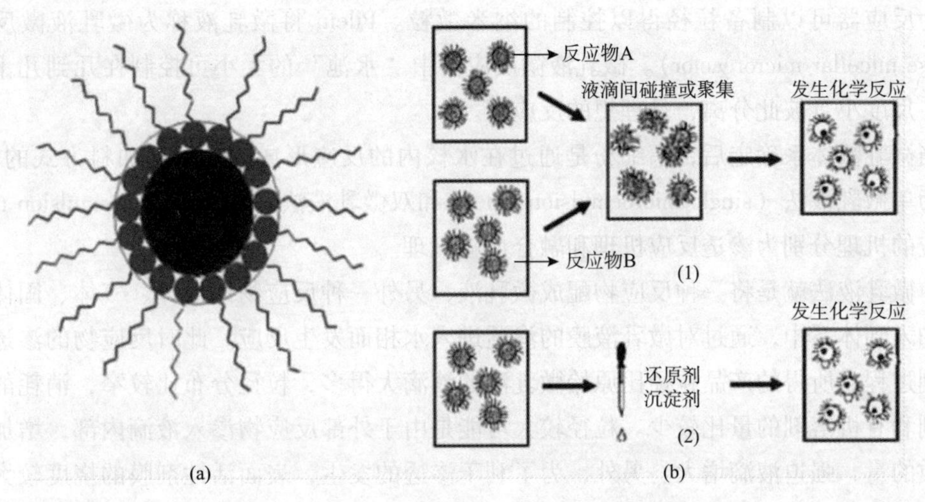

图8-4 W/O型微乳液中合成纳米粒子示意

(三) 微乳液法制备固体催化剂的方法

利用W/O型微乳纳米反应器制备固体催化剂一般有如下两种方法［图8-4（b）］：

（1）采用两种分别增溶有反应物A、B的微乳液，一种含有金属粒子前驱体（多为金属盐），另一种含有用来还原/沉淀金属粒子前驱体的还原剂/沉淀剂（$N_2H_4 \cdot H_2O$、$NaBH_4$、Na_2CO_3水溶液等），混合后经过胶团颗粒间的碰撞、融合、分离、重组等过程，发生了“水滴”内物质的相互交换或物质传递，引起“水滴”内的（氧化-还原反应、沉淀等）化学反应，且产物在“水滴”内成核、生长。

（2）将一种反应物增溶在微乳液的“水滴”内，另一种反应物以溶液形式滴加到前者中，水相内反应物穿过微乳液的界面膜进入“水滴”内与另一反应物作用产生晶核并生长，产物粒子的最终粒径由“水滴”尺寸决定。

值得注意的是，采用微乳液法制备固体催化剂，特别是担载型催化剂时，经常会与浸渍法、吸附法、溶胶-凝胶法等相结合，得到活性组分分布不同或具有某种特定结构的催化剂。

二、工艺参数及其选择

微乳液法和溶胶凝胶法都是制备纳米催化剂的主要方法，就微乳液法制备纳米催化剂而言，催化剂品种较多，本书以光催化剂 TiO_2 为例介绍其工艺参数对催化剂及其性能的影响。

在制备纳米粉体时一般采用 W/O 型微乳液（W/Omicroemulsion)，是指以不溶于水的有机溶剂为分散介质，以水溶液为分散相的分散体系，由于表面活性剂（有时也添加助表面活性剂，如低级醇）的存在，该体系是一种分散相分布均匀、透明、各向同性的热力学稳定体系。微乳液的液滴（droplet）或称“水池”（waterpool）是一种特殊的纳米空间，以此为反应器可以制备粒径得以控制的纳米微粒。Pileni 将微乳液称为微乳液微反应器（reverse micellar microreactor)。微乳液微反应器中“水池”的大小可控制在几到几十纳米之间，尺度小且彼此分离，是理想的反应器。

当微乳液体系确定后，超细粉是通过在水核内的反应形成的。根据加料方式的不同，可分为单微乳液法（single microemulsion type）和双微乳液法（double microemulsion type)，其相应的机理分别为渗透反应机理和融合反应机理。

单微乳液法就是将一种反应物配成微乳液，另外一种反应物以液体、气体、固体形式直接加入到体系中，通过对微乳液膜的渗透进入水相而发生反应。此时反应物的渗透扩散为控制过程。所得的产品粒径比原始微乳液的液滴大得多，粒径分布比较窄，消耗的表面活性剂和有机溶剂的量比较少。粒径较大可能是由于外部反应物渗入液滴内部，增加了内部物质的量，强迫液滴增大。另外，为了利于渗透的发生，表面活性剂膜的挠度较大，所以对内部生成粒子的直径控制稍弱。

双微乳液法制得的粒子的直径一般比液滴小，液滴内物质总量变化不大，一般不会使表面活性剂膜胀扩。其反应机理是：将两种反应物分别配成两种微乳液（一般选择同样的表面活性剂、有机溶剂、助表面活性剂和含水量)，当两种微乳液混合后（混合过程为控制步骤)，由于胶团颗粒的碰撞，发生了水核内物质的传递，这种交换速度非常快，相应的化学反应就在水核内进行，因而粒子的大小可以通过对水核的控制而得到控制。一旦粒子长大到一定尺寸，表面活性剂分子将吸附在粒子的表面，使粒子稳定并防止其进一步长大。反应完成后，通过超离心或加入水和丙酮混合物等方法，使超细颗粒与微乳液分离。

微乳液法制备纳米颗粒的具体反应形式有 3 种。第一种：反应物以水溶液的形式穿过微乳界面与水核内另外一种反应物混合，反应产生晶核并生长。超细颗粒形成后仍保留在微乳内，体系分为两相，进一步分离可得到超细粒子；第二种：反应物为气体，通入液相后与水核内的另一种反应物反应生成超细粒子。Matson 等在 AOT-丙烷-H_2O 体系中，采用超临界流体-反胶束法，利用氨气与硝酸铝反应制得球型、单分散的 $Al(OH)_3$胶粒；第三种：反应物为固体，二者混合后反应，也可制得超细粒子。Lufimpadio 等用 $NaBH_4$还原

Fe^{3+}制备Fe-B复合物时发现，Fe-B复合物的粒径随胶束中水含量的增加而增大。这种方法主要用于制备金属或金属复合物超细粒子。

在采用微乳液法制备超微粒子的过程中，用来制备纳米粒子的微乳体系一般是W/O型体系，该体系一般由有机溶剂、水、表面活性剂、助表面活性剂4个组分组成。微乳体系的选择具有关键作用，该体系对有关试剂有尽可能高的增溶能力，而且不与试剂发生副反应。常用的有机溶剂多为$C_6 \sim C_8$直链烃或环烷烃；表面活性剂种类较多，分为离子（阴/阳）表面活性剂和非离子表面活性剂。常用的阴离子表面活性剂有AOT、AOS、SDS；阳离子表面活性剂有CTAB（cetyltrimethyl ammonium bromide）；非离子表面活性剂有TrionX-100、$CH_3C(CH_3)_2CH_2C(CH_3)_2C_6H_4(OCH_2CH_2)_{9.5}OH$、$C_{12}E_5$（dodecyl-pentaethyleneglycol-ether）和$C_{12}E_7$（dodecyl-heptaethyleneglycol-ether）等。其中琥珀酸二异辛酯磺酸钠（AOT）因无需助表面活性剂就能形成稳定的微乳液体系而备受关注。除此之外，还可以采用两种表面活性剂复配使用，使混合物的HLB值为3~6。助表面活性剂一般为中等碳链$C_5 \sim C_8$的脂肪醇。

影响微乳液制备超细颗粒主要有以下几个因素：水核半径、反应物浓度、微乳液界面膜强度等。超细颗粒的尺寸受水核大小控制，水核半径R是由W（H_2O与表面活性剂的质量比）决定的，在一定范围内，水核半径R随W的增大而增大。Pileni等研究表明，对AOT-异辛烷-H_2O体系，水核半径$R=1.5W$。

Moumen等在研究AOT-异辛烷反胶束体系制备CdS微粒时，通过TEM观察到，当W值从1增加到10时，生成的CdS微粒的半径从2nm增加到10nm。

调节反应物浓度，可在一定程度上控制制备粒子的尺寸。Pileni等AOT-异辛烷-H_2O体系中制备CdS胶粒时发现，胶粒直径受$[Cd^{2+}]/[S^{2-}]$的影响，当某一反应物过量时，生成的胶粒的粒径较小。这是因为当某一反应物过剩时，反应物离子碰撞几率增大，成核过程比反应物等量反应时要快，生成的超细颗粒粒径也就越小。

Mótee等AOT-异辛烷-H_2O体系中制备CdS。结果发现，$x([Cd^{2+}]/[S^{2-}])=1$时，CdS粒径最大；$x([Cd^{2+}]/[S^{2-}])=2$时，CdS粒径最小。这是因为一种反应物过量时，将大大加快成核速率，导致颗粒粒度较小。

为保证反胶束或微乳液具有合适的强度，选择的表面活性剂应具有合适的成膜性能，如微乳液界面膜强度较低的话，在碰撞时界面膜易被打开，导致不同水核的固体核或超细粒子之间发生凝并，使超细颗粒的粒径难以控制，因此选择的微乳液体系的界面膜强度要恰当。影响界面膜强度的主要影响有含水量、界面醇含量、醇及油的碳氢链长。一般而言，随着W及界面醇含量的增加，界面膜强度响应变小；醇的碳氢链长越短，油的碳氢链长越长；界面膜强度越小。

反应物料种类、反应物在水核中的位置、表面活性剂种类等因素也会对超细颗粒的制备产生影响。

三、催化剂成型方法——粉碎+筛分

前面介绍的催化剂成型方法均为有一定的形状的成型方法，如片状、球状、条状等，从外表来看，相对比较规则、一致；这些原料大都为微粉、且可通过一定的实验完成相对均匀一致的外形，这也是当代最需要的材料包括催化剂及其载体、专用产品等。但是到目前为止，仍然有部分产品还无法采用相对一致的成型方法实现规模化生产，如铝镍合金粉或骨架镍、合成氨熔铁催化剂等采用热熔融法制得的催化剂等，尽管有少量的成型研究报道，但目前的生产方法仍然采用最传统的方法——冷却粉碎、筛分的方法，以满足当代实验研究或工业生产需要。

这是一种既简单原始，但迄今又不失为具有普适性、先进性的合金粉末生产方法。其原理是将既得的合金物料，例如合金铸造碎块或成形的合金碎屑单纯以机械力将其粉碎成所需粒度的合金粉末。工艺过程的主要目的是减小物料的顺粒尺寸。在机械破碎过程中，物料处于强烈搅动和翻滚的碾磨球之间受到冲击力、碾磨力、剪切力、压力或物料自身彼此间剧烈碰撞力的作用而不断地发生变形、破碎和冷焊接。这种方法最适用于一次性生产脆硬的合金粉末，通常又分为球磨法，冷流冲击法和流态化床气流磨法等。

球磨法是将合金物料和碾磨介质球混合装入球磨机内进行长时间研磨。球磨机种类很多，计有翻滚式、振动式、碾磨式和高能球磨式等。球磨效果主要取决于碾磨球和粉料的密度、翻滚速度、振动幅度和磨粉时间。一般上列因素值越大，效果越好。碾磨介质球的材料、尺寸和表面粗糙度应视工艺条件需要而定。例如，球磨坚韧的或脆硬的合金采用碳化钨硬质合金球。

为了减少粉末颗粒间的焊接力（或自黏力）作用，防止其团聚，可添加液体表面活性剂和润滑剂，例如乙醇，但这些液体添加剂不得腐蚀粉末或与之发生化学反应。

冷流冲击法是将夹带合金物料的超音速高速气流喷射到位于喷嘴对面的固定硬质合金靶上，物料与靶发生碰撞后被粉碎。将冲击室内的粉末空吸至粒度分级器内，过大尺寸的颗粒返回贮料峨，以便再度喷射粉碎。载物的高速气流由硬质合金喷嘴喷射出来时，通过绝热膨胀产生一个强烈的冷却效应。此效应所吸热量大于物料粉碎产生的热，故该制粉法可在室温下进行，适用于制取硬质合金、钨合金和工具钢等合金粉末。

流态化床气流磨是一种技术先进、生产成本低廉的机械粉碎制取微细粉末的方法。物料颗粒在流态化床内被压缩气体加速，由于高速的颗粒与颗粒碰撞而被微粉化。在粉末冶金工业中对小于20μm的微细金属与合金粉末的需求日益增长。例如注射成形所需的粉末原料就是其中之一，用量很大。用一般方法生产如此细小粉末的成本是很昂贵的。德国Alpien公司推出了系列流态化床式气流粉碎机，进粒粒度为200～2000μm，粉碎产品粒度达3.5μm以下，能耗比一般气流磨降低30%～40%，生产成本显著下降。例如，采用该公司的200AFG型流态化床气流磨生产Nd-Fe-B合金粉末，喂入原料粒度为300μm，产品粒度3.5～4μm，生产率为30kg/h。

总之，粉碎就是采用物理机械的方法，使片状物料粉化成所需粒度的产品，通过筛分的方法控制产品的粒度大小，一般采用一定目数的振动筛，通过筛分得到我们所要的产品，所以得到的产品不仅外形不规则且粒度往往有一定的范围，如铝镍合金粉 60～100 目、100～200 目、合成氨熔铁催化剂 Φ1.5～3.0mm 等。

机械破碎法生产合金粉末的缺点是：首先，所用原料多为铸锻合金，铸锭有可能因冷却速度缓慢而产生成分偏析，因此微粉化后的粉末化学成分不够均匀；再者，强的机械力作用会造成合金内部结构产生畸变，并且粉末外表面易被污染，特别是氧的污染，使粉末纯度降低。

尽管近年来开发了一些新方法，如部分预合金化法、雾化法、机械合金化法等，但可能因其存在投资大、技术难度大、换产比较难等，机械物理粉碎 + 筛分的方法广为国内生产家所应用。

四、催化剂制备实例——酸催化剂

（一）$Pt-S_2O_8^{2-}/ZrO_2-Al_2O_3$型固体超强酸催化剂制备

将一定量的 $ZrOCl_2 \cdot 8H_2O$ 和 $Al(NO_3)_3 \cdot 9H_2O$ 溶于蒸馏水，待两种药品充分溶解后，用适当浓度的氨水缓慢滴定至 pH = 10。保持在常温下陈化 24h，后用蒸馏水再次将沉淀物稀释，然后反复洗涤至无 Cl^-，110℃下干燥，研磨得到载体。将该载体用 0.75mol/L $(NH_4)_2S_2O_8$溶液浸渍 6h，烘干得到固体粉末 A。将一定量 $N_2H_4 \cdot H_2O$ 加入 CTAB、正丁醇、环已院和 $H_2PtCl_6 \cdot H_2O$ 溶液，混合构成的微乳体系中，使体系中 Pt 粒子被大量还原后，再加入制得的固体粉末 A，搅拌下加入四氢呋喃进行破乳，抽滤分离，经洗涤、干燥后得到催化剂前驱体粉末。将催化剂前驱体粉末挤条，分别经 650℃焙烧，制得 Al 含量为 2.5%、Pt 质量分数为 0.10% 的 $Pt-S_2O_8^{2-}/ZrO_2-Al_2O_3$型固体超强酸催化剂。

与浸渍法制备的固体超强酸催化剂相比，该催化剂具有下列优势。

（1）催化剂中的 Pt 粒子粒径更细小（4.5nm）且尺寸更为均一、分布更均匀。

（2）催化剂的比表面积增加了 15.4%，且催化剂的初始还原温度低 10～20℃，还原峰面积也有明显的提高。

（3）催化剂中 Pt 吸附能力的提高，有利于碳正离子中间体的形成，从而促进异构化反应进行，因此具有比浸渍法制备的催化剂更高的催化性能。该催化剂在 300℃活化、230℃、2.0MPa、氢气/正戊烷的摩尔比为 4∶1、质量空速 $1.0h^{-1}$下，异戊烧收率为 60.8%。

（二）$Pt-TiO_2$固体催化剂制备

以十六烷基三甲基溴化铵（CTAB）为表面活性剂、正丁醇为助表面活性剂、环已烷为油相、$H_2PtCl_6 \cdot H_2O$ 溶液（0.02g/mL）为水相构成微乳体系，在搅拌条件下滴加一定量 $N_2H_4 \cdot H_2O$，发生还原反应，直至溶液变为黑色。加入载体 TiO_2及四氢呋喃，分离后固体产物用无水乙醇洗涤，经干燥、研磨后得到催化剂中 Pt 理论负载量 0.5% 的 Pt-TiO_2 固体催化剂。其中以锐钛矿型 TiO_2 为载体的催化剂标记为 Pt-TiO_2-I，以金红石型 TiO_2 为载体的催化剂标记为 Pt-TiO_2-Ⅱ。

该催化剂应用于邻氯硝基苯选择性加氢反应，在微乳体系中 $m_{CTAB}:m_{正丁醇}=3:7$、$(m_{CTAB}+m_{正丁醇}):m_{环己烷}=3:7$、$H_2PtCl_6$ 溶液用量占体系质量的 3.6% 时，制备的 Pt-TiO_2 催化剂的邻氯硝基苯选择性加氢活性最高；锐钛矿型 TiO_2 有助于提高催化剂的活性，其活性邻氯硝基苯转化率达 97.6%，邻氯苯胺选择性达 98.6%。

第五节　制备绿色抗静电剂十六烷基二苯醚二磺酸钠

一、绿色抗静电剂概述

（一）绿色抗静电剂简介

如前所述，随着人们环保意识的不断增强，绿色化工已成为今后发展的主要方向。各类高效、低毒、无毒、耐久性的抗静电剂将越来越受到食品包装业、电子产业的青睐，这类抗静电剂的研究已日益受到关注。就抗静电剂而言，目前国内仍以低毒型为主，也出现一些绿色抗静电剂，主要有两种类型：低相对分子质量型和高相对分子质量型——聚合物型抗静电剂。低相对分子质量型静电剂主要有十六烷基二苯醚二磺酸钠、硬脂酸乙二醇酯等，从抗静电的发展要求来看，聚合物型抗静电剂是发展的最终方向，对这方面的研究、综述文献较多。目前国外对此方面的研究已经比较成熟，产品已形成系列化，国内研究相对滞后，但也取得了一些成果，但应用型报道较少。

高分子型抗静电剂也即永久型抗静电剂，指抗静电剂本身也是聚合物，主要类别有：季铵盐型（季铵盐与甲基丙烯酸酯缩聚物的共聚物、季铵盐与马来酰亚胺缩聚物的共聚物），适用于聚苯乙烯（PS）塑料、丙烯腈-丁二烯-苯乙烯（ABS）塑料、聚氯乙烯（PVC）塑料、丙烯腈-苯乙烯共聚物（AS）等；聚醚型（聚环氧乙烷、聚醚酰胺、聚醚酰胺亚胺、聚环氧乙烷-环氧氯丙烷共聚物），适用于 PS、ABS、AS、聚丙烯（PP）塑料、甲基丙烯酸-丁二烯-苯乙烯三元共聚物（MBS）等；内铵盐型（羧基内铵盐接枝共聚体），适用于 PP、聚乙烯（PE）塑料；磺酸型（聚苯乙烯磺酸钠），适用于 ABS；其他类型（高分子电荷移动结合体），适用于 PP、PE、PVC 等。

（二）绿色抗静电剂十六烷基二苯醚二磺酸钠简介

十六烷基二苯醚二磺酸钠，CAS 号：65143－89－7，分子式：$C_{28}H_{40}Na_2O_7S_2$ 相对分子质量：598.72，是一种高效，绿色，多功能的特殊双联型阴离子表活，有独特双磺酸盐亲水基；是一种白色粉末，无毒，无刺激，极易溶于水，可生物降解，亲水性强；有卓越的乳化能力，分散能力，抗硬水能力，耐酸碱，低泡沫，是一种具有多用途的表面活性剂，

其主要功能为：偶联剂，染料中作阴离子流平剂，低凝结性的添加剂，具体功能为：①聚合乳液稳定，提高反应速度，减小粒径；②高分子聚合物中的抗静电剂；③尼龙纤维酸染浴中的匀染剂；④电镀液中的添加剂，可以控制晶粒的形状和粒径；⑤晶粒生长调节剂，可以控制晶粒的形状和粒径；⑥在强酸、碱、浓氧化剂中起清洗作用；⑦食品加工机械及器皿清洗剂；⑧乳化剂：石油三次采油中乳化剂，乳液聚合中的乳化剂，如醋酸乙烯乳液、聚苯乙烯乳液、丁苯乳液、氯乙烯/偏氯乙烯乳液等；⑨水溶性酚醛树脂中作黏合剂、连结剂；⑩染料中作阴离子流平剂；⑪农药乳液中作增效剂、展着剂、润湿剂、渗透剂和流动剂；⑫洗涤剂中作润湿剂、偶联剂和稳定剂；⑬建筑工业作改进路面质量的沥青稳定剂；⑭该产品的高温稳定性和抗电解质的能力使其在三次采油、土壤净化、亚表面修复等有关地质方面得以大量应用。

二、合成反应原理

利用富含 C_{16} 的 α-烯烃与二苯醚反应生成十六烷基二苯醚，然后经磺化生成十六烷基二苯醚二磺酸，经中和成十六烷基二苯醚二磺酸钠（C_{16} – MADS），它的反应过程方程式为：

催化剂

(8 – 10)

+ $2SO_3$

SO_3H SO_3H

(8 – 11)

SO_3H SO_3H + 2NaOH

SO_3Na SO_3Na + $2H_2O$

(8 – 12)

（一）烷基化合成十六烷基二苯醚

反应原理：十六烯与二苯醚发生的反应是 Friedel-Crafts 烷基化反应，在反应过程中十六烯先在 $AlCl_3$ 等 Lewis 酸的催化作用下发生质子化反应，形成碳正离子，之后碳正离子作为亲电试剂进攻芳环形成中间体 *s*-络合物，失去一个质子得到发生亲电取代产物，生成产物烷基二苯醚。过程如下：

$$>C=C< + H^{+} \longrightarrow -\overset{+}{C}-\underset{H}{C}- \quad (8-13)$$

$$CH_3-\overset{H}{CH}-\overset{+}{C}H_2 \xrightarrow{\text{重排}} CH_3-\overset{+}{C}H-CH_3 \quad (8-14)$$

$$C_6H_6 + R^+ \rightleftharpoons [C_6H_6R]^+ \xrightleftharpoons{-H^+} C_6H_5R \qquad (8-15)$$

（二）磺化合成十六烷基二苯醚二磺酸钠

反应原理为：磺化反应是一种向有机分子中引入磺酰氯基（$—SO_3Cl$）或磺酸基（$—SO_3H$）的反应过程。磺化剂选定为三氧化硫（SO_3）以下介绍磺化反应的机理。

第一步：在控制步骤中，三氧化硫进攻芳环：

$$C_6H_6 + SO_3 \xrightleftharpoons{Slow} C_6H_6^+–SO_3^- \qquad (8-16)$$

第二步：从 sp^3 杂化的中间体碳上脱除一个质子恢复环的芳香性：

$$C_6H_6^+–SO_3^- + {}^-OSO_2OH \xrightleftharpoons{Fast} C_6H_5SO_3^- + HOSO_2OH \qquad (8-17)$$

第三步：生成稳定的磺化产物：

$$C_6H_5SO_3^- + H–OSO_2OH \xrightleftharpoons{Fast} C_6H_5SO_3H + {}^-OSO_2OH \qquad (8-18)$$

三、制备过程及其工艺参数选择

（一）制备过程

1. 烷基化合成十六烷基二苯醚

（1）合成反应：在干燥三口烧瓶中加入二苯醚，然后加入无水 $AlCl_3$ 催化剂，加热并搅拌，使之溶解，再把温度升至反应温度；用恒压滴液漏斗滴加十六烯，在 0.5h 内滴加完，继续恒温反应到结束。每隔 1h 取样分析一次。

（2）产品后处理：反应完成后，分别用等体积的去离子水、Na_2CO_3 的饱和溶液、去离子水洗涤，分离，再用无水 Na_2SO_4 干燥油层，然后抽滤，在 400Pa 压强下减压蒸馏，蒸馏所的产物为目标产物十六烷基二苯醚。

（3）试验原料纯化：48.2g（合成，编号 W－2），$P_{真空}=6mmHg$ 逐步升温，110～111℃初馏分蒸出 11.2g，继续升温到 230℃无馏分蒸出。再进行升温至 248～254℃，有馏分蒸出，共蒸出 16.5g，通过核磁共振氢谱、质谱、红外光谱等表征，确证其为 C_{16}烷基二苯醚。后馏分（>280℃）没有再进行分离，剩有 20.5g 左右。通过核磁共振氢谱、质谱、红外光谱等表征，可确证前馏分和主馏分。

2. 磺化合成十六烷基二苯醚二磺酸钠

将计量的十六烷基二苯醚加入三口烧瓶中，搅拌并升温至反应温度，在 0.5h 内滴加

计量的发烟硫酸，反应一定时间。反应结束后，将等体积的水缓慢加入反应混合物中，然后用质量分数为30%的NaOH溶液中和至pH=8。

(二) 制备工艺参数选择

(1) $C_{16}\alpha$-烯烃/二苯醚物质的量比对转化率的影响：固定反应时间6h，反应温度为90℃，考察反应物的物质的量比对收率的影响，结果见表8-3。

表8-3 $C_{16}\alpha$-烯烃/二苯醚物质的量比对转化率的影响

$C_{16}\alpha$-烯烃与二苯醚	1.0∶1.4	1.0∶1.5	1.0∶1.6	1.0∶1.7
转化率/%	41.86	51.8	60.9	60.7

由表8-3可见：选择$C_{16}\alpha$-烯烃与二苯醚物质的量比在1.0∶1.6时较为合适，而继续增大二苯醚的量时，收率没有大的变化，对于工业生产不经济。

(2) $C_{16}\alpha$-烯烃/$AlCl_3$物质的量比对转化率的影响：固定90℃反应6h，原料$C_{16}\alpha$-烯烃与二苯醚物质的量比在1.0∶1.6，考察$C_{16}\alpha$-烯烃与$AlCl_3$物质的量比对产物十六烷基二苯醚收率的影响，结果见表8-4。

表8-4 $C_{16}\alpha$-烯烃/$AlCl_3$物质的量比对转化率的影响

$C_{16}\alpha$-烯烃与$AlCl_3$	1.0∶0.1	1.0∶0.15	1.0∶0.2	1.0∶0.3
转化率/%	49.8	54.3	60.9	61.0

由表8-4可见：选择$C_{16}\alpha$-烯烃与$AlCl_3$物质的量比为1.0∶0.2较为合适，物质的量转化率超过60%。继续增大路易斯酸的加入量，对收率的提高影响不明显，且容易产生大量的废酸，对工业生产和环境不利。

(3) 烷基化温度对转化率的影响：固定反应时间为6h，$C_{16}\alpha$-烯烃与二苯醚物质的量比在1.0∶1.6，考察了反应温度对十六烷基二苯醚收率的影响，结果见表8-5。

表8-5 烷基化温度对转化率的影响

t/℃	40	60	90	100
转化率/%	19.7	64.5	60.9	58.7

由表8-5可见：在90℃左右反应较为适合，此时收率较高，而继续升温至100℃时，收率反而下降，其原因可能时温度升高加剧了双烷基化、多烷基化反应发生的几率。

(4) 烷基化时间对十六烷基二苯醚收率的影响：固定$C_{16}\alpha$-烯烃与二苯醚物质的量比在1.0∶1.6，90℃下反应，考察反应时间对十六烷基二苯醚转化率的影响，结果见表8-6。

表8-6 烷基化反应时间对转化率的影响

h/℃	2	4	6	8
转化率/%	23.6	51.8	60.9	61.1

由表 8-6 可见：选择反应 6h 较为合适，提高反应时间，转化率变化不大。

（5）不同磺化剂对活性物含量的影响：磺化反应常用的磺化剂有浓硫酸、发烟硫酸、三氧化硫和氯磺酸等。在研究中考察了浓硫酸、发烟硫酸和氯磺酸对活性物含量的影响，结果见表 8-7。

表 8-7 不同磺化剂对活性物含量的影响

磺化剂	浓硫酸	发烟硫酸（50%）	氯磺酸
活性物含量/%	34.78	58.44	28.36

由表 8-7 可见，选择发烟硫酸（50%）作为磺化剂所得的活性物含量最高，分析原因可能为发烟硫酸作为磺化剂的反应更容易控制，而氯磺酸活性较强，反应易过磺化，副反应较多。

（6）磺化剂用量对产品活性物含量的影响：以 20mL 石油醚作为溶剂，固定反应温度 90℃，滴加发烟硫酸（50%）反应 0.5h，保温反应 0.5h，考察磺化剂用量对产品活性物含量的影响，结果见表 8-8。

表 8-8 磺化剂用量对产品活性物含量的影响

单烷基二苯醚/发烟硫酸	1.0：1.0	1.0：1.4	1.0：1.6	1.0：2.0
活性物含量/%	31.85	42.18	58.44	50.31

由表 8-8 可见：选择单烷基二苯醚与发烟硫酸物质的量比为 1.0：1.6 较为合适，产品活性物含量达到 58.44%。继续增大磺化剂的加入量，产品活性物含量反而有所下降，可能是由于过磺化造成活性物含量降低，并且还会产生大量的废酸，对工业生产和环境不利。

（7）主要结果：采用高纯度 α-十六烯（直链部分含量不少于 92%）与二苯醚在催化剂的作用下合成了十六烷基二苯醚，然后以发烟硫酸为磺化剂对十六烷基二苯醚进行了磺化。实验结果表明：α-十六烯和二苯醚在催化剂作用下合成十六烷基二苯醚，其收率为 92.31%；通过核磁共振氢谱（1H-NMR）、红外光谱（IR）、液相色谱—质谱联用（LC-MS-ELSD）对产物进行分析，验证了合成产物的结构。同时，对十六烷基二苯醚的磺化过程中进行检测，十六烷基二苯醚二磺酸钠的单程收率为 44.8%；通过对十六烷基二苯醚二磺酸钠进行滴定分析，平均相对分子质量按 598 计算，活性物含量达到 58.44%。

适宜反应条件为：反应温度为 90℃，以发烟硫酸为磺化剂，$C_{16}\alpha$-烯烃与二苯醚物质的量比在 1.0：1.6 的条件下，反应 6h。

第九章　制备交联剂

第一节　交联剂简介

一、定义及应用

（一）交联剂的定义及应用

交联（crosslinking）是在2个高分子的活性位置上生成1个或数个化学键，将线型高分子转变成体型（三维网状结构）高分子的反应。凡能使高分子化合物引起交联的物质，就称为交联剂，它是一种能在线型分子间起架桥作用，从而使多个线型分子相互键合交联成网状结构、促进或调节聚合物分子链间共价键或离子键形成的物质。交联剂在不同行业中有不同叫法，例如：在橡胶行业习惯称为“硫化剂”，在塑料行业称为“固化剂”“熟化剂”“硬化剂”，在胶黏剂或涂料行业称为“固化剂”“硬化剂”等。以上称呼虽有不同，但所反映的化学性质和机理是相同的。在高分子材料加工中，交联反应能有效地提高聚合物的耐热性能及使用寿命。同时还能改善材料的机械性能及耐候性，特别是对橡胶而言，能赋予其不可缺少的高弹性。因此，交联反应是一类重要的化学反应。

交联剂使聚合物生成三维结构开始于硫黄对天然橡胶的硫化。1834年，N. Hayward发现在生胶中加入硫黄，经加热可提高橡胶的弹性并延长使用寿命。1893年，C. Goodyear独自完成了硫化方法，并获得了专利。所谓硫化，实际上就是将橡胶分子进行交联，使它由线型结构转变为体型结构而具有良好的弹性和其他许多优异性能。其中硫黄就是交联剂，硫化反应即为应用最早的高分子交联反应。

目前，交联反应已涉及高分子材料的诸多方面。例如，某些塑料，特别是某些不饱和塑料树脂，也需要进行交联。用不饱和聚酯制造玻璃钢时，就要应用交联剂，才能使它硬化。用胶黏剂胶接物件时，需要进行固化，才能使物件粘牢。所谓固化，实际上是高分子发生交联的结果，在这种情况下使用的交联剂又叫固化剂，可以看出交联剂已广泛地应用于橡胶、塑料、树脂、纤维、胶黏剂及涂料等诸多领域中。

此外，交联剂的应用范围随着技术进步也逐渐扩展。例如，感光树脂平版印刷的油墨及涂料的固化技术、医用高分子材料的水溶性高分子的交联水凝胶、高压与超高压电用聚乙烯材料、淀粉、各种合成树脂等，交联剂都起着重要的作用。由此可见，选择合适的交联剂，采用各种交联方法制备高附加价值的聚合物是一个重要发展方向。

本章主要介绍交联剂的结构特点对交联反应的机理、重要交联剂的应用等。

（二）交联剂的作用

交联剂主要用在高分子材料（橡胶与热固性树脂）中。因为高分子材料的分子结构就像一条条长的线，没交联时强度低，易拉断，且没有弹性，交联剂的作用就是在线型的分子之间产生化学键，使线型分子相互连在一起，形成网状结构，这样提高橡胶的强度和弹性，橡胶中用的交联剂主要是硫黄，另外要加促进剂。经过交联剂的交联作用，材料的物理机械性能（拉伸强度、撕裂强度、回弹性、硬度、定伸强度）上升，伸长率、永久变形率下降，耐热性、高温下尺寸的稳定性和耐化学药品的性能提高。

具体高分子材料的主要作用如下。

（1）多种热塑塑料（聚乙烯、聚氯乙烯、氯化聚乙烯、EVA、聚苯乙烯等）的交联和改性：热交联一般添加量为1%～3%，另加过氧化二异丙苯（DCP）为0.2%～1%；辐照交联添加量为0.5%～2%，可不再加DCP。交联后可显著提高制品的耐热性、阻燃性、耐溶剂性、机械强度及电性能等。它比单独采用过氧化物体系交联要显著地提高产品质量，且无异味。典型用于聚乙烯、聚乙烯/氯化聚乙烯、聚乙烯/EVA交联电缆和聚乙烯高、低发泡制品。

（2）乙丙橡胶、各种氟橡胶、CPE等特种橡胶的助硫化（与DCP并用）：一般用量0.5%～4%，可显著地缩短硫化时间、提高强度、耐磨性、耐溶剂和耐腐蚀性。

（3）丙烯酸、苯乙烯型离子交换树脂的交联：它比二乙烯苯交联剂用量少、质量高、可制备抗污、强度大、大孔径、耐热、耐酸碱、抗氧化等性能极佳的离子交换树脂。这是国内外新近开发的、前景极好的新型离子交换树脂。

（4）聚丙烯酸酯、聚烷基丙烯酸酯等的改性：可显著地提高耐热性、光学性能和工艺加工性能等。典型用于普通有机玻璃的耐热改性。

（5）环氧树脂、DAP（聚苯二甲酸二烯丙酯）树脂的改性：可提高耐热性、黏合性、机械强度和尺寸稳定性。典型用于环氧灌封料和包封料的改性。

（6）不饱和聚酯和热塑聚酯的交联和改性：可显著提高耐热性、抗化学腐蚀性、尺寸稳定性、耐候性和机械性能等。典型用于提高热压性不饱和聚酯玻璃钢制品耐热性，改性后的制品使用温度可达180℃以上。

（7）TAIC本身的均聚物（聚三烯丙基异三聚氰酸酯为一种透明、硬质、耐热、电绝缘优良的树脂）：亦可用于黏合玻璃及陶瓷等，典型用于制造多层安全玻璃。

（8）聚苯乙烯的内增塑、苯乙烯与TAIC等共聚改性：可制得透明的、耐碎的制品。

（9）金属耐热、抗辐射、耐候性的保护剂：TAIC预聚物在金属表面进行烤镀，其烤

镀膜具有十分优良的耐热、耐辐射、耐候性和电绝缘性。典型用于制造微电子产品的印刷线路板等绝缘材料。

(10) 用作光固化涂料、光致抗蚀剂、阻燃剂和阻燃交联剂等的中间体：典型用于合成高效阻燃剂 TBC 和阻燃交联剂 DABC。

二、交联剂作用机理

聚合物的交联反应机理是非常复杂的，并随高分子化合物的结构和交联剂种类的变化而变化。多数只能大概说明交联反应的形式。这里仅就一些典型的交联剂在高分子中的交联作用加以讨论，并对光交联及射线交联的作用机理加以说明。

(一) 有机交联剂的作用机理

有机交联剂对高分子化合物的交联反应，大致可以分为 3 种类型。

(1) 交联剂引发自由基反应：这类交联反应中，交联剂分解产生自由基，这些自由基引发高分子自由基链反应，从而导致高分子化合物链的 C—C 键交联。在这里交联剂实际上起的是引发剂的作用。以这种机理进行交联的交联剂主要是有机过氧化物。它既可以与不饱和聚合物交联，亦可以与饱和聚合物交联。

①对不饱和聚合物的交联：根据不饱和聚合物的结构将进行各种不同反应。交联过程大致可分为 3 步。

首先过氧化物分解产生自由基：

$$\text{ROOR} \longrightarrow 2\text{RO}\cdot \qquad (9-1)$$

该自由基引发高分子链脱氢生成新的自由基：

$$\text{RO}\cdot + \sim\sim \text{CH}_2\underset{\underset{\text{CH}_3}{|}}{\text{C}}\text{H}{=}\text{CHCH}_2 \sim\sim \longrightarrow \text{ROH} + \sim\sim \text{CH}_2\underset{\underset{\text{CH}_3}{|}}{\text{C}}\text{H}{=}\text{CH}\dot{\text{C}}\text{H} \sim\sim \qquad (9-2)$$

高分子自由基进行连锁反应或在双键处连锁加成完成交联反应，即：

$$2 \sim\sim \text{CH}_2\overset{\overset{\text{CH}_3}{|}}{\text{C}}{=}\text{CH}-\dot{\text{C}}\text{H} \sim\sim \longrightarrow \begin{array}{l} \sim\sim \text{CH}_2\overset{\overset{\text{CH}_3}{|}}{\text{C}}{=}\text{CH}-\text{CH} \sim\sim \\ \qquad\qquad\qquad\quad\;\; | \\ \sim\sim \text{CH}_2\underset{\underset{\text{CH}_3}{|}}{\text{C}}{=}\text{CH}-\text{CH} \sim\sim \end{array} \qquad (9-3)$$

$$\begin{array}{l} \sim\sim \text{CH}_2\text{CH}{=}\text{CH}-\dot{\text{C}}\text{H} \sim\sim \\ \sim\sim \text{CH}_2\text{CH}{=}\text{CHCH}_2 \sim\sim \\ \sim\sim \text{CH}_2\text{CH}{=}\text{CHCH}_2 \sim\sim \end{array} \longrightarrow \begin{array}{l} \sim\sim \text{CH}_2-\overset{|}{\text{C}}\text{H}-\text{CH}-\dot{\text{C}}\text{H} \sim\sim \\ \sim\sim \text{CH}_2-\overset{|}{\text{C}}\text{H}-\overset{|}{\text{C}}\text{H}-\text{CH}_2 \sim\sim \\ \sim\sim \underset{|}{\text{C}}\text{H}-\overset{|}{\text{C}}\text{H}-\text{CH}_2-\text{CH}_2 \sim\sim \end{array} \qquad (9-4)$$

此外，还伴有交联剂自由基对聚合物的加成反应及聚合物自由基和交联剂自由基的加成等副反应。

②对饱和聚合物的交联：将聚乙烯和有机过氧化物反应可制得交联产物，例如过氧化苯甲酰引发的反应：

$$C_6H_5-\overset{\overset{O}{\|}}{C}-O-O-\overset{\overset{O}{\|}}{C}-C_6H_5 \longrightarrow 2\,C_6H_5-\overset{\overset{O}{\|}}{C}-O\cdot \tag{9-5}$$

$$C_6H_5-\overset{\overset{O}{\|}}{C}-O\cdot + \sim\sim CH_2-CH_2\sim\sim \longrightarrow \sim\sim CH_2-\dot{C}H\sim\sim + C_6H_5-\overset{\overset{O}{\|}}{C}-OH \tag{9-6}$$

$$2\sim\sim CH_2-\dot{C}H\sim\sim \longrightarrow \begin{array}{l}\sim\sim CH_2-CH\sim\sim \\ \qquad\qquad\ \ | \\ \sim\sim CH-CH_2\sim\sim\end{array} \tag{9-7}$$

交联聚乙烯是一种受热不熔的类似于硫化橡胶的高分子材料，且具有优良的耐老化性能。

对于饱和烃类高分子，用有机过氧化物引发自由基的例子相当多，除交联聚乙烯发泡体外，甲基硅橡胶、乙丙橡胶、聚氨酯弹性体、全氯丙烯及偏二氯乙烯齐聚物均可采用有机过氧化物交联。

由于有机过氧化物在酸性介质中容易分解，因此在使用有机过氧化物时，不能添加酸性物质作填料，添加填料时要严格控制其 pH 值。此外，并非所有饱和型高聚物均可发生交联反应，例如，与聚异丁烯反应时，会使聚合物发生分解：

$$\sim\sim CH_2-\underset{CH_3}{\overset{CH_3}{\underset{|}{\overset{|}{C}}}}-CH_2\sim\sim \xrightarrow{RO\cdot} \begin{cases} \sim\sim \dot{C}H-\underset{CH_3}{\overset{CH_3}{\underset{|}{\overset{|}{C}}}}-CH_2\sim\sim \longrightarrow \sim\sim CH=\underset{CH_3}{\overset{CH_3}{\underset{|}{\overset{|}{C}}}} + \cdot CH_2\sim\sim \\ \sim\sim CH_2-\underset{\dot{C}H_2}{\overset{CH_3}{\underset{|}{\overset{|}{C}}}}-CH_2\sim\sim \longrightarrow \sim\sim CH_2-\underset{CH_2}{\overset{CH_3}{\underset{\|}{\overset{|}{C}}}} + \cdot CH_2\sim\sim \end{cases} \tag{9-8}$$

同时，不同的过氧化物对不同聚合物的交联效果变化也很大，并伴有其他副反应产生。这也是选择交联剂时应该注意的。

（2）交联剂的官能团与高分子聚合物反应：利用交联剂分子中的官能团（主要是反应性双官能团、多官能团以及 C＝C 双键等），与高分子化合物进行反应，通过交联剂作为桥梁把聚合大分子交联起来。这种交联机理是除过氧化物外大多数交联剂采用的形式。

胺类化合物广泛应用于环氧树脂的固化反应，固化机理可认为按下式进行：

$$\begin{array}{c} \underset{\diagdown O \diagup}{CH_2-CH}\sim\sim \\ \sim\sim\underset{\diagdown O \diagup}{CH-CH_2} \end{array} + \begin{array}{c} H \qquad\qquad\quad H \\ \diagdown \qquad\qquad \diagup \\ N-R-N \\ \diagup \qquad\qquad \diagdown \\ H \qquad\qquad\quad H \end{array} + \begin{array}{c} \underset{\diagdown O \diagup}{CH_2-CH}\sim\sim \\ \underset{\diagdown O \diagup}{CH_2-CH}\sim\sim \end{array} \longrightarrow \begin{array}{c} \sim\sim\underset{OH}{\underset{|}{CH}}-CH_2 \qquad\qquad\qquad CH_2-\underset{OH}{\underset{|}{CH}}\sim\sim \\ \diagdown \qquad\qquad\qquad \diagup \\ N-R-N \\ \diagup \qquad\qquad\qquad \diagdown \\ \sim\sim\underset{OH}{\underset{|}{CH}}-CH_2 \qquad\qquad\qquad CH_2-\underset{OH}{\underset{|}{CH}}\sim\sim \end{array} \tag{9-9}$$

当环氧基过剩时，上述反应生成的羟基与环氧基慢反应：

$$-R-N\begin{array}{l} \diagup CH_2-\underset{OH}{\underset{|}{CH}}\sim\sim \\ \diagdown CH_2-\underset{OH}{\underset{|}{CH}}\sim\sim \end{array} \xrightarrow{\underset{\diagdown O \diagup}{CH_2-CH}\sim\sim} -R-N\begin{array}{l} \diagup CH_2-\underset{OH}{\underset{|}{CH}}\sim\sim \\ \diagdown CH_2-\underset{OCH_2-\underset{}{\overset{OH}{\overset{|}{C}H}}\sim\sim}{\underset{|}{CH}}\sim\sim \end{array} \tag{9-10}$$

这样就把大分子链通过 N—R—N 桥基交联起来，成为体型分子，使其固化。通常，

BF_3、一胺化合物、苯酚、酸酐及羧酸等，能促进芳香族胺和环氧树脂之间的反应。

又如，用叔丁基酚醛树脂硫化天然橡胶或丁基橡胶的交联反应如下：

$$HOH_2C-[C_6H_2(OH)(C(CH_3)_3)]-CH_2-[C_6H_2(OH)(C(CH_3)_3)-CH_2]_n-C_6H_2(OH)(C(CH_3)_3)-CH_2OH + 2\ \sim CH_2-CH=C(CH_3)-CH_2\sim \xrightarrow{-2H_2O}$$

$$\sim CH_2-C(CH_3)=CH-CH(\sim)-H_2C-C_6H_2(OH)(C(CH_3)_3)-CH_2-[C_6H_2(OH)(C(CH_3)_3)-CH_2]_n-C_6H_2(OH)(C(CH_3)_3)-CH_2-CH(\sim)-CH=C(CH_3)-CH_2\sim \qquad (9-11)$$

叔丁基酚醛树脂两端的羟基与天然橡胶分子中 α-氢原子进行缩合反应，结果使橡胶分子交联而成为体型结构。

羧酸及酸酐交联剂则多用于环氧树脂的固化，其机理是羧酸可使环氧基开环生成羟基，然后和羧酸发生酯化反应而交联。羧酸一般选择二元羧酸。

$$HOOC-R-COOH + \sim CH\underset{O}{-}CH\sim \longrightarrow \sim RCOO-CH_2-CH_2(OOC-R\sim) \qquad (9-12)$$

$$C_6H_{10}(CO)_2O + \sim CH(OH)\sim \longrightarrow C_6H_{10}(COO\sim)(COOH) \xrightarrow{CH_2\underset{O}{-}CH-R\cdot} C_6H_{10}(COO\sim)(CO-O-CH_2CH(OH)-R\cdot) \qquad (9-13)$$

（3）交联剂引发自由基反应和交联剂官能团反应相结合：这种交联机理实际上是前述两种机理的结合形式，它把自由基引发剂和官能团化合物联合使用。例如用有机过氧化物和不饱和单体来使不饱和聚酯进行交联就是一个典型的例子。

不饱和聚酯的种类很多，但它们的分子链上都含有碳碳双键结构。如丁烯二酸丙二醇聚酯的结构可以表示如下：

$$\sim OCH(CH_3)CH_2O-\overset{O}{\overset{\|}{C}}-CH=CH-\overset{O}{\overset{\|}{C}}-OCH_2CH(CH_3)-O\sim \qquad (9-14)$$

用不饱和聚酯制造玻璃钢时，可以在不饱和聚酯中加入有机过氧化物（如过氧化苯甲酰、过氧化环己酮等）以及少量的苯乙烯。在这种情况下，由于有机过氧化物的引发作用，使得苯乙烯分子中的 C ═ C 与不饱和聚酯中的 C ═ C 发生自由基加成反应，从而把聚酯的分子链交联起来。交联后，聚酯就由线型结构变成体型结构，因而硬化。

$$2 \sim CH{=}CH \sim + C_6H_5CH{=}CH_2 \longrightarrow \sim CH(C_6H_5)-CH_2-CH(\wr)-CH(C_6H_5)-CH_2-CH(\wr) \ \cdots \ CH-CH(C_6H_5)-CH_2 \sim \quad (9-15)$$

有机交联剂的这3种交联机理往往同时存在于同一交联过程中，并伴有许多副反应发生，是一个复杂的反应体系。

（二）无机交联剂的作用机理

常见的无机交联剂主要有硫黄及硫黄同系物，金属氧化物，过氧化物及硫化物、硼酸、磷化物以及金属卤化物等。这里将简单介绍其交联机理。

（1）金属氧化物及过氧化物的交联机理：金属氧化物及过氧化物广泛用于含氯类聚合物的交联，氧化锌、氧化镁等金属氧化物通常作为硫化活性剂使用；但对某些橡胶，如氯丁橡胶、氯化丁基橡胶、氯醇橡胶、羧基橡胶等，又可以作为硫化剂来使用。例如，氯丁橡胶采用氧化锌的交联机理如下所示：

$$\sim C(Cl)(CH{=}CH_2) \sim \rightleftharpoons \sim C(=CH-CH_2-Cl) \sim \xrightarrow{ZnO} \left[\sim C(=CH-CH_2-O^{\ominus}) \sim \ ZnCl^{\oplus}\right] \longrightarrow \begin{matrix} \sim C(=CH-CH_2) \sim \\ \sim C(=CH-CH_2) \sim \end{matrix}\!\!>O + ZnCl_2 \quad (9-16)$$

在氯丁橡胶中存在1，4-结构和1，2-结构及3，4-结构，位于1，2结构上的氯原子活泼性高，易于与氧化锌反应。为了防止氧化锌的早期交联，一般都与氧化镁并用。

氯磺化聚乙烯在脂肪酸的存在下，可使用金属氧化物交联，其反应机理如下：

$$MeO + C_{17}H_{35}COOH \longrightarrow (C_{17}H_{35}COO)_2Me + H_2O \quad (9-17)$$

$$\sim\!\!\!\sim(SO_2Cl) \xrightarrow{H_2O} \sim\!\!\!\sim(SO_2OH) + HCl \quad (9-18)$$

$$\begin{matrix} \sim SO_2OH \\ \sim SO_2OH \end{matrix} \xrightarrow{MeO} \begin{matrix} \sim SO_2-O \\ \sim SO_2-O \end{matrix}\!\!>Me + H_2O \quad (9-19)$$

$$2HCl + MeO \longrightarrow MeCl_2 + H_2O \quad (9-20)$$

金属过氧化物，比如锌、铅、钙、锰等的过氧化物采用如下反应，能使液态聚硫橡胶交联。

$$\begin{matrix} -R-SH \\ -R-SH \end{matrix} + MeO_2 \longrightarrow \begin{matrix} -R-S \\ \ \ \ \ | \\ -R-S \end{matrix} + MeO + H_2O \quad (9-21)$$

（2）金属卤化物：用金属卤化物及有机金属卤化物交联时，高分子多数按照金属离子配位。例如，氯化亚铁等能使带有酰胺键的聚合物产生配位，形成分子间多螯合结构：

$$2\sim\sim CH_2CH_2OC-C_6H_4-CONHCH_2CH_2NHCO-C_6H_4-COO\sim\sim \xrightarrow{FeCl_3}$$

$$\sim\sim CH_2CH_2OOC-C_6H_4-\overset{O}{\overset{\|}{C}}-NH-CH_2CH_2-NH-\overset{O}{\overset{\|}{C}}-C_6H_4-COO\sim\sim$$

$$\cdots Fe \cdots$$

$$\sim\sim CH_2CH_2OOC-C_6H_4-\overset{O}{\overset{\|}{C}}-NH-CH_2CH_2-NH-\overset{O}{\overset{\|}{C}}-C_6H_4-COO\sim\sim \quad (9-22)$$

该产物具有半导体性质，不溶解也不熔融。

金属卤化物对带有吡啶基的聚合物很容易发生反应，得到的交联产物会受吡啶特别是碱性强的哌啶作用，使其交联点解离。带磺酸基的聚合物也很容易与金属卤化物反应，生成交联产物。

(3) 硼酸及磷化物的交联：具有羧基末端的液体丁二烯橡胶，能用焦磷酸、双酚 A 改性多磷酸、亚磷酸三苯酯等交联成三维结构：

$$HO\sim\sim OH + HO-\underset{OH}{\overset{O}{P}}-O-\underset{OH}{\overset{O}{P}}-OH \longrightarrow HO-\underset{OH}{\overset{O}{P}}-O\sim\sim O-\underset{OH}{\overset{O}{P}}-OH$$

$$\longrightarrow \sim O-\underset{OH}{\overset{O}{P}}-O\sim O-\underset{O}{\overset{O}{P}}-O\sim \quad (9-23)$$

聚乙烯醇（PVA）在硼酸浓溶液中可得到交联产物，但其交联点会随温度的升高而解离。

（三）光交联及射线交联作用机理

1. 光交联

聚合物的光交联是依据聚合物中的感光性基团及混入的感光性化合物的感光特性，借助光能产生自由基而进行交联的。在此起重要作用的是感光性基团。一般情况下，亦可在聚合物中加入光敏物质，此种物质受特定波长的光照射时，分解产生活性自由基，引起聚合反应而交联固化，这种物质称为光交联剂或引发剂，或称为光敏剂。

光敏剂应具备下列性能：①对特定波长的光敏感；②热稳定性好，耐贮存；③工业上可使用容易利用的光源激发；④易溶解，呈透明状态，并且不对树脂的性能产生影响。

较好的光敏剂应该在较宽的波长范围内都能被激发，这样就能提高激发效率。能采用的光敏剂有羰基化合物，有机含硫化合物，过氧化物，偶氮和重氮化合物，金属盐和色素等。表 9－1 中列出了代表性的光敏剂及其有效波长范围。

表 9-1 光敏引发剂的种类

光聚合引发剂	有效激发光的波长范围/nm	光聚合引发剂	有效激发光的波长范围/nm
有机过氧化物		偶氮化合物	
过氧化苯甲酰	<340	偶氮二异丁腈	<400
二叔丁基过氧化物	<300	2，2′-偶氮二丙烷	<400
环状过氧化物	近紫外	*m*，*m*′-氧化偶氮苯乙烯	<450
过氧化萘酰	<400	腙	<400
过氧化物-色素		卤化物	
过氧化乙酰-蒽或萘	<400	Br_2	<350
过氧化芴酮-芴酮	<460	$COCl_2$	<350
过氧化苯甲酰-叶绿素	<700	CBr_1	<400
		$CHBr_3$，CH_2Br_3	<330
		$CBrCl_4$	<400
羰基化合物		羰基金属	
2，3-丁二酮	<450	$Mn_2(CO)_{10}$	近紫外
二苯甲酮	<400	$Mn_2(CO)_{10}+CCl_4$	<450
苄酮（苯甲酮）	<450	$Re_2(CO)_{10}+CCl_4$	<400
安息香（二苯乙醇酮）	<400		
α-卤代酮	<400		
ω-溴丙酮酚	<390		
环己酮	<330		
硫化物		无机固体	
硫赶化合物	<300	ZnO	<380
二苯基单硫醚，二苯基双硫醚	<320	$Pb(C_2H_5)_4$	<450
	<380	AgX	<500
二苄基单硫醚，二苄基双硫醚	<340	无机离子，金属络合物	
	<380	$Fe^{3}+X$-(X = OH, Cl, Br, CNS, N_3 等)	<400
二苯酰基双硫醚	近紫外	Ce^{3+}	<330
二苯并噻唑硫醚	近紫外	Ag^+	<440
二烷基黄原酸酯（黄原酸二烷基酯）	近紫外	V^{2+}，V^{3+}，V^{4+}	<350
四甲基秋母兰单、二硫醚	<150	UO_2^{2+}	<500
甲基二乙基二硫代氨基甲酸盐	<300	Lanthankles	近紫外
S-酰基二硫代氨基甲酸盐	<450	$[Co(NH_3)_5Cl]Cl_2$	<430
癸基硫代苯酸酯（硫代苯甲酸癸酯）	<350	$[Co(NH_3)_5H_2O](NO_3)_2$	<430
Bunte 盐	<300	$[Co(NH_3)_5N_3]Cl_2$	<450
		$NaAuCl_4$	<450
		K_2PtCl_4	<450

安息香及其各种醚类是目前使用最多的光敏剂，国内许多单位已能生产。其机理为：

$$C_6H_5-\overset{O}{\overset{\|}{C}}-\underset{OR_1}{\overset{OR_1}{\overset{|}{\underset{|}{C}}}}-R \quad (R=H,\ C_6H_5\text{或烷基},\ R_1=CH_3,\ C_2H_5\text{等}) \tag{9-24}$$

接着，光敏剂游离基引发光固化树脂和活性稀释剂分子中的双键，发生连锁聚合反应，其反应机理与一般的游离基聚合反应相同，分链引发，链增长，链转移和链终止等几个阶段。但由于其感光度和贮藏稳定性欠佳，现有被下式物质取代的趋势：

$$C_6H_5-\overset{O}{\overset{\|}{C}}-\underset{OH}{\underset{|}{CH}}-C_6H_5 \xrightarrow{h\nu} C_6H_5-\overset{O}{\overset{\|}{C}}\cdot + C_6H_5-\underset{OH}{\underset{|}{\dot{C}H}} \tag{9-25}$$

高分子增感引发体系，是近年来发展较快而引人注目的课题。

目前，光固化反应已广泛应用于光固化涂料中，克服了以往的溶剂型涂料的缺点减除了对环境的污染。同时，在印刷行业光敏树脂板可以代替铅板，不但节省了大量金属铅，而且大大地缩短了制版时间。在电子工业中用光敏树脂作为阻焊剂，进行印制电路板的波峰焊接，可使千百个焊点的焊接在几秒钟内一次完成，在电信行业，随着光导纤维的大量使用，其表面的保护性塑性涂层及内在加强芯往往由光敏树脂承担，并在光导玻璃纤维拉伸过程中进行光照，快速涂覆、固化。

2. 电子射线交联

由于电子射线的照射，不饱和树脂及乙烯化合物的不饱和基直接激发并离子化，引起聚合反应，非常迅速地交联固化，这种方式即为电子射线交联。

电子射线交联与光交联不同之处在于它的穿透力强，对色漆膜亦能固化。其特点是不用催化剂，固化时间短，装置能瞬时启动及停车，生产性能及涂膜性能提高。缺点是初期投资大，被涂物的形状受限制，装置的安全管理复杂。

不饱和树脂的交联，有效的照射源是γ射线和电子射线。射线应用钴60等放射性同位素获得，而电子射线采用电子射线加速器获得。

一般说来，具有α-氢原子的聚合物能引起交联，当为1，1二位取代结构时则产生分解，其机理为：

$$\sim\sim CH_2-CH_2\sim\sim \xrightarrow{\gamma\text{线}} \sim\sim CH_2-\dot{C}H\sim\sim \longrightarrow \begin{array}{l}\sim\sim CH_2-CH\sim\sim \\ \qquad\qquad\ \ | \\ \quad \sim\sim CH-CH_2\sim\sim\end{array} \tag{9-26}$$

$$\sim\sim CH_2-\underset{CH_3}{\underset{|}{\overset{CH_3}{\overset{|}{C}}}}-CH_2\sim\sim \xrightarrow{\gamma\text{线}} \sim\sim CH_2-\underset{\dot{C}H_2}{\underset{|}{\overset{CH_3}{\overset{|}{C}}}}-CH_2\sim\sim \longrightarrow \sim CH_2-\underset{CH_2}{\underset{\|}{\overset{CH_3}{\overset{|}{C}}}} + \cdot CH_2\sim\sim \tag{9-27}$$

表9－2列出了用辐射产生交联和裂解的聚合物。

表 9－2　用辐射产生交联和裂解的聚合物

交联型	裂解型	交联型	裂解型
聚乙烯 $-CH_2-CH_2-CH_2-CH_2-$	聚异丁烯 $-CH_2-C(CH_3)_2-CH_2-C(CH_3)_2-$	聚丙烯酰胺 $-CH_2-CH(CONH_2)-CH_2-CH(CONH_2)-$	聚甲基丙烯酰胺 $-CH_2-C(CH_3)(CONH_2)-CH_2-C(CH_3)(CONH_2)-$
聚丙烯 $-CH_2-CH(CH_3)-CH_2-CH(CH_3)-$	聚 α－甲基苯乙烯 $-CH_2-C(CH_3)(C_6H_5)-CH_2-C(CH_3)(C_6H_5)-$	聚氯乙烯 $-CH_2-CH(Cl)-CH_2-CH(Cl)-$	聚偏氯乙烯 $-CH_2-CCl_2-CH_2-CCl_2-$
聚苯乙烯 $-CH_2-CH(C_6H_5)-CH_2-CH(C_6H_5)-$	聚甲基丙烯酸甲酯 $-CH_2-C(CH_3)(COOR)-CH_2-C(CH_3)(COOR)-$	聚酰胺 聚酯 聚乙烯吡咯烷酮 天然橡胶 聚硅氧烷 聚乙烯醇 聚丙烯醛	纤维素 纤维素衍生物 聚四氟乙烯 聚三氟氯乙烯
聚丙烯酸酯 $-CH_2-CH(COOR)-CH_2-CH(COOR)-$			

三、交联剂发展及其趋势

（一）交联剂发展

1. 交联剂发展

交联剂始于硫黄对天然橡胶的硫化。1834 年，N. Hayward 发现在生胶中加入硫黄，经加热可提高橡胶的弹性并延长使用寿命；1893 年，C. Goodyear 独自完成了硫化方法，并获得了专利。所谓硫化，实际上就是将橡胶分子进行交联，使它由线型结构转变为体型结构而具有良好的弹性和其他许多优异性能。其中硫黄就是交联剂，硫化反应即为应用最早的高分子交联反应。

随着材料日新月异的发展，交联剂的发展越来越快，现已从最初的硫黄，发展到其他无机物和有机物，形成了通用的五大门类——过氧化物［以 DCP（过氧化二异丙苯）为典型代表］、胺类（以伯胺、叔胺为典型代表）、硫化物（以有机硫化物为典型代表）、树脂类（以氨基树脂等为典型代表）、醌及对醌二肟类（以对醌二肟、二苯甲酰对醌二肟等为典型代表）等；而且随着合成技术即人们对产品的要求越来越高，出现了很多新的品种，例如硅烷、TAC（三聚氰酸三烯丙酯）、脲烷、醌及对醌二肟类、邻苯二甲酸二烯丙酯、新出现的无味、绿色交联剂等。

对橡胶硫化而言，当前的研究主要在于增加高温快速硫化时的耐还原性，提高硫化胶的耐热和耐氧化性能，比较突出的进展为以下两个品种。

（1）氨基甲酸酯类硫化剂　这类硫化剂具有各类硫化剂的长处，被认为是硫化领域中的一次革命，典型产品为：

$$O=\langle\bigcirc\rangle=NO\overset{O}{\overset{\|}{C}}-NH-\langle\bigcirc\rangle-CH_2-\langle\bigcirc\rangle-NH\overset{O}{\overset{\|}{C}}-ON=\langle\bigcirc\rangle=O \qquad (9-28)$$

从结构上看产品为封端的多异氰酸酯，交联的橡胶的耐热性、耐还原性、耐老化性、耐水性等比用一般聚氨酯交联的橡胶优异，这种硫化剂硫化的橡胶具有高的力学强度，可用于各种载重轮胎的硫化，预计这类产品将会有较大的发展前景。

(2) 马来酰亚胺类硫化剂：这类产品是为了克服普通硫化剂高温硫化时的还原（返回）现象而开发的，用其硫化的二烯类橡胶在180℃以上，硫化交联度达到稳定水平时仍无还原现象发生，并且在很短的时间（10min）内就能达到最佳硫化。

拜耳材料科技（BMS）在新闻发布会上推出研发的首款生物基聚氨酯交联剂环戊烷二异氰酸盐（PDI）。PDI是一款含碳量70%的新型异氰酸酯，该公司最近创新的还包括世界领先的作为涂料和胶黏剂固化剂的PDI衍生物，并计划于2015年4月将公布首款PDI基础的产品，2016年开始以多达2×10^4t/a（足够覆盖2000万辆车）的产能进行商业制造。和已有的双组分聚氨酯涂料相比，该生物基交联剂用于面漆处理速率快了30%，可适用于混合塑料、复合材料以及金属底层涂层。

就交联方法而言，按交联的发生时期分，可在树脂合成过程中交联、加工过程中交联、加工后交联以及在合成与加工过程中均发生交联，按聚合机制分，有自由基交联、离子交联和缩合交联，按交联源分，可分为辐射交联和化学交联。就其应用对象而言，发展比较迅速，交联反应从早期的橡胶、塑料等高分子材料，已发展为到高分子材料的诸多方面。例如，某些塑料，特别是某些不饱和塑料树脂，也需要进行交联，用不饱和聚酯制造玻璃钢时，就要应用交联剂，才能使它硬化，用胶黏剂胶接物件时，需要进行固化，才能使物件粘牢。所谓固化，实际上是高分子发生交联的结果，在这种情况下使用的交联剂又叫固化剂，可以看出交联剂已广泛地应用于橡胶、塑料、树脂、纤维、胶黏剂及涂料等诸多领域中。

此外，交联剂的应用范围随着技术进步也逐渐扩展。例如，感光树脂平版印刷的油墨及涂料的固化技术、医用高分子材料的水溶性高分子的交联水凝胶，交联剂都起着重要的作用。由此可见，选择合适的交联剂，采用各种交联方法制备高附加价值的聚合物是一个重要发展方向。

2. 交联剂的发展趋势

纵观交联剂行业与产业的发展，其发展方向为：①高效、无毒或低毒、持久；②复合化；③耐高温；④多功能化。

（二）交联剂市场

由于目前的交联剂自身品种越来越多、应用的范围也越来越多，因此要统计其总体消耗及生产情况由于缺乏资料而难于实现，这里仅以DCP、硅烷两个品种讨论交联剂市场。

(1) DCP（过氧化二异丙苯）：近年来，中国科研机构及生产企业对DCP进行了系列的开发和研究，并申请了多项专利；2011年9月，北京化工大学公开了一种用于生产过氧化二异丙苯的原材料制备方法，该方法一碱性离子液和碳酸钠的混合物作为催化剂，以空气作为氧源制取 DCP，制得的 DCP 省去了还原步骤，降低了 DCP 生产成本；2012 年 12 月，金魏公开一种过氧化二异丙苯的合成方法，该方法以精苄醇、氧化液等为原料生产过氧化二异丙苯；2013 年 3 月，中国石油化工集团公司公开一种减少过氧化二异丙苯缩合副产物的生产方法主要解决缩合生产中存在的副产物甲基苯乙烯含量高的问题；2014 年 12 月，中国石油化工集团公司公开了一种过氧化二异丙苯缩合反应的生产设备；2015 年 4 月，中国石化上海工程有限公司和中国石化炼化工程（集团）股份有限公司公开了生产过氧化二异丙苯的方法，主要以异丙苯为原料生产 DCP。

随着中国 DCP 产品的研究进展，以及生产工艺的进步，中国 DCP 产品的产业化能力不断提高，产品产能不断增加，行业规模不断扩大，目前已经成长为全球 DCP 行业规模及技术领先的国家。近年来，随着下游行业的发展，对 DCP 产品的需求增加，中国 DCP 行业内企业数量也有一定程度的增加，促使行业竞争程度提高。但总体来看，DCP 产品市场需求有限，加之技术、环保等因素限制，行业内企业仍然较少，市场竞争较为缓和。目前，DCP 行业内企业主要有太仓塑料助剂厂有限公司、山东瑞皇化工有限公司、阿克苏诺贝尔过氧化物（宁波）有限公司、太仓塑料助剂有限公司、中国石化上海高桥石油化工有限公司等，2014—2016 年，随着山东瑞黄化工有限公司等公司的 DCP 产能扩张，中国 DCP 产品的总体产能呈现不断增加的态势。其中 2014 年中国 DCP 产品的产能为 3.1×10^4t，2015 年中国 DCP 产品的产能为 3.9×10^4t，2016 年中国 DCP 产品的产能为 4.4×10^4t。从生产技术和产能来看，尤以中国石化上海高桥石油化工有限公司的产能规模，技术水平高，DCP 产品的生产工艺是：用还原剂亚硫酸钠将过氧化氢异丙苯还原成苯基二甲基甲醇，后者在高氯酸催化下与过氧化氢异丙苯缩合，后经处理得到过氧化二异丙苯。2017 年 4 月 5 日，红宝丽集团股份有限公司第八届董事会通过了《关于子公司红宝丽集团泰兴化学有限公司建设“年产 2.4×10^4t 的 DCP 项目”的议案》，同意子公司红宝丽集团泰兴化学有限公司建设“年产 2.4×10^4t 的 DCP 项目”，随着红宝丽集团泰兴化学有限公司等新的 DCP 项目量产，中国 DCP 产品的总体产能将呈现不断增加的态势，2020 年产能预计将达到 5.7×10^4t。

（2）功能性硅烷：功能性硅烷是一种非常重要、用途非常广泛的助剂。2017 年全球功能性硅烷产能约为 57.4×10^4t，产量约为 37.6×10^4t，产能利用率为 65.5%，产能、产量同比分别增长 6.1% 和 7.1%，主要增长动力来自中国。功能性硅烷市场增长迅猛，2018 年国内需求量将达 17×10^4t，价格高位上涨。国内外主要生产厂家有迈图高科（美国、日本、意大利）、赢创德固赛（美国、德国、比利时、日本、新加坡）、湖北新蓝天新材料股份有限公司、荆州市江汉精细化工有限公司等。

2017 年全球功能性硅烷消费量约 37.8×10^4t，2017 年中国功能性硅烷生产企业有效总产能约 37.74×10^4t，产量约为 22.23×10^4t，消费量为 15.36×10^4t，较 2016 年分别增长 7.5%、11.5% 和 11.3%，其中用作交联剂的占比 27.1%，即年消费量达到 4.16×10^4t。

2017 年中国功能性硅烷生产企业有效总产能约 37.74×10^4t，产量约为 22.23×10^4t，消费量为 15.36×10^4t，较 2016 年分别增长 7.5%、11.5%和 11.3%。从下游市场看，目前增长较快的市场依次为复合材料、涂料、金属表面处理和建筑防水，黏合剂及其他。从增量上来看，未来国内市场的扩大较大的动力是复合材料和"绿色轮胎"。预计 2018 年中国市场对硅烷的需求量将达到 16.68×10^4t，产量将达到 23.83×10^4t，净出口量在 6.9×10^4t 左右。

因此，这两个品种国内目前需求量将达到 40×10^4t 以上，国内需求就达 8×10^4t 以上，综合国内其他品种、交联剂应用范围越来越宽，预计目前国内的交联剂需求总量为（10~15）$\times10^4$t 以上。

第二节　交联剂主要品种及其应用

一、分类

聚乙烯交联多种方法，按交联的发生时期区分，可在树脂合过程中交联、加工过程中交联、合成与加工过程相结合的交联，按聚合机理区分，有自由基交联、离子交联、缩合交联，按交联源区分，可分为辐射交联和化学交联大类，化学交联又分过氧化物交联、亲试剂取代交联、共聚交联、硅烷交联等。

交联剂的种类很多，有无机化合物，如氧化锌、氧化镁、硫黄以及氯化物等，但主要以有机交联剂为主。根据不同的高分子，在不同情况下可以使用不同的交联剂。

按照交联剂的用途可分为如下 7 类：①橡胶硫化剂，包核硫黄、氯化硫、硒、碲等无机交联剂及有机硫化剂；②氨基树脂、醇酸树脂用交联剂；③不饱和树脂交联剂、乙烯基单体及反应性稀释剂；④聚氨酯用交联剂，包括异氰酸酯、多元醇及胺类等化合物；⑤环氧树脂固化剂，主要以多元胺及改性树脂为主；⑥纤维用树脂整理剂；⑦塑料用交联剂，以有机过氧化物为主。

按照交联剂自身的结构特点可分为如下 9 类：①有机过氧化物交联剂；②羧酸及酸酐类交联剂；③胺类交联剂；④偶氮化合物交联剂；⑤酚醛树脂及氨基树脂类交联剂；⑥醇、醛及环氧化合物；⑦醌及酮二肟类交联剂；⑧硅烷类交联剂；⑨无机交联剂等。

按照交联剂的加入顺序，高分子聚合物用交联剂又可分为内交联剂、外交联剂。

（一）外交联剂

所谓外交联剂就是在使用前加入，然后在室温、加热或辐照下发生交联反应。外加交联剂又分为以下类别：①多异氰酸酯（四异氰酸酯）；②多元胺类（丙二胺、MOCA）；③多元醇类（聚乙二醇、聚丙二醇、三羟甲基丙烷）；④缩水甘油醚（聚丙二醇缩水甘油醚）；⑤无机物（氧化锌、氯化铝、硫酸铝、硫黄、硼酸、硼砂、硝酸铬）；⑥有机物（苯乙烯、α-甲基苯乙烯、丙烯腈、丙烯酸、甲基丙烯酸、乙二醛、氮丙啶）；⑦有机硅类

（正硅酸乙酯、正硅酸甲酯、三甲氧基硅烷）；⑧苯磺酸类（对甲苯磺酸、对甲苯磺酰氯）；⑨丙烯酸酯类（二丙烯酸-1，4-丁二醇酯、二甲基丙烯酸乙二醇酯、TAC、丙烯酸丁酯、HEA、HPA、HEMA、HPMA、MMA）；⑩有机过氧化物（过氧化二异丙苯，过氧化双2，4一二氯苯甲酰）；⑪金属有机化合物（异丙醇铝、醋酸锌）；⑫聚氮丙啶类（多功能聚氮丙啶交联剂 XR-100）；⑬多功能聚碳化二亚胺类交联剂如 XR-201；⑭环氧类如 XR-500。

（二）内交联剂

所谓内交联剂是指作为一种单体在聚合时进入大分子结构链内，或者作为一个组分加入胶黏剂中，能够稳定储存，只有在加热到一定温度或辐射条件才能发生交联反应。常用的内交联剂有烯类单体，如丙烯酸、丙烯酸羟乙酯、丙烯酸羟丙酯、甲基丙烯酸、甲基丙烯酸羟乙酯、甲基丙烯酸羟丙酯、二乙烯基苯、*N*-羟甲基丙烯酰胺、氮丙啶、碳化二亚胺。

对于不同的高分子材料如胶黏剂，应当选择适其所用的交联剂，对交联剂则有如下一些要求。

（1）交联剂的活性基团能与胶黏剂中组分反应形成交联结构。

（2）交联效率高，只要加入少量便可获得稳定的交联结构。

（3）交联速度适宜，过快过慢都不利。

（4）几种交联剂混合使用，可获得最佳的综合效果。

（5）交联剂在工艺处理和储存期内稳定，不发生有害反应和凝聚作用，无毒害、无刺激。

二、主要品种及其应用

交联剂的种类繁多，按照结构分为无机交联剂和有机交联剂；按应用范围又可以分为橡胶用交联剂（或称硫化剂）、塑料用交联剂、涂料用固化剂、纤维用交联剂及胶粘剂用固化剂等。一般情况下，交联剂的应用范围又相互渗透，如有机过氧化物 BPO（过氧化苯甲酰）既可用于橡胶的交联，亦可用于不饱和聚酯的交联。本节按照交联剂的结构对重要的交联剂品种的特性进行介绍。

（一）过氧化物交联剂

随着塑料在工业用品和家用制品方面的应用日益扩大，近年来对塑料制品提出了越来越苛刻的要求。塑料是一种容易成型的加工材料，但存在着温度升高易软化和流动的缺点；而且在应力条件下的耐溶剂性差，易发生环境应力龟裂。为解决这些问题，将塑料进行交联是一种行之有效的方法。目前，交联技术广泛地应用于作为电线和电缆绝缘材料的交联聚乙烯、交联聚氯乙烯、耐热性薄膜、管材、带材、各种包装材料及各种成型制品等方面。

塑料可采用过氧化物类的交联剂进行加热交联，也可用高能电子射线或紫外线进行辐射交联。近年来，随着聚乙烯、乙烯-醋酸乙烯酯、乙丙二元共聚物、乙丙三元共聚物等饱和及低不饱和聚合物用途的不断开发，交联改性技术日趋盛兴，过氧化物作为塑料用典型交联剂的作用日显重要。

（1）有机过氧化物的交联特性：市售的有机过氧化物大致可分为如下5类：①氢过氧化物；②二烷基过氧化物；③二酰基过氧化物；④过氧酯；⑤酮过氧化物。各类化合物的性质及适应性如表9－3所示。

表9－3　常见的有机过氧化物

名　称	结构式	外观	沸点/℃	熔点/℃	分解温度/℃	用　途
叔丁基过氧化氢	$CH_3-C(CH_3)_2-O-O-H$	液体 微黄色	38～38.5		100～120	聚合用引发剂、天然橡胶硫化剂
二叔丁基过氧化物（DTBP）	$CH_3-C(CH_3)_2-O-O-C(CH_3)_2-CH_3$	液体 微黄色	111		100～120	聚合用引发剂、硅橡胶硫化剂
过氧化二异丙苯（DCP）	$C_6H_5-C(CH_3)_2-O-O-C(CH_3)_2-C_6H_5$	结晶 无色		42	120～125	不饱和聚酯硬化剂，天然橡胶、合成橡胶硫化剂，聚乙烯树脂交联剂
2，5-二甲基-2，5双（叔丁基过氧基）己烷（双25）	$CH_3-C(CH_3)_2-O-O-C(CH_3)_2-CH_2CH_2-C(CH_3)_2-O-O-C(CH_3)_2-CH_3$	油状液体 淡黄色		8	140～150	硅橡胶、聚氨酯橡胶、乙丙橡胶硫化剂，不饱和聚酯硬化剂
过氧化苯甲酰（BPO）	$C_6H_5-C(=O)-O-O-C(=O)-C_6H_5$	粉末 白色		103～106	103～106	聚合用引发剂、不饱和聚酯硬化剂、橡胶加工硫化剂
双（2，4-二氯过氧化苯甲酰）（DCBP）	$Cl_2C_6H_3-C(=O)-O-O-C(=O)-C_6H_3Cl_2$	粉末 白至 浅白色			45	硅橡胶硫化剂
过氧化苯甲酸叔丁酯	$C_6H_5-C(=O)-O-O-C(CH_3)_2-CH_3$	液体 浅黄色		8.5	138～149	硅橡胶硫化剂、不饱和聚酯硬化剂

续表

名称	结构式	外观	沸点/℃	熔点/℃	分解温度/℃	用途
过氧化甲乙酮	$R-[O-C(CH_3)(CH_2CH_3)-O]_n-R'$ R，R′可以是H或OH	液体无色				不饱和聚酯硬化剂
过氧化环己酮	HO-环己基-O-O-环己基-OH　HO-环己基-O-O-环己基-OOH	片状白色				不饱和聚酯硬化剂

过氧化物RCOOCR中的—OO—键的键能很小，交联时受光或热的作用易分解产生自由基，首先夺取聚合物上的氢原子，生成聚合物自由基，然后这些聚合物自由基再相互键合形成交联。

过氧化物交联的一大特征是，它可以交联硫黄等交联剂所不能交联的饱和聚合物，形成—C—C—交联键。除此之外，过氧化物交联一般具有如下优点：①可交联绝大多数聚合物；②交联物的压缩永久变形小；③无污染性；④耐热性好；⑤通过与助交联剂并用，可制造出具有各种特性的制品。

过氧化物交联的缺点：①在空气存在下交联困难；②易受其他助剂的影响；③交联剂中残存令人不快的臭味；④与硫化相比，交联物的机械性能略低。

由于结构不同，交联剂所具备的交联特性亦不同，选用时必须根据聚合物的种类、加工条件及制品的性能选择适宜的品种。一般较理想的过氧化物交联剂应满足如下条件：①分解性与聚合物的加工条件相适应，即能及时生成活泼的自由基；②在聚合物的混炼条件下不分解（焦烧时间长），在实际交联温度下能够快速有效的交联；③混炼时易分散，挥发性低；④不受填充剂、增塑剂、稳定剂等其他助剂的影响；⑤贮存稳定性好，安全性高，分解产物无臭、无害、不喷霜。

（2）助交联剂：助交联剂是在研究用过氧化物交联乙烯丙烯共聚物的过程中发展起来的，主要品种是一些多官能性单体、硫黄、苯醌二肟、液状聚合物等。它们能够抑制聚合物主链的断裂，提高交联效率。使用助交联剂的主要目的是：①提高交联效率；②提高撕裂强度等物理性能，改善耐热性；③增加塑化效果，调整pH值，赋予黏着性。应用最多的助交联剂是TMPT（三甲基丙烯酸三羧甲基丙酯）、TAIC（异氰脲酸三烯丙酯）、EDMA（双甲基丙烯酸乙二酯）等多官能性单体。

（3）有机过氧化物交联剂现状：在有机过氧化物交联剂中应用最广泛的品种是过氧化二异丙苯。近来为了适应多方面要求，对热分解温度范围不同或臭味少的品种的应用日趋增多。在交联剂的开发方面人们还进行了许多新的尝试，如使用含有机过氧基的聚合物及齐聚物作交联剂，用过氧硅烷作交联剂以改善聚合物与金属的黏着性，用氢过氧化异丙苯-促进剂（CO）体系进行低温交联等。

此外，有机过氧化物在聚合物共混体系中的应用日益盛行。众所周知，硫黄硫化物、肟类化合物等交联剂只能用于交联诸如橡胶等不饱和聚合物，对于饱和聚合物而言无交联效果；而过氧化物不论是在饱和聚合物（如塑料）还是在不饱和聚合物中（如橡胶）都是有效的交联剂，被广泛应用。在聚合物的界面处也易于进行交联，因此在橡胶-橡胶、橡胶-塑料、塑料-塑料、聚合物-调聚物-单体、液状聚合物-单体等各种共混体系中，有机过氧化物均有良好的共交联性，尤其在橡胶-塑料共混体系中最为有效，这种方式的研究十分活跃。

（二）胺类交联剂

胺类化合物作为卤素系列聚合物、羧基聚合物及带有酯基、异氰酸酯、环氧基、羧甲基聚合物的交联剂已广为应用，尤其是在环氧树脂的固化及聚氨酯橡胶中的应用。这类化合物主要是含有两个或两个以上氨基的胺类，它包括脂肪族、芳香族及改性多元胺类。无论是哪一种胺类，通常，伯、仲胺是交联剂，而叔胺是交联催化剂。

（1）脂肪族多元胺：主要为乙二胺、二亚乙基三胺、三亚乙基四胺、多亚乙基多胺等，特点是可使环氧树脂在室温交联，交联速度快，有大量热放出。但适用期短，一般有毒，有刺激性，易引起皮肤病。因此，近年来降低其毒性的各种改性品种的使用逐渐增多。典型的改性方法是氰乙基化、环氧加成物、聚酰胺化等。加成丙烯腈的乙基化物可使树脂配合物的适用期增长，利于夏季作业。脂肪胺与环氧乙烷、环氧丙烷及丁基缩水甘油醚、苯基缩水甘油醚的加成物是一种低黏度、低毒性的固化剂。一般情况下，用脂肪族多元胺交联的环氧树脂韧性好，黏结力强；但耐热、耐溶剂性差，吸湿性强，在高温下容易喷霜。因此，必需严格控制添加量。活化期短也有其缺点。代表性品种如表9－4所示。

表9－4　代表性脂肪族多胺的性质

化学名称（简称）及结构式	相对分子质量	黏度(25℃)/cps	相对密度（25℃）	添加量 phr/%	可使用时间/min（50 g，20℃）	100 g发热量/℃	热变形温度/℃	固化条件
二亚乙基三胺（DETA） $H_2N(CH_2)_2NH(CH_2)_2NH_2$	104	5.6	0.9542	11	25～30	235	95～125	常温4～6 d
三亚乙基四胺（TETA） $H_2N(CH_2)_2NH(CH_2)_2NH(CH_2)_2NH_2$	146	19.4	0.9818	13	27～35	233	97～125	常温5～7 d
四亚乙基五胺（TEPA） $H_2N[(CH_2)_2NH]_3(CH_2)_2NH_2$	189	51.9	0.9980	14	30～40	228	97～125	常温6～8 d
二乙氨基丙胺（DEAPA） $(C_2H_5)_2N(CH_2)_3NH_2$	230	液体	0.8289	7	120～180	170	78～95	70℃，4 h

（2）芳香族多元胺：主要为间苯二胺、二氨基二苯基甲烷、二氨基二苯基砜等。芳香族多胺与脂肪族多胺相比碱性弱，因而反应性能减小，造成这类交联剂的交联速度慢、室温下交联不完全，需长期放置才勉强接近完全，产物性脆。为改进这一缺陷，通常需加热至100℃以上，可很快交联完全；同时，芳香族伯胺和仲胺的反应性亦不同，仲胺反应时要求较高。使用芳香族多胺交联固化的环氧树脂具有优良的电性能、耐化学腐蚀性和耐热性，适用期长等特点。代表性品种如表9－5所示。

由于芳香族多胺常温下大多是固态，在与树脂交联混合时要加热熔融，造成其对树脂的适用性减小。为了改善这一不足，常将两种以上的芳香胺混合一起制成共熔混合物，降低芳香胺熔点；也可将一种芳胺与苯基缩水甘油醚类的单环氧化物加成以进行改性。

表9－5　代表性芳香族多胺的结构

化学名称	结构式	熔点/℃
间苯二胺	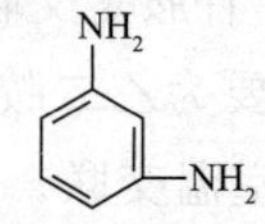 NH_2，NH_2	63
二氨基二苯基甲烷（DDM）	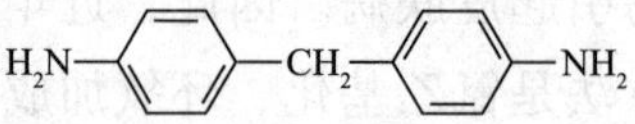 H_2N—CH_2—NH_2	89
二氨基二苯基砜（DDS）	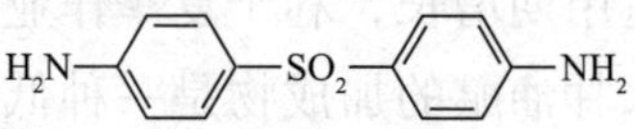 H_2N—SO_2—NH_2	175
间二甲苯二胺（MXDA）	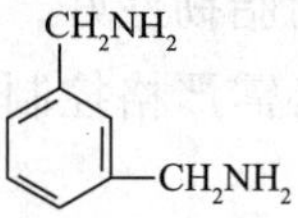 CH_2NH_2，CH_2NH_2	
间氨基苄基胺（MABA）	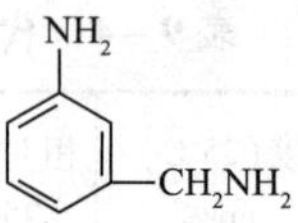 NH_2，CH_2NH_2	38
联苯二胺	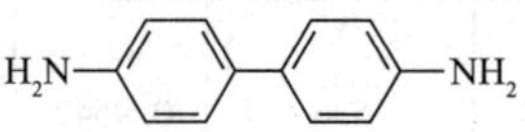 H_2N—NH_2	81
4-氯邻苯二胺（CPOA）	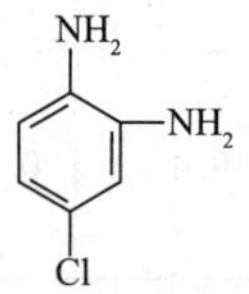 NH_2，NH_2，Cl	72
二-3，4-(二氨基苯基）砜（DAPS）	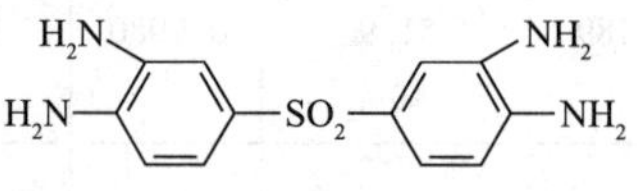 H_2N，H_2N—SO_2—NH_2，NH_2	
2，6-二氨基吡啶（DAPY）	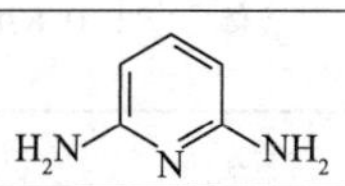 H_2N，N，NH_2	

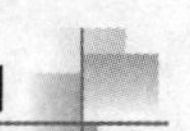

(3) 芳核脂肪族多胺和脂环族多胺：含有芳香核的脂肪族多胺（如间二甲苯二胺等）综合了脂肪族二胺的反应性高和芳香族二胺的各种优良性能。通过与环氧化物加成，氰乙基化等改性，可以改善其操作性。该固化剂可在低温及潮湿条件下固化，可做土木建筑方面用的环氧树脂固化剂及聚氨酯树脂防水灌浆材料用固化剂等。

通过脂环族多胺交联得到的固化物，耐化学药品性能、固化性能均很好，但弯曲性能和附着力不太好。例如，具有代表性的3，3′-二甲基-4，4′-二氨基二环己基甲烷（BASF公司，商品名LaromineC）形成的膜非常硬，具有优异的耐化学药品性、耐汽油性和耐矿物油性，但易伤害皮肤。

(4) 改性多元胺类：以脂肪族及芳香族多元胺为母体结构，通过结构的修饰而制备的性能更优的交联剂。具有代表性的品种有590固化剂、591固化剂、593固化剂等。590固化剂是间苯二胺的改良品种，它改进了间苯二胺与环氧树脂的相容性，加快了交联速度，延长了使用寿命。改性的脂肪族多胺又可分为5种：①分离出胺的双酚A加成物；②未分离出胺的双酚A加成物；③胺与烷基环氧的加成物；④二氰乙基多胺；⑤各种环氧乙烷及环氧丙烷和胺类的加成物。

通过以上改性的脂肪族多胺，具备以下特点：①活化期增长；②毒性变小，降低了使用中的危险性；③混合比例的偏差对性能影响小；④胺致发白现象减弱。改性脂肪族多胺的特性如表9-6所示。

表9-6 聚酰胺胺类同脂肪族多胺的特性比较

特性	固化剂		特性	固化剂	
	聚酰胺胺类	脂肪族多胺		聚酰胺胺类	脂肪族多胺
毒性	几乎没有危险	危险性大	耐冲击性能	很好	差
配方比例	要求不严	要求非常严	耐化学药品性能	好	优
活化时间	长	短	耐冷热交替性能	好	不好
固化反应活性	高	非常高	颜料的稳定性	好	不好
固化物柔韧性	很好	差	颜料的润湿性	好	不好

(5) 聚酰胺：二聚酸与过量的多元胺反应制备的聚酰胺树脂是环氧树脂的主要固化剂之一。该类交联剂用量幅度宽（40%~60%），毒性小，适用期长，树脂固化物的黏结性及可挠性良好。在涂料、黏结等用途中使用广泛。缺点是固化速度慢，低温固化性不好，在用于涂料及黏结剂等的成形膜固化及低温固化时，有必要使用固化促进剂。

(6) 其他胺类化合物：诸如双氰胺、BF3-胺结合物等，均被作为潜在的交联固化剂使用于电气、层压板及粉末涂料领域。

(三) 有机硫化物交联剂

有机硫化物常在橡胶工业中用作硫化剂。它们的特点是在硫化温度下能够析出硫，进而使橡胶进行硫化，因此它们又被称为硫黄给予体，由此形成的交联方式称为无硫硫化。与采用无机硫黄等硫化所形成的多硫键相比，硫黄给予体主要形成双硫键和单硫键，因而硫化橡胶的耐热性能特别好，还不易产生因硫化而引起的硬化。有机硫化物交联剂一般分为二硫化秋兰姆及其衍生物、吗啡啉衍生物、有机多硫化合物、有机硫醇化合物以及二硫代氨基甲酸硒等。

1. 有机硫化物交联剂的分类及特性

（1）秋兰姆及其衍生物：商品二硫化四烷基秋兰姆中的烷基有甲基、乙基、丁基及双五亚甲基。随烷基的增大，硫化作用趋于平稳。

使用最多的是二硫化四甲基秋兰姆（TMTD），它能赋予硫化橡胶优异的耐热性能。主要用在天然橡胶或者二烯类合成橡胶要求耐热性高的制品方面，如密封类制品、胶片、胶管、电线等。当同时要求耐油性和耐热性的时候，TMTD 效果也很好。采用 TMTD 硫化丁腈橡胶具有如下特点：①在热空气中或者蒸气中的耐老化性良好；②热油中的耐老化性稍好；③拉伸强度中等，伸长率高，定伸能力低；④回弹性低，尤其在高温条件下；⑤高温时抗撕裂性好，伸长永久变形稍大，动态生热高；⑥压缩永久变形稍大。但 TMTD 硫化的缺点是硫化初期定伸应力高，随着硫化的进行而逐渐降低。上述缺点可以通过同时加入极少量的硫黄来克服，并且使硫化速度加快。TMTD 的结构式如下：

$$\begin{matrix}H_3C\\H_3C\end{matrix}\!\!>NC(S)SSC(S)N<\!\!\begin{matrix}CH_3\\CH_3\end{matrix} \qquad (9-29)$$

除 TMTD 外，二硫化四苯基秋兰姆也适用于无硫硫化，但比 TMTD 硫化速度慢，且因相对分子质量大，需要的配合量大，一般都不单独使用。与 TMTD 并用，对防止喷霜有一定的效果。在丁腈橡胶中，效果尤其明显。其结构如下：

$$\begin{matrix}C_6H_5\\C_6H_5\end{matrix}\!\!>NC(S)SSC(S)N<\!\!\begin{matrix}C_6H_5\\C_6H_5\end{matrix} \qquad (9-30)$$

一硫化秋兰姆类［$R_2NC(S)SC(S)NR_2$］不能单独用于无硫硫化。将四甲基一硫化秋兰姆（TMTS）作为硫化剂时，至少要添加其中一半量的硫黄，且橡胶的耐热性能不如用 TMTD。而四硫化双五亚甲基秋兰姆（DPTT）［$(CH_2)_5NC(S)SSSSC(S)N(CH_3)_5$］的分解温度相对较低，分解物成为二硫代氨基甲酸，是硫化促进剂，操作安全性尚可，但硫化起步快，橡胶在模型中流动性不好。

（2）吗啡啉衍生物：这类化合物的代表品种有二硫化吗啡啉（DTDM）和 2-(4-吗啡啉二硫代）苯并噻唑（MDTB），它们的结构式如下：

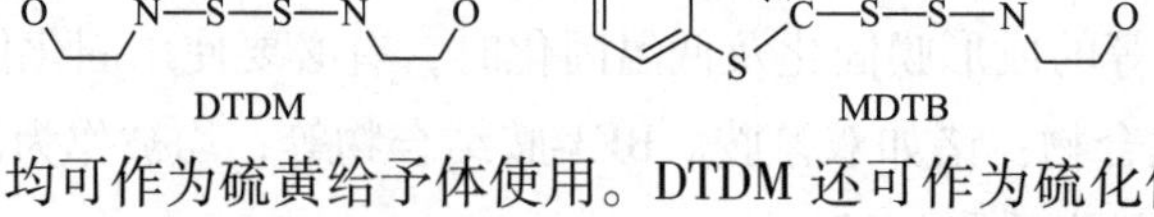

DTDM　　　　MDTB　　　　(9－31)

DTDM 和 MDTB 均可作为硫黄给予体使用。DTDM 还可作为硫化促进剂使用，它只有在硫化温度时才能分解出活性硫。因此，使用本品操作安全，即使使用高耐磨炉黑也无焦烧之虞。它的有效硫含量约为 27%，单独用作硫化剂时硫化速度慢，但并用噻唑类、秋兰姆或者二硫代氨基甲酸盐等促进剂，可以提高硫化速度。用于有效或者半有效硫化体系

时，所得的硫化胶耐热性能和耐老化性能良好，且胶料不喷霜、不污染、不变色。MDTB 在硫化过程中于模腔内流动性和焦烧时间较为平衡，分解后的产物 MBT 和吗啡啉均为硫化促进剂，因此近乎达到 DTDM 的效果。但是，由于经济上和技术上的原因，这类硫黄给予体还未广泛地用于工业。对于这种给予体的评价很不相同，有的甚至相互矛盾。

（3）有机多硫化合物：这类化合物的代表品种为 VA-7，其结构为：

$$\text{+}C_2H_4OCH_2OC_2H_4S—S—S—S\text{+}_n \tag{9-32}$$

它是脂肪族醚的多硫化物。该产品可用于丁苯胶、丁腈胶、天然胶和其他不饱和橡胶的硫化。这一化合物结合的硫无移栖和喷出的危险，用它硫化要比元素硫的硫化效率高。用于制造电线时因无游离硫的存在，所以对铜没有腐蚀作用。

（4）硫醇化合物：二硫醇系化合物 $HS—CH_2CH_2—SH$ 与 $HS—COCH_2CH_2OC—SH$ 可通过对双键的反应引起交联。将其与天然橡胶混合，于20℃用开炼机进行混炼的同时即可被交联。间二硫酚在同样条件下于 50℃ 也可使天然橡胶凝胶化。6-R-1，3，5-三嗪-2，4-二硫醇则是 NR、SBR、IR、NBR 以及 EPDM 等的交联剂。如果 R 采用适当的基团，它可以作为反应性防老剂；当 R 为二丁基胺基时，亦可作为有效的农业用软质聚氯乙烯分子的扩链剂及交联剂。

在二硫醇使用过程中，发现它易引起焦烧现象，为此可将其制备成次磺酰胺型化合物，这样不但可以改善焦烧性，而且所得硫化胶耐热性也高。

（5）二硫代氨基甲酸硒：二硫代氨基甲酸硒作为硫黄给予体耐热性很好，但价格太贵，很少使用。其结构式如下：

$$R_2N\overset{\overset{S}{\|}}{C}—S—Se—S—\overset{\overset{S}{\|}}{C}N—R_2 \tag{9-33}$$

2. *有机硫化物现状及发展*

目前，在我国的橡胶硫化中，大多数仍采用硫黄作为硫化剂。而有机硫化物则用于特殊用途中，尽管它的价格比硫黄高，但它却能减少硫化胶的硫黄喷霜，而且直到分解放出硫黄前，即使温度很高也不会硫化，有迟延作用。在放出硫的同时，其分离有机物又可作为促进剂使用。但其促进作用和单纯的促进剂相比，活性作用仍较小。有机多硫化物用作合成橡胶的硫化剂时，胶料的耐溶剂性能优异。在硫化过程中，有机硫给予体可以取代部分硫黄，亦可以和硫黄并用，一份硫黄用二份有机硫给予体代替，即可达到相同的硫化度。

（四）树脂类交联剂

树脂类交联剂可广泛用于橡胶、涂料、胶黏剂、纤维加工等诸多工业部门。酚醛树脂硫化剂主要用于丁基胶的硫化（如硫化轮胎），使之具有优异的耐热性和耐高温性能，目前在工业上已得到广泛的应用；氨基树脂则是最有代表性的烘烤型涂料交联剂之一，它也可作为可塑性的油改性醋酸树脂、无油醇酸树脂、油基清漆、丙烯酸树脂、环氧树脂等的交联剂。下面选择酚醛树脂及氨基树脂两大类予以介绍。

1. 酚醛树脂交联剂

（1）酚醛树脂交联剂重要品种及应用性能：较常用的酚醛树脂交联剂有 2 种，即：

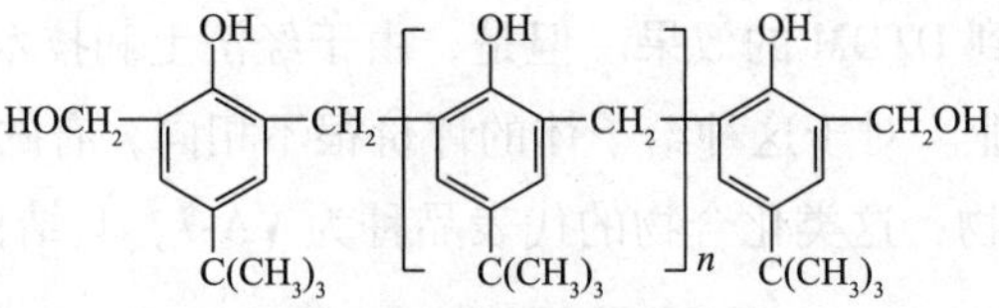

(9-34)

（对叔丁基酚醛树脂MW550-750）

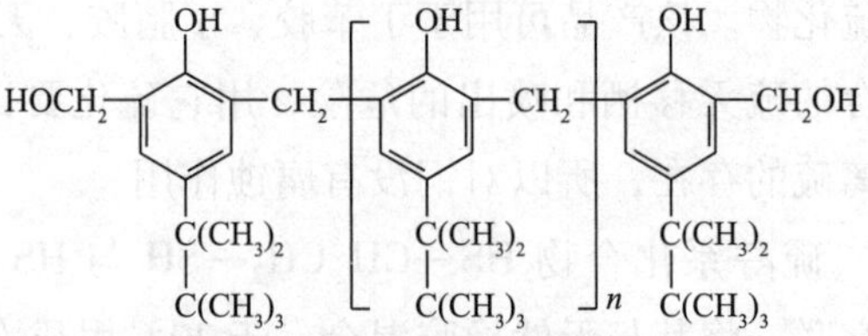

(9-35)

（对叔辛基酚醛树脂及其溴化物MW900-1200）

对叔丁基酚醛树脂是浅黄色透明松香状固体，软化点在 70℃以上，而对叔辛基酚醛树脂是黄棕色至黑棕色松香状固体，软化点在 75～95℃。

以上 2 个交联剂品种主要用作橡胶硫化剂。对叔丁基酚醛树脂是天然胶、丁基胶、丁苯胶和丁腈胶等橡胶的硫化剂，但主要应用于丁基胶中。采用它硫化的橡胶具有良好的耐热性能，压缩变形较小。该树脂应在软化温度以上混入胶料，混入后操作性能随之改善，为提高硫化胶的高温机械强度，宜加入大量的补强炭黑。由于其活性较低，通常需配合使用一些氯化物活性剂。对叔辛基酚醛树脂也主要作为丁基胶的硫化剂，性能与前者相似，但其硫化速度较快，硫化后橡胶的耐热性更高，压缩变形性更小。溴化后的酚醛树脂交联剂活性更高，它不需要活性剂即可硫化丁基胶。在通常操作温度下更易于分散和操作，硫化速度亦较快，一般在 166～177℃、10～60min 即可硫化充分。其抗焦烧性能良好，可配用一般炭黑，且热老化性能和耐臭氧性能优于未溴化的两品种，一般的物理机械性能，如强力、伸长率和永久变形等，也优于其他树脂。因此，溴化对叔辛基酚醛树脂被广泛地用于耐热丁基胶制品中，如硫化胶囊、运输带、垫圈等。由于其具优良的胶黏性，还可用于压敏性树脂中。

此外，采用酚醛树脂同环氧树脂粉末涂料组合起来，可用来制造贮存稳定性极好的粉末涂料。涂膜的机械特性和耐化学药品性能很好，适用于金属罐的内部涂装。酚醛树脂固化型环氧树脂粉末涂料的配方：双酚 A 型环氧树脂 75 份，酚醛树脂 25 份，流平剂 0.7 份，三乙醇胺 0.75 份。固化时间在 180℃下为 15min，即可制得涂膜厚度 20～30μm 的膜。

酚醛树脂除自身可以成膜交联外，还可以制备成复合型交联剂（环氧/酚醛树脂）以及加入橡胶胶粘剂之中。

（2）酚醛树脂交联剂的发展：关于酚醛树脂交联剂的报道相当广泛。施瓦茨等认为良好的酚醛树脂交联剂应具备如下条件：即酚羟基邻位上有两个—CH_2OH 基，相对分子质量在 600 以下—CH_2OH 的含量为 3% 以上。此外，如下结构的化合物也是有效的交联剂。前者可通过 2，2′-二硫代双（4-叔丁基苯酚）和甲醛反应制得，以 $SnCl_2$ 作活性剂可用于丁基胶和聚丁二烯橡胶的硫化。后者可在前一化合物合成的基础上和两分子的二烷氨基二硫代甲酸反应制备。

$$HO-CH_2-\left[C_6H_2(OH)(C(CH_3)_3)-S-S-C_6H_2(OH)(C(CH_3)_3)\right]_n-CH_2-OH \tag{9-36}$$

$$R_2N\overset{S}{\overset{\|}{C}}SCH_2-\left[C_6H_2(OH)(R_1)-S_x-C_6H_2(OH)(R_1)\right]_n-CH_2-S-\overset{S}{\overset{\|}{C}}NR_2 \tag{9-37}$$

2. 氨基树脂交联剂

目前所使用的氨基树脂主要有：三聚氰胺树脂、苯鸟粪胺甲醛树脂和脲醛树脂三种。它们是以三聚氰胺、苯鸟粪胺以及尿素等氨基化合物为主要原料，分别与甲醛、醇加成制备的缩合物。各原料胶的结构为：

$$C_3N_3(NH_2)_3 \quad (三聚氰胺) \qquad C_3N_3(NH_2)_2-C_6H_5 \quad (苯鸟粪胺) \qquad H_2N-\overset{O}{\overset{\|}{C}}-NH_2 \quad (尿素) \tag{9-38}$$

下面分别介绍各类树脂的应用性能。

(1) 脲醛树脂：由尿素和甲醛反应得到二羟甲基脲后，再在弱酸性条下与丁醇加热，即可制得具有一定相容性和溶解性的脲醛树脂。反应中应尽量使醚化反应完全，这样的产物相容性及稳定性好，但固化性差，固化要求温度高。这种交联性能亦受尿素、甲醛及丁醇比例的影响。

当尿素为1mol，甲醛2~4mol，丁醇1~2mol时，树脂生成的反应式如下：

$$\begin{aligned} &O=C(NH_2)_2 + 2HCHO \longrightarrow O=C(NHCH_2OH)_2 \xrightarrow[\text{弱酸},\ -H_2O]{+C_4H_9OH} O=C(NHCH_2OC_4H_9)_2 \\ &\longrightarrow O=C(NHCH_2OC_4H_9)-NHCH_2N(CH_2OC_4H_9)-C(=O_4H_9)-NHCH_2N(CH_2OC_4H_9)-C(=O)-NHCH_2OC \end{aligned} \tag{9-39}$$

依据丁醇醚化程度的不同，生成树脂的缩合度，对烷烃系溶剂的溶解性、固化性等会差异很大。醚化所用的醇可用高级醇，也可选低级醇，一般改性醇的碳数越小，则树脂固化性越高；但与其他树脂的相容性降低。因此，甲醇改性树脂只能用于水溶性涂料中。

丁醇醚化的脲醛树脂作为涂料交联剂用时，大多数是与醇酸并用，且在110~140℃条件下烘烤20~30min即可。通常，丁醇醚化脲醛树脂占基料重量的20%~40%。

（2）三聚氰胺树脂：涂料交联剂用的三聚氰胺树脂，是由 1mol 三聚氰胺与 4～6mol 的甲醛反应，然后采用丁醇醚化制备。醚化程度对其溶解性和相容性有影响。

由于丁醇醚化三聚氰胺树脂与各种醇酸树脂相容性很好，而且在比较低的温度下能制得三维网状交联的强韧漆膜，所以，可用作氨基醇酸树脂涂料和热固性丙烯酸树脂涂料的交联剂。与不干性油改性的醇酸树脂并用，因其漆膜色浅、耐候性好，可用在汽车面漆上；与热固性丙烯酸树脂并用，可用在汽车面漆上或者家用电器制品上；与半干性油醇酸树脂并用，可以在稍低温度下固化，用在大型载重汽车、农业机械、钢制家具等方面；与无油醇酸树脂并用，则用于金属预涂等方面。

与三聚氰胺树脂比较，虽脲醛树脂价廉，但在质量上（如耐候性、耐水性、光泽、保色性等方面）三聚氰胺树脂要好得多。因此，脲醛树脂一般用于内用或者底漆上。

（3）苯鸟粪胺甲醛树脂：鸟粪胺是三聚氰胺中的一个氨基被氨基以外的其他基团所取代的产物。其中用苯基取代的鸟粪胺广泛地用于涂料交联剂。其结构如下：

$$\begin{array}{c} R \\ | \\ N{=}C{-}N \\ |\quad\quad \| \\ H_2N{-}C{=}N{-}C{-}NH_2 \end{array} \tag{9-40}$$

式中，R = H，为甲酰基鸟粪胺；R = 甲基，为乙酰基鸟粪胺；R = 苯基，为苯鸟粪胺。

和前二种氨基树脂一样，苯鸟粪胺与甲醛、丁醇反应，制得了醇醚化苯鸟粪胺，可用作涂料交联剂。与三聚氰胺树脂相比，其溶解性小，固化成网状结构的程度小，交联程度差，造成固化得到的漆膜性能对温度的依赖性大，耐光性差。因此，它只适用于作底漆或者内用交联剂。但由于其结构的特点使它具有与其他料相容性好，初始光泽、耐热性、耐药品性、耐水性、硬度都很优良。

3 种氨基树脂的特性如表 9－7 所示。

表 9－7 涂料用脲醛树脂、三聚氰胺树脂以及苯鸟粪胺树脂的比较

性　能	涂料用脲醛树脂	涂料用三聚氰胺树脂	涂料用苯鸟粪胺树脂
加热固化温度范围	使用温度范围窄 100～180℃	使用温度范围广 90～250℃	使用温度范围广 90～250℃
固化性，漆膜硬度	固化性小，漆膜硬度低	固化性大，漆膜硬度高	固化性小，漆膜硬度高
酸固化性	大 根据选择的酸， 在室温下也能固化	小 温度降至 80℃以下， 固化极困难	小 温度降至 80℃以下， 固化极困难
附着性、柔软性	柔软，附着性好	硬，脆，附着性差	硬、柔韧性好， 附着性也好
耐水、耐碱性	差	良好	最好
耐溶剂性	差	良好	良好
光泽	差	良好	最好

续表

性 能	涂料用脲醛树脂	涂料用三聚氰胺树脂	涂料用苯鸟粪胺树脂
面漆漆膜的附着性	良好	差	良好
户外曝晒性，保色、保光性	差	良	差
涂料的稳定性	差	差 但丁醇醚化度高者良好	良好
价格	便宜	稍高	高

（4）氨基树脂交联剂的发展趋势：目前，多数使用氨基树脂交联剂的工业用涂料，主要是溶剂型的，这样才能保证在制造涂料及涂装时具有必要的流动性。近年来，随着节能、防止大气污染等的社会呼声日趋高涨，对于使用有机溶剂的问题就提到议事日程上，减少有机溶剂用量的涂料的开发研究正在成为一大要求。为此，对高固体型涂料、水系涂料和粉末涂料等已进行了大量的研究开发工作，以取代溶剂型涂料，并且部分已经实用。但是，氨基树脂仍然是一类重要的交联剂。

第三节 制备常用交联剂有机过氧化物

常用的交联剂为有机过氧化物。有机过氧化物分解生成的富有反应性的自由基（RO·）能从饱和或低不饱和高分子化合物的分子上夺取氢，使其形成交联。本节介绍有机过氧化物交联剂制备技术。

一、有机过氧化物 AD

（一）有机过氧化物 AD 简介

AD 化学名为 2，5-二甲基-2，5-二（叔丁过氧基）己烷，又名硫化剂双 25，英文名为 2，5-dimthy1-2，5-bis（tert-butytperoxy）hexane。分子式 $C_{16}H_{34}O_4$，相对分子质量 290. 45。结构式为：

$$CH_3-\underset{CH_3}{\overset{CH_3}{\underset{|}{\overset{|}{C}}}}-O-O-\underset{CH_3}{\overset{CH_3}{\underset{|}{\overset{|}{C}}}}-CH_2CH_2-\underset{CH_3}{\overset{CH_3}{\underset{|}{\overset{|}{C}}}}-O-O-\underset{CH_3}{\overset{CH_3}{\underset{|}{\overset{|}{C}}}}-CH_3 \tag{9-41}$$

本品为淡黄色油状液体。熔点 8℃，相对密度 0. 8650，折光率 1. 4185（28℃）。闪点 35 ~ 88℃。分解温度 140 ~ 150℃（中等速度）。不溶于水。有特殊臭味。

（二）有机过氧化物 AD

1. 生产原理

有机过氧化物 AD 制备是采用乙炔、丙酮、氢氧化钾在二甲苯、丁醇溶剂中经水解制得 2，5-二甲基己炔二醇中间体；上述中间体在骨架催化剂存在下，在 2. 5MPa 压力下加氢制得2，5-二甲基己二醇；再用过氧化氢进行过氧化反应，其化学反应方程式为：

$$CH\equiv CH \xrightarrow[\text{二甲苯}]{KOH,\ CH_3COCH_3} CH_3-\underset{OK}{\overset{CH_3}{\underset{|}{\overset{|}{C}}}}-C\equiv C-\underset{OK}{\overset{CH_3}{\underset{|}{\overset{|}{C}}}}-CH_3 \xrightarrow{H_2O} CH_3-\underset{OH}{\overset{CH_3}{\underset{|}{\overset{|}{C}}}}-C\equiv C-\underset{OH}{\overset{CH_3}{\underset{|}{\overset{|}{C}}}}-CH_3 \xrightarrow[Ni]{H_2}$$

$$CH_3-\underset{OH}{\overset{CH_3}{\underset{|}{\overset{|}{C}}}}-CH_2CH_2-\underset{OH}{\overset{CH_3}{\underset{|}{\overset{|}{C}}}}-CH_3 \xrightarrow[H_2SO_4]{H_2O_2} CH_3-\underset{OOH}{\overset{CH_3}{\underset{|}{\overset{|}{C}}}}-CH_2-CH_2-\underset{OOH}{\overset{CH_3}{\underset{|}{\overset{|}{C}}}}-CH_3 \xrightarrow[H_2SO_4]{(CH_3)_3COH} AD \tag{9-42}$$

2. 生产过程及工艺参数

由乙炔与丙酮及氢氧化钾在二甲苯、丁醇溶剂中反应所制得的产物，经水解制得2，5-二甲基己炔二醇中间体。

上述中间体在骨架催化剂存在下，在2.5MPa压力下加氢制得2，5-二甲基己二醇，再用过氧化氢进行过氧化反应。

过氧化反应在硫酸存在下进行，温度不超过15℃。过滤，用10%硫酸铵、7%碳酸氢钠洗涤，干燥，得到2，5-二甲基过氧化己烷中间体。

将上述中间体在硫酸存在下与叔丁醇进行叔丁基化反应，温度30～35℃。反应产物分层、洗涤、干燥、过滤，即得产品。

3. 每吨产品消耗定额

丙酮（工业品纯度≥80%）：2000kg

叔丁醇：910kg

过氧化氢（42%～48%）：2100kg

二、有机过氧化物DCP

（一）有机过氧化物DCP简介

DCP化学名为过氧化二异丙苯，又名过氧化二枯茗、硫化剂DCP，英文名为dicumy1 peroxide。分子式 $C_{18}H_{22}O_2$，相对分子质量270.38。结构式为：

$$C_6H_5-\underset{CH_3}{\overset{CH_3}{\underset{|}{\overset{|}{C}}}}-O-O-\underset{CH_3}{\overset{CH_3}{\underset{|}{\overset{|}{C}}}}-C_6H_5 \tag{9-43}$$

本品为白色结晶。相对密度1.08，熔点42℃，温度为120℃时逐渐分解，折光率1.54，117℃时半衰期为10h。溶于乙醇、乙醚、乙酸、苯和石油醚，不溶于水。见光逐渐变成微黄色。常和氧化锌并用。

（二）有机过氧化物DCP

1. 生产原理

有机过氧化物DCP制备是由过氧化氢异丙苯经还原、缩合而得。其化学反应方程式为：

$$C_6H_5-C(CH_3)_2-OOH \xrightarrow{Na_2SO_3} C_6H_5-C(CH_3)_2-OH \xrightarrow[HClO_4]{C_6H_5-C(CH_3)_2-OOH} C_6H_5-C(CH_3)_2-O-O-C(CH_3)_2-C_6H_5 \quad (9-44)$$

2. 生产过程及工艺参数

将过氧化氢异丙苯在 62 ~65℃下用亚硫酸钠还原，得到苄醇。然后在高氯酸催化下，苄醇与过氧化氢异丙苯缩合，温度 42 ~45℃，得到过氧化氢二异丙苯缩合液。用 10% 氢氧化钠溶液洗涤，真空浓缩，再溶于无水酒精，于 0℃以下结晶，过滤，干燥，即得 DCP 成品，含量为 97%（工业品）。

3. 每吨产品消耗定额

过氧化氢异丙苯（32% ~35%）：1500kg；

亚硫酸钠：978kg；

高氯酸：2kg。

第四节 水热法制备交联催化剂

“水热”一词大约出现在 150 年前，19 世纪中叶地质学家模拟自然界成矿作用而开始研究的，原本用于地质学中描述地壳中的水在温度和压力联合作用下的自然过程。1900 年后科学家们建立了水热合成理论，以后又开始转向功能材料的研究，如沸石分子筛和其他晶体材料的合成等，因此越来越多的化学过程也广泛使用这一词汇。水热与溶剂热合成是无机合成化学的一个重要分支，目前用水热法已制备出百余种晶体。水热法又称热液法，属液相化学法的范畴，是指在密封的压力容器中，以水为溶剂，在高温高压的条件下进行的化学反应。

水热合成研究从最初模拟地矿生成开始到合成沸石分子筛和其他晶体材料已经有一百多年的历史。直到 20 世纪 70 年代，水热法才被认识到是一种制备粉体的先进方法。无机晶体材料的溶剂热合成研究是近 20 年发展起来的，主要指在非水有机溶剂热条件下的合成，用于区别水热合成。水热与溶剂热合成的研究工作近百年来经久不衰并逐步演化出新的研究课题，如水热条件下的生命起源问题以及与环境友好的超临界氧化过程。在基础理论研究方面，从整个领域来看，其研究重点仍然是新化合物的合成，新合成方法的开拓和新合成理论的建立。人们开始注意到水热与溶剂热非平衡条件下的机理问题以及对高温高压条件下合成反应机理进行研究。由于水热与溶剂热合成化学在技术材料领域的广泛应用（如各种粉体材料及其处理等），特别是高温高压水热与溶剂热合成化学的重要性，世界各国都越来越重视对这一领域的研究。

一、制备原理

水热合成法是将一定形式的前驱物放置在高压釜水溶液中，在高温、高压条件下进行水热反应，再经分离、洗涤、干燥等后处理的制粉方法。其原理可简单概括为：水热结晶主要是溶解—再结晶机理。首先营养料在水热介质里溶解，以离子、分子团的形式进入溶液。利用强烈对流（釜内上下部分的温度差而在釜内溶液产生）将这些离子、分子或离子团被输运到放有籽晶的生长区（即低温区）形成过饱和溶液，继而结晶、析出长大成所需要的粉体。

（一）定义、特点及应用

1. 定义及应用

对于任一未知的合成化学反应，首先必须考虑的问题是要通过热力学计算其推动力，只有那些净推动力大于零的化学反应在理论上才能够进行，其次还必须考虑该反应的速率甚至反应的机理问题。前者属于化学热力学问题，后者则属于化学动力学问题，两者是相辅相成的，如某一化学反应在热力学上虽是可能的，而反应速率过慢也无法实现工业化生产，还必须通过动力学的研究来降低反应的阻力，加快其反应速率；而对那些在热力学上不可能的过程就没有必要再花力气进行动力学方面的研究了，除非是先通过条件的改变来使其在热力学上成为可能的过程。

水热和溶剂热合成化学与溶液化学不同，它是研究物质在高温和密闭或高压条件下溶液中的化学行为与规律的化学分支。引申为常温常压难进行的反应。

最初，水热法主要是合成水晶，因此水热法的定义为：水热法是在特制的密闭反应容器（高压釜）里，采用水溶液作为反应介质，通过加热反应容器，创造一个高温（100～1000℃）、高压（1～100MPa）的反应环境，使得通常难溶或不溶的物质溶解并重结晶。水热法已被广泛地用于材料制备、化学反应和处理，并成为十分活跃的研究领域。其定义为：水热过程是指在高温、高压下在水、水溶液或蒸气等流体中所进行的有关化学反应的总称。

水热法是指在密封压力容器内，以水作为溶剂，提供一个常压下无法达到的特殊的物理化学环境（一般条件为：温度100～400℃，压力大于0.1MPa～数兆帕），使反应物在水溶液中充分溶解形成过饱和状态、使前驱物（即原料）反应，并生成新的原子或分子生长基元，逐渐成核结晶、重结晶析出粒度小分散好的粉体的过程。简单而言，水热法是指一种在密封的压力容器中，以水作为溶剂、粉体经溶解和再结晶的制备材料的方法。目前主要应用于下列方面：①制备单晶；②制备有机-无机杂化材料；③制备沸石；④制备纳米材料；⑤材料的改姓处理等。

2. 特点

水热法，相对于其他粉体制备方法，水热法制得的粉体具有晶粒发育完整，粒度小，且分布均匀，颗粒团聚较轻，可使用较为便宜的原料，易得到合适的化学计量物和晶形等

优点；水热法由于前驱物反应和干燥在同一容器里一步完成，无需再高温灼烧处理，因此能直接得到结晶完好、粒度小、比表面积大的高分散纳米粉体。尤其是水热法制备陶瓷粉体无需高温煅烧处理，避免了煅烧过程中造成的晶粒长大、缺陷形成和杂质引入，因此所制得的粉体具有较高的烧结活性。

不同方法合成粉体的比较见表9－8。

表9－8 不同方法合成粉体的比较

合成方法	固相反应法	共沉淀法	水热法
合成成本	低－中等	中等	中等
发展状况	商业应用	商业应用	商业应用
组分可控性	差	好	好—很好
晶相可控性	差	中等	好
粉体的活性	差	好	好
纯度，%	<99.5	>99.5	>99.5
煅烧过程	需要	需要	不需要
研磨过程	需要	需要	不需要

（1）水热法的优点：水热法是一种在密闭容器内完成的湿化学方法，与溶胶凝胶法、共沉淀法等其他湿化学方法的主要区别在于温度和压力。水热法通常使用的温度在130～250℃之间，相应的水的蒸汽压是0.3～4MPa。与溶胶凝胶法和共沉淀法相比，其最大优点是一般不需高温烧结即可直接得到结晶粉末，避免了可能形成微粒硬团聚，也省去了研磨及由此带来的杂质。水热过程中通过调节反应条件可控制纳米微粒的晶体结构、结晶形态与晶粒纯度。既可以制备单组分微小单晶体，又可制备双组分或多组分的特殊化合物粉末。可制备金属、氧化物和复合氧化物等粉体材料。所得粉体材料的粒度范围通常为0.1μm至几微米，有些可以达到几十纳米。

水热与溶剂热法的反应物活性得到改变和提高，有可能代替固相反应，并可制备出固相反应难以制备出的材料，即克服某些高温制备不可克服的晶形转变、分解、挥发等。能够合成熔点低、蒸汽压高、高温分解的物质。水热条件下中间态、介稳态以及特殊相易于生成，能合成介稳态或者其他特殊凝聚态的化合物、新化合物，并能进行均匀掺杂。

相对于气相法和固相法水热与溶剂热的低温、等压、溶液条件，有利于生长缺陷极少、取向好的晶体，且合成产物结晶度高以及易于控制产物晶体的粒度。所得到的粉末纯度高、分散性好、均匀、分布窄、无团聚、晶型好、形状可控、利于环境净化等。

简单而言具有下列优点：①合成的晶体具有晶面，热应力较小，内部缺陷少，其包裹体与天然宝石的十分相近；②粒子纯度高、分散性好、晶形好且可控制，且生产成本低；③粉体一般无须烧结，这就可以避免在烧结过程中晶粒会长大而且杂质容易混入等缺点。

（2）水热法的不足：水热法一般只能制备氧化物粉体，关于晶核形成过程和晶体生长过程影响因素的控制等很多方面缺乏深入研究，还没有得到令人满意的结论。

目前，水热合成法的优点为：①明显降低反应温度（通常在100～200℃下进行）；②能够以单一反应步骤完成（不需要研磨和焙烧步骤）；③很好地控制产物的理想配比及结构形态；④水热体系合成发光物质对原材料的要求较高温固相反应低，所用的原材料范围宽。

水热法需要高温高压步骤，使其对生产设备的依赖性比较强，这也影响和阻碍了水热法的发展。因此，水热法有向低温低压发展的趋势，即温度低于100℃，压力接近1个标准大气压的水热条件。

简单而言具有下列缺点：①密闭的容器中进行，无法观察生长过程，不直观；②设备要求高（耐高温高压的钢材，耐腐蚀的内衬）、技术难度大（温压控制严格）等；③安全性能差。

3. 分类

水热法按反应温度分类可分为低温水热法，即在100℃以下进行的水热反应；中温水热法，即在100～300℃下进行的水热反应；高温高压水热法，即在300℃以上，0.3GPa下进行的水热反应。

水热法按设备的差异分类，可分为“普通水热法”和“特殊水热法”。所谓“特殊水热法”是指在水热条件反应体系上再添加其他作用力场，如直流电场、磁场（采用非铁电材料制作的高压釜）和微波场等。

根据研究对象和目的的不同，水热法可分为水热晶体生长、水热合成、水热反应、水热处理、水热烧结等，典型的反应有如下类型：水热氧化、水热沉淀、水热合成、水热还原、水热分解、水热晶化。

（1）水热氧化：采用金属单质为前驱物，经水热反应得到相应的金属氧化物粉体。例如，以金属钛粉为前驱物，在一定的水热条件（温度高于450℃，压力100MPa，反应时间3h）下，得到锐钛矿型、金红石型 TiO_2 晶粒和钛氢化物 TiH_x（$x=1.924$）的混合物；反应温度提高到600℃以上，得到的是金红石型和 TiH_x（$x=1.924$）的混合物；反应温度高于700℃时，产物则完全是金红石型 TiO_2 晶粒。采用该法制备的反应时间较短、晶粒尺度均匀、团聚较少。

（2）水热沉淀：典型的例子之一是采用硫酸钛配制的溶液和尿素 $CO(NH_2)_2$ 混合溶液为反应前驱物，放入高压釜中，填充度为80%，水热反应温度在120～200℃间。经水热反应在不同的配比下得到锐钛矿型、金红石型或者是两者的混合粉体，晶粒线度为15nm左右。由于在水热反应过程，尿素首先受热分解．使溶液pH值增大，碱性增强，有利于水解反应进行，从而形成水合二氧化钛，进而生成纳米二氧化钛。

（3）水热晶化：采用无定形前驱物经水热反应形成结晶完好的晶粒。如水热法制备 ZrO_2 晶粒时，以 $ZrOCl_2$ 水溶液中加沉淀剂（氨水、尿素等）得到的 $Zr(OH)_4$ 胶体为前驱

物，然后经过水热反应获得纳米二氧化锆。

(4) 水热合成：以一元金属氧化物或盐在水热条件下反应合成二元甚至多元化合物。如以 $SnCl_4$ 为原料配制成 $SnCl_4$ 溶液，通过过滤除去不溶物，获得白色澄清溶液，然后通过使用 KOH 调整其 pH 值，水热反应的温度在 120～220℃之间进行调整，反应 1～2h（升温速度为 3℃/min）。反应完毕后，经过滤洗涤后烘干即得产物。

(5) 水热分解：如天然钛铁矿的主要成分是：TiO_2，53.61%；FeO，20.87%；Fe_2O_3，20.95%；MnO，0.98%。在 10mol 的 KOH 溶液里，温度为 500℃，压力在 25～35MPa 下，经 63h 水热处理，天然钛铁矿可以完全分解。产物是磁铁矿 $Fe_{(3-x)}O_3$ 和 $K_2O \cdot TiO_2$，检测表明在此条件下，得到的磁铁矿晶胞参数（$a=0.8467$nm）大于符合化学计量比的纯磁铁矿的晶胞参数（$a=0.8396$nm）这是由于 Ti^{4+} 在晶格里以替位离子形式存在，形成 $Fe_{(3-x)}O_3 \cdot Fe_2TiO_4$ 固溶体。在温度为 800℃、压力 90MPa 下，水热处理 24h 则可得到符合化学计量比的纯磁铁矿粉体。

(6) 其他：除上述水热方法外，还有水热脱水、水热阳极氧化、机械反应（带搅拌作用）、水热盐溶液卸压法等粉体制备技术。

（二）合成原理

1. 原理

水热反应过程是指在一定的温度和压力下，在水、水溶液或蒸汽等流体中所进行有关化学反应的总称。按水热反应的温度进行分类，可以分为亚临界反应和超临界反应，前者反应温度在 100～240℃之间，适于工业或实验室操作。后者实验温度已高达 1000℃，压强高达 0.3GPa，足利用作为反应介质的水在超临界状态下的性质和反应物质在高温高压水热条件下的特殊性质进行合成反应。在水热条件下，水可以作为一种化学组分起作用并参加反应，既是溶剂又是矿化剂同时还可作为压力传递介质；通过参加渗析反应和控制物理化学因素等，实现无机化合物的形成和改性，既可制备单组分微小晶体，又可制备双组分或多组分的特殊化合物粉末。克服某些高温制备不可避免的硬团聚等，其具有粉末细（纳米级）、纯度高、分散性好、均匀、分布窄、无团聚、晶型好、形状可控和利于环境净化等特点。

2. 合成装置

水热法合成宝石采用的主要装置为高压釜，在高压釜内悬挂种晶，并充填矿化剂。

高压釜为可承高温高压的钢制釜体。水热法采用的高压釜一般可承受 1100℃的温度和 1GPa 的压力，具有可靠的密封系统和防爆装置。因为具潜在的爆炸危险，故又名“炸弹（bomb）”。高压釜的直径与高度比有一定的要求，对内径为 100～120mm 的高压釜而言，内径与高度比以 1∶16 为宜。高度太小或太大都不便控制温度的分布。由于内部要装酸、碱性的强腐蚀性溶液，当温度和压力较高时，在高压釜内要装有耐腐蚀的贵金属内衬，如铂金或黄金内衬，以防矿化剂与釜体材料发生反应。也可利用在晶体生长过程中釜壁上自然形成的保护层来防止进一步的腐蚀和污染。如合成水晶时，由于溶液中的

SiO_2与Na_2O和釜体中的铁能反应生成一种在该体系内稳定的化合物，即硅酸铁钠（锥辉石$NaFeSi_2O_6$）附着于容器内壁，从而起到保护层的作用。矿化剂指的是水热法生长晶体时采用的溶剂。

矿化剂通常可分为以下5类：①碱金属及铵的卤化物；②碱金属的氢氧化物；③弱酸与碱金属形成的盐类；④强酸；⑤酸类（一般为无机酸）。

其中碱金属的卤化物及氢氧化物是最为有效且广泛应用的矿化剂。矿化剂的化学性质和浓度影响物质在其中的溶解度与生长速率。合成红宝石时可采用的矿化剂有NaOH、Na_2CO_3、$NaHCO_3+KHCO_3$、K_2CO_3等多种。Al_2O_3在NaOH中溶解度很小，而在Na_2CO_3中生长较慢，采用$NaHCO_3+KHCO_3$混合液则效果较好。

合成装置见图9-1、水热法合成$Ni(OH)_2/SiO_2$催化剂的工艺流程见图9-2，固定催化床制备碳纳米管装置示意图见图9-3。

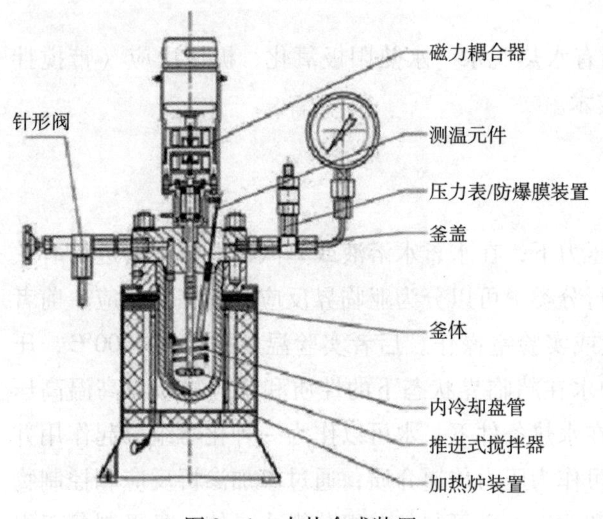

图9-1 水热合成装置

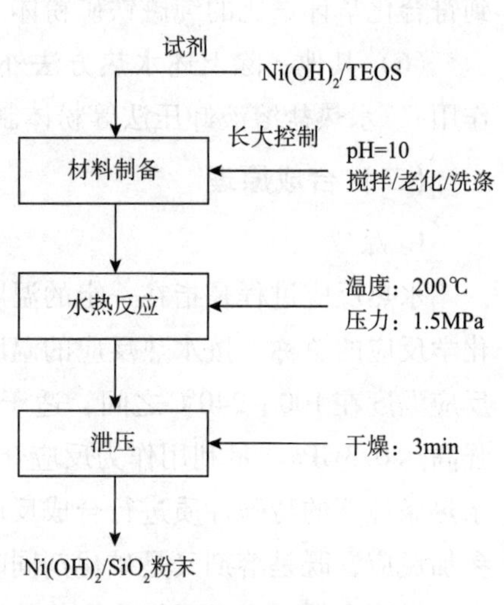

图9-2 水热法合成$Ni(OH)_2/SiO_2$催化剂的工艺流程

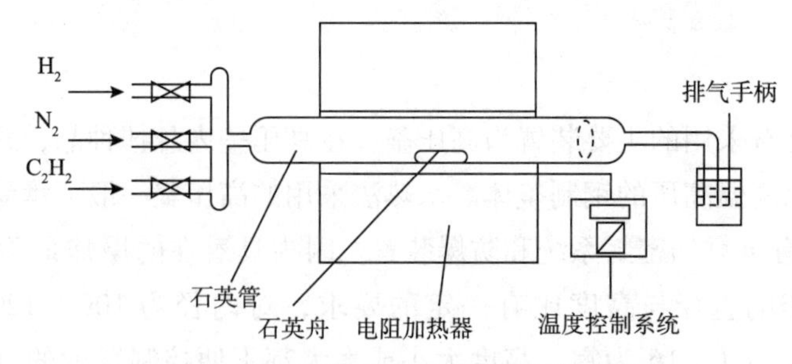

图9-3 固定催化床制备碳纳米管装置示意

二、工艺参数及其选择

水热法合成催化剂分体的主要影响因素为：温度的高低、反应时间、矿化剂、体系pH值等。以水热法合成纳米氧化锌ZnO为例，介绍影响氧化锌纳米材料的影响因素（浓度、温度、反应时间、pH值、Zn^{2+}/OH^-物质的量比、添加剂和掺杂等）及其对其尺寸、形貌等的影响。溶液中氧化锌的形成可以分为两个过程，即晶核的形成及晶体的生长。这两个过程与溶液中存在的离子种类及浓度、反应温度和反应时间以及添加剂等因素有着非常密切的关系。

（一）浓度

反应物的浓度决定了水解反应的平衡过程和成核过程，对于制得的产物的尺寸和形貌有着重要影响，通过调节浓度可以得到不同尺寸和形貌的产品。

陶新永研究了氢氧化钠浓度对氧化锌纳米棒形貌和尺寸的影响。当NaOH浓度为0.5mol/L时，产物的形态比较多样，除了有纳米棒外还有纳米片的存在，纳米棒直径及长度分布不均匀；当NaOH浓度增大到1mol/L时，产物大多为纳米棒，但有少量锥形物存在，纳米棒长度及直径分布都不均匀，有的1μm；当浓度为2mol/L时，产物都是纳米棒，直径较小且分布均匀。

刘长友采用水热法制备了具有菜花状结构的ZnO纳米棒束。分析认为，$N_2H_4 \cdot H_2O$浓度影响了前驱体Zn^{2+}的存在形式，导致体系均匀性发生变化，改变了ZnO晶体的生长环境，从而影响了ZnO的形貌。实验结果表明，控制溶液中较低的$N_2H_4 \cdot H_2O$浓度是合成菜花状ZnO纳米棒束的关键。

Guo研究认为纳米棒直径与反应物的浓度之间不是线性关系。而在相对较高的浓度区间内，浓度降低两倍，直径降低将近3倍；而在相对较低的浓度区间内，浓度降低一个数量级，直径却降低很少。

（二）温度

水热反应温度作为一个重要的调控参数，影响反应的进度和结晶速度，直接影响纳米材料的生长过程，进而对产物的形貌和性能都会产生影响。

Guo研究了水热生长温度对在ITO基底上生ZnO纳米棒阵列的影响。生长温度对于纳米棒的长径比有很大影响，当生长温度从40℃到95℃时，纳米棒的直径基本没变，但是平均长度却从200nm增长到1.2μm。在不同的温度下，纳米棒都是沿晶面［001］方向生长，表明沿着晶面［001］方向生长速率对温度更敏感。靳福江研究水热反应温度对于ZnO纳米棒发光强度的影响。随着水热反应温度的升高（60℃、70℃、80℃、90℃），ZnO纳米棒光致发光强度依次增强，同时观察到温度升高时，紫外发射峰的强度增加比较大，而其他峰位增加的比较小，与Guo的结论有所不同。

Li采用CTAB辅助水热法合成了ZnO纳米结构，研究了温度对于晶体形态和性能的影响。研究发现，在120℃低温下呈现花状纳米结构，而在150℃、180℃相对较高的温度下呈现卷心菜状结构，并对机理进行了探讨。

（三）反应时间

反应时间在纳米材料合成过程中起到很关键的作用。反应时间影响产品的形貌和产率，具体反映时间的控制应视不同的反应体系而定。

Li 研究了水溶液中 ZnO 纳米棒和纳米管的生长情况。研究表明，在开始的 10h 时内，得到的是纳米棒阵列；而当生长时间在 10h 之后，纳米管在纳米棒的顶部生长。这一发现为设计纳米管和纳米棒的组合生长提供更多的选择。

郭敏对水热法制备氧化锌纳米棒阵列进行了动力学研究。动力学研究结果表明：当生长时间在 8h 内时，纳米棒的生长速度较快，之后生长近乎停止，棒的长度和直径基本不再改变。在生长速度较快的 8h 内时，纳米棒径向生长由两个明显的动力学过程组成，即由生长时间在 1.5h 内的快生长步骤和随后的慢生长步骤组成。纳米棒的轴向生长趋势呈直线分布。

许磊以硝酸锌和六亚甲基四胺为原料，采用水热法在 90℃下生长出具有多枝六方纳米棒的 ZnO 纳米结构。研究发现，多枝 ZnO 纳米结构由单根纳米棒演化而来，生长时间的越长，分枝的趋势越明显。

（四）pH 值

水热条件下的溶解度与溶液的碱性和反应温度有很大的关系，溶液碱性的增强和反应温度的提高，增大了 $Zn(OH)_2$的溶解度，若在碱性条件下则形成 $Zn(OH)_4^{2-}$等四面体配位离子，这些离子基团即是晶体的生长基元；另一方面，生长时溶液中 OH^-的多少强烈地影响着晶体生长基元的结构形式和晶体生长的界面性质。

李必慧在低温条件下，通过控制前驱溶液的 pH 值，在导电玻璃衬底上制备了形貌各异的 ZnO 阵列。水热处理前用氨水调节溶液的 pH 值对 ZnO 阵列形貌的影响很大，氨水在整个过程中不仅提供碱性环境，同时也作配位剂。在 pH 值为 10.5 左右时，能得到取向性好、直径均匀的 ZnO 纳米棒阵列。

王步国在 $ZnCl_2$溶液中加入适量氨水制得的 $Zn(OH)_2$胶体作前驱物，在中性水介质和碱性 KOH 介质进行水热反应，获得了不同形态的氧化锌。中性水为介质得到的氧化锌微晶为长针状；在弱碱性水热条件下得到晶粒为长柱状结晶，碱性增强，晶粒长径比明显减小；在强碱性水热条件下，晶粒成规则多面体的球形。Xu 通过在纯水、KOH 和氨水溶液中水热处理醋酸锌得到了不同形态的 ZnO 晶体，研究发现不同的溶剂在控制 ZnO 形貌上起到关键作用。

pH 值的大小影响前驱物的溶解度，且改变生长基元的生长方向和过程，控制 pH 值有利于晶体的取向生长，得到目标产物的结构、形貌和性质会有很大不同。

（五）Zn^{2+}/OH^-物质的量比

Zn^{2+}/OH^-的物质的量比影响产物的形貌，不同 Zn^{2+}/OH^-比例反应得到的产物形貌

有很大不同。

Ge以$Zn(NO_3)_2 \cdot 6H_2O$和NaOH为原料，CTAB为表面活性剂，研究了Zn^{2+}/OH^-物质的量比Zn^{2+}/OH^-的物质的1：5的时候，得到直径大约10～20nm放射状的不规则的聚集体；当Zn^{2+}/OH^-的物质的量比为1：20的时候，得到剑麻状的三维纳米结构；随着Zn^{2+}/OH^-的物质的量比的升高，纳米棒的长径比也增大。同时研究发现，Zn^{2+}/OH^-物质的量比的不同，得到纳米棒尖端的圆锥体的角度也不同。

张红霞也以$Zn(NO_3)_2 \cdot 6H_2O$和NaOH为原料，没有添加表面活性剂，系统研究了Zn^{2+}/OH^-物质的量比对产物形貌的影响。当Zn^{2+}/OH^-的物质1：4时，得到多边形氧化锌纳米片，薄片的厚度较为均匀，约90nm；当Zn^{2+}/OH^-的物质的量比1：6时，得到大量的纳米片和少量的纳米棒组，纳米棒的生长不完整，棒的直径和长度不均一；当Zn^{2+}/OH^-的物质的量比为1：8时，得到的形貌以纳米棒为主，其中仍可见少量片状结构，棒体为六棱柱状，棒顶端是锥形六面体结构，称为铅笔状氧化锌；直到Zn^{2+}/OH^-的物质的量比为1：10时，片状结构消失，形貌为直径均一的铅笔状的纳米棒，平均直径约200nm。

（六）添加剂

为了有效控制其形貌与尺寸，研究者采用了各种方法来改进ZnO纳米结构的水热合成工艺，比如添配合剂或其他辅助剂等是常用的一种手段。添加剂可起到模板剂、稳定剂、分散剂的作用。

王艳香以三聚磷酸钠为表面活性剂，采用水热合成法制备了氧化锌纳米片。氧化锌纳米片的形成是由于氧化锌晶体［001］晶面上显露的OH^-悬键部分被具有负电性的磷酸根取代，这种取代的发生，阻碍了溶液中的生长基元$Zn(OH)_2$在该晶面上叠合，使得本应生长最快的［001］晶面生长受限，所以得到了片状的纳米氧化锌。

张萌民利用PS微球模板的空间限制作用及柠檬酸钠对ZnO晶体各晶面的生长速度的调制作用，成功地制备出了连续、密实的ZnO规则多孔结构。通过研究得出：PS微球的存在限制了一部分ZnO纳米棒的生长，即PS微球正下方的ZnO纳米棒生长受限，从而使得ZnO棒所围成的区域呈规则的六角阵列分布；柠檬酸钠对ZnO晶体不同极性面上的生长速度有调制作用。无柠檬酸钠时，ZnO纳米棒呈现单根柱状排列，棒与棒之间相对疏松；而添加柠檬酸钠后，ZnO纳米棒间变得高度致密。

Zhang研究了CTAB在水热合成花状ZnO纳米结构中的作用，研究认为CTAB与溶液中的生长基元相结合，吸附在氧化锌核心的周围，产生活性位，进而在活性位上形成剑状ZnO纳米棒，从而形成了花状的ZnO纳米结构。

陈庆春以硝酸锌和氢氧化钠为主要原料，研究了120℃水热条件下不同的添加剂对产物形貌的影响。添加D-山梨醇所得棒状ZnO末端为锥形，添加十二烷基三甲基溴化铵的ZnO末端为针形，而添加十六烷基三甲基溴化铵的ZnO长径比更大，直径也更为细小。

添加剂的种类繁多，选择不同结构和性质的添加剂，可以得到尺寸大小、粒子形态可控的纳米微粒，可以使产物的形貌更加多样化，但对于其中的机理还有待于深入的研究。

（七）掺杂

在水热过程中，适当的掺杂特定的物质，可以有效的调节 ZnO 纳米材料的电子能态结构，改变表面效应，会导致颗粒晶型、大小、晶相转变温度的改变，进而会改变晶体的结构、颜色、形貌和性能。

王百齐采用水热法在较低温度下制备了纯 ZnO 和 Co 掺杂的 ZnO 纳米棒。掺杂前后的样品均具有较好的结晶度，且沿 *c* 轴生长。Co 离子是以替代的形式进入 ZnO 晶格，掺入量约为 2%（原子分数）。纯 ZnO 纳米棒平均直径约为 20nm，平均长度约为 180nm；掺杂样品的平均直径约为 15nm，平均长度约为 200nm，Co 掺杂轻微地改变 ZnO 纳米棒的生长。另外，Co 掺杂能够调整 ZnO 纳米棒的能态结构，丰富其表面态，进而赋予 Co 掺杂 ZnO 纳米棒以新奇的发光特性。徐迪采用水热法，在沉积了 ZnO 种子层的 ITO 基片上制备出不同 Al 掺杂量的氧化锌纳米棒阵列薄膜。随着 Al 掺杂量的增加，纳米棒的平均直径有减小的趋势；紫外发射峰发生蓝移，光学带隙宽变宽，紫外发射峰强度先增加后减小。

蔡淑珍在 $Zn(OH)_2$ 中掺入 $SnCl_2 \cdot 2H_2O$，合成出 ZnO 晶体。产物中除了大量短六棱柱形晶体，还出现了部分冰激凌形晶体。六棱柱形晶体具有典型的 ZnO 特征。而冰激凌形晶体有明显的六棱锥晶体外壳，X 光能谱检测证实晶体各部位的组分均为 ZnO。刘宝用 $SnCl_4 \cdot 4H_2O$ 作掺杂剂，得到了不同形貌的 Sn 掺杂 ZnO 纳米颗粒。随着 Sn 掺杂浓度的增大，纳米晶的平均粒度增加，晶体形貌由短棒状向单锥状和双锥状转变；提高前驱液的 pH 值，所得样品的形貌由长柱状向短柱状转变。

对于水热法制备纳米氧化锌，原料的选择、反应物浓度、反应温度、反应时间和添加剂等都影响着形貌和性能。

三、催化剂性能检测方法

（一）催化剂催化性能检测原理

催化剂的性能评价与测试是催化研究、开发、生产和使用不可缺少的部分。估量一个催化剂的价值时，催化性能是判断其性能好坏的重要标志之一。催化剂的活性、选择性和稳定性等不仅取决于催化剂的化学结构，而且受催化剂宏观结构的影响。表征催化剂宏观结构的参量有表面积、孔结构、密度、机械强度等物理量，研究与测定催化剂的宏观物性，无论对催化剂制备当中有关性能的表征，还是对催化基础研究与工程应用提供必要的参数，都是十分重要的。

1. 催化剂活性评价及其测定

评价催化剂是指对适用于某一反应的催化剂进行较全面的考察。其主要的考察项目如表 9-9 所示。

表9-9 催化剂的评价项目

项 目	主要影响因素
活性	活性组分，助剂，载体，化学结合态，结构缺陷，有效表面，表面能，孔结构等
选择性	与上相似
寿命	稳定性，机械强度，耐热性，抗毒性，耐污性，再生性
物理性质	形状，粒径，粒度分布，密度，导热性，成型性，机械强度，吸水性，流动性等
制备方法	制造设备、制备条件、难易性，重现性，活化条件，保存条件
使用方法	反应装置，催化剂装填方法，反应操作条件，安全程度，腐蚀性，再活化条件，分离回收
价格	催化剂原料的价格，制备工序
毒性	操作过程的毒性，废物的毒性

实验室研究中催化剂的评价指标主要是活性、选择性和寿命，这不仅是工业上的主要指标，也是最直观、最有实际意义的参量，一般称之为“三大指标”。而其中活性（activity）是催化剂最重要的性质，一个优良的催化剂必须具备高活性。催化剂的活性是表示催化剂加快化学反应速率程度的一种度量。活性的测定，根据催化剂的研制、现有催化剂的改进、催化剂的生产控制和动力学数据的测定以及催化基础研究的不同。可以采用不同的测定方法。也因为反应所要求的条件不同，可以采用不同的测定方法。例如强烈的放热和吸热反应、高温、低温、高压和低压等反应条件，要区别对待。

测定催化剂活性的方法，大致可分为两类，即流动法和静态法。流动法的反应系统是开放的，供料连续。静态法的反应系统是封闭的，供料不连续。流动法中包括一般流动法、流动循环法（无梯度法）、催化色谱法，以及沸腾床和移动床催化剂活性的测定。静态法包括一般静态法及其改良的静态循环法。由于工业生产多为连续流动系统，所以一般流动法应用最广。流动循环法和催化色谱法主要用于研究反应动力学和机理。静态法适用于高压或原料要求消耗少的过程，以及催化基础研究。

理论上，实验室测定催化剂活性的条件应该与催化剂实际使用时的条件完全相同。但这常常不可能，因为催化剂最终要用在生产规模的反应器内。由于经济的和方便等原因，活性评价必须是在实验室小规模地进行。在小规模装置上评价的活性，常常不可能用来准确地估计大规模装置内的催化性能，必须将两种规模下获得的数据加以关联。因此，评价性化剂活性时必须弄清催化反应器的性能，以便正确判断所测数据的意义。

这里介绍一些评价催化剂活件的反应器装置和几种活性测试的实例。

2. 催化剂活性的测定与表示方法

（1）活性测试的目标：活性是反映催化剂在一定实验条件下催化性能的最主要的指标，无论在筛选阶段，或是评价过程中，大量的探索和研制工作都是围绕催化剂活性进行的。催化剂活性的测试可以包括各种各样的试验，这些试验就其所采用的试验装置和解释所获信息的完善程度而有很大差别。因此，首先必须十分明确地区别所需要获得的是什么信息、以及用于何种最终用途。

催化剂活性测试最主要目的如下：①催化剂制造厂家或用户进行的常规质量控制检验，这种检验可能包括在标准化条件下，在特定类型催化剂的个别批量或试样上进行的反应。②快速筛选大量催化剂。这种试验通常是在比较简单的装置和温和的条件下进行，根据单个反应参数的测定来做解释。③更详尽地比较几个催化剂。这可能涉及在最可能的工业应用范围的条件下进行测试，以确定各个催化剂的最体操作区域。可以根据若干判据，对已知毒物的耐受性以及所测的反应气氛来加以评价。④测定特定反应的机理。这可能涉及标记分子和高级分析装置的使用。这种信息有助于建立合适的动力学模型，或在探索改进催化剂中提供有价值的线索。⑤测定征特定催化剂上反应的详尽动力学，失活或再生的动力学也是有价值的。这种信息是进行工业规模的工厂或演示装置所必需的。⑥在研制的催化剂工业化以前，模拟工业反应条件下催化剂的连续长期运转通常是在一个具有与设计的工业体系相同结构的反应器中进行的，并且可能包括一个单独的模件（如一根与反应器管长相同的单管）或者是反应器实际尺寸缩小的形式。

上述的试验项目，有些可以构成新催化剂的开发，有些构成为特定过程寻找最佳现存催化剂的条件。显而易见，催化剂测试可能是很昂贵的。因此，事先仔细考虑试验的程序和实验室反应器的选择很重要。

（2）催化剂活性的表示方法：活性的高低表示催化剂对反应加速作用的强弱，应该说催化剂的活性是指催化反应速率尔与催化反应速率之间的差别。由于通常情况下非催化反应速率小到可以忽略，所以催化剂的活性就是催化反应的速率。催化剂的活性可以用催化反应的实际速率来表示。

①反应速率：以单分子反应为例．并假定反应物的吸附为速率控制步骤。这时碰撞次数是指单位时间反应物分子与表面活性中心之间的碰撞次数。由于表面活性中心的浓度极小，所以相应的碰撞数大约是均相气体分子间的碰撞数的$1/10^{12}$。如果催化反应与非催化反应的速率相同，按碰撞理论（$v=z\mathrm{e}^{-E/RT}$）两者的指数项要差10^{12}倍，这意味着两者的活化能相差65kJ/mol。而通常催化反应的活化能要比非催化反应小100kJ/mol左右，此时反应速率约相差26万倍：$v_{催}/v_{非}=10^{-12}\mathrm{e}^{-(E_{催}/E_{非})/RT}=10^{-12}\mathrm{e}^{100000/(8.314\times308)}=2.6\times10^{5}$。

根据1979年国际纯粹化学和应用化学联合会（IUPAC）的推荐，反应速率的定义为：

化学反应：

$$0=\sum_i v_i B_i \tag{9-45}$$

反应速率（rate of reaction）：

$$\dot{\xi}\overset{\mathrm{def}}{=\!=}\frac{\mathrm{d}\xi}{\mathrm{d}t} \tag{9-46}$$

式中，ξ为反应程度（extent of reaction），定义为：

$$\mathrm{d}\xi\overset{\mathrm{def}}{=\!=}\frac{\mathrm{d}n_{Bi}}{v_i}=\frac{n_{Bi}-n_{Bi}^{0}}{v_i} \tag{9-47}$$

式中，d_{Bi}为组分的变化量，用 mol 表示；n_{Bi}和$n_{Bi}{}^{0}$分别为$t=t$和$t=0$时物质i的量，用 mol 表示；v_i为B_i的化学计量系数，对产物为正值，对反应物为负值。

在催化反应体系中，如果非催化反应的速率可忽略，催化反应速率可定义为：

$$v=\frac{1}{Q}\frac{d\xi}{dt} \tag{9-48}$$

式中，Q为催化剂的量，如以质量m表示：

$$v=v_m=\frac{1}{m}\frac{d\xi}{dt} \tag{9-49}$$

式中，v_m是反应的比速率（specific rate of reaction），在规定的条件下可以称为比活性。如果Q以体积V表示：

$$v=v_i=\frac{1}{V}\frac{d\xi}{dt} \tag{9-50}$$

式中，V是催化剂颗粒体积，不包括颗粒间的空间。如果Q以催化剂的表面积A表示：

$$v=v_a=\frac{1}{A}\frac{d\xi}{dt} \tag{9-51}$$

式中，v_a是单位表面积的反应速率（area rate of reaction）。

在工业生产中，催化剂的生产能力大多数是以催化剂单位体积为标准，并且催化剂的用量通常都比较大。

在某些情况下，用催化剂单位质量作为标准表示催化剂的活性比较方便。例如在实验室里当样品数量只有几毫升时，测量其体积就会带来较大的误差，又如工业生产在某些特殊情况下，用催化剂质量作为标准更便于实际应用，低压聚乙烯催化剂就是其中的一个例子。

但比较固体物质的固有催化性质时，用上述两种方法，就不够严格。这是应当以催化剂单位表面积上的反应速率作为标准。因为催化反应仅在固体的表面上（当然包括内表面）发生，与体相物质的含量无关。

若知道催化剂的堆密度和比表面数值，则上述三种表示方法可以相互换算。

利用上述各种催化反应速率的表示法进行比较时，对催化反应进行的条件应该规定足够详细，因为一般而言催化剂的活性不仅取决于催化剂的化学本性，而且取决于催化剂的结构和纹理组织等，而催化剂的制备方法不同对他们会有很大影响。表 9-10 列出了不同制备方法的各种铂催化剂对二氧化硫催化氧化的活性。

表 9-10　铂催化剂的活性

催化剂样品	比表面积/（cm^2/g）	相对速率常数	
		单位质量催化剂	单位表面积催化剂
铂黑	1.7×10^3	1.00	1.00
铂丝（ϕ0.1mm）	22.6	1.38×10^{-2}	1.00
铂箔	6.90	3.08×10^{-2}	7.57

注：相对速率常数以铂黑催化剂样品为基准。

②转换频率：因为反应是在催化剂表面上发生的，因此，一种速率表达式中应以面积速率式为最好。然而，相同表面积的催化剂其表面上活性中心浓度（或密度）可能并不一样。因此根据活性中心数来表征反应速率似乎更能接近催化剂的本质速率。借用酶化学中的转换数概念，在催化中引入了转换频率（turnover frequency）概念。

催化剂的活性中心随不同的催化剂而异，它可以是一个质子、配位络合物、表面原子簇（cluster）、蛋白质上的胶束囊（supermolecular pocket），一般以“ * ”表示。对固体催化剂而言，它是固体表面的配位不饱和的原子或由这样的原子组成的簇，在一系列的反应步骤中，反应物或中间物能吸附在它上面。

转换频率又称转换速率，是指反应在给定温度、压力、反应物比率，以及一定的反应度下在单位时间内，单位活性中心上发生反应的次数，以 V_1表示。虽然这个表示活性的方法很科学，但测定起来却不容易，由于我们对许多催化剂活性中心的结构常常不完全了解或不了解，因此不能直接计算其活性中心数。即使对于金属催化刑，我们也只能是算出暴露在表面的金属原了数；然而，一个活性中心聚集的表面原子数究竟是几个，表面上又有多少个这样的活性中心，都是较难确定的问题。V_1大体上只能是催化活性的平均值，因为暴露在表面上的原子中，也只是一部分具有活性，所以其平均值是相当于较低水准的真实活性，此外 V_1不是速率常数，因此它仍然与反应条件有关。在报道 V_1值时，必须对反应条件加以比明，转换频率多应用于理论方面的研究。

③转化率：对于活性的表达方式，还有一种更直观的指标，常被用来比较催化利的活性，那就是转化率。工业上常用这种参数来衡量催化剂。为了实际工作的方便，在催化剂的研制阶段，通常在相同的试验条件下，以各种样品提供的转化率，作为衡量催化剂活性的标准。转化率定义为：

$$x = \text{某一反应物的转化量/该物质的起始量} \times \% \tag{9-52}$$

在用转化率比较活性时，要求反应温度、压力、原料气浓度和接触时间（停留时间）相同。若为一级反应，由于转化率与反应物质浓度无关，则不要求原料气浓度相同的条件。转化率是针对反应物而言的，如果反应物不只一种，根据不同反应物计算所得的转化率数值可能是不一样的，但它们反映的都是同一客观事实。通常关注的是关键组分的转化率。

采用这种参数时，必须注明反应物料与催化剂的接触时间，否则就没有速率概念了。在工业生产中常以空速（space velocity）表示反应物进料的快慢。空速是指单位内通过单位体积（或单位质量）催化剂的原料气体积（或质量）。常用 1h 内通过 1L 催化剂的原料气体积（换算成标准状态）来表示。如以 V_k代表催化剂的体积，V_r表示通过催化剂的原料气体积（换算成标准状态），t 为通气时间（小时），则空速可表示为：

$$V_0 = V_r / (t \cdot V_k) \tag{9-53}$$

空速的倒数为接触时间，以 τ 表示。τ 有时也称空时（space time），单位可为 h、min、s。

图 9－4 是两种催化剂的转化率随接触时间的变化曲线。从图 9－4 可见（意味着同一空速），催化剂 A 的转化率高于 B 的，所以 A 的活性高于 B。

图 9－5 是两种催化剂的转化率随接触时间的变化曲线，在同一转化率时间少于 B 的，也即 A 的空速大于 B 的，所以 A 的活性高于 B。

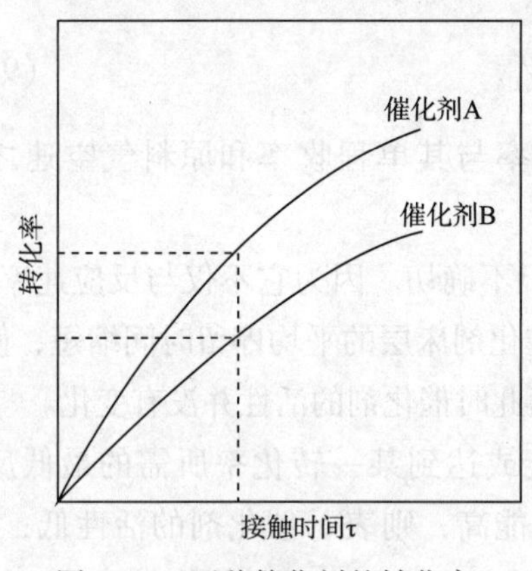

图 9－4　两种催化剂的转化率-接触时间曲线

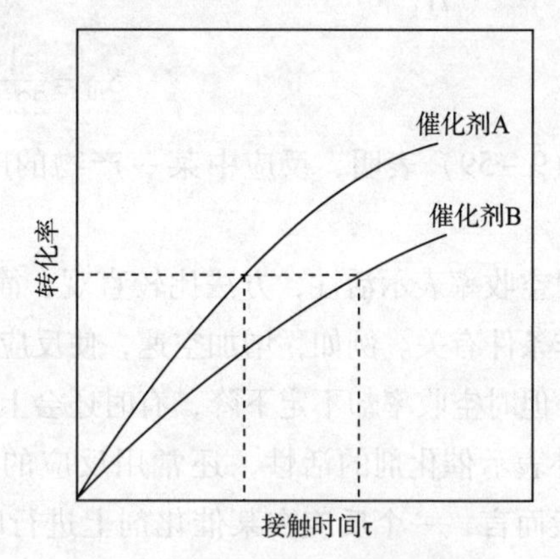

图 9－5　同一转化率两种催化剂接触时间的比较

工业生产中比较催化剂的生产能力，常用时空收率（也称时空得率或产率）。时空收率是指单位时间内，以空速（V_2）流过催化剂的气体生成某一产物的质量（g、kg 等）。即 1h 内通过 1L 催化剂的反应气所得某一产物的质量，常表示为 g/（L · h）。

例如在反应 aA →bB＋Cc＋Dd＋…中产物 B 的时空收率（S_{tB}）为：

$$S_{tB}=\frac{W_B}{t\cdot V_k} \qquad (9-54)$$

其中 W_B 为产物 B 的质量，g。如以产物 B 的摩尔质量除 W_B，则：

$$S_{tB}=\frac{N_B}{t\cdot V_k} \qquad (9-55)$$

如再以原料气 A 在标准状态下的流量（V_t）去除上式的分子和分母，并经进一步处理，则得：

$$S_{tB}=\frac{\dfrac{H_B}{V_t}}{t\cdot\dfrac{V_k}{V_t}}=\frac{22.4\,\dfrac{N_B}{V_t}}{22.4\,\dfrac{tV_k}{V_t}} \qquad (9-56)$$

因为 $N_A=\dfrac{V_t}{22.4}$，所以上式 S_{tB} 变成：

$$S_{tB}=\frac{\dfrac{N_B}{N_A}}{22.4\,\dfrac{tV_k}{V_t}}=\frac{\dfrac{a}{b}\dfrac{N_B}{N_A}}{22.4\,\dfrac{a}{b}\dfrac{tV_k}{V_t}} \qquad (9-57)$$

再根据 $aN_B/bN_A = y_B \cdot y_B$ 为产物 B 的单程收率，S_{tB}进一步写成：

$$S_{tB} = \frac{1}{22.4}\frac{b}{a}y_B\frac{V_t}{tV_k} \tag{9-58}$$

又因为 $V = \frac{V_k}{tV_k} \cdot S_{tB}$，最后变成：

$$S_{tB} = \frac{1}{22.4}\frac{b}{a}y_B V_{CA} \tag{9-59}$$

式（9-59）表明，反应中某一产物的时空收率与其单程收率和原料气空速之间的关系。

用时空收率表示活性，方法比较直观、简单，但不确切。因为它不仅与反应速率有关，还和操作条件有关。例如，增加空速，使反应物在催化剂床层的平均停留时间缩短，使转化率下降，但时空收率却不定下降，有时还会上升，面此时催化剂的活性并没有变化。

此外表示催化剂的活性，还常用反应的活化能或达到某一转化率所需的最低反应温度。一般而言，一个反应在某催化剂上进行时活化能高，则表示催化剂的活性低；反之，活化能低时，则表明催化剂的活性高。通常都是用总包反应的表观活化能做比较。达到某转化率所需的最低反应温度数值大的，表明该催化剂的括性低，反之亦然。

催化剂活性表达参量的选择，应依所需信息的用途和可利用的工作时间而定。不论测试的目的如何，所选定的条件应该尽可能切合实际，尽可能与预期的工业操作条件接近。

（二）催化剂评价的反应器装置

选择正确的反应器是催化剂活性测试的一个决定性步骤。最合适的实验室反应器类型主要决定于反应体系的物理性质、反应速率、热性质、过程的条件，所需信息的种类和可得到的资金。

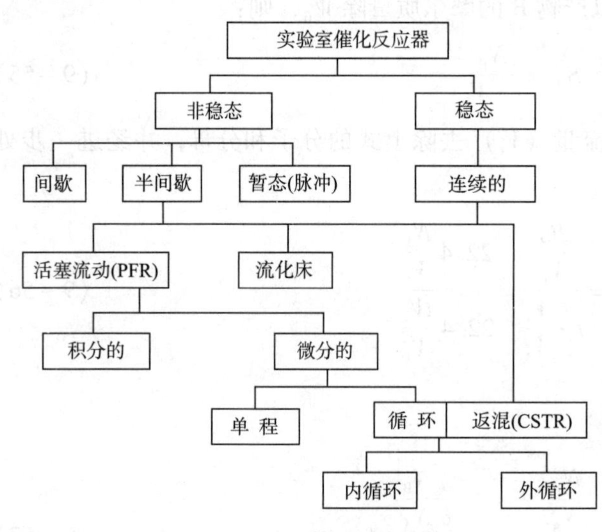

图 9-6 实验室催化反应器类型

一个好的实验室反应器应能使反应床层内颗粒间和催化剂颗粒内的温度和浓度梯度降到最低，这样才能认识在传质，传热不起控制作用的情况下催化剂的真实行为。

根据反应器的特征，可以将其分成不同的类，分类方法有许多种，按照实验室催化反应器的稳态或非稳态特点，连续或间歇操作，可用图 9-6 所示进行分类。

大多数实验室反应器有一个共同的特点：小。催化剂床小。催化剂用量少的明显优点是费用低；传

热和控制的困难减少到最低限度；温度可以准确测量；辅助设备例如管路、阀、泵和压力计费用低、易制造；试剂用量适当，易获得；空间节省。但是，缺点是复验性问题，尤其是实验室制备的小显催化剂。小的催化剂床对低浓度的毒物敏感得多，所以反应物必须彻底净化至超纯水平。因为反应器直径小，催化剂常常是粉末状的，虽然孔内扩散的问题减至最低程度。但压力降的困难出现了。流速小时，催化剂颗粒的雷诺数 R_{ep} 很小，流动状况难以规定。R_{ep} 值大于 25 ~ 50 是湍流所必需的，低于此值则为层流。许多实验室反应器的 R_{ep} 为 1 ~ 10。在这种场合，外扩散的相关性是不能断定的。

如果克服了这些障碍，实验室反应器提供了最快速的、花费最少、最简单的方法来累积速率数据。由于反应器小，就缩小了不希望有的温度梯度和浓度梯度，减少了传质和传热效应的影响，使所获得的活性真正是本征的。

1. 反应器科学中的基本概念

实验室各种反应器间最本质性的差别是间歇式（分批的）和连续式（流动的）之间的差异。间歇式反应器在催化动力学研究中用得较少。在催化研究中用得最多的是连续反应器。一定组成的反应物连续流人反应器，边流动边进行反应。下面简要讨论连续等温式实验室反应器的两种理想的极限情况。

（1）连续流动搅拌釜式反应器（CSTR）：CSTR 中假定物质充分搅拌，因而各处的组成均匀一致，反应器出口处的物质组成与反应器内的一样。因此可以直接测量作为浓度函数的反应速率。在这种反应器中，进料单元之间存在着停留时间分布。分析的基点是反应器的稳态物料平衡：

反应物进入反应器的流速 = 反应物流出反应器的流速 +

反应物在反应器中因化学反应而消失的速率　　(9 - 60)

应用物料平衡于图 9 - 7 的反应器，给出：

$$Q_0 C_0 = Q_0 C + W_r \tag{9-61}$$

所以：

$$v = \frac{C_0 - C}{W/Q_0} \tag{9-62}$$

式中，C_0、C 为反应物进入和流出反应器的物质的量浓度；Q_0 为体积进料速率；W 为反应器中催化剂的质量；v 为单位质量催化剂上的总反应速率。

另一方面，速率也可以按单位催化剂体积来表示，在这种情况下：

$$v = \frac{C_0 - C}{V/Q_0} \tag{9-63}$$

式中，V 为反应器中所盛催化剂的体积。

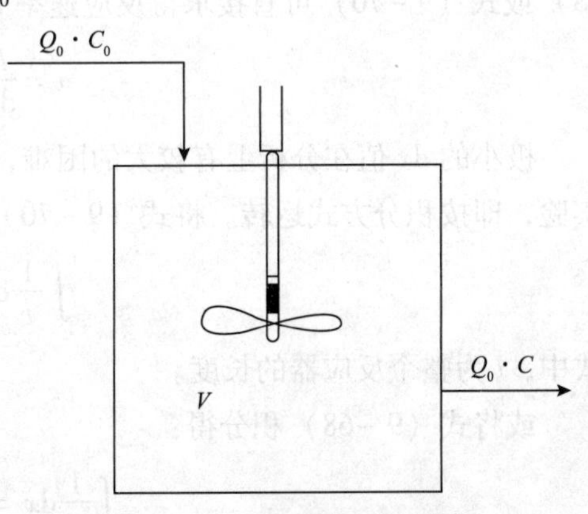

图 9 - 7　连续搅拌釜式反应器

（2）活塞式流动反应器（PFR）：PFR 中

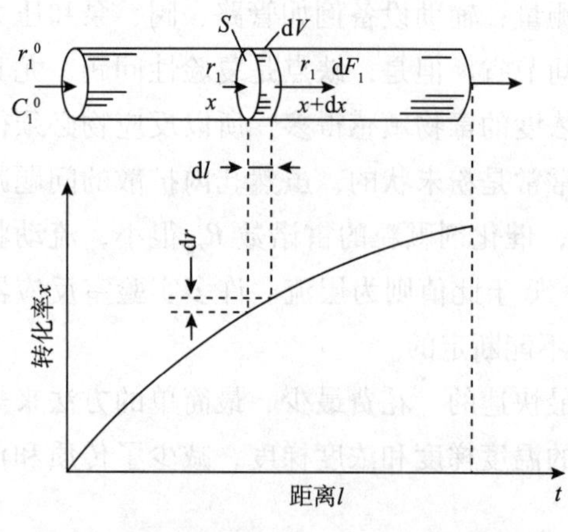

图 9-8 活塞式流动反应器的变量

反应器各处的组成是不同的，当反应达到稳态时，反应器任一截面的反应物绍成不随时间而变化。假定没有轴向混合，而且无浓度或流体速度的径向梯度，则反应物的浓度只是反应器长度的函数。图 9-8 可说明活塞式流动反应器的变量。

对微分体积元 dV，设某一组分 j 的摩尔进料速率为 F，摩尔出料速率为 F_j，组分 j 因反应而减少的量为 $-v_1 dV$（v_2 为每单位体积催化剂的反应速率）。

则物料平衡式为：

$$F_j = F - dF - v dV \quad (9-64)$$

即：

$$-dF = v dV \quad (9-65)$$

设 F 是组分 j 在反应器入口处的摩尔加料速率，x 足转化率。则：

$$F = F\ (1-x) \quad (9-66)$$

故：

$$-v dV = F dx \quad (9-67)$$

由式（9-65）和式（9-67）可得：

$$v dV = F dx \quad (9-68)$$

对截面积为 S 的管式反应器：

$$dV = S dl \quad (9-69)$$

dl 为微分图柱形体积元的厚度。将式（9-69）代入式（9-68）则得：

$$v S dl = F dx \quad (9-70)$$

当 PFR 小到可视为微分体积元（即微分反应器）。则由转化率的微分 dx 按式（9-68）或式（9-70）可直接求得反应速率 v：

$$v = \frac{F}{dV}dx = \frac{F}{Sdl}dx \quad (9-71)$$

极小的 dx 值在分析上有较大的困难，所以 PFK 大都是在较高的转化率的情况下进行实验，即按积分方式运转。将式（9-70）对整个反应器积分，则得：

$$\int \frac{1}{v}dx = \int \frac{S}{F}dl \quad (9-72)$$

式中，l 为整个反应器的长度。

或将式（9-68）积分得：

$$\int \frac{1}{v}dx = \int \frac{1}{F}dV = \frac{V}{F} \quad (9-73)$$

式中，V 为整个反应器的体积。

设 C 为进料中 j 组分的物质的量浓度，Q 为体积进料速率。则式（9－73）可改写为：

$$\int \frac{1}{v}\mathrm{d}x = \frac{V}{CQ} \tag{9-74}$$

调节反应物的起始浓度 C 调整空速 Q/V，就得到一组 $V/F \sim x$ 实验数据，将 x 对 V/F 的积分数据加以微分，以获得反应速率 y 对浓度的依赖关系式［$v_1 = kf(C_1)$］。也可以将设想的反应速率方程拟合于所得积分数据，按照拟合的优良性进行比较、验证。

例如噻吩加氢脱硫反应：

$$\text{噻吩(S)} + H_2 \longrightarrow H_2S + \tag{9-75}$$

将 H_2 通过装有噻吩的鼓泡器，于 273K 下鼓泡得到用噻吩饱和的氢气。将它通过装有 2.3cm^3 40～80 目的 Ni-Mo 基加氛脱硫催化剂的内径为 0.7cm 的反应器（575K）。催化剂用等体积同样目数的 Pyrex 玻璃粉稀释。调节 H_2 气的流速，得到相应的一组实验结果，将它们整理成接触时间 τ（即 V/Q）与噻吩在反应器出口处的浓度 C 的一组对成数据，绘成图 9－9。

将式（9－74）中的 V/Q 以 τ 代表，则得：

$$\int \frac{1}{v}\mathrm{d}x = \frac{\tau}{C} \tag{9-76}$$

对其微分，得：

$$\frac{1}{v}\mathrm{d}x = \frac{\mathrm{d}\tau}{C} \tag{9-77}$$

即：

$$v = C\frac{\mathrm{d}x}{\mathrm{d}\tau} \tag{9-78}$$

而：

$$C = C(1-x) \tag{9-79}$$

所以：

$$\mathrm{d}C = -C\mathrm{d}x \tag{9-80}$$

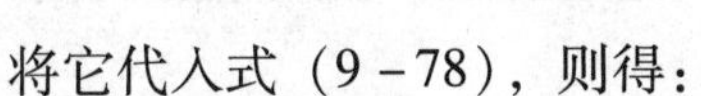

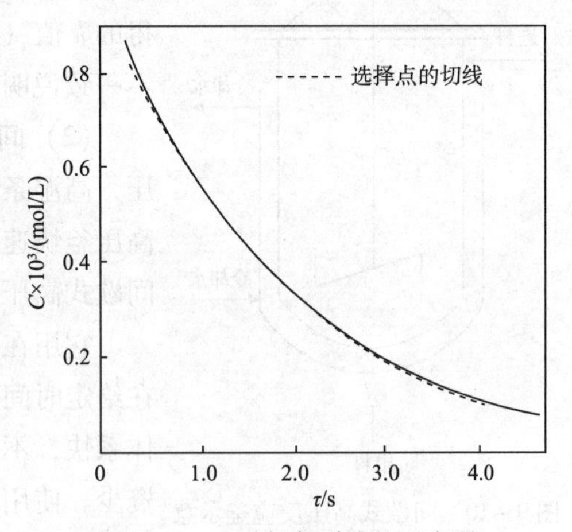

图 9－9 噻吩加氢脱硫的反应器出口浓度 C 对接触时间 τ 的曲线

将它代入式（9－78），则得：

$$v = -\frac{\mathrm{d}C}{\mathrm{d}\tau} \tag{9-81}$$

根据式（9－81），在图 9－9 上于不同的 τ 值处做切线求其斜率，即可求得（图中虚线即所述的切线）。图解法不很精确，因而要求实验数据有较高的精确度。

假定速率方程为指数型方程：

$$v = kC \tag{9-82}$$

式中，C 为噻吩的浓度（假定氢极过量存在）；k 为速率常数；n 为反应级数。

式（9－82）两边取对数，由 $\ln r$ 对 $\ln C$ 作图，则由斜率求得表观级数 n，由截距求得

速率常数 k。求得所属参数的最简单方法是最小二乘法。据所得实验数据求得 $\pi=0.95$，$k=0.45$。

也可以假定速率方程是一级速率方程，即 $v=kC=kC(1-x)$，将之代入式（9－74），则得：

$$\int\frac{1}{kC(1-x)}\mathrm{d}x=\frac{V}{CQ}=\frac{fN}{C}$$

由此可得：

$$-\ln(1-x)=kx \tag{9-83}$$

因而若确实是一级速率方程，则 $-\ln(1-x)$ 对 τ 作图应得通过原点的直线，其斜率即为 k。根据 $-\ln(1-x)$ 对 τ 的数据的最小二乘法分析得：

$$k=0.54\mathrm{s}^{-1} \tag{9-84}$$

截距为0.02。将所得 k 值代入式（9－83），则得：

$$x=1-\exp(-0.54\tau) \tag{9-85}$$

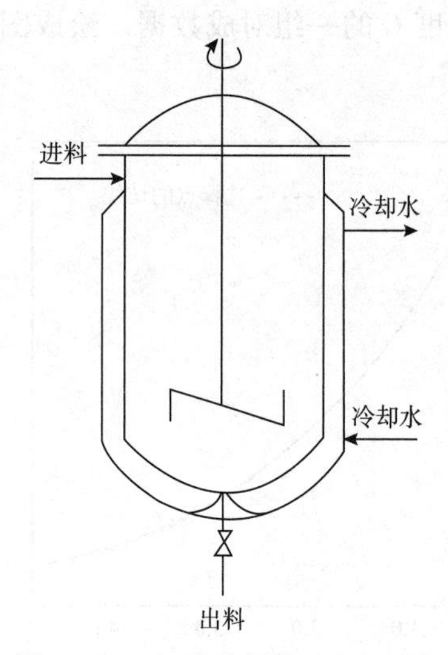

图9－10　间歇式高压反应釜示意

可以用统计学的方法，按照式（9－84）计算的转化率推断测定的转化率值的精确度。用一级速率方程拟合所得的 k 值（$0.54\mathrm{s}^{-1}$）与用指数型方程由截距求得的 k 值的不一致说明，所设定的速率方程可能过于简单。

（2）间歇式反应器：间歇式反应器大都用在研究高压，高湿条件下催化剂与反应物混合的液相反应体系，用高压釜快速筛选催化剂。不适于做细致的催化剂测试工作。间歇式高压反应釜的结构如图9－10所示。

它用在催化剂测试上有两点优势、首先是装卸时间快，在给定时间内可完成比较多的试验。准备工作比高压连续体系快，不需等待稳态的出现，而且清理方便。其次是投资少。使用两个以上高压釜同时运转，不需加倍的辅助设备。因此，间歇式高压釜主要用在需要进行若干次试验的场合。例如为高压高温过程粗选大量可能用的催化剂，以建立活性顺序。该法只要求试验之间简单的对比，但试验条件必须等同。

间歇式高压釜用在催化剂测试上的缺点如下。

①由于高压釜结构性质带来的大热容量和高热应力的不合理性。阻碍着反应物系的快速升温和降温，且常常导致大的超温。因此，一般在某个特定温度的接触时间是不确定的。升温和降温的时间，容易比高压釜保持在反应温度下的时间长。高压釜缓慢升温引起的另一个问题。是可能使反应物在连续流动反应器中迅速加热所得的产物分布变宽。因为选择性是催化剂的一个重要要求，产物分布变宽就可能成为一个主要的问题。

②在反应过程中，反应物与产物的分压变化既不可能控制，一般又不可能测量。

③累积的气体和液体产物的最终组成，只代表一段时间的平均值。因此，它们并不一

定说明连续体系得到的产率。

④催化毒物或阻化剂的累积，能破坏产率的模式和反应速率。

⑤由于高压釜使用不方便和笨重的特性。很难得到令人满意的、彼此接近的物料平衡的结果。

⑥当运转时，难从高压釜中抽取样品。

⑦一般而言，不能独立地控制温度和压力。

⑧在一些情况下，当高压釜降压时，可能出现产物的分馏。因此，得到有代表性的气体样品需要特别当心。通常必须将全部气体产物收集在一个有弹性袋中，来获得有代表性的样品。

(3) 脉冲微型催化反应器：色谱分析法具有高效、高灵敏度、快速和易于自动化的优点，现在已成为石油与化工生产和科研工作中最广泛采用的分析方法。色谱分析法的基本原理是根据各种物质的吸附性能不同，进行分离，从而达到分析的目的。图 9－11 的微型催化反应器是由附装在气相色谱性上的小反应器组成。

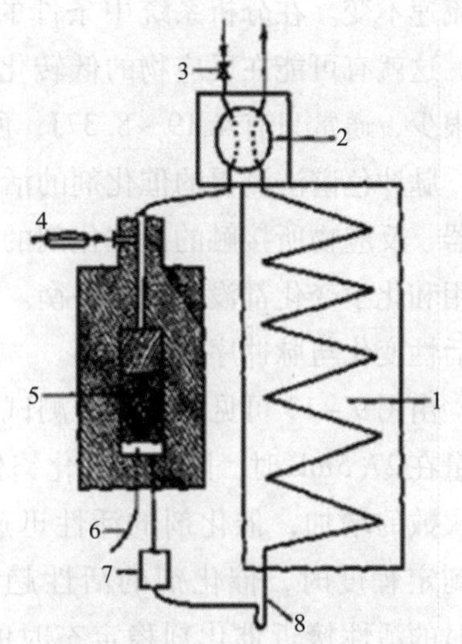

图 9－11　脉冲微型催化反应器

1—气相色谱柱；2—热导池或其他定器；3—针型阀或气体调节器；4—样用注射器；5—微型反应器；6—热电偶；7—干燥器；8—冷阱

载气可以是惰性物质也可以是反应物之一。通过反应器和色谱柱的载气为同一个载气流。流速恒定的载气流经热导池、流动型反应器、干燥器、冷阱和色谱柱，再回到样品热导池。

实验时将少量的混合物（气体或液体）用注射器加到气化室里，与载气混合后进入反应器。反应后的混合物在冷阱里冷凝。

当一次反应结束后，取下冷阱使之气化，以便进行色谱分析，这样即完成一次脉冲实验。然后再进行下一次实验。在色谱柱上水常是难以分辨的。如果水是一种反应产物，可以用含适当化学干燥剂的干燥装置把它除去。如果产物从催化剂上慢慢地洗提出来，可直接在反应器后放一个液氮冷阱。当把冷阱浸入热水中时，冷凝的样品可立刻进入色谱柱。

此法的装置和操作比较简单，为许多工作者所采用。但此法存在着比较严重的缺点，即同一载气流经反应器和色谱柱，反应器中浓度梯度变化不能控制，这样就不便于用改变载气流速的办法来改变反应的接触时间，而又不破坏色谱柱的最佳操作条件，也不可能利用流经反应器和色谱柱的不同性质的载气流，例如，氧气通过反应器，而氢气通过色谱柱。当用两路载气分别通过反应器和色谱柱的双载气流法时，则可避免上述缺点。

双载气流法的实质是通过反应器和分析系统的载气互相独立，互不干扰。它的基本原理示于图 9－12。

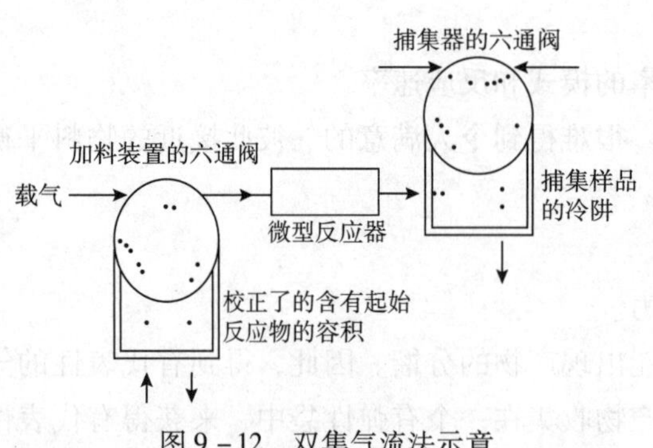

图 9－12　双集气流法示意

载气通过六通阀 1、反应器 2 和阀 3。当转动阀 1 时，反应混合物由校正了体积的定量管 5 流入反应器 2，进而到充填了惰性物质或吸附剂的冷阱 4 中。在这里收集和冷凝反应产物及剩余的反应物。当冷阱收集了样品后，转动阀门，迅速加热被冷凝的试样到需要温度，用载气将混合物送入分析系统。

在上述流程中，经过分析系统的载气的流速不变。在分析系统中条件的标准化和分析样品的富集，都有助于提高测定的精确性。这就有可能在反应物的低转化率（到 10%）下操作。因为在低转化率下反应放出的热很少，通常只有 4.19～8.37J，所以在催化剂层中实际上不存在温度梯度。

脉冲色谱法测得的催化剂的活性是非稳定态的活性，这是因为反应物以脉冲式进入反应器，反应物所接触的是催化剂的“干净”表面，在反应物的作用下。催化剂表面的吸附作用和化学变化都没有达到平衡。图 9－13 为丙烯在氧化铬催化剂上用氧氧化时，催化剂的活性变化与脉冲序号的关系。

由图 9－13 可见：当色谱测试条件相同情况下，进样量在 27.5mL 时。随着向氧化铬催化剂中加入丙烯和氧次数的增加，催化剂的活性迅速下降，当脉冲数增加到定程度时，催化剂的活性趋于平稳。可以认为，这时的活性接近催化剂稳定态时的活性，可见非稳定态的活性比稳定态的活性高数倍。催化剂活性下降的原因，是由于丙烯在催化剂表面上强烈的化学吸附所致。丙烯的化学吸附可由物料平衡方程式算出。

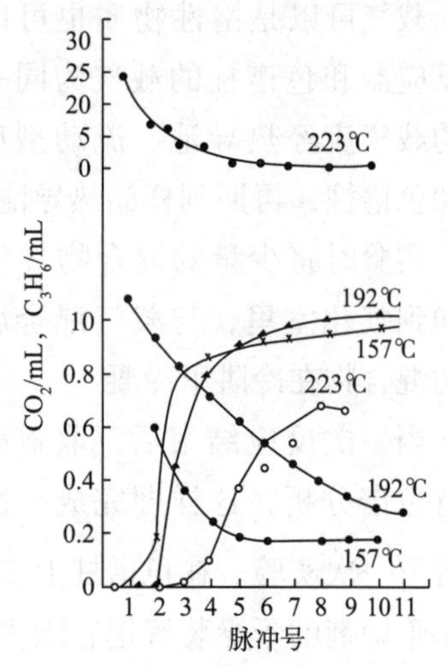

图 9－13　二氧化碳生成量、C_3H_6 余量与脉冲序号的关系

从测试催化剂的观点来看，脉冲反应器最大的优点是体系相当简单。只需用很少生的反应物和催化剂且可以快速测试。脉冲操作基本上保证了等温特性、可在同一个恒温箱内平行地运转许多个这种反应器，使许多催化剂得以同时测试。改变载气的速率可获得一批转化率的数据。主要缺点是在催化剂表面建立不起平衡，脉冲过程中催化剂表面浓度在变化。在许多情况下，催化剂表面的组成和性能取决于稳定流动条件下与其周围气氛之间的平衡。所以从非平衡的脉冲反应器得到的信息可能并不反映稳定流动条件下催化剂真实性质。

尽管如此，脉冲型反应器对研究催化反应有许多独特的特点。

①由于在脉冲中使用微量的反应物，所以即使对高度放热或高度吸热的反应，催化剂

床的温度也不会出现很大的波动。例如，在甲烷催化氧化中。以氧为载气使用0.66cm^3（标准状态）的甲烷脉冲。在5cm^3催化剂上使该体积的甲烷氧化所放出的热量应小于29.26J，那么催化剂床的总温度升高将小于3℃。如果反应很快，也可能出现温度梯度。

②可以得到非稳定态条件下的速率数据，这时催化剂表面尚未达到其正常“平衡”情况。虽然，这一特点对活性测量可能是不利的，但它对动力学和反应机理提供了深入的认识。例如Hall和Emmett发现，如果乙烯加氢的镍－铜合金催化剂预先用氢或氦处理，其活性有显著的变化。

③在同一温度下使用连续脉冲，可以考察催化剂的调节过程，从物料平衡可以确定在催化剂上，反应物以化学吸附或降解形式保留的量。

（4）连续流动反应器。

①管式反应器：实验室管式反应器的一般形式基本上都是相同的，不管其尺寸如何。也无论是用于积分或微分的操作方式。图9－14是一种典型的不锈钢制管式反应器，它适用于很宽的温度和压力范围。

催化剂床层载于一个装在铠装热电偶上的不锈钢筛网上，筛网的位置可以移动以调节热电偶热端的位置。筛网上铺一个薄层石英棉，将催化剂倒在石英棉上并轻敲反应器使其装实。在催化剂上面再铺一层石英棉，然后用惰性填充物填满其余的空间以起预热器的作用。反应管直径为5～15mm，长50～100mm。催化剂粒径按它与反应管内径的比例范围（1/10～1/5）和实际的传热、传质效应确定，反应管的气路一般用$\phi3$的不锈钢管，图9－15是反应管的配套设备的示意图。可以按前述活塞式流动反应器的基本计算式来处理所得的实验数据。

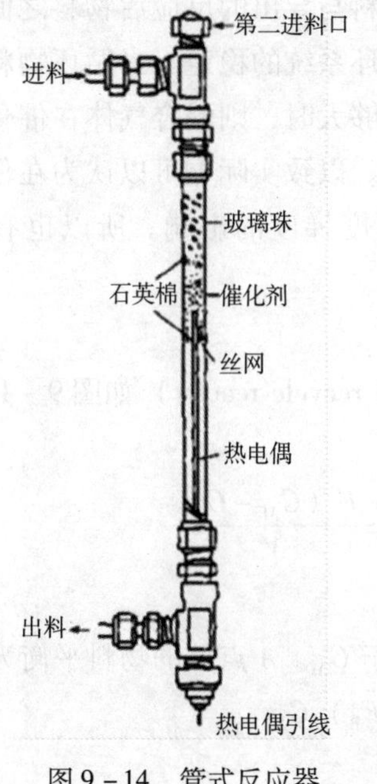

图9－14　管式反应器

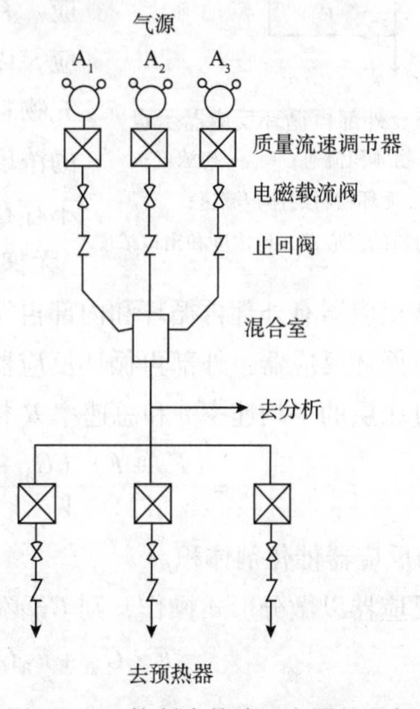

图9－15　控制多管路反应器的设备

管式反应器形式简单且制作方便，能够迅速装载催化剂进行试验。反应器在所研究的反应中应当是惰性的。通常使用300号不锈钢，但某些反应需要特别的材料，如400℃以上的一氧化碳反应需要衬铜反应器。在低压研究中可使用玻璃和石英反应器。这类反应器的壁厚常用氢氟酸浸蚀来减厚，以改进催化剂与加热浴的热接触。

大多数管式反应器是垂直安装的，反应物自上而下通过，催化剂床通常安放在由适当目数金属网构成的支撑物上，该金属网又牢牢地固定在所要求的位置上。简单的一束金属丝也能够用作支撑物。很细的颗粒可以放在一段较大的惰性颗粒的短床层上或者放在置于支撑物上的一团玻璃毛上。

反应物通常用一短的惰性颗粒填充床预热到反应温度。预热器和催化剂床两者都应完全处于加热介质的恒温区中。对于直径小的反应器，在轴向固定一薄套管热电偶一般就行了。套管的直径和壁厚以及热偶丝的大小只要使用方便应当尽量地小，以尽可能地减少热的传导。在放入催化剂之前，应当先把热偶阱放在反应器中的合适位置。用裸露的热偶接点测量温度更为准确，对在只有几个大气压下操作的系统，在接近热偶接点处把套管去掉的不锈钢套管热电偶，使用起来几乎与热偶阱一样方便。

②再循环反应器：再循环反应器的基本原理是将反应后的物料大部分循环，小部分导出系统。这类反应器中，至少90%的产物再循环到反应物，循环的物料与补充的新鲜反应物混合，然后再进入催化剂层反应。补充的新原料与导出的反应后物料之间，要相适应，以便达到循环系统的稳定。当循环物料量与新补充物料量之比足够大时，则混合气体在催化剂进出口的浓度变化很小。以致实际上可以认为在催化剂层中不存在依度和温度梯度的影响。所以也有人称之为“无梯度反应器”。

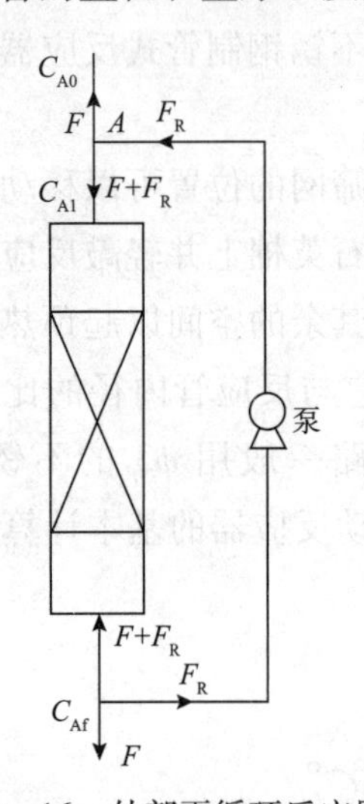

图9－16　外部再循环反应器示意

F—反应物体积流速；C_{A0}—初浓度；

F_R—循环物料的体积流速；

C_{A1}、C_{Af}—物料的反应器入口浓度和出口浓度

再循环反应器有外部再循环和内部再循环两类。

外部再循环反应器：外部再循环反应器（external recycle reactor）如图9－16所示。

出穿过床层的平均速率 v 和总速率 R 相同，有：

$$v=\frac{(F_R+F)(C_{Af}-C_{A0})}{V}=R=\frac{F(C_{Af}-C)}{V} \tag{9-86}$$

式中，V 为反应器催化剂体积。

如果反应器以微分形式操作，则 C_{A0} 必须只略大于 C_{Af}。A 点处的物料平衡为：

$$F\cdot C_{A0}+F_RC_{Af}=(F+F_R)C_{Af} \tag{9-87}$$

于是：

$$C_{Af}=\frac{C_{A0}}{1+(F_R/F)}+\frac{(F_R/F)\cdot C_{A0}}{1+(F_R/F)} \tag{9-88}$$

如果循环比足够大，而 $F_R \gg F$，则：

$$C_{Af}\approx C_{A0} \tag{9-89}$$

满足微分操作条件，反应器可视为微分反应器。且速率由总速率给出，并与反应器出口的反应物浓度相对应，即式（9－86）后半部表达的。

这样，每次试验就得到一个与出口条件相应的反应速率，它可以由普通的差分方程算得。出口条件的使用，避免了配制不同组成进料的必要。式（9－86）和 CSTR 的表达式（9－63）的数学类似性是一目了然的。所以，在高循环比时，再循环反应器的性能就像理想的完全搅拌反应器。实践证明，要获得这种情况，再循环比 F_R/F 应该约大于 25。这时，催化剂床层中的温度梯度和浓度梯度通常是可以忽略的。

由于外部再循环反应器在装置上必须有一个精密计量、稳定运转、物料不能被污染、月死体积又要小的高级循环泵，可谓条件十分苛刻。而通常的泵又不能在高温的条件下操作，因此物料在反应器出口需要冷却装置将物料冷却，经过循环系之后又要再被加热，这既浪费能源又使操作复杂化。由此而开发了另一种内部再循环反应器。

内部再循环反应器：内部再循环反应器（internalrecycle reactor），借叶轮使反应混合物回流通过静止催化剂床层，以达到内部循环。由于所有组件都盛在一个容器内，所以这种反应器适于高压体系。图 9－17 为内部再循环反应器的示意图。装置上部为催化剂床层和风道，其下部为涡轮叶轮。当它高速转动时，强制气流通过催化剂，再从风道吸回，也可设计成为相反方向流动。循环气量可达 150L/min。气体混合极为均匀，完全可以达到温度和浓度的无梯度状态。

在循环系统中用循环泵使反应混合物高速循环。循环泵可以是机械的、活塞的或电磁的，以及其他类型。图 9－18 为带有玻璃电磁循环泵的一种类型。

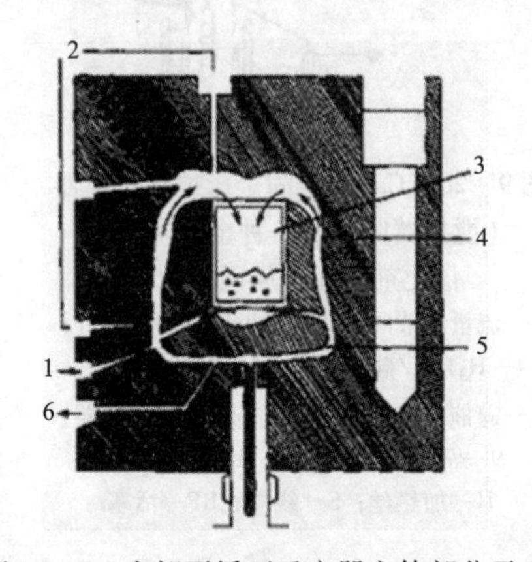

图 9－17　内部再循环反应器主体部分示意

1—入口；2—热电偶套管；3—催化剂管；4—导管；5—叶轮；6—出口

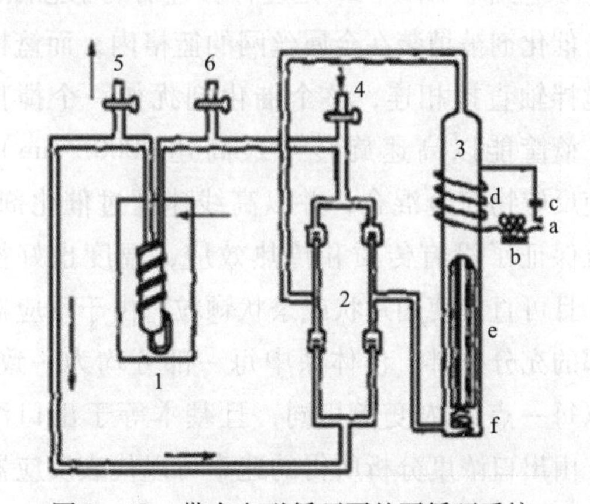

图 9－18　带有电磁循环泵的再循环系统

a—电源；b—扼流圈；c—电容器；d—线圈；e—活塞；f—弹簧；
1—放在电炉中的反应器；2—活门；3—循环泵；4—起始混合物进口；
5—反应混合物在反应器后的出口；6—反应混合在反应器前的出口

其作用原理如下：由周期的切断线路装置或时间继电器向线圈 d 中提供周期的电流，从而在线圈 d 中周期地产生磁场。在磁场的作用下内部装有铁磁物质的玻璃活塞 e 吸向上方，推动着管中的气体向上运动，同时在活塞下部吸入气体。当电路被切断时，线圈 d 的磁场消失，由于重力的作用，活塞落在弹簧 f 上。在活塞上下周期运动的同时，活门 2 的四个玻璃片中斜对角的两个打开，另两个关闭。活门的这种动作，使气体进出反应器始终沿着箭头的方向运动，从而达到了气体循环的目的。

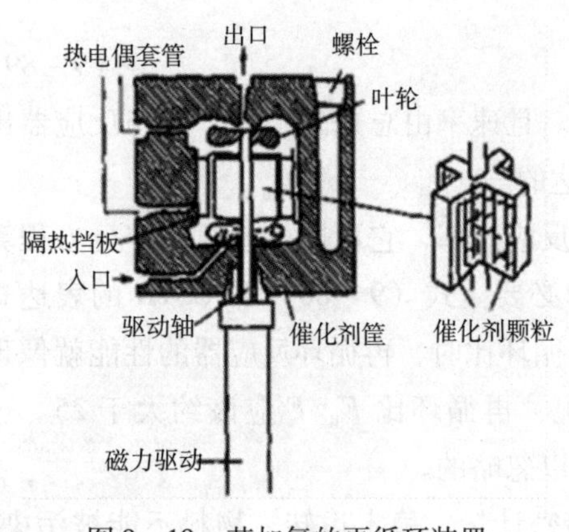

图 9－19　苯加氢的再循环装置

图 9－19 为研究苯加氢生成环己烷的再循环装置。两个线圈 S 交替的产生磁场，推动循环活塞 RP，H_2 和稀释气 N_2 经过计量、精制和干燥后，在预热器 8 与苯混合，达到所需要的温度后，进入反应器 9；反应后的混合气体在冷凝器里将苯和反应产物冷凝分离；分析后即可算出苯转化率。

③搅拌式反应器：理想的连续搅拌釜式反应器（CSTR），是以反应器内没有浓度梯度为特征的，按式（9－62）即可计算反应速率。它在均相反应中应用已久，但对于多相催化反应，由于催化剂必须均匀分散在反应空间，这就造成了困难。若将固体催化剂装在迅速旋转的篮筐中可以克服这个困难，使反应实际上在一个混合良好的条件下进行。这种反应器最初是由 Carberry 设计出来的，因此这类反应器也叫 Carberry 反应器。图 9－20 是这种反应器的示意图。

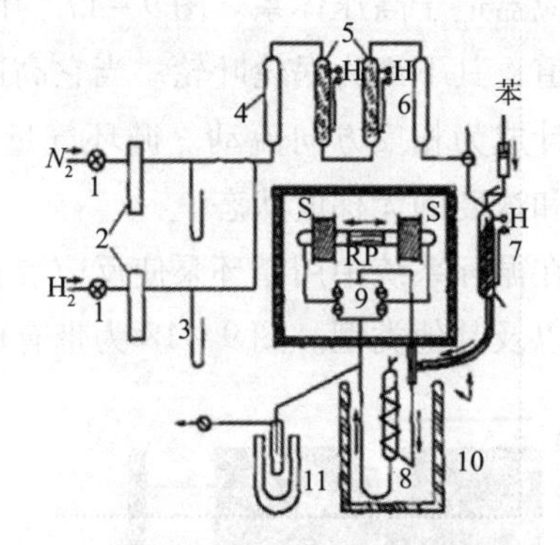

图 9－20　Carberry 固定床搅拌反应器（搅拌器叶片是一种金属网篮，催化剂装在金属网篮中）

1—流量调节阀；2—流量计；3—压力计；4—H_3PO_4/硅藻土塔；5—铜催化剂塔；6—镍催化剂塔；7—预热器；8—反应器；9—活门；10—池浴；11—冷凝器；H—加热丝；S—线圈；RP—活塞

催化剂被填装在金属丝网的篮格内，而篮格与搅拌轴直接相连，整个催化剂犹如一个搅拌器，篮筐能以高速旋转（最高达 2000r/min），可使反应物完全混合，并以高线速通过催化剂，这就保证了没有传质和传热效应，温度也好控制。且可直接使用片状或条状颗粒。由于反应器内部的充分搅拌，使体系中每一部分均为一致，所以每一点的浓度皆相同，且基本等于出口浓度。由出口浓度分析所得的速率可以代表反应器中每一点的反应速率。对于像加氢处理那样的多相催化反应体系（气、液、固三相共存），气体在液体中的分散要像催化剂与液体的接触一样好，大多采用这种反应器。通过催化剂的高速旋转来达到反应器内部无梯度。这样在操作上就有极为严格的要求，例如，催化剂篮格的质量必须十分均衡、轴的密封性要很好，催化剂也必须有足够的强度。其最主要的缺点为不能直接测量催化剂床层的温度，而只能测量气相的温度。催化剂温度的测量必须求助于间接的反应速率、反应热以及推测的热量和质量传递速率的知识。由于催化剂温度的不确切性，对于强放热或吸热的反应不推荐这种反应器。另外，气体与催化剂体积比高也是这种反应器的一个缺点。针对上述问题，改进的反应器被开发出来，如图 9－21 所示。

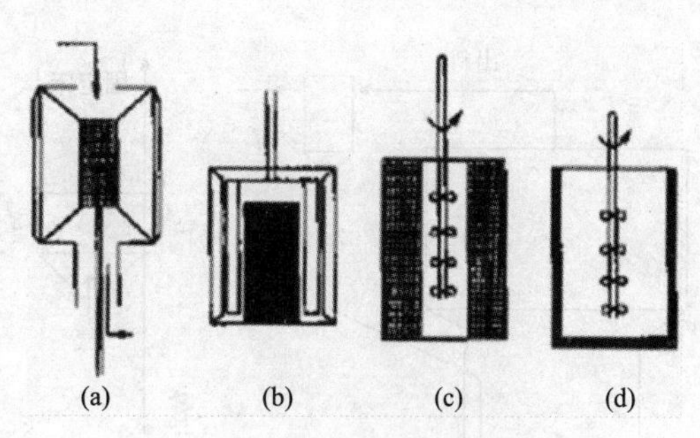

图 9－21　改良型搅拌式反应器示意
（a）和（b）为催化剂固定式，
靠反应器外部的旋转来实现无梯度，
因而可对催化剂床层的温度进行测量；
（c）为环形催化剂式反应器；
（d）为内壁衬里或涂层式反应器

搅拌式反应器的关键在于做到反应器内部无梯度，这和搅拌速率有关。为检验是否已经达到无梯度，通常采用脉冲进样出口浓度检测法来判断。其方法为：从反应器入口通入一定流速的载气，待稳定后，注入一个易于分析检出的脉冲物料，假设注入后物料的初浓度为 C_0，$\mathrm{d}t$ 时间内的浓度变化为 $\mathrm{d}C$，则物料平衡为：

$$-V\mathrm{d}C = F\mathrm{d}t \cdot C \tag{9-90}$$

式中，V 为反应器体积；F 为体积流速。于是：

$$-\frac{\mathrm{d}C}{C} = \frac{F}{V}\mathrm{d}t \tag{9-91}$$

从注入脉冲后积分到某一时刻，则有：

$$-\int_{C_0}^{C}\frac{\mathrm{d}C}{C} = \int_0^t \frac{F}{V}\mathrm{d}t \tag{9-92}$$

得到：

$$\ln\frac{C}{C} = -\frac{F}{V}t$$

$$C = C_0\mathrm{e}^{-(F/V)} \tag{9-93}$$

也即若搅拌充分均匀，则在出口处检出的浓度与时间的关系应符合这个指数关系，这在实验上很容易实现，确定注入脉冲后的第一个出口浓度为 C，以后每隔相同时间取样即可进行数据处理而进行判断。在达到微分条件的情况下，反过来还可从依度测量来求得反应器的真实体积。

④流化床反应器：流化床反应器中固体物料能像流体一样流动，能够很好地解决传热和固体输送问题。流化床反应器的基本形式如图 9－22 所示。

流化床的形成过程，流态化的形式与气体流速 u，以及床层压降 Δp 的关系如图 9－23 所示。

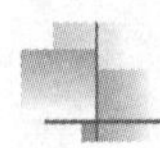

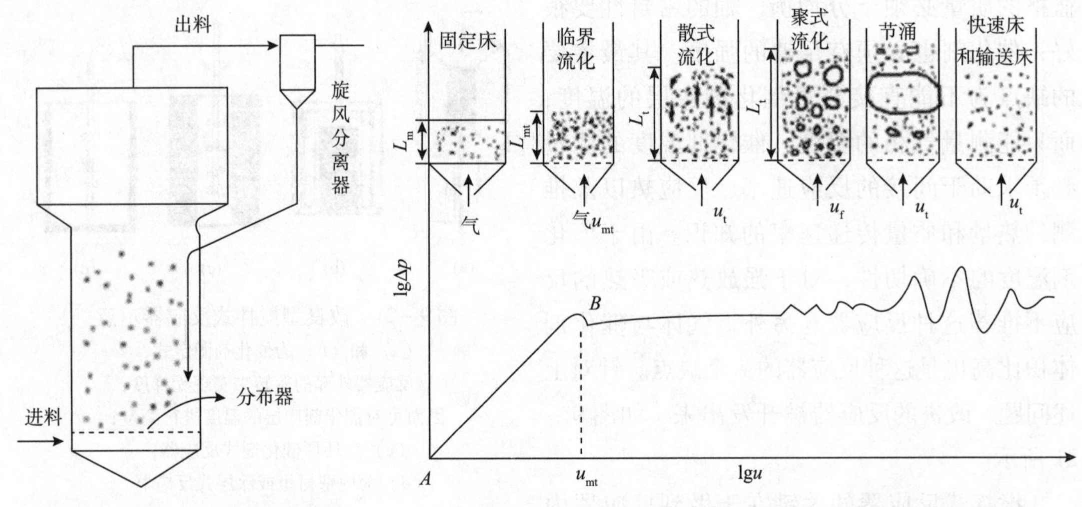

图 9－22　流化床反应器示意　　　图 9－23　流态化的各种形式和流速与压降的关系

开始时，Δp 随 u 的增加而增加，床层的颗粒是静止的，反应器的床层属于固定床。当 u 继续增大，床层开始膨胀，床层孔隙率增大，进而粒子开始运动，这时压降反而减少了一点。Δp 的数值相当于单位床层截面积上颗粒的质量。相应的表现气速称为临界流化速度 u_{mt}。气速继续增大，床层随之膨胀，颗粒也不断流化。若流体为液体，粒子在床内分布比较均匀，Δp 波动也不大，基本上等于开始流化时的数值，这种状态称为散式流化；若流体为气体，在床层中会出现气泡，Δp 也有较大波动。气泡在上升过程中不断增大，在床层中明显地形成两个区域，其一是粒子聚集的浓相区，其二是气泡为主体的稀相区。大部分气体都由气泡短路流出。这种流态称为聚式流化。在聚式流化中，气、固相间的接触比散式流化差。在聚式流化中，当气泡胀大到与反应器的直径相等时，便会出现固体层与气泡层相间的情况，整个床层呈柱塞状移动。移动了一段距离后气泡破裂，固体颗粒纷纷落下，随即又生成大的气泡。如此继续，床层压降发生很大波动，这种情况称为节涌。应尽量避免反应器在节涌下操作。对某种颗粒或同一类型反应器，各种流态不一定都存在，也不一定按图中所示的次序出现。例如在节涌之后，也可能又出现聚式流化。聚式流化又可分为两种情况：在气速较低时，床层中有大量气泡，称为鼓泡区；随着气速的加大，床层的湍动程度加剧。由于气泡生成与破裂的速度很快，大气泡反而减少，压力波动减少。有人把这种情况称为湍动区。瑞动区经常在节涌之后出现。在更高气速下，气体与固体颗粒间的相对流速加大，颗粒湍动程度更激烈，也有人把这种流化床称为快速流化床，但划分的定义不是很严格的。当气速达到或超过了颗粒的自由沉降速度后，粒子便被气流带走。这时的床层被称为输送床。粒子开始被带出的气体速度称为带出速度 u。在快速流化床和输送床中气、固接触良好，而且气速较高，处理量大。在输送床中气、固的流动接近于活塞流，最近许多流化床反应器都设计在这两种床中操作。

流化床反应器床内物料的流化状态有助于实施连续流动和循环操作，固体颗粒的迅速

循环和气泡的搅动作用，造成了气—固之间、床层与内部构件之间良好的传热性能和床层的等温条件，气—固之间的传质速率高，催化剂表面利用率高，且其结构简单、紧凑，因此得到了广泛的应用。通常情况下，全面考察流化床的特性，需测的变量主要有：固体和气体的温度、出口气体的组成、压力、固体粒度、床层的黏度和密度、气泡尺寸、传热、传质以及固体颗粒的运动速度和方问等。其中有些变量的测量是用常规的方法。而有些变量的测量则要用到专门的仪器。实验室研究中，流化床反应器可以采用硬质玻璃或金属材料制造。

流化床反应器的缺点在于：①在连续流动的情况下，固体颗粒的迅速循环和气泡的搅动作用，会造成固体颗粒某种不利的停留时间分布；②部分气体以气泡的形式通过床层，严重地降低了气—固接触效率，并导致不合适的产物分布；③存在着因大量固体的循环和床内固体运动而引起的颗粒损失和磨损现象；④由实验室到工业规模的放大颇为困难，因规模不同，流化类型他不同。

以上介绍了几种主要类型的反应器，此外还有滴流床反应器（也称消流床反应器）、微量天平反应器等。实际运用时，试验者必须了解每种反应器的优点及其局限性，选择能精确、迅速、经济地获得最多信息的测试方法。

（三）催化剂评价的实例介绍

以下主要以一般流动法为例，介绍活性测试的原理和方法。流动法与工业生产实际流程接近，测定装置较为简单，所以目前仍为较普遍的测定催化剂活性的方法，在石油炼制、氮肥工业、基本有机合成和合成材料的单体合成中，几乎都采用这种方法测定催化剂活性。

1. 影响催化判活性测定的因素

用流动法测定催化剂的活性时，要考虑气体在反应器中的流动状况和扩散现象，才能得到关于催化剂活性的正确数值。

现在已经拟出了应用流动法测定催化剂活性的原则和方法。利用这些原则和方法，可将宏观因素对测定活性和对研究动力学的影响，减小到最低限度。其中为了消除气流的管壁效应和床层的过热，反应管直径（d_T）和催化剂颗粒直径（d_g）之比应为：

$$6 < \frac{d_T}{d_g} < 12 \tag{9-94}$$

当 $d_T/d_g > 12$ 时，可以消除管壁效应。但也有人指出，当 $d_T/d_g > 30$ 时，流体靠近管壁的流速已经超过床层轴心方向流速的 10% ~20% 。

另一方面，对热效应不很小的反应，$d_T/d_g > 12$ 时，对床层散热带来困难。因为催化剂床层横截面中心与其径向之间的温度差由下式决定：

$$\Delta t = \frac{\omega Q d_T^2}{16\lambda} \tag{9-95}$$

式中，ω 为单位催化剂体积的反应速率；Q 为反应的热效应；λ 为催化剂床层的有效传热系数。

由式（9-95）可见，温度差与反应速率、热效应和反应器直径的平方成正比，与有效传热系数成反比。由于有效传热系数 x 随催化剂颗粒减小而下降。所以温度差随粒径减小而增加。当为了消除内扩散对反应的影响而降低粒径时，则造成温度差升高。另一方面，温度差随反应器直径的增加而迅速升高。因此、要权衡这几方面的因素，以确定最适的催化剂粒径和反应管的直径。

用流动法测定催化剂的活性时，要考虑外扩散的阻碍作用。为了避免外扩散的影响，应当使气流处于附流的条件。因为层流容易产生外扩散对过程速度的阻碍。

反应是否存在外扩散的影响，可由下述简单实验查明。安排两个实验，在两个反应器中催化剂的装量不等，在其他相同的条件下，用不同的气流速度进行反应，测定随气流速度变化的转化率。

若以 V 表示催化剂的体积装量，F 表示气流速度，实验Ⅰ中催化剂的装量是实验Ⅰ的两倍，则可能出现3种情况，如图9-24所示。只有出现（a）的情况时，才说明实验中不存在外扩散影响。

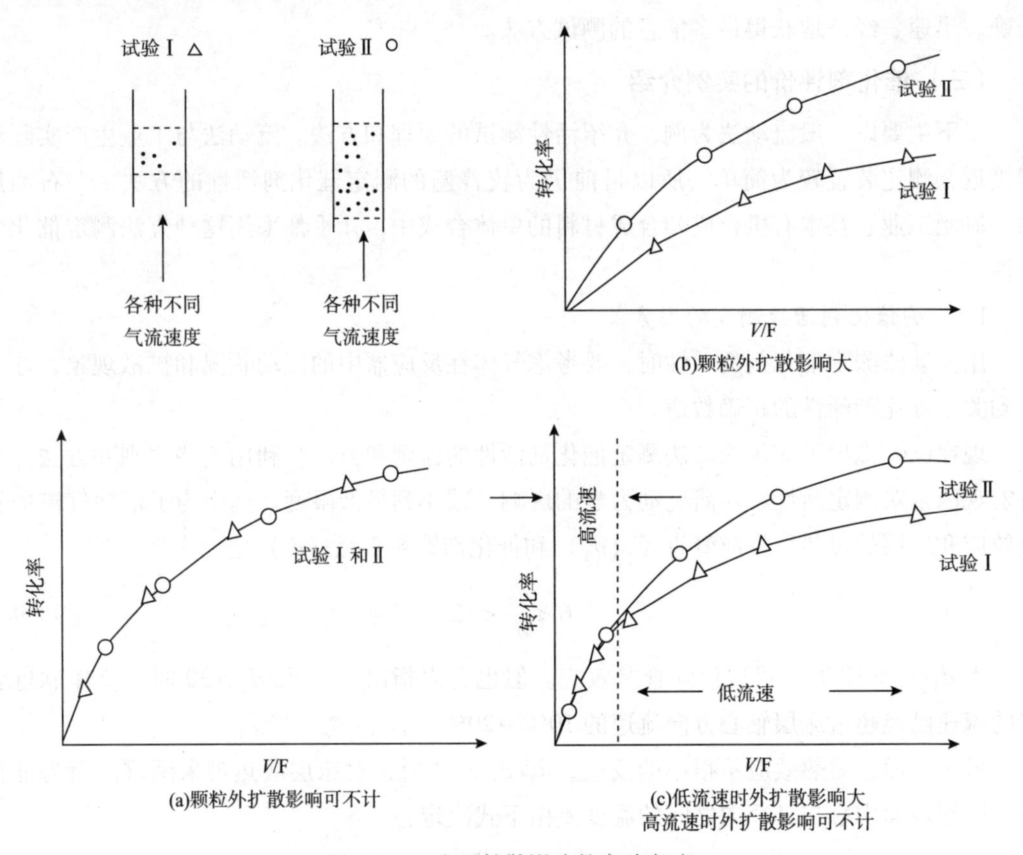

图9-24　有无扩散影响的实验方法

2. 活性测定的实验方法

在实验室里使用的管式反应器，通常随温度和压力条件的不同，可采用硬质玻璃、石英玻璃或金属材料。将催化剂样品放进反应管里。催化剂层中的温度用安装的热电偶测量。为了保持反应所需的温度，反应管装在各式各样的恒温装置中，例如水浴、油浴、熔盐浴或电炉等。

原料加入的方式，根据原料性状和实验目的也各有不同。当原料为常用的气体时，可直接用钢瓶，通过减压阀送入反应系统，例如氢气、氧气、氮气等。当然对于某些不常用的气体，需要增加发生装置。在氧化反应中常用空气，这时可用压缩机将空气压入系统。著反应组分中有在常温下为液体的，可用鼓泡法，蒸发法或微型加料装置，将液体反应组分加入反应系统。

根据分析反应产物的组成，可算出表征催化剂活性的转化率。在许多情况下，只需要分析反应后的混合物中一种未反应组分或一种产物的浓度。混合物的分析可采用各种化学或物理化学方法。

为了使测定的数据准确可靠，测量工具和仪器，如流量计、热电偶和加料装置等，都要严格校正。

流动法可以连续操作，可以得到较多的反应产物，便于分析，并可直接对比催化剂的活性；适于测定大批工业催化剂试样的活性。

3. 活性测试的实例介绍

（1）萘氧化生产苯酐固定床催化剂的活性测试：萘氧化为放热不可逆反应。在催化剂上除牛成苯酐、CO_2和 H_2O 的主反应外，通常还伴随着少量副反应，反应的最终产物是二氧化碳和水（图9－25）。

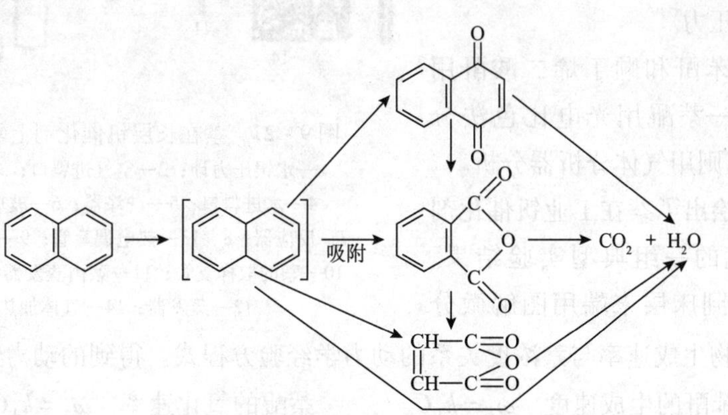

图9－25　萘催化氧化反应机理

选择适宜组成和制备方法的催化剂，以及合理的反应条件，可以使萘的氧化反应基本沿着生成苯酐的方向进行，并停留在生成苯酐的阶段。因此萘的催化氧化要求催化剂不仅具有高的活性，而且必须具有良好的选择性。工业上普遍采用 $V_2O_5-K_2SO_4-SiO_2$ 系催化剂，用列管式反应器或沸腾床反应器。

采用单管长催化剂层的测定方法，可使测定活性的条件接近于工业生产的条件，因此所测得的活性和动力学数据可直接用于工业生产。

反应器的结构形式之一见图9－26。反应管长2.5m，直径1.9cm，安放在熔盐恒温槽中。将反应管分为五个串连的U型反应段，以便于控制和测量床层的温度，以及分析沿催化剂层的混合气体的组成。每段催化剂层高45cm，并各有测温和取样支管，第一段的两个取样支管分别位于催化剂层入口的15cm和30cm处。全部床层有6个测温点，采用铁－康铜热电偶。

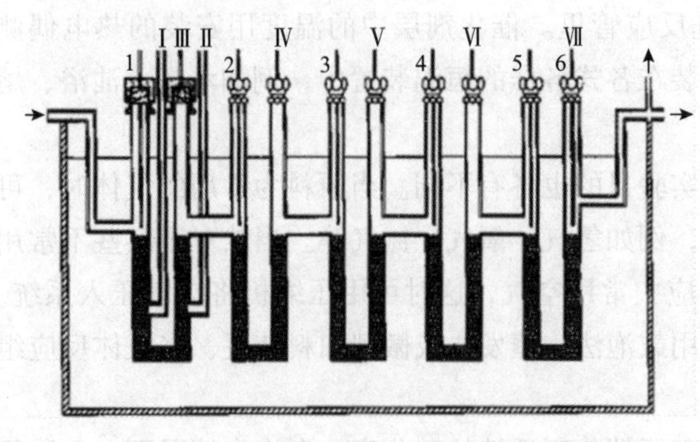

图9－26　萘氧化单管长催化剂层反应器

1～6—热电偶套管；Ⅰ～Ⅶ—沿催化剂层长的取样管

图9－27为测定装置的流程。空气由空压机经阀门2、流量计3和安放在预热炉6中的蛇形管，进入萘蒸发器12，在电炉9中将反应混合气体预热到280℃，然后进入反应器7。反应后的混合物在玻璃冷凝器6中冷凝，未玲凝的氧化产物进入装有瓷环的洗涤器5中用水洗涤。水银压力计用于控制和调节空气流量的压力。

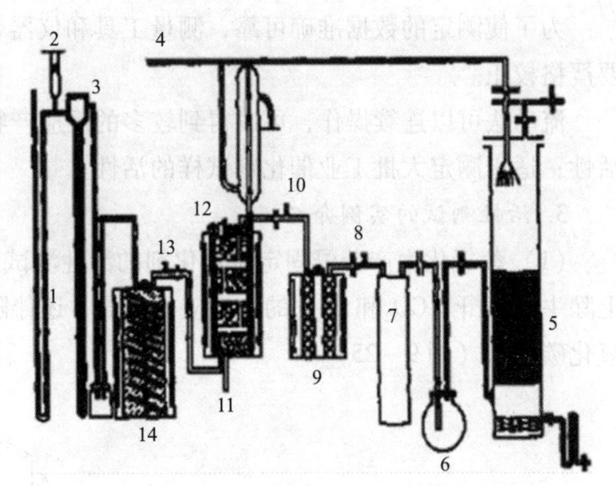

图9－27　萘在长层钒催化剂上氧化的装置

1—水银压力计；2—空气进料口；3—流量计；4—水进料口；5—洗涤器；6—玻璃冷凝器；7—反应器；8，13—热电偶套管；9—气体加热炉；10—萘的取样支管；11—萘由蒸发器的排出支管；12—蒸发器；14—气体加热炉

反应产物苯酐和顺丁烯二酸酐用碱滴定，1，4—萘醌用光电比色法分析，CO_2和CO则用气体分析器分析。

图9－28绘出了萘在工业钒催化剂上沿层长氧化的一组典型实验结果。从第三反应段到床层末端用图解微分法求得每种产物生成速率与萘浓度关系的动力学经验方程式。得到的动力学规律如下：

苯酐的生成速度　$\omega_1 = k_1 C_N$　　　萘醌的氧化速率　$\omega_4 = k_4 C_{NH}$

顺酐的生成速度　$\omega_2 = k_2 C_X^{0.5}$　　　萘的深度氧化速率　$\omega_6 = k_6 C_N$

$$\text{萘醌的生成速率}\quad \omega_3 = k_3 C_N^2 \tag{9-96}$$

这里$k_1 \sim k_2$为相应反应的速率常数。C_N和C_{NA}分别为萘和萘醌的浓度。由于列管式反应器在化学工业中的广泛应用，单管长层的测定方法对研究工业催化剂具有重要的意义。它不仅能测得催化剂性能沿床层的变化，而且还可以通过实验来选择温度、浓度、气体流速的最适条件，以及求得动力学经验方程式。而这些结果可用于工业反应器的设计和最适操作条件的确定。

(2) 氨合成催化剂的活性测试：氮气和氢气在一定压力、一定温度下，经熔铁或钌炭催化剂催化生成氨：

$$N_2 + 3H_2 \Longleftrightarrow 2NH_3 \quad (9-97)$$

合成氨的反应是一个放热反应，在压力为29.4MPa，温度为500℃的条件下$\Delta H = -55.3kJ/mol$，增加压力有利于反应向生成氨的方向进行。在催化反应中，大粒度熔铁催化剂属于内扩散控制，故在活性测试时，须将催化剂破碎至1.5～2.5mm粒度。

合成氨所用的合成塔为内部换热式，催化床的温差较大，特别在轴向塔中。即使用径向塔，由于气流分布方面的原因，有时候同平面的温差也较大，因此不但要测定氨合成催化剂在某一温度下的活性，而且要测定它的热稳定性。

活性检验目前都在高压下进行。由于O_2、CO、CO_2、H_2O等杂质对催化剂有毒害作用，测试前须进行气体精制。一般是通过Cu_2O-SiO_2催化剂除氧，Ni-Al_2O催化剂除CO、KOH除水分及CO_2，并用活性炭干燥。测试流程见图9-29。

国内A_6型催化剂活性指标为：粒度1～1.4mm，压力30MPa，温度450℃，空速$10000h^{-1}$，采用新鲜原料气，要求出口氨含量>23%，在550℃耐热20h，再降至450℃，活性保持不变。

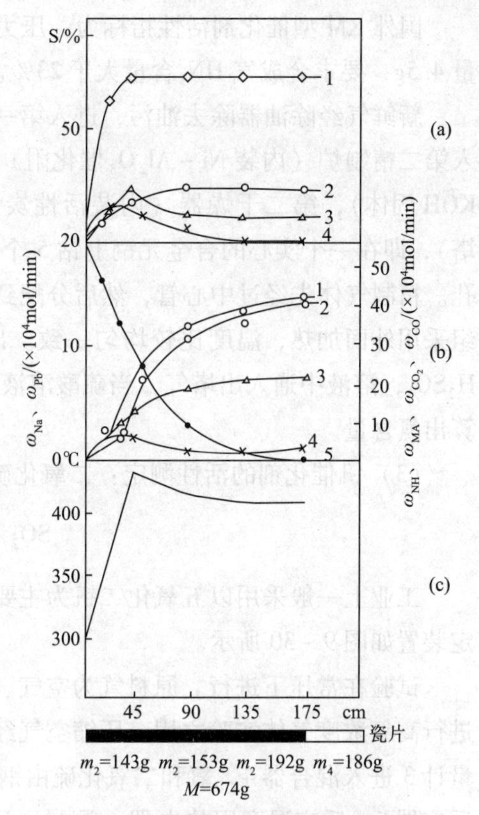

图9-28 萘在工业氧化钒催化剂上生产能力和氧化产物选择性的变化

(a) 氧化产物的选择性沿床层的变化；
(b) 萘氧化速度及其产物生成速度沿床层的变化；
(c) 温度沿床层的变化

1—苯酐；2—CO_2+CO；3—顺丁烯二酸酐；4—1，4—萘醌；5—萘；m_1～m_4—催化剂；M—瓷环；ω_{Na}、ω_{Pb}—萘的氧化速度、苯酐的生成速率；ω_{NH}、ω_{MA}、ω_{CO_2}、ω_{CO}—萘醌、顺丁烯二酸酐、二氧化碳、一氧化碳的生成速率

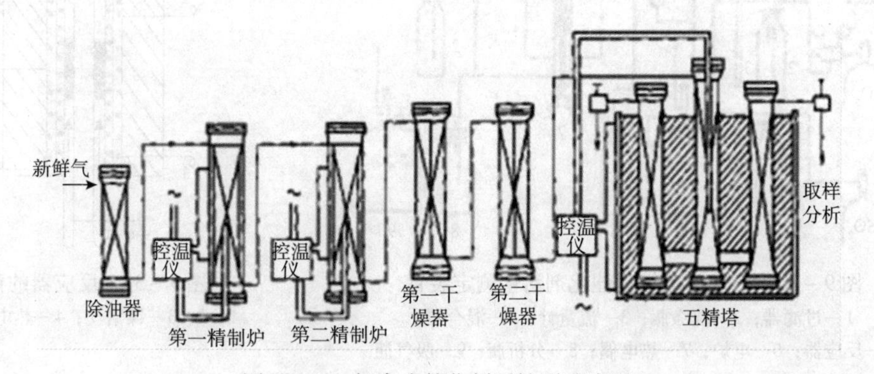

图9-29 氨合成催化剂活性测试流程

国外 KM 型催化剂活性指标为：压力 22MPa，温度 410℃，空速 $15000h^{-1}$，催化剂填量 4.5g，要求合成气 HN_3 含量大于 23%。

新鲜气经除油器除去油污，进入第一精馏炉（内装 Cu_2O-SiO_2 催化剂）以除去 O_2 进入第二精制炉（内装 $Ni-Al_2O_3$ 催化附）使 CO 及 CO_2 甲烷化，再进入第一干燥器（内装 KOH 固体），第二干燥器（内装活性炭），最后进入合成塔。本测试采用多槽塔（五精塔），即在一个实心的合金元钢上钻 5 个孔，中心为气体预热分配总管，旁边对称钻 4 个孔。精制气体先经过中心管，然后分配到各个塔，合成气由各个塔放出进行分析。整个塔组采用外面加热，温度比较均匀一致。出塔气中所含氨量采用容量法测定，即一定量的 H_2SO_4，溶液中通入出塔气，当硫酸溶液由于吸收了氨而中和变色，再记下气体量，进而算出氨含量。

（3）钒催化剂的活性测定：二氧化硫氧化生成三氧化硫为强放热可逆反应：

$$SO_2+\frac{1}{2}O_2\Longleftrightarrow SO_3 \tag{9-98}$$

工业上一般采用以五氧化二钒为主要活性组分，制成圆柱状或环状催化剂。其活性测定装置如图 9－30 所示。

试验在常压下进行。原料气为空气、氧气和二氧化硫，分 3 路送入系统。氧气是为了进行高氧浓度气体实验之用。压缩空气经活性炭过滤器 1 除油后，经浓硫酸洗涤瓶 2 和流量计 3 进入混合器 4。氧和二氧化硫由钢瓶进入混合器与空气混合。混合后的原料气送入反应器 5。反应湿度用热电偶 6 测量，反应前后的气体由碘量法用分析瓶和吸气瓶分析 SO_2，即可算出二氧化硫的转化率。

由于该反应为强放热反应，所以控制催化剂层的温度均匀一致，对测定可罪的活性数据是非常重要的。为此可采用如图 9－31 结构的电热炉。镍铬电热丝分 3 组供热，以便调节催化剂层的温度。

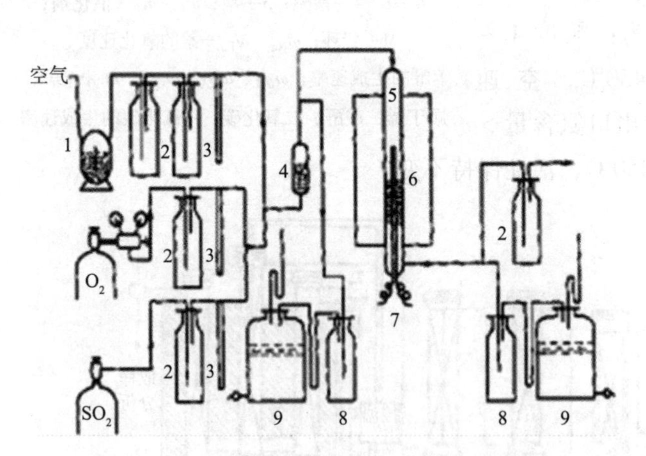

图 9－30　二氧化硫氧化催化剂活性测定装置

1—过滤器；2—洗涤瓶；3—流量计；4—混合器；
5—反应器；6—电炉；7—热电偶；8—分析瓶；9—吸气瓶

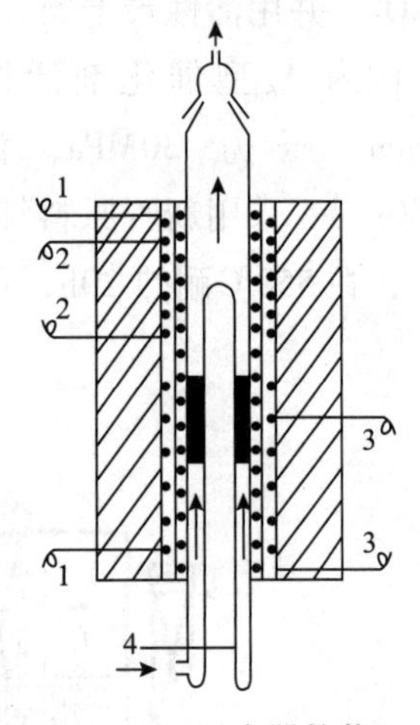

图 9－31　反应器的截面

1，2，3—镍铬丝；4—热电偶套管

颗粒钒催化剂充填在反应管和热电偶套管的环形空间里。镍铬或铂－铑丝热电偶的接点可在催化剂层中的套管里上下移动，以便测量各点温度。

如前所述，反应管的直径要适中，以避免气流和温度分布的不均一。同时可将大颗粒催化剂破碎和用惰性固体颗粒如瓷球稀释。

催化剂的活性可用在一定条件下的转化率工表示，也可以用 SO_2 在钒催化剂上氧化为 SO_3，的反应速率表示，例如：

$$\frac{dx}{dt}=\frac{k}{a}\left(\frac{x-x}{x}\right)^{0.8}\left(b-\frac{ax}{2}\right)\cdot\frac{273}{T} \qquad (9-99)$$

式中，x 为 SO_2 的转化率；t 为接触时间，s；k 为反应速度常数，s^{-1}；a 为 SO_2 的起始浓度，%（体积）；b 为氧的起始浓度，%（体积）；x 为 SO_2 的平衡转化率；T 为绝对温度。

（4）丙烯选择性氧化催化剂的活性及反应动力学的测试：丙烯氧化制丙烯醛的高选择性催化剂中，以 Bi-Mo 氧化物催化剂研究得最深入。这种催化剂的活性和动力学测试采用微型反应器和色谱分析系统联用的流程，如图 9－32 所示。

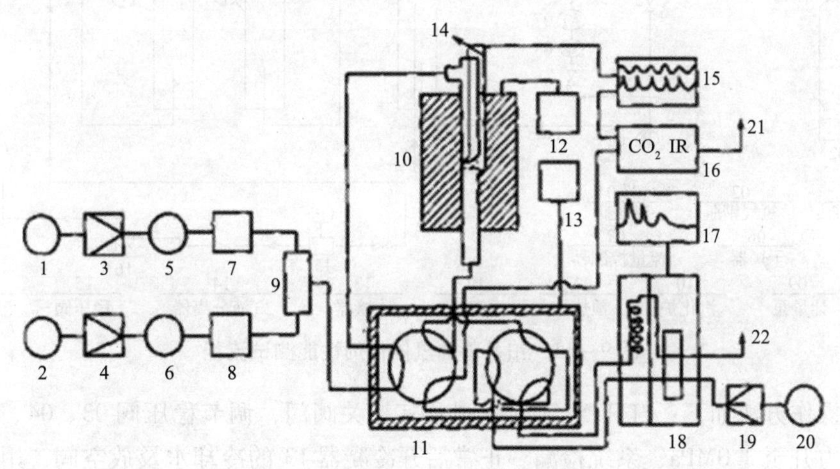

图 9－32　丙烯氧化催化剂的活性和反应动力学测试流程

1—C_3H_6 气体钢瓶；2—空气钢瓶；3，4—减压阀；5，6—稳压阀；7，8—流量计量；9—混合器；10—反应器；11—六通阀组；12，13—精密温度控制仪；14—热电偶；15—双笔记录仪；16—CO_2 气体红外分析仪；17—色谱记录仪；18—气相色谱仪；19—减压阀；20—氢气钢瓶；21—反应尾气放空；22—色谱尾气放空

聚合级精丙烯由钢瓶经减压计量后进入混合器，与由空气钢瓶来的精制空气混合，经六通阀再进入反应器，反应后混合气也经六通阀再进入 CO_2 红外气体分析仪后流出。色谱载气经鉴定器通过六通阀流入色谱柱，并经鉴定 y 器后放空。六通阀上装有取样定量管。这样便可利用两个六通阀切换，方便地使系统处于取样或分析状态，并可分析反应前或反应后的组分浓度。从而可以计算催化反应的转化率。流程中用 CO_2 红外气体分析仪连续检测反应后混合物中 CO_2 的浓度和反应过程中催化剂表面的温度变化，以考察反应系统的动态变化过程。可见这种测试方法对评价催化剂的活性及动力学数据的测定十分优越、方便。

（5）铂系苯加氢催化剂性能测试：苯加氢是一个强放热反应，对催化剂的热稳定性要求较高，镍催化剂一般仅能使用200℃以内。并且存在反应选择性低、原料空速低、氢苯比高导致氢气循环量大、工业使用寿命短等不足，铂催化剂可避免这些缺陷，并且可附产中压蒸汽，其经济效益明显好于镍系催化剂，但铂催化剂存在反应压力高等缺陷，其反应压力为3.0MPa，其具体测试条件为：催化剂为Φ3mm×3mm，催化剂装量：原粒度30～50mL，原料进口温度：180℃，反应压力：3.0MPa，液苯空速：$1.50h^{-1}$，氢苯比：4.0：1，在此反应条件下，铂系苯加氢催化剂的性能为：反应后产物残余苯$<50\times10^{-6}$，反应后产物甲基环戊烷$<50\times10^{-6}$，环已烷选择性≥99.9%。

铂系苯加氢催化剂性能测试流程见图9－33。

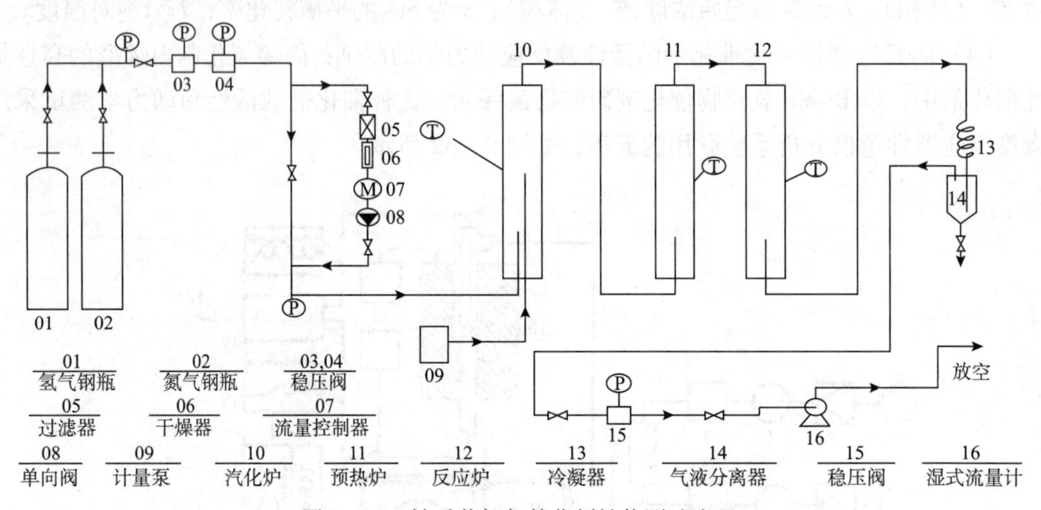

图9－33　铂系苯加氢催化剂性能测试流程

具体操作方法如下：打开N_2气钢瓶阀及其相关阀门，调节稳压阀03、04、15，将反应系统压力升至3.0MPa，系统检漏。正常后开冷凝器13的冷却水及放空阀，用质量流量计07调节N_2气吹扫2h后，切换H_2气钢瓶阀及其相关阀门并进行程序升温还原，将反应炉12缓慢升至指定温度。还原结束时，调节稳压阀03、04、15使系统压力保持在3.0MPa，将汽化炉10、预热炉11程序升温至指定温度，开计量泵09，通苯进行轻负荷运行2h后，用质量流量计07及计量泵09分别调节H_2气、液苯至指定流量，稳定运行0.5～1h后，反应产物流经冷凝器13冷凝、气液分离器14分离，不凝气体经湿式流量计16计量后放空，冷凝后的液体产物，每2～4h取样1次，供分析测试用。产物冷凝液组成由气相色谱仪分析测定。

（四）催化剂抗毒稳定性及其寿命的测定和评价

催化剂的稳定性（stability）是指它的活性和选择性随时间变化的情况，通常以寿命来表示。它是指催化剂在使用条件下维持一定活性水平的时间（单程寿命），或者每次下降后经再生而又恢复到许可活性水平的累计时间（总寿命）。

一个理想的催化剂应该是可以永久地使用下去。然而，实际上由于化学和物理的种种

原因，催化剂的活性和选择性均会下降，直到低于某一特定数值后就被认为是失活了。

催化剂稳定性包括对高温热效应的稳定性，对摩擦、冲击、重力作用的机械稳定性和对毒化作用的抗毒稳定性。

温度对固体催化剂的影响是多方面的，它可使活性组分挥发、流失、负载金属的烧结或微晶粒的长大等。因此，大多数催化剂都是有极限温度的，超过一定的范围便会降低甚至完全失去活性，影响使用寿命。衡量催化剂耐热稳定性，是从使用温度开始逐渐升温，考察其能够耐受的温度和维持多长时间活性不变。催化剂的机械强度稳定性也是重要的指标。在固定床反应器中，要求催化剂颗粒要有较好的抗压碎强度；在流化床反应器中，要求它有较强的抗磨损强度；在使用过中，好要求有抗化变或相变引起的内聚力应力强度等。下面主要讨论催化剂的抗毒稳定性及其评价方法。

由于有害杂质（毒物）对催化剂的毒化作用，使活性、选择性或稳定性降低的现象称为催化剂中毒。催化剂的中毒现象可以粗略的解释为表面活性中心吸附了毒物，或进一步转化为较稳定的表面化合物，活性点被钝化了，因而降低了催化活性；毒物加快了副反应的速率，降低催化剂的选择性；毒物降低催化剂的烧结温度，晶体结构受到破坏等。

催化剂的毒物泛指含硫化合物硫化氢、硫氧化碳（COS）、二氧化硫、二硫化碳、硫醇（RSH）、硫醚（R_1SR_2）、噻吩、磺酸（RSO_3H）、硫酸等；含氧化合物 O_2、CO，CO_2、H_2O 等；含磷化合物、含砷化合物、含卤素化合物等。对同一催化剂只有联系其催化的反应时，才能弄清楚什么是其毒物。即毒物不仅是针对催化剂，而且是针对这个催化剂实际催化的反应而言的。表 9－11 列出了一些催化剂及催化反应中的毒物。

表 9－11　一些催化剂及催化反应中的毒物

催化剂	反 应	毒 物
Ni，Pi，Pd，Cu	加氢，脱氢氧化	S，Se，Te，P，As，Sl，Bi，Zn，卤化物，Hg，Pb，NH_3，吡啶，O_2，CO（<180℃） 铁的氧化物，银化物，砷化物，乙炔，H_2S，PH_3
Co	加氢裂解	NH_3，S，Se，Te，P 的化合物
Ag	氧化	CH_4，乙烷
V_2O_b，V_2O_3	氧化	砷化物
Fe	合成氨	硫化物，PH_1，O_2，H_2O，CO，乙炔
	加氢	Bi，Se，Te，P 的化合物，H_2O
	氧化	Bi
	费·托合成	硫化物
SiO_2 Al_2O_3	裂化	吡啶，喹啉，碱性的有机物，H_2O，重金属化合物

按照毒物作用的特性，中毒过程分为暂时性中毒和永久性中毒。

（1）暂时性中毒（可逆中毒）：如图 9－34 所示，有些催化剂因活性中心吸附了毒物，活性有所下降，但经再生处理或改用纯净原料气，能使活性基本恢复或完全恢复，这种中毒现象称为暂时性中毒或可逆中毒。烃类转化制氢的镍催化剂就是一例，表面活性镍与硫化氢作用生成表面化合物 NiS 一个可逆反应：

$$Ni + H_2S \rightleftharpoons NiS + H_2 \quad (9-100)$$

当硫含量足够低时，活性便可完全恢复。

(2) 永久性中毒（不可逆中毒）：如图 9－35 所示，有些催化剂遇到毒物之后就在活性中心位置形成了稳定的化合物，或者降低了烧结温度，逐渐地永久地丧失部分或全部活性，这种现象称为永久性中毒或不可逆中毒。例如卤素对铜催化剂（即使含有 Al_2O_3 助催化剂）的毒化作用，卤素与铜反应生成低熔点、略带挥发性的表面化合物，使它很容易越过将晶体隔开的 1nm 间隙，在 200℃的低温，几小时内铜晶体就由 10nm 长大到 1000nm。结构改变了，除去毒物，催化剂活性无法重现。

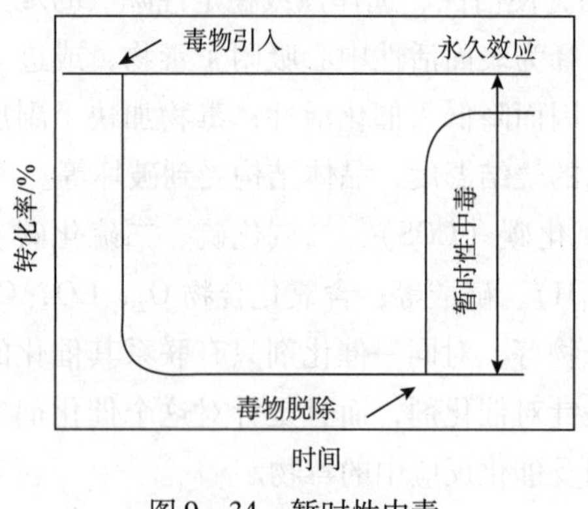

图 9－34　暂时性中毒

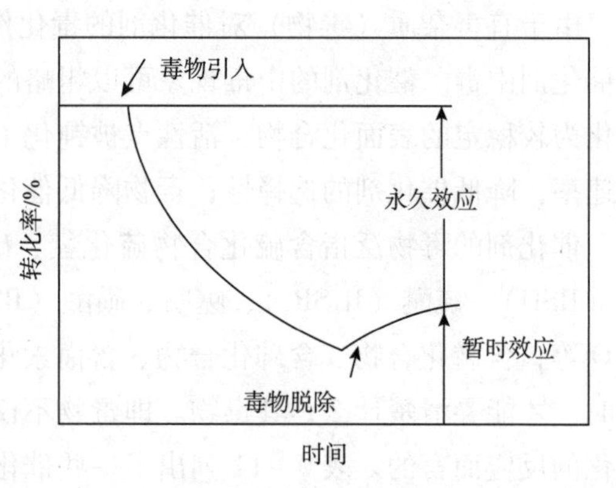

图 9－35　暂时性中毒

暂时性中毒与永久性中毒两者之间并无明显的界限，暂时性中毒的长期积累可能变成永久性中毒，永久性中毒之中也可能伴有暂时性中毒。在某个温度下属于永久性中毒，在较高温度下就有可能转变为暂时性的中毒。以硫化物为例，对金属催化剂而言，有 3 个温度范围。当温度低于 100℃时，硫的价电子层中存在的自由电子对是产生毒性的因素，这种自由电子对与催化剂中过渡金属的 d 电子形成配价键。例如，硫化氢对铂的中毒就属于这种类型。当温度在 200～300℃时，不管硫化物的结构如何，都具有毒性。这是由于在较高温度下，各种结构的硫化物都能与这些金属发生作用。工业催化过程，大都在较高温度下进行，因此对原料中的所有的硫化物都要严格地脱除。当温度高于 800℃时，硫的中毒作用则变为可逆的。因为在这样高的温度下，硫与活性物质原子间的化学键不再是稳固的。

催化剂对有害杂质毒化的抵制能力称为催化剂的抗毒稳定性。各种催化剂对各种杂质有着不同的抗毒性，同一种催化剂对同一种杂质在不同条件下也有不同的抗毒能力。权衡催化剂抗毒稳定性有下列几种方法：①在反应气中加入一定量的有关毒物，让催化剂中毒，然后用纯净原料气进行性能测试，视其活性和选择性能否恢复；②在反应气中逐量加入有关毒物至活性和选择性维持在给定的水准上，是能加入毒物的最高量；③将中毒后的催化剂通过再生处理，视其活性和选择性恢复的程度。

实验时操作条件应接近于工业条件，使用设备应具有灵活性和低操作费用的特点。详细地分析实验过程中的各种原料和产物，仔细考察用过的催化剂，最大限度地得出所需要的资料。

（五）催化剂的寿命

催化剂的寿命一般是指催化剂从开始使用至它的活性下降到在生产中不能再用的程度（这个程度取决于生产的具体技术经济条件）所经历的时间。不论是何种催化剂在反应条件下迟早要失活。从经济观点考虑，十分希望延长催化剂的寿命。催化剂的寿命是催化剂性能的一个重要指标，在活性、选择性评价合格后，紧接着的一个必要考察项目就是寿命。催化剂的寿命太短，往往不能用于工业生产。各种催化剂的寿命很不一致。例如，由萘或邻二甲苯氧化制邻苯二甲酸酐、由苯氧化制顺丁烯二酸酐反应中所用的 V_2O_5 系催化剂，寿命在10年以上。加氢用的铂系催化剂寿命为3~5年，铂系苯加氢催化剂的寿命已达10年或10年以上，钼-铬系催化剂的寿命只有3~6个月，有的短到几秒钟活性就消失，如催化裂化用的催化剂几秒钟之内就要再生、补充和更换。一般而言，氧化反应用的催化剂寿命比较长，加氢反应用催化剂的寿命比较短。

影响催化剂寿命的因素较多，也比较复杂。在固定了催化剂的制法和成型方法确定后，影响催化剂寿命的因素大概有以下几种。

（1）催化剂组分的升华：例如苯氧化制顺酐所用 V-Mo 系催化剂，在经历长时间使用后，因组分的升华而使活性下降。

（2）催化剂的中毒：由于反应物中微量的“毒物”的存在，会使催化剂的活性和选择性很快下降。

（3）催化剂的半融或烧结：多数情况，由于半融或烧结会导致催化剂比孔容和比表面积的下降，从而使催化剂活性降低。

（4）催化剂的粉碎：由于催化剂的强度不够，在生产中变成粉尘被气流带走而影响催化剂寿命。

工业上典型催化剂的寿命如表9-12所示。

表9-12 工业催化剂的寿命

反应名称	催化剂	反应条件		寿命年
		T/℃	P/MPa	
$N_2+3H_2\longrightarrow 2NH_3$	$Fe\text{-}Al_2O_3\text{-}K_2O$	450~500	20.3~50.7	5~10
$CO+3H_2\longrightarrow CH_4-H_2O$	负载 Ni	250~350	3.04	5~10
$C_2H_2+H_2\longrightarrow C_2H_2$	Pd/Al_2O_3	30~100	5.07	5~10
$CO+2H_2\longrightarrow CH_2OH$	$CuO\text{-}ZnO\ Al_2O_3$	200~300	5.07~10.1	2~8
$SO_2+\frac{1}{2}O_2\longrightarrow SO_3$	$V_2O_5\ K_2O\text{-}SiO_2$ $Ag/\alpha\text{-}Al_2O_4$	420~600 200~270	1.01 1.01~2.03	5~10 1~4

续表

反应名称	催化剂	反应条件		寿命年
		T/℃	P/MPa	
$C_2H_2 - \frac{1}{2}O_2 \longrightarrow H_2C\overset{O}{—}CH_2$	V，$Mo/\alpha\text{-}Al_2O_3$	350 230~250	0.101 7.09	1~2 3
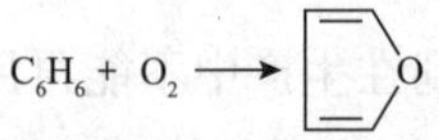 $C_6H_6 + O_2 \longrightarrow$ （环状含O产物结构式）	酸	200~250	3.04	2~6
$C_2H_2 + H_2O \longrightarrow C_2H_3OH$	$CuO\text{-}ZnO\text{-}Al_2O_3$	350~500	3.04	2~4
$CO + H_2O \longrightarrow CO_2 - H_2$	$Fe_3O_1\text{-}Cr_2O_1\text{-}K_2O$ CO_2Mo/Al_2O_3		1.01~4.05	约1
HDS				约2
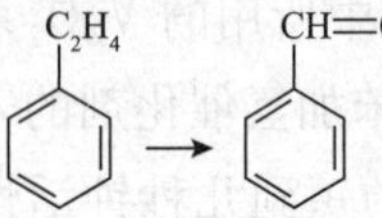 （苯环-C_2H_4）$\longrightarrow$（苯环-$CH{=}CH_2$）	$Fe_2O_3\text{-}K_2O\text{-}Cr_2O_3$			

1. 寿命曲线

催化剂的活性变化一般可分为3个阶段。

（1）成熟期：在催化剂工业应用中又称“诱导期”，一般指催化剂的活化和活性稳定过程。从制造商哪里买来的催化剂或自己制造的催化剂通常要按照严格的操作程序进行预处理，使之活化为非常有效的催化剂。预处理可在反应体系之外进行，例如，将催化剂在真空中加热除去吸附的或溶解的气体，通常称之为脱气，就是预处理的一种形式；也可在反应体系中进行，使催化剂在反应介质和一定的反应条件下经受一定的“锻炼”而成熟。上述预处理和“成熟期”统称为成熟期，经过成熟期后，催化剂的活性趋于稳定。

（2）稳定期：在一定时间内活性保持不变，或变化缓慢，这就是活性稳定期。

（3） 衰老期：随着使用时间的延长，催化剂活性或选择性下降，以致不能再用或经济上无利可图，这就是衰老期。

催化剂的活性或选择性随时间变化的曲线叫寿命曲线。表示方法有两类：以时间为坐标和以催化剂床层高度为坐标。

图9－36表示烃类水蒸气转化反应应用$Ni/Mg/Al_2O_3$在$H_2O/H_2=3$、$P=1$MPa，不同温度下活性表面积与时间的关系。

由图9－36可见：在500℃时，催化剂中镍的表面积几乎不随时间改变，无烧结现象发生；而在700℃和800℃时，催化剂中镍的表面积却随时间明显下降，催化剂严重烧结，活性降低。由XRD测定可知较稳定的催化剂中Ni晶粒为20~50nm，而严重烧结的催化剂中Ni晶粒为100~200nm，分散度仅0.5%。

甲醇制甲醛工业催化过程用铁－铝催化剂失活后，催化剂的比表面积、MoO_3含量随床层高度的变化如图9－37所示。

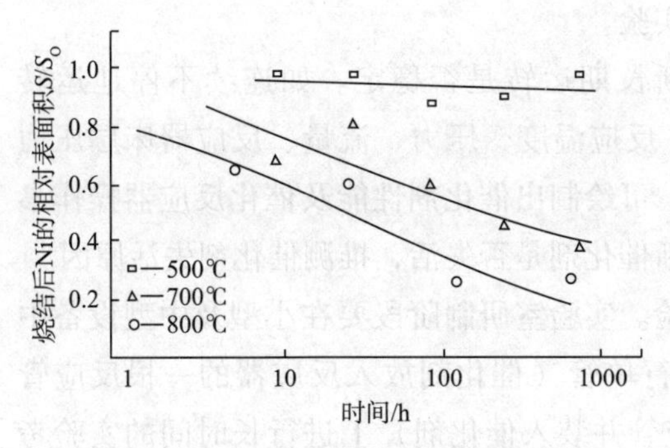

图 9-36 烃类水蒸气转化催化剂的烧结

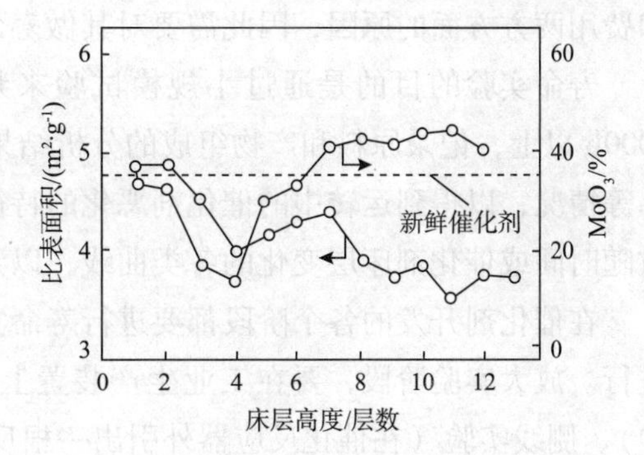

图 9-37 不同床层高度样品的比表面积和 MoO_3 含量

由图 9-37 可见：MoO_3 含量在床层热点处（3~5 层）最低，热点以后各层 MoO_3 含量逐渐上升，比表面积逐渐下降，这一变化可以推测在热点处的高温作用下，催化剂不仅因烧结而使比表面积下降，而且 MoO_3 发生迁移冷凝在热点以下的各层催化剂上，使催化活性下降。

对铁系丁烯氧化脱氢用新鲜催化剂在工业装置上运转 3968h 后失活的催化剂进行表征，发现不同床层高度处失活后催化剂较新催化剂活性下降达 10%~20%；催化剂游离的 α-Fe_2O_3 消失，具有光晶石结构的 Fe_2O_3 量增大，结构变得完好，晶粒增大 17%~50%；比表面积下降 7%~50%；有相当多的积碳，这些碳分为芳构碳和无定形碳两种类型；随床层高度的增加，Fe^{2+}/Fe^{3+} 比值上升，未发生反应的床层顶部处为 0，增到床层底部处为 0.13。

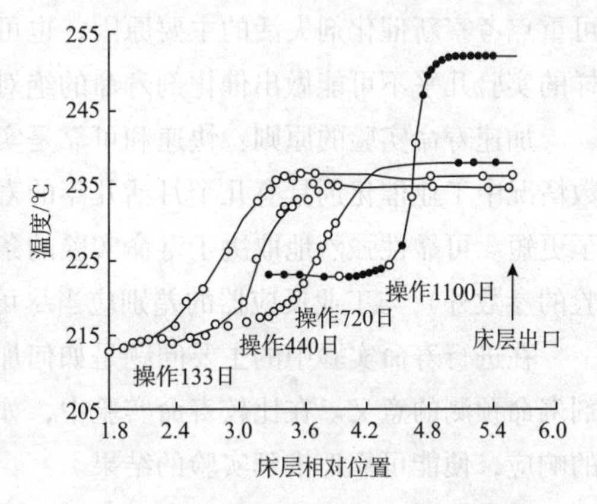

图 9-38 CO 低温变换反应器温度分布

低温 CO 水蒸气变换工业反应器床层温度随时间变化的曲线如图 9-38 所示。从曲线看出，随反应时间的延长，失活前沿平移则为中毒失活，可能是原料气中毒物或烃类的强烈吸附所致。

2. 寿命预测

寿命预测是直接的考察寿命的方法，就是在实际反应条件下（或接近这些条件）运转催化剂，直到它的活性、选择性明显下降为止。这种方法虽然费时费力，但结果可靠。

要想在短时间内测定催化剂的寿命是比较困难的，但也有具体的方法估测催化剂寿命。首先要判断出影响催化剂寿命的主要因素。一般是对催化剂活性下降的机理提出一些假设，并进行加速寿命实验。

（1）寿命实验：在工业反应器中进行催化剂寿命的评价是最理想的。对催化反应器原始记录进行整理，将催化剂从投入运转至卸出更换的时间累积起来，便得到工业催化剂的使用寿命。但对催化剂的开发和改进而言，不可能进行催化剂生产规模的运转，加之时间和费用两方方面的原因，因此需要对其做寿命实验。

寿命实验的目的是通过小规模试验来判断长期运转是否稳定。如连续不停地运转1000h以上，记录原料和产物组成的分析结果，反应温度、压力、流量、反应器床层压力降等情况，以得到运转中的催化剂恶化的特征；可绘制出催化剂性能及催化反应器操作参数随时间或催化剂床层变化的各类曲线，以判断催化剂是否失活，推测催化剂失活原因。

在催化剂开发的各个阶段都要进行寿命实验。实验室研制阶段要在小型及中型设备中进行。放大实验阶段，要在工业生产装置上进行单管（催化剂放入反应器的一根反应管中）、侧线实验（在催化反应器外引出一根反应管并装入催化剂）上进行长时间的实验考察，至少需1000h以上，经过逐步放大，最终才能得到确切的寿命数据。

（2）加速寿命实验：上述催化剂的寿命数据费时、费力、费资金，多年来人们认识到，必须发展可以预测工业装置中催化剂寿命的加速实验室实验法。为加快开发工业催化剂的速度，可对影响是活的因素进行强化，在苛刻条件下对性的和改进的催化剂进行“催速失活”实验，并以工业先用的已知寿命和失活因素的催化剂做参考样，经过对比实验，可重点考察新催化剂失活的主要原因，也可预测型催化剂的相对寿命。从经验来看，由这样的实验几乎不可能做出催化剂寿命的绝对值，但可大大缩短催化剂开发时间。

加速寿命实验的原则：快速和可靠是实验室规模催化剂寿命实验的主要要求。在大多数情况中工业催化剂具有几个月活几年的寿命，而加速寿命实验的周期最好只有几天，甚至更短。可靠性强烈地取决于寿命实验的条件，这些条件（除了一个被选择来进行加速实验的参数外）与工业反应器的差别应当尽可能的小。

在进行寿命实验中的主要问题是如何加速失活作用，而又不失去关于工业装置中催化剂寿命预测的意义。在比较寿命实验中，如果被比较的催化剂对选择的加速方法给出相同的响应，便能可靠地推延实验的结果。

目前主要应用两种类型的加速寿命实验。第一种成为“连续实验”（continuoustest）或C实验，在这种实验中，将活性和选择性记录为工作时间的函数，在大量增加了被认为是造成失活的参数后，所有其他的条件与工业反应器中的条件是尽可能相似的。对于这种实验所需要的设备是用于动力学研究的标准实验室设备。如果在失活过程中涉及抗压碎强度或抗磨耗性，应当提供采样的设备，以便可以测量催化剂的机械性能随工作时间的变化。第二种类型的寿命实验称为前－后（before－after test）或BA实验，它是在某些适当选择的深度处理之前和之后进行同样的标准操作，然后比较两次实验的催化剂活性和选择性。对机械性能可做类似的比较，所需设备与C实验相同。

虽然，对着两种类型的寿命实验而言，最重要的是正确地选择造成催化剂失活的参数，并且适当地选择用于寿命实验的参数值，以便进行颗粒合理周期的操作运行。只有在对失活机理做了广泛研究后，才能鉴定明确这些参数。如果几种失活原因同时存在，就应分别对它们进行研究。

加速寿命实验的方法：首先必须全面了解引起催化剂失活的机理。可根据下面的分类

老考察其失活机理：

$$\left.\begin{array}{l}\text{固态的化学和物理学}\left\{\begin{array}{l}\text{烧结}\\\text{固态反应}\\\text{活性组分的损失}\end{array}\right.\\\text{表面的化学和物理学—中毒}\end{array}\right. \tag{9-101}$$

研究失活机理的起点应该是仔细和全面地表征取自工业装置的废催化剂样品，这种表征能有助于对失活机理提出某些理论假设。

在对失活机理有了较全面的了解后，即可针对不同的情况进行加速寿命实验。表9－13为一实例，给出了加速寿命实验的具体方案。

表9－13　加速催化剂寿命实验

失活的主要原因	寿命实验的类型	加速因数	因数变化
化学中毒	C（BA）	原料中的毒物浓度	10～100倍
淀积中毒（结焦）	C	温度	25%～50%
		原料中的烃浓度	50%～100%
		原料中的水含量	50%～100%
热烧结	BA（C）	温度	20%～100%
化学熔结	C（BA）	原料中的反应杂质浓度	10～100倍
固态反应	BA（C）	温度	20%～100%
活性组分的损失	C（BA）	温度	20%～100%
		原料组成	50%～100%

在对实验时可采用正交设计等实验方法，对实验数据也可采用数理统计的方法如最小二乘法等，可减少实验次数，缩短实验及数据处理时间。

分析结果表明：石脑油铂重整催化剂失活的主要原因是焦炭的沉积，包括在金属上及酸性中心上的结焦。加速寿命实验表明，温度、压力、氢/石脑油（分子比）对积碳的影响显著。正常运转条件下压力为3.04MPa，温度500～600℃，氢/石脑油（分子比）＝500，原料油的初馏点为72.5℃，其中，10%为84.0℃，30%为106℃，60%为140℃，原料油干点为166℃。原料油组成为：芳烃6.5%，环烷烃28.8%，石蜡烃64.7，含硫量0.001%。对催化剂A和催化剂B进行催速失活实验，结果如图9－39所示。

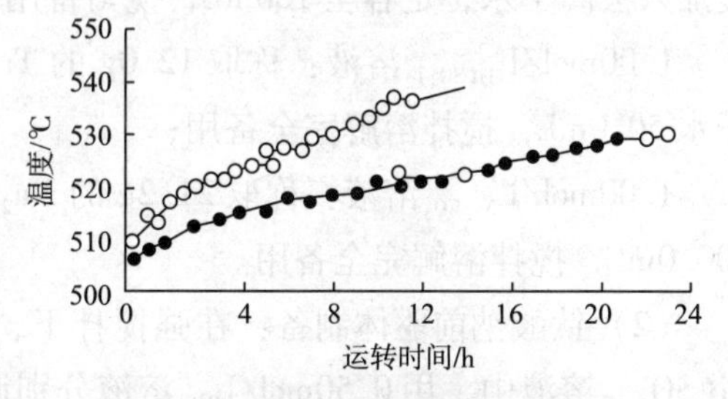

图9－39　两种重整催化剂的温度－运转时间曲线

在规定的最高允许温度（实验定为530℃）下，催化剂可以经历的操作时间作为稳定性的衡量依据，除去达到稳定所需时间外，样品A可操作7h，样品B可操作20h，即B的稳定性是A的3倍左右。

从经济上看，选择性和寿命往往比活性更重要。因为如果催化剂寿命短，就要经常停产拆装设备，既费时又费钱。在长期运转中，用一个贵的但能用得很久的催化剂要比用以便宜的但需经常更换的催化剂往往更经济。催化剂寿命的评价是一件很复杂的工作，如果能够搞清楚催化剂所具有的功能及怎样发生老化，就能将选择工作完成得更好；另外，了解这方面的知识，也就能预见成功的再生方案。

四、催化剂制备实例

（一）锐钛矿型纳米二氧化钛制备

1. 二氧化钛简介

纳米材料因具有量子尺寸效应、小尺寸效应、表面效应及宏观量子隧道效应等优异性能而受到人们的普遍关注。在众多的纳米材料中，二氧化钛由于具有高活性、安全无毒、化学性质稳定（耐化学及光腐蚀）及成本低等优点，被认为是最具开发前途的环保型光催化材料之一。除作为光催化材料外，二氧化钛还因为其能屏蔽紫外线、消色力高、遮盖力强（透明度高）等优异性能而应用于化妆品、纺织、涂料、橡胶、催化剂研发与生产和印刷等行业，因此，纳米二氧化钛材料成为不同生产商竞相开发和生产的热点材料。

2. 制备原理

采用硫酸钛 $Ti(SO_4)_2$ 和碳酸钠反应中和反应生成正钛酸钠 Na_4TiO_4，然后正钛酸钠水解生成类金红石型正钛酸 H_4TiO_4，而后正钛酸脱水得到二氧化钛 TiO_2，其化学反应方程式为：

中和反应：
$$Ti(SO_4)_2 + 4Na_2CO_3 \longrightarrow Na_4TiO_4 + 2Na_2SO_4 + 4CO_2 \quad (9-102)$$

水解反应：
$$Na_4TiO_4 + 4H_2O \longrightarrow Na_4TiO_4 + 4NaOH \quad (9-103)$$

脱水反应：
$$Na_4TiO_4 \longrightarrow TiO_2 + 2H_2O \quad (9-104)$$

3. 制备过程及其工艺参数

（1）溶液配制。

$0.50mol/L_{HCl}$ 溶液（100mL）：量取分析纯盐酸 4.2mL，加入 100mL 定量瓶中，然后缓慢加入去离子水，定容至 100mL，搅匀备用；

$1.00mol/L_{Ti(SO_4)_2}$ 溶液：称取 12.0g 的 $Ti(SO_4)_2$，加入 250mL 烧杯中，然后加入去离子水 50.0mL，搅拌溶解完全备用；

$1.00mol/L_{Na_2CO_3}$ 溶液：称取 21.2g 的 Na_2CO_3，加入 500mL 烧杯中，然后加入去离子水 200.0mL，搅拌溶解完全备用。

（2）钛酸钠前驱体制备：在强搅拌下，将 150.0mL 的 Na_2CO_3 溶液滴加到 36.0mL 的 $Ti(SO_4)_2$ 溶液中，用 $0.50mol/L_{HCl}$ 溶液分别调节 pH 值为 3 和 5，得到钛酸钠前驱体。

（3）前驱体水解：取 40.0mL 钛酸钠前驱体水溶液放入 50.0mL 内衬有聚四氟乙烯的高压不锈钢反应釜内，填充度约为 80%。旋紧釜盖，放入电热鼓风干燥箱中，升温至 180℃并恒温水热反应 4h，水热反应完成后，反应釜在空气中自然冷却至室温。

（4）洗涤过滤：对水解所得的溶液进行真空抽滤，并分别用去离子水和无水乙醇依次

洗涤至溶液中无硫酸根和氯离子为止（一般洗涤3次即可）。将抽滤所得滤饼在80～90℃下、用电热鼓风干燥箱干燥8h即得白色粉末状样品，即为所得产品。

该所得产品经XRD检验表明：该产品确为TiO_2纳米粒子，其晶型为锐钛矿型，且颗粒间团聚较少；增加水热反应体系的酸度，有利于获得较大粒径的TiO_2纳米粒子。

（二）固体超强酸SO_4^{2-}/Zr-PHTS的制备

1. 固体超强酸SO_4^{2-}/Zr-PHTS简介

SBA-15是20世纪90年代兴起的纳米结构材料，其高的比表面积、有序的孔道结构、易于改性修饰合成特定功能材料等诸多优越性，使之在催化、吸附、分离等领域具有潜在的应用前景。但是与传统微孔沸石分子筛（zeolites）相比，SBA-15的酸性、水热稳定性仍然较弱，极大阻碍了其在酸催化聚合、裂解和烷基化等反应中的应用。因此，合成具有丰富的酸中心位及高水热稳定性的大孔径介孔材料是该领域研究的重要方向。目前，文献集中报道的增强SBA-15酸性和水热稳定性的策略包括：①引入铝、铁等杂原子来改善和提高该材料PHTS（plugged hexagonal templated silica）提高SBA-15的水热稳定性和酸性；②通过调变孔道结构来改善介孔材料的水热稳定性。采用介孔材料和锆来改性SBA-15可明显改善的SBA-15水热稳定性和酸性，从而催化的催化活性和稳定性。

2. 固体超强酸SO_4^{2-}/Zr-PHTS制备

在40℃恒温条件下将3g模板剂P123（$EO_{20}PO_{70}EO_{20}$，Aldrich）溶于90mL硫酸溶液（pH＝1.5），接着依次加入6.6g正硅酸乙酯（TEOS）和化学计量的氧氯化锆（$ZrOCl_2\cdot 8H_2O$），然后滴加一定量的甲苯，继续搅拌24h后，将上述混合溶液转移到带有聚四氟乙烯衬底的不锈钢釜中，在100℃下老化24h，分离、干燥，于500℃焙烧6h，即得Zr-PHTS催化剂样品，标记为SO_4^{2-}/Zr-PHTS-x（x表示硅和锆的物质的量比）。

上述采用水热法一步制得的固体超强酸催化剂SO_4^{2-}/Zr-PHTS具有以Lewise酸为主的弱、中强度的酸性中心，酸性主要来源于Zr-O-Si，当Si/Zr比为10时，SO_4^{2-}/Zr-PHTS仍可以保持规整的二维六方孔道结构；该催化剂应用于四氢呋喃聚合反应中，当Si/Zr比为10时，聚合收率达到40.66%，聚合物相对分子质量均保持在2500左右，可用作氨纶生产原料。

第五节　制备绿色交联剂

一、绿色交联剂概述

（一）绿色交联剂简介

随着人们生活水平的不断提高、科学研究特别是化学物质对人体与环境影响的研究不断深入，化工产品的绿色化要求越来越高。就交联剂而言，目前大规模使用的大都处于低毒状态，如胺类交联剂、有机硫化物交联剂、醌及对醌二肟类交联剂等，我们在享受应用这些产品生产出的终端产品（高端日常用品、手机、高端衣服等）对我们有益的效果和舒适的同时，生产、应用这些产品和使用应用这些产品的终端产品对我们人体和环境会造成一定的伤害。因此该类产品的绿色化迫在眉睫。就目前而言，出现了一些接近无毒或少量无毒的产品，如过氧化物类、硅烷类、对苯二甲酸二缩水甘油酯类、部分表面活性剂类等。至于真正无毒、交联效果有很好的产品有待进一步研发。

（二）过氧化二异丙苯简介

过氧化二异丙苯（DCP），是一种最常用的对称二叔烷基过氧化物，分子式 $C_{18}H_{22}O_2$，相对分子质量 270，白色结晶，熔点 41 ~ 42℃，相对密度 1.082，分解温度 120 ~ 125℃，折射率 1.5360，纯的 DCP 产品为无色菱状晶体，熔点 39 ~ 40℃，升华温度 100℃（26.7Pa）；活化能 169.99kJ/mol，闪点 133℃，1min 分解半衰期温度为 178℃；室温下稳定，见光逐渐变成微黄色；不溶于水，溶于乙醇、乙醚、乙酸、苯和石油醚等；活性氧含量 5.92%（纯度 100%）、5.62%（纯度 95%）；溶于苯中半衰期：171℃：1min，117℃：10h，101℃：100h；是一种强氧化剂，可燃，低毒，LD_{50} = 4100mg/kg（低毒：LD_{50} = 500 ~ 5000mg/kg，相对无毒：LD_{50} ≥ 5000 ~ 15000mg/kg）。

过氧化二异丙苯（DCP）是一种橡胶及塑料的交联剂和高分子材料的引发剂，俗称工业味精，主要应用于 EPS 引发、电线电缆交联、制鞋三大领域。

DCP 是一种用途广泛的交联剂，通常用作聚乙烯（PE）、氯化聚乙烯（CPE）、聚苯乙烯（PS）的交联剂，交联的聚乙烯用作电缆绝缘材料，不仅具有优良的绝缘性和加工性能，而且可提高其耐热性，100 份聚乙烯使用硫化剂 DCP 2.4 份；生产可发性聚苯乙烯（EPS）的引发剂，聚乙烯醋酸乙烯酯（EVA）的发泡剂，硫化剂 DCP 可使乙烯 - 醋酸乙烯共聚物（EVA）泡沫材料形成细微均匀的泡孔，同时提高制品的耐热性和耐候性；还用作天然橡胶、合成橡胶的硫化剂如三元乙丙橡胶（EPDM）、丁腈橡胶和硅橡胶等的硫化剂等；另外，还用作不饱和聚酯的固化交联剂。由于 DCP 具有优良的交联性能，几十年来，一直被广泛应用于电线电缆等橡胶制品生产中。

二、主要合成方法

（一）主要生产方法及特点

DCP 典型工业合成方法有如下 3 种。

（1）以异丙苯为基本原料，通过异丙苯的空气自氧化反应制得过氧化氢异丙苯（CHP），CHP 经亚硫酸钠等还原剂还原或催化加氢得到 α，α-二甲基苄醇（CA）。然后在酸性催化剂存在下，使 CHP 与 CA 发生缩合脱水反应来生成 DCP，通过氧化、还原及缩合脱水合成 DCP，化学反应方程式如下：

$$C_6H_5-C(CH_3)_2-H + O_2 \xrightarrow{90\sim100℃} C_6H_5-C(CH_3)_2-OOH \xrightarrow[60\sim70℃]{Na_2SO_3} C_6H_5-C(CH_3)_2-OH \quad (9-105)$$

$$C_6H_5-C(CH_3)_2-OH + C_6H_5-C(CH_3)_2-OOH \xrightarrow[-H_2O]{H^+} C_6H_5-C(CH_3)_2-O-O-C(CH_3)_2-C_6H_5 \quad (9-106)$$

（2）以异丙苯为基本原料，通过异丙苯的空气自氧化反应制得过氧化氢异丙苯（CHP），在少量α-氯代异丙苯和苯酚类催化剂存在下，通过 CHP 与α-甲基苯乙烯（α-MS）的加成反应来合成 DCP，通过氧化和加成反应合成 DCP 的化学反应方程式如下：

$$C_6H_5-C(CH_3)_2-H + O_2 \xrightarrow{90\sim100℃} C_6H_5-C(CH_3)_2-OOH \quad (9-107)$$

$$C_6H_5-C(CH_3)(CH_3) + C_6H_5-C(CH_3)_2-OOH \xrightarrow[C_6H_5-OH]{C_6H_5-C(CH_3)_2-Cl} C_6H_5-C(CH_3)_2-O-O-C(CH_3)_2-C_6H_5 \quad (9-108)$$

（3）以异丙苯为基本原料，通过异丙苯的空气自氧化反应制得过氧化氢异丙苯（CHP），在叔碳醇或烯烃类酸接受体溶剂存在下，通过 CHP 与α-氯代异丙苯的置换反应制备 DCP，通过酸接受体溶剂中的置换反应合成 DCP 反应方程式如下：

$$C_6H_5-C(CH_3)(CH_3) + HCl \xrightarrow{20\sim30℃} C_6H_5-C(CH_3)_2-Cl \quad (9-109)$$

$$C_6H_5-C(CH_3)_2-Cl + C_6H_5-C(CH_3)_2-OOH \xrightarrow{20\sim30℃} C_6H_5-C(CH_3)_2-O-O-C(CH_3)_2-C_6H_5 + HCl \quad (9-110)$$

在以上 3 种方法中，通过氧化、还原及缩合脱水合成与通过氧化和加成反应合成是工业上最常用的 DCP 生产法。这 3 种 DCP 合成方法都用 CHP 作为反应中间产物，CHP 属于芳烷基氢过氧化物，对酸、碱、热、还原剂、重金属离子等很不稳定，其在生产、提浓、输送和合成 DCP 的反应过程中存在一定危险性，无论对生产设备、生产工艺安全性，还是对操作人员的操作技能都有很苛刻技术要求。

（二）生产技术进展

DCP 常压缩合脱水合成法，通常是用硫酸、磷酸、盐酸、硝酸、盐酸和高氯酸等强质子酸做催化剂，也有用乙磺酸、草酸、甲基二磺酸、苯磺酸及对甲基苯磺酸等酸性较弱的有机酸以及氯化锌、氯化锡、硫酸铝、三氟化硼乙醚络合物等路易斯酸作催化剂。常压反应法根据溶剂、催化剂和脱水剂的不同，主要分为高温反应法、醋酸溶剂法、无水草酸法、氯化锌催化法和硅铝催化剂催化法 5 种。实验室中对这 5 种方法进行了研究，结果表明：高温反应法因反应温度较高引起的副反应较多，CHP 转化率和生成 DCP 的选择性都不高。加上温度较高可能带来的安全生产隐患，这种高温反应法只能作为 DCP 的实验室合成方法；用醋酸溶剂法生产 DCP 存在设备腐蚀严重、回收醋酸费用昂贵、后处理要产生大量废水等环境保护问题。无水草酸法同样由于类似的缺陷，从而对其实现工业化造成较难克服的困难；硅铝催化剂法虽然结果较好，但要筛选出对 DCP 缩合反应真正有效的硅铝催化剂并不容易；不同的 DCP 常压缩合脱水合成法，根据所用催化剂及溶剂不同有各自的优缺点，单独应用其中的一种方法，会存在缺陷。因此，最好是将几种方法的长处结合到一起，设计出扬长避短的方法。

近年来，国内科研机构及生产企业对过氧化二异丙苯进行了系列的开发和研究，并申请了多项专利。

2011 年 9 月 CN102199114A 公开了一种用于生产过氧化二异丙苯的原料的制备方法：采用碱性离子液体和碳酸钠的混合物作为催化剂，以空气作为氧源，将异丙苯经催化氧化制成过氧化氢异丙苯和二甲基苄醇接近 1∶1（物质的量之比）的混合物。将所得混合物直接缩合即可生成 DCP，省去了 DCP 原料生产过程中的还原步骤，降低了 DCP 生产成本。

2012 年 12 月 CN102827051A 公开了过氧化二异丙苯的合成方法：先在计量槽内计量一定量的精苄醇、氧化液。然后开反应釜搅拌，利用反应釜上的真空系统把计量好的精苄醇投至反应釜内，当精苄醇投料至 1/3 时，加入助催化剂。当精苄醇全部投完后用反应釜上的真空系统把计量好的氧化液全部投入反应釜内。投料完毕后，开启反应釜底鼓泡阀，调节釜底压力约 -0.04MPa。然后通过反应釜夹套热水（≤60℃）调节阀、反应釜盘管循环水调节阀控制合成反应温度 43～45℃。控制反应时间为 5～6.5h/釜。反应后分析反应的副产物苯酚、丙酮等是通过反应后的反应液与碱液（质量分数约 10% 的氢氧化钠水溶液）按质量比以 1∶0.1 在清洗釜内充分搅拌混合去除的。

2013 年 3 月 CN103145597A 公开了一种减少过氧化二异丙苯缩合副产物的生产方法：主要解决缩合生产中存在的副产物 α-甲基苯乙烯含量高的问题。该发明以异丙苯为溶剂，以二甲基苄醇和过氧化氢异丙苯为原料，在反应温度为 30～60℃，反应表压为 -0.1MPa～常压条件下，原料与强质子酸催化剂反应 0.1～5h 缩合脱水生成过氧化二异丙苯。采用该发明的生产方法，具有过氧化二异丙苯缩合副反应减少，缩合液中的 α-甲基苯乙烯含量有所降低，反应选择性提高，DCP 收率和质量提高，从而降低了异丙苯单耗，降低了生产成本。另一方面，推荐使用的酸催化剂的浓度较低，生产过程中更加安全。

2014 年 12 月 CN104211629A 公开了一种过氧化二异丙苯缩合反应的生产设备：其包括缩合反应釜，苄醇计量槽中预定量的苄醇、预定量的催化剂、氧化液计量槽中预定量的氧化液依次投料到缩合反应釜中进行缩合反应，在缩合反应期间，如果控制系统判断出满足启动一级温度连锁控制的条件则关闭缩合反应釜循环热水阀并开启缩合反应釜循环冷却水阀，并且如果控制系统判断出满足启动二级温度连锁控制的条件，则开启缩合加水阀，关闭缩合反应釜循环热水阀并且开启缩合反应釜循环冷却水阀。过氧化二异丙苯缩合反应

的生产方法，包括在缩合反应期间执行一级温度连锁控制和二级温度连锁控制的步骤。由于在缩合反应期间采用一级和二级温度连锁控制，因而确保了缩合反应按工序安全可靠地生产。

三、合成反应原理

异丙苯在氧化塔内被空气中的氧气氧化生成过氧化氢异丙苯（CHP），同时产生一些副产物（二甲基苄醇、苯乙酮等），其主要化学反应如下。

1）主反应

第一步：氧化。异丙苯氧化生成过氧化氢异丙苯 CHP：

$$\underset{\text{异丙苯}}{C_6H_5-\overset{\displaystyle CH_3}{\underset{\displaystyle CH_3}{\overset{|}{\underset{|}{C}}}}-H} + O_2 \xrightarrow{80\sim107℃} \underset{\text{CHP}}{C_6H_5-\overset{\displaystyle CH_3}{\underset{\displaystyle CH_3}{\overset{|}{\underset{|}{C}}}}-O-O-H} \qquad (9-111)$$

第二步：还原。一部分过氧化氢异丙苯 CHP 在还原剂作用下发生还原反应，生成二甲基苄醇 CA：

$$\underset{\text{CHP}}{4C_6H_5-\overset{\displaystyle CH_3}{\underset{\displaystyle CH_3}{\overset{|}{\underset{|}{C}}}}-O-O-H} + Na_2S \xrightarrow{65\sim70℃} \underset{\text{CA}}{4C_6H_5-\overset{\displaystyle CH_3}{\underset{\displaystyle CH_3}{\overset{|}{\underset{|}{C}}}}-OH} + Na_2SO_4 \qquad (9-112)$$

第三步：缩合。另一部分过氧化氢异丙苯 CHP 与二甲基苄醇 CA，在酸催化剂作用下，发生缩合反应，生成过氧化二异丙苯 DCP：

$$\underset{\text{CHP}}{C_6H_5-\overset{\displaystyle CH_3}{\underset{\displaystyle CH_3}{\overset{|}{\underset{|}{C}}}}-O-O-H} + \underset{\text{CA}}{C_6H_5-\overset{\displaystyle CH_3}{\underset{\displaystyle CH_3}{\overset{|}{\underset{|}{C}}}}-OH} \xrightarrow[HClO_4]{43\sim45℃} \underset{\text{DCP}}{C_6H_5-\overset{\displaystyle CH_3}{\underset{\displaystyle CH_3}{\overset{|}{\underset{|}{C}}}}-O-O-\overset{\displaystyle CH_3}{\underset{\displaystyle CH_3}{\overset{|}{\underset{|}{C}}}}-C_6H_5} \qquad (9-113)$$

2）主要副反应

$$C_6H_5-CH(CH_3)_2 + \frac{1}{2}O_2 \longrightarrow \underset{\text{二甲基苄醇}}{C_6H_5-C(OH)(CH_3)_2} \qquad (9-114)$$

$$C_6H_5-CH(CH_3)_2 + O_2 \longrightarrow \underset{\text{苯乙酮}}{C_6H_5-CO-CH_3} + \underset{\text{甲醇}}{CH_3OH} \qquad (9-115)$$

异丙苯的氧化是典型的链式反应、自催化反应，产品过氧化氢异丙苯是其引发剂，它的存在使氧化反应在一定条件下产生加快的趋势，而过快的反应会带来安全隐患。因而，必须很好地控制氧化反应的进行，以利安全。链式反应的机理如下。

1）链的引发

$$ROOH \longrightarrow \cdot OH + RO \cdot \tag{9-116}$$

或：

$$2ROOH \longrightarrow ROO \cdot + RO \cdot + H_2O \tag{9-117}$$

$$RO \cdot + RH \longrightarrow ROH + R \cdot \tag{9-118}$$

$$HO \cdot + RH \longrightarrow R \cdot + H_2O \tag{9-119}$$

2）链的增长

$$R \cdot + O_2 \longrightarrow ROO \cdot \tag{9-120}$$

$$ROO \cdot + RH \longrightarrow ROOH + R \cdot \tag{9-121}$$

3）链的终止

氧化反应的目的是以一个合适的速率和最高的效率来合成 CHP。随 CHP 的浓度的增加或温度的增高，主副反应会同时增加而使反应效率降低，产生大量副产物。副产物主要是 DMBA 和 AP，还存在其他微量副产物，如甲醇、过氧化二异丙苯（DCP）等，甲醇又能变成甲酸。这些微量挥发性的酸性副产物将增加 CHP 的分解。在氧化系统中存在的酚会抑制氧化反应进行。因为枯基过氧基与酚分子生成 CHP 和一个苯自由基，苯自由基不能进攻异丙苯，来继续链式反应，反而与其他自由基结合，影响氧化反应的正常进行。所以对氧化进料的循环异丙苯必须碱洗中和去掉这些酸和酚。

四、液相氧化法工艺流程及说明

异丙苯液相氧化法制备过氧化二异丙苯工艺流程见图 9－40。

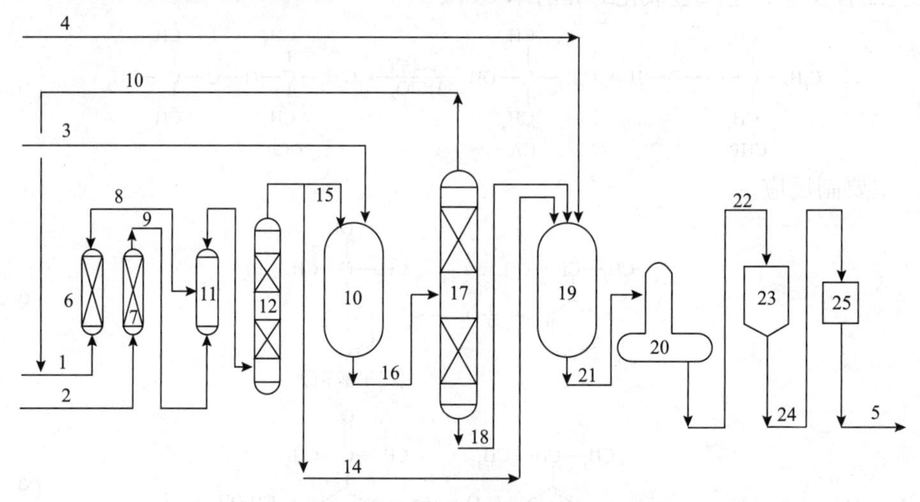

图 9－40　过氧化二异丙苯生产工艺流程

1—异丙苯原料；2—空气；3—还原剂；4—酸催化剂；5—DCP 产品；6—异丙苯 pH 调节器；7—空气 pH 调节器；8—异丙苯物料；9—预处理后的空气；10—CA 精制塔塔顶分离出的异丙苯物料；11—异丙苯氧化反应器；12—CHP 精制塔；13—CHP 还原反应器；14—C 精制塔流出的一路 CHP 物料；15—CHP 精制塔流出的另一路 CHP 物料；16—粗 CA 物料；17—CA 精制塔；18—CA 物料；19—缩合反应器；20—DCP 精制塔；21—粗 DCP 物料；22—高纯度 DCP 物料；23—DCP 结晶器；24—高纯度 DCP 晶体；25—DCP 包装机

通过氧化将异丙苯反应成过氧化氢异丙苯（以下简称氧化液 CHP），用还原剂亚硫酸钠将异丙苯过氧化氢还原成苯基二甲基甲醇，后者在高氯酸催化下与过氧化氢异丙苯缩合，经后处理得到过氧化二异丙苯。将 78 份异丙苯过氧化氢（≥32%）与 98 份亚硫酸钠配成的水溶液投入到还原锅中，于 62～65℃进行异相还原，得到苯基二甲基甲醇。得到的苯基二甲基甲醇在 0.2 份高氯酸存在下与 72 份过氧化氢异丙苯在 42～45℃下缩合，反应得到过氧化二异丙苯缩合液。用10%氢氧化钠溶液洗至中性后，分去水，真空蒸馏浓缩，再溶于无水乙醇中，冷至 0℃以下结晶，过滤后，于真空下干燥得过氧化二异丙苯成品。滤液回收乙醇。

五、制备过程及其工艺参数

在如图 9－40 所示的工艺流程（年产 2000t 的 DCP 产品）中，异丙苯原料首先进入异丙苯 pH 调节器，空气也进入空气 pH 调节器进行预处理，pH 均调节为 8.5，异丙苯原料与空气的质量比为 1∶0.44；预处理后的异丙苯物料和预处理后的空气分别进入异丙苯氧化反应器，异丙苯物料与空气在异丙苯氧化反应器内以鼓泡的方式，进行气液二相接触，异丙苯物料发生氧化反应，异丙苯氧化反应器操作条件为：反应温度为 105℃，反应压力为 0.45MPa；生成过氧化氢异丙苯 CHP 物料后，进入 CHP 物料精制塔进行提浓精制处理，CHP 精制塔操作条件为：操作温度为 105℃，操作压力为－0.093MPa；精制后的 CHP 物料分成两路（第一路与第二路 CHP 物料质量比为 1∶1.03）：一路 CHP 物料与高效还原剂共同进入 CHP 还原反应器，高效还原剂的配比是：80% 的硫化钾＋20% 的硫酸氢钠，在此高效还原剂的作用下，CHP 物料发生还原反应，生成二甲基苄醇 CA 物料，CHP 物料还原反应器条件为：反应温度为 68℃，反应压力为 0.004MPa；之后粗 CA 物料进入 CA 精制塔进行提浓精制处理，CA 精制塔操作条件为：操作温度为 60℃，操作压力为－0.093MPa；CA 精制塔塔顶分离出的异丙苯物料返回并与新鲜异丙苯合并以进一步循环使用，新鲜异丙苯与返回循环的异丙苯物料的流量比为 1∶1.5；CA 精制塔塔釜分离出的精 CA 物料与 CHP 精制塔流出的另一路 CHP 物料以及高效酸催化剂共同进入缩合反应器内，在高效酸催化剂（高效酸的配比是：85% 高氯酸＋10% 硫酸＋5% 碱性离子液体）作用下，CHP 物料与 CA 物料缩合反应，生成过氧化二异丙苯 DCP 物料，缩合反应器操作条件为：反应温度为 55℃，反应压力为 0.004MPa；粗 DCP 物料进入 DCP 精制塔进行提浓精制处理，DCP 精制塔的操作条件为：操作温度为 110℃，操作压力为－0.093MPa；处理为高纯度 DCP 物料后，送入 DCP 结晶器，DCP 结晶器操作条件为：操作温度为 50℃，操作压力为 0.004MPa；结晶后的高纯度 DCP 晶体与母液分离后，经过 DCP 包装机包装，成为 DCP 产品外送。

在上述条件下生产出的 DCP 产品，异丙苯转化率为 99.1%，DCP 的选择性为 93.3%，DCP 产品的纯度为 99.5% 以上，异丙苯原料和空气碱洗过程中，没有废液排放。

第十章　制备偶联剂

第一节　偶联剂简介

一、定义及应用

（一）偶联剂定义及应用

无机矿物填料在塑料、橡胶、胶黏剂等高分子材料工业及复合材料领域中占有很重要的地位。以聚合物为基材、无机矿物为填充材，通过熔融混炼加工成型即可得到新的改性材料，即复合材料。这种复合化的目的是提高材料的性能或使材料功能化，例如增强材料的强度，改善制品的机械性、电绝缘性及抗老化性等综合性能。随着石油危机、油价上涨，一些聚合物及其原材料价格也相应上升，为了提高塑料制品的竞争力，降低产品成本，提高产量，这种填充大量廉价无机填料的改性方法，更受到各国的重视。

然而无机填料和高聚物分子在化学结构和物理形态上极不相同，它缺乏亲和性，仅仅起到增量的作用。同时由于大量填充无机填料而导致聚合物复合材料的黏度显著提高，以致使材料的加工性能受到影响。另外，由于填料与聚合物之间混合不均匀，且黏合力弱，制品的力学性能降低，造成这种大量填加廉价无机填料的方法具有一定的局限性。从理论上分析，这种填充复合材料的结构是以基材树脂构成连续相，以填料等物质构成分散相。正是由于高分子复合材料大多具有非均相结构，因而其内部存在明显的相界面。以无机矿物作为填充材料进行塑料复合化，使材料综合性能得到提高，确保填充材和界面间的亲和性，就成为重要课题。

在塑料及橡胶加工中，越来越普遍地使用各种来源广泛、价格便宜或性能特异的无机物作为塑料及橡胶的填充剂或增强剂，不仅可以降低成本，而且还能赋予制品各种宝贵的性能，对于扩大塑料、橡胶的应用具有重大的意义。例如加入碳酸钙、滑石粉可降低制品成本，同时还可提高制品的耐冲击和耐磨性等；加入高岭土可提高电绝缘性 5 倍左右，还可改善印刷性能以制造合成纸；加入二氧化硅可提高制品的刚度、耐磨性；加入二氧化钛可提高制品的白度、硬度及耐磨性；加入赤泥可作为廉价的热稳定剂、光屏蔽剂，提高耐光及耐老化性能，延长使用寿命；加入从粉煤灰中提取的玻璃微珠可提高熔料流动性、热

变形温度、弯曲强度和弹性模量，使残余应力分布均匀；加入氢氧化铝可提高塑料制品的耐电弧性及电绝缘性；其他还有硫酸钡、炭黑及晶须等。用它们作填充剂，可提高制品性能，降低制品成本，也有利于环境保护。

然而，无机填料和高聚物在化学结构和物理形态上极不相同，它缺乏亲和性，仅仅起到增量的作用。同时出于大量填充无机填料而导致聚合物复合材料的黏度显著提高，从而致使材料的加工性能受到影响。另外，由于填料与聚合物之间混合不均匀，且黏合力弱，制品的力学性能降低，造成这种大量填加廉价无机填料的方法具有一定的局限性。从理论上分析，这种复合材料的结构是以基材树脂构成连续相，以填料等物质构成分散相。正是由于高分子复合材料大多具有非均相结构，因而其内部存在明显的相界面。以无机矿物作为填充材料进行塑料复合化，使材料综合性能得到提高，增加填料或增强材料与树脂等基体的界面相溶性，进而提高塑料、橡胶等复合材料的力学性能，就成为重要课题。

长期以来，人们就十分重视无机填料的表面改性，设法把活性的有机官能团接到无机填料表面，以改变其原有的亲水性，提高其与有机聚合物的相溶性及分散性。这样无机填料在塑料中就不仅具有增量作用，而且还能起到增强改性的效果，如提高复合材料的耐热性和改进尺寸的稳定性。过去曾试用过多种表面活性剂处理无机填料，并且取得了相当的成功。在此基础上偶联剂则应运而生，由于其良好的性能而被广泛地应用于复合材料领域。

偶联剂是指能改善填料与高分子材料之间界面特性的一类物质。其分子结构中存在两种官能团：一种官能团可与高分子基体发生化学反应或至少有好的相容性；另一种官能团可与无机填料形成化学键。偶联剂可以改善高分子材料与填料之间的界面性能，提高界面的黏合性，改善填充或增强后的高分子材料的性能。

我国偶联剂工业的发展趋于成熟。继20世纪60年代第一个硅烷偶联剂品种率先开发成功后，经过近40年的努力，迄今已形成了以硅烷偶联剂和钛酸酯偶联剂为主体，铝酸酯、铝钛复合偶联剂及稀土偶联剂等为补充的偶联剂行业体系。据统计，目前国内偶联剂年产量3500t，其中钛酸酯产耗量最大，约占总消费量的50%；硅烷类居次，约占30%；铝酸酯及其他偶联剂约为20%。生产企业近20家，多集中在山东、江苏等地。综观现状，国内偶联剂市场的竞争非常激烈，基于复合填充材料的发展需要，偶联剂的改性功能已开始由单纯的偶联增量向兼备提高复合填充材料抗冲击性、抗静电性等特殊性能要求的多元化方面转变，开发多功能偶联剂将是偶联剂行业适应塑料加工市场变化的重要趋势。

（二）硅烷偶联剂应用

硅烷偶联剂品种不同，其应用领域也不相同。目前用量最大的品种为巯基类硅烷偶联剂，主要应用于轮胎和橡胶工业中，其次为氨基类产品，其他品种比例都不甚高，国内各主要类别的硅烷偶联剂应用情况如下。

（1）巯基类硅烷偶联剂：目前轮胎工业中使用的硅烷偶联剂几乎全是含硫硅烷偶联剂，特别是多硫硅烷偶联剂。在轮胎胎面胶中应用时，含硫硅烷偶联剂中的烷氧基与白炭黑表面的硅羟基结合，而硫则与橡胶结合，形成牢固的网络结构，应用这种体系可显著降低轮胎的滚动阻力。从主要厂商的产品目录、专利及文献看，该类产品主要品种包括：双（三乙氧基硅丙基）四硫化物（TESPT）、双（三乙氧基硅丙基）二硫化物（TESPB）、γ-巯丙基三甲氧基硅烷，其中多硫硅烷用量最大。

（2）氨基类硅烷偶联剂：氨基类硅烷偶联剂及改性氨基类硅烷偶联剂根据氨基数量可分为单氨基、双氨基、三氨基以及多氨基等类。氨基类硅烷类偶联剂属于通用型，几乎能与各种树脂起偶联作用，但聚酯树脂例外。主要应用领域有：①用于玻璃纤维的表面处理，能大大提高玻纤复合材料的强度、电气、耐水、耐候性等，以及材料在湿态下的机械性能；②用于处理无机填料填充塑料，能改善填料在树脂中的分散性及黏结力，改善工艺性能和提高填充塑料（包括橡胶）的机械、电气和耐候等性能；③用作增黏剂，能提高密封剂、胶黏剂和涂料的黏结强度、耐水、耐高温、耐气候等；④用作纺织助剂，与有机硅乳液并用可提高毛纺织物的使用性能，使之穿着舒适、防皱挺括、防水抗静电、耐洗等；⑤用于生化、环保，其可制备硅树脂固胰酶载体，使固胰酶附着到玻璃基材表面并得以继续使用，提高了生物酶的利用率，避免污染和浪费。

（3）乙烯基类硅烷偶联剂：乙烯基类硅烷偶联剂主要用于塑料增强，它可以提高玻璃纤维、无机填料和对乙烯基反应的树脂之间的亲和力，提高材料的电气化性能和在湿态下的机械强度，兼有偶联剂和交联剂的作用，适用于聚乙烯、聚丙烯、不饱和聚酯等塑料品种，常用于硅烷交联聚乙烯电缆和管材等。

（4）环氧基类硅烷偶联剂：该类产品为环氧基官能团硅烷。γ-(2，3-环氧丙氧）丙基三甲氧基硅烷（KH-560）是硅烷偶联剂中的主要品种之一，被广泛用在环氧树脂、酚醛树脂、聚氨酯、三聚氰胺树脂、氯化聚醚、聚酯、聚碳酸酯、聚苯乙烯、聚丙烯及尼龙等聚合材料中，以提高材料的黏结性、憎水性及耐候性。还被用于制取含环氧烃基的粘底涂料，合成环氧烃基硅油、室温硫化硅橡胶增黏剂等。

（5）甲基丙烯酰氧基类硅烷偶联剂：该类产品易溶于多种有机溶剂中，易水解、缩合形成聚硅氧烷，在过热、光照、过氧化物存在条件下易聚合。其主要用作聚合材料增粘剂，在热固性树脂（如 AS、PET、交联 PE、DAP、BR 等）、热塑性树脂（如 ABS、PE、PP、PS 等）和弹性体（如丙烯酸橡胶及丁基橡胶）中获得非常广泛的应用；其在提高玻璃纤维增强聚酯塑料的弯曲强度方面也效果显著，可改善聚酯混凝土的机械性能；对提高无机填料在塑料、橡胶及涂料的浸润及分散性，提高制品机械性能，稳定产品受潮后的电气性能以及改善加工性等方面的效果十分显著；可用作室温固化的丙烯酸系涂料的交联剂，可提高光纤涂料憎水性及黏结性；还可用作聚烯烃的湿法交联剂。

二、偶联剂的作用机理

偶联剂是一类能改善填料与高分子材料之间界面特性、增强无机物与有机高分子材料之间结合力的助剂，又称表面改性剂。偶联剂一般由两部分组成：一部分是亲无机基团，可与无机填料或增强材料作用；另一部分是亲有机基团，可与合成树脂作用。偶联剂可以改善高分子材料与填料之间的界面性能，提高界面的相溶性，改善复合材料的性能。

偶联剂的作用和效果已被人们认识和肯定，但界面上极少量的偶联剂为什么会对复合材料的性能产生如此显著的影响，现在还没有一套完整的偶联机理来解释。偶联剂在两种不同性质材料之间界面上的作用机理已有不少研究，并提出了化学键合和物理吸着等解释。其中化学键合理论是最古老且又是迄今为止被认为是比较成功的一种理论。

（一）化学键合理论

该理论认为偶联剂含有一种化学官能团，能与玻璃纤维表面的硅醇基团或其他无机填料表面的分子作用形成共价键；此外，偶联剂还含有至少一种别的、不同的官与聚合分子键合，以获得良好的界面结合，偶联剂就起着在无机相与有机相之间互连连接的桥梁似的作用。

下面以硅烷偶联剂为例说明化学键合理论。例如氨丙基三乙氧基硅烷 $NH_2CH_2CH_2CH_2Si(OC_2H_5)_3$，当用它首先处理无机填料时（如玻璃纤维等），硅烷首先水解变成硅醇，接着硅醇基与无机填料表面发生脱水反应，形成化学键连接，反应式如下：

烷基中基团的水解：

$$H_2NCH_2CH_2CH_2Si(OC_2H_5)_3 + 3H_2O \longrightarrow H_2NCH_2CH_2CH_2Si(OH)_3 + 3CH_3CH_2OH \quad (10-1)$$

水解后的羟基与无机填料反应：

$$H_2NCH_2CH_2CH_2Si(OH)_2\text{—}OH + HO\text{—}Si\text{—玻璃} \longrightarrow H_2NCH_2CH_2CH_2Si(OH)_2\text{—}O\text{—}Si\text{—玻璃} + H_2O \quad (10-2)$$

偶联剂处理后的无机填料进行填充制备复合材料时，偶联剂中的 Y 基将和有机高聚物相互作用，最终搭起无机填料和有机物间的桥梁，如对环氧树脂的偶联作用。

$$H_2NCH_2CH_2CH_2Si(OH)_2\text{—}O\text{—}Si\text{—玻璃} + \underset{\diagdown O \diagup}{CH_2\text{-}CH}\sim\sim \longrightarrow \sim\sim\underset{OH}{CH}\text{-}CH_2\text{—}H_2NCH_2CH_2CH_2Si(OH)_2\text{—}O\text{—}Si\text{—玻璃} \quad (10-3)$$

硅烷类偶联剂的化学结构式一般表示为：$YRSiX_3$，品种很多。通式中 Y 基团的不同，偶联剂所适合的聚合物种类也不同，这是因为基团 Y 对聚合物的反应有选择性，例如含有乙烯基（$CH_2═CH—$）和甲基丙烯酸酯类的偶联剂，对不饱和聚酯树脂及丙烯酸树脂特别有效，其原因是偶联剂中的不饱和双键和树脂中的不饱和双键在引发剂和促进剂的作用下发生了化学反应的结果。但是含有这两种基团的偶联剂用于环氧树脂和酚醛树脂时，则效果不明显，因为偶联剂中的双键不参与环氧树脂和酚醛树脂的固化反应。但环氧基团的硅烷偶联剂则对环氧树脂特别有效，又因环氧基可与不饱和聚酯中的羟基反应，所以含环氧基硅烷对不饱和聚酯也适用；而含胺基的硅烷偶联剂则对环氧、酚醛、三聚氰胺、聚氨酯等树脂有效；含 -SH 的硅烷偶联剂则是橡胶工业应用广泛的品种。

通过以上反应，硅烷偶联剂通过化学键结合改善了复合材料中高聚物和无机填料之间的黏结性，使其性能大大改善。

（二）浸润效应和表面能理论

1963年，Zisman在回顾与黏合有关的表面化学和表面能的已知知识时，曾得出结论，在复合材料的制造中，液态树脂对被黏物的良好浸润是头等重要的，如果能获得完全的浸润，那么树脂对高能表面的吸附将提供高于有机树脂的内聚强度的黏结强度。

（三）可变形层理论

为了缓和复合材料冷却时由于树脂和填料由于热收缩率的不同而产生的界面应力，我们希望与处理过的无机物邻接的树脂界面是一个柔曲性的可变形相，这样复合材料的韧性最大。偶联剂处理过的无机物表面可能会择优吸收树脂中的某一配合剂，相间区域的不均衡固化，可能导致一个比偶联剂在聚合物与填料之间的多分子层厚得多的挠性树脂层。这一层就被称为可变形层。该层能松弛界面张力，阻止界面裂缝的扩展，因而改善了界面的结合强度，提高了复合材料的机械性能。

（四）约束层理论

与可变形层理论相对，约束层理论认为在无机填料区域内的树脂应具有某种介于无机填料和基质树脂之间的弹性模量，而偶联剂的功能就在于将聚合物结构“紧束”在相间区域内。从增强后的复合材料的性能看，要获得最大的黏结力和耐水解性能，需要在界面处有一约束层。

以上假设均从不同理论侧面反映了偶联剂的偶联机理。在实际过程中，往往是几种机制共同作用的结果。

三、偶联剂的发展及其趋势

（一）偶联剂的发展

偶联剂的发展可以追溯到20世纪40年代初期。当时由于玻璃纤维工业的兴起，促进玻璃纤维增强塑料（俗称玻璃钢）的发展。热固性树脂与玻璃纤维两种基本材料组成的玻璃钢，它的强度与性能，除了决定于树脂与玻璃纤维的强度和化学、物理性质之外，还和树脂与玻璃纤维界面的结合状态有密切关系。为此，曾用过上千种化学表面处理剂进行玻璃纤维表面处理的研究工作。1947年美国霍普金斯大学Witt R. K. 等用丙烯基硅烷衍生物处理玻璃纤维，1949年Bjorksten等用乙烯基三氯硅烷处理玻璃纤维，发现这两种“表面处理剂”（现称之为偶联剂）对聚酯玻璃钢的性能有很大的改善，认为“表面处理剂”可能在树脂、玻璃的界面发生了化学的结合，这是最早提出的化学键理论。根据这一理论，美国联合碳化物公司等于20世纪50~60年代针对各种热固性树脂，研究和发展了许多种含有能与树脂和玻璃纤维表面起化学反应的官能团的硅烷偶联剂，使各种玻璃钢的强度和其他性能都得到了大幅度改进。偶联剂的出现大大促进了玻璃钢工业的发展，并在黏合涂

料、橡胶等领域得到了广泛的应用。

在20世纪60及70年代，借助于近代分析测试手段，证明在一定条件下，偶联剂可以在两种不同材料的界面上产生化学键的结合，从而使许多种复合材料的性能改善。此外，从偶联剂的化学键理论还可以得出如下结论：①偶联剂是以分子桥的形式存在于界面上，理论上偶联剂只需在界面上形成单分子层所以用量是很少的；②偶联剂的应用是有针对性的，不同材料、不同生产工艺及处理方法，都要选择相应的偶联剂，才能得到预期的效果。因此偶联剂的品种很多，使用范围及条件也不一样；③使用偶联剂的复合材料，因在界面上产生了化学键结合，具有界面不易被水侵蚀的特点，因此提高了复合材料的耐水性、电学稳定性及抗老化性能等。

各种偶联剂中，以硅烷类的研究和发展较早，品种比较齐全，应用范围广，除在玻纤工业外，还在黏合剂、涂料及填充塑料等方面获得广泛应用，但近年来没有新的重要品种出现。

1. 国际

硅烷偶联剂是一类具有有机官能团的硅烷，主要应用在玻璃纤维的表面处理、无机填料填充塑料以及密封剂、黏结剂和涂料的增黏剂，是有机硅工业四大下游分支之一。

硅烷偶联剂自20个世纪40年代开始商业化发展，1945年前后由美国联碳和道康宁等公司开发和公布了一系列具有典型结构的硅烷偶联剂；1955年UC公司首次提出了含氨基的硅烷偶联剂；从1959年开始陆续出现了一系列改性氨基硅烷偶联剂；20世纪60年代初期出现的含过氧基硅烷偶联剂和60年代末期出现的具有重氮和叠氮结构的硅烷偶联剂，又大大丰富了硅烷偶联剂的品种。近几十年来，随着玻璃纤维增强塑料工业的发展，各种偶联剂的研究与开发进一步加快，改性氨基硅烷偶联剂、过氧基硅烷偶联剂和叠氮基硅烷偶联剂的合成与应用都是这一时期的主要成果。

硅烷偶联剂的另一重要用途是作为聚乙烯的交链剂，在聚乙烯电缆及管道方面应用很广，其原理是将 $CH_2=CHSi(OR)_3(R=CH_3、C_2H_5)$ 在微量过氧化物存在下与聚乙烯挤出造粒，使偶联剂在聚乙烯分子上接枝。在加工成制品时加入微量有机锡催化剂，偶联剂的烷氧基团遇到水蒸气会水解缩合而使聚乙烯交联。

这种交联方式比辐射交联设备简单、投资少、并且能耗低。经偶剂交联的聚乙烯强度高，耐高温，电学性能好，扩大了聚乙烯的用途。欧美及日本等国现均采用此法生产交联聚乙烯制品，最近还扩大应用到交联PP制品。预计这种交联PE、PP的产量将会迅速增长。

20世纪70年代以来，PP、PE、PVC等热塑性树脂产量迅速增长。由于热塑性塑料加工成型方便、生产效率高，引起了人们生产玻纤增强热塑性塑料的兴趣。但是由于PP等树脂在加工过程中不产生化学反应，所以一般硅烷偶联剂的效果不如在热固性树脂中的应用效果那么明显。特别是70年代初期的石油危机，使热塑性树脂的原料价格上涨，从而产生在树脂中混入廉价填料以降低制品成本的要求。所用的填料大多是碳酸钙，而硅烷偶联剂既不与碳酸钙产生稳定的化学键结合，也不与热塑性树脂产生化学反应，所以需针对热塑性树脂和无机填料的化学、物理性质，研究开发与之相适应的偶联剂，利用两种不同材料界面之间的化学和物理两种作用改善复合材料的综合性能。1974 年后，Motne S. J. 发表了一系列钛酸酯偶联剂的专利和论文，并指出应用在碳酸钙填充聚烯烃中可产生良好的效果。

钛酸酯偶联剂的典型分子结构如下：

$$(CH_3)_2CHOTi(OR_1)(OR_2)(OR_3) \qquad (10-4)$$

若 $R_1=R_2=R_3=-\overset{O}{\overset{\|}{C}}-C_{17}H_{35}-i-$，则为异丙氧基异硬脂酸钛酸酯，商品代号为 TTS，它与碳酸钙的作用如下图所示：

$$n\,(CH_3)_2CHOTi(O\sim\sim)_3 + (HO)_6\text{-}CaCO_3 \xrightarrow{-n(CH_3)_2CHOH} CaCO_3\text{-}(OTi(O\sim\sim)_3)_6 \qquad (10-5)$$

钛酸酯偶联剂的异丙氧基性质较活泼，在碳酸钙表面脱去异丙醇而与碳酸钙产生化学偶联。长链中的硬脂酸基团在加工聚烯烃时的熔融温度下与聚烯烃的相容性好，能与聚烯烃分子链产生缠绕作用而改善了填料与聚烯烃界面的作用状态，大大改善了填充塑料的各种性能。

偶联剂在填充塑料中的功能或作用是多方面的：①改善填充塑料加工时的流动性及填料的分散性，降低塑料加工时的能耗；②可以大大增加填料的用量，减少塑料收缩率，提高尺寸稳定性及减少局部应力的产生。对收缩率大的 PP 作用尤为明显，制作大型 PP 制品时为减少塑料制品的形变及防止应力开裂，使用钛酸酯偶联剂尤为重要；③填料含量增加，可提高塑料制品的模量，因此添加偶联剂又可提高制品的抗冲强度及耐折性能等；④提高填充聚烯烃的耐水性、电学稳定性和耐老化性能等。

应用偶联剂后，填充聚烯烃的性能得到改进，使其可用作结构材料，制作大型水管、输油管、排水管等，在节省钢材、方便施工、提高管道耐腐蚀和使用寿命起了很大作用。

1974 年 Monte 的工作报告发表以来，国外生产的钛酸酯偶联剂已有几十个商品牌号。国内南京大学于 1980 年最早开展了钛酸酯偶联剂的合成和推广应用工作，业将产品移交南京曙光化工厂生产。此外，中科院上海有机所及山西太原化工所也进行钛酸酯偶联剂的研究生产，当时主要生产有南京曙光化工厂、南京塑料厂、上海有机化学研究所等。

除钛酸酯偶联剂之外，适用于填充聚烯烃塑料的还有硼酸酯偶联剂、磷酸酯偶联剂及含铝偶联剂等类型，南京大学在开发这些新类型偶联剂时，发现它们各有特点，在应用范围上可以互相补充。

国外硅烷偶联剂主要厂商有道康宁公司、迈图公司、日本信越、德固赛和蓝星国际（原法国罗地亚），市场容量在100kt以上。主要外资企业产品牌号体系见表10－1。

表10－1 国外主要硅烷偶联剂生产品种

生产厂家	主要牌号
美国道康宁	Z-6026，Z-6920，Z-6925，Z-6940，Z-6945，Z-6265，Z-6040 ®，9-6346，Z-1224 TRIMETHYLCHLORO，Z-2306，Z-6011，Z-6020，Z-6030，Z-6032，Z-6042，Z-6070，Z-6075，Z-6079，Z-6094，Z-6106，Z-6121，Z-6124，Z-6137，Z-6187、Z-6224，Z-6228，Z-6300，Z-6341，Z-6403，Z-6518Z-6582，Z-6595，Z-6697，Z-6701，Z-9805，Z-6228，Z-6062，Z-6062，Z-6172，Z-6264，Z-6376，Z-6535，Z-6665，Z-6689 WATER REPELLENT Z-6690 WATER REPELLANT
迈图（原GE东芝、康普顿等）	KH563、KH531、KH530、子午线轮胎专用硅烷偶联剂
日本信越化学	KBM-1003，KBM-303，KBM-403，KBE-402，KBM-503，KBM-602，KBM-603，KBE-903，KBM-803
德固赛	生产子午线轮胎专用硅烷偶联剂
蓝星集团（原罗地亚）	主要生产用于橡胶行业的SCA—903

2. 国内

我国研究硅烷偶联剂始于20世纪60年代中期，主要研究单位是中科院化学所和南京大学。一些主要硅烷偶联剂在辽宁盖县和南京等地均有生产。此外南京大学还对α-官能团硅烷偶联剂进行了大量的研究和应用开发。如南大－42、南大－73南大－24等α-官能团硅烷偶联剂，在酚醛树脂切割砂轮（用于切割钢筋）、硅橡胶的黏合及交联、导弹涂料、氟橡胶及聚硫橡胶的黏合密封等方面获得普遍的应用，形成了我国的技术特色。当前国内生产的主要问题是如何改进生产工艺、降低成本。目前价格较高，仍是妨碍硅烷偶联剂大量应用的主要原因。

我国PP、PE及PVC等树脂产量将有大幅度增长，为填充聚烯烃塑料的发展提供了原料基础，急需研究和生产各种高效和价格低廉的偶联剂。今后偶联剂应用的发展方向是：无机填料预先用偶联剂处理，将包覆偶联剂的填料作为商品出售，专用于各种填充塑料。国外已有很多这种填料出售。国内已有南京跃进炼灰厂钛酸酯偶联剂处理过的碳酸钙出售。预计近年内这种“活性”填料将有大幅度增长。

硅烷偶联剂制备方法有间接法和直接法之分，间接法以硅粉和氯化氢为原料合成三氯氢硅，三氯氢硅醇解制备三烷氧基硅烷，间接法生产过程中会产生较多的腐蚀性气体氯化氢，对环境污染严重；直接法以硅粉和醇直接生成三烷氧基硅烷，其对环境的污染将大大减少，生产成本也将大大降低。目前国内湖北武大有机硅公司已有6000t/a的三烷氧基硅烷生产装置，并正准备扩建到12000t/a。

随着我国经济的快速发展，各种新型复合材料被大量使用，拉动硅烷偶联剂需求迅猛增长，近5年其年均需求增速超过15%，2007年，估计增长速度超过了30%，另有数据显示非巯基类硅烷偶联剂的需求增长速度则可能接近50%。国内各类硅烷偶联剂产品中，巯基类消费量仍属最大，氨基类位居第二，其他品种产量相对较小。

发达国家和地区硅烷偶联剂的需求仍在稳定增长中，以我国为代表的新兴市场则增长更加强劲，我国是需求增长最快的地区之一，印度、俄罗斯和韩国市场的表现也引人瞩目。目前，2005年修订的《产业结构调整指导目录（2005年本）》中，国家将硅烷偶联剂列入鼓励发展的化工类产业，显示了国家对发展本行业的支持态度。行业应当抓住市场增长和政策鼓励两大机遇，努力提升行业技术水平，扩大产业规模，发展系列化、有特色的硅烷偶联剂产品体系，并开发绿色环保型硅烷偶联剂，以适应国内节能减排和环保化的要求。

受建筑行业、电子行业、纺织行业及日化行业迅速发展的拉动，国内对有机硅的需求正以每年30%左右的速度增长，有机硅单体消费主要集中于硅橡胶和硅油、硅烷偶联剂等应用领域。据估算，至2010年，我国对有机硅制品的需求量（以有机硅单体计）将增加到（100~120）$\times 10^4$t/a。

我国现有硅烷偶联剂生产企业近30家，主要分布在江浙一带，许多企业年生产能力仅在数百吨至千吨左右。主要生产商江汉精化、武大有机硅、南京曙光、张家港国泰华荣、南京和福等。2006年我国硅烷偶联剂总产能约4.9$\times 10^4$t/a，产量约2.7$\times 10^4$t。由于硅烷偶联剂的应用比较广泛，进入2006年以后，国内硅烷偶联剂的发展迅速，2009年产能达11$\times 10^4$t/a，2014年产能达30$\times 10^4$t/a，具体见图10-1。

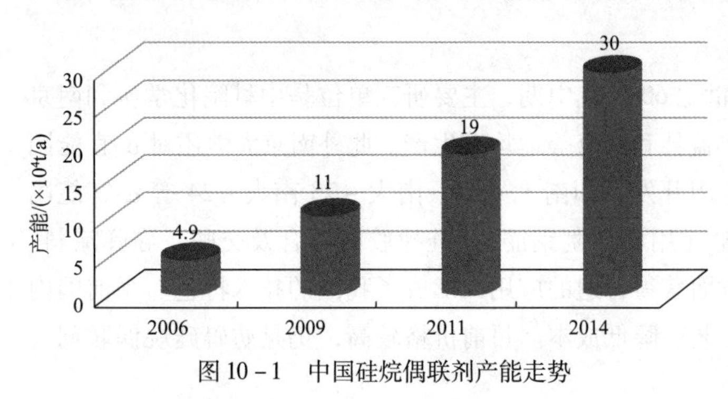

图10-1　中国硅烷偶联剂产能走势

进入2012年以来由于硅烷偶联剂在玻璃纤维、橡胶轮胎、铸造、高级油漆等行业得到广泛应用和国内房地产等许多行业进入快速发展期，国内外市场对偶联剂的需求量均在不断增长。目前，我国硅烷偶联剂主要应用于橡胶、玻璃纤维2大领域，塑料、纺织、涂料和油墨等行业也有部分应用，但是受产品质量和牌号限制，国产硅烷偶联剂在这几个消费领域所占比例较小。2012年我国硅烷偶联剂总出口量预计超过2$\times 10^4$t，以玻纤和轮胎用硅烷偶联剂为主，品种以含硫类硅烷和氨基类为主。据统计，2012年我国硅烷偶联剂总消费量约为13$\times 10^4$t，在橡胶和玻纤领域的消费量约占总消费量的42.3%和34.6%。塑料用硅烷偶联剂则占总消费量的13%，其余产品用于纺织、涂料及油墨行业消费，约占总消费量的10%，相应消费量分别为5.5$\times 10^4$t、4.5$\times 10^4$t、1.7$\times 10^4$t和1.3$\times 10^4$t。

据统计，2015 年国内共 14 家企业开工，年产能合计 281×10^4t，但江苏弘博、四川硅峰、山西三佳 3 家企业 28×10^4t 产能实际已闲置 1～2 年，因此行业自 2015 年初开始实质上已进入产能出清阶段，截至 2016 年年底行业 CR5 已提升至 65%。我国有机硅产品 90% 以上靠国内市场消费。2017 年国内年消费量为 175×10^4t，有机硅单体中，65% 被用于硅橡胶生产，下游主要是建筑、汽车行业；22% 被用于硅烷偶联剂，下游主要是建筑、电子行业，因此，硅烷偶联剂年消费量达 38.5×10^4t。结合其他的偶联剂，以及其突出的优势和不断开发的应用，国内目前年消费量为 50×10^4t 以上。

（二）偶联剂的发展趋势

硅烷偶联剂的结构虽然简单，但在多种复合材料中均可使用，用途很广，可在许多场合使用。若能很好地掌握其机理，特别是水解基的反应，将可发挥更大的效能。随着复合材料的不断开发，对硅烷偶联剂的性能提出了更高的要求。为了满足这些新的要求，人们开发了大量的新产品。最近开发的新型硅烷偶联剂都在某些方面的性能上做了改进。

近年来随着复合材料的多样化、多功能化，也同样要求偶联剂有多样化的功能，现有的化学结构已有无法应付的趋势。比如，为使一种偶联剂能适应多种树脂，需要多功能硅烷；为消除填料本身性质（酸、碱性等）对复合材料性能的影响，需要能够使填料表面钝化的硅烷等。

近年对硅烷偶联剂的功能要求越来越高。日本 NUC 公司开发了一种新型高分子型偶联剂（MMCA），就是在聚硅氧烷的主键上具有硅烷偶联剂基本功能的水解基团和各种有机官能团的高分子化合物。MMCA 除具备有机—无机界面的黏合助剂的功能外，还可赋予复合材料耐热性、耐磨性、耐药品性、耐冲击性以及疏水性等。因此 MMCA 可在使用硅烷偶联剂的所有领域广泛的应用。其结构式如下：

$$H_3C-\underset{CH_3}{\overset{CH_3}{Si}}-O\left[\underset{CH_3}{\overset{CH_3}{Si}}O\right]\left[\underset{X}{\overset{CH_3}{Si}}O\right]_m\left[\underset{Y}{\overset{CH_3}{Si}}O\right]_n\left[\underset{Z}{\overset{CH_3}{Si}}O\right]_o\underset{CH_3}{\overset{CH_3}{Si}}-CH_3 \tag{10-6}$$

式中，X 为烷氧甲基硅烷；Y 为具有反应性的官能基（环氧基、羧基、一元醇基等）；Z 为与有机物相容性高的单元（聚酯、烷基、芳烷基等）。表 10－2 列出了部分新类型硅烷偶联剂，表 10－3 列出了国际上主要硅烷单体和新开发品种。

表 10－2　部分新类型硅烷偶联剂品种

牌　号	化学结构	牌　号	化学结构
环氧硅烷		含氟硅烷	
X－12－692	$(CH_3O)_3Si(CH_2)_3\underbrace{CH\text{-}CH_2}_{O}$	KBM－7103	$(CH_3O)_3SiCH_2CH_2CF_3$
X－12－692	$(CH_3O)_3Si(CH_2)_4\underbrace{CH\text{-}CH_2}_{O}$	KBM－7803	$(CH_3O)_3SiCH_2CH_2C_8F_{17}$

续表

牌　号	化学结构	牌　号	化学结构
异氰酸酯型硅烷		乙烯基硅烷	
KBM-9007	$(CH_3O)_3Si(CH_2)_3NCO$	KBM-1063	$(CH_3O)_3Si(CH_2)_4CH=CH_2$
KBE-9007	$(C_2H_5O)_3Si(CH_2)_3NCO$	KBM-1103	$(CH_3O)_3Si(CH_2)_8CH=CH_2$
KBM-9207	$(CH_3O)_2Si(CH_3)NCO$	KBM-1203	$(CH_3O)_3Si(CH_2)_3O-CH=CH_2$
KBE-9207	$(C_2H_5O)_2Si(CH_3)NCO$	KBM-1303	$(CH_3O)_3Si(CH_2)_{10}COO-CH=CH_2$
螯合型硅烷		KBM-1403	$(CH_3O)_3Si-Ph-CH=CH_2$
X-12-715	$(CH_3O)_3SiC_3H_6OOCCH_2CO-CH_3$	KBM-5103	$(CH_3O)_3Si(CH_2)_3OOC-CH=CH_2$

表 10-3　主要硅烷单体和新开发品种

制品名	化学名称	结构式	用　途
A-153	苯基三乙氧基硅烷	$Ph-Si(OC_2H_5)_3$	赋予疏水性、耐热性、流动性，用作树脂合成用催化剂
A-162	甲基三乙氧基硅烷	$CH_3Si(OC_2H_5)_3$	赋予疏水性、分散性、流动性，作树脂合成用催化剂及各种有机硅类树脂原料等
A-163	甲基三甲氧基硅烷	$CH_3Si(OCH_3)_3$	赋予疏水性、分散性、流动性，作树脂合成用催化剂及各种有机硅类树脂原料等
Y-9338	聚乙烯氧化物改性硅烷单体	$RO(C_2H_4O)_n-C_6H_4Si(OR)_3$	赋予各种颜料的分散性、抗静电性、防霉性合平坦性
AZ-6101	聚甲乙氧基硅氧烷	$Si_mO_{m-1}\left[(O\overset{CH_3}{\underset{CH_3}{Si}})_nOEt\right]_{2m+2}$	赋予疏水性、分散性和流动性
A-166	六甲基二硅烷	$(CH_3)_3SiHSi(CH_3)_3$	赋予疏水性、分散性、流动性，作为医药合成原料等

至于钛酸酯偶联剂，世界上主要生产厂家是美国的肯里奇石油化学品公司，已开发40多个品种，美国的年需求量也增长迅速。在国外20世纪70年代中期市场上刚出现钛偶联剂时，我国的一些科研院所和大专院校，如上海有机所，南京大学，山西化工研究所等，就投入了科研力量进行研究和开发。到80年代初期已能生产几个品种，小规模应用，取得较为明显的经济效益。目前，我国能够生产20多个品种的钛偶联剂，生产量1000t以上。主要生产厂家有南京曙光化工厂，安徽天山县化工厂，上海有机所实验场等十几个厂家。但钛偶联剂在塑料、橡胶、涂料等几大行业中尚未受到应有的重视，要普遍推广还将是一个比较艰巨的长期工作。

其他类型偶联剂，除铝系形成一定的生产规模外，均处于研制开发阶段。相信随着市场经济的发展，对材质性能及要求的提高，将对偶联剂提出更高更新的要求。

第二节　偶联剂主要品种及其应用

一、分类

偶联剂最早由美国联合碳化物公司（UCC）为发展玻璃纤维增强塑料而开发。早在20世纪40年代，当玻璃纤维首次用作有机树脂的增强材料，制备目前广泛使用的玻璃钢时，发现当它们长期置于潮气中，其强度会因为树脂与亲水性的玻璃纤维脱柏而明显下降，进而不能得到耐水复合材料。鉴于含有机官能团的有机硅材料是同时与二氧化硅（即玻璃纤维的主要成分）和树脂有两亲关系的有机材料及无机材料的“杂交”体，试用它作为黏合剂或偶联剂，来改善有机树脂与无机表面的黏结，以达到改善聚合物性能的目的，就成为科技工作者的一大设想，并在实际应用中取得了较好的效果。因此自40年代初至60年代是偶联剂产生和发展时期，并形成了第一代硅烷类偶联剂。目前，工业上使用偶联剂按照化学结构分类可分为：硅烷类、钛酸酯类、铝酸酯类、有机铬络合物、硼化物、磷酸酯、锆酸酯、锡酸酯等。它们广泛地应用在塑料橡胶等高分子材料领域之中。

（一）硅烷类偶联剂

在众多的偶联剂品种中，硅烷类偶联剂是研究得最早且被广泛应用的品种之一。这类偶联剂的通式可写为 $RSiX_3$，其中 R 是与聚合物分子有亲和力和反应能力的活性官能团，如乙烯基氯丙基、环氧基、甲基丙烯酰基、胺基和巯基等；X 为能够水解的烷氧基，如甲氧基、乙氧基等。硅烷的偶联作用常常被简单的描述成排列整齐的硅烷系分子层在聚合物和填料之间形成共价键桥。硅烷偶联剂对含有极性基团的或引入极性基团的填充体系偶联效果较明显，而对非极性体系则效果不显著，对碳酸钙填充复合体系效果不佳。

在分子结构中具有两个活性官能团，一个是与硅原子连接的官能团，又称无机端；另一个是与亚烷基连接的官能团。无机端经水解后与无机物界面反应，有机端则与有机界面进行作用，因而改进了复合材料组分间的作用。结构中有机基 R 系与聚合物分子有亲和力或反应能力的活性官能团，如氨基、巯基、乙烯基、环氧基、氰基、硫醇基、甲基丙烯酰氧基等。X 为能够水解的烷氧基（如甲氧基、乙氧基等）以及氯等。作为偶联剂使用时，X 基首先水解形成硅醇，然后再与填料表面上的羟基反应。不同的水解基虽然影响水解速度，但对复合材料的性能影响不大。偶联剂另一端的有机基与树脂反应，形成坚固的化学结合，其反应随树脂的种类而异。

（二）钛酸酯偶联剂

钛酸酯偶联剂是20世纪70年代后期由美国肯利奇石油化学公司开发的一种新型偶联剂。对于热塑型聚合物和干燥的填料，有良好的偶联效果，这类偶联剂可用通式：

$ROO_{(4-n)}Ti(OX-R'Y)_n$（$n=2,3$）表示。其中 RO—是可水解的短碳链烷氧基，能与无机物表面羟基起反应，从而达到化学偶联的目的；OX—可以是羧基、烷氧基、磺酸基、磷基等，这些基团很重要，决定钛酸酯所具有的特殊性能，如磺酸基赋予有机聚合物一定的触变性，焦磷酰氧基有阻燃、防锈和增强黏结的性能，亚磷酰氧基可提供抗氧、耐燃性能等，因此通过 OX—的选择，可使钛酸酯兼具偶联和其他特殊性能；R′—是长碳键烷烃基，它比较柔软，能和有机聚合物进行弯曲缠结，使有机物和无机物的相容性得到改善，提高材料的抗冲击强度；Y 是羟基、氨基、环氧基或含双键基团等，这些基团连接在钛酸酯分子的末端，可与有机聚合物进行化学反应而结合在一起。钛酸酯偶联剂进一步扩大了硅烷偶联剂的使用范围，使非极性的钙塑填充体系的偶联效果明显提高。

此外，根据特殊官能团的不同，又可以分为单烷氧基类、螯合型及配位型 3 种。以上两种类偶联剂是目前广泛生产和使用的品种，下面将重点介绍。

（三）铝酸酯偶联剂

这类偶联剂是国内自行开发的品种，铝酸酯偶联剂目前有 4 个牌号。可改善制品的物理机械性能，如提高冲击强度，提高热变形温度，可与酞酸酯偶联剂相媲美。另外其成本低，价格仅为钛酸酯偶联剂的一半，具有色浅、无毒、使用方便等特点，热稳定性比钛酸酯还好，它与钛系偶联剂的最大差异在于对炭黑等颜料的分散性有极优的效果，因此在涂料方面的应用甚多。

（四）有机铬络合物偶联剂

这类偶联剂由美国杜邦公司开发，是一种由羧酸与三价铬氯化物形成的配位络合物，牌号为 Volan。多年来，铬与甲基丙烯酸的络合物一直被用作聚酯和环氧树脂增强用的玻璃纤维的标准处理剂，玻璃纤维的 Volan 处理剂还能赋予玻璃纤维优良的抗静电性和别的工艺性能，因此由铬产生的绿色普遍看作是“偶联了的”玻璃纤维对塑料增强的标准。

（五）其他类型偶联剂

多种无机酸盐都曾被用作增强塑料的偶联剂，并取得应用。它们包括磷酸酯、硼酸酯、锡酸酯、锆酸酯以及锆铝酸酯等。同时有人在碳酸钙填充聚丙烯复合体中，将碳酸钙用丙烯酸丁酯作为表面处理剂处理后，也能提高碳酸钙在聚丙烯中的分散性和相容性，使复合材料的性能提高；若在上述复合体系中，分别加入聚丙烯与马来酸酐或丙烯酸丁酯的接枝共聚物后，也能改进复合体系的分散性和相容性，以及提高复合材料的各种性能。

偶联剂的新品种仍在不断开发过程中。

二、主要品种及其应用

偶联剂最早由美国联合碳化物公司（UCC）为发展玻璃纤维增强塑料而开发的。早在 20 世纪 40 年代，当玻璃纤维首次用作树脂的增强材料，制备目前广泛使用的玻璃钢时，发现当它们长期置于潮气中，其强度会因为树脂与亲水性的玻璃纤维脱粘而明显下降，进

而不能得到耐水性复合材料。鉴于含有机官能团的有机硅材料（即偶联剂）是同时与二氧化硅（即玻璃纤维的主要成分）和树脂有两亲关系的有机材料及无机材料的“杂交”体，试用它作为桥梁来改善有机树脂与无机表面的黏结，以达到改善聚合物性能的目的，就成为科技工作者的一大设想，并在实际应用中取得了较好的效果。因此自20世纪40年代初至60年代是偶联剂产生和发展时期，并形成了第一代硅烷类偶联剂。目前，工业上使用偶联剂按照化学结构分类可分为：硅烷类、钛酸酯类、铝酸酯类、有机铬络合物、锆化合物、硼化物、磷酸酯、锡酸酯等。它们广泛地应用在塑料橡胶等高分子材料领域之中。

在偶联剂的市场方面，以硅烷系和钛酸酯系为常用品种。钛酸酯系、锆系、铝系、氨基酸系等，利用其各自特征形成了独自的市场。硅烷系最早是用来作玻璃纤维增强塑料（FRP）中玻璃纤维的表面处理剂，以使玻璃纤维能同树脂更好的熔融。这种用途尽管约占市场的70%，但其市场构成比却呈相对减少之势，现在的构成比约为30%。这是因为在玻璃纤维之后，树脂改性、胶黏剂（含密封剂）封装材料等有了较大进步，用途也向多元化发展。尤其是树脂改性方面，今后的市场潜力很大，成了该行业各公司共同追逐的目标，另一方面钛酸酯系的需求量已越过100t。锆系也已达数十吨的规模。钛酸酯系的特征是具有高分散性和低黏度，主要是在树脂中进行磁性材料及各种填料的高填充时使用。锆系虽比钛酸酯系的价格高，但因具有不变黄，着色性好等待点，所以用于树脂的改性涂料与油墨、催化剂等方面。铝系主要用于涂料与油墨，以发挥其对炭黑分散性好的性能。最近还在各种填料方面得到应用。氨基酸系的特点在于能够改善润滑性等，主要用于磁带、小型磁盘表面与内部润滑，以提高石蜡类、树脂的耐磨特性等。本节主要针对硅烷系及钛酸酯系两大类偶联剂的应用进行讨论。

（一）硅烷系偶联剂

1. 硅烷偶联剂的使用方法

硅烷系偶联剂研究最早，应用最广。其结构的一端是能与环氧、酚醛、聚酯等类合成树脂分子反应的活性基团，如氨基、乙烯基等。另一端是与硅相连的烷氧基（如甲氧基、乙氧基等）或氯原子，这些基团在水溶液或空气中水分的存在下，水解生成可与玻璃、矿物质、无机填充剂表面的羟基反应，生成反应性硅醇。因此硅烷类偶联剂常用于硅酸盐类填充的环氧、酚醛、聚酯树脂等体系。另外，还可用于玻璃钢生产，以提高其机械强度及对潮湿环境的抵抗能力。硅烷偶联剂的有机基团对合成树脂的反应具有选择性，一般，这些有机基团与聚乙烯、聚丙烯等合成树脂缺乏足够的反应性，因而偶联效果差。近年来，已开发了对聚烯烃有较好偶联作用的新品种硅烷偶联剂，如偶氮类硅烷偶联剂，显示出良好的效果。硅烷偶联剂的使用方法主要包括预处理法和整体掺合法。

（1）预处理法：预处理法就是先用硅烷偶联剂对无机填料进行表面处理，然后再加入聚合物中。根据处理方式不同又可分为干式处理法和湿式处理法。干式处理是在高速搅拌机中，首先加入无机填料，在搅拌的同时将预先配制的硅烷偶联剂溶液慢慢加入，并均匀分散在填料表面进行处理。湿式处理则是在填料的制作过程中，用硅烷偶联剂处理液进行浸渍或将硅烷偶联剂添加到填料的浆液中，然后再进行干燥。无论是干式处理还是湿式处理，要使硅烷偶联剂均匀涂布在无机填料表面，都必须重视处理工序，尤其要注意搅拌和干燥条件。

（2）整体掺合法：在不能使用预处理的情况下，或者仅用预处理法还不够充分时，可以采用整体掺合法，即将硅烷偶联剂掺入无机填料和聚合物中，一起进行混炼。此法的优点是偶联剂的用量可以随意调整，并且一步完成配料，因此在工业上经常使用。但与预处理法相比较，若要得到同样的改性效果，整体掺合法必须使用更多的硅烷偶联剂。

2. 偶联剂的用量

由于实际使用中真正起到偶联作用的是很少的偶联剂所形成的单分子层，因此过多地添加硅烷偶联剂是不必要的。硅烷偶联剂的使用量与其种类以及填料的表面积有关：

$$\text{硅烷偶联剂的用量} = \frac{\text{填料用量（g）} \times \text{填料表面积（}m^2/g\text{）}}{\text{硅烷最小包覆面积（}m^2/g\text{）}} \tag{10-7}$$

当填料面积不确定时，硅烷偶联剂的用量可以确定为填料量的1.0%左右。另外，当使用整体掺合法处理时，其用量也可选定为聚合物重量的1.0%，适当增减以求出最佳用量。

3. 硅烷偶联剂的应用性能

这里分别介绍硅烷偶联剂在不饱和聚酯、环氧树脂、酚醛树脂等方面的应用。

（1）不饱和聚酯：对于大多数通用聚酯而言，最好选择含甲基丙烯酸酯的硅烷。阳离子型乙烯基硅烷用于乙烯类树脂（丙烯酸改性的环氧树脂）能赋予最佳性能。在紫外线固化的乙烯类树脂与石英纤维的黏结中，乙烯基硅烷也是一种有效的硅烷偶联剂。

含有可聚合增塑剂的柔性聚合物可像不饱和聚酯那样处理。反应型的不饱和硅烷可用作底胶或添加剂以形成对无机物表面的耐水黏结。甲基丙烯酸酯基三甲氧基硅烷以及阳离子型苯乙烯基硅烷可用于含可聚合增塑剂的聚氯乙烯溶胶中。透明的乙烯-醋酸乙烯酯共聚物（EVA）或乙烯-甲基丙烯酸酯共聚物（EVA）可用少量的丙烯酸单体交联，以获得可供太阳能电池使用的透明、无蠕变的包封材料，胺与丙烯酸丙酯三甲基硅烷的混合物作底胶或添加剂时，对可交联的EVA与各种表面的黏结很有效。

（2）环氧树脂：环氧树脂是树脂中的一大类，为数众多的含有机官能团的硅烷偶联剂对环氧树脂都相当有效。可以制定一些通则为某特定体系选择最适宜的硅烷。偶联剂的反应性至少与环氧树脂对所用的特定固化体系的反应性相当。对任何一种含缩水甘油官能团的环氧树脂而言，显然是选用缩水甘油氧丙基硅烷为宜。对于脂环族环氧化物或任何用酸酐固化的环氧树脂，建议应用脂环族硅烷。使用含伯胺基官能团的硅烷，可使室温固化的环氧树脂获得最佳性能。但这类硅烷不适于以酸酐固化的环氧树脂，这是因为有很大一部分伯胺基官能团会消耗，而含氯树脂是一种很可靠的偶联剂。

除此之外，当环氧乙烷树脂应用于印刷线路板，结构用层压板以及胶黏剂和涂料时，

均可选择适当的硅烷偶联剂以达到绝缘、改善介电常数、提高力学强度以及防腐蚀等目的，表 10-4 是经硅烷处理后复合材料电性能的变化。

表 10-4 硅烷偶联剂对填充型复合材料电性能的影响

偶联剂	石英/环氧乙烷				硅酸钙/环氧乙烷			
	介电常数		损耗因子		介电常数		损耗因子	
时间	初始	72h 水煮	初始	72h 水煮	初始	72h 水煮	初始	72h 水煮
无	3.39	14.60	0.017	0.035	3.48	22.10	0.009	0.238
A-187	3.40	3.44	0.016	0.024	3.30	3.32	0.014	0.016
A-1100	3.46	3.47	0.013	0.023	3.18	3.55	0.017	0.028

硅烷偶联剂 A-187 的结构式为：

$$\underset{\diagdown\ O\ \diagup}{CH_2\text{—}CH}\text{—}CH_2OC_3H_6(OCH_3)_3 \tag{10-8}$$

硅烷偶联剂 A-1100 的结构式为 $H_2NC_3H_6Si(OC_2H_5)_3$。

（3）酚醛树脂：硅烷偶联剂可以用来改善几乎所有含有酚醛树脂的无机复合材料的性能。含氨基官能团的硅烷与酚醛树脂黏结料一起用于玻璃纤维绝缘材料上；与间苯二酚-甲醛胶乳浸渍液中的间苯二酚-甲醛树脂一起用于玻璃纤维轮胎帘线上；与呋喃树脂与酚醛树脂一起用作金属铸造用的砂芯的黏结料。有人亦曾建议以氨基硅烷与酚醛树脂并用，可用于油井中砂层的固定。

与树脂过早反应就降低了它的流动性，以致使少量的硅烷添加剂失去了增进黏结的效果。对填料进行预处理，可以充分利用硅烷的增进黏结的作用，但其代价要比把硅烷作为添加剂直接加入高得多。硅烷偶联剂通常用于处理颗粒状的氧化铝和碳化硅，以提高树脂的浸润作用以及胶接砂轮的机械强度。以无机物填充的酚醛模型材料是可以通过硅烷来提高性能的另一领域。

（4）特种底胶：有机聚合物对无机物及其他有机聚合物表面的黏结，是人们常见的材料处理方法，如热塑性橡胶对铝的黏结，含热塑料芯的金属夹层结构以及热塑性橡胶对有机物表面的黏结等，均可采用硅烷偶联剂的改性而实现。其中，有些普遍原则可供参照：①底胶能与上层涂层反应或自身反应，形成强力的界面层；②最终的界面层应具有黏性或刚性，并兼有足够的韧性和强度，以承受施于复合材料上的机械负荷；③界面层应具有能与无机物成键的极性官能团（最好是在硅原子上）；④底胶膜应对基质聚合物具有部分相溶性；⑤底胶膜应能耐上层涂层中的全部溶液，即它应能在界面处形成边界层；⑥底胶边界应受得住上层涂层所必须经受的任何环境的影响。

表 10-5 列出不同热塑弹性体对铝的黏结情况。可以看出，在一定条件下可大大提高剥离强度。

表 10-5　热塑性弹性体对铝的黏合（200℃压合）

弹性体	钢的剥离强度/（N/cm）			
	无底胶	树脂	硅烷	树脂+硅烷
乙丙橡胶	1.1	12.2	12.2	24.5
三元乙丙橡胶	1.9	8.8	5.7	40.3
乙烯-醋酸乙烯酯	9.8	2.2	38.5	147.0（内聚破坏）
聚氨酯	1.1	8.8	3.5	136.4（内聚破坏）

（5）工程塑料：硅烷偶联剂能够改善无机填料在聚合物中的分散效果和黏结性能，因此在其他聚合物的填充改性中具有广泛的用途。表 10-6 为几种在热塑性增强塑料中的应用效果。可以看出，通过偶联剂处理可大大提高塑料的强度。

表 10-6　硅烷偶联剂在热塑性增强塑料中的应用效果

塑料种类	聚苯乙烯		ABS		PMMA		聚碳酸酯	
玻纤/%	40		38		43		47	
弯曲强度	强度/MPa	强度比	强度/MPa	强度比	强度/MPa	强度比	强度/MPa	强度比
无偶联剂	172	100	133	100	300	100	271	100
A-174	340	198	314	239	330	110	—	—
A-186	301	175	288	216	308	103	315	116
A-187	—	—	326	246	237	79	318	118
A-1100	211	123	202	151	438	146	360	133

其中，硅烷偶联剂 A-174 的结构式为：$CH_2=CH(CH_3)COO(CH_2)_3Si(OMe)_3$；A-186 的结构式为：

$$\text{O}\!\!<\!\!\text{(环己基)}-C_2H_4Si(OMe)_3 \quad (10-9)$$

实践证明，硅烷偶联剂在填充复合材料中具有较好的应用效果，这方面其他的实例还很多。如采用硅烷偶联剂对云母进行预处理，可以明显提高云母填充聚丙烯复合材料的力学性能、热性能和电性能；用硅烷偶联剂处理石英填充聚氯乙烯复合材料，也能显著增强其力学强度。

（6）其他用途：硅烷偶联剂除用于一般的复合材料改性外，还可以根据其结构特性用于更广泛的领域。如用于色谱中，常以三甲基氯硅烷或其他挥发性甲硅基烷基化剂处理气—液色谱柱用的二氧化硅填料，以减少极性有机物的拖尾现象；并可用于电荷转移色谱的分离稠环或多核芳烃。含螯合官能团的硅烷可进行水溶液中离子的预富集或作为固定化的金属络合物催化剂。与表面键合的有机硅季铵氯化物有增强抗菌与灭藻的作用，可用作抗微生物剂，也可用于多肽的合成与分析以及固定化酶的研究中。同时，也可用以改善液晶图像的清晰度及持久性。随着技术的开发，其应用范围会愈来愈广泛。

4. 硅烷偶联剂合成方法

根据复合材料中橡胶、热塑性或热固性树脂等高聚物的不同结构，无机物如玻璃纤维、炭黑、碳酸钙、二氧化硅、陶土等的不同材质以及不同的使用条件而选择不同的硅烷偶联剂品种。例如根据高聚物的结构，我们可按表 10－7 选用适用于与之反应的活性官能团的有机端。

表 10－7　有机高聚物所适用的有机端

有机高聚物	可选用的硅烷偶联剂有机端
不饱和聚酯	甲基丙烯酸基、乙烯基、环氧基
环氧树脂	环氧基、氨基
酚醛树脂	氨基、脲基
硫黄硫化的橡胶	巯基、—Sn—
聚氨酯、聚酰胺	氨基

美国联锁公司和道康宁公司（Dow Corning Corp.）最早开发成功硅烷偶联剂，在 20 世纪五六十年代相继出现了氨基硅烷偶联剂和改性氨基硅烷偶联剂，后来又不断有新型硅烷偶联剂上市，如美国赫格里斯公司的叠氮基型、联碳公司的过氧基型、德国迪高沙公司的多硫基型等。目前国外还有日本信越、东丽、德国瓦克等许多公司生产各种牌号的硅烷偶联剂。我国近几十年来也生产这类产品，主要生产厂家有南京大学、山西省化工研究所、哈尔滨化工研究所、辽宁盖县化工厂及南京、山东、天津等单位都有产品供应。以下简要介绍主要硅烷系偶联剂典型的合成路线。

（1）γ-取代丙基型［$Y(CH_2)_3SiX_3$］的合成。

醇解/加成路线：

$$HSiCl_3 \xrightarrow{ROH} HSi(OR)_3 \xrightarrow{YCH_2CH=CH_2} YCH_2CH_2CH_2Si(OR)_3 \tag{10-10}$$

加成/醇解路线：

$$HSiCl_3 \xrightarrow{YCH_2CH=CH_2} YCH_2CH_2CH_2SiCl_3 \xrightarrow{ROH} YCH_2CH_2CH_2Si(OR)_3 \tag{10-11}$$

加成/醇解/γ－碳官能化路线：

$$HSiCl_3 \xrightarrow{ClCH_2CH=CH_2} ClCH_2CH_2CH_2SiCl_3 \xrightarrow{ROH} ClCH_2CH_2CH_2Si(OR)_3$$

$$\xrightarrow{NaY} YCH_2CH_2CH_2Si(OR)_3 \tag{10-12}$$

联碳公司的 A－1189［$HS(CH_2)Si(OMe)_3$］，A－1120［$H_2N(CH_2)_2NH(CH_2)_3Si(OMe)_3$］采用第三种路线生产，A－186 及 A－187 采用第一种路线生产，而 A－174，A－175采用第二种路线生产。

（2）取代甲基型［$Y(CH_2)SiX_3$］的合成：

$$CH_3SiCl_3 + Cl_2 \xrightarrow{紫外线} ClCH_2SiCl_3 \xrightarrow{ROH} ClCH_2Si(OR)_3 \xrightarrow{C_6H_5NH_2} C_6H_5NHCH_2Si(OR)_3 \tag{10-13}$$

南京生产的ND－73，其中R为甲基；ND－42，其中R为乙基。

（3）过氧基型的合成：以效果最好的联碳Y－5602为例

$$t-BuOH+H_2O_2 \longrightarrow t-BuOOH+H_2O \tag{10-14}$$

$$3t-BuOOH+CH_2=CHSiH_3 \longrightarrow CH_2=CHSi(OOBu-t)_3 \tag{10-15}$$

（二）钛酸酯系偶联剂

钛酸酯系偶联剂是肯里奇（Kenrich）石油化学公司于1975年开发。其结构的一端可与无机填充剂界面上的自由质子反应，在无机物表面形成有机单分子层，该分子层在压力作用下可以自由伸展和收缩，从而提高塑料的拉伸和抗冲击强度。另一端是可与合成树脂分子相互缠绕，使无机相和有机相紧密结合的长链烃基。这类偶联剂特别适用于碳酸钙、硫酸钡等非硅无机填充剂填充的聚烯烃体系。

1. 钛酸酯系偶联剂的使用原则

由于钛酸酯偶联剂适应的无机填料非常广泛，特别是对硅烷偶联剂不能有效处理的碳酸钙、滑石粉等廉价的非硅系填料有明显的作用而具有较高的使用价值，一般为获得最大的偶联效果，应遵循如下原则。

（1）不要另外再添加表面活性剂，因为它会干扰钛酸酯在填料表面上的反应。

（2）氧化锌和硬脂酸具有某种程度的表面活性剂作用，故应在钛酸酯处理过的填料、聚合物以及增塑剂充分混合后再添加它们。

（3）大多数钛酸酯具有酯基转移反应活性，所以会不同程度地与酯类或聚酯类增塑剂反应，因此酯类增塑剂一般在混炼后再掺加。

（4）钛酸酯及硅烷并用，有时会产生加和增效作用。

（5）用螯合型钛酸酯处理已浸渍过硅烷的玻璃纤维，可以产生双层护套的作用。

（6）单烷氧基钛酸酯用于经干燥和煅烧处理过的无机填料，效果最好。

（7）空气潮气（0.1%～3%）的存在，能形成极佳的反应位置，而不会产生有害的影响，如$Al_2O_3 \cdot 3H_2O$中的结晶小，对偶联剂也是有用的反应位置。

2. 钛酸酯的使用方法

用钛酸酯处理填料的方法有以下几种。

（1）干法：干法也称直接加料法，即将树脂、填料、偶联剂及溶剂与助溶剂按一定比例混合均匀后再加入其他助剂，然后再混匀，这种方法具有经济性、灵活性以及方法简单等特点。

（2）预处理法：预处理法分为溶剂浆液处理法和水相浆料处理法两种。前者是把钛酸酯溶解在溶剂中，再与无机填料接触，然后蒸去溶剂即得预处理的填料。如按量先将填料烘干，然后滴加用惰性无水的增塑剂或溶剂稀释的偶联剂，搅拌分散均匀，在高速混合机中于90～100℃搅拌15min，从而形成高分子有机膜。后者是采用均化器或乳化剂，把偶联剂强制乳化在水中，或者先让钛酸酯与胺反应，使之生成水溶性盐后，再溶于水中，用以处理填料。预处理一般宜由填料生产厂进行。这种处理方法的好处是：填料和偶联剂单

独处理可以保证最大的偶联效果；处理好的无机物被偶联剂所包覆，空气中水分对它的侵袭得到有效屏蔽，故无机填料性能稳定。

3. 钛酸酯偶联剂的用量

关于使用量，目前国内仍处于经验或半经验状态，以无机填料为基础，一般为0.5%～2.5%的偶联剂即可满足应用要求，但适宜的用量要根据填料的种类、粒度、使用聚合物的性质、制品的最终用途等作出选择。实践中，可通过多种实验考查性能改善程度来确定。

4. 钛酸酯偶联剂的应用性能

使用钛酸酯偶联剂的目的是提高复合材料加工时填料的分散性、填料的高填充，提高流动性，降低黏度，改善延伸率和耐冲击性，以改善对金属的黏着性等。此外，提高涂料的分散性，改进涂料的耐腐蚀性，提高复合材料的耐燃性等也是应用的重要范围。为了充分发挥钛酸酯偶联剂的效果，应根据所用树脂和填充料的种类选择适当的偶联剂品种。下面分别举例说明。

（1）聚乙烯：采用钛酸酯偶联剂处理碳酸钙填料，可以克服在填充过量时聚乙烯、聚丙烯等聚烯烃树脂流动性降低、加工困难等缺点。以低密度聚乙烯为例，改性后其抗张强度及伸长率均有明显的改善。采用钛酸酯处理高密度聚乙烯、重质碳酸钙体系，可使其流动性比通常采用硬脂酸表面处理剂处理所得的流动性大许多。

（2）聚氯乙烯：对于硬质聚氯乙烯，通过钛酸酯处理后可改进其加工工艺及强度。表10－8是一组实验对比数据，可以看出，当加入偶联剂后，强度等各项指标均可提高或保持一定水平。但对于软质聚氯乙烯，由于其间加入了增塑剂，因此使用偶联剂一般较难奏效。对于聚氯乙烯糊，钛酸酯的效果不仅在于可降低其黏度，而且可以保持配合料的黏度不变；同时还具有发泡体的微孔细小均匀的效果。

表10－8　钛偶联剂在硬质聚氯乙烯$CaCO_3$体系中效果

类　别	拉伸强度/（N/m）	弯曲强度/MPa	缺口冲击强度/（kJ/m^2）
空白	249.2	661.7	7.8
加钛偶联剂	403.9	742.2	7.7

（3）环氧树脂：对于以环氧树脂为代表的热固性树脂，采用钛酸酯也能收到降低配合料的黏度，实现高填充化的效果。而且钛酸酯对环氧树脂的固化不仅无延迟作用，反而能降低其固化时可能达到的最高放热温度，对提高成型品的尺寸稳定性有利。

（4）橡胶：目前工业发达国家，大部分橡胶用无机填料都经过表面处理。用钛酸酯处理无机填料，如碳酸钙等，不仅可以提高橡胶的力学性能，而且使胶料混炼及压出容易，出片光滑并可节约能源。白炭黑填充的腈胶体系，使用钛偶联剂可使其扯断强度提高近30%，伸长率增加15%。

碳酸钙作为白色填充剂，具有易混、柔软、利于压延等特点，是橡胶行业广泛应用的无机填料，如果用钛酸酯对其进行表面改性处理并用于胶料中，就可发挥较好的补强作用，其效果可与沉淀白炭黑及通用炭黑相当，但价格只有它们的1/3。

此外，在一些特种胶中，如氟橡胶、聚硫胶以及硅橡胶中，钛酸酯偶联剂可改进其某些性能。

（5）涂料：偶联剂在涂料中可以改进许多性能，如有效地促进颜料的分散，降低醇酸树脂、密胺树脂之类涂料的烘烤温度，改变涂料的触变性，减少溶剂量或实现粉末涂敷，改进水基涂料的密着性和耐腐蚀性、防止沉降、缩短研磨时间、改善制品和漆膜的性能等。

5. 钛酸酯偶联剂的制备方法

钛酸酯偶联剂一般分两步制备：第一步合成中间体四异丙基钛酸酯；第二步由四异丙基钛酸酯与脂肪酸通过酯交换反应合成偶联剂。其中第二步反应的工艺比较成熟，反应也容易进行。第一步中间体的合成据报道曾有多种方法，可归纳为醇钠法、酯交换法及氨法。目前工业较普遍采用的是氨法，但各国的工艺也各不相同。

美国以庚烷作溶剂，将四氯化钛与异丙醇反应制备异丙基钛酸酯。在工艺过程中，用惰性气体除去副产物氯化氢，然后再用氯气中和反应液中的微量氯化氢，产品收率为80%。

英国分别采用苯、甲苯、四氯化碳、己烷、庚烷等作惰性有机溶剂，使四氯化钛与异丙醇反应，反复向反应液通氨，反复蒸馏反应液，然后再以氨气除掉反应液中残存的氯化氢气体，产品的收率最高可达83%。

苏联的方法与美国、英国大同小异，唯一的特点是在工艺过程中自始至终通氨气，但收率仅为70%～80%。

日本在制备四异丙基钛酸酯时，分两步进行，首先使四氯化钛与氯生成一种络合物，然后再将经干燥的此固体络合物与异丙醇反应，所得产品的收率为85%左右，但工艺过程复杂，且生产周期也较长。

我国异丙基钛酸酯的制备，主要以氨法为主，其反应式为：

$$4C_3H_7OH + TiCl_4 \longrightarrow (C_3H_7O)_4Ti + 4HCl\uparrow \qquad (10-16)$$

$$HCl + NH_3 \longrightarrow NH_4Cl \qquad (10-17)$$

钛酸酯偶联剂也已渗透到电子、汽车、建材、磁性材料等重要的工业领域及部门，随着其研究和开发工作的深入，将在应用领域取得更广泛的进展。

第三节　制备常用偶联剂

一、硅烷偶联剂 KBM602

（一）硅烷偶联剂 KBM602 简介

在众多的硅偶联剂品种中，KBM602 是最常见、用量最大的硅偶联剂品种之一，它的化学名称为N-β-氨乙基-γ-氨丙基甲基二甲氧基硅烷，它作为偶联剂，在玻璃、陶瓷黏结、汽车、皮革、家具抛光、液体肥皂制作以及纺织品行业有独特的用途；在制作电线电缆、高分子加工中，它是重要的改性添加剂；此外，它是制备氨基硅油及其乳液不可缺少的原料，故研究 KBM602 的合成工艺有重要的现实意义。

（二）硅烷偶联剂 KBM602 合成原理

国外工业上一般是以甲基二氯硅烷和烯丙基氯为原料，在氯铂酸为催化剂作用下，先合成中间体（Ⅰ）：甲基（γ-氯丙基）二氯硅烷，经醇解后与乙二胺反应得到产物 KBM602，其反应式如下：

$$CH_2{=}CHCH_2Cl + CH_3SiHCl_2 \longrightarrow CH_3(ClCH_2CH_2CH_2)SiCl_2 \quad \text{中间体(Ⅰ)}$$

$$\xrightarrow{CH_3OH} CH_3(ClCH_2CH_2CH_2)Si(OCH_3)_2 \quad \text{中间体(Ⅱ)}$$

$$\xrightarrow{H_2NCH_2CH_2NH_2} CH_3-\underset{OCH_3}{\overset{OCH_3}{\underset{|}{\overset{|}{Si}}}}-CH_2CH_2CH_2NHCH_2CH_2NH_2 \quad \text{(KBM602)}$$

（10－18）

（三）合成过程及其工艺参数

（1）中间体（Ⅰ）的合成：按设计加入一定量的甲基二氯硅烷、烯丙基氯、催化剂于 250mL 三口瓶中，装上回流冷凝管、恒压滴液漏斗（内装有一定量的原料），加热到 70～90℃，滴加原料。滴加后，再回流一定时间，并用气相色谱跟踪反应，冷却后蒸馏收集产品。

最佳制备条件为：催化剂：氯铂酸，甲基二氯硅烷与烯丙基氯配比为 1∶0.90（mol），反应温度：75～80℃，催化剂用量为 20×10^{-6}（m/m），反应时间为 2h，此时收率为 80.46%。

（2）醇解反应：中间体（Ⅱ）的合成：按设定量的中间体（Ⅰ）投入三口圆底烧瓶中，装上恒压滴液漏斗和回流冷凝管，在恒压滴液漏斗中装入无水甲醇，在氮气保护下加热至设定温度，在 40min 内滴加完甲醇，再按设定反应一段时间，先常压蒸馏，蒸出 110℃以下馏分，再减压蒸馏收集 88～92℃/2.7×10^3Pa 的馏分，即为中间体（Ⅱ），中间体（Ⅱ）的纯度用气相色谱分析。

最佳制备条件为：中间体（Ⅰ）与甲醇配比为 1∶2.15（mol），反应温度：65～70℃，反应时间为 1.0h，此时收率为 85.64%。

（3）胺解反应：产品 KBM602 的合成：在三口瓶中加入设定量的乙二胺；装上回流冷凝管和恒压滴液漏斗；在恒压滴液漏斗中加入设定量的中间体（Ⅱ），开动搅拌，在氮气保护下加热至设定温度，在 0.5h 内滴加完中间体（Ⅱ），滴完后按设定再反应一段时间；将物料转入分液漏斗中，静止，体系分为两层：上层为产品，下层为乙二胺及其盐酸盐；分去下层，上层减压蒸馏收集 139～141℃/3.33×10^3Pa 的馏分，即为产品 KBM602，其纯度用高氯酸的醋酐溶液滴定分析。

最佳制备条件为：中间体（Ⅱ）与乙二胺配比为 1∶5.0（mol），反应温度：105～110℃，反应时间为 0.5h，此时收率为 72.64%。

小试结果及应用：用复合氯铂酸为催化剂，将甲基二氯硅烷与烯丙基氯经硅氢加成、醇解、胺解三步反应，在优化条件下，KBM602 的总收率为 50.35%。产品经省化工产品检测中心测得含量大于 98%，各项指标均符合标准；产品在江西“八一”麻纺厂的黄麻纤维板复合材料生产中得到应用，取得了满意的偶联效果。

二、钛酸酯偶联剂 KTH-103

按化学结构分类，钛酸酯可分为四种类型：即单烷氧基型、单烷氧基焦磷酸酯型、螯合型、配位型。钛酸酯偶联剂的合成方法一般分为两步：第一步四烷基钛酸酯的合成，四烷基钛酸酯有多种合成方法，其中最常用的是直接法，即由四氯化钛和相应的醇直接反应而合成；第二步为成品偶联剂的合成，由四烷基钛酸酯进一步和不同的脂肪酸反应，即可得到不同类型的钛酸酯偶联剂。

美国、英国、苏联及日本等国在钛偶联剂的制备方法上大同小异，只是第一步在使用溶剂及通入气体的种类及时间上各有不同，总收率一般在 80% ~85%。我国生产厂家参照国外工艺，方法大致相同，还提出了钛酸酯偶联剂一步法合成新工艺，改造了传统的二步法，具有工艺简单、产品纯度高、性能好的特点。

下面以单烷氧基钛酸酯的合成介绍偶联剂 KTH-103 的合成原理及其工艺。

这类钛酸酯通过四氯化钛的醇解反应，再与长碳键的羧酸、磺酸、磷酸酯、醇和醇胺的交换反应制得。其反应式为：

$$TiCl_4 \xrightarrow[\text{缚酸剂}]{i\text{-}C_3H_7OH} Ti(i\text{-}C_3H_7O)_4 \begin{cases} \xrightarrow{R_1-\overset{O}{\overset{\|}{C}}-OH} i\text{-}C_3H_7OTi\left(O\overset{O}{\overset{\|}{C}}-R_1\right)_3 \\ \xrightarrow{R_2-\underset{O}{\underset{\|}{\overset{O}{\overset{\|}{S}}}}-OH} i\text{-}C_3H_7OTi\left(O-\underset{O}{\underset{\|}{\overset{O}{\overset{\|}{S}}}}-R_2\right)_3 \\ \xrightarrow{R_3OH} i\text{-}C_3H_7OTi\left(OR_3\right)_3 \end{cases} \quad (10-19)$$

$$\left(\begin{array}{l} R_1 = -(CH_2)_{16}CH_3,\ -\overset{CH_3}{\overset{|}{C}}=CH_2,\ -(CH_2)_7CH=CH-CH_2-\overset{OH}{\overset{|}{CH}}-(CH_2)_5CH_3, \\ -\overset{C_2H_5}{\overset{|}{CH}}-C_4H_9,\ -(CH_2)_7CH_3;\quad R_2 = -C_6H_4-(CH_2)_{11}CH_3; \\ R_3 = -OC_2H_4NHCH_2CH_2NH_2,\ -O(CH_2)_{13}CH_3 \end{array} \right)$$

这类反应容易发生，尤其是与有机酸的反应更容易进行，一般在 80 ~90℃、无溶剂存在下，经反应 0.5h 即可完成，例如 KHT-103 的制备：将 19.6g 十二烷基本磺酸置于 100mL 装有搅拌、冷凝器和干燥管的三口瓶中，在室温滴加钛酸异丙酯 5.7g（10.02mol）。反应放热，瓶壁逐渐有异丙醇回流液产生；滴加完毕后，瓶内温度上升到 87℃，加热保持 90℃反应 0.5h，减压抽净异丙醇，得棕色黏稠液 21.4g，产率 99%。

第四节 微波法制备偶联剂催化剂

石化工业等生产过程中的化学反应绝大多数是通过催化反应实现的，因此，催化剂的效能决定了一个生产过程能否实现以及过程的技术经济指标是否先进。近年来，随着对微波辐射在化学领域研究的深入，人们开始将微波辐射用于催化领域并取得了一些令人关注的成果，如用于分子筛和热敏性物质的干燥、促进无机与有机化学反应等，因此，微波技术在催化研究领域中的应用获得了较快的发展。微波辐射与传统方法相比，制得的催化剂具有更大的比表面积、主体在载体上的分散度和活性更高，并且节省了大量的时间和能源。

一、制备原理

（一）微波定义及应用

微波是频率介于300MHz~300GHz的超高频振荡电磁波，它能够整体穿透有机物碳键结构，使能量迅速传达至反应物的各个官能团上。微波作为一种独特的加热方式应用于催化剂制备中表现出明显的优越性。微波在分子筛合成、活性组分在载体上的负载、载体的改性及新型材料的合成（包括纳米材料和介孔材料）等方面的都有研究应用，且取得了较好结果，其应用前景很好。

1. 分子筛的合成

分子筛的传统合成是在常规水热条件下进行的，该方法一般都需要在较高的温度下长时间反应，随温度升高容易导致无定形或其他晶相的生成，且过程能耗很大。为实现物料良好的传质和传热，获得理想的晶相和晶形，有时还需要对反应体系进行物料的回流。随着对微波技术在化学领域应用的深入研究，人们开始将微波用于分子筛的合成与处理。研究发现微波辐射可明显改善反应体系中的传质和传热，反应一般不进行回流，简化了工艺；微波加热能促使有机硅聚合物与表面活性剂在界面上有效地结合，加快合成与晶化速度，大大地缩短了反应时间，降低了能耗；微波辐射还使产品的物化性能有较大程度的改善，容易制得纯度高、结晶度好的分子筛。表10-9对微波加热和传统加热下各种分子筛合成的晶化温度和时间进行了初步对比。

表10-9 微波加热与传统加热合成分子筛晶化温度和时间比较

种类	晶化温度/℃		晶化时间	
	微波加热	传统加热	微波加热/min	传统加热
MCM-41	140	120	60	数小时或数天
NaX	100	100	30	数小时至数十小时
Y	100	100	10	50h
ZSM-5	150	110	30	3h以上

（1）介孔分子筛：介孔分子筛比传统的微孔分子筛具有更大的孔径，并可通过选择合适的模板剂调节孔径的大小。介孔分子筛主要有 MCM 系列、HMS 系列、MSU 系列及 SBA 系列，在其合成方法和改性方法上的研究已经有了相应的文献报道。

其中 MCM-41 是介孔分子筛中最具有代表性的一员。MCM-41 分子筛是一种在多相催化、离子交换、吸附分离以及高等无机材料等领域有较高工程应用及学术价值的新型分子筛。张迈生等首次采用全微波辐射方法得到白色 MCM-41 晶体粉末。许磊等用微波辐射技术快速合成了 MCM-41 介孔分子筛，并对制备的分子筛进行了晶体形态和稳定性等指标的考察。结果表明，微波法在合成 MCM-41 分子筛时诱导期极短，晶化速度极快，而且在晶化的后期并没有转晶现象出现。研究发现微波作用时间与微波反应釜压对 MCM-41 分子筛的合成影响较大。同时也发现微波法合成的 MCM-41 的吸附容量较低，但却具有很好的耐热性和较高的水热稳定性，抗酸碱的能力也比较强。

银董红等采用微波固相法、普通加热法和溶剂分散法等不同方法制备了 $ZnCl_2$/MCM-41 催化剂。微波固相法与溶剂分散法制备的催化剂具有更好的催化活性和选择性，但微波固相法制备过程更加简单，无溶剂分离回收等问题，具有很好的环境友好性。此外，张扬健等先后报道了 Ti-MCM-41、V-MCM-41、W-MCM-48 的微波合成，Yang 和姜延顺等分别用微波法合成了 ZnO-MCM-41、Si-MCM-41 和 Ni(Co 或 Cu)MCM-41。

杨一思等采用新的微波固相方法成功地将 Mn（Salen）配合物固载于介孔 Al-HMS 分子筛中。研究发现微波固相法制备的 Mn（Salen）/Al-HMS-IP 催化剂具有较高的催化活性和最好的环氧化物选择性。与常规法制备催化剂需要回流 8h 相比，微波反应釜辐射时间大大缩短，在时间和能耗上显现了较强的优势。Hwang 等以硅酸钠为硅源，用微波合成了介孔分子筛 SBA-16。实验表明微波辐射时间和温度影响结构和形态，通过研究确定微波辐射条件为：373K 下 120min。比常规水热法制 SBA 系列分子筛节省了时间和能耗。有关 HMS 等新型硅基介孔分子筛的微波合成也有相应的文献报道，但 MSU 系列介孔分子筛还未见有微波合成的报道。

（2）微孔分子筛：NaX 是低硅铝比的八面沸石，一般在低温水热条件下合成。宋天佑等以工业水玻璃为硅源，$NaAlO_2$为铝源，以氢氧化钠调节反应混合物的碱度，按一定配比将反应物料搅拌均匀后，封在聚四氟乙烯反应釜中，将釜置于微波炉中辐射约 30min 后，经冷却、过滤、洗涤、干燥得到 NaX 分子筛，而同样配比的反应混合物使用传统加热法晶化时间需要 17h。与传统法制备的产品相比，微波法得到的 NaX 晶粒细小均匀，比表面积增大 1 倍。采用该条件制备的分子筛用作催化剂或催化剂载体，具有明显的优势。

与 NaX 分子筛类似，硅胶、铝酸钠、氢氧化钠以一定配比搅拌混匀，熟化 24h 后倒入聚四氟乙烯反应釜中，在 120℃，2450MHz 微波炉中加热 30s 后，在 100℃下加热 10min，冷却、过滤、洗涤、干燥得 Y 分子筛。这种方法制得的 Y 分子筛晶化时间只有 10min。从 Y 分子筛的合成可以看出，微波技术在分子筛的合成时间及选择性上有很大优势。

由于大量有机模板剂（TPABr）的存在，使微波法合成 ZSM-5 有一定困难。这是因为

在合成过程中微波辐射可加速模板剂的霍夫曼分解。但在 140℃，微波辐射 30min，仍可得到 ZSM-5。赵杉林等以廉价的乙醇作模板剂，工业硅胶作硅源，在微波反应釜中，1MPa 的压力下晶化 200min 成功合成出 ZSM-5 分子筛。

2. 活性组分在载体上的负载

催化剂活性组分在载体上的分散程度直接影响到其活性、选择性及寿命。在载体上负载活性组分通常采用的方法有浸渍法和离子交换法。与传统加热方法相比，应用微波辐射可使活性组分均匀地负载在载体上，并且对其催化性能产生很大影响。

陈卫祥等利用微波辐射快速加热含有 XC-72 碳的 H_2PtCl_6 乙二醇混合液，合成了碳负载的纳米铂，负载铂的质量分数在 10% ~20%。实验结果表明，纳米铂粒子具有均匀的尺寸和形状，其平均粒径在 316nm，并均匀地分散在纳米碳的表面。

Vitidsant 等通过微波照射法制备了 Co 在催化剂颗粒中分散度更好的催化剂。微波照射费托合成制备的催化剂活性比传统加热法的活性要好。催化剂的活性不仅依赖粒子的分散度，还与微波照射时间有关，照射时间越长催化剂活性越好，最佳的照射时间为 14min。通过微波照射制得的催化剂，Co 可以均匀地分散在催化剂颗粒内。

宋伟明等通过 CaX 分子筛微波负载 $Mg(ClO_4)_2$ 分子筛催化剂，并将 CaX-$Mg(ClO_4)_2$ 分子筛用于催化乙氧基化反应。将 $LaPO_4$ 通过微波加热的方法分散在 Y 分子筛上，制备得到负载型分子筛催化剂，并将分子筛用于催化乙氧基化反应。研究结果表明，通过微波加热的方法，质量分数为 20% 的 $LaPO_4$ 均匀分散在分子筛的内外表面上，催化活性有了较大提高。

齐随涛等利用微波辐射制备了一系列 Cu^{2+} 不同交换程度的 Mo/CuZSM-5 催化剂。考察了固液比、交换液浓度、微波照射强度以及微波照射时间等影响因素，研究了 Mo/CuZSM-5 催化剂对甲烷芳构化的反应性能，得出了催化剂反应的最优条件。结果表明：在离子交换的过程中，固液比和交换液浓度是最重要的 2 个因素，并且微波照射可以促进 Cu^{2+} 的交换。通过对比，Mo/CuZSM-5 催化剂在加入 Cu^{2+} 后，在甲烷芳构化中活性和稳定性都有所提高。XRD 分析证实，通过微波照射交换 Cu^{2+} 后的分子筛结构没有改变，并且 Cu^{2+} 的加入促进了 Mo 在催化剂表面的分散。

3. 载体的改性及新型材料的合成

（1）纳米材料：纳米材料由于具有小尺寸效应、表面效应、量子效应等，可赋予材料本身一系列优良特性。用作催化材料时具有颗粒尺寸小、比表面积大、表面活性高等特点，其催化活性和选择性远远高于传统催化剂，显示出许多传统催化剂无法比拟的优异特性。此外，纳米催化剂还表现出优良的电催化、磁催化等性能。因此，纳米材料已被广泛地应用于石油、化工、能源、涂料、生物以及环境保护等许多领域。

在材料制备过程中，传统烧结方式不可避免地伴有晶粒长大现象，很难保持纳米材料的特性。而微波烧结是依靠材料本身吸收微波能并转化为材料内部分子的动能和势能，降低烧结活化能，提高扩散系数，实现低温快速烧结，能最大程度地保持烧结体的微细晶粒和纳米尺度，是制备高强度、高硬度、高韧性纳米材料的有效手段。

邹丽霞等以钨酸钠经过阳离子树脂交换得到的钨酸溶胶为原料，分别以传统干燥和微波干燥制备 WO_3。结果表明，微波干燥可以制备出高结晶纳米棒 WO_3，产品晶粒小，光催化活性更高。石晓波等以微波干法辐射合成了 $NiFe_2O_4$ 和 La_2NiO_4 纳米催化剂，用于 CO_2 选择性氧化乙苯脱氢制苯乙烯反应有较好的催化性能。研究表明，由于纳米微粒的高比表面积和表面能，活性点多，在表面具有大量的晶格氧空位和较高的 O^{2-} 迁移能力，致使对 CO_2 的吸附能力大大增加，从而促使催化活性提高。Nissinen 等用微波法制得可用于碱性燃料电池的纳米催化剂 $MnCo_2O_4$，发现比常规方法制备的催化剂有更好的催化活性，制备过程也更简便。Glaspell 等采用微波合成了负载在 CeO_2，CuO 和 ZnO 上的 Au 和 Pd 纳米催化剂，用于氧化 CO。研究表明，由微波合成的催化剂，活性金属能很好地分散，催化剂的活性明显提高。这种方法的主要特点是简单、易操作，通过控制不同的条件决定纳米催化剂的活性。Gerbec 等研究表明，用微波加热比用水热法制得的纳米尺度的 InGaP、InP 和 CdSe 前体具有更高的质量。微波加热不仅提高了生成速率，也提高了材料质量和孔径分布。微波场和添加剂影响反应速率，微波制备的产物质量由反应选择性、输入功率、反应时间和温度决定。

（2）介孔材料：介孔材料具有高度有序的纳米孔道、超高的表面积和丰富迷人的介观结构，长程结构有序；孔径分布窄，并在 1.5～10nm 系统调变；比表面积大，可高达 $1000m^2/g$；孔隙率高；表面富含不饱和基团。在多相催化、吸附分离、传感器、光电磁微器件、纳米器件等高新技术领域具有广阔的应用前景，受到了人们的广泛重视。介孔材料科学已经成为国际上跨化学、物理、材料等多学科的热点前沿领域之一。

目前研究的介孔材料主要为过渡金属元素掺杂的 SiO_2 介孔材料、中孔膜及具有其他微观形态的介孔材料、有机/无机杂化介孔材料和中孔碳材料。介孔材料中最典型、研究最多的是介孔分子筛，有关微波技术在这方面的应用前文已经述及。传统合成法对其他介孔材料的研究已不少，但有关微波技术在这些方面的应用报道还很少。

传统的介孔材料合成中，脱除模板剂的方法是高温焙烧，模板剂难以回收，也不符合绿色、环保生产的要求。寻求廉价、低毒、简易的合成方法及回收模板剂是研究的一个热点。从微波特有的加热方式以及在介孔分子筛合成方面的成功经验可以预见微波辐射在其他介孔材料的制备中也将会有很好的应用前景。

（3）其他：许多学者将微波应用于其他各种催化剂载体的改性，获得了一些有意义的结果。Pillai 等利用超声和微波照射制备了 VPO 催化剂并与传统制备方法进行了相组成和加氢氧化活性的比较。结果发现，超声微波辐射法在 6h 就能制备出与传统方法制备的催化剂具有相似表面结构和加氢氧化活性的催化剂；另一方面，采用微波法制备的催化剂具有不同的表面形态。催化剂的选择性依赖于 $(VO)_2P_2O_7(V^{4+})$ 和 $VOPO_4(V^{5+})$ 的性质。Berry 等通过微波照射法和传统煅烧法制备了以 Al_2O_3 为载体的 Pd-Fe 的单或双金属催化剂。在加氢处理氯苯中应用了这种催化剂。微波加热改变了晶体体积和合金催化剂的敏感性，提高了加氢处理氯苯催化剂的活性。

活性炭细孔发达，具有较大的比表面积和较好的热稳定性，是优良的催化剂载体。常规加热制备和处理活性炭耗工耗时耗能，微波加热这种新型的加热方式为活性炭加工提供了新的方法。活性炭的制备过程一般经历炭化和活化2个阶段。炭化过程是在惰性气氛中加热升温，排除原料中的可挥发非碳组分的过程。此过程的化学总反应是吸热反应，可以用微波加热来代替传统的加热方式，大大节约了时间、能耗等。活化过程是对炭化物质的进一步加工，微波辐照使反应体系快速达到活化温度，由于受热均匀，生成的活化分子数比同样温度下常规活化反应时的多，反应生成的孔结构丰富且均匀。

郑晓玲等以微波处理的活性炭为载体，以钡或钡铯为助剂，制备了一系列钌催化剂，活性炭经微波处理后能有效地脱除非碳成分，提高炭载体的稳定性，制备的负载型钌催化剂不仅具有较高的钌分散度，而且在一定温度范围内能够防止金属粒子烧结，从而使催化剂的活性和稳定性明显提高。

在一些新型材料的合成上，微波辐射也显示出明显的优势和良好的应用前景。种法国等以四氯化钛为原料，用微波水热法合成了二氧化钛微晶体。它们的催化活性通过酸性品红的减少来研究，结果表明，微波场使水热反应体系迅速、均匀地达到高温，并加速了结晶速度。当$Ti(OH)_4$在2MPa的压力下在微波水热体系中加热2.5h时，二氧化钛的主要晶相为锐钛矿，粒径小于10nm。由于微波能快速升温，微波水热条件下的结晶要比传统水热法快的多，光催化性能也很好。Zeng等用微波法和传统加热法制备了含有不同杂质的新型L-VPO系列催化剂。这些催化剂在丙烷部分氧化为丙烯酸反应中表现了一定的催化活性。尤其是含有Ce和La的微波制得的催化剂活性最好，丙烯酸的产率和选择性分别为43%和85.4%。微波制得的催化剂具有更大的比表面积。

王英等采用微波辐射方法将MgO直接分散在NaY沸石上，从而获得强碱性活性位。MgO/NaY具有耐水冲刷性，克服了通常负载型固体碱在水中容易流失的弱点，而且在异丙醇分解、丙酮缩合和顺式-2-丁烯异构化反应中显示出较高的活性。采用微波辐射法在沸石上分散MgO，具有耗时少、效率高及操作简单等特点，可望成为制备强碱性择形催化材料的新途径。

4. 制备固体超强酸（碱）催化剂

微波介入制备固体超强酸（碱）催化剂过程中，微波场的极化作用可以使催化剂产生更多的缺陷，成为电子或空穴的捕获中心，从而进一步降低了电子-空穴对的复合率，使微波法制备的催化剂活性显著提高。这些再次证明微波具有非热效应。

（1）固体超强酸：李旦振等应用微波介入的方法制备了负载型的SO_4^{2-}/TiO_2固体超强酸催化剂，并以光催化降解C_2H_4为模型反应考察了其催化性能。研究表明，微波法制备的SO_4^{2-}/TiO_2催化剂的光催化氧化性能得到明显改善。蒋月秀采用微波辐射法制备出具有高比表面积及热稳定性好的铝交联膨润土（铝柱撑膨润土，Al-PILC），再将活性组分负载于其上，制备了负载型超强酸ST/Al-PILC催化剂。与传统水热法相比，微波辐射法制备的铝交联膨润土比表面积较大（为 239m^2/g），孔径分布较为集中，热稳定性较高，650℃焙烧后，层柱结构完好无损。而传统水热法制备的铝交联膨润土比表面积较小（仅为 198m^2/g），孔径分布较为弥散，经 650℃焙烧后层柱结构完全塌陷。

（2）固体强碱和超强碱催化剂：王英等采用微波辐射方法将 Mg 直接分散在 NaY 沸石上，从而获得强碱性活性位。MgO/NaY 具有耐水冲刷性，克服了通常负载型固体碱在水中容易流失的弱点，而且在异丙醇分解、丙酮缩合和顺式-2-丁烯异构化反应中显示出较高的活性。采用微波辐射法在沸石上分散 MgO，具有耗时少、效率高及操作简单等特点，可望成为制备强碱性择形催化材料的新途径。解革用微波辐射的方法将 CaO 分散在 NaY 分子筛表面，其比表面积可达 491m^2/g，大于浸渍法制备的相应样品（比表面积 380m^2/g）。微波法制得的 CaO/NaY 样品经高温活化后，其碱强度可达 27.0。该固体碱材料具有耐水冲刷性，在经受了 600mL/g 的水冲刷后还保持 82% 的碱量，能克服通常负载型固体碱在水中易流失的弱点。测试表明，CaO/NaY 能在沸石表面上保留类似弱酸位的催化活性位，这对于那些需要酸碱协同作用的反应有重要意义。

5. 制备或改性其他催化剂和催化剂载体

许多学者将微波应用于其他各种催化剂、催化材料的制备和改性，获得大量有益的结果。

孙德坤等应用微波焙烧硫酸工业用钒催化剂，发现微波法焙烧钒催化剂的催化活性、径向抗压碎强度和磨耗等各项指标，均超过传统法所制备的催化剂指标，且能较大幅度地节省能耗、缩短生产周期、降低成本、提高经济效益和清洁环境，是前景看好的新工艺。而且发现焙烧钒催化剂需使用单模微波，不宜用多模谐振反应器，这主要由于单模微波反应器与多模微波反应器相比，发射的微波较为均一、可使催化剂中的不同组分均匀受热。陈春霞等采用微波晶化法合成了二元 CuAl、三元 CuAlNi、四元 CuAlNiFe 和五元 CuAlNiFeCo 水滑石类化合物，并将其用于催化苯酚羟基化制苯二酚，结果表明，五元配合物的催化性能最好。孙德坤等采用微波辐射固—固分散方法，制得分散阈值较高的 Al_2O_3/NaY 新型复合多孔催化材料，发现该复合多孔材料中，Al_2O_3已高度分散于 NaY 沸石孔道中，无 Al_2O_3晶相存在。王大祥等采用微波加热法制得活性高、晶型好和比表面积大的 γ-Al_2O_3蜂窝陶瓷涂层及相应的钯-复合金属氧化物型三效催化剂。以微波法制得的涂层及其三效催化剂的各项性能参数均达到或优于传统涂层及其催化剂。

6. 微波在催化剂干燥中的应用

BondG 等研究表明：用 $Ni(NO_3)_2$溶液浸渍 Al_2O_3得到的催化剂在微波作用下干燥，比传统加热干燥方法有明显干燥速率快的优越性。由于 2 种干燥方法除去水分的机制不同，经微波辐射干燥制得的催化剂，金属镍在载体颗粒内分布更均匀，机械强度更大。传统加热方法干燥时颗粒外部温度高于其内部，故水的蒸发先从颗粒外部和孔口处开始而形成温度梯度，使溶液从颗粒内部向外部迁移而造成活性组分的重新分布，导致组分在载体颗粒内外分布不均，另外由于应力的作用使颗粒易破碎，机械强度降低。微波加热则不同，颗

粒中水含量最多的地方强烈吸收微波成为温度最高部位，因此蒸发过程从水含量最高处开始，从而使湿度梯度减小，活性组分分布均匀，提高了分散度，并且机械强度优于传统加热方法制备的催化剂。

施燕飞等在单模微波化学反应器中，微波煅烧钒催化剂所得的产品，其比表面积、机械强度和磨耗等指标均有显著提高，可较大幅度地节约能源，降低成本，且有助于清洁生产工艺，保护作业环境，具有工业生产发展前景。

刘晔等用微波辐射方法处理浸渍后的样品制得 V_2O_5/SiO_2 催化剂，结果表明比传统干燥方法得到的催化 V_2O_5 颗粒度均匀，并且在表面上的分散度高，催化活性亦高。在传统的加热制备过程中，因存在温度梯度，分子会自发聚集结晶；而微波辐射制备催化剂是在短时间的非热传导过程中进行的，吸附在载体表面的所有 V_2O_5 分子同时与微波作用，使分子所处的热状态相同，克服了 V_2O_5 晶粒长大的现象。

总之，微波在许多催化剂、催化剂载体的制备和改性中显示出其独特、明显的优势，将微波辐射技术引入到催化剂的制备过程中能够有效地提高催化剂活性组分的分散程度，从而提高催化剂的物理和化学性能。由于微波加热与常规加热的不同，可以使反应时间明显缩短，提高生产效率，降低能耗，从而大大降低其生产成本。因此，微波辐射法制备的催化剂具有活性高、成本低、原料适应性好、产物纯净、催化剂稳定性和活性都有所提高等特点。此外，微波的介入提高了反应速率和选择性，微波法具有的操作简便快捷，污染小或无污染以及实验所需微波炉设备的廉价易得等优势，可广泛应用于负载型催化剂、纳米催化剂和分子筛等催化材料的制备，使得微波介入制备催化剂有相当诱人的工业应用价值和工业应用前景。

研究表明，微波在催化剂或催化剂载体的制备过程中，既有热效应也有非热效应（包括二者的综合效应），但微波的热效应和非热效应的机理尚不清楚，还需要做更深入的研究；

另外，要使微波介入制备催化剂能有工业应用价值，尚需要进一步开发温度和微波发射等易于测量、控制的专用微波反应器，尤其是大型反应器；目前实验所用微波加热设备多为家用微波炉或其简单改造产品，在操作安全和条件控制方面等亦需要进一步优化，而且单模微波反应器的逐步应用和改进将使实验操作过程更加安全可靠，在操作温度和压力方面的控制更加准确，能明显提高产品收率和产物纯度，具有良好的应用前景。随着微波反应器技术的发展和相关反应机理研究的进一步深入，微波辐射在化学领域将具有更加广阔的工业应用前景。

（二）微波制备原理

微波加热是物质在电磁场中由介质损耗引起的体积加热，在高频变换的微波能量场作用下，分子运动由原来杂乱无章的状态变成有序的高频振动，从而使分子动能转变成热能，其能量通过空间或媒介以电磁波的形式传递，可实现分子水平上的搅拌，达到均匀加热的目的，因此微波加热又称为无温度梯度的“体加热”。在一定微波场中，物质吸收微波的能力与其介电性能和电磁特性有关，介电常数较大、有强介电损失能力的极性分子，与微波有较强的耦合作用，可将微波辐射转化为热量分散于物质中，因此在相同微波条件下，不同的介质组成表现出不同的温度效应，该特征可适用于对混合物料中的各组分进行选择性加热。

由于极性分子内电荷分布不平衡，可通过分子偶极作用在微波场中迅速吸收电磁能量，以每秒数十亿次高速旋转产生热效应，这就是微波的“致热效应”。一些学者认为，微波辐射除了存在“致热效应”外，还存在直接作用于反应分子而引起的特殊的“非致热效应”，即改变反应历程、降低反应活化能、加快合成速度、提高平衡转化率、减少副产物、改变立体选择性等效应。据分析，微波频率与分子转动频率相近，微波电磁作用会影响反应分子中未成对电子的自旋方式和氢键缔合度，并能够通过在分子中储存微波能量以改变分子间微观排列及相互作用等方式来影响化学反应的宏观焓或熵效应，从而降低反应活化能，改变反应动力学。

当然有学者通过动力学分析认为，微波辐射不能激发分子进入更高的旋转或振动能级，因为一般化学键的键能为100~600kJ/mol，分子间作用力的能级为0.5~5kJ/mol，而微波辐射的能级在10~100kJ/mol，似乎远远不能影响分子发生化学反应的能级，所谓的特殊效应可能是由于实验或检测的系统误差造成的，微波加热与传统的加热方式一样，其作用仅仅使物质的内能增加，但不会改变反应的动力学性质，因此“非致热效应”尚存在争议，有待进一步研究。

（三）微波制备 MPO 硼酸酯合成用固体酸催化剂

硼是一种无毒、无公害，具有杀菌、防腐、抗磨和阻燃性能的非活性元素。有机硼酸酯以下简称硼酸酯可看作是硼酸中氢被有机基团取代后的衍生物，因此具有无毒无臭、环境适应性好以及抗磨减摩特性极佳等特点。硼酸根一具有平面三角形结构，即每个硼原子以杂化与氧原子相结合，此时的硼仍是缺电子原子，易与有机化合物中的羟基发生配位反应，经脱水后形成硼酸酯的螺环结构。硼酸酯在表面活性剂、偶联剂、润滑油添加剂、汽车制动液等方面均有广泛的应用。

1. MPO 硼酸酯简介

在对硼酸铝晶须改性聚合物性能的研究过程中发现，常用的硅烷、钦酸醋等偶联剂对硼酸铝晶须的表面处理效果均不甚理想。选择与硼酸铝晶须同样具有铝原子的铝酸酯偶联剂对其进行表面改性，由于铝酸酯不具有能与聚合物发生反应的活性基团，影响其与聚合物间的连接，改性效果虽然较硅烷、钛酸酯优，仍然影响硼酸铝晶须优异性能在聚合物中的充分发挥。硼酸酯的研究由来已久，有机硼酸酯不仅可用作聚合物添加剂如增塑剂、氧化稳定剂、热稳定剂、阻燃剂、焊接过程中的助熔剂、纺织品阻燃剂，而且可以用作多功能添加剂、中子吸收剂及合成有机硼化合物的主要原料，还可以用作润滑油的减摩添加剂、性能温和的防腐剂、偶联剂等，因此它是一种性能优良、功能很多的添加剂。

由于硼酸酯的水解稳定性较差，其应用受到一定限制。以硼为中心的硼酸酯类偶联剂研究很少，陈宏刚等合成的硼酸酯偶联剂不含有能与树脂发生反应的活性基团，影响偶联剂与树脂间的连接。胡晓兰等合成的硼酸酯偶联剂含有氨基、丁氧基等活性基团，不仅可与硼酸铝晶须发生物理吸附及化学连接，还能与聚合物间产生物理及化学反应，形成强的界面作用，改善界面黏结。此类偶联剂也可应用于其他含硼无机物填料的表面处理，改善此类填料和聚合物之间的黏结性能。

硼酸酯类化合物属于特种表面活性剂，具有无毒无臭、环境适应性好和极佳的抗磨减摩特性，在表面活性剂、偶联剂、汽车制动液等方面均有广泛的应用，因而它的合成与性能研究一直受到人们的重视。

2. 有机硼酸酯的合成方法

偶联剂制备大部分为直接制备或用均相催化制备如氢硅加成制硅烷偶联剂，但近年来发现了一些用液体酸等新催化合成特种偶联剂，如高温偶联剂（CN103626795B）等运用浓硫酸等强液体酸进行催化合成。陈登龙由硼酸和异丙醇生成硼酸三异丙酯，再加入二元醇、计量的烷基醇或脂肪酸、配体，即得螯合—配位型硼酸酯偶联剂，具有较好的降粘特性和增强、增填作用。胡晓兰合成了一种氮-硼内配位结构的硼酸酯偶联剂，表现出优良的水解稳定性，并且其对硼酸铝晶须具有良好的改性效果。有机硼酸酯的合成方法主要有下列五种方法。

（1）三氯化硼与醇（或酚）的反应。最早用这个方法制得了硼酸甲酯、乙酯和戊酯，反应按下式进行：

$$3ROH + BCl_3 \longrightarrow B(OR)_3 + 3HCl \qquad (10-20)$$

用高真空仪器，在 -80℃，以 ROH：BCl_3 =3：1 的摩尔比进行反应可定量地得到硼酸甲酯和乙酯。后来又用此法制得其他酯，产率也几乎是定量的。尽管如此，由于三氯化硼比较难得，所以这个方法已为（2）法代替。

（2）硼酸与醇（或酚）直接反应。该法反应式如下：

$$3ROH + H_3BO_3 \underset{\triangle}{\rightleftharpoons} B(OR)_3 + 3H_2O \qquad (10-21)$$

反应时可以加入苯、甲苯或四氯化碳，生成像醇-水-苯那样的三元共沸物以去水。这样可制备较难得的硼酸芳基酯和硼酸叔烷基酯。用这个方法，原料方便易得，操作简单，产率一般很高（80% ~95%）。该法是制备正硼酸酯最好的方法。

正硼酸三正丁酯的制备：在一个带有分水器的1000ml 园底瓶中，加入93g（1.5mol）的硼酸和444g（6mol）的正丁醇，将混合物置于砂浴或空气浴上回流，直到不再有水分出为止（一般约需4~5h）。将反应物用25cm 的分馏柱分馏，收集沸点230~235℃的产品，产率95.6%。

（3）由硼酐与醇（或酚）直接反应。该法反应式如下：

$$B_2O_3 + 3ROH \xrightarrow{\text{高压釜}} B(OR)_3 + H_3BO_3 \qquad (10-22)$$

此法对设备要求高，例如用这个方法可制备硼酸三乙酯，率产只有30%，其原因是该反应除了生成硼酸酯外还生成偏硼酸酯。

（4）硼砂与醇（或酚）的反应。硼砂与醇起反应可制得硼酸酯，反应在盐酸存在下进行。后来改用硫酸代替盐酸，从而所得硼酸三甲酯的产率提高到92%。

$$Na_2B_4O_7 \cdot 10H_2O + 16CH_3OH + 2H_2SO_4 \longrightarrow 4(CH_3O)_3BCH_3OH + 2NaHSO_4 + 17H_2O \quad (10-23)$$

用这种方法制备硼酸三甲酯时，产品与甲醇生成共沸混合物，难于分离。可加入氯化钙以除醇，也可以加入氯化锌、氯化锂、浓硫酸或者二硫化碳除醇。由于硼砂较硼酸易得、价廉，故此法比较经济。

用这个方法可以从容易得到的硼酸酯来制取其他不易制备的硼酸酯，其反应式如下：

$$B(OR)_3 + 3R'OH \xrightleftharpoons{\text{回流}} B(OR)_3 + 3ROH \quad (10-24)$$

例如具有抗腐性能的硼酸甘油酯是通过该法制得的。

（5）酯交换反应。

$$B(OC_2H_5)_3 + 2\,\begin{matrix} CH_2-OH \\ | \\ CH-OH \\ | \\ CH_2-OH \end{matrix} \longrightarrow \begin{matrix} CH_2-O & & O-CH_2 \\ | & \diagdown B \diagup & | \\ CH-O & \diagup \quad \diagdown & O-CH \\ | & H & | \\ CH_2-OH & & CH_2OH \end{matrix} + 3C_2H_5OH \quad (10-25)$$

该步产率达98%，产品是一种无色透明液体。

硼酸叔烷基酯难于制备，但利用硼酸三甲酯与叔醇进行酯交换反应，则可顺利进行。

3. 偶联剂 MPO 硼酸酯

基于硼酸酯产品的独特性能优势，及人们环保意识的增强和对自身健康的关注，促进硼酸酯应用途径的不断开发，使得硼酸酯的应用前景更加广阔，用量将迅猛增加。目前国内新型结构的硼酸酯主要处于实验室研究阶段，已经工业化生产的硼酸酯如硼酸三甲酯等结构较为简单，而对其深加工用于添加剂的更少。因此，开发新型结构的化合物，打破国外厂家对该系列产品的垄断，节约成本，提高国内企业的国际市场竞争力，具有重要的现实意义。同时研究合成硼酸酯的条件及其相关应用体系的各种性能参数，可为硼酸酯的工业化生产及应用奠定理论基础。

偶联剂 MPO 硼酸酯（环状 2-甲基三亚甲基-3-羟基-2-甲基丙基硼酸酯），可采用硼酸与 2-甲基-1，3-丙二醇反应制得，其酯化反应方程式为：

$$2\begin{matrix} H_2C-OH \\ | \\ CH_2-CH_3 \\ | \\ H_2C-OH \end{matrix} + HO-B\begin{matrix} OH \\ \\ OH \end{matrix} \longrightarrow HOH_2C-\overset{CH_3}{\overset{|}{C}}H-CH_2-O-B\begin{matrix} O \\ \\ O \end{matrix}\!\!\!\!\diagdown\!\!\!\diagup\!-CH_3 + 3H_2O \quad (10-26)$$

郭艳采用 WPO 硼酸酯和硼酸为主要原料，自制的非酸催化剂和自行设计加工的油水分离器，筛选出甲苯为带水剂，非酸催化合成了硼酸酯（自制铝酸钠），并对合成的产物进行了该产品、筛选出最佳酯化工艺条件：醇酸比为 2.1：1（mol）、催化剂/总物料 = 0.1%（质量分数）、带水剂甲苯用量为 12.5mL（即带水剂与醇的体积比 = 25%）、反应时间 2.5h、温度控制在 180℃以内，此时酯化率可以达到 99.16%。

硫酸作为传统的酯化反应催化剂，其催化活性较好，但硫酸是一种强质子酸，催化酯

化反应具有副反应较多、产生如烯、醚和硫酸酯等副产物、使成品的收率较低、产品的色泽较深等缺陷，所以常用非液体酸来代替，如有机弱酸、固体酸酸特别是固体超强酸等。

近年来，对固体超强酸的品种及其制备国内外学者进行了广泛的研究，取得了许多成就，其主要研究方向集中在：提高其使用稳定性，因此产生了许多新方法，微波法就是其中影响力较大的一种。

二、微波法制备催化剂工艺参数及其选择

由于对 MPO 硼酸酯——环状 2-甲基三亚甲基-3-羟基-2-甲基丙基硼酸酯研究资料较少，故尽量采用固体超强酸催化剂的微波制备及其工艺条件对其他反应的催化性能的影响，探讨微波法制备固体超强酸催化剂等制备工艺参数及其选择方法。

对于催化剂制备而言，微波可应用于催化剂制备的核心步骤，如浸渍法中的浸渍、沉淀法中的沉淀等，也可应用于催化剂制备中的某个步骤，如干燥、焙烧、载体等的水热处理、改性等，这些操作往往都会对催化剂的催化性能、稳定性等产生影响。其主要工艺参数主要为微波功率及微波照射时间。

（一）微波法制备 SO_4^{2-}/ZrO_2 固体超强酸

1979 年，日本研究工作者 M. Hino 等首次报道用 ZrO_2 或 TiO_2 经硫酸处理，再经过活化而制得的硫酸促进金属氧化物催化剂 SO_4^{2-}/ZrO_2（SZ）、SO_4^{2-}/TiO_2，用 Hammett 指示剂法测得这两种催化剂的 H_0 分别为 -14.52 和 -16.04，其酸强度是 100% 硫酸的 100～10000 倍，酸性极强，可将其应用于烷基化反应，且显示出很高的催化活性。后来自 1989 年，又有对固体超酸在酯化反应中的催化作用进行研究的系列报道。如今，SO_4^{2-}/M_xO_y 型固体超强酸催化剂早已成为国内外研究人员的研究热点，这类固体超强酸的种类也日渐繁多，比如：SO_4^{2-}/ZrO_2（SZ）、SO_4^{2-}/TiO_2、SO_4^{2-}/Fe_2O_3、SO_4^{2-}/ZrO_2-TiO_2、SO_4^{2-}/WO_3-ZrO_2 和 SO_4^{2-}/ZrO_2-NiO 等，这些催化剂都被广泛应用于各个类型的催化反应中。蒋平平等制备了 SO_4^{2-}/ZrO_2 固体超强酸催化剂，催化合成了偏苯三酸三辛酯，取得了较高的产率。邵建国等用一系列的 SO_4^{2-}/M_xO_y 固体超强酸应用于 2-己基己醇与马来酸酐的酯化反应，发现 SO_4^{2-}/TiO_2 和 SO_4^{2-}/SnO_2 的催化性能较为优良。杨师隶等用 SO_4^{2-}/ZrO_2-TiO_2 固体超强酸催化合成了丙烯酸异丁酯。王潍平等采用复合型固体超强酸 SO_4^{2-}/ZrO_2-TiO_2 为催化剂，应用到二元酸酯的反应中（如邻苯二甲酸酐与醇和马来酸酐与醇的酯化反应），催化剂表现出很高的催化活性。此类催化剂具有制备方法简单、催化活性高、对水的稳定性好、易于分离、不腐蚀设备、对环境污染小等优点，是一类对环境友好且有很好应用前景的绿色工业催化剂。

（1）微波加热时间对催化剂物相及酯化反应的影响：固定微波功率为 700W，改变微波加热时间制备催化剂，考察微波加热时间对催化剂物相的影响，具体见图 10-2。

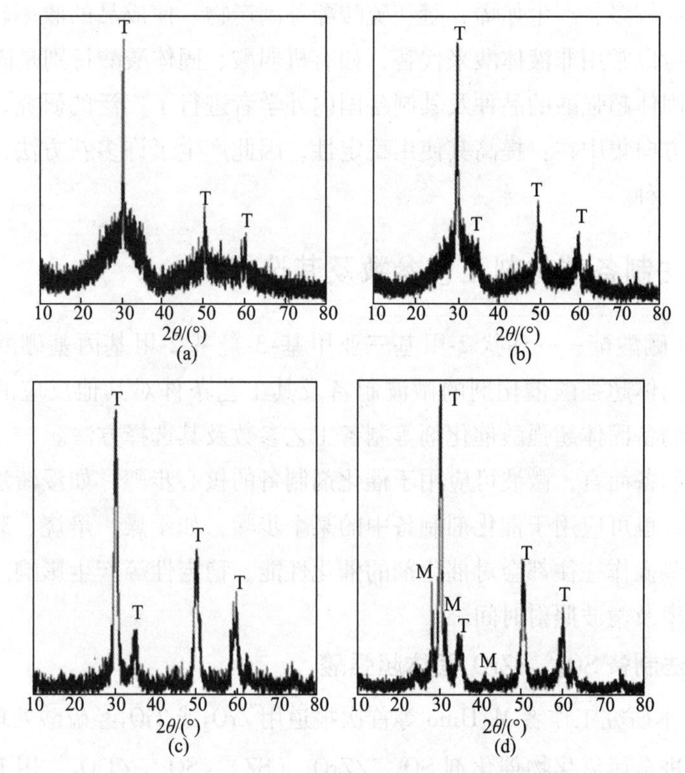

图 10－2　经过不同微波加热时间所制备的固体酸催化剂 XRD 谱图

T—四方晶型；M—单斜晶型

（a）加热 13min 制得的 SO_4^{2-}/ZrO_2 催化剂；（b）加热 14min 制得的 SO_4^{2-}/ZrO_2 催化剂；

（c）加热 15min 制得的 SO_4^{2-}/ZrO_2 催化剂；（d）加热 15.5min 制得的 SO_4^{2-}/ZrO_2 催化剂

由图 10－2 可见：经过微波加 13min 的样品为亚稳态的 ZrO_2 四方晶相，当微波加热时间延长至 14min 时，样品中亚稳态 ZrO_2 四方晶相趋于明显，此时样品的 XRD 谱图的基线不平整，衍射峰较宽较弱，这是由于晶粒细小、晶间结构无序以及晶体中的缺陷使点阵间距连续变化所引起的。随着微波加热时间的延长，在延长至 15min 时，X 射线衍射峰逐步锐化，这意味着晶化过程逐渐趋于完整，晶体的晶型趋于完美，晶粒增大。当微波时间进一步延长至 15.5min 时，ZrO_2 四方晶相晶化得到进一步的完全，但与此同时，微弱的 ZrO_2 单斜晶相的衍射峰也开始出现。总体而言，当微波加热时间较短时，样品内部温度上升得不够，XRD 峰表现为较弱且宽；随着微波加热时间的延长，样品内部温度不断上升，达到晶型转变所需要的温度，在微波加热 15min 时，温度刚好是 ZrO_2 由四方晶相向单斜晶相过渡的温度，此时的四方相强度是最强；微波加热时间超过 15min 后，单斜相便开始出现并随微波加热的时间而增强。

（2）微波加热时间对酯化反应的影响：将上述不同制备条件（微波加热时间）下的固体酸催化剂用于催化乳酸正丁酯的酯化反应，将反应的酯化率对微波加热时间作图，如表 10－10、图 10－3 所示。

表 10－10 微波加热时间对酯化率的影响

微波加热时间/min	12	13	14	15	15.5
ZrO_2 晶型	T 弱	T 弱	T 较弱	T 强	T＋M
酯化率/%	59.4	74	85.7	93.2	87.2

由图 10－3 可见：反应的酯化率与四方晶型的强弱相关，随着四方晶型不断地趋于完整，反应的酯化率明显提高，在微波加热 15min 时，也就是四方晶型的 X 射线衍射峰最强的时候，酯化率达到最高，为 93.2%。之后酯化率又随着单斜晶相的增强而降低，催化剂的催化活性很好地对应 ZrO_2晶型变化。显然，对催化该酯化反应而言，ZrO_2的四方晶型应是该催化剂的活性相。

（3）催化剂的热分析：SO_4^{2-}/ZrO_2催化剂前驱物进行热分析所得到 TG-DTA 谱图见图 10－4，其升温速率为 20℃/min。

由图 10－4 可见：SO_4^{2-}/ZrO_2催化剂前驱物 DTA 曲线在 50～190℃区间出现了吸热峰，相对应的 TG 曲线于 420℃前失重率达到 10.9%。温区 400～680℃存在一个吸热峰，对应的 TG 曲线有较明显的失重过程，进一步升温至温区 680～780℃，此温区存在一个明显的吸热峰，对应的 TG 曲线急剧失重，从 420℃到 780℃，失重率为 17.2%。温度升至 780℃以后，TG 曲线又趋于平稳。

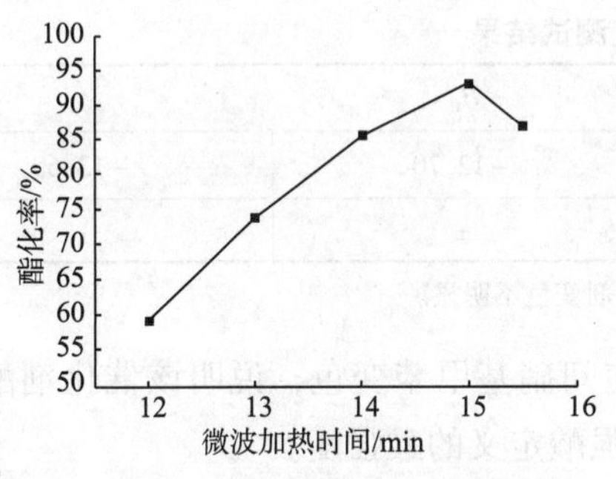

图 10－3 微波加热时间对乳酸与正丁酯的酯化反应酯化率的影响

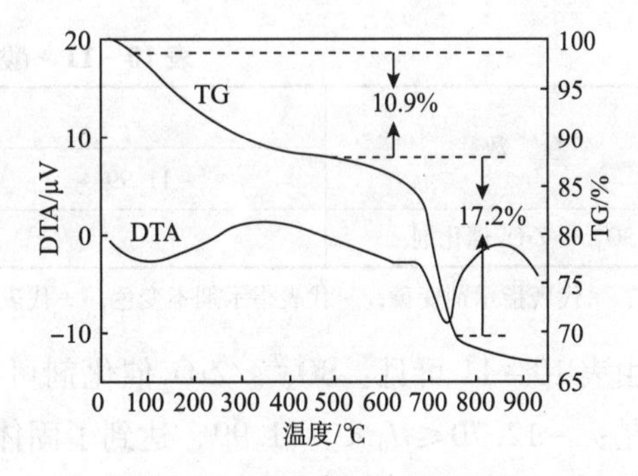

图 10－4 SO_4^{2-}/ZrO_2催化剂前驱物 TG-DTA 谱图

根据以上谱图，可以认为：50～190℃的失重主要是由于样品表面吸附的物理吸附水脱附引起的。在升温热处理过程中，这些物理吸附的水分和氧气等杂质就会因脱附进入空气，样品的 TG 曲线有较为明显的变化，同时其 DTA 曲线上也相应出现一个吸热峰。420～780℃的失重是由于氢氧化锆分解产生的水逸出以及负载在催化剂表面上的硫酸根基团以氧化物的形式逸出所导致的。结合 XRD 谱图可知，400～600℃内的吸热峰是非晶态的 ZrO_2向亚稳态四方晶相 ZrO_2转变的过程，并且温区 600～680℃是四方晶型稳定生长的阶段。温区 680～780℃内的吸热峰则对应于 ZrO_2四方晶相向单斜晶相转变的过程。

综合样品的热分析和 XRD 谱图可知：样品随着微波时间的延长，经历了由无定型向亚稳态的四方晶型再到单斜晶型的转变，微波加热 15min 可以使样品处于亚稳态的四方晶型，达到传统600℃高温加热3h产生的效果。

（4）催化剂的红外光谱分析：催化剂的红外光谱见图10－5。

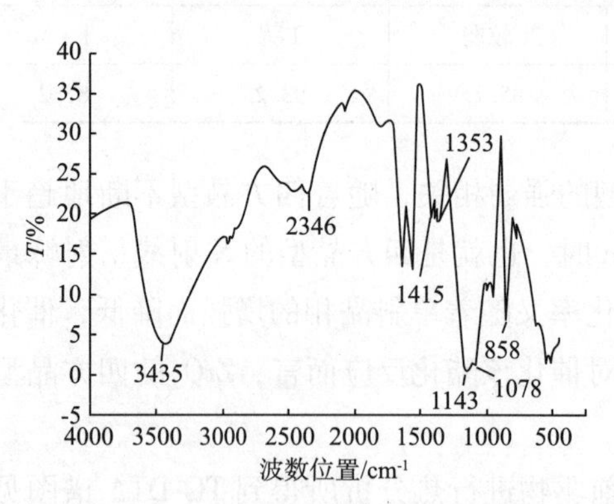

图10－5　SO_4^{2-}/ZrO_2催化剂IR图

上述催化剂在1635cm^{-1}、1415cm^{-1}、1353cm^{-1}、1143cm^{-1}、1078cm^{-1}处各有一个较强的吸收峰，属于固体超强酸的特征吸收峰。通常可以根据S＝O的红外最强振动吸收峰来区别配位的形式，如果S＝O的红外最强振动吸收峰在1200cm^{-1}以上，就认为是以螯合双配位为主，如果S＝O的红外最强振动吸收峰在1200cm^{-1}以下，则认为以桥式配位为主。对于本催化剂，S＝O红外最强振动吸收峰在1200cm^{-1}以下（1143cm^{-1}），则表明ZrO_2与SO_4^{2-}离子的结合是以桥式配位为主。另外，本催化剂在红外谱图中高波数1450～1300cm^{-1}（1415cm^{-1}和1353cm^{-1}）处的吸收也表明了S＝O具有共价双键的性质。

（5）酸强度的测定：采用Hammett指示剂法，对最优条件下制备出的SO_4^{2-}/ZrO_2催化剂的酸强度进行测定，所用指示剂为间硝基甲苯（H_0 = －11.99）、对硝基氯苯（H_0 = －12.70）及间硝基氯苯（H_0 = －13.60），测定结果见表10－11。

表10－11　酸强度测试结果

参　数	H_0		
	－11.99	－12.70	－13.60
SO_4^{2-}/ZrO_2催化剂	+	±	－

注：+代表指示剂变黄；－代表指示剂不变色；±代表指示剂变色不明显。

由表10－11可见：SO_4^{2-}/ZrO_2催化剂可以使间硝基甲苯变色，说明该催化剂酸强度范围是：$-12.70 \leqslant H_0 < -11.99$，达到了固体超强酸定义的酸强度。

（6）微波加热与传统马弗炉焙烧所制备催化剂的比较，见图10－6、图10－7。

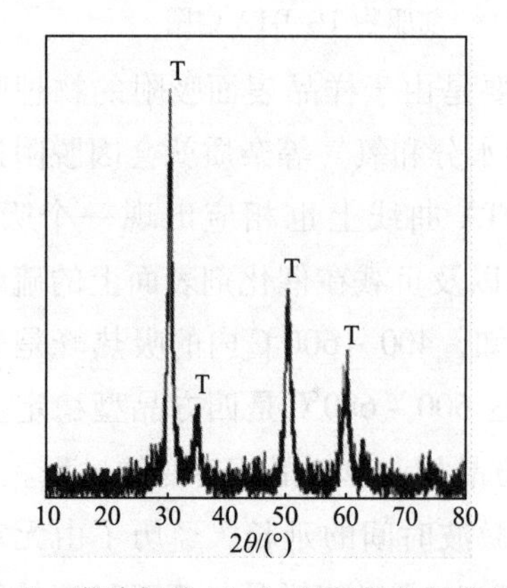

图10－6　微波加热15min所得催化剂的XRD图

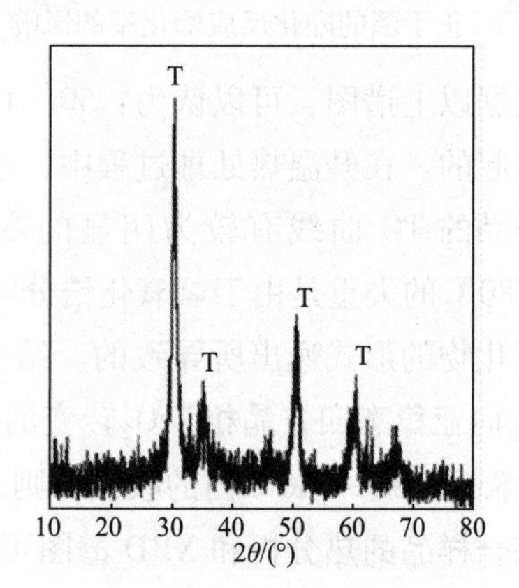

图10－7　600℃焙烧3h所得催化剂的XRD图

对比图图 10-6、图 10-7 可知：相比于常规焙烧方法制备的催化剂，微波加热制得的 SO_4^{2-}/ZrO_2 催化剂不但在加热时间上消耗的时间大大缩短，而且得到的催化剂四方晶型更加完整，X 射线衍射峰更加强且锐。

这是由于微波是一种高频的电磁波，它的电磁场方向在不断地变化。被加热的极性分子在微波场中会随着微波方向的改变不断改变方向，分子之间产生摩擦，大大地加快了反应物与产物界面间的离子扩散与传输速度，降低了分子的化学键强度，更有易于旧键的断裂和新键的生成，降低了反应的活化能，从而促进了晶核的生成及晶粒的成长，因此能显著地缩短相变时间。而且除了热效应，微波还具有特殊的非热效应。微波场的极化作用可以使催化剂产生更多的缺陷，成为电子或空穴的捕获中心，从而进一步降低了电子-空穴对的复合率，使微波法制备的催化剂活性提高。

这两种方法制得的催化剂的活性比较见表 10-12，可以看出二者相差不大，但微波法制得的催化剂活性稍高。

表 10-12　两种方法制备催化剂的催化活性

制备方法	微波法（15min）	常规法（600℃）
酯化率/%	93.2	91.6

（7）产品的分析：产品经减压蒸馏提纯，根据收集产物称量，所制备的乳酸丁酯实际称量值和理论值基本相近，说明微波法制备的 SO_4^{2-}/ZrO_2 固体酸催化剂对乳酸丁酯的催化效果良好。合成的乳酸丁酯为无色透明液体，红外光谱（IR、KBr）的主要吸收率（cm^{-1}）为：2962.45、2876.18（C—H）、1737.02（C ═ O）、1637.84（C ═ C）、1458.32、1204.06、1136.40（C—O）、1046.98、946.19、842.39，结合核磁谱图分析，特征峰均符合产品结构。

总之，与传统加热法制备催化剂相比，运用微波加热的方法制备了 SO_4^{2-}/ZrO_2 固体超强酸催化剂，微波法制得的催化剂 ZrO_2 四方晶相更加完整，晶粒更完美，而且大大节约了相变时间；此外，微波的非热效应使催化剂产生更多的缺陷，从而使催化活性有所提高，充分显示了微波法快速、节能和操作方便等优点；在相同的反应条件下微波法所制备的 SO_4^{2-}/ZrO_2 固体超强酸催化剂具有更高的催化活性；微波法所制备的催化剂的酸强度也达到了固体超强酸的酸强度范围；最佳制备条件：在微波功率为 700W 的条件下，微波时间为 15min，硫酸浸渍液浓度为 1mol/L。此条件下乳酸的转化率为 93.2%；ZrO_2 的四方晶相是该催化剂的活性相；在最优的条件下，微波法制备的固体酸催化剂重复使用性和稳定性能较好。

（二）微波法合成光催化剂 ZnFeS

光催化技术是在 20 世纪 70 年代诞生的基础纳米技术，在中国大陆我们会用光触媒这个通俗词来称呼光催化剂。典型的天然光催化剂就是我们常见的叶绿素，在植物的光合作用中促进空气中的二氧化碳和水合成为氧气和碳水化合物。总的而言纳米光触媒技术是一种纳米仿生技术，用于环境净化，自清洁材料，先进新能源，癌症医疗，高效率抗菌等多个前沿领域。

近几年来，随着国内外科学技术的不断进步，人民的生活水平越来越高，人民对安全、环境等要求越来越高，特别是中国自去年以来中国大规模的环保风暴，进一步刺激了环保新技术开发及其技术的推广应用，光催化特别是可见光催化技术因其独特的优势，在新催化反应等特别是环境治理催化方面的应用研究越来越受到重视，其开发势头越来越猛：各种新光催化剂和新技术的应用日新月异，微波技术等应用于光催化剂的制备及光催化反应等便是其中一个典型代表。

ZnFeS 光催化剂的开发及其在含有双酚 A 废水中的研究是其一例，微波法制备光催化剂 ZnFeS 的主要影响因素有：微波作用时间及其功率、反应的 pH 值等。

(1) 微波作用时间与功率对 ZnFeS 光催化性能的影响：微波功率和微波作用时间对催化剂合成过程中有类似的影响效果。在一定范围内，对催化剂的活性有明显的提升。然而，进一步提升照射强度与照射时间，降解效果的提升相对不明显或者呈下降趋势。这是因为，该合成过程的降解效果不能通过增加微波功率或照射时间来增强。随着微波功率的加强和反应时间的增加，电场强度随之增大，使材料和电磁场之间的相互作用增大，从而抑制反应的进行。微波功率与时间对合成 ZnFeS 光催化剂降解 BPA 的影响见图 10-8。

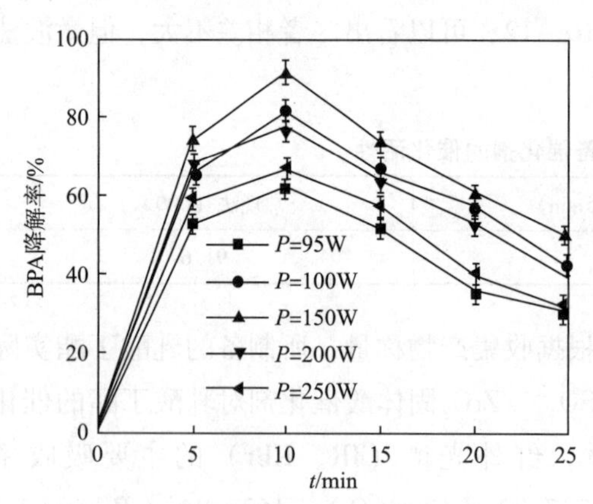

图 10-8　微波功率与时间对合成 ZnFeS 光催化剂降解 BPA 的影响

由图 10-8 可见：当微波作用功率与照射时间分别从 95W 提高到 150W、从 0min 提高到 10min 时，催化剂的光催化活性呈上升趋势；但继续提高微波功率与时间后，催化剂的活性受到破坏，使催化活性降低了原来的 80%。故最佳催化剂合成条件为照射时间为 10min，微波功率为 150W。

(2) 反应液 pH 对 ZnFeS 光催化性能的影响：pH 值是在反应过程中的影响催化剂光催化性能的一个重要因素。图 10-9 (a) 给出了在反应液 pH 值为 3.0~9.0 时，采用微波法合成催化剂对光催化降解 BPA 效果的影响。图 10-9 (b) 为反应过程中的一阶动力学分析。结合图形分析，当溶液中有一定量的 H^+ 存在时，溶液中存在两个电离平衡，反应式为：

$$CH_3COO^- + H^+ \rightleftharpoons CH_3COOH \tag{10-27}$$

$$2CH_3COO^- + 2Zn^{2+} \rightleftharpoons Zn(CH_3COOH)_2 \tag{10-28}$$

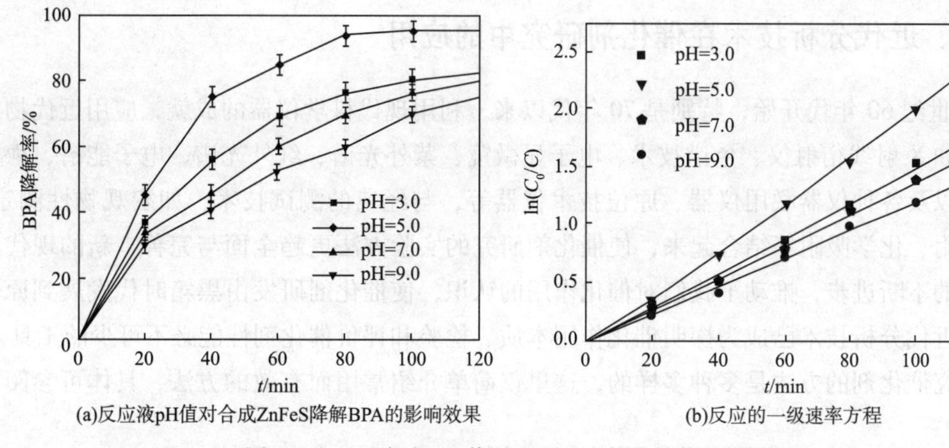

图 10－9 反应液 pH 值对 ZnFeS 光催化性能的影响

随着 H^+ 投加量的增加，CH_3COOH 的电离平衡式被促进，CH_3COO^- 浓度也随之增大，从而使 Zn（CH_3COO）$_2$ 的电离平衡进一步增强。从图 10－9（b）中可观察到，第一阶动力学速率 pH＝5.0 时最大，说明此时有大量的 Zn^{2+} 产生，促进了 Zn^{2+} 与 Fe^{2+} 和 S^{2-} 之间化学反应的发生。但是，当在 H^+ 过量时（pH＜5），CH_3COOH 的电离平衡受到抑制，从而阻碍了 ZnFeS 催化剂的生成。因此，微波法制备催化剂的反应液最佳 pH 值条件为 5.0。

（3）Zn^{2+}/Fe^{2+} 比对 ZnFeS 光催化性能的影响：ZnFeS 催化剂中各元素的质量比直接影响到催化剂的催化活性。近年来，越来越多的研究表明，硫化锌是一种物理化学性能稳定的光催化材料，但并不能使绝大难降解污染物达到高效或彻底降解，适量的 Fe 的掺杂可以调控其能带结构，使其吸收边红移，从而提高了降解效果。但 Fe 的掺杂量过多或过少都会影响到催化剂的结构，从而影响其光催化性能，所以，在研究 ZnFeS 催化剂的制备条件对其光催化活性时，反应物的浓度比是影响催化剂活性的直接因素，研究结果见图 10－10。

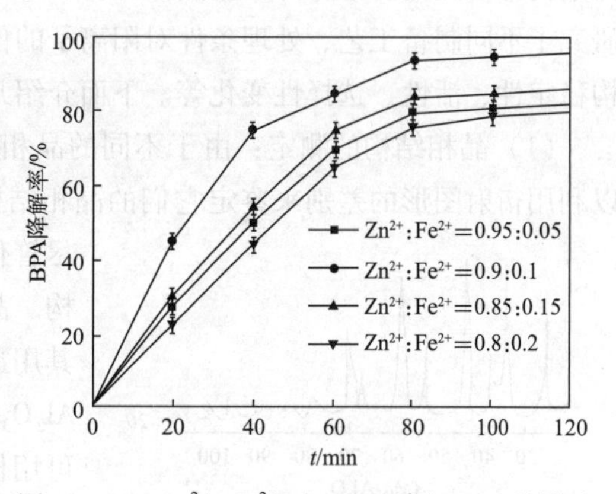

图 10－10 Zn^{2+}/Fe^{2+} 对 ZnFeS 降解 BPA 的影响

由图 10－10 可见：Zn^{2+} ：Fe^{2+} 的最佳物质的量比为 0.9 ：0.1，比例过大或过小均会影响催化剂的光催化活性。通过相关表征如 SEM、XRD、XPS 等，结果表明，Fe^{2+} 是以进入到 ZnS 晶格的形式与其结合形成一种新的化合物而不是两种物质的结合，过多的 Fe^{2+} 会对反应的发生形成阻碍，而较少的 Fe^{2+} 则达不到调控硫化锌能带结构的作用。因此，后续实验中均采用 Zn^{2+} ：Fe^{2+} ＝0.9 ：0.1 的投料比制备 ZnFeS 催化剂。

三、近代分析技术在催化剂研究中的应用

20 世纪 60 年代开始，特别是 70 年代以来，利用现代科学仪器的成就，应用近代物理方法，如 X 射线衍射仪、色谱技术、电子显微镜、紫外光谱、红外光谱、电子能谱、穆斯堡尔谱以及各种仪器联用仪器、原位技术仪器等，与经典的测试技术，如宏观物性测定、物理吸附、化学吸附等结合起来，使催化剂研究的实验方法更趋全面与完善，新的现代测试技术的不断进步，推动了我们对催化作用的认识，使催化剂研发由黑箱时代发展到原位时代。近代分析技术已成为探明催化作用本质、检验和评价催化剂性能必不可少的工具。

研究催化剂的方法是多种多样的，这里仅简单介绍常用而有效的方法，具体可参阅相关专著。

（一）X 射线衍射技术在催化剂研究中的应用

X 射线衍射是揭示晶体内部原子排列状况最有力的工具。借助它可以获取许多有关催化剂结构特征的信息。如晶相结构、晶格参数、晶粒大小等，使催化剂的许多宏观物理化学性质，从微观结构特点中找到答案；也可以用来研究物质的分散度、鉴别催化剂中所含元素，丰富了人们对催化剂的认识，推动了催化剂的研究工作。近年来，许多 X 射线衍射结构测定方法应用于催化剂研究，如分子筛的结构研究是最突出的成就，几乎所有的分子筛结构都被测定出来，并根据晶体几何学原理推测、预言了可能的分子筛结构。学者们还研究了不同制备工艺、处理条件对阳离子的位置、孔道形状的影响，以及由此而产生的结构稳定性、活性、选择性变化等。下面介绍几种 X 射线衍射技术在催化剂研究中的实例。

（1）晶相结构的测定：由于不同的晶相结构具有不同的 X 射线衍射图谱，因此，可以利用衍射图形的差别来鉴定它们的晶相结构。例如，由于制备方法和焙烧温度的不同，尽管化学组成相同，Al_2O_3有近 10 种不同的晶相结构。晶相结构不同，其物理化学性质也不相同，故其用途也是有区别的。例如，活性的 γ-Al_2O_3和 η-Al_2O_3可用作催化剂或载体，而无活性的 α-Al_2O_3仅可用作催化剂载体。可用 X 射线衍射技术进行物相鉴定，该法现象肯定，方法简便。

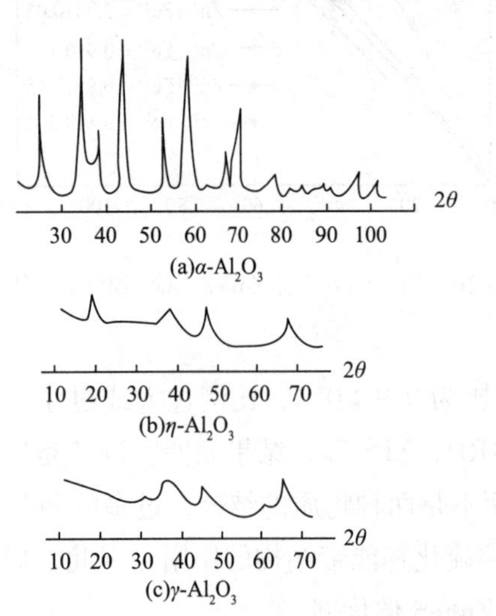

图 10－11　几种氧化铝的 X 射线衍射图

图 10－11 给出了 3 种不同晶相的 Al_2O_3X 射线衍射图谱。图上峰的位置以衍射角 θ 表示，而强度用峰高表示。因此只要被测物质的衍射特征数据与标准卡片比较，即可进行鉴定。如果结构数据一致，则卡片上所载物质的结构即为被测物质的结构。

晶体结构的分析还可以帮助了解催化剂选择性

变化及失活原因，稀土 Y 型分子筛催化剂在运转过程中活性逐渐下降，活性下降的原因之一是分子筛晶体破坏。测定当前工业失活催化剂的结晶破坏程度，就能够从结构稳定性的角度分析当前分子筛还有多大潜力可挖。

（2）晶胞常数的测定：晶胞是晶体中对整个晶体具有代表性的最小的平行六面体。纯的晶态物质在正常条件下晶胞常数是一定的，即平行六面体的边长都是一定的特定值。但外界条件变化时，例如，温度变化或加入其他物质时，由于生成固溶体、发生同晶取代或产生变形或缺陷，而使其晶胞常数发生变化，从而可能影响到催化剂的催化活性和选择性。例如，用镍催化剂进行环己烷脱氢反应，发生镍晶格的变形使其催化活性增加，如图 10－12 给出了镍的晶胞参数的变化对环己烷脱氢的影响。活性以反应产物的折射率表示。

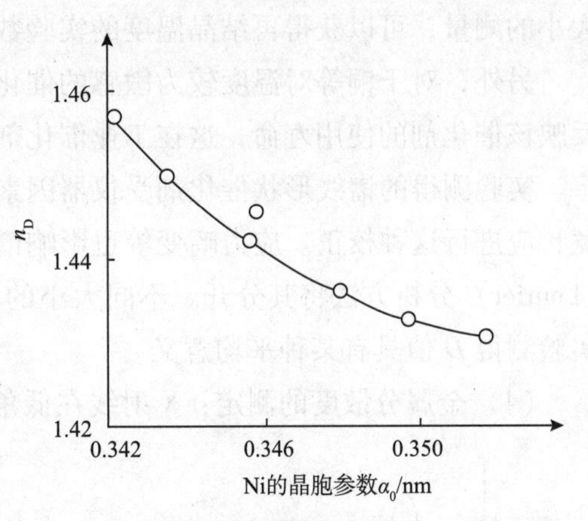

图 10－12　镍的晶格形变与活性的关系

当某一催化反应可以向几个方向进行时，晶胞常数与选择性之间是有一定的关系的。例如，甲醇在 Cu-ZnO 催化剂上转化时，改变 Cu 与 ZnO 的比例，制得一系列的催化剂。发现当 Cu 的晶格涨大时，甲醇生成甲酸甲酯的反应却大大减弱；而当 ZnO 的晶格涨大时，甲醇生成 CO 的反应却加快了。

（3）微晶颗粒大小的测定：用 X 射线衍射法测定微晶大小，是基于 X 射线通过晶态物质后衍射线的宽度（扣除仪器本身的宽化作用后）与微晶大小成反比。当晶粒小于 200nm 以下，就能够引起衍射峰的加宽，晶粒越细峰越宽，所以此法也称 X 射线线宽法。Sherrer 从理论上导得晶粒大小与衍射线增宽的关系为：

$$D = K\lambda/\beta\cos\theta \tag{10-29}$$

式中，D 为微晶大小，nm；θ 为半衍射角；β 为谱线的加宽度（注意：要扣除仪器本身造成的加宽度）；λ 为入射的 X 射线的波长，nm；K 与微晶形状和晶面有关的常数，当微晶接近球形时，$K=0.9$。该式即有名的 Sherrer 方程，其测定范围为 3～200nm。

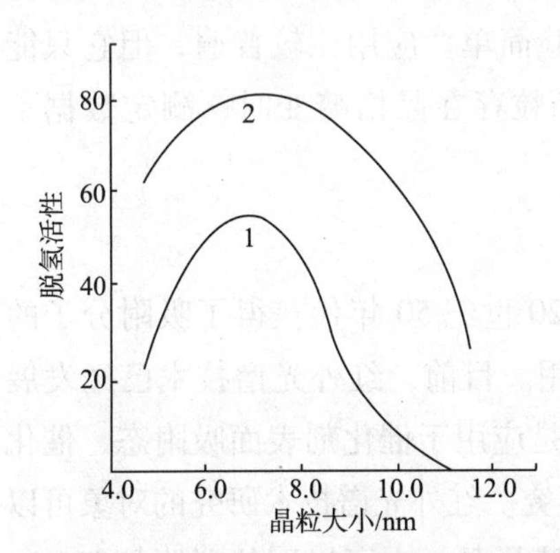

图 10－13　脱氢活性与分散度的关系
1—CH_3OH，320℃；2—$i-C_5H_{11}OH$，360℃

测得微晶大小的数据，对催化工作有一定的参考价值，如在石油化工厂中广泛使用的重整催化剂 Pt/Al_2O_3的催化活性，就直接与微晶大小有关。研究醇在一系列组成相同的 Ni-Al_2O_3催化剂上的脱氢反应，应用 X 射线线宽法可测定出镍晶粒大小，当镍晶粒大小在 6～8nm 范围内，其催化活性最高，如图 10－13

所示。

再如，在固体内存在一个再结晶温度 T_c，当温度超过 T_c 时晶块生长速度明显加快，温度越高生长越快，以致发生半熔或烧结等现象。用线宽法对不同温度处理的样品做微晶大小的测量，可以获得再结晶温度的实验数据。

另外，对于铜等对温度较为敏感的催化剂在使用过程中晶粒长大的速度或绝对值直接反映该催化剂的使用寿命，这在工业催化剂应用中为业界所熟知。

实验测得的谱线形状催化剂受仪器因素的影响，它引起附加的谱线变宽，称为仪器变宽，应进行这种校正。应力畸变等也影响谱线形状，应注意在实验上加以消除或用傅里叶（Fourier）分析方法将其分开。不同大小的晶块各自对应同一条谱线有不同的影响。所以实验测得 D 值具有某种平均意义。

（4）金属分散度的测定：X 射线在低角度区域的散射称为小角散射（small angel X-ray scattering），简写为 SAXS。当 X 射线照射粉末样品时，在小角区域的散射强度分布只与散射颗粒的大小、形状以及电子密度的不均匀性有关，与颗粒内部的原子结构无关。应用小角散射仪测定样品在低角区的散射 X 射线强度分布，可以计算出样品的颗粒大小分布。该方法主要用于金属催化剂的金属分散度。方法需要精密的 X 射线衍射仪，具有阶梯扫描装置和功率较高的 X 射线管。例如，用此法曾测得（含量 0.6%）Pt-Al_2O_3 催化剂上 Pt 粒子的分布，如图 10－14 所示。

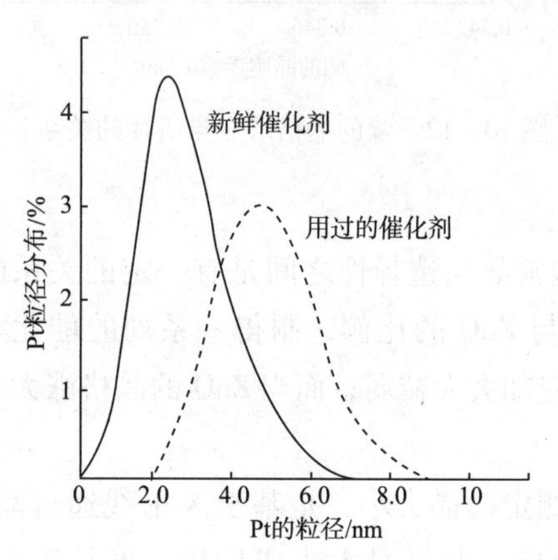

图 10－14　Pt-Al_2O_3 催化剂上 Pt 粒子的分布

X 射线衍射方法用于催化剂研究是非常广泛得，可以解决许多问题，但各个方法也有其使用范围和局限性。例如，晶体结构分析简单、快速，分析问题一目了然，它主要应用于催化剂制备规律研究、鉴定催化剂物相、配合研制工作选择合适的工艺条件、分析各物相在催化剂中的作用，提出合理的工艺路线。线宽法实验简单，应用比较普遍，但它只能测定平均晶粒大小，反映不出晶粒大小分布情况，当晶粒存在晶格畸变时，测定数据不真实。

（二）红外光谱方法在催化剂研究中的应用

红外光谱方法时研究分子结构的重要物理方法。自 20 世纪 50 年代获得了吸附分子的红外光谱以来，红外光谱便在催化领域得到了广泛的应用。目前，红外光谱技术已经发展成为催化研究中十分普遍和行之有效的方法。当前主要是应用于催化剂表面吸附态、催化剂表征（探针分子的红外光谱）以及反应动态学方面的研究。红外光谱技术研究的对象可以从工业上实用的负载催化剂到超高真空条件下单晶成薄膜样品。它可以同热脱附（TPD）、电子能谱（PES）、闪脱质谱（FDMS）等近代物理方法相结合（在线联合），获得对催化作

用机理更为深入地了解。下面介绍红外光谱方法在催化剂研究中应用的几个实例。

（1）吸附态的研究：分子在固体催化剂上的吸附可以是物理吸附或化学吸附，前者吸附分子的红外光谱几乎与吸附前分子的红外光谱一样，仅使特征吸收峰发生某些位移，或者使原吸收峰的强度有所变化。化学吸附则因吸附分子和催化剂发生了相互作用，使分子内键强度变化，甚至某些键断裂，因而产生新的红外光谱。例如，一氧化碳吸附在催化剂上，被吸附的 CO 分子与催化剂表面原子之间形成吸附化学键，因此在红外光谱中就会出现新的谱带。

从气相 CO 分子的红外光谱知道，CO 只有一种振动方式（$3\times2-5=1$），当他同转动组合时在 $2110cm^{-1}$、$2165cm^{-1}$ 出现双峰（不出现 Q 支、O 间歇）。当 CO 化学吸附在金属催化剂上时，吸附的 CO 吸收光谱出现 2 个峰（图 10－15），在和一些金属羰基化合物的光谱对照后，可认为一个靠近 $2000cm^{-1}$ 为中的碳原子与单个表面金属原子相结合的线式结构：O≡C—M；另一个则在 $1900cm^{-1}$ 附近，为 CO 同时和两个表面金属原子结合而成的桥式结构：O═C<（M，M）。

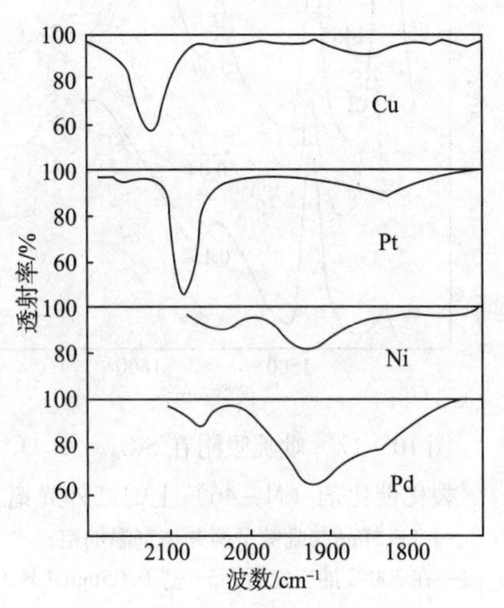

图 10－15　吸附在各种金属表面上的 CO 红外光谱

由图 10－15 还可见：光谱取决于吸附 CO 的金属，在铜和铂上 CO 和 H_2 反应生成甲烷是慢的，而在镍和钯上则是快的，生成甲烷的活性和吸附在这些金属表面上 CO 的特征峰吸收谱有关。

图 10－16 则为 CO 在不同 Pd 含量的 Pd/SiO_2 上吸附的红外光谱，可见，吸收带强度随着吸附量的增加而增加，桥式特征吸收强度的增大尤为明显，而且波长向短波移动。这些可由金属催化剂表面的非均匀性或者存在多种活性中心予以解释。

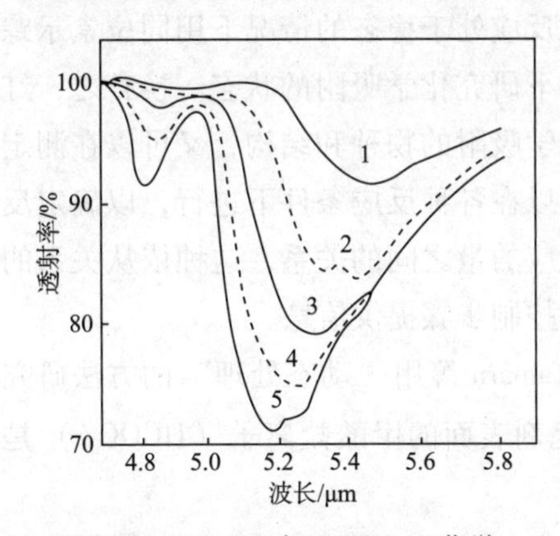

图 10－16　CO 在 Pd/SiO_2 上化学吸附的光谱图红外光

谱覆盖度：1—20%；2—45%；3—65%；4—85%；5—100%

（2）固体表面酸性的测定：酸性部位一般看作是氧化物催化剂表面的活性部位，在催化裂化、异构化、聚合、酯化等反应中烃类分子和表面酸性部位相互作用形成正碳离子，是反应的中间化合物。为了表征固体酸催化剂的性质，需要测定表面酸性部位的类型（Lewis 酸、Bronsted 酸）、强度和酸量。测定表面酸性的方法很多，如碱性气体吸附法、碱滴定法、热差法等，但都不能区分 L 酸和 B 酸。

利用红外光谱法研究表面酸性的问题，通常用吡啶、氨等碱性吸附质。当吡啶吸附在催化剂的质子酸中心（B 酸）上，其红外光谱的特征吸附峰为 $1540cm^{-1}$，而吸附在 L 酸中心后，特征吸附峰为 $1450cm^{-1}$。所以一般用 $1540cm^{-1}$ 吸收带表征 B 酸中心，用 $1450cm^{-1}$ 吸收带表征 L 酸中心。

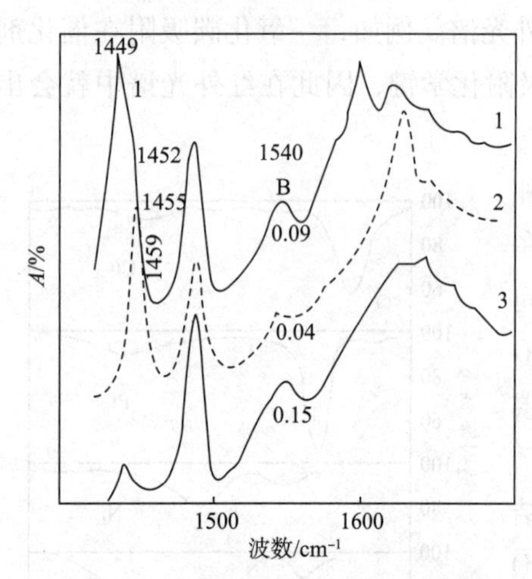

图 10－17　吡啶吸附在 $SiO_2-Al_2O_3$ 裂化催化剂（M－46）上的红外光谱

1—样品与吡啶平衡并在室温抽空；2—在 300℃抽空之后；3—进 0.05mmol H_2O

图 10－17 所示为必定吸附在 $SiO_2-Al_2O_3$ 催化剂表面上的红外光谱图。曲线 1 为样品用吡啶平衡、并在室温抽真空的结果。$1449cm^{-1}$ 和 $1540cm^{-1}$ 吸附峰说明表面上同时存在 B 酸和 L 酸。曲线 2 是在 300℃ 抽真空后的结果，由图可见 $1540cm^{-1}$ 吸附峰减弱，但 L 酸对应的吸收峰基本不变，所以失水对 B 酸是不利的。曲线 3 是加入 0. 05mmol 水后测定的红外光谱，由图可见，吡啶吸附在 B 酸中心的量增加（即 $1540cm^{-1}$ 吸收峰增大），而在 L 酸上量减少。

（3）反应动态学研究：在非反应条件下研究分子在催化剂表面上的吸附态虽有一定意义，但要阐明过程的机理是不够的，往往在反应条件下（或反应定态下）吸附物种类型、结构、性能与吸附条件下有着很大差别。在反应条件下催化剂表面不只存在一种吸附物种，且不是所有的吸附物种都一定参与反应。因此，如何在多吸附物种中识别出参与反应的“中间物”是非常重要的。一种有效的办法就是先用某种方法测定表面物种，然后在反应条件下研究它们的动态行为。吸附红外光谱可以检出和确定正常反应条件下许多催化体系的表面物种，它还可以在总反应处于稳态的情况下用同位素示踪法追踪吸附物种的动态行为，也可以在改变反应条件下研究化学吸附的状态。换言之，红外光谱既可以用来确定反应过程中的催化剂表面上化学吸附的物种和结构，又可以在测定总反应速率的同时测出它们的表面浓度，这些观测可以在各种反应条件下进行，以确定反应速率与每一种化学吸附物种的量以及周围气相中反应的量之间的关系，这种依从关系的本质，可以研究何种化学吸附物种参与了总反应速率控制步骤提供信息。

例如，甲酸在 Al_2O_3 催化剂上分解机理的研究。Tamaru 等用“动态处理”的方法研究了甲酸的分解作用，提出了反应的机理，否定了催化剂表面的甲酸盐离子（$HCOO^-$）是反应中间物的结论。

此外，NO 和 NH_3 在 V_2O_5/Al_2O_3 上反应机理的研究，以及 CO 加氢反应基元步骤的考察等，都证明了红外光谱法在反应动态学研究中的重要作用。

（三）热分析方法在催化剂研究中的应用

热分析实在程序控温下，研究物质在受热或冷却过程中的性质、状态的变化，并把它作为温度或时间的函数来表征其规律的一种技术。国际热分析协会（ICTA）确定的几种常用的热分析技术为热重法（TG）、逸出气检测（EGD）、逸出气分析（EGA）、差热分析（DTA）、差热扫描量热法（DSC）等。热分析可以跟踪催化反应中的热变化、质量变化和状态变化，所以在催化研究中获得广泛的应用。

热分析可用于催化剂活性的评选、催化剂制备条件的选择、活性组分与载体的作用、助催化剂作用的机理、吸附剂表面反应机理的研究等。下面介绍一些典型实例。

1. 催化剂活性的评选

热分析技术是借助制备过程或反应过程中催化剂所呈现的某一热性质与其活性之间的关系而评选催化剂的。采用动态差热分析法，可在5min内完成裂化催化剂活性评定。该法是以某种活性气体在催化剂和参比物上化学吸附所产生的温差为依据的。实验时将催化剂和参比物分别装入试样池和参比池，在流通的惰性气氛下将温度控制在预定温度上，然后切换活性气体，此时由于活性气体在催化剂表面上的强烈化学吸附而出现一个放热峰，然后切换惰性气体，由于脱附而出现一个小的吸热峰。总温差为：

$$\sum\Delta = \Delta - \Delta' \approx \frac{M_k \Delta H_\tau}{W_1 C} \tag{10-30}$$

式中，M_k为催化剂化学吸附气体量；ΔH_τ为活性气体化学吸附热；W_1为催化剂量；C为催化剂比热容；Δ、Δ'为吸附和脱附时的温差。

由式（10-29）可见：化学吸附逢高$\sum\Delta$正比于吸附气体量和它的化学吸附热。由于$M_k \Delta H_\tau$与催化剂活性中心数有关，所以化学吸附峰高可以用来表征催化剂的相对活性。这种方法适用于硅铝催化剂和其他固体酸催化剂的快速评选。

采用DTA技术研究煤加氢反应催化剂的活性时是以反应峰温来比较催化剂活性大小的。实验在高压DTA装置上进行。先做出不同系列催化剂的加氢DTA曲线，发现催化剂活性在300~450℃出现的放热峰温有对应关系。虽然对放热峰所代表的反应并不清楚，但它与液化生成油的收率有良好的关联。故可通过此放热峰温来比较其活性。图10-18、图10-19为金属锡系和锌系催化剂存在下煤加氢的DTA曲线。

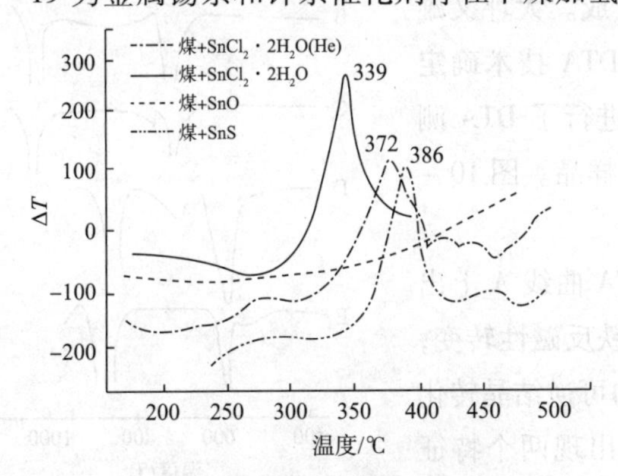

图10-18 锡系催化剂的煤加氢DTA曲线

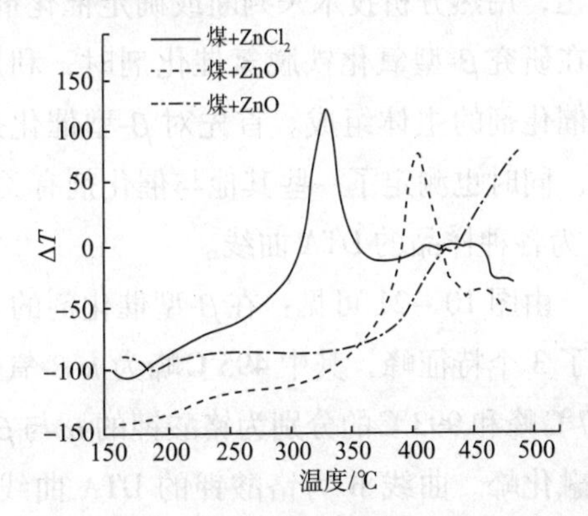

图10-19 锌系催化剂的煤加氢DTA曲线

由图 10－18、图 10－19 可见：在惰性气体气氛下没有任何反应发生，而在氢气气氛下皆出现比较尖锐的放热峰。同时还可以看出，同一金属的不同化合物，其反应峰温不同；同类化合物的金属不同，其峰温也不同。根据峰温将各种系列催化剂活性顺序排列为：$ZnCl_2$（329℃）> $SnCl_2 \cdot 2H_2O$（339℃）> SnS（372℃）> SnO（386℃）>$(NH_4)_6Mo_7O_{24} \cdot 4H_2O$（390℃）> 红土 + S（397℃）> ZnO（401℃）> 红土（429℃）> ZnS（420～435℃）。

2. 催化剂制备条件的选择

固体催化剂的催化性能主要决定于它的结构和化学组成。但因制备方法不同，催化剂的物性（如表面积、孔隙大小分布）、晶相结构及表面化学组成也会有所不同。所以选择催化剂的最佳制备条件对获得一个性能理想的催化剂是很重要的。借助热分析技术可以对其进行研究。

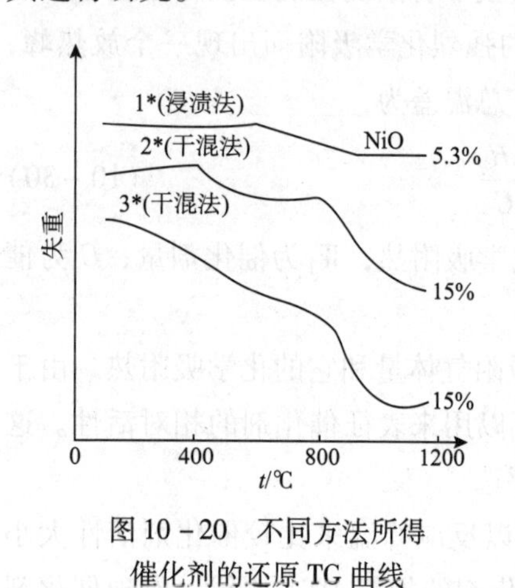

图 10－20　不同方法所得催化剂的还原 TG 曲线

例如，用热重（TG）分析技术研究了 $NiO\text{-}Al_2O_3$ 制氢催化剂的制备条件。实验证明，活性组分 NiO 与 Al_2O_3 生成 $NiAl_2O_4$ 结构，这有利于延长催化剂的寿命。因此制备方法应以生成 $NiAl_2O_4$ 结构为佳。对于不同方法制得样品的 TG 曲线，如图 10－20 所示。

由图 10－20 可见：浸渍法制得的催化剂只有与 NiO 还原反应（400℃左右）相对应的失重阶梯，而干混法则有两个失重阶梯，分别与 NiO 和 $NiAl_2O_4$（800℃）还原相对应。用干混法制得的催化剂中活性组分大多与载体生成 $NiAl_2O_4$，因此采用此法制备催化剂较好。

3. 催化剂组成的确定

通常根据催化剂在热处理过程中所产生的物理和化学变化，用热分析技术来判断或确定催化剂组成。大坪义雄等在研究 *β*-型氧化铁脱氢催化剂时，利用 DTA 技术确定了催化剂的主体组成。首先对 *β*-型催化剂进行了 DTA 测量，同时也测定了一些其他与催化剂有关的样品。图 10－21 为各种样品的 DTA 曲线。

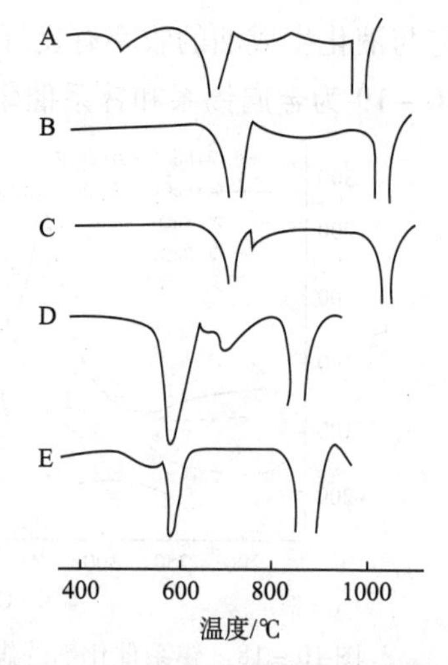

图 10－21　各种样品的 DTA 曲线

由图 10－21 可见：在 *β*-型催化剂的 DTA 曲线 A 上出现了 3 个特征峰，其中 495℃峰为 *κ*-*β*-氧化铁反磁性转变，687℃峰和 993℃的分别为铬酸钾的 *α* 与 *β* 的可逆结晶转化和融化峰。曲线 B 为铬酸钾的 DTA 曲线，出现两个特征峰，分别与曲线 A 的第二、三峰相对应。但就其峰温而言，曲线 A 都低于曲线 B。这是因为在 *β*-型催化剂中除铬酸钾外尚存在其他组成，因此可以判断，β-型催化剂至少由 κ-β-氧化铁和铬酸钾组成。

为了进一步确定铁在催化剂中的存在形式，首先向铬酸钾中加入少量的 κ-β-氧化铁 $K_2Fe_2O_4$而得到曲线 C，发现出铬酸钾原有峰外，于 711℃出现了明显的特征峰。按 DTA 检测灵敏度估算，β-型催化剂含有 $K_2Fe_2O_4$只能在 1% 以下。其次为检验三价铁的存在又向铬酸钾中加入少量的 α-Fe_2O_3，同时还加入了少量的硫酸钠而得到曲线 D（加入硫酸钠的目的是降低铬酸钾的结晶转化温度，以避免与三价氧化铁的 685℃峰相重）。由曲线 D 可见：铬酸钾的结晶转化温度降低了，而且于685℃出现了 α-Fe_2O_3的特征峰；最后为考察在 β-型催化剂中铬酸钾的结晶转移温度是否对三价氧化铁的检出有影响，又把同量的硫酸钠加入 β-型催化剂中得到曲线 E，结果曲线 E 表明：接近转移温度降低了，但没有看到 α-Fe_2O_3的特征峰。进一步证明铁是以 κ-β-氧化铁的形式存在于催化剂中。即使其中含有 α-Fe_2O_3，其含量也在 DTA 检测灵敏度以下。催化剂化学分析表明，κ-β-氧化铁的组成符合于 $K_2O \cdot 6.9Fe_2O_3$。因此大坪义雄等为，多晶的 $K_2Fe_{14}O_{22}$的混合物是 β-型催化剂的主体组成。

4. 研究活性组分与载体的相互作用

负载型催化剂的活性和选择性与组分之间以及它们与载体之间的相互作用有密切关系。这种相互作用改变了活性组分的热性质，因此活性组分与负载在载体上的活性组分在热性质上的差异可作为考察活性组分或与载体之间相互作用的依据。

例如，用于甲烷化反应的负载镍催化剂，在同样反应条件下，负载于 Al_2O_3上的活性要比负载于 TiO_2和 Nb_2O_3低得多，而且在后两种载体上产物的选择性移向长链烃，这种差异说明载体对催化活性的影响。

在 4 种不同的载体上，用浸渍硝酸镍的方法制备了 4 种负载镍的催化剂，分别为 13% Ni/TO_2、12.5% Ni/Nb_2O_3、9% Ni/Al_2O_3和 4% Ni/glass，将这四种不同载体的试样在氢气流下作还原热分析，即热重分析（TG）和微分热重（DTG）的测定，全过程均在氢气流下进行。硝酸镍盐在氢气流下按下述途径还原：

$$Ni(NO_3)_2 + H_2 \longrightarrow NiO + 2NO_2 + H_2O \quad (10-31)$$

$$NiO + H_2 \longrightarrow Ni + H_2O \quad (10-32)$$

还原热分析谱图示于图 10－22。

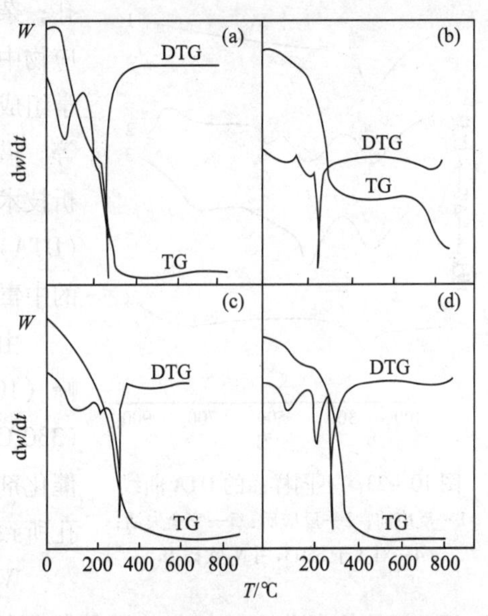

图 10－22 H_2气流下样品的 TG-DTG 曲线

(a) 13% Ni/TO_2；(b) 12.5% Ni/Nb_2O_3；(c) 9% Ni/Al_2O_3；(d) 4% Ni/glass

从 TG 曲线可以看到，在 200℃附近负载于不同在的硝酸镍开始逐步还原，300℃左右较强的峰对应于 $Ni(NO_3)_2$盐的镍被还原生成金属镍。比较图 10－22 中的四谱图，前三者的 DTG 曲线形状较接近，（d）与前三者不同之处在于

Ni/glass在200℃附近的还原失重量较前三者大，因而相应地该温度下的DTG曲线的峰（d）谱图上要比其余的明显得多。试样在还原条件下的实际失重相当于上述还原途径式（10－30）与式（10－31）的相加，可从TG曲线计算得到，进而可算出硝酸镍中镍的还原度，见表10－13。

表10－13　氢气流下还原热分析测量的负载镍样品上镍的还原度

试　样	全还原下计算的失重/mg	实际失重/mg	还原度/%
13% Ni TiO_2	6.16	2.10	33.9
12.5% Ni/Nb_2O_3	5.60	1.80	32.1
9% Ni/Al_2O_3	2.95	1.25	12.4
4% Ni/glass	2.70	2.60	96.3

由表10－13可见：前三个样品的还原度分别为33.9%、32.1%、42.4%，只有少部分的镍为零价，一半以上的镍是以镍的氧化物存在。原位X射线衍射的结果也得到佐证；而负载于研细的玻璃粉上的硝酸镍盐其还原度达96.3%，几乎完全还原。这一结果说明，在研细的玻璃粉上比表面非常小，它与活性组分几乎不存在相互作用；而对于其他三种载体，经高温（700K）氢还原热处理，部分还原镍氧化物的存在，说明金属与载体间发生了相互作用，因此可以根据氢还原处理后是否出现部分还原的镍氧化物相以及还原度的大小，来衡量金属与载体之间是否存在相互作用及相互作用程度的大小。

5. 催化剂老化和中毒的研究

催化剂老化和中毒的原因很多，如晶粒长大或烧结使活性表面积降低或堵塞了催化剂细孔；杂质的强吸附占据了催化剂活性表面；催化剂与反应物中某种成分发生反应改变了催化剂的化合形态及化学组成，以及外界条件的急剧变化引起催化剂结构变化等。借助催化剂老化和中毒后的热行为不同，可用热分析技术研究催化剂老化和中毒现象。例如，用差热分析（DTA）方法研究了用于氯化氰三聚反应的活性炭催化剂的中毒机理。各种样品的DTA曲线列于图10－23中。

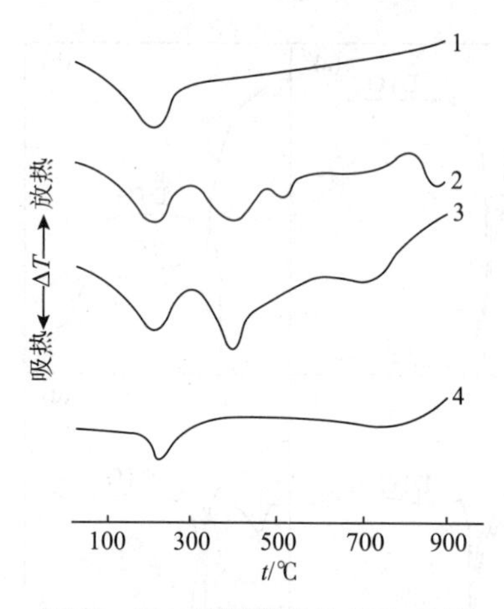

图10－23　不同样品的DTA曲线
1—反应前；2—反应后；3—完全失活；4—对3于380℃用N_2吹扫4h

由图10－23可见：催化剂在使用前只有一个吸热峰（100℃），而在使用后则出现了第二个吸热峰（330℃），且第二个峰与催化剂的失活有关。一般认为，催化剂失活是由于三聚氯化氰固体粒子堵塞催化剂的细孔所致。

Wedding等用DSC技术研究了汽车尾气净化催化剂Cu/Cr_2O_3的热老化和二氧化硫对催化剂的都化作用。实验室在Du Pont 900型热分析仪器上进行的，先将催化剂于空气中加热到600℃和800℃进行热处理，然后分别在一氧化碳

和烃类气氛下进行 DSC 测量，发现在其 DSC 曲线上有一氧化碳放热峰；以 50% 转化率时的反应温度来考察热处理对催化剂性能的影响，结果列于表 10－14。

表 10－14 各种催化剂 50%转化时的热处理温度 单位:℃

催化剂	600℃		800℃	
	CO	HC	CO	HC
$CuO-Cr_2O_3+CuO$	201	288	323	315
$CuOCr_2O_3$	205	288	203	260
CuO	215	327	254	377
Cr_2O_3	171	271	199	321

由表 10－14 可见：多数催化剂随着热处理温度的增高，50% 转化率时的温度也随之增高，即催化剂活性随热处理温度的增高而下降。

随后又考察了二氧化硫对催化剂的毒化作用。将碱金属氧化物和贵金属催化剂在含有 0.01%二氧化硫混合气氛下加热到 500℃，冷却后在一氧化碳气氛下进行 DSC 测量，发现 50% 转化率时前者的温度增加了 100℃，而后者的只增加 30℃，表明后者的抗毒能力优于前者。

由于催化剂中制备和催化反应皆与热这一因素密切相关，所以热分析技术在催化研究上得到广泛应用。尽管有时给出的信息是定性的或反映某一侧面，但由于它是以动态测量方法，所以提供的某些数据更接近实际反应情况，因此在催化研究上是一种不可低估的实验技术。在催化研究上既要注意发挥热分析技术的特点，又要重视其与其他现代技术的联用，以提高对各种技术所得结果的综合分析水平。

(四) 气相色谱技术在催化剂研究中的应用

气相色谱技术在催化剂研究中的应用是广泛的，它在催化领域的研究工作中有着特殊的地位。它不仅用于催化反应中的成分分析，还可以用于催化剂的物性测定、催化剂表面性质和吸附作用的研究。目前，凡催化研究所涉及的方面几乎都可用气相色谱法进行研究，特别是气相色谱仪和微型反应器结合起来快速的研究催化反应动力学更有其独特的作用。随着色谱理论、色谱技术、色谱仪的发展与进步，特别是色谱技术与质谱和微机系统联用使它已成为催化研究工作中必不可少的手段。下面介绍其应用实例。

TPD 技术是一种研究催化剂表面性质和表面反应特性的有效手段。催化剂经预处理将表面吸附气体除去后，用一定的吸附质进行吸附，再脱去非化学吸附的部分，然后等速升温，使化学吸附物脱附。当化学吸附的吸附质被提供的热能所活化，足以克服逸出所需越过的能垒（通常称之为脱附活化能）时，就产生脱附。由于吸附质与吸附剂的不同，因此吸附质与表面中心的结合能不同，所以，热脱附实验的结果反映了在脱附发生时的温度和表面覆盖度下过程的动力学行为。

TPD 曲线的形状、大小及出现的最高峰的温度 T_m 值均与催化剂的表面性质有关，通过对 TPD 曲线的分析以及数据处理，可以求出反映催化剂表面性质的各种参数如脱附活化

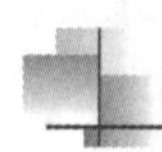

能 E_d、频率因子 υ、脱附级数 n 等。吸附活化能小时，E_d 近似等于等量吸附热，它是表征表面键能大小的参数；υ 正比于吸附熵变，是表征吸附分子可动性的参数，它可用以辨认分子在表面的吸附情况，而 n 反映的是吸附分子之间的相互作用程度。

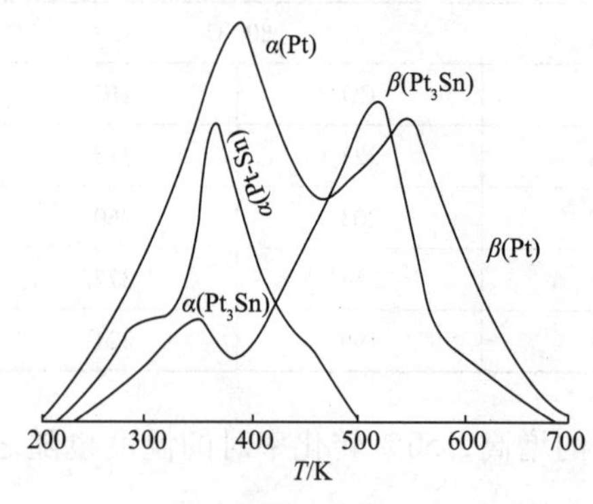

图 10－24　乙烯在 γ-Al_2O_3 上的 TPD 曲线

TPD 广泛应用于氧化物催化剂、酸性催化剂、金属催化剂表面性质的研究，下面介绍其应用实例。

（1）γ-Al_2O_3 的活性中心性质和吸附性能：乙烯预吸附在 γ-Al_2O_3 上，其 TPD 图如图 10－24 所示。

由图 10－24 可见：其 TPD 图出现两个峰（1 和 2），$T_{m1}=100℃$，$T_{m2}=100℃$，对应于两个活性中心 Ⅰ 和 Ⅱ。这表明，Al_2O_3 上有两种吸附 C_2H_4 的中心，和 T_{m1} 相应的 $E_d=112.13kJ/mol$，和 T_{m2} 相应的 $E_d=152.3kJ/mol$。从 TPD 峰面积计算得知这两种中心所占的面积只占总面积的 3%。另外还发现中心 Ⅰ 具有乙烯加氢和醇脱水活性，中心 Ⅱ 具有烯烃聚合活性而无脱水活性。如果用 C_2D_4 为吸附质，从 TPD 产物的分析发现，中心 Ⅱ 脱附产物中含有 20% 的 $C_2D_2H_2$。气相中本来没有 H_2，产品中之所以含有 H 原子的成分，只能被认为是由于 Al_2O_3 上的质子酸中心（H^-）提供的。因此得出结论：中心 Ⅱ 相当于 Al_2O_3 表面的质子酸中心。

（2）氧化物催化剂吸附 O_2 的特性：用于烃类氧化反应的氧化物催化剂，其催化性能和表面氧的状态关系极大，许多研究者证明了选择氧化催化剂的活性和表面“晶格氧”有关，而完全氧化的活性和表面吸附的氧有关。

根据 TPD 法研究 O_2 吸附在各类氧化物的特性的结果可把氧化物分为以下 3 类。

A 类：有 V_2O_5、MoO_3、Bi_2O_3、WO_3、$Bi_2O_3\cdot 2MoO_3$，在这些氧化物上没有记录到脱附氧的信号。

B 类：有 Cr_2O_3、MoO_2、Fe_2O_3、Co_3O_4、NiO、CuO，在这些氧化物上记录到较多的脱附氧的信号，而且观察到有几种不同的吸附氧中心。

C 类：有 TiO_2、ZnO、SnO 等，在这些氧化物上只记录到很少量的脱附氧的信号。

从反应性能看，A 类氧化物为选择氧化催化剂，TPD 研究证实了这类氧化物的活性中心不可能是表面吸附氧；B 类氧化物为完全氧化催化剂，可见，其完全氧化和表面吸附氧有关；C 类氧化物的反应性能介于 A 类、B 类之间。

（3）金属催化剂表面性质的研究：TPD 法能有效地研究金属、合金及负载型金属催化剂的表面性质。H_2 在铂黑上的 TPD 图出现 3 个峰，即 $T_{m1}=-20℃$，$T_{m2}=90℃$，$T_{m3}=300℃$，表明铂黑表面是不均匀的。所谓催化剂表面不均匀主要是指表面的能量分布不均匀，即 E_d 随覆盖度 θ 变化。从峰形分析，出现几个峰，或者几个峰相互重叠。

TPD 法研究 CO 在 Pt-Sn 合金上的吸附性能得到的结果如图 10－25。

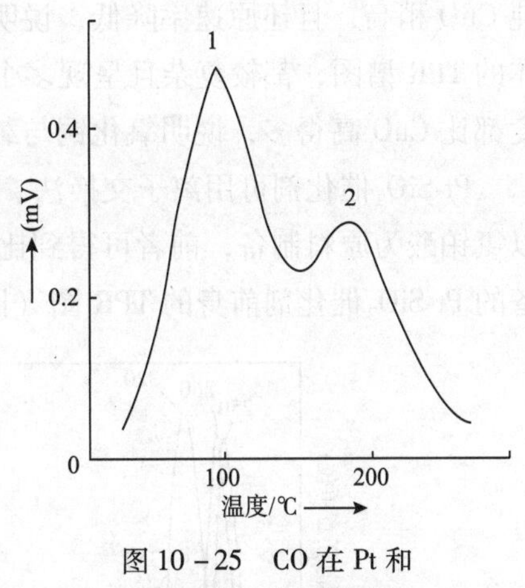

图 10－25 CO 在 Pt 和 Pt-Sn 合金的 TPD 图

由图 10－25 可见：第一，Pt 和 Sn 形成合金后，脱附峰向低温方向位移；第二，随着合金中 Sn 量增加，高温峰消失；第三，Pt 和 Sn 合金的吸附中心密度比 Pt 小。因此可得出结论：Pt 和 Sn 之间既发生配位体效应（其标志是 T_m 发生位移），又发生集团效应（其标志是吸附中心密度发生变化）。

TPD 法可用于研究负载型金属催化剂重金属和载体之间的相互作用。例如，Pt/Al_2O_3催化剂低温还原（还原温度≤300℃）时，Pt/Al_2O_3只有低温吸附氢的中心，高温还原（还原温度≥500℃）时，既有低温吸附氢的中心，又有高温吸附氢的中心。随着还原温度的提高，低温吸附氢的中心密度减少，而高温吸附氢的中心密度增加。$Pt-SiO_2$催化剂只有低温吸附氢的中心，Pt 和 SiO_2之间一般认为只有微弱的范德华作用力。可见低温吸附中心反映的是金属组分的特性，而高温吸附中心反映的则是 Pt 和 Al_2O_3之间的相互作用所表现出来的特性。$Pt-TiO_2$催化剂高温还原后，因为 Pt 和 TiO_2之间发生强相互作用，Pt 的低温吸附氢的能力完全消失。

（4）程序升温还原法（TPR）研究负载型金属催化剂：TPR 可以提供负载金属催化剂在还原过程中金属氧化物之间或金属氧化物与载体之间相互作用的信息。一种纯的金属氧化物具有特定的还原温度，所以可以利用此还原温度来表征该氧化物的性质。如果氧化物中引进另一种氧化物，两种氧化物混合在一起，如果在 TPR 过程中彼此不发生作用，则每一种氧化物仍保持自身的还原温度不变；反之，如果两种氧化物发生了固相反应的相互作用，氧化物的性质发生了变化，则原来的还原温度也要发生变化。

各种金属催化剂多数是负载型的，制备这种催化剂常用金属的盐类浸渍于载体上，加热分解形成负载氧化物，经在氢气流下加热还原，形成负载型金属催化剂。对于双组分金属催化剂，加热分解时，如果两种氧化物相互发生作用，或氧化物和载体之间发生作用，则活性组分氧化物的还原性质将发生变化，用 TPR 法可以观测到这种变化。所以 TPR 是研究负载金属催化剂中金属之间或金属与载体之间相互作用的有效方法，该法灵敏度高，还原作用只要氢的消耗量为 1μmol 就能被检测出来。

金属 Cu、Ni 负载于不同载体的催化剂，为了确定金属氧化物之间或金属氧化物与载体之间的相互作用，进行了 TPR 研究。图 10－26 为氧化铜在不同载体上的 TPR 图。

由图 10－26 可见：负载在 SiO_2上的 CuO 要比纯 CuO 更易还原，这是由于载体 SiO_2使 CuO 分散成小颗粒增加了分散度，从而增加了 CuO 的还原性，说明 CuO 和 SiO_2没有发生相互作用，而含量为 7.5% CuO/SiO_2在 320℃处出现了一个肩状峰，则可能是由于 CuO 含量高而有一部分 CuO 不以单分子层存在，呈现出本体 CuO 性质之故。硅藻土上最高峰比纯 CuO 稍高，且还原速率降低，说明存在某种形式的相互作用。用 γ-Al_2O_3式分子筛为载体的 TPR 谱图，都较复杂且呈现多个还原峰，尤其分子筛更甚。由于还原困难，其还原温度都比 CuO 高得多，说明氧化铜与载体之间相互作用的存在。

Pt-SiO_2催化剂可用离子交换法、以 $Pt(NH_3)_4Cl_2$为原始原料制备，也可用一般浸渍法、以氯铂酸为原料制备，前者可得到比后者更高的分散度。用 TPR 法可观测到这两种方法制备的 Pt-SiO_2催化剂前身的 TPR 图（图 10－27）。

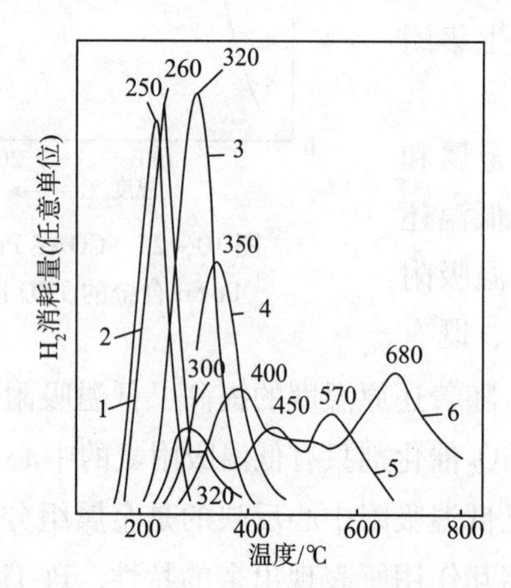

图 10－26　氧化铜在不同载体上的 TPR 图

1—1% CuO/SiO_2；2—7.5% CuO/SiO_2；3—纯 CuO/分子筛；4—1% CuO/硅藻土；5—1% Cu/分子筛；6—1% SiO_2

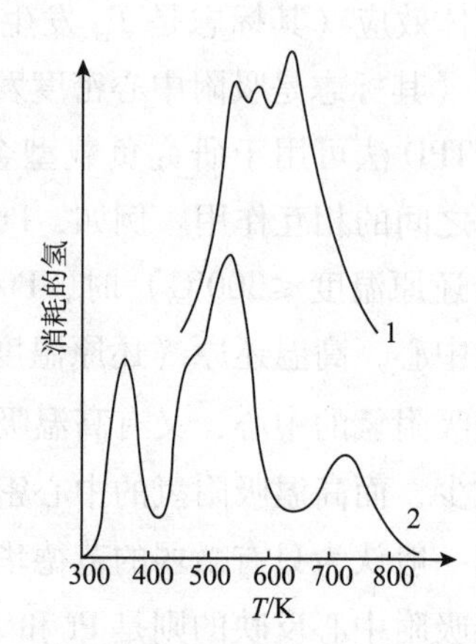

图 10－27　Pt-SiO_2的 TPR 图

1—离子交换法制备；2—浸渍法制备

离子交换法制备的 Pt-SiO_2之所以具有更高的分散度，是因为 $[Pt(NH_3)_4]^{2+}$能和 SiO_2中的 OH 基团发生键合作用，而图可以证明这种作用。

将 NiO 和 CuO 同时负载在载体上，则其程序升温还原图与相应的单金属氧化物的 TPR 图是完全相同的（图 10－28、图 10－29），但在不同载体上的 NiO-CuO 双金属氧化物的 TPR 图则类似，都只有 1 个峰，说明还原时发生了金属间的相互作用，形成了合金或金属间化合物。

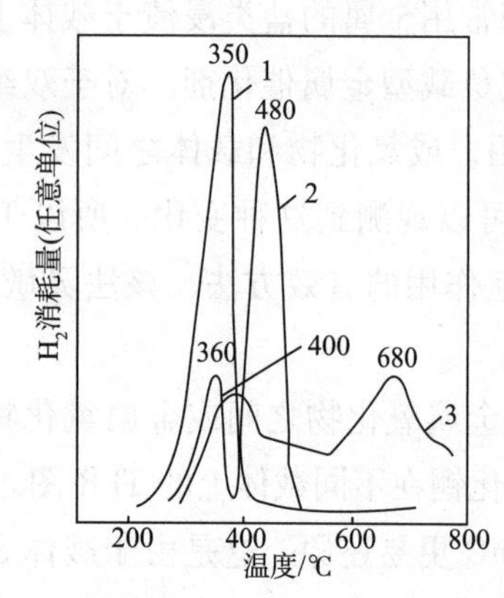

图 10－28　负载在 Al_2O_3上的 CuO、NiO 和 CuO-NiO 的 TPR 图

1—0.5% CuO-0.5% NiO/γ—Al_2O_3；2—1% NiO/γ-Al_2O_3；3—1% CuO/γ-Al_2O_3

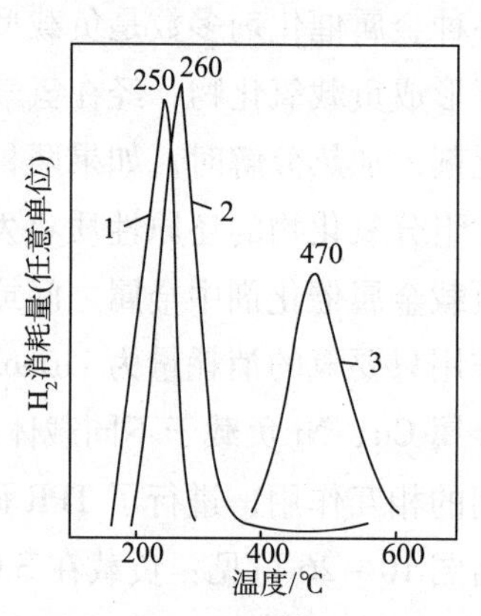

图 10－29　负载在 SiO_2上的 Cu、NiO 和 CuO-NiO 的 TPR 图

1—1% CuO/SiO_2；2—0.5% CuO-0.5% NiO/SiO_2；3—1% NiO/SiO_2

（5）催化中毒法研究金属催化剂的活性中心性质：催化剂的活性中心是它的活性起源，因此测定活性中心的数目、强度、类型及组成结构等是很有意义的。关于活性中心的强度、密度及其原子组成数等可用催化中毒法进行测定和研究。若在催化反应体系中注入毒物，则根据正好能使催化剂失活的物质的毒物量，就可算出催化剂的活性中心数目等有关参数。

根据这个原理用脉冲催化色谱装置，曾研究了环己烷在 $Pt\text{-}Al_2O_3$ 上进行脱氢反应时，铂的活性中心性质。实验测得在测定条件下，Pt 的活性中心原子组合数为 2，说明环己烷在 Pt 上脱氢反应是按中间经过 α、β 吸附烯中间物的双中心机理进行的，并且 $Pt\text{-}Al_2O_3$ 催化剂上含有两个脱氢中心，即 α 和 β 中心。

气相色谱法可以广泛地应用于催化研究的许多领域，限于篇幅只重点介绍上述几方面的应用。气相色谱法用于研究催化剂表面性质和活性位性质的优越性比较突出，是尚有发展余地的方法。

气相色谱法是一种流动法，一般而言，较适用于针对实用催化剂的应用基础研究工作，对于纯理论性的基础研究工作不甚使用。

以上介绍了近代催化剂研究工作中的一些分析技术。这些方法都取得了一些成就，但无论在理论上基础上，还是在实验技术上都有待于提高，特别是在反应条件下如何应用这些方法，以发挥更大的威力，更是一个重要的问题。由于每种技术只能从某一侧面来描述物质运动的形式的变化，因此将各种方法的理论合理地配合进行综合测试，并同催化反应动力学的研究与表面化学中对吸附机理的研究有机结合起来，将是今后催化科学研究中的一个重要方面。

四、固体催化剂应用方法

催化剂是化学工业的基石，尽管催化剂的品种较多，按其聚集状态而言，还有气体、液体固体和酶催化剂之分，但固体催化剂占整个催化剂总量的80%以上，对于新开发的产品工艺而言，固体催化剂要占催化总量的90%以上，而且由于液体催化剂在使用过程中存在的明显问题，液体催化剂的固载化是其发展的重要方向，酶催化剂开发及其工艺的复杂性和部分产品的成本问题，使得固体催化剂的开发和使用的重要性越来越明显，因此，本节重点介绍固体催化剂的使用，探讨固体催化剂在使用中的具体过程及其原因与解决办法，以期给大家更好地解决具体问题提供一些解题思路。

（一）固体催化剂的使用过程中的性能变化

催化剂在使用过程中，其性能（包括活性、选择性等）会发生变化，其具体变化见图 10－30。

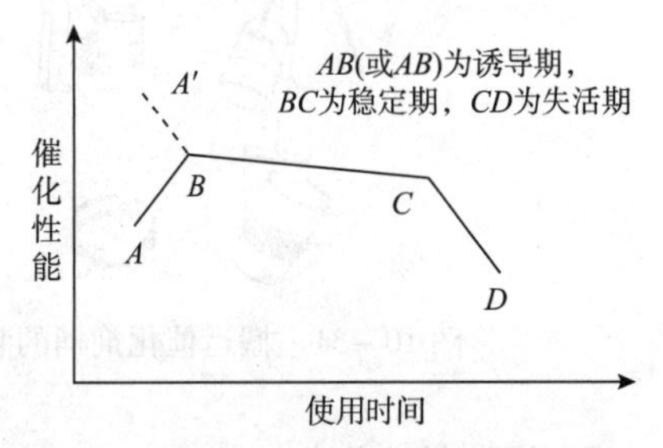

图 10－30 催化剂使用过程的性能变化

由图 10－30 可见：催化剂使用过程中会经历由高性能逐渐向下移动（$A'B$）或由低性能逐渐向上移动（AB），这段时间往往比较短，一般在 3d 或 3d 之内；到了 B 点催化剂性能会稳定一段时间或缓慢下降（BC），这一段时间比较长，但对于不同反应的催化剂时间长度不一样，对于管式固定床反应器而言，一般要求至少在3个月以上，当然也有能达到5年以上，如铂系苯加氢催化剂要求至少达到5年以上的使用寿命，实际能达到10年，甚至达到10年或以上，如铂系苯加氢反应装置中一段催化剂就可达到10年以上；到了*C*点催化剂性能会急剧下降（*CD*）；一般把*A′B*或*AB*过程叫做诱导期，把*BC*过程叫做稳定期，把*CD*过程叫做失活期。对于工业生产而言，生产厂家往往希望或要求*BC*过程越长越好，随着催化剂开发、应用技术水平的不断提高，有些催化剂往往有明确的时间要求，如低温甲醇合成催化剂一般要求达到1~2年，硫酸催化剂一般要求达到5~10年等。到了*C*点因催化剂性能急剧下降往往会失去继续使用的价值，此时有两个出路：再生继续使用，如果无法取得工业价值，只能卸出旧催化剂、更换新的催化剂，进入下一轮催化剂应用循环。

如前所述，催化剂失活的原因主要有：①催化剂中毒失活；②催化剂的烧结失活(Sintering)；③积碳，结焦（污染的典型）；④相组成的变化；⑤流失；⑥沾污。

工业催化剂的使用寿命主要取决于*BC*过程时间的长短，对于某一具体的工业催化剂而言，其影响因素较多，如催化剂本身的本征寿命、催化剂装填质量、使用前的活化质量、使用过程中的原料毒物及其催化剂耐该毒的能力、温度分布及波动性、压力及波动性等。这些因素的存在都会影响催化剂的稳定运行寿命，这些在工业实践中都有实例，如国内某厂在催化剂装填过程中没有严格执行装填要求，致使某批催化剂仅用了3个月就达到了报废的程度（原来正常使用寿命在1年或1年以上）。

（二）固体催化剂的使用过程

1. 催化剂的运输

在装运中防止催化剂的磨损污染，对每种催化剂都是必要的。许多催化剂使用手册中为此作出许多严格的规定。装填运输中还往往规定使用一些专用的设备，如图10－31、图10－32及图10－33所示。

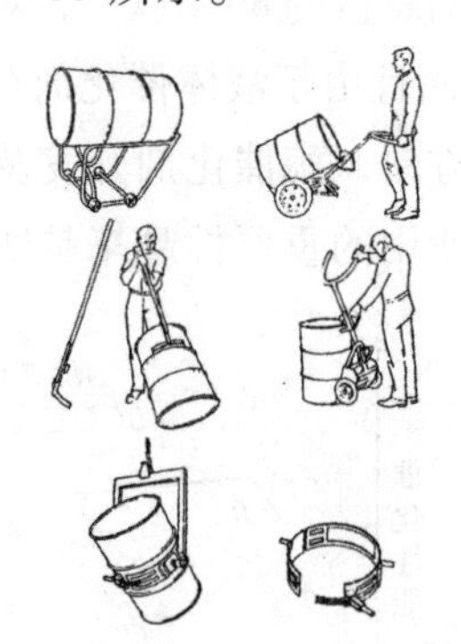

图10－31　搬运催化剂桶的装置

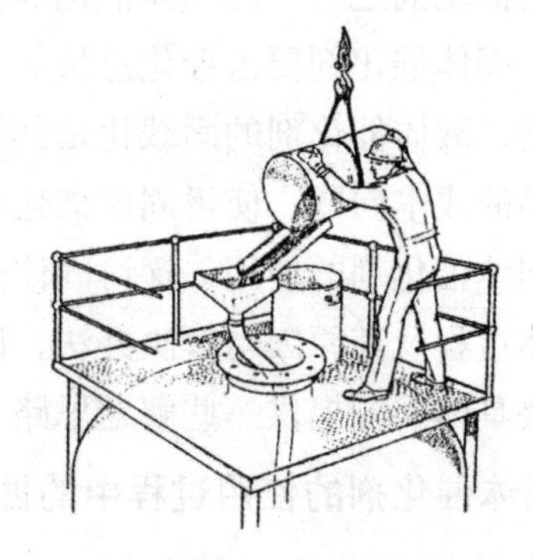

图10－32　装填催化剂的装置

2. 催化剂的装卸

多相固体工业催化剂中，目前使用较多的是固定床催化剂。正确装填这种催化剂，对充分发挥其催化效能，延长寿命，尤为重要。

固定床催化剂装填的最重要要求是保持床层断面的阻力降均匀。特别像合成氨转化炉的列管式反应器，有时数百炉管间的阻力降要求偏差在3% ~5%以内，要求异常严格。这时使用如图10－34所示的特殊装置逐根检查炉管的压力降。

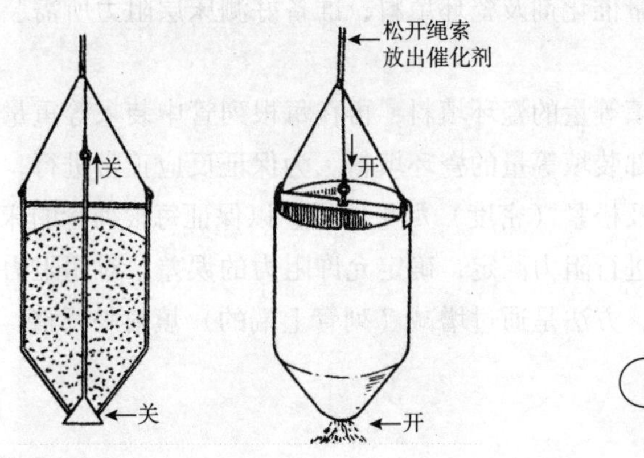

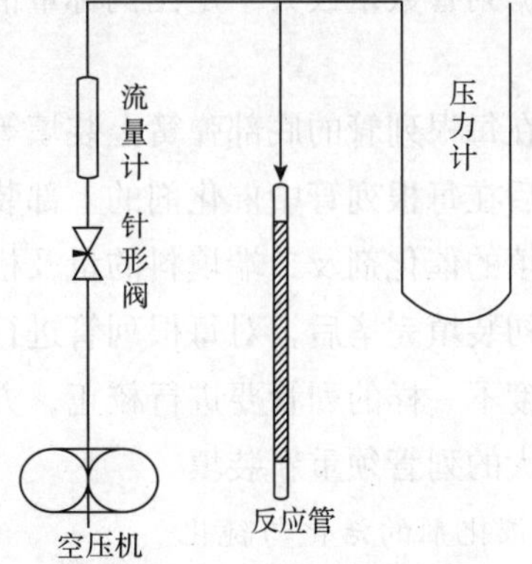

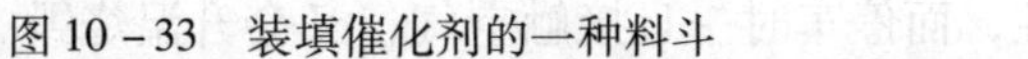
图10－33 装填催化剂的一种料斗　　图10－34 压力降测试装置

催化剂的运输和装卸是一件有较强技术性的工作。催化剂从生产出厂，到催化剂在工业反应器中就位并发挥效能，其间每个环节都可能有不良影响甚至隐患存在。在我国大型合成氨装置，曾发生过列管反应器中部分炉管装填失败，开车后产生问题停车重装的事件。一次返工开停车的操作，往往损失数十万元以上。

装填前要检查催化剂是否在运输储存中发生破碎、受潮或污染。尽量避开阴雨天的装填操作。发现催化剂受潮，或者生产厂家基于催化剂的特性而另有明文规定时，催化剂在装填前应增加烘干操作。

装填中要尽量保持催化剂固有的机械强度不受损伤，避免其在一定高度（0.5~1m不等）以上自由坠落，而与反应器底部或已装催化剂发生撞击而破裂。大直径反应器内装填后耙平，也要防止装填人员直接践踏催化剂，故应垫加木板。固体催化剂及其载体中金属氧化物材料较多，而它们多是硬脆性材料，其抗冲击强度往往较抗压强度低几倍到10余倍，因此装填中防止冲击破损，是较为普遍的一致要求。如果在大修后重新装填已作用过的旧催化剂时，一是需经过筛，剔出碎片；二是注意尽量原位回装，即防止把在较高温度使用过的催化剂，回装到较低的温度区域使用，因为前者可能比表面积变小、孔率变低、甚至化学组成变化（如含钾催化剂各温区流失率不同）、可还原性变差等，导致催化剂性能的不良，或与设备操作的不适应。

当催化剂因活性衰减不能再用，卸出时，一般采用水蒸气或惰性气体将催化剂冷却到常温，而后卸出。对不同种或不同温区的卸出催化剂，注意分别收集储存，特别是对可能回用的旧催化剂。废催化剂中，大部分宝贵的金属资源并不消耗。回收其中的有色金属，可以补充催化剂的不足并降低生产成本，对铂、铑、钯等贵重稀缺金属，尤其如此。

以均四甲苯氧化制备均苯四甲酸二酐所用催化剂的装填为例，其操作要点如下所述。

催化剂被装填于数百根垂直固定在反应器中的反应管内。装填时应以保证工艺气体均匀分配到各反应管中为根本目的。理想的装填状况是每根反应管内装入同体积、同高度、同重量的催化剂。

装填前，先做以下准备工作：清理每根列管，做到无锈干燥；在每根列管下端装上弹簧；根据列管数量放大一定比例称量催化剂及瓷环填料；准备好测床层阻力所需装置及相关表格。

先在每根列管的底部弹簧上装填等量的瓷环填料，再在每根列管中装入等重量的催化剂，然后在每根列管中催化剂的上部装填等量的瓷环填料。为保证反应正常进行，每根列管所装填的催化剂及二端填料的量及松紧（密度）尽量一样，以保证每根列管的床层阻力一样。初装填完毕后，对每根列管进行阻力测定，确定允许阻力的误差，对超阻力误差及装填密度不一样的列管要进行校正，方法是通过增减（列管上端的）填料来调整。对阻力相差较大的列管须重新装填。

3. 催化剂的活化与钝化

许多金属催化剂不经还原无活性，而停车时一旦接触空气，又会升温烧毁。所以，开车前的还原及停车后的钝化，是使用工业催化剂中的经常性操作。氧化及还原条件的掌握要通过许多实验室的研究，并结合大生产流程、设备的现实条件，综合设定。

多相固体催化剂其活化过程中往往要经历分解、氧化、还原、硫化等化学反应及物理相变的多种过程。活化过程中都会伴随有热效应，活化操作的工艺及条件，直接影响催化剂活化后的性能和寿命。

活化过程有的是在催化剂制造厂中进行的，如预还原催化剂。但大部分却是在催化剂使用厂现场进行的。活化操作也是催化剂使用技术中一项非常重要的基础工作，它也是活化催化剂的最终制备阶段。各种定型工业催化剂，其操作手册对活化操作都有严格的要求和详尽的说明，以供使用厂家遵循。以下列举一些最常见的活化反应。

用于烃类加氢脱硫的钼酸钴催化剂 $MoO_3 \cdot CoO$，其活化状态是硫化物而非氧化物或单质金属，故催化剂使用前须经硫化处理而活化。硫化反应时可用多种含硫化合物作活化剂，其反应和热效应不同。若用二硫化碳作活化剂时，其活化反应如下：

$$MoO_3 + CS_2 + 5H_2 \longrightarrow MoS_2 + CH_4 + 3H_2O \tag{10-33}$$

$$9CoO + 4CS_2 + 17H_2 \longrightarrow Co_9S_8 + 4CH_4 + 9H_2O \tag{10-34}$$

烃类水蒸气转化反应及其逆反应甲烷化反应，均是以金属镍为催化剂的活化状态。出厂的含氧化镍的工业蒸汽转化催化剂，用 H_2、CO、CH_4 等还原性气体还原，其所涉及的活化反应有：

$$NiO + H_2 \longrightarrow Ni + H_2O \quad \Delta H\ (298K) = 2.56kJ/mol \tag{10-35}$$

$$NiO + CO \longrightarrow Ni + CO_2 \quad \Delta H\ (298K) = 30.3kJ/mol \tag{10-36}$$

$$3NiO + CH_4 \longrightarrow 3Ni + CO + 2H_2 \quad \Delta H\ (298K) = 186kJ/mol \tag{10-37}$$

工业 CO 中温变换催化剂，在催化剂出厂时，铁氧化物以 Fe_2O_3 形态存在，必须在有水蒸气存在条件下，以 H_2 和/或 CO 还原为 Fe_3O_4（即 $FeO + Fe_2O_3$），才会有更高的活性：

$$3Fe_2O_3 + H_2 \longrightarrow 2Fe_3O_4 + H_2O \quad \Delta H\ (298K) = -9.6kJ/mol \tag{10-38}$$

$$3Fe_2O_3 + CO \longrightarrow 2Fe_3O_4 + CO_2 \quad \Delta H\ (298K) = -50.8kJ/mol \tag{10-39}$$

工业氨合成催化剂，主催化剂 Fe_3O_4在还原前无活性。氨合成催化剂的活化处理，就是用 H_2或 N_2-H_2气将催化剂中的 Fe_3O_4还原成金属铁。在这一过程中，催化剂的物理化学性质将发生许多重要变化，而这些变化将对催化剂性能发生重要影响，因此还原过程中的操作条件控制十分重要。在以 H_2还原的过程中，主要化学反应可用下式表示：

$$Fe_3O_4 + 4H_2 \longrightarrow 3Fe + 4H_2O \quad \Delta H\ (298K) = 149.9kJ/mol \tag{10-40}$$

还原反应产物铁是以分散很细的 α-Fe 晶粒（约 20nm）的形式存在于催化剂中，构成氨合成催化剂的活性中心。

除活化外，个别工业催化剂还有其他一些预处理操作，例如 CO 中温变换催化剂的放硫。这里的放硫，指催化剂在还原过程中，尤其是在还原后升温过程中，催化剂制造时原料带入的少量或微量硫化物，以 H_2S 形态的逸出。放硫可以使下游的低温变换催化剂免于中毒。再如某些顺丁烯二酸酐合成用钒系催化剂，使用前在反应器中的“高温氧化”处理，那是为了获得更高价态的钒氧化物，因为它具有较好的活性。

以国产铁-铬系 CO 中温变换催化剂的活化操作为例，扼要说明工业活化操作可能面临的种种复杂情况及其相应对策。其他催化剂也可能面临与此大同小异的情况。

国产铁-铬系 CO 中温变换催化剂的活化反应，系将 Fe_2O_3变为 Fe_3O_4，已如前述，见前式。活化反应的最佳温度在 300～400℃之间，因此活化第一步需将催化剂床层升温。可以选用的升温循环气体有 N_2，CH_4等，有时也用空气。用这些气体升温，在达到还原温度以前，一定要预先配入足够的水蒸气量后，方能允许配入还原工艺气，进行还原；否则会发生深度还原，并生成金属铁。

$$Fe_3O_4 + 4H_2 \longrightarrow 3Fe + 4H_2O \quad \Delta H\ (298K) = 150kJ/mol \tag{10-41}$$

上式生成金属铁的条件取决于水氢比值，当这一比值大于图 10－35 所列的值时，不会有铁产生。

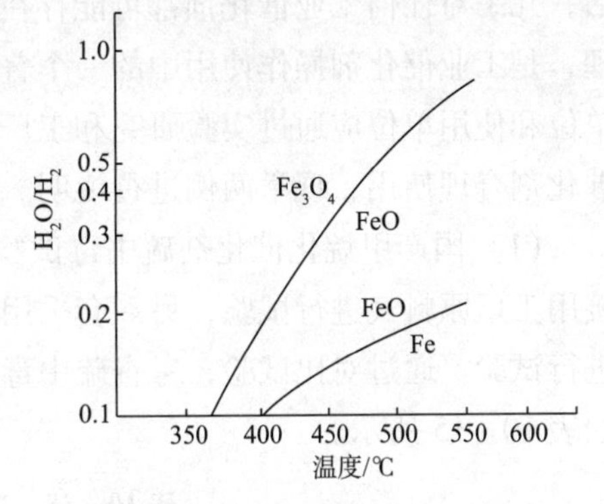

图 10－35 不同 H_2O/H_2 比值下，Fe_3O_4、FeO 和铁的平衡相图

用 N_2或 CH_4升温还原时，除有极少量金属铁生成而影响活化效果之外，可能还会有甲烷化反应发生，且由于该反应放热量大，在金属铁催化下反应速度极快，容易导致床层超温。

$$CO + 3H_2 \longrightarrow CH_4 + H_2O \quad \Delta H\ (298K) = -206.2kJ/mol \tag{10-42}$$

$$CO_2 + 4H_2 \longrightarrow CH_4 + 2H_2O \quad \Delta H\ (298K) = -165.0kJ/mol \tag{10-43}$$

催化剂中含有 1%～3% 的石墨，是作为压片成型时的润滑剂而加入的。若用空气升温，应绝对避免石墨中游离碳的燃烧反应。

$$2C + O_2 \longrightarrow 2CO \quad \Delta H\ (298K) = -220.0kJ/mol \tag{10-44}$$

$$CO + 1/2O_2 \longrightarrow CO_2 \quad \Delta H\ (298K) = -401.3kJ/mol \tag{10-45}$$

在这种情况下，催化剂常会超温到600℃以上，甚至引起烧结。为此，生产厂家应提供不同O_2分压条件下的起燃温度，例如国产催化剂建议在常压或低于0.7MPa条件下，用空气升温时，其最高温度不得超过200℃。

用过热蒸汽或湿工艺气升温，必须在该压力下温度高于露点20～30℃才可使用，以防止液态冷凝水出现，破坏催化剂机械强度，严重时导致粉化。

不论用何种介质升温，加热介质的温度和床层催化剂最高温度之差最好不超过180℃，以防催化剂因过大温差产生的应力导致颗粒机械强度下降，甚至破碎。

在常压下以空气升温，当催化剂床层最低温度点高于120℃时，即可用蒸汽置换。当分析循环气中空气已被置换完全，床层上部温度接近200℃时，即可配入工艺气，开始还原。

还原时，初期配入的工艺气量不应大于蒸汽流量的5%，逐步提量，同时密切注意还原伴有的温升。一般控制还原过程中最高温度不得超过400℃。待温度有较多下降，如从400℃降至350℃以下，再逐步增加工艺气通入量。按这种稳妥的还原方法，只要循环气空速大于$150h^{-1}$，从升温到还原结束，一般均可以在24h内顺利完成。

钝化是活化的逆操作。处于活化状态的金属催化剂，在停车卸出前，有时需要进行钝化，否则，可能因卸出催化剂突然接触空气而氧化，剧烈升温，引起异常升温或燃烧爆炸。钝化剂可采用N_2、水蒸气、空气，或经大量N_2等非氧化性气体稀释后的空气等。

4. 催化剂的中毒与失活

关于催化剂中毒、失活的概念和原因在第一个项目中已有所介绍。而由中毒引起的失活，几乎对任何工业催化剂都可能存在，故研究中毒的原因和机理，以及中毒的判断和处理，是工业催化剂操作使用中的一个普遍而重要的问题。对于处理中毒引起的失活，开发单位和使用单位应通过实验研究和工厂生产经验的积累，来总结有关的操作技术，以指导催化剂合理使用，现举两例进行说明。

（1）国产甲烷化催化剂硫中毒试验：在国内某厂进行测硫试验，一套测硫试验装置直接用工厂原料气进行试验，另一套采用活性炭充分脱硫，使入口气中的硫基本脱除干净再进行试验。通过对比试验，考查硫中毒对A、B两种国产甲烷化催化剂活性的影响，结果如表10－15所示。

表10－15　工厂条件下硫中毒试验结果

组别	反应炉号	催化剂名称	试验时间/h	脱硫措施	相对活性①		活性下降率②/%	催化剂吸硫量/%
					初活性	试验结束时		
Ⅰ	1	A	80	无	38	9	80	0.21
	2			活性炭	43	43	0	—
Ⅱ	1	B	58	无	50	20	80	0.22
	2			活性炭	100	102	0	—

注：试验条件：常压；入口温度300℃；入口气中（$CO + CO_2$）为0.3～0.5；硫含量（标准状态）为2～3 mg/m^3；运转空速与还原条件两组相近。

①以B催化剂无硫气氛下的初活性为100计。②活性下降均以相同条件下的初活性为基准。

由表 10－15 可见：①含硫气氛对甲烷化催化剂的初活性有明显的影响。如采用含硫气体进行还原，在还原过程中催化剂即发生硫中毒，对其活性损坏更为严重，活性下降率达 50% 左右（见表中 B 催化剂的对比数据）；②B 催化剂抗硫性优于 A 催化剂；③只要催化剂吸硫 0.2% 左右，无论 A、B 催化剂，活性下降率均为 80%，这说明硫中毒是催化剂活性衰退的主要因素。

（2）天然气水蒸气转化催化剂的中毒及再生：该种催化剂活性组分为金属镍。硫是转化过程中最重要、最常见的毒物；很少的硫，即可对转化催化剂的活性产生显著的影响，如表 10－16 所示。因此，要求原料气含硫量一般为 0.1～0.3mg/m³；最高不超过 0.5mg/m³为宜。

表 10－16 原料气中硫含量对一段炉操作的影响

原料气硫含量/（mg/m³）	一段炉出口温度/℃	残余甲烷体积分数/%	原料气硫含量/（mg/m³）	一段炉出口温度/℃	残余甲烷体积分数/%
0.06	780	10.6	3.03	822.2	12.7%
0.19	783.3	10.7	6.01	840.6	13.7%
0.38	787.2	10.9	11.9	866.1	15.2%
0.76	798.9	11.5	23.5	893.3	16.8%
1.52	811.1	12.1			

转化过程中突然发生转化气中甲烷含量逐渐上升，一段炉燃料消耗减少，转化炉管壁出现“热斑”“热带”，系统阻力增加等均是催化剂中毒的征兆。

转化催化剂中毒后，会破坏转化管内积碳和消碳反应的动态平衡，若不及时消除将导致催化剂床层积碳，并产生热带。

硫中毒是可逆的，视其程度不同，而用不同方法再生。

轻微中毒时，换用净化合格的原料气，并提高水碳比，继续运行一段时间，可望恢复中毒前活性。

中度中毒时，停车时在低压并维持 700～750℃温度，以水蒸气再生催化剂，然后重新用含水湿氢气还原并再生。活化后按规定程序投入正常运转。

重度中毒时，一般半生积碳，应先行烧炭后，按中度硫中毒再生程序处理。

砷是另一重要毒物。砷对转化催化剂的毒害影响与硫中毒相似，但砷中毒是不可逆的，且砷还会渗入转化管内壁。砷中毒后，应更换转化催化剂并清刷转化管。

氯和其他卤素的毒害作用与硫相似，通常采用更低的允许含量在 1×10^{-9} 的浓度级别。氯中毒虽是可逆的，但再生脱除时间相当长。

铜、铅、银、钒等金属也会使转化催化剂活性下降，它们沉积在催化剂上难以除去。铁锈带入系统，会因物理覆盖催化剂表面而导致活性下降，但铁并非毒物。

5. 催化剂活性衰退的防治

在使用催化剂时，如何使催化剂能够保持较高的活性而不衰退，或者催化剂衰退后能够得到及时再生而不影响生产，通常需要针对不同的催化剂而采取相应的措施，下面分3种情况而言明。

（1）在不引起衰退的条件下使用：在烃类的裂解、异构化、歧化等反应过程中析碳是必然伴生的现象。在有高压氢气存在的条件下，则可以抑制析碳，使之达到最小程度，催化剂不需要再生而可长期使用。除氢以外，还可用水蒸气等抑制析碳反应而防止催化剂的活性衰退。

由于原料中混入微量的杂质而引起的催化剂衰退，可在经济条件许可的范围内，将原料精制去除杂质来防止。

由于烧结及化学组成的变化而引起的衰退，可以采取环境气氛及温度条件缓和化的方法来防止。例如用 N_2O、H_2O 及 H_2 等气体稀释的方法使原料分压降低，改良撤热方法防止反应热及再生时放热的蓄积等。

（2）增加催化剂自身的耐久性：用这种方法将催化剂活性中心稳定化并使催化剂寿命延长。提高催化剂耐久性的方法是把催化剂制备成负载型催化剂，工业催化剂大多是这种类型。也可使用助催化剂以使催化剂的稳定性进一步提高。

（3）衰退催化剂的再生：第一种方法是催化剂在反应过程中连续地再生。属于这种情况的实例是钒和磷的氧化物系催化剂，用于 C_4 馏分为原料制取顺丁烯二酸酐，反应过程中由于磷的氧化物逐渐升华而消失，因此这种催化剂的再生方法是在反应原料中添加少量的有机磷化物，以补充催化剂在使用过程中磷的损失。又如乙烯法合成醋酸乙烯，使用 Pd-Au-醋酸钾/SiO_2 催化剂，助催化剂醋酸钾在使用过程中升华损失而使反应的选择性下降，因此连续再生催化剂的方法是在反应进行过程中恒速流加适量醋酸钾。

第二种方法是反应后再生。这种情况的实例是催化剂在使用过程中在催化剂表面上积碳，这种催化剂的再生是靠反应后将催化剂表面的积炭烧掉，也可以利用水煤气反应，用水蒸气将积碳转化掉。对苯二甲酸净化用加氢 Pd/C 催化剂，常被酸性大分子副产物覆盖其表面，近年常在使用数月后用碱液洗涤再生。

上面两个例子中催化剂的再生都可以在原有反应器里进行。工业催化剂的再生也有把催化剂取出反应器后用化学试剂或溶剂清洗催化毒物使其再生的方法。

第三种方法是采取容易再生催化剂的反应条件。由于一般催化剂的再生条件和反应条件有较大差异，两者对能量及设备材质消耗都不同。为此选择在便于催化剂再生的条件下进行反应，使两者同时得到满足。例如石油催化裂化的沸石催化剂，反应过程导致催化剂表面积碳，这样可以用燃烧法再生，但燃烧过程中释放出大量 CO 而产生公害，为此有人设计出这样一种催化剂，即把 Pt 载在4A 型沸石分子筛上，使其与催化裂化催化剂共同用于催化反应，此时 4A 分子筛可促进 $CO + O_2 \longrightarrow CO_2$ 转化反应，而油分子又不能进入 4A 分子筛的孔内，因而不致产生裂化反应，这样就达到了反应和再生同时兼顾的目的。

当然，对于不同的催化剂，应采取不同的措施“对症下药”，才能很好地解决催化剂的活性稳定和长周期使用的问题。

6. 催化剂的寿命与判废

投入使用后的催化剂，生产人员最关心的问题，莫过于催化剂能够使用多长时间，即寿命多长。工业催化剂的寿命随种类而异，如表 10－17 所列出的各种催化剂的寿命仅是一个统计的、经验性的范围。

表 10－17 几种工业催化剂及其寿命

反应	催化剂	使用条件	寿命
异构化 $n-C_4H_{10} \longrightarrow i-C_4H_{10}$	$Pt/SiO_2 \cdot Al_2O_3$	150℃，1.5～3MPa	2年
氢化 $CH_3OH \longrightarrow HCHO$	Ag，$Fe(MoO_4)_3$	600℃	2～8月
氧化 $C_2H_4+HOAc+O_2 \longrightarrow C_2H_3OAc$	Pd/SiO_2	180℃，8MPa	2年
重整⟶制苯	$Pt\text{-}Re/Al_2O_3$	550℃	8年
氨氧化 $C_3H_6+NH_3+O_2 \longrightarrow CH_2=CH-CN$	V，BiMoO，氧化物$/Al_2O_3$	435～470℃ 0.05～0.08MPa	

对于已使用的催化剂，并非任何情况下都必须追求尽可能长的使用寿命，事实上，恰当的寿命和适时的判废，往往牵涉许多技术经济问题。例如，显而易见，运转晚期带病操作的催化剂，如果带来工艺状况恶化甚至设备破损，延长其操作期便得不偿失。

至于某一工业催化剂运转中寿命预测和判废，涉及的问题比较复杂，在此不展开论述，读者可参阅其他书籍。

五、催化剂制备实例

（一）微波法制备固体超强酸催化剂 SO_4^{2-}/ZrO_2

称取一定量的 $ZrOCl_2 \cdot 8H_2O$ 溶解于去离子水，置于冰水浴中，向其中滴加质量分数为25%的氨水使其沉淀，调节 pH＝10，陈化 24h，抽滤，用去离子水洗涤至无 Cl^{-1}。将沉淀物在110℃烘箱中干燥 12h 后研磨，过100目筛后按 15mL/g 比例于一定浓度的硫酸中浸泡 12h，抽滤，红外烘干。之后盛于刚玉坩埚中，并用微波吸收介质覆盖，然后置于微波炉中加热，调节一定的微波功率和加热时间即得催化剂。与之对比，以马弗炉代替微波炉，控制不同的温度对催化剂进行焙烧。制备流程如图 10－36 所示。

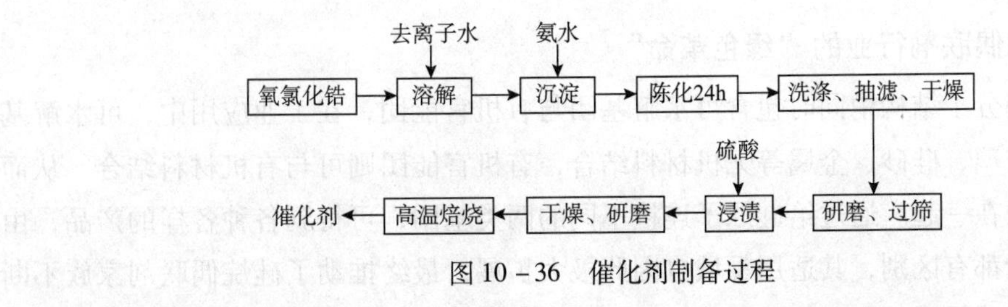

图 10－36 催化剂制备过程

该催化剂应用于乳酸正丁酯合成反应结果表明，微波法所制备的固体超强酸催化剂

SO_4^{2-}/ZrO_2具有更高的催化活性和更好的重复使用性和稳定性能。

（二）微波法制备光催化剂 ZnFeS

在250mL三口瓶中，放入50mL、0.009 mol/L乙酸锌和50mL、0.001 mol/L硝酸铁，50mL、0.001 mol/L硫化钠溶液的混合液；迅速转移到微波炉中进行反应，开启磁力搅拌，调节反应时间及微波功率；反应完成后，取出冷却至室温，除去上层清液，将下层浑浊液用离心机进行分离，然后分别用己醇和蒸馏水洗至中性；将所得沉淀物在真空下干燥，60℃干燥5h，研磨后保存即得光催化剂ZnFeS。微波法制备ZnFeS光催化剂的最佳实验条件为：微波时间=10min、微波功率=150W、反应液pH=5，Zn：Fe^{2+}=0.9：0.1。该催化剂的制备流程见图10-37。

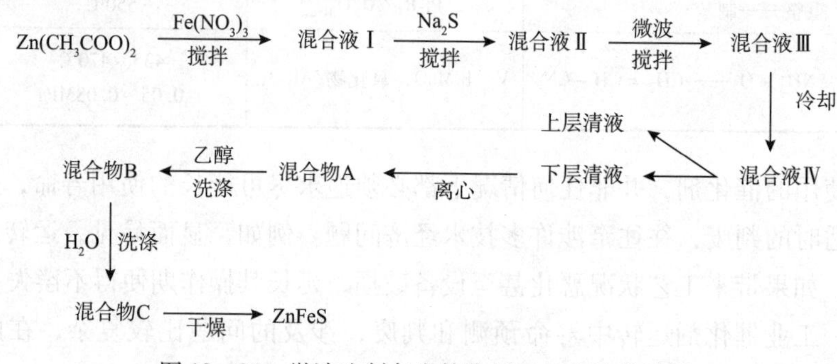

图10-37 微波法制备光催化剂ZnFeS过程示意

该催化剂应用于降解水中BPA（双酚A），在$UV/H_2O_2/ZnFeS$光催化系统能有效降解水中BPA，$UV/H_2O_2/ZnFeS_{MW}$可使10mg/L的BPA降解率达到93%，而普通水热法制备的催化剂在相同条件下使10mg/L的BPA降解率仅为30%，结果表明，通过微波辅助法制备所得催化剂的光催化活性高于传统水热法所得催化剂的光催化活性。

第五节 制备绿色偶联剂

一、绿色偶联剂概述

（一）硅烷偶联剂行业的“绿色革命”

硅烷偶联剂分子结构中同时包含可水解基团与有机官能团，在工业应用中，可水解基团水解后可与玻璃、硅砂、金属等无机材料结合，有机官能团则可与有机材料结合，从而使两类物质偶联在一起。通过给硅原子连接不同的两类基团，可得到各种各样的产品，由于每类产品性能都有区别，其适用领域也因此极大扩展，最终推动了硅烷偶联剂家族不断发展壮大，并形成了大的产业体系。

传统的硅烷偶联剂厂商采用间接法生产，该路线先用工业硅与氯化氢合成氯硅烷，进

而发展带有各种官能团的硅烷偶联剂系列产品，因合成路线须引入氯，故存在较为突出的污染和设备腐蚀问题，生产流程长，成本也相对高。

产品结构的多样性决定了合成方法和商品体系的差异性，而间接法工艺路线的发展则影响了现有产业发展模式的形成。由于间接法工艺中间产品不易储存运输、且（历史上）用途单一，企业装置是封闭链条，中间少有商品产出，也很少引入外购的硅烷中间原料，企业间装置大小、技术水平、生产成本及产品质量均很难具备可比性，产品体系也多属封闭发展，方法有区别、牌号也各不相同。长期以来，既没有发展出规模化的中间原料流通市场，也缺少统一的行业标准及商品体系，形成了一种建立在公司、品牌基础之上、没有纵向的阶段性分工、追求“小而全”“大而全”的产业发展模式。在当前市场发展水平迅速提高、环保政策日益收紧的情况下，这种模式已经表现出不适应。

首先，间接法工艺本身存在污染和设备腐蚀等技术性问题，而这种小而全的模式下行业没有纵向的企业分工，装置量多而小，成本、污染等技术问题很难通过规模化、集约化的方式解决，即便少数规模稍大的企业问题要小一些，但行业总体的固定投入、污染排放及生产成本很难降下来，反过来还会制约行业的技术进步和规模扩张。

其次，当前的硅烷偶联剂市场建立在主要公司多年来独立发展的产品体系基础之上，这也是目前市场缺少统一的行业标准体系及商品体系的主要原因，是行业发展模式下的必然产物。在市场发展水平已跨上新的台阶，正在被市场广泛接受的条件下，缺乏统一的标准和商品体系不利于产业的进一步发展。

再次，现有产业发展模式在企业层面表现为独立发展、过于追求上下游链条的完整，硅烷中间原料很难在行业内部产生市场，但如果其他行业产生外源性的市场，原有的平衡将被打破，行业发展也会受到冲击。近年来，西门子法多晶硅出现了井喷式发展，其对三氯氢硅的需求导致原本很少作为商品出售的三氯氢硅市场被广泛交易，市场规模不断扩大，价格节节攀升，不但导致间接法硅烷偶联剂企业隐性成本升高，减少了中间原料供应，对行业现有发展模式也产生了很大冲击。

在这种情况下，由武大有机硅、迈图公司等倡导的以直接法生产工艺为基础的硅烷偶联剂绿色发展新模式日趋成型，并受到了广泛关注。现有直接法工艺路线以硅粉、醇为原料，直接合成硅烷偶联剂基础原料烷氧基硅烷，再用三烷氧基硅烷合成三烷氧基硅烷偶联剂，其技术路线较间接法路线具有明显的优势：①缩短合成步骤，减少设备投入，大幅降低原料和生产成本；②没有氯化氢的介入和放出，避免环境污染，减少设备腐蚀；③金属硅转化率提高、醇循环利用，有效提高资源利用率；④降低杂质含量（如有机杂质、金属杂质、氯等），产品质量提高。该法生产成本较间接法大幅降低，技术上已经成熟，具备将烷氧基硅烷这一硅烷偶联剂原料进行低成本、规模化、标准化生产的条件，如烷氧基硅烷能够实现规模化生产并在市场上充分流通，硅烷偶联剂行业结构将重新划分，并建立起以规模化、集约化、标准化为特征，鼓励差异化、国际化的绿色发展新模式，目前行业所面临的问题也将迎刃而解。

首先，直接法技术路线本身已经解决了污染问题，而规模化的原料生产将大幅降低行业的整体成本，为制品市场的跨越式发展提供资源和成本保障。

第二，原料的规模化生产将促成国内外统一、容量巨大的原料流通市场，有助于行业在产业链条上重新进行纵向分工，使原本“小而全”的企业得以专注于在某个环节、某个领域，避免了统一市场层面上同质化、低层次的竞争，有利于企业进行差异化、国际化发展，还能推动应用市场的繁荣。

第三，高度集约化的原料生产和差异化发展的制品行业，将为统一的标准和商品体系提供发展基础，有利于行业的长期发展。

第四，烷基硅氧烷具备充分发展、流通的条件，市场容量可发展到足够大，市场形成后，行业对外源性冲击（如目前多晶硅市场异动对间接法企业造成的冲击）将有较强的抵抗能力，利于偶联剂行业的稳定发展。

第五，直接法生产的烷氧基硅烷不仅是硅烷偶联剂的基础原料，附产的四烷氧基硅烷及其他中间体也是其他行业的原料：既可直接作为工业原料用于涂料、硅橡胶、陶瓷、材料保护等领域，也可用来合成超纯超细二氧化硅、高纯石英材料、硅树脂、硅溶胶、改性倍半硅氧烷、MQ 树脂、多晶硅、功能有机硅材料等，形成新的产业体系。这样可更加促进各行业的和谐协调发展。

第六，三烷氧基硅烷流通市场的建立，能够直接推动与甲基单体生产体系相结合的二烷氧基硅烷绿色体系的发展。

此外，间接法企业采用新模式发展硅烷偶联剂业务，既不用增加投入，原有三氯氢硅装置还可转为多晶硅企业提供原料，综合收益将显著提高。这也避免了原料矛盾危害到两大行业的和谐发展。

近年来，对直接法合成路线的深入研究为我们揭示了更加光明的前景。例如，直接利用高含量硅矿石（SiO_2）或其他高含硅矿物质为原料，直接合成烷氧基硅烷的前沿技术已经取得许多进展，该技术原料来源丰富、成本低廉，可节约大量的木炭和电力资源（省去了工业硅环节），如能实现大规模产业化和推广，硅烷偶联剂行业的整体成本将在现有直接法基础上继续大幅下降，制约行业发展的原料瓶颈也将彻底打破。进一步讲，在极低成本上发展规模化的烷基硅氧烷工业，在技术进步的前提下，甚至可以为偶联剂之外的更多有机硅产品提供大规模发展的基础。

（二）无毒铝酸酯偶联剂简介

就偶联剂的毒性而言，铝酸酯为无毒偶联剂，目前，国内外偶联剂的研究、生产和应用仍以硅、钛、铝三大体系最为重要，但是前两大体系几乎都是以相应的无水氯化物为起始原料，成本高、腐蚀性大、工艺复杂，并具有一定的毒副性，以致最终产品的价格高，妨碍了它们的进一步推广应用。铝酸酯偶联剂自 1984 年问世以来，因其合成简单、成本低、色浅、低毒、性能优异等为人们所瞩目，并逐渐在许多复合材料领域中获得推广，取得了很好的应用效果。

但是，近年来随着我国汽车业、建筑业的不断发展，国家对环境治理力度的加大，以汽车保险杠、密封条、塑钢门窗、塑料装饰板、铝塑管、可降解饭盒、可降解食品包装袋为代表的复合工程塑料和复合塑制品已经取代或逐步取代有毒有污染的制品。这就要求其添加的偶联剂助剂必须无毒。老式铝酸酯偶联剂由于具有低毒性，严重制约了它在上水塑料管道、食品包装袋及可降解塑料饭盒等无毒橡塑制品中的应用和推广。因此，急需对铝酸酯偶联剂的合成进行研究，找出铝酸酯偶联剂的毒性主要来源。通过研究发现：传统铝酸酯偶联剂的毒性主要来源于铝酸酯偶联剂的生产原料异丙醇铝中氯化物、有毒重金属和硫化物，而目前国内外异丙醇铝的生产厂家大都采用以氯化亚汞或三氯化铝为催化剂制备生产，而这些催化剂在异丙醇铝粗品的高真空蒸馏温度下升华或分解并抽入精品异丙醇铝中，从而影响异丙醇铝的纯度、反应活性及色泽，导致最终产品铝酸酯偶联剂在生产和使用过程中性能降低，并产生低毒性；又由于有氯化物和重金属的存在，使橡塑制品的耐老化性能下降。在此基础上，通过对铝酸酯偶联剂合成的进料比及工艺条件进行了优化，同时，对原生产工艺实施技术改造，生产出新型无毒铝酸酯偶联剂。

中间品异丙醇铝也是重要的精细化工原料，可用作医药中间体、防水剂、增稠剂、交联剂的原料等。

二、合成反应原理

（一）技术路线

采用金属铝、异丙醇、硬脂酸等为原料，在独特的生产工艺和操作条件下，首先以金属铝和异丙醇为起始原料，第一步无催化剂反应得粗品异丙醇铝，然后经减压蒸馏得精品；第二步是将精品异丙醇铝和熔化的硬脂酸、助剂分批投入合成釜，在特定的真空度和温度下反应，得最终产品。

（二）合成反应原理

合成反应的化学反应方程式如下：

主反应：

$$2Al + 6i-C_3H_7OH \xrightarrow{\triangle} 2Al(OC_3H_7-i)_3 + 3H_2 \tag{10-46}$$

$$(OC_3H_7-i)_3Al + 2C_{17}H_{35}COOH \xrightarrow{\triangle} (OC_3H_7-i)_3Al(OCOC_{17}H_{35})_2 + 2i-C_3H_7OH \tag{10-47}$$

副反应：

$$2Al(OC_3H_7-i)_3 \xrightarrow{\triangle} Al_2O_3 + 3H_2O + 6C_3H_6 \tag{10-48}$$

$$(i-C_3H_7OH)_3Al + H_2O \xrightarrow{\triangle} (i-C_3H_7OH)_2AlOH + i-C_3H_7OH \tag{10-49}$$

$$2\ (i-C_3H_7OH)_2AlOH \xrightarrow{\triangle} (i-C_3H_7O)_2-Al-O-Al-(C_3H_7-i)_2 + H_2O \tag{10-50}$$

$$i-C_3H_7OH + C_{17}H_{35}COOH \xrightarrow{\triangle} C_{17}H_{35}COOC_3H_7 + H_2O \tag{10-51}$$

三、制备过程及其工艺参数选择

（一）制备过程

（1）异丙醇铝的制备：将处理好的铝投入反应瓶中，先加入少量异丙醇，然后升温至回流，反应开始后，再滴加剩余异丙醇，由于有氢气释放，反应可进行到底，当不再有氢气放出后，即可判断为终点。对粗品先常压蒸出过量异丙醇后，再升温到140℃、在真空度0.098MPa下减压蒸出无色透明异丙醇铝。

（2）铝酸酯偶联剂的合成：将硬脂酸投入反应釜中升温至100℃，然后加入异丙醇铝，升温至130℃，在真空度0.098MPa下反应，直至不再有低沸物抽出即为反应终止，最后加入助剂，搅拌均匀。

（二）工艺参数选择

（1）异丙醇铝的制备：通过正交实验法，考察投料比、反应温度、反应时间等对异丙醇铝产率的影响，发现最优的反应条件：$n_{铝}:n_{异丙醇}$为1：3.5，反应温度为85℃，反应时间为5h。

（2）异丙醇铝的精馏：通过正交实验法，考察温度、真空度、回流比等对异丙醇铝收率的影响，发现最优的反应条件：真空度为0.098MPa、温度140～150℃、回流比1.9。

（三）主要原材料及要求

铝（A00）：≥99.8%

异丙醇（医药级）：≥99.5%

硬脂酸：200A

助剂（食用级）：≥99.0%

（四）产品应用

该无毒铝酸酯偶联剂经“重庆市产品质量监督检验所”分析检测，质量均达到企业标准，经湖北凯乐科技新材料股份公司、都江堰钙品公司、重庆科跃建材厂、重庆景盛化工厂、重庆平复母料厂等应用，用后表明该品偶联活性高、降黏幅度大、在复合橡塑制品中分散性好，能大幅降低生产成本，使制品的加工性能明显改善，物理机械性能有所提高，弥补了其他偶联剂在应用上的缺陷（毒性），具有优良的使用性能。

参考文献

[1] 李和平. 精细化工工艺学（第二版）[M]. 北京：科学出版社，2007.

[2] 来国桥，幸松民，等. 有机硅产品合成工艺及应用 [M]. 北京：化学工业出版社，2010.

[3] 石万聪. 增塑剂最新应用实例（一）[M]. 北京：化学工业出版社，2012.

[4] 辛忠. 合成材料添加剂化学 [M]. 北京：化学工业出版社，2005.

[5] 蒋平平. 环保增塑剂 [M]. 北京：国防工业出版社，2009.

[6] 黄仲涛，彭峰. 工业催化剂设计与开发 [M]. 北京：国防工业出版社，2009.

[7] 张继光. 催化剂制备过程技术 [M]. 北京：中国石化出版社，2004.

[8] 吴永忠. 催化剂生产技术 [M]. 南京：南京化工职业技术学院，2011.

[9] 王尚弟，孙俊全，王正宝. 催化剂工程导论（第三版）[M]. 北京：化学工业出版社，2015.

[10] 王兴为，王玮，刘琴. 塑料助剂与配方设计技术（第四版）[M]. 北京：化学工业出版社，2017.

[11] 储伟. 催化剂工程 [M]. 成都：四川大学出版社，2006.

[12] 金杏妹. 工业应用催化剂 [M]. 上海：华东理工大学出版社，2006.

[13] 山西省化工研究所. 塑料橡胶加工助剂（第二版）[M]. 北京：化学工业出版社，2002.

[14] 许越，夏海涛，刘振琦. 催化剂设计与制备工艺 [M]. 北京：化学工业出版社，2003.

[15] 严一丰，李杰，胡行俊. 塑料稳定剂及其应用 [M]. 北京：化学工业出版社，2008.

[16] 冯亚青，王利军，陈立功，等. 助剂化学及工艺学 [M]. 北京：化学工业出版社，1997.

[17] 李玉龙. 高分子助剂 [M]. 北京：化学工业出版社，2008.

[18] 张云良，李玉龙. 工业催化剂制造与应用 [M]. 北京：化学工业出版社，2008.

[19] 闫紫峰. 催化剂原理导论（双语教材）[M]. 北京：化学工业出版社，2006.

[20] 戚蕴石. 固体催化剂设计 [M]. 上海：华东理工大学出版社，1994.

[21] 王敏，宋志国等. 绿色化学化工技术 [M]. 北京：化学工业出版社，2017.

[22] 吴永忠，徐丙根. 硝酸生产操安全技术 [M]. 北京：中国石化出版社，2016.

[23] 吴永忠. 耦合催化技术进展 [J]. 河南化工，2011，(1)：3～6.

[24] 吴永忠，朱新宝，吕耀武. 低相对分子质量端羟基聚醚加氢催化剂的研究 [J]. 化工设计通讯，2018，(3)：126～131.

[25] 吴永忠，纪爱华，邹月宝. 顺酐加氢和1，4-丁二醇脱氢耦合法制备γ-丁内酯催化剂 [J]. 石油化工，2011，40 (5)：554～558.

[26] 吴永忠. 新型 Pt/Al_2O_3苯加氢催化剂的研制 [J]. 天然气化工，2008，33 (1)：52～56.

[27] 吴永忠，黄建明，李明. 一种1，4-丁二醇脱氢制催化剂及其制备方法 [P]，2005－05.

[28] 黄建明，吴永忠，刘明. 一种苯加氢制环已烷用催化剂及其制备方法 [P]，2007－06.

[29] 张云良，吴永忠. 负载金属氧化物 WO_3/ZrO_2固体超强酸催化合成邻苯二甲酸二丁酯 [J]. 山东化

工，2011，40（11）：13～15，23.
［30］丁志平，吴永忠，王世娟，等．一种同时生产甲乙酮和环己烷的方法［P］. 2015－03.
［31］吴永忠，王世娟，李玉龙，等．一种邻氨基对叔丁基苯酚常压生产方法［P］. 2013－07.
［32］吴永忠，丁志平，李亭亭．一种合成邻苯二甲酸酯类化合物的方法［P］. 2017－01.
［33］朱凯，吴永忠，魏星．一种连续制备端仲氨基聚醚的方法及其专用催化剂［P］. 2018－08.
［34］陈诵英，王琴．固体催化剂制备原理与技术［M］. 北京：化学工业出版社，2012.
［35］黄仲涛．工业催化剂手册［M］. 北京：化学工业出版社，2004.
［36］陈洁．生物基环氧类增塑剂的合成及性能研究［D］. 中国林业科学院研究院，2015.
［37］满云．无毒增塑剂柠檬酸三丁酯的工艺优化研究［D］. 天津大学，2008.
［38］方丽俊．抗氧剂 1076/1010 合成工艺研究［D］. 青岛科技大学，2014.
［39］张成红．镁铝水滑石 PVC 热稳定剂的合成研究［D］. 北京化工大学，2015.
［40］颜庆宁．国内外塑料助剂产业发展状况（二）［J］. 精细与专用化学品，2014，22（12）：1～4.
［41］黄云翔．聚氯乙烯加工用润化剂［J］. 聚氯乙烯，1995，（2）：43～46.
［42］曹金玲．建筑塑料用加工助剂的新进展（下）［J］. 化工时刊，1995，（12）：7～13.
［43］吴昊，王继民．骨架镍催化剂的制备过程对催化活性的影响［J］. 广东有色金属学报，2003，13（2）：94～98.
［44］江志东，陈瑞芳，王金渠．雷尼镍催化剂［J］. 化学工业与工程，1997，14（2）：23～32.
［45］封利民．聚氯乙烯外润滑剂高分子复合酯的中试研究［J］. 湖南化工，1999，29（6）：34～38.
［46］苏琼．催化裂化催化剂的酸性调变及氢离子交换研究［D］. 华东理工大学，2011.
［47］曹映玉．MCM－41 基酸催化剂的合成、表征及催化性能研究［D］. 天津大学，2010.
［48］徐林，黄杰军，俞磊，等．丙酮缩合法合成甲基异丁基酮的研究进展［J］. 化学通报，2016，79（7）：584～588.
［49］李克友，张菊华，向福如．高分子合成原理及工艺学［M］. 北京：科学出版社，1999.
［50］段行信．实用精细有机合成手册［M］. 北京：化学工业出版社，1999.
［51］彭以元，毛雪春，彭雪萍，等．硅烷偶联剂 KBM602 的合成工艺研究［J］. 江西师范大学学报（自然科学版），1998，22（2）：153～157.
［52］靳垒．苯并三唑类紫外线吸收剂的清洁化制备工艺研究［D］. 南京理工大学，2013.
［53］郑兴芳．水热法制备纳米氧化锌的影响因素研究［J］. 化工时刊，2010，24（6）：50～53.
［54］黎玉盛，谢宏潮，巫小飞，等．氨氧化用铂合金催化网技术进展［J］. 贵金属，2016，37（S1）：19～22.
［55］陈亦飞，赵伟彪．氨氧化制硝酸用催化剂研究［J］. 材料工程，1998，（6）：32～34.
［56］张弛．国外硫酸生产催化剂的进展［J］. 材料工程，2003，11（9）：18～21.
［57］张慧芳．柠檬酸三辛酯合成用催化剂研究进展［J］. 材料工程，2010，39（3）：27～30.
［58］张超林．我国硫酸工业的发展趋势［J］. 化工进展，2007，26（10）：1363～1368.
［59］孙远龙，田先国．我国硫酸钒催化剂的现状及发展方向［J］. 硫酸工业，2008，（3）：6～9.
［60］李程根，姚楠．负载型 Co 基 F-T 合成催化剂中贵金属助剂促进作用的研究进展［J］. 工业催化，2014，22（9）：649～652.
［61］郑小峰．负载型铁基催化剂的制备及其在神府煤催化加氢热裂解中的应用［D］. 西安科技大学，2013.

[62] 夏志，宋金文，申卫卫，等．F-T 合成 Co 基催化剂研究进展［J］．工业催化，2014，22（4）：259～265.

[63] 朱开经，朱跃辉，冯海强，等．邻苯二甲酸二辛酯加氢工艺研究［J］．山东化工，2012，41（7）：31～33.

[64] 刘晓彤．环保型环己烷-1，2 二甲酸二异辛酯增塑剂制备方法研究［D］．中国石油大学，2014.

[65] 张晓阳，胡志彪，凌华招，等．二氧化碳加氢合成甲醇催化剂及工艺研究开发［J］．天然气化工，2011，36（6）：41～45.

[66] 郝爱香，于杨，陈海波，等．表面助剂改性对 $Cu/Zn/Al_2O_3$ 甲醇合成催化剂性能的影响［J］．物理化学学报，2013，29（9）：2047～2055.

[67] 石磊，魏婉莹，王玉鑫，等．低温甲醇合成研究进展［J］．化工学报，2015，66（9）：3333～3340.

[68] 孟广莹，于海斌，杨文建，等．水柱成型法制备重整载体［J］．无机盐工业，2016，48（6）：71～74.

[69] 商连弟，王慧惠．活性氧化铝的生产及其改性［J］．无机盐工业，2012，44（1）：1～6.

[70] 马航，冯霄．固体催化剂常规制备方法的研究进展［J］．无机盐工业，2013，33（10）：32～36.

[71] 舒静，任丽丽，张铁珍，等．微波辐射在催化剂制备中的应用［J］．化工进展，2008，27（3）：352～357.

[72] 邵红，霍超．微波技术在催化剂制备领域中的应用研究［J］．化工技术与开发，2006，35（11）：1～5.

[73] 褚睿智，孟献梁，宗志敏，等．微波技术在催化剂制备中的应用［J］．现代化工，2007，27（S1）：382～386.

[74] 曹振恒，王亚明，郭会仙．微波介入制备催化剂的研究进展［J］．工业催化，2007，15（3）：25～29.

[75] 汪颖军，高志国，所艳华．SO_4^{2-}/ZrO_2 固体超强酸的制备与改性［J］．石化技术与应用，2015，33（3）：269～275.

[76] 谢晓峰，王兆海，王要武，等．水热法三元催化剂的制备［J］．化工学报，2004，55（S1）：282～283.

[77] 贾艳明．HZSM-5 分子筛基催化剂的制备及其催化剂甲醇制芳烃反应性能研究［D］．太原理工大学，2018.

[78] 张跃，侯廷建，严生虎，等．HZSM-5 分子筛基催化乙醇溶液脱水制备乙烯的工艺［J］．南京工业大学学报，2007，29（3）：67～70.

[79] 刘源，杨桔材．制备方法对 CuO/ZrO_2 催化剂性能的影响［J］．内蒙古工业大学学报，1998，17（2）：26～30.

[80] 陈文瑞，李虎强，冯媛．合成气制甲醇催化剂研究进展（Ⅰ）——铜基催化剂进展［J］．广州化工，2017，45（9）：3～5.

[81] 朱静，李华峰，毛健，等．微乳液法在纳米催化剂制备中的应用及研究进展［J］．后勤工程学院学报，2007，23（2）：41～44.

[82] 李锋，宋华，汪淑影．微乳液法制备固体催化剂在多相催化领域中的应用［J］．化学通报，2011，74（3）：244～251.

[83] 石洋．微乳液法制备固体超强酸催化剂及其正戊烷异构化性能研究［D］．东北石油大学，2012.

[84] 杨靖，李保松，王亚莉，等．Pd/SiO_2溶胶的制备及性能表征［J］．化工新型材料，2014，42（10）：115～117.
[85] 徐建梅，张德．溶胶-凝胶法的技术进展与应用现状［J］．地质科技情报，1999，18（4）：103～106.
[86] 王彦军．用相转移催化合成合成巯基乙酸异辛酯的工艺研究［J］．有色冶金，2006，22（5）：63～65，70.
[87] 李忠芳，王素文．活性炭固载杂多酸催化合成合成巯基乙酸异辛酯的研究［J］．化学世界，1998，（12）：640～642.
[88] 宋继芳．溶胶-凝胶技术的研究进展［J］．无机盐工业，2005，（11）：14～17.
[89] 金云舟，钱君律，伍艳辉．溶胶-凝胶法制备催化剂的研究进展［J］．工业催化，2006，14（11）：60～63.
[90] 王文静．非晶态合金催化剂的制备及其加氢性能研究［D］．浙江大学，2004.
[91] 张祖华，刘荫奎．硬脂酸锌合成工艺研究现状及其新进展［J］．塑料助剂，2006，（5）：13～15.
[92] 张颖．高品质环氧大豆油合成与应用研究［D］．华南理工大学，2009.
[93] 梅红刚．大分子硅烷偶联剂的合成及其改善有机硅橡胶性能的研究［D］．山东大学，2016.
[94] 梁诚．硅烷偶联剂在橡胶工业中应用进展［J］．橡胶科技市场，2007，（19）：14～15，29.
[95] 彭占杰，崔杰，韩丙凯，等．硅烷偶联剂在橡胶复合材料中研究进展［J］．特种橡胶制品，2014，35（6）：65～69.
[96] 陈均志，冯练享，赵艳娜．铝锆硅烷偶联剂的发展现状及应用前景［J］．化工新型材料，2005，33（12）：24～26.
[97] 李炜，王路明，殷文．阻燃剂的发展概况及氢氧化镁表面改性的研究进展［J］．塑料工业，2008，36（S1）：6～10.
[98] 刘庆广，王利娜，龚方红．硅烷交联聚烯烃研究进展［J］．江苏工业学院学报，2006，18（3）：56～60.
[99] 王成刚，郑洪健，张丽伟．过氧化二异丙苯（DCP）技术及进展［J］．化工科技，2015，23（4）：76～80.
[100] 史亚鹏．无甲醛交联剂的合成及应用［D］．苏州大学，2012.
[101] 刘慧珍，孙连强，蒋杰．国内外高分子型抗静电剂的研究进展［J］．杭州化工，2017，47（1）：5～8.
[102] 白建红，崔淑玲．磷酸酯抗静电剂的合成及其性能［J］．印染，2014，（15）：13～17.
[103] 夏鹏，倪忠斌，东为富．脂肪酸酯类抗静电剂的合成及应用研究［J］．中国塑料，2012，26（1）：82～86.
[104] 李工．离子交换型 Cu/SiO_2催化剂的制备和表征［J］．石油化工高等学校学报，1995，8（3）：14～17.
[105] 夏建超．合成气一步制取二甲醚的固体酸催化剂研究［D］．复旦大学，2006.
[106] 安孟学．21 世纪塑料助剂工业前瞻（一）［J］．精细与专用化学品，1999，（14）：5～6.
[107] 杨宝柱．中国塑料助剂业发展现状及趋势分析［J］．精细与专用化学品，1999，（14）：5～6.
[108] 杨谷湧．橡胶加工助剂的进展及最新动向［J］．世界橡胶工业，2012，39（9）：43～46.
[109] 成春玉，黄超明，李毅，等．橡胶加工助剂的生产及应用概况［J］．橡胶科技，2015，13（9）：5～10.

[110] 武爱军，康安福．橡胶配合与加工助剂［J］．世界橡胶工业，2011，38（2）：14～19.
[111] 赵纯洁，夏少武．骨架镍催化剂的研究进展［J］．齐鲁石油化工，2002，30（1）：43～47.
[112] 罗伟，刘晓明．PVC 交联技术的研究进展［J］．聚氯乙烯，2005，（3）：7～12.
[113] 吕震江．骨架镍催化剂的制备及其应用［J］．江苏化工，1985，（1）：18～20.
[114] 李超．镁铝水滑石制备阻燃纸的研究［D］．天津大学，2007.
[115] 万俊杰．HZSM-5 和 γ-Al_2O_3负载催化剂催化乙醇脱水制乙烯［D］．天津科技大学，2011.
[116] 张成红．美铝水滑石 PVC 热稳定剂［D］．北京化工大学，2015.
[117] 孟祎，陈立功，李阳，等．受阻胺类光稳定剂 GW-944 的合成［J］．精细化工，2003，20（9）：564～566，574.
[118] 董传明，葛凤燕，李阳，等．两步法合成受阻胺类光稳定剂 GW-944［J］．精细化工，2005，22（2）：138～141.
[119] 李杰，隋昭德，夏飞．国内塑料抗氧剂、光稳定剂市场现状与技术发展［J］．塑料助剂，2009，（4）：1～3，50.
[120] 梁诚．国内外塑料光稳定剂市场现状发展趋势［J］．化工科技市场，2009，32（6）：1～4，31.
[121] 陈宇，王朝晖．国内外受阻胺类光稳定剂的研究与开发动态［J］．塑料助剂，2001，（3）：1～7.
[122] 陈登龙，章文贡．新型铝酸酯光稳定剂的研究［J］．中国塑料，2003，17（11）：69～72.
[123] 刘浩，李德刚，李瑞娇．绿色环保 PVC 热稳定剂研究进展［J］．工程塑料应用，2016，44（12）：131～135.
[124] 陈庆华，肖荔人，游瑞云，等．塑胶产业应对欧盟绿色壁垒的战略思考和替代技术［J］．橡塑技术与设备，2007，33（1）：18～26.
[125] 钱伯章．世界塑料助剂发展现状和趋势［J］．精细石油化工进展，2008，9（2）：50～58.
[126] 张志新．国内外主要塑料添加剂现状和需求预测［J］．塑料助剂，2001，（5）：1～8，10.
[127] 周治峰．固体催化剂成型工艺的研究发展［J］．辽宁化工，2015，44（2）：155～157.
[128] 钱清华，张萍，李传颂，等．环保型聚磷酸酯阻燃剂的合成研究［J］．连云港职业技术学院院报，2008，21（3）：1～5.
[129] 马永明，魏文静，张云刚，等．磷酸酯织物阻燃剂应用进展［J］．热固性树脂，2013，28（4）：59～63.
[130] 周逸潇，杨丽，毕成良，等．磷系阻燃剂的现状与展望［J］．天津化工，2009，23（1）：1～4.
[131] 张翔宇，黄琰，游歌云，等．无卤阻燃剂研究进展［J］．精细化工中间体，2011，41（3）：1～8.
[132] 郑志荣，钟铉．绿色环保阻燃剂的研究现状［J］．浙江纺织服装职业技术学院学报，2007，（4）：10～14.
[133] 李红，郑来久．棉织物的绿色阻燃整理工艺的研究［J］．大连轻工业学院学报，2007，（4）：378～380.
[134] 任姝．阻燃材料的绿色化探索［J］．中国新技术新产品，2015，（12 上）：149.
[135] 王化淳，杨汉斌，董秀勤，等．酚类抗氧剂 1010 生产中化学反应工艺的改进［J］．化学反应工程与工艺，1998，（4）：388～394.
[136] 范文革．防老剂 4010NA 烃化加氢催化剂选型研究［J］．西北民族大学学报（自然科学版），2005，26（3）：13～15，34.
[137] 刘鹏举．贵金属催化合成防老剂 4020 的研究［J］．石油化工应用，2007，26（6）：16～19，34.

[138] 郭振宇，宁培森，王玉民，等. 抗氧剂的研究现状和发展趋势 [J]. 塑料助剂，2013，(3)：1~10.

[139] 王鉴，张凤军，王东军. 当今抗氧剂的主要类型及发展趋势 [J]. 塑料助剂，2008，(2)：7~10.

[140] 辛明亮，李茂东，杨波，等. 高分子材料抗氧剂的抗氧机理及发展趋势 [J]. 塑料科技，2017，45 (8)：100~106.

[141] 颜庆宁. 国内外塑料助剂产业发展状况（一）[J]. 精细与专用化学品，2014，22 (11)：10~13.

[142] 关颖. 国内外橡塑类助剂发展概述 [J]. 化学工业，2016，34 (5)：29~39.

[143] 张凤军，王鉴，安润涛. 抗氧剂的生产现状及发展趋势 [J]. 河南化工，2008，25 (7)：8~10.

[144] 温永亮. 新型抗氧剂的开发与应用进展 [J]. 河南化工，2017，24 (7)：79，82.

[145] 邵素文. 橡胶防老剂"4020"的合成方法 [J]. 精细石油化工，1994，24 (5)：82~86.

[146] 徐大潮. 抗氧剂 4010 的发展概况及其制法的技术进展 [J]. 弹性体，1995，5 (3)：54~61.

[147] 吴洁华，袁浩然，周莲凤，等. 橡胶防老剂 4010NA 合成用催化剂的实验室研究 [J]. 化学工业与工程技术，2009，30 (1)：13~16.

[148] 朱书魁，郭旭东，王海波. 橡胶防老剂 4020/4010NA 及中间体合成技术 [J]. 沈阳化工，1999，28 (3)：30~32.

[149] 李正启. 橡胶防老剂 4020 合成工艺的研究 [D]. 华东理工大学，2012.

[150] 韩晓龙. 防老剂 4010NA 的合成工艺研究 [D]. 青岛科技大学，2014.

[151] 周莲凤. 一步法合成防老剂 4010NA 催化剂研究 [J]. 广东化工，2014，41 (12)：80~81.

[152] 周立华. 橡胶防老剂 4010NA 与 RD 的制备研究 [D]. 中国石油大学，2012.

[153] 吕咏梅. 塑料抗氧剂产业现状及发展趋势 [J]. 乙醛醋酸化工，2013，(4)：26~29.

[154] 陈红. 酯类增塑剂的绿色催化合成研究 [D]. 合肥工业大学，2007.

[155] 隆金桥，陈华妮，黎远成，等. 绿色增塑剂柠檬酸三丁酯的催化合成 [J]. 科技通报，2012，28 (11)：126~129.

[156] 郭英雪，刘程诚，周天宇. 新型碳基固体酸催化合成增塑剂柠檬酸三丁酯 [J]. 化学工程与装备，2017，(3)：13~15.

[157] 赵治雨. 环保增塑剂 DEHCH 生产过程研究 [D]. 青岛科技大学，2016.

[158] 张晶，缪领珍，钱宇，等. 新复合催化剂催化合成柠檬酸三丁酯 [J]. 染料与染色，2017，54 (6)：46~48，60.

[159] 李敢，王德堂，刘颖. 绿色增塑剂柠檬酸三丁酯合成研究新进展 [J]. 广州化工，2013，41 (10)：18~20.

[160] 杨琅，王凯，李其伟. 绿色增塑剂的研究新进展 [J]. 山东化工，2017，46 (14)：44~48.

[161] 贾普友，周永红，胡立红，等. 绿色增塑剂的研究进展 [J]. 中国塑料，2014，28 (7)：6~10.

[162] 陈荣圻. 邻苯二甲酸酯增塑剂及其环保代用品的开发（二）[J]. 印染，2011，(14)：48~51.

[163] 陈荣圻. 邻苯二甲酸酯增塑剂及其环保代用品的开发 [J]. 印染助剂，2011，28 (12)：1~8.

[164] 陈玉莲，朱燕娟，薛新民，等. 水热合成 $Ni(OH)_2/SiO_2$ 催化剂制备碳纳米管：镍含量对碳纳米管管径和产率的影响 [J]. 人工晶体学报，2005，34 (1)：155~158，143.

[165] 黄兆阁，张昊. 高分子材料用抗氧剂的应用现状与展望 [J]. 上海塑料，2018，(1)：1~6.

[166] 安霞，郭娟娟，胡伟涛，等. 还原条件对 $Cu\text{-}Zn\text{-}Al_2O_3$ 催化剂催化环己醇脱氢性能的影响 [J]. 太原理工大学学报，2014，45 (4)：458~462.